稀有金属冶金与材料工程丛书

现代铌钽冶金

郭青蔚　王肇信　编著
肖文至　王向东　主审

北　京
冶　金　工　业　出　版　社
2009

内 容 简 介

本书汇集了国内外铌钽冶金最新的先进工艺技术和生产经验，系统阐述了铌钽冶金的理论基础和生产实践。书中以铌钽冶炼工艺为主，同时还包括铌钽矿物资源及资源再生、工业卫生、环境保护、污染治理、分析测试技术、在国民经济中的应用以及世界铌钽工业经济分析等方面的内容，此外还介绍了铌钽冶金中间产品的制取和高纯化合物的制取；为求知识全面性，还简要介绍了历史上曾使用过的工艺方法。

本书注重理论与生产工艺实际相结合，在详细介绍工艺过程和工艺参数的同时，做了冶金基础理论的论证、冶炼机理的阐释。本书在一定程度上具有工具书性质。

本书可供从事稀有金属冶金生产技术人员、科研人员和设计工程技术人员参考，也可供高等院校相关专业师生以及稀有金属产品应用单位的决策、管理部门人员参考。

图书在版编目（CIP）数据

现代铌钽冶金/郭青蔚，王肇信编著．—北京：冶金工业出版社，2009．1
（稀有金属冶金与材料工程丛书）
ISBN 978-7-5024-4552-2

Ⅰ．现…　Ⅱ．①郭…　②王…　Ⅲ．①铌—有色金属冶金　②钽—有色金属冶金　Ⅳ．TF841．6

中国版本图书馆 CIP 数据核字（2008）第 114322 号

出 版 人　曹胜利
地　　址　北京北河沿大街嵩祝院北巷 39 号，邮编 100009
电　　话　（010）64027926　电子信箱　postmaster@ cnmip. com. cn
责任编辑　李　梅　王　楠　美术编辑　李　心　版式设计　张　青
责任校对　侯　瑂　责任印制　牛晓波
ISBN 978-7-5024-4552-2
北京百善印刷厂印刷；冶金工业出版社发行；各地新华书店经销
2009 年 1 月第 1 版；2009 年 1 月第 1 次印刷
169mm × 239mm；44. 75 印张；875 千字；693 页；1 – 2500 册
128. 00 元

冶金工业出版社发行部　电话：（010）64044283　传真：（010）64027893
冶金书店　地址：北京东四西大街 46 号（100711）　电话：（010）65289081
（本书如有印装质量问题，本社发行部负责退换）

出版者的话

稀有金属作为具有优异特性和特殊功能的新型材料，广泛应用于工业、农业和第三产业，特别是在高新技术领域中的应用，如在信息技术、生物技术、新能源技术、新材料技术、空间技术、海洋工程技术和超导技术等领域，稀有金属都显示出不可替代的作用。稀有金属材料工业既是高科技产业形成和发展的基础，同时也是国民经济可持续发展的支撑行业。稀有金属材料的生产、储存和应用已经成为一个国家先进性和综合国力的标志。

当前，高技术正处于迅速发展时期，材料是现代社会三大支柱之一，稀有金属的提取冶金与开发利用，作为现代新材料的研发基础，越来越受到人们的关注。我国稀有稀土金属资源丰富，综合利用价值高。有关专家指出，国家将重点发展有自主知识产权的、有明显资源优势和技术优势的、有良好市场前景的新材料，其中稀有稀土材料的丰富资源和优异性能使它成为我国具有优势的战略物资，是国家今后重点发展的新材料。但是，稀有稀土金属材料的基础研究和应用研究还很薄弱，还需要广大冶金、材料工作者做大量的科研和开发工作，并不断进行总结和推广，以提高我国在稀有金属冶金和材料工程方面的科技水平。为此，我社计划出版《稀有金属冶金与材料工程丛书》，组织我国稀有金属冶金与材料专家、学者，有针对性、系统性地对稀有金属的提取制备与分离技术、加工技术与材料应用方面的最新科研进展以及国外相关技术成果进行归纳总结和评价，拟分别陆续出版《锆铪冶金》、《锆铪及其化合物应用》、《钨钼冶金》、《现代铌钽冶金》等图书。《稀有金属冶金与材料工程丛书》力求做到技术先进，有实用性和针对性，实例具有代表性，层次结构科学合理，语言通俗易懂。

本套丛书的组织出版工作，得到了北京有色金属研究总院、中南大学冶金科学与工程学院、中国有色金属学会稀有金属冶金学术委员会等单位的热情帮助，每一位参编人员及他们的同事和领导也给予了大力支持，在此表示衷心感谢。我们期望本丛书的出版发行能为广大读者提供高水平的技术和学术著作，同时也能进一步促进我国稀有金属冶金与材料科研水平的提高及其产业化进程。

前　言

铌和钽既是重要的结构材料，又是性能优异的特殊功能材料。铌和钽属于稀有高熔点金属，它们和钨、钼一起被称为四大空间金属。

虽然铌和钽的发现已经有近200年的历史，但是作为工业材料使用只是近50年的事情。在这段时间里，铌和钽因其本身所特有的技术特性，帮助人类解决了很多的工程技术和军工技术难题。这些工程包括飞机和火箭发动机、油气输送管道、汽车工业、高层建筑、电子工业器件、超导技术、化学工业和医疗设备等。目前世界铌年产量和消费量已达到5万~6万 t水平（按氧化物计），在稀有金属工业中已属于大工业。2005年世界生产和消费钽电容器480亿支，人均消费约6~7支，其应用不仅遍及国防军工和高新技术，同时也深入到家用电器，达到平常百姓日常生活的各个角落。

中国铌钽工业已取得令世界铌钽业界瞩目的成就。中国铌钽工业于20世纪50年代中期开始起步，经过近50年的发展，特别是改革开放以来的高速推进，铌钽工业不仅实现了“从无到有，从小到大，从军到民，从内到外”的全部工业化转变，而且形成了世界唯一的从采矿、选矿、冶炼、加工到应用的较完整的工业体系，铌钽产品除满足国内经济发展的需要外，高、中、低端产品已全方位批量地进入国际市场。中国已成为世界铌钽冶炼加工的三大强国之一。我国铌钽冶金技术和工艺水平已逐步赶上世界水平，同时还开发了一些创新技术，如仲辛醇和乙酰胺新型萃取剂及相关分离工艺的应用、草酸体系提取无氟氧化铌新工艺等。

随着改革开放，中国铌钽工业企业结构发生了变化，计划经济时代国营企业一统天下的局面已经改观。目前，我国铌钽工业已形成国有企业、集体企业、民营工厂多种成分争雄的局面，从事铌钽冶炼加工的企业已从改革开放前的5家增长到20多家。中国铌钽工业面临持续发展、提高产品质量档次、开发适合中国资源特点的新工艺方法、提高国际市场的竞争能力、解决铌钽资源不足等课题。在新的形势下,我们收集和参阅了国内外大量的文献资料和专利技术,综合整理编写出了本书。书中汇集了近30年来铌钽冶金的最新技术,较详尽总结了国内外各种铌钽冶金工艺方法;密切结合生产实际,叙述了铌钽冶金过程的理论基础;在侧重介绍冶炼生产有关工艺的同时,还充分注意到了二次资源再生、低品位资源的利用、工业卫生和污染治理、铌钽在国民经济中的应用和消费市场以及世界铌钽工业经济概况和发展趋势。本书可供从事铌钽工业生产的工程技术人员、大专院校、科研单位研究人员和设计人员参考,也可作为各级领导、管理人员、商贸人员、市场分析人员等冶金和非冶金人士的参考工具书。

全书共18章,其中郭青蔚教授撰写了第1~9章和第12~16章,王肇信高级工程师撰写了第10章和第11章,肖文至教授和王向东教授对书稿进行了总审。

编著者衷心感谢北京有色金属研究总院院长屠海令院士、副院长熊柏青教授、研究发展部主任卢世刚教授和广东江门新会富祥电子材料有限公司郑祥云董事长对本书写作和出版的关怀和大力赞助。

在完稿过程中汪有明教授、刘余久教授、卢忠效教授、王桂生教授、陈惠芳教授、胡子龙高级工程师、吴辛友教授和顾金山高级工程师、韩建设厂长审阅书稿并提出宝贵意见,谨致深切的谢忱。

本书涉及的行业和基础知识面十分广泛。由于编著者水平有限,书中漏误之处,敬请读者批评指正。

编著者
2008年6月

目　录

1 概　论

铌和钽分别是元素周期表第 VB 族第 5 和第 6 周期元素，元素符号分别为 Nb 和 Ta，原子序数分别为 41 和 73，相对原子质量分别为 92.90638 和 180.9479。铌和钽在有色金属中属于稀有高熔点金属。铌和钽性质非常相似，被称为相似元素。

1.1 铌和钽的元素发现简史[1,2]

铌和钽的发现得益于 18 世纪中叶化学作为一门科学开始形成和后来分析化学成长为化学科学中的一个独立科目。铌和钽也和其他一些元素一样是从研究新发现的矿石中发现的。由于铌和钽性质极为相似，难以彻底分离，它们的发现经历了一个扑朔迷离的曲折过程，出现铌两次被发现和长时期拥有两个名称的有趣现象。

1650 年，在美国康涅狄格州发现一种深黑、透明并带有金色纹理、后来被称之为铌铁矿的矿物。1753 年，该州首任总督的家族将该矿物赠送给了伦敦大英博物馆。1801 年，英国化学家哈特契特（Charles Hatchett，1765～1847）从该博物馆得到了这种矿物。他在研究该矿物时从中发现了一种新的氧化物，并意识到正面临可能发现新元素的机会，于是争分夺秒地在短短 4 个月时间内便完成了确定新氧化物各种性质的试验，并于当年 11 月 26 日在英国伦敦皇家学会上正式宣布新元素的发现。为纪念矿物产地是哥伦布发现的美洲，他将其命名为 Columbium（钶 Cb），并将该矿物命名为钶铁矿（Columbite）[3,4]。

1802 年，瑞典化学家埃克伯格（Ander Gustaf Ekeberg，1767～1813）在研究 1746 年便在芬兰吉密陀村（Kimito）发现的现在称之为钽铁矿的矿物和在瑞典钇特拜（Ytterby）发现的现在称之钇榍石的矿物时，分离出一种新的金属氧化物，溶解这种氧化物的各种努力都失败了，遂以新化合物表现出的顽强性将其冠以希腊神话宙斯之子坦旦罗斯之名（Tantalus，他因泄露天机而受到宙斯的惩罚：站在齐脖深的水中却无法喝到水，身处果树下吃不到果子，永远遭受饥渴之苦，但他倔犟地挺过来了），命名为 Tantalum（Ta，钽）[5,6]。

虽然埃克伯格坚信他发现的是一种新元素。但因他对钽的性质描述不很确切，而钽和铌总是伴生于一体，性质相似到难以辨认的程度，令人扑朔迷离，致使当时许多著名化学家都卷入了两种元素是否为同一元素的争论中。一些学者甚至认为埃克伯格只是重复发现了钶。这场争论持续了近 40 年之久，直到 1844 年德国化学家罗素（Heinrich Rose，1795～1864）才首先解决了这场争端。他分析了各种钽铌矿物，每次都发现钽以外还存在另外一种新元素，这种新元素有 +3 和 +5 两种价态，而钽只有 +5 一种价态。但他却认为这是另外一种新元素，并用 Tantalus 的女儿的名字妮阿贝（Niobe，眼泪女神）将新元素命名为 Niobium（铌，Nb），以表示它和钽的亲属性相似的关系[7,8]。这便使铌获得了两个元素名称。

争论的最终解决当属马里拉克（J. C. G. Marignac，1817 ~ 1894，稀土元素钇和钆的发现人），他在 1865 ~ 1866 年期间最先发现了铌和钽的五氯化物的蒸气压不同，铌和钽的氟钾配合物与它们在稀酸介质中的溶解度有很大差别，并且首次用氟盐分步结晶方法成功地将钽和铌分开[9,10]。他的这一成果也为后来制取金属铌和金属钽奠定了基础。1907 年，化学家波尔格（C. W. Balke，1880 ~ 1948）在研究铌和钽的各种化合物后首先相当正确地测定了铌和钽的相对分子质量[11]，最终证明钶和铌是同一元素。波尔格的研究后来导致美国人方斯里尔（Carl Pfanstiehl）创立世界首家铌钽生产厂——美国华昌公司（Pfanstiehl Com. Inc.），该公司于 1918 年改名为扇钢公司（Fansteel Products Com. Inc.），于 1989 年停止生产。

铌的两个元素名称在并存了近百年之后，1951 年国际理论和应用化学协会（IUPAC）决定将其名称（符号）统一为铌（Nb）。但北美至今仍沿用钶（Cb）的名称。

1866 年，瑞典科学家布洛姆斯特兰德（C. B. Blonstand）用氢还原氯化铌，首次制取了金属铌。19 世纪末又发现了从由氧化物制取铌的方法：法国的姆阿沙在电炉中用碳还原氧化铌制取金属铌的方法；另一位科学家高尔德斯密特（Goldschimit）用铝还原获得了金属铌[12]。

金属钽的制取要比铌早些。1825 年，贝尔兹里乌斯（Berzelius）用金属钾还原氟钽酸钾得到了纯度不高的钽粉。1866 年，罗斯用金属钠还原氟钽酸钠制得了纯度较高的钽粉[12]。

1.2 铌钽工业发展简史

1.2.1 世界铌钽工业发展简史[13~16]

铌和钽在发现近 100 年后一直没有得到工业应用。1900 ~ 1903 年，在德国西门子公司工作的博尔顿（Wener von Bolton）和费尔莱茵（Otto Feuerlein）用碳还原氧化钽获得了较纯的金属钽[11]。这种钽的纯度很高，足以将钽加工成板材和线材，钽的高熔点（2996℃）性质很快显现出来，便迅速取代锇丝成为电灯泡灯丝的主角，使钽首次获得工业应用。从 1903 年到 1911 年生产了近 1 亿只各种钽丝灯泡[15]。

1911 年，钽丝为钨丝所取代，钽的生产遭受到历史上第一次挫折。为寻找新的应用，华昌公司等开展了大规模拓展钽新用途的研究。到 20 世纪 20 年代，一系列小的钽应用，如牙科和外科手术器械、自来水笔尖、栅极针、钟表弹簧、留声机唱针等被陆续开发出来。这时期还加强了钽的耐腐蚀性的研究和钽的纯度研究。1922 年，华昌公司最先制取了纯度达 99.8% 的金属钽。这期间华昌公司的安吉尔(Edgar W. Engle)发现在硫酸等介质中金属钽表面生成的氧化物薄膜具有单向导电性质，这一发现被用于制造各种钽整流器、检波器，应用于收音机、汽车等行业。华昌公司再次腾飞，1923～1926 年约生产了近百万支整流器等器件，公司获得了高额利润。但好景不长，1927 年美国开始使用交流电，使钽工业再次受挫[17]。

20 世纪 30 年代大萧条时期，遭受财政危机的扇钢公司坚持钽的开发性研究，使钽再次得以扩展应用领域。钽起吸气剂作用的电子管得已开发，使钽应用扩展到电子、雷达、电视、化学合成、医药、塑料、切削工具、X 光机等领域，其中最重要的是装备海军无线电设备，特别是雷达使用的钽高频电子管，后来在第二次世界大战中起到了极重要的作用[18]。

1925 年，扇钢公司开始工业规模生产液体钽电容器，1932 年薄板钽电容器开始用于电话设备中，1936 年扇钢公司开发烧结阳极的钽电容器，并批量生产供应市场[19]。

1925 年首次将铌加入工具钢中取代钨[20]。铌的工业性应用取得突破始于 1933 年首先在奥氏体不锈钢中加铌以固定间隙原子[21,22]。20 世纪 30 年代末期曾将铌用于碳钢生产，但由于当时铌钢太贵，未能推广应用[23]。

20 世纪 40 年代，铌合金开始用于汽轮机和生产高温合金。第二次世界大战中，铌开始崭露头角，美国首先大量应用铌合金钢和耐热合金于喷气式飞机的发动机和火箭推进器中，随之建立起初步的铌工业。

第二次世界大战后开启了铌钽工业的新篇章。铌和钽在第二次世界大战中的出色表现，引起美国政府高度重视，将铌和钽作为重要的战略物资，开始战略贮备。直到 20 世纪 40 年代末，世界还只有扇钢公司一家从事钽铌工业生产，这时又出现了德国的西门子和霍克公司(Siemens and Holske)、GfE 公司(Gesellschaft fur Elektrometallurgie)、英国的缪列克斯公司(Murex)等公司。

20 世纪 50 年代初开始采用溶剂萃取分离铌和钽的新工艺，铌钽产品纯度跳跃式提高；1955 年西门子和霍克公司最先将钠还原法用于生产电容器钽粉，同时开发了电子束熔炼方法，这些都使电容器用钽粉的质量取得突破性提高。到 70 年代，钠还原－电子束熔炼钽粉逐步取得统治地位。50 年代末到 60 年代初，日本、中国等先后加入建设铌钽工业的行列。

20 世纪下半叶是铌和钽技术发展的高峰时期[24,25]。

钽开发方面以钽粉生产表现最为突出。20 世纪 50 年代中期，烧结阳极固体钽电容器的开发使钽工业进入了蓬勃发展时期。例如，20 世纪 60 年代，钽粉的比电容仅 4000 μF · V/g，每支电容器平均用粉量为 0.58 g；到 21 世纪初钽粉的比电容达到 70000 μF · V/g，每支电容器平均用粉量降至 0.065 g，比电容提高了近 18 倍，用粉量则下降约为原来的 1/10。目前，一块手提式电话用的印刷版电路，虽用

32 支片式钽电容器,其总用粉量也不到 0.25 g[26,27]。

与此同时,铌在碳钢中的应用和微铌合金钢的开发则使铌进入了蓬勃发展时期。

20 世纪 50 年代末和 60 年代初,铌工业进入应用扩展期。控轧技术的出现和微铌高强度低合金钢的开发使铌在输油气管建设中获大量应用,在随后的 30 年中世界建造了约 15 万 km 的大口径铌钢输油气管线[28]。70 年代,铌钢应用于汽车生产,80 年代汽车生产大发展,铌钢应用再度高涨。当前铌作为最优秀的微合金化元素,使铌钢在管线、汽车和建筑三大应用领域中确立了不可动摇的地位[29]。

这一时期,铌钽资源开发取得巨大进展。1904 年,澳大利亚发现锡矿中含有锰钽铁矿,1925 ~ 1929 年期间共开采 70 t。后来又发现格林布什矿(Greenbushe)和沃吉纳矿(Wodgina),到第二次世界大战前每年供应钽铌精矿 15 ~ 19 t(二战开始生产中止)。1942 年扎伊尔 - 卢旺达开始生产钽铌精矿。1952 年开始从锡渣富集钽铌。1954 年巴西在寻找铀矿时发现了阿拉克萨(Araxa)烧绿石铌矿,并于 1961 年开始生铌精矿。1967 年加拿大在进行放射性航测时发现了尼阿贝克(Niobec)铌矿,并于 1976 年建成选矿厂对外供应铌精矿,随后又发现卡达劳矿(Catalao)。至此,全球铌工业获稳定和充足的原料供应。20 世纪七八十年代,巴西冶金矿业公司(CBMM 公司)于 1980 年和 1999 年两次扩大生产,将铌精矿生产能力提高到 8 万 t 以上。但巴西于 1981 年,加拿大于 1988 年宣布停止精矿出口。世界铌原料垄断局面形成[30,31]。

1979 年澳大利亚格林布什钽矿开始生产。钽供应首次出现波动。随后钽价于 1980 年、1988 年和 2000 年 3 次出现波动。为规避风险,20 世纪八九十年代以来,全球企业开始了兼并和一体化进程,同时铌和钽工业都达到空前高的水平。

1.2.2 中国铌钽工业发展历程[32~34]

新中国成立后,铌钽工业经历了从无到有、从小到大的发展历程。

中国铌钽事业实际起步于 20 世纪 50 年代中期。虽然早在 1952 年开发了新疆可可托海铌钽矿,但钽铌精矿的产量小,且主要是为了还债供应苏联。近 50 年中,中国铌钽工业的发展大体经历了 3 个发展阶段:

(1) 1956 ~ 1964 年为初创阶段,主要依靠自己的力量建立起研究基地和半工业实验车间,为后来的工业化建设准备了条件。

(2) 1964 ~ 1980 年为工业化阶段,开发了新疆、广东、广西、湖南、江西等省、自治区的铌钽资源,陆续新建和扩建了 7 个铌钽冶炼厂或车间,2 个铌铁生产厂。

(3) 1980 年以来为稳步快速发展阶段,研究开发了一批新技术、新材料,铌钽产品质量和生产技术逐步赶上和达到国际水平,中国铌钽工业进入世界钽铌生产大国行列。下面为中国铌钽工业发展的基本历程:

1952 年,新疆可可托海钽铌矿开始生产铌钽精矿(专供出口)。

1956 年 2 月，重工业部北京有色金属综合研究所（现北京有色金属研究总院）成立钽铌冶炼工艺研究小组，到 1958 年先后研究出环己酮萃取分离铌钽、熔盐电解法制取金属钽和碳还原法制取金属铌。

1958 年，上海勤工化工厂开始用磷酸三丁脂萃取法从钨渣中分离钽铌，制得钽和铌的单一氧化物。

发现包头白云鄂博矿中含有铌。

1959 年，北京有色金属研究院研究设计出真空碳还原炉和真空烧结炉等设备，并进行扩大试验，建立钽粉和铌条产量各 1 t 的半工业试验车间。

1961 年，株洲硬质合金厂建成钽铌分离湿法车间。

北京有色金属研究院自行研究设计制造出第一台国产电子束炉，首次熔炼出高纯金属铌和金属钽。

1962 年，上海勤工化工厂开始生产电焊条用铌铁。株洲 601 厂开始用电解法试产钽粉。

1964 年，北京有色金属研究院用氟钽酸钾钠还原法和直接碳还原法制得电容器钽粉。

上海勤工化工厂用西门子法试制出钠还原钽粉。

1965 年，从北京有色金属研究院分流人员，引进日本部分技术和设备，开始建设宁夏 905 厂（现宁夏有色金属冶炼厂）。

株洲硬质合金厂建成生产钽和铌粉的火法冶炼车间。

国家科学技术委员会和冶金工业部在包头召开“4 · 15”会议，决定大力开展包头白云鄂博矿中铁、铌、稀土资源综合利用工作。

1966 年，吉林铁合金厂开始生产高级铌铁。

上海跃龙化工厂建成磷酸三丁脂萃取钽铌湿法冶炼车间。

国内最大的钽铌冶炼厂——905 厂建成，并研究出直接碳还原法生产电容器铌粉。

北京有色金属研究院研究氟铌酸钾钠还原法制取铌粉。

包头钢铁公司有色二厂开始采用高炉－转炉－电炉－电炉法大量生产低级铌铁，同时还建成了溶剂萃取法和氯化法提铌车间。

1967 年，由国防科工委、冶金工业部、电子工业部、邮电部主持的全国钽电容器会战在江苏无锡市举行。

1968 年，北京有色金属研究院采用混合装料法制取钽粉。

1971 年，从北京有色金属研究院分流人员，建立广东有色金属研究院。

广东从化钽铌冶炼厂建成钽粉生产车间。

北京有色金属研究院开发出草酸体系萃取提铌新工艺方法。1973 年在河北保定市建成生产线，生产出第一批草酸铌和无氟氧化铌产品供用户使用（1992 年，其中的结晶提纯工艺获国家发明奖，并为国内外工厂采用）。

1973年，广西栗木锡矿钽铌湿法车间投产。

1976年，广西栗木锡矿钽铌火法车间投产。

上海跃龙化工厂建成钽铌火法车间。

江西宜春钽铌矿建成投产。

1979年，经国务院批准允许钽精矿和制品出口。

江西九江806厂（现九江有色金属冶炼厂）建成投产，并和上海勤工化工厂一起向日本出口氟钽酸钾产品。

宁夏有色金属冶炼厂开始采用搅拌钠还原工艺生产钽粉。

1980～1987年，改革开放，中国钽铌工业由军工配套向军民产品并举转型。

1988～1992年，各钽铌厂先后实施生产技术改造，钽铌产品大步进入国际市场。

1993年至今，钽铌工业呈现快速发展态势，实现国际化经营，中国钽铌工业进入世界大国的行列。与此同时，随着改革开放的深入，中国钽铌工业发生了历史性的结构变化，原来国有企业一统天下的局面已经改观，一批民营企业，如广东佛山佳特公司、广西多罗山蓝宝石公司、湖南衡阳金新莱孚新材料公司等十多家公司陆续加入钽铌工业行列。到21世纪初，中国钽铌工业已形成包括国有企业、集体企业、民营工厂多种经济成分争雄的局面[34,35]。

1.3 中国铌钽工业[32,33,40,58]

如上所述，中国铌钽工业开发始于世界铌钽工业开始腾飞的20世纪50年代中期。经近半个世纪的发展，中国铌钽工业已实现了“从无到有，从小到大，从军到民，从国内到国外”的转变，铌钽工业已奠定坚实基础，目前已建成包括采矿、选矿、冶炼、加工、器件生产在内的完整生产体系。铌钽生产技术和产品质量均已跻身世界先进行列，产品全面进入国际市场。中国已成为世界铌钽冶炼加工第三大强国，进入了世界铌钽大国的行列。

目前中国有铌钽矿山12座。主要的铌钽矿及其储量情况如表1-1所示。

表1-1 中国主要的铌钽矿山[58]

矿 山	$w(Ta(Nb)_2O_5)$ /%	储量/万t		矿 山	$w(Ta(Nb)_2O_5)$ /%	储量/万t	
		Ta_2O_5	Nb_2O_5			Ta_2O_5	Nb_2O_5
江西宜春钽铌矿	0.0187	1.76	1.432	福建南平钽铌矿	0.028	0.182	
新疆可可托海钽铌矿	0.02	0.017	0.010	湖南香花岭430矿	0.0257	0.553	0.530
栗木水溪庙钽铌矿	0.0298	0.22	0.226	湖南湘东金竹陇矿	0.0235	0.310	0.270
江西石城钽铌矿	0.028	0.035	0.024	内蒙古包头白云鄂博矿	0.1～0.2	—	5.010
广东横山钽铌矿	0.05	0.07	0.028	内蒙古扎鲁特801矿	0.2485	2.15	37.00
江西横峰钽铌矿	0.072		0.555				
江西大吉山101矿	0.0235	0.25	0.160	合 计		5.552	45.401

1996～2005年,中国钽铌精矿生产量如表1-2所示[58]。

表1-2　1996～2005年中国钽铌精矿生产量

年　份	1996	1997	1998	1999	2000	2001	2002	2003	2004	2005
$Ta(Nb)_2O_5$ 生产量/t	80	79	80	93	101	127	89.5	79	107	136

20世纪80年代以来,在世界电子工业持续增长的带动下,中国钽铌工业经历了快速发展时期。1996年中国钽产量(折合成金属钽)不到100 t,到2005年粗略估算,中国钽制品产量约800 t,10年中增长了8倍以上。产量约占全世界总产量的三分之一。主体产品的产能,钽粉达到300 t、钽丝125 t、氟钽酸钾1800～2000 t(占世界需求量50%以上)、氧化铌1100 t。2005年实际产量:钽粉142 t,钽丝55 t。2005年整个钽铌行业工业总产值14.5亿元,销售收入15亿元。中国成了世界钽制品(特别是钽丝和氟钽酸钾盐)的主要供应国。2005年国产电容器钽粉和钽丝的出口达到总产量的85%,钽制品出口数量达到占总产量的75%。中国已发展成为世界钽工业生产大国,已是世界钽工业三强之一[46～48]。

中国铌消费量增长很快,但铌产品生产相对滞后。含铌钢的生产对铌铁的需求迅速增加,其中绝大部分依赖进口,自给率低于10%。2002年以来仅进口铌铁,2005年达9800 t,2006年增长到11873 t。粗略估算中国铌钢产量约为2500万～3000万t,约占世界铌钢产量的四分之一。可以认为,中国已成为世界铌消费大国之一,同时也是铌制品(特别是铌铁)的主要进口国。表1-3为中国1996～2006年铌铁的进口数据。

表1-3　中国1996～2006年铌铁的进口数据

年　份	1996	1997	1998	1999	2000	2001	2002	2003	2004	2005	2006
铌铁进口量/t	267	184	589	980	1241	1436	2500	3600	4800	9600	11873
国内铌原料/t			58	60	77	50	51	66			

注:部分数据引自CBMM公司驻中国的中信金属公司。

中国铌钽骨干企业的冶炼工艺水平和主体装备技术水平基本上达到国外20世纪90年代同行业世界先进水平。主导产品的质量档次和科技含量位列国际当前同类产品先进行列。中国宁夏有色金属冶炼厂与德国的斯达克公司、美国的卡博特公司呈鼎足之势,它是世界钽铌生产企业三强之一。

2005年,中国主要的钽铌冶炼加工企业、产品生产能力如表1-4所示。

表 1-4 2005 年中国主要钽铌冶炼加工企业和产品生产能力[58]

企业名称	钽产品生产能力/$t \cdot a^{-1}$										铌产品生产能力/$t \cdot a^{-1}$									
	K_2TaF_7	工业 Ta_2O_5	高纯 Ta_2O_5	Ta 锭	TaC	Ta 粉	Ta 丝	其他 Ta 加工材	100 mm LT 棒	100 mm LT 片	工业 Nb_2O_5	高纯 Nb_2O_5	Nb 锭	NbC	Nb 粉	Nb 条	Nb 加工材	FeNb	100 mm LT 棒	100 mm LT 片
宁夏东方钽业股份有限公司	800	25	15	80	20	250(电) 150(冶)	80	10	2	50000 片	300	15	120	10	50	30	15		3	50000 片
石嘴山金联实业有限公司	200	80									100							1000		
西北稀有金属材料研究院金属制品分厂								28									12			
株洲硬质合金集团有限公司钽铌事业部	400		25		50	70(电) 70(冶)	35	自用			300			10		35	自用			
衡阳金新莱孚新材料有限公司	200	40									120									
江西桂族钽铌有限公司	300	50	30								60	70						500		
江西定海钽铌有限公司	450	200									200							100		
江西九江有色金属冶炼厂	180	120	70		40	48(电) 60(冶)	6	6 (Ta 片)			400	260		40	40	38(含锭)	25 (NbZr 丝)			
江西九江金鑫有色金属有限公司	120	100	60								100	60								
广东从化钽铌冶炼厂	180	60	20			10(电) 20(冶)					60	30						200		

续表 1-4

企业名称	钽产品生产能力/$t \cdot a^{-1}$										铌产品生产能力/$t \cdot a^{-1}$									
	K_2TaF_7	工业 Ta_2O_5	高纯 Ta_2O_5	Ta 锭	TaC	Ta 粉	Ta 丝	其他 Ta 加工材	100 mm LT 棒	100 mm LT 片	工业 Nb_2O_5	高纯 Nb_2O_5	Nb 锭	NbC	Nb 粉	Nb 条	Nb 加工材	FeNb	100 mm LT 棒	100 mm LT 片
广东佛冈佳特金属有限公司	450										150									
广东江门新会富祥电子材料有限公司	500		30			10（电） 80（冶）		40（Ta 条）			300	50								
广东云浮新兴浩荣电子材料有限公司	165										80									
广东肇庆多罗山蓝宝石稀有金属有限公司	800	60	50		10	150（电） 100（冶）	50	80（Ta 条）			300	200	40（金属铌）	20			10（含钽）			
广东肇庆羚光电子化学品材料科技有限公司	200		30								60（电子级）	60								
广州世强电子材料有限公司						10（电） 10（冶）														
桂林新源钽业股份有限公司	500	10			20						200			10						
合　计	5445	715	330	80	140	548（电） 490（冶）	171	164	2	50000	2730	745	160	90	90	103	62	1800	3	50000

注：LT 为钽酸锂单晶片（棒）。

1.4 世界铌钽工业[36,37]

1.4.1 总体情况和特点

目前世界铌和钽工业，无论是选矿、冶炼工艺、加工技术，或生产规模和生产量、应用领域和消费量，都已发展到很高水平[38]。

近50年中，世界铌工业发展迅速。1950年世界铌产量和消费量约500 t（以Nb_2O_5计，下同）[39]，50年代达到1000 t，80年代初期很快突破10000 t，2001年达到48666 t的空前高度。近50年来铌生产以平均每年约10%的速度增长。和20世纪50年代相比，铌工业规模和产量扩大了近100倍。1993～2001年世界铌的生产量如表1-5所示。

表1-5　1993～2001年世界铌（以Nb_2O_5计）生产量[40]

年份	1993	1994	1995	1996	1997	1998	1999	2000	2001
产量/t	18864	22908	26111	29722	30015	37921	47139	47397	48666

当前，在稀有金属中铌已属于大工业。各种铌产品在国民经济中获得广泛应用。以铌钢为例，目前各种含铌钢的生产量约占全球钢总产量的8%[40]，2002年世界钢总产量约为8亿t，估计铌钢产量约为6000万～6500万t。

钽工业发展也很迅速，1950年钽的世界产量仅86 t（以Ta_2O_5计，下同）[39]，2000年达到1897 t。年平均增长速度约为10%。钽电容器的生产规模不断扩大，2003年世界钽电容器产量达到248亿支。2005年达到480亿支，1992～2001年世界钽的生产量如表1-6所示。

表1-6　1992～2001年世界钽（以Ta_2O_5计）生产量[41]

年份	1992	1993	1994	1995	1996	1997	1998	1999	2000	2001
精矿/t	547	220	287	295	426	496	734	779	1117	1415
锡渣/t	352	132	91	91	100	102	239	1084	327	482
总计/t	195	352	378	326	526	598	972	1863	1504	1897

当前世界钽铌工业具有以下特点：

（1）铌和钽性质相似，在矿物中共存，必须采用复杂的分离技术。国内外绝大多数国家采用溶剂萃取分离和提纯工艺。虽然钽和铌产品并存，但多数分离提纯工厂以钽产品居主导地位。

（2）铌和钽消费主要不在资源国，而在发达国家。钽和铌高端产品的生产多集中在美、日、西欧发达国家。如2003年世界共生产钽电容器248亿支，其中日本年产钽电容器达 86.76 亿支,美国 81.3 亿支。铌钢生产主要在美国、日本、德国、法国等钢铁生产国。

(3) 铌有独立的资源,消费量大大高于钽。铌工业规模大,钽工业规模小。以产量计,在稀有金属中铌属于大规模生产,有大型企业。2001 年巴西 CBMM 公司的铌铁生产量为 3.6 万 t,2005 年达到 6.4 万 t,氧化铌产量达 2000 t。由于 2007 年出现世界铌铁供不应求,价格上涨,CBMM 公司正在扩大生产能力,拟于 2008 年达到年产 9 万 t 铌铁的规模[60]。最大的钽公司钽粉生产能力也在 500 t 以上。

(4) 铌工业生产带有一条龙性质,从矿床、采矿、选矿到冶炼都在资源产地完成,巴西 CBMM、加拿大 Niobec 矿等均在矿山建有铌铁生产厂,CBMM 公司甚至深加工到出产高纯氧化铌、金属铌产品。

钽原料生产和供应、冶炼和加工厂与用户之间的一体化程度高。大的公司实行原料(包括生产人造精矿)—冶炼—加工一体化,末端产品甚至达到电子器件的生产,如卡博特公司并购了加拿大钽矿公司,斯达克公司收购泰国主要钽冶炼厂 56% 股份,1996 年世界钽电容器的主要生产厂家 Vishay 公司收购了中国江西宜春钽铌矿 70% 的股份。

(5) 世界范围铌工业比较稳定。钽工业竞争激烈,变数大,公司停产、兼并时有发生,如曾经繁荣一时的大公司美国扇钢公司等先后于 20 世纪八九十年代退出钽铌舞台。德国 H. C. Starck 公司、美国 Cabot 公司、中国东方钽业集团公司等后来居上。

(6) 主体技术方面,铌和钽分离绝大多数工厂采用氢氟酸体系溶剂萃取法,氯化法次之;铌铁制取以铝热还原法为主,电炉法次之;电容器用钽粉普遍采用钠还原法,碳还原和电解法次之。主体生产技术虽趋于相对稳定,但生产水平高,技术进步快。以电容器用钽粉质量提高为例,由于制粉工艺和设备的改进,钽粉中杂质不断下降,20 世纪 60 年代钽粉的比电容量最高仅 4000 μF · V/g,每支电容器平均用钽粉量 0.5 g;70 年代比电容量提高到 8500 μF · V/g,用粉量降至 0.22 g;80 年代比电容量达到 20000 ~ 30000 μF · V/g,用粉量 0.077 ~ 0.18 g;90 年代比电容量达到 60000 μF · V/g,21 世纪初比电容量更达到 70000 μF · V/g 的新高度,钽粉用量低至 0.065 g[42,43]。

(7) 铌或钽的原料的生产和供应,均具有高度垄断性。巴西烧绿石铌精矿居世界铌原料供应的垄断地位。全世界 99% 铌铁生产量集中在巴西和加拿大。20 世纪八九十年代,他们宣布停止铌精矿出口。澳大利亚钽铁矿精矿在世界钽原料的供应中居垄断地位。该国的瓜利亚家族公司握有世界两大钽矿(Greenbushe 和 Wodgina),2001 年这两个矿所生产的钽原料(以 Ta_2O_5 计)达 720 t,约占世界钽精矿原料总供应量的 45%。公司正实施扩大生产能力的计划,按照这一计划,到 2003 年钽精矿的生产能力可达到 1130 t/a,2006 年达到 2250 t/a[41]。但另有报道称[61],非洲刚果(金)的钽铌资源极为丰富,其年产量目前约占世界总产量的75%。

1.4.2　国外铌钽工业企业

全世界铌的生产量,以氧化铌计,2000 年为 47397 t,2001 年达 48666 t。目前国外铌原料生产以巴西阿拉克萨(Araxa)矿、卡塔劳(Catalao)矿和加拿大尼阿贝克(Niobic)矿为主,约占世界总铌原料生产的95%。全世界铌铁产品的总生产能力达到55685 t/年,2001 年实际生产量为 36560 t。最大的生产单位为巴西矿业冶金公司(CBMM),其次为巴西卡塔劳矿和加拿大尼阿贝克公司。CBMM 公司铌精矿年生产能力为8.4 万 t,铌铁年生产能力为4.5 万 t,氧化铌年生产能力 3000 t。国外主要铌生产厂家如表 1-7 所示。

表 1-7　国外主要铌生产厂家[40,43]

国　家	公　司	产　品	年生产能力/t	2001 年产量/t
巴　西	CBMM	铌　铁	45000	26000
		氧化铌	3000	2000
		铌镍合金等	200	
		高纯氧化铌	200	
		金属铌	150	
	Catalao	铌　铁	5400	5400
加拿大	Niobic	铌　铁	3400	3400
爱沙尼亚	Silmet	金属铌	1300	10
俄罗斯	SMZ	氧化铌、金属铌	1100	450
	JSC Uralretmet	金属铌	25	10
哈萨克斯坦	Irtysh	金属铌	300	3

国外钽精矿原料生产以澳大利亚格林布什(Greenbushe)矿和沃吉纳(Wodgina)矿以及加拿大的坦科(Tanco)矿为主,3 家合计约占国外钽原料生产的63%。人造精矿(主要原料为锡渣)生产主要是德国的斯达克(H. C. Starck)公司和电冶金公司以及泰国的冶金精炼公司(Thaisarco),3 家合计约占人造精矿生产的90%。国外主要的铌钽矿床详见本书第 5 章。

全球钽冶炼厂基本上形成了德国斯达克公司(Herman C. Starck Berlin GmbH & Co. KG 简称 HCST)、美国卡博特公司(Cabot Performancce Materials Co.)和中国东方钽业集团公司三强鼎立局面。其中,斯达克公司规模最大,具有举足轻重地位。国外主要钽冶炼厂如表1-8所示。

表1-8 国外主要钽冶炼厂[41,43]

所在国家	公司	产品
德国	H. C. Starck①	人造精矿,铌钽冶金产品,钽铌材,钽阳极,合金
	W. C. Heraeus Gmbh	钽冶金产品,钽医疗器械
	Freiberger NE-Metal	金属铌,铌锆合金
	GfE	人造精矿,各种钽制品
美国	H. C. Starck②	钽粉,各种钽材
	Cabot①	氧化物,氟化物,钽粉,合金,各种钽铌材
	Metallurgy Ins. ④	人造精矿,钽合金
	Kennamatal Ins.	钽铌碳化物
	Intermet Resources	碳化物,合金,加工材
日本	H. C. Starck-V-tech. ②	钽粉,合金 加工材
	昭和-Cabot③	钽粉,各种钽材
	三井矿业冶金公司	铌钽氧化物,碳化物,金属
	新金属公司	碳、氮、硼等化合物
泰国	H. C. Starck②	铌钽冶金产品
	Thaisarco②	人造精矿,钽铌冶金产品
巴西	Cis Estanbo Minas Brasil④	各种钽冶金产品
	Cia Industrial Fluminense④	钽铌氧化物
俄罗斯	SC Sevredmet	各种钽铌冶金产品
	Jsc Uralredmet	钽铌氧化物,金属
	Solikamck	钽铌氧化物,铌铁
爱沙尼亚	Sinamae	钽铌氧化物
英国	Mamor Mineracao Metallurgia	钽铌氧化物
法国	Cerex	钽铌碳化物

① 总公司;
② H. C. Starck 子公司;
③ Cabot 子公司;
④ 美 Metallurgy Ins. 子公司。

1.4.3 世界铌钽工业经济概况[49~52]

1.4.3.1 生产和供应

A 铌原料的生产和供应

20世纪80年代以来,铌的原料生产量增长很快,市场供应相对稳定,完全能满足冶炼工业生产和市场需求。

如前所述,在世界铌原料生产和供应总量中,巴西阿拉克萨矿和卡塔劳矿以及加拿大尼阿贝克矿 3 家占95%以上。20 世纪 80 年代,巴西和加拿大停止精矿出口以后,国际市场已很少有烧绿石铌精矿。表 1-9 所示为 1991 ~2000 年原料主产国巴西和加拿大烧绿石铌原料生产量。

表 1-9　1991 ~2000 年巴西和加拿大烧绿石铌原料(以 Nb_2O_5 计)生产量[40](t)

年　份	1991	1992	1993	1994	1995	1996	1997	1998	1999	2000
巴　西	19019	18574	14175	18873	21736	25311	25883	33748	42757	42900
加拿大	3366	3284	3424	3300	3365	3323	3278	3286	3372	3246
世界总计	23408	23468	18864	22908	26111	29722	30015	37921	47139	47397

B　铌冶金产品的生产和供应

铌的主要冶金产品为铌铁和五氧化二铌,其次为金属铌(铌锭、铌粉)。20 世纪 90 年代以来,铌铁生产量增长率达到 8% ~13%,平均增长率为 9.7%。2001 年世界铌铁产量为 36600 t,主要为巴西和加拿大所生产。表 1-10 所示为 2001 年世界主要铌铁生产厂的生产能力和产量。图 1-1 所示为 1993 ~2001 年世界主要铌产品的分布和历年产量[40]。

表 1-10　2001 年世界主要铌铁(NbFe)生产厂的生产能力和产量[40]

生 产 厂	CBMM 公司	Catalao 公司	Niobec 公司	其 他 公 司	合　计
生产能力/t	45000	5400	5000	285	55685
产量/t	26000	5400	5000	160	36560

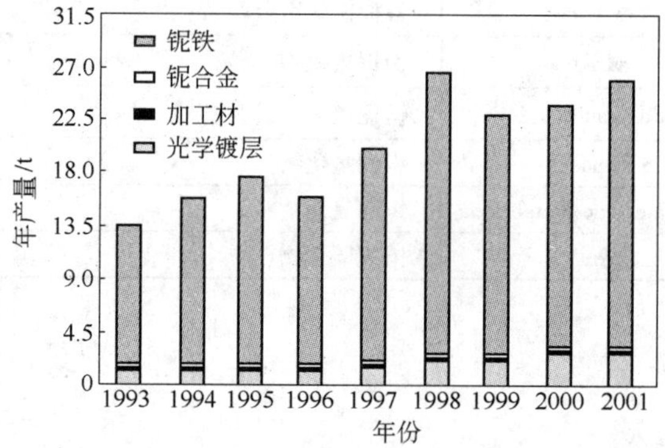

图 1-1　1993 ~2001 年世界铌产品分布和历年产量

氧化铌的生产也是由巴西 CBMM 公司占主导地位。该公司氧化铌年生产能力达 3000 t,完全有能力满足世界对氧化铌的需求。1996 ~2001 年巴西铌铁和氧化铌的生产量如表 1-11 所示。

表 1-11 1996~2001 年巴西铌铁和氧化铌的生产量[40]

年 份	1996	1997	1998	1999	2000	2001
铌铁(Nb)生产量/t	15526	17815	20516	18866	18218	
氧化铌(Nb_2O_5)生产量/t	1730	1745	2400	1375	1274	2000

此外 CBMM 公司还具有生产光学级氧化铌 150 t/年的能力和 200~250 t/年金属铌和合金的生产能力。

C 钽原料的生产和供应[53]

钽原料供应结构比铌复杂,渠道多,包括钽精矿、锡渣和人造精矿等。其中钽精矿的生产以澳大利亚的格林布什矿和沃吉纳矿为主,约占整个生产量的 45% 以上。此外,南非约占 27%,南美约占 13%。三地合计达 85%。世界钽原料的供应结构如表 1-12 所示。

表 1-12 世界钽原料的供应结构[41]

钽 原 料	年 份			
	2000 年		2001 年	
	Ta_2O_5 数量/t	所占比例/%	Ta_2O_5 数量/t	所占比例/%
钽精矿	1680	55	1715	58
人造精矿	250	10	275	9
再生原料	240	9	260	9
库 存	680	16	700	24
总 计	2850	100	2950	100

20 世纪七八十年代,锡渣中的钽曾经是钽冶炼厂的重要原料来源,1988 年曾占钽原料总量的 83%。由于炼锡业萧条、历史上积存的锡渣数量逐年减少等原因,到 1997 年锡渣钽已降至 17%,2001 年降至 10% 以下。生产人造精矿的主要是德国的 H. C. Starck 公司所属 Laufenberg 厂、GFE 公司的 Weisweiler 厂和泰国的冶金精炼公司(Thaisarco),3 家合计约占人造精矿的 90%。全世界合成精矿(以 Ta_2O_5 计)产量每年约 250~300 t。到 21 世纪矿产钽精矿产量逐步占据了主要地位。与此同时再生钽的比重在上升,约占总原料供应量的 1/4。

2000 年,澳大利亚生产的钽原料供应已占世界钽原料供应总量的 3/4。该国钽精矿生产几乎全由瓜利亚家族公司控制,而且从 1993 年起只向美国和德国出口。表 1-13 所示为 1973~2001 年澳大利亚钽精矿生产量。

表 1-13 1973~2001 年澳大利亚钽精矿(Ta_2O_5)生产量[41]

年份	1973	1978	1981	1985	1989	1993	1995	1998	1999	2000	2001
产量/t	89	56	113	66	90	207	334	368	402	592	725

美国是长期对钽进行战略贮备的国家。很大部分钽原料和钽冶金产品被美国政府贮存起来作为紧急时期钽的供应。表1-14所示为1997年美国国家防御贮备局(DLA)掌握的钽的贮备品种和贮备量。

表1-14 1997年美国钽的贮备品种、目标和贮备量[41](kg)

项 目	贮存目标	库存量	超过量
碳化钽粉	0	16386	16386
钽 粉	36020	85752	49732
金属钽	121228	1179590	1059362
钽精矿	0	2918360	1918360
氧化钽	0	81770	81770

D 钽冶炼产品的生产和供应

钽的主要冶金产品为电容器用钽粉、氧化钽(Ta_2O_5)、碳化钽和合金。全球主要钽产品生产量如表1-15所示。图1-2为世界钽产品分布和历年产量。电容器用粉是钽生产量增长的主要动力。10年中钽粉产量翻了一番多,和1992年相比,2000年增长了336%。

表1-15 全球主要钽制品(Ta_2O_5)的生产量[41](t)

年 份	1994	1995	1996	1997	1998	1999	2000
电容器用粉	601	763	744	967	971	1237	1684
硬质合金	141	191	157	176	171	156	214
加工材及其他	449	635	579	684	663	727	855
合 计	1241	1589	1480	1826	1805	2120	2754

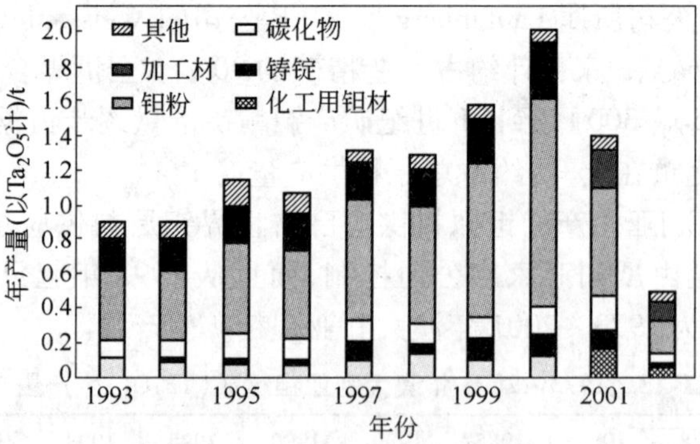

图1-2 世界钽产品分布和历年产量

1.4.3.2 世界铌钽的需求和消费

20 世纪 90 年代以来,世界和中国钽、铌产品销售量总体上均呈上升趋势,表 1-16 所示为 1998 ~2005 年世界和中国钽、铌产品的总销售量数据[58]。从表 1-16 可以看出,世界钽总销量增长较平稳,铌销售量 2004 年后开始猛增。随着中国钢产量的迅速增加,对铌铁的需求成倍增长,2003 年中国铌销量为 1998 年的 3 倍。

表 1-16 1998 ~2005 年世界和中国钽、铌产品的总销售量(均以金属计)[58]

范围	项目	指标	年份							
			1998	1999	2000	2001	2002	2003	2004	2005
世界	钽产品	总销量/t	1178.5	1736.1	2235.0	1561.6	1405.8	1518.0	2107.0	2078.9
		增长率/%		17.43	28.74	-30.13	-9.98	7.98	38.8	-1.33
	铌产品	总销量/t	26831.8	22961.0	23990.7	26000.1	24085.0	26989.5	32830.2	44466.5
		增长率/%		-14.43	4.48	8.38	-7.36	12.05	12.64	35.44
中国	钽产品	总销量/t	190.3	252.4	386.0	262.0	226.7	281.7	251.8	279.8
		增长率/%		32.67	52.91	-32.12	-13.47	24.26	-10.25	10.68
	铌产品	总销量/t	630.8	1126.6	1727.1	1509.8	1593.4	1953.2		
		增长率/%		78.61	53.30	-12.58	5.54	22.58		

A 铌

20 世纪 90 年代以来,铌的需求量由 1991 年 18400 t 增长到 2001 年的 39315 t (表 1-17),但除了 3 个年份外,其他各年铌原料的供应量均大于需求量。

表 1-17 全世界铌(Nb_2O_5)的供应量和需求量[40](t)

年份	1991	1992	1993	1994	1995	1996	1997	1998	1999	2000	2001	2002	2003	2004	2005
供应量	22670	20886	17700	23170	25815	24316	29284	35131	33189	33439	44851	34457	38611	46967	63614
需求量	18400	20400	18900	22440	23540	24100	28740	38373	32834	40793	39315				

20 世纪 90 年代钢铁生产对铌需求强劲,是铌消费量增加的主要动力。大部分铌用于生产合金钢,特别是高强度低合金钢(HSLA)和不锈钢。铌钢中 25% 用于输油、气管道,24% 用于建筑,23% 用于汽车生产。因此铌的需求量取决于石油天然气工业、建筑业、汽车生产等对铌钢的需求。2001 年全世界约消费铌铁 23400 t,北美、欧洲和日本是世界铌消费的主要地区。表 1-18 所示为 2001 年全球钢铁工业对铌铁的消费量和消费比例。

表 1-18 2001 年全球钢铁工业对铌铁的消费量[40]

铌钢	高强度低合金钢(HSLA)			不锈钢	间隙钢	其他钢	合计
	管道	建筑	汽车				
数量/t	5850	5600	5400	3050	1850	1650	23400
比例/%	25	24	23	13	8	7	100

全世界每年约消费高纯氧化铌约 500 t(合铌 335 t),主要用于生产陶瓷电容器、铌酸锂单晶和光学玻璃等(表 1-19)。其中,日本需求量最大,约占世界总消费量的 60%。表 1-19 所示为全球高纯氧化铌的消费量。

表 1-19　全球高纯氧化铌消费量[40]

消费领域	电容器	光学玻璃	铌酸锂单晶	其他	合计
消费量/t	150	141	19	200	500
所占比率/%	30	27	3	40	100

B　钽

世界钽主要消费在电子工业、化工设备、金属切削加工、航天航空等部门。2000 年世界钽消费量达 2242 t。

过去几年中,市场对钽的需求一直呈强劲增长势头。钽电容器的应用已由过去以军事用途为主,转变为以民用为主,特别是手机、笔记本电脑、摄像机等大量使用钽电容器,使钽的消费以每年 10% 的速度增长,由 1991 年的不到 1000 t 上升到 2000 年的 2242 t,10 年中翻了一番多(表 1-20)。

表 1-20　1991 ~ 2000 年世界钽的消费量[41] (t)

年份	1991	1992	1993	1994	1995	1996	1997	1998	1999	2000
消费量	909	904	1023	1014	1259	1162	1496	1477	1737	2242

美国是世界最大的钽消费市场,2000 年约消费钽 650 t,占世界钽总消费量的 30%。1992 年美国钽的消费结构为:电子元器件生产占 60%,运输工具占 15%,化工设备占 4%,金属切削加工占 7%,其他占 14%。日本是继美国之后的第二大钽消费国,2002 年消费钽 550 t。

1.4.3.3　国际贸易和铌钽产品货运量[41,45]

铌钽的原料生产国和消费国两异,使铌钽产品的国际贸易和货运量较大。

A　铌

巴西和加拿大停止烧绿石铌精矿出口后,铌原料国际贸易只有少量铌铁矿精矿。巴西是世界最大的铌铁出口国,产量的 90% 用于出口。2001 年巴西铌铁出口总量达到 28429 t,约为 1990 年出口量的 2 倍。其中出口荷兰 8841 t、美国 6627 t、日本 5961 t、德国 2624 t。4 国所消耗的铌铁约占巴西这一年铌铁出口总量的 75%。

加拿大是第二大铌铁出口国。2001 年出口铌铁 3571 t,其中 2190 t 销往荷兰。荷兰为铌铁转口国,2000 年进口的 8200 t 铌铁,转口德国 3310 t、转口美国 800 t、日本 559 t。

用于高技术领域的金属铌和合金的消费量增长很快,和2001年相比,2005年货运量翻了近一番。表1-21所示为1996～2005年金属铌和合金的货运量。

表1-21 1996～2005年金属铌和合金的货运量[41,45](t)

年 份	1996	1997	1998	1999	2000	2001	2002	2003	2004	2005
铌化合物	1556	2731	2209	2227	2867	3385	2227	2722	2834	3470
纯铌	106	114	172	150	218	245	227	272	454	443
铌合金	154	141	386	463	535	288	363	408	350	483
HSLA级铌铁	14301	17110	24068	20121	20371	23400	21273	29237	29237	40073
合 计	16127	27096	26835	22961	23991	27318	24086	26990	32830	44467

B 钽

过去10年钽原料的货运量呈增长趋势。1991年以来,增加了250%。2000年世界钽原料的货运量达2782 t。表1-22所示为世界钽原料的货运量。

表1-22 1996～2005年世界钽原料(Ta_2O_5)的货运量[41](t)

年 份	1996	1997	1998	1999	2000	2001	2002	2003	2004	2005
货运量	1845	1556	1755	2005	2631	3402	1588	1814	2991	2952

过去10年各类钽产品货运量也呈增长趋势。2000年钽总货运量达到2235 t。主要是因为方兴未艾的手机增加对钽电容器需求的增长。表1-23所示为1996～2005年钽加工产品的货运量。

表1-23 1996～2005年钽加工产品的货运量(t)

年 份	1996	1997	1998	1999	2000	2001	2002	2003	2004	2005
货运量	1162	1496	1477	1736	2235	1565	1406	1511	2107	2079

2000年全球共生产钽电容器248亿支,为此用于电容器的钽粉和钽丝的货运量达到1560 t。表1-24所示为1900～2000年用于钽电容器生产的钽的货运量情况。

表1-24 1900～2000年用于钽电容器生产的钽的货运量[41](t)

年份	1990	1991	1992	1993	1994	1995	1996	1997	1998	1999	2000
钽粉	433	391	410	471	493	625	609	792	795	1013	1359
钽丝	85	105	110	100	115	135	130	150	130	160	200
合计	518	496	520	571	608	760	739	942	925	1163	1559

钽合金和合金添加剂用于发电厂和航空工业制造等领域,1999年钽锭的货运量达到145 t。表1-25所示为1991～2000年用于合金添加剂的钽锭的货运量。

表 1-25 1991 ~ 2000 年用于合金添加剂的钽锭的货运量[41] (t)

年份	1991	1992	1993	1994	1995	1996	1997	1998	1999	2000
货运量	37	13	33	43	41	52	102	72	145	135

硬质合金用碳化钽交易量,2000 年达到 155 t 金属钽,约占世界钽总消费量的 7%。表 1-26 所示为过去 1991 ~ 2000 年世界碳化钽的货运量。

表 1-26 1991 ~ 2000 年世界碳化钽(以金属钽计)的货运量[41] (t)

年份	1991	1992	1993	1994	1995	1996	1997	1998	1999	2000
货运量	174	147	167	114	152	129	144	140	128	176

氧化钽和氟钽酸钾的货运量增长较快。表 1-27 所示为 1991 ~ 2000 年钽化合物的货运量。

表 1-27 1991 ~ 2000 年钽化合物(以金属钽计)的货运量[41] (t)

年份	1991	1992	1993	1994	1995	1996	1997	1998	1999	2000
货运量	59	54	63	64	97	80	126	160	113	147

1.4.3.4 产品价格

A 铌价格

近 30 年中,铌价基本保持稳定,涨幅较小。不过自 20 世纪 80 ~ 90 年代铌精矿主要供应国巴西和加拿大停止出口烧绿石精矿后,国际市场铌原料价格已变得没有实际意义,因此从 1995 年开始,原料商已不再公布烧绿石精矿价格。表 1-28 所示为 20 世纪 90 年代中期铌和钽原料价格情况。

表 1-28 铌和钽原料(氧化物)的年终平均价格[41] (美元/kg)

年 份	铌 精 矿		钽 精 矿
	烧绿石精矿	铌铁矿精矿	
1994	2.75	2.60	26.24
1995	未公布	2.97	26.98
1996	未公布	2.80 ~ 3.20	27.75
1997	未公布	2.80 ~ 3.20	28.76
1998	未公布	2.80 ~ 3.20	28.0 ~ 31.5

巴西矿业冶金公司(CBMM)作为铌原料和铌铁的最大供应商,实行稳定供应和维持长期合同价格的方针,满足了市场对铌铁需求量的不断增长的形势要求。全球铌原料价格上升也相对平稳。但从 2006 年 4 月末开始,由于欧洲市场巴西铌铁供

应紧张,其价格开始逐步上涨。到2007年4月末,标准级铌铁价已从15美元/kg提高到了70美元/kg,这是过去几十年所鲜见的现象。

例如,1988~2000年国际市场各种铌产品的年终平均价格都比较平稳,如表1-29所示。

表1-29 1988~2000年国际市场各种铌产品的年终平均价格[40]

年 份	铌铁/美元·kg^{-1}		氧化铌/美元·kg^{-1}	金属铌/美元·kg^{-1}		铌 镍 /美元·kg^{-1}
	标准级	高纯级		锭	粉末	
1988	11.03	15.67	15.74	69.44	88.18	40.78
1989	7.87	16.67	16.84	88.18	88.18	42.00
1990	12.54	19.25	18.01	88.18	88.18	42.00
1991	12.53	20.00	18.01	88.18	88.18	45.19
1992	12.47	27.37	18.01	88.18	88.18	45.19
1993	12.89	28.81	18.01	88.18	88.18	45.19
1994	12.65	27.95	18.01	88.18	88.18	45.19
1995	12.38	31.01	18.01	88.18	88.18	45.19
1996	13.32	30.97	18.01	88.18	88.18	45.19
1997	13.49	中断	中断	中断	中断	中断
1998	12.97					
1999	13.31					
2000	13.33					
2007	63~79					

B 钽价格

a 矿石和精矿

在有色金属中,钽原料价格涨幅十分突出。例如,1955~2001年,钽价和同一时期的铜价格相比,铜价格仅增长74%,而钽价增长达2253%[54,55]。

从1950年以来,钽价格一直呈上升趋势,且涨价速度越来越快,幅度越来越大。例如,1950~1960年,钽(以Ta_2O_5计,下同)的价格仅由7.5美元/kg增加到10.6美元/kg。1970~1978年,8年间价格由15.7美元/kg增加到87.1美元/kg。

钽价具有投机性质,过去30年钽原料价格曾出现三次大幅上涨。1978~1980年,冶炼厂不断增加钽原料采购量,导致价格不断上扬,到1980年5月钽价达最高峰,当时30%的精矿涨到247~265美元/kg。但仅维持了3个月,1985年8月钽价便开始疲软,很快降至66美元/kg。由于交易量极低,还一度出现虚价,1986年4月价格甚至跌到40~55美元/kg。

钽价第二次上扬发生在 1988 年底。由于出现需求开始增长和 Greenbushe 矿调整价格等原因,价格再度上涨,达到 122 美元/kg。但一年后,1989 年底又回落到 57 ~ 62 美元/kg[41]。

20 世纪 80 年代末到 90 年代末,虽然钽制品需求在稳定增长,但钽原料价却曾一度稳定了近 10 年之久。1998 年开始由于钽电容器用量增加,钽原料价小幅增至 73 ~ 77 美元/kg。

20 世纪末,随着电子工业的发展,特别是手机、摄像机、笔记本电脑等对高性能电容器的需求急剧增长,2000 年出现对钽需求史无前例地增长,包括钽电容器在内的所有电子元件变得都供不应求,对钽原料的需求随之迅速增长。例如,2000 年全球生产了 248 亿支钽电容器,和 1999 年相比,增长了 33%,以金额计则增长了 65%,加上投机因素,导致原料价格急剧上涨,达到约 530 美元/kg,少数交易甚至以 1100 美元/kg 的价格成交[38]。但暴涨很短暂,下跌和上涨同样迅速,2001 年 1 月便降至 220 美元/kg,不久更降至正常的 66 美元/kg。表 1-30 所示为 1990 ~ 2001 年钽原料价格的变动情况。图 1-3 所示为 1960 ~ 2000 年钽原料价格变动情况。

表 1-30　1990 ~ 2001 年钽原料价格[41](美元/kg)

年份	1990	1991	1992	1993	1994	1995	1996	1997	1998	1999	2000	2001
价格	68.71	66.26	62.14	58.22	57.84	57.48	61.17	63.40	65.58	65.58	62.96	66.13

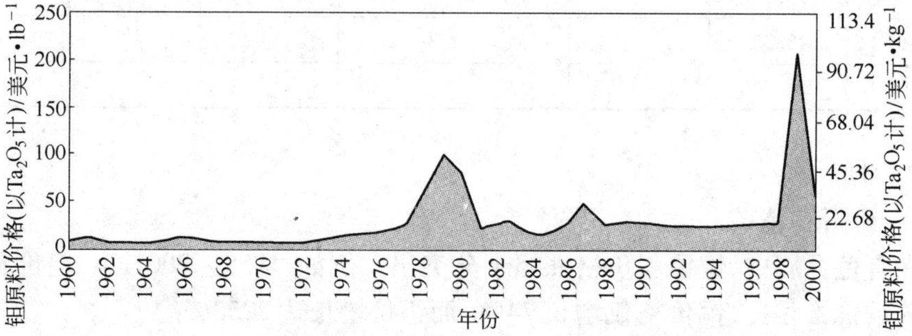

图 1-3　1960 ~ 2000 年钽原料价格变动情况

b　钽制品

20 世纪末期以来,钽制品价格均有小幅上涨。根据《金属》和《矿产年鉴》所载价格,电容器级钽粉价格从 1992 年的 265 ~ 309 美元/kg,上涨至 298 ~ 573 美元/kg;电容器用钽丝由 1993 年的 375 ~ 441 美元/kg,上涨至 397 ~ 595 美元/kg;1993 年以来钽制品的价格变化较小,真空级金属钽由 1992 年的 132 美元/kg 上扬至 1999 年的 165 ~ 220 美元/kg。1992 ~ 1999 年钽制品的价格如表 1-31 所示。

表 1-31　1992 ~ 1999 年钽制品的价格[41]（美元/kg）

年　份	电容器级钽粉	电容器级钽丝	钽 轧 制 品	用于超合金的真空级金属钽
1992	264 ~ 309	—	—	132
1993	264 ~ 391	375 ~ 441	331 ~ 441	132 ~ 198
1994	264 ~ 375	375 ~ 463	331 ~ 441	132 ~ 198
1995	264 ~ 429	375 ~ 507	331 ~ 441	132 ~ 198
1996	276 ~ 485	375 ~ 507	331 ~ 463	132 ~ 198
1997	298 ~ 529	397 ~ 551	—	165 ~ 209
1998	298 ~ 529	397 ~ 551	—	165 ~ 209
1999	298 ~ 573	397 ~ 595	—	165 ~ 220

1.5　未来发展趋势

铌资源丰富，企业生产能力大，市场供应充足，价格相对稳定，仍将是全球使用铌的保障因素。铌是钢最优秀的微合金化元素，钢铁工业用铌仍将是铌用量增加的主要动力。含铌微合金钢在输油气管道、汽车制造和建筑工业中所确立的不可动摇的地位，在可预见的将来，形势不会有太大的变化。航天航空工业是铌的第二大用户，随着人类加大太空开发的力度，铌工业会更加大显身手。铌资源大国表现出的垄断铌市场的倾向将更加强烈，资源国提高铌产品加工水平的努力将进一步强化。铌原料的垄断局面短期内不大可能突破，在利益驱动下价格可能提升。但铌资源丰富，广大发展中国家的铌资源尚待开发，地球上尚存有大量未开发的铌沉积矿，因此广大用户试图突破资源垄断的努力仍存有希望。

反映一个国家钢铁工业现代化程度的一个重要指标是钢铁工业的总体生产中铌的消费量。在发达国家，这个数字大约为每吨钢消费 50g 铌。中国是高强度低合金钢用铌铁的最大潜在市场，目前中国用铌量只相当于北美和欧洲用量的 15%，作为世界第一的钢铁生产大国，随着国家汽车工业、石油化学工业、建筑工业和军事工业的迅速发展，用铌量势必日益增长。中国国土面积很大，需要加强铌资源的开发。

钽曾被称为“贵族金属”，其原料少、价格高、产品贵，应用多集中在高科技领域。这个形势短期内不会改变。钽电容器需求强劲，仍将是钽用量增加的主要动力。过去 20 多年钽价 3 次波动，2000 年原料（Ta_2O_5）交易甚至达到天价（1100 美元/kg），在一定程度上都和钽原料短缺有关。历史上锡渣曾是钽原料重要来源，但锡渣中钽总存量有限，对钽的供应将日渐下降。因此，未来市场钽价稳定上涨仍是可以预期的。为避免风险，钽工业的一体化将进一步强化。解决钽原料短缺是钽工业发展的重要课题。在这种形势下，除了寻找新矿源和现有矿山扩大产量外，一个重要的方面在于提高再生钽的回收和利用率，力争能从现在25%～30%的回收和利用率提高到50%以上，是解决钽原料短缺的根本之道。

铌和钽性质十分接近。在钽资源不足的情况下，以铌代钽的工作具有特殊意义。特别是在解决了直流漏电率(DCL)和制备高纯度铌粉两大难题后[56,57]，迫切需要研究廉价的铌电容器取代钽和铝电容器的创新工艺。

提高钽、铌粉比电容值，制备出比表面积大、纯度高的优质电容器用钽、铌粉，需要开创新的工艺方法，包括提纯工艺、还原工艺和粉体处理工艺方法。

铌钽冶炼属于高污染性行业。研究开发资源可持续利用的绿色冶金工艺方法和技术，发展清洁生产和环境友好生产工艺，特别是寻找新的化学反应方法，使用新的原材料，开发氢氟酸体系以外的新的铌钽分离工艺，是铌钽冶金工作者重要的努力方向。

参考文献

1 凌永乐. 化学元素的发现. 北京:科学出版社, 1981:103～105
2 Elvira M L. Discovery of the Elements. J. of Chemical Education, 1956: 344～356
3 Hatchett C. Grell's, Ann. ,1802(1): 197～201,257～270
4 Hatchett C. Trans. Roy. Sc. 1802 (92):42～66
5 Ekeberg A G. Ann. Chem. Phys. 1802 (43):276～283
6 Ekeberg A G. Svnsk Vet Akad Handbook. 1802 (23):180～185
7 Rose H. Pogg. Ann. ,1844 (63) :317～345
8 Rose H, Prakt J. Chem. 1845 (34):36～42
9 Marignac C G. Arch. Sci. Geneve,Juillet, 1865 (2):25～28
10 Marignac C G. Ann. Chem. Phys. ,1866, 4(8):5～75
11 Mosheim C D. TIC Bulletin, 2002(110):7～10
12 Mosheim C D. TIC Bulletin, 2002 (111):3～7
13 Miller G L. Tantalum and Niobium. Butterworth,London,1959:1～3
14 Mosheim C D. TIC Bulletin, 2002 (113):2～7
15 Rourke L S. TIC Proceedings Inter. Symposium on Ta and Nb Orland Florida. 1988:3～9
16 伊柳金 A B,等. 铌与钽. 马福康,等译. 北京: 冶金工业出版社, 1997: 1～4
17 Korinek G J. Tantalum Developments in Europe. First Intern. Symp. on Tantalum. Brusset. 1978:101～110
18 Fansteel Company Inc. ,Rare Metals,The History Proporties and Uses of the Metals Ta, W, Mo. North Chicago. Illinois, 1929
19 Belz L H. J. of Electrochemical Society, 1961,3(108):75～79
20 Bain E C, et al. Trans. Am. Soc. For Steel Treating, 1933 (21): 481
21 U S, 2158651[P].1939
22 U S, 2264355[P].1942
23 Lutz Meyer. 铌·科学与技术. 北京: 冶金工业出版社, 2003: 231～242

24 Taylar R L, Harring H E. J. Electric Soc, 1956 (103):611 ~ 613
25 Mclean D A, Power F S. Proc. IRE, 1956 (44):872 ~ 878
26 曾芳屏,等. 钽铌冶金学. 稀有金属冶金学会钽铌分会, 1998: 342 ~ 335
27 Mutrolyrbov Y M, et al. TIC Bulletin, 1993(70):3 ~ 7
28 Stuart H C. TIC Bulletin, 1993(73):3 ~ 10
29 Heisterkamp F. 铌·科学与技术. 北京:冶金工业出版社,2003: 699 ~ 732
30 Moshein C E. TIC Bulletin, 2000 (112):2 ~ 7
31 Sousa C A. TIC Bulletin, 2001(107):2 ~ 4
32 当代中国有色金属工业编委会. 新中国稀有金属工业. 中国有色金属总公司, 1987: 139 ~ 168
33 邓力群,等. 当代中国的有色金属工业. 北京: 中国社会科学出版社, 1990: 378 ~ 383
34 何季麟,张若红,刘卫国. 2005 年我国钽铌工业发展. 2005 年我国有色金属工业发展报告. 中国有色金属工业协会, 2005:190 ~ 198
35 何季麟,张若红,刘卫国. 2004 年我国钽铌工业发展. 2005 年我国有色金属工业发展报告. 中国有色金属工业协会, 2004: 136 ~ 144
36 Geoffrey Titger. 铌·科学与技术. 北京: 冶金工业出版社,2003: 1 ~ 16
37 Moshein C E. TIC Bulletin, 2000(104):2 ~ 7
38 刘宁平,刘建章,等. 钽铌工业生产及其展望. 稀有金属快报, 2005,24(9):1 ~ 6
39 Горощенко Я Г. Химия Ниобия и Тантала. Наукава Думка. Киев, 1965
40 宁夏东方钽业股份有限公司. 铌经济(第 9 版). 2003: 2,17 ~ 19,34 ~ 35,44 ~ 45,76 ~ 78,106 ~ 109, 111 ~ 114,142,163,209
41 宁夏东方钽业股份有限公司. 钽经济(第 8 版). 2003: 1,7 ~ 9,11 ~ 13,16 ~ 17,73,78 ~ 81,90 ~ 100, 111,117 ~ 119,127 ~ 128
42 李学芳. 钽铌工业进展, 2001,(1):19 ~ 24
43 我国有色金属工业协会. 我国有色金属工业发展战略研究, 2004: 159 ~ 177
44 胡克智. 有色金属进展(第 5 分册). 有色金属工业总公司, 1995: 416 ~ 451
45 宁夏东方钽业股份有限公司科技部二分厂. 钽铌译文集(第 3 集,上册). 2003: 11 ~ 20
46 张若红,何季麟,聂明亮. 2003 年我国钽铌工业发展. 2005 年我国有色金属工业发展报告. 中国有色金属工业协会, 2003: 1145 ~ 1151
47 我国钽铌联合体. 我国钽铌联合体公报. 2000 ~ 2005
48 何季麟,王向东,刘卫国. 钽铌资源及我国钽铌工业的发展. 稀有金属快报, 2005, 24(6):1 ~ 6
49 Mosheim C E. Niobium and Tantalum:Review and Statistics. TIC Bull,2001(108):4 ~ 5
50 Mosheim C E. Niobium and Tantalum:Review and Statistics. TIC Bull,2002(112):4 ~ 8
51 郭青蔚. 世界钽工业经济. 稀有金属快报, 2005, 24(1):12 ~ 17
52 郭青蔚. 世界铌工业经济. 稀有金属快报, 2005, 24(2):13 ~ 17
53 John Linden. Tantalun:Raw Material Supply TIC Bull,2001(105):1 ~ 6
54 张华. 稀有金属快报, 2003, 22(2):11 ~ 12
55 Okabe T H,Naodo S,et al. Materials Transaction. 2003,44(12):2646 ~ 2653
56 Kenny Y I. Niobium Technology Capacitor Market. Power Electronic Technology,2003 (3):1 ~ 3
57 Persico Daniel F,et al. 铌·科学与技术. 北京:冶金工业出版社,2003: 210 ~ 218
58 何季麟, 张忠国. 中国钽铌工业的现状与发展. 钽铌工业进展, 2006(4):2 ~ 11
59 肖文至, 陈嶷. 2006 年中国主要产品进出口情况统计. 稀有金属快报, 2007(3)

60 CBMM公司新建铌铁项目将于2008年投产. 亚洲金属网 www. AsianMetal. com. 2007-04-20
61 钽铌投资机会与风险与分析. 中国行业研究报告网 www. Chinahyyj. com. 2007-04-05
62 中国铌铁市场稳定在高位. 亚洲金属网 www. AsianMetal. com. 2007-4-29

全书综合参考书目

1 Gupta C K. Extractive metallurgy of niobium. Boca Roton: FI CRC Press, 1997
2 Горощенко Я Г. Химия ниобия и тантала. Киев: Раукова Думко, 1965
3 Faibrather F. The chemistry of tantalum and niobium. Amsterdan: Elsevier, 1970
4 Sisco Frank T. Columbium and Tantalum. New York: John Wiley & Sons, Inc, 1963:30~56
5 (俄)叶留金 A B. 铌与钽. 马福康,等译. 长沙:中南工业大学出版社, 1997
6 Eckert J, Starck H C. Niobium and Niobium Compounds. GmBh & Co. KG, 1991
7 Japan Society of New Metals. Tantalum and Niobium, 1975
8 幸良佐,肖文至. 钽铌冶金. 北京:冶金工业出版社,1982
9 王肇信,辛良佐,曾芳屏. 钽铌冶金学. 稀有金属冶金学会钽铌冶金专业委员会,1998
10 金属测试编写组. 铌和钽的冶金分析. 北京:冶金工业出版社, 1971
11 有色金属工业分析编委会. 难熔金属和稀散金属分析. 北京:冶金工业出版社,1992

手册、百科类参考书目

1 《稀有金属手册》编写组. 稀有金属手册. 北京:冶金工业出版社, 1992
2 《有色金属提取冶金手册》编委会. 有色金属提取冶金手册,稀有高熔点手册(下). 北京:冶金工业出版社,1999
3 陈家庸. 湿法冶金手册. 北京:冶金工业出版社, 2005
4 《材料科学技术百科全书》编委会. 材料科学技术百科全书. 北京:中国大百科全书出版社, 1995
5 《中国冶金百科全书》编委会. 中国冶金大百科全书(有色金属冶炼卷). 北京:冶金工业出版社,1992
6 《化学化工大百科全书》编委会. 化学化工大百科全书. 北京:化学工业出版社, 1992
7 Fathi Habashi. Handbook of Extractive Metallurgy. 1998
8 Encycl. Of Chemical Technology. Kirk-OTHMER/WileyInterscience, 1982
9 《中国工程材料工程大典》编委会. 中国工程材料工程大典:有色金属材料工程(上)第10篇. 何季麟,主编. 钽铌及其合金材料. 北京:化学工业出版社, 2006

2 铌和钽的物理性质、力学性质和加工性能

纯金属铌和纯金属钽在颜色和塑性方面与铂相似，外观均呈钢灰色（钽略带有蓝色光泽）。纯金属铌和钽比较软并具较好的延性，但所含杂质会使它们变得硬和脆。由于镧系收缩，出现额外的 d 电子，铌和钽的金属键就变得更强，因而它们具有较高的熔点和沸点以及较大的原子焓。其中，钽的熔点仅次于钨、铼、锇，高于铂，是所有金属中熔点第四高的金属。

2.1 铌和钽的物理性质

2.1.1 铌和钽的原子性质和晶体学性质

铌和钽的原子和结晶学性质如表 2-1 所示。

表 2-1 铌和钽的原子和结晶学性质[1~15]

项　目	铌	钽
原子的外层电子结构	[Kr]$4d^4 5s^1$	[Xe]$4d^3 5s^2$
相对原子质量	92.90638	180.9479
原子体积（摩尔体积）/$cm^3 \cdot mol^{-1}$	10.84	10.87
原子半径/pm	142.9	143
晶体结构	bcc（体心立方）A_2	bcc（体心立方）A_2
空间群	$O_h^9 - 1m3m$	$O_h^9 - 1m3m$
晶格常数 a/pm	329.86	330.29
配位数	8	8
离子半径/pm		
3^+	—	72
4^+	74	68
5^+	69	64
共价半径/pm	134	134
密度①$_{固}$（293K）/$cm^3 \cdot g^{-1}$	8.570	16.654
电子亲和能②/$kJ \cdot mol^{-1}$	—	80
电负性③	1.60（Pauling④） 1.23（Allred-Rochow④）	1.5（Pauling④） 1.33（Allred-Rochow④）

① 强度为 4×10^{19} neut/cm^2 的中子辐照可使钽的密度降低 0.15%[3]；

② 第一电子亲和能；

③ 电负性表示原子在化合物中争夺电子的相对能力；

④ 发明人或测量者。

液态金属铌和钽的密度、表面张力列于表 2-2。

表 2-2　液态金属铌和钽的密度、表面张力[2~6]

金　属	密度 ρ/g · cm^{-3}	表面张力 σ/mN · m^{-1}
铌	(7.83)	2150(2773K)
钽	(15.0)	2400(3273K)

注：ρ 为铌和钽熔点时的密度。

2.1.2　铌和钽的核性质

铌和钽的基本核性质如表 2-3 所示；一般同位素列于表 2-4 和表 2-5。重要的同位素的性质如表 2-6 所示。磁共振性质如表 2-7 所示。

表 2-3　铌和钽的核子性质[1,2,4]

性　质	铌	钽
原子序数	41	73
热中子俘获截面/kPa	$(1.15 \pm 0.05) \times 10^2$	$(22 \pm 1) \times 10^2$
同位素数(包括同质异能素)	24	18
同位素相对原子质量	88 ~ 101	172 ~ 186

铌有一种天然的稳定同位素^{93}Nb。尚未发现铌的天然放射性同位素。质量数为 88 ~ 101 的铌的放射性同位素的半衰期、衰变方式和制备方法如表 2-4 所示。

表 2-4　铌的同位素[16~19]

核　素	半衰期	衰变方式	制备方法
^{88}Nb	≈15 min	β^+	
^{89}Nb①	≈1 h	β^+,γ	
^{89}Nb	1.9 h	β^+,无 γ	^{89}Y(α,4n)
^{90}Nb①	0.01 s		
^{90}Nb①	24 s	I. T. ②	裂变物^{90}Mo
^{90}Nb	14.6 h	β^+,γ	^{90}Zr(p,n)；^{90}Zr(d,2n)
^{91}Nb①	62d	I. T. (97%)；E. C. (3%)	^{89}Y(α,2n)；^{90}Zr(d,n)
^{91}Nb①	长	E. C. ③	^{90}Zr(d,n)
^{92}Nb①	6 s	E. C.	
^{92}Nb①	13 h		
^{92}Nb①	3.2 h	E. C.	
^{92}Nb①	10.1d	E. C. (99%)；β^+(0.06%)	^{89}Y(α,n)
^{93}Nb①	3.7y	I. T.	

续表 2-4

核　素	半衰期	衰变方式	制备方法
^{93}Nb	稳定	—	天然丰度
^{94}Nb①	6.6 min	I.T.(99%),β^-0.1%	$^{93}Nb(n,\gamma)$
^{94}Nb	2.0y	β^-,γ	$^{93}Nb(n,\gamma)$
^{95}Nb①	90 h	I.T.	
^{95}Nb	35 d	β^-,γ	^{95}Zr裂变产物
^{96}Nb	23 h	β^-,γ	^{95}Zr裂变产物
^{97}Nb①	1 min	I.T	$^{96}Zr(p,n)$;$^{98}Mo(d,\alpha)$
^{97}Nb	72 min	β^-,γ	^{97}Zr裂变产物
^{98}Nb①	2 min	β^-	^{97}Zr衰变产物
^{98}Nb①	7 min		^{98}Zr裂变产物
^{98}Nb	51 min	β^-,γ	
^{99}Nb①	10 s	β^-,I.T.	$^{100}Mo(n,p)$
^{99}Nb	2.5 min	β^-,γ	$^{100}Mo(\gamma,p)$
^{100}Nb	11.5 min	β^-,γ	$^{100}Mo(n,p)$
^{100}Nb	3 min	β^-,γ	裂变产物
^{101}Nb	1 min	β^-	裂变产物

① 同质异能素；
② I.T. 为同质异能跃迁；
③ E.C. 为电子俘获。

钽有两种天然的稳定同位素^{180}Ta和^{181}Ta。质量数为 172 ~ 186 的钽的同位素的半衰期、衰变方式和制备方法见表 2-5。

表 2-5　钽的同位素[16~19]

核　素	半衰期	衰变方式	制备方法
^{172}Ta	30 min	β^-	
^{173}Ta	2.5 h	E.C.③	
^{174}Ta	1.31 h	β^-	
^{175}Ta	111 h	E.C.	
^{176}Ta	81 h	E.C.	$Lu(\alpha,3n)$;^{176}W衰变
^{177}Ta	2.3d	E.C.	$Lu(\alpha,2n)$;$Lu(\alpha,3n)$;$Hf(p,n)$
			^{177}W衰变
^{178}Ta	2.21 h	E.C. ~97%	$Lu(\alpha,n)$;$Hf(p,n)$
		β^+ ~3%	$Ta(p,p3n)$
^{178}Ta	9.4 min	E.C. ~98%	$Hf(p,n)$;^{178}W衰变
		β^+ ~2%	
^{179}Ta	600 d	E.C.	$Lu(\alpha,n)$;$Hf(p,n)$;$Ta(p,p2n)$

续表 2-5

核　素	半衰期	衰变方式	制备方法
^{180}Ta①	8.1 h	E.C.79% β^-21% Noβ^+	$^{181}Ta(n,2n)$；$^{181}Ta(\gamma,n)$
^{180}Ta	稳定	—	天然丰度 0.0123%
^{181}Ta	稳定	—	天然丰度 99.9877%
^{182}Ta①	16 min	I.T.②	$Ta(n,\gamma)$
^{182}Ta	115 d	β^-,γ	$Ta(n,\gamma)$；$Ta(\alpha,p)$；$W(\alpha,\alpha)$；$W(n,p)$
^{183}Ta	5.0d	β^-,γ	$W(n,p)$；$W(n,pn)$；$W(\gamma,p)$
^{184}Ta	8.7 h	β^-,γ	$^{184}W(n,p)$
^{185}Ta	48 min	β^-,γ	$^{186}W(\gamma,p)$
^{186}Ta	10 min	β^-,γ	$W(n,p)$

① 同质异能素；
② I.T. 为同质异能跃迁；
③ E.C. 为电子俘获。

铌和钽一些重要的同位素的核性质如表 2-6 所示。

表 2-6　铌和钽重要的同位素的性质[1]

核　素	相对原子质量	在自然界的丰度/%	半衰期 $T_{1/2}$	衰变方式及其能量/MeV	核自旋量子数 I	核的磁矩 μ
^{93}Nb	92.9060	100	稳定同位素		9/2	+1.67
^{94}Nb	93.9057	0	2×10^4y	$\beta^-(2.06),\gamma$		
^{180}Ta	179.9415	0.012	$>1\times10^{12}$y	E.C.，β^-		
^{181}Ta	180.9480	99.988	稳定同位素		7/2	+2.35
^{182}Ta		0	115.1d	$\beta(1.811)\gamma$		

同位素^{93}Nb 和^{181}Ta 的磁共振参数列于表 2-7。

表 2-7　^{93}Nb 和^{181}Ta 的磁共振参数[1]

项　　目	Nb	Ta
相对灵敏度($^1H=1.00$)	0.48	3.6×10^{-2}
绝对灵敏度($^1H=1.00$)	0.48	3.6×10^{-2}
接收性能($^{13}C=1.00$)	2740	204
磁化率/rad·T^{-1}·s^{-1}	6.5476×10^7	3.2073×10^7
四极矩/m^2	-0.2×10^{-28}	3×10^{-28}
频率($^1H=100$ Hz，2.3488T)/Hz	24.442	

同位素^{95}Nb(半衰期35d)和^{182}Ta(半衰期115d)具有广泛用途,它们常在各种研究和分析测试工作中用作示踪原子。^{95}Nb由铀235裂变制取,在慢中子作用下产生的^{95}Zr的衰变产生(图2-1); ^{182}Ta可以在铀核反应堆中用中子照射钽的天然同位素^{181}Ta来制取[16]。

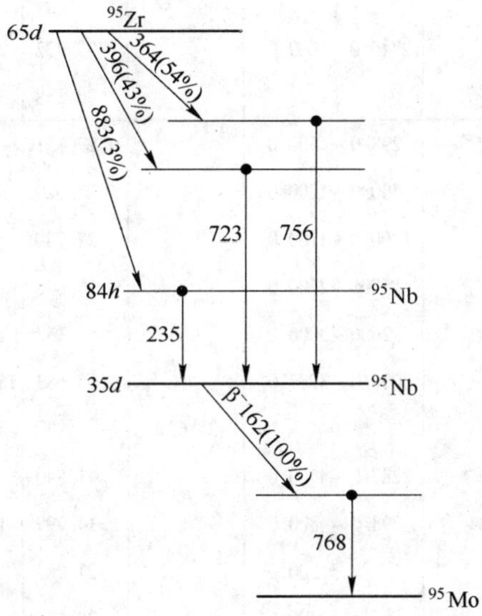

图2-1　放射性同位素^{95}Nb的生成和裂变

2.1.3　铌和钽的热学性质和热力学性质[4,5,19~25]

铌和钽的热学性质和热力学性质如表2-8和表2-9所示。

表2-8　铌和钽的热学性质和热力学性质[19~25]

性　质	铌	钽
熔点/℃	2468	2996
沸点/℃	4742	5425±100
质量热容/J·(g·K)$^{-1}$	0.27	0.14
熔化热/kJ·mol^{-1}	27.2	31.4
升华热/kJ·mol^{-1}	721.3	781.6
汽化热/kJ·mol^{-1}	715.1	776.1
热导率(300K)/W·(m·K)$^{-1}$	53.7	57.7

铌和钽的标准生成自由焓(生成热的负值)$\Delta H^{\ominus}_{298K}$、标准绝对熵值$S^{\ominus}_{298K}$和质量定压热容$c_p$的数值列于表2-9,表中:

$$c_p = A + B\times10^{-3}T + C\times10^{-6}T^2 + D\times10^{-5}/T^2 + E\times10^{8}/T^3$$

表 2-9　固、液、气状态下铌和钽的热化学性质[14]

元素	状态	$\Delta H^{\ominus}_{298K}$ /kJ·mol^{-1}	$S^{\ominus}_{298K}$ /J·(mol·K)$^{-1}$	温度范围/℃	相变热 /kJ·mol^{-1}	c_p/J·(mol·K)$^{-1}$				
						A	*B*	*C*	*D*	*E*
铌	固态	0.0	36.401	298.0～2740.0		23.723	4.017	0.0	0.0	0
					26.359					0
	液态			2740.0～5009.0		33.472	0.0	0.0	0.0	0
	气态	725.9	186.256			30.158				
钽	固态	0.0	41.505	298.0～ 500.0		27.351	−0.929	0.0	−1.527	0
				500.0～1200.0		25.020	2.469	0.0	0.0	0
				1200.0～1700.0		22.780	3.979	0.0	6.761	0
				1700～2600.0		10.648	8.581	0.0	132.963	0
				2600～3000.0		−65.153	28.234	0.0	1806.166	0
				3000.0～3287.0		−655.683	158.243	0.0	19342.892	0
					31.631					0
	液态			3287.0～4400.0		41.840	0.0	0.0	0.0	0
	气态	781.571	185.104	298.0～ 800.0		14.799	13.088	0.0	1.920	0
				800.0		21.983	9.188	0.0	0.0	0
				2400.0		28.635	2.464	0.0	0.0	0

不同温度下铌和钽的蒸气压如表 2-10 所示。

表 2-10　不同温度下铌和钽的蒸气压[4,21,26]

铌		钽	
T/K	*p*/Pa	*T*/K	*p*/Pa
2700	67.33×10^{-4}	1900	44.88×10^{-11}
2800	17.35×10^{-3}	1900	57.78×10^{-10}
2900	42.04×10^{-2}	2200	40.96×10^{-8}
3000	96.24×10^{-2}	2600	31.36×10^{-5}
3100	20.87×10^{-1}	2800	42.73×10^{-4}
3150	30.18×10^{-1}	3000	41.85×10^{-3}

铌的挥发速度如表 2-11 所示。

表 2-11　不同温度下铌的挥发速度[4,27,28]

T/K	2304	2358	2404	2463	2496	2555	2596
挥发速度 /g·(cm^2·s)$^{-1}$	2.3423×10^{-8}	7.1368×10^{-8}	1.4402×10^{-7}	3.4881×10^{-7}	4.9787×10^{-7}	1.1803×10^{-6}	2.0495×10^{-6}

铌和钽的热导率与温度的关系如表 2-12 所示。

表 2-12　铌和钽的热导率 λ[4,29,30]

T/K	300	400	500	600	800	1000	1200	1400	1800	2000	2400	2600	2800	3000
λ(Nb)/W·(m·K)$^{-1}$	53.7	55.2	56.7	58.2	61.3	—	—	62.8	68.0	70.6	75.6	—	—	—
λ(Ta)/W·(m·K)$^{-1}$	52.1	51.8	51.8	51.8	52.4	53.2	54.4	55.8	58.6	60.0	62.8	64.2	65.6	67.0

注：误差为 ±10%。

铌和钽的线胀系数 α 如表 2-13 所示。

表 2-13　铌和钽的线胀系数 α[4,31,32]

T/K	300	373	473	673	873	1073
α(Nb)/K^{-1}	7.08×10^{-6}	7.12×10^{-6}	7.34×10^{-6}	7.83×10^{-6}	8.33×10^{-6}	8.81×10^{-6}
α(Ta)/K^{-1}	—	6.59×10^{-6}	6.72×10^{-6}	6.99×10^{-6}	—	7.53×10^{-6}
T/K	1273	1473	1673	1873	2273	3272
α(Nb)/K^{-1}	9.29×10^{-6}	9.78×10^{-6}	10.25×10^{-6}	10.73×10^{-6}	—	—
α(Ta)/K^{-1}	—	8.06×10^{-6}	—	8.59×10^{-6}	9.48×10^{-6}	10.97×10^{-6}

铌和钽的温度传导系数 a 在接近室温时具有最低值。在 1000 ~ 2000 K 温度内，温度对传导系数影响不大；在 400 ~ 2000 K 温度区间，钽的温度传导系数没有变化；高于 2000 K，传导系数略有下降。

表 2-14　铌和钽的温度传导系数 a[4,9,33]（误差 ±5%）

T/K	300	500	700	900	1200
a(Nb)/m^2·s^{-1}	23.7×10^{-6}	23.5×10^{-6}	23.9×10^{-6}	24.2×10^{-6}	24.9×10^{-6}
a(Ta)/m^2·s^{-1}	23.7×10^{-6}	22.0×10^{-6}	22.0×10^{-6}	22.0×10^{-6}	22.0×10^{-6}
T/K	1600	2000	2400	2800	3000
a(Nb)/m^2·s^{-1}	25.0×10^{-6}	24.6×10^{-6}	23.0×10^{-6}	20.3×10^{-6}	—
a(Ta)/m^2·s^{-1}	22.0×10^{-6}	22.0×10^{-6}	20.7×10^{-6}	19.0×10^{-6}	18.0×10^{-6}

不同温度下铌和钽的质量定压热容如表 2-15 所示。

表 2-15　铌和钽的质量定压热容 c_p[4,34]

铌	T/K	273	773	1113	1573	1773	1873
	c_p/J·(kg·K)$^{-1}$	269.31	288.36	306.31	328.75	339.88	346.12
钽	T/K	273	500	1000	1500	2000	3000
	c_p/J·(kg·K)$^{-1}$	142.35	146.54	152.82	161.19	171.66	234.46

各种温度下铌和钽的标准摩尔熵 $S_m^{\ominus}$ 如表 2-16 所示。

表 2-16　铌和钽的标准摩尔熵 $S^{\ominus}{}_m$[4,9,35]

T/K	298	500	1000	1500	2000	2500	3000
$S_m^{\ominus}$(Nb)/J·(mol·K)$^{-1}$	36.55	49.61	68.03	79.67	88.46	95.79	111.60
$S_m^{\ominus}$(Ta)/J·(mol·K)$^{-1}$	41.55	54.97	73.89	85.41	93.83	100.57	106.22

液态铌的表面张力:2773K,$\gamma = 2150$ mN/m。

液态钽的表面张力:3273K,$\gamma = 2400$ mN/m。

原子的无规则的热运动造成物质出现迁移的扩散现象。影响扩散的主要因素是温度、浓度、基体金属铌或钽的晶体结构、溶质与溶剂的原子半径等。热扩散系数与温度的关系式为

$$D = D_0 e^{-Q/RT}$$

式中,D_0 为频率因子 cm/s;Q 为扩散激活能,kJ/mol;R 为摩尔气体常数,8.314 J·(mol·K);T 为热力学温度,K。

铌和钽的自扩散参数如表 2-17 所示。

表 2-17　固态铌和钽中的自扩散参数[9,36]

元　素	D_0/cm·s^{-1}	Q/kJ·mol^{-1}	温度范围/℃
铌	1.1 ±0.2	22.929 ±0.2	1250 ~ 2200
钽	0.124	23.574	1850 ~ 2350

一些元素与铌和钽的互扩散参数分别如表 2-18 和表 2-19 所示。

表 2-18　一些元素与铌的互扩散参数[9,36]

元　素	T/K	D_0/m·s^{-1}	Q/kJ·mol^{-1}
H	333 ~ 873	2.151×10^{-6}	99.23
C	1373 ~ 1673	9.32×10^{-6}	146.2
N	633 ~ 933	9.8×10^{-6}	161.6
V	1273 ~ 1673	2.21×10^{-4}	368
Co	1673 ~ 2063	7.4×10^{-5}	295.2
Ni	1223 ~ 2363	3.5×10^{-6}	270
Zr	1172 ~ 2273	1×10^{-5}	376.8

表 2-19　一些元素与钽的互扩散参数[9,36]

元　素	T/K	D_0/m·s^{-1}	Q/kJ·mol^{-1}
H	273 ~ 433	6.1×10^{-8}	14.6
C	873 ~ 1673	2.78×10^{-7}	103.0
N	1073 ~ 1573	2.4×10^{-5}	171.24

续表 2-19

元　素	T/K	D_0/m·s^{-1}	Q/kJ·mol^{-1}
O	—	3×10^{-6}	121.42
S	1970～2100	1×10^{-2}	293
Sb	1193～2757	2.3×10^{-5}	413.6

铌和钛、钨、锆、铀的互扩散系数如表 2-20 所示。

表 2-20　铌和钛、钨、锆、铀的互扩散系数[9,36]

元素 1	元素 2（摩尔分数）/%	D_0/cm·s^{-1}	Q/kJ·mol^{-1}	温度范围/℃	元素 1（摩尔分数）/%	元素 2（摩尔分数）/%	D_0/cm·s^{-1}	Q/kJ·mol^{-1}	温度范围/℃
	Ti				Nb				
	0	2.5×10^{-3}	293.3		0		$\sim10^{-2}$	196.9	
	20	2.5×10^{-3}	264.0		20		$\sim4\times10^{-2}$	209.5	
Nb	40	3.2×10^{-3}	238.8	1000～1590	40	Zr	$\sim10^{-1}$	255.6	
	60	3.8×10^{-3}	209.5		60		$\sim3\times10^{-1}$	301.7	1445～1690
	80	3.8×10^{-3}	184.4		80		～2	347.8	
	100	3.8×10^{-3}	167.6		100		～10	389.7	
	W					U			
	10	81.45	440.0			62	0.84	287.0	
	20	22.2	419.0			74	0.82	253.1	
Nb	40	1.4×10^{-3}	280.3	2000～2400	Nb	78	1.16	252.7	
	60	3×10^{-3}	255.6			82	1.9×10^{-4}	140.0	
	80	1.0×10^{-3}	236.3			93	1.63×10^{-4}	126.5	
	90	6.0×10^{-4}	228.4			97	2.31×10^{-4}	125.3	

2.1.4　铌和钽的电学和磁学性质[4,9,37～39]

表 2-21 列出了铌和钽的电学和磁学性质。

表 2-21　铌和钽的电学和磁学性质[4,40～42]

性　质	铌	钽
电阻率/Ω·m	12.5×10^{-8}(273 K)	12.45×10^{-8}(300 K)
电阻温度系数	3.95×10^{-3}(273～1273 K)	3.82×10^{-3}(273～1273 K)
电导率/S·cm^{-1}	4.93×10^{4}	7.61×10^{4}
磁化率	2.76×10^{-8}	1.07×10^{-8}
超导转变温度 T_c/K	9.22	4.38
标准电极电位(Nb/Nb^{5+})/V	0.96	1.12
电化当量/mg·C^{-1}	0.1926	0.3749

铌和钽的电性能受金属纯度和温度的影响较大。表 2-22 所示为不同温度下铌和钽的电阻率。

表 2-22　不同温度下铌和钽的电阻率 ρ[4,9,43]

T/K	300	500	700	900	1100	1300	1500	1800	3223
ρ(Nb)/Ω · m	0.15×10^{-6}	0.24×10^{-6}	0.32×10^{-6}	0.40×10^{-6}	0.46×10^{-6}	0.52×10^{-6}	0.57×10^{-6}	0.65×10^{-6}	
ρ(Ta)/Ω · m	0.15×10^{-6}	0.24×10^{-6}	0.33×10^{-6}	0.42×10^{-6}	0.49×10^{-6}	0.56×10^{-6}	0.62×10^{-6}	0.71×10^{-6}	1.08×10^{-6}

氧含量对铌的电阻率的影响如表 2-23 所示；氮和氧含量对铌电导率的影响如图 2-2 所示。

表 2-23　氧含量对铌的电阻率 ρ 的影响[9,44,45]

$w(O_2)$/%	0.03×10^{-6}	0.161×10^{-6}	0.315×10^{-6}	0.410×10^{-6}	0.565×10^{-6}
电阻率 ρ/Ω · m	0.1625×10^{-6}	0.1879×10^{-6}	0.2567×10^{-6}	0.2659×10^{-6}	0.3060×10^{-6}

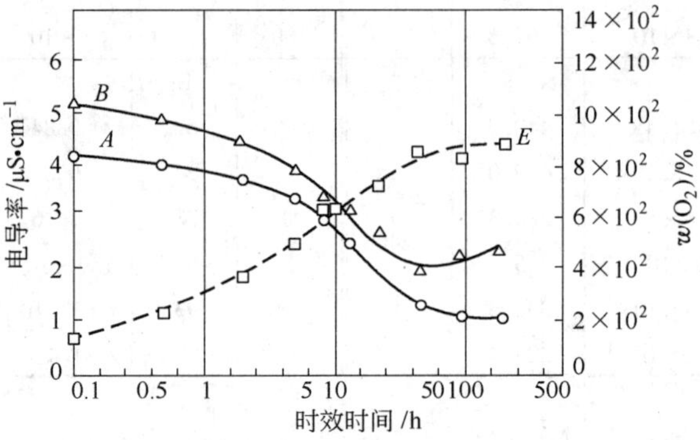

图 2-2　铌中的氮、氧含量对其电导率的影响[46]

铌和钽的热电动势在数值上较为接近。但它们受温度的影响比较复杂。铌的热电动势的绝对值(V/K)的变化情况列于表 2-24。

表 2-24　不同温度下铌的热电动势[47,48]

温度/K	100	400	830	1200	1450
热电动势/V · K^{-1}	1.0×10^{-6}	1.3×10^{-6}	1.0×10^{-6}	4.0×10^{-6}	~6.0×10^{-6}

2.1.5　铌和钽的电子学性质、热离子性质和光学性质[4,9,49,50]

铌和钽的主要电子性质、热离子性质和光学性质如表 2-25 所示。

表 2-25 铌和钽的主要的电子性质、热离子性质和光学性质[1~10,49,50]

性　质	铌	钽
光谱发射率($\lambda=650$ nm)	0.37	0.49
总发射率		0.20(1400℃) 0.21(1500℃) 0.25(2000℃)
折射率	1.80	2.05
电离电位/V	6.67	7.3±0.3
电子发射/A·cm^{-2}	37.57	60
功函数/eV	4.01	4.0
正离子发射/eV	5.5	10.0

当铌或钽的原子中各电子处于尽可能低的能量状态时称原子处于基态。在外场作用下电子由低能级跃迁到高能级，使原子处于激发态。当电子跃迁到原子作用力的范围以外而脱离原子时，称电子被电离。铌和钽的电离势和电离能如表2-26 所示。

表 2-26 铌和钽的电离势和电离能[1,50~52]

离子价态		$M \to M^+$	$M^+ \to M^{2+}$	$M^{2+} \to M^{3+}$	$M^{3+} \to M^{4+}$	$M^{4+} \to M^{5+}$	$M^{5+} \to M^{6+}$	$M^{6+} \to M^{7+}$
Nb	电离势/eV	6.88	14.32	25.04	38.3	50	103	125
	电离能/kJ·mol^{-1}	664	1382	2416	3695	4877	9899	12100
Ta	电离势/eV	7.88	16.2					
	电离能/kJ·mol^{-1}	761	(1500)	(2100)	(3200)			

温度对铌和钽的辐照表面功率有影响。不同温度下铌和钽的辐照表面功率 ρ(W/cm^2)为[4,9,52]：

T/K	1600	2000	2200	2400	2800
ρ(Nb)	6.4	18.5	29.9	45.5	130.6
T/K	1063	1803	2003		
ρ(Ta)	7.3	12.8	21.2		

未被氧化的铌的辐照系数为：$\varepsilon_T=0.372\sim0.322$($T=1200\sim2100$ K)

未被氧化的钽的光辐照系数为：$\varepsilon_\lambda=0.448-0.442$($\lambda=0.65$nm，$T=1400\sim2000$ K)

铌和钽的反射性能(反射系数 n_D)为[53,54]：

λ/μm	1.0	2.0	3.0	4.0	6.0	10.0	15.0
n_D(Nb)/%	75	93	95	96	96	96	97

$\lambda/\mu m$	0.5	0.6	0.8	1.0	2.0	4.0	7.0	12.0
$n_D(Ta)/\%$	38	45	64	78	90	93	94	95

铌和钽的光谱谱线如表 2-27 所示。

表 2-27　铌和钽的光谱灵敏谱线[55]

波长/nm	灵敏度		波长/nm	灵敏度	
	电弧	闪光		电弧	闪光
钽			铌		
340.67	70	18	407.97	500	200
331.88	125	35	405.89	1000	400
331.17	300	70	322.55	150	800
铌			319.49	30	300
413.71	100	60	316.34	15	8
412.38	200	125	313.08	100	100
419.09	300	200	309.41	100	1000

2.2　铌和钽的力学性能[56~59]

铌和钽的力学性能和金属的纯度及金属的原始状况有关，即取决于金属中的杂质含量、压力加工条件和热处理条件。图 2-3 所示为钽中氧含量对其力学性能的影响；图 2-4 所示为铌中氧含量对其抗拉性能的影响[56]。

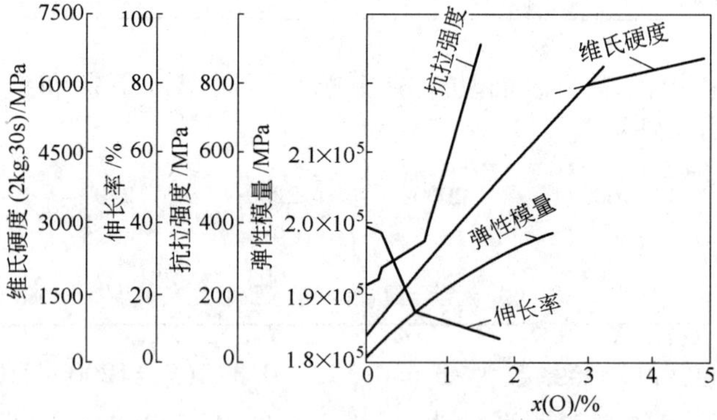

图 2-3　钽中氧含量对其力学性能的影响[56]

图 2-5 所示为钽中氮含量对其力学性能的影响；图 2-6 所示为铌中间隙元素含量对铌的弯曲塑性－脆性转变温度的影响。

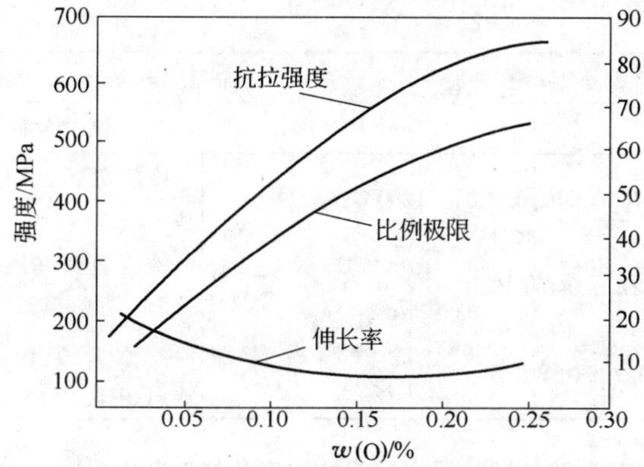

图 2-4 铌中氧含量对其抗拉性能的影响[56]

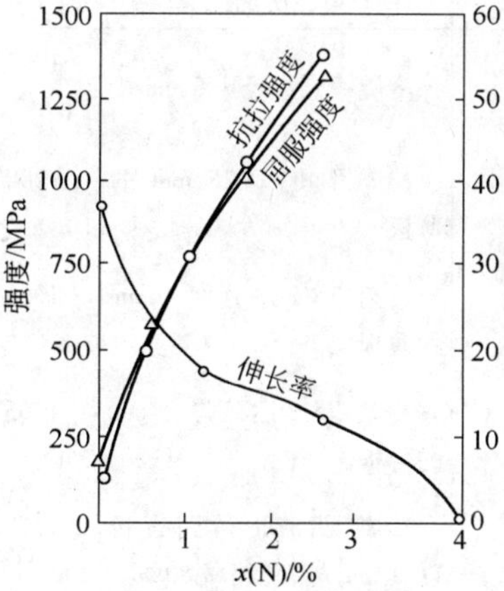

图 2-5 钽中氮含量对其力学性能的影响[56]

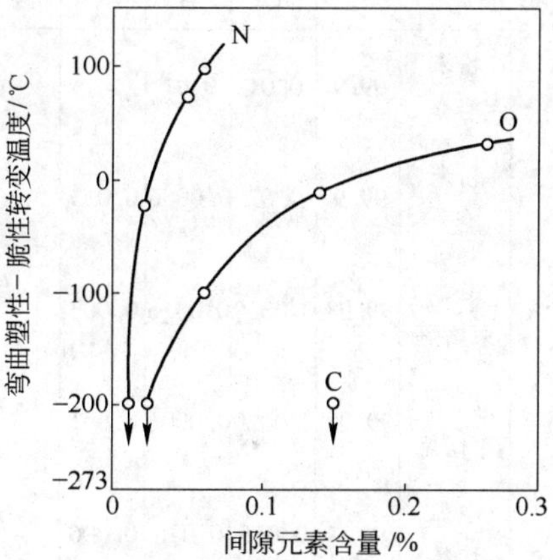

图 2-6 铌中间隙元素含量对铌的弯曲塑性－脆性转变温度的影响[56]

表 2-28 和表 2-29 分别所示为待测定力学性质用的金属铌和钽的纯度及其加工状况。

表 2-28 试验用金属铌的纯度和加工条件[60]

材料代号	熔炼工艺	材料成分/%				加工方法		再结晶
		Nb	C	O	N	初加工	第二次加工	
E	电子束熔炼	99.9	0.021	0.010	0.009	1065℃退火 4 h 冷轧缩减 75%	冷旋锻到直径 9.5 mm 棒,总缩减 95%	1095℃,2 h
A-1	电弧熔炼	99.8	0.037	0.040	0.034	300℃ 锻造缩减 15%	冷旋锻到直径 9.5 mm 棒,总缩减 96%	1200℃,1 h

续表 2-28

材料代号	熔炼工艺	材料成分/%				加工方法		再结晶
		Nb	C	O	N	初加工	第二次加工	
A-2	电弧熔炼	99.8	0.070	0.040	0.020	1200℃挤压	冷旋锻到直径 11.1 mm 棒,总缩减 81%	1065℃,3 h
A-3	电弧熔炼	99.8	0.027	0.040	0.010	1145℃ 锻造缩减 82%	冷旋锻到直径 11.1 mm 棒,总缩减 80%	1065℃,2 h
Seg-3	电子束熔炼	99.9	0.0027	0.014	0.013	冷锻和冷轧缩减 96%	冷旋锻到直径 9.5 mm 棒,总缩减 95	1065℃,2 h

表 2-29　试验用金属钽的纯度和加工条件[60]

材料代号	熔炼工艺	材料成分/%				加工方法		再结晶
		Ta	C	O	N	初加工	第二次加工	
	粉末冶金	99.9	0.01	0.01			冷旋锻到直径 7.6 mm 棒	1700℃,1 h
	粉末冶金	99.9	0.02	0.0056	0.013		冷轧到厚 0.25 mm 的薄板	1200℃,1 h
Lot-1	电子束熔炼	99.98	0.0030	0.0016	0.003	冷轧	冷轧 75% 达到厚 1 mm 的薄板	1065℃,3 h
Lot-2	电子束熔炼	99.98	0.0020	0.0006	0.001	冷轧	冷轧 75% 达到厚 1 mm 的薄板	1065℃,2 h
A	电弧熔练	99.9	0.015	0.028	0.006	冷开坯	冷旋锻 87% 达到直径 11.1 mm 棒,总缩减 80%	1065℃,2 h
E	电子束熔炼	99.97	0.005	0.006	0.006	冷开坯	冷旋锻到直径 9.5 mm 棒,总缩减 98%	

2.2.1　铌和钽的弹性模量

弹性模量是材料在弹性变形阶段内应力与应变的比值,它表征材料抵抗弹性变形能力,其数值大小反映材料弹性变形的难易程度。表 2-30 和表 2-31 分别所示为铌和钽室温下的弹性模量数据。

表 2-30　室温下铌的弹性模量数据[61~65]

金属纯度/%	—	—	99.9	99.9	99.95	99.8	99.9
退火温度/℃	1050		1100	1100	1300	1100	1260
测定方法		动态	动态(真空)	动态(真空)	静态	静态	静态
弹性模量 E/MPa	1.04	1.08	1.26	1.17	0.85	1.25	1.12

表 2-31 室温下钽的弹性模量数据[58~61,63]

金属纯度/%	99.8	—	99.9	99.9	99.9	99.9
退火温度/℃	1400	冷加工，缩减 37%	1400	1300	1350	500
测定方法			动态（真空）	静态	静态	动态
弹性模量 E/MPa	190	191	192	189	193	189

温度对弹性模量有一定影响。不同温度下铌和钽的弹性模量列于表 2-32。

表 2-32 不同温度下铌和钽的弹性模量[60~63]

温度/℃		-180	-73	-50	25	93	200	204	310	350	427	500	600	800	900
弹性模量 E/MPa	Ta	189	195	186	186	—	179	—	—	176	—	171	—	—	—
	Nb	—	—	—	—	120	—	118	96	—	115	—	112	109	108

2.2.2 铌和钽的拉伸性能

拉伸强度是指材料能够承受的最大拉伸应力。它是工程设计中材料的重要力学性能指标。铌的室温、高温和低温拉伸性能分别如表 2-33 ~ 表 2-35 所示。

表 2-33 再结晶铌的室温拉伸性能[59,64~66]

材料	材料尺寸 /mm	应变速度 /mm · min^{-1}	比例极限 σ_p/kPa	屈服极限 σ_s/kPa		屈服强度 $\sigma_{0.2}$/kPa	拉伸强度极限 σ_b/kPa	对标距为 25.4 mm 长的伸长率①/%	面缩率 /%	切口强度极限与未切口强度极限之比
				上	下					
	棒，未切口	—	16.7			—	27.2	49①	—	—
E	直径 6.35，未切口	0.005 ~ 0.05②	—	17.9	15.8	16.4	21.7	60	93	—
E	直径 6.35，切口③	0.005 ~ 0.05②	—	—	—	—	33.4	18	90	1.47
A-1	直径 6.35，未切口	0.005 ~ 0.05	23.5	26.5	24.3	25.3	34.3	52	90	—
A-2	直径 6.35，未切口	0.005 ~ 0.05	—	29.3	26.8	27.6	36.3	42	78	—
A-2	直径 6.35，切口③	0.005 ~ 0.05	—	—	—	45.5	50.7	10	69	1.40

续表 2-33

材料	材料尺寸/mm	应变速度/mm·min^{-1}	比例极限 σ_p/kPa	屈服极限 σ_s/kPa		屈服强度 $\sigma_{0.2}$/kPa	拉伸强度极限 σ_b/kPa	对标距为 25.4 mm 长的伸长率①/%	面缩率/%	切口强度极限与未切口强度极限之比
				上	下					
A-3	直径 6.35，未切口	0.005 ~ 0.05	23.2	26.8	24.7	24.7	34.4	49	82	—
A-3	直径 6.35，切口③	0.005 ~ 0.05	—	—	—	38.6	48.6	12	68	1.39

注：试样规长 31.8 m。

① 伸长率等于 $4\sqrt{F_o}$，F_o 为断面面积；

② 以 0.005 达到屈服点，然后以 0.05 到断裂；

③ 切口角 60°，切口半径为 0.127 mm，切口与未切口面积之比为 1/2。

表 2-34　铌的高温拉伸性能[59,67,68]

试验温度/℃	屈服极限 σ_s/kPa	拉伸强度极限 σ_b/kPa	对 2.54 mm 长的伸长率/%		面缩率/%
			均衡	伸长率	
室温	24.8	33.3	18.1	48.0	63.5
315	18.4	37.1	17.5	35.4	78.9
480	12.9	29.1	15.3	24.8	82.2
650	6.9	15.2	15.5	43.0	72.0
870	6.5	10.5	13.8	47.0	96.0
1095	5.6	6.9	8.8	34.0	≈100.0
1209	5.2	6.5	5.2	21.0	73.2
1315	2.7	3.8	17.2	70.0	81.8
1370	1.8	6	12.6	97.4	≈100.0

表 2-35　再结晶铌在低温下的拉伸性能[4,62,69,70]

温度/℃	电子束熔炼（E）				电弧炉熔炼（A-1）			
	屈服强度 $\sigma_{0.2}$/kPa	拉伸强度极限 σ_b/kPa	对 2.54 mm 长的伸长率/%	面缩率/%	屈服强度 $\sigma_{0.2}$/kPa	拉伸强度极限 σ_b/kPa	对 2.54 mm 长的伸长率/%	面缩率/%
室温	16.4	22.5	60	93	25.2	34.2	52	90
-78	26.3	33.7	56	90	39.0	44.6	41	81
-195	70.7	74.1	20	67	75.6	80.7	17	69

不同冶炼工艺所得铌的抗拉性能如表 2-36 所示。

表 2-36 不同冶炼工艺所得铌的抗拉性能(板厚 1 mm)[4,5,67]

冶炼工艺	状态	抗拉强度/MPa	伸长率/%	弯曲角度/(°)
粉末冶金法	退火前, 1100℃,1 h	618.03 343.35	8.7 37.5	<130 <130
电子束熔炼	退火前, 1100℃,1 h	552.30 297.24	9.0 51.3	<140 —

在金属铌和钽中加入合金元素使生成固溶体,可以对基体金属起重要的强化作用,是提高基体金属铌和钽的力学性能的重要途径。图 2-7 和图 2-8 所示为合金元素对提高铌强度的影响作用。图 2-9 所示为合金元素对提高钽抗拉强度的影响作用。

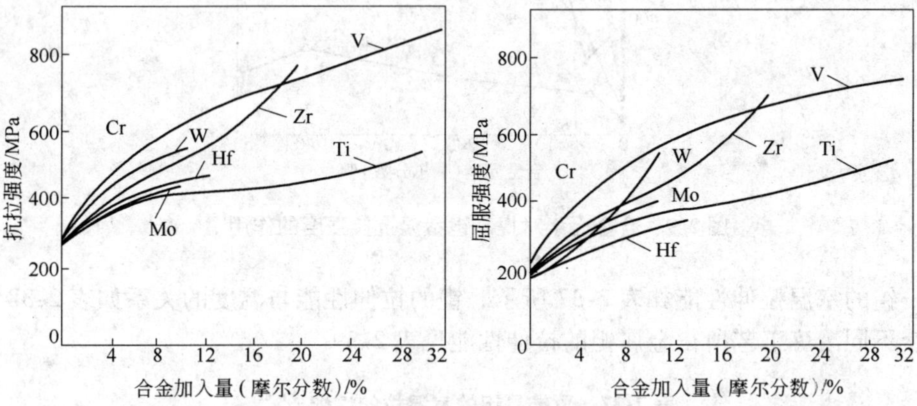

图 2-7 合金元素对提高铌室温强度的作用[71~73]

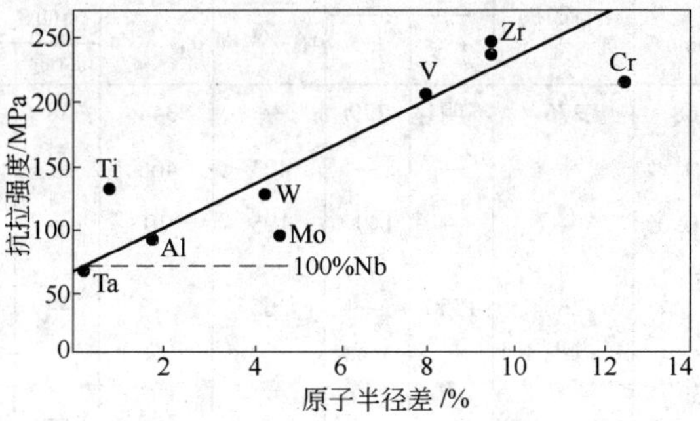

图 2-8 加入的合金元素半径对提高铌强度的影响[68]

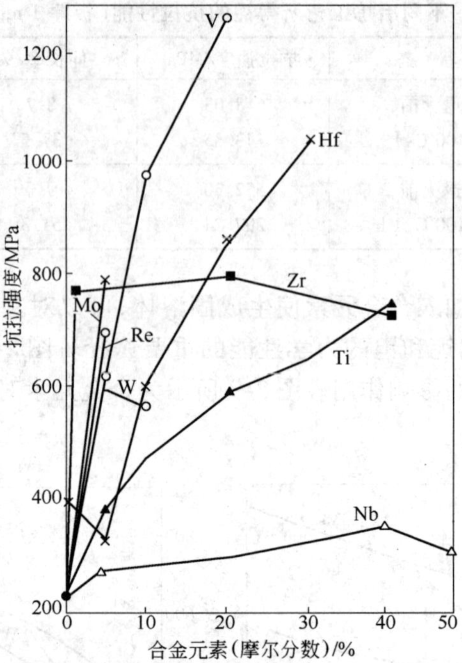

图 2-9 合金元素对提高钽室温抗拉强度的作用[68]

钽的室温拉伸性能如表 2-37 所示。钽的拉伸性能与温度的关系如表 2-38 所示。不同冶炼工艺所得金属钽的拉伸性能见表 2-39。

表 2-37 再结晶钽的室温拉伸性能[4,5,67]

材料	材料尺寸/mm	应变速度/mm·(mm·min)$^{-1}$	比例极限 σ_p/MPa	屈服极限 σ_s/MPa		屈服强度 $\sigma_{0.2}$/MPa	强度极限 σ_b/MPa	对标距为 25.4 mm 长的伸长率/%		面缩率/%	切口强度极限与未切口强度极限之比
				上②	下③			均质	总		
—	棒,未切口	0.0168	276	不明显	279	—	344	28	45	86	—
—	片,未切口	0.09	—	—	—	403	466	—	25①		—
Lot	片,未切口	0.02~0.05	—	—	1490	195	20	—	36		—
A	直径 6.35,未切口	0.005~0.05②	260	1950	—	265	373	—	56	92	—
A	直径 6.35,未切口④	0.005~0.05③	—	—	—		545	—	—	87	1.47
E	直径 6.35,切口	0.005~0.05③	78	—	—	130	208	—	70	95	—

续表 2-37

材料	材料尺寸/mm	应变速度/mm·(mm·min)$^{-1}$	比例极限 σ_p/MPa	屈服极限 σ_s/MPa		屈服强度 $\sigma_{0.2}$/MPa	强度极限 σ_b/MPa	对标距为25.4 mm长的伸长率/%		面缩率/%	切口强度极限与未切口强度极限之比
				上②	下③			均质	总		
E	直径6.35,未切口⑤	0.005~0.05③	—	—	—	—	314	—	—	99	1.50
—	片,厚0.51,未切口⑥	0.002	184	—	—	253	377	—	27①	—	—
—	片,厚0.51,未切口⑦	0.002	196	—	—	248	353	—	28①	—	—
—	片,厚0.51,未切口⑧	0.002	248	—	—	298	404	—	29①	—	—
—	直径152,未切口	0.002	145	—	—	240	443	—	23⑨	86	—

注:Lot 和 E 为电子束熔炼钽,A 为电弧熔炼钽。

① 试样规长 50.8 mm; ② 以 0.02 达到屈服点,然后以 0.05 到断裂; ③ 以 0.05 达到屈服点,然后以 0.05 到断裂; ④ 切口角度 60°,切口半径为 0.127 mm; ⑤ 平行轧制方向; ⑥ 0.1% 屈服强度; ⑦ 与轧制方向成 45°; ⑧ 垂直轧制方向; ⑨ 试样规长 203 mm。

表 2-38 钽的拉伸性能与温度的关系[4,5,62,72]

试验温度/℃	屈服强度 $\sigma_{0.2}$/MPa	强度极限 σ_b/MPa	对标距为50.8 mm长的伸长率/%	应变硬化系数/m	应变速度的灵敏度系数 n
-195	1040	1040	3.7	-0.018	0.0075
-75	510	515	23.1	0.099	0.0307
25	403	472	25.3	0.164	0.0285
100	299	417	24.6	0.243	0.0175
205	249	394	12.7	0.326	-0.0012
320	266	520	18.0	0.298	0.006
430	234	458	24.3	0.316	0.0240
540	183	421	16.2	0.356	0.0176
655	133	314	17.3	0.266	0.0220
760	119	213	23.1	0.205	0.0321
870	85	156	32.8	0.212	0.0374
980	87	152	33.1	0.181	0.0461
1095	57	118	43.2	0.217	0.0506
1205	53	103	47.5	0.130	0.0581

表 2-39　不同冶炼工艺所得金属钽的拉伸性能（板厚 1 mm）[4,5,67]

冶炼工艺	状　态	抗拉强度 /MPa	屈服强度 $\sigma_{0.2}$/MPa	伸长率/%	弯曲角度/(°)
粉末冶金法	退火前	853.47	—	7.5	>140
	1200℃，1 h	395.34	309.01	42.5	>140
粉末冶金法	退火前	742.62	—	7.1	>140
	1200℃，1 h	392.40	362.97	46.5	>140
电子束熔炼	退火前	475.79	456.17	9.5	>140
	1200℃，1 h	483.63	468.92	—	

2.2.3　铌和钽的蠕变性能和断裂应力

蠕变是材料在恒应力作用下，应变随时间不断增加的现象。蠕变强度是材料对变形的一种抗力指标，它是指试样在给定温度下和持续时间内，使材料产生规定的蠕变应变量 ε(%)所需要的应力(σ)，它通常又称为蠕变极限。表 2-40 和表 2-41 分别示出了铌和钽的蠕变性能的数据。图 2-10 所示为电子束熔炼和电弧炉熔炼的铌的断裂性能；图 2-11 所示为再结晶钽的断裂性能。试验是在氩气和真空下(1.33×10^{-3} Pa)进行的。

表 2-40　铌的蠕变性能[67,73,74]

铌纯度/%	条　件	温度 /℃	应力 /kPa	达到指定蠕变量所需时间/h						最小蠕变速度/mm·(mm·h)$^{-1}$	试验时间/h	总蠕变量 /%
				0.05%	0.1%	0.2%	0.3%	0.5%	1.0%			
99.92	在1100℃退火	400	6.3	160	800	—	—	—	—	0.44	1810	0.145
99.92	在1100℃退火	400	9.2	115	445	2020	—	—	—	0.58	2700	0.224
99.92	在1100℃退火	400	12.3	20	120	645	—	—	—	0.86	1603	0.286
99.92	在1150℃退火	400	12.3	22	152	608	—	—	—	0.87	1536	0.289
99.92	在1150℃退火	500	6.3	—	—	—	—	—	—	0.52	362	0.037
99.92	在1150℃退火	500	12.3	9.0	195	—	—	—	—	0.53	725	0.171
99.92	在1100℃退火	500	12.3	85	140	390	—	—	—	0.24	1870	0.270
99.92	在1100℃退火	500	15.4	22	59	123	—	—	—	0.53	338	0.345
99.95	轧制	500	15.4	—	10	18	35	400	1295①	—	—	—
99.92	在1100℃退火	600	6.3	27	110	470	—	—	—	1.6	1325	0.34
99.95	旋锻棒	600	6.3	50	160	860	2130	—	—	—	5519	0.306
99.95	在1300℃退火	600	7.7	5	15	35	—	165	980	2.3	1359	0.08
99.95	轧制	600	9.2	40	130	345	1160	—	—	—	—	—
99.92	在1100℃退火	600	12.3	15	60	—	—	—	—	0.2	2117	0.198
99.95	旋锻棒	700	1.7	40	290	1560	—	—	—	—	2314	0.22
99.95	旋锻棒	700	3.1	80	205	550	1495	—	—	—	5008	0.36
99.95	旋锻棒	700	4.6	120	220	540	1115	—	—	—	3335	0.40

① 为 0.6% 的蠕变。

表 2-41　钽的蠕变性能(再结晶状态)[67,75]

温度/℃	时间/h	达到指定蠕变量所需应力/MPa			
		0.1%	1%	2%	5%
750	0.1	96.14	105.94	108.80	115.76
	1	84.37	96.14	101.04	105.95
	10	—	86.33	91.23	98.10
	100	76.52	75.53	74.48	89.27
1000	0.1	64.76	71.61	75.54	86.33
	1	41.20	55.92	64.75	74.58
	10	—	43.16	47.58	59.84
	100	—	—	—	37.28
1200	0.1	22.56	25.51	35.81	41.20
	1	13.73	19.23	25.51	30.41
	10	—	13.73	14.32	20.60
	100	—	—	—	11.58
1400	0.1	10.99	14.91	18.64	25.99
	1	7.46	10.20	12.95	17.85
	10	—	—	—	11.48

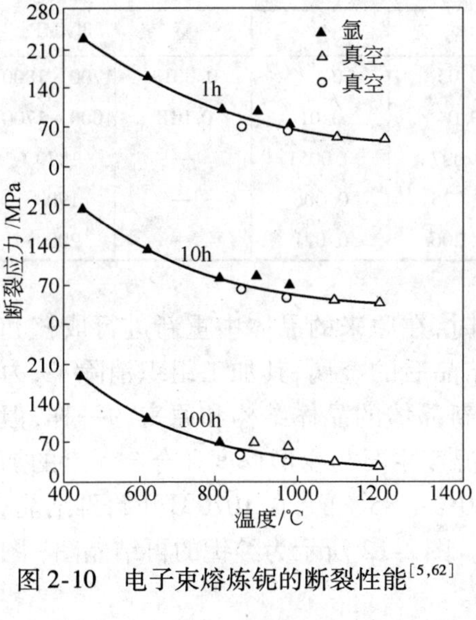

图 2-10　电子束熔炼铌的断裂性能[5,62]

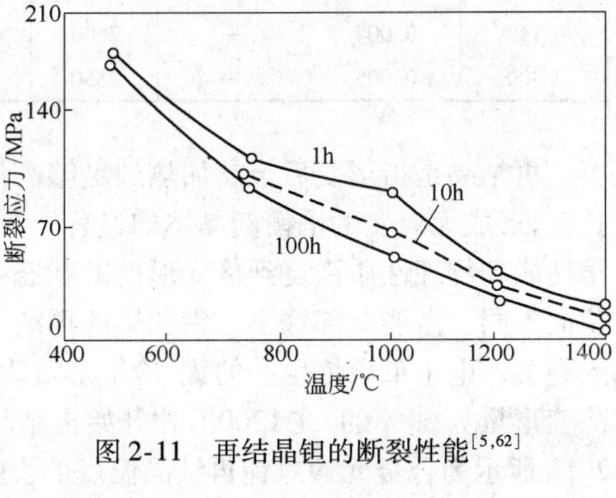

图 2-11　再结晶钽的断裂性能[5,62]

2.2.4　铌和钽的应变硬化和再结晶

影响铌和钽的应变硬化的因素主要是晶界、晶粒粒度和化学成分。表 2-42 所示为不同温度下铌和钽的硬度。冷轧对烧结铌和钽硬度的影响如表 2-43 所示。退火前后铌锭的气体杂质含量和硬度如表 2-44 所示。

表 2-42　不同温度下铌和钽的硬度[56,67]

温度/℃		200	400	600	800	1000	1200
维氏硬度 HV/MPa	铌	873.09	804.42	716.1	362.9	284.5	206.0
	钽	1716.75	1275.3	765.2	637.6	353.2	156.9

表 2-43　冷轧对烧结铌和钽硬度的影响[56,67]

金　属		烧 结 棒	面缩率/%			
			50	75	87.5	94
维氏硬度 HV/MPa	铌	800	1500	1650	1750	1800
	钽	950	1500	1700	1750	1830

表 2-44　退火前后铌锭的气体杂质含量及其硬度[56,67]

退　火　前				退　火　后			
气体含量/%			维氏硬度/MPa	气体含量/%			维氏硬度/MPa
氧	氮	氢		氧	氮	氢	
0.083	0.051	0.002	2000	0.05	0.02	0.0018	1700 ~ 1800
0.061	0.035	0.002	1900	0.04	0.01	0.018	1000 ~ 1700
0.239	0.0062	—	2550	0.097	0.0051	—	1870
0.140	0.004	—	2600	0.075	0.006	—	1900
0.300	0.005	—	2550	0.206	0.021	—	2000

再结晶是指形变后金属加热到足够高温时，在原来的晶体中重新进行成核和长大，形成无畸变的平衡新晶体的过程。再结晶后的金属，其加工组织消除了，力学性能和物理性质恢复到冷变形前的状态。新晶体的晶体结构和原来的一样，但位向不同。潜能全部释出。铌和钽的再结晶温度主要与变形程度和合金元素的加入有关。电子束熔炼生产的铌，冷变形量为 80% ~85% 的，在 1070℃ 开始再结晶；冷变形量为 60% 的，在 1200℃ 才开始再结晶。图 2-12 所示为纯铌的再结晶图；图 2-13 所示为合金元素对铌再结晶温度的影响。

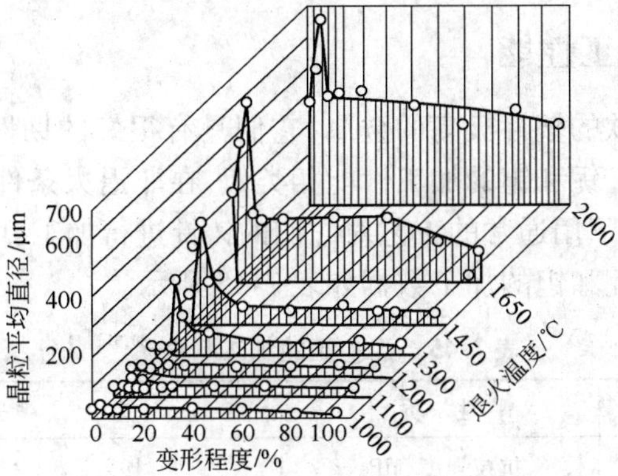

图 2-12　纯铌的再结晶图[56,77]

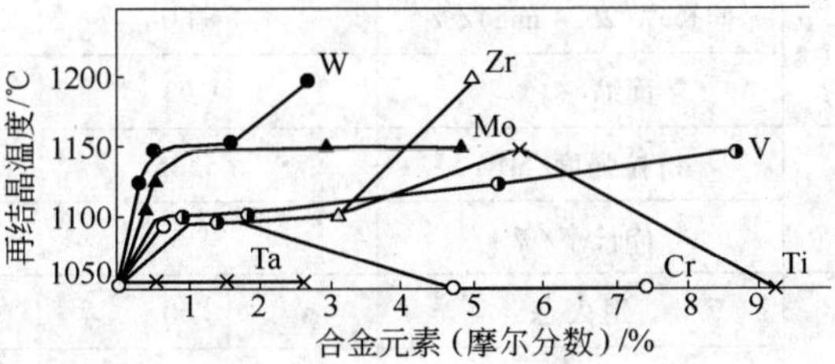

图 2-13　合金元素对铌再结晶温度的影响[56]

钽加热到 600～1500℃便消除了冷加工所引起的应力，在 1200～1500℃发生再结晶。钽的再结晶与冷加工的变形量有关：变形量 40% 的钽，在 1247℃经 140 min 后开始再结晶，1297℃需 35 min 开始再结晶，1347℃需 14 min 开始再结晶，在 1397℃只需 3.5 min 便开始再结晶。图 2-14 所示为纯钽的再结晶图。图 2-15 所示为合金元素对铌再结晶温度的影响。

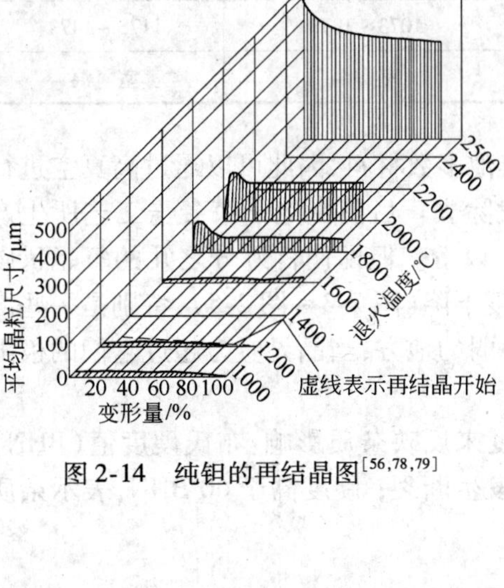

图 2-14　纯钽的再结晶图[56,78,79]

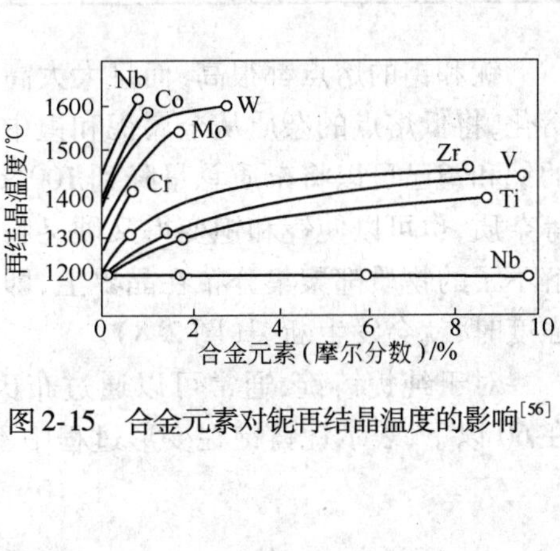

图 2-15　合金元素对铌再结晶温度的影响[56]

2.3　铌和钽的加工性能

金属铌和钽是软的塑性极高的金属，它们具有很好的韧性、塑性、延伸性和很好的低温加工性能。铌和钽的加工性能相类似，在非退火条件下可进行 90% 的冷变形；都可以在室温下用通常的工艺对它们的铸锭进行加工，可以制成薄板和外形复杂的各种零件。铌和钽的加工数据如表 2-45 所示。

表 2-45　铌和钽的加工数据[80,81]

项　目	性　质	铌	钽
退　火	抗拉强度/MPa	195	202.8
	屈服强度/MPa	105	127.6
	伸长率(25.4 mm)/%	60	70
	面缩率/%	93	95
冷加工	抗拉强度/MPa	585	
	伸长率/%	5	
硬度 HV	退火态	60	110(电子束熔炼)
	冷加工态	150	120(粉末烧结)
泊松比		298 K,0.38	293 K,0.35
应变硬化指数		0.24	
弹性模量/MPa	拉　伸	923 K,103 1153 K,90	923 K,186 1023 K,159
	剪　切	37.5	69
韧性－脆性转变温度/℃		< －195	< －250
再结晶温度/K		1073 ~ 1373	1173 ~ 1473
加工温度		室　温	室　温

铌和钽的熔点都很高，而且大大高于其他多数材料，因此可以通过高真空进行熔化，将低熔点的杂质从金属铌和钽中蒸发除去。目前由电子束轰击工艺所生产的铌和钽已可以将杂质总量降到 100×10^{-6} 以下。但即使百万分之几的氧、氢、碳等杂质，也可以使铌和钽变得又硬又脆，强度下降（图 2-3 ~ 图 2-5），特别是一些溶解不了的物质都聚集分布在晶界上，即最薄弱的地方，当晶界应力超过它们的极限强度时，就会发生断裂（图 2-8）。

对于纯铌铸锭，通常可以通过布氏硬度来反映杂质影响：布氏硬度值（BHN）在 60 以下，表示铌铸锭在变形过程中不会发生断裂；硬度高于 60 BHN，表示杂质会使金属逐渐硬化,塑性相应降低。当硬度高于 60 BHN 时,为了确定退火时间和温度周期,便要求对加工件进行真空退火,以便完全发生退火反应,达到均匀和精细的再结晶。

除杂质外,变形程度和变形温度也影响最佳退火周期的选择。图 2-16 所示为变形量对硬度的影响。

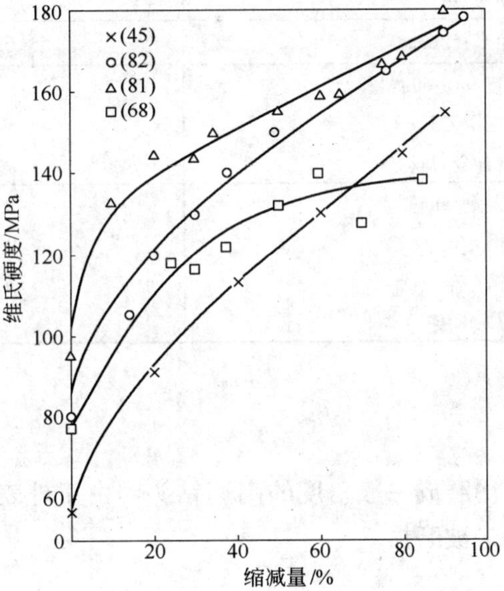

图 2-16 冷加工铌的变形量与硬度的关系[82]

2.3.1 铌和钽的车削

在车床上加工铌和钽最好用高速工具。为了冷却和润滑,空气、可溶油或其他适合产品均可用作润滑剂。铌和钽的车削与铅和软铜十分相似。刨花应成片状滑脱刀具。一旦金属堆在一起,刀刃极易损坏。只有在快速和轻切削加工中才可以有效地(0.25 ~ 0.40 mm 深)使用高速工具。表 2-46 所示为刀具使用的基本参考数据。

表 2-46 刀具使用的基本参考数据[83]

刀 具 使 用	数 值
接近角/(°)	15 ~ 20
横向前角/(°)	30 ~ 35

续表 2-46

刀具使用	数　值
间隙角/(°)	
边　部	5
顶　部	5
后　角	15 ~ 20
尖角半径/mm	0.50 ~ 0.75
切削速度/m · min^{-1}	
高速钢刀具	5 ~ 25
硬质合金刀具	75 ~ 90
喂刀量/mm	
粗　车	0.25 ± 0.05
精　车	最大,0.125
切入深度	1 ~ 3

2.3.2　钻

加工铌或钽可采用磨成一般角度的高速钻头。由于外表部分极易磨损,故加工时要确认钻头直径未被磨损。

2.3.3　车螺纹

铌和钽可以用标准的刀具切螺纹铣,只需加一般的润滑油。加工螺纹紧固件最好用旋转攻丝法。

2.3.4　冲压

铌和钽的冲压加工可用普通的金属冲压工艺。一般情况下,最好采用分阶段加工方法。例如,用平板冲压呈直角的杯子时,可以分步制造出几个模型来完成,每步冲压 10°。木制的模子用于粗冲,完成最终工序需用青铜或黄铜模具。金属铌和钽的质地较软,故很容易加工到模具尺寸。冲压可用黄肥皂和油脂作润滑剂。工作部位的外环变形速率应约为每秒 150 mm。铌在冲压时容易变薄,加工冲压变形时可采用连续缓慢、小压力迅速冲压,不宜用大压力冲压。

2.3.5　焊接

铌和钽都是高活性金属。它们易和间隙元素氧、氮、氢、碳等反应。在焊接温度下,它们能和所有的溶剂反应,从而限制了焊接方法的选择。

铌、钽可以和几种金属焊接在一起。方法可用电阻焊、气体保护电弧焊、等离子焊和电子束焊。焊接前金属要进行清洁处理,包括用酸洗。焊接时必须摸索经验,防止表面被激冷铜或铝焊料污染。因为这时形成的低熔点共晶组织将导致焊缝的严重脆化。焊时在表面上升到300℃时就需通氩气或氦气保护,防止氧化引发脆化。

铌和钽焊接可较好地采用惰性气体保护钨极电弧焊工艺(GTAW)。焊时必须确保熔铸部位和热影响区不受污染。因为铌和钽在高温暴露在空气中会生成相对很厚并且很难除去的氧化膜,这层膜与金属基体结合很牢,危害性很大。图2-17给出了铌氧化沾污的深度和时间的关系,图2-18所示为氧化沾污后铌硬度的显著变化情况。

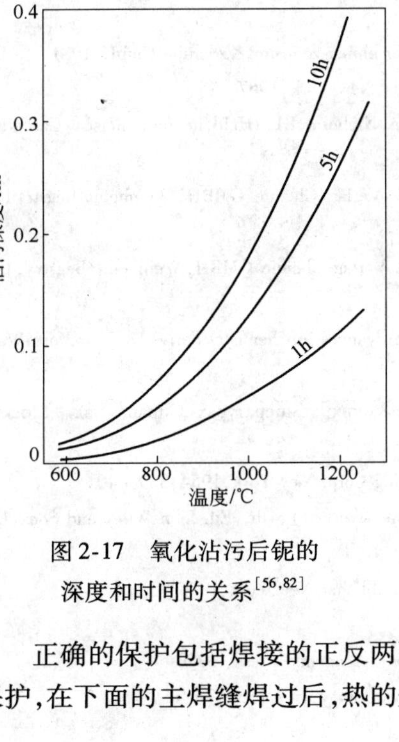

图2-17 氧化沾污后铌的深度和时间的关系[56,82]

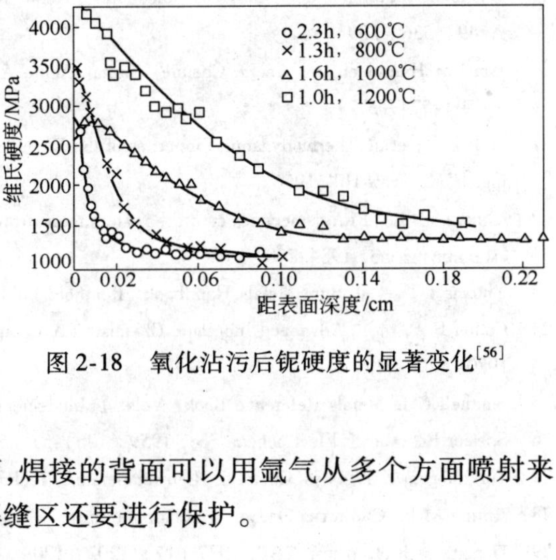

图2-18 氧化沾污后铌硬度的显著变化[56]

正确的保护包括焊接的正反两面,焊接的背面可以用氩气从多个方面喷射来保护,在下面的主焊缝焊过后,热的焊缝区还要进行保护。

参 考 文 献

1 Emsley John. The Elements. Oxford :Clarend, 1989:41 ~45

2 Свойства элементов:Справ. изд. под ред.. М. Е. Дрица. Москва: Металлургиия, 1985:672 ~679

3 Sagel K. Metal, 1958 (12) : 353 ~356

4 Miller G L. Metallurgy of the Rare Metals, No. 6. Tantalum and Niobium. Academic Press Inc.. New York, 1959

5 Sisco F T, Epremian E. Columbium and Tantalum. John Wiley & Sons, Inc, 1958: 198 ~ 210
6 Горощенко Я Г. Химия Ниобия и Тантала. Киева: Наукова Думка, 1965
7 幸良佐,肖文至. 钽铌冶金. 北京:冶金工业出版社,1982
8 Зеликман А М. Металлургия Ниобия и Тантала. Москова: Металлургия, 1990
9 Елютин А Б,等. 铌与钽. 马福康,等译. 长沙:中南工业大学出版社, 1992
10 Clark R H G, Brown D. The Chemistry of Vanadium, Niobium and Tantalum. Pergamon Press, Elmsfort. New York, 1961
11 Kirk-Othmer. Encyclopedia of Chemistry Technology, 1981(15), 1983(22)
12 日本金属学会. 金属ズ-タヮツク. 丸善株式会社, 1994
13 郭青蔚,汪有明. 化工大百科全书. 铌. 1993(12): 333 ~ 354
14 李洪桂. 稀有金属冶金学. 北京:冶金工业出版社,1990
15 Bailer J C, et al. Comprehensive Inorganic Chemistry. Pergamon Press, Oxford. New York. Toronto. Sydney. Branschweig, 1982
16 Karlsruher Naklidkart 5 Aufl. 19811970, Institute Fur Kernforschungszentrum, Karlsruhe GmbH, 1981
17 Lederer C M, et al. Table of Isotopes, 6th ed. , Wiley and Sons, New York, 1967
18 Argent B B. Niobium Proceedings of the International Symm. Niobium, 81. Held in Sanfrancisco, California, 1981: 328 ~ 337
19 Gmelins. Handbuch der Anorg. Chemie. Niob. Achte Aufl. Verlag Chemie GMBH, Weinheim/Begstr, 1969 A(49): 536 ~ 539
20 Gmelins Handbuch der Anorg. Chemie. Tantal. Achte Aufl. Verlag Chemie GMBH, Weinheim/Begstr. , 1969 A(59): 574 ~ 577
21 Stull D R, et al. Thermodynamic Properties of the Elements. Advances in Chemistry Series 18. New York-Washington: Mc Graw-Hill, 1956
22 Зиков В Е. Кинетические свойства металлов при высоких температурах Справ. изд. Москва: металлургияю, 1984: 200
23 Yntema L F, et al. Rare Metals Handbook. Reinhold Publishing Corp. New York, 1954: 389 ~ 404
24 Cotton F A, et al. Advanced Inorganic Chemistry(A Comprehensive text), 4th. Ed. John Wiley and Sons, Inc, 1980: 689 ~ 719
25 Smithell C J. Metals Reference Book. Vols. Ⅰ Interscience Publisher New York, 1955
26 Speiser R, et al. J. Electrochem. Soc, 1959 (106): 53 ~ 59
27 Turkddogam E T. Phys. Chem. of High temperature Technology, Academic Press, 1980
28 Дрица М Е. Свойства Элементов, Справочник. Москва: металлургия, 1985: 7 ~ 11
29 Перецкий В Э, и др. ТВТ, 1977 (15): 1202 ~ 1208
30 Перецкий В Э, и др. Высокотемпературное исследование тепло-электропроводности твердых тел. Москва : Энергия, 1971: 192 ~ 197
31 Edwards J W, et al. J. Appl. Phys, 1951(22): 349 ~ 352
32 Heal T J. The mechanical and physical properties of niobium, A/Conf. 15/P/305 2nd U. N. International Conference on the Peaceful Uses of Atomic Energy. Geneva, 1958: 351 ~ 359
33 Mendelssonhn K. Canad. J. Phys, 1956(34): 352
34 Jaeger F M. Rec. Trav. Chim. Pays-Bas, 1956 (53): 677 ~ 679
35 Stull D R, et al. Amer. Chem. Soc. Washington, 1956: 346 ~ 558

36 Metals Reference Book. Editor colin J. 5th Edition, 1976,1983
37 Hampel C A. Rare Metals Handbook,2nd ed. Reinhold,London, 1961: 149,469
38 Smithells C J. Metals Reference Book. Vors. Ⅰ and Ⅱ Butterworths,London,1967
39 The Fansteel Metallurgical Corp. The Metal Tantalum, 1958:358
40 Metals Handbook. American Society for Metals. Cleveland, 1958:366
41 Asmussen R W, et al. Acta Chem. Scand, 1954(8):368
42 Hoare F E,et al. Proc. Phys. Soc. Lond, 1954(67):728
43 Rosenberg H M. Phil. Trans, 1954/1955 (247):441
44 Bridgman P W. Proc. Amer. Acad. Arts Sci, 1951/1952, 81(165):358
45 Totle C R. J. Inst. Metals, 1956/1957, 85 (375):360
46 Livesy D J. J. Inst. Metals, 1959/1960,(88):144
47 Vedernikov M V, et al. Thermoelectrisity in the Metalic Conductors. New York:L. Plenum Press, 1973:77 ~90
48 Morgan F H, et al. J. Appl. Phys, 1950, 21(112):363
49 Smithell C J. Metals Reference Book. Vols. Ⅱ Interscience Publisher New York,1955
50 稀有金属提取冶金编委会. 稀有高熔点金属(上). 北京:冶金工业出版社, 1995
51 Tottle C R. Nuclear Engineering, 1958(3):125
52 Chemical Rubber Co.. Handbook of Chemistry and Physics, Chemical Rubber Publishing Co. ,Cleveland Ohio 39th ed,1957
53 Fansteel Metallurgical Corp.. The Metal Tantalum,North Chicago, 1953
54 Reynords M B. Trans. Amer. Soc. Metals, 1953 (45): 839
55 Wahlen H B. Phys. Review, 1954(46):372
56 《稀有金属材料加工手册》编写组. 稀有金属材料加工手册. 北京:冶金工业出版社, 1984:225 ~231
57 Wang T. Composition ,Properties and Application of Niobium and Its Alloys,In Metals Handbook 9th ed. Amer. Society for Metals, 1980
58 金属机械性能编写组. 金属机械性能. 北京:机械工业出版社, 1982
59 何肇基. 金属的力学性质. 北京:冶金工业出版社, 1982
60 Sisco F T,Epremian E. Columbium and Tantalum. John Wiley & Sons,Inc,1958:202 ~204
61 《稀有金属材料加工手册》编写组. 稀有金属材料加工手册. 北京:冶金工业出版社,1984:440 ~445
62 《稀有金属手册》编委会. 稀有金属手册(下). 北京:冶金工业出版社, 1995:390 ~393
63 Begley L T. Wright Air Development Center Tech. Rept. WADC-TR 57—344. Prat, 1959(2):192
64 Bectold J H, et al. Acta Metallurgica, 1955 (3):249
65 Michael A B, Private Communication in Fansteel Metallurgy, 1957
66 Tottle C R. J. Inst. Metals, 1956/1957 (85):375
67 Schmidt F F,et al. Wright Air Development Division Tech. Rept. WADD-TR59-13,1960: 152
68 Schussler M,et al. Jr:Trans. AIME, 1960(218):893
69 Mincher A L,et al. Trns. Met. Soc, 1961 (221):19
70 Begley R T,et al. Wright Air Development Center Tech. Rept. WADC-TR57-344,1960:131
71 Tottle C R. Nucl. Engng, 1958(3):212
72 Tras J W. Amer. Soc. Metals, 1956 (48):677
73 Maykyth D J, et al. Columbium Metallurgy Interscience Publishers. New York, 1961:223
74 Rasor N S, et al. Wright Air Development Center Tech. Rept. WADC-TR56-400, 1957 (1):53

75 Gemmell C D. Trans. AIME, 1959 (215):898
76 Orr R L, et al. Office of Technical Services Rept. OTS-PB-111349, 1953:13
77 Pugh J W. Trans. Amer. Soc. Metals, 1956 (48):677
78 Савитский И М, и др. Доклад АН СССР, 1958 (118):720
79 Mrowca B A. J. Appl. Phys. ,1943 (14):684
80 李尚诣,周瑜生,等.铌资源开发应用技术. 北京:冶金工业出版社,1992:786 ~ 793
81 铌·科学与技术编译委员会. 铌·科学与技术. 北京:冶金工业出版社, 2003:219 ~ 228
82 Williams L R. J. Inst. Metals, 1957, 3(85):85
83 Niobium, Wah Chang Brochure, Wah Chang, Albany, Oregon July, 2001

3 铌和钽的化学性质

铌和钽在元素周期表中属于过渡金属。它们都是非常稳定的金属,在常温和低温下(<100℃)都不和多数气体发生反应或被腐蚀。但在高温下(Nb,>200℃;Ta,>300℃)都表现出高的化学活性。

3.1 元素的相似性

在周期表中,钒、铌和钽属于同一副族,都是 d 区元素,价电子层结构为 $(n-1)d^3ns^2$,原子半径的变化由钒至钽增大。但由于受镧系元素收缩的影响(即原子的内层电子不是填充到 5d 层,而是填充到 4f 层),使得铌和钽的离子半径数值十分接近,从而使它们在物理性质和化学性质上非常相似,而和钒有较大的差别。表 3-1 所示为影响铌和钽化学性质的一些主要数据。

表 3-1 影响铌和钽化学性质的主要因素[1]

项 目	铌	钽
原子的外层电子结构	[Kr]$4d^45s^1$	[Xe]$4d^35s^2$
原子半径/pm	142.9	143
离子半径/pm		
5^+	69	64
4^+	74	68
3^+	–	72
共价半径/pm	134	134
电负性	1.6(Pauling) 1.23(Allred-Rochow)	1.5(Pauling) 1.33(Allred-Rochow)
有效核电荷	3.30(Slater) 6.70(Clementi) 9.60(Froese-Fisher)	3.30(Slater) 9.53(Clementi) 13.78(Froese-Fisher)

注:括号内的英文为方法的首创者的名字。

正是由于原子的外层电子结构的相同和原子半径、离子半径等数值的相近或相等,使得铌和钽的化学性质十分相似,当它们同时出现在溶液中时,常失去各自的个性,表现出像是同一个元素的化学行为,用常规的化学沉淀方法不能将它们分离开来。

此外,由于决定元素结晶化学行为的离子半径数值相近,在周期表中还存在铌钽和一些相邻元素间的相似性。从表 3-2 中数据可看出，铌、钛、钨在周期表中存在对角线相似的关系。其中，特别是铌和钛，它们的结晶化学行为十分接近，被称为“亲属性相似”。在提取冶金工艺中，铌、钽和钛、钨的分离往往也构成很大困难。由于这一原因，在自然界，铌钽矿物往往和含钛、锆、钨、钼、锡、锑、铀、钍、稀土等的矿物共生或伴生。

表 3-2　周期表中铌钽相邻元素的离子半径[1]（pm）

周　期	族				
	ⅣA	ⅣB	ⅤA	ⅤB	ⅥB
第 4 周期		Ti 3^+　69 4^+　68		V 3^+　65 4^+　61 5^+　59	Cr 3^+　64 5^+　56 6^+　52
第 5 周期	Sn 4^+　71	Zr 4^+　79	Sb 5^+　62	Nb 4^+　74 5^+　69	Mo 4^+　68 6^+　62
第 6 周期		Hf 4^+　76		Ta 3^+　72 4^+　68 5^+　64	W 4^+　68 6^+　62

铌和钽虽然相似，但在化学性质方面还是有一定的差别。总体上铌的化学活性大于钽。如和各种气体作用，铌比钽更活泼些。铌比钽更容易被还原。例如，氢可以在 1300～1700℃ 下将 Nb_2O_5 还原成 NbO_2，或金属铌，在 1700℃ 和氩气下将 NbO_2 还原成 NbO。钽没有类似的反应。钽的卤化物远较铌的卤化物难于还原成金属。钽的金属性较铌强，和浓硫酸作用，钽最终能生成 $Ta_2(SO_4)_5$；铌一般只能生成 $Nb_2O_4SO_4$、$Nb_2O_3(SO_4)_2$。铌对氧的亲和力大于钽，铌和氯作用易生成 $NbOCl_3$，钽只能生成 $TaCl_5$，一般很难生成 $TaOCl_3$。铌有 $Nb_2O_4^+$、$Nb_2O_3^+$ 离子态，钽没有类似的离子。铌和钽都易生成配合物，但配合物性质有差别，如随酸度增加，铌有 $H_2NbOF_5 \rightarrow H_2NbF_7 \rightarrow H_2NbF_6$ 三种形态转变，钽只有 $H_2TaF_7 \rightarrow H_2TaF_6$ 两种形态。通常钽配合物比较稳定，铌配合物容易水解，它们的溶解度也有差别。这些细小的差别是它们得以分离的基础。

3.2　铌和钽的价态（氧化态）和标准还原电位[1]

铌和钽有 -3、-1、0、+1、+2、+3、+4、+5 等多种氧化态。在Ⅱ、Ⅲ、Ⅳ和Ⅴ的氧化态下，容易生成各种配合物。在Ⅱ和Ⅲ氧化态下，容易生成 Nb—Nb 或 Ta—Ta 金属键的化合物。此外，有许多低氧化态的化合物，在这些化合物中存在金属原子的基团簇。铌和钽很少显示阳离子行为,不形成 Nb^{5+} 和 Ta^{5+} 型的简单的阳离子,因而在溶液中实际上没有简单的阳离子化学。五价氧化态的铌和钽的化学性质与典型的非金属很相似。在水溶液中,铌和钽都不形成简单的可溶性化合物,而是在广阔的范围内形成各种稳定的配位化合物。表 3-3 为各种氧化态的代表性化合物及其结构化学数据。

表 3-3 铌和钽的各种氧化态化合物及其结构化学数据[2~4]

氧化态	外层电子	配位数	结构	化合物	
				铌	钽
Nb^{-III},Ta^{-III}	d^8	5	*tbp*	$[Nb(CO)_5]^{3-}$	$[Ta(CO)_5]^{3-}$
Nb^{-I},Ta^{-I}	d^6	6	八面体	$[Nb(CO)_6]^-$	$[Ta(CO)_6]$
		7			$H[Ta(PF_3)_6]^-$
Nb^0,Ta^0	d^5	6	八面体		$Ta(CO)_4(diphos)$,17e⁻化合物$_4$
			π络合体	Nb(η-mes)	Ta(η-mes)
Nb(九),Ta^{I}	d^4	7	π络合体	$(C_5H_5)Nb(CO)_4$	$(C_5H_5)Ta(CO)_4$
		7	畸变八面体	4	$TaH(CO)_2(diphos)$
Nb^{II},Ta^{II}	d^3			NbO	
		6	八面体	$NbCl_2$	$TaCl_2$
Nb^{III},Ta^{III}	d^2	6	菱　形	$LiNbO_2$,$Nb_2Cl_9^{2-}$,	
		6	八面体	$Nb_2Cl_6(SMe_2)_3$	$Ta_2Cl_6(SMe_2)_3$
		7		$NbCl_3$,$NbBr_3$,NbI_3	TaF_3,$TaCl_3$,$TaBr_3$
				$[Nb(CN_8)]^{5-}$	
		7			$TaCl_3(CO)(PME_2Ph)_3$ · EtOH
		8	十二面体	$K_5[Nb(CN)_8]$	
Nb^{IV},Ta^{IV}	d^1	6	八面体	$(NbCl_4)_x$,$MnCl_6^{-2}$	$TaCl_4py_2$,$TaCl_6^{-2}$
		7	畸变菱形	K_3NbF_7	
			八面体	$NbCl_4(PM_3)_3$	$TaCl_4(PM_3)_3$
		8	固溶体		$TaH_4(diphos)$
			正方形	$Nb_2Cl_8(PMe_3)_4$	$Ta_2Cl_8(PMe_3)_4$
			反三菱形	$Nb(\beta-dike)_4$	
				$Nb(SCN)_4(dipy)_2$	
			十二面体	$K_4Nb(CN)_8 \cdot 2H_2O$	
			π络合体	Cp_2NbMe_2	
Nb^V,Ta^V	d^0	4	四　方	$ScNbO_4$	
		5	*tbp*	$NbCl_5$(气),	$TaCl_5$(气),$TaMe_5$

续表 3-3

氧化态	外层电子	配位数	结构	化合物	
				铌	钽
				$Nb(NR_2)_4$	
			畸变四方	$Nb(NMe_2)_5$	
		6	八面体	$NaNbO_3$(钛钙矿型)	$NaTaO_3$(钛钙矿型)
				NbF_5,$NbCl_5$,$NbCl_5\cdot OPCl_3$	TaF_5,$TaCl_5$,$TaCl_5\cdot S(CH_3)_2$
				$NbOCL_3$,Nb_2Cl_{10},$NbCl_6$	TaF_6,Ta_2Cl_{10},$TaCl_6$
				Nb_2Cl_{10},$NbCl_6$	Ta_2Cl_{10},$TaCl_6$
Nb^V,Ta^V		6	斜　方	$[Nb(S_2C_6H_4)_3]^-$	$[Ta(S_2C_6H_4)_3]$
		7	畸变五角菱形	$NbO(S_2CNEt_2)_3$	$Sta(S_2CNEt_2)_3$
					$Ta(Nme_2)(S_2CNMe_2)_3$
					$(S_2CNR_2)_2TaMe_3$
		8	三　菱	$[Nb(trop)_4]^+$	$Ta(S_2CNMe_2)_4^+$
		9	π 络合体		$(\eta^5-C_5H_5)_2TaH_3$

3.2.1　铌和钽的标准还原电位[1]

在酸性溶液中铌和钽的标准还原电位为(E^0/V):

$$\overset{\mathrm{V}}{Nb_2O_5}\xrightarrow{-1.0}\overset{\mathrm{III}}{Nb^{+3}}\xrightarrow{-1.1}\overset{0}{Nb^0}\qquad (Nb_2O_5 \to Nb^0:\ -0.65)$$

$$\overset{\mathrm{V}}{Ta_2O_5}\xrightarrow{\quad\quad}\overset{0}{Ta^0}\qquad (Ta_2O_5 \to Ta^0:\ -0.81)$$

可以看出铌和钽具有数值较大的负标准还原电位。

3.2.2　铌和钽的化学性质的特点

铌和钽的化学性质的特点如下:

(1) 铌和钽的多种价态的氧化物中,低价氧化铌和氧化钽具有还原性质,高价氧化铌和氧化钽具有氧化性质。+5 价是铌和钽最稳定的价态,Nb_2O_5 和 Ta_2O_5 为最稳定的氧化物。

(2) Nb_2O_5 和 Ta_2O_5 的水合物具有两性性质:当它们和酸作用时,呈碱性特征;和碱作用时则呈酸性特征[5]。

在酸性介质中分解为:

$$Me(OH)_5 = Me(OH)_4^+ + OH^-$$

式中，Me 指 Nb 和 Ta。

$$K = \frac{[Me(OH)_4^-] \cdot [OH^-]}{[Me(OH)_5]}$$

式中，$K(Nb) = 2.5 \times 10^{-15}$；$K(Ta) = 1.0 \times 10^{-13}$。

在碱性介质中分解为：

$$Me(OH)_5 = MeO_3 + H^+ + 2H_2O$$

$$K = \frac{[MeO_3^-] \cdot [H^-]}{[Me(OH)_5]}$$

式中，$K(Nb) = 4.0 \times 10^{-8}$；$K(Ta) = 2.5 \times 10^{-10}$。

(3) 多数情况下铌和钽以呈酸性特征为主。例如，五氧化二铌和五氧化二钽因为具有很强的酸性性质，早先被称为"土酸"。其中，被称为铌酸的水合氧化铌 $Nb_2O_5 \cdot nH_2O$ 的酸度相当于质量分数为 70% H_2SO_4 的酸度[4]。

碱金属和碱土金属的铌酸盐和钽酸盐中的铌酸和钽酸的强度分别相当于硅酸盐中的 SiO_2 和钛酸盐中的 TiO_2。

(4) 作为两性元素，在化合物中铌和钽既可以以阳离子形式存在，也可以以阴离子形式存在。但在水溶液中，由于铌和钽的电负性数值较大，易在稀酸溶液中发生不可逆转的水解反应，因此溶液中实际上难有呈阳离子形态的铌或钽。铌和钽与硫酸、硝酸和盐酸作用不能生成在溶液中稳定的硫酸盐、硝酸盐和氯盐。

(5) 铌和钽配位性强，易与无机和有机物生成配合物。这些配合物在水溶液中都很稳定。在水溶液中可溶性的铌和钽的化合物大都是阴离子或配合物离子。

(6) 铌和钽的卤化物都是易挥发物，并且易在水溶液中发生水解。

(7) 铌和钽与元素周期表中的主族(ⅤA 族)中的元素相比差别多于相似性。例如，砷、锑、铋易生成 3 价的氢化物，铌和钽没有这种氢化物。铌和钽的 5 价化合物最稳定，砷、锑、铋则 3 价最稳定。

(8) 铌和钽与其他元素作用生成金属间化合物或固溶体的倾向很强。

3.3 铌、钽和其他化学元素的相互作用

铌和钽能和周期表中碱金属和碱土金属以及惰性气体以外的各种元素发生反应生成二元化合物。这些化合物可大致分成三类：第一类是生成具有价态性质的化合物，如氧化物，卤素化合物；第二类为生成带有金属性质的金属间化合物，如氢化物、氮化物、硼化物、碳化物等；第三类为生成有限组成或无限组成的固溶体，前者如 NbZr、NbHf、NbTh 等，后者如 NbMo、NbW、NbTa 等。第三类属于合金范围，本章仅介绍第一和第二类化合物(铌和钽的合金分别见第 14 章和第 15 章)。

此外，应指出的是，金属铌和钽的特殊性质之一是它们能吸收氢、氧、氮等气

体。虽然常温下铌和钽在空气中是稳定的，但在高温下铌和钽均易和多种气体发生反应，并形成相应的间隙式固溶体，其溶解度和温度有很大关系，超过了溶解度时，就出现各种第二相。而且在这方面，铌比钽活泼很多，更易于和气体相互作用。铌和钽与气体以及碳反应生成的间隙型固溶体，会严重影响铌和钽以及它们的合金的力学性质、电性能和工艺性能。例如，使材料的硬度、屈服强度、抗张强度升高，使塑性和冲击韧性急剧下降，直至为零。因此，气体杂质元素和碳的微量存在对铌和钽是非常有害的。

3.3.1　生成价键型化合物

和铌、钽作用生成价键型化合物的主要是氧（高价氧化物）和卤素元素的化合物。有关水蒸气等的反应也归于这一类。

3.3.1.1　铌、钽和氧的相互作用

致密金属铌在 200 ~ 215℃、钽在 300 ~ 325℃在空气中开始氧化。随着温度升高氧化加速进行。氧化过程一般分为三个阶段：（1）保护性氧化膜形成，温度低于 375℃；（2）400 ~ 500℃，保护性氧化膜向非保护性氧化膜转变；（3）高于 500℃生成非保护性氧化膜。铌的氧化顺序如图 3-1 所示。

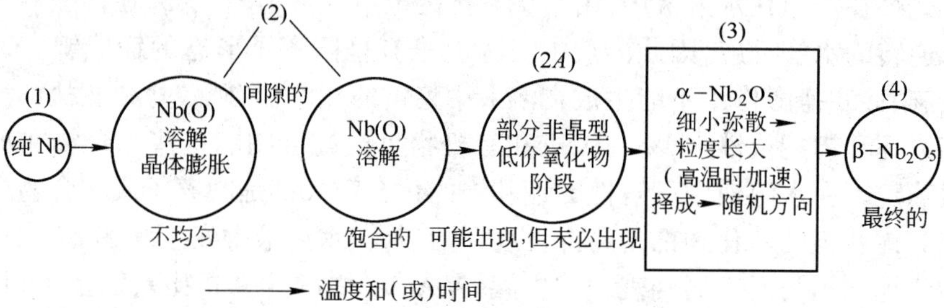

图 3-1　铌的氧化顺序示意图

铌和钽在大气中的氧化过程状况如表 3-4 所示[6]。

随温度升高，氧化速度明显加快，超过 500℃，最后铌和钽都氧化生成五氧化物。

A　铌和氧作用

铌和氧作用可以生成 6 种氧化物：Nb_6O、Nb_4O_5、Nb_2O、NbO、NbO_2 和 Nb_2O_5。前 3 种低价氧化铌具有金属性质，后 3 种属于正常的氧化物。此外还报道有 Nb_4O_5 化合物的存在[7]。图 3-2 所示为铌－氧系状态图[8,9]。图中存在 3 个稳定的氧化物（共晶温度分别为 1945℃、1915℃和 1495℃）和两个共晶反应[10]：

$L \rightleftharpoons (Nb) + NbO$　　1915℃和氧含量（摩尔分数）为 40.5%

$L \rightleftharpoons NbO + NbO_2$　　1810℃和氧含量（摩尔分数）为 60.7%

表 3-4 致密金属铌和钽在大气中的氧化过程状况

铌			钽		
温度/℃	增重/mg·(cm²·d)⁻¹	表面状况	温度/℃	增重/mg·(cm²·d)⁻¹	表面状况
180	0	淡黄色	260	0	无变化
215	0	浅黄色	280	0.04	很弱
230	0.00002	黄色	300	0.07	很弱
260	0.00005	黄铜色,带紫色红斑点	325	0.25	出现干涉色
280	0.00012	紫红色,带蓝、黄色区	350	0.50	蓝色
300	0.00018	明亮的蓝色	390	1.21	暗黑色干涉色
325	0.00044	蓝绿色	435	1.87	暗黑
350	0.00067	暗蓝绿色	480	10.68	暗黑色,出现白色氧化物
390	0.00760	很暗,出现白色氧化物			

注:样品板厚 0.1 mm,表面积 40 cm^2,试验时间 20 h。

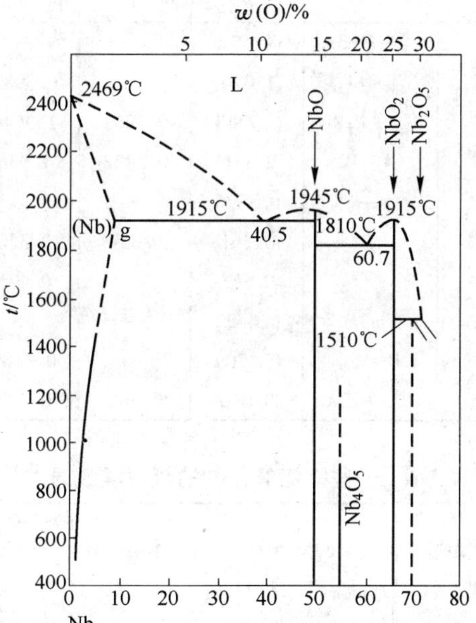

图 3-2 铌－氧系状态图

此外,在 NbO_2 和 Nb_2O_5 之间有一系列不稳定的通式为 $Nb_{3n+1}O_{8n-2}$ 的中间相,$n=5,6,7,8$(如 Nb_8O_{19}、$Nb_{12}O_{29}$、$Nb_{22}O_{54}$、$Nb_{25}O_{62}$ 等),但迄今还不曾有 Nb_2O_3 的报道。共晶温度下(1915℃)氧在铌中的最大溶解度(摩尔分数)为 4% ~9%(质量分数 0.72% ~ 1.67%)。在 1200 ~ 700℃温度区间,氧的溶解度(摩尔分数)由 3.5%(质量分数 0.6%),降至 2%[11]。在温度 800 ~ 1500℃,氧在铌中的溶解度符合以下公式[12]:

$$\lg x = -0.33 - 1680/T$$

式中,x 为氧摩尔分数,%;T 为温度,K。

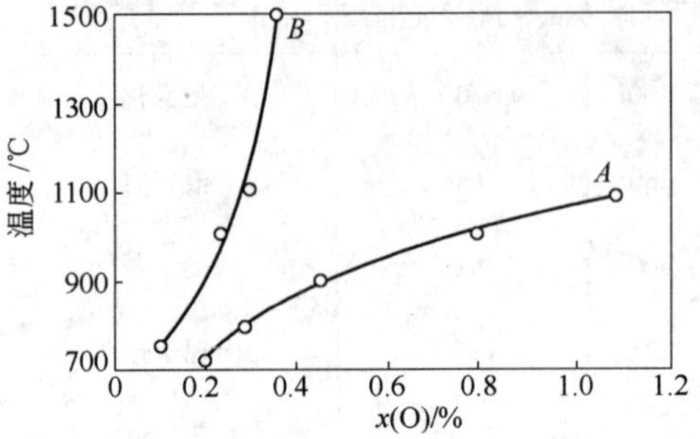

图 3-3 氧在铌(A)和钽(B)中的溶解度

图 3-3 所示为氧在铌和钽中的溶解度图,图中的 A 线为氧在铌中的溶解度,B 线为氧在钽中的溶解度变化情况[12]。

一些 NbO、NbO_2 和 Nb_2O_5 的结晶化学数据和热力学数据如表 3-5 和表 3-6 所示。各种铌的氧化物和相互之间的转变关系如图 3-4 所示。

表 3-5 一些铌和钽氧化物的结晶化学数据[14,15]

氧化物	结构	空间群	晶格常数/nm				密度/g · cm^{-3}
			a	b	c	β^0/(°)	
NbO	立方	C_h^1-Pm3m	0.4211	—	—	—	7.3
NbO_2	四方	$C_{4h}^6-14_{1/a}$	1.370	—	0.5987	—	5.9
$\beta-Nb_2O_5(\zeta,\gamma^1)$	单斜	C_{2h}^6 − P2/b	0.7348	0.5962	1.3646	115.5	5.29
$H-Nb_2O_5(\alpha,\beta^1)$	单斜	C_2^1 − P2	2.116	0.3822	1.936	119.5	4.55
$P-Nb_2O_5(\eta)$	四方	—	0.3896	—	2.543	—	4.54
Ta_4O	斜方		0.361	0.327	0.320	—	—
Ta_2O	四方		0.663	—	0.475	—	—
TaO(γ 相)	立方	F$m3m$	0.4422	—	—	—	—
Ta_2O(δ 相)	四方	$P4_{2/mm}$	0.4709	—	0.3065	—	—
$\beta-Ta_2O_5$	正交	C_{2v}^8 − Pba	0.620	0.366	0.389	—	—

表 3-6 一些铌钽氧化物的热力学数据[18,19]

氧化物	熔点 /℃	ΔH /kJ · mol^{-1}	ΔG_f /kJ · mol^{-1}	$S_{298}^{\ominus}$ /J · (mol · K)$^{-1}$	$c_{p,m(298K)}$ /kJ · (mol · K)$^{-1}$	质量定压热容/kJ · (kg · ℃)$^{-1}$ $c_p=a+bT+cT^{-2}$			
						a	b	c	温度范围/℃
NbO	1935	−406.95	−378.9	50	41.28	42.04	9.84×10^3	-3.28×10^{-5}	298 ~ 1700

续表 3-6

氧化物	熔点 /℃	ΔH /kJ · mol^{-1}	ΔG_f /kJ · mol^{-1}	$S_{298}^{\ominus}$ /J · (mol · K)$^{-1}$	$c_{p,m(298K)}$ /kJ · (mol · K)$^{-1}$	质量定压热容/kJ · (kg · ℃)$^{-1}$ $c_p = a + bT + cT^{-2}$			
						a	b	c	温度范围/℃
NbO_2	2028	-794.24	-743.2	54.4	57.7	61.47	25.77 × 10^3	-10.14 × 10^{-5}	298 ~ 1040
Nb_2O_5	1448 ± 5	-1898.7	-1766.0	137.3	132.2	162.3	14.82 × 10^3	30.64 × 10^{-5}	298 ~ 1780
$TaO_{气}$	—	217.4	—	245.1	32.8	—	—	—	—
$TaO_{2气}$	—	-195.4	—	261.6	45.94	—	—	—	—
Ta_2O_5	1872 ± 10	-2047.3	-1910.9	143.2	135.4	—	—	—	—

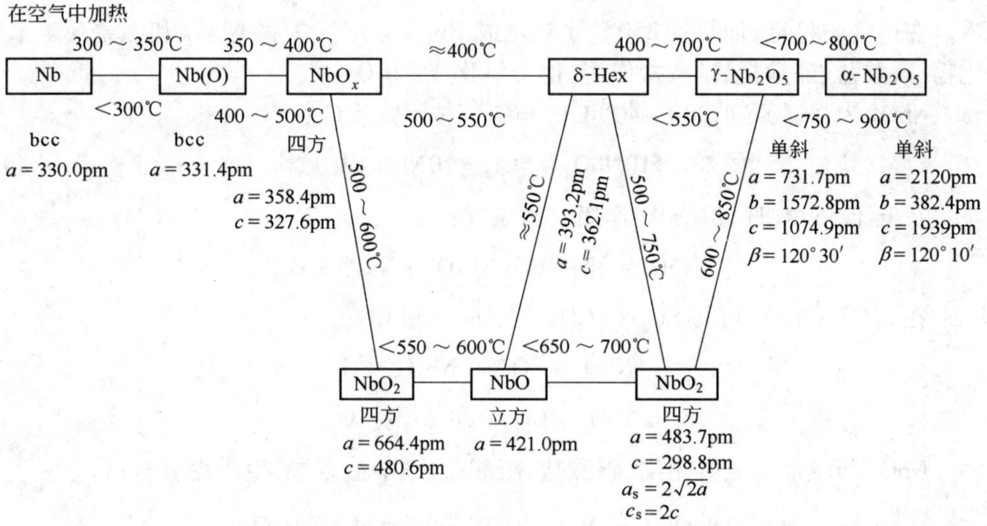

图 3-4 铌的氧化物在真空中相互转化关系

Nb_2O_5 和 Ta_2O_5 是铌钽最重要的和应用最广的化合物，有关它们的性质以及由它们衍生出的一系列化合物的性质参见第 4 章。

低价氧化物在火法冶金和钽铌材料应用中具有重要意义。下面是关于 NbO 和 NbO_2 的基本性质。

a NbO[13]

NbO 可在 1300 ~ 1700℃用氢还原为 Nb_2O_5，或在 700℃氩气保护下用金属铌还原 NbO_2 制取。NbO 为具有金属光泽的黑色粉末，其组成范围为 $NbO_{1.04}$ - $NbO_{0.94}$，在晶格中可以含有 25% 的空位。NbO 具有导电性。在 1650℃，NbO 以相当大的速度挥发，于 1800 ~ 1900℃时达最快挥发速度。但也有人认为真空中加热时 NbO 发生歧化反应：

$$2NbO_{(s)} = Nb_{(s)} + NbO_{2(g)}$$

NbO 在空气中加热时生成 Nb_2O_5。

加热时 NbO 和氯气作用，发生反应：

$$2NbO + 3Cl_2 = 2NbOCl_3$$

NbO 可溶于 HF 酸，同时放出氢气。NbO 可缓慢地溶于盐酸中；与碱金属氢氧化物和碳酸盐作用，则转变生成五价铌的铌酸盐。

b　NbO_2[16]

NbO_2 为蓝黑色晶状粉末，可由碳还原为 Nb_2O_5，或在电弧炉中用金属铌和 Nb_2O_5 作用，或在氩气保护下于 1150℃使 Nb_2O_5 热分解，都可以制取 NbO_2。NbO_2 常温时稳定，真空 1700℃下升华成气体。NbO_2 为半导体，不溶于盐酸、硫酸和硝酸。在空气中稳定，加热到 850℃才氧化成 Nb_2O_5。空气中将 NbO_2 和碱金属氢氧化物、碳酸盐、硫酸盐、硝酸盐作用，也会氧化成 Nb_2O_5。

NbO_2 为强还原剂，200～400℃时与氯气按下式反应：

$$10NbO_2 + 5Cl_2 = 10NbO_2Cl$$

在低于 350℃时与 NaOH 作用放出氢气：

$$2NbO_2 + 2NaOH = Nb_2O_5 + Na_2O + H_2$$

在 320℃，NbO_2 可将 SO_2 和 CO_2 还原成 S 和 CO：

$$4NbO_2 + SO_2 = 2Nb_2O_5 + S$$

$$2NbO_2 + CO_2 = Nb_2O_5 + CO$$

NbO_2 与碱金属氢氧化物、碳酸盐、硫酸盐、硝酸盐熔融，生成铌酸盐：

$$2NbO_2 + \frac{1}{2}O_2 + 2NaOH = 2NaNbO_3 + H_2O$$

$$2NbO_2 + Na_2CO_3 = 2NaNbO_3 + CO$$

$$2NbO_2 + Na_2SO_4 = 2NaNbO_3 + SO_2$$

$$3NbO_2 + NaNO_3 = NaNbO_3 + Nb_2O_5 + NO$$

$$5NbO_2 + NaNO_3 = NaNbO_3 + 2Nb_2O_5 + \frac{1}{2}N_2$$

NbO_2 在 950～1350℃真空中和碱金属和碱土金属氧化物反应，生成一种称为"铌青铜"的化合物：Li_2NbO_3、$Na_4Nb_3O_8$、$K_2Nb_2O_6$、$CaNbO_3$、$SrNbO_3$、$BaNbO_3$ 等[17]。

B　钽和氧作用

钽和氧作用生成的化合物主要有 Ta_6O、Ta_4O、Ta_2O、TaO、TaO_2 和 Ta_2O_5 等。钽的低价氧化物也是金属间化合物，都具有金属性质。钽氧化物中最稳定的是五价氧化物。钽的低价氧化物在热力学上都是不稳定的，容易发生歧化反应生成 Ta 和 Ta_2O_5。钽的低价氧化物只是作为金属在氧化过程中，或五氧化物在还原过程中存在的中间相。例如，金属钽在氧化时在约 300℃ 时形成 Ta_6O，低于 500℃ 时生成 Ta_4O，在 350 ~ 1200℃ 间形成 Ta_2O；当将 Ta 和 Ta_2O_5 混合加热到 2019 ~ 2314℃ 时所生成的蒸气中以 TaO 和 TaO_2 为主。

这些低价氧化物均不溶于氢氟酸以外的各种酸。

固体钽能有限地溶解氧，而且溶解度比较大。氧在钽中的溶解度如图 3-5[20~23] 和表 3-7 所示。与铌 – 氧系不同，钽 – 氧系状态图中只有一种稳定的高价氧化物 Ta_2O_5。

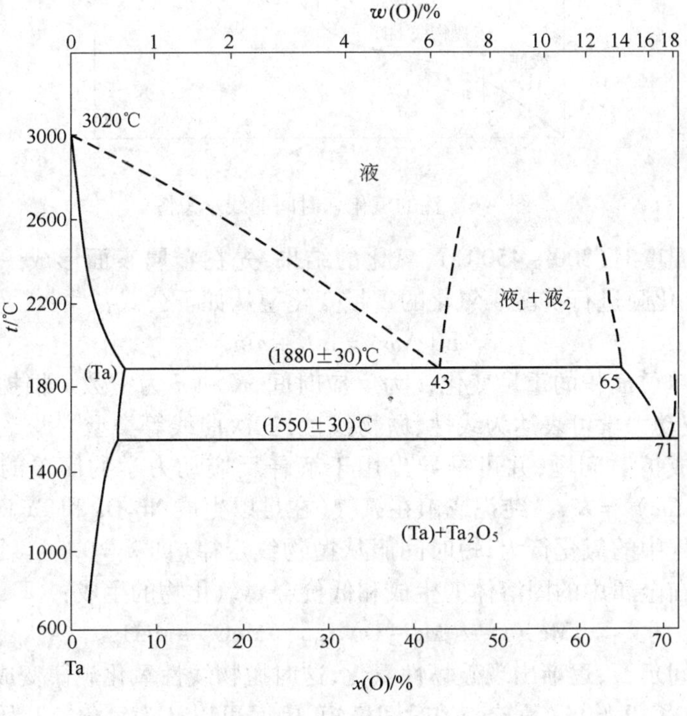

图 3-5 钽 – 氧系状态图

表 3-7 氧在钽中的溶解度 [24~27]

温度/℃	1800	1500	1100	900	800	750
溶解度(摩尔分数)/%	5.7	5.1	2.95	2.4	2.1	1.8

关于铌和钽氧化过程的动力学和氧化机理，一般认为，铌和钽显示出二级氧化反应，即初始增重区域和紧接着的快速减重区域。第二级可被称作分离氧化反应，届时将重现快速的氧化及氧化物蜕变。分离氧化的发生与温度有很大关系，温度

越高,分离氧化现象出现越早[28]。

氧化按时间可以分成三个阶段(图 3-6):(1)未形成氧化物的线性阶段;(2)形成 NbO_2 保护层和向内生成的 NbO_2 的抛物线阶段;(3)在 NbO_2 形成多孔 Nb_2O_5 层的线性阶段[29]。

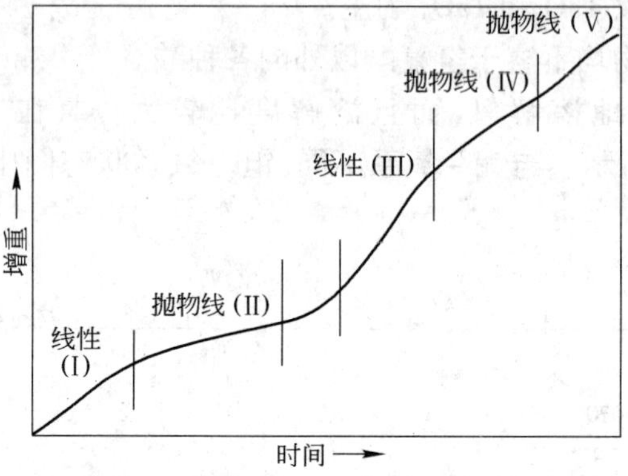

图 3-6　铌的氧化 – 时间曲线示意图

在较低温度时(300 ~ 450℃),氧化的结果,先在金属表面形成一层致密氧化膜,通过该氧化膜进行扩散。氧化的重量变化遵从如下公式:

$$\ln(\Delta\omega) = \ln K + n\ln t$$

式中,$\Delta\omega$ 为单位面积的重量变化;t 为反应时间,K 和 n 为常数。根据常数 n 的数值,氧化反应动力学可表达为线性、抛物线性、三次曲线等类型[30,31]。这种反应动力学可处理成扩散问题,并可推导出用于解释反应动力学的简单的抛物线定律($n=0.5$):$(\Delta\omega)^2 = K_p t$。纯铌或钽在氧气(在足以生成 Nb_2O_5 和 Ta_2O_5 的分压下)及静态的空气中的氧化行为,短时间服从抛物线定律(即 $n=0.5$)。同时,氧化过程包含了氧在金属中的固溶体的生成和低价金属氧化物的生成:

$$Me + O \rightarrow (Me - O)_{固溶体} \rightarrow MeO_y \rightarrow MeO_x$$

随着时间延长,逐渐出现破坏性氧化,这时抛物线性氧化规律变成了线性氧化规律。从 600℃ 开始,这种转变的时间极短,因而可以认为氧化一开始就以一定的速度进行。

Nb_2O_5 和 Ta_2O_5 的摩尔体积分别比金属铌和钽的摩尔体积大,两者之比分别为 2.68 和 2.50,因此,所生成的表面氧化层很容易从基体上剥落、断裂或分层[32]。

在线性氧化规律范围内,氧化的速度与氧分压的平方根成正比。

文献[33]详细论述了铌和钽的氧化机理。需要指出的是,钽在 800 ~ 1050℃ 内,氧化时重新出现抛物线定律阶段,然后随时间推移,再转变成线性氧化阶段。这一现象和氧化初期生成的低价氧化物膜的组成的改变有关。当铌的温度超过 1500℃ 以上,钽的温度超过 1700℃ 以上时,氧化过程中起主要作用的是低价氧化物 NbO 和 NbO_2 或 TaO 和 TaO_2 的蒸发。正是利用低价氧化物在高温和真空中易挥发的性质特点,才得以在铌和钽精炼时除去所含的杂质氧,这种氧是从固溶体中进入到氧化物中的。

铌和钽的高温氧化是它们作为高温下工作的热部件应用的障碍。为对铌和钽的热强部件进行防氧化保护,常根据部件的形状及其工作条件采取相应的措施,如对部件进行硅酸盐表面涂层。此外,为了达到抗氧化目的,必须为铌和钽形成保护性氧化物,即需要一种能比铌和钽更优先被氧化并形成保护性的氧化层的元素进行合金化。两个最合适的元素是铝和硅[34~36]。

3.3.1.2 铌、钽和卤素的相互作用

高温下铌、钽能和元素氟、氯、溴、碘直接反应生成高价和低价的卤化物。低价卤化物易生成原子簇化合物,如 Nb_3Cl_8、Ta_6Br_{15}、Nb_6Cl_{14} 等(表 3-8)。

表 3-8 铌和钽的卤化物[37,38]

氧化态	氟化物		氯化物		溴化物		碘化物	
+5	NbF_5	TaF_5	$NbCl_5$	$TaCl_5$	$NbBr_5$	$TaBr_5$	NbI_5	TaI_5
+4	NbF_4	TaF_4	$NbCl_4$	$TaCl_4$	$NbBr_4$	$TaBr_4$	NbI_4	TaI_4
+3	NbF_3	TaF_3	$NbCl_3$	$TaCl_3$	$NbBr_3$	$TaBr_3$	NbI_3	TaI_3
< +3	—	—	Nb_3Cl_8	—	Nb_3Br_8	—	Nb_3I_8	—
	Nb_6F_{15}	—	—	Ta_6Cl_{15}	—	Ta_6Br_{15}	—	Ta_6I_{15}
	—	—	Nb_6Cl_{14}	—	—	Ta_6Br_{14}	—	Ta_6I_{14}
	—	—	—	—	—	—	Nb_6I_{11}	—

随着卤族元素离子半径的增加,铌和钽的卤化物的结合强度由氟至碘逐步下降:氟化物最为稳定,碘化物在 1100℃ 发生分解生成金属铌或钽和元素碘。高温下铌和钽的卤化物可用氢、碱金属和碱土金属还原成低价化合物或还原成金属铌或钽,而且铌比钽更容易被还原。

低价卤化物(特别是 +4 和 +3 价卤化物)容易发生歧化反应,例如,在真空中 280~340℃下发生以下反应:

$$2TaBr_4 = TaBr_3 + TaBr_5$$

歧化反应是可逆的,温度低于 210℃,反应向反方向进行。

铌和钽的五卤化物中的两个卤离子很容易为氧原子置换,生成稳定的 MeO^{3+} 离子。而且铌比钽更易生成卤氧化物(表 3-9)。

表 3-9 铌和钽的卤氧化物[39,40]

氧化态	氟氧化物		氯氧化物		溴氧化物		碘氧化物	
+5	—	$TaOF_3$	$NbOCl_3$	$TaOCl_3$	$NbOBr_3$	$TaOBr_3$	$NbOI_3$	$TaOI_3$
	—	—	—	$Ta_2O_3Cl_4$	—	—	—	—
	NbO_2F	TaO_2F	NbO_2Cl	TaO_2Cl	NbO_2Br	TaO_2Br	NbO_2I	TaO_2I

续表 3-9

氧化态	氟氧化物		氯氧化物		溴氧化物		碘氧化物	
+5	Nb_3O_7F	Ta_3O_7F	Nb_3O_7Cl	—	—	—	—	—
	$Nb_5O_{12}F$	—	—	—	—	—	—	—
	$Nb_{17}O_{42}F$	—	—	—	—	—	—	—
	$Nb_{31}O_{77}F$	—	—	—	—	—	—	—
+4	—	—	$NbOCl_2$	$TaOCl_2$	$NbOBr_2$	$TaOBr_2$	$NbOI_2$	$TaOI_2$

铌和钽的氟化物易溶于水，仅部分发生水解。其他卤化物则极易受潮发生水解，同时生成水不溶性产物。

五氟化铌或钽可在 40% HF 的浓酸中以固态配合物的形式析出。其他的五卤化物在相应的浓酸中也生成配合物，但不能生成固态物质。

铌和钽的卤化物的重要特点是它们易和氨和碱金属生成各种组成的复盐。复盐的稳定性由碘至氟，由氨、锂至铯增强。氟的复盐在水中最稳定。氯的复盐只在浓盐酸或无水介质中稳定。溴和碘的复盐在水中不稳定，易发生水解。

所有高价五卤化物都是易挥发物质。它们的蒸气压如表 3-10 所示。

关于卤化物的详细情况参见第 4 章。

表 3-10　铌和钽五卤化物的蒸气压[40,41]

化合物	$\lg p_{mm} = A - B/T$		温度 T/℃
	A	B	
NbF_5	8.439	2824	70~230
NbF_5	8.372	2777	100~250
TaF_5	8.524	2834	80~230
$NbCl_5$			77~110
$NbCl_5$	8.37	2870	210~254
$TaCl_5$			77~110
$TaCl_5$	8.68	2970	230~240
$NbBr_5$	12.5	5782	205~252
$NbBr_5$	9.784	4347	252~356
$TaBr_5$	12.51	5546	180~255
$TaBr_5$	8.07	3204	255~344
TaI_5	8.21	4300	380~490
TaI_5	7.67	3950	500~540

3.3.1.3　铌、钽和水蒸气、CO 和 CO_2 的相互作用

像其他活性金属一样，铌和钽的表面也能生成具有抗蚀能力的钝化性质的氧

化膜。这层膜由 NbO、NbO_2 和 Nb_2O_5 或由三者的混合物组成。这和接触的介质有关，对还原性质的介质，多为低价氧化物；对氧化性质的介质，多为高价氧化物。

虽然铌和钽的表面能生成氧化膜，但这种氧化膜是非晶态的，仅有几个纳米厚。当温度高于 600℃时，水蒸气容易和铌和钽发生剧烈氧化，同时生成氧化物并放出氢气[42,43]：

$$Nb + H_2O = NbO + 2H + 2e$$

$$NbO + H_2O = NbO_2 + 2H + 2e$$

$$2NbO_2 + H_2O = Nb_2O_5 + 2H + 2e$$

在 1000～1500℃的温度区间，在水蒸气中的氧化过程也具有从抛物线规律向线性规律转化的特点。铌和钽在空气中的氧化速度与金属的水分几乎无关[44]。

文献[45]认为 250～300℃时金属铌粉和水蒸气的反应为：

$$16Nb + 5H_2O = Nb_2O_5(\text{无定形}) + 14NbH_{0.7}$$

$$2Nb + 5H_2O = Nb_2O_5(\text{无定形}) + 5H_2$$

$$14Nb + 5H_2 = 14NbH_{0.7}$$

高温时铌和钽能和 CO 和 CO_2 发生反应。高于 500℃，CO_2 可以氧化金属铌和钽。温度高于 700℃，CO 开始与铌和钽发生反应，同时吸氧、吸碳，形成固溶体，最后生成氧化物和碳化物。当温度超过 1400℃，并在真空条件下，可出现可逆反应，放出 CO_2。

3.3.2　生成金属间化合物

如同其他过渡金属一样，铌和钽与气体氢、氮以及硼、碳、硅、磷、硫等非金属作用生成相应的二元化合物。它们和一些具有比较明显金属性质的金属间化合物（中间相或间隙相）相似，并有一些独特的性质[46,47]：

（1）化合物大多具有金属光泽。

（2）由于存在比较多的自由电子，大多数化合物都有导电性（往往比铌钽金属本身还高）和导热性，很多具有超导电性。

（3）都有很高的硬度，有的硬度高达 30000 MPa。

（4）具有高温稳定性，熔点都很高。

（5）都具有相当的脆性，没有塑性变形区（在 0.85～0.95 熔点前）。

（6）良好的化学稳定性，大的生成热和很高的晶格能。

此外，这些金属间化合物大多可在高温真空中由两元素直接反应制取。这里介绍一些主要的金属间化合物，有关铌的超导化合物将在第 4 章介绍。

3.3.2.1　铌、钽和氢的相互作用

金属铌和钽都具有很强的吸氢能力。溶解在铌中的氢的摩尔分数在压力为 0.1 MPa 时可达到 50%。铌和钽与氢作用为强烈的放热反应。

溶解在金属铌和钽中的氢占据金属晶格中的四面体间隙位置，作无序或有序分布，形成间隙固溶体。氢溶解在铌和钽中，导致金属晶格的轻微畸变。

A　状态图

Nb-H 系状态图和 Ta-H 系状态图分别如图 3-7 和图 3-8 所示。

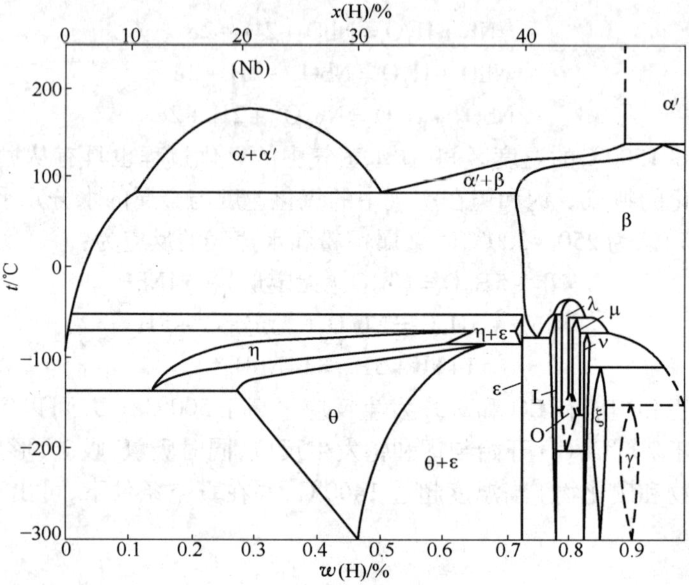

图 3-7　Nb－H 系状态图

a　Nb-H 系状态图[48~50]

体系中按包晶反应生成 8 种化合物相[51~53]，w（H）：0.73%；0.77%；≈0.81%；0.82%；0.83%；0.85%；0.90%；≈0.95%。在固态下体系还发生 7 种共析体转变：$\eta \rightleftharpoons \alpha + \theta$，$\theta \rightleftharpoons \alpha + \varepsilon$，$\beta \rightleftharpoons \varepsilon + L$，$\lambda \rightleftharpoons L + O$，$\mu \rightleftharpoons O + \nu$，$O \rightleftharpoons L + \nu$，$\beta \rightleftharpoons \gamma + \delta$[54~56]。在温度为 −60 ~ 100℃，H 在 Nb 中的溶解度可按下式计算[57,58]：

$$\lg x = 2.58 - 598/T$$

式中，x 为 H 的摩尔分数，%；T 为温度，K。

下面是一些主要相的基本性质：

α-相　α-相是氢以低摩尔分数溶解在金属中作无序分布而形成的固溶体。它仍保留纯金属铌的 *bcc* 结构，但晶格膨胀，晶格参数 $a_0 = (332 \pm 2)$pm。

α′-相　α′-相是氢以高摩尔分数溶解在金属铌中作无序分布所形成的固溶体。

β-NbH　β-NbH 是氢在铌中作有序分布所形成的固溶体，具有面心正交晶格结

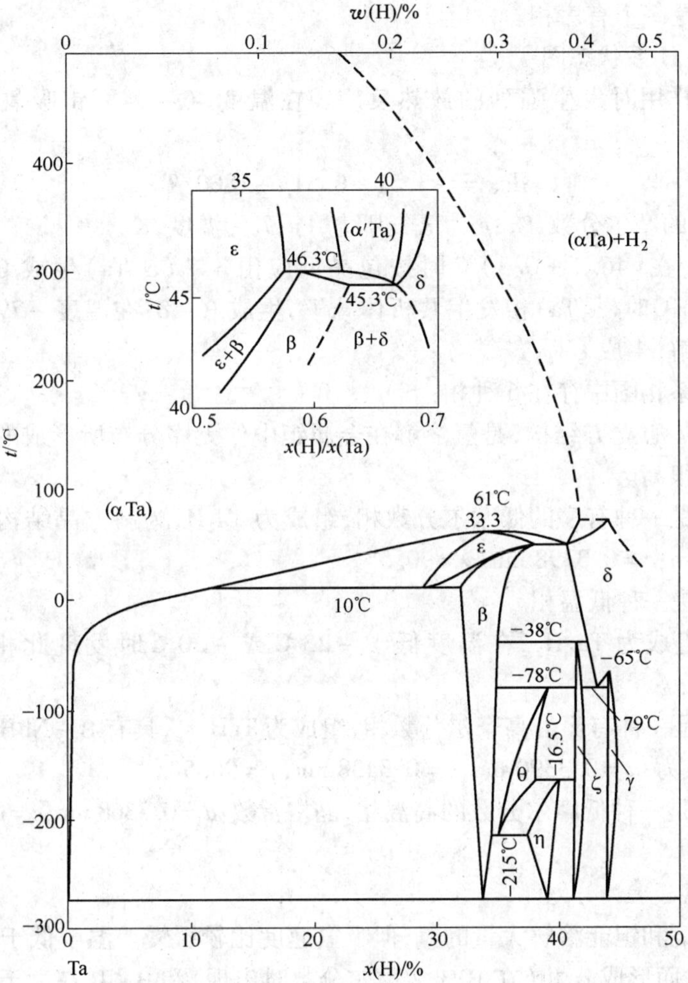

图 3-8 Ta－H 系状态图

构,空间群为 $C\,222$,晶格参数为 $a \backsim b \backsim a_0\sqrt{2}, c \backsim a_0$,氢原子以十分确定的间格占据四面体间隙位置。

ζ-NbH 当 β-NbH 相冷却到 －45 ~ －65℃时,出现 ζ-NbH 相,它是 β-NbH 相中有序地出现 H 空位而形成的。

ε-相 其组成为 Nb_4H_3,具有斜方晶结构,$a \backsim b \backsim 2a_0\sqrt{2}, c \backsim 2a_0$。

δ-相 其组成与 NbH_2 一致,具有 CaF_2 型结构,金属原子按面心立方晶格排列,氢原子有序地占据四面体间隙位置,金属原子的晶格参数为 453.6 ~455.6 pm。

γ-相 其组成接近 $NbH_{0.7}$,是一种假立方、高摩尔分数的低温相。在低于 200 K 时能稳定存在。

λ-相　是一个有序相。

b　Ta－H 系状态图[59~61]

钽和氢作用时发生强烈的放热反应。在温度 40～94℃ 钽吸氢遵从下面的公式[62,63]：

$$\lg x = -3.51 + 0.51p + 1800/T$$

式中，x 为氢的摩尔分数，%；p 为氢气压力，Pa；T 为温度，K。

相图中，在(46.3±0.3)℃时按包晶反应由 ε +(α′Ta)生成 β 相；在温度(45.3±0.3)℃时(α′Ta)相发生共析体分解，生成 β+δ；在温度－79℃时 δ 相发生共析体分解，生成 ξ+γ[64~66]。

Ta－H 系相图中存在 6 种相：

α-相　体心立方结构，是氢溶解在金属钽中作无序分布所形成的固溶体。氢的浓度可以很高。

β-相　是一种有序的低摩尔分数相，组成为 Ta_2H，为斜方晶结构，晶格常数：$a = 0.3359$ nm；$c = 0.3398$ nm；$\gamma = 90.5°$。

γ-相　是一种低温相。

ζ-相　组成为 Ta_4H_3，在温度低于－23℃或－20℃时发现此相，为单斜晶结构。

δ-相　是一种有序的高摩尔分数相，组成为 TaH_{1-x}，具有 β－NbH 的单斜晶结构，晶格常数为：$a = 0.3390$ nm，$c = 0.3438$ nm，$\gamma = 90.5°$。

ε-相　是一种低摩尔分数的高温相，晶格常数：$a = 0.3368$ nm，$c = 0.3395$ nm，$\gamma = 90.5°$。

B　吸氢过程

低温下铌和钽能溶解大量的氢，但吸氢速度比较缓慢。温度低于 300℃，铌不生成氢化物，而形成 α 相(在 10% 氢摩尔分数时出现)和 β 相(在大于 38% 氢摩尔分数时出现)的固溶体。温度高于 300℃，氢就快速地溶解在致密金属铌和钽中。但随温度升高和氢气压下降，氢在铌和钽中的溶解度迅速下降[67,68]。

当成分接近一氢化物 NbH 和 TaH，但又偏离化合物的化学计量数，如，$NbH_{0.94}$、$TaH_{0.9}$，或含氢量偏低的化合物出现时，表明氢的溶解已达饱和。当 Nb－NbH 系的温度高于 200℃ 和 Ta－TaH 系高于 0℃，这时体系中没有两相区，而只存在 α 相的连续固溶体区。在更低温度下，固溶体分解，于是出现两相区(α+β)。100℃时 NbH 系的不混合区 β－NbH_x($x<1$)的成分为 18.8%～35.6%。室温下 NbH_x 和 TaH_x($x<1$)具有斜方晶结构，其晶格常数与氢化物的组成有关。$NbH_{0.89}$ 的晶格常数为：$a = 0.483$ nm，$b = 0.489$ nm，$c = 0.344$ nm，$\gamma = 89.4°$；$TaH_{0.89}$ 的晶格常数为：$a = 0.4718$ nm，$b = 0.4768$ nm，$c = 0.3421$ nm，$\gamma = 89.2°$。温度超过 150℃，斜方结构消失，转变成体心立方结构。

当氢压很高时，铌达到氢饱和，于是形成具有面心立方结构的 $NbH_{2.08}$。但 $NbH_{2.08}$ 很不稳定，容易分解生成 NbH[69,70]。目前尚缺乏有关生成 TaH_2 的资料。

氢在体心立方结构的 NbH 和 TaH 中很容易扩散。在这种结构的晶体中，围绕金属原子有 6 个四方空穴和 3 个八方空穴，这使得该结构的无序性程度变得很强[71]。

图 3-9 所示为低压（2.04×10^{-2} Pa）下随温度升高的铌的吸氢特性[72,73]。在 250～350℃，吸氢反应随温度升高而增加；在 350～560℃，氢化物分解，出现失重；高于 560℃，由于高温氢化物形成而再次出现增重。

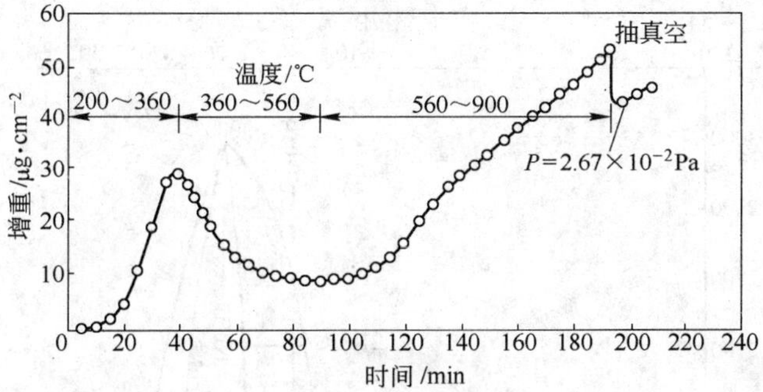

图 3-9　温度对铌氢反应的影响

氢在铌和钽中的溶解是可逆的：

$$Nb + xH_2 \rightleftharpoons NbH_x$$

$$Ta + xH_2 \rightleftharpoons TaH_x$$

在真空中于 800～900℃下，反应向相反方向进行，所吸入的氢又全部释放出来。氢化了的铌或钽很脆，这一方面不利材料的应用，但另一方面又可利用这种脆性制取铌和钽的金属粉末。

C　氢化物

a　氢化铌

在氢气流中加热金属铌粉末，或用氢气还原 $NbOCl_3$，可以得到氢化铌。以铌为阴极在硫酸中电解，或将炽热的铌投入水中铌置换水并吸收氢。用这些方法得到的氢化铌，组成上相当于化学式 NbH，但通常只得到接近这个组成的氢化铌。

氢化铌为深灰色，性质极脆。常温下氢化铌在空气中稳定，300～350℃开始分解。不溶于盐酸、硝酸、稀硫酸和王水。与硫作用生成黑色的硫化物。与氯或盐酸作用生成铌的氯化物。

b　二氢化铌

二氢化铌的均匀范围是 $NbH_{2.00}$ 到 $NbH_{2.07}$，具有萤石型结构。二氢化铌极不稳定，在真空中易分解生成 NbH。在空气中放置也会逐渐失去过量氢，变成 NbH。

二氢化铌产生 10^5 Pa 的氢的离解温度为 31℃。

c　钽的氢化物

在氢气中加热钽，通常只能得到 $TaH_{0.8}$，要得到 TaH 非常困难。钽氢化物为暗灰色，质硬性脆。$TaH_{0.76}$ 的密度为 15.1 g/cm³，电阻为钽的 2 倍。

3.3.2.2　铌、钽和硼的相互作用

铌、钽与硼作用生成一系列的硼化物：Nb_3B_2、NbB、Nb_3B_4、NbB_2 和 Ta_2B、Ta_3B_2、TaB、Ta_3B_4、TaB_2。图 3-10 和图 3-11 分别所示为 Nb – B 系[74~76]和 Ta – B 系相图[77,78]。

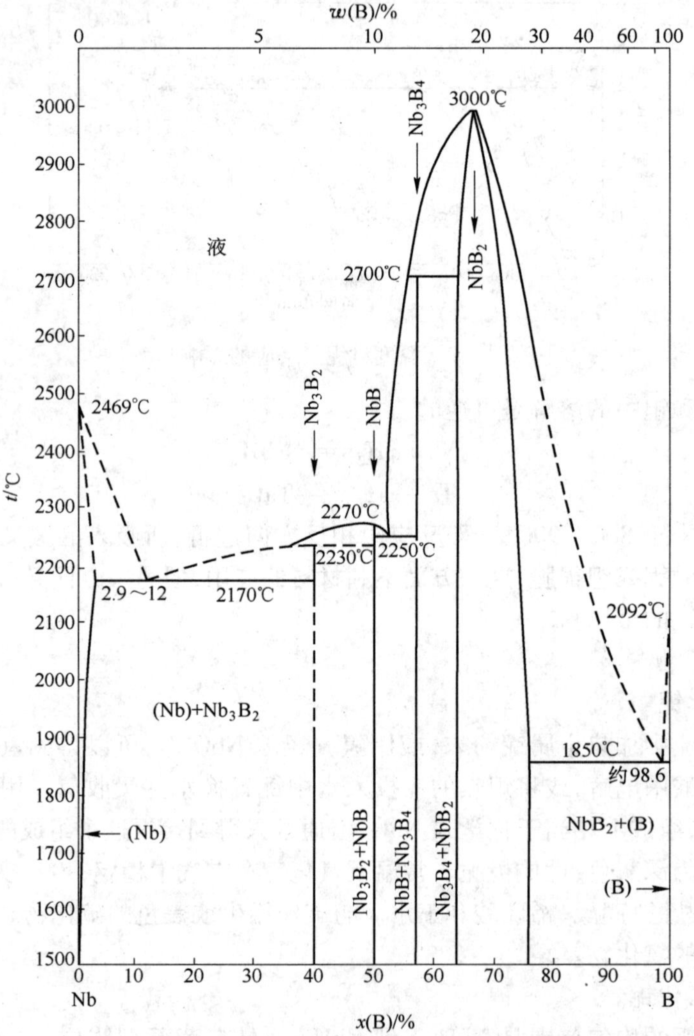

图 3-10　Nb – B 系相图

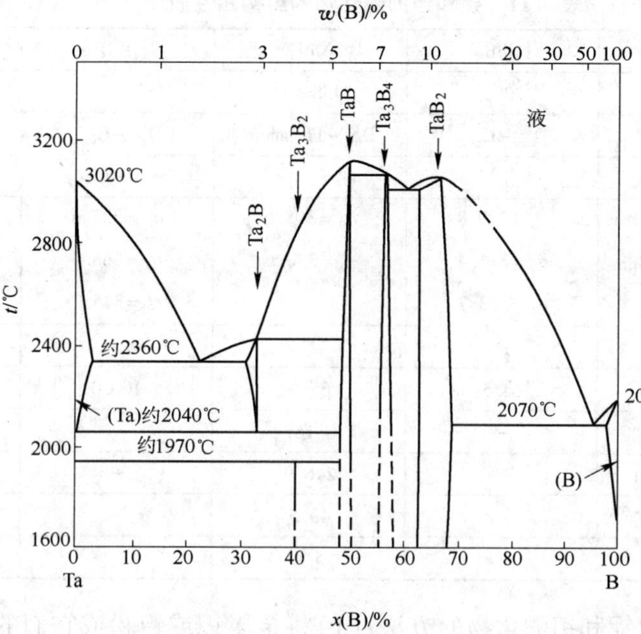

图 3-11　Ta – B 系相图

在 Nb – B 体系中生成的 4 种化合物中，Nb_3B_2 和 Nb_3B_4 是按包晶反应生成。而 NbB_2 和 NbB 则同组元熔化。NbB_2 的均相区在 x(B)为 64% ~76%。在共晶温度 1950℃、1600℃和 1200℃下，B 在 Nb 中的溶解度（摩尔分数）分别为 2.9%、2.19% 和 0.43%[9,79]。体系中的单变量和无变量反应有：L $\rightleftharpoons$ NbB（≈2270℃），L $\rightleftharpoons$ NbB_2（3000℃），L + NbB $\rightleftharpoons$ Nb_3B_2（2230℃），L + NbB_2 $\rightleftharpoons$ Nb_3B_4（2700℃），L $\rightleftharpoons$（Nb）Nb_3B_2（2170℃），L $\rightleftharpoons$ NbB + Nb_3B_4（2250℃），L $\rightleftharpoons$ NbB_2 +（B）（1850℃）[80,81]。

NbB_2 为具有灰色金属光泽的粉末，700℃以下在空气中稳定，不发生氧化；TaB_2 也为灰色金属光泽的粉末，900℃以上在空气中不发生氧化。NbB_2 和 TaB_2 均不溶于盐酸、硝酸和王水，微溶于热硫酸和氟氢酸，可溶于熔融的 NaOH、Na_2CO_3、$NaHSO_4$ 和 Na_2O_2。但总体上 NbB_2 的稳定性较 TaB_2 差。加热到熔点温度时，NbB_2 分解为 NbB 和 B。NbB_2 熔点高、硬度大，可以切割水晶和黄玉。

在 Ta – B 体系中，在 2040℃时发生共析体分解，Ta_2B 分解成（Ta）+ TaB 的混合物。化合物 Ta_3B_2 在温度 1970℃时按包晶反应生成，而化合物 TaB 和 TaB_2 则分别在≈3100℃和 3050℃温度同组元熔化[82]。

有关铌和钽的硼化物的结构和性质如表 3-11 所示。

表 3-11 铌和钽的硼化物的结构和性质[9,83,84]

化合物		NbB	NbB_2	TaB	TaB_2
熔点/℃		2000	2458 ± 10	—	3000
晶体结构	空间群	$D_{2h}^{17}-C_{mca}$	$D_{6h}^{1}-P6/mmm$	$D_{2h}^{17}-C_{mca}$	$D_{6h}^{1}-P6/mmm$
	结构型式	斜方	六方	斜方	六方
	晶格常数/pm	$a_0=329.8$ $b_0=871.4$ $c_0=313.7$	$a_0=308.6$ $c_0=330.6$	$a_0=327.6$ $b_0=866.9$ $c_0=315.7$	$a_0=308.8$ $c_0=324.1$
莫氏硬度		—	8	—	8
电阻率/μΩ · cm		64.5	65.5	100.0	88.5
热导率/W · (cm · K)$^{-1}$		—	0.167	—	0.109
摩尔生成焓/kJ · mol^{-1}		—	246.9	—	-192.5
摩尔熵/J · (mol · K)$^{-1}$		—	43.5	—	58.5
$\Delta S_{298}^{\ominus}$/J · (mol · K)$^{-1}$			5.4		-45.2

有多种制取铌和钽硼化物的方法：(1)将金属铌或钽粉或它们的氢化粉和元素硼在真空中或在氩气保护下分别于1900℃和2000℃下直接反应；(2)用金属铝、镁或硅还原铌或钽的氧化物和 B_2O_3 的混合物；(3)2000℃下用碳还原 Me_2O_5 和 B_2O_3 的混合物或碳还原 Me_2O_5 和 B_4C 的混合物；(4)熔盐电解，以 Me_2O_5 和碱土金属硼酸盐和氟盐作电解质，在 980 ~ 1000℃下电解得 MeB_2。(5)化学气相沉积法，将铌或钽的卤化物和卤硼化物在氢气或氩气载体作用下，使生成的 MeB_2 沉积在热的基体上[85]。

3.3.2.3 铌、钽和ⅣA 族元素的相互作用

A 铌、钽和碳的相互作用

a Nb - C 体系

如图 3-12 和图 3-13 所示为 Nb - C 系状态图[9,74,86,87]。

在高温和真空下铌和钽与碳（炭黑或石墨）反应主要生成 NbC 和 Nb_2C 两种碳化物，此外也有 Nb_4C、Nb_3C、Nb_4C_3、Nb_3C_2 等化合物的报道[88~90]。在这些碳化物中只有 NbC 是稳定的。Nb_2C 在熔化时易发生分解。

铌 - 碳体系中碳在铌中的溶解度随温度增高而增加[91,92]：

温度/℃	1200	1500	1700	1800	1900	2000 ~ 2100	2200	2230
碳含量：								
x(C)/%	0.1	0.26	0.4	0.77	1.8	≈10	4	5.5 ~ 7.2
w(C)/%	0.014	0.036	≈0.05	≈0.01	0.25	≈1.4	0.55	0.75 ~ 1.0

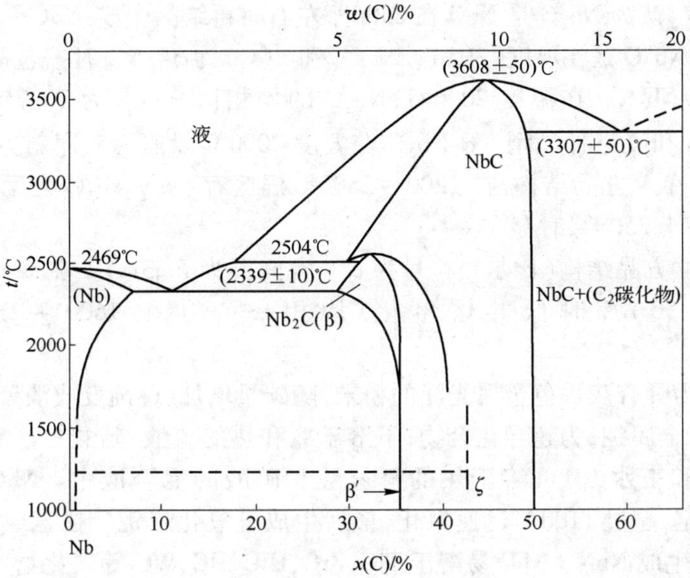

图 3-12 Nb－C 系状态图

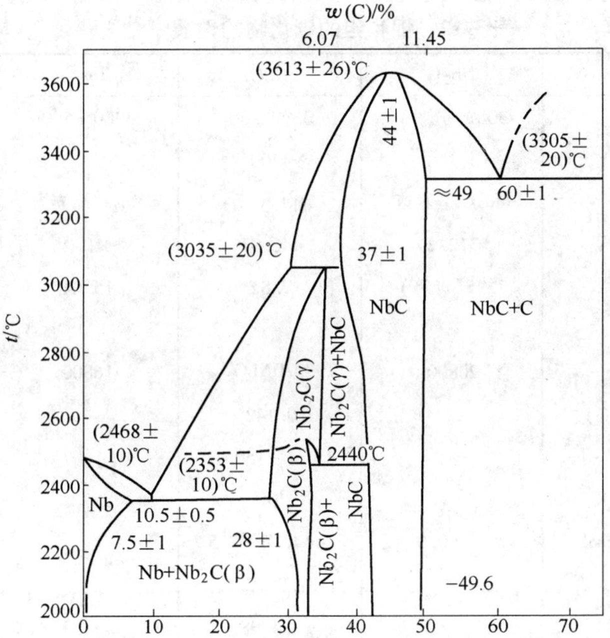

图 3-13 Nb－C 系状态图

文献[87]认为 Nb_2C 是 NbC 在 2500℃左右时再结晶生成：NbC ⟶ Nb_2C。文献[93]认为 Nb_2C 是在温度(3050 ± 20)℃和 x(C)为 34.5% 时按包晶反应生成：L + NbC ⇌ Nb_2C。在温度 2000℃，Nb_2C 的均相区 x(C)为 30.7% ~ 32.4%，Nb_2C 有 α、β 和 γ 三种晶型。α-Nb_2C 在温度 2000℃以前为有序斜方晶结构[91]；β-Nb_2C 为有序六方晶结构，在 1200 ~ 2500℃温区存在；γ-Nb_2C 为无序六方晶结构，在温度高于 2500℃时存在。

NbC 为立方晶结构(比尔松符号为 $cF8$ 空间群为 $Fm3m$)。在 x(C)为 0.48% 和(3608 ± 50)℃时低共熔熔化，均相 x(C)在 1600 ~ 2500℃时为 41% ~ 47%[91~93]。

$NbC_{0.99}$为具有灰褐色金属光泽的粉末，随碳量增加，逐渐变成淡紫色的金属光泽；硬度高于金属铌；为超导化合物；不溶于冷和热的硫酸、硝酸和盐酸中，甚至不溶于氢氟酸和王水，但可溶于热的氟氢酸和硝酸的混合液中。NbC 在 1000 ~ 1100℃下稳定，超过 1100℃迅速氧化，最后生成五氧化二铌。在氨或氮气中加热 NbC，会转化生成 NbN。NbC 易溶于 TiC、ZrC、HfC、UC、WC 等碳化物中，并生成类质同晶型混合物。NbC 和 Nb_2N、HfN 等易生成固溶体。

Nb_2C 和 NbC 的其他性质如表 3-12 所示。

表 3-12　铌和钽的碳化物的性质[74,94,95]

性　质	Nb_2C	NbC	Ta_2C	TaC
熔点/℃	3080(分解)	3600 ± 50	3300 ± 100	3880 ± 50
沸点/℃		4300		5500
晶体结构	Mo_2C 型六方	面心立方	Mo_2C 型立方	面心立方
晶格常数，a/pm	312.2	446.91	310.4	445.5
密度/g · cm^{-3}	7.85(计算)	7.82	15.04	14.4
莫氏硬度		—		9
显微硬度/MPa	20800	199220$NbC_{0.84}$	16800	15670$Ta_{0.94}$
热导率/W · (cm · K)$^{-1}$		0.142		0.222
电阻率(20℃)/μΩ · cm		74 ~ 150		30
超导临界温度/K		14		11
生成热 $\Delta H^{\ominus}_{298}$/kJ · mol^{-1}	−190.0	−140.6 ± 2.5		−144.8 ± 3.8
$S^{\ominus}_{298}$/J · (mol · K)$^{-1}$		37.2 ± 2.9		42.3 ± 0.87
$\Delta S^{\ominus}_{298}$/J · (mol · K)$^{-1}$		−4.98		−5.31

铌和钽的碳化物的生成自由能 $\Delta G^{\ominus}$列于表 3-13。

表 3-13 铌和钽的碳化物的生成自由能 $\Delta G^\ominus$

反 应	温度/K	$\Delta G^\ominus$/J·mol^{-1}
$Nb + 1/2C = NbC_{0.5}$	298 ~ 1899	$-89538 - 9.12T\lg T + 0.0161T^2 + 0.092T^{-1}$
$Nb + C = NbC$	298 ~ 1800	$-142172 + 23.6T\lg T + 74.43T + 3.87\times10^{-2}T^2 + 0.205T^{-1}$
$2Ta + C = Ta_2C$	298 ~ 3000	$-142242 + 5.573T$
$Ta + C = TaC$	298 ~ 3000	$-161071 + 5.573T$

b Ta－C 体系[9,25,74,86,95,96]

和铌一样，碳和钽作用主要生成 TaC 和 Ta_2C 两种碳化物。同时也有 Ta_6C_5、Ta_4C_3 等化合物的报道[96~99]。碳在钽中的溶解度也随温度升高而增长，溶解度和温度的关系曲线在 1950℃时出现拐点，这是因为在 1500℃时出现多晶型转变而生成 Ta_2C[100]。碳在钽中的溶解度－温度关系为[101,102]：

$$<1950℃时，\ln x = 8.23 - 16700/T$$

$$>1950℃时，\ln x = 5.18 - 9900/T$$

根据电阻测量法得出的关系式为[103,104]：

$$<1800℃时，\ln x = 8.80 - 18200/T$$

$$>1800℃时，\ln x = 6.14 - 12700/T$$

式中，x 为碳在钽中的摩尔分数，%；T 为温度，K。

Ta_2C 有 α-Ta_2C 和 β-Ta_2C 两种晶形。β-Ta_2C 晶形的均相区 x(C) 为26% ~ 35.5%；α-Ta_2C 均相区 x(C) 不超出 2% ~3%。TaC 的均相线很宽，x(C) 由 36.5% 到 49.5%。

TaC 为金褐色粉末，有 α 和 β 两种晶型。易和 TiC、ZrC、VC、NbC、UC、HfC 等一起生成类质同晶型混合物。TaC 可和 HfN 互溶，和 WC 生成固溶体。TaC 的化学稳定性好，不和大多数物质反应，不溶于冷和热的硫酸、盐酸和硝酸中，可溶于热的氟氢酸和硝酸的混合液中。TaC 的抗氧化能力较强，在 1100℃空气中稳定，超过 1100℃迅速氧化，最后生成五氧化二钽。在氨或氮气中加热 TaC，会转化生成 TaN。TaC 的线胀系数为 $8.3\times10^{-6}℃^{-1}$，弹性模量为 291GPa。TaC 的硬度高于金属钽本身的硬度。

钽的碳化合物的其他性质如表 3-12 所示，生成自由能 $\Delta G^\ominus$ 如表 3-13 所示。晶体结构如表 3-14 所示。

表 3-14 钽的碳化合物晶体结构[105,106]

化合物	原 型	比尔松符号和空间群	晶格常数/nm	
			a	b
β-Ta_2C	Fe_4N	—	—	—
		$P6_3/mmc$	0.3006	0.4945

续表 3-14

化合物	原　型	比尔松符号和空间群	晶格常数/nm	
			a	*b*
α-Ta_2C	反 CdI_2	*hP*3		
		*cF*8	0.4420	0.4570
TaC	NaCl	*Fm*3*m*		
		*R*3*m*	1.0194	—

B　铌、钽和硅的相互作用

铌和硅作用生成 Nb_5Si_3、Nb_3Si 和 $NbSi_2$ 三种硅化物，此外还有 Nb_4Si、Nb_3Si 的报道。钽和硅作用生成 $Ta_3Si(Ta_{4.5}Si)$、Ta_5Si_3、Ta_2Si、$TaSi_2$ 四种硅化物。

图 3-14 和图 3-15 所示分别为 Nb-Si 系和 Ta-Si 系状态图[107,108]。

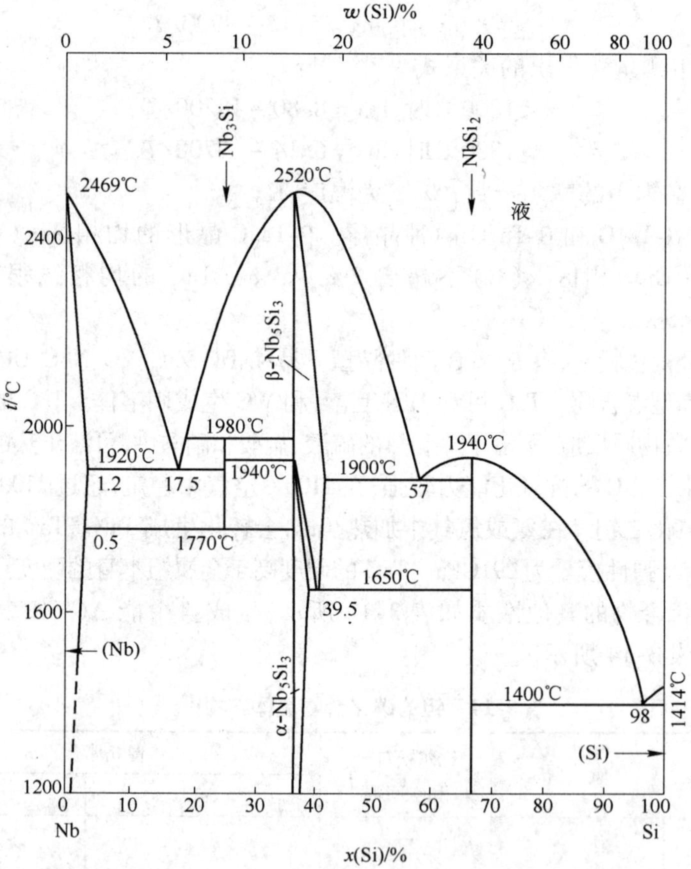

图 3-14　Nb-Si 系状态图

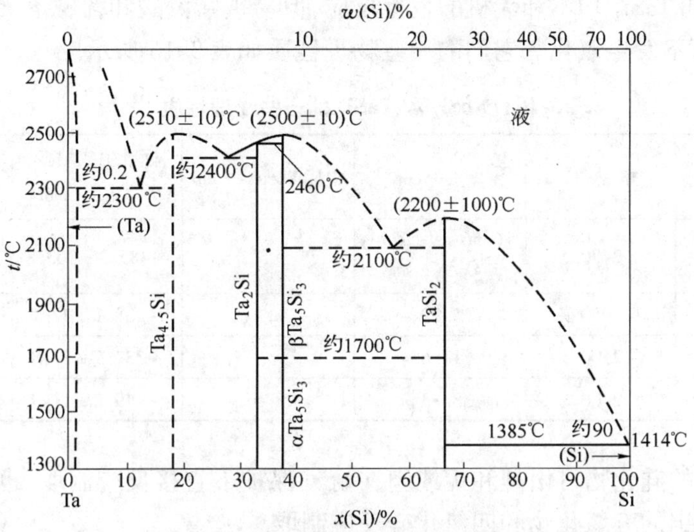

图 3-15 Ta-Si 系状态图

Nb_5Si_3 和 $NbSi_2$ 分别在(2520∓25)℃和(1940∓20)℃时同元熔化。在(1940∓15)℃至(1650∓20)℃温区,Nb_5Si_3 发生晶型转变:α-$Nb_5Si_3 \rightleftharpoons \beta$-$Nb_5Si_3$。低温相 α-Nb_5Si_3 中 x(Si)小于1%,1900℃时高温相 β-Nb_5Si_3 中 x(Si)为3%[109]。Nb_3Si 按包晶反应生成,加热到1945℃时发生分解,冷却到1800℃时发生共析分解:$Nb_3Si \longrightarrow \alpha$-$Nb_5Si_3$。其中 α 为铌基的固溶体,熔化时固液两相的成分相同。硅在铌中的固溶度在1943℃时最大,x(Si)约为5%,溶解度随温度下降而下降,1750℃时 x(Si)为2.5%,1000℃时 x(Si)为1.5%[110]。

铌和钽硅化物的晶格参数如表3-15所示。

表 3-15 铌和钽的硅化物的晶体结构和晶格常数[110,112]

化合物	结构	空间群		晶格常数/nm	
				a	b
Nb_4Si	六方	—;	—	0.359	0.446
Nb_3Si	立方	$O_h^1 - Pm3m$;	AuCu	0.4211	—
Nb_3Si	四方	$C_2^4 - P4_{2/n}$;	Ti_3P	1.0230	0.5189
$\beta - Nb_5Si_3$	四方	$D_{4h}^{18} - I_4/mcm$;	W_5Si_3	1.0026	0.5071
$\alpha - Nb_5Si_3$	四方	$D_{4h}^{18} - I_4/mcm$;	Cr_5Bi_3	0.6570	1.1884
$NbSi_2$	六方	$D_6^1 - P6_222$	$CrSi_3$	0.4797	0.6592
Ta_2Si	四方	$D_{4h}^{18} - I_4/mcm$;	Al_2Cu	0.6157	0.5039
$\beta - Ta_5Si_3$	四方	$D_{4h}^{18} - I_4/mcm$;	W_5Si_3	0.988	0.506
$\beta - Ta_5Si_3$	四方	$D_{4h}^{18} - I_4/mcm$;	Cr_5Bi_3	0.6516	0.1873
$TaSi_2$	六方	$D_6^1 - P6_222$;	$CrSi_2$	0.4782	0.6569

$NbSi_2$ 和 $TaSi_2$ 均不和无机酸发生反应,但易被氟氢酸和稀碱溶液腐蚀。空气中 1000℃下不发生氧化。它们的一些物理性质如表 3-16 所示。

表 3-16　$NbSi_2$ 和 $TaSi_2$ 的一些物理性质[112,113]

化合物	熔点/℃	密度/g·cm^{-3}	电阻率/μΩ·cm	标准生成焓变 $\Delta H^{\ominus}_{f298}$/kJ·mol^{-1}	$\Delta S^{\ominus}_{298}$ /J·(mol·K)$^{-1}$
Nb_5Si_3	2480	6.56(α-型) 7.34(β-型)		-485.3±103.8	
$NbSi_2$	1950	5.29	6.3	-138.1±47.7	
Ta_5Si_3	2500	11.6		-334.7±31.8	16.8±26.4
$TaSi_2$	2400	8.83	8.5	-119.2±11.9	-3.89±6.01

铌和钽的硅化物可由硅和铌或钽在氩气保护下直接反应制取,也可在氢气存在下由铌或钽的五氯化物和四氯化硅反应制取。

3.3.2.4　铌、钽和氮、磷、砷、锑、铋的相互作用

A　铌、钽和氮的相互作用

在 500~600℃,铌和钽与氮以很快的速度发生反应。超过 1000℃,反应加速进行,同时生成固溶体和一系列氮化物相[114,115]。

图 3-16 和图 3-17 所示分别为 Nb-N 和 Ta-N 系的平衡状态图。

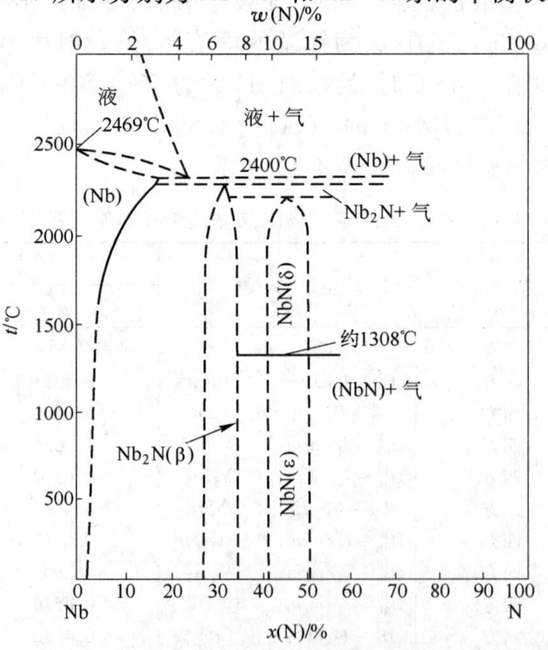

图 3-16　Nb-N 系平衡状态图[116,117]

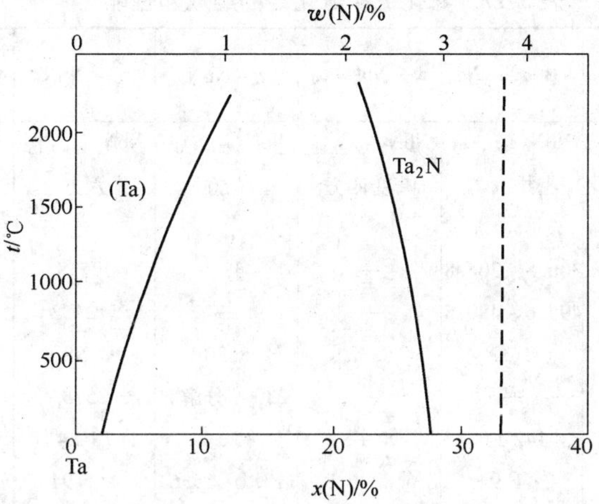

图 3-17 Ta－N 系平衡状态图[118,119]

在铌－氮体系中，除了氮在铌中的 α 相固溶体外，还有 5 种化合物：β－Nb_2N（$NbN_{0.4\sim0.5}$）、γ－Nb_4N_3（$NbN_{0.8\sim0.9}$）、δ－NbN（$NbN_{0.96}$）、δ－NbN（$NbN_{0.97\sim0.98}$）和 ε－NbN（$NbN_{1.0\sim1.018}$）[120,121]。此外还有 Nb_4N_5、Nb_5N_6、$Nb_{32}N_3$ 等的报道[122,123]。

氮在铌中的溶解度随温度升高和氮气压的增高而增加，在有第二相出现时，达到最大值。氮在固体铌中的溶解度可由以下方程式计算[124]：

$$723\sim1073\ \mathrm{K},\ \lg x = 0.06 - 875/T$$

$$1773\sim2473\ \mathrm{K},\ \lg x = 0.5\lg p - 3.1 + 9300T$$

氮在液体铌中的溶解度可用以下方程式计算[125]：

$$1773\sim2473\ \mathrm{K},\ \lg x = 3.17 - 4920/T$$

式中，x 为氮的摩尔分数，%；p 为压力，MPa；T 为温度，K。

钽和氮有 5 种固溶体相：α 相、β－$TaN_{0.5}$（Nb_2N）、γ－$TaN_{0.4\sim0.5}$、δ－$TaN_{0.8\sim0.9}$ 和 ε－$TaN_{1.0}$[126]

氮在钽中的溶解度极限为：

$$1773-2773\ \mathrm{K},\ \lg x = 1.52 - 1140/T$$

式中，x 为氮的摩尔分数，%；T 为温度，K。

较低温度下氮在钽中的溶解度为[127,128]：

温度/℃	300	500	600	1000
溶解度（摩尔分数）/%	0.45	1.0	≈0.3	4.0

氮化铌和氮化钽的晶体结构属于间隙相结构，即氮原子占据铌和钽点阵的间隙位置。它们具有电子导电性，超导临界温度 T_c 较高。

Nb－N 系和 Ta－N 系中已确定的氮化物相及有关参数如表 3-17 所示。

表 3-17 氮化铌和氮化钽的组成和性能[129,130]

项 目	$\beta-Nb_2N$	$\gamma-NbN_{0.75}$	$\delta-NbN$	$\varepsilon-NbN$	Ta_2N	TaN
均匀区	$NbN_{0.38\sim0.50}$	$NbN_{0.75\sim0.85}$	$NbN_{0.88\sim1.00}$	$NbN_{1.99\sim1.05}$	$TaN_{0.41\sim0.50}$	TaN
晶体结构	密排六方	畸变四方	立方	六方	六方	六方
晶格常数/pm						
a	306.5 ~ 304.8	—	438.5	295.8	304.2	528.5
c	495.6 ~ 499.5	—	—	1127.2	490.7	290.8
密度/$g\cdot cm^{-3}$	8.32	8.32	8.30	7.98	15.78 ~ 15.86	14.36
熔点/℃	—	—	2300(分解)	2573	—	3360 ± 50
电阻率/$\mu\Omega\cdot cm$	142 ± 6	90 ± 8	85 ± 2	78 ± 4	220 ± 15	180 ± 10
超导转变温度/K	< 1.94	6.8 ~ 6.9	13.1 ~ 15.6	< 1.94	9.5	< 1.2
显微硬度/MPa	172 ± 10	178	152 ± 3	130 ± 26	122 ± 12	106 ± 75
$\Delta G_f^{\ominus}/kJ\cdot mol^{-1}$	—	—	−230.12	—	—	−231.0
$\Delta H_{f298}^{\ominus}/kJ\cdot mol^{-1}$	—	—	246.7	—	—	−243.1
$\Delta S_{298}^{\ominus}/J\cdot(mol\cdot K)^{-1}$	—	—	(−87.3)	—	—	−83.3
离解压(1230℃)/Pa	—	—	$<10^{-2}$		—	$<10^{-2}$

铌和钽的氮化物属于金属间化合物，在组成上通常不是严格遵守化学计量式，它们能形成均匀区很宽的非整比化合物。其中，δ 相是固溶体，在低温和氮摩尔分数高的条件下，δ 相和 δ′相以及 ε 相存在的范围依赖于氮气的压力。当温度超过 1500℃时，仅有 α、β 和 γ 相稳定存在；当温度低于 1230℃时，只有 α、β、γ 和 ε 相稳定存在。

铌和钽的氮化物通常很稳定，加热到 2800 ~ 3000℃才开始分解出氮气。在冷和热的各种摩尔分数的盐酸中稳定。在热浓硫酸、硝酸和过氧化氢溶液中易发生氧化。在硝酸和氢氟酸混合液中则快速氧化。铌和钽的氮化物非常脆，抗氧化能力差，与其他间隙相(碳化物、硼化物、硅化物)相比，氮化物有较高的离解压和较弱的烧结性。这种抗氧化性差的原因是出于结构上的缺陷，结构缺陷使氧易于溶解其中。铌和钽的氮化物的熔点虽然比较高，但因它们比较容易离解，故决定它们的最高使用温度的并不是熔点，而是离解度。铌和氮、钽和氮之间结合较弱和金属铌和金属钽的体心立方晶格，不太合适的空隙尺寸和较小的电负性等都不利于氮的溶解。氮化物熔融时都有失重现象，伴随有氮的分解。

NbN 为亮灰色，在空气中加热到 500 ~ 800℃开始氧化，并生成三元相(Nb − N − O)，最后生成五氧化二铌。在真空加热到 2000℃氮化铌分解并失去部分氮而转变为 α 相。

B 铌、钽和磷、砷、锑和铋的反应[131~134]

周期表中ⅤA族元素(N、P、As、Sb、Bi)随原子序数的增加,由非金属向金属过渡。当铌和钽与这些元素结合时,可以观察到化学键类型的变化。Nb－Sb和Ta－Sb体系是一个转折点,铌和钽的砷化物都是正常的共价键化合物,而铌和钽的锑化物既有共价键成分,也有金属键成分。

a 铌、钽和磷的相互作用

铌和磷作用主要生成NbP和NbP_2两种化合物。此外也有Nb_3P、Nb_7P_4的报道。NbP_2在约1730℃时发生分解,生成液态和气体磷。在x(P)为16%时发生低共熔反应:$L \rightleftharpoons Nb + NbP$[9]。有关这些化合物的晶体结构如表3-18所示。

表3-18 铌和钽的磷化物、砷化物、锑化物的晶体性质

化合物	结构	构型－空间群	晶格参数			
			a/pm	b/pm	c/pm	β/(°)
β－NbP	四方	$C_{4v}^{11}-14_1md$	333.4	—	1137.8	—
NbP_2	单斜	$C_{2h}^{3}-C2/m$	887.15	326.63	751.99	119.1
β－TaP	四方	$C_{4v}^{11}-14_1md$	331.9	—	1134.1	—
TaP_2、	单斜	$C_{@h}^{3}-C2/m$	886.08	326.77	748.82	119.3
NbAs	四方	$C_{4v}^{11}-14_1md$	345.17	—	1168.0	—
$NbAs_2$	单斜	$C_{@h}^{3}-C2/m$	935.7	338.23	779.2	119.46
TaAs	四方	$C_{4v}^{11}-14_1md$	343.7	—	165.6	—
$TaAs_2$	单斜	$C_{@h}^{3}-C2/m$	935.0	338.8	776.0	119.75
NbSb			427.0		544.7	
Nb_4Sb_5	四方	$C_{h}^{5}-14/m$	1031.4	—	355.66	—
$NbSb_2$	单斜	$C_{2h}^{3}-C2/m$	1023.9	363.19	833.3	120.07
Ta_3Sb		CP8－$Pm3n$	525.9	—	—	—
Ta_5Sb_4	四方	$C_{h}^{5}-14/m$	1024.8	—	3640	—
$TaSb_2$	单斜	$C_{@h}^{3}-C2/m$	1022.18	3644.7	8291.5	120.39
Nb_3Bi	立方	$O_{h}^{3}-Pm3m$	532.0	—	354.60	—

钽和磷作用主要生成TaP和TaP_2两种化合物。此外也有Ta_3P、Ta_5P_4的报道。TaP在1660℃发生分解,真空中分解温度为1728℃。TaP有两种晶形:α-TaP为部分有序的四方晶系结构,β-TaP为有序四方晶系结构[9,25]。有关这些化合物的晶体结构如表3-18所示。

b 铌、钽和砷的相互作用

铌和砷作用可以生成 AsNb、As_2Nb、As_3Nb_4、As_3Nb_4、As_3Nb_5、As_3Nb_7 和 $AsNb_3$ 等多种化合物[135,136]。NbAs 和 $NbAs_2$ 分别为 p 型和 n 型半导体。

钽和砷反应可生成 TaAs、Ta_2As、Ta_3As 和 Ta_5As_4 等化合物[137,138]。有关这些化合物的晶体结构如表 3-18 所示。

c 铌、钽和锑的相互作用

铌和锑作用生成 4 种化合物：Nb_3Sb、Nb_3Sb_2、NbSb、Nb_4Sb_5。它们分别在温度 1750℃、1140℃、1020℃和 760℃时按包晶反应生成。此外还发现有 $NbSb_2$ 的化合物。Sb 在 Nb 中的溶解度（摩尔分数）在 800℃时可达到 4%[139]。铌的锑化物为弱的顺磁性材料。

钽和锑作用生成 3 种化合物：Ta_3Sb、Ta_5Sb_4、$TaSb_2$[140]。

一些主要的磷、砷和锑化物的晶体性质如表 3-18 所示。

3.3.2.5 铌、钽和硫、硒的反应

高温时（500 ~ 600℃以上），铌、钽易和硫、硒和碲的蒸气发生剧烈反应，分别生成一系列的硫化物、硒化物和碲化物，其中最重要的是 MeX_2（Me 为 Nb 和 Ta，X 为 S，Se，Te）。此外，还有 MeX 相和在 $MeX - MeX_2$ 相区中存在的一系列中间相[141 ~ 143]。

到目前还不曾有 Nb – S 系和 Ta – S 系状态图的报道。

已知 Nb – S 系化合物 NbS_2 有两种晶形：800℃时为斜方六面体晶结构，在 850 ~ 1050℃时为六方晶结构（见表 3-19）。此外还有一系列中间相[141 ~ 143]：$Nb_{2-y}S_2$（$0 \leqslant y \leqslant 0.3$）、$2H - Nb_{1+x}S_2$（$0.3 \leqslant x \leqslant 0.43$）、$3R - Nb_{1+x}S_2$（$0.12 \leqslant x \leqslant 0.25$）、$2H - NbS_2$、$3R - NbS_2$、$Nb_3S_4$、$Nb_{21}S_8$、$NbS_3$[144]。

已知 Ta – S 系化合物有 $1T - TaS_2$、$2H_{(a)} - TaS_2$、$3R - TaS_2$、$6R - TaS_2$、TaS、$2H - Ta_{1+x}S_2$（$0.2 \leqslant x \leqslant 0.35$）、$3R - Ta_{1+y}S_2$（$y \approx 0.15$）、$6R - Ta_{1+z}SZ_2$（$z \approx 0.2$）、$TaS_2$、$Ta_2S$、$Ta_6S$。$TaS_2$ 也有两种晶形（见表 3-19）[145]。

表 3-19 一些硫属化物的结晶化学的基本数据[148]

化 合 物	晶体结构	空间群	晶格常数/nm			密度/g · cm^{-3}
			a	*b*	*c*	
NbS_2	六方，2H	$D_{6h}^4 - P6_3/mmc$	0.3310	—	1.1891	—
NbS_2	斜方，3R	$C_{3v}^5 - R3m$	0.333	—	1.781	—
TaS_2	六方，2H	$D_{6h}^4 - P6_3/mmc$	0.3315	—	1.210	6.65
TaS_2	斜方，3R	$C_{3v}^5 - R3m$	0.332	—	1.79	—
$NbSe_2$	六方，2H	$D_{6h}^4 - P6_3/mmc$	0.3446	—	1.255	6.3
$NbSe_2$	斜方，3R	$C_{3v}^5 - R3m$	0.345	—	1.888	—

续表 3-19

化合物	晶体结构	空间群	晶格常数/nm			密度/g·cm^{-3}
			a	*b*	*c*	
$TaSe_2$	六方,2H	$D_{6h}^4-P6_3/mmc$	0.343	—	1.271	8.66
$TaSe_2$	斜方,3R	D_{3d}^5-R3m	0.3428	—	1.910	—
β - $NbTe_2$	单斜	C_{2h}^3-C2/m	1.939	0.3642	0.9375	—
α - $TaTe_2$	单斜	C_{2h}^3-C2/m	1.931	0.3651	0.9377	—

Nb - Se 体系生成的化合物有 Nb_5Se_4、Nb_3Se_4、$NbSe_4$、$NbSe_2$ 和 NbSe。在 x(Se)为50% ~80%存在 $NbSe_{0.8}$(Nb_5Se_4)和 $NbSe_{1.33}$(Nb_3Se_4),x(Se)为 60% ~ 66.7%有 2H、3R 和 4H 多型结构,在 x(Se)为 80%附近有 α、β 和 γ 三种相:2H(α)为六方晶结构,2H(β)和 3R 为斜方晶结构,4H 为六方晶结构。

Ta - Se 系生成的化合物有 $TaSe_2$、$TaSe_3$。$TaSe_2$ 有 α、β、γ 和 δ 四种相:α 为六方晶结构(晶格常数 a=0.3429 nm,c=1.273 nm,x(Se)为 66.44%),β 为斜方晶结构(晶格常数 a=0.3429 nm,c=1.91 nm,x(Se)为 66.41%),γ 为六方晶结构(晶格常数 a=0.343 nm,c=2.44 nm),δ 为斜方晶结构(晶格常数 a=0.346 nm,c=3.79 nm)。

图 3-18 和图 3-19 分别为 Nb - Se 系和 Ta - Se 系状态图。

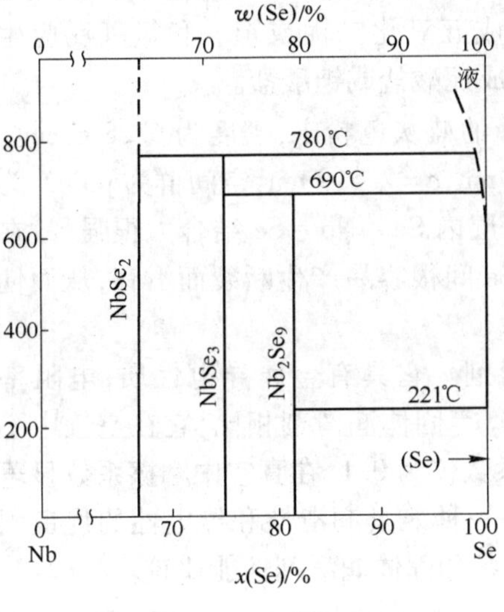

图 3-18 Nb - Se 系状态图[146]

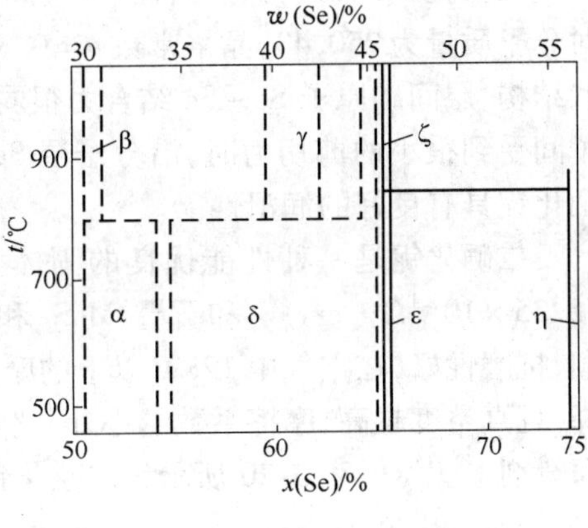

图 3-19 Ta - Se 系状态图[147]

在 Nb - Te 系状态图中有 8 种化合物:Nb_5Te_4、NbTe、Nb_3Te_4、β-$NbTe_2$、γ-$NbTe_3$、$NbTe_4$、Nb_3Te_7 和 Nb_3Te_8。

Ta 和 Te 反应生成 TaTe、$TaTe_2$、$TaTe_3$、$TaTe_4$ 等化合物。其中 TaTe 和 $TaTe_2$ 的组成是变化的，TaTe 为 $TaTe_{1.2}$ ~ $TaTe_{0.85}$，$TaTe_2$ 为 $TaTe_{1.5\sim2}$ 范围。$TaTe_2$ 有 α 和 β 两种相（其结构见表 3-19）。$TaTe_3$（$TaTe_4$）为四方晶结构，晶格常数 a = 0.65 nm，c = 1.18 nm。

大多数铌和钽的二硒化物和二碲化物都具有高度的层状结构，有很宽的均相区。层状结构分三层：X - Me - X，通常表示为 1T - TaS_2、2H - TaS_2、3R - $Ta_{1+x}S_2$ 等，式中 T 为三角晶系，H 为六方结构，R 为菱形。铌和钽和硫属原子间具有很强的共价键，而层与层之间则靠自由电子实现弱结合。因此二硫属化合物很容易解理。围绕金属离子，有 6 个硫属化物的原子，或处于三棱柱的顶点（MoS_2 型），或处于八面体的顶点（CdI_2 型）。三个层之间的不同取向决定了化合物的多种变型结构[144~147]。

表 3-19 所示为一些硫属化物的结晶化学的基本数据。

有两种制取硫属化物的方法：一为元素直接合成，即在密闭容器中和在 600 ~ 800℃下将金属和硫、硒、碲蒸气直接反应，或在 600 ~ 800℃下使硫属化合物的蒸气和金属粉反应；另一方法是在 800 ~ 1000℃使五氧化二铌或钽和硫属氢化物相互作用。

铌和钽的二硫属化合物具有金属导电性。在真空中加热到 900 ~ 1000℃，二硫属化物发生分解，生成低价硫属化合物和金属铌或钽。铌和钽的二硫属化合物在水和冷盐酸中稳定，在浓硫酸、硝酸、过氧化氢和碱溶液中发生分解。空气中温度高于 300℃，二硫属化合物发生氧化，生成五氧化二铌或钽。和氯气反应生成 $NbCl_5$ 或 $TaCl_5$。和碱金属氢氧化物作用生成铌酸盐或钽酸盐。

二硒化铌（$NbSe_2$）是一种具有金属光泽的蓝灰色粉末，密度为 6.28 g/cm³，相对分子质量为 250.43，晶格常数 a = 0.3449 nm，c = 2.519 nm，空间群为 p6m2，为层状结构，层间硒原子 Se - Se 结合力很弱，而层内 Se - Nb - Se 结合力很强，故在分子间受到很小的剪切力时，沿分子层 Se - Se 间很容易产生断裂而滑移，从而使二硒化铌具有良好的润滑性能。

二硒化铌是一种性能优良的固体润滑剂。它具有金属导电性质，电阻率低（$5.35\times10^{-4}\Omega\cdot cm$）。和石墨、$MoS_2$ 和 WS_2 等固体润滑剂相比，它在空气中不吸潮，抗磨性好，在空气中 128℃以下的摩擦系数仅为 0.1，在真空中摩擦系数显著下降，且真空度越高，摩擦系数越小，因此它是一种兼具润滑性和导电性的优良固体润滑剂[149~152]。表 3-20 所示为二硒化铌和各种固体润滑剂性能比较。

表 3-20　二硒化铌和各种固体润滑剂性能比较[152]

润滑剂	电阻率/Ω·cm	真空下分解温度/℃	大气中氧化温度/℃	室温摩擦系数 μ
石墨	2.64×10^{-3}	不稳定	350	0.19
TaS_2	3.33×10^{-3}	900	600	0.05

续表 3-20

润滑剂	电阻率/Ω·cm	真空下分解温度/℃	大气中氧化温度/℃	室温摩擦系数 μ
$TaSe_2$	3.23×10^{-3}	900	575	0.08
NbS_2	3.08×10^{-3}	1050	400	0.08
$NbSe_2$	5.35×10^{-4}	1350	350	0.12
MoS_2	851	1350	350	0.18
WS_2	144	1350	440	0.17
WSe_2	144	1350	380	0.09

3.4　铌和钽的耐蚀性能

铌和钽是高度耐腐蚀性的金属,它们及其合金在许多腐蚀介质中都具有极佳的抗腐蚀性能。这些介质包括矿物酸(无机酸)、有机酸、液态金属和大多数盐类。铌和钽表面生成的稳定氧化膜,使它们能抵抗几百种化学物质的腐蚀。在这方面钽远远优于铌。钽的耐蚀能力仅次于铂,和玻璃相当。铌和钽均不耐氟氢酸及氟盐、碱和碱性化合物的腐蚀。

3.4.1　对无机酸的耐蚀性[153~156]

除了氟氢酸和浓硫酸外,铌和钽几乎能耐所有无机酸的腐蚀。

室温下铌和钽对低含量的硫酸都有较好的防腐能力。但在高含量下和高温易引起铌脆化。当酸中加入少量 Fe^{3+}、Cu^{2+} 等离子可以明显改善铌的防腐能力。图 3-20 和图 3-21 分别所示为铌和钽在硫酸和盐酸介质中当腐蚀速率为 0.13 mm/a 时温度和酸含量的关系[17]。

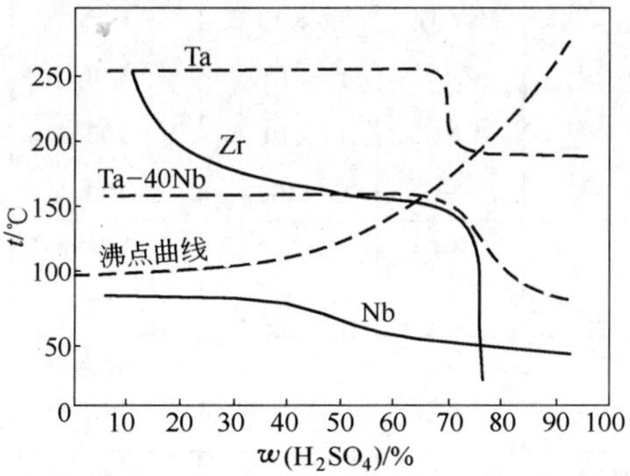

图 3-20　铌和钽在硫酸中产生 0.13 mm/a 腐蚀速率时的温度 - 含量曲线

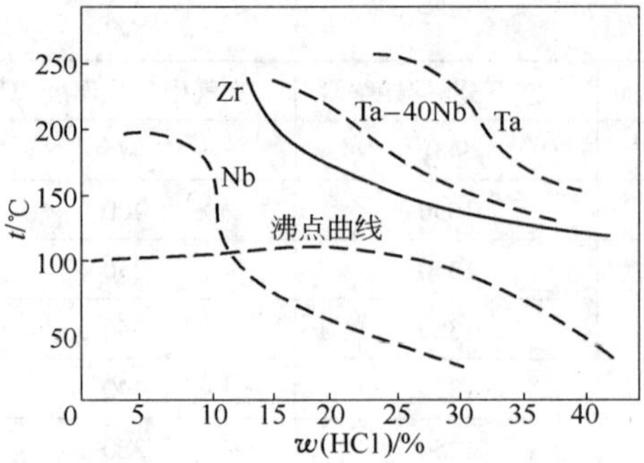

图 3-21　铌和钽在盐酸中产生 0.13 mm/a 腐蚀速率时的温度 - 含量曲线

铌和钽对各种含量的硝酸介质有很强的抗蚀能力。不同于其他活性金属，铌和钽在浓硝酸中不产生应力腐蚀裂纹。

表 3-21 所示为不同含量和温度下各种无机酸中铌和钽的防腐能力指标。

表 3-21　铌和钽在无机酸中的防腐指标[153~155,157]

金属	酸介质		介质中杂质		温度/℃	腐蚀速率/mm · a⁻¹	备注
	酸名	质量分数/%	杂质	摩尔分数/%			
铌	H_2SO_4	5 ~ 40	—	—	室温	0	完全抗蚀
	H_2SO_4	25	—	—	100	0.125	抗蚀性差
	H_2SO_4	浓	—	—	室温	脆	
	H_2SO_4	浓	$FeCl_3$	—	19 ~ 26	0	完全抗蚀
	H_2SO_4	40	HCl	2×10^{-6}	煮沸	0.25	
	H_2SO_4	20	HNO_3	20×10^{-6}	煮沸	0.5	
	H_2SO_4	50	$CuCl_2$	200×10^{-6}	煮沸	0.25	
	H_2SO_4	70	Cr^{3+}	15×10^{-6}	158	>0.5	
	H_2SO_4	70	CrO_3	15×10^{-6}	100	无	
	H_2SO_4	72	—	3×10^{-6}	100	0.025	
钽	H_2SO_4	浓	—	—	19 ~ 26	0	完全抗蚀
	H_2SO_4	浓	—	—	175	0.0001	完全抗蚀
铌	HCl	18 ~ 37	—	—	室温	<0.003	很抗蚀
	HCl	37	—	—	110	<0.1	变脆
钽	HCl	任意	—	—	25 ~ 110	<0.001	很抗蚀

续表 3-21

金属	酸介质		介质中杂质		温度/℃	腐蚀速率/mm·a^{-1}	备注
	酸名	质量分数/%	杂质	摩尔分数/%			
铌	HNO_3	65	—	—	室温	无	完全抗蚀
	HNO_3	65	—	—	煮沸	<0.025	抗 蚀
	HNO_3	浓	—	—	25~100	<0.001	完全抗蚀
	HNO_3	浓	F	200×10^{-6}	80	0.5	抗蚀性差
钽	HNO_3	浓	F	200×10^{-6}	25~100	<0.001	完全抗蚀
铌	王水	$HCl+HNO_3=3:1$	—	—	100	0.02	抗 蚀
钽	王水	$HCl+HNO_3=3:1$	—	—	100	0	完全抗蚀
铌	H_2PO_4	85	—	—	21	0	完全抗蚀
	H_2PO_4	85	—	—	100	0.0034	很抗蚀
	H_2PO_4	85	HNO_3	4×10^{-6}	88	0.025	抗 蚀
	H_2PO_4	50	F	5×10^{-6}	煮沸	0.5	不抗蚀
钽	H_2PO_4	85	—	—	145	0	完全抗蚀
	H_2PO_4	85	—	—	180~210	0.0003	完全抗蚀

3.4.2 对碱性溶液的耐蚀性

铌和钽在室温下对大多数碱有抗蚀能力,但热碱对它们有害,高浓度碱在常温时甚至能使铌发生脆化。铌和钽在碱金属的碳酸盐、磷酸盐等水解时容易生成碱性溶液的盐类中也容易发生脆化。铌和钽在碱性溶液中的抗蚀能力差被认为是和它们在碱性溶液中容易吸氢发脆有关,也有人认为是和生成了六基铌盐($M_8Nb_6O_{19}\cdot18H_2O$,M 为 K、Na)有关。通常铌和钽对 pH<8 的介质具有耐蚀性,对 pH>9 的介质的耐蚀性差。表 3-22 和表 3-23 分别所示为铌和钽在碱性溶液中的抗蚀性数据。

表 3-22 铌在碱性溶液中的抗蚀性数据[81~83,154~156]

介 质	浓度/%	温度/℃	腐蚀速率/mm·a^{-1}
氨水	13~25	20~100	0
KOH	5	100	6.10,脆
KOH	5	100	11.9,脆
KOH	30	100	25.4,脆
NaOH	5	21	0.0011,脆
	1	100	7.4
	5	100	12.0
	10	100	25.4
	浓	100	迅速溶解
$NaCO_3$	20	100	0.33,脆

表 3-23　钽在碱性溶液中的抗蚀性数据[154~156]

介　质	浓度/%	温度/℃	腐蚀速率/mm · a^{-1}
氨　水	25	150	0
	13 ~ 25	20 ~ 100	0
KOH	5	100	稳定
	40	100	迅速溶解
NaOH	5	100	0.0032
	40	110	迅速溶解
	浓	100	>3(溶解)

3.4.3　对各种盐溶液的耐蚀性[157,158]

除了水解后易生成碱性溶液的盐以外，铌和钽对各种盐溶液都具有极佳的耐蚀性能。表 3-24 所示为铌在各种盐溶液中的抗腐蚀数据[158]。

表 3-24　铌在盐溶液中的抗腐蚀数据

溶　液	质量分数/%	温度/℃	腐蚀速率/mm · a^{-1}
$AlCl_2$	25	煮沸	0.005(0.2)
$Al_2(SO_4)_2$	25	煮沸	无
$AlK(SO_4)_2$	10	煮沸	无
$CaCl_2$	70	煮沸	无
$CaCl_2$	0.2%加 0.1% $MgCl_2$	50	0.25(10)
$CaCl_2$	2%加 1% $MgCl_2$	80	0.125(5.0)
$CaCl_2$	6.6%加 3.3% $MgCl_2$ 200×10^{-6} NaF 9800×10^{-6} CaF_2	80	0.025(1.0)
$CaCl_2$	6.6%加 3.3% $MgCl_2$	80	0.025(1.0)
$Cu(NO_3)_2$	40	煮沸	无
$CuSO_4$	40	104	0.025(1.0)
$FeCl_3$	10	RT-煮沸	无
Fe^{3+}	12%加 6% HCl	66	无
$HgCl_2$	饱和	煮沸	0.0025(0.1)
H_2SiF_4	10	90	5.0(200)
K_2CO_3	1 ~ 10	室温	0.025(1.0)
K_2CO_3	10 ~ 20	98	脆
K_3PO_4	10	室温	0.025(1.0)
$MgCl_2$	47	煮沸	0.025(1.0)
NaCl	饱和，pH = 1	煮沸	0.025(1.0)

续表 3-24

溶　液	质量分数/%	温度/℃	腐蚀速率/mm · a^{-1}
NaCl	5%加0.5%乙酸	100	无
Na_2CO_3	10	室温	0.025(1.0)
Na_2CO_3	10	煮沸	0.5(20)
$NaHSO_4$	40	煮沸	0.125(5.0)
NaOCl	6	50	1.25(50)
Na_3PO_4	5~10	室温	0.025(1.0)
Na_3PO_4	2.5	98	脆
NH_4Cl	40	煮沸	0.025(1.0)
$(NH_3)_2SO_4$	10	煮沸	0.025(1.0)
$NiCl_2$	30	煮沸	无
$Ni(NO_3)_2$	40	104	0.025(1.0)
$ZnCl_2$	40~70	煮沸	无
$ZrCl_4$	70	煮沸	无
$ZrCl_4$	88	煮沸	无

3.4.4 对有机酸的耐蚀性

铌和钽对许多有机酸具有很强的抗蚀性。表 3-25 所示为铌和钽对一些重要的有机酸的腐蚀性指标。

表 3-25 铌和钽在有机酸中的耐蚀性能[159,160]

介　质	介质浓度/%	温　度	腐蚀速率/mm · a^{-1}
柠檬酸	10	煮　沸	0.025
甲　醛	6	煮　沸	0
甲　醛	37	煮　沸	0.0025
甲　酸	10	煮　沸	0
甲　酸	50	煮　沸	0.025
乳　酸	10~85	煮　沸	0.025
酒石酸	20	室温 - 煮沸	0
三氯乙酸	50	煮　沸	0
乙　酸	5~99.7	煮　沸	0

3.4.5 对液态金属的抗蚀能力[161~163]

液态金属有着高的热容、优异的热导性、低的黏滞性和相当低的蒸气压等热力学特性，是能源工业，特别是核反应堆、原子能发电等的重要用材。铌和钽对许多低熔点的液态金属具有极佳的抗蚀性，是贮装液态金属的优良结构材料。但是在有过量的杂质时，其抗蚀能力会下降。向金属中添加脱氧剂（镁、钛、锆）可以降低腐蚀速度。表 3-26 和表 3-27 所示分别为铌和钽对液态金属的抗蚀能力指标。

表 3-26　铌对液态金属的抗蚀能力[164,165]

金　属	温度范围/℃	抗 蚀 能 力	金　属	温度范围/℃	抗 蚀 能 力
Bi	<900	不受侵蚀	Hg	<600	不受侵蚀
Ca	<450	不受侵蚀	K	<1000	不受侵蚀
Pb	<1000	不受侵蚀	Na	<1200	不受侵蚀
Li	<1000	不受侵蚀	Sn	<500	随温度变化
Mg	<1150	不受侵蚀	NaK 合金	<1000	不受侵蚀

表 3-27　钽对液态金属的抗蚀能力[164,165]

金　属	金属熔点/℃	抗蚀能力/μm · a^{-1}		
		300℃	600℃	800℃
Li	180. 5	<25. 4	<25. 4	<25. 4
Na	97. 8	<25. 4	<25. 4	<25. 4
K	63. 3	<25. 4	<25. 4	<25. 4
Mg	648. 8	—	<25. 4	—
Hg	−38. 8	<25. 4	<25. 4	—
Ca	839	<25. 4	>10	—
Pb	327. 5	<25. 4	<25. 4	<25. 4
Bi-Pb	125	<25. 4	<25. 4	<25. 4
Bi-Pb-Sn	97	<25. 4	<25. 4	—
BI	271. 3	<25. 4	<25. 4	<25. 4

3. 4. 6　铌和钽对气体环境的耐蚀性[166,167]

铌和钽对氮和氢有很大的溶解度。气体原子存在于间隙位置，当氢溶解时，它最终溶解的量将超过金属的最大溶解极限，氢化物会析出。脆性的氢化物易产生应力集中，即使在低负荷条件下也会失效。氧与氮是潜在的硬化元素，它们会极大地降低金属的韧性。此外，氧气使铌钽表面氧化，但由于它们的分子体积比基体金属分子大，所以容易剥落，实际起不到防护作用。

参 考 文 献

1 Emsley John. The Elements. Oxford: Clarand. 1989:41 ~ 45

2 Bailar J C, et al. Comprehensive Inorganic Chemistry. Oxford. New York. Toronto. Sydney. Braunschweig: Pergamon, 1970: 554 ~ 563

3 Greenwood N N, et al. The Chemistry of Elements, Butterworth U. K, 1997:977 ~ 991

4 Cotton F A, et al. Advanced Inorganic Chemistry, John Willy and Sons, 1999: 897 ~ 920

5 Бабко А К, и др. ЖНХ, 1963, 8(8): 1839 ~ 1845

6 Balke C W. Corrosion Handbook / Uhlig H H John Wiley. New York Chpman and Hall, London, 1948: 372

7 Греневич В В, и др. Доклад АН СССР, 1991, 319(2):380 ~ 394

8 Ellison R P. Trans. ASM, 1959 (52):990 ~ 1140

9 Шанк Ф А. Структуры двойных сплавов. Москва: Металлургия, 1973

10 Altestter J. Bull. Alloy Phase Diagrams, 1984, 5(6):543 ~ 553

11 Штанко Ф А. Структуры двойных сплавов. Москва: Металлургия, 1973:761 ~ 765

12 朱祖芳,等. 有色金属的耐腐蚀性及其应用. 北京: 化学工业出版社,1995:288

13 Brauer G, Moraweits H, Anorg Z. All. Chem, 1962(37):13 ~ 20

14 Lehovec K. J. Less-Common Metals, 1964(7):397

15 Schefer M W, Roy R. Z. Kristallogr. 1958, 110 (3):241 ~ 248

16 Terao N. J. Appl. Phys, 1963(2):565 ~ 573

17 Крыловю Е И, и др. ЖОХ, 1955, 25(9):1680 ~ 1685

18 Lavrentev V I, et al. Atomic Energy Review Spacial Issue, 1968

19 Smithells C J. Metals 4th ed. Vol. 1, Butterworths, London, 1967

20 Vaughan D A. Trans. AIME, 1961(221):937 ~ 946

21 Дубровская Л Б, и др. ЖНХ, 1964, 9(5):1182 ~ 1186

22 Jehn Y. J. Less-Common Metals, 1972, 2(3):297 ~ 309

23 Geomm E, Kirchhein R. Z. Metallkunde, 1965, 66(3):144 ~ 150

24 Stull D R, Sinke G C. Thermodynamic Properties of the Elements, Advance in Chemistry Series. 18-N. Y-Washington: McGraw-Hill, 1956

25 Хансен М, Ардерко К. Структуры двойных сплавов. Москва: Металлургиздат, 1962, 1(2):1188

26 Jehn Y. Olzi. Metal Ital, 1970, 62(10):381 ~ 384

27 Stecura S. Mtnal. Trans., 1974, 5(6):1337 ~ 1340

28 Ronald A, et al. 铌 · 科学与技术. 北京: 冶金工业出版社,2003:219 ~ 228

29 朱祖芳等. 有色金属的耐腐蚀性及其应用. 北京: 化学工业出版社,1995:289

30 Kubaschewski O, et al. Oxidation of metals and Alloys. Academic Press, Belfast, 1962:82 ~ 87

31 Kofstad P. High Temperature Oxidation of Metals. John Wiley & sons, Inc., New York, 1966:112 ~ 146

32 Прокошникин. Д А, и др. Сплавы Ниобия. Москва: Наука, 1964:332

33 Кофстад П. Высокотемпертуное окисление металлов. Москва: Мир, 1969:390 ~ 395

34 Борисенко А И, и др. Защита ниобия от высокотепературной газовой коррозии. Москва: АН СССР, 1961:40 ~ 51

35 Тугоплавкие металлы в машиностроении. Справочник. Под редю А. Т. Туманова. Моска:

Машиностраение, 1967:397 ~ 402

36 Бялобжеский А Б, и др. высокотепературная коррозия и зашита. сверхплавких металлов Москва: Атомиздат, 1977:223 ~ 225

37 Schafer H, et al. Z. anorg. allg. Chem., 1986, 534(1 ~ 2):209 ~ 215

38 Дробот Д В, и др. ЖНХ, 1986, 31(3):775 ~ 779

39 Faibrather F. The Chemistry of Niobium and Tantalum, London, Elsvier, 1967

40 Faibrather F. Halides of Niobium and Tantalum, in Halogen Chemistry. Gutmann V ed. London: Academic Press, 1975(1):123 ~ 132

41 Schafer H, Bayer L, Anorg Z. Chem, 1952, 268(3 ~ 4):268 ~ 278

42 Schafer H. Anorg Z. Chem, 1954, 277(1 ~ 2):146 ~ 159

43 Lupton D, et al. Niobium in Corrosive Enviroments. Niobium Proceedings of the International Symposium, TMS, 1983:533 ~ 561

44 Корокина Н Б, и др. Тугоплавкие и редкоземельные металлы. Москва: Металлургия. Тр. МИСИС, 1981(131): 17 ~ 32

45 Miller G L. Tantalu and Niobium. London: butterworths Scientific Publications, 1959

46 Горощенко Я Г. Химия ниобия и тантала. Киев: Наукова Думка, 1965:62 ~ 63

47 Неспор В С. Труды. Семинара по жарастойким материалыам. Москва: АН СССР, 1960:1 ~ 14

48 Schober T. Metal-Hydrogen Phase Diagrams, Electronic Structure and Properties. Hydrogen Metals. Proc. NATO Int. Symp. Richmond. New York, 1983:1 ~ 19

49 Zaber H, Peist J, Phys J, Met F. Phys, 1979, 9(7):1461 ~ 1476

50 Robler U, Welter J, M. J. Less-Common Metals, 1983, 83(2):255 ~ 236

51 Lasser R, Bickmann K, Neucl J. Mater, 1985, 132(3):244 ~ 248

52 Pesch W. Schober T. Scr. Metall, 1978(12):815

53 Makenas B J, et al. Acta Metal, 1982, 30(2):469 ~ 482

54 Pick M A, Bausch R. J. Phys. F, Met. Phys, 1976(6):175

55 Schober T, Linke U. J. Less-Common Metals, 1976(44):77

56 Hwang Y S, et al. Scr. Metall, 1978(12):507

57 Фромм Е, Гебхардт Е. Газы и Углерод в металлах. Москва: Металлургиздат, 1980:712

58 Schober T, Weznl H. Phys. Status Solidi, 1976(33):673

59 San-martin A, et al. J. Phase Equilibria, 1991, 12(3):332 ~ 370

60 Kobler U, Schober T. J. Less-Common Metals, 1978, 60(1):77

61 Schober T. Scr. Metall, 1977, 11(5):397 ~ 400

62 Галактионова Н А. Водород в Металлах. Москва: Металлургия, 1967:303

63 Condon B T. J. Nucl. Mater, 1990(170):24 ~ 30

64 Fromm H J. Bull. Alloy Phaese Diagrrams, 1984, 5(3):324 ~ 326

65 Kobler U, Welter J M. J. Less-Common Metals, 1982, 84(2):225 ~ 235

66 Flanagan T B, et al. Acta Metal, 1983, 31(4):483 ~ 487

67 Miller G L. Tantalum and niobium. London: Butterworths Scientific. Publications, 1959

68 Kiji T, et al. J. Less-Common Metals, 1984, 102(2):251 ~ 279

69 Kober U, Welter J M. J. Less-Common Metals, 1982, 84 (2):225 ~ 235

70 Brauer G, et al. J. Inorg. Nuclear Chem, 1961(17): 102 ~ 109

71 Маккей К. Водородные соединения металлов. Москва:Мир, 1968:234

72 Wong J,et al. Consolidation of Refractory Metals Refractory Metals and Alloys Ⅱ, Metallurgical Society Conference, Cicago,April, 1962(17):351 ~377

73 Hahn G T,et al. The effects of Solutes on the Ductile to Brittle Transitioning Refractory Metals. New York:Pergamon Press, 1964:23 ~64

74 Эллиот Р П. Структуры двойных сплавов. Москва:Металлургия, 1970:107 ~116

75 Пшокин В П, и др. Изв. вузов Цвеиная Металлургия, 1971(1):111 ~114

76 Nowotny H, et al. Z. Metallr\kunde, 1959,50(7):417 ~423

77 И Портной К, Ромашов В М. Порошковая Металлургия,1972(5):48 ~56

78 И Портной К, Ромашов В М, Салибеков С Е. Порошковая Металлургия,1971(11):89 ~91

79 Seybot A U. Trans. ASM, 1960(52):971 ~989

80 Rude F, et al. Z. Metallr\kunde, 1963,54(3):345 ~353

81 Bernstein H. Met. Soc. AIME. Inst. Met. Div. Spec. Rept. Sec, 1964(13):609 ~629

82 Crespo A J, et al. J. Less-Common,1981,77(1):147 ~150

83 Самсонов Г В, и др. Бориды. Москва:Атомиздат, 1975:374

84 Киффер Р, и др. Твердые материалы. Москва:металлургия, 1968:384

85 Post B F, et al. Acta Chem. Scand. ,1950(4):160 ~167

86 Эллиот Р П. Структура двойных сплавов. Москва:металлургия, 1970(1):455 ~465; (2):427 ~435

87 Nassalski T B. Binary Alloy Phase Diagrams. Amer. Soc. foe Metals. Ohio:Metals Park,1986(1,2)

88 Brizes W F, Brody H D. J. Amer. Ceram. Soc,1972,55(5):277 ~278

89 Horz G. et al. J. Less-Common. Met,1974,3(51):97 ~105

90 Дружининю И И , и др. Из. Взов Цветных Металлов, 1971(5):136 ~139

91 Rudy E, et al. Planseeber Pulvermet,1968,16(1):3 ~33

92 Kayfman L, Nesor H. Calphad, 1978,2(4):295 ~318

93 Fromm E. J. Less-Common Metals,1968,14(1):113 ~125

94 Самсонов Г В. Взаимодействие уклерода с тугоплавлыми металлами. Москва: Металлургия, 1974:285 ~292

95 Том Л. Карбиды и нитриды переходных металлов. Москва:Мир, 1974:285

96 Storm E. Refractory Carbides. New-York:Academic Press,1967:285

97 Мархасевб Б Е, и др. Изв. Ан СССР Неорганические Материалы, 1982,18(12):1997 ~2004

98 Мархасевб Б Е, и др, Изв. Ан СССР Неорганические Материалы, 1985,20(10):1097 ~1100

99 Штеренберг Л Е, и др. Сверхитвердные Материалы, 1982(4):2 ~6

100 Gebhardt E, et al. Z. Metalkunde, 1966(57):682 ~687

101 Rude E, Progulski J. Planseeder. Pulvermet, 1967, 15(1):13 ~45

102 Ogden H R, et al. Trans. AIME,1963,27(6):1458 ~1460

103 Horz G, et al. J. Less-Common Metals,1974,35(1):97 ~105

104 Зкбков В Г, и др. Физики Маталлов и Металоведение, 1969,27(2):352 ~354

105 Каменецкая Д С, Штеренберг Л Е. Сверхитвердные Материалы, 1982(3):7 ~11

106 Bowman, et al. Acta Crystallogr,1965,19(1):6 ~9

107 Naito K,et al. Solid State Ionics, 1984(12):125 ~134

108 Кочержтнский Ю А, и др. Изв. АН СССР . Металлы, 1980(1):206 ~211

109 Kaufman K. Calphad, 1979,3(3):45 ~ 76

110 Лякищев Н П, и др. Диаграммы состояния двойных метаническскх систем. Москва:Машиностроениу, 2001.292 ~ 295,548 ~ 550

111 Frad W A. Advances in Inorganic and Radiochemistry, Ed. A. G Sharpe and H. J Emeleus. London :Academic Press, 1968(XI)

112 GaLasso F, Pyle J. Acta Cryst, 1963(16) :228 ~ 232

113 Pearson W B. Handbook of lattice Spacings and Structures of Metals. London:Pergamon Press, 1958(1), 1967(1)

114 Самсонов Г В. Нитриды. Киев:Наукова Думка, 1960: 380

115 Певинский Ю В. Диаграмма состояния металлов с газами. Москва:Металлургия, 1975:293 ~ 301

116 Левинский Ю В, и др. Диаграммы состаяния металлов с газами. москва: Металлургия, 1975: 295 ~ 300

117 Gebhardt E. J. Nucl. Mater, 1966(18):119 ~ 133

118 Gabhardt E, et al. Z. Metalkrunde, 1961,52(5):464 ~ 467

119 Gebhardt E, et al. Z. Metalkrunde, 1964,55(8):423 ~ 431

120 Braur G J. Less Common Metals, 1960,2(2):131 ~ 137

121 Braur G, Esseiborn R. Zs. anorg. Chem,1961(309): 151 ~ 157

122 Otriz G, Steeb S. Z. Metalkunde, 1975,66(8):460 ~ 462

123 Шурикю А Г. ЖФХ, 1971, 41(8):2049 ~ 2052

124 Волков А К, и др. Физика металлови металловедение,1971,31(2):330 ~ 334

125 Taylor A. J. Less-Common. Metals, 1967(12):399 ~ 412

126 Schonberg N. Acta Chem. Scand, 1954(8) :199 ~ 203

127 Bunn P, Wert C. AIME,1964(230):936 ~ 937

128 Geils R H, Potter D J. Met. Trans,1973,4(6):1469 ~ 1474

129 Фомин Е А, и др. Газы и углерод в металлах. Москва:Металлургия, 1980.711

130 Калачева Б А. Константы взаимодействия металлов с газами. Справачник. Москва:Металлургия, 1987:368

131 Pearson W B. Handbook of Lattice Spscings and Structure of Metals, Vol. 2, Oxfort :Perganom Press, 1967

132 Furuseth K, et al. Acta Chem Scand, 1965(19):95

133 Furuseth K, et al. Acta Cryst, 1965(18):320

134 Franzen H F, et al. J. Am. Chem. Soc, 1969(97):2814 ~ 2819

135 Laohavanich S, et al. ACTA Crystallogr, 1982(37):227

136 Carlson B. Acta Chem. Scand,1971,25(5):1742 ~ 1752

137 Saini G S, et al. Canad. J. Chem,1984(42):630 ~ 634

138 Ling R Guo. Compt. Rend Acad. Sci. Paris, 1980(202):891 ~ 893

139 Мызинковаю Л Ф, и др. Изв. АН СССР Металлы, 1966(2):163 ~ 165

140 Boller H, et al. Monatsh. Chem, 1964(95):1272 ~ 1282

141 Jellinek F. Arkin Chem, 1963(20) :447 ~ 449

142 Selte K, et al. J Less-Common Metals, 1966(11):14 ~ 20

143 Ruysink A F J, et al. Acta Cryst, 1968(24): 1614 ~ 1619

144 Григоян Л А, и др. Доклады АН СССР, 1962(144):795 ~ 797

145 Асланов Л А, и др. ЖНХ, 1964, 3(12):2635~2637

146 Федров В Е, и др. Изв. АН СССР. Неорг. Материалы, 1984,20(7):1085

147 Revllinski E, Brown B E. J Less-Common. Metals,1965,8(1):63~72

148 Bjerkelund E, et al. Z. anorg. und allgem. Chem, 1964(328):412~421

149 李万华. 二硒化铌制备及应用. 昆明:稀有金属学会年会论文集, 1998:190~197

150 Schafer H, Anjrg Z. allgen. Chem, 1956(286):21~42; 1957(290):291~294

151 Lee J. J. Less-Common. Metals, 1965(1):63~73

152 中科院兰州物理化学研究所. 国外固体润滑剂的发展概况和趋势. 兰州:中科院兰州物理化学研究所

153 Скхотин А М, и др. Химическое сопротивление материалов. Справочник. Москва:Химия, 1975:400~405

154 Справочник по редким металлам. Под. С. А Гемпена. Москва:Мир, 1965:945~953

155 Metals Handbook, 9th Edition Corrosion, Metals Park,OH:ASM International,1997:722~724

156 Niobium Wah Chang Brochure,Wah Chang, Albany, Oregon,July, 2001

157 Robin A, et al. Corrosion behaviour of niobium and tanatlun and their alloys. International J. of Refractive metals & hard Materials,2000,118(1):13~21

158 Lupton D, et al. Corrosion behaviour of tantalum and Possible Substitute Materials under Extreme Conditions. Metalic Corrosion Proceedings,8th International Congress on Metalic Corrosion, DECHEMA,1981:1441~1446

159 Lusby J. Corrosion, 1957,56(13/10):432~437

160 Covino B S, et al. US Bulletin of Mines NACE, 1980

161 Blake C W. Corrosion Handbook,ed. H. H. Uhlig. John Wiley,New York:Chapman & Hall,London,1960:440~456

162 Tingley I, Rogers R. Corrosion,1965(21):132~139

163 Outlook. Vol. 22,N1, Wah Chang, Albaly,Oregon,2001

164 Faibther F. The Chemisty of Niobium and Tantalum. Topics in Inoeganic Chemirty and General Chemistry, Monograph 10,Elsevier Amsterdan:Robinson, 1967

165 Sisco F T. Colunbium and Tantalum. John Wiley & Sons,Inc,1962

166 Hampel C A. Corrosionomics Fansteel Metallurgical Corp,1958(3)

167 Catheart J V,et al. Corrosion, 1956(12):87~91

4 铌和钽的化合物

铌和钽能与周期表中除惰性气体以外的所有元素生成各种形式的化合物或固溶体合金。铌和钽也生成种类繁多的金属有机化合物。这些化合物都具有一定理论的和实际应用上的价值。

4.1 铌和钽的五价氧化物

五氧化二铌和五氧化二钽均为两性氧化物，难溶于水，易溶于氢氟酸，可溶于熔融的 NaOH、KOH、$K_2S_2O_7$、$KHSO_4$。但难溶于氢氟酸以外的无机酸。

五氧化二铌和五氧化二钽均可以通过将它们的氢化物、氮化物、碳化物的氧化，或将它们的化合物进行水解制取。

4.1.1 五氧化二铌

五氧化二铌（Nb_2O_5）是一种很细的白色结晶粉末，加热到 380～435℃，便由无定型转变为晶体。400～500℃时，因晶格中出现氧缺陷变为嫩黄色（和氧化锌颜色相近）。因制备方法和热处理方式不同，其密度可为 4.3～5.2 g/cm^3。有关 Nb_2O_5 的结晶学数据和热力学数据参见表 3-5 和表 3-6。铌的各种氧化物之间的转变关系参见图 3-4。

Nb_2O_5 在 170℃下水中摩尔浓度为 6.8×10^{-3} mol/L，20℃时在无机酸中的溶解度如表 4-1 所示。

表 4-1 20℃时 Nb_2O_5 和 Ta_2O_5 在无机酸中的溶解度

酸 名	Nb_2O_5		Ta_2O_5	
	酸浓度/g·L^{-1}	质量浓度/g·L^{-1}	酸浓度/g·L^{-1}	质量浓度/g·L^{-1}
HF	418	775	302	1282
H_2SO_4	900	7.60	784	1.80
HCl	451	4.83	292	3.48

Nb_2O_5 中的 Nb—O 键的键能较大（385 kJ/mol），低温时参与化学反应的能力较弱，随温度升高反应能力增强。Nb_2O_5 在 1350℃时仍十分稳定，但在真空中加热到 1150℃时便开始分解[1]：

$$Nb_2O_5 = 2NbO_2 + \frac{1}{2}O_2$$

Nb_2O_5有多种变体,其晶体结构与制备方法有关(见表4-2)。文献[2]认为在各种温度下Nb_2O_5存在三种同素异晶体:低温T(γ)-型(低于900℃时)、中温M(β)-型(900~1100℃)和高温H(α)-型(高于1100℃时)。图4-1所示了各种变体以及它们之间的关系。图4-2所示为Nb_2O_5的各种异晶的相对稳定性。从中可以看出,在300~700℃间最为稳定的是β晶型,在730~1000℃间为H晶型,其他的晶型均为热力学不稳定体。实际上,Nb_2O_5的系列同素异晶并非"真正的"异晶,而是属于同一化学式$Nb_{6n-2}O_{16n-6}$($n=1,2,3$)的氧化物家族[3,4]。

表4-2　Nb_2O_5的变体

变　体	实　　例
低温型变体	T-Nb_2O_5,L-Nb_2O_5,γ-Nb_2O_5
中温型变体	M-Nb_2O_5,β-Nb_2O_5
高温型变体	H-Nb_2O_5,α-Nb_2O_5
小叶状	β-Nb_2O_5,ε-Nb_2O_5
针　状	N-Nb_2O_5
三菱形	ρ-Nb_2O_5,η-Nb_2O_5

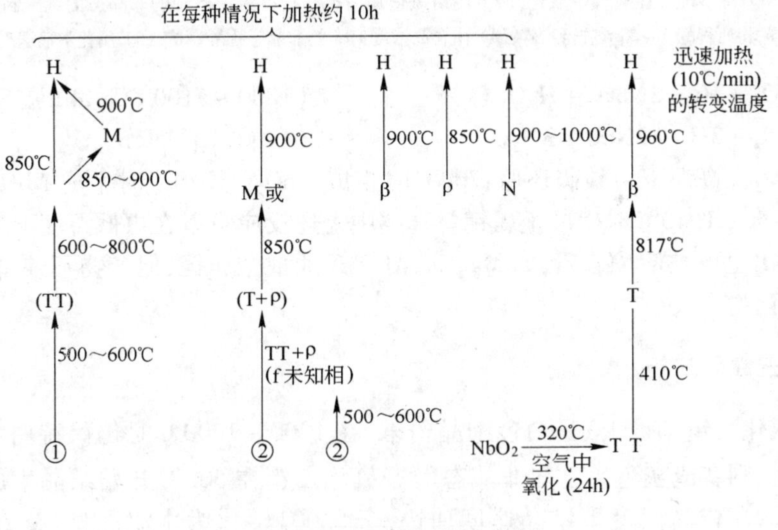

图4-1　Nb_2O_5变体的相互转化

Nb_2O_5与氯化剂作用,生成五氯化物和氯氧化物。Nb_2O_5与氯气在800~900℃开始反应,在800~1000℃时反应产物主要为$NbOCl_3$。当有还原剂碳存在时则生成$NbCl_5$和$NbOCl_3$的混合物。Nb_2O_5在200~230℃与S_2Cl_2反应,在180~235℃与PCl_5反应,均生成$NbCl_5$;在210~225℃与CCl_4反应,在400℃与$AlCl_3$反应,生成$NbCl_5$和$NbOCl_3$的混合物;与$SOCl_2$在200℃反应,生成$NbOCl_3$。Nb_2O_5能被氢还原:

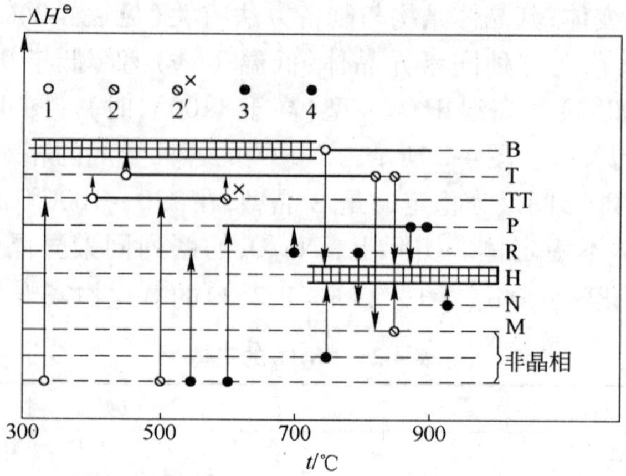

图 4-2　铌和钽同素异晶体在空气中加热时的转化过程

水平实线——Nb_2O_5 稳定的温区；

垂直箭头——由热差分析仪记录下的相转变

原始样品的制取方法分别为：

（1）用 NbO 于 320℃在空气中氧化；（2）用由氯化物或硫酸盐溶液中得到的非晶态的铌酸制得；（3）同样，将所得的 TT-晶形进行粉碎；（4）由含高浓度 HCl 的非晶态铌酸制成；（5）用化学输送反应制成

$$Nb_2O_5 + H_2 = 2NbO_2 + H_2O \qquad (1000 \sim 1100℃下, 4\ h)$$

$$Nb_2O_5 + 3H_2 = 2NbO + 3H_2O \qquad (1200℃下, 50\ h)$$

Nb_2O_5在高温下可被碳还原：760℃时生成 NbO_2，1070℃时生成 NbO，1170℃时生成 NbC，1640℃时生成金属铌。真空中上述反应可以在更低温度下进行。

Nb_2O_5也可被活泼金属，如 Mg、Ca、Al 等还原成金属铌，但产物不纯，含有多种高、低氧化物。

4.1.2　五氧化二钽

五氧化二钽（Ta_2O_5）是白色细晶粉末，在 1000 ~ 1200℃时仍保持白色。继续提高温度，则变成灰色。已知非晶态的五氧化二钽在 500℃开始结晶生成低温晶型（T 型）；在较高温度下结晶速度加快，于 830℃转化为中温晶型（M 型），超过 830℃生成高温晶型（H 型）[2]。文献[5,6]认为 Ta_2O_5存在两种变体：α-Ta_2O_5（高温型）和 β-Ta_2O_5（低温型），由 β-Ta_2O_5转变为 α-Ta_2O_5的温度为（1360 ± 5）℃。α-Ta_2O_5的熔点为（1872 ± 10）℃，β-Ta_2O_5的熔点为（1785 ± 30）℃。β-Ta_2O_5在熔融前已转变成无定形 Ta_2O_5。无定形 Ta_2O_5 的密度为 7.3 g/cm^3，β-Ta_2O_5 的密度为 8.18 g/cm^3，α-Ta_2O_5的密度为 8.37 g/cm^3。Ta_2O_5在无机酸中的溶解度如表 4-1 所示。有关 Ta_2O_5的结晶学数据和热力学数据可参见表 3-5 和表 3-6。

Ta_2O_5中的 Ta—O 键的键能较大（481 kJ/mol），低温时参与化学反应的能力较

弱,随温度升高反应活性增强。但相对来说,Nb_2O_5比Ta_2O_5的化学活性强[7]。

在2500℃和5×10^5Pa的气压下,Ta_2O_5也不被氢还原,但对Ta_2O_5和Nb_2O_5的混合物,特别是当它们形成均相固溶体时,并且在低的水蒸气压(如在1×10^{-3}Pa)和高温(900~1000℃)下,Ta_2O_5仍可以随着Nb_2O_5的还原而还原,产物为TaO_2和NbO_2的固溶体。

Ta_2O_5与氯化剂作用一般都生成$TaCl_5$。Ta_2O_5和PCl_5、$SOCl_2$、$AlCl_3$等反应一般也生成$TaCl_5$,生成氯氧化物的趋势比Nb_2O_5小很多。

4.2 铌和钽的水合氧化物

铌和钽的水合氧化物(氢氧化铌和氢氧化钽)生成于铌和钽的湿法冶金和化学作业过程中。在水溶液中铌和钽不形成简单的可溶性化合物。在中性或酸性溶液中,当对铌、钽的化合物进行稀释,或用氢氧化铵中和沉淀时,便可获得铌、钽水合氧化物。也可用酸中和铌、钽的碱性化合物的溶液获得水合氧化物。

用上述方法得到的水合氧化物是一种具有很强吸附性的白色凝胶状的氢氧化物,它们是亲水胶体。在中性和碱性溶液中生成的沉淀,其组成为$Nb_2O_5\cdot nH_2O$和$Ta_2O_5\cdot nH_2O$。在各种方法中,以用氨沉淀获得的水合氧化物的活性较好,其中又以草酸溶液中用氨沉淀获得的水合氧化物的活性最好。无论铌或钽的水合氧化物都会随放置时间延长而"老化"(活性下降)。铌、钽的混合氢氧化物以前曾称为"土酸",但由于水分子n是可变的(它随制备条件不同而变化),因而没有固定的组成,而且也不具有酸根的功能,故一般不称它们为铌酸或钽酸。已知铌、钽水合氧化物有$Nb_2O_5\cdot7H_2O$、$Nb_2O_5\cdot5H_2O$、$Nb_2O_5\cdot3H_2O$、$Nb_2O_5\cdot2.63H_2O$、$Nb_2O_5\cdot2H_2O$、$Nb_2O_5\cdot1.77H_2O$;$Ta_2O_5\cdot3.77H_2O$、$Ta_2O_5\cdot3H_2O$、$3Ta_2O_5\cdot4H_2O$、$Ta_2O_5\cdot H_2O$等[8~10]。

铌、钽水合氧化物不溶于水和稀酸中,但可溶于氢氟酸、草酸、酒石酸、氟硅酸、胺、氢氧化钾等溶液中,部分溶于浓硫酸、浓盐酸(仅铌)、浓硝酸、铬酸、正磷酸(仅铌)中。

铌、钽水合氧化物都是两性化合物,在等电范围内,所溶解的部分不发生离解,而以分子形式存在。图4-3所示为在硝酸和氢氧化钾液中氢氧化铌和氢氧化钽的溶解度图[11]。图中,$Nb(OH)_5$的等电范围为pH0~7,$Ta(OH)_5$的等电范围为pH0~9,当溶液的pH值大于等电范围,按酸式离解:

$$Nb(OH)_5 = NbO_3^- + H^+ + 2H_2O$$

$$Ta(OH)_5 = TaO_3^- + H^+ + 2H_2O$$

当溶液的pH值小于等电范围,则按碱式离解:

$$Nb(OH)_5 = Nb(OH)_4^+ + OH^-$$

$$Ta(OH)_5 = Ta(OH)_4^+ + OH^-$$

它们的反应平衡常数为：

	K_a	K_b
$Nb(OH)_5$	4×10^{-8}	2.5×10^{-15}
$Ta(OH)_5$	2.5×10^{-10}	1×10^{-13}

图 4-4 所示为溶解了的铌酸和钽酸在酸性溶液中呈各种形态之间的分布状况（百分数）[11]，图中各形态的分布状况表明，在酸性溶液中，所溶解的氢氧化铌和氢氧化钽绝大多数是以单电荷的离子 $Nb(OH)_4^+$（或 NbO_2^+）和 $Ta(OH)_4^+$（或 TaO_2^+）的形式存在。

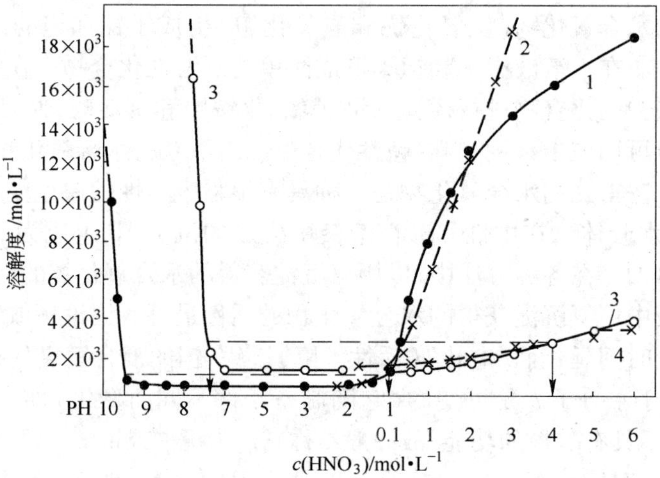

图 4-3　氢氧化钽（曲线 1、2）和氢氧化铌（曲线 3、4）的溶解度

（曲线 2 和曲线 4 分别由氢氧化钽、氢氧化铌的离解常数计算得到）

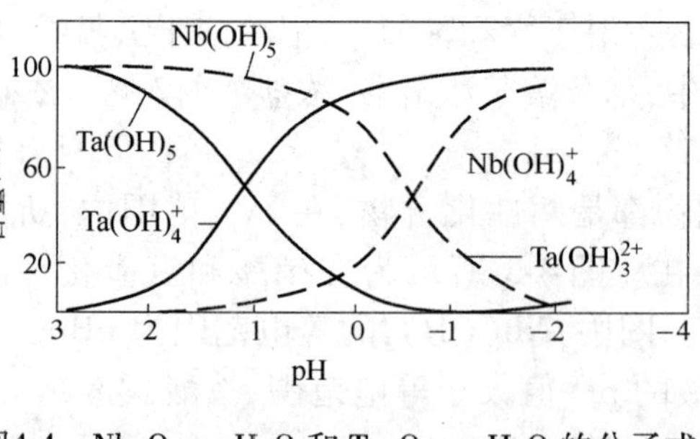

图4-4　$Nb_2O_5 \cdot xH_2O$ 和 $Ta_2O_5 \cdot xH_2O$ 的分子式

具有层状结构的水合氧化铌是不寻常的固体酸，当其在较低温度（100 ~ 200℃）煅烧时酸性很强（pH 值为 −5.6），其酸性相当于 70% 的硫酸；而在 500℃ 煅烧时，铌酸表面几乎为中性，但仍保持很强的酸性。这种不同寻常的固体酸具有

光催化性能,在石油化学工业中它们是一些选择性很好的高效催化剂。

4.3 铌酸盐和钽酸盐

虽然在溶液中没有发现存在铌酸和钽酸起酸根作用的证据,但在自然界和应用中却存在众多的铌酸盐和钽酸盐。而且 Nb_2O_5 和 Ta_2O_5 能和周期表中全部 8 个族的 50 多个元素的氧化物、氢氧化物或碳酸盐一起熔融生成各种类型的铌、钽酸盐。这些元素是:Li、Na、K、Rb、Cs、Au、Ag、Cu、Be、Mg、Ca、Zn、Sr、Ba、Hg、Ra、Al、Sc、Ga、In、Tl、Ge、Sn、La、Ce、Pr、Nd、Pm、Sm、Eu、Gd、Tb、Dy、Ho、Tu、Yb、Lu、Ac、U、Np、Pu、Am、Cm、Bk、Cf、Fm、Md、No、Lw、Ti、Zr、Hf、V、Sb、Bi、Cr、Mo、W、Fe、Mn、Tc、Re、Co、Ni、Pt、Ru、Rh、Pd、Os、Ir 等。

碱金属与铌酸盐、钽酸盐的摩尔比一般用 Me_2O/M_2O_5 来表示(式中 Me 为碱金属, M 为 Nb 和 Ta)。已知的有 5/1、4/1、3/1、2/1、16/5、3/2、4/3、4/5、1/1、6/7、3/4、2/3、1/2、1/3、1/4 等。按化学组成,它们和主族的磷酸类似,有偏铌(钽)酸盐($MeMO_3$, $Me_2O/M_2O_5=1$)、焦铌(钽)酸盐($Me_4M_2O_7$, $2Me_2O/M_2O_5=2$)、原铌(钽)酸盐(Me_3MO_4, $Me_2O/M_2O_5=3/1$)和多铌(钽)酸盐($Me_xM_yO_{2.5y+1/2x}$,即摩尔比 $Me_2O/M_2O_5=x/y$,)。除这些简单的盐外,还有过铌(钽)酸盐,如过铌酸钾($KNbO_4$)、各种复盐、成分复杂的多金属混合复盐(如 $PbBiNb_2O_9$)、组成为 Me_5MO_5(5/1)的高碱酸盐。而在含水体系中,铌、钽酸盐还能生成结晶水的化合物。在自然界铌钽矿物也都呈铌钽酸盐形式 $A_mB_nX_q$,如 $ANbX_3$、$ANbX_4$、ANb_2X_6、A_2Nb_2X 等,式中 A 为 Ca、Mg、Fe、Mn 等元素, B 为 Nb、Ta、Ti,X 为 O、OH、F。

除碱金属铌、钽酸盐外,大多数铌、钽酸盐均不溶于水。但当化合物中酸碱比大于 1 时则例外,如碱酸比为 4:3 的 $Me_8Nb_6O_{19}$(水溶液中)和 7:6 的 $Me_{14}Nb_{12}O_{37}$(水溶液中),它们只是在 pH 值为 9~13 时才发生水解。在所有铌酸盐中,铌酸钾具有最大的溶解度[12,13]。

许多铌、钽酸盐晶体是铁电体,它们属于具有自发极化作用的热电体范畴,这种自发极化作用甚至在无外电场时也能发生[14,15]。其极化值与电场电压有关,并具有居里点。通常铁电体的介电常数很大(几百至几千单位)。铁电体的自发极化现象只能在由相变点限定的温区内发生。某些离子型晶体具有变异性的自发极化性能,并称之为反铁电体。在电场作用下,有些反铁电体可以转变成铁电体。

铌和钽的铁电体材料同时还具有压电、电光和非线性光学等特性。一些铌、钽酸盐是窄频带半导体材料。它们被广泛用于水声学、电声学、光量子发生器(激光器)等领域,是电子工业元器件制造的重要材料。表 4-3 所示为一些偏铌酸盐和偏钽酸盐铁电体的基本性能。

表 4-3　一些偏铌酸盐和偏钽酸盐铁电体的基本性能[14]

品　名	居里点 T_c/℃	极化值 P_s/K · cm^{-2}	备　注
$KNbO_3$	435	30.0×10^{-2}(250 K)	钙钛矿型铁电体
$KTaO_3$	−260		钙钛矿型铁电体
$NaNbO_3$	−200	12.0×10^{-2}(−200 K)	钙钛矿型铁电体
$KNbO_3$	−88	6×10^{-2}(−185 K)	烧绿石型铁电体
$Cd_2Nb_2O_7$	570		钙钛矿型铁电体
$PbNb_2O_6$	260	10.0×10^{-2}(25 K)	钙钛矿型铁电体
$LiNbO_3$	1210	14.0×10^{-2}(350 K)	钙钛矿型铁电体
$LiTaO_3$	665	23.0×10^{-2}(450 K)	钙钛矿型铁电体

4.3.1　碱金属铌、钽酸盐

铌和钽能和从锂至钫的所有碱金属生成种类很多的盐。有关碱金属铌、钽酸盐已有较详细研究，读者可参考文献[15～17]，这里仅做一般介绍。

(1) 差不多所有碱金属铌、钽酸盐在水溶液中的聚合程度都很高。它们的化合物中的 Me∶M 为 16∶14，14∶12，12∶10，16∶12，10∶8，7∶5，8∶6，6∶4。化合物中的结晶水分子数变化很大，从 1 到 40 或更多。

(2) 碱金属铌、钽酸盐可以被氢还原[18]：

$2MeNbO_3 + H_2 = Me_2O + 2NbO_2 + H_2O$　　　反应温度 400℃

$2MeTaO_3 + H_2 = Me_2O + 2TaO_2 + H_2O$　　　反应温度 600～700℃

(3) 碱金属铌、钽酸盐在水溶液中都是难溶解的化合物，各种温度下的溶解度如表 4-4 所示，溶度积如表 4-5 所示，一些热力学数据如表 4-6 所示。

表 4-4　碱金属偏钽(铌)酸盐在水中的溶解度(mol/L)[19]

化　合　物	0 ℃	25℃	50℃	75℃	100℃
$LiNbO_3$	2.3×10^{-4}	2.8×10^{-4}	4.3×10^{-4}	6.0×10^{-4}	7.4×10^{-4}
$NaNbO_3$	4.3×10^{-4}	5.9×10^{-4}	1.6×10^{-3}	3.7×10^{-3}	7.4×10^{-3}
$KNbO_3$	7.4×10^{-4}	8.7×10^{-4}	4.4×10^{-3}	9.5×10^{-3}	1.3×10^{-2}
$RbNbO_3$	9.0×10^{-5}	1.1×10^{-4}	2.3×10^{-4}	3.4×10^{-4}	4.5×10^{-4}
$CsNbO_3$	8.6×10^{-5}	8.7×10^{-5}	1.5×10^{-4}	2.3×10^{-4}	2.8×10^{-4}
$LiTaO_3$	5.14×10^{-5}	1.05×10^{-4}	2.29×10^{-4}	3.81×10^{-4}	5.09×10^{-4}
$NaTaO_3$	4.69×10^{-5}	5.46×10^{-5}	1.10×10^{-4}	3.19×10^{-4}	2.39×10^{-4}
$KTaO_3$	4.34×10^{-5}	4.87×10^{-5}	1.22×10^{-4}	2.88×10^{-4}	4.89×10^{-4}
$RbTaO_3$	3.06×10^{-5}	3.84×10^{-5}	8.66×10^{-5}	1.97×10^{-4}	2.73×10^{-4}
$CsTaO_3$	2.83×10^{-5}	3.08×10^{-5}	4.49×10^{-5}	1.13×10^{-4}	1.31×10^{-4}

表 4-5 25℃下碱金属偏钽(铌)酸盐的溶度积[20]

化合物	溶度积	化合物	溶度积
$NaNbO_3$	3.23×10^{-7}	$NaTaO_3$	2.99×10^{-9}
$KNbO_3$	7.48×10^{-7}	$KTaO_3$	2.37×10^{-9}
$RbNbO_3$	1.21×10^{-8}	$RbTaO_3$	1.47×10^{-9}
$CsNbO_3$	7.55×10^{-8}	$CsTaO_3$	9.49×10^{-10}

表 4-6 偏钽(铌)酸盐的一些热力学数据(温度 20℃)[21]

化合物	溶解度/$mol\cdot L^{-1}$	自由能 ΔF/$kJ\cdot mol^{-1}$	溶解热/$kJ\cdot mol^{-1}$	晶格能/$kJ\cdot mol^{-1}$
$LiNbO_3$	2.566×10^{-4}	40.61	25.96	956.68
$NaNbO_3$	4.803×10^{-4}	36.82	60.25	886.59
$KNbO_3$	6.726×10^{-4}	35.15	78.70	785.76
$RbNbO_3$	9.687×10^{-5}	45.22	38.94	886.59
$CsNbO_3$	7.796×10^{-5}	46.47	32.66	712.17
$LiTaO_3$	8.974×10^{-5}	45.63	43.96	1042.93
$NaTaO_3$	4.679×10^{-5}	48.53	44.77	960.65
$KTaO_3$	3.959×10^{-5}	49.37	59.83	843.49
$RbTaO_3$	3.219×10^{-5}	50.24	51.49	799.68
$CsTaO_3$	2.728×10^{-5}	5149	35.17	759.48

(4) 与偏铌、钽酸盐不同,原铌、钽酸盐容易水解并形成一系列多铌、钽酸盐,如 $Me_8(Nb,Ta)_5O_{16}\cdot nH_2O$、$Me_7(Nb,Ta)_5O_{16}\cdot nH_2O$、$Me_{14}(Nb,Ta)_{12}O_{37}\cdot nH_2O$ 等。又如水解反应:

$$6Na_3TaO_4+21H_2O=Na_8Ta_6O_{19}\cdot 16H_2O+10NaOH$$

铌也有类似反应,而且它们的高碱酸盐都存在以下的水解顺序:

$$K_5NbO_5\xrightarrow{H_2O}K_3NbO_4\xrightarrow{H_2O}K_8Nb_6O_{19}\xrightarrow{H_2O}K_{14}Nb_{12}O_{37}$$

$$K_5TaO_5\xrightarrow{H_2O}K_3TaO_4\xrightarrow{H_2O}K_{14}Ta_{10}O_{32}\xrightarrow{H_2O}K_8Ta_6O_{19}$$

(5) 已知钽酸盐比铌酸盐少,常见的钽酸盐有 7:5 盐,即 $Me_{14}Ta_{10}O_{32}\cdot xH_2O$;4:3 盐,即 $Me_8Ta_6O_{19}\cdot xH_2O$;$Me_2Ta_6O_{16}\cdot xH_2O$ 等。

4.3.1.1 Li_2O-Nb_2O_5和 Li_2O-Ta_2O_5体系

图 4-5 所示为 Li_2O-Nb_2O_5体系相图[22]。图中存在 4 种铌酸锂:Li_2O-$14Nb_2O_5$,熔点 1268℃;Li_2O-$4Nb_2O_5$,熔点 1250℃; Li_2O-Nb_2O_5,熔点(1253 ± 2)℃;$3Li_2O$-Nb_2O,熔点 1408℃。在 Li_2O-Ta_2O_5体系相图中[23]有 Li_2O-$3Ta_2O_5$, Li_2O-Ta_2O_5,$3Li_2O$-Ta_2O_5。其中铌酸锂和钽酸锂为铁电陶瓷,具有压电、铁电、电光、非线性光

学、热电等多种性能，它们的一般性质如表 4-3、表 4-4 所示。

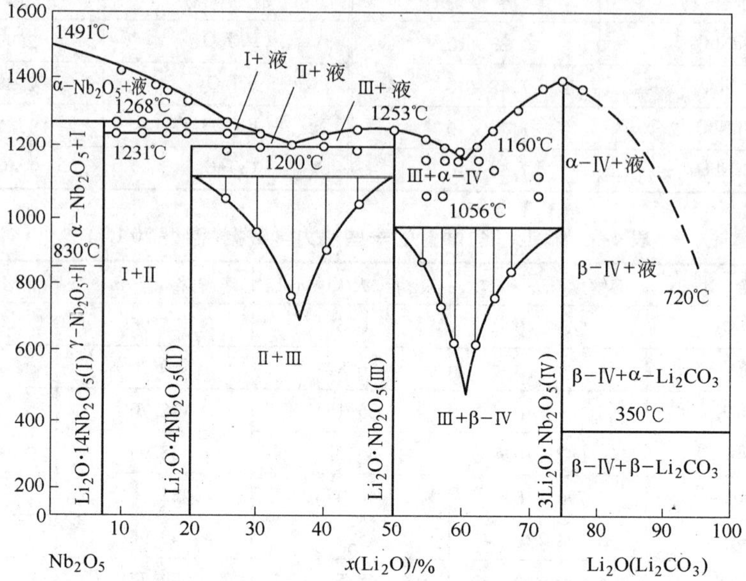

图 4-5　$Li_2O(Li_2CO_3)$-Nb_2O_5系状态图

Ⅰ—$Li_2O·14Nb_2O_5$；Ⅱ—$Li_2O·4Nb_2O_5$；Ⅲ—$Li_2O·Nb_2O_5$；Ⅳ—$3Li_2O·Nb_2O_5$

铌酸锂和钽酸锂这两种盐可以通过在空气中加热碳酸锂及铌和钽的氧化物分别在 1050～1100℃（$LiNbO_3$）和 1150～1200℃（$LiTaO_3$）下并保持 1～2 h 的方法制备。偏铌酸锂在 1253℃熔化，由于铌酸锂的均质区范围甚大，固液同成分熔化的比例为 $Li_2O/Nb_2O_5=0.996$（摩尔比）[24]。

A　铌酸锂单晶（简称 LN）[25]

$LiNbO_3$是一种高温铁电陶瓷材料。单晶体属三方晶系，具有钛铁矿型（畸变钙钛矿）结构。点群 C_3v-3m，空间群 $C\dfrac{6}{3v}-R_3c$，整个晶体的基本结构是由氧八面体组成，相邻的氧八面体有共同的顶点。Nb^{5+} 和 Li^+ 分别填满在氧八面体中。晶格常数 $a=0.5147$ nm，$c=1.3856$ nm；密度为 4.618 g/cm^3，熔点为 1253℃，莫氏硬度 5；折射率：$n_o=2.297$，$n_e=2.298$（$\lambda=0.6$ μm）；介电常数：$\varepsilon_{11}^s=44$，$\varepsilon_{33}^s=29.5$，$\varepsilon_{11}^T=84$，$\varepsilon_{33}^T=30$；一次电光系数 $\gamma_{13}=\gamma_{23}=10\times10^{-12}$ m/V，$\gamma_{33}=32\times10^{-12}$ m/V，$\gamma_{22}=-\gamma_{12}=-\gamma_{61}=6.8\times10^{-12}$ m/V；非线性系数 $d_{31}=-6.3\times10^{-12}$ m/V，$d_{22}=+3.6\times10^{-12}$ m/V，$d_{33}=-47\times10^{-12}$ m/V；对 1.604 μm 激光倍频相匹配角 θ_m 为 83.9°、90°，相应匹配温度为 160℃，是一种铁电晶体，居里点为 1210℃，自发极化强度为 50×10^{-6}C/cm^2。单晶体通常采用提拉法生产。为防室温下自发极化，一般

需要进行单畴化处理。处理后的晶体具有铁电、压电、电光、非线性光学、热电、光折变效应等多种性能。在微声技术中,LN 用于制取表面波、体波、换能器元件;在激光技术中 LN 用于调 Q 开关、电光调制、倍频、光参量振荡等;掺入铁等金属杂质的 LN 晶体,可做全息记录材料。

B 钽酸锂单晶(简称 LT)[25]

$LiTaO_3$也是一种铁电陶瓷材料。单晶体属三方晶系,具有钛铁矿型(畸变钙钛矿)结构。点群 $C_{63}v-3\ m$,空间群 $C\dfrac{6}{3v}-R_3c$,晶格常数 $a=0.5154$ nm,$c=1.3783$ nm,密度为7.45 g/cm³,熔点为1650℃,莫氏硬度为5.5~6.0;折射率:$n_o=2.176$,$n_e=2.186(\lambda=0.6328\ \mu m)$;介电常数:$\varepsilon_{11}^{s}=41$,$\varepsilon_{33}^{s}=42$,$\varepsilon_{11}^{T}=53$,$\varepsilon_{33}^{T}=44$;一次电光系数 $\gamma_{12}=\gamma_{13}=7.0\times10^{-12}$ m/V,$\gamma_{33}=30\times10^{-12}$ m/V;机电耦合系数 $R_{15}\geqslant0.3$。也是一种铁电晶体,居里点为(665 ± 5)℃,自发极化强度为 50×10^{-6} C/cm³。单晶体通常采用提拉法生产。为防室温下自发极化,一般需要进行单畴化处理,使之具有更佳的光学均匀性和消光比。处理后的晶体具有铁电、压电、电光、非线性光学、热电、光折变效应等多种性能,并且具有低的损耗角正切,良好的加工性能。在微声技术中,LT 用于制取表面波、体波、换能器元件;在激光技术中 LT 用于调 Q 开关、电光调制、倍频、光参量振荡等;在红外技术中 LT 用做热电探测器和热电摄像管的靶面材料。利用其压电性可以制作滤波器和谐振器。

4.3.1.2 Na_2O-Nb_2O_5和 Na_2O-Ta_2O_5体系[26]

有关为 $Na_2O(Na_2CO_3)$-Nb_2O_5 系相图以及各铌酸盐之间的相互关系见图 7-2 和图 7-3,本小节仅介绍铌酸盐单晶的性质。

A 铌酸钠单晶($NaNbO_3$)[27]

$NaNbO_3$ 是一种反铁电晶体。640℃以上属立方晶系,具有钙钛矿型结构,随温度降低,会连续发生多次相变。其反铁电相的范围为 -100~300℃,属正交晶系,点群222,由于晶格形变及相邻的不同高度层的 Nb^{5+} 离子沿相反方向自发极化,重复单元包括原立方晶格的 8 个单胞。常温时的晶格常数 $a=0.5679$ nm,$b=1.5516$,$c=0.5503$ nm,熔点为1422℃,计算密度为4.423 g/cm³,单晶采用凯罗包罗斯法生长。$NaNbO_3$ 主要用于两个方面:一是利用反铁电 - 铁电相变时的双电滞回线,做贮放容器和电压调节元件;二是利用反铁电 - 铁电相变时的体积效应,做换能器。

B 钽酸钠晶体($NaTaO_3$)[28]

$NaTaO_3$ 为晶体斜方六面体对称结构,空间群 *pcmm*。晶格常数 $a=0.5511$ nm,$b=0.5494$ nm,$c=2\times0.3874$ nm;介电常数 4400,居里温度为 480℃。熔点为

1760℃,密度为7.127 g/cm³,为铁电体材料。

4.3.1.3　K_2O-Nb_2O_5和K_2O-Ta_2O_5体系[29,30]

两体系的熔度图及其分析参见本书7.1.1.1节,下面仅介绍它们的单晶体。

A　铌酸钾单晶[32]

$KNbO_3$是一种铁电晶体。属正交晶系,具有畸变钙钛矿型结构。点群 C_2v-mm_2,晶格常数 $a=0.5698$ nm,$c=0.3971$ nm;密度为4.62 g/cm³,熔点为1045℃,莫氏硬度为4.5,居里点为435℃;非线性系数 $d_{31}=17.2\times10^{-12}$ m/V,相位匹配温度为71℃(1.06 μm);折射率:$n_a=2.2200$,$n_b=2.5740$,$n_c=2.1196$($\lambda=1.06\mu m$),自发极化强度为0.32 C/cm²。单晶采用凯罗包罗斯法生长。主要用于激光倍频、电光调制及作为光折射材料。

B　钽酸钾晶体[33]

$KTaO_3$ 为电光晶体,立方晶结构。居里点为-260℃,是铁电体中居里点最低的一个。介电常数为4400,熔点为1370℃,透光范围为0.4~6 μm,折射率 $n_o=2.4$($\lambda=0.633$ nm),用于制造光电调节器。

C　$KNbO_3$-$KTaO_3$系固溶体

图4-6所示为$KNbO_3$-$KTaO_3$系熔度图。可以看出,随着固溶体中钽含量的增加,居里点由$KNbO_3$的435℃线性下降到当$x(KTaO_3)$为55%的50℃。同时作为纯$KNbO_3$时的一类相变(铁电体转变),变成为二类转变。成分为$KNb_{0.35}Ta_{0.65}O_3$的固溶体在室温下具有很高的二次电光效应[34]。

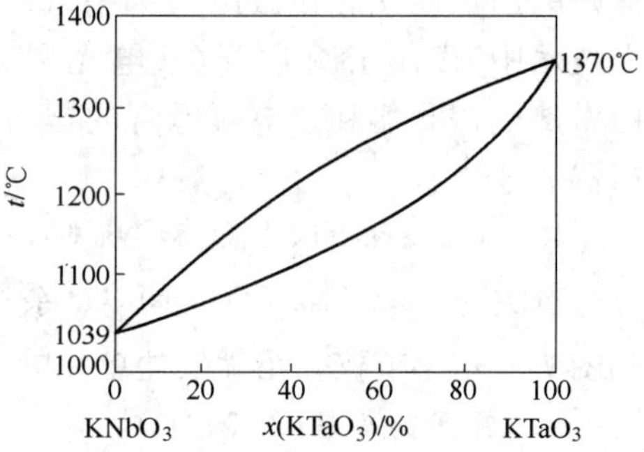

图4-6　$KNbO_3$-$KTaO_3$系熔度图

顺便指出,一种含镍六铌酸钾(Ni-$K_4Nb_6O_{17}$)是一种特效催化剂,在紫外线照射下可使水分解为氢气和氧气[35]。

4.3.2　Ⅱ-Ⅷ族元素的简单和复杂铌酸盐和钽酸盐

周期表中Ⅱ~Ⅷ族元素的氧化物和铌、钽氧化物作用能生成数目很大的简单和复杂的铌酸盐和钽酸盐,它们中很多都具有压电材料和光电材料性质,广泛用于电子工业元器件的制作。其中以碱土金属铌钽酸盐最为突出。下面是几种应用较成熟的晶体。

(1)铌酸钡钠晶体[35]($NaBa_2Nb_5O_{15}$),有晶体和陶瓷两种应用形态。铌酸钡钠晶体属于正交晶系,具有钨青铜结构,晶格常数 $a=1759.2$ pm,$b=1763.6$ pm,$c=$

799.0 pm，密度为5.4076 g/cm^3，熔点为1450℃，介电常数为51，居里点为560℃；是一种铁电体，自发极化强度为0.4C/cm^2，非线性系数 $d_{31}=d_{32}=-20\times10^{-12}$ m/V。该晶体是所有非线性光学材料中最有效的倍频晶体，主要用于激光倍频、光参量振荡、光电调制等器件。

(2) 铌酸锶钡晶体[36]（$Sr_{1-x}Ba_xNb_2O_6$），$0.25\leqslant x\leqslant0.75$，简称SBN，是一种钨青铜结构的铁电体。单晶体属四方晶系，点群4*mm*，性能随 x 值而变化，当 $x=0.52$ 时，居里点为115℃，介电常数380，热释电系数为 6.5×10^{-8} C/(cm^2·K)。晶格常数 $a=b=1.2466$ nm，$c=0.3951$ nm，密度为5.2～5.3 g/cm^3，熔点为1470℃，莫氏硬度为5.5；折射率：$n_o=2.3317\sim2.3123$，$n_e=2.2987\sim2.2734$，电光系数 $\gamma_{33}=(88\sim114)\times10^{-12}$ m/V，对10 μm以上的红外波段吸收率高，是一种良好的释电材料。SBN具有原型对称性为4/*mmm*，只有一个4次轴，有180°畴，不存在90°畴。改变Sr/Ba（摩尔比）比例，可得到不同要求的光学和电光性能。SBN具有层良好的非线性效应、相当大的线性电光效应和热释电效应以及耦合系数高、响应时间短等优点，是目前能观察到自泵辅相位共轭现象的最佳晶体。主要用于非相干光/相干光学变换器、多层光折变光栅及光学开关、全息储存介质、电光调制、热电探测等领域。

(3) 铌酸镧：镱、铒[37]（$LaNbO_4:Yb^{3+},Er^{3+}$），为白色粉末，在红外线970 μm下发出绿色荧光，绿峰与红峰的强度比为3.0，其相对强度是 $La_2O_3:Yb^{3+},Er^{3+}$ 的两倍。属于这类化合物的通式为：$LnNbO_4:Yb^{3+},Er^{3+}$，式中Ln = La，Yb，Gd；含Yb20%，Er3%，典型组成为：$La_{0.77}Yb_{0.20}Er_{0.03}NbO_4$。合成时将各种原料按摩尔比配料并混合均匀，再在1350℃下经5h烧结而成。

(4) 钽酸钇：铌[38]（$YTaO_4:Nb$），一种白色粉末，相对密度为7.6，在X射线激发下发出蓝紫色荧光，峰值波系100 nm，发射光谱为300～500 nm。典型组成为 $YNb_{0.02}Ta_{0.98}O_4$。对X射线有较大的吸收率和高发光效率，余辉很短（为 8×10^{-6}s），发光光谱与蓝色X射线胶片的灵敏曲线相吻合，因此是良好的X射线增强屏用荧光粉。合成方法：将各种原料按摩尔比配料混合均匀，从300℃起以每分钟1～1.5℃速度升温，在1250℃烧结10～14 h，冷却水洗，经过滤干燥即成。

(5) 钽钪酸铅[39]是一种热释电陶瓷材料，缩写为PST，属钛钙矿型结构，室温下为四方相。PST是近年新开发的在偏置电场下工作的热释电陶瓷。利用它在相变时出现介电常数急剧变化的特点可获极高的热释电系数。在5.3 V/μm的偏置电场下，工作温度57℃时，其性能为：热释电系数 3.8×10^{-8}C/(cm^2·K)，介电常数290，介质损耗0.0027。常用于制造多元的列阵器件，也是热释电陶瓷红外热像仪的优良材料之一。

此外,重要的压电材料还有焦铌酸镉($CdNb_2O_7$,烧绿石结构,居里点 -88℃)焦钽酸锶($SrTa_2O_7$,居里点 -80℃)、偏铌酸铅($PbNb_2O_6$,菱形结构,居里点 570℃,是铁电体中居里点最高的一个)、偏钽酸铅($PbTa_2O_6$,菱形结构,居里点 260℃)以及偏铌酸钡($BaNb_2O_6$)、偏铌酸锰($MnNb_2O_6$)、偏铌酸铝($AlNb_3O_9$)等。

属于复合氧化物种类甚多,如铌酸铅铋($PbBi_2Nb_2O_9$,)、铌酸钡铅铋($BaPbBi_2Nb_2O_9$)、铌酸锶铋($SrBi_2Nb_2O_9$)、铌酸钙铋($CaBi_2Nb_2O_9$)、铌酸铅锌($PbZnNb_2O_7$)等。

属于压电陶瓷材料的复合氧化物有:$Pb(Mg_{1/3}Nb_{2/3})O_3$-$PbTiO_3$-$PbZrO_3$(居里点 170 ~ 350℃,介电常数 550 ~ 3500)、$Pb(Co_{1/3}Nb_{2/3})O_3$-$PbTiO_3$-$PbZrO_3$(居里点 220 ~ 320℃,介电常数 350 ~ 3883)、$Pb(Cd_{1/3}Nb_{2/3})O_3$-$PbTiO_3$-$PbZrO_3$(介电常数 600)、$Na_{0.5}K_{0.5}NbO_3$(居里点 420℃,介电常数 496)等。

属于表面波滤波器用陶瓷材料有:$Pb(Mn_{1/3}Nb_{2/3})O_3$-$PbTiO_3$-$PbZrO_3$(传播速度为 2430 m/s,温度系数为 $38 \times 10^{-6}℃^{-1}$),$Na_{1-x}Li_xNbO_3$(温度系数 $80 \times 10^{-6}℃^{-1}$)、$0.1Pb(Mn_{1/3}Nb_{2/3})O_3 - 0.9Pb(Zr_{0.66}Ti_{0.33})O_3$(传播速度为 2420 m/s,温度系数 $50 \times 10^{-6}℃^{-1}$)等。

属于独石电容器用陶瓷材料有:$Pb(Mg_{1/3}Nb_{2/3})O_3$-$PbTiO_3$-$PbCd_{0.5}W_{0.5}O_3$,$Pb(Mg_{1/3}Nb_{2/3})O_3$-$PbTiO_3$-$Pb(Zn_{1/3}Nb_{2/3})O_3$(介电常数 4000 ~ 12000),$Pb(Fe_{1/3}W_{2/3})_x(Fe_{1/2}Nb_{1/2})_{1-x}O_3$(介电常数 8400 ~ 19000),$Pb(Fe_{1/2}Nb_{1/2})O_3 - Pb(Mg_{1/3}Nb_{2/3})O_3$等。

有关电子元器件用铌和钽的详细资料,读者可参考文献[40 ~ 42]。

4.4　铌和钽的卤素化合物

卤族元素能和三种价态(Ⅲ、Ⅳ、Ⅴ)的铌和钽生成简单化合物、配合物和原子簇化合物[43 ~ 45]。

铌和钽的低价卤化物在加热时容易发生歧化反应,特别是四价和三价的溴化合物和碘化物,例如:

$$2TaBr_4 \longrightarrow TaBr_3 + TaBr_5$$

在铌和钽的卤化物中,相对于低价卤化物来说,五卤化物中的卤素更容易为氧所取代,形成含有稳定的卤氧化物。铌和钽的卤化物大都是挥发性化合物,其中氟化物能很好地溶于水而仅部分发生水解,其他卤化物则易水解并生成难溶性化合物。铌和钽的五卤化物属于共价型的化合物。

4.4.1　铌(Ⅴ)和钽(Ⅴ)的卤化物和卤氧化物[46 ~ 48]

铌(Ⅴ)和钽(Ⅴ)的五卤化物的基本性质如表 4-7 和表 4-8 所示。

表 4-7 铌(Ⅴ)和钽(Ⅴ)的五卤化物晶体的性质

化合物	颜色	结构性	空间群构型	晶格参数/pm				
				$a_0/(°)$	$b_0/(°)$	$c_0/(°)$	$\beta^0/(°)$	密度/$g\cdot cm^{-3}$
NbF_5	白	单斜	C_{2h}^3-$C2/m$	962	1243	512		3.54
$NbCl_5$	黄	单斜	C_{2h}^3-$C2/m$	1830	1798	588.8	96.1	2.78
$NbBr_5$	红	斜方	C_{2h}^3-$C2/m$	612.5	1292	1860	90.6	5.24
NbI_5	黄铜色	单斜	C_{2h}^5-$P2_{1/c}$	1058	658	1388	—	5.29
TaF_5	白	单斜	C_{2h}^3-$C2/m$	964	1245	512	96.3	5.19
$TaCl_5$	白	单斜	C_{2h}^3-$C2/m$	1830	1798	588.6	90.6	3.76
$TaBr_5$	橙	斜方	D_{2h}^9-$Pbam$	612.5	1292	1860	—	5.24
TaI_5	黑	斜方	—	645	1395	2010	—	5.809

表 4-8 铌(Ⅴ)和钽(Ⅴ)的五卤化物的热力学性质[49~52]

化合物	NbF_5	$NbCl_5$	$NbBr_5$	NbI_5	TaF_5	$TaCl_5$	$TaBr_5$	TaI_5
离子半径/nm	0.136	0.181	0.195	0.216	0.136	0.181	0.195	0.216
熔点/℃	79.0	203.4	254	—	97.0	215.9	256.0	496
沸点/℃	234.0	247.4	365	—	229.0	232.9	344.0	543
密度/$g\cdot cm^{-3}$	3.29	2.77	4.36	—	4.981	3.68	5.04	5.80
生成热 $\Delta H_f^{298}/kJ\cdot mol^{-1}$	-1815.0	-797.59	-556.84	-270.47	-1905.0	-859.13	-598.71	-293.07
气化热 $\Delta H_{vap}^{298}/kJ\cdot mol^{-1}$	59.87	63.64	93.78	—	54.43	54.85	61.55	75.78
升华热 $\Delta H_{sub}^{298}/kJ\cdot mol^{-1}$	94.62	86.25	115.97	—	—	95.46	106.34	82.48
溶解热 $\Delta H_{sol}^{298}/kJ\cdot mol^{-1}$		118.49	—	—	—	140.68	—	—
熔解热 $\Delta H_{fus}^{298}/kJ\cdot mol^{-1}$	12.23	38.31	—	—	—	41.66	45.64	6.70
生成熵 $\Delta S_f^{\ominus 298}/J\cdot(mol\cdot ℃)^{-1}$	398.2	245.35	305.64	343.32	378.49	248.70	305.64	—
气化熵 $\Delta S_{vap}^{298}/kJ\cdot(mol\cdot K)^{-1}$		101.74	132.30	—	—	108.44	99.65	—
升华熵 $\Delta S_{sub}^{298}/kJ\cdot(mol\cdot K)^{-1}$	222.74	172.50	198.04	—	—	194.27	184.22	—
溶解熵 $\Delta S_{fus}^{298}/kJ\cdot(mol\cdot K)^{-1}$		196.78	—	—	—	131.05	—	—

铌和钽的一些五卤化物容易生成稳定的1:1和1:2的简单加合物 $MX_5\cdot L$(M为Nb和Ta,L为配位体),它们中的一些例子如表4-9所示。

表 4-9 铌和钽五卤化物的1:1和1:2的简单加合物 $MX_5\cdot L$[53~55]

配位体 L	MX·L 中的卤素元素 X
$(CH_3)_2O$	F,Cl,Br
$(C_2H_5)_2O$	F,Cl,Br
$(CH_3)_2S$	F,Cl,Br
$(CH_5)_2S$	F,Cl,Br
$(C_5H_6)_3PSe$	Cl,Br
RCN($R=CH_3,C_2H_5,n-C_3H_7$)	Cl,Br,I
$(C_6H_5)_3A$(A=N,P,As,Bi)	Cl(仅Nb)
BCl_4(B=S,Se,Te)	Cl

已知铌和钽的五价配合物数量很大。其中很多配合物都可以用五卤化物和卤氧化物作原料,通过卤素消除反应来制取。例如,$NbCl_5$和$TaCl_5$与液氨作用可生成$MCl_3(NH_2)_2\cdot 7NH_3$。$NbCl_5$和NaC_5H_5反应可生成$(C_5H_5)NbCl_3$等[56~58]。图4-7所示为一些铌和钽的配合物的制备示意图。

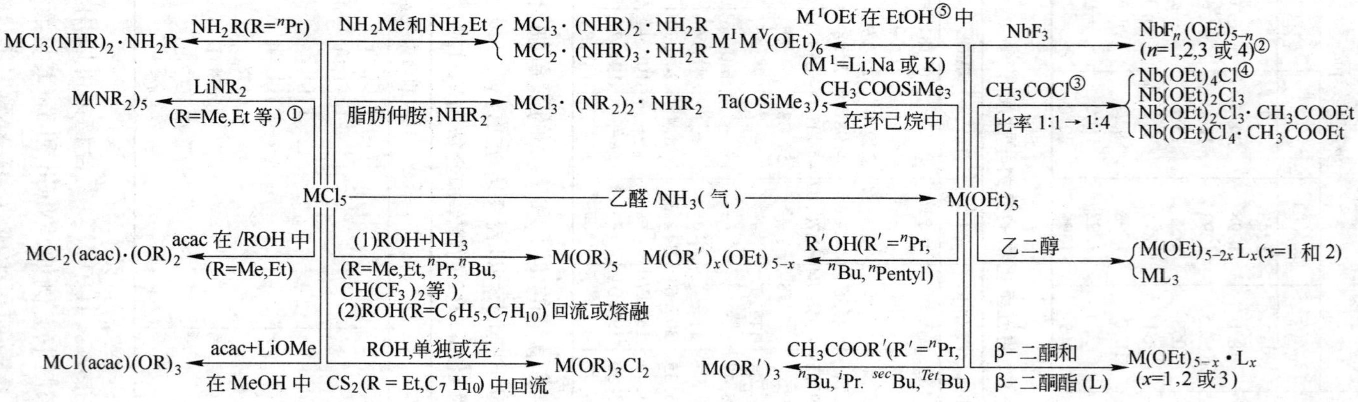

图 4-7　一些铌和钽配合物制备示意图

① 用长链酰胺时，会还原为铌（Ⅳ）配合物；

② 用 $Ta(OEt)_5$ 时，除Bu 外，其余均生成混合配合物 $[Ta(OEt)(OR')_4]$；

③ 用 CH_3COBr 也有类似的反应，并且也与其他 $M(OR)_5$ 反应；

④ 用 $Nb(OEt)_5$ 与干燥 HCl 气体反应也可得到此产物；

⑤ 此为一般反应。

铌和钽的五卤化物的蒸气压见第9章。

4.4.1.1 五氟化铌和五氟化钽

NbF_5和TaF_5都是白色晶体状固体。在气态时以单分子存在，在液态时为二聚体$(MF)_2$，在固态时为四聚体$(NbF)_4$或三聚体$(TaF)_3$。二聚体$(MF)_2$容易部分离解[59~61]：

$(MF)_5 = MF_6^- + MF_4^+$

NbF_5和TaF_5都是强的路易斯酸（剧烈腐蚀性物质），它们都溶于水和无机酸，都易和醚类、二烷脂硫化物等中配阴离子配位体作用生成加合物。铌和钽的氟化物化学已被广泛研究。

TaF_5是一种易挥发性的无色单斜晶系结晶，其熔体和蒸气也无色。相对分子质量为275.94。它具有四聚体结构（图4-8）[62]。当它溶化时也是多聚体。它的熔点为97℃，沸点为229℃。在80~230℃蒸气压随温度的变化关系为：$\lg p = 7.649 - 2834/T$（单位为kPa）。它的蒸发热为54.4 kJ/mol。有潮解性，极易发生水解，易溶于水，微溶于冷的浓硫酸，与氢氧化钠水溶液发生激烈反应。微溶于二硫化碳和四氯化碳。与甲胺、乙胺、吡啶和喹啉氟化物能形成络盐。和氢氟酸作用生成六氟合钽酸$HTaF_7 \cdot H_2O$。在氢氟酸中与碱金属碳酸盐作用可得到六氟合钽酸盐晶体。

铌和钽的五氟化物可被氢还原生成金属钽，这一反应用于铌和钽的化学气相沉积（CVD）工艺。

NbF_5-HF-H_2O系和TaF_5-HF-H_2O系的等温溶解度图分别见图7-6、图7-7。

五氟化物的制取方法[62]

（1）250℃以上氟气直接和金属铌和钽反应。

（2）250~300℃使氟化氢气体与金属铌和钽作用。

（3）$(BrF_2)NbF_6$或$(BrF_2)TaF_6$热分解，生成NbF_5或TaF_5。

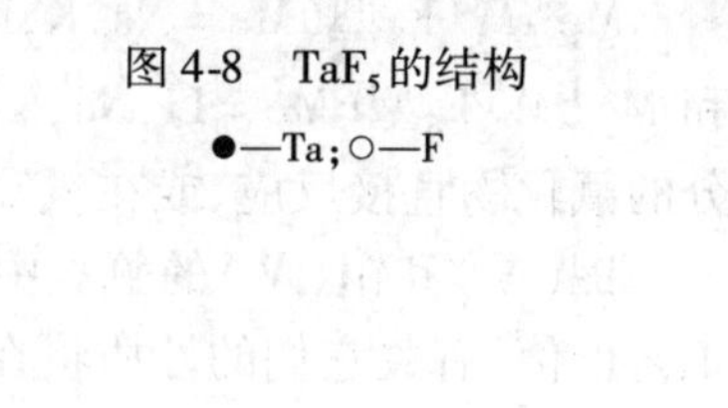

图4-8 TaF_5的结构

●—Ta；○—F

（4）五氯化物和液态氟化氢作用：

$NbCl_5 + 5HF = NbF_5 + 5HCl$

（5）二氟化锡和金属铌作用：

$5SnF_2 + 2Nb = 2NbF_5 + 5Sn$

（6）氟化铝和无水氟铌酸钾在800℃反应：

$K_2NbF_7 + 2AlF_3 = NbF_5 + 2KAlF_4$

（7）无水$NbCl_5$与氟化锌在300℃下反应：

$2NbCl_5 + 5ZnF_2 = 2NbF_5 + 5ZnCl_2$

4.4.1.2 铌(V)和钽(V)的氟配合物和氟氧化物[63~66]

铌(V)和钽(V)与氟可形成稳定性高的氟配合物和氟氧配合物。这些配合物可以在水中生成,也可以在熔盐体系中生成,其配位数通常是6和7,高的可达8。

将金属铌或钽或它们的五氧化物或水合五氧化物溶于氢氟酸中,可以得到铌(V)和钽(V)的氟配合物和氟氧化物。其中,氟配合物的酸度比氟氢酸本身的酸度还强。这些配合物的组成与溶液中的氟离子和酸度有关。在溶液中若HF过量,则生成H_2NbF_7和H_2TaF_7。随酸度下降发生以下顺序转化:

$NbF_7^{2-} \rightarrow NbF_6^- \rightarrow NbOF_5^{2-} \rightarrow NbOF_4^- \rightarrow NbOF_6^{3-}$ 或 $NbO_2F_5^{4-}$

在特定溶液中,主要化合物为:$NbOF_5^{2-}$(0% ~35% HF),NbF_6^-(25% ~50% HF),TaF_6^-(24 mol/L HF,无TaF_7^{2-}),TaF_7^{2-}(5 ~2mol/L NH_4F,无TaF_6^-)以及$TaOF_6^- + TaF_7^{2-}$(3.1~11 mol/L HF)。此外,从图7-6和图7-7中还可以看到,在20℃时从NbF_5-HF-H_2O体系中可获得$HNb_2F_{11} \cdot 4H_2O$和$HNbF_6 \cdot H_2O$晶体;从TaF_5-HF-H_2O体系中可获得$HTa_2F_{11} \cdot 4.5H_2O$和$HNbF_6 \cdot 1.5H_2O$晶体。

配离子TaF_6^-、TaF_7^{2-}和TaF_8^{3-}的生成常数分别为4.6×10^3、1.2×10^3、4.5×10^3。在正常情况下,NbF_6^-是在溶液中形成的最高配位数的铌(V)的氟配离子。甚至到HF酸浓度达到12 mol/L和24 mol/L时,也未检测到TaF_7^{2-}和TaF_8^{3-}离子。但是铌(V)和钽(V)可以与碱金属和铵生成包括配位数为8的氟铌酸盐和氟钽酸盐:$KTaF_6$、K_2TaF_7、K_3TaF_8、K_3NbF_8。在Cs-NbF_5体系中,甚至还可以生成Cs_3NbF_8。配离子TaF_8^{3-}像NbF_7^{2-}一样可以靠晶格能来稳定。含有NbF_7^{2-}离子的盐能在很高F^-离子浓度的溶液中结晶出来。从低酸度和高F^-离子浓度的溶液中,$NbOF_6^{3-}$离子的盐也能被分离出来。而在70% HF酸浓度的溶液中,K_2NbF_7水解生成$KNbOF_5$:

$K_2NbF_7 + H_2O = KNbOF_5 + 2HF$

在适当条件下,可由氢氟酸溶液中得到K_3NbOF_6、$K_3NbOF_6 \cdot H_2O$、$K_2NbOF_5 \cdot H_2O$、$K_2NbOF_5 \cdot KHF_2$;而由水溶液中制备相应的氟氧钽酸盐则较为困难。

$Me^{I}M^{V}F_8$型($Me = Na, K, NH_4^+$,$M = Nb, Ta$)、$Me_2^{I}M^{V}F_7$型($Me = Na, K, NH_4^+$)和$Me^{I}M^{V}F_6$型($Me = Li, Na, K, Rb, Cs, NH_4^+$和Ag)的盐可以在高温下通过相应组分的氟化物直接反应,或在氢氟酸水溶液中,或在BrF_3中反应得到。

铌(V)和钽(V)的氟盐中,钾盐(如K_2NbF_7和K_2TaF_7等)在铌钽冶金中最具工艺价值,有关它们的性质将在第7章介绍。

4.4.1.3 铌(V)和钽(V)的氯化物和氯氧化物[67~69]

铌和钽的氯化物中,最稳定、常见和应用最多的是五氯化物。

(1) $NbCl_5$。常温下为白色结晶,加热到183℃转变为黄色,熔融时变为橙红色。$NbCl_5$在气态时以单分子存在,在固态时为二聚体(见图4-9),在潮湿空气中冒烟并发生水解。它可溶于浓盐酸和硫酸中,依次生成$Nb(OH)_2Cl_4^-$、

$Nb(OH)_2Cl_3^+$和$Nb_2O(SO_4)_4$、$Nb_2O_3(SO_4)_2$、$Nb_2O_2(SO_4)_3$、$Nb_2O_4SO_4$等。当稀释或煮沸这些溶液时，铌的化合物便水解，析出水合氧化铌沉淀或生成胶体。$NbCl_5$能很好地溶于S_2Cl_2、CCl_4、$CHCl_3$、无水乙醇和乙醚中。若将$NbCl_5$的S_2Cl_2、CCl_4溶液冷却，则可以重新析出$NbCl_5$晶体。

(2) $TaCl_5$。白色，不纯时则为黄色。用真空升华方法可得到针状的$TaCl_5$晶体。$TaCl_5$在气态时以单分子存在，在CCl_4中则以二聚体存在。晶体中也发现有双聚分子结构。

$TaCl_5$易水解，在潮湿空气中冒烟。$TaCl_5$比$NbCl_5$更难还原。在400~450℃时，它不被氢还原。和五氟化钽不同，五氯化钽在熔融状态时不导电。

无论是$TaCl_5$或$NbCl_5$，在高温下均不稳定，在真空中加热到800℃以上，它们会分解，生成金属铌或钽。

$TaCl_5$可以和$NbCl_5$形成连续固溶体(见图4-10)。$TaCl_5$的挥发性比$NbCl_5$大，因此可以通过分馏来将它们分离。

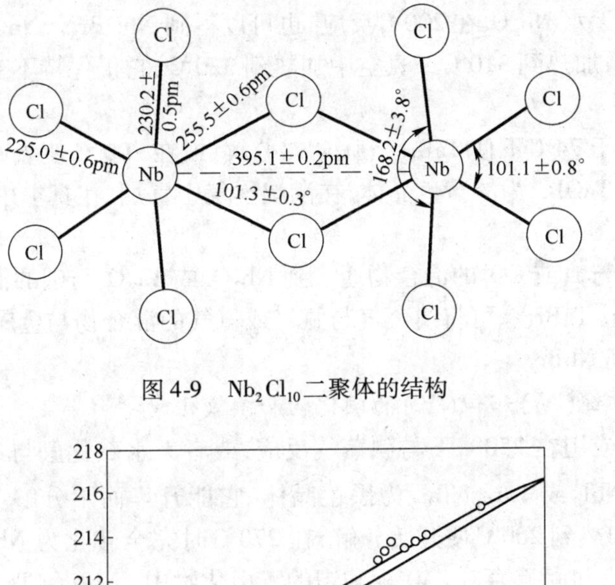

图4-9 Nb_2Cl_{10}二聚体的结构

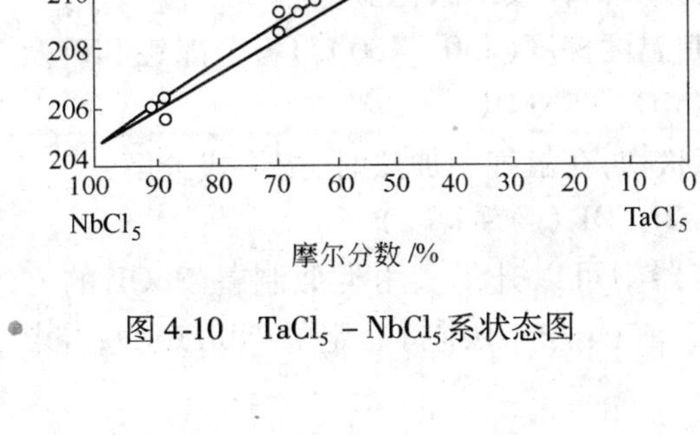

图4-10 $TaCl_5-NbCl_5$系状态图

五氯化钽和五氯化铌的制取方法基本相同：

（1）金属铌或钽在 300 ~ 350℃下与氯气直接反应。

（2）在碳存在时和在 700 ~ 800℃下使五氧化铌或钽和氯气反应。

（3）干燥的氯化氢气体和金属铌或钽在 350 ~ 410℃下反应。

（4）在 300 ~ 350℃下将铌或钽的硫化物与氯反应。这个方法可以制取非常纯的五氯化铌和五氯化钽。

4.4.1.4 铌(Ⅴ)和钽(Ⅴ)的溴化物和溴氧化物[66]

铌(Ⅴ)和钽(Ⅴ)的溴化物和溴氧化物的一些基本性质如表 4-7 和表 4-8 所示。

$NbBr_5$为红色粉末，可溶于水、乙醇和溴乙烷中。$TaBr_5$为橙黄色晶体，能溶于水并发生水解，能溶于甲醇、乙醇、溴乙烷和 CCl_4 中，也溶于苯胺、乙腈、乙酰胺和液氨中并发生反应。在真空中蒸发时 $TaBr_5$不分解，其熔块是非导体。

$NbBr_5$与乙醚 1∶1 的加合物在真空中加热到 112℃，经 6 h 可得到 $NbOBr_3$，将 CBr_3的蒸气与无水 Nb_2O_5在 200℃反应，也可以得到 $NbOBr_3$。$NbOBr_3$为黄色晶体，在空气中冒烟，加热到 310℃或真空中加热到 320℃，它仍保持不变，进一步加热则会分解。

在真空中于 74℃下使 $TaBr_5 \cdot Et_2O$ 热分解，或在 200 ℃使氧通过 $TaBr_5$都可以得到 $TaOBr_3$。$TaOBr_3$为淡黄色晶体，在潮湿空气中冒烟，在真空中加热到 100℃便会显著分解。

将溴蒸气与氮或 CO_2的混合物通入到 Nb_2O_5或 Ta_2O_5与碳的混合物中加热，可以得到 $NbBr_5$或 $TaBr_5$。可将溴蒸气与氩气或氮气的混合物与金属铌在 500℃下反应，也可以得到 $NbBr_5$。

4.4.1.5 铌(Ⅴ)和钽(Ⅴ)的碘化物和碘氧化物[66]

将金属铌或钽在 250℃下与碘蒸气反应，或者无水碘化氢与 $NbBr_5$或 $TaBr_5$反应，可以得到 NbI_5或 TaI_5。TaI_5为黑色晶体，它能升华而不分解。但 NbI_5很不稳定，在真空中加热到 200℃便开始分解，在 270℃时完全转化为 NbI_4。因此在制备 NbI_5时必须要有过量碘存在。在铌和钽的五卤化物中，NbI_5和 TaI_5对空气最敏感，在潮湿空气中很容易水解，释放出碘化氢。

在封闭管中控制温度梯度(250 ~ 400℃)将金属铌和碘及 Nb_2O_5反应：

$$3Nb + 7.5I_2 + Nb_2O_5 = 5NbOI_3$$

$NbOI_3$为黑色针状物，在氩气中加热时，按下式分解：

$$2\ NbOI_3(s) \longrightarrow 2NbOI_2(s) + I_2(g)$$

$NbOI_3$在密闭容器中可以升华。用类似制备 $NbOI_3$ 的方法，控制反应物的比例，可以得到 NbO_2I。在碘蒸气中维持一定的 NbI_5压力，控制一定的温度梯度，这

个化合物可以进行热迁移反应:

$$NbO_2I_{(固)} + NbI_{5(气)} = 2NbOI_{3(气)}$$

和 $NbOI_3$不同, NbO_2I 在空气中稳定,它并且不受冷无机酸的侵蚀。

4.4.2 铌(V)和钽(V)的卤配合物[66]

在非水溶液中,例如在亚硫酰二氯、一氯化碘,或者在高温下,使铌和钽的五氯化物反应,可以得到 $M^IA^VCl_6$型的无水六氯化铌(V)酸盐和六氯化钽(V)酸盐(式中, M 为碱金属, A 为 Nb 或 Ta)。在 $NbCl_5$-MCl 和 $TaCl_5$-MCl 体系中形成的一些 $MNbCl_6$和 $MTaCl_6$类型的复盐的热力学性质如表 4-10 所示。

表 4-10 一些 $MNbCl_6$和 $MTaCl_6$类型的复盐的热力学性质(M 为碱金属)

化合物	熔点/℃	蒸气压/Pa	分解温度/℃	$\Delta H^\ominus_{分解}$ /kJ · mol^{-1}	$\Delta S^\ominus_{分解}$ /J · (mol · K)$^{-1}$	温度范围 /℃
$NaNbCl_6$	430	$\lg p = 11.8 - 5000T^{-1} \times 133.3$	287	95.81	171	150 ~ 270
$KNbCl_6$	396	$\lg p = 8.15 - 4400T^{-1} \times 133.3$	562	84.10	100	350 ~ 550
NH_4NbCl_6	295	$\lg p = 11.77 - 5090T^{-1} \times 133.3$	300	97.07	170	200 ~ 260
$NaTaCl_6$	470	$\lg p = 9.15 - 4030T^{-1}$	370	76.99	120	175 ~ 350
$KTaCl_6$	—	$\lg p = 8.65 - 5000T^{-1}$	594	95.81	110	300 ~ 700
$CsTaCl_6$	548	$\lg p = 9.72 - 7350T^{-1}$	770	140.6	135	550 ~ 800
NH_4TaCl_6	304	$\lg p = 8.38 - 8774T^{-1}$	413	72.17	105	190 ~ 330
$KNbOCl_4$	428	$\lg p = 12.1 - 6530T^{-1}$	436	125.0	177	300 ~ 420
K_2NbOCl_5	500	$\lg p = 6.99 - 3452T^{-1}$	787	83.3	78.7	460 ~ 700

注: 1. 化合物熔化并分解; 2. T 为热力学温度。

每一类复盐的热稳定性依 Na、NH_4^+、K、Rb、Cs 的顺序依次增大。例如 $NaTaCl_6$、NH_4TaCl_6、$KTaCl_6$、$CsTaCl_6$ 的分解温度依次为 370℃、413℃、594℃、770℃。而对于铌和钽相应的复盐来说,钽复盐的热稳定性比铌复盐的热稳定性大。例如,$NaNbCl_6$的分解温度为 287℃,而 $NaTaCl_6$为 370℃。

4.4.3 铌和钽的原子簇化合物

铌和钽在它们较低的氧化态中,存在数量非常大的含氧和含卤素的原子簇化合物。在结构上它们都归结为由含有 M_6X_{12}或 M_6X_8单元所组成(M 为 Nb 和 Ta; X 为 F、Cl、Br、I 和 O)。在这些结构单元中,6 个铌或钽原子构成一个八面体,铌或钽原子彼此以 Nb—Nb 键或 Ta—Ta 键相结合。代表性的结构单元如图 4-11 和图 4-12 所示[70~72]。

用钙还原 $NbCl_5$可以制得 $Nb_6O_{14} \cdot 7H_2O$,它是一种暗绿色晶体。用钠汞齐或铝还原 $TaCl_5$,可以制取 $Ta_6O_{14} \cdot 7H_2O$,它是一种黑色晶体。两种化合物均微溶于水,易溶于乙醇,生成绿色的溶液。当它们溶于水中时,会离解成 $[M_6X_{12}]^{2+}$和 $2X^-$,即有两个卤离子可以被取代。在水溶液中微溶性的 $Nb_6O_{14} \cdot 7H_2O$

的行为像一个 2∶1 的电解质。它可溶于稀酸，在中性溶液中生成氢氧化物沉淀，加入过量酸可重新溶解。在水溶液中 $[M_6X_{12}]^{2+}$ 离子易被空气氧化，生成 $[M_6X_{12}]^{+}$[73~76]。

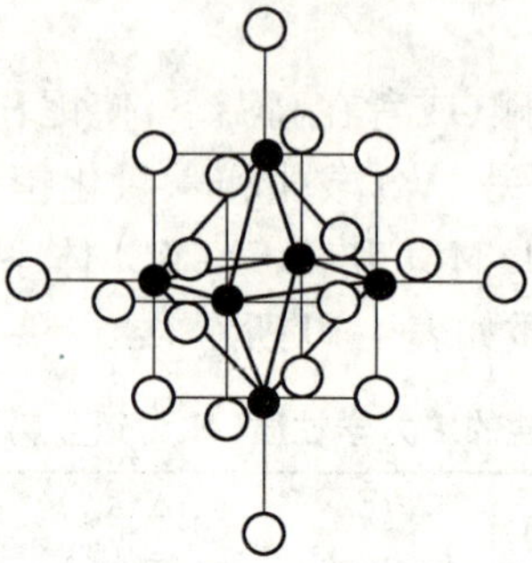

图 4-11　在 Nb_6O_{14} 原子簇化合物中的 $[Nb_6O_{12}]^{n+}$ 结构单元

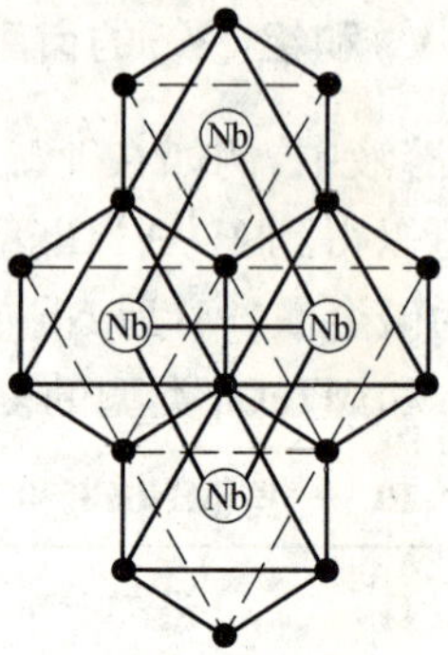

图 4-12　在 MNb_4X_{11} 原子簇化合物中的重复结构单元（图中黑点为卤族元素）

制备原子簇化合物的典型反应为：

$$14\ NbCl_5 + 16Nb + 20\ NaCl \xrightarrow{12h,850℃} 5\ Na_4Nb_6Cl_{18}$$

$$Nb + 5Nb_3X_8 + 4MX \longrightarrow 4MNb_4X_{11}$$ （M 为 Cs 或 Rb，X 为 Cl 或 Br）

图 4-12 中的四个物质都是同类型的。四周 Nb—Nb 键的平均长度为 295pm 和 305pm[77]。

4.5　铌和钽的硫酸盐

铌和钽的氧化物与硫酸、熔融的碱金属酸式硫酸盐或焦硫酸作用生成多种硫酸盐。铌和钽的水合氧化物可直接溶于发烟硫酸。当体系的酸度低于 6 mol/L 时，所生成的硫酸盐会发生水解。在液态 $SOCl_2$ 中，使铌和钽的五氧化物和 SO_3 作用，经 24 h 加热，会沉淀出白色的硫酸盐：$Nb_2O(SO_4)_4$（或 $Nb_2O_5 \cdot 4SO_3$）和 $Ta_2(SO_4)$（或 $Ta_2O_5 \cdot 5SO_3$）。

在 Nb_2O_5-SO_3-H_2O 系溶解度图（图 7-8）中的 4 种硫酸盐为 $Nb_2O_4SO_4$、$Nb_2O_3(SO_4)_2$、$Nb_2O_2(SO_4)_3$、$Nb_2O(SO_4)_4$。可以认为，反应时随硫酸浓度增加，硫酸根在逐步取代五氧化物中的氧：

$$Nb_2O_5 + H_2SO_4 = Nb_2O_4SO_4 + H_2O \quad (1)$$

$$Nb_2O_5 + 2H_2SO_4 = Nb_2O_3(SO_4)_2 + 2H_2O \quad (2)$$

$$Nb_2O_5 + 3H_2SO_4 = Nb_2O_2(SO_4)_3 + 3H_2O \quad (3)$$

$$Nb_2O_5 + 4H_2SO_4 = Nb_2O(SO_4)_4 + 4H_2O \quad (4)$$

这些硫酸氧铌盐的性质和组分中所含的硫酸根数有关，$Nb_2O_4SO_4$在稀硫酸中稳定，在较高硫酸浓度时$Nb_2O_3(SO_4)_2$稳定，而$Nb_2O_2(SO_4)_3$和$Nb_2O(SO_4)_4$极易水解，它们则只存在发烟硫酸中。

$Nb_2O_4SO_4$为白色针状晶体，密度为3.6 g/cm^3，655℃时分解生成氧化物；$Nb_2O_3(SO_4)_2$也是一种白色晶体，密度为3.148 g/cm^3，加热到539℃时发生以下反应：

$$Nb_2O_3(SO_4)_2 = Nb_2O_4SO_4 + SO_3$$

继续加热到655℃时完全分解，失去全部SO_3，生成氧化物：

$$Nb_2O_4SO_4 = Nb_2O_5 + SO_3$$

对于钽，已知生成的化合物有$Ta_2(SO_4)_5$、$Ta_2O_4SO_4 \cdot 3H_2O$、$Ta_2O_3(SO_4)_2 \cdot 4H_2O$、$Ta_2O_3(SO_4)_2 \cdot 5H_2O$。因此对于钽，除有类似铌的(1)～(4)反应外，还有以下反应式：

$$Ta_2O_5 + 5H_2SO_4 = Ta_2(SO_4)_5 + 5H_2O \quad (5)$$

$Ta_2(SO_4)_5$不太稳定，高于100℃便发生分解，340℃时生成Ta_2O_5。

铌的硫酸盐和钽的硫酸盐有较大差别。首先，铌生成铌氧化合物的倾向性比钽强；钽的硫酸盐比铌的硫酸盐更易水解；在硫酸溶液中，铌可以用锌汞齐、镁汞齐等还原剂还原成+3价，钽在硫酸溶液中很难被还原，最多只能还原到+4价[80～82]。

铌和钽与碱金属、铵、钛等生成一系列的硫酸复盐，这些复盐没有实际意义，有关这些复盐的性质见第7章。

4.6　铌和钽的硝酸盐[83～85]

$NbCl_5$和$TaCl_5$与液态的五氧化二氮迅速作用，可以分别生成$NbO(NO_3)_3$和$TaO(NO_3)_3$：

$$NbCl_5 + 4N_2O_5 = NbO(NO_3)_3 + 5NO_2Cl$$

$NbO(NO_3)_3$是白色的结晶粉末，在空气中冒烟，与水作用会水解生成水合氧化物和硝酸。$NbO(NO_3)_3$微溶于磷酸三丁脂、乙醇、乙醚、乙腈和甲苯中，它们并不挥发，在真空中加热到120℃便开始分解。$NbO(NO_3)_3$属四方晶系，a_0 = 119.2 pm，c_0 = 533 pm，铌原子和硝酸根以共价键结合，Nb-O的伸缩振动频率为906 cm^{-1}。

$TaO(NO_3)_3$为无定形固体，不溶于乙腈、N，N－二甲基乙酰胺或乙酸乙脂中，高于50℃便慢慢分解。

当气态的N_2O_4通过含有$NbCl_5$的无水乙腈溶液时，会生成溶剂合物沉淀$NbO_2 \cdot NO_3 \cdot 0.67MeCN$，它可能是一种三聚体：

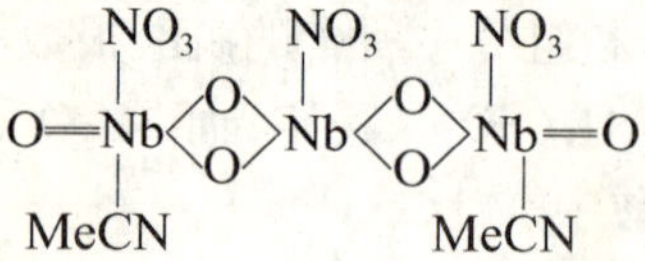

该化合物为白色无定形固体，当温度高于65℃时会慢慢分解，最后生成Nb_2O_5。

N_2O_4和无水乙腈溶液中的$TaCl_5$也会相互作用，但沉淀出的产物中NO_3^-的含量较高（$Ta:NO_3^- =1:(1.2\sim1.3)$），但所结合的溶剂相同。该产物可能是一系列聚合物的混合物。

已知有$NMe_4NbO(NO_3)_4$和$NMe_4TaO(NO_3)_4$的配合物。它们由液态的五氧化二氮加到相应的铌或钽的氯化物中反应，然后在室温下真空蒸发脱去多余的试剂获得。红外分析表明，铌和钽原子和硝酸根是以共价键结合，$Nb{=}O$和$Ta{=}O$键的伸缩振动频率分别为881 cm^{-1}和877 cm^{-1}。

4.7　铌和钽的磷酸盐和砷酸盐[86~90]

铌、钽和磷同属周期表第五族，但磷表现出的酸性性质大于铌和钽，故它们的化合物被认为是磷酸铌或磷酸钽。

将过量的磷酸－硝酸的混合酸加入到铌酸钾或钽酸钾的溶液中，所得沉淀经灼烧便得到组成为$NbOPO_4$或$TaOPO_4$的晶体。在硫酸溶液中使铌和磷酸作用，在H_2SO_4浓度为9.7～15 mol/L可得到$Nb_2O_5\cdot P_2O_5$，低于上述浓度，得到的是$2Nb_2O_5\cdot P_2O_5$。在含有氢氟酸－磷酸的沸腾的溶液中，控制好磷酸的用量，可以得到成分为$2Nb_2O_5\cdot P_2O_5\cdot 6H_2O$的白色无定形沉淀。将此沉淀物加热到105℃，得到$Nb_2O_5\cdot P_2O_5\cdot 4H_2O$，继续提高温度至1000℃，可得到$2Nb_2O_5\cdot P_2O_5$（焦磷酸氧铌$(NbO_2)_4P_2O_7$）。该化合物密度为4.047 g/cm^3，不溶于水和浓硝酸，但能迅速溶解在浓磷酸中。

将新鲜的水合五氧化二铌和晶体正磷酸作用，可得到$Nb_3(PO_4)_5$。该化合物为反磁性物质，密度为2.83 g/cm^3，电阻率为$2.4\times10^7\ \Omega\cdot cm$。它不溶于水、硝酸、盐酸和硫酸中，也不溶于氨溶液中，但溶于氢氟酸和苛性钠中。

磷酸铌作为一种不同寻常的固体酸，在石油化学工业中用作催化剂，具有很高的催化活性、催化选择性和催化稳定性。

钽也有和铌类似的磷酸盐，如$Ta_2O_5\cdot P_2O_5$、$2Ta_2O_5\cdot P_2O_5\cdot 6H_2O$、$Ta_3(PO_4)_5$。其中$2Ta_2O_5\cdot P_2O_5\cdot 6H_2O$加热时会逐步脱去结晶水：110～125℃失去3个水分子，370℃失去2个结晶水，直到980℃才失去最后一个结晶水。从而认为生成反应为：

$$(TaO_2)_2SO_4+(NH_4)_2HPO_4+(n+2.5H_2O)\longrightarrow$$
$$(TaO_2)_2HPO_4\cdot 2.5H_2O+(NH_4)_2SO_4+H_2O$$

$$2(TaO_2)_2HPO_4 \cdot 2.5H_2O \longrightarrow 2(TaO_2)_2HPO_4 + 5H_2O$$

$$2(TaO_2)_2HPO_4 \longrightarrow (TaO_2)_4P_2O_7 + H_2O$$

烘干后的焦磷酸氧钽的密度为 3.867 g/cm^3，灼烧至 1000℃ 的密度为 4.469 g/cm^3。

将 Na_2AsO_3 加入到含有铌和钽的硫酸溶液中，可以分别得到无定形的 $2Nb_2O_5 \cdot As_2O_3 \cdot 8H_2O$ 和 $2Ta_2O_5 \cdot As_2O_3 \cdot 8H_2O$。铌的硫酸溶液与 Na_2HAsO_4 作用，生成 $2Nb_2O_5 \cdot As_2O_5 \cdot xH_2O$ 的沉淀物，当加热此产物时，便转化为 $(NbO_2)As_2O_7$。

4.8 铌和钽的氰化物和硫氰化物[91~93]

铌和钽的氰化物和硫氰化物较多用于分析化学。

在汞阴极上还原五氯化铌的甲醇溶液，随后加入氰化钾溶液，经浓缩结晶，可以得到橙色的八氰化铌酸钾（$K_4[Nb \cdot (CN)_8] \cdot 2H_2O$）。在汞阴极上进一步还原还可以得到 $K_3[Nb \cdot (CN)_6]$。

将五氯化铌和氢氰酸的乙醚溶液作用，生成棕红色的 $[NbCl_4CN] \cdot EtO$。在氢氰中得到淡黄色的 $NbCl_5$。后者与三乙基胺反应，生成棕红色的 $[EtNH]^+[NbCl_5CN]$，它在乙醇或硝基苯中是一个弱电解质。$NbBr_5$ 与氢氰酸反应，生成 $NbBr_5 \cdot HCN$。

将氢氰酸和铌、钽的氟盐和生物碱的盐酸溶液混合可分别得到：$H[NbO(CNS)_4] \cdot R$、$H[TaO(CNS)_4] \cdot R$、$H[NbO(CNS)_5] \cdot R$、$H[NTaO(CNS)_5] \cdot R$，式中 R 为生物碱，如 $C_{20}H_{24}N_2O_2$、$C_{23}H_{26}N_2O_4$、$C_{22}H_{19}N_2O$ 等。

若将铌的酒石酸溶液或五氟氧铌酸钾加入到 20% 的碱金属硫氰化物溶液和盐酸的混合液中，会生成黄色的可溶性配合物 $H[NbO(SCN)_4]$。在相似条件下，可以得到无色的钽的配合物 $H_2[TaO(SCN)_5]$。这些配合物在有机溶剂中比在水中更为稳定。用其比色测定铌，可不受无色的钽的干扰。

4.9 铌和钽的过氧化物[94~96]

将新沉淀的铌和钽的水合氧化物分别溶解在含有过氧化氢的硫酸溶液中，可以分别生成铌和钽的过氧酸 $HNbO_4$ 和 $HTaO_4$，其结构式为：

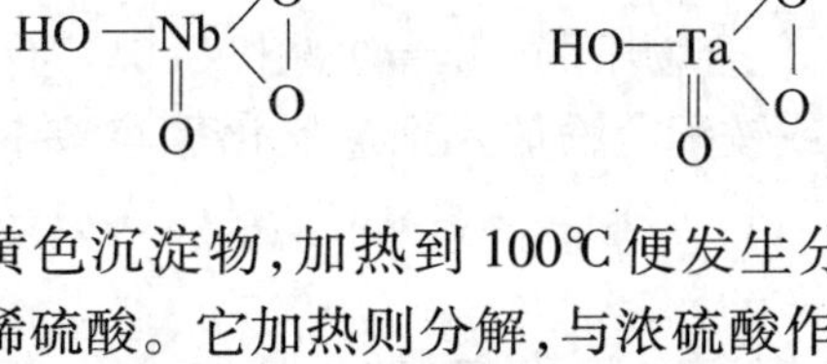

$HNbO_4 \cdot nH_2O$ 为黄色沉淀物，加热到 100℃ 便发生分解。该化合物不溶于水，在室温下也不溶于稀硫酸。它加热则分解，与浓硫酸作用时放出臭氧，与浓盐酸作用放出氯气。

用冷的过氧化氢溶液处理可溶性的碱金属和碱土金属铌酸盐时，可以得到相应的过氧化合物：M_3NbO_8，$MMgNbO_8 \cdot nH_2O$（M 为 Na、K、Rb、Cs 和 NH_4^+）和 $MCaNbO_8 \cdot nH_2O$（M 为 Na 和 K）。将 3/4 铌酸钾的强碱性溶液加入到过量的过氧化氢溶液中，可以很快得到 K_3NbO_8 晶体。碱金属铌和钽的过氧化物在空气中稳定，可以溶于温水中而不发生水解，但当煮沸时则会失去氧。

过氧铌或钽酸铵化合物（$(NH_4)_3NbO_8$，$(NH_4)_3TaO_8$）可以从硝酸-H_2O_2 的混合液中加入液氨制取，或在 0℃ 下从过氧化氢溶液中加入乙醇和液氨的方法来制取。两种过氧铵盐都不及碱金属过氧酸盐稳定，很容易释放出活性氧。

$HTaO_4 \cdot nH_2O$ 为白色沉淀物，性质和 $HNbO_4 \cdot nH_2O$ 相似，但比 $HNbO_4 \cdot nH_2O$ 更为稳定。和铌的过氧酸一样，钽的过氧酸也能形成 $M_3NbO_8 \cdot nH_2O$ 类型的过氧化物——过氧钽酸盐。稀硫酸能破坏这种盐并使之转变为相应的过氧酸。

向含有铌或钽的氢氟酸溶液中加入过氧化氢，便会生成铌或钽的过氧氟化物沉淀 $[NbF_4(O_2)_2]^{3-}$ 和 $[TaF_4(O_2)_2]^{3-}$，或 $[NbF_5O_2]^{2-}$ 和 $[TaF_5O_2]^{2-}$。向含有 $HNbF_6$ 和 H_2O_2 的溶液中加入 KOH，会发生以下反应：

$$HNbF_6 + H_2O_2 \longrightarrow K_2Nb(O_2)_2F_5 \cdot H_2O$$

有关铌和钽的过氧化物，读者可参考文献[97]

4.10　铌和钽的有机酸化合物

铌、钽能和许多有机配位体形成各种配合物。其中，有的配合物在冶金工艺、试剂制备和分析工作中具有实际应用的意义。文献[97]测定铌配合物稳定性和结合强度的顺序为草酸 > 乳酸 > 柠檬酸 > 羟基丁二酸 > 丙二酸 > 酒石酸 > 丙醇酸 > 丁二酸。文献[98,99]测定的顺序为草酸 > H_2O_2 > 柠檬酸 > 酒石酸 > NaF > 乙酰丙酮。

4.10.1　草酸配合物

新鲜的水合氧化铌和氧化钽很容易溶于草酸生成多种配合物，如 $NbO(OH)_2C_2H_4$、$H[NbO_2(C_2O_4)_2]$、$H_3[NbO(C_2O_4)_3]$ $H_2[Nb_2O_2(C_2O_4)_4]$ 等。配合物的组成和溶液中的草酸浓度和酸度等因素有关，其中 $NbO(OH)_2C_2H_4$ 为沉淀物，$H_3[NbO(C_2O_4)_3]$ 可以生成碱金属盐，它们中一些配合物还可以生成晶体，如 $(NH_4)_3[NbO(C_2O_4)_3] \cdot nH_2O$，化合物中的 Nb＝O 键长为 0.171pm[100]。

将草酸铌或钽的钾或铵配合物加入到过氧化氢溶液中，可以分别得到它们的过氧盐：$K_3Nb(O_2)_2(C_2O_4)_2 \cdot H_2O$，$K_3Ta(O_2)_2(C_2O_4)_2 \cdot H_2O$，$(NH_4)_3Nb(O_2)_2(C_2O_4)_2 \cdot H_2O$。

草酸钽配合物不及铌配合物稳定，如生成带 3 个草酸根配合物的常数 $K(Nb) = 6.17 \pm 0.04$，而 $K(Ta) = 5.91 \pm 0.05$[98]。钽的草酸配合物一般不易生成晶体。无论铌或钽的草酸配合物均易为高浓度的无机酸所分解，生成五氧化物。

有关草酸铌的性质详见第7、9章草酸体系萃取提铌工艺部分。

4.10.2　酒石酸配合物[101~103]

酒石酸和酒石酸铵是铌和钽化合物最好的溶剂，它可溶解铌和钽的水合氧化物、铌和钽的焦硫酸盐和碱融物。生成的配合物的组成为$H[MO(C_4H_4O_6)_2]$和$H_3[MO(C_4H_4O_6)_3]$（M为Nb，Ta）。其中，$H[MO(C_4H_4O_6)_2]\cdot 10H_2O$可以以晶体形式析出。它易溶于水，在碱液中稳定，但易被无机酸和醋酸分解，在空气中135℃下会失去3个结晶水，真空中再失去1个结晶水，其余6个结晶水和配合酸结合很牢固。

铌和钽的酒石酸配合物在弱酸性和碱性介质中稳定，在煮沸的硝酸和盐酸介质中会分解，并且定量地析出铌和钽的沉淀，而其他杂质元素仍保留在溶液中。这一特点被用于分析化学中。

铌和钽的酒石酸配合物是α－羟基酸中最稳定的，但在pH值为2.5~5时，铌的草酸配合物比其酒石酸配合物稳定。对于钽，在此酸度范围内，其稳定性规律恰恰相反。在酸性溶液中（0.5 mol/L），钽的配合物按以下顺序增强：酒石酸 < 草酸 < 氟化物。

铌的酒石酸配合物可以生成碱金属盐，如$Na_2[Nb_2O_6(C_4H_4O_6)_2]\cdot 10H_2O$，$K_2[Nb_2O_6(C_4H_4O_6)_2]\cdot 6H_2O$，$Li_2[Nb_2O_6(C_4H_4O_6)_2]\cdot 8H_2O$等，5℃时钠盐的溶解度为58.4 mg/mL H_2O，25℃时达到214.6 mg/mL H_2O；锂盐能很好地溶于水；35℃以下，钾盐不易溶于水，超过35℃则可以很好地溶解。

4.10.3　其他羟基酸配合物[104,105]

铌酸，特别是由草酸铌配合物溶液用氨沉淀出的新鲜的水合五氧化二铌，可溶于羟基乙酸、乳酸、苹果酸、柠檬酸、扁桃酸等一系列α－羟基酸中。反应后的溶液经澄清后再真空浓缩并加乙醇－乙醚使之沉淀，可以得到1∶1的配合物。在配合物中若存在加合的α－羟基酸分子，它们会被乙醇－乙醚混合液除去。

在铌和钽的α－羟基酸配合物中，它们的分子单元是比较小的。当有过量配合酸存在时，它们可以通过渗透膜而扩散，它们容易水解，并且只有过量的α－羟基酸存在时才是稳定的。若将溶液稀释，配合物会慢慢地沉淀析出。这些配合物通过α－羟基酸阴离子和铌原子配位，经过脱水而形成五元环：

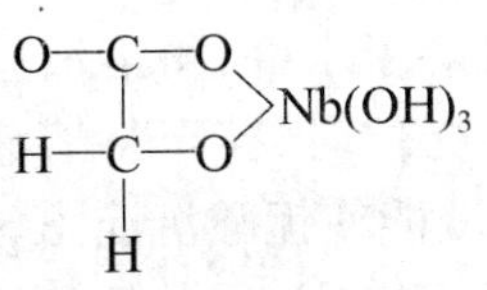

羟基乙酸配合物

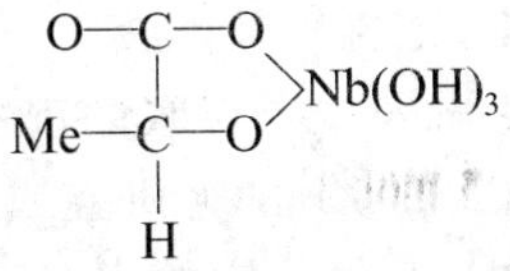

乳酸配合物

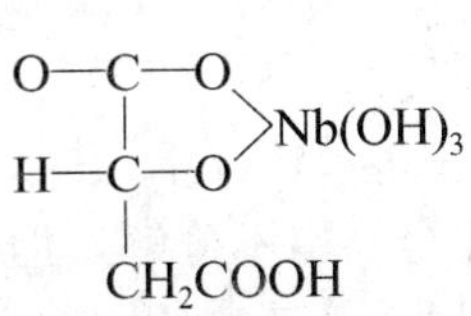

苹果酸配合物

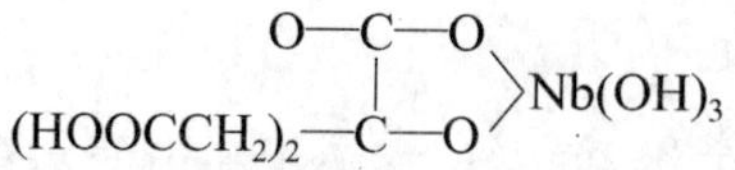

柠檬酸配合物($\lg k_1$=2.92)

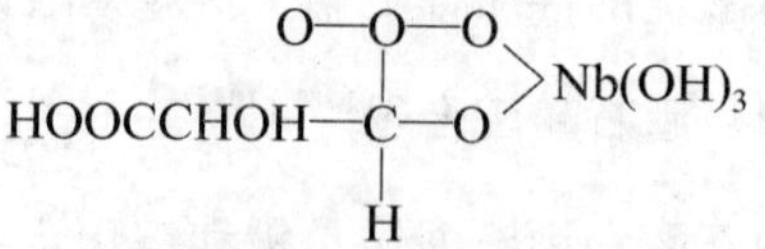

酒石酸配合物($\lg k_1$=2.34)

这个机理对许多含有—O⁻和—OH 基的其他配合物的生成是适用的。实际上草酸也具与 α－羟基酸相似的结构 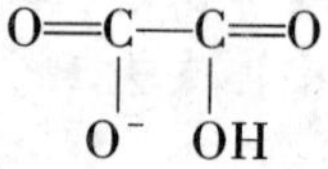 。当溶液中加氨至 pH 值为 5～6 时，由于大量的草酸以 $C_2O_4^{2-}$ 形式析出，于是沉淀出氧化铌。和草酸相比较，上述 α－羟基酸铌则比草酸铌稳定，当它们中加入氨时并不发生沉淀，例如，对羟基乙酸和乳酸，当加入氨时，甚至 pH＝8～9，不仅不发生沉淀，相反可以大大增加铌酸的溶解。铌或钽的酒石酸铵溶液比相应的酒石酸溶液更为稳定，表明这些 α－羟基酸是通过它们的阴离子与铌原子或钽原子配位的。

4.11　铌和钽的胺配合物[106～119]

新沉淀的五氧化铌水合氧化物（铌酸）可溶于脂肪族胺的稀水溶液中生成配合物。所得配合物可经真空蒸发或加入有机溶剂，便可分离出来。在同等条件下，钽酸比铌酸难溶。铌的胺配合物在组成上多种多样，一般为 2～5 个单元的铌酸与 1 或 2 个胺分子配位，其典型结构为

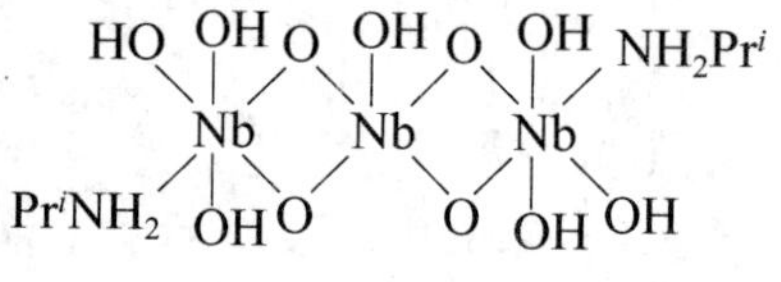

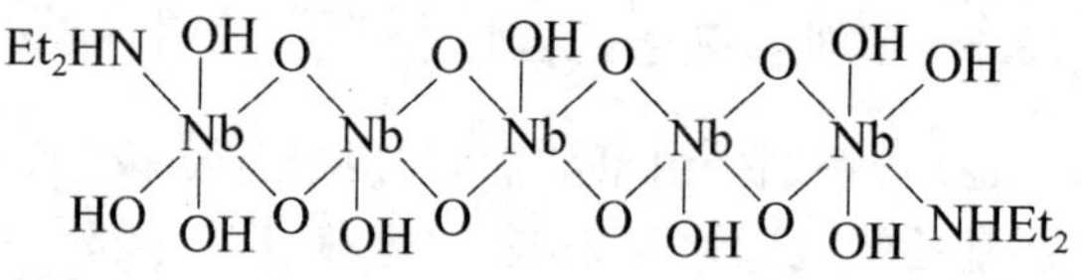

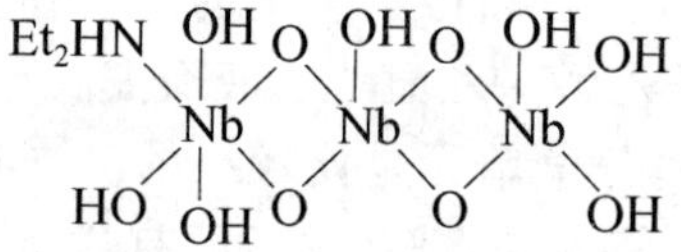

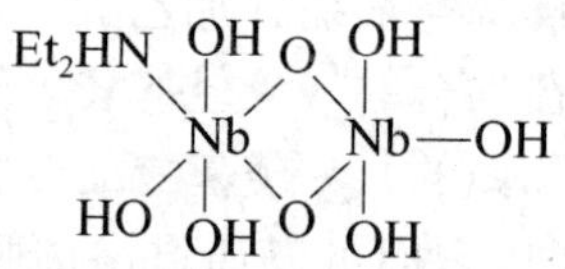

在乙二胺溶液中，铌酸的"溶解度"比钽酸的"溶解度"大 1000 倍，可用于分离铌和钽。

胺配合物不溶于一般的有机溶剂和母体胺中，但极易溶于水，所得溶液呈碱性。在多数情况下，其水解速度很慢。当与碱性较强的胺配位时，甚至将溶液煮沸，配合物也不分解。但若加入 3 mol/L 的无机酸或乙酸，就能使铌酸沉淀出。将铌酸加到异丙胺的溶液中，再加入五氯化铌的水溶液（两种溶液按 1∶1 混合），所得氧化铌水合氧化物很容易过滤。

4.12 铌和钽的二醇类配合物[110,111]

将铌酸,较小程度还有钽酸,溶解在各种1,2-二醇中,会分别生成铌和钽的二醇类配合物。这类配位体在强碱性介质中只有一个羟基有足够的酸性可以解离出H^+离子而形成一种阴离子。例如将铌酸溶解在含有邻苯二酚的热的碱性溶液中,再由此溶液中分离出一种晶状产物,其组成为$(NH_4)_3[NbO(C_6H_4O_2)_3]\cdot 9H_2O$和$(NH_4)_2H[NbO(C_6H_4O_2)_3]\cdot 0.5C_6H_4(OH)_2\cdot 3H_2O$。在适当条件下,铌酸和邻苯二酚可以生成很好的晶状化合物$Na_3[NbO(C_6H_4O_2)_3]\cdot H_2O$、$K_3[NbO(C_6H_4O_2)_3]\cdot H_2O$和$(NH_4)_3[NbO(C_6H_4O_2)_3]\cdot H_2O$。

但是,反应产物,特别是钠盐和钾盐,可以有多种组成。带2个结晶水的铵盐$(NH_4)_3[NbO(C_6H_4O_2)_3]\cdot 2H_2O$的溶解度比较小,它的钠盐和钾盐则更易从反应混合物中结晶出来。

对于钽酸,也曾得到了组成为$K_3H[Ta_2O(C_6H_4O_2)_6]\cdot 3C_6H_4(OH)_2\cdot 10H_2O$和$(NH_4)_3H[Ta_2O(C_6H_4O_2)_6]\cdot 3C_6H_4(OH)_2\cdot 7H_2O$的配合物。

有一类化合物,其结构与二醇类配合物相似,但它们不能通过水合氧化物的溶解作用来制备。这类化合物就是非水溶性的铌和钽的卓酚酮螯合物。铌和钽的五氯化物与卓酚酮的酸性水溶液作用,可以分别得到8配位体的阳离子T_4Nb^+和T_4Ta^+,T为卓酚酮阴离子:

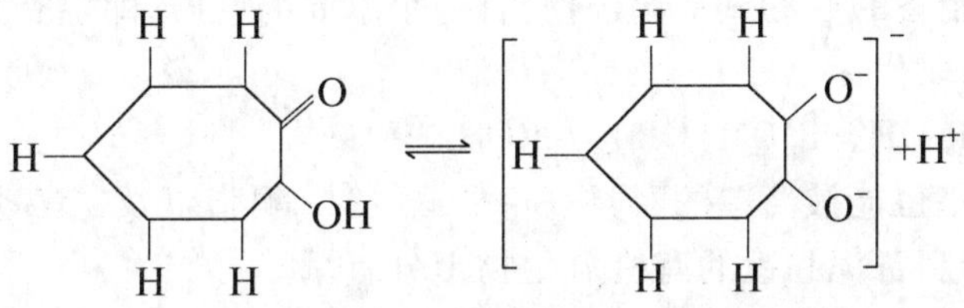

这个二齿配位体具有平面的紧密结构,并且 $\begin{matrix} C—O \\ | \\ —C—O \end{matrix}$ 为刚性集团,有利于金属离子形成配位数高的螯合物。

在水溶液中,钽盐的稳定性比铌盐的稳定性强很多。铌盐只有在低pH值时才是稳定的,当pH值或温度升高时,铌的螯合物首先会部分水解,生成T_3NbO而从溶液中析出:

$$T_4Nb + H_2O \xrightarrow[pH>3]{600℃} T_3NbO + TH + H$$

沉淀液冷却后加入浓盐酸,可以使水解反应逆转;在碱性介质中,水解反应是完全的。在二氯甲烷-乙醚的溶液中,用五氯化铌和卓酚酮反应,可以得到无水T_4NbCl盐。该盐为橙色晶体,熔点为302~305℃,它可以在乙腈中重结晶。同类

的 T_4TaCl 盐为黄色晶体，熔点为326.5～328℃，其制备方法是在甲醇－浓盐酸混合液中使 $TaCl_5$ 和卓酚酮作用，然后在甲醇水溶液中重结晶。

4.13　铌和钽的醇盐[112～114]

$NbCl_5$ 和 $TaCl_5$ 与乙醇、苯酚、羧酸以及其他有羟基的有机物作用，消去 HCl，可以生成相应的醇盐。反应过程中能被取代的氯原子数目与反应物的性质和反应条件有关。将熔融的苯酚与固态的五氯化物作用，可以分别获得 $Nb(OC_6H_5)_5$ 和 $Ta(OC_6H_5)_5$；对β－萘酚，将五氯化物悬浮于 CCl_4 中回流，可分别得 $Nb(OC_{10}H_7)_5$ 和 $Ta(OC_{10}H_7)_5$；若在 CS_2 中回流，产物分别为 $Nb(OC_6H_5)_4Cl$ 和 $Ta(OC_6H_5)_4Cl$；将五氯化物溶于无水乙醇中，最初只有部分氯被取代，生成 $TaCl_2(OEt)_3$；但当用干燥的氨气通过反应混合物时，则在溶液中析出氯化铵的同时生成 $Ta(OEt)_3$。通过这一类反应，并随后蒸馏除去过量的乙醇，最终可以得到 $M(OR)_5$ 的醇盐（M 为 Nb，Ta；R＝Me，Et，^iPr，^iBu，^iPentyl）。

$Nb(OMe)_5$ 的熔点为60℃，$Ta(OMe)_5$ 的熔点为50℃，它们都是固体，其他的醇盐则为液体，并且可以进行减压蒸馏。$Nb(OR)_5$ 的热稳定性比 $Ta(OR)_5$ 的热稳定性差。随 R—基的碳链的长度增加，醇盐的热稳定性下降。在沸腾的苯中，$Nb(OR)_5$ 通常为二聚体。当其溶于母体醇中时，其聚合度与醇的性质有关，在较强的电子对给予体的溶剂中，二聚体甚至还会解聚。在吡啶中，五烷基化合物是单分子的，而三或四烷氧基化合物甚至在苯中也是以单分子形式存在。五烷氧基化合物，特别是易制备的五乙氧基化合物，有一个重要的性质，即烷氧基不稳定，容易为其他烷氧基所取代：

$$M(OR)_5 + R'OH = R'OM(OR)_4 + ROH$$

因为 RO—基也能被简单的醚类、β－二酮、β－酮脂以及二醇类等所取代，故而这个反应对于制备铌和钽的有机氧化物十分有用。

当五乙氧基铌与正丙基、异丙基、正丁基、仲丁基、叔丁基、正戊基或苯基乙酸脂等一起蒸馏时，对前5个化合物用脂类作溶剂，而对后2个化合物用环己烷作溶剂，这时发生如下反应：

$$Nb(OEt)_5 + 5CH_3COOR = Nb(OR)_5 + 5CH_3COOEt$$

若将挥发性较强的乙酸乙脂除去，或对正戊基和苯基乙酸脂的反应，通过蒸馏除去环己烷和乙酸乙脂间形成的共沸物，便可以使反应向右进行。五乙氧基钽的类似的脂交换反应较慢。当与正丙基、异丙基、正丁基、仲丁基、叔丁基、正戊基或苯基乙酸脂等一起反应时，其产物是复合型的 $Ta(OEt)(OR)_4$。然而，以仲丁基反应时其产物与铌的五丁氧基化合物一致。

五乙氧基铌和五乙氧基钽与二醇类化合物，如丙二醇1，2、丙二醇1，3、丁二醇2，3、丁二醇1，4、戊二醇1，5、己烯等的苯溶液反应，可得到三种类型的衍生物：$(EtO)_3M(Glycol)$，$(EtO)M(Glycol)_2$ 和 $M(Glycol)_3$（M 为铌和钽），在苯液中这些化合物都是二聚体。

钽(V)的五烷基化合物较铌(V)的五烷基化合物稳定得多。很重要的一点是，稳定的钽五叔烷氧基化合物可以通过醇交换反应来制备，而铌只能得到如 $NbO(OBu)_3$那样的产物。但 $Nb(OBu)_5$可以通过烷氧－叔丁基乙酸脂的交换反应来制备。

$M^IM^V(OR)_6$型的六烷基化合物($M^I = Li, Na, K; M^V = Nb, Ta; R = Me, Et, {}^iPr$ 和${}^iBu$)可以在母体醇中反应得到。Ta^V的六烷基氧化物很稳定，可以利用真空中升华的方法进行提纯。但 Nb^V的六烷基氧化物不稳定，容易发生歧化反应，生成五烷氧基化合物 $Nb(OR)_5$和 M^IOR。

4.14 铌和钽的金属有机化合物[113~116]

铌和钽的金属有机化合物是一个很大类别的化合物，它们在有机合成、试剂制备、药物制造、薄膜前驱体、催化化学等领域有重要应用和应用前景。本小节仅作最简单的介绍，详细内容可参阅文献[115,116]。

4.14.1 铌和钽的烷基化合物

铌和钽的烷基化合物可由甲基锌、甲基锂和 Me_3NbCl_2和 Me_3TaCl_2反应制取：

$$2TaCl_5 + 3ZnMe_2 \xrightarrow{\text{乙醚}} 2Me_3TaCl_2 + 3ZnCl_2$$

$$Me_3TaCl_2 + 2LiMe_2 \xrightarrow{\text{乙醚}} 2TaMe_5 + 2LiCl$$

铌也有类似的反应，但铌的烷基化合物不及钽的烷基化合物稳定。在乙醚中，当温度高于 －50℃时，铌的衍生物便会分解，而钽的衍生物则可以作为黄色的挥发性油状物离析出来。

铌和钽的烷基卤化物可以通过烷基锌制取：

$$NbCl_5 + Zn(CH)_2 = NbCl_3(CH)_3 + ZnCl_2$$

若反应原料按 2∶1 的比例混合配料，则产物为 $NbCl_4CH_3$。钽也有类似反应。

4.14.2 铌和钽的次烷基化合物

铌和钽的次甲基化合物 $(C_5H_5)_2TaMeCH_2$可以通过下列反应制备：

$$(C_5H_5)_2TaMe_3 \xrightarrow[CPh_3Me]{+[CPh_3][BF_4]} [(C_5H_5)_2TaMe]^+BF_4 \xrightarrow{\text{碱}} (C_5H_5)_2TaMeCH_2$$

$(C_5H_5)_2TaMeCH_2$是米黄色晶体，固态时在空气中短时间稳定，在溶液中对空气十分敏感。铌也有类似反应。

铌和钽的次乙基化合物可以通过 $Cp_2TaMe(PMe_3)$与 $Me_3P{=}CH_2$反应，先生成 $Cp_2TaMe\cdot(CH_2)$。后者进一步变为 $Cp_2TaMe(C_2H_4)$，在光照下，C_2H_4可被 PMe_3取代。这种性质可被用作下列光催化反应：

$$Me_3P=CH_2 \xrightarrow[Cp_2TaMe(CH_2)]{h\nu} Me_3P-1/2C_2H_4$$

铌也有相同反应。

4.14.3 铌和钽的环戊二烯衍生物

在氮气中使五氯化铌或五氯化钽和过量的茂基钠在乙醚或苯中反应，可以生成 $Nb(C_5H_5)_4$或 $Ta(C_5H_5)_4$：

$$NaC_5H_5+NbCl_5 \longrightarrow Nb(C_5H_5)_4+NaCl$$

$$NaC_5H_5+TaCl_5 \longrightarrow [(C_5H_5)_2TaCl_3] \xrightarrow{\text{过量 } NaC_5H_5} Ta(C_5H_5)_4+NaCl$$

$Nb(C_5H_5)_4$和 $Ta(C_5H_5)_4$不升华，在苯溶液中为单分子。它们对潮湿空气很敏感。

4.14.4 铌和钽的羰基衍生物

在四氢呋喃中有 $HgCl_2$存在时，六羰基铌（$Nb(CO)_6$）或六羰基钽（$Ta(CO)_6$）的钠盐与 NaC_5H_5反应，可以分别生成（$\pi-C_5H_5$）$Nb(CO)_4$或（$\pi-C_5H_5$）$Ta(CO)_4$：

$$NaC_5H_5+[Nb(CO)_6]^- \xrightarrow{THF} (\pi-C_5H_5)Nb(CO)_4$$

$(\pi-C_5H_5)Nb(CO)_4$为橙色固体，熔点为 171～173℃。在己烷中光照条件下，$(\pi-C_5H_5)Nb(CO)_4$与 $PhMC\equiv CPh$（M 为 Si，Ge，Sn）作用，生成 $(\pi-C_5H_5)Nb(CO)(PhMC\equiv CPh)_2$。该化合物为黄色晶体，在空气中稳定。

4.15 铌超导化合物[119～122]

在元素周期表中 42 个具有超导电性质的金属中，铌具有最高的超导电临界温度，$Tc=9.2K$。一些铌的化合物和合金具有比金属铌更高的 Tc 值（表 4-11）。有两类铌的超导材料，第一类为可以压力加工的固溶体合金，如 NbTi，NbZr；另一类为具有 A15 结构的金属间化合物（中间相），如 Nb_3Ge、Nb_3Sn，它们不仅 Tc 值较高，而且临界电流密度 J_c值也较高。

自从 1986 年发现液氮温区超导材料以后，用液氦（4.2 K）冷却的铌化合物超导体被称为低温超导体，而将用液氮（77K）冷却的氧化物陶瓷质超导体称为“高温”超导体。低温超导体中，Nb_3Ge 的临界超导温度最高，Tc 为 23.4K。

表 4-11 铌的 A15 化合物超导材料的临界超导电温度[122]

化 合 物	Tc/K	化 合 物	Tc/K	化 合 物	Tc/K
Nb_3Ge	23.4	Nb_3Au	11	Nb_3In	8
Nb_3Ga	20.3	Nb_3Pt	10	Nb_3Ir	1.76
Nb_3Al	18.9	Nb_3Rh	2.5	Nb_3Os	0.94
Nb_3Sn	18.3	Nb_3Bi	2.25	NbN	13.1～15.6

材料由常态转变为超导电态通常用 3 个参数鉴定:临界温度 Tc(K)、上临界磁场 H_{c2}(单位为 A/m)和临界电流密度 J_c(单位为 A/cm^2,一般在液氦温度 4.2K 和规定的磁场强度下测量)。超导体若能稳定而可靠地工作,必须同时满足 $T < Tc$、$H < H_{c2}$和 $J < J_c$等三个条件。

固溶型超导铌合金的主要合金元素是钛和锆。结构上是以铌为基的固溶体,其载流能力取决于材料的化学成分(包括间隙杂质)和组织状态,即决定于线材或带材的制造工艺。为了提高临界电流密度 J_c,必须造成大量尺寸为 10^{-6} cm 左右的内部缺陷(位错、晶界和亚晶界、具有常规电导率的第二相等)。这类合金的缺点是在强磁场中的临界电流密度 J_c较小,因此只能在磁场强度小于 7.96×10^6 A/m 时使用。它们主要用于低温电工和大电站的大型磁场系统。这类超导合金中的铌钛业已工业规模进行生产。一些固溶型超导铌合金的性能如表 4-12 所示。

表 4-12　固溶型超导铌合金的性能[120,123,124]

合金系	合金牌号	Tc/K	H_{c2}(4.2K)/A · m^{-1}	J_c/A · cm^{-2}
NbTi	HTB－1	8.8	875×10^{-4}	10～20(32)①
NbTi	60T	10.2	$(866 \sim 955) \times 10^{-4}$	5～8(32)
NbZr	PHC－1,PHC－2	10.1～10.2	795×10^{-4}	2(40)
NbZr	PHC－3	11.0	635×10^{-4}	8(40)
Nb-Ti-Zr	65BT	9.7	$(595 \sim 715) \times 10^{-4}$	5～10(28)
Nb-Ti-Zr	CC-2	10.0	$(665 \sim 720) \times 10^{-4}$	5～15(28)

① 括号内为测试时所加的磁场强度值 $H_{测} \times 10^{-5}$(A/m)。

中间相型的铌超导体比第一类合金超导体的各项临界参数都高,但它们具有性脆和硬度大的特点,成材较困难,难于制得通常超导设备中需用的线材或带材。一般它们主要制成具有塑性基体的多芯复合材料来使用。工艺上通常采用扩散法,并使脆性的中间相在塑性基体内变形来制取超导体。为获得 $(6.37 \sim 15.9) \times 10^6$ A/m 的磁场强度,广泛采用以 Nb_3Sn 为基的复合材料。由于稳定性等原因,其他中间相材料尚少工业使用。表 4-13 所示为中间相型铌超导体性能。

表 4-13　中间相型铌超导体性能[124,125]

化合物	晶体结构	Tc/K	H_{c2}(4.2K)/A · m^{-1}	J_c/A · cm^{-2}
Nb_3Sn	立方(Cr_3Si)	18.05	195×10^{-5}	5×10^5(80)①
Nb_3Al	立方(Cr_3Si)	19	235×10^{-5}	1×10^3(185)
Nb_3Ga	立方(Cr_3Si)	20.3	325×10^{-5}	1×10^3(185)
$Nb_3Al_{0.8}Ge_{0.2}$	立方(Cr_3Si)	20	—	—
NbN	立方(NaCl 型)	15.6	—	—

① 括号内为测试时所加的磁场强度值 $H_{测} \times 10^{-5}$(A/m)。

4.15.1　铌三锡（β-Nb_3Sn）

铌和锡可生成 3 种中间相超导化合物：β（Nb_3Sn）、Nb_6Sn_5 和 $NbSn_2$。其中 β（Nb_3Sn）具有最高的超导电临界温度，$Tc = 18.05K$。在 4.2K 下它的上临界磁场为 $H_{c2} = 22.5T$，在 10T 磁场时能承载的电流密度 J_c 约为 $5 \times 10^5\ A/cm^2$。

在 Nb-Sn 体系中 β（Nb_3Sn）在 2040～2130℃ 时按包晶反应 L +（Nb）$\rightleftharpoons$ Nb_3Sn 生成，从 750℃ 直到室温都很稳定，其均相区比较宽，x（Sn）为 17%～27%[126,127]。Nb_3Sn 为 Cr_3Si 型结构，熔点为（1980 ± 10）℃，密度为 8.92 g/cm³，晶格常数 $a = 529.02 \sim 529.16$ pm。4.2K 时的热导率为 0.4 mW/(cm · K)，常态下电阻率为26 μΩ · cm。通常采用扩散法和气相沉积法制取带材；采用内锡法和青铜法制取线材；用电子束共蒸发法、溅射法和化学气相沉积法制备薄膜。后一种方法是在 1000℃ 下由氯化物进行氢还原：

$$3NbCl_4 + SnCl_2 + 7H_2 = Nb_3Sn + 14HCl$$

4.15.2　铌三铝（Nb_3Al）[128,129]

Nb-Al 体系中生成 Nb_3Al、Nb_2Al 和 $NbAl_3$ 三种化合物。其中铌三铝为 Cr_3Si 型结构 A15 超导体。Nb_3Al 在 1960℃ 时按包晶反应 L +（β − Nb）$\rightleftharpoons$ Nb_3Al 生成。均相区 x（Al）为 19%～24.5%，比尔松符号为 $cP8$，空间群 $Pm\bar{3}n$，晶格常数 a = 518.0～519.7 pm，密度为 4.54 g/cm³，Tc = 19K，4.2 K 时的上临界磁场 H_{c2} 为 29.5 T。

制取方法为：（1）金属铌和铝熔融直接反应；（2）用铝还原 K_2NbF_7，再用盐酸洗去过量铝。

4.15.3　铌三镓（Nb_3Ga）[130,131]

Nb-Ga 体系共生成 5 种中间相化合物：Nb_3Ga，Nb_5Ga_3，Nb_5Ga_4，Nb_4Ga_5 和 $NbGa_3$。1860℃ 发生无变量反应：L +（Nb）$\rightleftharpoons$ Nb_3Ga 生成，均相区 x（Ga）为 15.3%～23.5%。铌三镓为 $CrGa_3$ 型结构，属 A15 超导体，比尔松符号为 $cP8$，空间群 $Pm\bar{3}n$，晶格常数 a = 517.2 pm，Tc = 20.3 K，在 4.2 K 时的上临界磁场 H_{c2} 为 33.5 T。

4.15.4　铌三锗（Nb_3Ge）[132,133]

Nb-Ge 体系共生成 3 种中间相化合物：Nb_3Ge、Nb_3Ge_5 和 $NbGe_2$。其中铌三锗为 Cr_3Si 晶型结构，为 A15 超导体，在温度 1900℃ 时按无变量反应：L +（Nb）$\rightleftharpoons$ Nb_3Ge 生成，均相区 x（Ge）为 15%～22%，生成 β 中间相最佳成分为 21%，比尔松

符号为 $cP8$，空间群 $Pm\bar{3}n$，晶格常数 $a=517.7\sim517.6$pm，$Tc=23.4$ K，在 4.2 K 时的上临界磁场 H_{c2} 为 37.0T。通常以薄膜形式应用。多采用氯化物氢还原溅射法制备，反应温度为 700～1000℃：

$$3NbCl_4+GeCl_2+7H_2=Nb_3Ge+14HCl$$

4.15.5　铌铝锗（$Nb_3Al_{0.8}Ge_{0.2}$）[132]

铌铝锗是利用高度有序的 Nb_3Al 和 Nb_3Ge 的固溶体相来提高超导临界温度值。产生的 $Nb_3Al_{0.8}Ge_{0.2}$ 组分为 A15 结构，$Tc=20.7$ K，上临界磁场 H_{c2} 为 38～42T，是所有低温超导材料中的最高值。

制备方法为：(1)在氩气保护下将高纯铌、铝和锗进行电弧熔炼；(2)用电子束加热方法将高纯铌、铝和锗同时蒸发到基体上，再扩散处理；(3)将 $NbCl_5$、$AlCl_3$ 和 $GeCl_2$ 气体进行氢还原。

4.15.6　NbN 超导薄膜[132]

NbN 为典型的 B-1 型化合物。均相区 $NbN_{0.88\sim1.0}$，晶格常数 $a=438.5$ pm，密度为 8.30g/cm^3。熔点 2300℃（分解）。氮化铌的热稳定性和化学稳定性高，可抗中子辐射，是优良的超导薄膜材料，$Tc=17.3$ K，$H_{c2}=43$T，临界电流密度 J_c(4.2 K，20T) 高达 2×10^6 A/cm^2。制备方法是在氩气和氮气混合气体中将铌磁控溅射加热到 350～600℃的石英、蓝宝石等基体上。已用于制造超导量子干涉仪等弱电元器件。

4.15.7　铌钛（NbTi）[134,135]

铌和钛彼此能互溶并形成固溶合金。铌钛合金为第Ⅱ类超导体，具有高的上临界磁场 H_{c2}；在低温时效时，能析出钉轧相，故而具有高的载流能力。铌钛合金超导体常用组分的 w(Ti) 为 40%～65%，商品化标准的铌钛的组分中，Nb(46.5)%Ti、Nb(48)%Ti 和 Nb(50)%Ti。铌钛合金超导材料的超导参数与合金组分有关，较典型的数据为：$Tc=9.5$，上临界磁场 H_{c2}(4.2 K) = 11～11.5T，临界电流密度 J_c 则强烈依赖于微观组织结构，最高值可以达到 3.9×10^5 A/cm^2（5T 和 4.2K 时）和 1.5×10^5 A/cm^2（8T 和 4.2K 时）。制备采用熔铸法（真空自耗电弧炉熔铸，电子束炉熔铸等）铸锭，然后热挤压或锻造，再进行均匀化处理和冷加工，最后拉伸并进行时效处理拧扭成成品二元和三元多芯复合线。图 4-13 所示为典型的 NbTi 多芯复合线的生产工艺。

4.15.8　铌锆（NbZr）[136,137]

铌锆超导合金中 w(Zr) 一般为 15%～55%，其 β 相为体心立方结构。以一种

铌中 $w(\mathrm{Zr})$ 为 25% 的材料为例，其 $Tc = 10.8\mathrm{K}$，上临界磁场 $H_{c2}(4.2\mathrm{K})$ 为 7T。制备方法：将高纯金属铌和锆在真空电弧炉中熔化，然后浇注成锭，再进行冷轧和拉拔，最后进行时效热处理。

原料 → 电子束炉熔炼 → 真空自耗电炉熔炼 → 热开坯，挤压或锻造 → 均匀化处理 → 冷加工 →
复合体组装 → 拉伸 → 时效处理 → 拉伸 → 拧扭 → 成品材料

图 4-13 典型的 NbTi 多芯复合线生产工艺

4.15.9 铌钛钽（NbTiTa）[132]

在铌钛二元系塑性超导合金的基础上添加钽，可以改善材料上临界磁场、临界电流密度等性能。如含 $w(\mathrm{Ta})$ 为 15%、$w(\mathrm{Nb})$ 为 25% 的铌钽钛三元合金的上临界磁场可达到 15T 以上，有利在较强磁场下应用。

参考文献

1 Rohmer R. Bulletin Soc. Chem. France, 1955(22): 159 ~ 167

2 Bauer G. Zs. Inorg. Chem, 1941(248):1 ~ 31

3 Schafer H, et al. Z. Inorg. allg. Chem, 1954, 275(6): 289 ~ 296

4 Hibst H, et al. Z. Inorg. allg. Chem, 1978, 440(3):137 ~ 154

5 Reisman A, et al. J. Amer. Chem. Soc, 1956, 78(18):4515 ~ 4520

6 Lagergren S, et al. Acta Chem. Scand, 1952(6):444 ~ 446

7 Etxebarria N, et al. J. Chem. Soc., Dalton Trans, 1994(5): 3055 ~ 3061

8 Fairbrather F. The Chemistry of Niobium and Tantalum. Amsterdam: Elsevier, 1967

9 Miller G L. Tantalum and Niobium. London: Butterworth, 1959

10 Бабко А К, и др. ЖНХ, 1963, 8(6):1839 ~ 1845

11 Воскресенская Н К. ЖНХ, 1960, 5(3):2051 ~ 2057

12 Hsu R, et al. Acta Cryst, 1997(53):420 ~ 425

13 Jander G, et al. J. Inorg. Nucl. Chem, 1960(14):77 ~ 83

14 Оплоченова Н Л, и др. Сб. Научные тр. Гредмет. Москва, 1980(97):82 ~ 88

15 Eckert J, Stark H C. Niobium and Tantalum. GmmbH & Co. KG, 1982

16 Горощенько Я Г. Химия Ниобия и Тантала. Киев: Науково Думко, 1965

17 Fairbrather F. The Chemistry of niobium and tantalum. Amsterdam: Elsevier, 1970

18 Лапитцкий А В, и др. ЖНХ, 1957, 2(4):1908 ~ 1912

19 Лапитцкий А В, и др. ЖОХ, 1955, 25(10):1862 ~ 1866

20 Лапитцкий А В, и др. Вестн. Москов. Ун.-та. Химия, 1960, 2(4):25 ~ 27

21 Лапитцкий А В, и др. ЖОХ, 1955, 25(10):1866 ~ 1870

22 Reisman A, et al. J. Amer. Chem. Soc, 1958, 80(20):6503 ~ 6507

23 Reisman A, et al. J. Phys. Chem, 1962, 66(1): 1521
24 Куцминов Ю С. Ниобат и Танталат Лития-Материалы нелинейной оптики. Москва: Наука, 1975: 233 ~ 243
25 Куцминов Ю С. Сегнетоэлектрические кристаллы для управления лазерным изучением. Москва: Наука, 1982: 400
26 Reisman A, et al. J. Amer. Chem. Soc, 1958, 80(1): 37 ~ 42
27 Иона Ф. Сегнетоэлектрическте кристаллы Москва: Мир, 1965: 555
28 Уэртм Ч, и др. Физика Твертого тела. Москва: Мир, 1969: 588 ~ 594
29 Reisman A, et al. J. Amer. Chem. Soc, 1955, 77(8): 2115 ~ 2119
30 Reisman A, et al. J. Amer. Chem. Soc, 1958, 80(20): 6503 ~ 6507
31 Спицин В И, и др. ЖПХ, 1942(4): 194 ~ 200
32 Eang C X, et al. Opt. Letters, 1992(17): 106 ~ 112
33 师昌绪. 材料大辞典. 北京: 化学工业出版社, 1992: 910
34 Geunic J C, et al. Appl. Phys. Letter, 1964(4): 141 ~ 142
35 Kdomen, et al. J. Chem. Soc. Chem. Commun, 1986: 356 ~ 361
36 Madrapoet C. Opt. Commun, 1990(77): 441 ~ 447
37 师昌绪. 材料大辞典. 北京: 化学工业出版社, 1992: 711
38 Куцненов ю. с. Сегнетоэлектрические Кристалпы для упраьления лазерным излучением. Москва: Наука, 1975: 911 ~ 913
39 Исупов В А. Изв. АII СССР. Сер. Физ, 1957, 21(3): 402 ~ 410
40 小西良弘, 等. 电子陶瓷基础和应用. 北京: 机械工业出版社, 1983
41 万群. 电子信息材料. 北京: 冶金工业出版社, 1990
42 田中哲等. 压电陶瓷材料. 北京: 科学出版社, 1982
43 Fairbrother F. Halides of Niobium and Tantalum, in Haligen Chemistry, Ed. V Gutmann, London: Academic Press, 1966, 5(1): 123
44 Canterfort J H, et al. Halides of the Second and Third Row Transition Metals. London: Wiley and Sons, 1968
45 Haland A, et al. J. Chem. Soc., Dalton Trans, 1997(8): 1013 ~ 1018
46 Barner J H von, et al. Inorg. Chem, 1991(30): 561
47 Grimberg C, et al. Eur. J. Solid State Inorg. Chem, 1994(31): 449 ~ 454
48 Subramanian S, et al. Inorg. Chem, 1991(30): 1630 ~ 1636
49 Schafer H, et al. Z. Inorg. allg. Chem, 1960, 305(5 ~ 6): 291 ~ 298
50 Schafer H, et al. Z. Inorg. allg. Chem, 1960, 305(5 ~ 6): 327 ~ 340
51 Schafer H, et al. Z. Inorg. allg. Chem, 1954, 27(3 ~ 4): 140 ~ 145
52 Schafer H, et al. J. Less-Common Metals, 1964, 6(4): 307 ~ 312
53 Baker K L, et al. J. Chem. Soc, 1968(A): 801 ~ 809
54 Brown D, et al. J. Less-Common Metals, 1970(20): 57 ~ 62
55 Peiss H, et al. Z. Inorg. Nucl. und Chem, 1968(30): 2087 ~ 2091
56 Turova N Ya, et al. Polyhedron, 1996(14): 1531 ~ 1538
57 Brown D A, et al. Inorg. Chem. Acta, 1994(227): 99 ~ 105
58 Turova N Ya, et al. Polyhedron, 1996(15): 3869 ~ 3874

59　Peiss H, et al. Z. Inorg. und allgen. Chem, 1968(346):13 ~ 17
60　Cotton A, et al. Acta Cryst. 1991(47):2435 ~ 2438
61　Bajan B, et al. Z. Kristallogr, 1996(211): 818 ~ 823
62　Николаев Н С. ЖНХ, 1959, 4(1):202 ~ 215
63　Barner J H von, et al. Inorg. Chem, 1991(30):561 ~ 566
64　Gibson V C, et al. J. Chem. Soc. Dalton Trans, 1993:1657 ~ 1661
65　Brown D A, et al. J. Chem. Soc. Dalton Trans, 1993:1163
66　Riess J G . Niobium and Tantalum, In Comprehensive Coord. Chem. Oxfort: Pergamon Press, 1987 (3): 585 ~ 697
67　Sundermeyer J, et al. Chem. Ber, 1994(127):1201 ~ 1206
68　Brown D A, et al. J. Chem. Soc. , Dalton Trans, 1993:1657 ~ 1771
69　Duraj S A, et al. Inorg, Chem. Acta, 1989(156):41 ~ 52
70　Perrin C, et al. New J Chem, 1988(12):321 ~ 327
71　Cotton F A, et al. J. Am. Chem. Soc, 119(1997):7889 ~ 7892
72　Kohler J, et al. Angew. Chem. Int. Ed. Engl, 1992(31):1437 ~ 1442
73　Benicevic N, et al. Inorg. Chem, 1992(31):3924 ~ 3928
74　Hussey C L, et al. Inorg. Chem, 1992(31):1255 ~ 1267; 1995(34):370 ~ 377
75　Simon A, et al. Z. Inorg. Illg. Chem. , 1997(623):59 ~ 63
76　Benicevic N, et al. J. Chem. Soc. Dalton Trans, 1995(14):41 ~ 53
77　Cotton F A, et al. Inorg. Chem, 1988(27):3413 ~ 348; 1993(32):969 ~ 975
78　Горощенко Я Г, и др. ЖНХ, 1963, 1(5):903 ~ 908
79　Горощенко Я Г, и др. ЖНХ, 1963, 3(4):981 ~ 985
80　Крилов Е И , и др. ДАН СССР, 1954, 98(4):593 ~ 595
81　Горощенко Я Г , и др. ЖПХ, 1959(32) :1664 ~ 1670
82　Woolf A D. Chem. and Ind, 1954(10):1320 ~ 1326
83　Hield B O, et al. Proc. Chem. Soc, 1963(1):11 ~ 16
84　Bagnall K W, et al. J. Chem. Soc, 1964(A):2396 ~ 2402
85　Brown D, et al. J. Chem. Soc, 1966(A):733 ~ 736
86　Roth R S, et al. Acta Cryst, 1965(18):643 ~ 649
87　Longs J M, et al. Acta Chem. Scand, 2966(20):72 ~ 76
88　Курбфтов Д И. ЖПХ, 1956, 26(1):1747 ~ 1749
89　Тананаев Н В , и др. ДАН СССР, 1962, 144(6):1314 ~ 1315
90　Алимартн И П, и др. Весен. Московскю Ун-та. Химия, 1963(4):34 ~ 37
91　Bohland H, et al. J. Less-Common Metals, 1968(14):397 ~ 402
92　Bohland H, et al. J. Less-Common Metals, 1967(13):224 ~ 228
93　Bohland H, et al. J. Less-Common Metals, 1968(15):89 ~ 95
94　Butler A, et al. Chem. Revs, 1994(94):625 ~ 638
95　Wehrum G, et al. Z. Inorg. allg. Chem, 1993(619):1315 ~ 1323
96　Alder N, et al. J. Am. Chem. Soc, 1957(79):1827, 1831, 1834
97　Вольнов И И. Пероксокомплексы ванатия ниобия и тантала. Москва: Наука, 1987:181

98 Лимарь Т Ф. ЖПХ,1964(10):2381 ~ 2389

99 Набиванец Б И. ЖНХ,1966,9(12):2340

100 Mathern G,et al. Chem. Commun,1960:70 ~ 78

101 Fairbrother F,et al. J. Inorg. and Nucl. Chem,1958(8):296 ~ 301

102 Fairbrother F,et al. J. Less-Common Metals,1962,4(5):466 ~ 475

103 Srinivasan N R. Proc. Ind. Acad. Aci,1952(36A):185 ~ 193

104 Bradley D C, et al. J. Chem. Soc,1958(A):4439 ~ 4445

105 Bradley D C, et al. J. Chem. Soc,1969(A):219 ~ 226

106 Bradley D C,et al. J. Chem. Soc,1969(A):980 ~ 993

107 Bailar J C, et al. Comprehensive Chemistry. Oxford . New York. Toronto. Sydney: Pergamon Press, 1970: 615 ~ 621

108 Szymanksi H A, et al. J. Amer. Chem. Soc,1958(80):1811

109 Land J E, et al. J. Less Common Metals,1967(12):41 ~ 47

110 Rothwell I P, et al. J. Am. Chem. Soc,1991(113):4710 ~ 4721

111 Yu J S, et al . J. Soc. Chem. Commun,1992:632 ~ 642

112 Титов А А,и др. Цветные Металлы,1960(3):53 ~ 58

113 Бражли Д. Успехи Химии,1978,147(4):638 ~ 643

114 Нисельсон Л А,и др. ЖНХ,1984,29(11):2256 ~ 2260

115 Connelly M G, et al. Niobium and Tantalum in Comprehensive Organametallic Chemistry. Oxford: Pergamon Press,1982,25(3):706 ~ 782

116 Ellis J E. Adv. Organametallic Chemistry,1990(31):1 ~ 52

117 Thiele K H, et al. Z. Inorg. allgem. Chem,1990(587):80 ~ 90

118 Mashima K, ,et al. Organometallics,1995(14):2633 ~ 2645

119 Smarthers D B. A15 Superconductors, ASM Handbook. ASM International, 4th printing, USA, October, 1995 (2):1060 ~ 1076

120 Савицкий Е М,и др. Сверхпрводящие Материалы. Москва:Металлургия,1976:295

121 Larbalestier D C. Superconductor Material Science, Plenum Press. New York,1981

122 Seeber B, et al. Handbook of Appl. Superconductivity, Bristol UK: IOP Publishing,1998

123 Савицкий Е М,и др. Металловедение Сверхпрводящих Материалов. Москва:Наука,1974:409 ~ 422

124 Прецизиные сплавы:Справочник. Москва:Металлургия,1976:295

125 Савицкий Е М, и др. Структура и Свойства Сверхпрводящих Материалов. Сб. Научные труды. Москва:Наука,1974:7 ~ 14

126 Лякишев Пан Н П. Диаграммы состояния двойных металлических систем. Справочник. Москва: Металлургия,1997:551 ~ 554

127 Щанк Ф А. Структура лвойных сплавов . Москва:Металлургия,1976:760

128 Бурханов Г С. и др. Металлофизико. 1989,11(5):32 ~ 35

129 Лякишев Пан Н П. Диаграммы состояния двойных металлических системи. Справочник. Москва: Металлургия,1997:177 ~ 180

130 Jorda J L, et al. J. Less-Common Metals,1977,55(2):249 ~ 264

131 Ashba D A, et al. J. Less-Common Metals,1976,50(1):111 ~ 124

132　Дитыщува Пан В М, и др. Металловедениуя, Физико – хтмтя и металлофизика сверхпроводников. Сб. Статей. Москва: Наука, 1967: 157 ~ 160

133　Jorda J L, et al. J. Less-Common Metals, 1978(62): 25 ~ 37

134　Иванов О С, и др. Сверхпроводящие сплавы систем Nb-Ti-Zr-Hf. Москва: Наука, 1971: 166

135　Murray J L. Bull. Alloy Phase Diagrams, 1981, 2(1): 55 ~ 61

136　Guilermet A F. Z. Metallkunde, 1991, 82(6): 478 ~ 487

137　Abriata J P. Bull. Alloy Phase Diagrams, 1982, 3(1): 34

5　铌和钽的矿物资源和选矿

铌和钽属于分布不广的元素。铌在地壳中的平均含量(克拉克值)为 24×10^{-6},钽为 1.7×10^{-6}[1]。海水中含铌 1×10^{-11},钽为 0.002×10^{-9}[2]。铌的宇宙丰度为 0.9×10^{-9},钽为 0.08×10^{-9}[3]。

地球上铌比钽丰富,铌的克拉克值不仅是钽的 14 倍,而且高于一些常用有色金属,如铅、锡、钴以及钨和钼的克拉克值(图 5-1)。地球上有多处独立的铌矿床(矿物中仅存在痕量钽),有特大的铌矿山,但尚未发现有独立的钽矿床。世界铌资源丰富,钽资源相对短少。

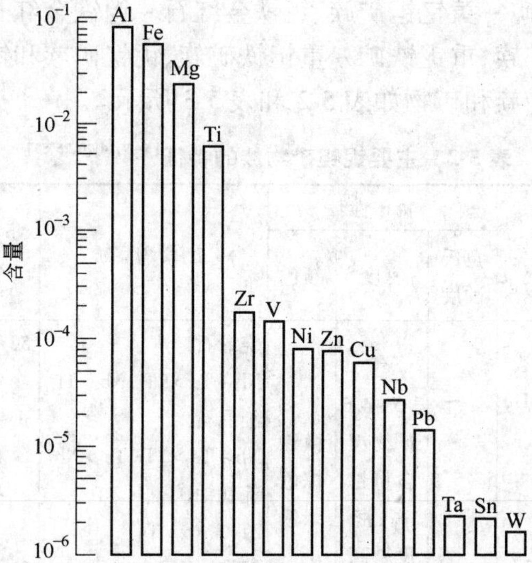

图 5-1　铌、钽及一些常用有色金属在地壳中的相对丰度

铌和钽在各类岩石中的分布如表 5-1 所示。

表 5-1　铌和钽在各类岩石中的分布[4]

岩石类型	$w(Nb)/\%$	$w(Ta)/\%$	$w(Nb)/w(Ta)$
霞石正长岩	0.031	0.00008	387.5
正长岩	0.003	0.00020	15.0
花岗岩	0.0021	0.00042	5.0
闪长石	0.00036	0.00007	5.1

续表 5-1

岩石类型	$w(Nb)/\%$	$w(Ta)/\%$	$w(Nb)/w(Ta)$
辉长石	0.0019	0.00011	17.3
超基性岩	0.0016	0.0001	16.0
榴辉岩	0.0003	0.00007	4.3
地壳中,克拉克值	0.0024	0.00017	11.4

5.1 铌和钽的矿物

在自然界中,铌和钽密切共存,但没有以游离态或天然态存在的铌和钽。

已发现铌钽矿物150余种。按晶体结构和化学成分分,这些矿物大致可分为铌钛酸盐矿、铌钽酸盐矿和钛钽铌铀酸盐三大类以及铌铁矿－钽铁矿族、烧绿石－细晶石矿族、褐钇铌矿－黄钇钽矿族、铌铁金红石－钽铁金红石矿族、易解石矿族、黑稀金矿－复稀金矿族、重铌铁矿－重钽铁矿族、铌钇矿族和铈铌钙钛矿族9个矿族。主要的铌钽矿物族和矿物如表5-2和表5-3所示。

表5-2 主要铌钽矿物族的特征[5~9,14,20,25,50]

矿物族	通式	特性			主要矿物	Nb_2O_5 /%	备注
		莫氏硬度	密度	颜色			
烧绿石	$A_{2-m}B_2O_6(O,OH,F)_{1-n}-pH_2O$ A:Ca,Na,Ba B:Nb,Ta,Ti 立体结构见图5－2	5~5.5	3.5~4.6 矿物钽含量越高,密度越高	微红 棕色 绿色	烧绿石 Nb+Ta>2Ti,Nb>Ti 细晶石 Nb+Ta>2Ti,Ta>Nb 铌钛铀矿 2Ti>Nb+Ta 钡烧绿石 钡代替钙和钠	52~71 1~10 21~35 52~71	位置A并未占满,取代A的其他阳离子总量不超过A的20%。B位置完全占满 有一些阴离子的位置是空的
铌铁矿	AB_2O_6	6	5.2~7.9	黑色	铌铁矿	59~76	钽金红石结合
钽铁矿	A:Fe,Mn B:Nb,Ta 正交形/四角形结构见图5－3			棕色 黑色	$(FeMn)Nb_2O_6$ 正交形 钽铁矿$(FeMn)Ta_2O_6$ 四角形 钽金红石 $(Fe,Mn)(TaNbTi)O_6$	 40~59 9~17	紧密,硬度较高,密度较大 铌铁矿中B阳离子主要是Nb^{5+},钽铁矿中是Ta^{5+}。B位置可能被Ti^{4+},Sn^{4+},W^{6+}代替

续表 5-2

矿物族	通　式	特　性			主要矿物	Nb_2O_5 /%	备　注
		莫氏硬度	密度	颜色			
钙钛矿	ABO_3 A：Ca^{2+}，Na^+，RE^{3+} B：Nb，Ti 立方体结构	5.5	4～4.5	黑色到浅棕色，黑色灰色条纹	钠铌矿 $NaNbO_3$ 铈铌钙钛矿 (Na，RE)TiO_3 Ti^{4+} > Nb^{5+} RE^{3+}占A的0.5 淡红钙长石 (Ca，Na)(Nb，Ti，Fe)O_3 Nb^{5+} > Ti^{4+}	80 7～20 —	
褐钇钽/铌矿	ABO_4 A：Y^+或其他重稀土离子 B：Nb^{5+}，Ta^{5+}，Ti^{4+}	6	5.7	棕色		38～58	
黑稀金矿	AB_2O_6 A：Y，Ce，Ca，U，Th B：Nb，Ti 或由 Ta，Fe 代替					27～34	性质与铌铁矿相似
铌锑矿	ABO_4 A：Sb；B：Nb，可能部分被 Ta 代替					≈39	
铌钇矿	$(Fe, Y, U)_2(Nb, Ti, Ta)_2O_7$ 单斜结构					32～48	
锡铁钽矿	$(Ta, Nb, Sn, Fe, Mn)_4O_8$						
锡锰钽矿	$(Ta, Nb, Sn, Mn, Fe)_{16}O_{32}$						
硅钛铌钠矿	$Na_2NbSi_2O_6OH \cdot 2H_2O$			浅粉色白色		24～25	
铌星叶石	$K_2Fe_6Nb_2Si_8(O, OH, F)_{32}$		3.42	咖啡棕色		—	
黄硅铌钙石	$Ca_7Nb(SiO_4)(O,F)_2$ 单斜结构	6	3.32	柠檬黄色		16.5	

表5-3　铌钽矿

矿　物	晶　系	光　泽	晶　形	条　痕	颜　色	莫氏硬度
(1) 钙钛矿族						
铌钙钛矿	单斜或斜方	金刚-半金属	立方体,八面体	灰黄	灰黑-黄	5~6
铈钙钛矿	假等轴	金属(强)	粒　状	黑、浅褐	黑	5.5~6
铈铌钙钛矿	等轴	半金属-油脂	立方体,粒状	棕褐	浅棕、灰褐	5.5~6
富铈铌钙钛矿	等轴	金属(强)	八面体,立方体	浅灰棕	黑	5.5~6
钍铈铌钙钛矿	等轴	脂肪	八面体,立方体	浅黄褐	浅灰棕	5~5.5
准铈铌钙钛矿	等轴	金刚	立方体	浅绿黄	黄、黄褐、绿	5
钙铌矿	斜方		立方体		黑	
钠铌矿	斜方		立方体	浅灰		5.5~6
铌钠矿	单斜		粒　状		黄棕、黑	5.5~6
(2) 烧绿石-细晶石族						
烧绿石	等轴	油脂	八面体,粒状	淡黄	暗褐 暗黄	5~6
铀烧绿石	等轴					
铈烧绿石	等轴	树脂	八面体	黄、淡褐	褐	5~5.5
钇铀烧绿石	等轴	油脂-金刚			褐	5~5.0
铀钽烧绿石	等轴	油脂-树脂	八面体,立方体		黑、黄褐、琥珀	5
钇铀钽烧绿石	等轴	强树脂			黑	
水烧绿石	胶体		不规则		黄	
铀铅烧绿石	等轴	玻璃、树脂	八面体,菱形十二面体		金黄	
钡锶烧绿石	等轴		八面体		黄、绿	4.5~5
铅烧绿石	等轴		八面体		褐、黄	
贝塔石	等轴	油脂、半金属	八面体 菱形十二面体	褐	褐、黑	4~5
稀土贝塔石	等轴	脂肪			绿	
钽贝塔石	等轴	玻璃		浅棕、浅绿	暗棕	4.5~5
钛贝塔石	等轴	玻璃			黑	
锆贝塔石	等轴		八面体		暗褐	
钍贝塔石	等轴					4.5
铅贝塔石	等轴	金刚	八面体		黄、灰黑	

物一览表[5~9,14,20,25,50]

密度/g·cm^{-3}	断口	化学式	含量(质量分数)/%		原名
			Nb_2O_5	Ta_2O_5	
4.13~4.26	参差	$(Ca,Ce,Na)(Ti,Nb,Fe)O_3$	4.86	4.86	
4.16~4.24	参差	$(Ca,Ce,Na)TiO_3$	1.71	0.16	
4.64~4.89	贝壳状	$(Na,Ce,Ca)(Ti,Nb)O_3$	9.49	0.38	钛铌钙铈矿
4.657	贝壳状	$(Na,Ce)(Ti,Nb)O_3$	26.26	26.26	
4.476	贝壳状	$(Na,Ce,Th)(Ti,Nb)(O,OH)_3$	6.31	6.31	铈钍钙钛矿
4.41~4.58	不平	$(Ce,Ca)_{1-x}(Ti,Nb)_{3-x}(OH)_x$	10.78	0.66	
4.40		$(Ca,Na)(Nb,Ti,Fe)O_3$	43.90	—	
4.40~4.44		$(Na,Nb)O_3$	81.15	0.36	
4.40		$(Nb,Na)O_3$	74.06	0.83	
4.12~5.35	贝壳状	$(Ca,Na)_{2-x}Nb_2O_6(OH,F)$	57.84	1.44	
		$(Ca,Na,U)_{2-x}(Nb,Ti)_2O_6(OH,F)$	39.24	6.65	
3.89~4.29	贝壳状	$(Ca,Na,Ce,Y)_{2-x}Nb_2O_6(OH)$	55.22	5.86	钇烧绿石
3.6~3.8	贝壳状	$(Na,Ca,Ce,Y,U)_{2-x}Nb_2O_6(OH,F)$	37.54	5.47	奥勃鲁契夫矿
3.95~4.90	半贝壳状	$(Ca,U)_{2-x}(Nb,Ta)_2O_6(OH)$	31.33	10.29	铀烧绿石铀钽铌矿
4.60~4.80	贝壳状	$(Ca,Y,U)_{2-x}(Nb,Ta)_2O_6(OH)$	20.96	27.50	
3.353~3.81		$(Ca,Na)_{2-x}Nb_2(O,F,OH)_7$	57.89	3.30	
5.24	贝壳状	$(U,Pb)_{2-x}Nb_2O_6(OH)$	45.80	3.70	铅铌钛铀矿 铌钛铀铅矿
	贝壳状	$(Ba,Sr)_{2-x}(Nb,Ta)_2O_7H_2O$	67.00	0.22	
5.04~6.34		$(Pb,TR,Ca)_{2-x}Nb_2O_6(OH)$	40.68	3.58	
3.75~4.82	贝壳状	$(U,Ca)_{2-x}(Nb,Ti)_2O_6(OH)$	34.80	痕	铌钛铀矿
3.65	参差、贝壳	$(TR,U,Ca)_{2-x}(Nb,Ti,Ta)_2O_6(OH)$	36.35	8.50	稀土铌钛铀矿
4		$(Ca,Y,U)_{2-x}(Ti,Ta,Nb)_2O_6(OH)$	8.70	39.0	钽铌钛铀矿
3.93~4.34		$(Ca,U)_{2-x}(Ti,Nb,Ta)_2O_6(OH)$	10.11	7.61	富钛铌钛铀矿
4.59		$(Ca,U)_{2-x}(Nb,Ta,Zr,Ti)_2O_6(OH)$	32.20	8.30	富锆烧绿石
4.46		$(Ca,Th)_{2-x}(Nb,Ti)_2O_6(OH,F)$	45.57	1.30	
4.64	不平	$(Pb,Ca,U)_{2-x}(Nb,Ti)_2O_6(OH,F)$	30.96	1.64	

矿　物	晶系	光泽	晶　形	条痕	颜色	莫氏硬度
细晶石	等轴	玻璃、树脂	八面体 菱形十二面体	浅黄	浅黄绿	5~5.5
铀细晶石	等轴	油脂	八面体		褐黄	5.5
铋细晶石	等轴	金刚	粒状八面体		暗绿	6.6
锑细晶石	等轴	半金属			灰褐	
铅细晶石	等轴		八面体		浅绿黄	6
钡细晶石	等轴		八面体		红、黄	4.5~5
(3) 铌铁金红石族						
铌铁金红石	四方	金刚、油脂	柱状、板状、针状	浅棕	褐、黑	6~6.5
钽铁金红石	四方	半金属、 金刚	四方柱、双锥	灰黑	黑	6~6.5
铌锐钛矿	四方		粒状		白	
(4) 褐钇铌矿族						
褐钇铌矿	四方	油脂	四方柱	棕、黄褐	黄、褐	5.5~6.5
钛褐钇铌矿	正方	油脂	双锥柱状	黄、浅褐	棕、黄褐	5~6
黄钇钽矿	四方	玻璃、油脂	板状	浅黄、灰	灰、黄	5.5~6.5
褐铈铌矿	四方		双锥		红	
β-褐钇铌矿	单斜		长柱状		浅黄	
β-褐铈铌矿	单斜	玻璃			黄红	
(5) 重钽铁矿族						
重钽铁矿	四方	金属	复正方、双锥	浅棕褐	褐黑	6~6.5
重铌铁矿	四方	金属	复四方、双锥	浅灰	褐黑	6
(6) 铌钽锑矿族						
钽锑矿	斜方		柱状	浅黄	黄、红	5.5
铋钽锑矿	斜方					
铌锑矿	斜方	树脂、金属	柱状	浅黄	黄、红	5~5.5
钽铋矿	斜方	半金属、 金刚	柱状、粒状	浅黄	黑、灰	5~5.5
钽铝石	六方	油脂	柱状		黄白	7~7.5
铌黑钨矿	单斜	金属	粒状		黑	
(7) 铌铁矿-钽铁矿族						
铌铁矿	斜方	金属、 半金属	柱状、板状	暗红	黑	6

续表 5-3

密度/g·cm^{-3}	断口	化学式	含量(质量分数)/%		原名
			Nb_2O_5	Ta_2O_5	
4.2~6.4	贝壳、参差	$(Ca,Na)_{2-x}(Ta,Nb)_2O_6(O,OH,F)$	7.74	68.43	
5.75~5.95	贝壳、参差	$(Ca,U)_{2-x}Ta_2O_6(OH,F)$	0.40	67.00	黑钽铀矿
5.9~6.4	参差	$(Na,Ca,Bi)_{2-x}Ta_2O_6F$	0.08	79.72	
		$(Ca,Sb)_{2-x}(Ta,Nb)_2O_6(OH)$	11.80	52.30	
6~7		$(Pb,Na,Ca)_{2-x}(Ta,Nb)_2O_6(OH)$	11.85	53.84	
5.71		$(Ba,Ca)_{2-x}(Ta,Nb)_2O_6(O,OH)$	5.87	71.59	
4.8~5.6	参差	$(Ti,Nb,Fe)O_2$	23.67	0.13	钛铁金红石
4.2~6.24	不平、贝壳	$(Ti,Ta,Nb,Fe)O_2$	13.41	38.20	钽金红石
			17.80~21.61	0.20	
5.38~5.5	贝壳	$YNbO_4$	42.90	2.50	褐钇铌矿
4.18~5.30	半贝壳	$Y(Nb,Ti,Ta)(O,OH)_4$	3.62	4.0	
6.24~7.03	参差、贝壳	$YTaO_4$	9.15	49.38	
5.343		$CeNbO_4$	42.98	0.086	
5.12~5.65		$YNbO_4$	40.98	1.71	
		$CeNbO_4$	42.12	0.30	
7.3~7.85	半贝壳不平	$FeTa_2O_6$	1.37	82.55	
6.45	半贝壳不平	$Fe(Nb,Ta)_2O_6$	31.00	52.00	正方铌钽矿
6.6~7.3		$Sb(Ta,Nb)O_4$	1.79	57.29	
		$(Sb,Bi)(Ta,Nb)O_4$	8.8	49.7	
5.98	参差	$Sb(Nb,Ta)O_4$	39.14	11.16	
8.0~9.0	参差	$Bi(Ta,Nb)O_4$	1.26	46.45	
5.9~7.3	贝壳	$AlTaO_4$	0.33	72.31	
6.55	参差	$(Fe,Mn)(Nb,W,Fe,Ta)O_4$	23.74	7.48	
5.2~6.25	不平、贝壳状	$FeNb_2O_6$	71.97	4.30	

矿　物	晶系	光泽	晶　形	条痕	颜色	莫氏硬度
钽铌铁矿						
锰铌铁矿						
钽锰铌铁矿						
钽铁矿	斜方	半金属	长柱状	灰褐	褐红	6.5
铌钽铁矿						
锰钽铁矿	斜方	板状，大片状			褐黑	6~6.5
铌锰矿	斜方	半金属	板状		黑、红	
钽铌锰矿						
铁铌锰矿						
钽铁铌锰矿						
钽锰矿	斜方	半金属、玻璃	长柱状		浅褐红	7
铌钽锰矿						
铁钽锰矿						
铌铁钽锰矿						
锡钽锰矿	斜方	半金属、树脂	柱状、板状		灰黑	6.0~6.5
铌镁矿	斜方	半金属	柱状、板状		褐、黑	5~6
(8) 黑稀金矿－复稀金矿族						
黑稀金矿	斜方	半金属、油脂	柱状、板状	浅黄	黄褐	5.5~6.5
复稀金矿	斜方	半金属	柱状、薄板状	浅黄	黑褐	5.5~6.5
钽复稀金矿	斜方					
变稀金矿	斜方	玻璃、油脂	板状、放射状	红褐	黑	
钽黑稀金矿	斜方	树脂	板状		浅黑褐	5~6
铌钙矿	斜方	树脂	短柱状、粒状	浅灰褐	暗棕	4.5
稀土铌钙矿	斜方					
钙钍黑稀金矿	斜方	玻璃、树脂	柱状		黑、褐	5.4
(9) 易解石族						
易解石	斜方	油脂、金刚	板、柱、针状	黑褐	黑、褐	5~6
钍易解石	斜方	树脂	不规则		褐	5.7
钇易解石	斜方	树脂	柱状		黑	4.5~5.0
钛易解石	斜方	金刚	块状		褐黄	6.5

续表 5-3

密度/g·cm^{-3}	断口	化学式	含量(质量分数)/%		原名
			Nb_2O_5	Ta_2O_5	
		$Fe(Nb,Ta)_2O_6$	40~70	10~40	
		$(Fe,Mn)Nb_2O_6$	70~76	0.8~10	
		$(Fe,Mn)(Nb,Ta)_2O_6$	40~70	10~40	
6.25~8.25	不平半贝壳	$FeTa_2O_6$	7.23	77.20	
		$Fe(Ta,Nb)_2O_6$	10~40	40~70	
6~7.95		$MnTa_2O_6$	0.2~10	70~86	钽铁矿变种
5.6~6.1	不平	$MnNb_2O_6$	75.17	2.43	
		$Mn(Nb,Ta)_2O_6$	40~68	10~40	铌锰矿变种
		$(Mn,Fe)Nb_2O_6$	68~75	2~10	铌锰矿变种
		$(Mn,Fe)(Nb,Ta)_2O_6$	40~68	10~40	铌锰矿变种
6.35~8.00	不平	$MnTa_2O_6$	10.33	72.18	
		$Mn(Ta,Nb)_2O_6$	11~40	40~72	钽锰矿变种
		$(Mn,Fe)Ta_2O_6$	0.2~11	72~86	钽锰矿变种
		$(Mn,Fe)(Ta,Nb)_2O_6$	11~40	40~72	钽锰矿变种
6.9~7.3	参差	$(Mn,Fe)(Ta,Nb,Sn)_2O_6$	7.6~12.8	60.6~70.5	锰钽矿
5.17~5.27	参差	$(Mg,Fe)(Nb,Ta)_2O_6$	70.6	10.5	镁铌铁矿
4.5~5.9	贝壳状	$(Y,U)(Nb,Ti)_2O_6$	33.70	1.0~21	
4.7~5.4	贝壳状	$(Y,U,Th)(Ti,Nb)_2O_6$	17.99	0.89	
		$(TR,U)(Ti,Ta,Nb)_2O_6$	4.4	23.1	
4.6	贝壳状	$(Y,U)(Ti,Zr,Fe,Nb)_2O_6$	4.8~8	4.8~8	
5.4~5.9	参差贝壳	$(Y,Ca,U)(Ta,Ti)_2O_6$	3.83	47.31	钽稀金矿
4.68~4.80	贝壳	$CaNb_2O_6$	75	0.4	
		$(Ca,TR)(Nb,Ti)_2O_6$	54.8	1.2	
4.55~5.13	不平	$(Y,Ca,Th,Ce)(Nb,Ti,Ta)_2O_6$	41.43	3.84	
4.9~5.4	贝壳状	$(Ce,Th,Y)(Ti,Nb)_2O_6$	23.59	0.26	
5.25	贝壳状	$(Th,Ce,Ca)(Ti,Nb)_2(O,OH)_6$	16.15	0.55	
5.19~5.9	贝壳状	$(Ce,Y,Th,Ca)(Ti,Nb)_2O_6$	24.23	0.58	
5	贝壳状	$Ce(Ti,Nb)_2O_6$	17.64	3.30	

矿　物	晶系	光泽	晶　形	条痕	颜色	莫氏硬度
震旦矿	斜方	树脂	块状、长柱状	黄、褐	黑棕	6.5
富钽易解石	斜方	半贝壳－贝壳	板、柱、针状	浅褐	黄褐	5.9
铌易解石	斜方	金刚	柱状	褐灰	黑	5.5
铝易解石	斜方	沥青	不规则	浅棕		
铌钸钇矿	斜方	半金属、金属	柱状	暗黑	黑	6.5
钇易解石	斜方	金刚	板状	淡红黄	褐黑	5～6
多钛铌矿	斜方	玻璃－油脂	板状、短柱状	浅红黄	暗棕	5.5
铌钙钛锆石	假等轴					
(10) 铌钇矿族						
铌钇矿	斜方	玻璃、油脂	柱状、板状	暗棕	褐黑	5～6
钙铌钇矿	斜方	玻璃	四边形、柱状		褐黑	6.5
钛铁铌钇矿		玻璃－油脂		暗褐	黑棕	5～6
铁铌钇矿					黑	5.5～6
铁铀铌钇矿	斜方	沥青	板状	暗褐	黑、褐	5～6
铅铌钇矿				暗褐		5～5.5
钽钇矿	斜方	半金属、玻璃	柱状	灰	黑、褐	5～5.5
(11) 铌钽硅酸盐矿物族						
铌钠锆石	单斜	玻璃	柱状、板状		黄褐	5.5～6
黄铌钙矿	单斜	玻璃	柱状		淡黄	6
谢尔巴科夫矿	单斜	玻璃	长柱状		深棕	6.5
罗蒙诺索夫矿	三斜	玻璃		白、玫瑰棕	棕、黑	2～4
B 罗蒙诺索夫矿	三斜	玻璃	板状、片状	白	黄玫瑰	4
水硅钠钛矿	三斜	玻璃	板状		紫、黑	2～3
硅钠铌石	假正方体	金刚、玻璃			浅褐	5～5.5
水硅钛铝钸矿		油脂	板状	黄	浅黄	2
锆钽矿	单斜	玻璃	长柱状、板状	黄	黄褐红	6
赛马矿		玻璃	块状、粒状		黑褐	5
包头矿	正方	玻璃			浅棕黑	5.9
单斜锡钽锰矿	单斜	油脂、玻璃	双锥		暗褐	5.5～6
红稀金矿	斜方	树脂、金刚			暗红	5.5

续表 5-3

密度/g·cm^{-3}	断口	化学式	含量(质量分数)/%		原名
			Nb_2O_5	Ta_2O_5	
4.92~4.98	贝壳状	$(Ce,Th,U,Y,Ca)(Ti,Nb)_2O_6$	25.84	1.06	
5.87	半贝壳状	$(Ce,Y,Ca,U,Th)(Ti,Nb,Ta)_2O_6$	19.63	19.05	
5.3		$(Ce,Ca,Th)(Nb,Ti)_2O_6$	41.13	0.51	
	贝壳状	$(Ce,Ca)(Nb,Ti,Al)_2O_6$	45.48	—	
4.77~4.85	贝壳	$(Ca,Fe,Ce)(Mn,Ti,Nb)_2O_6$	11.99	1.35	
4.61~5.05	贝壳	$(Y,Er,Ca,U,Th)(Ti,Nb)_2O_6$	28.91	5.54	黑稀金矿同质异象体
4.6~5.4	贝壳	$(Y,Er,Ca,Th,U)(Ti,Nb)_2O_6$	18.13	0.62	钇易解石变种
		$(Ca,Zr,Fe)(Ti,Nb,Zr)_2O_7$	24.8	2.0	
4.5~5.76	贝壳	$(Y,U,Fe)_{2-x}(Nb,Ti,Fe)_2O_7$	51.35	3.27	
4.738	贝壳 半贝壳	$(Ca,Y,U)_2(Nb,Fe)_2O_7$	43.32	2.54	
5.21~5.51	贝壳	$(Y,U,Fe)_2(Nb,Ti,Ta)_2O_6$	39.92	7.37	钛铌铁钇矿
5.51~5.63	贝壳	$(Fe,U,Y)_2(Nb,Ta)_2O_7$	51.45	51.45	
6.2~6.4	贝壳	$(Fe,U,Y)_2(Nb,Ta)_2O_7$	33.55	16.49	铌钽铁铀矿
4.80~4.81	贝壳	$(Y,Fe,Ca,U,Pb)_2Nb_2O_7$	46.03	1.20	
5.43~5.92	参差	$(Y,Fe)_2[(Ta,Nb)_2O_7]_3$	12.32	46.25	铌钇矿另一端元
3.2~3.42		$NaCa_2(Zr_{0.5}Nb_{0.5})Si_2O_{0.5}F_{0.5}$	14.47	—	
3.32		$Ca_4NbSi_2O_{10}(OH,F)$	16.06	0.5	黄硅铌钙石
2.986	不平坦	$Na(K,Ba)_2(Ti,Nb)_2(Si_2O_7)_2$	10.44	10.44	
2.81~3.15	不平坦	$Na_2Ti_2Si_2O_9Nb_3PO_4$	6.34	6.34	磷硅钛钠石
2.98	不平坦	$Na_2Ti_2Si_2O_9(Na,H)_3PO_4$	3.05	3.05	
2.43~3.13		$Na_2(Ti,Nb)_2Si_2O_9 \cdot nH_2O$	1.7~8.2	1.7~8.2	
3.77	半贝壳	$(Ca,Na)_2(Ti,Nb)(SiO_4)(OH,F)_3$	15.00	0.36	硅钠钙石
2.89~2.95		$(Ce,La,Th)(Ti,Nb)Al(Si,P)_2O_7(OH)_4 \cdot 3H_2O$	8.20		
3.547~3.556	不平坦	$(Na,Ce,Mn^{3+})_3Zr(SiO_4)_2F$	2.97	—	
4.281	贝壳状	$(Sr,Ca,\Sigma Ce,Fe)(Zr,Ti,Nb,Fe)SiO_5$	5.03	—	
4.42		$Ba(Ti,Nb)_2SiO_7$	11.50	—	
7.4	参差	$(Mn,Fe)(Ta,Nb,Sn)_2O_6$			锡钽锰矿
5.87	参差		25.17	21.58	黑稀金矿变种

5.1.1 铌和钽矿物的特征

铌和钽矿物具有以下地球化学的特征[10,11,17]：

(1) 铌和钽的原子结构相同，原子半径和离子半径相近。这种亲属性相似的性质使它们在自然界密切共存，地球化学性质相似。

(2) 铌、钽和周期表中的相邻元素也存在一定的地球化学相似性，其中和 Ti、RE、U、Th、Zr、W 尤为相似，处处和铌钽共存。

(3) 在已发现的钽铌矿物中，铌和钽一般呈氧化物、硅酸盐或硼酸盐形式存在，其中绝大多数呈复合氧化形态。

呈复合氧化物存在的矿物，多为铌钽独立矿物。呈硅酸盐或硼酸盐形式存在的矿物多为非独立矿。在呈硅酸盐或硼酸盐形式存在的矿物中，铌钽是以杂质的形式存在于一些元素的矿物中。上述 150 多种矿物中，60 种为独立铌钽矿物，另外 90 种矿物中铌钽是以杂质元素形式存在。例如，一些钛铁矿、钙钛矿、锆英石、锡石、黑钨矿、锑钽矿、铌锑矿等矿物中含有以杂质形式存在的铌和钽。

(4) 在复合氧化物矿物中，除钽和铌外，还含有铁、锰、钛、锆、碱金属、碱土金属、稀土元素、铀、钍、钨、锡、铅、锑、铋等元素。铌钽矿物的组成通常用 ABX_3、$A_2B_2X_7$、ABX_4、AB_2X_6、$A_mB_pX_q$、$A_2B_2O_7$来表示，式中 A 和 B 是大小比较接近的阳离子。属于 A 的是离子半径较大(0.09 ~ 0.11 nm)的阳离子，如钙、钠、钇、镧系元素、铀、钍和离子半径中等的锰、铁(Ⅱ)、镁。属于 B 的是离子半径较小(<0.07 ~ 0.08 nm)的元素如钛、铌、钽、铝、铁(Ⅲ)、硅等。氧在一些矿物中部分为氢氧基或氟离子所取代，X 为 O、OH^-、F^-。

(5) 由于矿物中含有较多的大原子质量的金属，如钽(180.95)、稀土元素(138.92 ~ 174.99)、铀(238.0)等，而使钽铌矿物的密度变得较大，95% 的铌钽矿物的密度大于 2.8 g/cm^3，其中又有 75% 的矿物密度大于 4 g/cm^3，最大的矿物(重钽铁矿)密度达 7.85 g/cm^3。因此钽铌矿选矿多采用重选法。

(6) 绝大多数铌钽矿物中含有不等量的钛、铁等顺磁性元素，故很多铌钽矿物具有磁性，从强磁电性矿物到弱磁电性矿物都有。这些矿物适于电选。

(7) 钽铌矿物的折射率比较高。95% 以上的钽铌矿物的折射率大于 1.70，其中 75% 的折射率大于 2，最高的(钽锡矿)达 2.377 ~ 2.430。

5.1.2 具有工业价值的钽铌矿物

工业矿物是指矿物能大量聚集，而且含铌钽量较高，加工工艺简单，易于利用的那些矿物。划分钽矿或铌矿主要是根据矿物中的钽和铌的含量，一般将 $w(Nb_2O_5):w(Ta_2O_5)$ 的比值大于 20 的矿物称为铌矿，将比值为 3 ~ 20 的矿物称为铌钽矿，其他称为钽矿。

具有经济意义的钽铌矿物如表5-4所示。

表5-4 具有经济意义的钽铌矿物

矿 物	化 学 式	密度/$g \cdot cm^{-3}$	$w(Nb_2O_5)$/%	$w(Ta_2O_5)$/%
烧绿石	$(Ca,Na)_2(Nb,Ta)_2(O,OH,F)_7$	3.5~4.6	50~70	0.5
细晶石	$(Ca,Na)_2(Nb,Ta)_2(O,OH,F)_7$	6.4	1~10	68~79
铌铁矿	$(Fe, Mn)(Nb,Ta)_2O_6$	5.2	30~75	1~40
钽铁矿	$(Fe, Mn)(Ta,Nb)_2O_6$	7.9	2~30	40~80
铌钽铁矿	$(Fe, Mn)(Ta,Nb)_2O_6$		60~75①	
锡锰钽矿	$(Ta, Sn, Mn, Nb, Fe, Ti)_{16}O_{32}$	—	1~25	45~70
钽金红石	$(Fe,Mn)(TaNbTi)_2O_6$	5.4	9~17	5~26

① $(Nb,Ta)_2O_5$总量。

5.1.2.1 铌铁矿－钽铁矿[11]

铌铁矿－钽铁矿(columbite-tantalite)是最重要的铌钽矿物，主产于花岗伟晶岩、花岗岩及蚀变花岗岩、层铁岩(铌稀土矿床)和砂矿中。矿物的化学通式为AB_2O_6，式中A为铁和锰，B为铌和钽。随钽或铌的含量不同而有一系列的同晶结构。纯铌铁矿含Nb_2O_5可达82.7%，纯钽铁矿含Ta_2O_5达86.1%。矿物的化学成分如表5-5所示。

表5-5 铌铁矿－钽铁矿及其过渡矿物的典型成分

<table>
<tr><th colspan="2">矿 物</th><th>铌 铁 矿</th><th>铌钽铁矿</th><th>钽 铁 矿</th><th>锰钽铁矿</th></tr>
<tr><td rowspan="8">成分/%</td><td>MnO</td><td>5.97</td><td>4.16</td><td>5.66</td><td>14.15</td></tr>
<tr><td>FeO</td><td>15.04</td><td>12.64</td><td>11.91</td><td>1.63</td></tr>
<tr><td>SnO_2</td><td>0.67</td><td>—</td><td rowspan="2">0.44</td><td rowspan="2">0.48</td></tr>
<tr><td>WO_3</td><td>—</td><td>—</td></tr>
<tr><td>Nb_2O_5</td><td>72.37</td><td>31.27</td><td>27.22</td><td>15.11</td></tr>
<tr><td>Ta_2O_5</td><td>5.26</td><td>51.93</td><td>53.47</td><td>68.65</td></tr>
<tr><td>灼减量</td><td>0.58</td><td>—</td><td>1.30</td><td>0.55</td></tr>
<tr><td>总量</td><td>98.89</td><td>100.00</td><td>100.00</td><td>100.57</td></tr>
</table>

物理性质：铌铁矿－钽铁矿族属斜方晶系，晶体呈短柱状，沿(110)呈板状晶体，常见直角柱形，柱体末端呈锐角状，有时在(100)面上见有“羽毛状”的双晶纹。解理沿(010)清楚，沿(100)不完全，断口呈半贝壳状到不平坦状。矿物呈黑色、棕黑色或褐黑色；条痕从棕红色到红褐色；具金属至半金属光泽；性脆。矿物的硬度随氧化钽含量的增加而增加。矿物的莫氏硬度：铌铁矿为4.3~6.5；钽铁矿为6.5~7.2。显微硬度：铌铁矿为2400~8000 MPa；钽铁矿为8000~10700 MPa。矿物晶格为斜方结构。结构为层状组织，由A和B八面体的层所组成。相同的八面体

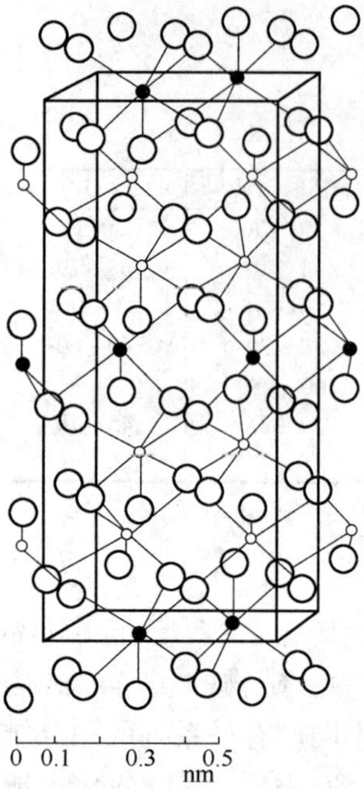

图 5-2　铌铁矿 - 钽铁矿

○—Nb(Ta)；●—Fe(Mn)；◯—氧

在层中以边连接成链，再同共同顶点相连。一个 A 八面体层通过顶点与邻边的 B 八面体层从两方面相连，形成 BAB 结构。矿物的晶格参数与样品的成分有关，波动在：$a=0.5133 \sim 0.5054$ nm，$b=1.445 \sim 1.405$ nm，$c=0.5762 \sim 0.5683$ nm。图 5-2 所示为矿物的晶体结构图。铌铁矿的密度为 5.2 ~ 6.25 g/cm³，钽铁矿的密度为 6.25 ~ 8.25 g/cm³。矿物的密度和氧化钽的含量呈直线关系，可以根据公式 $w(Ta_2O_5)=33.3\rho-171\%$（式中 ρ 为矿物密度），由密度大致算出矿物的氧化钽的含量。

铌铁矿 - 钽铁矿物具有弱磁性，矿物的磁化率为 $(22.1 \sim 37.2) \times 10^{-6}$。相对介电常数：铌铁矿为 10 ~ 12；钽铁矿为 7 ~ 8。

光学性质：偏光镜鉴定铌铁矿和钽铁矿均为二轴晶，光轴角铌铁矿为 70° ~ 80°，钽铁矿为 65° ~ 72°。铌铁矿具有负光性，钽铁矿具有正光性。折射率随矿物中 Ta_2O_5 含量增加而降低，$n_g=2.48 \sim 2.25$，$n_m=2.45 \sim 2.17$，$n_p=2.33 \sim 2.10$。

5.1.2.2　烧绿石 - 细晶石[11]

烧绿石和细晶石属于类质同象系的矿物。矿物的通式均为 $A_2B_2X_7$，式中 A 为离子尺寸大的 Na、K、Ca、Mg、Fe^{2+}、Mn、Sb、Ce、La、Dy、Y、Th、U^{4+}，B 为 Nb、Ta、Ti、Fe^{3+}、Zr、Al、Si，X 为 OH、F。但烧绿石是以铌为主的矿物，含钽有时仅为痕量；而细晶石则是以钽为主的矿物，铌含量也很低。

A　烧绿石

烧绿石(pyrochlore)是铌最主要的工业原料来源。主产于碱性正长岩、碱性伟晶岩、碱性花岗岩以及与碱性超基性杂岩有关的碳酸岩、云英岩和花岗伟晶岩中。烧绿石的化学成分波动较大，$w(Nb_2O_5)$ 波动在 50.0% ~ 71.5%，$w(Ta_2O_5)<4\%$（有的仅为痕量），典型的化学成分（质量分数）为：Nb_2O_5，37.5% ~ 65.6%；Ta_2O_5，痕量 ~ 4；Na_2O，4.29%；MnO_2，0.08%；CaO，18.06%；MgO，0.32%；Al_2O_3，0.48%；Fe_2O_3，0.70%；TR_2O_3，3.62%；ThO_2，0.36%；SnO_2，0.57%；$(Zr, Hf)O_2$，0.08%；UO_2，0.02%；F，9.32%。

存在多种类型的烧绿石矿物，包括铀钽铌矿、铌钛铀矿、铅烧绿石、稀土钽烧绿石、水钡锶烧绿石等。

物理性质：矿物为立方晶体结构，属等轴晶系：晶体常呈八面体，它有可能是由氟石点阵转化而来，半个立方多面体（配位数 8）转变成八面体（配位数 6）。在保留的立方体中配置有A组离子，而在八面体中B组元素（Nb，Ta，Ti等）占据一定位置。空间群记号为Fd3m，晶格常数与矿物组成有关，$a=1.037\sim1.057$ nm。图5-3为烧绿石的离子多面体结构。

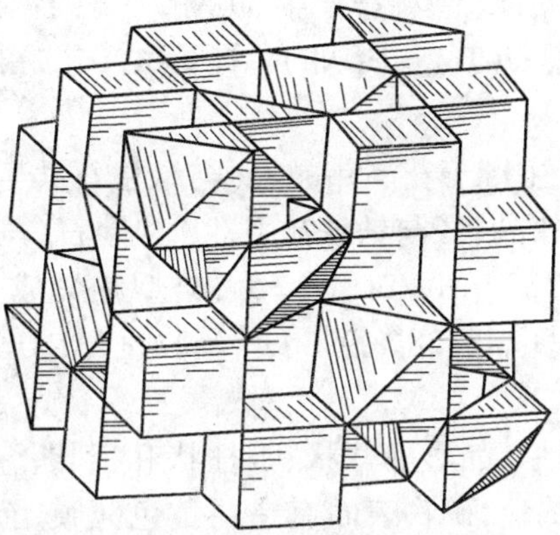

图5-3　离子多面体形式的烧绿石的结构

烧绿石颜色有暗褐色、红褐色、暗红色至黑色、黄绿色，极少数为灰黑色。断口呈贝壳状，在新鲜断口处几乎呈黑色；条痕为淡褐色或淡黄色；有树脂光泽或油脂光泽。性脆，莫氏硬度为5～6，显微硬度为5390～7640 MPa。密度为4.12～5.35 g/cm³。矿物为非磁性物质，磁化率为$(4.67\sim5.07)\times10^{-6}$。

光学性质：薄片中透明，呈浅黄色、浅红色、褐红色直到无色。偏光镜鉴定为均质体，但常见异常干涉色。折射率$n=1.93\sim2.03$，加热后增至1.99～2.27。在反光镜下呈灰色。反射率低，约为8.2～13.7。在光片上有时可见到晶体沿八面体解理裂开，内反射为褐色、黄色和浅黄绿色。

B　细晶石

细晶石（microlite）属于烧绿石型矿物的一种变体，但它是以钽为主。主产于花岗伟晶岩、花岗岩、钠长石花岗岩、细晶岩和砂矿中。矿物通式同烧绿石。

物理性质：等轴晶系，晶形呈八面体或菱形十二面体，颜色浅黄到褐色，有玻璃光泽或树脂光泽，断口呈贝壳状或锯齿状。性脆，莫氏硬度5～5.5，密度4.2～6.4 g/cm³，显微硬度6580～7530 MPa。晶格常数$a=1.041\sim1.043$ nm。为非磁性物质。磁化率为$(8.84\sim2.01)\times10^{-6}$。相对介电常数为4.78～5.01。

光学性质：偏光镜鉴定为均质体，在单偏光镜下为无色或淡黄色。折射率$n=1.93\sim2.023$，反射率8.2～13.7。

典型化学成分（质量分数）：Ta_2O_5，68.43%～77.0%；Nb_2O_5，痕量～7.74%；Na_2O，2.86%；K_2O，0.29%；CaO，11.80%；MgO，1.01%；Al_2O_3，0.13%；Fe_2O_3，0.29%；TR_2O_3，0.62%；SnO_2，1.05%；UO_2，1.59%；WO_3，0.30%；F，2.85%。

5.1.2.3　黑稀金矿－复稀金矿族[11]

黑稀金矿－复稀金矿族的特点是铌、钽和钛生成广泛的类质同象置换系列矿物。化学结构式均为 AB_2O_6，式中 A 为 Y、Ce、Ca、U、Th，B 为 Nb、Ta、Ti。黑稀金矿和复稀金矿间呈过渡关系，黑稀金矿中 $w(Nb) > w(Ti)$，且 $w(Ti):(w(Nb)+w(Ta))=2:3$；复稀金矿中 $w(Ti) > w(Nb)$，且 $w(Ti):(w(Nb)+w(Ta))=3:2$。

A　黑稀金矿

黑稀金矿（euxenite）主产于花岗伟晶岩（与绿柱石共生）、蚀变花岗岩（与锆石共生）、碱性正长岩及其伟晶岩（与钛铁矿共生）和砂石（与独居石共生）中。化学结构式为 $(Y,Ce,Ca,U,Th)(Nb,Ta,Ti)_2O_6$，典型化学成分（质量分数）：$Nb_2O_5$，33.7%；$TiO_2$，19.1%；$Y_2O_3$，18.38%；$Ce_2O_3$，2.27%；$Al_2O_3$，1.30%；$ThO_2$，1.54%；$UO_2$，16.4%。

物理性质：为斜方晶系，晶形呈柱状、板柱状和板状。颜色浅绿、黄褐、红褐或黑色。条痕浅黄或浅红褐色，矿物表面有一层黄色薄膜，有半金属和油脂光泽，无解理。断面呈贝壳状。莫氏硬度 5.5～6.5。密度 4.3～5.9 g/cm³。有中等电磁性，磁化率 $(27.38 \sim 12.24)\times 10^{-6}$，相对介电常数 3.74～4.66。晶格参数：$a=0.5166 \sim 0.5180$ nm，$b=1.454 \sim 1.473$ nm，$c=0.552 \sim 0.570$ nm，$a:b:c=0.3375:1.0:0.3412$。

光学性质：在单偏光镜下为棕红或暗红色。为均质体，变生状态。折射率 $n_g=2.26$，均质 $n=2.06 \sim 2.26$。光轴角二轴晶（＋），消光角 70°。

B　复稀金矿

复稀金矿（polycrose）主产于花岗岩（与钇易解石共生）、花岗伟晶岩（与绿柱石共生）、正长伟晶岩（与磷灰石、钛铁矿等共生）中。化学结构式为 $(Y,U,Th)(Ti,Nb)_2O_6$，典型成分（质量分数）：TiO_2，32.91%；Nb_2O_5，17.79%；Ta_2O_5，0.89%；Y_2O_3，28.76%；UO_2，4.01%；ThO_2，7.69%；CaO，1.02%；MgO，0.04%；MnO_2，0.27%；Fe_2O_3，1.48%；PbO，0.06%。

物理性质：为斜方晶系，晶形呈柱状、薄片和板状。颜色浅绿、黄褐或黑色。条痕为浅黄或浅红褐色，有半金属光泽，无解理。断面呈贝壳状。莫氏硬度为 5.5～6.5。密度 4.7～5.4g/cm³。有弱至中等电磁性，磁化率 $(21.05 \sim 18.00)\times 10^{-6}$，相对介电常数 3.74～4.66。晶格参数：$a=0.553 \sim 0.570$ nm，$b=1.450 \sim 1.473$ nm，$c=0.516 \sim 0.518$ nm。

光学性质：在单偏光镜下为浅红或浅黄色的褐色。为均质体，变生状态。折射率 $n=2.248$，均质 $n=2.06 \sim 2.26$。

5.1.2.4　褐钇铌矿－黄钇钽矿[11]

化学结构式为 ABO_4，式中 A 为稀土元素，B 为 Nb、Ta、Ti。褐钇铌矿主要含铌；黄钇钽矿主要含钽。

A 钇铌矿

钇铌矿(fergusolite)主产于黑云母花岗岩(与独居石、锆石、钍石共生)、花岗伟晶岩、蚀变花岗岩、残坡和冲积砂矿中。分子式为 $YNbO_4$，典型化学成分(质量分数):Nb_2O_5,42.90%;Ta_2O_5,2.50%;Y_2O_3,37.03%;Ce_2O_3,2.91%;TiO_2,1.51%;UO_2,3.96%;ThO_2,1.03%;CaO,0.45%;MgO,0.48%;MnO_2,0.05%;Fe_2O_3,0.59%;PbO,0.23%;Al_2O_3,1.96%;SiO_2,0.13%。

物理性质:为正方晶系,晶形呈柱状、桶状和纺锤状。颜色由黄色、黄褐色到黑褐色。条痕为浅黄或黄褐色。有油脂或半金属光泽。断面呈贝壳状。莫氏硬度5.5~6.5。密度4.89~5.82 g/cm³。有中等至强电磁性，磁化率(29.02~21.16)$\times10^{-6}$。晶格参数:$a=0.515\sim0.519$ nm,$c=0.108\sim0.109$ nm。

光学性质:在单偏光镜下透明，呈新鲜的浅黄、浅红褐色，有时呈深褐色。为均质体。折射率 $n=2.10\sim2.13$。系一轴晶,负光性。

B 黄钇钽矿

黄钇钽矿(formanite)主产于黑云母花岗岩(与独居石、锆石、钍石共生)、花岗伟晶岩、蚀变花岗岩、残坡和冲积砂矿中。分子式为 $Y(Nb,Ta,Ti)O_4$，典型化学成分(质量分数):Nb_2O_5,9.15%;Ta_2O_5,49.36%;REO,32.98%;UO_2,2.15%;ThO_2,1.67%。还含有 Si、Fe、Al、Ti、Ca、Mg 等。

物理性质:为正方晶系,晶形呈板状和柱状。颜色由灰色、黄色、黄褐色到黑色。条痕为浅黄色。有玻璃－树脂光泽。二组解理完全。断面呈参差－壳状。莫氏硬度为5.5~6.5。密度为6.24~7.03 g/cm³。有中等电磁性，磁化率(29.02~31.16)$\times10^{-6}$。

光学性质:在单偏光镜下透明，呈新鲜的浅黄色，透明－不透明。为均质体。折射率极高,$n=2.07$。系一轴晶(+)。

5.1.2.5 易解石[11]

易解石(eschynite)主产于碱性岩、伟晶岩和热液交代矿床以及白云岩与花岗岩接触中。化学结构式为$(Ce,Th)(Ti,Nb)_2O_6$,典型成分(质量分数):Nb_2O_5,23.59%;Ta_2O_5,0.26%;Ce_2O_3,29.30%;TiO_2,26.65%;ThO_2,13.06%。还含有Y、Fe、Al、Ca 等。

物理性质:斜方晶系,$a=0.538$ nm,$b=1.108$ nm,$c=0.756$ nm,为板、柱、针状晶。黑、褐色,莫氏硬度为5~6,密度为4.9~5.4 g/cm³,有强放射性。

5.1.2.6 铌铁金红石[11]

铌铁金红石(limenorulite)主产于花岗伟晶岩和花岗正长伟晶岩中。化学结构式为$(Ti,Nb,Fe)O_2$,典型化学成分(质量分数):Nb_2O_5,23.67%;Ta_2O_5,0.13%;TiO_2,63.04%;FeO,13.23%;MnO,0.19%。

物理性质:为正方晶系,多为柱状晶体,通常为黑色,有时为棕褐色。条痕呈褐色。晶体为透明或半透明状。莫氏硬度为 6 ~ 6.5，密度为 4.35 ~ 5.6 g/cm³。

5.1.2.7　钽锡矿[11]

钽锡矿(torolite)主产于花岗伟晶岩，与锡石共生。化学结构式为 $Sn(Nb,Ta)_2O_7$，典型化学成分(质量分数)为：Ta_2O_5，72.85%；Nb_2O_5，4.5%；SnO_2，25.0%；FeO，10.0%。

物理性质：为单斜晶系，$a = 0.458$ nm，$b = 1.710$ nm，$c = 0.556$ nm，$\beta = 90°54'$。多为柱状和块状晶，通常为褐色，条痕为黄色。有油脂光泽。(100)解理完全，(011)不完全。莫氏硬度为 5.5 ~ 6，密度为 6.8 ~ 7.9 g/cm³。

5.1.2.8　铈铌钙钛矿[11]

铈铌钙钛矿主产于碱性岩及伟晶岩中。通式为 ABO_3，式中 A 为阳离子 Na、K、Ca、Sr、Th，B 为 Nb、Ta、Ti，其中 Ti 占多数，$w(Nb):w(Ta) \approx (15 \sim 20):1$。典型化学成分(质量分数)：$TiO_2$，32.5% ~ 43.5%；$(Nb+Ta)O_5$，5.5% ~ 12.8%；REO，27.7% ~ 45.5%；ThO_2，0.5% ~ 0.6%；CaO，7.5%；Fe_2O_3，3.0%。在独联体国家这是提取稀土、铌和钽的重要工业原料。

物理性质：为立方晶系。晶格参数：等轴 $a = 0.586 \sim 0.389$ nm。晶形呈立方体和八面体。颜色为浅棕、灰或黑色。条痕为浅棕褐色或黑褐色。有半金属油脂光泽，无解理。断面呈贝壳状。莫氏硬度 5.5 ~ 6.3，显微硬度 7330 ~ 9789 MPa。密度 4.64 ~ 4.894 g/cm³。有弱电磁性，磁化率$(4.67 \sim 9.01) \times 10^{-6}$，相对介电常数 5.70 ~ 9.07。

光学性质：在单偏光镜下为浅红褐或浅褐色，为均质体。折射率 $n = 2.26 \sim 2.38$。

5.1.3　铌和钽的矿物储量[13~15]

世界铌储量为 3245.9 万 t，其中巴西和加拿大的储量约占世界铌总储量的 95%。世界钽储量 30.6 万 t(均以氧化物计)，主要资源国为澳大利亚、加拿大、巴西。主要铌和钽资源国的储量如表 5-6 所示。中国铌和钽的储量见第 1 章表 1-1 所示[21,55]。

表 5-6　一些国家钽和铌的资源储量[12~15,35]

国家或地区	Ta_2O_5		Nb_2O_5		
	储量/万 t	分布率/%	储量/万 t	分布率/%	品位($w(Nb_2O_5)$/%)
巴　西	0.310	1.0	2120.0	65.3	2.5 ~ 3.0
澳大利亚	6.866	22.4	248.5	7.7	0.9
加拿大	0.275	0.9	160.0	4.9	0.4

续表 5-6

国家或地区	Ta_2O_5		Nb_2O_5		
	储量/万 t	分布率/%	储量/万 t	分布率/%	品位($w(Nb_2O_5)$/%)
前苏联	19.00	62.0	317.0	9.8	
尼日利亚	0.318	1.0	43.4	1.3	0.31
泰　国	0.730	2.4			
扎伊尔	0.182	0.6	190.0	5.9	1.17
马来西亚	0.091	0.3			
东南亚地区旧锡渣	0.360	1.2			
美　国			1.1	0.3	0.09
乌干达			60.0	1.8	0.30
肯尼亚			74.0	2.3	0.7

5.2 铌钽矿床

5.2.1 矿床类型[16~18]

5.2.1.1 铌和钽的矿石类型

我国将铌钽矿石大致分为铌铁矿－钽铁矿矿石(又分原生矿和砂矿)、烧绿石矿石(又分为伟晶岩烧绿石矿石和碳酸岩烧绿石矿两种)和其他含铌钽的矿石三大类。这些矿石包含的主要铌和钽矿物和主要伴生矿物如表 5-7 所示。

表 5-7 铌和钽的矿石类型[20]

矿石类型	主要钽－铌矿物	主要伴生矿物
钽铁矿－铌铁矿矿石		
(1) 原生矿	钽铁矿、铌铁矿、细晶石、六方钽铝石、铀钽铌石等	长石、石英、锂辉石、绿柱石、锂云母、锡石、黑钨矿、磷铝石等
(2) 砂矿	铌铁矿、钽铁矿	石英、石榴石、角闪石、磁铁矿、锡石、金红石、钛铁矿、锆石、独居石
黄绿石矿石		
(1) 伟晶岩黄绿石矿石	黄绿石	霞石、钠长石、微斜长石、霓石、榍石、锆石、钛铁矿、绿泥石、黄铁矿、磁铁矿、方解石
(2) 碳酸岩黄绿石矿石	黄绿石、钡黄绿石、铌铁矿	方解石、白云石、重晶石、磷钡铝石、钠钾长石、磷灰石、黑云母、黄铁矿、磁铁矿、针铁矿、褐铁矿、钛铁矿、独居石

续表 5-7

矿石类型	主要钽-铌矿物	主要伴生矿物
其他含钽铌矿矿石		
(1) 褐钇铌矿矿石	褐钇铌矿	石英、长石、独居石、锆石、钛铁矿、角闪石、榍石
(2) 黑稀金矿矿石	黑稀金矿、铌铁矿	石英、长石、独居石、磁铁矿、钛铀矿、石榴石、尖晶石、锆石、磷钇矿、钛铁金红石
(3) 钛铌钙铈矿矿石	钛铌钙铈矿	霞石、霓石、磷灰石
(4) 等轴钽钙矿矿石	等轴钽钙矿	方解石、白云石、云母、磷灰石、锆石、重晶石、黄铁矿

5.2.1.2 铌和钽的矿床类型

地质工作者根据工作目的不同,将矿床划分为成因类型和工业类型两种类型。按其成因,铌钽矿床首先分为内生矿床、外生矿床和变质矿床三大类,然后按一定的地质条件和主要成矿作用再划分出岩浆矿床、伟晶岩矿床、气成热液矿床、接触自变质矿床和外生矿床五类(表 5-8)。

表 5-8 铌钽金属矿床类型[18,19]

矿床类型		岩浆矿床	伟晶岩矿床	气成热液矿床	外生矿床
伟晶岩矿床		(1) 含铌铁矿的未分异非交代型伟晶岩;(2) 含铌铁矿不完全分异交代型伟晶岩(前苏联外贝加尔);(3) 含钽铁矿完全分异未交代型伟晶岩(巴西);(4) 含钽铁矿、细晶石及六方钽铝石的完全分异交代型伟晶岩(前苏联科拉半岛及南罗德西亚)	含褐钇铌伟晶岩(前苏联科拉半岛)	(1) 含黄绿石的霞石正长岩(前苏联中乌拉尔);(2) 含黄绿石、铌铁矿、易解石及铌铁金红石的长石伟晶岩(前苏联中乌拉尔);(3) 含胶绿层矽铈钛矿的长石、霓石伟晶岩	(1) 含钙钛矿、钛磁铁矿的伟晶岩(前苏联科拉半岛);(2) 含金红石、板钛矿的伟晶岩(美国阿肯色)
气成热液矿床	脉状	(1) 含铌铁矿、白钨矿及锡石的长石、石英脉(美国南达科他);(2)含铌铁矿、锡石黑钨矿及辉钼矿的云英岩脉(前苏联哈萨克斯坦)	含铌铁矿及铌铁金红石的长石、石英、赤铁矿脉	(1) 含黄绿石的钠长石脉(前苏联乌拉尔);(2) 含黄绿石的黑云母方解石脉(前苏联乌拉尔)	(1) 含金红石及板钛矿的长石、方解石脉(美国阿肯色);(2) 含铈钙钛矿的碳酸岩(美国阿肯色);(3) 含黄绿石及铀钽铌矿的碳酸岩(非洲及前苏联加里利亚)

续表 5-8

矿床类型		岩浆矿床	伟晶岩矿床	气成热液矿床	外生矿床
	自变质	(1) 含铌铁矿及钽铁矿的钠长石化花岗岩(前苏联喀尔巴); (2) 含铌铁矿、钽铁矿、铌钇矿及黑稀金矿的云英岩化花岗岩(前苏联西伯利亚); (3) 含铌铁矿黑云母化花岗岩; (4) 含细晶石、云英岩化花岗岩	含复稀金矿钠长石化花岗岩正长石	(1) 含黄绿石钠长石化碱性岩(前苏联乌克兰); (2) 含黄绿石的碳酸岩化带(前苏联中乌拉尔)	(1) 钠沸石化及黑云母化霓霞岩(加拿大魁北克); (2) 含黄绿石的碳酸岩化带(非洲)
接触自变矿床				碱性岩与碳酸岩接触形成的含钙钛矿及黄绿石的钠长石化及霞石化带(加拿大魁北克)	
外生矿床		(1) 铌铁矿、钽铁矿及锡石砂矿(尼日利亚); (2) 铌钇矿砂矿(阿尔泰地区); (3) 钛铁矿砂矿(前苏联乌克兰)		(1) 锆英石及黄绿石砂矿(乌干达); (2) 钛铁矿及金红石砂矿(前苏联乌拉尔); (3) 含钛铁矿的铝土矿(美国阿肯色)	

在岩浆矿床中，含铌铁矿黑云母花岗岩、含褐钇铌矿黑云母花岗岩和含烧绿石的碱性花岗岩三类矿床，是有潜在工业价值的矿床。

在伟晶岩矿床中，分异且受复杂交代的含钽铁矿、细晶石的花岗伟晶岩矿床是钽、铌、铍、锂、铷、铯的综合性矿床，经济价值大。

在气成热液矿床中，花岗岩中含铌铁矿、钽铁矿、细晶石、钠长石云英岩化交代带矿床是重要的钽工业类矿床，是目前钽原料的主要来源。

在外生矿床中，含锡石的铌铁矿－钽铁矿砂矿在和碳酸盐岩体边缘部分的残积沙矿，都是铌的重要工业型矿床。

世界铌储量丰富，主要铌矿床的特点如表 5-9 所示。

表 5-9 主要铌矿床的特点

国家或地区	位置	大体描述	铌矿物	矿床数量/Mt	氧化钽(铌)含量/%
巴西	Catalao	超基性、碱性、碳酸盐岩	钡烧绿石	~40	1.0
	Araxa	碳酸盐岩，5 km^2，高度风化，严重出露	钡烧绿石	461.7	2.50
	Tapira	碳酸盐岩，1.55 km^2，90% 出露		13.7	0.51
	Pocas de Caldas	碳酸盐岩未出露，主要是碱性火山岩			
加拿大	Oka	碳酸盐岩、霓石岩等		92 30	0.4 0.6

续表 5-9

国家或地区	位　置	大体描述	铌矿物	矿床数量 /Mt	氧化钽(铌)含量 /%
加拿大	James Bay	侵入前寒武层角闪石的辉岩－碳酸盐岩碱性黑花岗石，黑花岗石角砾岩，少量碳酸盐岩		62	0.52
	Nemegosenda	环状霞石黑花岗石、霓石岩、暗霞正长岩和少量碳酸盐岩的复合体		20	0.47
	Lackner L	角闪石中的碱性岩、碳酸盐岩岩圈	烧绿石 + 磁铁矿 + 磷灰石	80	0.25
	Manitou 岛 St. Honreo	中央碳酸盐岩	烧绿石 + U_3O_8 (0.4%)	2.7	0.69
			烧绿石	16	0.69
坦桑尼亚	Panda 山 Nackend-azwaya	霓长岩化前寒武层复合岩中的黑云 碳酸盐岩、霓石岩和流霞正长岩	烧绿石 + 铀烧绿石	125	0.3
马拉威	Chilwa 岛	黑云碳酸盐岩，铁白云，黑云碳酸盐岩和菱铁矿			
乌干达	Toraro	碳酸盐岩、霞石黑花岗石和霓石岩	烧绿石 + 磷酸盐		
赞比亚	Kolubwe	Karoo 矿床中的黑云碳酸盐岩断岩	低品位烧绿石巨大潜力		
扎伊尔	Lueshe	霓长岩化片麻岩中的 sovite 和黑花岗石			
澳大利亚	西澳 Weld 山	风化碳酸盐岩和磷灰石	含稀土矿物的烧绿石和含磷酸盐的磷灰石	273	0.9
独联体	科拉半岛，Lovozero	霞石	铈铌钙钛矿	30	1.35
	Gavasay 河谷		褐钇铌矿		
美国	科罗拉多铁山 科罗拉多 Genpark	霞石黑花岗石中的碳酸盐岩 霞石黑花岗石中的碳酸盐岩，辉岩，霓石岩和长霓岩复合体		3.2 Nb_2O_5	0.03 ~ 0.092
	爱达荷熊谷	石英二长岩或石英闪长岩	黑稀金矿		
	科罗拉多 Rosa 山，Pikes Park	微纹长石、钠斜长岩、石英、钠闪石和钠黑花岗石	烧绿石		
格陵兰	Sarfortoq	复合碳酸盐岩	烧绿石	0.1	15% Nb_2O_5，0.18% Ta_2O_5
	Motzfeldt So	霓石黑花岗石和变黑花岗石	烧绿石和稀土矿物	130	0.4% ~ 1.0% Nb_2O_5 0.08% ~ 0.15% Ta_2O_5

续表 5-9

国家或地区	位置	大体描述	铌矿物	矿床数量 /Mt	氧化钽(铌)含量 /%
尼日利亚	Jos 高原	侏罗纪辉长岩斑岩、流纹岩和黑云母的火成复合岩	铌铁矿	10000 t Nb_2O_5	
	Jos Bokuru		烧绿石		0.7
乌干达	Lunyo	钠长石化花岗岩	铌铁矿		
中国	南平	花岗闪长岩	褐钇铌矿		

5.2.1.3 我国钽铌矿床类型[21]

我国铌钽矿床主要分为三大类。

A 花岗伟晶岩矿床

这是我国重要的工业类型矿床。主要分布在新疆、湖北、河南、福建、广东等省、自治区。矿床中一般含$(Nb+Ta)_2O_5$为0.02%~0.026%。$w(Ta)/w(Nb)\geqslant1$。钽铌矿物晶粒较大。共生矿物多,有锂辉石、锂云母、绿柱石等。

B 花岗岩铌钽矿床

花岗岩铌钽矿床为我国重要的铌钽工业类矿床。主要分布在南岭成矿带的湖南、江西、广东、广西等省和自治区。这类矿又分为6种类型(表5-10)。褐钇铌矿花岗岩矿床、铌铁矿-钽铌铁矿花岗岩矿床和铌钽锰矿-细晶石花岗岩矿床是我国重要的工业类矿床。其中,铌钽锰矿-细晶石花岗岩矿床是我国最重要的工业类矿床,铌钽矿物储量大,品位较高,有用矿物多,综合利用价值大,是目前我国钽原料的主要来源地。

表 5-10 我国花岗岩铌钽矿床类型[21]

矿床类型	矿化内容	主要钽铌矿物	主要共生矿物	主要矿床(点)
(1) 褐钇铌矿花岗岩	TR, Nb	褐钇铌矿		姑婆山、佛岗、新兴、古斗、广海、葵田、八步
(2) 铌铁矿花岗岩	$w(Nb)>w(Ta)$	铌铁矿		桂美、南昆山、七娘坛、石际头、横峰
(3) 铌铁矿-钽铌铁矿花岗岩	$w(Nb)>w(Ta)$	铌铁矿、钽铌铁矿		521、522、523、小江、江背、亚山
(4) 钽铌铁-铌钽锰矿花岗岩	$w(Nb)\approx w(Ta)$	钽铌铁矿、钽铌锰矿	锡石、黑钨矿	525、老虎头、水溪庙、白石坑、小背山、玉怀、仑山、邓阜仙、旱叫山
(5) 铌钽锰矿-细晶石花岗岩	$w(Nb)>w(Ta)$	铌钽锰矿、细晶石		宜春414、大吉山、430、海螺岑、上堡
(6) 黄钇钽矿花岗岩	TR、Ta	黄钇钽矿		牛岭坳

C 沉积变质高温热液交代型矿床

这是一个具有潜在工业价值的铌矿矿床,主要分布在内蒙古包头白云鄂博地区。尚未得到有效开发。

5.2.2　我国铌和钽的成矿区带[22~24]

根据我国稀有金属矿床的成矿地质特点、分布特征、元素的共生组合和所处的地质构造的位置，我国将包括铌和钽在内的稀有金属的成矿区划分为东部和西部两大区域。区分两个区域的界限为北起银川南至昆明的大断裂带。在两大成矿区域内，有着不同的铌钽成矿区带。

5.2.2.1　东部成矿域

东部成矿域由北向南构成以下6个成矿区带：

（1）辽东－吉南铌、钽、稀土、铀、铍成矿带，在内蒙古自治区和吉林省交界处新发现的801矿，位于该矿带内。该矿的钽铌储量比江西宜春矿大，并且富含稀土、铍、锆等金属。

（2）大兴安岭南段稀土、铌成矿带。

（3）华北稀土、铌、钽、锆、铍成矿带。

（4）内蒙古稀土、铌、铍成矿带，境内包头白云鄂博大型铁－稀土－铌矿山。

（5）秦岭稀土、铌、钽、铀、钍成矿带。

（6）南岭稀土、铌、钽、铍、锆成矿带，该矿带盛产铌钽、稀土（重稀土为主）、铍、锂、铷、铯等，被称为我国稀有金属之乡。江西宜春钽铌矿、广西栗木锡矿均位于此矿带内。

5.2.2.2　西部成矿区

西部成矿区由北向南构成以下5个成矿带：

（1）新疆北部阿勒泰铌钽、铍、锂、铷、铯成矿区带。

（2）甘肃北山铌、钽、稀土、铍成矿区带。

（3）康滇铍、铌、钽、稀土、锂成矿带。

（4）川西铌、钽、铍、锂、铷、铯成矿带。

（5）滇西铌、钽、铍、稀土成矿带。

上述成矿区的基本特征如表5-11所示。

表5-11　我国内生铌和钽的主要成矿区

主要成矿区	成矿区域的大地构造类型	成矿时期	成矿的稀有元素	矿 床 类 型
南岭 Ta、Nb、TR、Be 成矿区	断块型	燕山为主 加里东次之	Ta、Nb、TR、Be（Hf、Rb、Cs）—燕山，TR、Zr—加里东	花岗岩型（为主）、气成热液型、热液型、伟晶岩型、混合岩型、火山岩型
新疆北部 Be、Nb、Ta、Li、Rb、Cs、Hf 成矿区	地槽褶皱带型	海西为主	Be、Ta、Nb、Li、Rb、Cs、Hf	花岗伟晶岩型（为主）、热液型、花岗岩型
内蒙古 TR、Nb、Be 成矿区	地台活动带型古老隆起型	海西为主 前震旦纪次之	TR、Nb、Be（Ta、Li）—海西，TR、Nb、U、Th—前震旦纪	沉积变质－热液交代型、伟晶岩型

续表 5-11

主要成矿区	成矿区域的大地构造类型	成矿时期	成矿的稀有元素	矿床类型
四川西部 Li、Be、Rb(Cs)、Nb、Ta 成矿区	地槽褶皱带型	印支(燕山)	Li、Be、Rb(Cs)、Nb、Ta	伟晶岩型(为主)、花岗岩型
滇西 Be、Nb、TR(Ta、Li)成矿区	地槽褶皱带型	燕山为主 加里东次之	Be、Nb、TR(Ta、Li)—燕山,TR、Nb—加里东	花岗岩型、伟晶岩型、混合岩型
秦岭 TR、Be、Nb(Ta、Zr)成矿区	地台活动带型地槽褶皱带型	海西为主 燕山次之	Be、Nb、Ta—海西 TR—海西、燕山	伟晶岩型、碳酸盐岩型、碱性岩型
康滇 Nb、TR、Zr、Be(Ta)成矿区	地台活动带型	海西为主 燕山次之	Nb、TR、Zr、Be、Ta	碱性岩及派生岩脉型(为主)、碳酸盐岩型、花岗岩型、气成热液脉型
华北 TR、Nb、Zr、Be、Ta 成矿区	地台活动带型古老隆起型	燕山为主	TR、Nb、Zr、Be、Ta	碱性岩型、花岗岩型、碳酸盐岩型、伟晶岩型
北山 Nb、TR、Be、Ta 成矿区	地台活动带型古老隆起型	海西为主	Nb、TR、Be、Ta	变质大理岩(热液)型、伟晶岩型

5.2.3 铌钽矿床工业指标

矿床工业指标是根据各国资源特点制订出来的。国外铌钽矿床的工业品位指标如表 5-12 所示,我国矿床的工业品位指标如表 5-13 和表 5-14 所示。

表 5-12 国外铌钽矿床的工业品位指标[25]

矿床类型	工业品位	矿床实例
碳酸岩 (烧绿石)	Nb_2O_5,0.1% ~3%	1. 巴西阿拉萨矿:Nb_2O_5,3% ~4% 2. 加拿大尼阿贝克矿:Nb_2O_5,0.43%
花岗伟晶岩 (钽铌铁矿细晶石)	Nb_2O_5,0.02% ~0.03% Ta_2O_5,0.01% ~0.02%	1. 加拿大伯尼克湖矿:Ta_2O_5,0.19% ~0.23% 2. 前苏联某矿:Ta_2O_5,0.02%
花岗石	Nb_2O_5,0.01% ~0.03% Ta_2O_5,0.01% ~0.02%	1. 前苏联某矿:Nb_2O_5,0.01%;Ta_2O_5,0.027% 2. 扎伊尔某矿:Ta_2O_5,0.0085%
与伟晶岩有关的砂矿	褐钇铌矿、铌铁矿、黑稀金矿为 30 ~150 g/m^3	澳大利亚钽铁矿 80 g/m^3
锡矿		泰国、马来西亚等砂锡矿中的锡石:Ta_2O_5,1.8% ~15%

表 5-13 我国铌钽矿床的单项工业指标[26]

矿床类型	$\frac{w(Ta_2O_5)}{w(Nb_2O_5)}$	边界品位		最低工业品位		最低可开采厚度/m	夹石剔除厚度/m
		$w((Ta,Nb)_2O_5)$/%	或 $w(Ta_2O_5)$/%	$w((Ta,Nb)_2O_5)$/%	或 $w(Ta_2O_5)$/%		
花岗伟晶岩类矿床	≥1.0	0.012 ~0.015	0.007 ~0.008	0.022 ~0.026	0.012 ~0.014	0.8 ~1.5	≥2
碱性长石花岗岩矿床	≥1.0	0.015 ~0.018	0.008 ~0.01	0.024 ~0.028	0.012 ~0.015	1.5 ~2.0	≥4

续表 5-13

矿床类型	$\frac{w(Ta_2O_5)}{w(Nb_2O_5)}$	边界品位		最低工业品位		最低可开采厚度/m	夹石剔除厚度/m
		$w((Ta,Nb)_2O_5)$/%	或 $w(Ta_2O_5)$/%	$w((Ta,Nb)_2O_5)$/%	或 $w(Ta_2O_5)$/%		
风化壳(褐钇铌矿或铌铁矿)矿床	—	0.008 ~ 0.010	重砂品位 80 ~ 100 g/m^3	0.016 ~ 0.020	重砂品位 250 ~ 280 g/m^3	0.5 ~ 1.0	
原生铌矿床	—	0.05 ~ 0.06		0.08 ~ 0.12		5.0	≥5
河流类砂矿床(铌铁矿或褐钇铌矿)	—	0.004 ~ 0.006	重砂品位 40 g/m^3	0.01 ~ 0.012	重砂品位 ≥250 g/m^3	0.5	≥2

表 5-14 伴生铍锂的钽铌矿综合回收工业指标[26]

矿床类型	铍	锂	铌	钽
	$w(BeO)$/%	$w(Li_2O)$/%	$w((Ta,Nb)_2O_5)$/% $\frac{w(Ta_2O_5)}{w(Nb_2O_5)}>0.4$	或 $w(Ta_2O_5)$/%
花岗伟晶岩类矿床与气成-热液矿床	≥0.04	≥0.2	≥0.007 ~ 0.01	≥0.003
碱性长石花岗岩类矿床	≥0.04 ~ 0.06	≥0.3	≥0.01 ~ 0.015	≥0.005

5.2.4 国内外大型铌钽矿床[33]

5.2.4.1 国内外主要的铌矿床

国外铌矿床主要集中在巴西和加拿大，两国的铌储量占世界总铌储量的95%。

A 巴西阿拉克萨烧绿石铌矿[27,28,56,57]

阿拉克萨(Araxa)铌矿属于巴西冶金矿业公司(Companhio Brasileira de Metalurgia e Mineracao, CBMM)，矿床位于巴西南部的米纳斯吉拉斯州(Minas Gerais)的阿拉克萨城南 6 km 处。1954 年发现，1960 年建设，1961 年 4 月开始生产铌精矿。

该矿属于碳酸岩碱性矿物区。矿体直径约 4.5 km，总储量估计达到 4.6 亿 t，平均含 Nb_2O_5 2.47%。以 1% Nb_2O_5 为边界品位的已探明储量为 1.316 亿 t，其中有 0.357 亿 t Nb_2O_5 含量在 3% 以上。探明的和推测的储量分别为 0.418 亿 t 和 2.883 亿 t，如表 5-15 所示。该矿个别矿化带含 Nb_2O_5 高达 5%。铌(均以 Nb_2O_5 计)总储量 1158.5 万 t，其中探明储量 329 万 t，远景储量 820 万 t。据称可供世界使用 500 年以上。

表 5-15 巴西阿拉克萨铌储量

分 类	储量/亿 t	平均氧化铌含量/%	氧化铌边界品位/%
探明储量	0.357	3.54	3.0
	0.650	3.15	2.5
	0.983	2.88	2.0
	1.316	2.5	1.0
	0.418	2.49	—
推测储量	2.883	2.5	—
	4.617	2.5	—

矿石主要由针铁矿、褐铁矿、磁铁矿、重晶石、独居石、磷钡铝石等组成。铌主要赋存在水钡锶烧绿石矿物中,化学分析结果(质量分数):Nb_2O_5,63.42%;Ta_2O_5,0.15%;BaO,16.51%;CaO,0.44%;ThO_2,2.34%;REO,3.29%;MnO,0.16%;FeO,2.34%;TiO_2,2.30%;PbO,0.40%;SnO_2,0.10%;H_2O,8.50%。矿床代表性矿样的矿石全分析结果(质量分数):Nb_2O_5,3%;Ta_2O_5,痕量;Fe_2O_3,46.52%;P_2O_5,3.32%;SiO_2,8.82 %;Ba,17.71%;ThO_2,0.13%。矿物中的铌钽平均比为100:1 到300:1。因矿石体中含有钍元素,因此它具有放射性。

阿拉克萨铌矿的露天覆盖层和矿石物料由于蚀变和衰变,露天开采的剥离和采矿作业不需要打钻孔和爆破。开采的边界品位控制在 $w(Nb_2O_5)$ 为 2%。在离矿 3.2 km 处建有年产 84000 t 铌精矿的选矿厂。该矿还同时建有铌冶炼厂,年生产能力为标准级铌铁(w(Nb)为 65% ~67%)45000 t,铌镍合金(w(Nb)为 65%)、高纯氧化铌(w(Nb)为 99%) 3000t,光学级氧化铌(w(Nb)为 99.9%)150t,金属铌(w(Nb)为 99.9%) 60t[28]。

B 巴西卡塔罗矿[34]

卡塔罗(Catalao)矿为世界第二大烧绿石矿床,位于巴西戈亚斯州(Goias)东南部的卡塔罗地区的欧维多尔市(Ouvidor),属于 Mineracao Catalao de Goias Ltda 公司所有。铌矿体属于碱性碳酸岩管状矿脉,初级矿物有烧绿石、磷灰石、磁铁矿、钛磁铁矿、钛铁矿、独居石、钙钛矿、重晶石和榍石。二级矿物有胶磷矿、菱磷铝锶石、磷酸镧镨矿、硅硫磷灰石、碳锶铈矿、蛭石、磷铝铈矿、锐钛矿、褐铁矿、针铁矿、石英、磷铝锶石、菱锶矿和黏土矿物。矿体产于两个不同的矿点,呈环状产出,直径约为 450 m,两矿体卡塔朗一号和二号,储量分别为 420 万 t($w(Nb_2O_5)$ 为 1.2%)和 2200 万 t($w(Nb_2O_5)$为 1.07%)。另外还有 1500 万 t 品位为 1% 的潜在矿床。矿石中 Nb_2O_5 平均含量为 1.80%,储量 500 万 t。铌和钽的比例范围是 100:1 至 300:1。

卡塔罗由 Mineracao Catalao de Goias (MCGSA)公司于 1976 年开始开采。

C 加拿大尼阿贝克矿[29,30]

尼阿贝克(Niobec)矿床位于 St. Honroe 村西 5 km。矿床占地 25 km^2。铌以矿化透镜的形状产生,Nb_2O_5 含量在 0.5% 以上。总储量估计有 1600 万 t,平均 Nb_2O_5

含量为0.69%。这些产生物大体可以分为两个地带内的弓形圆环。靠近核心部位的地带由6种垂直深入的白云碳酸盐岩组成，其平均矿物成分为白云石63%、磷灰石12%、磁铁矿和赤铁矿13%、方解石5%、黑云母3%、绿泥石1%、黄铁矿1%、烧绿石0.8%以及铌铁矿0.2%。矿脉外部是方解石，黑云母较多，铁矿物较少，铌矿物只有烧绿石。

矿床于1967年进行放射性航测时被发现，于1976年开始生产，年产2500～3500 t烧绿石铌精矿。2000年实产铌精矿（均以Nb_2O_5计）3246 t，2001年实产4552 t。

D　中国包头白云鄂博矿[30～32]

中国包头白云鄂博矿位于内蒙古内轴北缘，是世界特大型含铌稀土铁矿床。矿物及元素组合极为丰富和复杂多样。现已发现元素71种，鉴定出矿物117种。铌分布在铁矿体、白云岩和板岩中。矿区自东到西分为都拉哈拉、东矿、主矿和西矿4个矿段。仅主矿和东矿的铁矿体中铌（以Nb_2O_5计）储量达660万t。矿石含$Nb_2O_5$0.10%～0.14%。铌矿物主要为烧绿石、易解石、铌铁矿、铌铁金红石、包头矿、铌钙矿、褐钸铌矿等。铌矿物同萤石、铁矿物、稀土矿物、含铁硅酸盐等矿物紧密共生，嵌布粒度一般为0.07～0.01 mm，部分小于0.003 mm，铌分散程度很高，约有15%～20%的铌呈类质同象或极细小包裹体赋存在铁矿物、稀土矿物、含铁硅酸盐等矿物中，选矿回收难度较大。

5.2.4.2　国内外主要的钽矿床

钽矿主要集中在澳大利亚、巴西、加拿大、扎伊尔等国，其储量约占世界钽总量的85%。澳大利亚格林布什矿和沃奇纳是世界最大和第二大的钽铌矿，两矿的钽（Ta_2O_5）储量约为71000 t。约占世界钽总储量的50%。矿床类型均属伟晶岩矿床、风化残留矿床和河流冲积砂矿。表5-16列出了世界主要钽（铌）矿床基本情况。

表5-16　世界主要钽（铌）矿床[32～34]

矿床类型	特　征	矿　床	国　家	储量（Ta_2O_5）/t
伟晶岩	富含有Ta、Nb、Li、Sn，特别是绿岩带中的伟晶岩经济价值很高，世界主要钽矿床多属此类型	Greenbushes	澳大利亚	44000
		Wodgina	澳大利亚	27200
		Dalgaranga	澳大利亚	1500
		Tanco	加拿大	1275
		Kenticha	埃塞俄比亚	
花岗岩	花岗岩的风化固结或高温热水作用形成的矿床	Yichun	中　国	17650
		Pitinga	巴　西	
		Jos Plateau	尼日利亚	

续表 5-16

矿床类型	特　征	矿　床	国　家	储量(Ta_2O_5)/t
碱性长石碳酸岩	多数情况下碱性长石和碳酸岩伴生,在该类型矿床中富含有 Ta、Nb、REE 等	Mount Weld	澳大利亚	48535
		St Honore	加拿大	
风化残留、河流冲积矿床	上述矿床经风化、剥离、侵蚀或河流冲积形成,采用自然重力选矿最经济可行	Phuket	泰　国	

5.2.5 锡矿中的钽铌资源[36,37]

存在于锡矿中的钽大致分为两种情况:一为和锡共生的钽矿物;一为锡石中伴生的钽。前一类锡矿可用选矿方法选出钽铌精矿,如澳大利亚格林布什锡矿、泰国普吉地区锡矿、马来西亚的森林和巴克地区锡矿、我国广东坂潭锡矿等。后一类伴生在锡矿中的钽,是以类质同象状态存在于锡石中,选矿方法不能将铌钽和锡有效地分开,只能采取适当降低锡精矿中的锡品位的办法来保证尽可能多的钽铌进入锡精矿。锡精矿中含 Ta_2O_5 的品位有的高达 2% ~3%。这类钽铌在还原熔炼锡时,和氧化钛、氧化铁等一起进入炼锡炉渣中,称为含钽铌锡渣。

20 世纪七八十年代,泰国和马来西亚的锡渣钽曾经是世界钽原料供应的主要来源。当时的锡渣钽曾达到世界钽原料供应总量的 70% ~80%(表 5-17)。近年由于锡工业萎缩,锡渣钽已降到总供应量的 20% 以下[35]。

表 5-17　1981 ~ 1990 年世界钽原料的生产和供应[35]

年　份	1981	1982	1983	1984	1985	1986	1987	1988	1989	1990
锡渣钽/t	557	549	581	458	486	345	307	634	442	410
精矿钽/t	420	311	168	232	145	64	101	134	300	320
合计/t	977	860	749	690	631	409	402	768	742	739

从缅甸、泰国、马来西亚开始,经我国云南、广西等省、自治区至澳大利亚,是世界重要的锡矿生成带[37],需重视锡矿中钽铌原料的开发。

5.3 铌钽矿采矿[38]

根据铌钽矿床的地质条件和矿体埋藏在地壳的深浅程度不同,铌钽采矿有露天开采和地下开采两种方法。露天开采的优点是:生产空间大,作业条件好;能实行大量爆破,开采能力大;劳动生产率高,成本低;便于回收矿床的伴生资源;生产较安全等。缺点是:占用土地较多,对地貌的破坏较大;环境污染和噪声问题突出等。

5.3.1　露天开采[39,40]

大多数铌钽矿山的矿体埋藏较浅或露出地面，适合采用露天剥离开采方法。我国占总产量95%的钽铌矿床采用露天开采方法。江西宜春钽铌矿、广西栗木的老虎头矿、新疆的可可托海钽铌矿等都是采用露天开采方法。巴西的阿拉克萨矿(Araxa)和卡达劳矿(Catalo)、澳大利亚的格林布什矿(Greenbuses)沃吉纳矿(Wodgina)也采用露天开采方法。图5-4所示为巴西阿拉克萨矿露天采矿全景图。

图5-4　巴西阿拉克萨矿露天采矿全景图

露天开采方法包括钻孔作业(采用牙轮钻机、潜孔钻机等按排形、矩形或梅花形布孔)、爆破作业(使用松动爆破和抛掷爆破等方法)、采装作业(对爆破的矿岩进行挖掘，将掘取物装入运输容器或直接卸至指定地点)。运输作业包括汽车运输、铁路运输和胶带运输。此外还有排土作业、采区地表防水、矿床排水滑坡防治等辅助作业。

我国江西宜春钽铌矿采用钻孔爆破、电铲装运、汽车－溜井－电机车联运的开采流程。巴西阿拉克萨的烧绿石矿床和格林布什的伟晶岩矿床的矿体地表部为风化壳，均采用露天多台阶开采方法，不需要钻孔爆破，直接用挖掘机和装载机开采，效率高，成本低。

5.3.2　地下开采[41,42]

国外地下开采有加拿大的尼阿贝克矿(Niobic)，我国地下开采有栗木水溪庙矿、新疆阿勒泰矿、广东横峰钽铌矿和横山铌钽矿等。

地下开采按矿床开拓、采准和切割以及回采三步骤进行。矿床开拓是地下开采的基本建设工作，即从地面掘进竖井、主充溜井等使矿体和地面联通，构成一个完整的井下运输、通风、供水、排水、压气系统；采准和切割是为直接崩落矿石，创造工作空间和工作面;回采是在已完成的采准和切割工作的矿块中进行生产作业,包括崩矿、矿石搬运等作业。地下采矿方法有自然支撑空场法、崩落法和充填法三大类。自然支撑空场法又分为全面采矿法、房柱法、留矿采矿法和分段采矿法。

国外铌钽原生矿广泛采用房柱法。如加拿大尼阿贝克矿在井下300 m作业,穿孔用ϕ100 mm潜孔钻机,矿石经罐笼提升到地面,再用胶带运输机送到选矿厂。加拿大伯尼克湖选矿厂采用凿岩台车穿孔,开拓运输多用螺旋斜坡道,栗木水溪庙矿采用侧翼竖井开采方法。阿勒泰矿和横峰钽铌矿采用浅孔留矿法,溜井-平窿-电机运输。横山钽铌矿则采用崩落法开采。

5.4 铌钽矿选矿

按铌钽矿提取冶金工艺的要求,含铌钽的精矿$(Nb+Ta)_2O_5$必须达到50%~60%的品位要求。要从含钽量仅万分之几到千分之几的原生矿中富集到上述品位,对选矿的工艺技术有很高的要求。

5.4.1 铌钽选矿工艺矿物学[43,44]

选矿工艺矿物学是选矿工艺方案及其指标拟定的重要依据。矿石的化学成分、矿石的矿物组成(各种矿物在矿石中的质量分数)、矿物的结晶习性、粒度大小和粒度分布、矿石嵌布状况和嵌布类型、矿物单体解离程度和有用矿物的解离程度、有益和有害元素的赋存状况、载体矿物及其含量(表5-18)等都是制定选矿工艺的基础。

表5-18 铌和钽常见载体物及其含量

元素	载体矿物及其含量/%		
	>0.1	0.1~0.01	<0.01
Ta	铌铁矿、钙钛矿、斜锆石、榍石、异性石、锡石、黑钨矿	钛铁矿、金红石、板钛矿、锐钛矿、榍石、黑钨矿、锡石、赤铁矿、石榴石、异性石、黑云母、白云母、锡石	锡石、黑钨矿、白钨矿、锆石、钛铁矿、金红石、赤铁矿、磁铁矿、铬铁矿、针铁矿、褐铁矿、黄玉、电气石、角闪石矿、辉石、石榴石、金云母、黑云母、白云母、锂云母、霞石
Nb	钽铁矿、细晶石、钛铁矿、钙钛矿、金红石、板钛矿、锐钛矿、榍石、星叶石、闪叶石、曲晶石、异性石、磁铁矿、石榴石、绿泥石、黑钨矿、锆石	钛铁矿、钙钛矿、金红石、板钛矿、锐钛矿、榍石、星叶石、闪叶石、曲晶石、锆石、赤铁矿、磁铁矿、褐铁矿、褐帘石、石榴石、辉石类、闪石类、金云母、黑云母、黑钨矿、锡石	钛铁矿、钙钛矿、磁铁矿、铁矿、石榴石、电气石、辉钼矿、黑云母、锂云母、白钨矿

铌钽矿床的突出特点是矿石中含有多种有益矿物。选择选矿方案时,必须充分发挥资源优势,开发矿中的有益矿物,进行综合利用。图5-5所示为含有稀土的

铌钽矿的综合利用图。

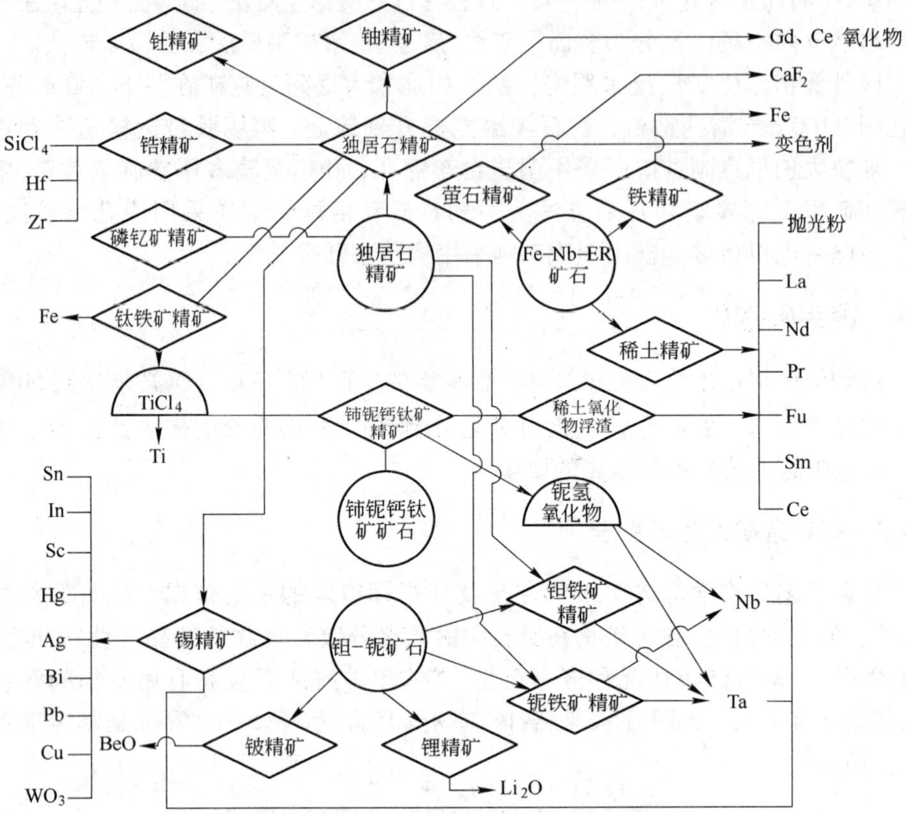

图 5-5　铌 - 钽 - 稀土矿石的综合利用图解

5.4.2　铌钽矿的选矿方法[45,46]

铌钽矿的选矿方法分物理选矿和化学选矿两类。主体为物理选矿，化学选矿只起辅助作用。

物理选矿是利用铌钽矿中各矿物不同物理性质的差异，将矿物进行机械分离。钽铌工业用与选矿有关的矿物物理性质列于表 5-19。

表 5-19　钽铌工业用与选矿有关的矿物物理性质

矿物名称	结晶习性	解　理	密度/$g \cdot cm^{-3}$	莫氏硬度	磁性(磁化率)	相对介电常数
钽铁矿	柱状、板状	(010)清楚	6.25 ~ 8.25	5.7 ~ 6.8	中(22.1 ~ 37.2) × 10^{-6}	7 ~ 8
铌铁矿	柱状、板状、针粒状	(010)清楚 (100)不完全	5.2 ~ 6.25	4.2 ~ 6	中(39.7 ~ 36.4) × 10^{-6}	10 ~ 12

续表 5-19

矿物名称	结晶习性	解　理	密度/$g \cdot cm^{-3}$	莫氏硬度	磁性(磁化率)	相对介电常数
烧绿石	八面体粒状	(111)不完全	4.0~5.4	5~6	无—极弱	5~9.5
细晶石	八面体粒状		4.2~6.4	5~5.5	无—弱$(8.84 \sim 2.01) \times 10^{-6}$	4.46~5.72
褐钇铌矿	柱筒		4.89~5.82	5.5~6.5	中$(29.20 \sim 21.16) \times 10^{-6}$	4~4.96
黄钇钽矿	板状	二组解体完全	6.24~7.03	5.5~6.5	中磁	
黑稀金矿	柱状、板状	不完全	4.3~5.9	5.5~6.5	中$(27.38 \sim 18.41) \times 10^{-6}$	3.74~4.66
复稀金矿	柱状、薄板状	无	4.7~5.4	5.5~6.5	弱$(21.05 \sim 18.00) \times 10^{-6}$	
铈铌钙钛矿	立方八面体	无	4.64~4.89	5.5~6.3	弱$(6.54 \sim 5.23) \times 10^{-6}$	
铌铁金矿	板状、柱状、针粒块状	(110)清楚	4.35~5.6	6~6.5	中—弱	
钽锡矿	柱块状	(110)完全，(011)不完全	6.8~7.9	5.5~6	无	
易解石	板柱针块状	不完全	4.9~5.4	5~6	弱$(18.04 \sim 12.96) \times 10^{-6}$	3.5~5.7

根据矿物的不同类型和成分不同，选矿方法分类如表5-20所示[14]。

表 5-20　钽铌矿选矿方法分类

矿物类型	钽 铌 矿 物	矿石及伴生物	选矿实际采用的方法	研制开发的方法
原生矿	钽铁矿、铌铁矿、微晶石、六方钽铝石、铀钽铌矿	长石、石英、锂辉石、绿柱石、磷铝石、锂云母、锡石等	重力选矿法(筛选摇床、螺旋分选机)，对粗精矿进行电磁和静电分选	从矿渣中二次回收钽、铌及二次回收锂、铍和其他有价元素的浮选法
砂　矿	铌铁矿、钽铁矿	石英、石榴石、角闪石、磁铁矿、锡石、金红石、钛铁矿、锆石英、独居石、金及其他		
在伟晶岩中	烧绿石、黑钛金红石、铌铁矿	霞石、钠长石、微晶石、霓石、纯钠辉石、磷灰石、榍石、钛铁矿、绿泥石、黄铁矿、磁黄铁矿、赤铁矿、褐铁矿、方解石	重力法，并对粗精矿进行电磁和静电分选，重力浮选和浮选(硫化物、磷灰石)	从小块矿石中浮选烧绿石，在摇床和螺旋分选机上的重力浮选
在碳酸岩中	烧绿石、铌铁矿、铀钽铌矿	方解石、白云母、菱铁矿、磷灰石、榍石、磁铁矿、钛铁矿、锆英石、锡石、黄铁矿	大块烧绿石的重力法选矿和小块的浮选法	采用阳离子和阴离子捕集剂对烧绿石进行浮选。对矿石进行焙烧。熟化石灰，精选烧绿石精矿

由于铌钽工业类矿物都是复杂的氧化矿，原矿品位低(钽矿含 Ta_2O_5 量大多只有万分之几)，并且在同一矿床中伴生有很多种有价金属矿物成分，因此铌钽矿大

都比较难选。

铌钽矿选矿的工艺特点主要有：

(1) 选矿流程长而复杂，为了回收多种有价金属，需要采用多种选矿方法的联合流程进行处理。

(2) 原生铌钽矿的选矿很多要经过粗选和精选两个阶段才能获得铌钽提取冶金工艺要求的品位水平，选矿回收率很低(低于50%)。

(3) 由于大多数铌钽矿物密度大，选矿方法中最多使用的是重选，其次为浮选或重力浮选、磁选、电选，此外还有离心选矿、扇形溜槽选以及化学处理等。对于含有放射性矿物的矿石还采用块状物料辐射分选机。

5.4.2.1 重选工艺[47]

重力选矿是考虑到铌钽矿物的高密度，主要利用地心重力的作用产生相对运动来分选出不同密度的矿物，选别时钽铌矿物最终富集在重矿部分。重选可以有效地将密度大的铌和钽的矿物与轻的矿石，如石灰石、长石、方解石等分开。重选要在介质(空气、水、重液或重悬浮液)中进行。依据介质运动形式、作业目的和所用设备，重选又分为跳汰机选矿、摇床选和螺旋机选矿、重介质选矿等。

跳汰机是用于处理粗晶粒和中晶粒的铌钽物料的设备。物料在跳汰机中是根据在垂直的变速介质中进行的选别过程。多用于处理钽铌砂矿或粗晶粒的钽铌矿，物料粒度一般为0.1~300 mm，但最适合20~0.2 mm。方法优点是单位面积生产能力大，对粗颗粒回收率高，但对细颗粒(小于0.074 mm)回收率低，设备费用高。如在处理尼日利亚铌铁矿时，经跳汰机分选，获得了含锡石为44%、铌铁矿为11%的粗精矿，铌铁矿回收率达到95%。

摇床多用于处理中级晶粒和细晶粒不均匀的钽铁矿、铌铁矿和褐钇铌矿。矿粒在摇床上受横向水流和纵向往复运动的作用达到按矿物密度和粒度分选的目的。方法具有富集比高、分选效果好的特点，能一次得出精矿。处理物料上限为20 μm。用于处理一种花岗岩铌铁矿(含有用矿物最大晶粒为0.3 mm，一般为0.1~0.03 mm)，经两级磨矿摇床选，获得铌钽粗精矿含$(Nb+Ta)_2O_5$0.648%，$SnO_2$1.66%，铌钽矿物回收率达64.13%。

螺旋选矿机是一种螺旋溜槽，矿浆给入螺旋槽后，矿粒在矿浆中沿槽向下做回转运动，受重力、摩擦力和水流冲力的作用，按矿粒形态和密度进行分离，重矿物靠近螺旋槽内缘，轻矿物靠近螺旋槽的外缘，细泥和大部分的水靠近螺旋槽的最外缘，将原矿分成精矿、中矿、尾矿和细泥4条矿带，分别接取。处理上限为6 mm，最有效选别为2~0.05 mm。螺旋选矿机结构简单，占地面积小，单位面积生产能力大，能耗小，但对处理0.15 mm特别是0.1 mm以下的细晶粒矿效率较差。近年来我国新疆冶金研究所研制成的新型螺旋机，可以处理粒度为1~0.08 mm的矿石，经过一次选别即可获得粗精矿，不需再用摇床精选。该设备用于新疆可可托海的伟晶岩钽铌矿选矿，不仅去掉了原来的摇床工艺，而且提高了选矿回收率；用于一种花岗岩铌钽矿石($(Nb+Ta)_2O_5$为0.0283%，$w(Ta):w(Nb)=1$，$w(SnO_2)$为0.06%)的选矿，钽铌矿物和锡石的晶粒最大为0.3 mm，一般为0.1~0.03 mm，采用两段磨矿的螺旋机选矿工艺，获得的钽铌铁矿－锡石混合粗精矿含$(Nb+Ta)_2O_5$ 1.303%，$SnO_2$3.472%，铌钽回收率为63.55%，锡石回收率达79.42%。

5.4.2.2 浮游选矿工艺[48~50]

浮游选矿法通常简称为浮选。浮选和重选一样属于机械选矿法。它是利用各矿物的表面的物理化学性质(如对水的亲润性)的差异实现有用矿物和脉石等的分离。浮选时利用某些化学药剂与矿物表面发生作用来改变矿物表面的亲水性或疏水性。浮选时还需导入空气，使之生成气泡而与矿粒相遇，此时有用矿物便附着在气泡上而被带到液面，形成一层矿化泡沫层而被刮出。浮选法只适用于较细的矿粒。一般都是先用重选处理矿物中的粗矿粒，再用浮选法处理铌钽的细粒部分。常用于铌钽矿的浮选药剂有：捕收剂有烷基磺化琥珀酸、C_{7-9}异烃肟酸、混合甲苯砷酸、苄基胂酸等；抑制剂有氟硅酸钠、苯甲基纤维素、草酸等；活化剂有硝酸铅、氟硅酸钠等；调整剂常用硫酸。加拿大伯尼克湖选矿厂对含0.13% Ta_2O_5的伟晶岩钽铌矿(主要钽铌矿物为锡锰钽矿、重钽铁矿、钽锆矿、钽锡矿铌钽锑矿和细晶石)，采用重选—浮选—重选工艺获得的粗精矿含Ta_2O_5达到38.55%，回收率73%。江西宜春钽铌矿重选厂产出的细泥，经对含$(Ta+Nb)_2O_5$ 0.017%的钽铌矿原料浮选，使用捕收剂苯乙烯磷酸，活化剂硝酸铅，抑制剂氟硅酸钠(pH值为6)，最后获得钽铌粗精矿品位达到$(Ta+Nb)_2O_5$ 15.91%，回收率达46.94%。图5-7所示为巴西卡塔劳烧绿石矿的浮选流程图。

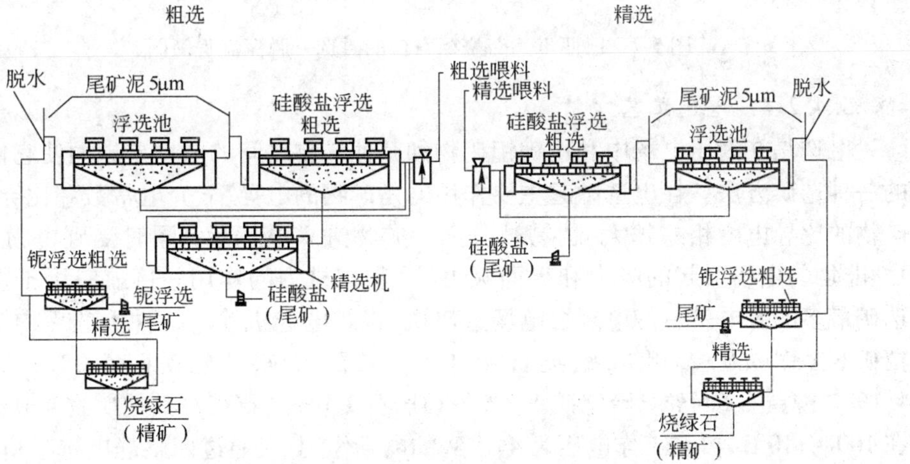

图5-6 巴西卡塔劳烧绿石矿浮选流程图

5.4.2.3　磁选工艺[51,52]

磁选是利用各种矿物间的磁性差异而实现矿物分离的一种方法。物料根据其被磁铁吸引或排斥而分开。很多钽铌矿物具有顺磁性，在通过磁场时同时受到两种力的作用，一是磁力，一是机械力（包括重力、惯性力、离心力、摩擦力、分选介质阻力等），如果作用于矿粒上的磁力大于机械力，矿粒便成为磁性产物，反之成为非磁性产物。在磁选中常按矿物的单位磁化系数的大小，将矿物分成强磁性矿物、弱磁性矿物和非磁性矿物。磁选分离矿物中大量脉石十分有效。选矿工艺上是用重选方法选别钽铌矿中的粗粒级矿物，再采用湿式强磁选别矿中的细晶粒部分，磁选所得磁性矿物再用重选最后得到钽铌粗精矿。如我国广东泰美钽铌矿采用此工艺处理花岗岩风化壳铌铁矿，矿中同时含有富铪锆石、钍石、磷钇矿等。原矿含 Nb_2O_5 0.029%，经选矿最后得到的粗精矿含 Nb_2O_5 7%～8%，回收率达44.75%。图5-7所示为巴西卡达劳烧绿石矿的磁选—脱泥流程简图。

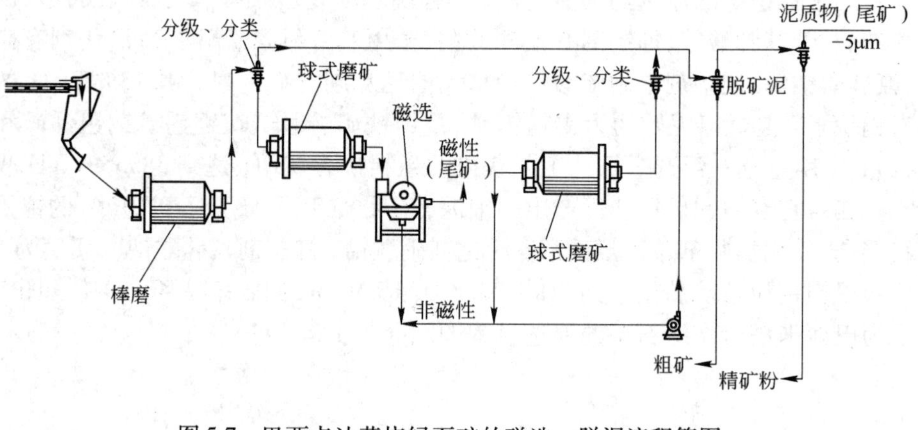

图5-7　巴西卡达劳烧绿石矿的磁选—脱泥流程简图

5.4.2.4　电选工艺[52]

电选是在高压电场中利用铌钽矿物和其他矿物之间的电性差异而使它们分离的一种选矿方法。在电选中起主要作用的是矿物的电导率、介电常数和比导电度。矿物的比导电度相差越大，越易被分离。矿物进入电场后，同时受到电力（库仑力、非均匀电场引起的吸力和界面吸力等）和机械力的作用。目前应用于钽铌矿选矿最多的有电晕－静电复合电场选矿机、辊式电选机等。一种重选后的铌钽粗精矿（含铌铁矿25.8%，锆英石45.0%，锡石7.6%，磁铁矿6.0%，钛铁矿4.1%，橙黄石5.4%，磷钇矿1.1%，独居石1.0%，石英等其他矿物4.0%），先在100～110℃，再在工作电压为4万V的电场作用下，通过四辊静电选矿机，获得了导电产品（铌铁矿、锡石、磁铁矿、钛铁矿）和非导电产品（锆英石、橙黄石、磷钇矿、独居石、石英）。各种矿物的回收率均达到95%，其中铌铁矿的回收率达到

96.95%，精矿中铌铁矿的含量达到68.3%。

上述方法要根据矿石不同性质进行工艺组合。铌钽原生矿粗选主要采用重选工艺，少数采用重选—浮选—重选工艺或重选—磁选—重选联合工艺。一般粗精矿中除铌钽矿物外，还经常含有锡石、锆英石、磷钇矿、独居石、钛铁矿等有用矿物，还需用重选、浮选、磁选、电选和化学选矿等方法进行精选。通常采用的有重选—磁选—重选流程（如加拿大伯尼克湖选矿厂 Bernic lake mine 和我国宜春钽铌矿的精选）、重选—磁选—浮选流程（如我国新疆可可托海钽铌矿选矿厂等）、重选—磁选—电选（如澳大利亚格林布什选矿厂的精选），选矿—冶金联合流程（我国广西栗木锡矿选矿厂、巴西阿拉克萨矿选矿厂）等。

由于原矿品位低，需要采用多种选矿方法和合理工艺组合，这样可使粗选时钽铌矿物的回收率一般只能达到45%～60%水平，包括精选的全流程，选矿回收率也相当低。

5.4.3　国内外大型铌钽矿选矿实例

5.4.3.1　澳大利亚格林布什矿风化伟晶岩锡钽矿选矿[32,52～54]

澳大利亚是钽精矿生产量最大的国家，境内有图基（Toongi）钽矿床、凯特林克里克（Cattlin Creek）钽矿床、格林布什钽矿床、沃吉纳（Wogina）、拜诺（Bynoe）钽铌矿床、派岗古拉（Pigangoora）锡钽铁矿床、鲍尔德山（Bald Hill）钽矿床、皮里尔山（Beryl）钽矿床等多处钽矿。格林布什矿区是其中最大的钽矿床。

格林布什矿区也是世界上钽矿储量最大的矿区之一，资源总储量（氧化钽计）达到17300 t[35]。该钽矿是一种分解的黏土伟晶岩，由风化的石英、云母、长石和大量的电石组成。矿石含钽铁矿60 g/cm^3，锡石250 g/cm^3。该矿采用露天开采。

选矿全流程（图5-9）由黏土处理、钽铌粗选和精选三部分组成。黏土处理采用重选流程，选出两组半粗精矿：高品位半粗精矿（锡石30%～40%，钽铁矿5%～10%）和低品位半粗精矿（锡石5%～10%，钽铁矿2%～5%）。两组矿下一步均进入粗选厂进行粗选。粗选采用重选—磁选组合湿式流程，包括用2% NaOH矿浆擦洗机擦洗，得到钽的粗精矿。然后粗精矿进入摇床—磁选—电选的组合流程进行精选。精选第一步先对粗精矿进行干式分级（分成8个粒级），大于0.8 mm的物料（约占粗精矿总量的20%）进行风力摇床选和三组分磁选，在磁性部分分别获得钽铁精矿和钛铁矿两种产品；非磁性物料再用感应辊式磁选机磁选，分选出锡石精矿。小于0.8mm的物料，进行风力摇床选，以除硅石、电气石、钛铁矿和锆英石。重选所得物料再用高压辊式电选机进行电选（电压18kV），所得导电物料也进入上述三组分磁选机再进行磁选，也获得钽铁精矿和钛铁矿；非导电物料含锑钽矿、锆英石、锡石和少量钽铁矿，进一步处理可获锑钽矿。因此全流程可获三种产品：钽精矿（Ta_2O_5，40%；Nb_2O_5，25%；SnO_2，3%；TiO_2，3%；Sb_2O_3，

0.8%），锡精矿（SnO_2,72%；Ta_2O_5,3%；Sb_2O_3,1%）和锑钽铁精矿（Ta_2O_5,30%；Nb_2O_5,15%；SnO_2,10%；Sb_2O_3,5%）。

格林布什矿的锡精矿中的钽，在冶炼锡时进入炼锡炉渣中。这种锡渣中的钽原料约占该矿钽矿产品总产量的20%。锑钽铁精矿则用原熔炼方法获取锑锡合金和含钽的锑渣。

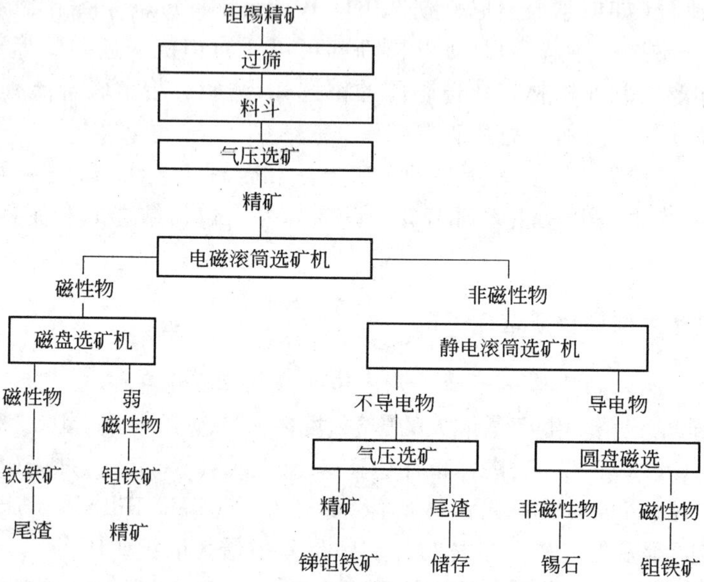

图5-8　格林布什锡钽矿的加工流程

5.4.3.2　*江西宜春钽铌矿选矿*[54,55]

江西宜春钽铌矿是我国主要的钽铌原料基地。这是一个钠长石化－云英岩化－锂云母化花岗岩的钽、铌、锂、铷、铯、铍等多金属大型矿床。矿物储量：氧化钽6913.3t，氧化铌4381.6t，氧化锂40万t。矿石品位：$(Ta+Nb)_2O_5$,0.029%；$w(Ta):w(Nb)=1.8:1$；Li_2O,0.861%；Rb_2O,0.284%；Cs_2O,0.07%。钽铌矿物主要有富锰铌钽铁矿、细晶石、含钽锡石，锂、铷、铯主要有锂云母，铍主要有绿柱石。脉石主要为长石、石英。矿物晶粒：富锰铌钽铁矿和含钽锡石一般为0.3～0.1 mm，细晶石0.2～0.08 mm。采用露天开采。

宜春钽铌矿选厂规模为1500 t/d。选矿生产主要采用湿式磁选—重选工艺，锂选矿采用浮选。全流程包括分选矿破碎工段、磨矿重选工段、原生细泥工段、次生细泥工段、锂云母浮选车间和长石回收车间共6部分。选矿流程见图5-9。矿石破碎至－0.5 mm，进入湿式磁选机进行磁选，分离掉铁屑和铁矿物等磁性物料后，非磁性物料送到螺旋分级机分离。所得螺旋沉砂再用螺旋溜槽－摇床工艺选出第一部分钽铌精矿；尾矿磨至－0.2 mm，与螺旋溢流合并，经磁选、脱泥和水力分级机分级，矿泥（次生矿泥和原生矿泥合并）再用离心选矿机粗选和皮带溜槽精选，精选所得尾矿再用摇床扫选。分级机 1 ~ 4 级的物料再用溜槽－摇床工艺进行分选，选出另一部分钽铌精矿。选钽铌以后的尾矿再用浮选法选出锂云母精矿；浮选尾矿为玻璃陶瓷工业用优质长石粉原料。

宜春矿选出的钽铌精矿 $(Ta+Nb)_2O_5$ 品位为 44.18% ~46.14%，回收率为 44.6% ~48.5%；锂云母精矿 (Li_2O) 品位为 4% ~4.5%，回收率为 60%。

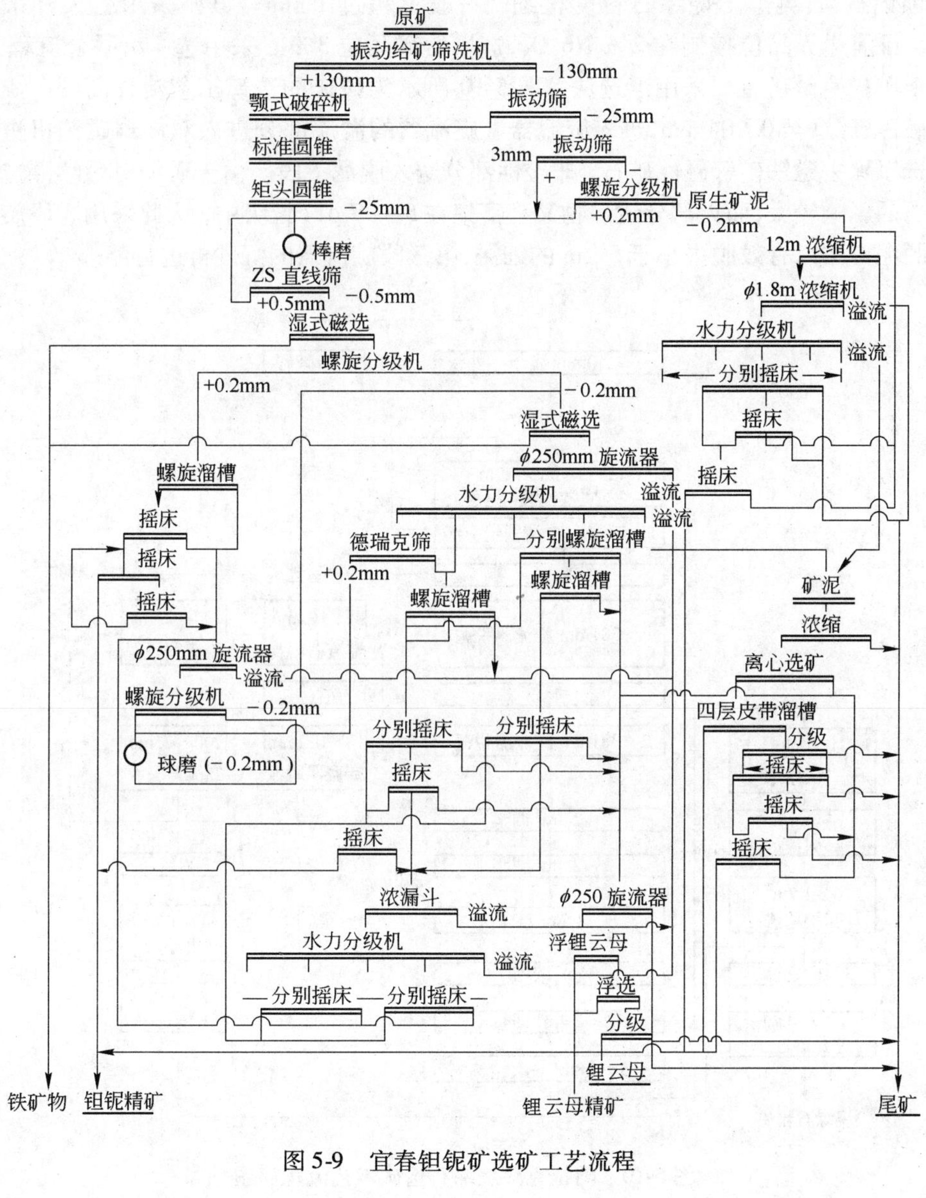

图 5-9 宜春钽铌矿选矿工艺流程

5.4.3.3　巴西阿拉克萨矿选矿[56,57]

位于巴西阿拉克萨市以南的烧绿石铌矿是世界最大的铌矿床，也是世界最大的铌精矿生产和铌产品供应单位。铌精矿年生产能力 84000 t。

阿拉克萨矿为碳酸岩复合矿床。原矿含铌品位高：Nb_2O_5，2.5% ~3.5%；Re_2O_3，4.44%；ThO_2，0.13%；TiO_2，3.6%；ZrO_2，0.2%。主要矿物有水钡锶烧绿石（含 $Nb_2O_5$63.42%，$Ta_2O_5$0.15%）、针铁矿、褐铁矿、磁铁矿、重晶石、独居石、钛铁矿、磷钡铝石、石英等。烧绿石粒度很细，一般不超过 1 mm。该矿采用露天开采方法，目前边界品位控制在 2% Nb_2O_5，选厂给矿品位 3%。采用选－冶联合流程。

阿拉克萨矿主要采用浮选法。图 5-10 所示为该矿的选矿工艺流程简图。矿石经破碎、球磨至 0.104 mm，进入旋流器。旋流器的溢流部分进入双筒弱磁选机进行磁选以除去磁铁矿等磁性矿石，非磁性部分送入脱泥工段。由于矿泥对后续浮选烧绿石的影响较大，而大部分铌矿物又都富集在 5 ~37 μm 粒级中，为此采用 3 段旋流器脱泥方法以有效脱去小于 5 μm 的细泥，第三段旋流器的沉砂再进行浮选。

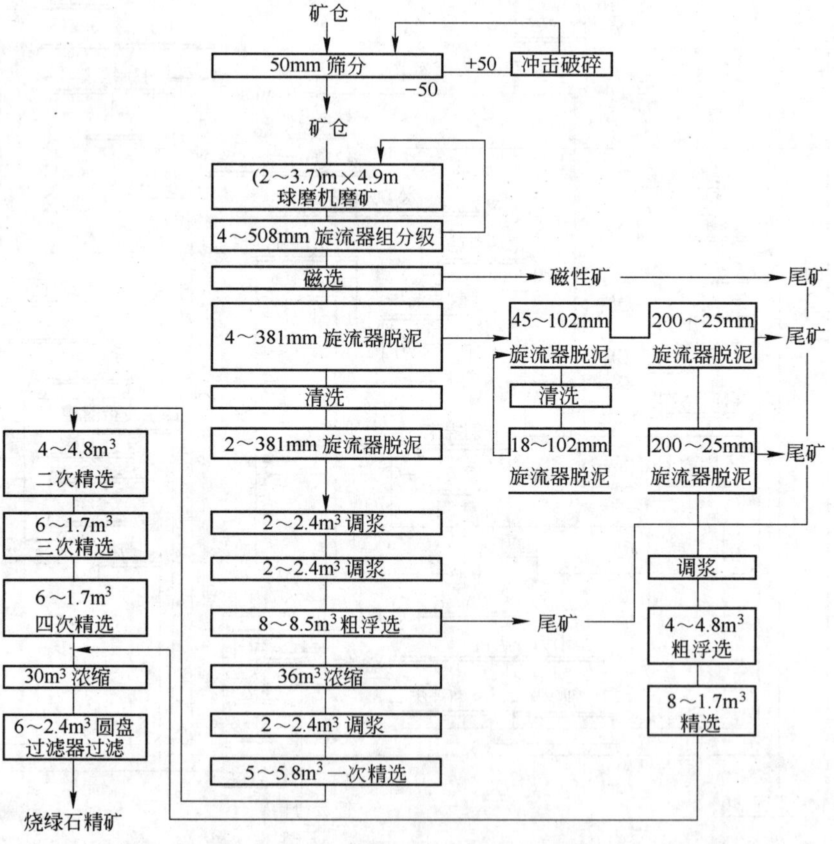

图 5-10　阿拉克萨烧绿石选矿工艺流程简图

浮选采用胺类阳离子型捕收剂，氟硅酸钠作烧绿石的活化剂，用盐酸调节，使介质的 pH 值控制在 2.5 ~3.5。对主浮选回路粗选槽给矿进行 1 次粗选，4 次精选；对细粒浮选粗选槽进行 1 次粗选、1 次精选，最后得到浮选精矿，成分为：Nb_2O_5,55% ~60%；P,0.3% ~0.8%；S,0.02% ~0.2%；Pb,0.1% ~0.2%；Fe_2O_3,2% ~8%；SiO_2,0.1% ~0.5%；ThO_2,2% ~3%；U_3O_8,0.05% ~0.1%；BaO,15% ~18%；CaO,0% ~0.2%。浮选精矿再进行化学处理以除去 Pb、Ba、P、S 等有害元素。

化学处理采用焙烧和酸洗方法。过滤所得浮选精矿，加入 25% $CaCl_2$ 和 5% CaO（石灰），混合均匀后在回转窑中 800 ~900℃下进行焙烧，这时氧化铅生成易挥发的 $PbCl_2$ 而被除去。所生成的 $BaCl_2$ 再用 5% 盐酸浸洗去除。最后得到合格铌精矿，成分为：Nb_2O_5,59% ~65%；P,0.05% ~0.1%；S,0.01% ~0.05%；Pb,0.01% ~0.05%；Fe_2O_3,2% ~8%；SiO_2,0.1% ~0.5%；ThO_2,2% ~3%；U_3O_8,0.05% ~0.1%；BaO,1% ~3%；CaO,15% ~20%；H_2O,0.1% ~0.3%。选矿铌总回收率为 60% ~80%。

5.4.3.4 加拿大尼阿贝克烧绿石矿选矿[58,59]

加拿大尼阿贝克烧绿石矿是世界第三大铌精矿生产和供应单位。该矿是一个碳酸盐铌矿床，采用地下开采。矿石含 Nb_2O_5 0.58% ~0.66%。含铌矿物主要为烧绿石和铌铁矿，晶粒小于 0.2 mm。

选矿工艺采用两段磨矿的浮选流程（图 5-11）。流程包括脱泥、碳酸盐浮选、再脱泥、磁选、烧绿石浮选、黄铁矿浮选、烧绿石精矿浸出脱磷和浸出渣浮硫选 8 个工系。原矿经破碎、磨矿和过筛后经螺旋分级机和水力旋流器的脱泥处理。旋流器底流（质量浓度约 55%）中不小于 40 μm 的物料和小于 40 ~10 μm 的物料分别采用粗级别和细级别的碳酸盐浮选法进行浮选。

碳酸盐浮选时采用脂肪酸作捕收剂，硅酸钠作烧绿石的抑制剂和软化剂。在 pH 值约为 8 的条件下浮出 25% ~30% 的碳酸盐（同时约损失 2% ~5% 的烧绿石）。两个浮选后的尾矿经两组旋流器脱除次生的小于 10 μm 的细泥。旋流器的沉砂用磁选机进行磁选除去磁铁矿。非磁性物料送烧绿石浮选工序。

烧绿石浮选采用乳化的脂肪二胺醋酸盐作捕收剂，草酸和氟硅酸钠作活化剂。非磁性物料先在 pH 值为 6.8 ~7.5 条件下浮选出粗精矿。粗精矿再经 5 次浮选精选（pH 值依次为 5.5、4.5、3.5、3.0、2.7，每次精选的富集比平均为 1.9），最后获得含 Nb_2O_5 45% ~50% 的中间精矿，作业回收率为 80%。中间精矿含有部分黄铁矿、碳酸盐、磷灰石等矿物，需再用浮选除去黄铁矿，盐酸洗除磷和浮选除硫。

浮选除黄铁矿用戊基黄酸钾作捕收剂，用木薯淀粉抑制烧绿石，用 NaOH 调 pH 值为 11，经 1 次粗选、2 次精选可除去 95% 的黄铁矿。脱除黄铁矿后的烧绿石矿再经2次盐酸浸洗溶解除磷灰石（磷含量降至0.1%）。脱磷浸出渣用黄药(PAX)作捕收剂，硫酸铜作硫化物的活化剂，用NaOH调pH值为10.5，浮选除去硫化物。铌精矿最终产品组成为：Nb_2O_5，60%～62%；P，0.07%；S，0.1%；Pb，0.2%；Fe_2O_3，8%；SiO_2，2.02%。选矿回收率为60%～65%。

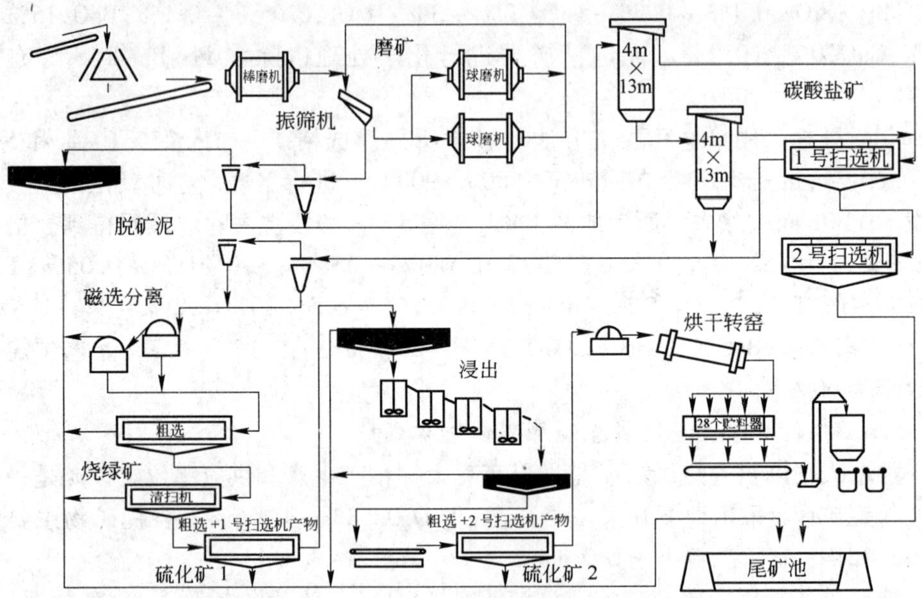

图5-11　加拿大尼阿贝克烧绿石矿选矿工艺流程

5.4.3.5　东南亚含钽铌锡矿选矿

锡矿中的钽和铌的矿物和锡矿共生时，可以通过选矿方法选出钽铌精矿。

选矿流程选取取决于开采矿床的技术，当采矿为挖掘时，选矿第一阶段通过先跳汰后摇床选别实现矿物分离；当矿石通过水力喷射和砂泵外抽相结合的手段采矿时，第一阶段通常采用洗矿槽生产粗精矿。然后对粗精矿进行跳汰机筛选和摇床选别。以此方式获得的锡石颗粒相当粗，锡回收率总在90%～95%，SnO_2含量约为70%。典型的矿物为铌钽矿、铌钽铁矿、钛铁矿、磷钇矿、锆石、石榴石、金红石、独居石、钨锰铁矿、白钨矿等。

为有效分离各种有用矿物，主要在“脱锡”工厂进行“精选”处理。分选工艺主要包括粒度分级、重选、磁选、电选以及浮硫选工艺。在各个阶段结合使用不同工艺分离出不同的矿物。图5-12所示为较有代表性的东南亚冲积锡石矿选矿流程简图。

采掘的矿物，先经过跳汰机筛选和摇床重选得锡石精矿，然后进行分级。所得细泥颗粒进摇床选别，而对粗颗粒再进行一次分级及重选。通过以上两个阶段获得的精矿都是解离较好的锡石精矿，这时尾矿可直接扔弃。两个阶段的中间物主要含有锡石和其他有用矿物。经过干燥后,通过三个阶段的强磁场磁选,分离出钛铁矿和前一两个阶段分离出的磁性部分的磷钇矿－钛铁矿。在第三阶段,非磁部分包含金红石、锡石,而含磁部分则有独居石和锡石。如果矿石中含有钽－铌矿,在此阶段则按照含磁部分处理。含磁部分然后通过感应滚筒磁选机从锡石中分离出独居石。分离出独居石后,对矿浆进行重选。此阶段中重的部分包含锡石,轻的部分主要为钽金红石。

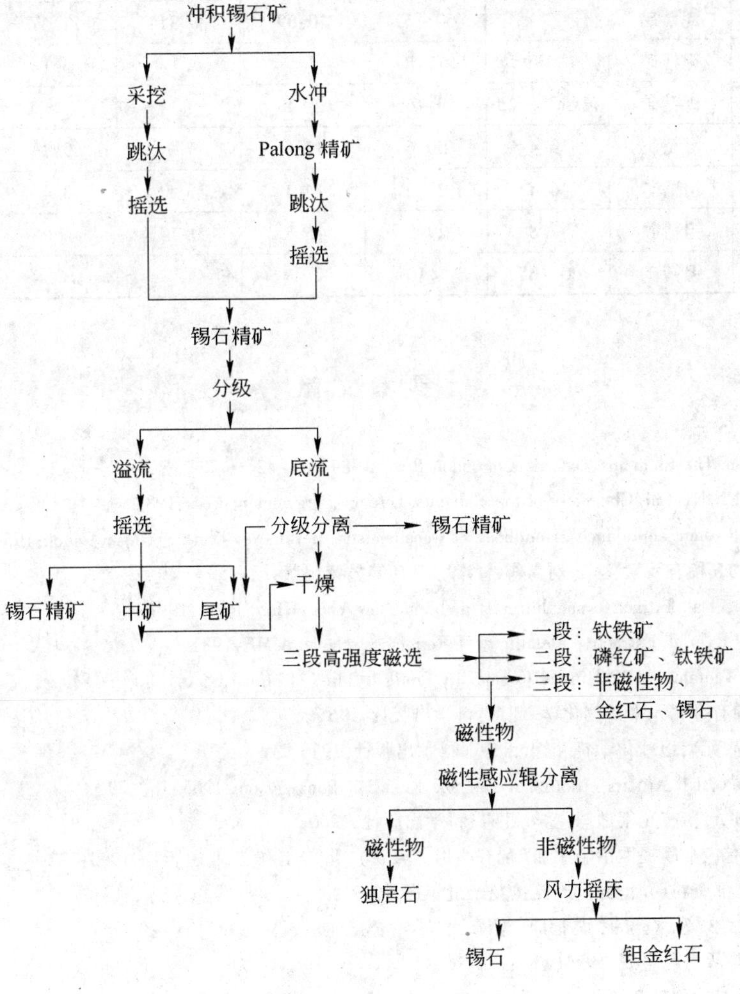

图 5-12 东南亚冲积锡石矿选矿流程图

5.4.4 各国铌和钽的精矿成分

一些国家和地区铌、钽的精矿成分如表 5-21 所示。中国铌和钽精矿的国家标准见附表 B-1，附表 B-2。

表 5-21　一些国家和地区铌、钽精矿成分[60,61]

国家或地区	精　矿	品位/%		主要杂质/%			
		Ta_2O_5	Nb_2O_5	Fe_2O_3	MnO	TiO_2	SnO_2
澳大利亚	钽精矿	68 ~ 69.6	12.4 ~ 15.1	1.8 ~ 1.44	12.7 ~ 14.2	0.3 ~ 0.4	0.5 ~ 0.9
加拿大	钽精矿	41.4	12.9	5.13	8.55	0.21	5.11
	铌精矿		60 ~ 62	10.59	8.31	11.67	0.2
巴　西	钽精矿	61.79	12.8			3.1	3.2
	铌精矿	痕量 ~ 0.15	59 ~ 65	2 ~ 8			
尼日利亚	铌精矿	12.4	50.6	12.6	7.1	9.2	2.7
南　非	钽精矿	46.4	27.0	14.1	3.5	0.4	痕　量
扎伊尔	钽精矿	47.8	29.5	15.7	0.40	0.37	
独联体	钽精矿	60 ~ 65	< 10				

参 考 文 献

1　Ensley John. The Elements, Oxford : Clarendon Press, 1989 : 41 ~ 42

2　Greenwood N N, et al. Chemistry of the elements. London : Pergammon Press, 1988

3　Goles G I. Cosmic abundances. Handbook of Geochemistry. Berlin-New-York Springer-Verlag : 1969 : 11

4　多洛夫 П И. 稀有元素化学. 刘喜作，译. 北京：高等教育出版社，1959

5　Gupta C K, et al. Extractive metallurgy of niobium. New York : Hard Press, 1997

6　Borchers P B, et al. Extractive Metallurgy of Refractory Matals. AIME, 1981

7　Jones T S. Tantalum MCP Mineral Commodity Profiles. Burea of Mines USA, 1980

8　郭承基. 稀有金属元素矿物化学. 北京：科学出版社，1965

9　张景荣，等. 元素地球化学铌和钽. 北京：科学出版社，1986

10　Горощенко Я Г. Химия Ниобия и Тантала Киев Наукова Думка, 1965 : 18 ~ 20

11　洛谢夫 Н А. 稀有元素地球化学. 北京：科学出版社，1960

12　赵天从. 有色金属提取冶金手册（稀有高熔点金属）. 北京：冶金工业出版社，1999 : 172

13　地质矿产部资料局. 世界矿产储量及产量年报. 1999

14　Елютин А В，等. 钽与铌. 马福康，等译. 北京：冶金工业出版社，1997 : 34 ~ 38

15　郭保群. 世界有色金属，1994（12）: 12 ~ 16

16　地质科学院地质矿产所稀有组. 我国稀有金属矿床类型. 北京：地质出版社，1975

17　陈德潜. 稀有元素地质概论. 北京：地质出版社，1982

18　全国地质矿产储量委员会. 稀有金属矿地质勘探规范. 北京：地质出版社，1984

19　孙延绵. 稀有金属手册（上）. 北京：冶金工业出版社，1992 : 211 ~ 223

20　刘锦堂. 选矿手册（四分册）. 北京：冶金工业出版社，1993 : 60 ~ 71

21　刘锦堂. 有色金属进展（钽铌分册）. 中国有色金属总公司，1984 : 15 ~ 25

22 刘义茂,等.全国稀有元素地质会议论文集第一集.北京:科学出版社,1975:19
23 蔡仁安.全国稀有元素地质会议论文集第一集.北京:科学出版社,1975:24~29
24 孙延绵,等.全国稀有元素地质会议论文集(2).北京:科学出版社,1975:339~346
25 王肇信,等.钽铌冶金学.北京:稀有金属学会钽铌冶金专业委员会,1998:7~17
26 孙延绵.稀有金属手册(上).北京:冶金工业出版社,1992:241~242
27 Araxa niobium mine. Mine Magazine,1984(4):23~31
28 Gendron L A. Mine Magazine,1984,151(4):97~112
29 Clovis Antonio F S,et al. TIC Bulletin,2001 (107):1~6
30 徐惠久.铌资源开发应用技术.北京:冶金工业出版社,1992:8~11
31 孙延绵.稀有金属手册(上).北京:冶金工业出版社,1992:253
32 涂翰勤.稀有金属手册(上).北京:冶金工业出版社,1992:323
33 安斋和雄.新金属工业(日本).董春秀,等译.2002(373)钽铌工业进展.2002(2)
34 宁夏钽业股份有限公司.铌经济,1998
35 宁夏钽业股份有限公司.钽经济,1998
36 Manker E C. EMJ,1993,193(3):35~38
37 郭青蔚.锡渣钽——世界钽原料的主要来源.全国锡业会议资料,1985:1~7
38 《采矿手册》编委会.采矿手册.北京:冶金工业出版社,1989
39 张富民,等.采矿设计手册.北京:中国建筑工业出版社,1987
40 解世俊.金属矿山露天开采.北京:冶金工业出版社,1986
41 周晋华,等.井巷掘进丛书.北京:冶金工业出版社,1989
42 徐小荷,等.采矿手册第二册.北京:冶金工业出版社,1987
43 涂翰勤.稀有金属手册(上).北京:冶金工业出版社,1992:341
44 中国科学院贵阳地球化学研究所.稀有元素矿物鉴定手册.北京:科学出版社,1972
45 Полькин С И. Обогащение руд и рассыпей редких и благородных meталлов. Мскова :Недра,1987:431
46 波立金 С И,等.铌钽矿选矿.北京:中国工业出版社,1965
47 冶金部有色司.重选厂生产经验.北京:冶金工业出版社,1959
48 许宜蔚.国外含铌矿物及矿石的浮选.中科院矿冶所,1963
49 肖朵兰德.浮选原理.北京:中国工业出版社,1970
50 Пласкин И Н. Флотационные свойства минералов редких металлов. Москва: Наука,1965
51 中南矿冶学院等.电磁选矿及特殊选矿.北京:中国工业出版社,1961
52 崔广仁.稀有金属选矿.北京:冶金工业出版社,1978:83~95
53 刘锦堂.有色金属进展(钽铌分册).中国有色金属总公司,1984:16~21
54 阿智.日本矿业会志.1984(1152):142~146
55 胡克智.有色金属进展第五卷(稀有金属与贵金属).长沙:中南工业大学出版社,1995:110~112
56 松川圭男.资源处理技术,1997(34):216~218
57 De Souza Paraiso O. Mining Magazine,1982(2):17~19
58 Barry P V. TIC Bulletin,2000(103):3~5
59 Biss R B. Mining Journal,1982,103(2):111~115
60 Reisman C B. TIC Bulletin,1999(99):1~3
61 有色金属科技协作组.钽铌调查报告.1983:15~17

6 低品位原料富集和二次资源再生

6.1 概述

由于自然资源存量有限,特别是钽的一次资源相对短缺,低品位原料和二次资源的利用便具有特殊地位。

含钽铌的低品位原料大致分为两类:一类为低品位的矿物,另一类为各种冶金渣。其中,低品位矿物又有难选原矿和粗选后难于进一步精选的所谓粗精矿两种;冶金渣则有锡渣、钨渣、钛渣、锑渣、钢渣等。其中,锡渣是钽原料的重要来源,备受冶金工作者的重视。

铌钽二次资源大体也分为两类。一类为冶炼过程和成品或器件生产过程中产生的废料,这类废料大多由生产厂在物料循环利用中自行解决,流失较少。在国外这一类废料被称为新废料。严格讲,不在厂内循环的上述冶金渣也属于这类二次资源。另一类为由铌钽做成的元器件(如电容器、滤波器)、设备部件(如喷气发动机热部件、化工热交换器)和功能性化合物(如催化剂)等在使用过程中老化或随整体设备退役而产生的废料。在国外这一类废料被称为老(化)废料,这类废料大多收集不易,再生难度大。但它们的回收利用是解决钽资源短缺的重要方向。

由于离子半径相近引起的元素相似性,使铌、钽常和锡、铁、钨、钛、稀土、锆、铪、锑等的矿物共生或伴生,因此多元素的综合利用成了低品位铌钽原料富集时的首要考量。

低品位铌钽原料种类繁多,品位高低不一,富集方法五花八门,文献[1~6]有详细介绍和论述。这里大致按原料种类介绍一些较有代表性的富集方法。但应指出,用于一种原料的富集方法,不完全是专用方法,它也可以适用于其他原料富集。

目前,在世界钽消费总量中,从二次资源中回收的钽,约占钽原料生产量的25%~30%。未来,解决钽原料短缺问题的主要方向在于充分利用二次资源,使再生钽的比重达到占钽原料总量的50%以上。

以美国1998年的数据为例,全年共消费铌钽的一次和二次资源1230 t,在生产中产出新废料120 t,全年共供应老废料370 t(包括进口废料),老废料的再生率约为35%。全年约有240 t老废料未能回收利用,其中一个主要原因是消耗量最大的钽电容器等元件的回收量很小,仅约7%[60]。

按废料形态分,钽铌废料主要有纯金属、化合物和合金三类。纯金属废料一般经化学清洗后采用真空熔炼、电子束熔炼和氢化制粉等火法冶炼方法回收。化合物和合金等废料种类多、成分复杂，为此开发了各种回收工艺。

需指出的是，上述低品位原料的一些处理方法，很多都适用于铌钽二次金属的再生。

6.2 包头铌资源综合利用——钢铁流程富集提取铌[11~13]

利用钢铁流程富集回收低品位铌的方法国内外都有报道[7~10]，其中以我国包头白云鄂博矿规模最大。

我国包头白云鄂博矿是一个规模巨大和复杂的铁、铌、稀土、锰综合共生矿床，它包含70多种元素，形成100多种矿物。平均含 Nb_2O_5 0.10%~0.14%、TFe 30%~34%、TREO 5%~6%，综合利用价值高。表6-1为白云鄂博矿铌含量及铌资源分布概况。

表6-1 包头白云鄂博矿各矿段铌含量及铌资源分布概况

<table>
<tr><th colspan="2">矿 段</th><th>铌含量/%</th><th>主要铌矿物</th><th>主 要 矿 物</th><th>可选性</th><th>备 注</th></tr>
<tr><td colspan="2">主 矿</td><td>0.1~0.14</td><td>铌铁矿、钛铁金红石</td><td rowspan="2">磁铁矿、赤铁矿、稀土矿物、萤石、硅酸盐矿物、碳酸盐矿物</td><td rowspan="2">难 选</td><td rowspan="2">正在开采</td></tr>
<tr><td colspan="2">东 矿</td><td>0.12</td><td>钛铁金红石、铌铁矿</td></tr>
<tr><td colspan="2">西 矿</td><td>0.068</td><td>铌铁矿、黄红石</td><td>磁铁矿、赤铁矿、白云石、硅酸盐矿物</td><td>较易选</td><td>第二原料基地</td></tr>
<tr><td rowspan="3">围岩</td><td>主东矿上下盘</td><td>0.2~1.78</td><td>易解石、铌铁矿</td><td>硅酸盐矿物</td><td>较易选</td><td>围岩剥离</td></tr>
<tr><td>西矿白云岩</td><td>0.30</td><td>铌铁矿</td><td>白云石、硅酸盐矿物</td><td>较易选</td><td>尚未开采</td></tr>
<tr><td>都拉哈拉东部接触带</td><td>0.2~0.70</td><td>铌钙矿</td><td>白云石、方解石</td><td>易 选</td><td>尚未开采</td></tr>
</table>

在已开发的主、东矿中，由于铌矿物在铁矿体分布较分散，而且是和铁矿物、萤石、稀土矿物、含铁硅酸盐等矿物密切共生，嵌布粒度细（平均0.02 mm），到目前尚未有有效的选矿富集铌的方法，主要靠钢铁流程回收，即含铌的铁精矿和中贫矿在1800 m^3 高炉炼铁时铌被还原进入铁水，稀土进入炉渣（含REO 13%~15%）。高炉铁水在500 t平炉或100 t转炉炼钢时铌被氧化进入炼钢渣中。然后再以平炉渣为原料，在55 m^3 小高炉中进行第二次炼铁，所得含铌铁水再进转炉吹炼生产含铌炉渣。除平炉渣外，包钢还利用中贫铁矿和高铌高稀土矿作为炼铁原料。包头钢铁流程提铌工艺总图如图6-1所示。

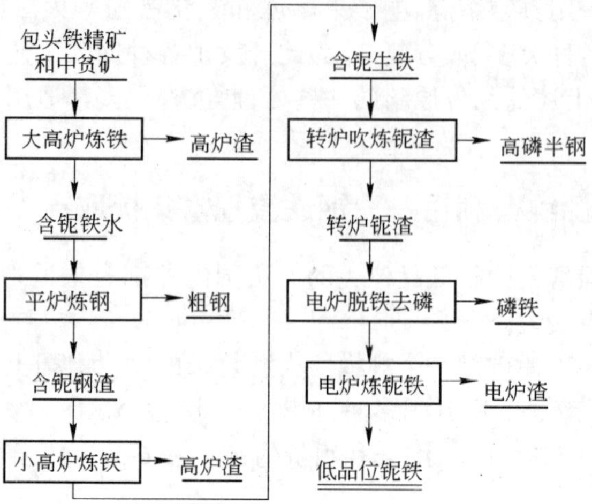

图 6-1　包头钢铁流程提铌工艺流程总图

6.2.1　大高炉炼铁提取铌

炼铁是一个还原过程。包头含铌铁精矿在 1800 m^3 容积的高炉中炼铁，不需采用任何特殊措施便可使 80% 以上的铌进入铁水中。铁水的典型化学成分如表 6-2 所示。

表 6-2　高炉铁水的典型化学成分（质量分数）

元　素	C	Nb	Si	Mn	P	S
含量/%	3.9 ~ 4.5	0.06 ~ 0.10	0.8 ~ 1.3	0.8 ~ 1.6	0.60 ~ 0.75	0.02 ~ 0.04

6.2.2　高炉铁水炼钢富集铌

铁水吹炼炼钢是一个氧化过程，而铌又是一个亲氧元素，在炼钢初期很快便氧化进入炼钢渣中。实践证明，大高炉铁水通过简单的吹炼操作，即使在没有精确的过程控制的条件下，都可以使铁水中 80% 的铌和锰进入熔渣。在吹炼过程中不需专为提铌增加任何熔剂。物料平衡表明渣产率约为 4%。有平炉炼钢、转炉炼钢和喷雾提铌 3 种提铌方法，其中平炉炼钢提铌工艺运行时间最长。

6.2.2.1　平炉炼钢富集铌

高炉铁水在 500 t 平炉进行炼钢时，早期铌便被氧化进入平炉渣。平炉渣中的铌矿物主要是烧绿石（含 Nb_2O_5 57%）、钛铁晶石和黑镁铁锰矿等。烧绿石粒度很细（20 ~ 100 μm），全部被锰橄榄石、磁铁矿和磷灰石所包裹，难以用选矿方法精选富集。平炉渣成分见表 6-3 所示。其中早期渣好的可达到含铌 1.23% 水平[14]，一般为0.52% ~0.71%[12]。

表6-3 500 t 平炉炼钢的钢渣成分[12,14]

化合物	钢渣成分/%						
	Nb_2O_5	MnO	TFeO	SiO_2	CaO	TiO_2	P_2O_5
渣-1	1.23	15.23					6.27
渣-2	0.71	15.44	32.58	21.83	20.00	1.78	5.60
渣-3	0.52	8.89	16.82	22.40	33.33		4.52

6.2.2.2 转炉炼钢富集铌

转炉炼钢富集铌有空气侧吹和氧气底吹两种方法。

A 空气侧吹转炉吹炼

空气侧吹的吹炼温度为1350℃,不加熔剂。吹炼时间为5 ~10 min,以碳焰上升作为控制终点信号。吹炼前后铁水成分变化如表6-4 所示,炉渣成分如表6-5 所示。

表6-4 转炉吹炼前后铁水成分变化[11]

吹炼方法		铁水成分/%					
		C	Nb	Mn	Si	P	S
侧吹转炉	吹炼前铁水	3.9 ~4.3	0.06 ~0.09	0.4 ~1.9	1.4 ~1.7	0.55 ~0.65	0.023 ~0.063
	吹炼后铁水	3.5 ~3.9	0.007 ~ 0.022	0.2 ~0.50	9.3 ~1.28	0.55 ~0.69	0.048 ~0.16
氧气底吹转炉	吹炼前铁水	3.94	0.061	1.14	0.66	0.508	
	吹炼后铁水	3.10	0.0085	0.28	0.03	0.518	

B 氧气底吹转炉吹炼

氧气底吹转炉具有良好的选择氧化能力。作业时吹炼温度1390℃,时间7 min。吹炼终点根据达到终点成分的计算耗氧量确定。吹炼时铌的氧化率为86.1%,锰的氧化率为75.3%。所得炉渣成分见表6-5。

表6-5 转炉吹炼的炉渣成分

吹炼方法	炉渣成分/%						
	Nb_2O_5	MnO	TFeO	SiO_2	CaO	MgO	P_2O_5
侧吹转炉	2.10	46.5	9.10	29.2	0.6	2.40	0.9
氧气底吹转炉	2.74	31.43	6.3	34.03	13.06	7.76	0.22

6.2.2.3　连续喷雾富集铌[15]

含铌铁水喷雾连续提铌是包头钢铁公司首创的方法（图6-2）。该法具有设备简单、处理能力大、提铌效果好、渣铁分离方便等优点。作业时是将高炉来的铁水先进入反应器上方的中间罐，从中间罐中下落的铁流在经过喷雾器时被气流击碎成细滴，在反应器内下降的过程中与气体中的氧气反应，使铌氧化生成的熔渣和铁水在反应器底分离。所用的富氧空气既是喷雾剂，又是氧化剂。铁水流量达到180 t/h，铌和锰的氧化率达80%。表6-6所示为铁水成分变化情况和喷雾渣成分。

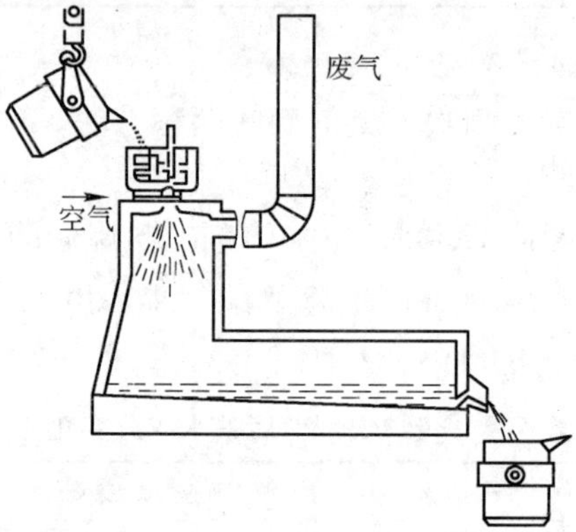

图6-2　喷雾提铌装置图

表6-6　铁水雾化提铌成分变化情况和喷雾渣典型成分

温度/℃	铁水成分/%						铌渣成分/%						
	元素	Nb	C	Si	Mn	P	Nb_2O_5	MnO	FeO	SiO_2	P_2O_5	MgO	Al_2O_3
1335	喷雾前	0.079	3.95	0.70	1.84	0.805							
1454	喷雾后	0.018	3.50	0.07	0.35	0.724	1.78	27.56	29.19	23.35	3.34	7.43	2.31
氧化率/%		77.2	11.4	90.0	81	10.1							

6.2.3　小高炉炼铁富集铌[13,16~18]

和上述大高炉炼铁不同，55 m^3 小高炉炼铁是以选择还原提取铌为目的。小高炉曾用3种原料：平炉铌渣、中贫铁矿和高铌高稀土矿。后两种原料富含稀土矿物，经过炼铁可得含铌铁水和高品位的稀土富集渣两种产物。原料组成见表6-7。

表6-7　小高炉炼铁用原料组成

原　料	组　成/%							
	Nb_2O_5	RE_2O_3	TFe	CaO	SiO_2	P_2O_5	MnO	MgO
中贫矿	0.13	10.5	35.6	3.57	4.0	1.64	0.8	1.69
高铌高稀土矿	0.2~0.35	8~13	30~37	9~16	8~16	2~4	0.8~1.5	

高炉炼铁是一种碳热还原过程。所用还原剂主要是焦炭，其次是鼓风炉氧燃烧产生的一氧化碳和燃料在高炉中反应生成的氢气。在小高炉炼铁过程中，含铌物料中一些主要成分的还原顺序为：磷 > 铌 > 锰 > 硅，铌的还原反应为：

$$Nb_2O_5 + 7C = 2NbC + 5CO$$

$$Nb_2O_5 + 5NbC = 7Nb + 5CO$$

$$Nb_2O_5 + 5C = 2Nb + 5CO$$

工艺上是将粒径 5 ~ 100 mm 的平炉渣、焦炭、助熔剂石灰等固体原料按规定比例通过炉顶进料装置分批送入小高炉。焦炭和平炉渣（或中贫矿）分层交替放置在炉中，平炉渣中的铁、锰、磷、硅等在熔炼过程中被还原成含铌的铁水和渣，定期分别从出铁口和出渣口放出。由于平炉渣中氧化铁含量高，熔炼时无软化区。为提高铌的回收率，炉渣控制在使铁中含硅量为 0.5% ~ 0.9%，熔炼碱度为 0.65 ~ 1.15，并采用大风量操作，平均风温在 800℃ 以上，冶炼温度 950 ~ 1100℃。铌的还原率可达 80% 以上。几种原料所得铁水组成见表 6-8。

表 6-8　几种原料和提铌工艺的比较

高炉原料	铁水组成 / %			吹炼方式	铌渣组成 / %			半钢残铌/%	成渣率/%	铌氧化率/%	铌回收率/%
	Nb	Si	Mn		Nb_2O_5	P_2O_5	Nb/P（摩尔比）				
平炉渣	0.55 ~ 0.85	0.3 ~ 0.8	11 ~ 16	氧气顶吹	2.8	3.6	0.55	0.06	29.4	90	80
高铌高稀土矿	0.3 ~ 0.45	0.4 ~ 0.8	0.68 ~ 0.87	侧吹转炉	6.15	2.98	2.06	0.03	7 ~ 8	85	78
中贫矿	2.85	0.49	0.927	底吹转炉	7.86	0.78	10.2	0.02	4.4	92.5	78

6.2.4 转炉吹炼铌渣[19~21]

小高炉铁水有 3 种吹炼铌渣的方式：转炉顶吹、转炉侧吹和转炉底吹。

将含铌铁水吹炼成铌渣是一个氧化过程。各元素按照其与氧结合的能力顺序依次被氧化，最先氧化的是硅和锰，然后是铌和磷。转炉吹炼铌渣和炼钢的不同之处在于，炼钢要求将钢液加热到出钢温度（1600℃）以上，吹炼终了要加入锰铁、硅铁或铝等脱氧剂，以脱除钢液中的少量过剩的溶解氧；而转炉吹炼铌渣仅要求将铌充分氧化，并得到含铌量高的渣。为获得高铌低杂质的钢渣，吹炼温度保持 1300℃，不超过 1400℃，严格氧化终点控制和扒渣制度，吹炼终点以碳焰露头为度，吹炼时间一般为 20 ~ 24 min。为抑制有害元素磷的过早氧化，在吹炼制度上改高温浅吹为低温深吹。吹炼过程中当碳焰露头时，即倒炉出一次渣，然后加入适量的冷料调温,再送风继续深吹,在碳焰第二次露头时进行第二次倒炉排渣。转炉吹炼所得的钢为高磷半钢;吹炼时铌的成渣率一般约为12%。这种转炉渣的主要成分为铌钛锰矿、片硅铌锰矿、红钛铌锰矿、锰橄榄石和玻璃体。三种原料所得铁水经转炉吹炼成的转炉渣的成分及其比较如表6-8所示。

转炉渣中氧化铌品位约为8%,包括火法和湿法在内开发了多种提取方法,这里着重介绍两个方法。

需要指出的是,白云鄂博矿中的锰含量较高,而在炼铁和炼钢过程中铌和锰有类似的冶金行为,它们同时进入铁水,炼钢时又双双进入熔渣中。实际上包钢铁水各种吹炼方法产出的渣含锰都很高,它们实际上是一种富锰矿,综合利用价值极高。铌锰产品分担费用,可以降低铌产品成本。这是一条重要的技术路线。

6.2.4.1 电炉法制取低品位铌铁[21,22]

图6-3所示为以转炉渣为原料电炉冶炼低品位铌铁的生产工艺流程图。

含铌转炉渣中一般含有较大量的磷和游离铁。为了分离渣中的游离铁和降低磷含量,采用分步熔炼法。第一步根据 P_2O_5 和 FeO 先于 Nb_2O_5 还原的原理,控制还原剂(焦炭)的用量、炉渣碱度(0.4)和适当降低炉温,以及加入脱磷剂($w(NaCl):w(Na_2CO_3)=1:1$)等条件进行脱铁去磷。脱铁后的炉渣加入焦炭在电炉中第二步熔炼铌铁。为提高铌的回收率和保证铌铁中铌的高品位,熔炼碱度控制在0~1.0,焦炭粉用量为理论用量的120%,为保证铌充分还原,一般在出炉前加入少量铝进行5 min的强化还原。熔炼所得铌铁成分为:Nb,13%~19%;Si不大于2.0%;Mn,40%~60%;P,1%~2%;C,6%~8%;这种铌铁主要用于炼钢。电炉渣的成分为:Mn,40%~60%;CaO,18%~20%;SiO,20%~40%;TFe,小于1.5%。包头钢铁公司低品位铌铁企业标准列于表6-9。

采用钢铁流程提取铌的总回收率(以含铌中贫铁矿至低品位铌铁产品计)为9%~12%。这并不是一个很低的指标,因为即使高品位的铌钽矿的选矿回收率大多在45%左右,很少达到50%以上,如再加冶金回收率,则总铌回收率在40%以下。目前包头钢铁公司炼钢原料含铌中贫铁矿中约有总量1万t的 Nb_2O_5(约7000 t纯铌)。如果回收铌,按平均1%回收率计,可得700 t铌。这与国内每年从巴西等国进口约1万t标准级铌铁(平均含铌65%)的总铌量650 t的水平相当。

6.2.4.2 硫酸铵焙烧法提取锰富集铌[23]

该方法的原料可以是含铌转炉渣,也可以是电炉冶炼铌铁后的电炉渣。这两种渣含MnO均在30%以上,高的达到40%~50%,实际上是一种富锰矿。提锰可以富集铌。方法原理是利用渣中锰以低价 Mn^{2+} 形态存在的特点,在200~230℃在回转窑中用硫酸铵焙烧使转炉渣中的MnO生成硫酸锰,反应为

$$MnO + (NH_4)_2SO_4 = MnSO_4 + 2NH_3\uparrow + H_2O$$

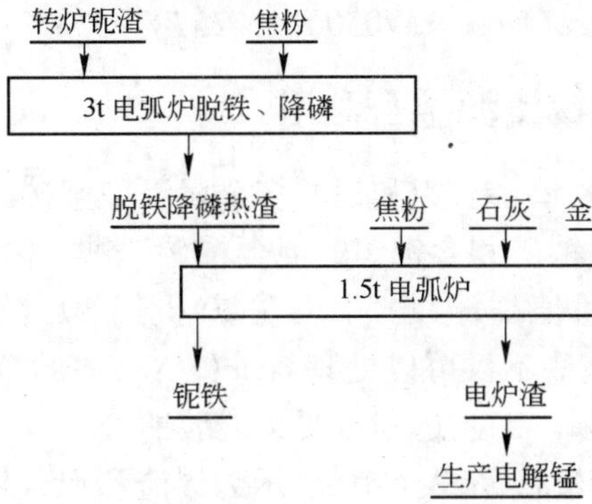

图6-3 低品位铌铁生产工艺流程图

表6-9 低品位铌铁企业标准

牌 号	化学成分/%				铌磷比		
	Nb	Mn	Si	C	一级	二级	三级
FeMnNb 18-1	16~19	40~60	<0.3	≤8	≥10	7~9	5~7
FeMnNb 18-2	13~16	25~45		<8			

焙烧熟料然后用水浸出锰，所得锰液高达80~100 g/L，锰回收率95%。浸出渣中铌品位提高近一倍。可用于制取含铌大于30%的中品位铌铁，或接萃取流程提取氧化铌。和用硫酸溶液浸出锰的方法相比，方法具有两个突出优点：(1)虽然焙烧时渣中小部分FeO也能和硫酸铵反应，但由于采取水浸锰，浸出液的pH值为5~6，而Fe^{2+}在pH值为2时便发生水解沉淀，故锰液纯度高。浸出液为略带粉红色的透明液，而以硫酸浸出时，因铁等杂质含量高，浸出液为酱油色。干扰最大的杂质铁的去除，可大大简化电解锰的提取工艺。(2)由于二氧化硅不被浸出，过滤极为顺畅，可从根本上解决硫酸浸出时的过滤难题。

6.2.5 国外钢铁流程富集铌

前苏联对用钢铁流程处理低品位含铌物料有较多报道[7~9,24~26]。其中一种原料为烧绿石矿物，含Nb_2O_5 0.3%、Fe_2O_3 36%、P_2O_5 5.5%。另一种原料为含铌钛矿，都是将这些矿物先冶炼成铁水，再吹炼铁水获得富铌渣。用含铌钛矿所得铁水含Nb0.2%~0.3%、Si0.2%~0.8%。吹炼温度为1250~1350℃，吹炼时的氧化顺序为：Ti>Si>Mn>Nb，即首先是铁水中的钛氧化，随后硅氧化，并且只有在铁水中的钛、硅含量降到很低时，铌才开始氧化。吹炼时锰和铌的氧化行为相似，基本上是同时平行氧化。经吹炼10~15 min，获得的铌渣含$Nb_2O_5$9.3%~13.8%。

铌的氧化率 96% ~100%。文献[27]根据放射性元素^{93}Nb 示踪测定,得到铌在铁水和渣中的分配系数为:$\lg L(\mathrm{Nb}) = (70500/4.575T) - 3.18$。

6.3　栗木锡矿钽铌钨锡资源综合利用[28]

栗木锡矿是一种含锡、钨、钽、铌和铝的多金属浸染型矿床,含有 40 多种矿物。矿石经粗选和精选获得锡精矿和含铌钽的混合精矿。进入锡精矿中的钽铌在炼锡时进入锡渣中,综合利用价值高,为此,中国在 20 世纪 60 年代专门开发了一种焙烧 - 酸洗富集法[28,29]。该法不仅可以处理含 $w((\mathrm{Nb}+\mathrm{Ta})\mathrm{O}) < 2\%$ 的锡渣,而且可以同时回收钽、铌、钨、锡。工艺过程主要由碳酸钠焙烧、水煮、除硅、酸煮等工序组成。图 6-4 所示为其工艺流程,表 6-10 所示为锡渣和混合精矿组成。

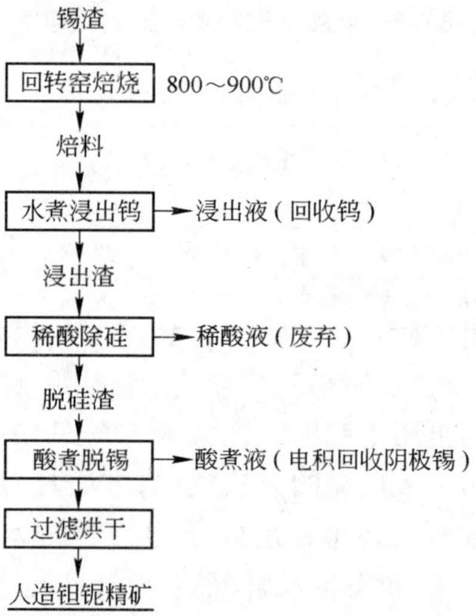

图 6-4　焙烧 - 酸洗富集工艺流程图

表 6-10　锡渣和混合精矿组成

原　料	组成(质量分数)/%													
	Ta_2O_5	Nb_2O_5	WO_3	Sn	Fe	Si	As	Ca	Cu	S	Ti	Mn	U_3O_8	ThO_2
锡　渣	4 ~6	3 ~4	5.58	5.18	9 ~13	13 ~23	0.02	4	0.01		3 ~4	7 ~8	0.046	0.056
混合精矿	7 ~9	8 ~9	39	5.6	12	18	0.05	0.1	0.1	0.4	0.75	7 ~8	0.021	0.036

6.3.1　碳酸钠焙烧

将磨至 0.147 mm 粒级的锡渣和混合精矿,按(精矿 + 锡渣):碳酸钠:木炭(质量比) =100:(35 ~40):(4 ~5)配料。纯混合精矿焙烧时因含钨过高易发生炉壁黏结现象,配入锡渣使钨含量控制在 20% ~30%。焙料中加入木炭使在窑的前半部保持还原气氛,使高价锡还原为低价锡。焙烧在连续式回转窑内进行,控制窑前工作温度为950℃,窑中温度为850℃,窑尾温度为750℃。窑尾温度过高,焙烧带后移影响焙烧效果;温度过低则焙烧带前移,造成局部过热,物料熔化而造成结块。窑内保持适当负压。物料在窑内停留时间为30~40 min。焙烧时铌钽转化为不溶性钠盐:

$$4(Mn,Fe)(TaO_3)_2+4Na_2CO_3+O_2=8NaTaO_3+2(Mn,Fe)_2O_3+4CO_2\uparrow$$

$$4(Mn,Fe)(NbO_3)_2+4Na_2CO_3+O_2=8NaNbO_3+2(Mn,Fe)_2O_3+4CO_2\uparrow$$

钨、锡、硅、铝等转变为可溶性钠盐:

$$2FeWO_4+2Na_2CO_3+1/2O_2=2Na_2WO_4+Fe_2O_3+2CO_2\uparrow$$

$$3MnWO_4+3Na_2CO_3+1/2O_2=3Na_2WO_3+Mn_3O_4+3CO_2\uparrow$$

$$SiO_2+Na_2CO_3=Na_2SiO_3+CO_2\uparrow$$

$$SnO_2+Na_2CO_3=Na_2SnO_3+CO_2\uparrow$$

$$SnO_2+C=Sn+CO_2\uparrow$$

6.3.2 水浸

焙烧熟料球磨至0.149 mm,然后按固:液=1:(3~6)和温度90℃下水浸1 h。这时钨、锡、铝、硅等进入水溶液,溶出率达90%。钽铌留在渣中。

6.3.3 稀酸浸脱硅

水浸渣用7%~9% HCl溶液在固:液=1:6和温度80~90℃下搅拌浸出3~5 min。为确保脱硅效果,要求迅速过滤,使所生成的硅酸尚来不及凝聚的情况下予以分离。硅、铝等杂质的除去率可达60%~70%,渣中铌钽$(Nb+Ta)_2O_5$品位提高一倍,达到32%~33%。酸浸反应为

$$Na_2SiO_3+2HCl=H_2SiO_3+2NaCl$$

$$Na_2WO_4+2HCl=H_2WO_4+2NaCl$$

$$Na_2SnO_3+6HCl=SnCl_4+2NaCl+3H_2O$$

6.3.4 高酸浸出

为进一步除去铁、锰、锡、钛等杂质,脱硅渣用30% HCl,在固:液=1:3和温度95℃下搅拌浸出1~1.5 h。主要反应为

$$4Na_2O\cdot 3Ta_2O_5+8HCl+(x-4)H_2O=3Ta_2O_5\cdot xH_2O\downarrow+8NaCl$$

$$4Na_2O\cdot 3Nb_2O_5+8HCl+(x-7)H_2O=3Nb_2O_5\cdot xH_2O\downarrow+8NaCl$$

$$Fe_2O_3+6HCl=2FeCl_3+3H_2O$$

$$Mn_3O_4+6HCl=3MnCl_2+Cl_2+4H_2O$$

$$Al(OH)_3+6HCl=AlCl_3+3H_2O$$

$$CaSiO_3 + 2HCl = CaCl_2 + H_2SiO_3 \downarrow$$
$$NaSnO_3 + 6HCl = SnCl_4 + 2NaCl + 3H_2O$$
$$Na_2TiO_3 + 2HCl = H_2TiO_3 + 2NaCl$$

全流程铌和钽的总回收率达94% ~99%，渣中铌钽品位达到萃取分离铌和钽工艺的要求水平。表6-11所示为富集渣的组成。

表6-11　碳酸钠焙烧法富集渣的组成

富集渣	组成（质量分数）/%								
	Ta_2O_5	Nb_2O_5	WO_3	Sn	Al	Ti	Fe	Mn	SiO_2
粗精矿产出渣	26.1	32.22	1.9	1.12	0.22	0.44	0.44	0.6	5.9
锡渣产出渣	19.36	13.51	1.8	4.83	0.36	9.1	5.01	0.4	6.94
精矿+锡渣产出渣	40	18	15 ~25	7 ~9		5 ~6	3	0.3 ~0.5	0.7 ~1

6.4　铈铌钙钛矿的综合利用

铈铌钙钛粗精矿的组成（质量分数）为：Nb_2O_5，8.45% ~8.55%；Ta_2O_5，0.55% ~0.57%；TiO_2，36.2% ~36.5%；RE_2O_3，28.6% ~31.2%。综合利用价值高。工业上采用两种方法处理。

6.4.1　氯化法

氯化法是主要采用方法，可同时获得铌钽、钛和稀土产品。详见本书第8章氯化冶金工艺。

6.4.2　硫酸焙烧法[3,30~33]

硫酸焙烧的原理是先用硫酸将铈铌钙钛矿分解，然后利用铌钽、钛和稀土的硫酸盐或硫酸复盐的溶解度不同来实现元素分离。硫酸焙烧综合回收工艺流程如图6-5所示。

6.4.2.1　硫酸焙烧

工艺上是将粒度为0.074 mm的粗精矿加85% ~92%的浓硫酸在150 ~180℃下进行焙烧。配料比为：精矿∶浓硫酸∶硫酸铵（质量比）= 1∶(2 ~2.8)∶(0.5 ~0.6)，加硫酸分解后的熟料一般再用水浸使钽铌水解沉淀，同时分离掉大部分铁、锰等可溶性硫酸盐杂质。但也有的从硫酸溶液中直接萃取分离钽和铌。加入少量硫酸铵是为防止焙料烧结，提高铌和钽进入溶液的提取率。反应完成后所得半干状焙烧熟料放置2 ~3 h，以使焙料熟化冷却。

文献[34,35]认为硫酸焙烧时铌主要生成$Nb_2O_3SO_4$：

$$Nb_2O_5 + 2H_2SO_4 = Nb_2O_3(SO_4)_2 + 2H_2O$$

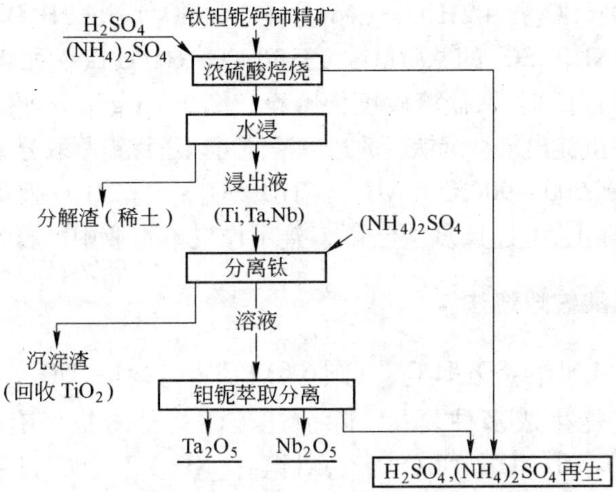

图 6-5 硫酸焙烧综合回收工艺流程简图

工艺过程的其他反应为

$$TiO_2 + CaO + 3H_2SO_4 = CaTi(SO_4)_3 + 3H_2O$$

$$4TiO_2 + (RE)_2O_3 + 11H_2SO_4 = (RE)_2(SO_4)_3 \cdot 4Ti(SO_4)_2 + 11H_2O$$

在大量钛存在的情况下,铌和钽以同晶形杂质的形式进入硫酸钛的复盐中。

6.4.2.2 水浸分离稀土

将焙烧熟料进行水浸,原先溶解在 82% H_2SO_4 中的硫酸钛钙,随硫酸质量浓度下降而发生水解反应:

$$CaTi(SO_4)_3 + H_2O = TiOSO_4 + CaSO_4 + H_2SO_4$$

稀土的硫酸复盐和钛的硫酸复盐难溶于浓硫酸中,水浸时便发生水解,例如,当硫酸质量浓度低于 62.5% 和 100℃时,硫酸钛铈的水解反应为

$$Ce_2(SO_4)_3 \cdot 4Ti(SO_4)_2 + 8H_2O$$
$$= Ce_2(SO_4)_3 \cdot 3H_2SO_4 + 4TiOSO_4 \cdot H_2O + H_2SO_4$$

然后酸性稀土硫酸盐和体系内原有的硫酸钠反应,生成难溶的硫酸复盐 $Na_2(SO_4)_3 \cdot (RE)_2(SO_4)_3$,并留在浸出渣中。过滤后所得浸出渣用作提取稀土的原料。同时,钛、铌、钽进入浸出液。在浸出液中钛以 $TiOSO_4$ 形式存在,铌和钽以 $Nb_2O_3(SO_4)_2$ 和 $Ta_2O_3(SO_4)_2$ 的形式存在[34]。

6.4.2.3 硫酸铵分离钛

为将钛和铌钽分离,向浸出液中加入硫酸铵使钛生成不溶性的复盐 $(NH_4)_2$-$[TiO(SO_4)_2] \cdot H_2O$ 沉淀出来。因为在 TiO_2-SO_3-$(NH_4)_2SO_4$-H_2O 体系中,在含水极少的区域(以重量计,每 100 份盐仅含有 20 份 H_2O)可生成易在水溶液中缓慢分解的化合物相:$(NH_4)_2Ti(SO_4)_3$ 和 $5(NH_4)_2SO_4-2Ti(SO_4)_2$,反应为[35]:

$$(NH_4)_2Ti(SO_4)_3 + 2H_2O = (NH_4)_2[TiO(SO_4)_2] \cdot 2H_2O + H_2SO_4$$

当 H_2SO_4 和 $(NH_4)_2SO_4$ 的总质量浓度达到400 ~600 g/L(例如,H_2SO_4 为200 g/L,$(NH_4)_2SO_4$ 为400 g/L)时,钛盐溶解度便降至仅2.5 ~5 g/L 水平,这样便可以将约75%的钛从溶液中沉淀出来。沉钛后的过滤液便可以送铌钽萃取分离车间。

沉淀物加热到800 ~900℃,$(NH_4)_2[TiO(SO_4)_2] \cdot 2H_2O$ 发生分解,生成工业级二氧化钛。实际上,上述钛复盐已可直接用作皮革工业中的鞣剂。

6.4.3　硫酸－硫酸铵焙烧法

在 Nb_2O_5-SO_3-$(NH_4)_2SO_4$-H_2O[36](图6-6)和 Ta_2O_5-SO_3-$(NH_4)_2SO_4$-H_2O 体系(图6-7)中[37],铌和钽能生成多种复盐。除前述硫酸盐外对铌尚有 $NH_4NbO(SO_4)_2$、$(NH_4)_6Nb_2O(SO_4)_7$ 和 $(NH_4)_3Nb(SO_4)_4$,对钽有 $(NH_4)_3Ta(SO_4)_4$ 和 $6(NH_4)_2SO_4 \cdot Ta_2(SO_4)_5 \cdot 2Ta_2O_2(SO_4)_3$。其中 $NH_4NbO(SO_4)_2$ 为白色晶体,密度2.702 g/cm^3,可以溶于水溶液中,通过严格控制冷却条件可以得到很纯净的晶体物质;$(NH_4)_6Nb_2O(SO_4)_7$ 也为白色晶体物质,易溶于浓硫酸,在空气中易吸潮并发生水解。

需指出的是,钛对铌钽在硫酸溶液中的溶解度有很大影响。微量钛可以大大提高铌钽的溶解度。例如,在没有钛时,铌和钽在硫酸和硫酸铵溶液中的溶解度分别为30 g/L 和1.2 g/L(氧化物计,下同);当有钛存在时,溶解度均可达到50 g/L。这是因为生成了新的配合物,如 $xNH_4NbO_2(SO_4)_2 \cdot (NH_4)_2TiO(SO_4)_2$ 和 $yNH_4TaO_2(SO_4)_2 \cdot (NH_4)_2TiO(SO_4)_2$。但这种复合配合物很不稳定,即使在室温下存放,也会慢慢分解生成相应的硫酸盐沉淀物。

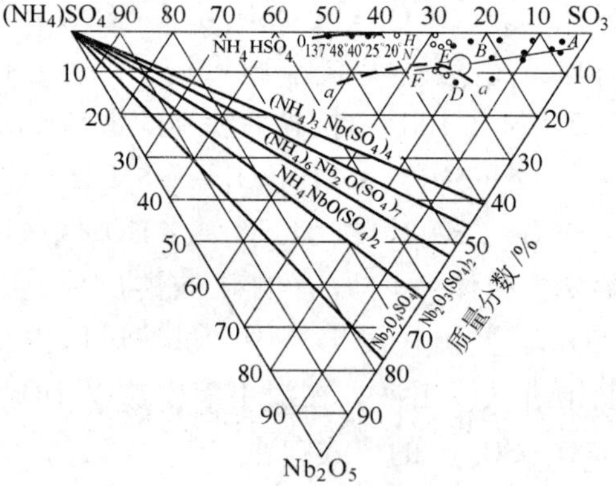

图6-6　$Nb_2O_5-SO_3-(NH_4)_2SO_4-H_2O$ 体系

AB—$Nb_2O_4SO_4$ 和 $Nb_2O_3(SO_4)_2$ 的分界线;

BE—$(NH_4)_6Nb_2O(SO_4)_3$ 和 $(NH_4)_6Nb_2O(SO_4)_7$ 的分界线;

EF—$(NH_4)_6Nb_2O(SO_4)_3$ 和 $(NH_4)_3Nb(SO_4)_4$ 的分界线

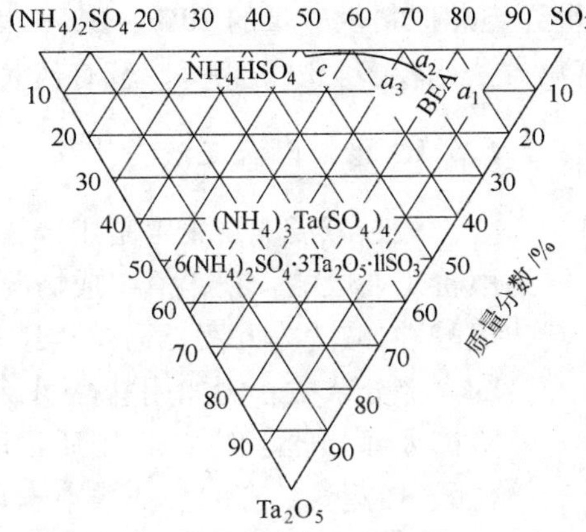

图 6-7 $Ta_2O_5 - SO_3 - (NH_4)_2SO_4 - H_2O$ 体系

a_1—变成分相区；a_2—$6(NH_4)_2SO_4 \cdot Ta_2(SO_4)_5 \cdot 2Ta_2O_2(SO_4)_3$；

a_3—$(NH_4)_3Ta(SO_4)_4$

工艺上是将配料比为精矿∶浓硫酸∶硫酸铵(质量比)＝1∶2.78∶1.4 的物料，在 230～275℃下焙烧，分解反应为

$$Nb_2O_5 + 5H_2SO_4 + 3(NH_4)_2SO_4 = 2(NH_4)_3Nb(SO_4)_4 + 5H_2O$$

$$Ta_2O_5 + 5H_2SO_4 + 3(NH_4)_2SO_4 = 2(NH_4)_3TaO(SO_4)_4 + 5H_2O$$

$$TiO_2 + 2H_2SO_4 + (NH_4)_2SO_4 = (NH_4)_3Ti(SO_4)_4 + 2H_2O$$

$$\frac{1}{2}x RE_2O_3 + y CaO + \left(\frac{3}{2}x + y\right)H_2SO_4 + \frac{1}{2}x(NH_4)_2SO_4$$

$$= \frac{1}{2}x(NH_4)_3RE(SO_4)_2 \cdot y CaO + \left(\frac{3}{2}x + y\right)H_2O$$

当熔体中的硫酸铵质量浓度足够高时，铌和钽生成 $(NH_4)_3Nb(SO_4)_4$ 式复盐。该复盐中的铌和钽不为钛所同晶置换。

复盐 $(NH_4)_3Nb(SO_4)_4$ 和 $(NH_4)_6Nb_2O(SO_4)_7$ 是可溶性化合物，其溶解度随温度升高而显著增长，且在溶液深度冷却时会以结晶体形式析出。在体系的水相区所存在的固相和不含硫酸铵的体系中的固相相同。同类的钽盐和铌盐在性质上相似，它们易生成一系列的连续固溶体。

将焙烧熟料进行水浸，铌钽便以硫酸配合物的形式进入溶液，钛化合物则发生水解，并以难溶化合物 $(NH_4)_2[TiO(SO_4)_2] \cdot 2H_2O$ 的形式沉淀下来并留在浸出渣中。同时稀土金属也以硫酸复盐的形式沉淀留在浸出渣中。浸出渣中的钛和稀土很容易分离。含铌和钽的溶液送萃取工序进行分离处理。

6.5 锡渣富集铌钽

锡渣是钽原料的重要来源之一，而且多数锡渣以含钽为主。20 世纪 60～80

年代，锡渣钽原料曾占世界钽总原料供应量的70%～80%，因而受到高度重视，研究出的和实际采用的富集方法比较多。以下为一些较有代表性的方法。

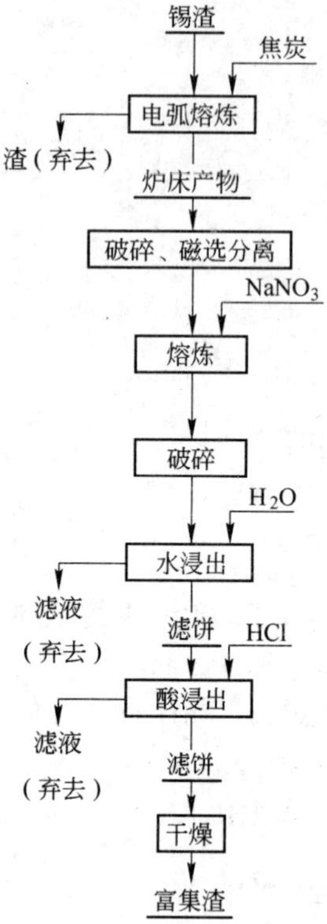

图6-8　氧化－还原法富集工艺流程图

6.5.1　酸－碱洗涤法[39,40]

酸－碱浸洗富集曾是用得较多的方法。通常采用廉价工业废酸。视锡渣组成情况有硫酸洗、盐酸洗、氟氢酸洗、碱洗等方案。通过连续浸洗可以去掉锡渣中的大部分杂质。例如用盐酸可除掉钛和铁，用碱洗可除掉大部分硅。例如，当用质量浓度为1.19 g/cm^3的盐酸，在蒸气夹套的浸洗槽中于80～85℃和固液比1∶10、搅拌4h处理锡渣时，92% Al、72% Ca、93% Mg、58% Ti、51.5% Sn、50% W均进入浸洗液，锡渣重量减少一半多。再如用17% NaOH在固液比1∶1.2、80～85℃下处理2 h，可脱除87% Si，分离出87% W，洗后渣的重量减少40%。

酸洗法最大缺点是过滤问题多、药剂消耗量大、污水处理的费用大等。因此这种方法的广泛应用受到相当限制。但也有十分成功的例证。例如，斯达克公司采用磷肥生产中产出的废料——氟氢酸或氟硅酸，处理含$(Nb,Ta)_2O_5$仅3%的贫锡渣，获得了良好的富集效果和巨大的经济效益。

6.5.2　还原－氧化富集法[41～43]

还原－氧化富集法用于处理高品位锡渣。全流程由电炉熔炼、磁选分离、碳化物氧化和浸洗除杂质等工序组成。原料锡渣组成如表6-12所示。工艺流程图如图6-8所示。

表6-12　原料锡渣组成

成分	Ta_2O_5	Nb_2O_5	CaO	SiO_2	TiO_2	FeO	Al_2O_3	WO_3	MnO	MgO	ZrO_2	V_2O_5
含量/%	3.85	3.85	23.1	21.3	10.72	10.0	8.18	3.28	1.28	1.20	0.85	0.21

6.5.2.1　还原熔炼

物料按锡渣∶焦炭∶非磁性循环物＝36∶5∶1配料比混合均匀后在功率为3000 kW的敞式电炉中在1650℃温度下熔炼2.5 h，获得含$(Nb,Ta)_2O_5$ 20%～25%的铌钽钨锡等的碳化物，杂质进入炉渣中。过程反应为

$$(Nb,Ta)_2O_5+7C=2(Nb,Ta)C+5CO\uparrow$$

6.5.2.2 磁选

利用铌钽碳化物具有弱磁性的特点，通过磁选机将铌钽碳化物和非磁性物分开，其中非磁性物返回还原熔炼。所得磁性物组成如表6-13所示。

表6-13 磁选分离的炉床产物的成分

成分	Ta_2O_5	Nb_2O_5	CaO	SiO_2	FeO	MgO	Al_2O_3	TiO_2	C
含量/%	10~12	10~12	10	14	24	2~3	2~3	23	3

6.5.2.3 氧化

将磁性物与氧化剂和碳粉按碳化物:硝酸钠:碳粉=5:13:1的配料比配料，装入无衬里的铸铁坩埚炉中，加煤油点火使其氧化。氧化熔炼为放热反应，点火后温度自动升至1000℃，完全反应时间20~30 min。主要反应为

$$10TaC + 14NaNO_3 = 5Ta_2O_5 + 7Na_2O + 10CO\uparrow$$
$$\Delta H_{298\ K} = -6070.98\ kJ$$
$$10NbC + 14NaNO_3 = 5Nb_2O_5 + 7Na_2O + 10CO\uparrow$$
$$\Delta H_{298\ K} = -5870.25\ kJ$$
$$5WC + 8NaNO_3 = 5WO_3 + 4Na_2O + 4N_2 + 5CO\uparrow$$
$$\Delta H_{298\ K} = -2493.66\ kJ$$
$$10Fe + 6NaNO_3 = 5Fe_2O_3 + 3Na_2O + 3N_2$$
$$\Delta H_{298\ K} = -2548.06\ kJ$$
$$5C + 2NaNO_3 = 5CO + Na_2O + N_2$$
$$\Delta H_{298\ K} = -133.89\ kJ$$

6.5.2.4 水洗-酸浸除杂质

冷却后的熔体经破碎后先用热水洗，除去过量的钠盐和水溶性钠盐化合物（硅酸钠、钨酸钠、铝酸钠等）。水洗液固比为6:1，温度为90~95℃。过滤后约95%的钨进入滤液。所得滤饼再用20% HCl在75~90℃下浸洗除铁、锰等，同时使铌（钽）酸钠转化为氢氧化物。酸浸后的滤渣即为含$(Nb,Ta)_2O_5$ 40%~50%的人造钽铌精矿。

6.6 从钨废料中回收铌钽

在元素周期表中钨铌存在对角线相似关系，钨的离子半径和铌钽的离子半径相近，在钨矿中往往伴生或共生有铌钽矿物，故在钨冶金渣或溶液中常有可供回收的铌和钽。

6.6.1 钨渣高压釜碱浸出[44]

含有钨、钽、铌、钪等有价金属的一些黑钨矿和钨锰矿，在提取钨时，钽、铌、钪

进入提钨后的渣中。这种渣积存达万吨之多[44]，其组成的质量分数为：WO_3，4.95% ~ 5.26%；Ta_2O_5，0.21% ~ 0.35%；Nb_2O_5，0.55% ~ 1.02%；Sc_2O_3，0.015% ~ 0.033%；Fe_2O_3，20% ~ 34%；Mn_3O_4，32% ~ 36.5%；SiO_2，12.9% ~ 15.1%。原料渣中钨以 $CaWO_3$、钽铌分别以 $NaNbO_3$、$NaTaO_3$ 形式存在。为此采用高压釜苏打处理方法综合回收这些元素。工艺流程如图 6-9 所示。经高压釜苏打浸出后，93% ~99% 钨进入浸出液（可进一步回收钨）；铌、钽、钪进入浸出渣中。然后用盐酸浸出渣，86% ~89% 钪进入浸出液。从浸出液中可以进一步萃取提钪，获得 3% ~4% Sc_2O_3 的钪富集物；同时 96% ~100% 铌和钽留在酸浸渣中。这种渣可用两种方法进一步富集铌和钽：一是用碱浸脱硅，获得含 $(Nb,Ta)_2O_5$ 14% ~ 17% 的富集物；二是进一步硫酸焙烧和过氧化氢浸出，获得含 $(Nb,Ta)_2O_5$ 40% ~ 60% 的富集物，铌钽回收率达 70% ~80%。

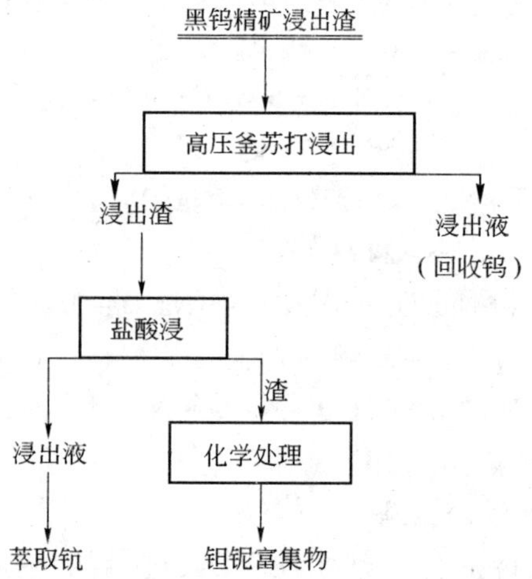

图 6-9　钨渣综合回收铌钽钪工艺简图

6.6.2　从仲钨酸铵结晶母液中回收铌和钽[45]

用盐酸分解黑钨精矿和用氨浸出钨时，大部分钽铌随钨进入钨酸溶液中。在从钨酸铵溶液中结晶出仲钨酸铵后，钽铌几乎完全留在母液中，其 $(Ta,Nb)_2O_5$ 质量浓度可达 16 g/L。这种不平常的溶解度可能是因为钨酸的存在而在母液中生成了可溶性的铌钽钨杂多酸：$x(NH_4)_2O \cdot yTa_2O_5 \cdot zWO_3 \cdot H_2O$ 和 $x(NH_4)_2O \cdot yNb_2O_5 \cdot zWO_3 \cdot H_2O$。由于母液中尚有同多钨酸，故采用强碱分解法回收铌和钽。工艺过程为：向加热至沸腾状的母液中边搅拌边加入 NaOH 溶液直至铵完全游离出，铌钽便以偏铌（钽）酸盐形式析出，沉淀物用 3% NaOH 溶液洗涤，然后用 20% HCl 浸洗铁、锰等杂质。最后得到粗铌钽氧化物，其质量分数达 57% ~86%。

6.7 选矿中间产品富集铌和钽

一些地质化学性质特殊的矿物在粗选后进一步精选时铌钽的回收率很低，对于这种含$(Nb,Ta)_2O_5$仅2%～15%的矿（在烧绿石、细晶石、锡锰钽铁矿、铀钽铌矿等的选矿中都有这种中间产品），需要根据化学成分选择确定采用化学冶金的处理方法[46]。

6.7.1 选择性氯化法[47]

对于含锆石、榍石和长石的烧绿石粗精矿，可在500～600℃下选择性氯化铌和钽，锆石留在氯化渣中。所得铌钽混合氯化物进一步用精馏法分离（见本书第9章）。含锆氯化渣可再用锆的氯化法工艺提取锆产品。

6.7.2 硫酸－过氧化氢浸出法[48,49]

该法用于处理铀钽铌矿和细晶石铌矿。先进行硫酸焙烧分解矿石。配料比为粗精矿∶浓硫酸＝1∶（1～2），温度为200～300℃，时间1～2 h。第二步用质量浓度为150～300 g/L硫酸＋10～30 g/L过氧化氢混合溶液，固液比为1∶（3～5），浸出1 h。铌、钽和钛分别以过氧配合物$H_2(Nb,Ta)O_2(O_2)$、$H_4TiO_3(O_2)$的形式进入浸出液，锆和石英石留在残渣中。浸出液再在90～98℃下加热2～3 h，使过氧化物分解，生成结晶体性质的铌钽水合氧化物$(Nb,Ta)_2O_5 \cdot nH_2O$。经煅烧得富集物含$(Nb,Ta)_2O_5$ 50%～90%。

钛的过氧配合物较铌钽过氧配合物稳定，水煮后仍留溶液中，可进一步提取钛产品。

另有一种硫酸－过氧化氢法处理烧绿石矿。矿的质量分数为：NbO，6.2%；TaO，0.07%；FeO，20.3%；CaO，4.4%；MgO，1.16%；TiO，5.7%。工艺条件为：硫酸焙烧温度175～200℃（高于220℃浸出率下降）；过氧化氢质量浓度5～7 g/L＋NaF 10～15 g/L；液固比为（2.5～5）∶1。所得富集物组成（质量分数）为：NbO，78%；TaO，1.8%；TiO，10%。铌回收率为91%～92%；钽回收率为94%～97%[47]。

6.7.3 硫酸焙烧－胺浸法[50]

该法采用物料配比为精矿∶浓硫酸＝1∶2.5，在350℃下焙烧2 h。焙烧熟料进行水洗并氨处理除去游离硫酸，铌和钽转变成水合氢氧化物，然后在液∶固＝5∶1、温度40℃下再用胺液浸出铌和钽。配合剂可采用甲胺（$CH_3—NH_2$）、单一醇胺（$CH_3—OH—CH_2—NH_2$）和$(CH—CH—OH)_3N$。使用甲胺浸出时，铌浸出率接近100%、钽97%。方法的优点之一是浸出剂胺可以再生。在铌钽沉淀后，含胺的沉淀液用石灰处理：

$$CH—NH_2 \cdot H_2SO_4 + CaO = CH—NH_2 + CaSO_4 \downarrow + H_2O$$

所得胺液可返回浸出。胺浸后的沉淀物纯度很高，含$(Nb,Ta)_2O_5$达98%。

6.7.4 高压釜盐酸处理[52]

高压釜盐酸处理用于浸出烧绿石矿。最佳工艺条件为：作业温度200℃，盐酸浓度10 mol/L，时间4 h。分解反应为

$$3(CaO \cdot Nb_2O_5) + 2HCl = 2Nb_2O_5 + Ca_2Nb_2O_7 + CaCl_2 + H_2O$$

$$Ca_2Nb_2O_7 + 4HCl = Nb_2O_5 + 2CaCl_2 + 2H_2O$$

所得产物经过滤、水洗烘干，得富集物的组成（质量分数）为：Nb_2O_5, 90.36%；Ta_2O_5, 0.53%；CaO, 0.22%；SrO, 0.02%；FeO, 0.69%；TiO_2, 4.76%；SiO_2, 4.42%；Al_2O_3, 0.62%；Na_2O, 0.18%；U, <0.01%；ThO_2, <0.01%。

6.7.5 铁合金法

将低品位物料先转化成铌钽铁合金本身就是一种重要的富集方法。所得铌钽铁还可以作为原料，用以下方法进一步富集。文献[53]对各种处理方法进行了经济技术比较分析。

作为含铌钽中间产物的铁合金的制取，除通常采用的铝热还原法和电炉碳还原法外，也有用等离子装置。后一种方法是将原料矿物、还原剂、助剂和黏接剂按一定比例配料制球，在等离子装置内还原成钽铌钨铁合金。Ta_2O_5 含量可由原料中的0.75%富集到3.6%，回收率达到90%。方法的优点是可实现生产过程的连续化[54]。

6.7.5.1 氯化法

铌铁质脆，容易在颚式破碎机上破碎成碎块，并进一步磨成细粉，然后用氯化法提取铌和钽。铌铁氯化为放热反应，氯化温度为100～800℃。所得五氯化物经精馏提纯（见第8章）可得氧化铌产品，其纯度为99.98%，杂质钨和钽的含量小于0.003%。

6.7.5.2 铌酸钾处理法[55,56]

方法工艺流程如图6-10所示。将磨至0.1～0.2 mm粒度的铌铁粉，在耐蚀钢反应器中，在100℃下和浓的苛性钾溶液（每升水中加KOH 670g）反应，生成可溶的多铌（钽）酸钾：

$$6Nb + 8KOH + 11H_2O = K_8Nb_6O_{19} + 15H_2$$

$$6Ta + 8KOH + 11H_2O = K_8Ta_6O_{19} + 15H_2$$

为排除反应所生成的氢气，浸出时边搅拌边鼓入空气，并使$Fe(OH)_2$氧化成$Fe(OH)_3$。氢氧化铁、钛酸钾和少量难溶偏铌酸钾$KNbO_3$残留在浸出渣中。过滤并洗涤后得到含铌约89 g/L的溶液。然后往溶液中加入固体氯化钠，使易溶的多

铌(钽)酸钾盐转变成难溶的多铌酸钠盐:

$$K_8Nb_6O_{19} + 8NaCl + nH_2O = NaNb_6O_{19} \cdot nH_2O + 8KCl$$

食盐处理后过滤,钨、钼、铝、硅、锡留在溶液中而和铌钽分开。所得沉淀物再用盐处理即可得到水合氧化铌(钽):

$$NaNb_6O_{19} \cdot nH_2O + 8HCl + (2n-4)H_2O = 3Nb_2O_5 \cdot nH_2O + 8NaCl$$

最后用氨将水合氧化物盐酸浆液中和至 pH 值为 5~6,过滤除去残留的 Na^+ 和 Cl^- 离子。富集物最后送萃取工序分离和提取铌和钽。

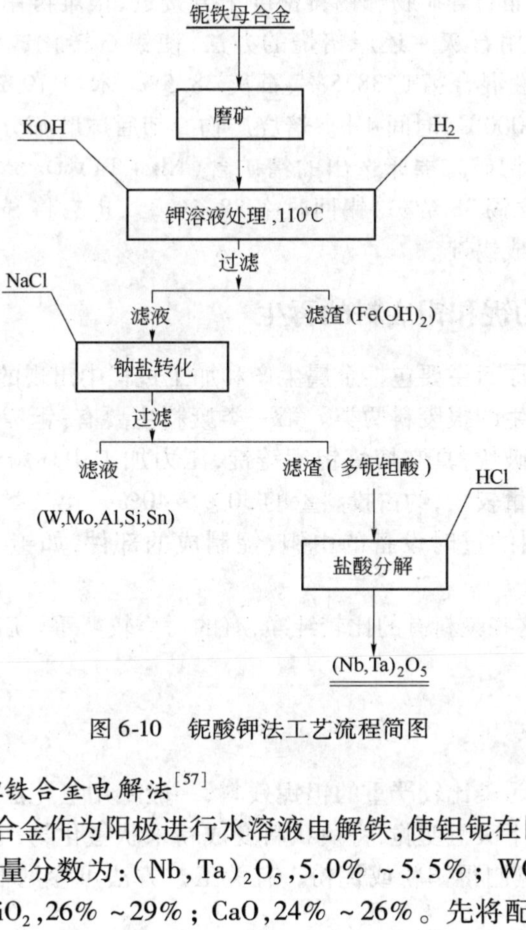

图 6-10 铌酸钾法工艺流程简图

6.7.5.3 铌钽铁合金电解法[57]

该法是将铌铁合金作为阳极进行水溶液电解铁,使钽铌在阳极沉积富集。原料锡渣的组成的质量分数为:$(Nb,Ta)_2O_5$,5.0%~5.5%; WO_3,1.0%~1.3%; TiO_2,7%~10%; SiO_2,26%~29%; CaO,24%~26%。先将配料比为锡渣:硫酸渣:焦炭粉:石灰=100:70:15:14 配料在电炉内在 1400℃下还原熔炼得到含$(Nb,Ta)_2O_5$ 为 6.6% 的铁合金。然后以铁合金为阳极,以石墨作阴极,在电解质为 $FeCl_2$-HCl-$(NH_4)_2SO_4$ 的溶液中进行电解。

电解时铁合金的溶解反应为:$Fe + 2FeCl_3 = 3FeCl_2$

阳极反应为:$3FeCl_2 = Fe + 2FeCl_3$

电解时铁在阴极上析出,得工业级铁粉产品；铌和钽在阳极泥中沉积。所得阳极泥再经石油和苏打水洗涤脱硫,最后得到含 $Ta_2O_5$25%、$Nb_2O_5$30%、$WO_3$24% 的富集物。

6.7.6　选冶富集法

一些锡和钽铌共生的矿物,可用磁选获得部分富钽铌精矿(含 $(Nb+Ta)_2O_5$ 73.5%、SnO_2 3%,钽铌回收率约为 50%～60%)后,余下的混合精矿中的钽铌矿物,如铌钽锑矿、细晶石等矿物和锡石密度十分接近,很难再用重力选矿方法将其分离开。这时可采用石灰－还原焙烧的办法,使锡石转化成锡酸钙。焙烧配料(质量分数)为:磁性混合精矿 38.5%、石灰 38.5%、木炭 19.2%、氯化钠 3.8%,焙烧温度为 950～1000℃,时间 4 h。焙烧产物冷却后球磨筛分,再进行摇床分选,最后得到合格钽铌精矿。摇床选出的精矿含 $(Nb+Ta)_2O_5$ 65.4%, SnO_2 6.6%。锡主要进入尾矿(含锡 38.7% ,锡回收率 88.5%)。也有将 SnO_2 还原成金属锡,摇选后的尾矿可铸成锡锭。

6.8　金属形态的铌和钽废料的再生

钽铌二次金属原料主要包括金属生产和加工过程中出现的废料和钽铌金属制品在使用过程中产生的报废料两类。第一类废料主要有:钽铌致密化生产中出现的废烧结条、断头、破块,真空熔炼钽铌铸锭,压力加工中坯料切削边角料和残料等。这些残废料数量较大,约占投料量的 30%～40%。第二类废料包括冶金工业和化学工业中使用的过时设备的由钽、铌制成的部件,如钽、铌坩埚、加热交换器等。

从质量上看,这些废料有的比较纯净,有的污染较严重。后一种废料有时需冶金处理后才能使用。

6.8.1　氢化法回收

对于化学杂质污染比较严重的钽铌残料,一般采用氢化法回收。即利用金属铌和钽在一定温度下吸氢变脆,将块状料变成粉末状氢化物,然后用酸洗(HCl 或 HF)处理,最后脱氢制得钽粉或铌粉。有关工艺方法可参见本书第 12 章的有关条件。

6.8.2　电子束真空熔炼

对于纯度较高的铸锭切削、加工材边角料等,通常采用两次电子束真空熔炼法再生。熔炼前通常需先用有机溶剂或高效洗涤剂清洗掉表面沾污物和用水冲洗掉洗涤剂。清洗好的料再进行捆扎、氩弧焊或压制等手段制成密度为钽、铌金属密度的60% ~70%的棒材,然后进行电子束熔炼,得到金属锭;杂质较多的料需进行氢化和盐酸洗,得到冶金级钽(铌)粉,或预烧结后进行电子束熔炼,获得钽铌锭,或进行高温烧结,获得钽铌坯条。钽铌残料处理工艺过程如图6-11所示。

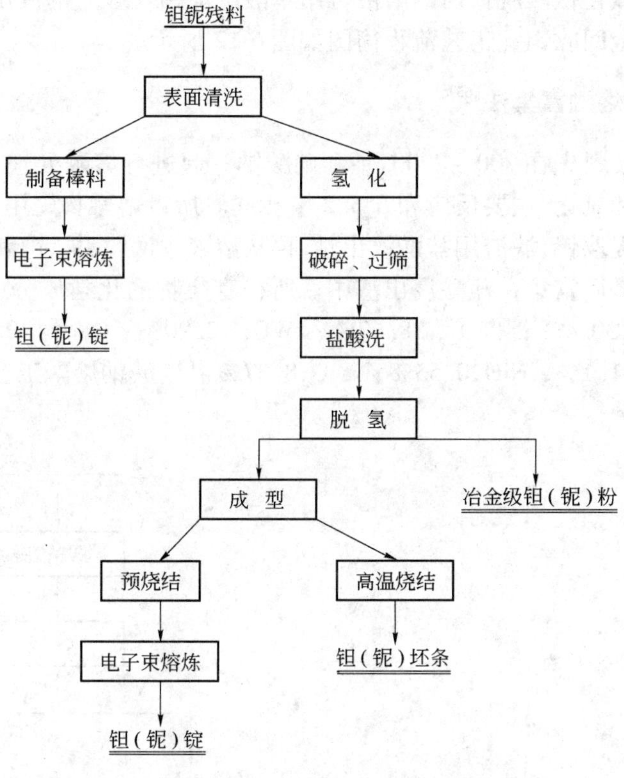

图6-11 钽铌残料处理工艺简图

6.9 硬质合金废料回收铌钽[61]

硬质合金是以碳化钨为基体的复合碳化物(WC-TiC-TaC-NbC)和钛钴一起组成的合金,成分复杂,钽铌含量较低,一般仅作为富集物回收。

6.9.1 锌处理法[62~64]

烧结碳化物先在800℃下用液态锌进行分解处理,使碳化物粒子与金属钛钴间的结合键断裂。分解物再用真空蒸馏方法分离出锌,并返回分解工序循环使用。脱锌后的产物经细磨后,碳含量和钴含量实际上和原粉相同,可和原粉掺和做成新的硬质合金粉。

但锌处理对原粉并无任何纯化作用,如出现污染或发生组成上的变化,必须慎用。为此可在碱性介质中使锌处理粉氧化，然后进行水浸，使钨以钨酸钠（Na_2WO_4）形式进入浸出液，并从浸出液中提纯并制取仲钨酸铵。脱钨后的渣为钽、铌、钴、钛等的氧化物。然后用硫酸浸出钴和钛。所得硫酸溶液在 pH 值 4.5 条件下沉淀氢氧化钛。脱钛后的溶液再用草酸沉淀钴。最后的浸出渣即为钽铌富集物。硬质合金回收钽铌工艺流程简图如图 6-12 所示。

6.9.2　硝酸钠熔融富集法[65]

硬质合金废料先在 700～800℃下和硝酸钠一起进行熔融处理，使硬质合金碳化物发生分解和氧化，主要反应和 6.5.2 节相同。所得熔融物先用水浸出钨，过滤后的溶液用于提取钨，滤渣用盐酸浸出钴，再从溶液中回收钴。钽和铌主要以偏钽酸和偏铌酸盐最后富集在盐酸浸出渣中。所得富集物的化学成分（质量分数）为：$(Ta, Nb)_2O_5$, 30.4%； TiO_2, 38.67%； WO_3, 2.90%；Co_2O_3, 2.49%； Fe_2O_3, 2.93%；SiO_2, 11.1%；NiO, 0.55%；Na_2O, 8.37%。硝酸钠熔融工艺流程简图如图 6-13 所示。

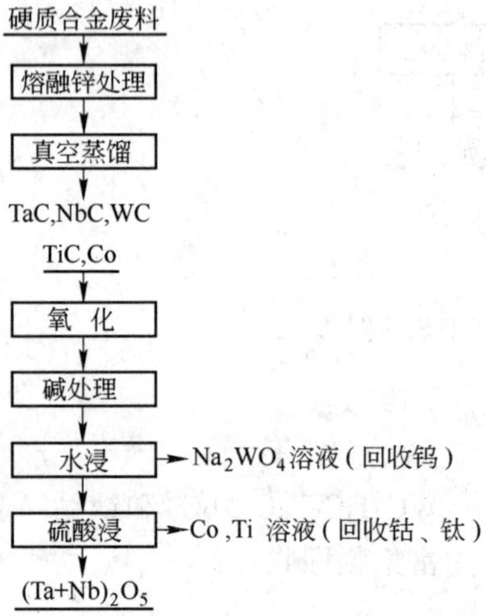

图 6-12　硬质合金回收钽铌工艺流程图

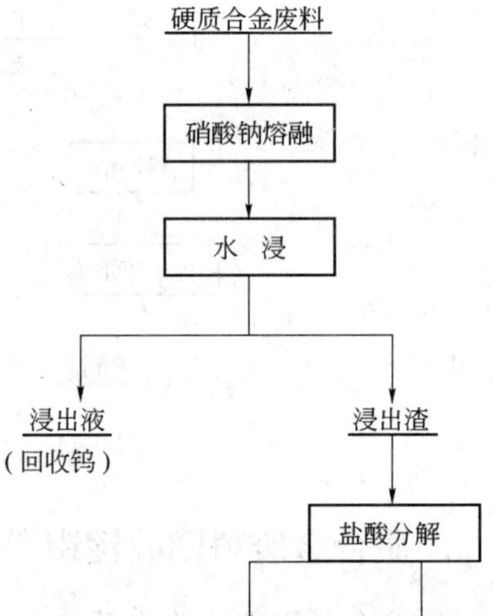

图 6-13　硝酸钠熔融工艺流程简图

6.10　钽电容器废料回收[66～68]

世界钽电容器年生产和销售量现已达 480 亿支，由此便形成了一个庞大的废电容器二次资源市场。它的再生利用是缓解钽资源不足的重要途径之一。

钽电容器大体分为固体电容器和液体电容器两大类。此外电容器生产过程中还出现不合格的钽烧结块、赋能块和被膜块也需回收利用。不同类型的电容器需用不同的方法处理,最终目的在于获得纯净的金属钽。废钽电容器处理方法较多,这里仅介绍主要方法。表6-14所示为废钽电容器的主要杂质及初步处理方法。

表6-14　废钽电容器的主要杂质及初步处理方法

电容器种类	废料来源	所含杂质	初步处理方法
固体电解电容器			
烧结块	生产过程中	高纯度	
赋能块	生产过程中	氧	稀酸除氧化钽
被膜块	生产和使用过程中	氧、碳、锰	酸洗脱锰
液体电解电容器	生产和使用过程中	氧、硫酸、电解质	水煮除去硫酸

6.10.1　固体电解质废钽电容器的再生利用[69,70]

固体电容器包括浸渍型电容器和片式电容器。它们通常用塑料外壳包封,因此回收的首要问题是撤除外壳。对浸渍型电容器通常采用化学处理,即用热硫酸、王水等破坏塑料壳。酸处理会产生有机物和碳,所出现的酸液需用石灰中和,由此又出现新的环境问题。对片式电容器通常用机械破碎方法,首先用破碎机将其碎至1 mm,然后用磁选方法拣出金属导线,再利用物质密度的不同,采用重选方法将塑料和金属分开;也可用悬浮方法分离,将破碎后物质放进质量浓度为1.6 g/cm^{3}的磷酸溶液中,塑料等轻物质将悬在液面,金属等下沉至容器底部。随着电容器的小型化,越来越多采用机械破碎和化学处理。

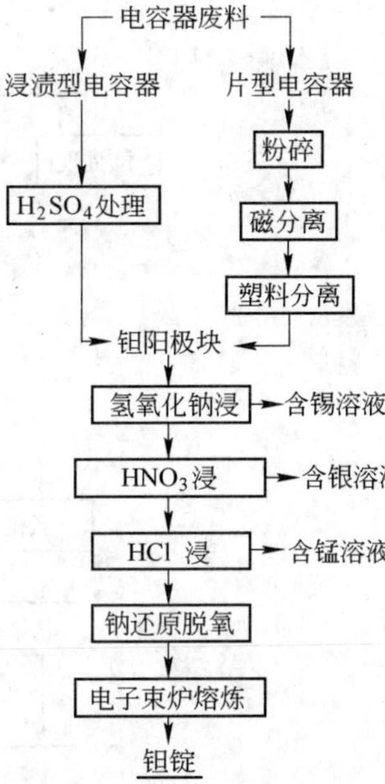

图6-14　固体钽电容器回收工艺流程简图

鉴于电容器芯除钽外尚含有焊料锡和银以及二氧化锰,经硫酸处理或机械破碎后的阳极块料,先用氢氧化钠溶液浸出锡,用硝酸溶液溶解银,用盐酸溶液浸出锰,脱锡、银、锰后的碎阳极块,再在900℃用钠还原法脱氧,得到阳极料,最后再用酸处理进一步脱氧,最后得到银灰色的阳极块料。这种阳极块料或粉料可进一步用电子束炉熔炼得到钽锭,或烧结成钽棒,或碳还原生成碳化钽。固体钽电容器回收工艺流程如图6-14所示。

文献[71]提供了用铝熔池处理废钽电容器的方法。将电容器加入铝熔池中,这时塑料外壳被烧掉,除钽外,电容器的其他金属部件均溶解在熔融铝液中,钽芯块则沉至熔池底部。取出钽芯块，用盐酸洗净铝和用水洗净氯根，然后进行真空电弧炉处理或电子束炉处理成钽棒。溶解在铝液中的 Ag、Cu、Sn、Pb 再分别用常规方法回收。

6.10.2　液体电解质废钽电容器的再生利用[72,73]

对于用不锈钢、金属镍、金属铜或铝外壳包封的液体电解质电容器，首先要用热盐酸除去不锈钢，用电解方法脱镍，用硝酸溶液溶解掉铜，用氢氧化钠溶液除掉铝。这些化学处理均会产生废酸液和酸液中和等废水处理的新问题。如果处理量较大，废电容器的大小比较单一，采用机械破碎比化学法要经济一些，但在破碎前必须将电容器彻底洗干净除去表面污物。液体电容器中的电解质一般用水煮便可除去。碳还原处理液体电容器的原则工艺流程如图 6-15 所示。

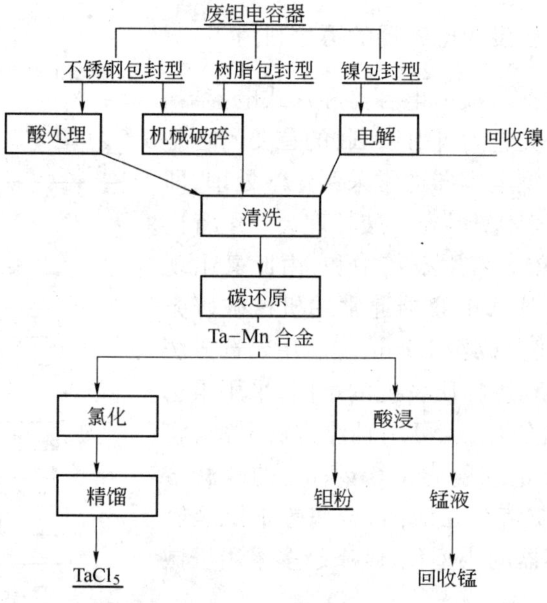

图 6-15　液体电解质废电容器回收工艺流程简图

6.10.3　废钽块的处理[73]

通常电容器生产过程中常产生 4 种废钽料：烧结块、赋能块、被膜块和废钽引线。和使用过的废电容器相比，它们一般质量较好，较易处理。对于液体电解电容器的阳极块，仅需水煮除去电解质硫酸便变成仅含氧的赋能块。烧结块的杂质相当低，一般只需经过氢化—破碎—脱氢即可制得冶金级钽粉。

废钽块处理工艺流程简图如图 6-16 所示。通常废钽块先湿磨；湿磨并水洗后的钽粉用盐酸反复浸泡除去 MnO_2；脱锰后水洗并烘干的钽块装入氢化炉进行正压氢化,氢化条件为:800℃(保温 2 h)→500℃→800℃(3 h)→冷却至室温。将氢化粉磨筛过 0.125 ~ 0.149 mm。由于这种氢化粉含有较大量的碳,一般再配入炭黑将氢化钽粉最后制成碳化钽。除了通常的碳化法外,还采用一种高温自蔓延合成法。这时,碳化反应是在石墨坩埚内进行,将废钽粉和碳粉(按生成 TaC 所需化学计量超过 5% 配料)组成的混合体经压实,盖上盖。然后以 50℃/min 的速度升温至混合体达到临界反应温度,自扩散反应便自动进行。所得碳化钽粉平均粒径为 75 μm[75]。

无论是固体电容器还是液体电容器,有一点是共同的,即经处理后的废钽粉都含有大量的氧和碳,最后都要采用脱氧措施。通常采用钠、钙、铝等还原剂脱氧。但脱氧后钽粉所含的碳仍是难题。文献[76]提供一种还原烧结、酸洗、氢化相结合的方法,可以将高碳高氧废钽粉经济地加工成冶金级钽粉。流程中的酸洗、氢化工序均和常规方法相同。氢化粉然后配入计算好的碳化钽,并在 1500 ~ 1900℃真空中处理,这时发生以下反应:

$$3Ta + Ta_2O_5 = 5[TaO]$$

$$[TaO] + TaC = 2Ta + CO\uparrow$$

在真空下可确保反应向右进行。所得还原烧结粉可进一步烧结成钽条或生产冶金级钽粉。

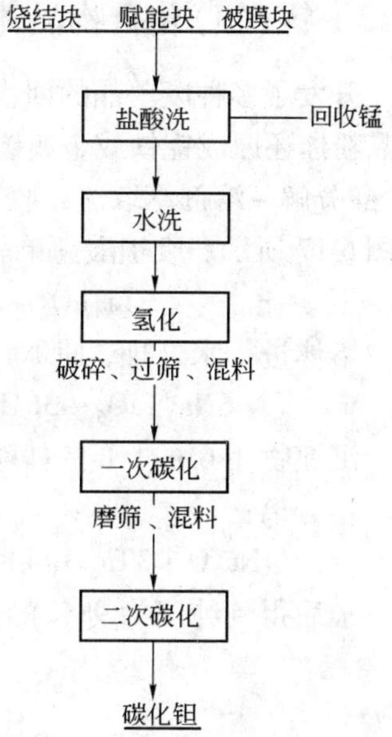

图 6-16 废钽块处理工艺流程简图

文献[77,78]提出一种用氢等离子弧熔炼钽块的方法,利用在 1 个大气压和高温下活化和离解的氢的还原作用,使钽中的氧和活化氢反应生成 H_2O 蒸发除去($O_{(Ta)} + 2H = H_2O\uparrow$),使 MnO_2 还原成金属锰、铁、铝等微量杂质生成蒸气压高的氢化物而被蒸发掉。另一方案是向钽块中加入适量的碳,然后进行氢等离子弧熔炼,使碳和钽中的氧反应生成 CO 而除去。例如,将废钽块(钽中含氧 3%,MnO_2 6.42%)粉碎至 0.074 mm,用含 10% H_2-Ar 的等离子弧(5.6 kW,3200 ~ 3300℃)熔炼 45 min,获得了具有金属光泽的金属钽,质量分数为:Mn 小于 0.005%;O 小于 0.01%;Fe、Al、Mg 均小于 50×10^{-6}。

6.11 从合金中回收铌和钽[79,80]

从合金,特别是高温合金中回收铌和钽是一件困难和复杂的任务。铌钽合金有上百种之多,而且含有 20 多个合金元素。较多采用氯化法分离和提取铌钽,也采用 HF 酸分解后进行溶剂萃取分离和提取。

6.12 从玻璃、陶瓷质废料中回收铌钽[81]

世界每年用于光学玻璃、陶瓷电容器的铌钽的用量很大。目前还很少有从玻璃、陶瓷质废料中回收钽铌的专门技术。通常采用处理锡渣的方法富集钽铌。钽玻璃有的含有稀土等元素。一种组成(质量分数)为：Ta_2O_5，8.17%；RE_2O，42.30%；SiO_2，47.4%的玻璃，可用碱熔分解脱硅，然后用HCl浸出稀土，浸出渣即为钽富集物。

6.13 铌(钽)化合物晶体废料的处理[81,82]

开发了多种废单晶的回收方法。火法主要有铝热还原法，即用铝作还原剂，将单晶粉体还原成铌铁或金属钽或铌，再用电子束炉熔炼得到纯钽或铌。湿法主要用HF酸分解－溶剂萃取法回收，也有用碱处理的方法。废铌(钽)酸锂回收工艺流程如图6-17所示。废钽酸锂单晶粉碎后在700～800℃下和苛性钠熔融，熔合反应为

$$2LiTaO_3 + 10NaOH = 2Na_5TaO_5 + Li_2O + 5H_2O$$

熔体进行水处理，使 Na_5TaO_5 转化为水合物 $4Na_2O \cdot 3Ta_2O_5 \cdot 25H_2O$：

$$6Na_5TaO_5 + 36H_2O = 4Na_2O \cdot 3Ta_2O_5 \cdot 25H_2O + 22NaOH$$

沉淀物用6 mol/L的盐酸处理，使钽水合物转化为 $Ta_2O_5 \cdot xH_2O$，锂生成LiCl而与钽分离：

$$4Na_2O \cdot 3Ta_2O_5 + 8HCl + (x-7)H_2O = 3Ta_2O_5 \cdot xH_2O + 8NaCl$$

最后得到纯度为98%的 Ta_2O_5。此方法同时可回收氢氧化锂。

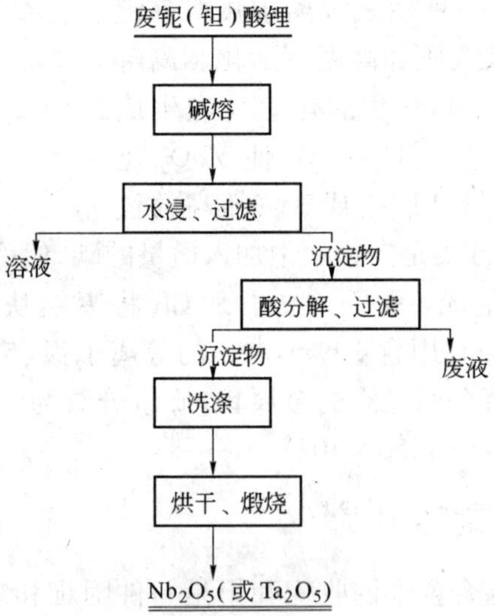

图6-17 废铌(钽)酸锂回收工艺简图

6.14 超导材料废料的处理[81,83]

有铌钛、铌三锡等多种超导材料。工业应用主要是铌钛合金，通常含 Nb 52.2%、Ti 46.0%。处理铜包覆的超导线时一般先用阳极氧化的方法脱铜，即在 H_2SO_4-$CuSO_4$ 的电解液中，以铌钛超导线作阳极电解溶解铜，脱铜后的铌钛芯再进行氯化，所得铌钛混合氯化物采用蒸馏方法分离铌和钛，再从氯化物中分别回收铌和钛。

参 考 文 献

1 幸良佐，肖文至. 钽铌冶金. 北京：冶金工业出版社，1982

2 王肇信，幸良佐，曾芳屏. 铌钽冶金学. 稀有金属冶金学会，1998：42～58

3 伊柳金 A B，等. 铌与钽. 马福康，等译. 长沙：中南工业大学出版社，1997：44～75

4 李洪桂. 稀有金属冶金学. 北京：冶金工业出版社，2001：191

5 Gupta C K，et al. Extractive Metallurgy of Niobium. Boca Roron. FL. CRC Press Inc.，1994

6 何万年. 稀有金属，1980（2）：64～67

7 Гибало Е В. Минеральрное Сырьё，1970（5）：74～84

8 Бардин И П. Титан и его сплава，1962（8）：72～85

9 Руднева А В. Титан и его слпава，1959（2）：35～44

10 Castello C H，et al. Inst. Mining Met. Trasnt. 1966，75（712）：158

11 蔺继录，苏坤显. 铌资源开发应用技术. 北京：冶金工业出版社，1992：177～178

12 邵象华. 钢铁，1982（2）：23～30

13 韩建中，李信华，等. 包钢流程铌资源综合利用工艺及产品开发与应用. 包头钢铁公司，1989：114～119

14 冶金部包头钢铁公司矿山研究室. 包钢平炉初期渣物质成分研究. 北京：国家科学技术委员会，1965：1～16

15 金占魁. 铁水喷雾提铌工艺报告. 包头钢铁公司科技处研究报告，1971：1～15

16 蔡超峰，李彤，等. 包钢流程铌资源综合利用工艺及产品开发与应用. 包头钢铁公司，1989：93～100

17 何旭初，林宪，等. 铌资源开发应用技术. 北京：冶金工业出版社，1992：115～120

18 李桂安，姜福岳. 铌资源开发应用技术. 北京：冶金工业出版社，1992：126～135

19 陈永定，邓开文，等. 钢铁，1981（5）：10～14

20 魏寿昆. Steel Reseach，1988，59（9）：381～383

21 林宗彩，周荣章. 钢铁，1982，17（2）：31～35

22 史国宝，韩建中. 包头铌资源综合利用会议资料，1990

23 郭青蔚. 包头含铌转炉渣提取锰和铌工艺方法研究. 北京有色金属研究总院研究报告，1985：1～11

24 Чуганов И. Известие АН СССР Отделение тех. металлургии и теплива，1959（3）：34～36

25 ТитоВ А А Научные Труды Иркутского института редких и цветных металловв，1969（19）：255～260

26 International J. Appl. Radioat. and isotopes，1960，7（4）：311～316

27 邓吴充. 有色金属，1980（4）：52～55

28 邓吴充. 冶金大百科全书有色金属冶金卷. 北京:冶金工业出版社,1992:296 ~ 297
29 郭春和. 冶金大百科全书有色金属冶金卷. 北京:冶金工业出版社,1992:578 ~ 579
30 李洪桂. 稀有金属冶金原理及工艺. 北京:冶金工业出版社,1981
31 Adier N B, Hiskey C F. J. Amer. Chem. Soc,1957,70(8):1827 ~ 1830
32 Горощенко Я Г. ЖНХ,1963,8(4): 981 ~ 985
33 Черняк А С. ЖПХ,1968,8(1) :94 ~ 98
34 Васильув В П. ЖПХ,1968,8(1) : 84 ~ 89
35 Горощенко Я Г,Мндвева. ю М И. Изв. Корельского и кольского филиалов АН СССР,1959(3):115 ~ 126
36 Горощенко Я Г. ЖНХ,1956,1(5): 915 ~ 920
37 Горощенко Я Г. ЖНХ,1956,5(5): 909 ~ 914
38 Горощенко Я Г,и др. Изв. Карельского и Кольского филиалов АН СССР,1959(4): 11 ~ 26
39 Зотова Б А,и др. Научно-технический сборник цветной металлургии,1981(19): 24 ~ 25
40 国外稀有金属. 殷俊良,译. 1982(2):21 ~ 22
41 Gustison R A, et al. Metals,1971,23(8):45 ~ 48
42 王肇信,幸良佐等. 钽铌冶金学. 稀有金属冶金学会钽铌冶金专业委员会文集,1998:46 ~ 48
43 华志强. 冶金大百科全书有色金属冶金卷. 北京:冶金工业出版社,1992:575 ~ 576
44 Зеликман А Н. Цветные Металлы,1993(7): 44 ~ 47
45 Taran Y N, et al. Refractory Metals and Hard Metals,1991(10):143 ~ 148
46 Черняк А С. Химическое обшощение руд. Москва. :Редраю,1976
47 Сажин Н П,и др. Введение в хлорную металлургию редких металлов. Москва: Металлургия,1970: 343 ~ 349
48 Черняк А С. Химическое обогащение руд. Москва:Недра,1976:212 ~ 236
49 Бацуев А А,и др. Цветные металлы,1978(12):48 ~ 50
50 何万年. 稀有金属,1980(3):20 ~ 25
51 王肇信,幸良佐,等. 钽铌冶金学. 稀有金属学会钽铌冶金专业分会文集,1998:42 ~ 43
52 Toromano I, et al. J. Less-Common Metals,1983,91(2): 171 ~ 182
53 Dikson J K, et al. Extraction and refining of the rare metals. Symposium on extraction metallurgy of some of the less-common metals. London :The Institution of mining and metallurgy,1956:319 ~ 332
54 曹永仙,等. 第五届等离力子体科学技术会议论文集. 1989:108 ~ 110
55 Бакиртощ А Б, и др. Извлечение и Очистка Редких Металлщв. Москва: Атомиздат,1960. 328 ~ 330
56 Dickson G K, Dukes J A. Extraction and Refining of the Metals . London : The Institution of Mining and Metallurgy,1956(1):198 ~ 207
57 王肇信,幸良佐,等. 钽铌冶金学. 稀有金属冶金学会钽铌专业分会文集,1998:48 ~ 50
58 Drooks K E. Metal Powder Report, 1983(38):673 ~ 676
59 Meihard Aits. Recycling of tantalum. International symp. On tantalum and niobium. Proceedings. TIC,1988: 333 ~ 354
60 Cummingham L D. Tantalum recycling in the United States in 1998 Open-File Report,1998:1 ~ 10
61 Sjernberg Klas. Recycling of cemeted carbides. Intern. Conf. on Powder Metallurgy. Las Vegas,NV May 31-Jume,1998(4):1 ~ 179
62 Sato N:US,3595484[P].1983
63 Rockenbauer W,Starck HC GDR patent DD,159882(1983)

64 Dassel J C. De Halas D R. Metal Powder Report,1988(43):457 ~461
65 Ritsko J C:US,4348231[P]. 1982
66 Moor R S:US,3560259[P]. 1971
67 Meyr H B. Ger. Offen. DE,2133104. 1971
68 Metal Bulletin Monthly,Electronic scrap – a growing resource,2001(366): 21 ~24
69 Endo H, et al. EU Pat. EP,34348 Al. 1981
70 Graef K, GDR,205932[P]. 1984
71 Pat. DD,135981. 1979
72 Stumpf H, et al. GDR. ,135981[P]. 1979
73 Baldwin W M,et al: US,3697255[P]. 1972
74 Журонов О Н. Цветные Металлы,1998(7): 58 ~61
75 钽铌工业进展.朱骏译.2000(1):7 ~9
76 徐令斌.稀有金属与硬质合金,1998(135): 31 ~36
77 小西良弘.公开特许公報 昭 64-73028
78 坂本光雄.公开特许公報 昭 64-75632
79 Barbadillo J J de. Metallurgical Transactions,1988(14A): 329 ~341
80 Metens L,Carpentier H. Erzmetal,1988(41) :123 ~129
81 Endo H,Hirate N. US Patent,4446115. 1984
82 Чумарёв В М. Цветные Металлы,1998(1) :54 ~55
83 戴艳阳,等.矿产综合利用,2002(1) :32 ~36

7 铌钽提取冶金和元素分离

铌钽由于性质相似,且熔点很高,很难被还原,因此原则上不能由精矿直接还原成金属。冶炼必须分两步走,先进行铌和钽的分离制取中间化合物,然后将中间化合物还原成金属。

铌钽的提取和分离冶金分湿法和火法两种方法。湿法有溶剂萃取、离子交换、分步结晶等方法,火法主要是氯化法(见本书第8章)。当前世界铌钽分离主要采用湿法。湿法中又以溶剂萃取法占绝对优势。

铌钽湿法冶金通常也须分两步走:先行分解精矿使铌钽转变成可溶性化合物并进入溶液,然后从溶液中分离铌和钽。

铌和钽的分离虽有多种工艺方法,但实际是萃取分离技术一统天下。

7.1 铌钽精矿的分解

铌钽矿物属于难分解的矿物之一。精矿分解方法的选择一般根据:(1)精矿的矿物结构及其化学成分;(2)有价元素回收利用和有效分离杂质;(3)接续何种分离工艺;(4)需要生产什么类型的中间化合物和对产品纯度要求等因素来选择合理的分解方法。

工业上铌钽精矿分解方法主要有3种:碱分解法、酸分解法和氯化分解法。此外还有氟化分解[1]、电解分解法[2];分析化学中还采用 $KHSO_4$[3]、$K_2S_2O_7$[4]、KHF_2[5]、过氧化钠[6,7]分解样品。其中,碱熔分解法是最早采用的工业方法,后续主要接分步结晶法分离钽和铌,也可进行酸转化接溶剂萃取法;氯化分解法一般后续精馏法分离铌和钽,很少接萃取分离;酸分解法主要接溶剂萃取法或离子交换法分离铌和钽。

7.1.1 碱法分解[8~12]

碱法分解钽铌精矿主要采用 NaOH 和 KOH 试剂,目的是使铌钽转化为钠盐或钾盐,然后将它们与酸作用得到含铌钽的浸出液。为了降低熔融物的熔点和黏度,通常采用 $NaOH + Na_2CO_3$ 或 $KOH + K_2CO_3$ 的混合试剂。按设备和工艺分,碱分解有坩埚碱熔分解和高压釜碱液分解两种方式。图7-1所示为碱熔融处理钽(铌)铁精矿的原则流程图。NaOH 和 KOH 熔融分解工艺基本相同,其不同之处主要在于:苛性钠熔融分解时,生成的钽、铌酸钠盐难溶于水,而苛性钾熔融分解时生成的钽铌钾盐是可溶性化合物,为此要增加一道工序,使可溶的钾盐转变为不溶性的钠盐。

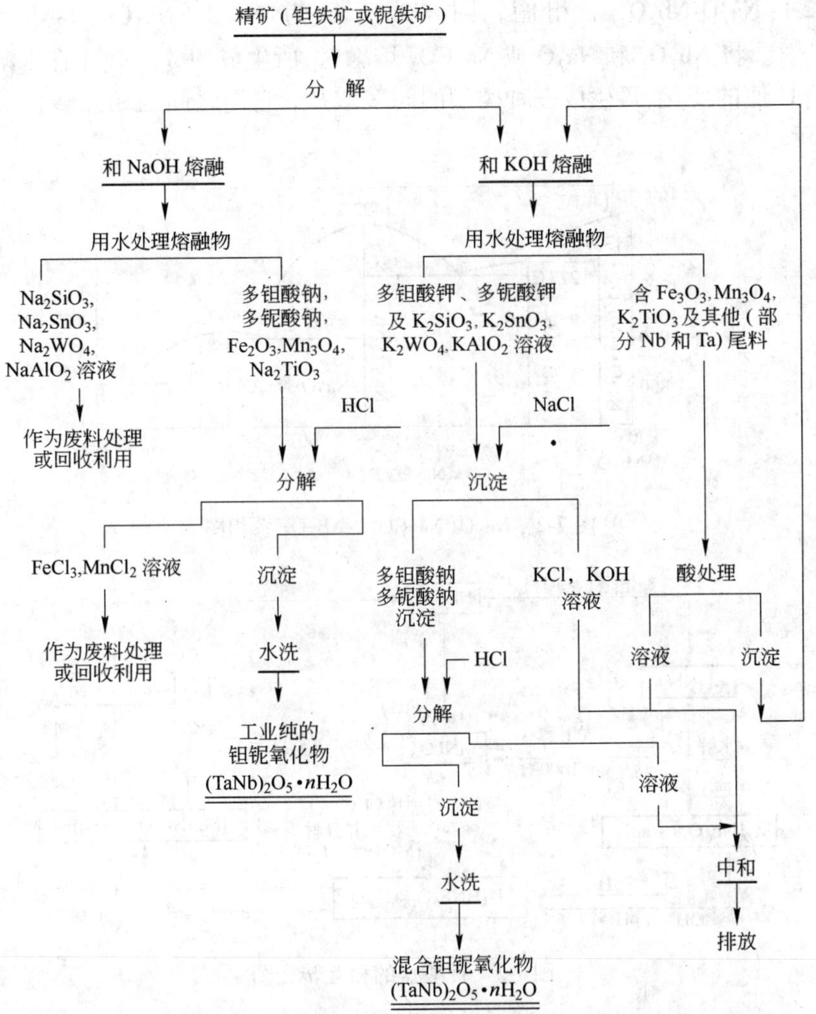

图 7-1 碱熔融处理钽铁（铌铁）矿精矿的原则流程图

7.1.1.1 铌钽碱金属化合物的基本性质

为便于了解碱分解的复杂反应，这里先对铌钽碱金属化合物作一简单介绍。

(1) 和第Ⅴ主族中的磷相似，钽、铌和碱金属氧化物能生成偏钽（铌）酸盐 $MTaO_3$、$MNbO_3$（M 为钾钠等碱金属，下同）、焦钽（铌）酸盐（$M_4Ta_2O_7$、$M_4Nb_2O_7$）和原钽（铌）酸盐（M_3TaO_4、M_3NbO_4）等多种盐类。通常将它们表示为 $M_2O \cdot nTa_2O_5$、$M_2O \cdot nNb_2O_5$，式中 n 值变化很大，常在 10 以上。实际上它们属于多聚体，其摩尔比通常为 M∶Ta(Nb) = 16∶14，14∶12，12∶10，16∶12，10∶8，7∶5，8∶6，6∶4，化合物中的结晶水分子数变化也很大，从 1 到 40 或更多[13~15]。

（2）Na_2O-Nb_2O_5 系相图。图 7-2 所示为 Na_2O（Na_2CO_3）-Nb_2O_5 系相图[13,16,17]。将 Nb_2O_5 和 Na_2O 或 Na_2CO_3 熔融时，所生成的 Na_2NbO_4 在水溶液中水解，随 pH 值的变化，可生成三种类型的同多酸盐，它们之间的相互转化关系如图 7-3 所示[18]。

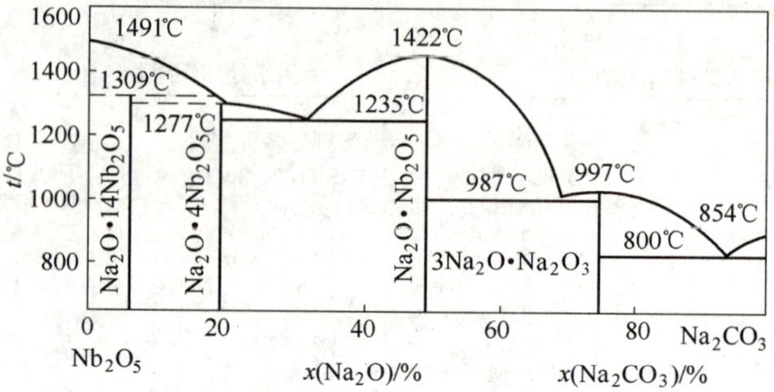

图 7-2　Na_2O（Na_2CO_3）-Nb_2O_5 系相图

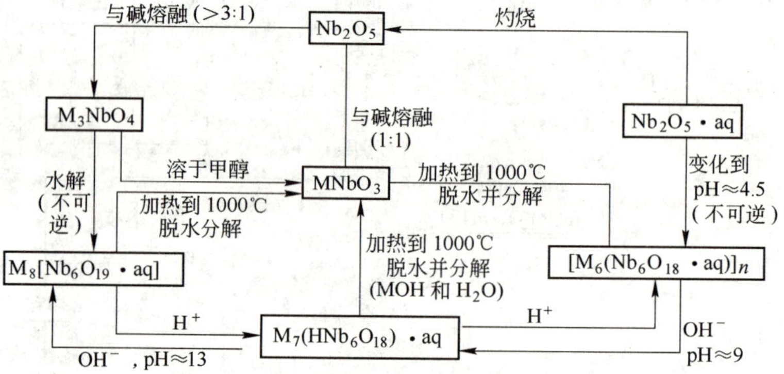

图 7-3　铌酸盐的相互转变图

（3）K_2O-Nb_2O_5 和 K_2O-Ta_2O_5 体系相图[16,17]。五氧化二铌和氧化钾或碳酸钾共熔，可以得到 5 种化合物（图 7-4）[19,20]：$K_2O \cdot Nb_2O_5$，$3K_2O \cdot Nb_2O_5$，$2K_2O \cdot 3Nb_2O_5$，$K_2O \cdot 3Nb_2O_5$，$3K_2O \cdot 22Nb_2O_5$。五氧化二钽和氧化钾或碳酸钾共熔，可以得到 4 种化合物（图 7-5）[21,22]：$K_2O \cdot Ta_2O_5$，$3K_2O \cdot Ta_2O_5$，$K_2O \cdot 5Ta_2O_5$，$K_2O \cdot 2Ta_2O_5$。

钾盐和钠盐不同，它们之间的差别较大。例如，铌和钽的钾盐的溶解度比相应的钠盐高得多。铌酸盐在水中的聚合程度很高，在苛性钾的溶液中（pH = 11 ~ 14），阴离子的摩尔质量为 1000 g/mol，当溶液的碱性较弱时（pH < 9），则为 3000 g/mol的高聚阴离子[23]。

当钠离子过量时，多铌酸钠和多钽酸钠很少溶解。例如，在 90℃ 时多铌酸钠

$Na_7Nb_{12}O_{37}\cdot 23H_2O$ 在水溶液和1%的 NaOH 溶液中分别仅为 26 g/L 和 1.1 g/L。而多铌酸钾和多钽酸钾则具有很高的溶解度，甚至当钾离子大量过剩也如此。六铌酸钾（$K_8Nb_6O_{19}\cdot H_2O$）和六钽酸钾（$K_8Ta_6O_{19}\cdot 16H_2O$）均可溶于水，且都很稳定，在水溶液不发生分解。六铌酸钾 $K_8Nb_6O_{19}\cdot 16H_2O$ 在25℃水中的溶解度达到 111 g/L，并可在溶液真空蒸发浓缩后，以相应的晶体形式析出[30,31]。重要的钾盐有铌酸钾、钽酸钾和 $KNbO_3$-$KTaO_3$ 的固溶体（见第4章）。

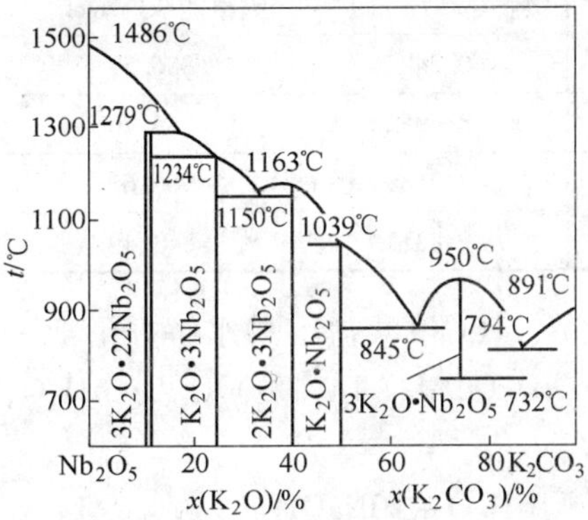

图7-4　$K_2O(K_2CO_3)$-Nb_2O_5 系熔度图

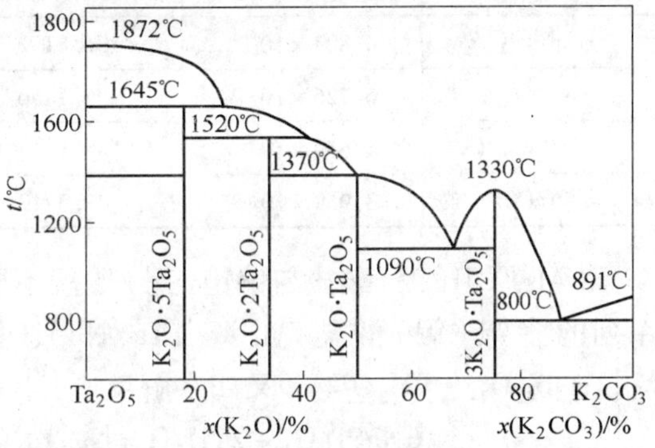

图7-5　$K_2O(K_2CO_3)$-Ta_2O_5 系熔度图

（4）当用碱金属的氧化物或碳酸盐与钽（铌）氧化物熔融时，因组分不同可以得到不同成分的钽铌酸盐，当 $w(M_2O):w((Ta,Nb)_2O_5)=1:1$ 时生成偏钽（铌）酸盐；当碱过量时生成原钽（铌）酸盐（图7-2，图7-4，图7-5）。

（5）偏钽（铌）酸盐：钾和钠的偏钽（铌）酸盐难溶于水，不发生水解，也不为盐酸所分解。而且偏钽（铌）酸盐较易被氢还原成低价氧化物[24,25]：

$$2MeNbO_3+H_2=Me_2O+2NbO_2+H_2O \qquad \text{还原温度大于}400℃$$

$$2MeTaO_3+H_2=Me_2O+2TaO_2+H_2O \qquad \text{还原温度}600\sim700℃$$

（6）各种温度下偏钽（铌）酸盐在水中的溶解度如表7-1所示，溶度积如表7-2所示，一些热力学数据见表7-3[26~29]。

表7-1　碱金属偏钽（铌）酸盐在水中的溶解度（mol/L）

化合物	溶解度				
	0℃	25℃	50℃	75℃	100℃
$NaNbO_3$	4.3×10^{-4}	5.9×10^{-4}	1.6×10^{-3}	3.7×10^{-3}	7.4×10^{-3}
$KNbO_3$	7.4×10^{-4}	8.7×10^{-4}	4.4×10^{-3}	9.5×10^{-3}	1.3×10^{-2}
$NaTaO_3$	4.69×10^{-5}	5.46×10^{-5}	1.10×10^{-4}	3.19×10^{-4}	2.39×10^{-4}
$KTaO_3$	4.34×10^{-5}	4.87×10^{-5}	1.22×10^{-4}	2.88×10^{-4}	4.89×10^{-4}

表 7-2　25℃下碱金属偏钽(铌)酸盐的溶度积

化合物	溶度积	化合物	溶度积
$NaNbO_3$	3.23×10^{-7}	$NaTaO_3$	2.99×10^{-9}
$KNbO_3$	7.48×10^{-7}	$KTaO_3$	2.37×10^{-9}

表 7-3　偏钽(铌)酸盐的一些热力学数据(温度 20℃)

化合物	溶解度/$mol\cdot L^{-1}$	自由能 ΔG/$kJ\cdot mol^{-1}$	溶解热/$kJ\cdot mol^{-1}$	晶格能/$kJ\cdot mol^{-1}$
$NaNbO_3$	4.803×10^{-4}	36.8192	60.2496	886.59
$KNbO_3$	6.726×10^{-4}	35.1456	78.6952	785.76
$NaTaO_3$	4.679×10^{-5}	48.5344	44.7688	960.65
$KTaO_3$	3.959×10^{-5}	49.3712	59.8312	843.49

(7) 原钽(铌)酸盐与偏钽(铌)酸盐不同，原钽(铌)酸盐容易水解并形成一系列的多钽(铌)酸盐，如 $M_8(Ta,Nb)_5O_{16}\cdot nH_2O$，$M_7(Ta,Nb)_5O_{16}\cdot nH_2O$，$M_{14}TaNb_{12}O_{37}\cdot nH_2O$ 等，又如水解反应：

$$6Na_3TaO_4+21H_2O=Na_8Ta_6O_{19}\cdot16H_2O+10NaOH$$

铌也有类似反应。而且两者都存在这样的水解顺序：

$$K_5NbO_5\xrightarrow{+H_2O}K_3NbO_4\xrightarrow{+H_2O}K_{14}Nb_{12}O_{37}\xrightarrow{+H_2O}K_8Nb_6O_{19}$$

7.1.1.2　坩埚碱熔融分解钽(铌)铁矿精矿[32~34]

国内外碱熔分解钽铌精矿的工业实施方法基本相似。一般将精矿与苛性钠放入钢质坩埚中，在煤气敞式炉或竖式电炉中进行熔炼。大致的碱:精矿(重量比)=3:1(碱耗约为反应需要量的 6~8 倍)。为了降低熔融体的温度和黏度，往往采用 90% NaOH+10% Na_2CO_3 的混合试剂。

操作时，先将混合试剂在 400~500℃下熔融，然后边搅拌边加入磨至 0.1mm 的精矿。磨矿粒度要适当控制，精矿过细会造成较高的漂尘损失，加入量过大或过快会引起激烈反应，引起熔体喷溅。随精矿继续批量加入，将温度升至 800℃，保温 20~30 min，然后将熔体倒入水中(水淬)[35]，或倒入铁盘中呈薄层。在熔融过程中挥发的水蒸气会夹带走细粒熔融物，由此会引起生成稳定的碱性气溶胶，故熔融时必须配备良好的局部通风装置。苛性钾熔炼工艺也采用类似的方法。

碱熔的熔炼反应主要为(式中 Me 为碱金属 Na 或 K)

$$Fe[(Ta,Nb)O_3]_2+6MeOH=2Me_3(Ta,Nb)O_4+FeO+3H_2O$$

$$Mn[(Ta,Nb)O_3]_2+6MeOH=2Me_3(Ta,Nb)O_4+MnO+3H_2O$$

$$FeWO_4+2MeOH=Me_2WO_4+FeO+H_2O$$

$$MnWO_4+2MeOH=Me_2WO_4+MnO+H_2O$$

$$FeTiO_3+2MeOH=Me_2TiO_3+FeO+H_2O$$

$$Al_2O_3 + 2MeOH = 2MeAlO_2 + H_2O$$
$$SiO_2 + 2MeOH = Me_2SiO_3 + H_2O$$
$$SnO_2 + 2MeOH = Me_2SnO_3 + H_2O$$

在有氧化剂(氧或硝石)存在时,熔融过程中氧化铁和氧化锰与空气中氧作用生成高价氧化物:

$$2FeO + \frac{1}{2}O_2 = Fe_2O_3$$

$$3MnO + \frac{1}{2}O_2 = Mn_3O_4$$

并且氧化铁在熔体中以 $Me_2O \cdot Fe_2O_3$ 形式存在。

NaOH 和 KOH 分解的差别在于:

(1) 当用 NaOH 分解时,多钽酸钠和多铌酸钠与氧化铁、氧化锰均转入沉淀中,而大部分硅、锡、钨、铝则以硅酸盐等形式转入溶液中。然后加热用盐酸处理沉淀物浸洗掉铁和锰,最后获工业纯钽铌混合氧化物。

当用水浸熔块时,5:1 的钽(铌)酸盐发生水解生成难溶的 4:3 的钽酸钠盐和 7:6 的铌酸钠盐,其反应如下:

$$6Na_5TaO_5 + 36H_2O = 4Na_2O \cdot 3Ta_2O_5 \cdot 25H_2O + 22NaOH$$
$$6Na_5NbO_5 + 55H_2O = 7Na_2O \cdot 6Nb_2O_5 \cdot 32H_2O + 16NaOH$$

在有游离碱存在时,钽(铌)酸钠在水中的溶解度非常低,如在 1% NaOH 溶液中,即使热至90℃,$7Na_2O \cdot 6Nb_2O_5 \cdot 32H_2O$ 的溶解度也仅为 1.1 g/L,仅为水中溶解度(26 g/L)的1/20。

用盐酸分解时,钽铌钠盐发生分解,钽(铌)生成五氧化钽(铌)的水合物,钛生成钛酸(H_2TiO_3)而沉淀,同时铁、锰可溶性化合物则留在溶液中。

(2) 当用 KOH 分解时,用水浸熔体可使大部分钽和铌以可溶性多钽(铌)酸钾的形式进入溶液,氧化铁、氧化锰和钛酸钾则留在水浸渣中。水浸液中再加入氯化钠,使钽铌以难溶的多钽(铌)酸钠形式全部沉淀出来。再用盐酸处理沉淀物即可获钽和铌的混合氧化物。

KOH 分解所得钽铌混合氧化物的纯度较 NaOH 分解混合氧化物的纯度高。例如,当用组分(质量分数)大致相同的精矿:Ta_2O_5,44.4%;Nb_2O_5,26.1%;TiO_2,6.5%;SiO_2,9.9%;FeO,6.1%;MnO,5.3%;SnO_2,4.4%;Al_2O_3 3.7%;WO_3,0.2%,钾碱分解所得氧化物(质量分数)为:$(Nb,Ta)_2O_5$,99.2%;TiO,0.36%;FeO,0.01%;SnO_2 痕量,SiO_2 和 SnO_2 未检出。而钠碱分解产物的纯度(质量分数)为:$(Nb,Ta)_2O_5$,96%~99%;TiO,0.5%~1.0%;(FeO+MnO),小于1.0%。和钠碱分解相比,钾碱分解时的钽铌的直接回收率偏低,仅约80%。这是因为在熔体水浸时容易生成不溶性的偏钽酸($KTaO_3$)和偏铌酸盐($KNbO_3$),它们和铁与

锰的氧化物一起进入水浸渣中。在用盐酸浸洗除铁锰时,这种偏钽铌酸盐也不被盐酸所分解,最后只能返回分解工序再熔融[35]。

7.1.1.3　高压釜碱溶液分解[36,37]

碱熔分解的缺点在于碱耗过高(每1 kg精矿耗碱3 kg),坩埚寿命短、消耗快,操作强度大,工作条件差。这些缺点在采用碱溶液高压釜分解后可以得到解决,特别是可使每公斤精矿(钽铁矿或铌铁矿)的碱耗降至0.5 kg(仅为坩埚碱熔法的1/6)。

高压釜分解时采用35% ~45% NaOH或KOH,温度150 ~200℃,2 ~3 h,分解时先生成多钽(铌)酸,然后转化成偏钽(铌)酸,反应为[38]

$$3Fe[(Ta,Nb)O_3]_2 + 8NaOH + (n-1)H_2O \longrightarrow Na_8(Ta,Nb)_6O_{19} \cdot nH_2O + Fe(OH)_2 \quad (7\text{-}1)$$

$$3Mn[(Ta,Nb)O_3]_2 + 8NaOH + (n-1)H_2O \longrightarrow Na_8(Ta,Nb)_6O_{19} \cdot nH_2O + Mn(OH)_2 \quad (7\text{-}2)$$

$$Na_8(Ta,Nb)_6O_{19} \cdot nH_2O \longrightarrow 6Na(Ta,Nb)O_3 + 2NaOH + (n-1)H_2O \quad (7\text{-}3)$$

KOH溶液分解钽铁矿或铌铁矿的反应与上述反应类似。但因使用的KOH质量浓度等条件不同可能生成不同成分的多钽酸盐和多铌酸盐[39~40]。

通过控制分解温度、碱浓度等条件,可以使碱分解产物或是生成多钽酸盐和多铌酸盐,或是生成偏钽酸盐和偏铌酸盐。例如,当温度为150℃和碱浓度为45%时,反应(7-3)便进行得十分缓慢,所生成的分解产物主要是多钽酸和多铌酸盐;而在200℃和碱液浓度为30% ~50%时,在2 ~3 h时间内很快便完成全分解,同时生成偏钽酸和偏铌酸盐。

分解反应完成后,溶液进行澄清或过滤。所得碱性澄清液或滤液仅含少许杂质,在补充碱后可返回高压釜再用,这便大大减少了碱耗。沉淀物然后用15% HCl浸洗(固:液=1:1,80 ~90℃,30 min)。过滤所得偏钽铌酸盐在20℃下很容易为15% ~20% HF所溶解。

用KOH分解时(33% ~37% KOH,200℃),为提高生成多钽(铌)酸的速度,还向高压釜加入氧化剂(氧压0.4 ~0.5 MPa),所生成的$K_8(Ta,Nb)_6O_{19} \cdot nH_2O$虽难溶于KOH溶液,但易溶于水,为此在高压釜分解后沉淀物先水浸(固液比1:(4 ~5)),将钽铌转入溶液,将溶液蒸发浓缩后再加KOH使重新沉淀出六钽(铌)酸盐,经盐酸分解即可得到相当纯的钽铌混合氧化物。

7.1.2　酸分解法

钽铌的高度耐蚀性的优点,对于冶金便成了缺点,很难用廉价的工业无机酸作为它们的冶金基础。除了腐蚀性最强的氢氟酸外,钽铌很难为其他无机酸所溶解,而且溶解度很小。从钽铌在无机酸中的溶解度(表7-4)[41,42]可看出,无机酸中能用于分解精矿和作为铌钽湿法分离体系的只能是铌钽溶解度较高的氢氟酸,其次是硫酸。因此有氢氟酸分解和硫酸分解两种方法,其中氢氟酸法广泛用于高品位精矿，硫酸法用于低品位原料。

表 7-4 钽铌在无机酸中的溶解度（20℃）

酸名	酸质量浓度/g · L^{-1}	溶解度(Nb_2O_5)/g · L^{-1}	酸名	酸质量浓度/g · L^{-1}	溶解度(Ta_2O_5)/g · L^{-1}
HCl	66	0.072	HCl	36	0.231
	451	4.836		292	3.48
H_2SO_4	68	0.047	H_2SO_4	49	0.205
	900	7.6		784	1.8
HF	418	775	HF	302	282

7.1.2.1 氢氟酸分解[43~47]

和其他分解方法不同，氢氟酸分解铌钽矿物同时也是浸出铌钽的过程。

铌钽的氢氟酸溶液是其湿法冶金的主要体系，这里大致介绍一下主要性质。

钽铌在氢氟酸溶液中通常以络合酸的形式存在，其组成与氟离子的质量浓度和溶液酸度有关。图 7-6 和图 7-7 所示分别为 20℃时 NbF_5-HF-H_2O 系和 TaF_5-HF-H_2O 系溶解度图[48,49]。

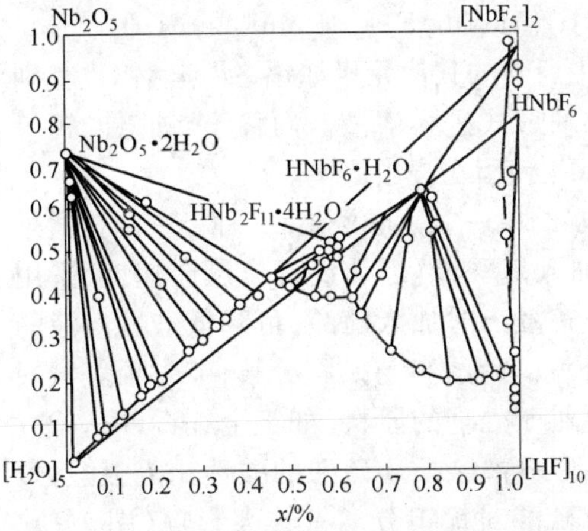

图 7-6 NbF_5-HF-H_2O 系溶解度图(温度 20℃)

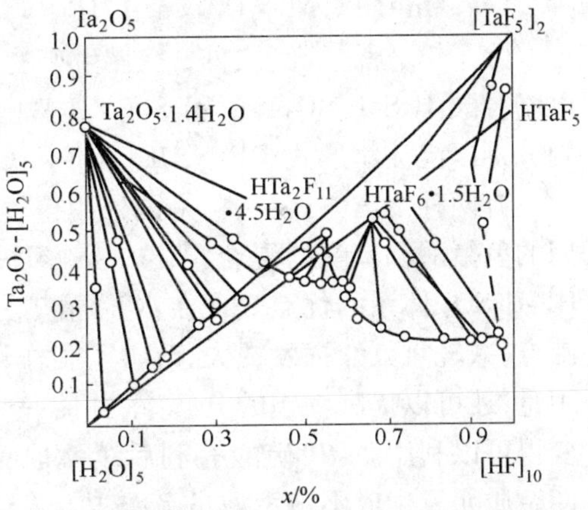

图 7-7 TaF_5-HF-H_2O 系溶解度(温度 20℃)

在特定溶液中，铌钽主要存在形式为：$NbOF_5^{2-}$（0 ~ 35% HF）、NbF_6^-（25% ~ 50% HF）、TaF_6^-（摩尔分数为 24% HF 时，存在 TaF_7^{2-}）、TaF_7^{2-}（$c(NH_4F)$ 为 5 ~ 2 mol/L时，不存在 TaF_6^{2-}）、以及 $TaF_6^- + TaF_7^-$（摩尔分数为 3.1% ~11.0% HF）。此外，20℃时从 $NbF_5 - HF - H_2O$ 体系中可以得到 $HNb_2F_{11} \cdot 4H_2O$ 或 $HNbF_6 \cdot H_2O$ 结晶。这时溶液中的氢氟酸质量分数应超过 41.8%。如果氢氟酸质量分数低于 41.8%，则得到 $Nb_2O_5 \cdot H_2O$ 固相。在 20℃时从 TaF_5-HF-H_2O 体系中可以得到 $HTa_2F_{11} \cdot 4.5H_2O$ 或 $HTaF_6 \cdot 1.5H_2O$ 结晶。这时溶液中的氢氟酸质量分数应

超过30.28%。如果氢氟酸质量分数低于30.28%，则得到$Ta_2O_5 \cdot 1.4H_2O$固相。

对铌而言，随氢氟酸浓度的增加，会出现由氟氧铌酸络合物型向氟铌酸络合物型的过度：$H_2NbOF_5 \rightarrow H_2NbF_7 \rightarrow HNbF_6$，对金属性较铌强的钽则为：$H_2TaF_7 \rightarrow HTaF_6$。

通常认为浸出反应为

$Nb_2O_5 + 10HF = 2H_2NbOF_5 + 3H_2O$　（低酸度　HF < 20%）

$Nb_2O_5 + 14HF = 2H_2NbF_7 + 5H_2O$　（高酸度　HF20% ~ 40%）

$Nb_2O_5 + 12HF = 2HNbF_6 + 5H_2O$　（高酸度　HF > 40%）

$Ta_2O_5 + 14HF = 2H_2TaF_7 + 5H_2O$　（高酸度　HF 20% ~ 40%）

$Ta_2O_5 + 12HF = 2HTaF_6 + 5H_2O$　（高酸度　HF > 40%）

矿物浸出时情况比纯溶液复杂得多。即使在高酸度下，除了占主导地位的一种络合物外，实际上是多种络合酸并存。

同时各种杂质也同时被浸出。例如铁锰等也会分别以络合物形式如$HFeF_3$，$HMnF_3$等存在浸出液中。以钽（铌）铁矿为例，分解浸出反应还有：

$$Fe[(Ta,Nb)_2O_5] + 17HF = 2H_2(Ta,Nb)F_7 + H_2FeF_3 + 6H_2O$$

$$Mn[(Ta,Nb)_2O_5]_2 + 17HF = 2H_2(Ta,Nb)F_7 + H_2MnF_3 + 6H_2O$$

除了钽、铌、铁、锰之外，在伴生矿物中所含的其他元素如锡、钛、硅、钨也分别以络合酸H_2SnF_6∶H_2TiF_6∶H_2SiF_6∶H_2WF_8的形式进入溶液。而稀土、铀、钍、钙等则分别以沉淀物形式REF_3、UF_4、ThF_4、CaF_2残留在浸出渣中。

有两种浸出方式：一种是国外用得较多的单一氢氟酸浸出，一种是中国普遍采用的氢氟酸和硫酸的混合浸出。分解时加入硫酸，可以加快浸出反应速度，采用$HF\text{-}H_2SO_4$体系的优点表现在：(1)精矿分解浸出时加入硫酸，可降低酸性溶液的沸点，减轻氢氟酸挥发损失，改善了工作环境。硫酸参与矿石分解，节省了氢氟酸用量，还可以提高铌钽的分解率，并使一些难于处理的原料（如钽金红石、钛渣等）变得可以利用。(2)硫酸有利后续萃取工序分离杂质。硫酸的酸性比氢氟酸强，使杂质元素生成不被萃取的硫酸盐。(3)硫酸对铌钽分离有较大影响（图7-9）。(4)硫酸价格低廉易得，操作方便。

浸出时一般采用60% ~70%质量分数的氢氟酸，分解温度90 ~100℃，耗酸量按化学反应计量的理论用量并超过5% ~10%。分解通常在内衬铅、钼镍合金、浸渍石墨、硬橡胶（尤以QH-95溴化丁基橡胶为佳）的反应器中进行，搅拌器用蒙耐尔合金（含铜27% ~29%铜镍合金）制作。分解时，将磨至粒度小于0.074 mm的精矿边搅拌边加入反应器中，控制温度小于50℃，因分解为放热反应，加料过快，反应过于激烈，易造成氢氟酸挥发损失。矿粉加完后，通蒸气或用石墨电阻发热体继续加热至90 ~100℃，搅拌保温4 h，冷却后过滤或直接送萃取工序进行矿浆萃取。一般钽铌分解率达98%以上。分解残渣中的钽铌含量低于1%。

用氢氟酸浸出,以前仅限于高品位的精矿。随着浸出工艺和设备的技术进步,矿浆萃取已发展到处理各种品位的原料,包括含铌钽仅2%～4%的复杂低品位矿(如钛钽铌矿)。表7-5所示为球磨－分解各种矿料的主要经济技术指标。

表7-5　球磨－分解各种矿料的主要经济技术指标[50]

原　料	高品位精矿	钛钽铌矿	锡　渣	铌钽铁合金
分解浸出率/%	≥98.5	≥95	≥99	≥99
氢氟酸单耗/$t \cdot t^{-1}$	2.2～2.4	2.8～3.1	2.2～2.4	2.5～2.7
浸出保温时间/h	16～24	24～36	8～24	8～24
球磨电耗/$kW \cdot h \cdot t^{-1}$	121～160	200～280	100～120	—

7.1.2.2　硫酸分解[51～52]

钽铌能和硫酸作用生成多种硫酸盐,而且在硫酸介质中钽和铌表现出较大的差别,见图7-8。例如铌更易被还原成低价和更易发生水解,在硫酸介质中铌很容易为锌汞齐、金属镁和碱金属还原到+3价,钽很难还原,而且只能达到+4价。钽铌硫酸化合物都易和碱金属和铵生成复盐,而且这些复盐都容易水解。随硫酸质量浓度增加,反应如下[53]:

$$Nb_2O_5 + H_2SO_4 = Nb_2O_4SO_4 + H_2O$$

$$Nb_2O_5 + 2H_2SO_4 = Nb_2O_3(SO_4)_2 + 2H_2O$$

$$Nb_2O_5 + 3H_2SO_4 = Nb_2O_2(SO_4)_3 + 3H_2O \quad \text{(发烟硫酸中)}$$

$$Nb_2O_5 + 4H_2SO_4 = Nb_2O(SO_4)_4 + 4H_2O \quad \text{(发烟硫酸中)}$$

钽的金属性较强,除上述反应外,还有反应:

$$Ta_2O_5 + 5H_2SO_4 = Ta_2(SO_4)_5 + 5H_2O$$

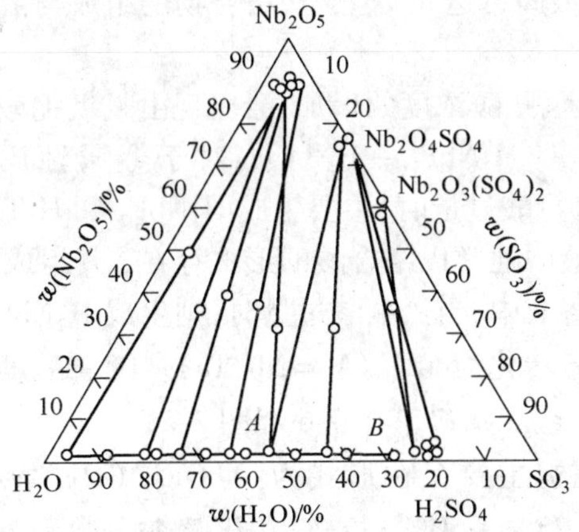

图7-8　20℃下Nb_2O_5-SO_3-H_2O系溶解度图[54]

虽然有从硫酸溶液中直接萃取分离钽和铌的工艺方法，但多数情况是在硫酸分解后再用水浸焙料使钽铌水解沉淀，同时分离掉大部分铁、锰等可溶性硫酸盐杂质，然后将水解沉淀物用其他铌钽溶解度更大的酸溶解转化成适于萃取的溶液。

7.2 溶剂萃取分离铌和钽[55~59]

溶剂萃取（液－液萃取）是一个历史悠久而且广泛应用于冶金和石油化工的分离工艺，是铌钽湿法冶金工业生产中用得最多的方法。它具有分离效率高、处理能力大、劳动强度小、能耗低、容易实施自动化等优点。经过50多年的发展，分离工艺条件、设备等日臻完善。现已成为工业生产中分离和提取铌和钽的主流方法。

中国在铌和钽的萃取方面进行了大量开发性研究。除国外广为应用的MIBK、TBP等萃取剂外。中国开发了仲辛醇、乙酰胺新萃取剂，并成功地应用于工业生产，取得了显著的经济效益。此外，针对中国资源的特点，开发了新的萃取体系——草酸溶液萃取铌。

由于溶液中铌钽没有阳离子化学，容易生成配合物阴离子，故铌和钽的萃取化学全都属于阴离子化学。这是铌钽萃取的一大特点。

有关溶剂萃取原理和基本规律本书不作介绍，请读者参见文献[60~64]。

7.2.1 氢氟酸体系分离和提取铌和钽

7.2.1.1 铌和钽在氢氟酸溶液中的基本性质

氢氟酸体系萃取分离铌和钽，是基于钽的金属性稍强于铌的特点。铌钽在氢氟酸溶液中能生成非常稳定的络合物，这些络合物有以下特点和差别：

（1）铌（Ⅴ）和钽（Ⅴ）和氟可生成稳定性很高的多种氟络合物和氟氧络合物，其配位数通常为6、7，最高可达8。但这些络合物的组成与溶液中的氟离子浓度和酸度有关。

（2）对于铌，随着氢氟酸浓度的增加，会出现由氟氧铌酸络合物型向氟铌酸络合物型过渡：$H_2NbOF_5 \rightarrow H_2NbF_7 \rightarrow HNbF_6$；对于金属性质较强的钽则主要由$H_2TaF_7 \rightarrow HTaF_6$。当氢氟酸过量时，主要生成$H_2NbF_7$和$H_2TaF_7$。

钽铌在氢氟酸溶液中通常以络合酸的形式存在，其组成与氟离子的质量浓度和溶液酸度有关。在溶液中，当氢氟酸过量时，则生成H_2NbF_7和H_2TaF_7。若酸量不足，则配位离子MF_7^{2-}转化为MF_6^-（M = Nb，Ta）。随着酸度的降低，MF_6^-水解为MOF_5^{2-}，MOF_4^-，MOF_5^{3-}或$MO_2F_5^{4-}$（图7-6和图7-7）。

在特定溶液中，铌钽主要存在形式为：$NbOF_5^{2-}$（HF摩尔分数为0～35%）、NbF_6^-（HF摩尔分数为25%～50%）、TaF_6^-（HF摩尔分数为24%，无TaF_7^{2-}）、TaF_7^{2-}（c(HF)为5～2 mol/L，无TaF_6^{2-}）、以及TaF_6^- + TaF_7^-（HF摩尔分数为3.1%～11.0%）（详见前文7.1.2.1节内容）。

25℃时配离子 TaF_6^-、TaF_7^{2-}、TaF_8^{3-} 的生成常数依次为 4.6×10^3、1.2×10^3 和 4.5×10^3。在正常情况下,NbF_6^- 是铌(Ⅴ)在溶液中生成的具有最高配位数的氟配离子。直到氢氟酸浓度分别达到 12 mol/L 和 24 mol/L 时,一般仍不存在 NbF_7^{2-} 和 TaF_8^{3-} 形态的阴离子。

7.2.1.2 混酸体系选择

氢氟酸体系萃取时,有多种混酸体系的选择。混合酸体系萃取效果比单一氢氟酸体系好。例如,当用二异丙酮从含 HF 0.4 mol/L 和 3.7 ~ 4.5 mol/L 各种无机酸的水溶液中萃取铌钽时,铌、钽的分离系数分别为 $\beta(HCl)=91$,$\beta(HNO_3)=880$,$\beta(H_2SO_4)=160$。在报道的 HF-HCl 体系[65,66]、HF-HNO_3 体系[67,68] 和 HF-H_2SO_4 体系中,以 HF-H_2SO_4 体系综合效果最好。体系中加入盐酸,不仅分离系数小,而且氯根的存在使铁等杂质容易被萃取,影响产品纯度。体系中加入硝酸时铌钽分离系数高,且对钨有抑制萃取作用,但硝酸较贵,腐蚀性强。故工业实践中多采用 HF-H_2SO_4 体系。

7.2.1.3 萃取剂选择[69~71]

用来作为萃取剂的有机试剂,必须具有两个条件:

(1) 萃取剂分子至少有一个萃取功能基,通过该功能基与被萃取物结合形成萃合物。用于铌钽的萃取剂的常见功能基主要是 O、N、P 等原子,它们一般都有孤对电子,是电子给予体,为配位原子。

(2) 萃取剂的分子必须有相当长的碳链,其目的是使萃取剂和萃合物易溶于有机相,而难溶于水。萃取剂的碳链一般都比较长,分子质量较大。通常萃取剂的相对分子质量为 350 ~ 500。

工业上选择一种较理想的萃取剂,除上述两个必要条件外,还必须满足以下条件:

(1) 选择性好。分离系数 $\beta(Nb)$ 或 $\beta(Ta)$ 要大。对杂质的分离系数也要大。

(2) 萃取容量大。单位体积的萃取剂所能萃取的铌钽的饱和容量要大。

(3) 化学稳定性强。不易水解,不易分解,耐酸。

(4) 易和水相分层,不产生第三相和不发生乳化现象。在水相中溶解度小,黏度小和表面张力要大,密度要小。

(5) 易于反萃取。

(6) 操作安全。萃取剂无毒或毒性小,无刺激性,不易燃(闪点要高),挥发性小(沸点高、蒸气压小)。

(7) 价格便宜,来源丰富。

氢氟酸溶液中能用于萃取钽铌的萃取剂较多,工业应用的主要有:酮类,如甲基异丁基酮(MIBK)、环己酮;脂类,如磷酸三丁酯(TBP);胺类,如乙酰胺,全名 N. N – 二混合烷基乙酰胺(CH_3CONR_2,$R=C_{7\sim9}H_{15\sim19}$,相对分子质量 290.4);醇类，如仲辛醇（辛醇-2，$CH_3(CH_2)_5CHOHCH_3$，相对分子质量 130.23）、辛醇-1。目前国外多用 MIBK、TBP，中国多用仲辛醇、乙酰胺和 MIBK。这些萃取剂各有优缺点。

MIBK 选择性好，萃取时可获钽、铌的高纯化合物。反萃取钽时可用纯水，因此可直接用反钽液制作 K_2TaF_7。MIBK 萃取钽铌的饱和容量较其他萃取剂大，因此可用较高质量浓度的原液（$(Ta,Nb)_2O_5$ 质量浓度可达 160～200 g/L）。此外，它密度小（0.7978 g/cm³）、黏度小（30℃时为 0.585 mPa · s），操作稳定，易于控制。缺点是水溶性大（20℃时水中溶解度为 18.2 g/L，20℃时水在 MIBK 中的溶解度为 24.1 g/L）、挥发性大，因而萃取剂损耗大，且价格比较高。

除 MIBK 外，前苏联还用过环已酮。各种酮类萃取剂萃取铌钽的情况如表 7-6 所示。

表 7-6　各种酮萃取铌钽的情况比较[59]

萃取剂	MIBK	二异丁基酮	正丁基乙基酮	甲基正乙基酮	甲基正戊基酮	二异丙酮	环已酮
钽萃取率/%	80.6	3.8	37.1	47.6	64.7	32.5	98.3
铌萃取率/%	0.56	0.13	39	0.34	0.46	0.13	6.12
分离系数 β	736	39	149	228	394	391	85.6

TBP 的沸点和闪点比 MIBK 高，在水中的溶解度也较小（25℃ 时为 0.28 g/L），但它黏度大（20℃时为 3.32 mPa · s）、密度大（25℃时为 0.973 g/cm³），使用时要加稀释剂，而且选择性较差，产品质量不很稳定，特别是氧化铌中磷、钨、钽和氧化钽中铌、铁含量不稳定。此外，萃取时较易出现第三相，发生乳化现象。

仲辛醇萃取钽铌和 MIBK 的工艺条件基本相同，萃取选择性较好，也容易制得钽铌的高纯化合物。此外，它水溶性小（质量分数为 0.08%）、价格低，因而生产成本低。缺点是黏度大（20℃时为 14.3 mPa · s），低酸反萃取时有乳化现象，操作不易控制。此外，仲辛醇气味较难闻，车间操作条件较差。

乙酰胺适于处理高铌钽比（$w(Nb):w(Ta)=7$）、高钛（$w(TiO_2)$ 为 50%）、高钨（$w(W)>10\%$）和含磷钽铌精矿的浸出液。它水溶性小（26.2℃ 时为 0.05 g/L）、沸点高（180～200℃）、闪点高（145.2℃），但萃取选择性比 MIBK 和仲辛醇稍差，反萃取钽时不能用纯水。

环已酮因水溶性大，工业上已不大采用。

常用萃取剂的基本性质及其比较如表 7-7 所示。

表 7-7 常用萃取剂的基本性质及其比较[72]

基本性质	萃取剂				
	甲基异丁基酮	仲辛醇(含甲庚酮)	乙酰胺	磷酸三丁酯	环已酮
	MIBK	Octanol-2	A101	TBP	CHD
结构式	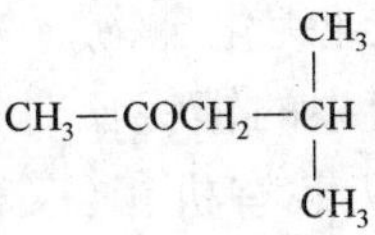	$CH_3(CH_2)_5$- $CHOHCH_3$	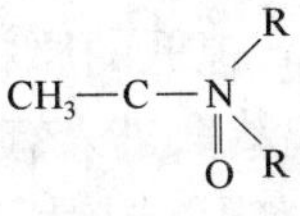 $R=C_7\sim C_9$	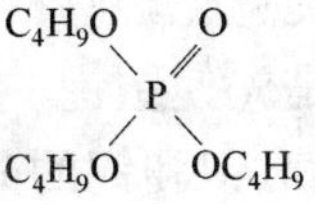	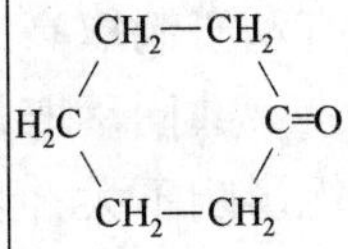
相对分子质量	100.16	130.23	290.4	266.32	98.14
沸点/℃	116	174~184	17~220	289	156.6
熔点/℃	-83.5	-31.6		-80	-45
闪点/℃	23	73	145	146	47
密度 $/g\cdot cm^{-3}$	0.8006(20℃) 0.7961(25℃)	0.8193(20℃) 0.8168(25℃)	0.8667	0.9753(20℃) 0.9727(25℃)	0.830
黏度 /mPa·s	0.585(20℃)	14.3(20℃)	18.13(25℃)	3.32(25℃)	18.3(30℃)
表面张力 $/\mu N\cdot cm^{-1}$	233(23.7℃)		309(22℃)	272.9(20℃)	335(30℃)
偶极矩/cm	9×10^{-30}			1.023×10^{29}	9.33×10^{30}
介电常数(25℃)	18.3	8.2		8.05	18.3
折射率	1.3956(20℃)	1.4250(20℃)	1.4552	1.4224(25℃)	1.4529(20℃)
溶剂在水中的溶解度 $/g\cdot L^{-1}$	18.2(25℃)	0.08%	0.05(26.2℃)	28(25℃)	2.4%(20℃)
水在溶剂中的溶解度 $/g\cdot L^{-1}$	24.1(20℃)			较大	

有关萃取剂影响萃取的因数和分离杂质效果等的比较,可参见表 7-12、表7-15 ~ 表 7-18。

7.2.1.4 共萃取和分别萃取

根据原料中的铌钽含量比和杂质情况，通常有钽铌分别萃取分离和共同萃取两种方式。

钽和铌含量相差较大时，较多采用分别萃取方式，即在低酸度下（c(HF) 为 2 ~ 3 mol/L）选择性先萃取钽，再在高酸度下萃取铌。一般来说，钽高铌低的原料有利于制取高纯钽化合物，铌高钽低的原料有利于制取高纯铌化合物。

共同萃取是先使钽铌一起萃取进入有机相（这时原液中的钽铌比对共萃取钽铌影响不大，但对钽和铌的分离影响较大），再从钽铌的负载有机相（又称饱和有机相）中分别反萃取钽和铌，即高酸度反萃取铌，低酸度反萃取钽。在工业实践中，共同萃取方式分离杂质分离效果好，设备简单，便于操作，为国内外广泛采用。

7.2.1.5 铌钽萃取工艺和影响因素[73~75]

铌钽萃取分离包括铌和钽的分离和铌（钽）和杂质的分离两方面的内容。工艺过程通常分为 5 部分：第一部分为铌钽共萃取，获得负载有机相并和大部分杂质分离。为获最佳萃取率和回收率，好的分离效果，要调整矿浆液、萃取液的酸度、有机相和水相间的相比和流比，使有机相中被萃取的铌和钽尽可能达到或接近理论饱和度。第二部分为负载有机相酸洗，利用主体金属铌、钽和杂质元素间的分配系数差，将少量已萃取进入有机相中的杂质从负载有机相中反萃取下来，目的在于洗涤掉杂质。负载有机相酸洗工艺条件是产品五氧化铌（钽）纯度的关键因素，各工厂都有自己的诀窍。由于钨铌化学行为的相似性，钨成为最难和主体金属分离的杂质，故这一部分有时又称为铌钽/钨分离段；由于洗杂质的同时也有部分铌钽被洗下来，为保证铌钽回收率，对洗过液常采用补充萃取。第三部分为铌/钽分离段，又称反铌提钽段。为保证只反萃取铌不反萃取钽，要选择好反萃取剂。从图 7-9 可以看出，在较广的酸度范围内铌和钽都有较好的分离效果，通常用稀硫酸溶液作为铌反萃取剂。为保证铌和钽的彻底分离，还设置从反铌液中检查性地再萃取微量钽的工序；提钽后的纯铌液用于制取纯氧化铌或氟铌酸钾。第四部分为反萃取钽，通常用去离子的纯水作为钽的反萃取液。所得纯钽液可直接用于制取纯氧化钽或氟钽酸钾。第五部分为卸载有机相的再生，视情况采用不同的洗液清洗除去有机相中的残余杂质。

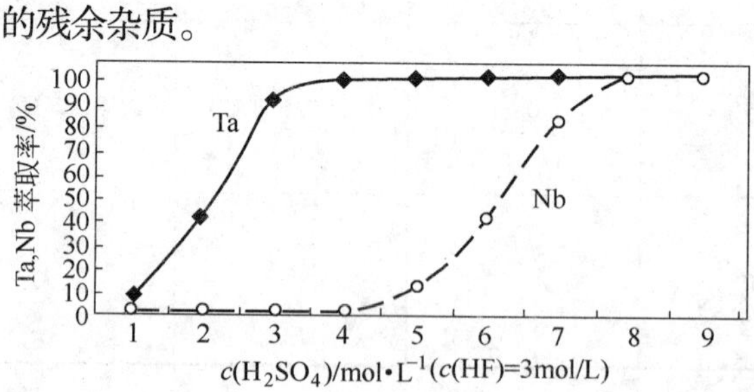

图 7-9 MIBK-HF/H_2SO_4 体系中 H_2SO_4 酸度对钽铌萃取率的影响[102]

影响铌钽萃取的因素较多。其中,影响产品质量的因素主要有:(1)溶液酸度。包括矿浆液的酸度调整、负载有机相洗涤的洗液酸度控制和反萃取液酸度掌握。这其中又以负载有机相洗涤液酸度的控制最为重要,是制取高纯化合物的关键因素。(2)萃取相比和流量比。其中,又以流量比的控制和调整最为重要,通过对酸度和流量比的控制和调整,可以控制产品质量和顺利处理不同杂质元素含量、不同浓度和不同铌/钽比的原料液。(3)负载有机相铌钽的饱和度。负载有机相铌钽饱和度越高越好。例如在仲辛醇萃取时,当负载有机相的浓度低于0.3 mol/L时,除钨效果便会受到严重影响。正是在这三个方面,各生产厂均拥有自己的技术诀窍。

铌钽萃取工艺中,硫酸的作用很特殊,也很关键。萃取时硫酸的影响不限于盐析作用。在一定程度上硫酸对铌/钽分离和杂质分离的作用大于主体酸氢氟酸;工艺人员要充分利用这一特点。

7.2.1.6 *矿浆萃取和萃取设备*[76~80]

铌钽萃取设备普遍采用混合澄清槽式萃取器,也有采用塔式萃取器。

由于 $HF + H_2SO_4$ 混酸浸出铌钽精矿后残渣量极小(3% ~5%),为矿浆直接萃取提供了一定条件。矿浆萃取技术的开发,特别是连续矿浆萃取工艺的开发,是氢氟酸体系萃取铌钽工艺的重大技术进步。直接矿浆萃取与清液萃取相比有如下优点:(1)免除分解浸出残渣的过滤和洗涤过程,缩短了生产周期。(2)减轻了劳动强度,改善了环境条件,有利于浸出过程的密闭和连续化。(3)节省了过滤器、真空系统和输液泵等附属设备,从而大大提高浸出的生产能力。(4)提高铌钽的回收率。浸出后的残渣虽经多次洗涤仍含有质量分数1% ~5%的 $(Nb + Ta)_2O_5$,矿浆直接萃取使浸出残渣中吸附的钽铌降到最低限度,损失在残渣中的铌钽很少。(5)矿浆萃取能适应铌钽比变化大的原料,也适应低品位铌钽原料,使过去难以经济采用的钽铌资源变为现实。一些铌钽仅含2% ~4%的低品位原料和浸出液中钽铌混合氧化物质量浓度低到仅20 g/L的物料,仍能有效直接进行萃取,大大开阔了铌钽资源的利用范围。

有两种矿浆萃取槽。一种槽类似于一般清液萃取槽(图7-10),但结构上有一定区别。矿浆萃取槽的混合室上下各有一开口,分别与相邻的两个澄清室相连,有机相从上口进入混合室,矿浆从下口进入混合室,采用叶桨搅拌,经搅拌混合后进入澄清室。澄清室的底部向混合室一端倾斜,因而底部的矿浆沉积区紧靠混合室,它时时受到混合旋转的混合相的冲击而不会沉积,并使矿渣流向混合室。

另一种矿浆萃取槽为两孔结构的倾斜式槽(图7-11)。这种槽的混合室上下各有一个开口,在澄清室的底板向混合室倾斜,萃取时它的流动原理是有机相从上开口进入混合室,矿浆从下开口进入混合室,经混合室搅拌后,上下开口都分别向各自连通的澄清室内排出混合相,后者在澄清室分相后,分别有不同的一相不能返回混合室,从而实现类似于塔式萃取逆流运动。由于澄清室有倾斜挡板,澄清室底部又一直被从孔中排出的混合相所冲动,从而使槽确保稳定运行而不会在槽内产生矿砂沉淀。这种萃取槽分相效果好,在较低温度时,有机相和水相不易产生相互夹带的乳化现象。

一些改进型的矿浆萃取槽在萃取器的两个出口端设置了大澄清室,专门设计了特殊的排浆级。如在9级混合器中,萃取8级,设排浆1级。工作时排浆级只排矿浆萃余液,不排有机相。这样便不需从残液中捕收有机相,从而减少有机相的损失。

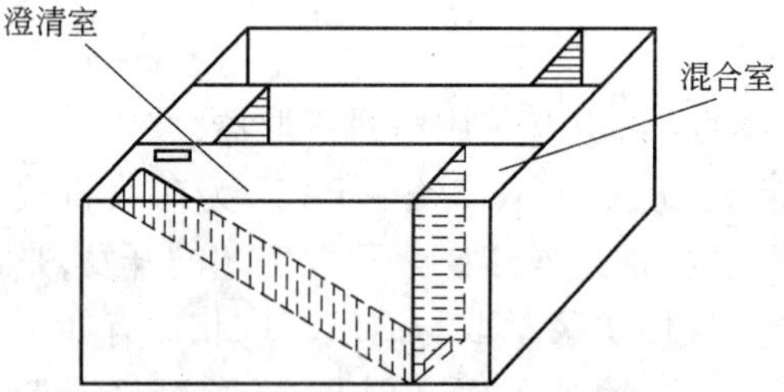

图7-10　倾斜式矿浆萃取槽示意图

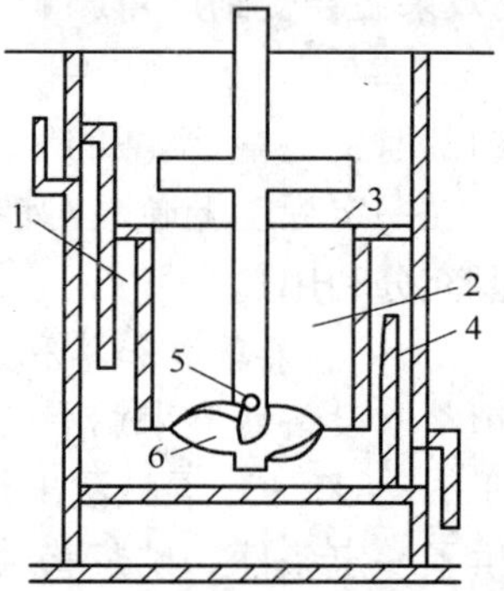

图7-11　矿浆萃取槽的混合室结构示意图

1—有机相溢流管;2—混合筒;3—循环口;
4—水相溢流管;5—涡轮吸入管;6—桨叶

7.2.1.7　萃取新技术

随着现代科学技术的发展和各个学科技术之间的相互渗透与融合,近20年来溶剂萃取技术与膜分离、离子交换、胶体化学、超临界现象等技术相结合,产生了一系列新的萃取分离技术,如液膜萃取[81~83]、膜基萃取[84,85]、超临界萃取[86]、反向胶团萃取[87]、双水相萃取[88]、凝胶萃取、熔盐萃取、解离萃取[89]、电场萃取[90]等,使分离科学与技术不断向广度和深度发展。这些新技术有的已在钽铌分离方面进行研究(如液膜萃取[91,92]、固体萃取),估计这些新技术在今后的实践中将不断完善,并在此基础上发展出更新的技术。下面为工业生产或半工业试验中较通用的萃取体系。

7.2.2　MIBK-HF-H_2SO_4-H_2O 萃取体系[93~97]

MIBK-HF-H_2SO_4-H_2O 萃取体系是国内外应用最广泛的工艺方法。

7.2.2.1　萃取机理

一般认为,甲基异丁基酮(MIBK)在氢氟酸体系萃取铌钽属于佯盐萃取类型,即在强酸溶液中,MIBK的氧原子上的孤对电子吸引带正电荷的 H^+ 或水合氢离子(H_3O^+)而形成佯盐离子,然后再和水相中铌、钽络阴离子借助静电引力而结合成

𨦡盐,萃取反应为

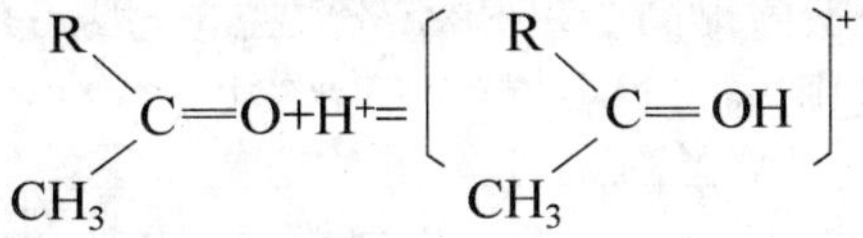

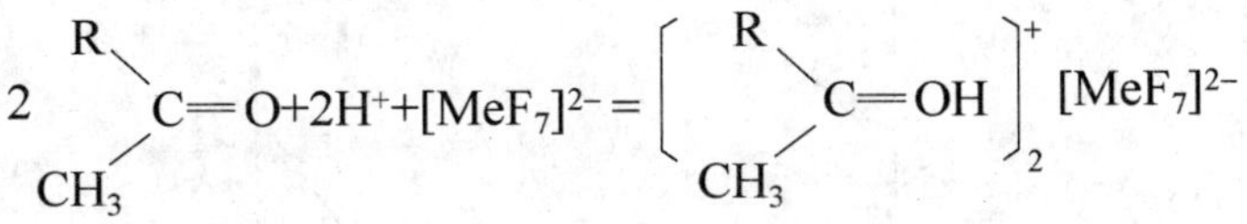

式中,Me 为 Nb,Ta。

7.2.2.2　饱和容量

根据文献[98]数据,对于纯铌或纯钽溶液,MIBK 萃取铌和钽的饱和容量为:Ta_2O_5 的饱和容量为 377 g/L,摩尔比($n(Ta):n(MIBK)$)= 1:2.46;Nb_2O_5 的饱和容量为 270 g/L,摩尔比 $n(Nb):n(MIBK)$ = 1:2.76。文献[99]报道,当原液组成(质量浓度)为:$(Nb+Ta)_2O_5$ 为 82.6 g/L,Nb_2O_5 为 81.0 g/L,Fe 为 13.27 g/L,WO_3 为 2.52 g/L,SiO 为 0.45 g/L,TiO 为 1.71 g/L,$c(HF)$ = 4.56 mol/L,$c(H_2SO_4)$ = 3.73 mol/L 时,萃取剂的饱和容量(ρ)如表 7-8 所示。

表 7-8　萃取剂的饱和容量

项 目	$\rho((Nb+Ta)_2O_5)/g \cdot L^{-1}$	$c(HF)/mol \cdot L^{-1}$	$c(H_2SO_4)/mol \cdot L^{-1}$
浓 度	323.6	4.64	0.745

7.2.2.3　分离原理

铌和钽的分离主要靠调整萃取原液中的 HF 酸度和 H_2SO_4 酸度,图 7-12 所示为铌和钽的萃取率随氢氟酸浓度变化的影响情况[100,101]。由图 7-12 可看出,铌萃取率随氢氟酸浓度增加而增大,钽的萃取率先也随氢氟酸浓度增加而增大,但在 $c(HF)$ 为 6 ~ 8 mol/L 时达到最大值,然后开始缓慢下降。当溶液中 $c(HF)$ 为4 mol 时,钽可以被萃取,铌几乎不被萃取,由此达到铌和钽分离目的。

H_2SO_4 酸度对铌钽在 MIBK 中的萃取率也有很大影响。当 HF 酸浓度一定时,在 H_2SO_4 酸度较高时(>16 mol/L)时,铌和钽都能被萃取,而当 H_2SO_4 酸度不很高时(6 ~ 16 mol/L),则只有钽能被萃取,图 7-9 所示的曲线为在 HF-H_2SO_4 体系中硫酸酸度对铌钽萃取率的影响[102,103]。硫酸浓度对杂质分离也有很大影响。表 7-15 示出了三种萃取剂的铌/钽分离系数随硫酸浓度变化的数值。

表 7-9 和图 7-13 所示为原液中铌钽的浓度对其萃取率的影响情况[103]。可以看出,随着 Nb(Ta)质量浓度的提高,它们的萃取率均随之下降,但对铌的影响要比钽要强些,在高氢氟酸溶液中,铌萃取率下降更为显著。但铌质量浓度过低不仅

不利于钽铌分离,也不利于杂质分离,经济上也不合算。故在实践中仍采用较高的铌质量浓度。但在生产中为提高产量和经济效益,一般还是采用高钽铌质量浓度萃取,至于萃取率的问题则通过设备多级萃取解决。

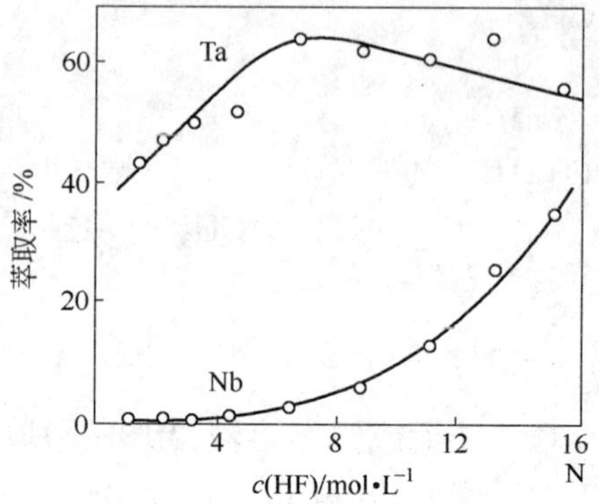

图 7-12 MIBK 萃取钽铌的萃取率与氢氟酸浓度的关系

原始水相中:$\rho(Ta)=16$ g/L;$\rho(Nb)=19.2$ g/L

表 7-9 原始溶液的铌钽质量浓度(ρ)对萃取率的影响[72]

原液中 $\rho((Nb,Ta)_2O_5)/g\cdot L^{-1}$	100	125	150	175
钽铌萃取率/ %	85.3	81.37	77.15	73.5

注:萃取剂 MIBK. 原液酸度:$c(HF)$为 4 mol/L,$c(H_2SO_4)$为 3 mol/L,有机相: 水相(体积比) = 1:1。

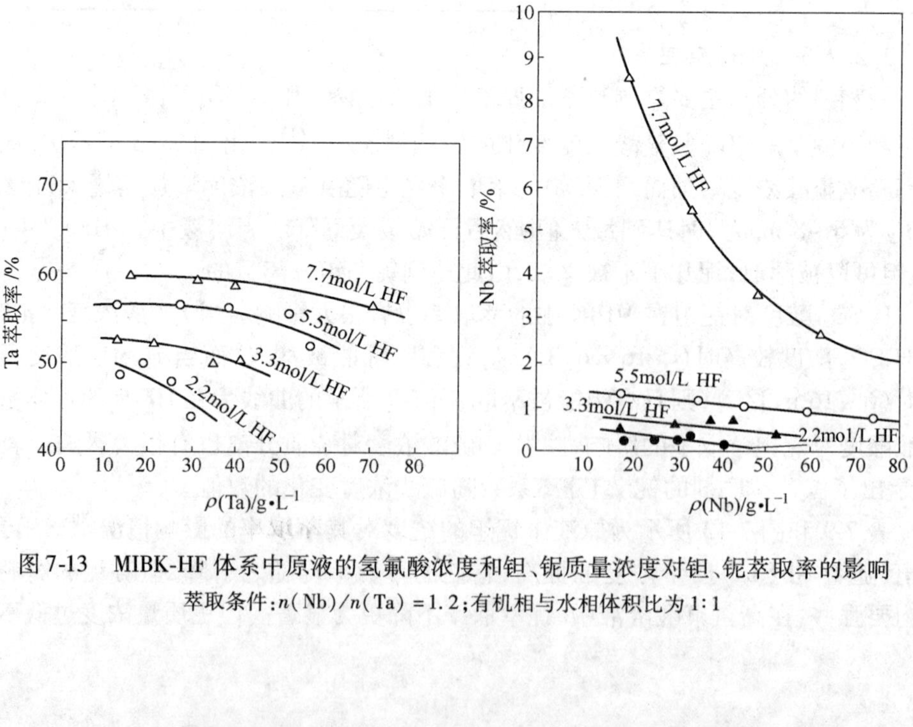

图 7-13 MIBK-HF 体系中原液的氢氟酸浓度和钽、铌质量浓度对钽、铌萃取率的影响

萃取条件:$n(Nb)/n(Ta)=1.2$;有机相与水相体积比为 1:1

当采用共萃取方式时，铌钽分离主要在反萃取工序。如上所述，萃取铌钽时生成的佯盐只有在强酸溶液中才能形成。溶液酸度降低时，如用水稀释，佯盐即发生分解，被萃取到有机相中的铌或钽又会回到水溶液中去，这就是反萃取原理。控制反萃取液的酸度，可以分别反铌或反钽，达到最后分离铌和钽的效果。

7.2.2.4　杂质分离效果

在氢氟酸溶液中，钨、钼、钛、锡、铁等是以 H_2WF_8、$H_2WO_2F_4$、H_2TiF_6、SnF_4、H_2SnF_6、$H_3Fe_3F_6$ 和 H_2SiF_6 等形式存在，但它们的分配系数远小于铌和钽的分配系数，因而较易和钽铌分离开来。表 7-10 示出了各元素在水相酸度 c(HF) 为 10 mol/L和 $c(H_2SO_4)$ 为 6 mol/L 条件下的分配系数。

表 7-10　铌钽和杂质元素的分配系数[104,105]

元　素	Ta	Nb	W	Mo	Ti	Zr	U	Fe	Sn	Mn	Al
分配系数	215	25	0.35	0.1	0.01	0.008	0.007	0.007	0.007	0.004	0.002

7.2.2.5　工艺方法

MIBK 既可进行清液萃取，也可进行矿浆萃取。我国普遍采用矿浆萃取。矿浆萃取的工艺流程如图 7-14 所示。

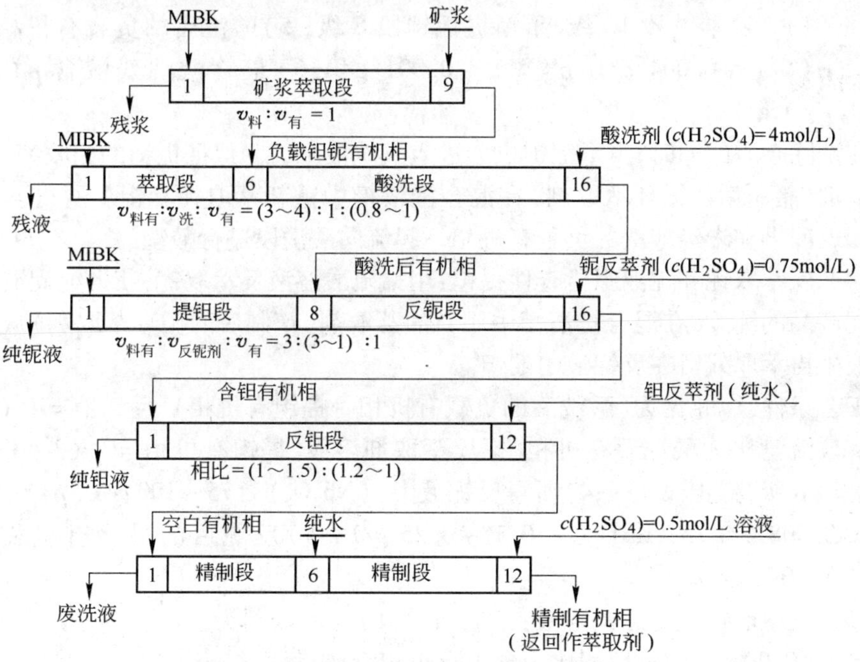

图 7-14　MIBK-HF-H_2SO_4 体系钽铌萃取分离流程

料液成分：c(HF) = (6 ± 0.5) mol/L；$c(H_2SO_4)$ = (4 ± 0.25) mol/L；$\rho((Ta,Nb)_2O_5)$ = (180 ± 20) g/L

$w(Ta_2O_5) : w(Nb_2O_5)$ = 1.5∶1 ~ 1∶1.5；$v_料$—料液流速；$v_{料有}$—负载有机相流速；

$v_有$—有机相流速；$v_洗$—酸洗液流速；$v_{反铌剂}$—反铌剂流速

一个典型的工艺过程、工艺条件和重要参数如下[69]：

(1) 精矿分解：为减少萃取时萃取剂的损失，对分解后的矿浆液采用煤油捕收在分解过程产生的浮渣；经调制得矿浆原液组成为：$\rho(Ta, Nb)_2O_5$ 为 (180 ± 20) g/L，$w(Ta_2O_5) : w(Nb_2O_5) = 1.5:1 \sim 1:1.5$；$c(HF)$ 为 (6 ± 0.5) mol/L；$c(H_2SO_4)$ 为 (4 ± 0.25) mol/L。

(2) 矿浆萃取：通过调整水相酸度和铌钽质量浓度来使铌钽萃取率达到最大值(饱和)，实现铌钽和杂质的分离。采用混合澄清槽逆流铌钽共萃取方式，槽尺寸为混合室 140 mm × 140 mm × 325 mm，澄清室 140 mm × 280 mm × 325 mm，搅拌转速为 300 r/min。有机相和水相的流量比和相比均为 1，水相流量一般不超过 250 L/h；通过控制适当的相比，经 9 ~ 10 级萃取，得负载有机相的组成为：$\rho((Ta, Nb)_2O_5)$ 为 (170 ± 50) g/L，总酸度为 3.5 mol/L；萃取后矿浆残液含 $\rho((Ta, Nb)_2O_5) < 1$ g/L。

(3) 负载有机相酸洗除杂质：酸洗剂为 H_2SO_4 溶液。酸洗工艺条件为：1) 酸洗液 H_2SO_4 浓度为 (4 ± 0.25) mol/L；2) 相比(体积比)为(负载有机相 + 返回有机相)：酸洗液 = (4 ~ 5)：1；3) 流量比为负载有机相：酸洗液：返回有机相 = (3 ~ 4)：1：(0.8 ~ 1)；4) 酸洗段 10 级，重新提铌钽段 6 级；5) 酸洗后的负载有机相中 $\rho(Fe)$ 和 $\rho(Si) \leqslant 0.004$ g/L，$\rho(W) \leqslant 0.001$ g/L；6) 最终酸洗残液含 $\rho((Ta, Nb)_2O_5) < 1$ g/L。

在洗除杂质的同时，少量铌钽也会进入酸洗液中。为保证铌钽的回收率，用新的萃取剂(精制后的循环萃取剂)在混合澄清槽中重新萃取铌和钽。所得含铌钽有机相返回再和未经酸洗的负载有机相一起流向酸洗段进行酸洗。

(4) 反萃取铌和铌液中检查性提钽：用稀硫酸溶液反萃取铌，获得纯铌液。为确保铌产品的纯度，在混合澄清槽中用新的萃取剂(精制后的循环萃取剂)从所得反铌液中再萃取残留在反铌液中的钽。

工艺条件：1) 相比为(酸洗后的负载有机相 + 提钽有机相)：反铌液 = 4：(3 ~ 4)：1；2) 流量比为酸洗后有机相：铌反萃取剂溶液：提钽有机相 = 3：(3 ~ 1)：1；3) 反铌段 8 级，提钽段 8 级；4) 所得反铌液中 $\rho(Nb_2O_5)$ 为 75 ~ 100 g/L，$\rho(Fe)$ 和 $\rho(Si) \leqslant 0.008$ g/L，$\rho(Ta_2O_5) \leqslant 0.1 \sim 0.25$ g/L；5) 反铌后的最终有机相中 $\rho(Nb_2O_5) < 0.1$ g/L。

(5) 反萃取钽获得纯钽溶液：工艺条件：1) 反萃取剂为二次去离子水($\rho(Fe)$ 和 $\rho(Si) \leqslant 0.001$ g/L)；2) 相比为含钽有机相：反钽萃取剂液 = (1 ~ 1.5)：(1.2 ~ 1)；3) 反钽段 12 级；4) 所得反钽液中含 $\rho(Ta_2O_5)$ 40 ~ 60 g/L，$\rho(Fe) < 0.004$ g/L，$\rho(Si) \leqslant 0.01$ g/L，$\rho(Nb_2O_5) \leqslant 0.1$ g/L；5) 反钽后的最终有机相中含 $\rho(Ta_2O_5) < 1$ g/L。

(6) 有机相精制(再生循环使用):由于 MIBK 的水溶性较大,一般需在循环使用一定次数后,再用氨处理一次并在补充新萃取剂后再返回萃取工序使用。处理后的有机相要求其中的$\rho((Nb,Ta)_2O_5)<1$ g/L。

MIBK 萃取有的采用塔式设备。图 7-15 所示为早先美国工厂以铌铁矿为原料生产氧化物的工艺及设备图[106~108]。

生产用精矿含 $Nb_2O_5$58.2%,$Ta_2O_5$17.4%。先将精矿磨至粒度 0.74 mm,然后用 70% HF 的酸进行浸出。浸出后将矿浆稀释并在橡胶质的压滤器上进行过滤。滤液送至筛板脉冲塔顶部(第一塔),然后用隔膜脉冲泵将异己酮以脉流形式从塔的底部加入。为防止萃取杂质,原液中还加入了硫酸。

生产中采用铌钽共萃取方式。第一塔出来的含铌钽的负载有机相从第二座脉冲塔的中部加入,同时从塔顶往下加水反萃取铌,负载有机相中的大部分氢氟酸和铌一起转移到水相中(只有很少的钽进入水相,而且钽都在塔的下部)。当反铌液与向上流动的纯异己酮接触时,水相中的钽又被新萃取剂所萃取,因此从第二塔底出来的反铌液实际上是纯铌。第三塔为反钽塔。从第三塔出来的负载有机相用蒸馏法再生后返回萃取循环使用。反萃取液分别用氨中和沉淀出铌或钽的水合氧化物(氢氧化铌),沉淀物在不锈钢制的转筒式真空过滤器上过滤,最后在回转窑中煅烧成氧化物。所得氧化铌中 w(Ta)小于0.03%。氧化钽中 w(Nb)小于0.03%。各种杂质符合质量标准的要求。

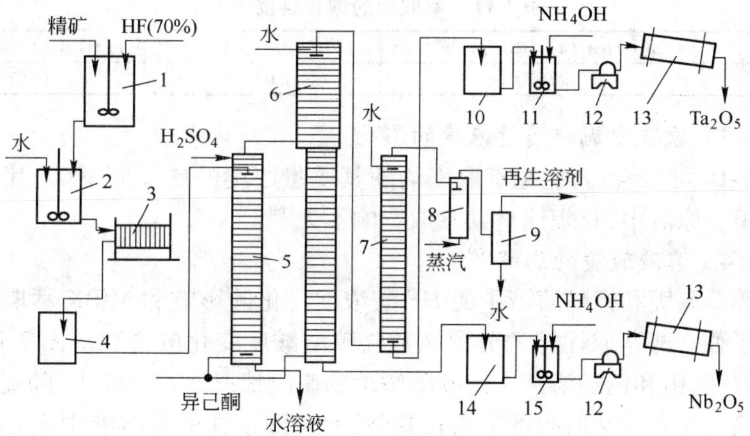

图 7-15 萃取分离钽、铌工序的铌铁矿精矿处理工艺及设备

1—精矿分解反应器;2—矿浆稀释池;3—压滤器;4—滤物收集器;5—钽和铌共萃塔;6—铌反萃塔;7—钽反萃塔;8、9—含水蒸气溶剂蒸发器;10—钽溶液收集器;11—Ta_2O_5 沉淀;12—过滤器;13—熔解炉;14—铌溶液收集器;15—Nb_2O_5 沉淀

7.2.3　仲辛醇(辛醇-2)-HF-H_2SO_4-H_2O 萃取体系[109~111]

仲辛醇(辛醇-2)萃取剂具有价格便宜、密度小、凝固点低、闪点高、水中溶解度低、萃取容量大、分离效果好等优点。缺点是黏度较大,反萃取时易出现乳化现象。

7.2.3.1　萃取机理[112,113]

仲辛醇萃取机理和 MIBK 相似,也为佯盐萃取,萃取反应为

$$H^+ + NbF_6^- + 2ROH = HNbF_6 \cdot 2ROH$$

$$H^+ + TaF_6^- + 2ROH = HTaF_6 \cdot 2ROH$$

工业用仲辛醇尚含有 10% ~15% 甲庚酮,因此除离子型络合物萃取外,尚存在协同萃取反应:

$HNbF_6^- \cdot 2ROH + RCOR' = HNbF_6 \cdot ROH \cdot RCOR' + ROH$ (代换协同反应)

$HNbF_6^- \cdot 2ROH + RCOR' = HNbF_6 \cdot 2ROH \cdot RCOR'$　(加合萃取反应)

Ta 有同样的反应。

7.2.3.2　饱和容量

文献[114]报道,仲辛醇的饱和容量为:Ta_2O_5,241.4 g/L; Nb_2O_5,152.6 g/L。文献[93]报道,当原液组成为:$(Nb + Ta)_2O_5$,163.5 g/L;Nb_2O_5,81.0 g/L;Fe,13.27 g/L;WO_3,2.52 g/L;SiO,0.45 g/L;TiO,1.71 g/L;$c(HF) = 4.56$ mol/L,$c(H_2SO_4) = 3.73$ mol/L时,萃取剂的饱和容量如表 7-11 所示。

表 7-11　萃取剂的饱和容量[110]

项　目	$\rho((Nb+Ta)_2O_5)/g \cdot L^{-1}$	$c(HF)/mol \cdot L^{-1}$	$c(H_2SO_4)/mol \cdot L^{-1}$
浓　度	226.0	3.05	0.57

7.2.3.3　原液中铌钽质量浓度的影响

从图 7-16 可以看出,铌钽萃取率均随其质量浓度的增加而下降,其中对铌的影响大于钽。原液中钽/铌比对共萃取影响不大[69]。

7.2.3.4　溶液酸度的影响[69]

仲辛醇萃取铌和钽随溶液中的 HF 酸浓度变化的影响和 MIBK 萃取相似。表 7-15 给出了仲辛醇萃取铌钽的分离系数随硫酸酸度变化的情况。图 7-17 所示为仲辛醇萃取铌、钽和钨随溶液中的硫酸浓度的影响情况。可以看出,随硫酸浓度增加铌、钽、钨三元素的萃取率都呈增长趋势,而且即使在低酸溶液中也有一定量的钨被萃取。

7.2.3.5　杂质分离

文献[111]的结果认为,仲辛醇元素萃取的顺序为 Ta > Nb > W > Ti > Fe > Mn。这和钨、铌、钛在元素周期表中显示出的对角线相似关系一致。显然,钨的分离带有边界指标性质,只要能分离掉钨和钛,其他杂质都可合格。在几种萃取剂中,TBP 和仲辛醇对钨的萃取率最大。表 7-12 所示为几种萃取剂对萃取钨的比较。

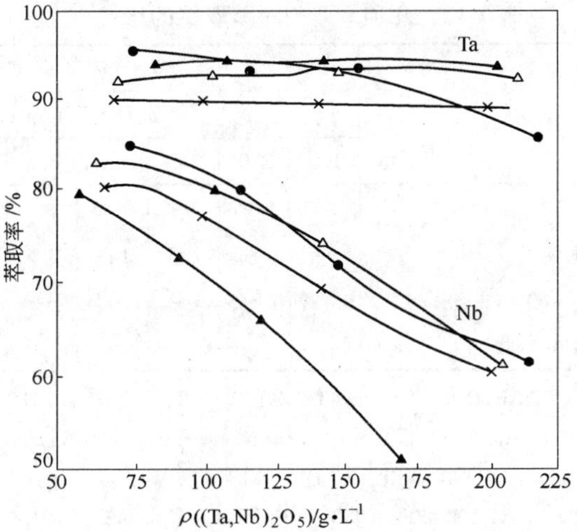

图 7-16　仲辛醇-HF-H_2SO_4 体系中原液 Ta、Nb 质量浓度及 Ta、Nb 比对钽、铌萃取率的影响

萃取条件：(1) 原液中 $c(HF)=4$ mol/L，$c(H_2SO_4)=8$ mol/L；▲—原液的 $n(Ta)/n(Nb)=1:0(0:1)$；△—原液的 $n(Ta)/n(Nb)=1:0.5$　●—原液的 $n(Ta)/n(Nb)=1:1$；×—原液的 $n(Ta)/n(Nb)=1:2$；

(2) 有机相与水相体积比为 1:1

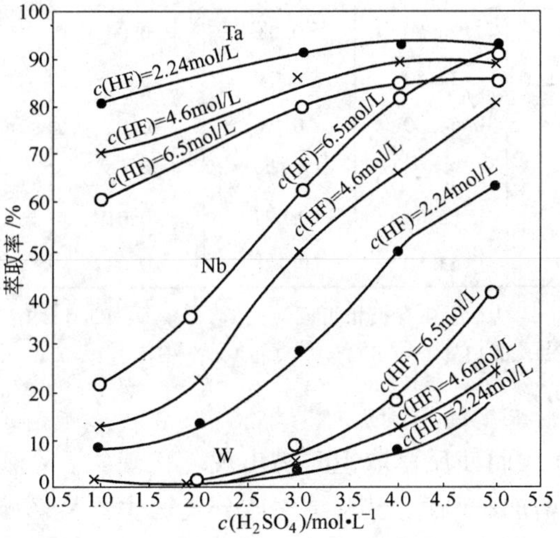

图 7-17　仲辛醇-HF-H_2SO_4 体系中原液的 HF、H_2SO_4 浓度对钽、铌、钨萃取率的影响

萃取条件：(1) 原料成分：●—原液含 Ta_2O_5，55.7 g/L，Nb_2O_5，35.1 g/L，W，4.1 g/L；

×—原液含 Ta_2O_5，55.7 g/L，Nb_2O_5，34.4 g/L，W，4.1 g/L；

○—原液含 Ta_2O_5，64.2 g/L，Nb_2O_5，32.03 g/L，W，4.1 g/L；

(2) 相比为 1:1

表 7-12　几种萃取剂对萃取钨的比较[170]

萃取剂	萃取率/%							
	$c(H_2SO_4)$/mol · L^{-1}							
	1.0	2.0	2.5	3.0	3.5	4.0	4.5	5.0
仲辛醇(100%)	1.02	1.96	—	4.85	—	17.2	—	40.4
MIBK(100%)	—	—	1.3	1.8	3.5	6.5	10.3	20.0
乙酰胺(40% 乙酰胺 +60% 二乙苯)	0.727	0.843	—	1.004	—	5.52	—	23.9
TBP(80% TBP +20% 煤油)	—	—	—	—	—	—	—	57.2

注：仲辛醇萃取原液：(Ta,Nb)O,96.2 g/L,n(Ta)/n(Nb) =2,W,0.55 g/L,HF,6.5 mol/L;
MIBK 萃取原液：(Ta,Nb)O,100 g/L, n(Ta)/n(Nb) =1.05, W,0.55 g/L, HF,6 mol/L;
乙酰胺萃取原液：(Ta,Nb)O,100 g/L,n(Ta)/n(Nb) =1, W,5 g/L, HF,7 mol/L;
TBP 萃取原液：(Ta,Nb)O,100 g/L,n(Ta)/n(Nb) =1, W,0.245 g/L, HF,4 mol/L。

酸洗工艺条件的选择和控制，直接关系到最终产品的质量。铌钽负载有机相用硫酸溶液洗涤去除杂质效果列于表 7-13。

表 7-13　负载有机相酸洗后的组成和相比间的关系[104]

有机相: 水相	$\rho((Ta,Nb)_2O_5)$ /g · L^{-1}	$\rho(Nb_2O_5)$ /g · L^{-1}	$\rho(WO_3)$ /g · L^{-1}	ρ(P) /g · L^{-1}	c(HF) /mol · L^{-1}	$c(H_2SO_4)$ /mol · L^{-1}
4:3	58.50	26.50	0.03	0.04	1.40	0.21
3:2	59.50	34.50	0.04	0.03	1.25	0.36
5:2	78.50	54.00	0.04	0.03	1.63	0.42
3:1	80.00	57.5	0.072	0.09	1.66	0.47
4:1	85.00	62.00	0.072	0.04	1.92	0.42
5:1	87.00	63.50	0.128	0.03	2.03	0.26

注：酸洗液浓度为 3.8 mol/L; 负载有机相组成为：$(Ta,Nb)_2O_5$,95.0 g/L;Ta_2O_5,82.5 g/L, Nb_2O_5, 72.00 g/L;WO_3,0.352 g/L;P ,0.13 g/L;c(HF) =2.34 mol/L;$c(H_2SO_4)$ =0.15 mol/L。

7.2.3.6　萃取剂浓度的影响[115,116]

仲辛醇由于黏度大而使反萃取钽时易出现乳化现象。在矿浆萃取时仲辛醇随循环次数增加、黏度增加和颜色变黑，给萃取分离产生不良影响。特别在处理低品位矿时，由于分解渣量增多，矿浆萃取时水相夹带有机相和有机相夹带分解渣，影响氧化铌和氧化钽产品质量。此外，在处理含有硫化矿、碳化物和有机物的低品位矿物时，分解后产生的固体量大，某些细颗粒的分解渣易被黏度大的仲辛醇所吸附而形成大量黑渣。萃取时因夹带严重产生相分离困难。

克服方法是采用磺化煤油作稀释剂以降低有机相的黏度。虽然仲辛醇浓度下降对萃取剂的饱和容量有些降低，但实际饱和容量仍足以满足工艺指标的要求。

表 7-14 所示为稀释效果的数据。

表 7-14 仲辛醇用磺化煤油稀释后的效果

稀释浓度	黏度 /MPa · s	1 次萃取后的有机相			10 次萃取后的有机相	
		$c(H)^+$ /mol · L^{-1}	$\rho(Nb_2O_5)$ /g · L^{-1}	萃取率/%	$c(H)$/mol · L^{-1}	$\rho(Nb_2O)$ /g · L^{-1}
纯仲辛醇	13.4	1.4	120.5	60.0	2.3	182.2
85% 仲辛醇	11.1	1.3	100.6	50.1	1.7	152.0
75% 仲辛醇	9.8	1.2	86.0	42.8	1.5	136.0

注：萃取原液：$\rho(Nb_2O_5)$ = 200 g/L；$c(H_2SO_4)$ = 4 mol/L；$c(HF)$ = 4 mol/L；有机相: 水相(体积比) = 1:1。

7.2.3.7 工艺流程和典型工艺参数

仲辛醇萃取工艺过程和 MIBK 相似。图 7-18 所示为仲辛醇萃取钽铌工艺流程简图。

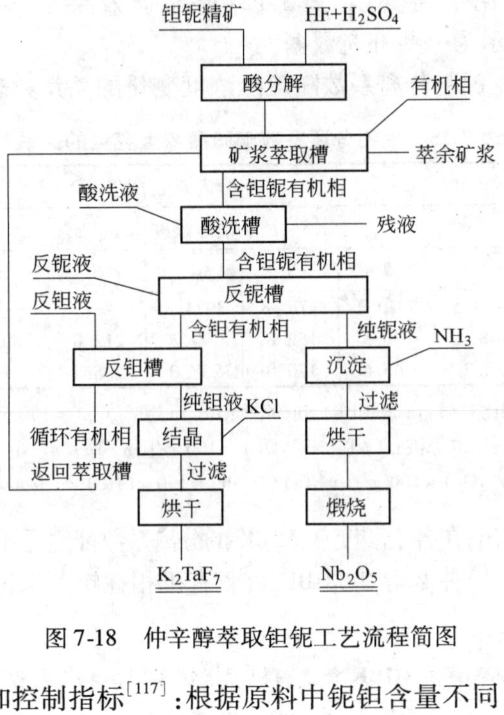

图 7-18 仲辛醇萃取钽铌工艺流程简图

主要工艺条件和控制指标[117]：根据原料中铌钽含量不同，在一定范围调整工艺条件。

(1) 矿浆萃取：调酸后的矿浆原料液组成的允许波动范围为 $\rho((Ta+Nb)_2O_5)$ = 20 ~ 180 g/L，$c(HF)$ = 2 ~ 7 mol/L，$c(H_2SO_4)$ = 2 ~ 8 mol/L，有机相: 料液(流量比) = 1:(0.5 ~ 4)，混合时间 1 ~ 4 min，澄清时间 2 ~ 10 min，萃取器级

数 7 ~ 12 级，萃取级数 5 ~ 9 级；所得负载有机相组成：$\rho((Ta+Nb)_2O_5)=60\sim170$ g/L，$c(HF)=1\sim5$ mol/L，萃取的残浆液：$\rho((Ta+Nb)_2O_5)<1$ g/L，$c(HF)=1\sim4$ mol/L，$c(H_2SO_4)=2\sim8$ mol/L。

（2）负载有机相酸洗：采用分馏萃取方法保证钽铌的收得率。酸洗液组成为 $c(H_2SO_4)=4$ mol/L，有机相∶水相（体积比）=3∶1，9 级。

（3）反铌提钽：采用试剂级硫酸配制反萃取液，$c(H_2SO_4)=1$ mol/L，有机相∶反铌液=4∶3，10 级；为保证铌钽收得率，也采用分馏萃取方法。

（4）反萃取钽：反萃取剂为去离子水，10 级。

（5）有机相再生（精制）：有机相在经一定次数循环使用后需做再生处理，目的在于洗净有机相中的残留杂质。精制采用逆流反萃取方式。洗液成分各厂家不一。

7.2.3.8 仲辛醇和 MIBK 萃取性能比较

仲辛醇和 MIBK 尽管一个为醇类，一个为酮类，但在萃取铌钽的性能上十分相似。除表 7-7（物理化学性质）和表 7-12（除杂质效果）中对它们已有比较外，表 7-15 ~ 表 7-17 所示为一些补充数据。

（1）分离系数。铌钽分离系数随硫酸浓度变化的关系如表 7-15 所示。

表 7-15 铌钽分离系数随硫酸浓度变化的关系①

萃取剂	分离系数 β(Ta/Nb)							
	硫酸浓度/mol · L^{-1}							
	1	2	3	4	6	10	14	18
MIBK②	6324.5	5040.2	3074.8	3074.8	—	—	—	—
仲辛醇③	148.0	146.5	152.8	177.3	212.0	80.5	82.0	67.3
TBP④	80.2	165.6	170.0	237.0	206.0	—	—	—

① 有机相∶水相（体积比）=1∶1；②MIBK 萃取原液：$\rho((Ta,Nb)_2O_5)=100$ g/L，$n(Ta)/n(Nb)=1.05$；$c(HF)=2$ mol/L；③仲辛醇萃取原液：$\rho((Ta,Nb)_2O_5)=100$ g/L；$n(Ta)/n(Nb)=1.0$；$c(HF)=1$ mol/L；④TBP萃取原液：$\rho((Ta,Nb)_2O_5)=100$ g/L；$n(Ta)/n(Nb)=1.0$；$c(HF)=1$ mol/L。

从表 7-15 可以看出，在各个酸度下，MIBK 的分离系数都比另外两种萃取剂高。

（2）萃取饱和度。仲辛醇和 MIBK 负载有机相铌钽萃取饱和度和杂质萃取情况如表 7-16 所示。

表 7-16 仲辛醇和 MIBK 负载有机相铌钽萃取饱和度和杂质萃取[104]

萃取剂	$(Ta,Nb)_2O_5$	Ta_2O_5	Fe	WO_3	SiO_2	TiO_2	Mn	HF	H_2SO_4
仲辛醇									
容量/g · L^{-1}	226.0	137.0	0.0088	0.40	<0.01	0.054	0.063	3.05 mol	0.57 mol
萃取率/%			0.006	15.8	<2.2	0.315	0.165	66.8	14.7

续表 7-16

萃取剂	$(Ta,Nb)_2O_5$	Ta_2O_5	Fe	WO_3	SiO_2	TiO_2	Mn	HF	H_2SO_4
MIBK									
容量/$g \cdot L^{-1}$	323.6	225.2	0.034	0.31	<0.01	0.10	0.013	4.64	0.745
萃取率/%			0.25	12.3	<2.2	5.8	3.41		19

注：矿浆原液组成为：$\rho((Ta,Nb)_2O_5)=163.5$ g/L；$\rho(Ta_2O_5)=82.5$ g/L；$\rho(Fe)=13.27$ g/L；$\rho(WO_3)=2.52$ g/L；$\rho(SiO_2)=0.45$ g/L；$\rho(TiO_2)=1.71$ g/L；$\rho(Mn)=3.81$ g/L；$c(HF)=4.56$ mol/L；$c(H_2SO_4)=3.87$ mol/L。

表中数据表明，MIBK 的萃取容量比仲辛醇约大 1/3。两种萃取剂杂质萃取水平相当，其中仲辛醇和 TBP 对钨的萃取率均较 MIBK 大 10% 见表 7-12。

(3) 仲辛醇和 MIBK 萃取的金属回收率和原材料消耗比较如表 7-17 所示。

表 7-17　仲辛醇和 MIBK 萃取的金属回收率和材料消耗比较

萃取剂	直接回收率/%		总回收率/%		材 料 单 耗				
	氧化铌	氧化钽	氧化铌	氧化钽	工业硫酸	工业 HF	仲辛醇	MIBK	工业 CCl_4
MIBK	70.35	86.23	81.37	89.49	2.70	1.75	—	0.893	0.37
仲辛醇	92.32	90.75	92.65	91.0	2.81	1.53	0.21	—	—

从表 7-17 可看出，仲辛醇萃取的铌钽总回收率较高，原材料消耗较低。

(4) 萃取级数差别：针对仲辛醇黏度大、分层慢、易受温度影响的特点，在混合澄清萃取槽结构和萃取级数上有一定差别（表 7-18）。

表 7-18　萃取槽结构和萃取级数差别

萃取剂	混合室:澄清室	酸洗段	反铌提钽段	反钽段	有机相再生（精制）
MIBK	1:(3~4)	9~16	10~16	12	6~12
仲辛醇	1:(5~6)	16~24	16~24	7~12	6~12

7.2.4　辛醇-1-HF-H_2SO_4-H_2O 萃取体系[118~121]

辛醇-1 是俄罗斯使用的一种工业萃取剂，它和辛醇-2（仲辛醇）的性能相近。实际上辛醇的几种同分异构体以及乙基己醇等都对铌钽有较好的萃取性能。辛醇-1 的分子式为 $CH_3(CH_2)_6CH_2OH$，水中溶解度为 0.05%（质量分数），密度为 0.824 g/cm^3，熔点为 −16.7℃，沸点为 196℃，闪点 81℃，工业辛醇含辛醇-1 为 98%。因为两种萃取剂性质相近，萃取机理、杂质分离等都大体相同，故这里不做全面介绍。而仅指出几个特点：

(1) 影响 Nb(Ta) 萃取率和分离的主要因素是溶液的酸度。同等条件下辛醇-1 要求的溶液酸度较 TBP 等萃取剂稍高。此外，萃取还和酸的类型有很大关系，其中以硫酸影响最为显著,其次为 HF 酸;当原料中杂质含量较高时,HF 酸分解时所产生的可以离解出 H^+ 离子的氟硅酸、氟钛酸、氟锡酸等也对铌(钽)萃取有一定影响。图 7-19 示出了 H_2SiF_6 对铌钽萃取率的影响情况。可以看出,当氟硅酸浓度达到较高值时,对铌(钽)分离的效果相当显著[122~125]。

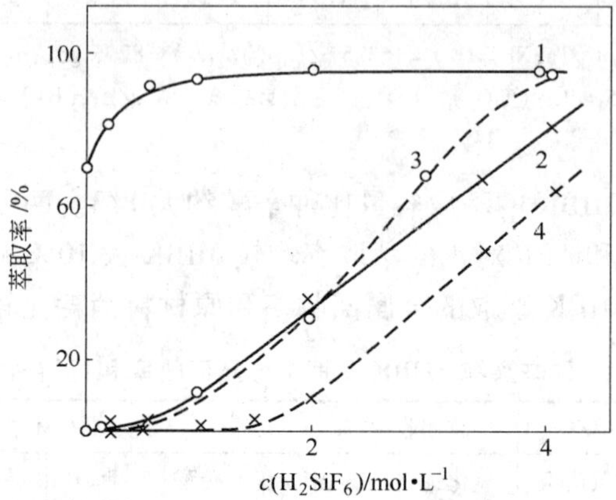

图 7-19　溶液中 H_2SiF_6 浓度对铌(钽)萃取的影响

萃取液组成:Ta,0.005 mol/L;Nb,0.1 mol/L;$HF_{自由}$,3 mol/L

有机相: 水相(体积比)=1:1,实线 1 和 2 为 Ta,虚线 3 和 4 为 Nb

(2) 在纯 HF 酸溶液中(非浸出液),氢氟酸浓度增高反而不利钽的萃取和分离(表 7-19 中 1 和 2),这是因为 Ta(V)在低酸下很容易生成易被萃取的 $HTaF_6$ 络合物,过量的氢氟酸存在,由于氢氟酸的竞争萃取结果,反而使其萃取率下降。铌的情况有所不同,低氢氟酸下所生成的易被萃取的 $HNbF_6$ 的数量有限,氢氟酸浓度增加,有利于六氟铌酸的生成,故铌的萃取随氢氟酸浓度增长而继续增加。

表 7-19　纯氢氟酸溶液中萃取铌和钽

序号	萃取原液组成/mol·L^{-1}				有机相: 水相(体积比)	萃取率/%	
	Ta(V)	Nb(V)	$HF_{总}$	$HF_{自由}$		Ta(V)	Nb(V)
1	0.45	0.75	5.7	-1.5	0.8:1	38	2.7
2	0.45	0.75	22.2	15	0.8:1	22	40
3	0.59	1.14	9.08	-1.3	0.8:1	38	2.1
4	0.59	1.14	9.08	-1.3	2.5:1	70	4.3

注:表中 $HF_{自由}$ 浓度为计算值,即总浓度减去和 Si 结合的氟。

(3) 硫酸加入对萃取起决定性影响,当溶液中硫酸浓度达 2 mo1/L 时达最佳效果。单级萃取率可达 85%~88%。4 级即可完全萃取。

(4) 辛醇-1 有共萃取流程和分别萃取流程两种。在处理钽铁矿-铌铁矿时,采用分别萃取方案,即第一步先萃取钽,萃取钽的溶液在调整酸度后再萃取铌,负载钽或铌有机相分别洗涤杂质和反萃取。萃取原液为:Ta(V),0.45~0.65 mol/L;Nb(V),0.75~1.10 mol/L;H_2SO_4,约2 mol/L。产品氧化钽中杂质含量(质量分数):Mn,不大于0.001%;Mg、Al、Sn、V、Cr、Fe,小于0.003%;Ca、Ti、Si、Pb、Nb、Mo,不大于0.01%;Zr,小于0.03%。氧化铌中杂质含量(质量分数):Mn,小于0.001%;Sn,小于0.003%;Mg、Al、Ti、Si、Pb、V、Ta,Cr、Mo,<0.01%;Ca、Zr,0.03%。分别萃取流程简图如图7-20所示。

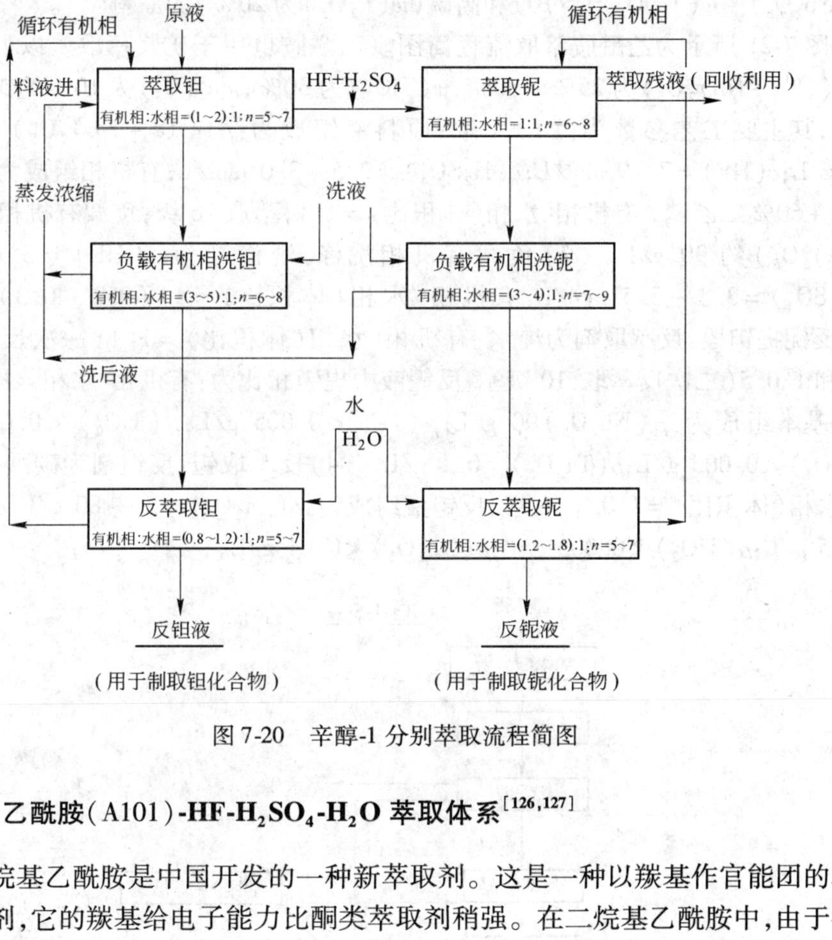

图7-20 辛醇-1分别萃取流程简图

7.2.5 乙酰胺(A101)-HF-H_2SO_4-H_2O 萃取体系[126,127]

二烷基乙酰胺是中国开发的一种新萃取剂。这是一种以羰基作官能团的弱碱性萃取剂,它的羰基给电子能力比酮类萃取剂稍强。在二烷基乙酰胺中,由于导入了NRR基团,其水溶性和挥发性减小,闪点升高,它比酮、醇类萃取剂具有更强的抗氧化能力[126~128]。实践证明,这种萃取剂具有容易合成、性能稳定、选择性好和成本低廉等优点。

7.2.5.1 萃取机理

乙酰胺萃取钽铌也为佯盐萃取机理,萃取反应为[129~131]

$$CH_3CONR_2 + HTaF_6 = [CH_3CONR_2H]^+TaF_6^-$$

铌也有相同的反应。

有关乙酰胺的一些影响数据如硫酸浓度的影响和除杂质的情况如表 7-12 所示。

7.2.5.2 萃取工艺

乙酰胺萃取流程不仅可以处理普通的铌钽精矿，而且可以处理高铌钽比的原料（$w(Nb_2O_5)/w(Ta_2O_5)=7/1\sim10/1$）、高钛（$w(TiO)$ 为 30%）、多钨（$w(WO)/(w(Nb_2O_5)+w(Ta_2O_5))>10$）和高磷（$w(P_2O_5)$ 为 20%）的原料[132]。

图 7-21 所示为乙酰胺萃取流程简图。乙酰胺也用于矿浆萃取。以处理原料为 $w((Ta+Nb)_2O_5)$ 为 25%～30%，$w(TiO_2)$ 为 30%，$w(WO_3)$ 为 10% 的钽铌精矿为例，其主要工艺参数为：(1) 萃取：原料液组成为：$\rho((Ta+Nb)_2O_5)=160\sim200$ g/L；$c(HF)=7\sim9$ mol/L；$c(H_2SO_4)=2.5\sim3.0$ mol/L；有机相组成为 40% 乙酰胺 +60% 二乙苯，有机相：水相（体积比）=1∶1，萃取 16 级；负载有机相：$\rho((Nb+Ta)_2O_5)$ 约 90 g/L。(2) 负载有机相洗涤：洗涤剂为 $c(HF)=3$ mol/L + $c(H_2SO_4)=3.3\sim3.5$ mol/L，有机相：水相（体积比）=1∶(0.2～0.3)，8 级。(3) 反铌提钽段：反萃取剂为纯水，有机相：水相（体积比）=1∶1（一次反萃取，8 级）和 1∶0.5（二次反萃取，10 级），反铌液中提钽相比为：有机相：水相 =1∶0.5，反铌液基本组成为：$\rho(Nb_2O_5)$ 90 g/L；$\rho(Fe)<0.005$ g/L；$\rho(TiO_2)<0.005$ g/L；$\rho(WO_3)<0.005$ g/L；$\rho(Ta_2O_5)<0.1$ g/L。(4) 反萃取钽：反钽剂为碳酸钠，有机相：水相（体积比）=1∶0.3，8 级，反钽液组成为：$\rho(Ta_2O_5)=50\sim80$ g/L；$\rho(Fe)<0.005$ g/L；$\rho(TiO_2)<0.005$ g/L；$\rho(Nb_2O_5)<0.01$ g/L。

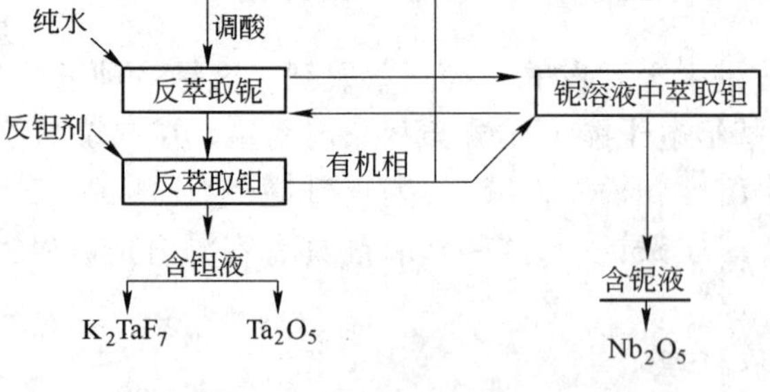

图 7-21 乙酰胺萃取流程简图

7.2.6 TBP-HF-H_2SO_4-H_2O 萃取体系[133~138]

近代溶液化学的深入研究认为磷酸三丁酯(TBP)等含氧萃取剂是与水合质子结合生成大的阳离子,然后再与金属络阴离子缔合而发生萃取反应。因此,当氢氟酸浓度为4~5 mol/L时,磷酸三丁酯是按水合溶剂化机理萃取铌和钽的氟络合物,即水溶液中有水合氢离子($H_3O\cdot3H_2O$)或$(H_9O_4)^+$的参加反应。这时3个磷酸三丁酯分子是通过自己的活性基团P═O与水合氢离子结合,形成成分为$(H_3O(H_2O)_3\cdot3TBP)^+$的大阳离子,然后该阳离子再和溶液中的铌和钽的氟络合物阴离子结合,生成$[(H_3O(H_2O)_3\cdot3TBP)]MeF_6$或$H[(H_3O(H_2O)_3\cdot3TBP)]MeF_7$(式中Me为Nb和Ta)[139,140]。

图7-22所示为磷酸三丁酯萃取铌和钽的分配系数和溶液的氢氟酸浓度的关系曲线。由图可看出钽既可以从弱酸性溶液中萃取,也可以从强酸性溶液中萃取,但铌只能从氢氟酸浓度大于4 mol/L的溶液中萃取。这是因为在弱酸性溶液中铌和钽是以不同组成的络合物形式存在,即钽为TaF_6^-,铌为$NbOF_5^-$,故铌和钽的萃取反应有所区别:

$$TaF_6^- + 2H^+ + 3TBP + 4H_2O = H[H_9O_4\cdot3TBP]TaF_7$$

$$NbOF_5^{2-} + 4H^+ + 2F^- + 3TBP + 3H_2O = H[H_9O_4\cdot3TBP]NbF_7$$

相应地,铌和钽的分配系数$D(Ta)$和$D(Nb)$与氢离子浓度的关系也有所区别:

$$D(Ta) = K(Ta)c(H^+)_{水}^2\, c(TBP)_{有机}^3$$

$$D(Nb) = K(Nb)c(H^+)_{水}^4\, c(F)_{水}^2\, c(TBP)_{有机}^3$$

式中,$K(Nb)$和$K(Ta)$分别为上述反应的铌、钽平衡常数。

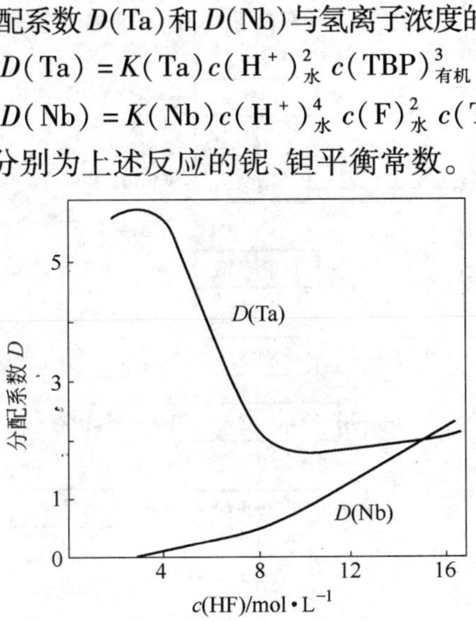

图7-22 用TBP萃取时钽和铌的分配系数D与氢氟酸浓度的关系

原始水相中:$c(Ta)$为0.208 mol/L;$c(Nb)$为0.602 mol/L

当氢氟酸浓度<4 mol/L时,因$K(Ta)=K(Nb)$,故$D(Nb)\ll D(Ta)$,这时铌极少被萃取。随着氢氟酸浓度和溶液酸度增加,铌的分配系数以与氢离子浓度的

4 次方的增长速度迅速增长。达到很高酸度时,两者的分配系数相近。图 7-22 中,钽的分配系数曲线存在最大值,这是因为随氢氟酸浓度增加,磷酸三丁酯萃取氢氟酸随之增加(生成 TBP · HF),氢氟酸竞争萃取的结果,导致钽的萃取分配系数下降。

磷酸三丁酯能有效分离杂质。表 7-20 所示为各元素在 10 mol/L HF + 12 mol/L H_2SO_4 的水溶液中的分配系数。可看出铌和钽的分配系数大大高于杂质元素的分配系数[141]。有关 TBP 的一些影响数据如硫酸浓度的影响和除杂质的情况还可以参见表 7-12 和表 7-15 的数据。

表 7-20 一些元素在 10 mol/L HF + 12 mol/L H_2SO_4 的水溶液中的分配系数[141]

元　素	Nb(Ⅴ)	Ta(Ⅴ)	Fe^{3+}	Mn^{2+}	Ti(Ⅵ)	Sn(Ⅵ)
原液中含量/$g \cdot L^{-1}$	2	2	10	2	10	2
分配系数 D	183	119	0.001	0.017	0.02	0.005

但和 MIBK、仲辛醇等萃取剂相比,TBP 萃取流程有较多缺点:(1) 铌、钽分离效果不太理想;(2) 杂质分离,尤其是对钨和钛分离较差;(3) TBP 在使用过程中有降解发生,导致产品含磷较高;(4) 流程比较繁杂。

TBP 也采用高酸度下铌和钽共萃取方式,但流程比较繁杂。图 7-23 所示为经改进后的工艺流程图。

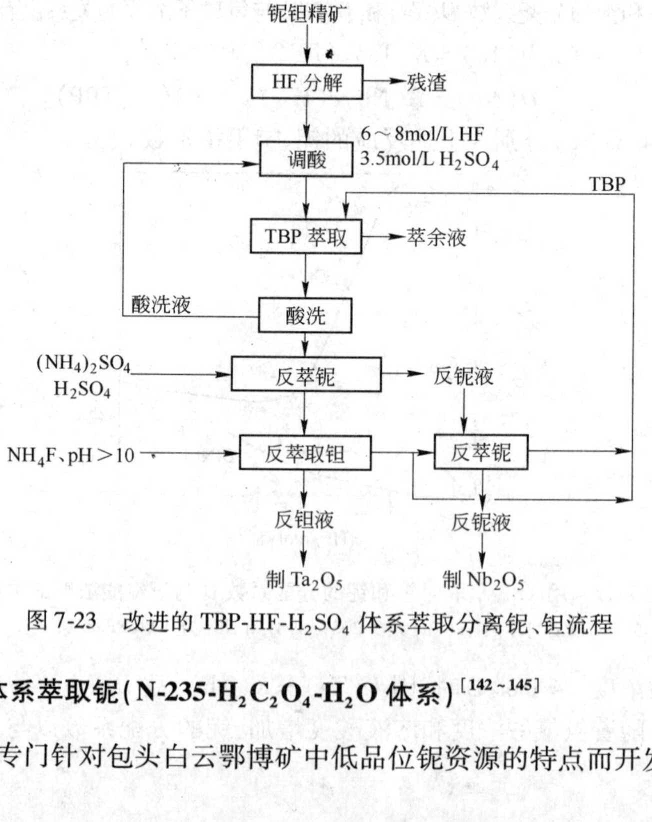

图 7-23 改进的 TBP-HF-H_2SO_4 体系萃取分离铌、钽流程

7.2.7 草酸体系萃取铌(N-235-$H_2C_2O_4$-H_2O 体系)[142~145]

这是中国专门针对包头白云鄂博矿中低品位铌资源的特点而开发的提铌工艺

方法。原料对象虽为包头含铌转炉渣，但方法也适用于其他铌矿，如巴西、加拿大的烧绿石精矿。这些原料的一个共同特点是它们基本上是纯铌矿，含钽极微，或仅为痕量。方法的最大优点是没有氢氟酸的强腐蚀性。

7.2.7.1 草酸铌的基本性质

草酸铌的基本性质如下：

（1）铌和草酸具有很强的配合能力，所生成的配合物稳定性好。在各种有机含氧酸中，以草酸和铌的配合能力最强。一些含氧有机酸的铌配合物的稳定性顺序为草酸 > 乳酸 > 柠檬酸 > 羟基丁二酸 > 丙二酸 > 丙醇酸 > 丁二酸。测定结果显示：草酸 > H_2O_2 > 柠檬酸 > NaF > EDTA > 乙酸乙酯。也有的认为 H_2O_2 ≥ 草酸 ≥ F^- > 酒石酸。草酸铌配合物的稳定性和其氟配合物的稳定性相当[102]。

（2）溶液中草酸铌配合物的组成与铌和平衡草酸根的浓度有关。图 7-24 所示为草酸铌配合物中的草酸根平均分子数（n）和溶液中平衡草酸浓度的关系。从图可看出，草酸铌配合物的组成随平衡草酸浓度的增加而变化，草酸铌配合物中的平均草酸根分子数随草酸浓度的增加由 1 增至 3，即可以生成 $H[NbO_2C_2O_4]$、$H[NbO_2(C_2O_4)_2]$、$H_3[NbO(C_2O_4)_3]$ 等多种配合物。

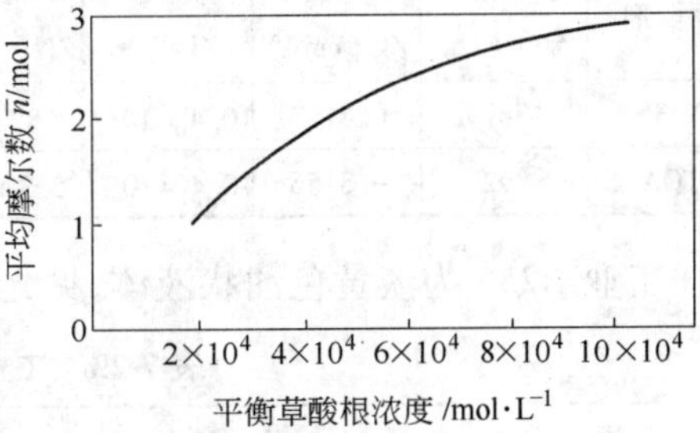

图 7-24 草酸铌配合物中的组成随溶液中平衡草酸浓度的变化关系

（3）铌在草酸溶液中具有较高的溶解度，25℃时溶解度（以 Nb_2O_5 计）达 105 g/L。70℃时可以达到 220 ~ 230 g/L 水平。这样大的溶解度，用于工艺流程是足够的。一些碱金属的铌草酸配合物容易生成晶体，而且随温度增加溶解度增加很大（表 7-21），萃取辅以结晶 - 重结晶方法很容易获得高纯产品。

表 7-21 草酸铌的溶解度[146]

化 合 物	溶解度/g·(100 g)$^{-1}$	
	20℃	50℃
$H_3[NbO(C_2O_4)_3]$	7	10
$(NH_4)_3[NbO(C_2O_4)_3]$	10	20
$K_3[NbO(C_2O_4)_3]$	8	56
$Na_3[NbO(C_2O_4)_3]$	10	60

（4）草酸铌配合物呈弱酸性：氢氧化铌溶解在草酸溶液中时，溶液的酸度会提高。例如，饱和草酸溶液的酸度为 pH 值为 0.7，溶进 0.2 mol 的 $Nb(OH)_5$ 后，溶液的酸度增加，达到 pH 值为 0.5。

(5) 作为一种弱酸性配合物,草酸铌的稳定性受无机酸影响较大。例如,当硫酸浓度达到 5 mol/L 时,配合物便受到破坏,析出白色沉淀的氧化物。盐酸和硝酸也有类似现象。故工艺流程中不宜采用过高的酸度。

(6) 温度对草酸铌配合物有较大影响,一般在低于 70℃ 时配合物能保持稳定,70～75℃ 时开始部分分解,随温度升高,分解加剧,75℃ 以上长时间加热,会因草酸热分解引起草酸铌配合物分解而沉淀出氢氧化铌。

该工艺中采用的 N235 为叔胺类碱性萃取剂,和国外三异辛胺(Alamine 336,简称 TOA)性质相似。它的物理性质及其和 TOA 的比较如表 7-22 所示。

表 7-22　N235 的物理性质及其和 TOA 的比较[147,148]

萃取剂	平均相对分子质量	密度 /$g \cdot cm^{-3}$	黏度 /$Pa \cdot s$	表面张力 /$N \cdot cm^{-1}$	闪点/℃	沸点/℃	燃点/℃	在水中溶解度/$g \cdot L^{-1}$
N235	387	0.8153	10.4×10^{-3}	2.82×10^{4}	189	181～230	226	0.01
TOA	392	0.8156	10.4×10^{-3}	5.3×10^{3}	168	180～240	210	0.01

工业 N235 为淡黄色油状液体,见光变黄色,其组成如表 7-23 所示。

表 7-23　工业 N235 的组成

名　称	叔　胺	仲　胺	伯　胺	总　胺
含量体积分数/%	95.90	2.4	0.90	99.20

7.2.7.2　萃取机理

萃取时有机相先进行酸化,萃取和反萃取的反应为

$$R_3N + H^+ = (R_3NH)^+ \quad \text{(有机相酸化)}$$

$$3(R_3NH)^+ + [NbO(C_2O_4)_3]^{3-} = (R_3NH)_3[NbO(C_2O_4)_3] \quad \text{(低酸介质)}$$

$$(R_3NH)^+ + [NbO(C_2O_4)_2]^- = R_3NH \cdot NbO(C_2O_4)_2 \quad \text{(高酸介质)}$$

$$(R_3NH)[NbO(C_2O_4)_3] + 3HNO_3 = H_3[NbO(C_2O_4)_3] + R_3NH \cdot HNO_3 \quad \text{(反萃取)}$$

$$R_3NH \cdot HNO_3 + NH_4^+ = R_3N + NH_4NO_3 \quad \text{(有机相再生)}$$

7.2.7.3　双提纯工艺除杂质

草酸法流程除杂质从以下几个方面着手,首先在硫酸焙烧和水洗时除去可溶性的金属硫酸盐;随后在草酸浸出时稀土元素和钍等不溶性草酸盐进入渣中而被除去;最后采用萃取加结晶双重提纯产品的方法。

草酸体系萃取分离杂质效果较好,通常萃取后的负载有机相不需洗涤而可以直接进行反萃取。在诸多杂质中以铌和钛最为相似。但草酸铌的竞争萃取能力大大高于草酸钛。随着有机相萃取铌的饱和度增加,即使被萃取的钛又能被铌"反萃取"下来。

结晶是消除微量杂质的有效方法,可以大大减轻萃取工序的负担。由于采取

萃取加结晶的双提纯工艺，产品质量有了可靠保障，在同一工艺和同一套设备上可以同时产出99.9%～99.99%纯度的多种产品（参见第10章）。

7.2.7.4　工艺过程

全流程由分解－浸出、萃取－反萃取、反萃取液处理和晶体分解4个工段组成（图7-25）。原料为转炉富集渣，主要成分（质量分数）为：Nb_2O_5，25.5%；Fe，15.3%；Mn，25.3%；Ti，7.4%，是一种低品位铌原料。

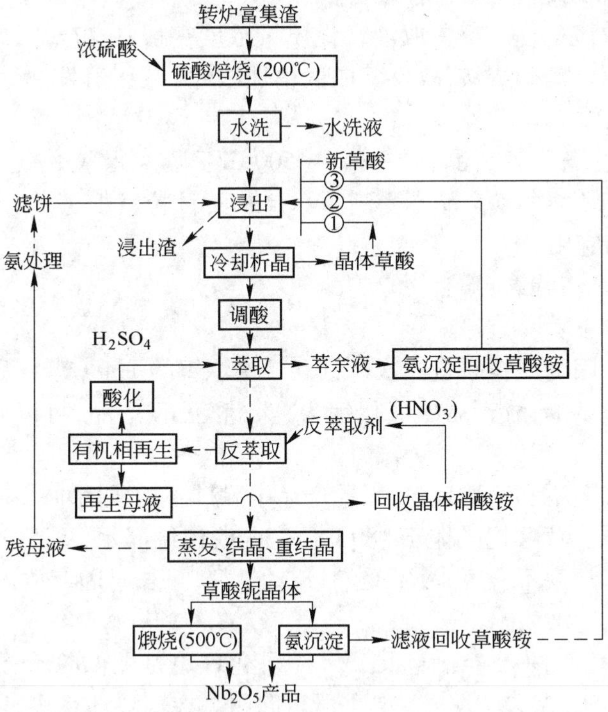

图7-25　草酸体系萃取处理包头转炉渣流程简图

（1）分解－浸出。磨至小于0.149 mm的富集物先进行硫酸焙烧。焙烧温度（200±10）℃，时间30～60 min，焙烧时主要生成$Nb_2O_3(SO_4)_2$，主要反应为：

$$Nb_2O_5 + 2H_2SO_4 = Nb_2O_3(SO_4)_2 + 2H_2O$$

焙烧熟料，然后进行水洗，水洗温度90℃，时间30 min。水洗时硫酸氧铌发生水解，生成水合氧化铌（氢氧化铌）进入水洗渣中，并和留在水洗液中的大部分杂质分离（可除去80%的Fe和Mn）。水洗反应为

$$Nb_2O_3(SO_4)_2 + 5H_2O = 2NbO(OH)_3 + 2H_2SO_4$$

水解产物再用草酸浸出铌。浸出温度70～80℃，时间1 h，反应如下：

$$NbO(OH)_3 + 3H_2C_2O_4 = H_3[NbO(C_2O_4)_3] + 3H_2O$$

(2) 萃取－反萃取。萃取剂为国产 N235(叔胺型,相对分子质量 387，密度为 0.8153 g/cm^3)，采用仲辛醇作稀释剂。有机相组成为:30% N235 + 70% 仲辛醇，原液含 Nb_2O_5 25 g/L，pH 值为 2.5 ~ 3；萃取设备可用填料脉冲塔(半工业试验)和混合澄清槽(生产用)。采用酸化 2 级（有机相: 水相(体积比)＝2∶1，水相为0.25 mol/L H_2SO_4)、萃取 8 级（有机相: 水相(体积比)＝1∶1）、反萃取 6 级(有机相: 水相(体积比)＝4∶1)，反萃取剂为 0.1 mol/L HNO_3 + 2 mol/L NH_4NO_3。

(3) 反萃取液处理。反萃取液含铌质量浓度一般在 70 g/L 以上。由于反萃取液中存在反萃取剂硝酸铵,故反萃取液稍加浓缩(减压蒸发浓缩)，便可结晶析出，得草酸铌晶体。

(4) 晶体煅烧分解。晶体在 300 ~ 500℃ 下煅烧得氧化铌产品(99.9% ~ 99.99%)。由于不含氟，产品不受潮、无灼减、而且粒度细（ <1 μm 的超细粉)、流动性好，有利应用。

7.2.7.5　产品特点

产品特点如下：

(1) 无氟。因为原料来自二次炼铁和二次炼钢的炉渣,其中无氟,且整个工艺体系不使用含氟试剂,故产品的氧化铌为“天然”无氟产品,可以满足特殊用途的需求。

由于硅基本上不和草酸反应,因此产品中除硅不构成困难。

(2) 无灼减。草酸铌晶体于 180℃ 便完全脱出结晶水,更不含物理吸附水,故氧化铌无灼减。加之不含氟,故不受潮,流动性好,可长时间存放。

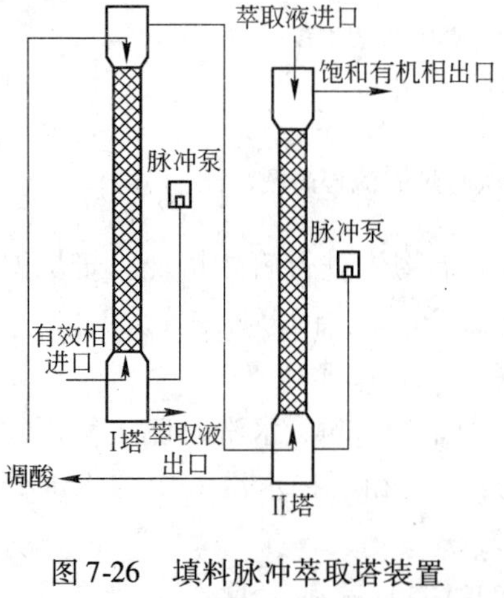

图 7-26　填料脉冲萃取塔装置

7.2.7.6　萃取设备

乳化现象是弱酸性介质萃取工艺中的严重问题。在草酸体系中,剧烈搅拌易发生乳化,特别是分层慢,因此适当的设备和严格的工艺制度十分重要。曾采用填料脉冲塔(图 7-26)和混合澄清槽两种设备。虽然两种设备都可以顺利运行,但比较起来,以塔式设备较好。

7.2.8　硫酸体系萃取铌和钽[149~154]

硫酸体系萃取铌和钽未见有生产性报道,但有研究成功并在半工业规模实验中证明可行的工艺。虽然铌和钽在硫酸中的溶解度最高仅约 10 g/L 水平,而且难以彻底分离铌和钽,但和氢氟酸等试剂相比,硫酸廉价(为氟氢酸的 1/20),在处理难选低品矿物时有一定特点,因此硫酸法始终未排除在人们视线之外。

硫酸焙烧工艺通常有纯硫酸焙烧和混合试剂焙烧两种方法。混合试剂有硫酸加硫酸铵、硫酸加少量氟化铵、硫酸焙烧后加双氧水浸出等。

文献[134]报道,铌和钽在硫酸介质中有不同的萃取行为。例如在用100% TBP萃取时,只有在 H_2SO_4 浓度达到4 mol/L以上时铌才开始进入有机相,钽要在 H_2SO_4 浓度达到13~14 mol/L以上时才开始进入有机相。铌的萃取形态有两种:$2[H_5Nb(SO_4)_5]\cdot TBP$($c(H_2SO_4)$为3~7 moL/L时)和$(TBPH)^+[NbO_4SO_4\cdot TBP]$($c(H_2SO_4)$为7~15 mol/L时);钽只在高浓度硫酸介质中才有一种萃取形态 $2[H_5Ta(SO_4)_5]\cdot TBP$。这构成具有萃取分离铌钽的基础。

硫酸法主要用于低品位钽铌矿,有关工艺过程请参见第6章关于硫酸法处理铈铌钙钛矿的工艺过程[151~154]。

7.3 离子交换法分离铌和钽[155,156]

离子交换法分离钽和铌的效果和溶剂萃取法相当或更好些,但其生产效率低于萃取法,虽有过多方面的工艺方法的研究,但迄今尚未在工业生产中应用,这里仅做一般介绍(有关离子交换法的原理请参见文献[157,158])。

通常所用钽铌原液主要为氢氟酸介质,或者是 $HF\text{-}H_2SO_4$、HF-HCl 混合酸介质,也有用草酸介质。由于在这些介质中钽铌均以络合阴离子形式存在,交换树脂多为不同碱度和不同结构的具有活性基(═N)和(═NH)的阴离子交换剂。离子交换分离也分钽铌共吸附和分别选择性吸附两种方式。

7.3.1 ЭДЭ-10П-HF-HCl 体系[159~161]

ЭДЭ-10П 为中等碱度的阴离子交换剂,采取共吸附的方式用于从 HF-HCl 的溶液中分离杂质和提取钽铌。所使用原料为工业级混合氧化物,其组成为(质量分数):Nb_2O_5,68.65%;Ta_2O_5,2.95%; TiO_2,1.4%,Fe_2O_3,3.5%; SiO_2,1.3%。经氢氟酸溶解后的原液中:Nb_2O_5,185~210 g/L;Ta_2O_5,10~12 g/L;Fe,9 g/L;Ti,1.7 g/L;Si,2.5 g/L;过剩 HF=1~3 mol。溶液通过交换柱时大约利用柱的交换容量的40%,铌、钽、钛对交换剂的动力交换容量(mg/L)分别为460、590、110。对离子交换剂的亲和力,下降的顺序为 $TaF_7^- > TiF_6^{2-} > NbOF_5^{2-}$。因此,最先解析下来的是铌,而后是钛,最后是钽。为了强化分离效果,工艺上采用三种淋洗液进行淋洗:第一种溶液含35 g/L HCl,先淋洗下不含铌钽钛的铁;然后用35 g/L HCl+1 g/L HF混酸解吸铌。第二种溶液为84g/L HCl,解吸出全部钛和铌。第三种溶液为180 g/L HCl +10 g/L HF混酸溶液,解吸出纯净的钽(见图7-27)。当所用树脂的容量不大于40%时,淋洗时过滤速度为1.2 $m^3/(m^3\cdot h)$ 的分离效果最好。所得解吸液用氨沉淀,获得的氧化钽基本上不含铌和钛杂质;氧化铌产品的质量分数为：Ta_2O_5，小于 0.03%；TiO_2，小于 0.003%；Fe，0.01% ~ 0.04%；SiO_2，0.03%（光谱分析结果）。

选择性吸附的实例之一是在强碱性树脂 AMП 上分阶段吸附钽和铌工艺。原料液 c(Nb)∶c(Ta) = 1∶1（均为 0.1 mol/L），1 mol/L HF + 2.5 mol/L H_2SO_4，当溶液通过树脂层时钽被树脂吸附，铌只有少量吸附。然后用 2 mol/L HCl 溶液洗涤树脂，以除去所吸附的铌。最后 4 mol/L NH_4Cl + 0.5 mol/L HF 或 5 mol/L HCl + 1.0 mol/L HF 的溶液解吸钽。

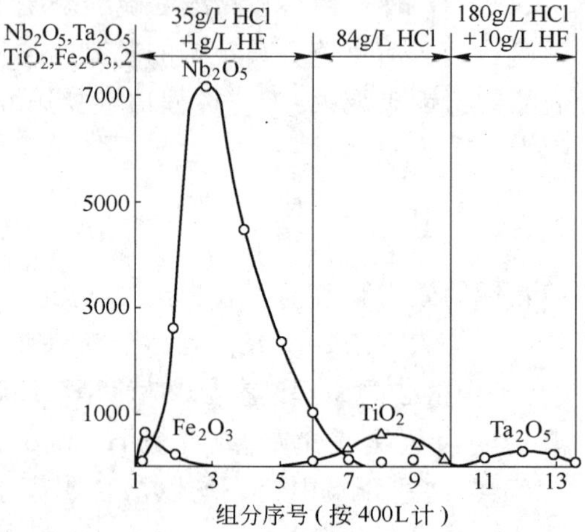

图 7-27　利用 ЭДЭ-10П 阴离子交换剂分离钽和铌时连续冲洗各元素的曲线

7.3.2　草酸-HCl 体系

在草酸体系进行离子交换分离的研究较多。早先研究用 Dowex-2 树脂（阴离子交换剂）在草酸介质中用离子交换柱分离铌和钽。原料液中 Nb∶Ta（摩尔比）= 1∶1，研究了各种酸浓度的影响因素。所得最佳条件为 0.5mol/L $H_2C_2O_4$ + 1 mol/L HCl。所得铌产品中未分析出钽，钽产品中含铌 0.1%，铌回收率 90%，钽回收率 85% ~ 90%[162]。文献[163]用 W-350 树脂吸附钽草酸配合物。结果表明，在 pH = 2 时，钽吸附率达最大值。树脂对钽的饱和容量为每千克树脂 153.52 mg。

吸附法虽未获工业应用，但它分离效果好，将它和氯化物蒸馏法等综合使用，是制取超高纯铌和钽不可或缺的重要手段。

7.4　氟化物分步结晶法分离铌和钽

这是分离铌和钽的经典方法，是 1865 年马立拉克所创建的方法[164]。20 世纪

50 年代以前这种方法是用于工业分离铌和钽的唯一方法。在对 TaF_5-KF-HF-H_2O 和 NbF_5-KF-HF-H_2O 两个体系进行了详细的物理化学研究后[165~167]，该方法得到了完善，科学地确定了最佳条件。

7.4.1 分离原理

该方法是基于铌和钽在低酸时(1% HF)生成具有不同溶解度的化合物：

$$Ta_2O_5 + 10HF + 4KOH = 2K_2TaF_7 + 5H_2O$$

$$Nb_2O_5 + 6HF + 4KOH = 2K_2NbOF_5 + 5H_2O$$

图 7-28 所示为 $K_2NbOF_5 \cdot H_2O$ 和 K_2TaF_7 在 1% HF 溶液中的溶解度和温度的关系[168]。从图可以看出，在 1% HF 溶液中从 20℃ 到 75℃，$K_2NbOF_5 \cdot H_2O$ 的溶解度比 K_2TaF_7 高 9~11 倍。

图 7-29 所示为铌钽氟配合物溶解度随氢氟酸质量分数变化的情况[165,166]。图中曲线表明，铌配合物溶解度等温曲线由两个分支组成，第一个上升的分支(线段 3)为氢氟酸溶液和溶液中生成的固相($K_2NbOF_5 \cdot H_2O$)的平衡状况。

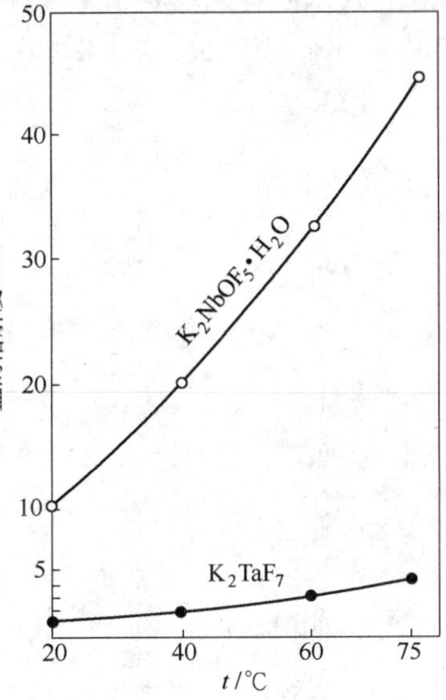

图 7-28 $K_2NbOF_5 \cdot H_2O$ 和 K_2TaF_7 在 1% HF 溶液中的溶解度与温度的关系

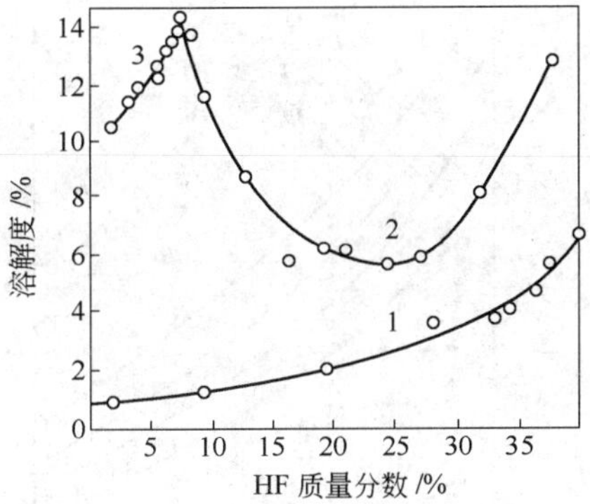

图 7-29 钽和铌的配合氟化物在 25℃ 时的溶解度与 HF 质量分数的关系

1—K_2TaF_7；2—K_2NbF_7；3—$K_2NbOF_5 \cdot H_2O$

溶解度的这种增加，是由于氢氟酸浓度提高，$[NbF_7]^{2-}$ 离子稳定性也随之增加的缘故。这时有部分 $K_2NbOF_5 \cdot H_2O$ 向 K_2NbF_7 的转变：

$$K_2NbOF_5 + 2HF = K_2NbF_7 + H_2O$$

在溶液中的 $K_2NbOF_5 \cdot H_2O$ 未饱和前，它将在溶液中一直增加溶解，直至7% HF处，出现溶解度的最大值，这时溶液中的两种氟盐都处于饱和状态。这个转折点相当于 K_2NbOF_5 和 K_2NbF_7 的共同溶解度。

随着氢氟酸浓度的增加，铌溶解度下降，这是因为随氢氟酸浓度增加，K_2NbF_7 的水解受到抑制的缘故。当氢氟酸浓度增加到一定程度时（26% ~27% HF）出现由 K_2NbF_7 向 $KNbF_6$ 的转变后，铌溶解度再次上升（曲线2）：

$$K_2NbF_7 + HF = KNbF_6 + KHF_2$$

和铌不同，即使在低酸度下 K_2TaF_7 也不发生水解，直到40% HF都保持稳定状态，超过此酸度才转变成 $KTaF_6$（曲线1）。由图可看出，在1% ~7% HF浓度范围内进行铌和钽的分步结晶最有利。此时钽酸盐和铌酸盐之间的溶解度差达到最大值，K_2TaF_7 的溶解度仅为 $K_2NbOF_5 \cdot H_2O$ 的1/10 ~1/12。

往溶液中加入KF对氟盐的溶解度的影响很大。例如，当溶液中过量的KF仅为1%时，K_2TaF_7 的溶解度将减少到原来的1/10。5% KF过量，K_2TaF_7 的溶解度将减少到原来的1/35。此外KF的加入，还会使铌酸盐和钽酸盐之间的溶解度差别进一步扩大。图7-30和图7-31分别为溶液中加入KF对铌酸钾和钽酸钾的溶解度的影响关系[167]。从图可看出，如果使溶液中的KF过量5%，则 K_2TaF_7 的溶解度将降到1/35，而 $K_2NbOF_5 \cdot H_2O$ 仅降低1/2 ~1/3。

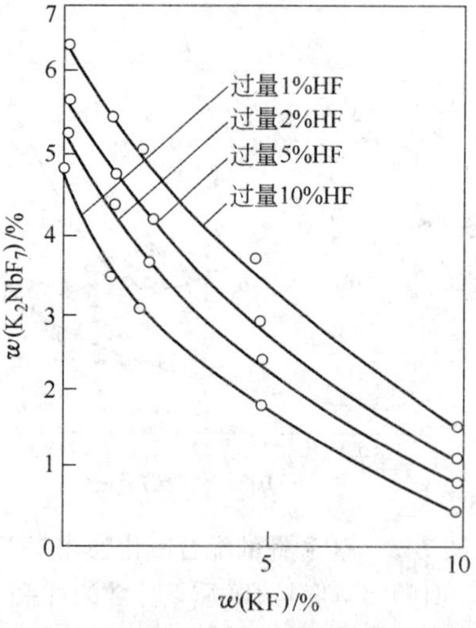

图7-30　在25℃时KF浓度对 K_2NbF_7 在氢氟酸溶液中溶解度的影响

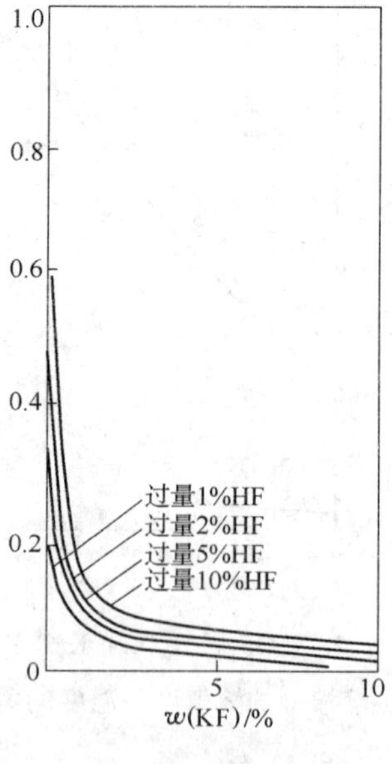

图7-31　25℃时KF浓度对 K_2TaF_7 在氢氟酸中溶解度的影响

进一步的研究表明(图 7-32),在两种络合物共存时,两种络合物的溶解度行为和单独存时的溶解度不同。铌氟盐的存在也使钽氟盐溶解度显著下降。例如,在 20℃时铌氟盐浓度分别为 1.5% ~1.7% 和 60℃时为 3.5% ~3.7%时,氟钽酸钾溶解度甚至降到 0.05%以下[168]。当溶液中的 $K_2NbOF_5 \cdot H_2O$ 接近饱和时, K_2TaF_7 几乎全部结晶析出,留在溶液中的是相当纯的 $K_2NbOF_5 \cdot H_2O$。

7.4.2 分离工艺

分步结晶分离工艺包括溶解、沉淀结晶和蒸发结晶三个工序。分离工艺流程如图 7-33 所示。

分步结晶可在衬胶、衬铅、衬改性聚乙烯或氟塑料槽中进行。在 70 ~ 80℃下用含 35% ~40% HF 的溶液溶解铌钽混合氧化物。氢氟酸的用量应略多于生成铌钽氟盐理论量的 110% ~115%。所得溶液经澄清后通过氯乙烯尼龙滤布过滤。

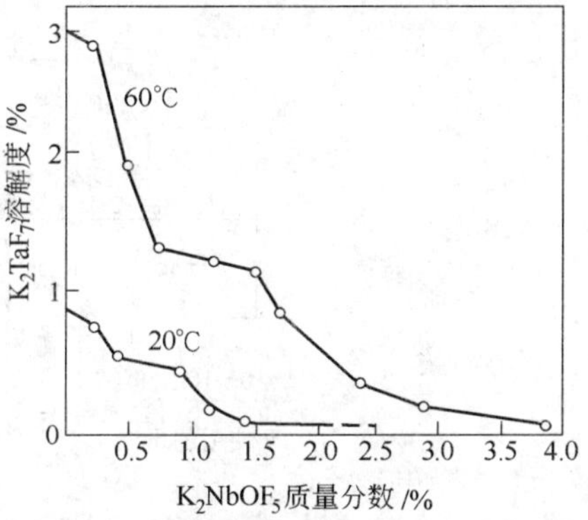

图 7-32 K_2TaF_7 的溶解度与溶液中 K_2NbOF_5 浓度的关系

所得滤液经稀释调整体积,使溶液中 $K_2NbOF_5 \cdot H_2O$ 的体积分数保持在 3% ~6% 水平(略低于 $K_2NbOF_5 \cdot H_2O$ 的极限溶解度),游离 HF 酸降低到 1% ~2%,这是钽铌分离的最佳条件。溶液稀释后加热,然后加入 KCl(KCl 和 KF 效果相当,但比后者便宜许多)使足以生成 $K_2NbOF_5 \cdot H_2O$ 和 K_2TaF_7,并使所生成的 K_2TaF_7 以针状晶体从溶液中析出,K_2NbOF_5 留在溶液中。过滤得到 K_2TaF_7 晶体,再在 1% ~2% HF 溶液中进行再结晶,直至达到所要求的纯度。

过滤母液进行蒸发浓缩、冷却结晶,得到的 $K_2NbOF_5 \cdot H_2O$ 晶体,同样也用再结晶法加以提纯。

分步结晶法所得 K_2TaF_7 晶体一般比较纯,仅含有 0.1% ~0.3% Nb 及万分之几的 Si、Ti、Fe 杂质。产品质量如表 7-24 所示。

分步结晶法较难保证铌产品质量。原因之一在于,钛作为常和钽铌共生的杂质,易生成和 $K_2NbOF_5 \cdot H_2O$ 同晶型的 $K_2TiF_6 \cdot H_2O$ 络合物,且在 20℃时钛盐溶解度可达到 12 g/L,远低于铌盐的溶解度(约 100 g/L)。由于两种盐是同晶型,在铌盐结晶析出时,钛盐也同时析出。由于铌较难和钛彻底分离,铌产品难以获得足够高的纯度,一般 Nb_2O_5 纯度仅在 99.17% 水平。

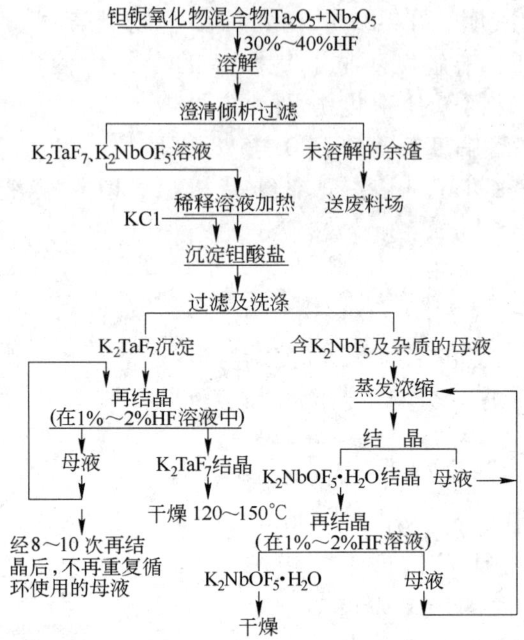

图 7-33　络合氟化物分段结晶法分离钽铌工艺示意图

表 7-24　分步结晶法产品 K_2TaF_7 质量[169]

元　　素	Ta	Nb	Fe	Ti	Si	Sb
质量分数/%	45.5	<0.05	<0.01	<0.05	<0.5	0.05

参 考 文 献

1　Нисольсон Л А ，и др. ЖПХ, 1980,57(3):1461~1465
2　Констатинов В И ，и др. Электрол. получение тантала и ниобия. москва:Металлургия,1977
3　Hattacharay H. J. Ind. Chem. Soc,1962,29(11):871~876
4　金属测试编写组．铌和钽的冶金分析．北京:冶金工业出版社,1971
5　有色金属工业分析编委会．难熔金属和稀散金属分析．北京:冶金工业出版社,1992
6　吴辛友. 中国有色金属分析文集. 北京:地质出版社,1985
7　Bagshave B. Chemical Age,1955(72):1457~1461
8　泽列克曼 A H,等. 稀有金属冶金. 宋晨光,等译. 北京:冶金工业出版社,1982

9 周宏明,等.过程工程学报,2003,3(5):85~91
10 周宏明,等. 中国化学工程学报,2004(5):232~237
11 Faibrather F. The chemistry of tantalum and niobium. Amstrdan:Elsevier,1970
12 Горощенко Я Г. Химия Ниобия и тантала. Киев:Раукова Думко,1965
13 Reisman A,Holzderg F,Banks E. J. Am. Chem. Soc,1958,80(1): 37~42
14 Reisman A,Holzderg F. J. Am. Chem. Soc,1955,77(8): 2115~2219
15 Reisman A,Holzderg F. J. Amer. Chem. Soc,1956,80(18):4514~4520
16 Reisman A,et al. J. Amer. Chem. Soc,1955,78(8):1877~1882
17 Shafer M W,et al. J. Amer. Ceran. Soc,1959,42(10):482~486
18 Shirane G,et al. Phys. Review,1954,96(3):581~588
19 Roy R. J. Amer. Ceram. Soc,1954(37):583~588
20 Коттон Ф. Современная неорганическая химия. Москва:Мир,1969
21 Wood E A,et al. Acta Cryst,1962,15(12):1273~1279
22 Reisman E A,et al. J. Amer. Chem. Soc,1959,81(6):1292~1295
23 Cotton F A. Advanced Inorganic Chemstry. John Willy and Sons,1999. 912
24 Лапицкий А В,Артамонова Е П. Ж. неорг. хим,1957,2(7): 1516~1527
25 Лапицкий А В,Артамонова Е П. Ж. неорг. хим,1957,2 (4): 820~825
26 Лапицкий А В,Шишкина Л Н. Ж. общ. хим,1955,25(10): 1862~1866
27 Лапицкий А В,Стрижков Б В. Вестн. Москов. ун-та. Серия Ⅱ. Химия,1960 (4): 25~27
28 Лапицкий А В,Степанов Б А. Ж. общ. хим,1955,25(10) : 1866~1870
29 Лапицкий А В,Нишанов Д А. и другие. Ж. неорг. хим,1957,2(4): 952~958
30 Спицын В И,Лапицкий А В. Ж. прикл. химия,1942(4);194~200
31 Roth R S. J. Amer. Ceram. Soc,1961,44(1):49~50
32 Soison D L. Indust. Engng. Chem,1961(53): 861~864
33 Placek C D,Taylar D F. Industr. Engng. Chem,1956(48):686~695
34 Meyer R H,Greenwood J N. Proc. Austr. Inst. Min. Eng,1943(129):41~45
35 Кенстатинов В И. Цветные Металлов,1961(4):35~41
36 Зеликман А Н,Орехов М А. Изв. АН СССР Металлы,1965 (6): 38~45
37 Дюнов П В,Чухланцув В Г. Изв. АН СССР Неорган. Материалы,1972 (87): 1451~1454
38 Зеликман А Н, и др. Изв. Вузов. Цветная Металлургия,1965(3):108~114
39 Орехов В А, и др. Изв. Вузов. Цветная Металлургия,1963(5):99~107
40 Дюнов П В,и др. Изв. Вузов. Цветная Металлургия,1971(5):103~107
41 Лапицкий А В,Поспелова Л А, и др. Ж. неорг. хим,1956(1) : 650~659
42 Hiroshic M B,et al. Metallurgical Trans,1988,19B(3):355~363
43 Habashi F A, et al. CIM, 1975,68(761): 85~88
44 Sisco Frank T. Columbium and Tantalum. New York:John Wiley & Sons,Inc,1963:30~56
45 Leddicotte,G W,et al. J. Amer. Chem. Soc,1952(74):1618~1624
46 Hibie K B,et al. Bureau of Mines. RI 5239,1956:49~56
47 Chilton C H,et al. Chemical Eng,1958,65(3):104~107
48 Николаев Н С,Буслаев Ю А. Ж. неорг. химия,1959, 4 (1):205~212
49 Буслаев Ю А,Николаев Н С. Ж. неорг. химия,1959, 4 (21):465~471

50 韩建设,张劲. 钽铌湿法冶炼的技术进步. 广东从化钽铌冶炼厂资料,2004:1~10
51 Горощенко Я Г, и др. Физ. Хим. Иследование переработка РЗ и титанониобатов сернокиснотным методом. Из-во. АН СССР,1960
52 Матов Д Л, и др. Цветные Металлы,1960(12):38~42
53 Adler N B, Hiskey C F. J. Amer. Chem. Soc,1957,79(8):1827~1830
54 Горощенко Я Г, Андрева М И. Ж. Неорг. Химия,1963,8 (4):981~985
55 稀有金属手册编写组. 稀有金属手册. 北京:冶金工业出版社,1992:516~554
56 Gupta C K. Extractive metallurgy of niobium. Boca Roton:Fl CRC Press,1997
57 Fathi Habashi. Handbook of Extractive Metallurgy. 1998
58 李以圭. 液-液萃取过程和设备. 北京:原子能出版社,1994
59 汪家鼎. 溶剂萃取手册. 北京:化学工业出版社,2001
60 马荣骏. 溶剂萃取在湿法冶金中的应用. 北京:冶金工业出版社,1979
61 王开义. 溶剂萃取化学. 长沙:中南工业大学出版社,1991
62 杨佼庸,刘大星. 萃取. 北京:冶金工业出版社,1998
63 徐光宪,等. 萃取化学原理. 上海:上海科学技术出版社,1984
64 关根达也,等. 溶剂萃取化学. 滕藤,等译. 北京:原子能出版社,1981
65 Сеарцев В Н, и др, ЖНХ,1967,12(2):526~531
66 Чуфарова И Г. Жур. Всесоюз. хим. об-во им. Менделеева,1970,15(5):594~601
67 Вдавенко А М, и др. Радиохимия,1972,14(9):136~143
68 Брежнева Н Е, и др. ЖПХ,1961,34(5):1021~1029
69 辛良佐,肖文至. 钽铌冶金. 北京:冶金工业出版社,1982
70 尼科洛托娃 З И 等. 萃取手册. 袁承业等译. 北京:原子能出版社,1981
71 有色金属提取冶金手册编委会. 有色金属提取冶金手册稀有高熔点手册(下). 1999
72 李洪桂. 稀有金属冶金学. 北京:冶金工业出版社,2001:193~201
73 李济华. 稀有金属冶金学会论文集. 昆明,1998:99~100
74 韩建设. 钽铌湿法冶金的进步. 广东从化钽铌冶炼厂资料,2004:1~10
75 Sandaran C V, et al. Mineral processing and extractive metallurgy review, 1992(10):239~265
76 何季林. 稀有金属材料和工程,1998,27(1):9~14
77 付子中,等. 铀矿冶,1984(1):51~56
78 王新廷. 稀有金属与硬质合金,1986(1):33
79 韩建设. 稀有金属与硬质合金,2003(1)
80 韩建设. 稀有金属与硬质合金,2003(4)
81 张瑞华. 液膜分离技术. 江西:江西人民出版社,1984
82 Winston W S Ho, Sirkir K K. Menbrane Handbook. New York:Van Nostrad Reinhold,1992. 727~808
83 张秀娟,范琼嘉. 化学世界,1981(1):17~21
84 蒋维钧. 新型传质分离技术. 北京:化学工业出版社,1992
85 Perry R H. Chemical Eng. Handbook. 6th ed. New York:McGraw-Hill,1984
86 Lea A, et al. Chem.. Review,1971(71):515
87 Walter H, et al. Partitioning in aq. two phase system theory. Orland:Academic Press,1985
88 Anwar M M, et al. Solv. Extr. & Ion exchange,1995,13(1):27
89 骆广生,等. 第三届全国萃取会议论文集, 1995

90 Gaikar V G, et al. Separation & Purification Methods, 1989, 18(2)
91 郑燕玉. 华侨大学学报(自然科学版), 2000, 21(7): 255 ~ 259
92 郑燕玉. 泉州师专学报, 1999, 17(6): 10 ~ 12
93 Tews J L. Technology of Niobium. New York, 1958. 36 ~ 43
94 久岛黑三雄, 等. 水曜会志, 1959, 14(2): 80 ~ 89
95 Sundarum C V, et al. Mineral Processing and Extraction Metallurgy Review, 1992(10): 239 ~ 265
96 匡国珍, 周火根, 等. 稀有金属与硬质合金, 2005, 33(2): 1 ~ 3
97 Гашанов Г П. Разделение блиских по свойствам редких металлов. Москва: Металлургия, 1962: 79 ~ 89
98 谢钧能. 在 HF-H_2SO_4 体系中 MIBK 萃取钽铌的机理. 全国首届稀有金属冶金学术交流会议资料. 1982: 1 ~ 8
99 何季林, 张宗国, 徐宗林. 稀有金属材料与工程, 1998, 27(1): 9 ~ 11
100 Higbie K B, et al. Rep. Invest. U. S. Bur. Min. №5239, 1956
101 Werning J R, et al. Induct. Eng. Chem, 1954(46): 2491
102 中信微合金化技术中心. 铌 · 科学与技术. 北京: 冶金工业出版社, 2003: 112
103 Tews J L, et al. U. S. Bur. Min. Rep. №USBM-U-252 919570
104 Takafumi Okada Japan Mining Industry Association Study report of high purity rare metals, 1991
105 Eckert J, Stark H C. GmBH &Co. KG, Niobium and Niobium Compounds, 1991
106 Calson C W, Nielsen R H. J. Metal, 1960, 12(6): 472 ~ 478
107 Soisson D L. Industr. Engng. Chem, 1961(53): 861 ~ 868
108 Киффер Р, Брауен Х. Ванадтийб Ниобий. Тантал. Москва: Металлургия, 1968: 310
109 匡国珍, 周火根, 等. 稀有金属与硬质合金, 2005, 33(2): 1 ~ 3
110 从化钽铌冶炼厂. 稀有金属, 1978(1): 368 ~ 373
111 陈惠芳, 张玉琪, 等. 仲辛醇萃取剂用于分离铌和钽. 北京有色金属研究总院报告, 1977
112 Hytrometallurgical extraction of tantal and niobium in China. Tantalum-niobium International Study Centre (TIC) 1998 Bulletin №93: 1 ~ 6
113 郑远清, 等. 稀有金属, 1980(1): 22 ~ 27
114 陈惠芳, 张玉琪, 等. 仲辛醇萃取分离铌和钽. 北京有色金属研究院文集, 1975
115 张耀华. 稀有金属冶金学会论文集. 昆明: 1998. 83 ~ 87
116 万明远. 硬质合金, 2002, 19(1): 29 ~ 31
117 韩建设. 钽铌水冶分解提取工艺及设备进展. 昆明: 2004 年铌钽学术年会资料, 2004: 1 ~ 10
118 Майоров В Г, и др. ЖПХ, 2003, 76(9): 840 ~ 844
119 Трявкин В Ф, и др. ЖПХ, 2002, 75(5): 587 ~ 592
120 Майоров В Г, и др. ЖПХ, 2001, 74(3): 357 ~ 362
121 Бабкин А Г, и др. ЖПХ, 1999, 72(2): 329 ~ 334
122 Mayorov V G, et al. Hydrometallurgy, 1996(41): 71 ~ 78
123 Майоров В Г, и др. ЖПХ, 1999, 72(6): 929 ~ 932
124 Майоров В Г. Цветная Металлургия, 2002(7): 62 ~ 105
125 Майоров В Г. Металлы, 2003(5): 17 ~ 21
126 钟祥, 等. 中国金属学会论文集. 中国金属学会, 1978: 1 ~ 7
127 胡益清, 等. 稀有金属学会论文集钽铌部分. 中国有色金属学会稀有金属分会, 1994: 29 ~ 34
128 冶金部矿冶研究所. 乙酰胺型萃取剂及其在稀有金属中的应用研究报告. 冶金部矿冶研究所, 1975.

1 ~ 23
129　钟祥，等. 有色金属，1974（12）：11 ~ 18
130　钟祥，等. 有色金属，1975（1）：48 ~ 52
131　长沙矿冶研究院萃取研究组. 金属学报，1977，13（4）282 ~ 287
132　邱电云，等. 溶剂萃取手册. 北京：化学工业出版社，2001：632 ~ 634
133　西村山治，等. 日本金属学会志，1962，26（1）：22 ~ 28
134　Бабкин А Г，и др. Экстракция ниобия и тантала и других элментов из фторитных растворов. Л：Наука，1988
135　Золотов Ю А ，и др. Экстракция гологенидных комплексов металлов. М：Наука，1973
136　Гиганов Г П. Цветная металлургия Алма－Ата. Изд. АН СССР，1962：119 ~ 128
137　Коровип，и др. ЖНХ，1969，14（4）：1062 ~ 1071
138　Каплан Г Е，и др. ЖНХ，1965，10（3）：703 ~ 709
139　Николаев А И，и др. ЖПХ，1975，48（1）：194 ~ 198
140　Carlson C W，et al. J，Metals，1960，12（6）：472 ~ 478
141　Fletcher J M，et al. Trans. Inst. Min. Metallurgy. London，1965，65（597）：487 ~ 496
142　郭青蔚. 全国第二届湿法冶金学术会议论文集（下）. 中国有色金属学会，1991：808 ~ 818
143　Qingwei Guo，Yuenan Li. ICHM'92 proceeding of the second international conference on Hydrometallurgy. Changsha：International Academic Publishers，1992（2）：863 ~ 869
144　包头铌资源研究组：钽铌锂文集. 北京有色金属研究院文集，1975. 1 ~ 6
145　郭青蔚，李月南，等. 有色金属，1995（5）
146　Лимарь Т Ф，и др. ЖНХ，1964（10）：2381 ~ 2384
147　袁承业，等. 原子能科学技术，1965（2）：121
148　时钧等. 化学工程手册（上卷）. 北京：化学工业出版社，1996
149　Мацуев А Г，и др. ЖПХ，2003（76）：512 ~ 517
150　Собилякова Н М，и др. ЖПХ，1968（6）：1178 ~ 1183
151　俄罗斯专利 RU 2160709，2000 － 12 － 20
152　Горощенко Я Г. Химия ниобия и тантала. Киев：Наукова думко，1965
153　Николаев А И，и др. Цветная Металлы，1986（6）：57 ~ 61
154　Титов А А，и др. Цветная Металлы，1991（8）：16 ~ 20
155　Kraus K A，Moor G E. J. Amer. chem. Soc，1951，73（1）：472 ~ 478
156　Чернобров С М，Колонина Н П. Хроматография，её теория и применение. Москва：АН СССР，1960：214 ~ 217
157　王方. 国际通用离子交换技术手册. 北京：科学技术出版社，2001
158　Лебедев К Б. Иониты в цветной металлургии. Москва：Металлургия，1975：186 ~ 191
159　Колонина Н П，и др. Бюл. ЦИИН ЦМ. Цветная Металлургия，1958（16）：30 ~ 31
160　Чернобров С М，и др. Хроматография её теория и применение. Москва：АН СССР，1960：214 ~ 217
161　Kraus K A，et al. J. Amer. Chem. Soc，1951（73）：2990
162　Gills J. Meded. Vldamsche Chem，1953，15（3）：482 ~ 487
163　董彦杰，盖柯. 湿法冶金，2002，21（3）：123 ~ 126
164　Marignac J C. Ann. Chim. Phys，1866（8）：75 ~ 76
165　Меерсон Г А，и др. Цветные Металлы，1939（8）：97 ~ 101

166 Савченко Г С, и др. ЖПХ, 1946, 19(10, 11):1093 ~ 1105
167 Савченко Г С, и др. ЖПХ, 1947, 20(5):385 ~ 391
168 Amer S. Review of Metal. CENIM, 1982, 182(2):108 ~ 118
169 钟海云,等,有色金属提取冶金手册稀有高熔点金属(下). 北京:冶金工业出版社,1989:215 ~ 221
170 王肇信,幸良佐. 钽铌冶金学. 稀有金属冶金学会钽铌冶金专业委员会,1998

8 铌和钽的氯化冶金工艺

铌和钽的氯化冶金是指用氯气等氯化剂在高温下与铌钽精矿、低品位原料或铌和钽的氧化物作用制取铌钽氯化物的过程。它是铌钽提取冶金的重要方法之一。本章同时简略介绍氟化冶金和碘化法。

氯化冶金受到重视并在稀有金属冶炼工业中获得迅速发展的原因在于：

（1）氯化物容易制取。作为氯化剂的氯的化学活性强，几乎能和所有的金属氧化物、碳化物等作用，生成相应的氯化物。

（2）各种金属的氯化物的物理化学性质不同，容易将它们分离和提纯，并获得纯的氯化物。铌和钽氯化物的精馏是最有效的提纯方法之一，是制取超高纯铌和钽化合物不可或缺的手段。

（3）氯化法对原料的适应性强，可以处理复杂的多金属共生矿，既可以处理高品位精矿，也可以处理低品位原料。

（4）从热力学观点看，金属氯化物的稳定性、熔点和沸点远比该金属的氧化物低，因此金属的氯化物容易被还原，容易用电解法等制取纯金属。用选择性还原还可以分离铌和钽。

（5）作为氯化剂的氯容易制得，价格比较便宜。氯碱工业的发展为氯化冶金提供充足的氯气。

氯化冶金的主要缺点是氯化剂的腐蚀性强，易腐蚀设备，环境保护要求高。

在铌钽冶炼工艺中，氯化工艺主要用于：

（1）分解处理复杂的铌钽精矿，如俄罗斯用氯化法综合处理铈铌钙钛矿；巴西、加拿大铌铁氯化，一些含钽铌锡渣的氯化处理以及烧绿石、黑稀金矿、褐钇钶矿等含钽、铌、钛、铀、稀土的复杂矿物氯化处理。

（2）分离铌、钽和杂质，如氯化分离，氯化物选择还原分离。

（3）金属提纯，如氯化物精馏。

8.1 铌钽氯化冶金基础[1~5]

铌钽氯化工艺主要是利用氯化时所生成的各种氯化物的蒸气压的差别将精矿中的主要组分进行分离。氯化时铌、钽、钛等氯化物的沸点较低，在氯化过程中可以被气体带走并在冷凝装置中冷凝；而高熔点的氯化物，如稀土元素，钠、钾、钙、镁等的氯化物则存留于氯化器中，形成氯化物熔盐而实现杂质的分离。也就是说，对于精矿，氯化法同时实现矿物分解和分离的双重目的。

一般蒸气压随温度升高而增大,根据热力学的推导,蒸气压与温度具有如下关系:

$$\frac{\mathrm{d}\ln p}{\mathrm{d}T}=\frac{\Delta H_{vap}}{RT^2} \tag{8-1}$$

式中,ΔH_{vap}为蒸发潜热或升华潜热;T为热力学温度。

若不考虑ΔH_{vap}随温度变化而变化,对式8-1进行积分,结果得

$$\lg p = \frac{\Delta H_{vap}}{2.303RT}+I \tag{8-2}$$

式(8-2)可简化成

$$\lg p = \frac{A}{T}+B \tag{8-3}$$

式中,A、B和I为常数,其中,$A=-\frac{\Delta H_{vap}}{2.303RT}$

若考虑ΔH随温度变化而变化,则因为

$$\frac{\partial(\Delta H_{vap})}{\partial T} = \Delta c_p = c_{p(g)} - c_{p(1)} \tag{8-4}$$

因而
$$\lg p = -\frac{\Delta H_{vap}}{2.303RT}+\frac{\Delta c_p}{R}\lg T + I' \tag{8-5}$$

式中,I'为常数

式(8-5)可写成 $\lg p = AT^{-1}+B\lg T + C$

如果进一步考虑c_p也随温度变化而变化,即$c_p=f(T)$时,则可将c_p与温度的函数的关系式代入上式,经积分整理后可得以下蒸气压与温度的关系的通式为

$$\lg p = AT^{-1}+B\lg T + CT + D \tag{8-6}$$

式中,p为蒸气压;A、B、C、D为常数,它们可由实验测定。有关铌钽氯化物及其伴生杂质氯化物的熔点、沸点和蒸气压等性质如表8-1所示。

从表8-1中数据可以看出,常压下$MgCl_2$、$CaCl_2$、$FeCl_2$、$MnCl_2$等的沸点均在600℃以上,在氯化温度下,一般呈熔盐状态存在;而$NbCl_5$、$TaCl_5$、$TiCl_4$、$FeCl_3$、$SiCl_4$、WCl_6等的沸点在300℃以下,它们的氯化物具有高挥发性,很容易和高沸点、低挥发性氯化物分离开来。

表8-1 铌钽氯化物及其伴生杂质氯化物的熔点、沸点和蒸气压[6]

氯化物	熔点/℃	沸点/℃	$\lg p=\frac{A}{T}+B\lg T+CT+D$				温度范围/℃
			A	B	C	D	
$NbCl_5$	204.7	248.3	-4370	-	-	9.39	103~熔点
$NbCl_4$	350~400 升华	-	-	-	-	-	-

续表 8-1

氯化物	熔点/℃	沸点/℃	$\lg p=\frac{A}{T}+B\lg T+CT+D$				温度范围/℃
			A	B	C	D	
$NbOCl_3$	升华	约 400	–	–	–	–	–
$TaCl_5$	216.5	234	−6275	−7.04	–	32.19	25～熔点
$LaCl_3$	850	1750	–	–	–	–	–
$CeCl_3$	800	1730	–	–	–	–	–
$TiCl_4$	−23	136	−2919	−5.79	–	23.01	25～熔点
$TiCl_3$	分解	–	–	–	–	–	–
$ZrCl_4$	升华	331	−6610	−1.61	−1.78	17.23	25～升华
$SnCl_2$	274	652	–	–	–	–	–
$SnCl_4$	−33	115	−1925	–	–	5.75	25～沸点
$SiCl_4$	−67	58	−3863	−5.0	–	21.26	熔点～沸点
$FeCl_3$	282	315	−9475	−5.23	–	24.41	熔点～沸点
$FeCl_2$	670	1026	−10754	−12.64	–	53.78	25～熔点
$NiCl_2$	升华	987	−13300	−2.68	–	19.76	25～升华点
Cu_2Cl_2	430	1490	−10170	–	–	5.92	727～1627
$CuCl_2$	593	655	–	–	–	–	–
$AlCl_3$	<182.7（升华）	180	−6360	−3.37	−6.12	7.54	25～升华点
$CaCl_2$	782	2027	–	–	–	–	–
$MgCl_2$	714	1418	−10840	−5.08	–	23.41	熔点～沸点
WCl_6	275	347					
WCl_5	248	276					
$WOCl_4$	210	227.5					
$MOCl_3$	194	268					
$MnCl_3$	分解	–					
$MnCl_2$	650	1190					

8.2　氯化过程热力学[1~5]

铌和钽对氧的亲和力和对氯的亲和力并不相同。铌或钽的氧化物能否和氯作用生成相应的氯化物，由反应的自由能变化决定。对于下述反应：

$$Nb_2O_5 + 5Cl_2 = 2NbCl_5 + 5O_2 \tag{8-7}$$

$$Ta_2O_5 + 5Cl_2 = 2TaCl_5 + 5O_2 \tag{8-8}$$

反应的标准自由能变化 $\Delta G^{\ominus}$ 可由氧化铌(或钽)的氯化物标准生成自由能 $\Delta G^{\ominus}(NbCl_5)$ 与铌(或钽)氧化物的标准生成自由能 $G^{\ominus}(Nb_2O_5)$ 之差求得,即

$$\Delta G^{\ominus} = G^{\ominus}(NbCl_5) - G^{\ominus}(Nb_2O_5)$$

若在标准状态下,只有在 $\Delta G^{\ominus}$ 为负值时,上述反应才能进行。图 8-1 给出了 1 mol氧与铌、钽和一些杂质元素反应生成氧化物的标准生成自由能与温度的变化关系;图 8-2 给出了 1 mol 氯与铌、钽和一些杂质元素反应生成氯化物的标准生成自由能与温度的变化关系;

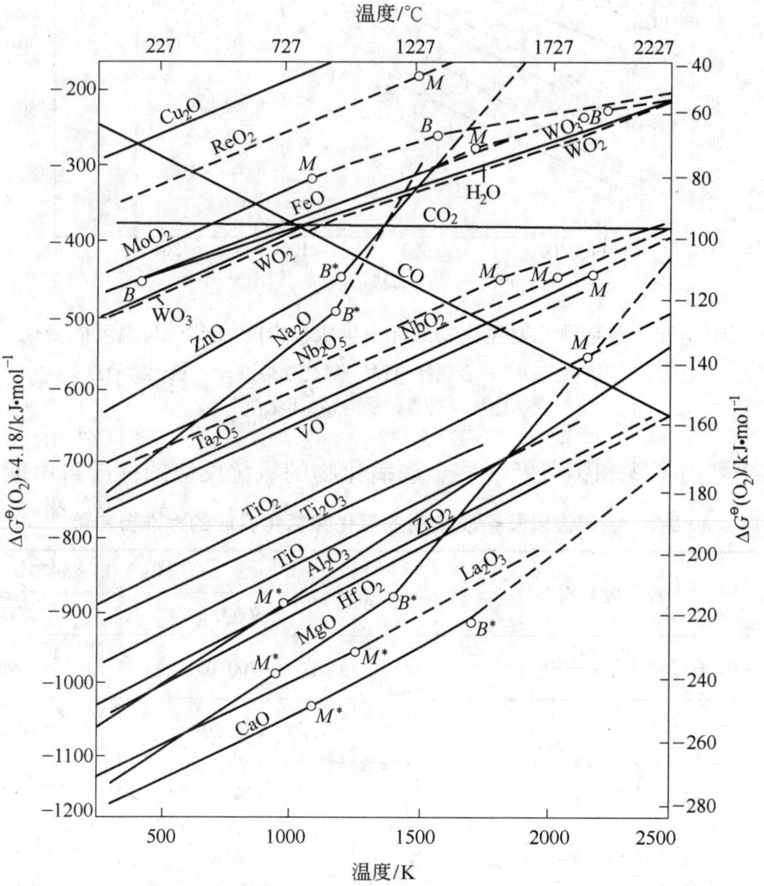

图 8-1　铌、钽和一些杂质元素氧化物的标准生成自由能($\Delta G^{\ominus}$)与温度的变化关系[1,7]

M、B 分别为氧化物的熔点与沸点,M^*、B^* 分别为金属的熔点与沸点

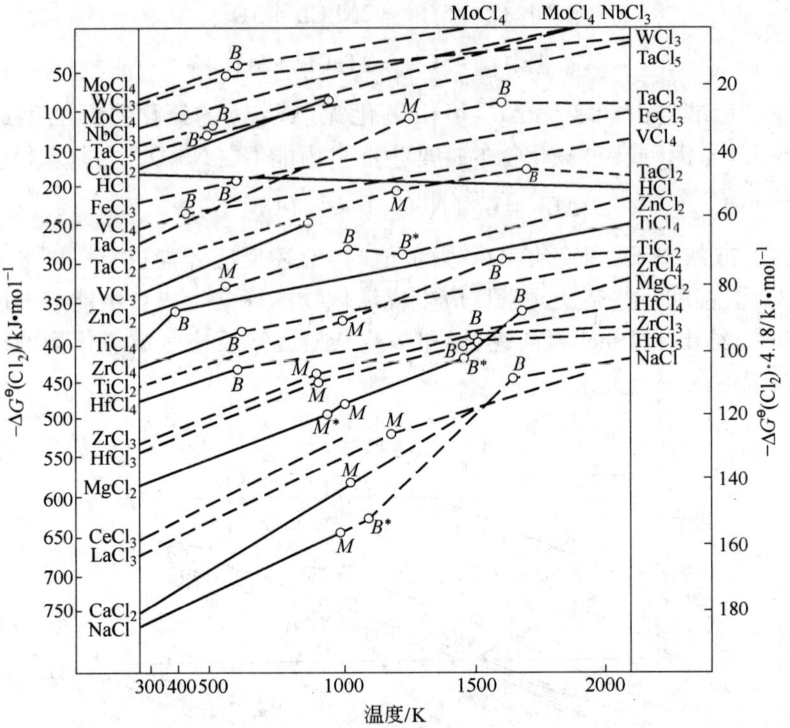

图 8-2　铌、钽和一些杂质元素氯化物的标准生成自由能（$\Delta G^{\ominus}$）与温度的变化关系[1,7]

M^*—金属熔点；B^*—金属沸点；M—氯化物熔点；B—氯化物沸点；

虚线—计算值；实线—实测值

表 8-2 列出了铌和钽以及一些金属氧化物的氯化反应的标准自由能。

表 8-2　铌和钽以及杂质金属的氧化物氯化反应的标准自由能[6]

反 应 式	$\Delta G^{\ominus}(Cl_2)$/kJ·mol^{-1}	
	500℃	1000℃
$\frac{1}{5}Nb_2O_5 + Cl_2 = \frac{2}{5}NbCl_5 + \frac{1}{2}O_2$	+100.05	+98.52
$\frac{1}{3}Nb_2O_5 + Cl_2 = \frac{2}{3}NbOCl_3 + \frac{1}{2}O_2$	+83.52	+52.25
$\frac{1}{5}Nb_2O_5 + Cl_2 + C = \frac{2}{5}NbCl_5 + CO$	−79.84	−126.24
$\frac{1}{3}Nb_2O_5 + Cl_2 + C = \frac{2}{3}NbCl_5 + CO$	−96.56	173.05
$\frac{1}{5}Nb_2O_5 + Cl_2 + \frac{1}{2}C = \frac{2}{5}NbCl_5 + \frac{1}{2}CO$	−95.83	−96.7
$\frac{1}{3}Nb_2O_5 + Cl_2 + \frac{1}{2}C = \frac{2}{3}NbCl_5 + \frac{1}{2}CO$	114.53	−146.72

续表 8-2

反　应　式	$\Delta G^{\ominus}(Cl_2)/kJ \cdot mol^{-1}$	
	500℃	1000℃
$\frac{1}{5}Nb_2O_5 + Cl_2 + CO = \frac{2}{5}NbCl_5 + CO_2$	-116.0	-82.56
$\frac{1}{3}Nb_2O_5 + Cl_2 + C = \frac{2}{3}NbOCl_3 + CO_2$	-132.59	-120.51
$\frac{1}{5}Ta_2O_5 + Cl_2 = \frac{2}{5}TaCl_5 + \frac{1}{2}O_2$		
$\frac{1}{3}Ta_2O_5 + Cl_2 = \frac{2}{3}TaOCl_5 + \frac{1}{2}O_2$		
$\frac{1}{5}Ta_2O_5 + Cl_2 + \frac{1}{2}C = \frac{2}{5}TaCl_5 + \frac{1}{2}CO_2$	-86.32	-142.12
$\frac{1}{3}Ta_2O_5 + Cl_2 + C = \frac{2}{3}TaOCl_3 + CO$	-62.16	-143.79
$\frac{1}{5}Ta_2O_5 + Cl_2 + \frac{1}{2}C = \frac{2}{5}TaCl_5 + \frac{1}{2}CO_2$	-103.16	114.5
$\frac{1}{3}Ta_2O_5 + Cl_2 + \frac{1}{2}C = \frac{2}{3}TaOCl_3 + \frac{1}{2}CO_2$	-80.67	-117.88
$\frac{1}{5}Ta_2O_5 + Cl_2 + CO = \frac{2}{5}NbCl_5 + CO_2$	-121.01	-87.99
$\frac{1}{3}Ta_2O_5 + Cl_2 + CO = \frac{2}{3}TaOCl_3 + CO_2$	-98.56	-91.5
$\frac{1}{2}TiO_2 + Cl_2 + C = \frac{1}{2}TiCl_4 + CO$	-98.66	-146.45
$\frac{1}{2}TiO_2 + Cl_2 + \frac{1}{2}C = \frac{1}{2}TaCl_4 + \frac{1}{2}CO_2$	-131.81	-144.16
$\frac{1}{3}Fe_2O_3 + Cl_2 + C = \frac{2}{3}FeCl_3 + CO$	-105.02	-169.24
$\frac{1}{3}Fe_2O_3 + Cl_2 + \frac{1}{2}C = \frac{2}{3}FeCl_5 + \frac{1}{2}CO_2$	-135.77	-160.56
$\frac{1}{3}Al_2O_3 + Cl_2 + C = \frac{2}{3}AlCl_3 + CO_2$	-35.77	-101.50
$\frac{1}{3}Al_2O_3 + Cl_2 + \frac{1}{2}C = \frac{2}{3}AlCl_3 + \frac{1}{2}CO_2$	-68.91	-99.16
$\frac{1}{2}SiO_2 + Cl_2 + C = \frac{1}{2}SiCl_2 + CO$	-86.54	-121.02
$\frac{1}{2}SiO_2 + Cl_2 + \frac{1}{2}C = \frac{1}{2}SiCl_4 + \frac{1}{2}CO_2$	-96.45	-101.2
$\frac{1}{3}Ce_2O_3 + Cl_2 = \frac{2}{3}CeCl_3 + \frac{1}{2}O_2$	-42.14	-17.31

由图 8-2、图 8-3 和表 8-2 可以看出，铌或钽的氧化物的氯化反应标准自由能为正值，故而反应很难向右进行，亦即铌和钽的五氧化物不能直接氯化生成五氯

化物。

实际上,在没有还原剂(碳、氢等)存在时,直接氯化五氧化二铌的产物是 $NbOCl_3$:

$$2Nb_2O_5 + 6Cl_2 = 4NbOCl_3 + 3O_2 \tag{8-9}$$

这个反应在不同温度下的平衡常数如表 8-3 所示。

表 8-3　$2Nb_2O_5 + 6Cl_2 = 4NbOCl_3 + 3O_2$ 反应在不同温度下的平衡常数[8]

温度/℃	气相平衡组成(体积分数)/%			平衡常数
	$NbOCl_3$	O_2	Cl_2	
800	0.47	0.36	99.16	2.60×10^{-17}
900	1.02	0.76	98.22	5.37×10^{-15}
1000	2.07	1.55	96.38	7.14×10^{-13}
1100	4.20	3.15	92.65	1.54×10^{-4}

对于钽,若没有还原剂存在,即使在 1200℃ 下,五氧化二钽也不被氯化。Ta_2O_5 在 600℃时与 $TaCl_5$ 作用时才生成 $TaOCl_3$:

$$Ta_2O_5 + 3TaCl_5 = 5TaOCl_3 \tag{8-10}$$

上述反应达到平衡时 $TaCl_5$ 和 $TaOCl_3$ 的蒸气压如表 8-4 所示。

表 8-4　反应达到平衡时 $TaCl_5$ 和 $TaOCl_3$ 的蒸气压[8]

温度/℃	蒸气压/Pa	
	$TaCl_5$	$TaOCl_3$
593	31232	6332
621	30739	8998
665	28526	25569
695	26535	21128
720	24501	25833
740	22874	29838
753	21248	33365

铌和钽的这种差别,在氯化工艺上很有用处。

为了使氯化反应得以有效地进行,得到稳定的铌钽氯化物,一个重要的措施是降低氯化反应时的生成物——氧的活度。有效的办法是在氯化过程中加入还原剂。在这里,还原剂的作用是与反应生成的氧结合成稳定的化合物,达到大大降低体系中氧的活性的目的。

在有还原剂存在的条件下,铌钽氧化物的氯化反应的通式为

$$Nb_2O_5 + 1.5C + 3Cl_2(g) = 2NbOCl_3(g) + 1.5CO_2(g) \tag{8-11}$$

$$\Delta G^{\ominus}_{1000K} = -146.72\ kJ/mol$$

$$Nb_2O_5 + 2.5C + 5Cl_2(g) = 2NbCl_5(g) + 2.5CO_2(g) \tag{8-12}$$

$$Ta_2O_5 + 2.5C + 5Cl_2(g) = 2TaCl_5(g) + 2.5CO_2(g) \tag{8-13}$$

一些杂质元素，如钛、稀土、钙、钍、钾、钠等也生成相应的高价氯化物：

$$0.5TiO_2 + Cl_2 + 0.5C = 0.5TiCl_4 + 0.5CO_2 \tag{8-14}$$

$$\Delta G^{\ominus}_{1000K} = -273\ kJ/mol$$

$$Ce_2O_3 + 1.5C + 3Cl_2(g) = 2Ce_2Cl_3(l) + 1.5CO_2(g) \tag{8-15}$$

$$\Delta G^{\ominus}_{1000K} = -1610\ kJ/mol$$

反应中生成的二氧化碳，又与碳作用，按布达尔方程反应生成一氧化碳：

$$CO_2(g) + C = 2CO(g) \tag{8-16}$$

在氯化过程中，所生成的一氧化碳也参与反应：

$$Nb_2O_5 + 3CO(g) + 3Cl_2(g) = 2NbOCl_3(g) + 3CO_2(g) \tag{8-17}$$

$$\Delta G^{\ominus}_{1000K} = -407\ kJ/mol$$

$$TiO_2 + 2CO(g) + 2Cl_2(g) = TiCl_4(g) + 2CO_2(g) \tag{8-18}$$

$$\Delta G^{\ominus}_{1000K} = -292\ kJ/mol$$

显然，反应式(8-12)是反应式(8-8)和反应式(8-16)之和。因此反应式(8-12)的标准自由能变化 $\Delta G^{\ominus}_A$ 为直接氯化反应(8-8)的标准自由能变化 $\Delta G^{\ominus}_B$ 与还原剂碳的氧化反应(8-16)的标准自由能变化 $\Delta G^{\ominus}_C$ 之和，即

$$\Delta G^{\ominus}_A = \Delta G^{\ominus}_B + \Delta G^{\ominus}_C$$

可以看出，虽然铌钽氧化物的直接氯化反应（反应式(8-8)和反应式(8-9)）的标准自由能为正值，但由于反应式(8-16)的标准自由能的负值很大（表 8-5），总反应式(8-12)的标准自由能仍为负值，即在还原剂存在下，铌钽氧化物的氯化反应有可能自动进行。表 8-5 示出了 500℃和 1000℃一些还原剂的氧化反应的标准自由能变化。

表 8-5 一些还原剂的氧化反应的标准自由能变化[7]

还原剂	反应	$\Delta G^{\ominus}/kJ\cdot mol^{-1}$	
		500℃	1000℃
C	$C + 0.5O_2 = CO$	−180.240	−224.179
C	$0.5C + 0.5O_2 = 0.5CO_2$	−197.419	−197.838
CO	$CO + 0.5O_2 = CO_2$	−214.692	−171.460
S	$0.5S + 0.5O_2 = 0.5SO_2$	−152.640	−134.460
H	$H_2 + 0.5O_2 = 2H_2O$	−245.501	−201.990

还原剂的种类较多，生产中较常用的还原剂是碳（如石墨粉、焦炭、炭黑、石油

焦和木炭），这不仅因为碳比较便宜，而且即使在高温下，碳也不和氯化合。以碳作还原剂的氯化常称之为加碳氯化。

根据文献[2,3]的热力学计算，在有碳存在时，一些金属氧化物的氯化反应标准自由能变化与温度的关系如图8-3和图8-4所示。

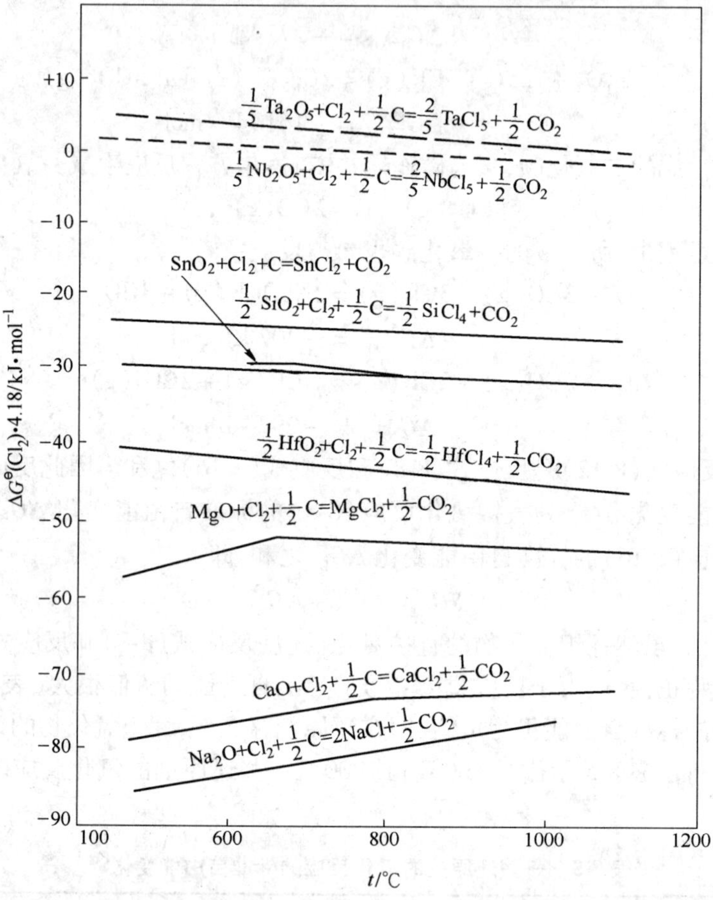

图8-3　金属氧化物加碳氯化生成氯化物和二氧化碳的 $\Delta G^{\ominus}$-T 图[1,7]

加碳氯化时，碳的作用不仅限于与氧作用以生成CO和CO_2，还在于碳可以活化氯化过程。

首先，加碳氯化可以降低铌钽氧化物的氯化起始温度，使氯化反应加速进行。例如，可以使五氧化二铌的起始氯化温度从800～850℃降至300～350℃，五氧化二钽的起始氯化温度由1200℃降至300℃；氧化铌的迅速反应温度由1000～1100℃降至500～600℃。表8-6示出了一些金属氧化物的起始氯化温度和迅速反应温度的变化情况。

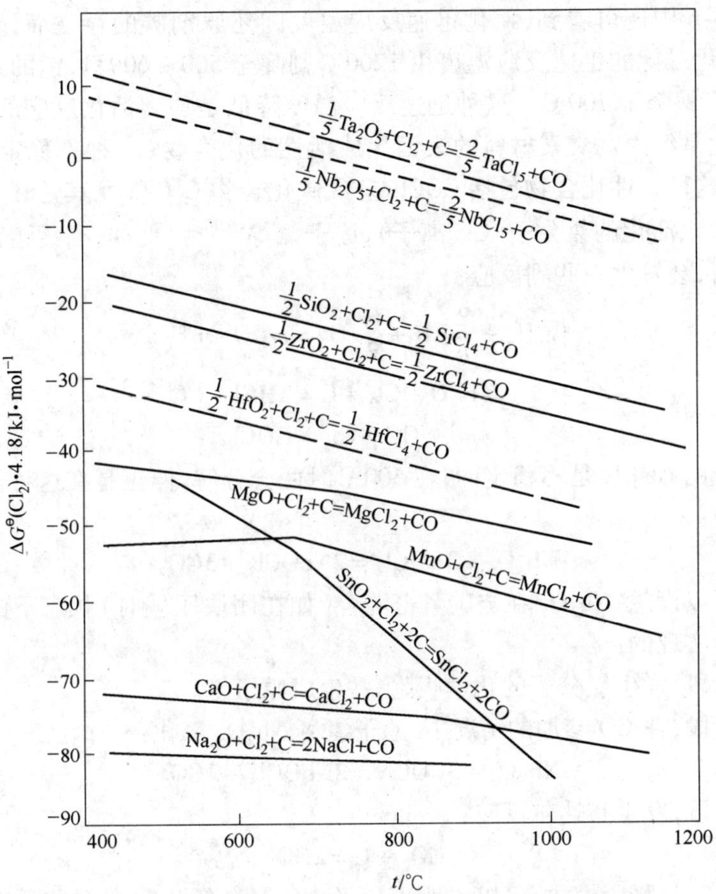

图 8-4 金属氧化物加碳氯化生成氯化物和一氧化碳的 $\Delta G^{\ominus}$-T 图[1,7]

表 8-6 一些金属氧化物的起始氯化温度和迅速反应温度[6]

氧化物氯化	不加碳氯化		加碳氯化	
	开始反应温度/℃	迅速反应温度/℃	开始反应温度/℃	迅速反应温度/℃
Nb_2O_5 ($NbCl_5$)	800 ~ 850	1000 ~ 1100	300 ~ 350	500 ~ 600
Ta_2O_5 ($TaCl_5$)	1200		300	500 ~ 600
TiO_2 ($TiCl_4$)	800	1200	500	700
ZrO_2 ($ZrCl_4$)	1000	1500	500	700
Fe_2O_3 ($FeCl_3$)	420		300	400
SiO_2 ($SiCl_4$)	1200			
BeO ($BeCl_2$)	600 ~ 700	1200 ~ 1400	600	800
MgO ($MgCl_2$)		700 ~ 800	377	
CaO ($CaCl_2$)		700 ~ 800	500	
Al_2O_3 ($AlCl_3$)	1250		800	600 ~ 650

从表8-6中还可看到，氯化迅速反应温度因还原剂碳的存在而显著下降了。其中，五氧化二铌的迅速反应温度由1200℃剧降至500～600℃，钽的迅速反应温度由1200℃骤降至700℃。这种迅速反应温度降低是加碳活化反应的表现之一。据认为氯化是经由在炭素材料的表面生成活性的化合物（一种不稳定的化合物）而进行的，这种活性化合物包括COCl基、氯碳化合物 C_xCl_y（尤其是在较低温度下进行氯化时）、活化的氯分子（Cl^-离子），原子氯等[9,10]。例如，当铌钽精矿存在水和有机物时，会发生一些副反应：

$$C_mH_n + \frac{2}{n}Cl_2 + \frac{m}{2}O_2 = mCO + nHCl \tag{8-19}$$

$$H_2O + Cl_2 + C = 2HCl + CO \tag{8-20}$$

$$CO + Cl_2 = COCl_2 \tag{8-21}$$

所生成的 $COCl_2$ 是不稳定的，在500℃时便会分解，但正是在这种低温下发生了氯化反应：

$$Nb_2O_5 + 3COCl_2 = 2NbOCl_3 + 3CO_2 \tag{8-22}$$

因此可以设想，Nb_2O_5 在与碳紧密混合（如在团块压坯时）状态下的氯化是经由以下阶段实现的：

第Ⅰ阶段，发生氯分子的化学吸附，并生成原子氯。

第Ⅱ阶段，在CO参加的情况下，原子氯将 Nb_2O_5 氯化：

$$Nb_2O_5 + 3COCl_2 = 2NbOCl_3 + 3CO_2 \tag{8-23}$$

第Ⅲ阶段，发生布达尔反应：

$$CO_2 + C = 2CO \tag{8-24}$$

根据这种三阶段模式，可以说明因氯及CO混合氯化时有碳和无碳存在条件下而在氯化时产生的差异的原因。

在第Ⅰ种情况下，由于原子状态的氯未参与反应，因而氯化速度慢。原子态氯参加反应的间接证明是，当温度低于500℃时，反应速度与氯气压力呈1/2次方关系，此时氯化过程是在动力学范围内进行[11]；当温度高于800℃时，由比表面、石墨化程度、吸附性氧、水和碳氢化合的饱和程度等因素所决定的炭素材料加速氯化反应的作用便显著淡化了。这时氯化将在高温下通过将氧化物还原到低价进行；实际上还在700℃时五氧化二铌便已被还原成低价氧化物。铌、钽、钛等过渡元素的低价氧化物的氯化反应要比它们的高价氧化物的氯化反应更为活泼和易于进行[12]。

由于氯化条件不同，反应时CO和 CO_2 的比例也存在明显差别，这将由氯化时的控制步骤来决定。如果氯化速度的控制因素为氯化反应阶段，则气相的成分接近氯化反应的平衡成分（即在气相中主要是 CO_2）；如果反应速度的控制因素为氧化物的氯化阶段，则气相的成分与布达尔反应的平衡成分相近，即在800～900℃

时气相中主要是 CO[11,13,14]。

由图 8-3 可看出,在一定温度下,图中直线的稳定性次序,其位置愈低,它所代表的氯化物的 $\Delta G^{\ominus}$ 的负值愈大,其稳定性也愈大,说明该元素对氯的亲和力愈大。因此图中处于较低位置的元素的氯化物可以作为氯化剂而使位置较高的元素的氧化物氯化。

按照与氯反应的能力逐渐减弱的顺序,可将元素的氧化物氯化先后顺序做以下排列:

$$K_2O > Na_2O > CaO > Fe_2O_3 > RE_2O_3 > Nb_2O_5 > TiO_2 > ZrO_2 > HfO_2 > Al_2O_3 > SiO_2$$

由于这一原因,氯化过程中可能发生氧化物的二次氯化,例如:

$$Nb_2O_5 + 1.5TiCl_4(g) = 2NbOCl_3(g) + 1.5TiO_2 \quad (8\text{-}25)$$

$$\Delta G^{\ominus}_{900K} = -4\ \text{kJ/mol}$$

$$Nb_2O_5 + 1.5SiCl_4(g) = 2NbOCl_3(g) + 1.5SiO_2 \quad (8\text{-}26)$$

$$\Delta G^{\ominus}_{900K} = -209\ \text{kJ/mol}$$

$$Nb_2O_5 + 3AlCl_4(g) = 2NbOCl_3(g) + 3AlOCl \quad (8\text{-}27)$$

8.3 铌钽氯化过程动力学[3]

在工业生产实践中,提高反应速度对于提高生产率来说具有重要意义。铌钽氯化过程动力学主要影响因素是反应温度、还原剂碳用量、氯气流速和浓度、物料粒度及孔隙度等。

铌钽矿物的氯化主要是固态物料和氯气之间发生的气－固相反应过程。整个过程可分为几个主要阶段:(1)气体氯分子通过边界层向固体物料的表面扩散,即外扩散。(2)吸附,即氯分子吸附在固体物料的表面上。(3)被吸附的氯分子通过覆盖层的孔隙扩散到未反应物料表面,即内扩散。(4)被吸附的氯分子和氧化物发生化学反应。(5)反应产物从反应界面解吸。(6)解吸后的气态产物由界面向气相空间扩散,即氯化物的挥发。氯化反应速度或受扩散环节控制,或受吸附－化学反应环节控制。

温度对氯化反应速度的影响如图 8-5 所示。

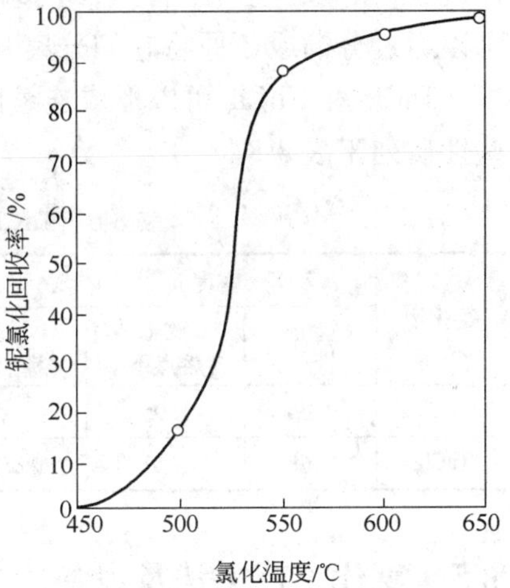

图 8-5 烧绿石氯化的氯化回收率和温度的关系[15]

由图 8-5 可看出,低温时氯化速率较低,随温度提高氯化率及氯化速度快速增大。

在达到一定温度后,增长趋缓。文献[6]认为,氯化反应速度的常数和温度间存在以下指数函数关系:

$$K = Ae^{-E/RT}$$

式中,K 为氯化反应速度常数;A 为常数值;E 为反应活化能;T 为热力学温度。表 8-7 为所得几种精矿的氯化反应的动力学参数。

表 8-7　几种精矿的氯化反应的动力学参数

精　矿	$A/\mathrm{cm \cdot S^{-1}}$	$E/\mathrm{kJ \cdot mol^{-1}}$
钛铌钙铈矿	0.138	101.2
烧绿石	1.54	102.8
黑稀金矿	9.56	107.8
锆英石	1.1×10^{-3}	97.4

8.4　铌和钽的五氯化物的性质[16,17]

$NbCl_5$ 常温下为白色晶体,加热到 183℃转变为黄色晶体,熔融时变为橙红色。固态五氯化铌为二聚体(见第 4 章图 4-9),气态时以单分子存在,在潮湿空气中冒烟,易水解。五氯化铌能很好地溶于 S_2Cl_2、CCl_4、$CHCl_3$ 以及无水乙醇和乙醚中。若将 $NbCl_5$ 的 S_2Cl_2、CCl_4 溶液冷却,将重新析出五氯化铌。

纯五氯化钽($TaCl_5$)为白色(不纯时为黄色),气态时为单分子,晶体也有二聚体现象,在潮湿空气中冒烟,易水解,在液态时更差。$TaCl_5$ 比 $NbCl_5$ 难于还原,故可以通过分馏或还原将它们分离开来。

$TaCl_5$ 和 $NbCl_5$ 可以形成连续固溶体(见第 4 章图 4-10)。$TaCl_5$ 和 $NbCl_5$ 的一些性质列于表 8-8。

表 8-8　$TaCl_5$ 和 $NbCl_5$ 的一些性质[16,17]

氯化物	密度 $\rho/\mathrm{g \cdot cm^{-3}}$			黏度/Pa · s		表面张力 $/\mathrm{N \cdot cm^{-1}}$	电导率 $/\mathrm{S \cdot m^{-1}}$ (熔盐)
	晶体	液态(熔点下)	气态(沸点下)	液态(熔点下)	气态(沸点下)		
$NbCl_5$	2.75	1.95	5.64×10^{-3}	0.53	0.016	2.4×10^{-4}	低
$TaCl_5$	3.68	2.61	7.2×10^{-3}	0.75	0.017	2.4×10^{-4}	0.3×10^{-6}

8.5　氯化工艺方法及设备[3,18~20]

8.5.1　团块氯化

团块氯化是将精矿粉按一定配比与石油焦和黏结剂混合,压制成团块并经烘干、焦化,然后在竖式炉中以固定层方式进行氯化。团块氯化又称竖炉氯化或固定层氯化。

工业上团块氯化处理铈铌钙钛精矿时,冶炼过程包括物料准备、制团、焦化(隔绝空气条件下加热团块)、在竖炉中氯化和氯化物冷凝分离等工序。通常采用石油焦作还原剂,加入量为20% ~30% 。

先将精矿和焦炭用球磨机磨至粒度为0.15 ~0.18 mm,在螺旋混料器中混合均匀。混合好的物料加入黏结剂(石油或烟煤沥青,或造纸工业废料亚硫酸盐纸浆),重新混合。均匀混合后的物料,先用蒸气加热到80 ~120℃以软化沥青。蒸气通到混料器的蒸气外套中。最后物料在成型压力为15 ~30 MPa的条件下,在压机上通过模槽加以压实。枕状压坯的大致尺寸为55 mm ×40 mm ×35 mm。为了提高压坯的强度和除掉坯中的水分和挥发物,压条先在800 ~850℃和隔绝空气的条件下进行加热焦化处理。经处理后,石油沥青便转化成了焦炭,可以确保压坯的机械强度。

图8-6所示为竖式电炉氯化设备系统图。图8-7所示为氯化用竖式电炉。炉子直径为4.5 ~6 m,高8 m,内衬黏土砖或硅砖。在炉子的下部引入两排石墨电极,每排有3个电极,互成120°角。电极之间的空间填有石墨碎块作为电阻,供通电加热,保证炉内形成800 ~900℃的环境。氯化为放热反应,生产中要求调整炉内装料厚度、氯气通入速度等。

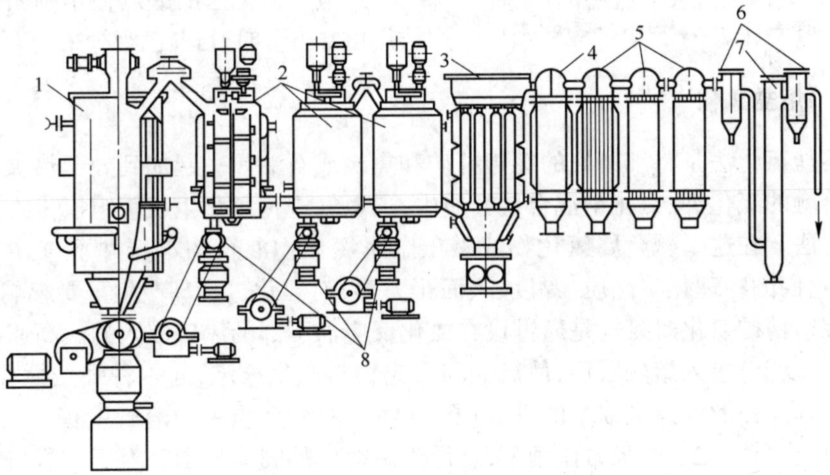

图8-6 竖式电炉氯化设备系统图

1—氯化炉;2—冷凝器;3—布袋收尘器;4—水冷式冷凝器;

5—列管冷凝器;6—捕集器;7—淋洗塔;8—卸料装置

为防止氯化产物水解,要尽可能保持氯气干燥。液态氯经蒸发所得氯气经由设在下排电极上部的风口导入炉内。炉料由自动连续加料器供给,排渣也采用自动的间断出渣设备。氯化过程中的氯耗量、炉内气体压力、温度和从炉中排出的气体成分均实行自动控制和自动调节。为使含 CO_2 的气体能与含碳的压坯反应,由氯化反应器中排出的气体中的 CO 和 CO_2 体积之间的比例约为 7:1。

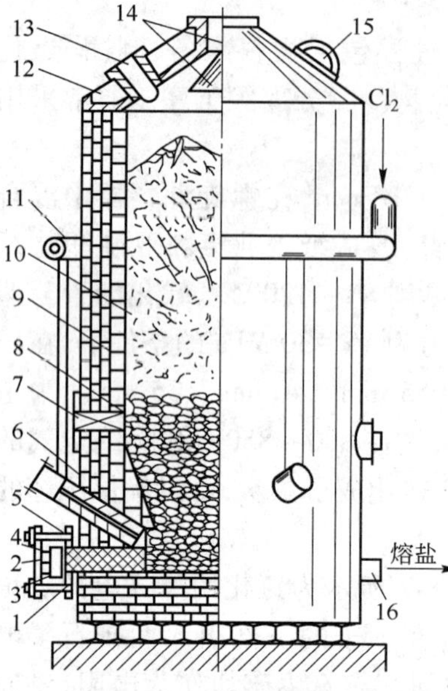

图 8-7　氯化用竖式电炉

1—固定电极的拉杆;2—横梁;3—水冷套;4—电极;5—填料密封;6—风口;7—清洗孔;8—填料煤;9—耐火砖衬;10—炉料;11—通氯环;12—炉盖;13—引出汽 - 气混合物的连管;14—配料锥;15—防爆阀;16—熔盐出料口

氯化生成的铌、钽、钛、铁、铝、硅等的氯化物及其衍生物、不冷凝的气体的汽 - 气混合物和机械夹杂以及粉尘经由气体导出管进入冷凝系统。稀土金属、钙、钠等液态氯化物经过石墨填料而流到炉子底部,并定期自动排出。所得氯化物熔盐的组成为:稀土金属氯化物,37% ~45%;CaO,7.7% ~9.2%;NaO,7.5% ~9.2%;MgO,0.9% ~1.0%;不溶性沉淀渣,3%。该熔盐为进一步提取稀土金属的原料。铌进入氯化物的收率达 98% ~99%(质量分数)。

竖式电炉氯化法的缺点在于制团压块和烧结焦化费工费时,目前已很少采用。

8.5.2　熔盐氯化[1,3,18]

熔盐氯化法是将细磨好的铌钽精矿和焦炭或石油焦一起加到处于热沸腾状态下的熔融的氯化钾、氯化钠混合盐介质中,通氯气进行氯化生成铌钽氯化物的一种氯化方法。在这里碱金属氯化物或碱土金属氯化物混合物本身并不直接参加反应,但它们的物理化学性质(黏度、表面张力等)对氯化过程却产生重要影响。

铌钽精矿氯化时氯气是通过设在氯化反应器下部的风口鼓入的。高速的氯气(20m/s 以上)进入熔融层后,使熔盐和反应物料产生鼓泡,起一种强烈搅拌作用。氯气流本身分散成许多细小的气泡(因氯气在液相介质中的溶解度很小)逐渐由底部向上移动,在表面张力作用下,悬浮于熔盐中的固体粒子黏附于熔盐与氯气的界面上,随熔盐和气泡的流动而分散于整个熔体中,使反应物料之间良好接触,促使精矿中各组分发生氯化反应。

氯化反应的产物大体分为两种:一种为具有低气压的 $ReCl_3$、$MgCl_2$、$CaCl_2$、$FeCl_2$、$MnCl_2$ 等,以熔融态转入熔盐中(该熔融盐的凝固温度约为 520℃),成为熔融盐介质的组分,且钙镁氯化物在较宽范围内对氯化过程不产生有害的影响。另一种为高蒸气压的组分 $NbCl_5$、$TaCl_5$、$NbOCl_3$、$TiCl_4$、$SiCl_4$、$AlCl_3$、$FeCl_3$ 等气态物便从熔融盐中逸出,进入冷凝系统。精矿中难氯化的组分 SiO_2 及过剩的碳则逐渐以固体渣的形式积累在熔融盐中。

与团块氯化相比,熔盐氯化法具有一系列优点:(1)熔盐氯化鼓泡搅拌可加速物质交换和热交换,因而氯化速度快,生产效率高,炉产能力大,工艺过程易于连续化。(2)可以处理复杂矿物,既可以处理高品位精矿,也可以处理低品位精矿。(3)粉料直接入炉,省去了费工费时的团块制备和烧结作业。(4)氯化反应温度较低,对炉衬材质腐蚀性较轻。(5)碳与氧的产物主要是二氧化碳,而不是一氧化碳,因而还原剂消耗量比其他方法低,操作比较安全。

关于氧化物原料在熔盐中的氯化的机理,目前尚未获充分阐明。这里仅指出熔盐氯化的一些要点。

如同在固－气相体系中氯化一样,还原剂碳在熔盐中也具有双重功能:还原作用和活化作用。熔盐可将参与过程的物质加速迁移至反应表面,同时也将反应物导走,因此氧化物在熔盐中的反应速度高于团块氯化的反应速度。

与团块氯化不同,在熔盐氯化时,气体混合物中的 CO_2 要比 CO 多(体积比常为 $CO_2:CO=(10\sim20):1$)。即氯化反应最初是以生成 CO_2 来进行的。当 CO_2 通过熔盐排出时,很少能与还原剂颗粒反应。

Nb_2O_5 在熔盐中的溶解度并不高,虽然可能发生以下反应[9,21]:

$$Nb_2O_5+3NaCl=Na_3NbO_4+NbOCl_3 \tag{8-28}$$

在熔盐中氯化时,还原剂炭素材料的吸附性能并非重要因素,但其密度和与熔盐的浸润性则具有实质性作用。在木炭、石油焦和石墨中,虽然木炭的活性最好,但它常漂浮在熔盐液面上,易被排出气体带走,故效果很差。石墨的活性虽较低,但和熔盐具有良好的浸润性,且密度大,反而对氯化有利[22]。

熔盐氯化的氯化速度随熔盐的表面张力增大而下降。实际上所有难熔金属在熔盐中的溶解度都不很高,这使熔盐的物理性质发生一定变化,如表面张力和黏度下降,促使反应速度加快。氯化物的溶解度还可以因为和熔盐的组分生成配合物而得以提高,例如生成 $NaNbCl_6$、$KNbCl_6$、$KTiCl_6$。

一些杂质元素如铁、铈、铬、锰等的氯化物的存在,也可以加快氯化反应的速度[23]。例如,三氯化铁很容易给出一个氯原子:

$$2Nb_2O_5+12FeCl_4^-+3C=4NbOCl_3+12FeCl_3^-+3CO_2 \tag{8-29}$$

$$12FeCl_3^-+12Cl=12FeCl_4^- \tag{8-30}$$

在这里,三价铁起着氯的搬运工作用。熔盐中只要含有 1% Fe^{3+},便可以大大提高氯化反应速度。

8.5.2.1　铈铌钙钛精矿氯化[18]

铈铌钙钛精矿的组成(质量分数)为:Nb_2O_5,8.45%～8.55%;Ta_2O_5,0.55%

~0.57%；TiO_2，36.2% ~36.5%；RE_2O_3，28.2% ~31.2%；CaO，5.9% ~7.9%；Fe_2O_3，1.6% ~3.0%；Al_2O_3，0.8% ~4.7%；SiO_2，2.5% ~5.9%；($K_2O + Na_2O$)，9.9%；P，0.15%；ThO_2，0.2% ~0.7%。

精矿在还原剂存在下进行氯化。氧化铌与氯反应主要生成三氯氧铌 $NbOCl_3$，部分生成五氯化铌 $NbCl_5$；绝大部分氧化钽则主要生成五氯化钽 $TaCl_5$，极少量生成 $TaOCl_3$，其他元素均生成相应的高价氯化物。

氯化过程主要反应为

$$Nb_2O_5 + 1.5C + 3Cl_2(g) = 2NbOCl_3(g) + 1.5CO_2(g) \tag{8-31}$$

$$Nb_2O_5 + 2.5C + 5Cl_2(g) = 2NbCl_5(g) + 2.5CO_2(g) \tag{8-32}$$

$$Ta_2O_5 + 2.5C + 5Cl_2(g) = 2TaCl_5(g) + 2.5CO_2(g) \tag{8-33}$$

$$TiO_2 + 2.5C + 2Cl_2(g) = TiCl_4(g) + 2CO_2(g) \tag{8-34}$$

$$Ce_2O_3 + 1.5C + 3Cl_2(g) = 2CeCl_3(l) + 1.5CO_2(g) \tag{8-35}$$

氯化过程中所生成的 CO_2 又与碳作用生成 CO，后者作为还原剂参加反应：

$$Nb_2O_5 + 3CO(g) + 3Cl_2(g) = 2NbOCl_3(g) + 3CO_2(g) \tag{8-36}$$

$$TiO_2 + 2CO(g) + 2Cl_2(g) = TiCl_4(g) + 2CO_2(g) \tag{8-37}$$

氯化过程中生成的其他氯化物还有 $CaCl_2$、$BaCl_2$、NaCl、$AlCl_3$、$FeCl_3$、$SiCl_4$ 等。

氯化反应在如图 8-8 所示的氯化反应器中进行。反应器中熔盐的高度为 3.1 ~3.2 m。随着氯化过程的进展，多余的熔盐不断流入前炉（贮槽）。氯化反应温度为 950 ~1000℃，反应时熔盐中平均含精矿为 1.5%，碳为 5% ~6%，氯化反应器的生产率以单位反应器的断面面积计，每昼夜处理精矿 5 ~5.5 kg/m^2。

用氯化工艺处理铈铌钙钛矿，所得冷凝氯化物的组成（质量分数）为：$(Nb + Ta)_2O_5$，51% ~54.3%；TiO_2，1.0% ~1.8%；SiO_2，0.43% ~1.4%；Fe_2O_3，0.4% ~1.1%；Al_2O_3，0.64% ~0.79%；ThO_2，0.1%；RE_2O_3，0.9%。最终产品回收率：工业氧化铌，93% ~94%；工业纯氧化钽，86% ~88%。工业四氯化钛，96.5% ~97%。在氯化炉的熔盐中稀土元素的回收率为 95.5% ~96%。

8.5.2.2　烧绿石精矿熔盐氯化[24~27]

烧绿石通式为 $(Na,Ca,Th,RE)_2(Nb,Ta,Ti)_2O_6(OH,F)$，精矿大致成分（质量分数）为：$Nb_2O_5$，57%；$Ta_2O_5$，0.29%；CaO，12.7%；SrO，1.74%；$Fe_{总}$，6.29%；TiO_2，3.27%；SiO_2，2.82%；Al_2O_3，0.72%；Na_2O，5.01%；ZrO_2，≪1.0%；ThO_2，0.85%；F，2.67%。

氯化的主要反应同铈铌钙钛精矿的氯化反应相同。氯化时熔池中的熔体是由氯化生成的钠、钾、钙和稀土元素的氯化物组成，熔体的大致组分（质量分数）为：RECl，55%；$CaCl_2$，20%；NaCl，15%。图 8-9 所示为烧绿石精矿熔盐氯化设备示意

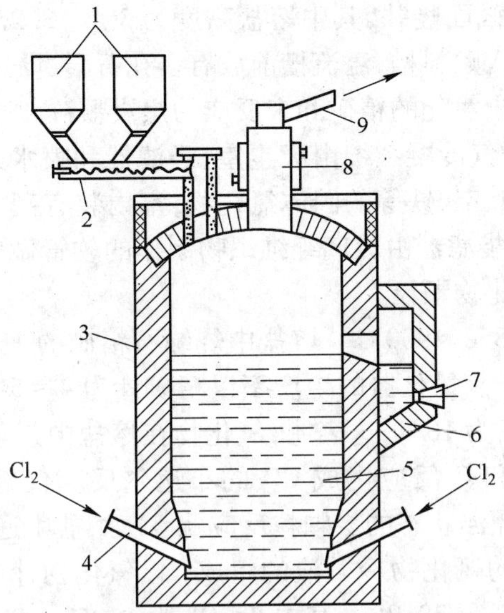

图 8-8 铈铌钙钛精矿熔盐氯化反应器断面图

1—精矿及焦炭料斗;2—螺旋供料器;3—内衬黏土砖的氯化器;4—通氯风嘴;5—熔盐;6—前炉;7—出料口;8—水冷气管;9—汽-气混合物引向冷凝系统的出口导管

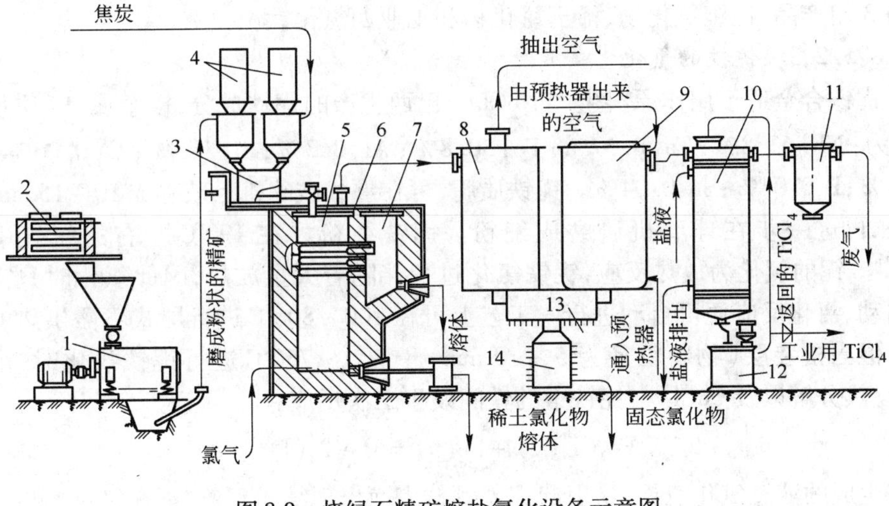

图 8-9 烧绿石精矿熔盐氯化设备示意图

1—振动球磨机;2—精矿烘箱;3—螺旋送料器;4—料斗顶部的袋滤器;5—氯化器;6—多孔石墨过滤器;7—稀土金属氯化物熔盐贮罐;8—带刮板的固体氯化物冷凝器;9—袋滤器;10—四氯化钛冷凝器;11—捕集器;12—带潜孔泵的氯化物收集器;13—氯化物冷凝液混合蒸发器;14—氯化物收集器

图。氯化器为一方形截面竖井，其中熔盐高度为3.1～3.2 m。随氯化的进行，产生的熔盐经溢流槽流入贮料槽，溢流槽前放有多孔石墨过滤器，以便清除从流出的熔盐中飘浮在上面的未氯化的精矿和未反应的焦炭颗粒。熔盐由装在氯化器中的石墨电极加热，混合炉气冷凝系统由吸尘室、袋滤器和喷水式冷凝器组成。其中，吸尘室用于分离铌、钽、铝、铁等的固体氯化物，室内装有刮板，用空气冷却使温度保持在120～130℃。袋滤器由玻璃纤维织物制作的软管做成，用于分离从吸尘室的炉气带来的固体氯化物颗粒。

氯化作业温度为850～900℃。熔盐中烧绿石精矿的平均质量分数为1.5%，碳平均质量分数为5%。氯化器的生产率以精矿计为4～5 t/(m^2·天)。炉气中CO_2/CO的体积比平均为16/1，这表明，氧化物在熔盐中氯化时，主要进行的是生成CO_2的反应。CO_2和C反应生成CO的布达尔反应仅部分发生，因为大部分CO_2气泡尚未能和呈漂浮状态的炭颗粒反应就已从熔盐中逸出。

在吸尘室收集到的氯化物冷凝液的组成，以氧化物计(质量分数)为：Nb_2O_5 + Ta_2O_5合量为25.0%～30.0%，其中Ta_2O_5为1.0%～2.5%，TiO_2为0.5%～3.5%，Fe_2O_3为6.0%～8.0%，RE_2O_3为0.5%～2.0%。相当一部分钽(约30%)和铌(约7%)进入了四氯化钛的冷凝物中，其中多数溶解在四氯化钛溶液中，少部分处于悬浮状态。在随后精馏净化处理$TiCl_4$溶液时，铌和钽留在精馏余液中。最后再从这种精馏余液中提取这部分铌和钽。因此，烧绿石熔盐氯化最后可得3组产品：铌钽氯化物、稀土氯化物和工业四氯化钛。

8.5.2.3　铌铁的氯化[18,28]

铌铁合金适于用作原料生产$NbCl_5$。巴西生产的铌铁成分，以金属计(质量分数)为：Nb，63.8%；Ta，0.37%；Fe，30.8%；Al，3.3%；Si，1.5%；C，0.06%；S，0.07%；P，0.04%；Sn，0.04%。铌铁质脆，可在颚式破碎机上破碎成10～15 mm的碎块，再进一步在球磨机研磨成细粉。铌铁细粉可在190℃左右的氯气中燃烧[29]。铌的氯化为放热反应，铌铁氯化过程伴随着大量放热，因此氯化时只需加热启动，氯化反应便可自动进行。工艺上可在100～800℃进行层式不需供热的氯化。但当松装层(物料粒径为5～10 mm)于700～750℃进行铌铁氯化时，由于$FeCl_3$热分解以及$FeCl_3$与铌铁中的铁间发生二次反应：

$$Fe_2Cl_6(g) + Fe(s) = 3FeCl_2(l) \qquad (8\text{-}38)$$

反应生成的液态氯化亚铁，易引起铌铁颗粒表面出现结团现象，影响氯化的顺利进行。有鉴于此，铌铁氯化最佳方案仍应在氯化物熔盐NaCl + $NaFeCl_4$中进行。这时，氯化铁溶解在熔盐中，并且是以高氯酸铁盐$NaFeCl_3$和$NaFeCl_4$的形态存在熔盐中。这可以在氯气鼓泡时引起的强烈搅拌作用下加快反应的快速进行。图8-10所示为铌铁熔盐氯化装置原理图[18]。

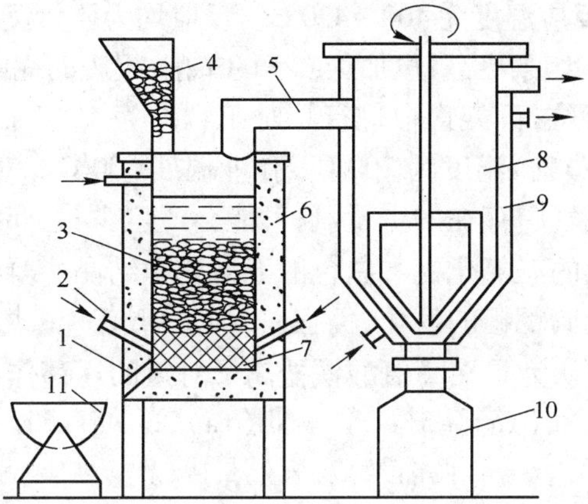

图 8-10 铌铁熔盐氯化装置原理图

1—熔盐卸出溜口;2—氯气通入口;3—铌铁块层;4—氯化器的加料斗;
5—气道;6—内衬黏土砖的氯化器;7—石墨块垫层;8—冷凝器;
9—空气套罩;10—氯化物收集容器;11—熔盐收集器

在氯化过程中,由于氯化铁的积累而使熔盐体积不断增大,为此必须将部分熔盐经溜口放到熔盐收集器中。从熔盐中逸出的汽-气混合物实际上不含有氯。在所冷凝出的五氯化铌中,铁等杂质的含量和熔盐的组成和温度有关。有两种提纯粗五氯化铌的方法:铁粉处理法和精馏法。

铁粉处理法是在蒸馏之前,先用铁粉将3价的氯化铁还原成2价铁:

$$2FeCl_3(s) + Fe(s) = 3FeCl_2(s) \tag{8-39}$$

$$\Delta G^{\ominus}_{600K} = -2.52 \times 10^5 \ J/mol$$

$$2NbCl_5(l) + Fe(s) = 2NbCl_4(s) + FeCl_2(s) \tag{8-40}$$

$$\Delta G^{\ominus}_{600K} = -1.12 \times 10^5 \ J/mol$$

反应(8-39)要比反应(8-40)容易进行。而且 $NbCl_5$ 和 $FeCl_3$ 的蒸气压气差大,较易分离。

所得五氯化铌的纯度较高,杂质含量(质量分数)为:Ta,10×10^{-6};Al,1×10^{-6};Be,0.1×10^{-6};Bi,1×10^{-6};Ca,1×10^{-6};Cd,0.1×10^{-6};Cu,0.1×10^{-6};Co,0.1×10^{-6};Fe,0.1×10^{-6};K,1×10^{-6};Ni,0.1×10^{-6};Mg,1×10^{-6};Mn,0.1×10^{-6};Mo,3×10^{-6};Na,1×10^{-6};Pb,1×10^{-6};Si,2×10^{-6};Sn,1×10^{-6};RE,2×10^{-6};Ti,3×10^{-6};V,2×10^{-6};W,3×10^{-6};Zr,3×10^{-6};Cl,0.2×10^{-6};F,1×10^{-6};N,0.2×10^{-6};P,40×10^{-6};O,100×10^{-6}。

8.5.3 金属铌和钽的氯化

气体氯或氯化氢均可以和金属铌或钽反应生成五氯化物。前者的反应温度为

300～350℃，后者的反应温度为400～420℃。反应均为放热反应。原料通常采用铌和钽的废金属，如铌和钽条废品、机加工产生的车削、报废的铌或钽的部件、粉末等。

规模小时，氯化可在石英管中进行。对于粒度为1～3 μm 的钽粉，氯化起始（开始出现五氯化钽蒸气）温度为200℃，作业温度500℃。对于铌，由于金属表面的氧化膜中的氧和氯气中存在的少量氧，可能会产生少量 $NbOCl_3$。石英管氯化可以直接观察到亮黄色的五氯化铌和白色的五氯化钽结晶冷凝物[30～32]。

较大规模进行金属铌钽的氯化，仍宜在 $NaCl + NaFeCl_4$ 熔盐中进行，氯化温度700～750℃。氯化被认为是在高氯酸铁盐离子对氯的迁移作用而发生氯化[33,157]：

$$Nb(Ta) + 5FeCl_4^- = Nb(Ta)Cl_5 + 5FeCl_3^- \tag{8-41}$$

$$FeCl_3^- + 1/2Cl_2 = FeCl_4^- \tag{8-42}$$

8.6　铌钽氯化物的分离和提纯

从氯化炉排出的汽－气混合物中含有铌、钽、钛、铁、铝、硅等的氯化物和 CO_2、CO 以及少量光气、氯气、气体氯化氢、碳氢化物的氯衍生物[34]。混合气体的出口温度为750～800℃。为了分离和回收金属氯化物，需要对混合气体进行冷凝。冷凝产物经氯化处理后进行氯化物精馏提纯。

8.6.1　氯化物的冷凝

冷凝是使气态组分转化为固体的过程。氯化物冷凝是氯化物挥发的逆过程，二者分离原理相同。氯化物冷凝也是分离的重要手段，是氯化工艺中最复杂的阶段之一。

由气态组分转变为固态的过程必然伴随着热量的释出（释出热量的数值等于蒸发或升华时所消耗的热量）。因此，冷凝设备除需要满足一定的工艺条件（如温度、冷凝面积、淋洗等）外，还应能有效排出热量。图8-11 所示为氯化物冷凝系统图。

铌钽氯化工业中曾用过3 种冷凝系统：

（1）选择式分段冷凝系统：按熔点、蒸气压差别，先在冷凝室中冷凝 $NbOCl_3$ 和 $TaCl_5$，然后在喷淋式冷凝器中冷凝液态氯化物 $TiCl_4$、$SiCl_4$ 等。理论上看似可以获得单一氯化物的分离效果，但实际上所得四氯化钛组分中常含有较多的铌和钽的氯化物[35]。

（2）联合式冷凝系统：在喷淋式冷凝器中先通过冷凝浓缩分离出固体氯化物，然后再分离四氯化钛。

（3）综合式冷凝器：即兼有选择式和联合式特点的冷凝系统。

对于大功率的氯化炉，比较适用的是联合式冷凝系统。冷凝后在四氯化钛中可得浆状的铌和钽的氯化物。由于热交换是通过汽－气混合物的液相的接触实现，因而工艺效率比较高。

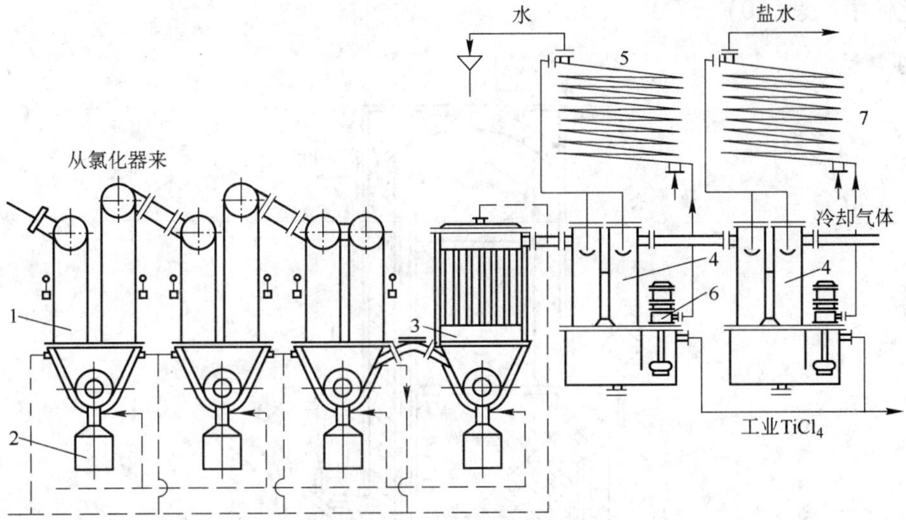

图 8-11 氯化物冷凝系统图

1—表面冷却器；2—固体氯化物收集器；3—袋滤器；4—喷淋冷凝器；
5—水冷却；6—浸入式泵；7—盐水冷却器

在氯化过程中，为了离析出氯化铁和氯化铝，在冷凝系统中常采用熔盐喷淋过滤装置。这种分离是借助 $FeCl_3$ 和 $AlCl_3$ 易和钾钠氯化物作用生成易熔的配合物盐 $MFeCl_4$ 和 $MAlCl_4$（式中 M 为碱金属）。在熔盐喷淋过滤器在 300～500℃条件下工作时，这种易熔配合物盐热稳定，并且蒸气压很低，如表 8-9 所示。

表 8-9 一些氯化物的熔点和蒸气压

氯 化 物	$NaFeCl_4$	$KFeCl_4$	$NaAlCl_4$	$KAlCl_4$
$t_{熔点}$/℃	163	249	152	256
$p_{500℃}$/Pa	334	36.6	13.3	20

在 300～500℃时，熔盐体系 NaCl（KCl）－$FeCl_3$－$AlCl_3$ 中的汽－气混合物中的其他组分如 $NbOCl_3$、$NbCl_5$、$TaCl_5$、$TiCl_4$ 等，由于具有较高的蒸气压而不被熔盐喷淋过滤器中的熔盐所吸收。

图 8-12 所示为熔盐喷淋过滤器结构图。过滤器高 10 m、宽 3 m、长 3 m。冷凝产生的碱金属氯化物熔盐可以在通过汽液分离器中循环使用。在过滤器中除了吸收 $FeCl_3$ 和 $AlCl_4$ 外，还可以分离掉汽－气混合物中的固体颗粒，如未反应的精矿、还原剂、四氯化钛水解产物、氯化钠等。

沉降后所得密实的沉淀物，再在专用设备中蒸发出四氯化钛并将余下的固体渣和在收尘器中捕集到的氯化物混合。这时部分五氯化铌和五氯化钽仍溶解在四氯化钛中(表 8-10)。

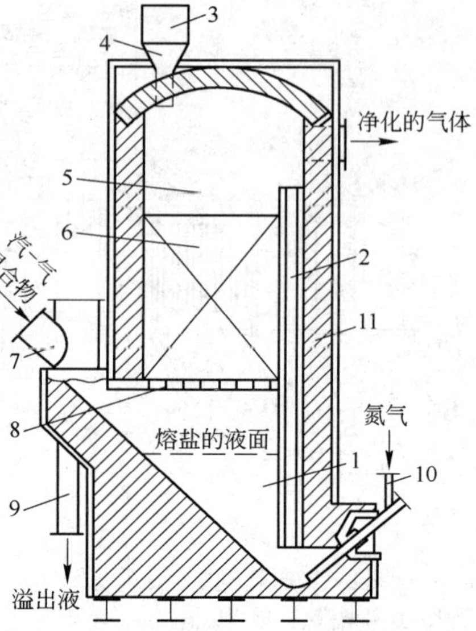

图 8-12　熔盐喷淋过滤器结构图

1—工作熔池;2—气体升液器;3—吊斗;4—KCl + NaCl 新制熔盐料仓;5—液滴捕集室;6—砖格子;7—气路;8—栅格板;9—出料口;10—氮气分配器;11—过滤器主体

表 8-10　五氯化铌和五氯化钽在四氯化钛中的溶解度[36,37]

T/℃	0	17.5	25	40	60	70	100
$NbCl_5$/%	0.042	0.47	0.76	1.13	2.02	6.0	14.6
$TaCl_5$/%	0.5	0.75	0.93	1.41	2.50	5.8	14.0

须指出,三氯氧铌($NbOCl_3$)实际上不被四氯化钛所溶解。

所得的冷凝物(成分见前)尚需进行下一步的分离和提纯处理。依最终产品要求,主要有两种处理方法:水解法制取铌钽氧化物和补充氯化法制取五氯化物。这里仅介绍后一种方法。

补充氯化法的目的在于将冷凝物中的氯氧化物全部转化成五氯化物,以便下步精馏分离铌和钽。通常采用两种氯化剂:CCl_4 和 $AlCl_3$。

(1) CCl_4 氯化[38~40]:反应在带耙多层架的加热装置中进行。齿耙固定在转速为 3 r/min 的中轴上。反应在 350 ~ 400℃ 温度下进行,四氯化碳加入量为化学计量数的 2 倍,氯化反应为:

$$2NbOCl_3 + CCl_4 = 2NbCl_5 + CO_2 \qquad (8\text{-}43)$$

$$2TaOCl_3 + CCl_4 = 2TaCl_5 + CO_2 \qquad (8\text{-}44)$$

生成的五氯化物在 210℃ 下冷凝。

由于原料氯氧化物在转化成五氯化物时要释放出氧,生成氧化物:

$$5NbOCl_3 = Nb_2O_5 + 3NbCl_5 \quad (8\text{-}45)$$

而 CCl_4 并不能氯化所生成的五氧化铌,因此再氯化时只有75% ~80%的转化率。采用 CCl_4 氯化的另一缺点在于氯化时还伴有 CCl_4 本身的热分解,生成有毒气体。而 CCl_4 本身也是有毒物质,安全要求的极限容许质量浓度为20 mg/m³。

(2) $AlCl_3$ 氯化[41]:氯化铝氯化反应是在液态的四氯化钛的浆料中进行。反应为

$$NbOCl_3 + AlCl_3 = NbCl_5 + AlOCl \quad (8\text{-}46)$$

反应在120℃下进行。反应完毕,先提高温度首先从浆液中蒸发出 $TiCl_4$,再在220~250℃蒸发出 $NbCl_5$、$TaCl_5$、$AlCl_3$,然后冷凝。将铌、钽、铝混合氯化物通过熔盐过滤器分离掉三氯化铝,最后得到纯铌和钽的五氯化物,供下步精馏用。

8.6.2 铌钽氯化物的净化提纯

工业上采用的铌钽氯化物净化的方法主要有精馏和选择性还原两种。分离目的在于获得纯净的五氯化铌和五氯化钽。

8.6.2.1 氯化物精馏

氯化物精馏是一种高效分离方法,用它可以获得高纯和超高纯的铌钽化物。众所周知,当两种氯化物组成混合熔体时,其蒸气压往往与单一氯化物的蒸气压不同。五氯化铌和五氯化钽的性质和结构非常近似,而且能形成简单的互溶体。五氯化铌和五氯化钽是等结构的[42]。汽-气平衡证明,$NbCl_5$-$TaCl_5$ 混合物体系是一种遵循拉乌尔定律的近理想溶液。常压下 $NbCl_5$-$TaCl_5$ 系的相对挥发度约为1.34。计算表明,为将五氯化铌和五氯化钽分离并获得纯度在99.9%以上的产品,理论上需要48级的蒸馏塔。

除铌和钽分离外,冷凝物中其他杂质,如钛、铝、硅等的氯化物挥发性与铌和钽的氯化物的挥发性相差较大,均易于和铌钽分离。根据文献[43]的数据,在由五氯化钽和一些杂质组成的体系中(压力为 1.01×10^5 Pa),相对挥发度为:$TiCl_4$,7.4;$AlCl_3$,4.8;WCl_6,13.3;$WOCl_4$,1.17;$MoCl_5$,2.7;$MoOCl_2$,7.9。

在体系中杂质元素的价态和存在形式对分离提纯效果有较大影响。五氯化铌和五氯化钽,在蒸馏的各个温度下均保持稳定,不生成低价的铌钽氯化物,但铁和钨氯化物则不甚稳定。在氯化物精馏分离过程中,温度升高至250℃,三氯化铁易发生分解生成2价氯化物:

$$2FeCl_3 = 2FeCl_2 + Cl_2 \quad (8\text{-}47)$$

反应产生的二氯化铁的挥发性很差,随精馏过程的进行,它会沉积在精馏塔中,不仅影响精馏过程的热传递和物质交换,而且所析出的氯气严重腐蚀精馏塔。

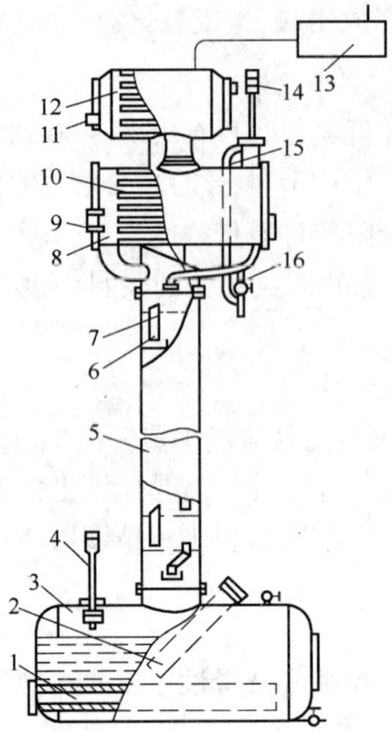

图 8-13　铌钽氯化物精馏塔结构简图

1—精馏釜的主加热器;2—启动电加热器;3—精馏塔釜;4,14—压力计传感器;5—精馏塔;6—溢出管;7—筛板;8—冷凝器;9—视窗;10—冷凝器管;11—供水接管;12—载热体蒸气冷却器;13—控压系统;15—塔内压力泄压管;16—精馏产物取样阀

铌钽氯化物精馏净化分离一般采用三段工艺[43]:

(1) 预蒸馏除去挥发性杂质获得纯的铌钽五氯化物。

(2) 主蒸馏分离铌和钽,分别获得纯净的五氯化铌组分和五氯化钽浓缩物。

(3) 钽浓缩物精馏制取纯五氯化钽。

精馏分离通常在用耐蚀钢(如 121X118H19T 钢)做成筛板塔中进行。图8-13所示为这种精馏塔的基本结构。

所得铌组分比较纯净(含 Ta,0.01%;Fe,0.002%;未检出 Ti,Si,Al),钽组分纯度稍差[44]。进一步提纯可采用精馏和热化学提纯和吸附法结合的方法。

热化学提纯法是将五氯化铌(钽)的蒸气在 500 ~ 800℃下通过充满惰性填料(石英质)塔,使杂质元素发生化学变化,如使 $FeCl_3$ 转化为不易挥发的 $FeCl_2$,氯化铝与氯氧化铌生成不易挥发的氯氧化铝[45]:

$$Al_2Cl_6 + 2NbOCl_3 = 2AlOCl + 2NbCl_5 \quad (8\text{-}48)$$

吸附提纯法是将五氯化铌通过活性炭吸附剂层,使杂质与活性炭生成各种掺入型化合物而分离。例如在 270℃下采用比表面积为 600 m^2/g、粒度为 0.1 ~ 0.3 mm 的生物活性炭,当气流的单位负载为 1.28 ~ 0.31 kg/($m^2 \cdot s$)时,净化倍数分别为:$FeCl_3$,230 ~ 86;$AlCl_3$,29 ~ 10;$MoCl_5$,35 ~ 20。

8.6.2.2　氯化物选择还原

五氯化铌较五氯化钽易于还原成金属,利用这种差别可以将它们分开。选择还原的还原剂可用氢、金属钠、金属镁、金属铝等。其中氢还原应用较多。由于分离效果欠佳,选择还原至今未获工业应用。这里主要介绍两种方法。

A　氯化物选择性氢还原[46]

氢还原分 3 段进行,铌钽混合氯化物先在 300 ~ 350℃下氢还原除去杂质铁:

$$Fe_2Cl_6 + H_2 = 2FeCl_2 + 2HCl \quad (8\text{-}49)$$

350℃时,$\Delta G^{\ominus}_{350℃} = 1.86 \times 10^{12}$ J/mol。

所生成的二氯化铁以蒸气形式逸出,混合氯化物中残铁降至 0.02%。所得纯混合氯化物再在 400 ~ 500℃下氢还原五氯化铌至三氯化铌:

$$NbCl_5 + H_2 = NbCl_3 + 2HCl \quad (8\text{-}50)$$

反应时氢的供应量为理论量的5倍。500℃下的反应平衡常数为

$$K_p = p^2_{(HCl)}/(p_{(H_2)}p_{(NbCl_5)}) = 1.98$$

这时五氯化钽不被还原而和铌分离。铌的产率约为76%。三氯化铌再在645~675℃下进一步氢还原成金属铌：

$$2NbCl_3 + 3H_2 = 2Nb + 6HCl \quad (8\text{-}51)$$

还原时必须严格控制温度，过高温度易使五氯化铌发生歧化反应，使整个过程复杂化。表8-11所示为选择还原的铌钽分离效果。

表8-11 铌钽氯化物氢选择还原的分离效果[47]

$TaCl_5$ /mg	$NbCl_5$ /mg	Nb /mg	铌钽混合物原料中 $\frac{w(TaCl_5)}{w(TaCl_5)+w(NbCl_5)}$/%	在制取的金属铌中 $\frac{w(Ta)}{w(Ta)+w(Nb)}$/%
66	1492.5	290.5	4.4	0.11
237.8	1580.4	321	13.08	0.65
341.6	1676	333	16.09	0.18

注：原始 $NbCl_5$ 中含钽0.06%。

所得金属铌的纯度为：Al，<0.04%；W，<0.14%；Ta，<0.1%；Mo，<0.03%；Ti，<0.03%；Fe，<0.06%；Mg，<0.07%；C，<0.02%；O，<0.01%；Mn，<0.03%。

除氢还原剂外，还可以用氯化铵作还原剂。氯化铵分解生成氨气（NH_3），氨气进一步分解，释放出氢气。

B 交换反应法分离铌和钽

交换反应方法的方案较多，重要的方法有铝盐反应法、氧化钙反应法等。

铝的卤化物（氯化物、溴化物和碘化物）与铌和钽的氧化物的反应具有选择性。铝的卤化物和氧化钽不反应，但和氧化铌则发生反应：

$$Nb_2O_5 + 5AlX_3 = 2NbX_5 + AlOX \quad (8\text{-}52)$$

式中，X为卤族元素。在精馏升华处理时，未发生反应的五氯化钽残留在熔盐中而和铌分离开。

五氧化铌和五氧化钽和碱金属铝酸盐的反应存在较大差别：

$$Nb_2O_5 + 3NaAlCl_3 = 2NbOCl_3 + 3AlOCl + 3NaCl \quad (8\text{-}53)$$

$$Ta_2O_5 + 3NaAlCl_3 = 2TaCl_5 + 5AlOCl + 5NaCl \quad (8\text{-}54)$$

在可比条件下反应（8-53）的起始反应温度比反应（8-54）的起始反应温度低300℃，这成为铌和钽分离的重要基础。表8-12中两个体系不同温度下的平衡蒸气压的差别充分证明了这种差别。

表 8-12　Nb_2O_5-$NaAlCl_4$ 系和 Ta_2O_5-$NaAlCl_4$ 系平衡态下的蒸气压

$Nb_2O_5+3NaAlCl_4$ 体系		$Ta_2O_5-NaAlCl_4$ 体系	
T/℃	$p(NbOCl_3)$	T/℃	$p(TaCl_5)$
305	1237	610	665
335	2394	640	1330
355	4455	670	1596
375	7049	700	3724
408	8645		

氧化钙与铌和钽的五氯化物的反应也存在显著差别，也是铌和钽分离的重要基础。氧化钙虽同时和五氯化铌和五氯化钽反应生成相应的氯氧化物[48,49]：

$$NbCl_5 + CaO = NbOCl_3 + CaCl_2 \tag{8-55}$$

$$TaCl_5 + CaO = TaOCl_3 + CaCl_2 \tag{8-56}$$

但钽所生成的氯氧化物并不稳定，很快便转化成不挥发的五氧化钽[50]：

$$5TaOCl_3 = Ta_2O_5 + 3TaCl_5 \tag{8-57}$$

铌的三氯氧化物则很稳定，并且只稍稍和氧化钙反应[51]：

$$2NbOCl_3 + 3CaO = Nb_2O_5 + 3CaCl_2 \tag{8-58}$$

从含 $NbCl_5$ 和 $TaCl_5$ 各占一半的混合物原料中，获得的铌产品中含钽仅小于 0.02%，产品的产率为 75%，最高达 90%[50]。

8.7　由氯化物制取氧化铌和氧化钽

由氯化物制取氧化铌和氧化钽有水溶液水解法、水蒸气水解法、氧或含氧气体反应法等。有混合氯化物水解和单一氯化物水解两种原料。

8.7.1　混合氯化物水解

混合氯化物如前述的铈铌钙钛矿氯化的冷凝物，其水解有水溶液水解法和蒸气水解法两种方法。

水溶液水解法是将混合氯化物在 90 ~ 100℃下用水分解。采用热水解可以避免形成氧化物胶体，有利于过滤。水解反应为

$$2NbOCl_3 + (n+3)H_2O = Nb_2O_5 \cdot nH_2O + HCl \tag{8-59}$$

$$2(Nb+Ta)Cl_3 + (n+3)H_2O = (Nb+Ta)_2O_5 \cdot nH_2O + 10HCl \tag{8-60}$$

水解时主要杂质铁、铝、钙、碱金属和碱土金属、稀土元素以及部分钛留在盐酸滤液中而被分离掉。滤饼再用 2% HCl + NH_4Cl 混合液洗涤[12]，最后得到纯度为 90% ~93% $(Nb+Ta)_2O_5$ 的中间产品。

水蒸气水解法在蒸气水解器中进行。水解器是一个带有齿耙的多层架反应

器，高 8 m、宽 5 m、长 7 m，其结构简图如图 8-14 所示。

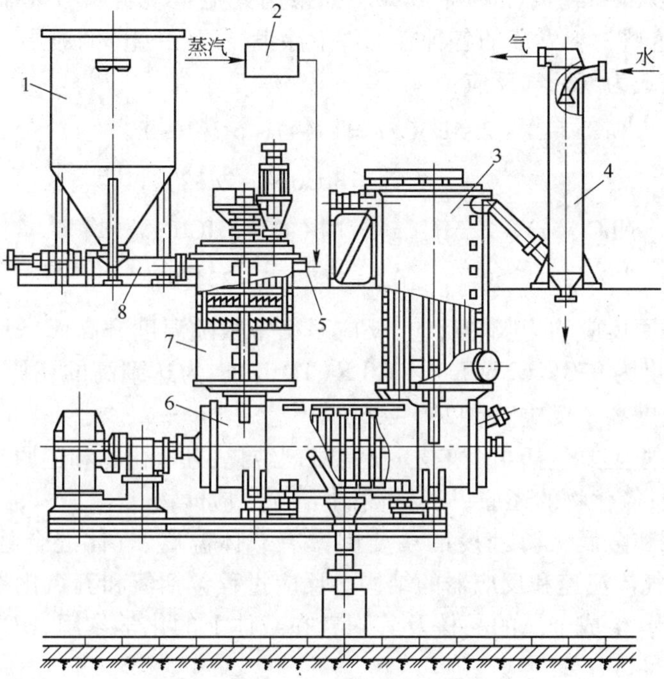

图 8-14　蒸气水解器简图

1—供料斗；2—蒸汽加热器；3—容器；4—洗涤塔；5—蒸汽分配器；
6—混合器；7—多层水解器；8—计量器

铌钽氯化冷凝物在蒸气温度 200 ~ 250℃ 下进行水解，水解产物在加热的混料器中均匀混合，析出的氯化氢气体由水淋洗涤塔吸收。蒸气水解法的优点在于省去了水溶液水解法的过滤工序，大大节省水耗量，并且可以回收利用盐酸。

8.7.2　单一铌或钽氯化物水解

纯氯化物水解有三种方法：(1) 水溶液水解法（液相法）；(2) 水蒸气水解法（气相法）；(3) 氧或含氧气体燃烧法。前两种方法已获工业应用。

8.8　氯化物还原制取金属铌和金属钽

氯化物还原制取金属铌和金属钽主要有电解法（详见第 12 章）、氢还原法、金属镁（钠）还原法和等离子体还原法。

8.8.1　在加热载体上氢还原五氯化铌（钽）

有两种氢还原法，一种为选择性氢还原，一种为载体上沉积还原铌（钽）。

在加热载体上还原铌(钽)的方法具有实际应用价值。载体如果是铌和钽的丝或带,就可以得到纯铌(钽)条或棒。如果用其他金属材料或非金属材料作载体,就可以在这些材料做成的各种零部件上涂镀一层铌(钽)的镀层[52,53]。载体上氢还原的反应式为气-气反应:

$$TaCl_5(g) + 2.5H_2(g) = Ta(s) + 5HCl(g) \tag{8-61}$$

$$\Delta G_T^{\ominus} = 303674 - 221T$$

$$NbCl_5(g) + 2.5H_2(g) = Nb(s) + 5HCl(g) \tag{8-62}$$

$$\Delta G_T^{\ominus} = 249366 - 254.8T$$

铌和钽还原反应均为吸热反应,反应平衡常数随温度升高而增加。平衡常数 $K_p = 1$ 时的温度为 978 K($NbCl_5$)、1370 K($TaCl_5$)。为达到高的还原率,要求使用过量的氢和温度高于反应温度 200 ~ 250 K[54~58]。

载体氢还原主要包括 4 个工艺过程:试剂纯化;五氯化物和还原剂氢气之间最佳配比的控制;氯化物的还原;从反应器中清除反应产物。

影响还原和金属沉降速度的主要因素有载体温度、气体混合物中五氯化钽(铌)的含量、气体流速和反应器的结构。反应过程包括氢和五氯化物向载体的扩散、反应剂吸附、生成金属的晶核及其附着在载体上的化学作用、HCl 气体的排出等阶段。

载体温度在 925 ~ 1265℃时,沉积速度受化学作用阶段控制,并可用下述方程描述[59]:

$$v_{(Nb)} = 5.08 \times 10^4 \exp(-11950/T)$$

$$v_{(Ta)} = 2.65 \times 10^3 \exp(-7410/T)$$

活化能分别为 98 kJ/mol(Nb)和 60 kJ/mol(Ta)。

在对厚 0.2 mm、宽 5 mm、长 100 mm(加热部分)的钽带上、在温度 1000 ~ 1600℃下进行沉积时,其沉积速度与温度关系为:

温度/℃	1000	1150	1400	1600
沉积速度/g·(cm^2·h)$^{-1}$	1.36	1.62	1.9	1.98

图 8-15 所示为氢还原载体沉积装置简图。五氯化钽蒸气由蒸发器出来与氢混合,进入装有带加热钽条的圆筒形反应器,在钽条四周配置有不锈钢质带孔挡板。最佳工艺为:载体温度 1200 ~ 1300℃,注氢速度为 0.25 ~ 0.3 m^3/h,$TaCl_5$ 进料速度为 1.5 ~ 2 kg/h,$TaCl_5$ 在混合气体中的体积分数为 24% ~ 33%。在宽 5 ~ 10 mm 的钽带上的沉积速率达 0.17 ~ 0.22 kg/h,利用率为 19% ~ 23%。未被利用的氯化钽返回再进炉使用。所得致密和带有晶状多棱表面的钽棒,可轧制成薄板,也可用电子束炉重熔得到钽锭或氢化制成高纯度的钽粉。

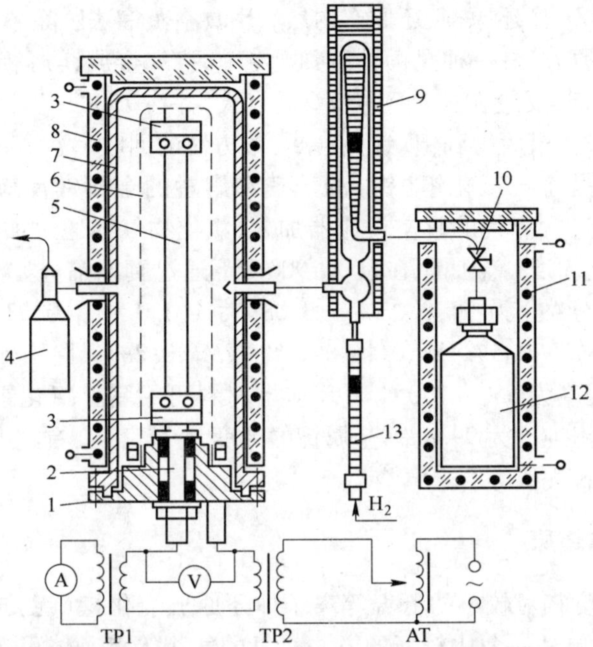

图 8-15　在加热载体上氢还原五氯化物制取金属铌和钽的装置简图

1—反应器法兰盘;2—绝缘的电引线;3—夹具接点;4—未反应的氯化物冷凝器;5—钽条(棒);6—带孔挡板;7—反应器外壳;8—反应器的加热器;9—测五氯化物流量的加热转子流量计;10—针状阀;11—电炉;12—$TaCl_5$ 蒸发器;13—氢气流量计

由 $NbCl_5$ 沉积铌的工艺过程和工艺条件和沉积钽类似[60,61]。但铌的沉积过程较钽还原复杂些,因为在铌还原过程中常伴有五氯化铌的热分解和歧化反应:

在 450℃时发生　$NbCl_5$(蒸气) + H_2(气) = $NbCl_3$(固) + 2HCl(气)　(8-63)

高于 650℃时发生　$5NbCl_3$(固) = 2Nb(固) + $3NbCl_5$(蒸气)　(8-64)

所生成的不挥发的 $NbCl_3$ 常沉积在反应器壁上,从而使反应过程复杂化,不仅会降低金属铌的直接回收率,而且需要定期清洗反应器。

载体氢还原有广泛的应用。例如,用于制造超导材料,将五氯化铌和氯化锡的混合气体在 900 ~ 1000℃下氢还原,可以得到单相的 Nb_3Sn 镀层,在 850 ~ 900℃氢还原五氯化铌和氯化镓的混合气体可以得到 Nb_3Ga 薄膜[62~64]。

8.8.2　五氯化铌(钽)金属热还原[65]

金属镁和钠可以直接还原五氯化钽(铌)获得金属钽(铌),反应式为

$2TaCl_5$(蒸气) + 5Mg(液) = 2Ta(固) + $5MgCl_2$(液)　(8-65)

$TaCl_5$(蒸气) + 5Na(液) = Ta(固) + 5NaCl(液)　(8-66)

铌也有同样的反应。

也有报道用 Zn 作还原剂,还原产物然后用真空蒸馏法脱除 Zn。

有两种镁还原方法:一种是固体五氯化钽(铌)和金属镁屑相互作用,反应时还加入 KCl 作熔剂,反应在加热到 450℃后点火,并在 750℃完成反应。得到的熔体冷却后用盐酸洗,最后得到钽(铌)粉末。该方法的回收率达 98%[66]。

另一个方法是将五氯化钽(铌)的蒸气和熔融的金属镁反应[67]。镁蒸气在 500 ~ 600℃下通过含有镁的真空反应器加入,氯化物气体通过加热到 250℃的特制的容器加入,还原所得金属钽在 800 ~ 900℃下通过真空筛分方法获得。产品的杂质含量(质量分数)为:N,0.03% ~ 0.08%;H,0.01% ~ 0.03%;C,0.04% ~ 0.12%;Ni,0.004% ~ 0.5%;Fe,0.1% ~ 0.8%;Mg,0.2%。除镁外,也可以用钠的蒸气还原,还原温度为 650 ~ 750℃。反应器材料可用耐五氯化钽(铌)腐蚀的金属镍。产物金属钽纯度为 99.8%,金属铌的纯度为 99.7%。钠还原法还可直接用于制取铌铝、铌锆、铌钒等合金[68,69]。

8.8.3　等离子体还原

可以用离解度相对较小的低温等离子体还原五氯化钽(铌)或钽铌化合物获得金属钽(铌)。这是一个比较新的方法。氢的气相等离子体可在温度达 5000℃下实现还原,这是其他方法做不到的物理化学转变过程。

等离子氢还原可以得到超细金属粉(≈0.1 μm)[70]。为达到完全还原所需的氢对氯的比例为 12($NbCl_5$)和 15($TaCl_5$),温度达 2500 ~ 2800℃。金属产出率 95%。图 8-16 所示为氯化物等离子体氢还原装置图。

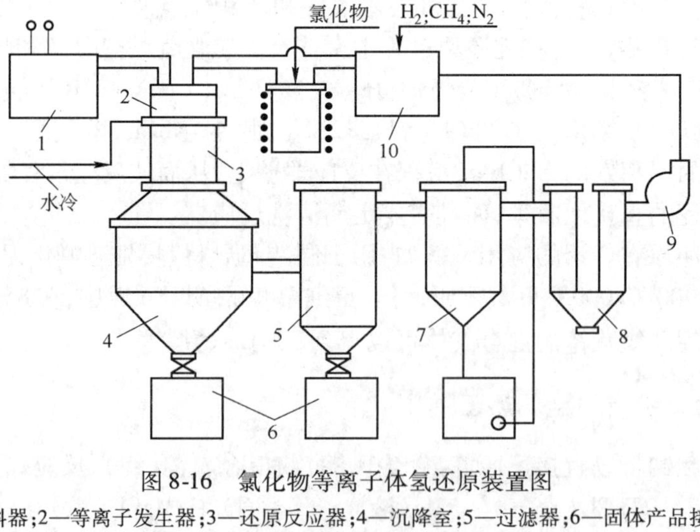

图 8-16　氯化物等离子体氢还原装置图

1—供料器;2—等离子发生器;3—还原反应器;4—沉降室;5—过滤器;6—固体产品接收室;7—氯化氢吸收室;8—混合气体干燥室;9—循环压缩泵;10—氯化物计量配置室

传输气体为通过计量配料室时为五氯化钽(铌)饱和了的氢气。氢气从装有等离子发生器的反应器的上部加入,经等离子体氢还原后,固体产物进入反应器下接的沉降室和还原产物(金属粉)接收室,反应后的气体混合物进入恒温调节的过滤装置,捕收所夹带的固体产物并将其和气体杂质分离,过滤后的气体进入氯化物净化室(装有氯化物吸附剂),尾气最后进入气体干燥器,经压缩后返回计量配料室循环使用。

等离子还原法还可以用于制备钽(铌)的碳化物和氮化物。制取碳化物时,可在等离子生成气体中加入甲烷或其他含碳气体。制取氮化物时,传输气体采用氮气。

8.9 铌和钽的氟化冶金[71~73]

铌和钽的氟化物是钽铌冶炼的重要基础。精矿氟氢酸分解、HF 溶液中溶剂萃取分离、氟盐分步结晶、氟盐钠还原法、氟盐电解等均属于氟化冶金范围。有关铌和钽氟化物的性质参见第 4 章。

五氟化铌和五氟化钽的相对挥发度仅 1.17,比五氯化物的相对挥发度 1.34 小。但在常压下它们的液态温度(NbF_5 为 155.5℃,TaF_5 为 134.9℃)均高于氯化物的液态温度($NbCl_5$ 为 43.4℃,$TaCl_5$ 为 14.9℃)。熔点温度下氟化物的蒸气压(NbF_5 为 399 Pa,TaF_5 为 931 Pa)均显著低于氯化物的蒸气压($NbCl_5$ 为 32585 Pa,$TaCl_5$ 为 32740 Pa)。这一点有利于进行蒸馏分离,对精馏设备和冷凝设备更为方便。文献[71]介绍了一种五氟化物分离的实验装置。当所采用的精馏塔的高度和直径分别达到氯化物精馏时的 2 倍和 2.3 倍时,分离效果和氯化物分离效果处于相当水平。

250℃下金属铌(钽)和元素氟作用可生成五氟化铌(钽)。金属铌(钽)和它们的碳化物、氮化物和无水氟化氢在 250℃下反应也可生成五氟化物。

图 8-17 所示为铌和钽以及一些金属氟化物的标准生成自由能 $\Delta G^{\ominus}$ 与温度的关系。由图可见,铌和钽的氟化物的标准生成自由能的负值都很大,几乎比相应的氯化物大一倍。在标准状态下,位于图中下部的金属可以作为位于其上部的金属氟化物的还原剂。例如,用钠、钾等还原氟钽(铌)酸钾配合物制取金属钽(铌)。

8.9.1 在加热载体上氢还原五氟化钽[74,75]

在加热载体上铌和钽的五氟化物和氢的相互作用的总反应式为

$$TaF_5(g) + 2.5H_2(g) = Ta(s) + 5HF(g) \tag{8-67}$$

$$\Delta H_{298} = 418\ \text{kJ/mol}$$

$$NbF_5(\text{蒸气}) + 2.5H_2(\text{气}) = Nb(\text{固}) + 5HF(\text{气}) \tag{8-68}$$

$$\Delta H_{298} = 376\ \text{kJ/mol}$$

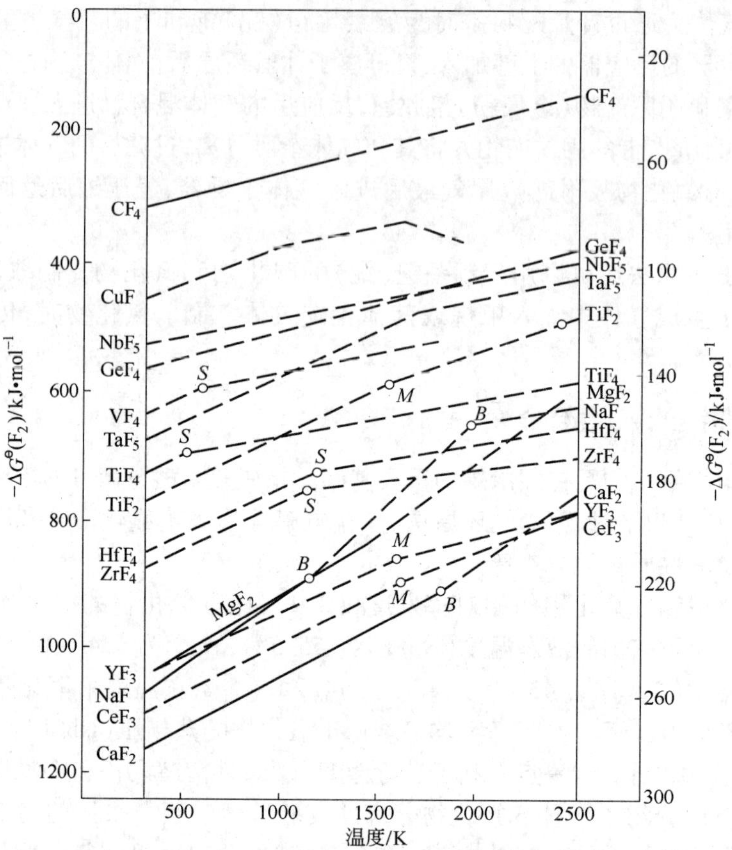

图 8-17　铌和钽以及一些金属氟化物的标准生成自由能 $\Delta G^{\ominus}$ 与温度的关系

M—氟化物熔点；*B*—氟化物沸点；*S*—氟化物升华温度；

虚线—计算值；实线—实测值

两个反应均为吸热反应，平衡常数 $K_p=1$ 时的温度分别为 923 K（TaF_5）和 723 K（NbF_5）。在氢气充分过量的条件下，还原转化率可达 30% ~40%。钽（铌）的沉积速度和温度及混合气体中五氟化物的摩尔浓度有关（图 8-18）。温度固定时，沉积速度随氟化物摩尔浓度增加而增加，在达到最大值后，随摩尔浓度增加，沉积速度开始下降。这是因为在低氟化物摩尔浓度下（0.1 mol/L），还原反应是按动力学规律进行，在达到一定摩尔浓度范围时，表现出和沉积速度无关，随温度升高，还原反应受外部扩散控制，导致沉积速度下降[76~79]。

文献[80]给出钽和铌的沉降速度公式为

$$v(\mathrm{Ta})=\frac{10^{12}x(\mathrm{H_2})x(\mathrm{TaF_5})\exp(-75300/RT)}{18.5x(\mathrm{H_2})+x(\mathrm{TaF_5})(1670/RT)^2T^2}$$

$$v(\mathrm{Nb})=\frac{3.9\times10^{9}x(\mathrm{H_2})x(\mathrm{NbF_5})\exp(-50200/RT)}{x(\mathrm{H_2})+2.5x(\mathrm{NbF_5})\exp(4180/RT)}$$

式中，T 为温度，K；$x(H_2)$ 为氢在混合气体中的摩尔分数，$x(Ta)$ 和 $x(Nb)$ 分别为五氟化钽和铌在混合气体中的摩尔分数；$R=8.3\ kJ/(mol \cdot K)$。

图 8-19 所示为在热载体上氢还原五氟化物制取金属铌和钽的装置图。五氟化物先在温度为 150 ~200℃的蒸发器中气化，然后按比例（混合气体中五氟化物的摩尔分数为 0.1% ~0.3%）和高纯氢气同时导入反应器上部的分配室，充分混合后进入反应室。载体为钽（铌）棒，位于反应器中心，采用电流加热使温度达到 1250 ~1350℃（但反应器壁不高于 300℃）。最后在载体上还原生成致密的（相对密度为 98% ~100%）和带有晶质多棱表面的沉积物，它们具有柱状组织，金属中含氟（质量分数）4×10^{-6} ~7×10^{-6}。沉积物可进一步通过电子束炉熔炼出钽锭或通过氢化反应制成钽粉。反应器采用耐氟化物腐蚀的镍、蒙乃尔合金（铜镍合金）、镍铬合金、英科合金制成，这些合金在 300℃下能耐氟化氢和其他氟化物的腐蚀。

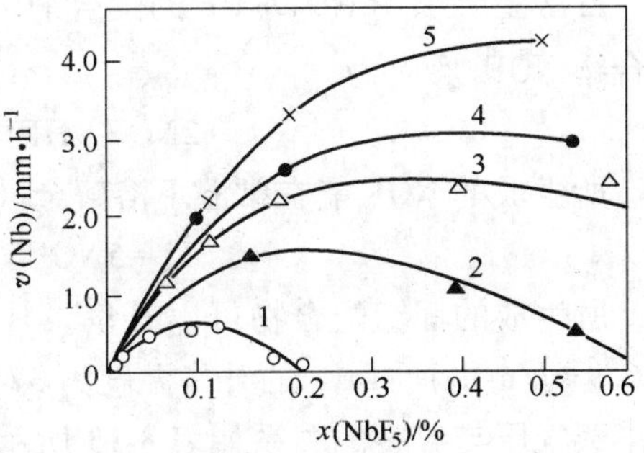

图 8-18 不同温度下铌的沉降速度与混合气体中 NbF_5 摩尔分数的关系

1—1000℃；2—1130℃；3—1290℃；4—1490℃；5—1660℃

与钨和钼的卤化物类似，铌和钽的五氟化物和五氯化物原则上也可以在沸腾床进行氢还原[81~85]。

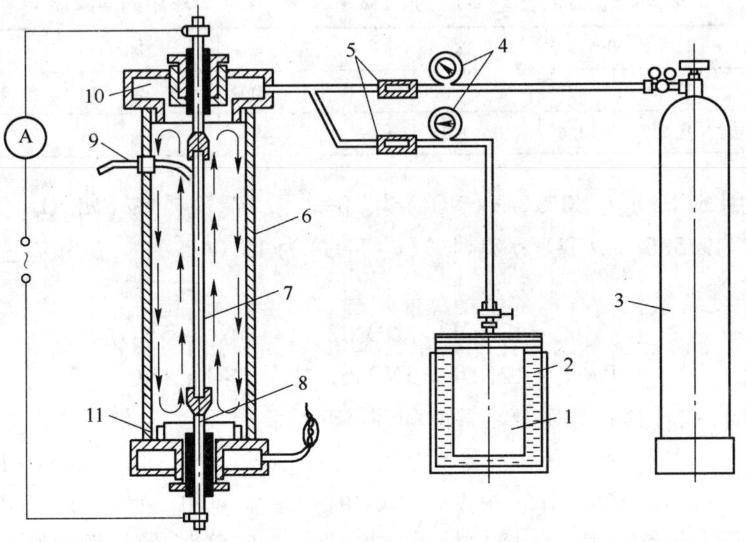

图 8-19 在热载体上氢还原五氟化物制取金属铌和钽的装置图

1—TaF_5 蒸发器；2—绝缘加热体；3—氢气瓶；4—差示压力计；5—镍毛细管；6—反应室；7—载体；8—馈线；9—热电偶；10—分配室；11—密封填料

8.9.2　铌(钽)氟配合物高温分离[39]

方法主要采用 NO_2+HF 的配合剂，当它们相互作用时可产生配合能力极强的化合物 NOF，反应为：

$$2NO_2+HF=NOF+HNO_3 \tag{8-69}$$

所生成的 NOF 能在常温下溶解金属钛、钽、铌、钒、钼、钨等及其氧化物：

$$Ti+5NOF=NOTiF_5+NO \tag{8-70}$$

所生成的铌钽配合物可以升华。其中，$NONbF_6$ 的升华温度为 328℃，反应热为 6.9 kJ/mol；$NOTaF_6$ 的升华温度为 374℃，反应热为 73.64 kJ/mol。几种金属的升华蒸气压与温度的关系如表 8-13 所示。

表 8-13　金属的升华蒸气压与温度的关系

$\lg p=A/T+B$（式中，p，Pa；T，K）

络合氟化物	A	B	测定温度/K
$NONbF_6$	6970	6.6	601 ~ 694
$NOTaF_6$	15940	29.71	674 ~ 694
$NOTi_2F_9$	3385	10.74	592 ~ 679

几种金属在 x(HF) 为 80% + x(NO_2) 为 20% 中的溶解度如表 8-14 所示。

表 8-14　金属在 x(HF) 为 80% + x(NO_2) 为 20% 中的溶解度

金　属	Nb		Ta		Fe		Mn		Al	
温度/℃	0	20	0	20	0	20	0	20	0	20
溶解度/$g\cdot L^{-1}$	8.5	13.4	10	18.5	–	42	–	13	7.4	10.8

在使用 x(HF) 为 80% + x(NO_2) 为 20% 分解铌铁矿（w(Nb_2O_5) 为 61.8%；w(Ta_2O_5) 为 9.58%；w(Ti) 为 5.41%；w(FeO) 为 15.04%）时，铌和钽主要生成沉淀物，反应为：

$$Nb_2O_5+12NOF=2NONbF_6\downarrow+5NO+5NO_2 \tag{8-71}$$

$$Ta_2O_5+12NOF=2NOTaF_6\downarrow+5NO+5NO_2 \tag{8-72}$$

分解时，铁、锰、钛等完全溶解而和铌、钽分离。

将沉淀物烘干后，其组成（质量分数）为：Nb，27.69%；Ta，4.61%；Ti，0.55%；Fe，4.63%；Mn，1.95%。作者根据表 9-11 的升华温度和蒸气压，用蒙乃尔合金设计了一套升华分离装置。装置包括 1 段升华和 3 段冷凝。结果约 80% Ta 在第 1 段冷凝下来，铌主要在第 2 段和第 3 段冷凝，所得钽和铌产品中用原子吸收光谱分析，未发现钛、铁、锰等杂质。该方法值得进一步探讨。

8.10 碘化物精炼

碘化法精炼技术是将粗工业级的铌变成挥发性的碘化铌,然后使碘化铌离解并沉积在炽热的石英管壁上,最后得到纯净而有延性的铌。碘化精炼常用于各种稀有及难熔金属的提纯。该工艺是基于铌和碘生成碘化铌的可逆反应

$$2Nb + xI_2 \rightleftharpoons 2NbI_x \tag{8-73}$$

在较低温度350~400℃下,反应向着生成碘化铌的方向进行;在1000℃或更高的温度下,发生逆反应,碘化物分解沉积得到纯金属铌。提纯是基于杂质元素与碘的反应不同于铌与碘的反应。如铌中的O、C、N在形成碘化铌的温度下不会与碘反应。一些杂质也能形成碘化物,但它们的碘化物很稳定,不能在1000~1100℃时发生热分解。一些杂质元素碘化物虽然也发生分解,但它们具有较高的挥发性,不会沉积在热的石英表面上。

图8-20所示为铌碘化精炼装置的示意图。铌碘化物沉积在一个间接加热的洁净的石英管中进行,粗金属铌放在石英管和钼孔屏之间的环状空间中,沉积管与一个用干冰保持低温的辅助碘容器相连。将整个系统进行抽空,并使沉积管与金属铌一起在800~850℃除气至终压1.33 Pa,时间至少48 h。在导入从辅助容器中升华的碘之前,要将沉积管在真空下冷却至200~240℃,然后根据形成和分解碘化物所需的温度分别调节物料和石英沉积面的温度来使沉积过程开始。一旦达到稳态温度,反应就会自动进行。

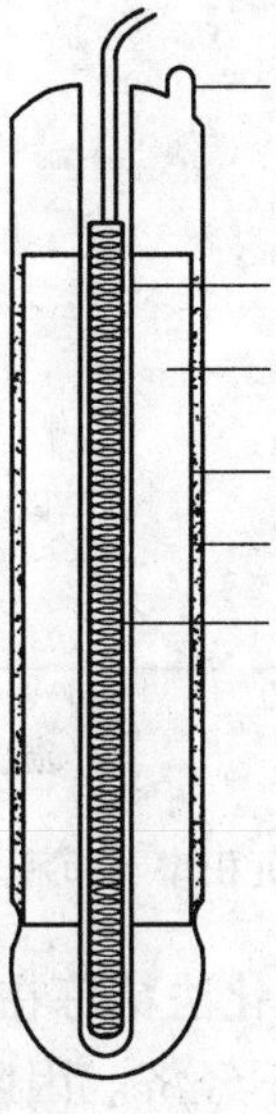

图8-20 碘化物精炼设备

铌可以形成多种稳定的碘化物,如NbI_5、NbI_4、NbI_3、NbI_2,这些碘化物多数都参与提纯反应,但沉积管上出现的气态碘化物主要是NbI_3。沉积结束后,只要轻压沉积物,就能使铌从石英管上面剥离下来而不会使石英管破碎。表8-15示出了粗铌精炼前后的杂质金属的分析数据。

表8-15 粗铌和精炼后的金属铌(质量分数,%)的分析数据

杂质元素	铌 粒	碘化法精炼后	铌 板	碘化法精炼后
O	0.435	0.064	0.195	0.043~0.062
N	0.018	0.001	0.012	<0.001
H	0.0021	0.0008	0.0009	0.0001
C	0.050	<0.001	0.006	<0.001

续表 8-15

杂质元素	铌　粒	碘化法精炼后	铌　板	碘化法精炼后
Fe	0.05	<0.005	0.01	<0.005
Si	0.1	0.006	0.01	0.001
Ta	≈0.5	–	≈0.4	0.04 ~ 0.18

碘化法精炼原料通常为工业级的铌粉或剪切的铌板。增加热表面的温度可以加快沉积速度，图 8-21 所示为沉积率随温度的变化关系。由图可看出，随着粗金属温度增加到 350 ~ 380℃时沉积速度开始加快，达到 410 ~ 440℃后，下降到一个较低的水平，而当温度高于 440℃时，沉积速度又会加快。观测的结果如图 8-22 所示，从图 8-22 中可以发现，用铌粒原料沉积比用铌板原料沉积速度快。

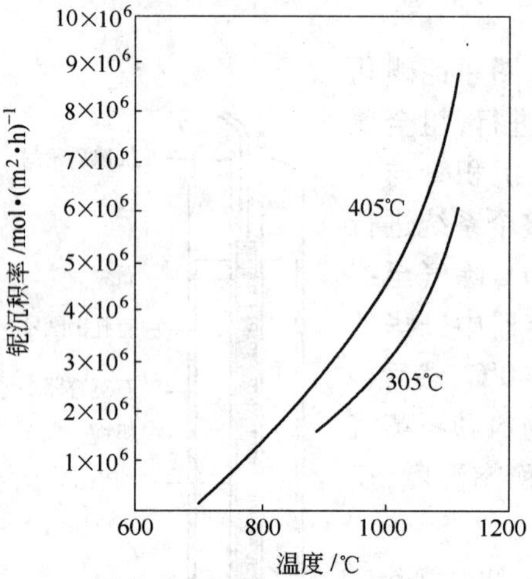

图 8-21　沉积率与沉积温度之间的关系

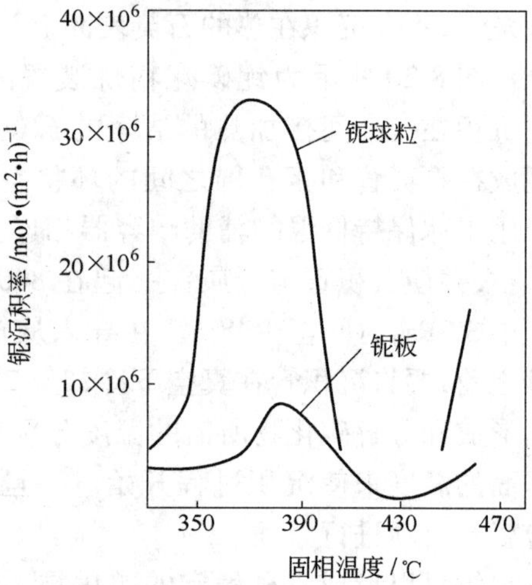

图 8-22　1000℃时铌铁小球和铌铁板的沉积率

虽然碘化法精炼在技术上可以制取高纯铌，但工艺过程非常缓慢，需要控制技巧，而且也不经济。因此，这种方法很少应用于制取纯的或超高纯的金属铌。

参 考 文 献

1　稀有金属手册编委会. 稀有金属手册. 北京：冶金工业出版社，1992：462 ~ 490

2　李洪桂. 稀有金属冶金原理和工艺. 北京：冶金工业出版社，1981

3　中南矿冶学院冶金研究室. 氯化冶金. 北京：冶金工业出版社，1978

4　Turkdogan E T. Physical Chem. of High Temp. Technology. New York：Academic Press，1980

5　Зеликман А Н. Металлургия Редких Металлов. Москова：Металлургия，1986

6 王肇信,幸良佐.钽铌冶金学.稀有金属冶金学会钽铌冶金专业委员会,1998:63
7 熊炳昆,等.锆铪冶金.北京:冶金工业出版社,2002:350
8 Bailar J C,et al. Comprehensive Inorg. Chem. Oxford. New York. Toronto. Sydney. Brabschweig:Pergamon. Press, 1970
9 Кетов А Н,и др. Сб. Науч. Труды. Гиредмет. Москва. ЩНТИ Гиредмета,1974(58):123 ~ 141
10 Фурман А А,и др. Основы Химии и Технологии Безводных Хлоритов. Москва:Химия,1970
11 Серяков Г В,и др. ЖНХ,1967,12(1):8 ~ 15
12 Курщунов Б Г,и др. Введение в Хлорную Металлургию Редких Металлов. Москва:Металлургия,1970: 343 ~ 359
13 Зеликман А Н. ЖОХ,1956,26(3):625 ~ 631
14 Гаремта В А,и др. Металлургия Титана. Москва.:Металлургия,1968:639
15 Miller G L. Tantalum and Niobium. London,Butterworths Scientific Publications,1959
16 Нисельсон Л А,и др. ЖПХ,1980,53(7):1461 ~ 1470
17 Дроботю Д В,и др. ЖНХ,1978,23(5):1171 ~ 1183
18 Елютин А В,等.铌与钽.马福康,等译.北京:冶金工业出版社,1997
19 有色金属提取冶金手册编委会.有色金属提取冶金手册稀有高熔点金属(下).北京:冶金工业出版社,1999:185 ~ 191
20 李洪桂.稀有金属冶金学.北京:冶金工业出版社,2001.185
21 Восресенская Н К,и др. ЖНХ,1970,5(9):2015 ~ 2023
22 Зверев Л В,и др. ДАН СССР,1960(3):593 ~ 589
23 Стефанюк С Л,и др. ЖНХ,1985,30(11):2748 ~ 2756
24 Toromano F I,et al. J. Less-Common Metals,1983,91(1):71 ~ 79
25 Стефанюк С Л,и др. ЖПХ,1964,37(8):1665 ~ 1673
26 Habashi F,et al. Bull. Can. Inst. Metals,1975,68(761):85 ~ 91
27 Муленко В Н,и др. Комплексная переработка минерального сырья пиро и гидрометаллургическими способами. Москва.:ИМС. 1982:64
28 Roukenbfuer W,et al. Metal(W. Berlin),1984,8(2):156 ~ 161
29 Moriuchi A,et al. J. Mining Met. Inst. Japan,1960(76):319 ~ 326
30 Caradec J Y. J. Metal,1976,18(12):69 ~ 71
31 Canterford J H,et al. Halides of the Transition Elements. New York. Sydney:JohnWiley and Sons Ltd. L,1968: 409 ~ 425
32 Опоченова Н Л,и др. Редкие Металлы Сб. Науч. Труды Гиредмет. Москва. 1980(97):98 ~ 112
33 Dinu N. Cerac. Meter. 1984(25):401 ~ 412
34 Landsberg A,et al. Metall Transact,1985,16(12):8478 ~ 8485
35 Mayer G,et al. Rec. Tran. Chem. Pas Bas,1961(80):502 ~ 511
36 Нисельсон Л А,и др. ЖНХ,1958,3(9):2025 ~ 2031
37 Ehrlish P,et al. Z. Inorg. Chem,1960,305(3 ~ 4):158 ~ 165
38 Крохин В А,и др. Хдорная Металлургия Редких Металлов. Сб. Науч. Труды. Гирелмет. Москва: Металлургия,1969(24):153 ~ 170
39 木越旭一.日本金属学会会报,1982,21(10):769 ~ 775
40 Титов А А,и др. Цветные Металлы,1985(1):56 ~ 62

41　Крохин И Ф, и др. Цветные Металлы, 1978(6):46～51
42　Дробот Д В. ЖНХ, 1984, 29(10):2558～2564
43　Нисельсон Л А, и др. Бюл. ЦИИН ЦМ. Цветная Металлургия, 1963(12):38～42
44　Титов А А, и др. Цветные Металлы, 1980(8):56～58
45　Улановская Н А, и др. Цветные Металлы, 1984(2):58～61
46　Макинтош А Б, и др. Извлечение и очистка редких металлов. Москва: Атомиздат, 1960. 334～350
47　Frere P. Ann. Chem, 1960, 7(1～2):85～92
48　Faibrather F, et al. J, less-Common Metals, 1951(1):206～210
49　Schafer H, et al. Z. Anor. Allgenm. Chem, 1960(305):341～349
50　Conway J E, et al. J. Les-Common Metals, 1968, 14(3):303～312
51　Schafer B H, et al. Z. Anor. Allgenm. Chem, 1960(305):178～185
52　Павэла К, и др. Покрития из газовои фазы. Москва: Атомиздат. 1970:472
53　Иванов В Е. Кристаллизация тугрплаких металлов из газовой фазы. Москва: Атомиздат, 1974. 262
54　Поляков Я М, Нисельсон Л А. Известие взуов. Цветная Металлургия, 1964(1):131～135
55　Saeki J, Omori G. Rept. Nat. Res. Inst. Metals, 1964, 7(1):31～37
56　Поляков Я М, и др. Известие АНСССР. Металлы, 1968(3):88～93
57　Поляков Я М, Саргосян Ш В. Сб. Науч. труды Гиредмет. Москва: Металлургия, 1973(56):52～63
58　Поляков Я М, Саргосян Ш В, и др. Сб. Науч. труды Гиредмет. Москва: Металлургия, 1974(60):105～112
59　Бабич И Н. Высокотемпертурное покрытие. Москва-Ленинград: Наука, 1967:78～83
60　Петрусевич И В, и др. Сб. Науч. труды Гиредмет. Москва: Металлургия, 1972(42):37～44
61　Поляков Я М. Нисельсон Л А. ЖПХ, 1964, 37(3):25～29
62　Нисельсон Л А, Поляков Я М. ЖПХ, 1963, 36(1):669～672
63　Савицкий Е М, и др. Физико-химические основы получения сверхипрводящих материалов. Москва: Металлургия, 1981:480
64　Елютин В П, и др. Физико-химические основы получения дукоплвких материалов. Москва: Металлургия, 1972:264
65　Сомсонов Г В, и др. Магнитермия Москва: Металлургия, 1971:174
66　Поляков Я М. Известие АНСССР. Металлы, 1966(4):167～171
67　Сардлер Л А, и др. Цветные Металлы, 1985(8):84～90
68　Гопиенко В Г, и др. Металлургия и Химия Титана. Москва: Металлургия, 1969:228～235
69　Коршкнов Б Г, и др. Фазовое равновесия в галогенидных системах. Москва: Металлургия, 1979:181
70　Алексеев И В, и др. Порошковая Металлургия, 1980(8):1～4
71　Нисельсон Л А, и др. ЖПХ, 1980, 53(7):1461～1467
72　Laver F, et al. Naturwisstnschaft, 1964, 54(15):356～364
73　Werning J R, et al. Ind. Eng. Chem. 1954(45):644～652
74　Gabra G. Metal, 1983, 37(2):152～155
75　Микуренко И И, и др. Физическая Химия и Элетрохимия. Сбю Науч. труды. МХТИ им. Менделеева. Москва: МХТИ, 1972(71):83～84
76　Рычагов А В, и др. Цветные Металлы, 1980(5):67
77　Пабедаш Н В, и др. Металлургия и металловедение чистых металлов. Сб. Науч. труды. МИФИ.

Москва:Атомиздат,1975(11)

78 Рычагов А В,и др. Физика и Химия обработка материалов,1981(4):153 ~ 155

79 Королев Ю М. Известие АНСССР. Металлы,1981(6):28 ~ 35

80 Королев Ю М,и др. Физика и Химия обработка материалов,1981(1):67 ~ 73

81 Oxley I H,et al. Trans. Aver. Nuciear Soc,1964,7(2):426

82 Зеликман А Н,и др. Гидрометаллургические и хлоные процессы в производстве зедких металлов. сб. науч ные. труды. МИСиС. Москва:Металлургия,1972(75):90 ~ 98

83 Макинтош А В,и др. Извлечение и очистка редких металллов. Москва:Атомиздат,1960. 334 ~ 339

84 Schafer H,et al. Z. Inorg. Chem,1960,305(5 ~ 6):291 ~ 326

85 Frere P. Ann. Chem,1962,7(1 ~ 2):85 ~ 99

9 冶金中间产品制取

重要的冶金中间产品有氧化物、氟化物钾盐、铌(钽)酸盐、氯化物、草酸铌晶体、碳化物和氮化物。其中氧化物应用面最广、用量最大。

9.1 氧化物的制取

铌钽氧化物包括高价五氧化物、低价氧化物和水合氧化物三类。

水合氧化物有时又称为氢氧化物(习惯写成 $Ta(OH)_5$,$Nb(OH)_5$),但它们不是通常意义上的氢氧化物,而是一种五氧化物的水合物,即 $Ta_2O_5 \cdot nH_2O$ 和 $Nb_2O_5 \cdot nH_2O$,式中 n 为变数。因为没有固定的组成,严格讲既不能称之为钽酸或铌酸,也不能称之为氢氧化物。它们仍属于氧化物(带结晶水的氧化物),制取方法和氧化物制取方法无本质差别,故将它们归为氧化物一类。有关铌钽的低价氧化物性质和制取方法,在本书第3章和第4章已有介绍,这里不再论述。有关氧化物和水合氧化物的性质在本书第3章和第4章也已有详细介绍,故本章仅论述它们的生产工艺。五氧化物和水合氧化物制备方法,除煅烧外,其他工艺过程大体相同,故这里着重介绍五氧化铌(钽)的制备工艺。

五氧化铌(钽)是铌钽中间产品中应用最广的化合物,从金属热还原、各种化合物制取到电子材料、石油化工应用,领域广泛,为此要采用相应的工艺来满足各个应用领域对产品的纯度、特定杂质的含量、氧化物的物理性质、粒度、活性多方面的要求。

铌钽是亲氧性元素,很容易得到它们的氧化物,因此制取五氧化物的方法很多,如可以用在空气中加热使金属氧化、碳化物氧化、氮化物氧化、使各种化合物水解等。但能工业规模生产的方法主要有两种:以氢氟酸萃取工艺的反萃取液为原料制取和以氯化冶金产出的五氯化物为原料制取。此外铌还可以草酸铌为原料制取氧化铌。三种方法都可以生产出工业氧化物(99.5%)和高纯氧化物(99.99%)。多种方法结合(包括离子交换法等),可以制造超高纯的五价氧化物产品[1~4]。

制取氧化物的工艺方法也较多,有中和沉淀法、化合物水解法和晶体热分解法。此外还有醇盐法。不同制取方法制得的氧化物的一些物理化学性质不尽相同,例如,氧化铌的密度可在 $4.3 \sim 5.2\ g/cm^3$ 之间变化,有的方法产出的氧化物有相当数量的 F 或 Cl 残留,必须脱除才不致影响产品应用。

9.1.1 由反萃取液制取五氧化二铌(钽)

由反萃取液制取五氧化二铌(钽)主要采用中和沉淀法。

9.1.1.1 中和沉淀反应

中和沉淀法采用液氨或氢氧化铵作沉淀剂,使铌钽以水合氧化物形式析出。采用液氨作沉淀剂时,沉淀反应为

$$H_2NbF_7 + 7NH_3 + 5H_2O = Nb(OH)_5 \downarrow + 7NH_4F \tag{9-1}$$

$$H_2NbOF_5 + 5NH_3 + 4H_2O = Nb(OH)_5 \downarrow + 5NH_4F \tag{9-2}$$

$$H_2TaF_7 + 7NH_3 + 5H_2O = Ta(OH)_5 \downarrow + 7NH_4F \tag{9-3}$$

液氨中和为气－液反应,中和速度快,所得氧化物粒度小,但产物粒度分布分散,较难控制沉淀条件。

采用氢氧化铵作沉淀剂时为液－液反应,反应均衡,较易控制沉淀条件。氨水沉淀反应为

$$H_2NbF_7 + 7NH_4OH = Nb(OH)_5 \downarrow + 7NH_4F + 2H_2O \tag{9-4}$$

$$H_2NbOF_5 + 5NH_4OH = Nb(OH)_5 \downarrow + 5NH_4F + H_2O \tag{9-5}$$

$$H_2TaF_7 + 7NH_4OH = Ta(OH)_5 \downarrow + 7NH_4F + 2H_2O \tag{9-6}$$

与此同时,反萃取液中的 H_2SO_4 和 HF 也被氨中和生成 $(NH_4)_2SO_4$ 和 NH_4F。中和沉淀铌钽易生成胶体。和氢氧化钽相比,氢氧化铌更倾向于生成胶体和影响过滤的悬浮物[5]。但溶液中生成的 SO_4^{2-} 有助于破坏或抑制胶体的生成[6]。采用热水解可以避免形成氧化物胶体,有利于过滤。

氨中和为放热反应。在有过量的能溶解新鲜氢氧化铌(钽)的酸存在时,生成氢氧化物的过程会发生困难。析出氢氧化铌(钽)的组成是变化的,其组成、结构和性质与沉淀温度、pH 值及沉淀方式有关[7]。

9.1.1.2 沉淀工艺

铌和钽对氧具有巨大的亲和力,故氨中和速度极快,沉淀也非常彻底,这方面钽表现尤为显著[5]。因此中和沉淀是一种简单和快速的工艺过程。

由于是在氢氟酸介质中进行沉淀,而氟又容易残留在氧化物中。这种残留氟有时达到5%～8%水平,影响产品的应用。例如,拉制氧化物单晶时,氟易引起单晶开裂,造成成品率下降。

中和沉淀对产品的要求是脱氟。由于氟顽强的物理吸附和化学吸附能力,脱除分外困难,它使中和工艺变成了费时费力的过程,例如,要达到用户要求的 $w(F)$ 小于0.15%的水平,仅反复调浆吸滤的过程便需耗时4昼夜。

中和沉淀工艺有多种方案。无论何种方案,中心课题在于除残氟,大体都包括沉淀、过滤、脱氟、烘干、煅烧等主要工序。图9-1所示为生产厂使用较广的调洗和压滤两种方案的流程简图[8～10]。

中和沉淀基本上不具有纯化效果,其产品纯度取决于原料反萃取液、沉淀剂和水的纯度。通常根据产品用途对纯度的要求来决定需采用的原料纯度,使用何种纯度的水(自来水、软化水、电渗水、纯水、高纯水、超纯水等)。

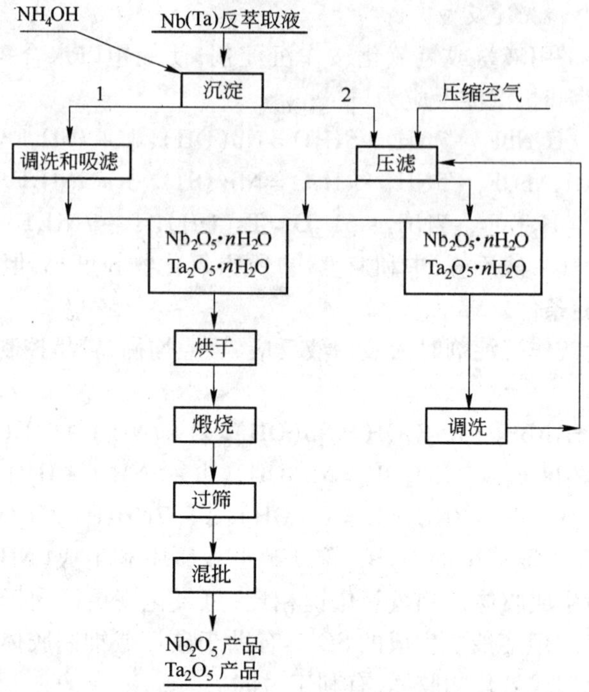

图 9-1　中和沉淀法制取氧化铌和钽工艺简图

中和法脱氟主要通过控制沉淀、调浆过滤和高温煅烧三个途径。

(1) 控制沉淀[11~13]。控制沉淀包括沉淀 pH 值控制、反应温度控制、通氨速度调整和停留时间控制。pH 值控制有一步沉淀和二步沉淀等方式。一步沉淀是指含铌(钽)的溶液通氨一次性地达到完全沉淀要求的 pH 值(8~9)。二步沉淀是先将溶液中和至 pH 值为 6,然后稳定一段时间,再进行第二次沉淀使 pH 值达到 8~9。一步沉淀法的缺点在于沉淀速度快,所得的氢氧化物沉淀吸附性强，难于完全脱除 F^-,使调洗次数增多,过滤难度大,且沉淀、过滤－洗涤、干燥、煅烧需要大量设备。此外,一步沉淀得到的氧化物颗粒较细。二步沉淀的颗粒较粗,脱氟效果较好,两种方法的脱氟比较见表 9-1。

表 9-1　沉淀方式对脱氟的影响

沉淀方式	含氟量(质量分数)/%		调洗次数	每千克 Nb_2O_5 纯水用量 /L	每千克 Nb_2O_5 调洗时间 /h
	沉淀前	沉淀后			
一步沉淀法	8.4	0.37	11	134.7	7.8
二步沉淀法	3.9	0.15	7	84.7	6.8

控制沉淀时,通过通氨速度和停留(陈化)时间可以控制氧化物粒度。加料速度快,氧化物颗粒细,停留时间长,颗粒粗。沉淀反应温度越高,颗粒细,沉淀完全。

要获细颗粒和比表面积大产品,宜停留时间长,温度宜高(50~80℃);要获粗颗粒,宜停留时间短、温度低。提高原料中的铌液浓度,就要粒度细。总之,通过这些参数的组合可以获得各种类型的产品,满足各种用途(冶金及化合物单晶、光学玻璃、电子陶瓷等)的需求。

(2) 调浆洗和压滤脱氟[14]。调洗的目的在于脱氟。通常将沉淀后的水合氧化物加水制浆调洗。调洗有冷水洗和热水洗。热水洗氟效果较冷水效果好,水温度通常为65~80℃,以90~100℃通氨的热水洗涤效果最好。生产中也有冷、热水洗交替使用。调洗水充氨30~60 min。有的工厂采用一次调洗和吸滤的方案,效果较差。有的工厂采用多次制浆调洗(多的达7次)和在大面积的压滤机上直接用80~90℃热氨水洗氟,直至滤液中含 F^- 小于0.02 g/L。这种压滤工艺可以降低纯水消耗和提高产品回收率。

(3) 煅烧脱氟[15~18]。调洗吸滤或压滤所得的滤饼,先在130~250℃下烘48 h,然后进行热解。煅烧可在回转管式电热炉、掀舟式电炉、燃气窑炉中进行,温度为800~900℃,保温5~6 h。

铌和钽的氢氧化物热解过程分别为[17,18]:

水合氧化铌:

$(Nb,NH_4)(OH,O,H_2O)\cdot nH_2O \xrightarrow{200℃} Nb(OH)_xO \xrightarrow{300℃} Nb_2O_5$(非晶)$\xrightarrow{600℃} M\text{-}Nb_2O_5 \xrightarrow{750℃} T\text{-}Nb_2O_5 \xrightarrow{900℃} H\text{-}Nb_2O_5$

水合氧化钽:

$(Ta,NH_4)(OH,O,H_2O)\cdot nH_2O \xrightarrow{250℃} Ta(OH)_xO \xrightarrow{300℃} Ta_2O_5$(非晶)$\xrightarrow{750℃} \gamma\text{-}Ta_2O_5$

主要根据反萃取液的质量,沉淀法可以生成各种纯度和晶型的氧化铌、氧化钽。

9.1.2 由氯化物制取五氧化二铌(钽)

原料五氯化铌(钽)来自精矿氯化工艺的精馏产物。制取方法有:水溶液水解法,水蒸气水解法,与氧或含氧气体反应法,氨水中和法和醇盐法。

9.1.2.1 水溶液水解法

水溶液水解法是将氯化物按固液比为1/13溶解后在90~100℃下进行水解。采用热水水解可以避免形成氧化物胶体,有利过滤。水解反应为

$$2NbOCl_3 + (n+3)H_2O = Nb_2O_5\cdot nH_2O + 6HCl \quad (9\text{-}7)$$

$$2NbCl_5 + (n+3)H_2O = Nb_2O_5\cdot nH_2O + 10HCl \quad (9\text{-}8)$$

$$2TaCl_5 + (n+3)H_2O = Ta_2O_5\cdot nH_2O + 10HCl \quad (9\text{-}9)$$

水溶液水解有一定的纯化作用，主要杂质铁、铝、钙、碱金属和碱土金属、稀土元素以及部分钛留在盐酸滤液中而被分离掉。滤饼再用 2% HCl + NH_4Cl 混合液洗涤，最后得到高纯度的产品[19]。

由于铌和钽对氧有很大的亲和力，它们的化合物具有很强的水解倾向。水解后在溶液中铌(钽)氧化物以水合配合物和羟基配合物形式存在。随着水解过程的深入进行，原来处于弱联结的水分子，逐渐为 OH 基配位体所取代并形成羟基桥：

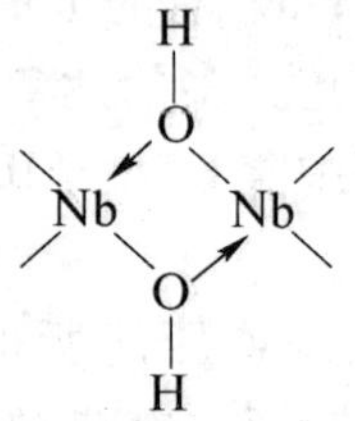

羟基桥的形成，提高了氧化物聚合度。聚合过程一直进行到生成不溶性氧化物颗粒为止[20～22]。

铌在盐酸溶液中的形态总体为：

$$(Nb|OH|_x Cl_y |OH_z|)^{5-(x+y)}$$

盐酸溶液中羟基水配合物的平衡状态为

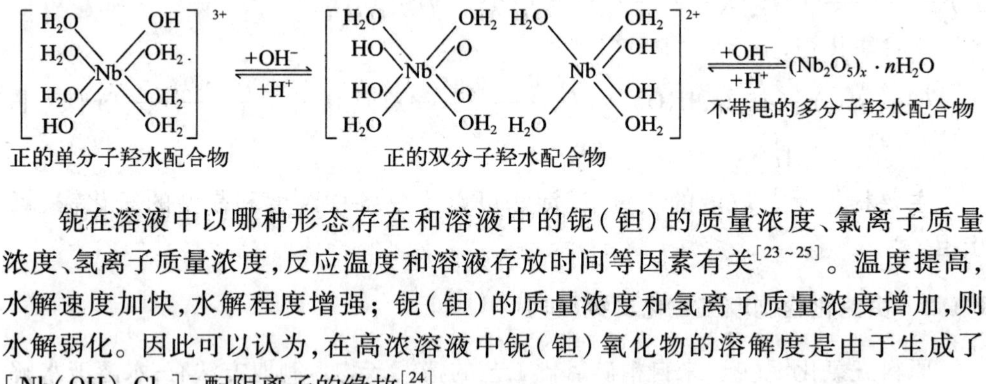

铌在溶液中以哪种形态存在和溶液中的铌(钽)的质量浓度、氯离子质量浓度、氢离子质量浓度，反应温度和溶液存放时间等因素有关[23～25]。温度提高，水解速度加快，水解程度增强；铌(钽)的质量浓度和氢离子质量浓度增加，则水解弱化。因此可以认为，在高浓溶液中铌(钽)氧化物的溶解度是由于生成了 $[Nb(OH)_2Cl_4]^-$ 配阴离子的缘故[24]。

氯化物水解的结果，最终生成铌(钽)氧化物。虽然大家公认，铌(钽)氧化物的形成与两个羟基桥生成引起的聚合作用有关，但迄今为止，有关水合氧化铌(钽)的组成和性质尚缺一致的见解[26,27]。但有一点是明确的，即铌(钽)氢氧化物并没有固定的组成。

根据加热时出现的 3 个单方向(非可逆)效应，认为氢氧化铌加热时的脱水过程为：233℃时出现第一个吸热峰(水合物失水达最高值)；470℃出现第二个放热峰(表明氧化物开始由非晶态向晶态转变)；第三个放热峰出现在 600℃，表明开始出现 M 晶型五氧化二铌；温度超过 700℃，出现 M 型晶体和 T 型晶体并存现象[28]。

水溶液水解法的缺点在于氢氧化物过滤困难，劳动强度大；水解、过滤、干燥、煅烧等占用大量设备。

9.1.2.2 水蒸气水解法

水蒸气水解法有气 - 固相反应水解和气 - 气相反应水解两种方法。前者为低温气 - 固相反应，后者为高温气 - 气相反应。方法多用于制取特纯级氧化物产品。

A 低温气 - 固相水解法

低温气 - 固相水解法的水解发生在固体氯化物和水蒸气之间的反应上。反应的特点是：由于在水解的初级粒子的结构中出现多聚合过程，水解产物层随时间推移和温度上升出现致密化现象[29]。在 50 ~ 130℃温度范围内，内扩散为水解的控制因素。在反应速度与温度的关系曲线上，在 130℃反应速度出现最低值。超过 130℃，由于部分反应已在气相中进行，反应速度得以加快。在 130 ~ 180℃，反应按动力学方式进行。业已认定，气相水解过程中生成的是铌或钽的水合氧化物。生成的沉淀物中的 OH 基的质量浓度小于 0.4 mol/mol Nb_2O_5。所得铌或钽的水合氧化物在热解过程中的化学变化和结构转变随温度的顺序变化为

水合氧化铌的热解过程为：

$$Nb_2O_5 \cdot nH_2O \xrightarrow{220℃} Nb_2O_5(\text{非晶}) \xrightarrow{420℃} TT\text{-}Nb_2O_5 \xrightarrow{600℃} T\text{-}Nb_2O_5 + P\text{-}Nb_2O_5 \xrightarrow{900℃} H\text{-}Nb_2O_5$$

水合氧化钽的热解过程为：

$$Ta_2O_5 \cdot nH_2O \xrightarrow{220℃} Ta_2O_5(\text{非晶}) \xrightarrow{560℃} \delta\text{-}Ta_2O_5 \xrightarrow{900℃} \beta\text{-}Ta_2O_5$$

经 900℃煅烧后的氧化物中氯的含量小于 0.1%。方法的优点是：水蒸气代替水使产品纯度提高，氧化物粒度更小；水解时可回收较高质量浓度的盐酸；工艺过程较液相法大大简化，特别是省掉了困难的过滤等工序。图 9-2 所示为水蒸气水解工艺设备装置图。

水解在多层反应器内进行，全部装置由水解反应器、加料装置、水合料集器、盐酸气和粉尘捕收装置组成。原料为由五氯化铌（钽）做成的方块。水解过程的主要影响因素有水解温度、蒸气加入速度及其分压[30]。在 25 ~ 200℃温区，水解为不可逆反应。在约 120℃时水解速度最小，超过 120℃，水解速度迅速增加[31,32]。

B 高温气 - 气相水解法

高温水蒸气水解法是由气态五氯化铌（钽）和水蒸气在 300 ~ 1100℃下进行反应生成超细颗粒的氧化物的过程[33,34]。在水解过程中，为获得超细氧化物，必须确保结晶中心的生成速度高于长晶的速度。实际上，在工艺过程中由于反应时大

量晶核的生成，空气被试剂耗尽，使得晶粒增长的速度下降了，故反应过程本身很自然地满足了上述条件。在700℃下水解生成的氧化铌，在温度降到500℃后取出。所得氧化铌含氯0.05%，粒度为0.9～1.4 μm，松装密度为0.5～0.7 g/cm³。

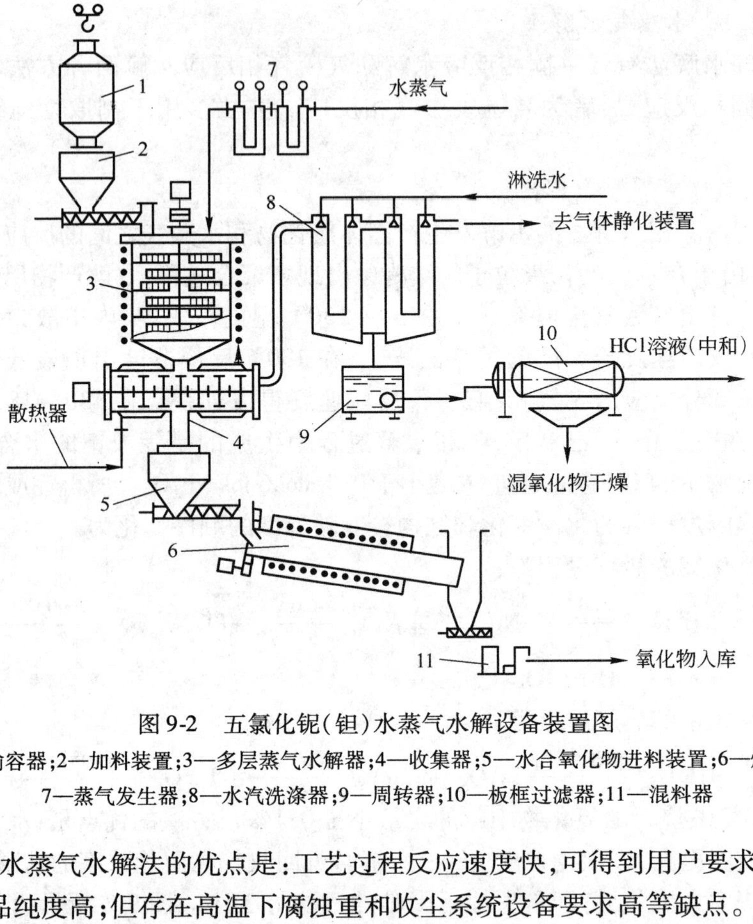

图9-2　五氯化铌（钽）水蒸气水解设备装置图

1—运输容器；2—加料装置；3—多层蒸气水解器；4—收集器；5—水合氧化物进料装置；6—煅烧炉；7—蒸气发生器；8—水汽洗涤器；9—周转器；10—板框过滤器；11—混料器

高温水蒸气水解法的优点是：工艺过程反应速度快，可得到用户要求的超细氧化物，产品纯度高；但存在高温下腐蚀重和收尘系统设备要求高等缺点。该法可以在沸腾床和射流设备上进行。

9.1.2.3　与氧或含氧气体反应法

该法也是气－气反应，又称燃烧法。工艺上是先在300～450℃下使铌钽的五氯化物与氧发生反应，这时产出的冷凝物为 $NbOCl_3$[35]：

$$NbCl_5 + \frac{1}{2}O_2 = NbOCl_3 + Cl_2 \tag{9-10}$$

反应的平衡常数及其与温度的关系为：

$$K_p = p(NbOCl_3) \cdot p(Cl) / \left[p(\frac{1}{2}O_2) \cdot p(NbCl_5) \right]$$

$$\lg K_p = -9160/T + 14.3$$

温度高于450℃时会生成 $NbOCl_3$、Nb_2O_5、Cl_2。三种产物的产出率和温度有关。温度超过950℃时，$NbOCl_3$ 的转化率接近100%，反应后的固相为 Nb_2O_5，尾气含40%的氯气。这种氯可以回收，并可以做到循环使用。

为使氯燃烧获更高温度，可在氧气中添加碳氢化合物、氢气等燃气。氯化反应也可由低温等离子体加热[36]。等离子体发生装置由放电室、直流反应器、氯化物加料装置、收尘系统和反应产物捕收系统等组成。加热温度达到2000～3000 K。所得五氯化二铌的粒度为0.45～0.78 μm。

使铌或钽的五氯化物与二氧化氮反应也可以制得超细粉末氧化物。并且反应可在较低的175～500℃下实现[37,38]：

$$2NbCl_5 + 5NO_2 = Nb_2O_5 + 5NOCl + 2.5Cl_2 \quad (9\text{-}11)$$

$$2TaCl_5 + 5NO_2 = Ta_2O_5 + 5NOCl + 2.5Cl_2 \quad (9\text{-}12)$$

当温度低于130℃（对 $NbCl_5$）或170℃（对 $TaCl_5$）时，氯化物与二氧化氮的反应速度 j（mg/min）的控制因素为内扩散。而当温度在130～200℃（对 $NbCl_5$）或170～200℃（对 $TaCl_5$）时，反应进入到由内扩散向动力学扩散转变的过渡区：

$$j_{(NbCl_5)} = 3.13 \times 10^4 e^{\frac{-51350}{RT}} \varphi_{NO_2}^{1.42}$$

$$j_{(TaCl_5)} = 8.15 \times 10^9 e^{\frac{-99840}{RT}} \varphi_{NO_2}^{1.3}$$

式中，j 为五氯化物与 NO_2 的反应速度，mg/min；R 为摩尔气体常数，J/(mol·K)；φ_{NO_2} 为 NO_2 的体积分数，%。

在所列温度范围内，经X射线分析证明，反应产物为非晶态氧化物，粒度约为0.5 μm。这种非晶态氧化物的活性很高，更适合用作制备铌酸盐和钽酸盐。非晶态氧化铌（钽）经煅烧可以转变成晶型氧化物。

9.1.2.4 氨水中和法

用1 mol/L以上的氨水中和五氯化铌（钽），可以得到含水量较少的水合氧化铌（钽）[39]。沉淀反应为

$$2NbCl_5 + 10NH_4OH = Nb_2O_5 \cdot nH_2O + 10NH_4Cl + (5-n)H_2O \quad (9\text{-}13)$$

$$2TaCl_5 + 10NH_4OH = Ta_2O_5 \cdot nH_2O + 10NH_4Cl + (5-n)H_2O \quad (9\text{-}14)$$

因为OH基很容易和铌（钽）的原子结合，生成铌（钽）氢氧化物的速度很快，也很完全。这方面钽尤其快于铌，沉淀物比较疏松，铌则容易生成难过滤的胶体。

图9-3所示为氯水中和沉淀工艺过程。纯净的五氯化物先在棒磨机细磨，然后通过螺旋给料器连续加入带搅拌装置的和预先充满了25% NH_3 液的中和反应器中，保持固∶液=1∶(5～6)（对 $NbCl_5$）和1∶(2.5～3)（对 $TaCl_5$）。因为中和沉淀为放热反应，要边中和边冷却以使反应保持温度为60～80℃。加料反应完毕，因所得沉淀物颗粒较粗，很容易沉降静置澄清。沉淀物水合氧化钽含水约40%～

50%，水合氧化铌含水量约为 70% ~80%。对于钽，沉淀物搅拌水洗 5 次，直至洗液中 Cl^- 含量低于 10 ~15 g/L；对于铌，除了 5 次水洗外，还要对过滤后的滤饼再制浆洗一次。氨水过量有利于清除 NH_4Cl。所得水合氧化物先在 120 ~200℃下烘干，再在 850 ~900℃下煅烧，最后过筛分级，得到合格产品。

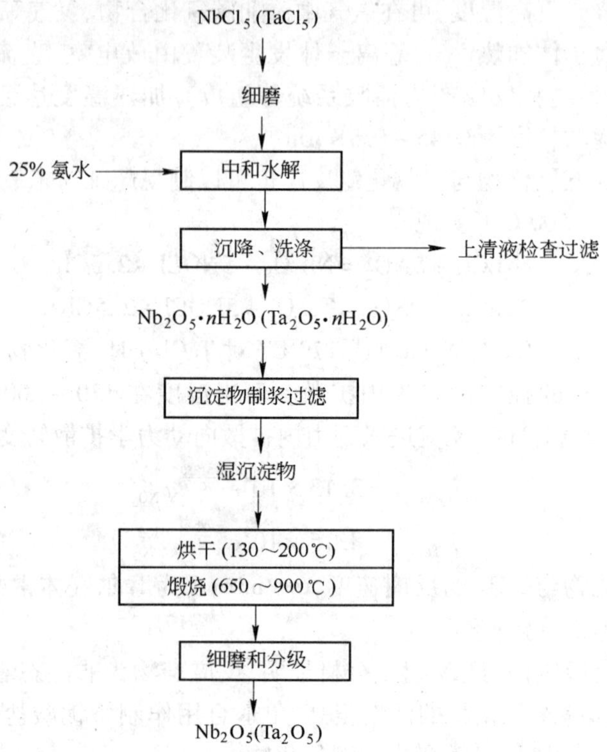

图 9-3　氯化物氨水中和沉淀流程图

要获得所要求纯度的氧化铌或氧化钽产品，设备材质和所用水的纯度至为关键。工业生产通常采用搪瓷反应器、板框压滤器、聚氯乙烯或聚四氟乙烯过滤布。要制取特纯级产品，需用玻璃反应器和细瓷或塑料过滤器，采用特纯水。图 9-4 所示为氯化物氨水中和沉淀设备装置图。

$NbCl_5$（或 $TaCl_5$）固体结构的破坏过程，常在各个方向上伴随发生生成无序的 OH 基，从而促成非晶态的氧化物的生成。

烘干和煅烧温度对充分脱除氯化铵十分重要。图 9-5 所示为水合氧化铌（钽）的热重分析图[40,41]。该图表明，水合氧化物在 100℃时开始脱水，160 ~180℃达脱水高峰，并在 277 ~313℃完成脱水过程。试验确定，在 800℃下维持 2 h，可以完全脱除 NH_4Cl。不管用何种方法制备的氧化物，都可以在 850 ~900℃下完全脱去 HCl。但水合氧化物中若含有高沸点的杂质（如 Ca、Mg、K、Na 等）和杂质所生成的氯化物则不可能去除。

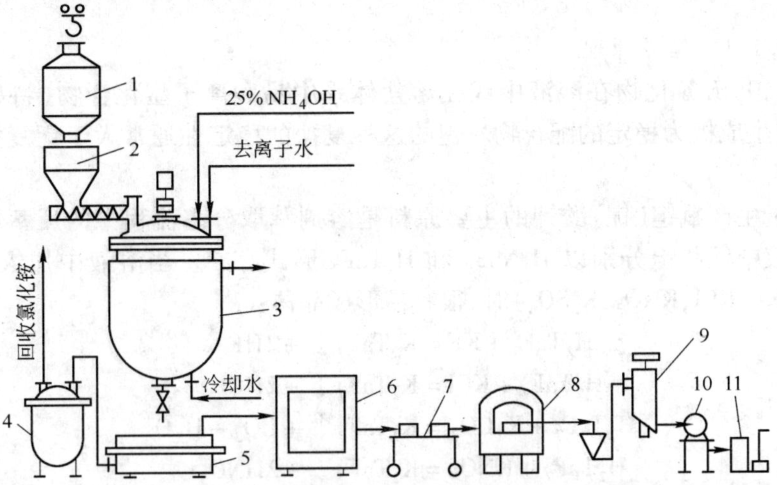

图 9-4 氨水中和沉淀设备装置图

1—运料器;2—加料装置;3—带搅拌反应器;4—滤液收集槽;5—过滤器;6—烘干箱;7—手推车;8—煅烧炉;9—过筛分级;10—棒磨机;11—混料器

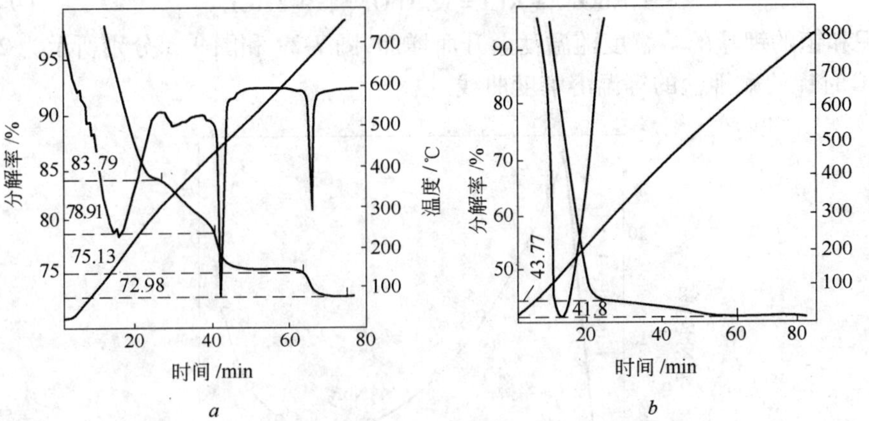

图 9-5 水合氧化铌(a)和水合氧化钽(b)的热重分析图
(升温速度:10℃/min)

氨水中和沉淀法的优点是可以制备出易于过滤的氢氧化物,缺点是水解过程难以控制。

9.2 氟铌(钽)酸钾制取

氟铌(钽)酸钾是生产金属铌和钽的原料,晶体质量直接影响钠还原法生产电容器用钽粉的质量。

9.2.1　结晶原理和晶体性质

9.2.1.1　结晶原理

铌(钽)五氟化物在溶液中或在熔盐体系中易和离子型化合物(特别是碱金属)作用生成极为稳定的配合物。钽的这种复盐的稳定性通常大于铌复盐的稳定性[42~46]。

用于生产氟钽(铌)酸钾的主要原料是溶剂萃取分离流程中的反萃取液。在反萃取液中铌和钽分别以 H_2NbF_7 和 H_2TaF_7 形式存在。当溶液中加入钾盐(如 K_2CO_3、KF、KCl、KNO_3、K_2SO_4)时,很容易形成晶体:

$$H_2TaF_7 + KF = K_2TaF_7\downarrow + 2HF \qquad (9\text{-}15)$$

$$H_2TaF_7 + KCl = K_2TaF_7\downarrow + 2HCl \qquad (9\text{-}16)$$

$$H_2TaF_7 + K_2CO_3 = K_2TaF_7\downarrow + CO_2 + H_2O \qquad (9\text{-}17)$$

$$H_2TaF_7 + KNO_3 = K_2TaF_7\downarrow + 2HNO_3 \qquad (9\text{-}18)$$

$$H_2TaF_7 + K_2SO_4 = K_2TaF_7\downarrow + 2H_2SO_4 \qquad (9\text{-}19)$$

铌也有类似反应。所不同的是,当溶液中的 HF 酸低于 7% 时,铌主要生成氟氧铌酸,故铌还有另外的反应:

$$H_2NbOF_5 + KCl = K_2NbOF_5\downarrow + 2HCl \qquad (9\text{-}20)$$

铌和钽的钾盐的溶解度随温度上升而增加,图 7-29 和图 9-6 分别所示为 25℃ 和 75℃ 时铌的氟钾盐的等温溶解度曲线。

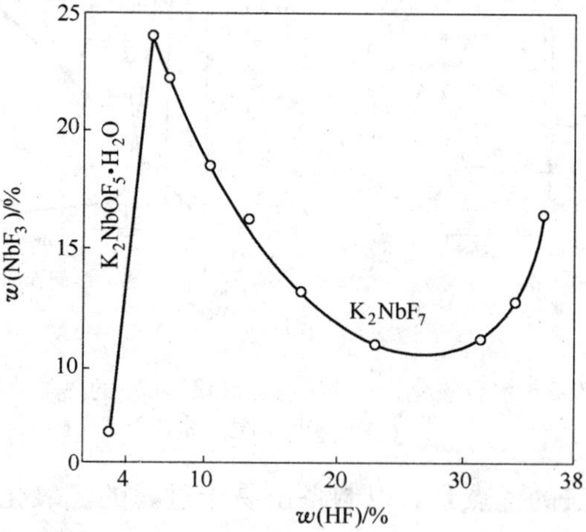

图 9-6　75℃ 时在 $K_2NbF_7 - HF - H_2O$ 体系中的等温溶解度曲线[47]

所有生成的钾盐的溶解度均随温度上升而提高,表 9-2 和表 9-3 分别所示为铌和钽的钾盐在常温(25℃)和 75℃ 时的溶解度数据。

表 9-2 在 $K_2NbF_7-HF-H_2O$ 体系中的溶解度[47,48]

温度/℃	溶解度/%			KF/NbF$_5$(在溶液中)/mol · mol^{-1}	固相组成
	HF	NbF$_5$	KF		
25	3.61	7.25	4.15	1.87	$K_2NbOF_5 \cdot H_2O$
	6.60	8.47	5.30	2.02	K_2NbF_7
	6.94	8.50	—	—	
	16.34	5.37	3.43	2.03	
	27.40	5.53	2.20	2.01	
	40.32	8.88	6.60	2.41	
	61.73	6.41	8.20	4.60	
	40.90	12.07	4.03	1.08	$KNbF_6$
	59.00	11.25	3.68	1.06	
75	2.70	7.45	—	—	$K_2NbOF_5 \cdot HO_2$
	5.00	22.77	14.38	2.00	$K_2NbOF_5+K_2NbF_7$
	11.40	16.50	9.58	1.90	K_2NbF_7
	20.20	11.00	6.80	2.00	
	1.95	13.24	7.87	1.95	

表 9-3 在 $K_2TaF_7-HF-H_2O$ 体系中的溶解度[47,48]

温度/℃	溶解度/%			KF/TaF$_5$(在溶液中)/mol · mol^{-1}	固相组成
	HF	TaF$_5$	KF		
25	9.51	0.89	0.34	1.85	K_2TaF_7
	19.54	1.41	0.58	1.96	
	32.82	2.78	1.00	1.74	
	40.90	6.25	3.08	2.25	
	44.64	8.99	4.15	2.20	
	46.32	10.3	5.64	2.63	$KTaF_6$
	51.12	6.95	9.89	6.80	
	68.67	8.00	8.08	4.80	
75	2.70	3.20	1.52	2.25	K_2TaF_7
	7.12	3.25	—	—	
	11.80	3.48	1.65	2.18	
	21.52	5.15	—	—	
	38.50	10.87	4.69	2.08	

9.2.1.2 晶体性质

晶体性质如下：

(1) 氟钽酸钾(K_2TaF_7)[49~52]：K_2TaF_7 为半透明的细针状或粒状半透明白色晶体，密度 5.24 g/cm^3，熔点(760 ± 10)℃。K_2TaF_7 在空气中稳定，但在湿热空气中发生水解。在溶液中主要存在于氢氟酸质量分数 0 ~ 40% 区间(见图 9-7 和表 9-3)。当氢氟质量分数超过 40% 时转变成 $KTaF_6$。K_2TaF_7 能溶于冷水和热水中而不分解,随温度升高溶解度增加。但在煮沸时会发生水解,生成不溶物 $K_4Ta_4F_{14}O_5$(即 $4KF \cdot Ta_2O_5 \cdot 2TaF_5$)。$K_2TaF_7$ 具有单斜晶结构,晶格参数 a = 0.585 nm, b = 1.267 nm, c = 0.850 nm。钽原子位于变形的三角形棱晶的中心位置,棱晶由 6 个氟原子组成,第 7 个氟原子位于棱晶的一个矩形棱面之外。图 9-7 所示为 25℃ 和 75℃ 下 K_2TaF_7 在氢氟酸体系中的等温溶解度曲线。

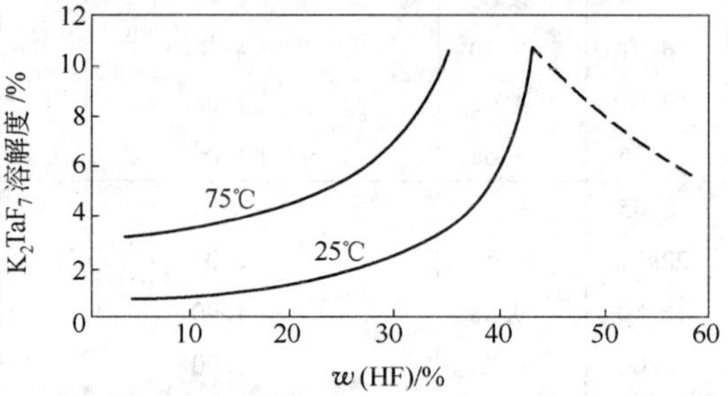

图 9-7　25℃和 75℃下 K_2TaF_7 在 HF 酸体系中的等温溶解度曲线[53]

氟钽酸钾中五氧化二钽含量为 55.5% ~ 56.5%。表 9-4 为我国氟钽酸钾产品的质量标准。

表 9-4　我国氟钽酸钾中的杂质含量标准[54]

产品牌号	杂质质量分数/%													
	Nb	H_2O	C	Ca	Cr	Cu	Fe	Mg	Mo	Ni	Pb	Si	Ti	W
F K_2TaF_7-1	0.002	0.03	0.002	0.001	0.001	0.001	0.001	0.001	0.001	0.001	0.001	0.002	0.001	0.001
F K_2TaF_7-2	0.002	0.03	0.0030	0.001	0.001	0.001	0.001	0.001	0.001	0.001	0.001	0.002	0.001	0.001

(2) 氟铌酸钾(K_2NbF_7)[47,48,55]:K_2NbF_7 为白色单斜状晶,密度 3.21 g/cm³,在湿热空气中水解。主要存在于氢氟酸为 7% ~ 40% 区间和 KF 稍为过量时,溶解度随温度升高而增加。K_2NbF_7 为单斜晶结构,空间群为 $C_{2h}^5 - P2_1/c$,晶格常数:a = 0.585 nm, b = 1.267 nm, c = 0.580 nm, $\beta = 90°$[56]。图 9-8 所示为 K_2NbF_7 的晶体结构。

氟铌酸钾中五氧化二铌质量分数为 46.5% ~ 48.0%。表 9-5 所示为我国氟铌酸钾中的杂质含量典型值。

(3) 氟氧铌酸钾(K_2NbOF_5)[57]:K_2NbOF_5 为片状结晶,主要存在于氢氟酸浓度小于 7% 范围。在水中的溶解度 25℃ 时为 77 g/L。红外光谱分析证明,在

$NbOF_7^{2-}$ 离子中,有 Nb ═O 键存在。Nb-O 键长为 168 pm。$K_2NbOF_5 \cdot H_2O$ 在 100℃时失去结晶水,属于单斜晶系,$a:b:c=0.992:1:0.980$,$\beta=103°46'$。铌原子以八面体的模式与 1 个氧原子和 5 个氟原子配位。它是生产氟铌酸钾产品时要避免产生的物质。

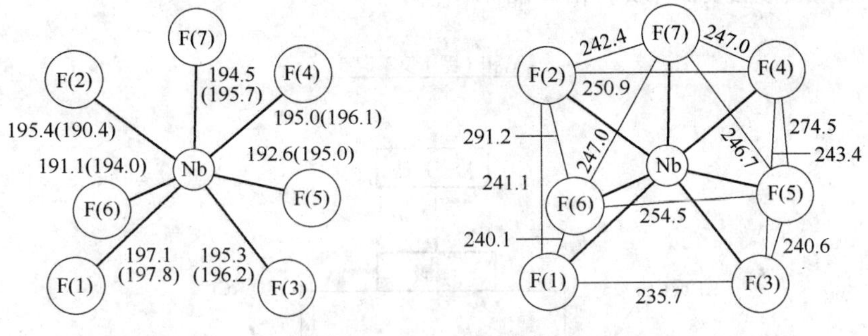

图 9-8 K_2NbF_7 的晶体结构

表 9-5 我国氟铌酸钾产品中的杂质含量典型值[54]

化学成分	杂质质量分数/%												
	Al	C	Cu	Ca	Cr	Cu	Fe	Mg	Mo	Ni	Pb	Ta	Mn
典型值	0.001	0.0003	0.00	0.002	0.001	0.001	0.001	0.001	0.001	0.001	0.001	0.025	0.001

9.2.2 结晶工艺及影响因素

9.2.2.1 结晶工艺

工业上生产氟钽(铌)酸钾的原料为溶剂萃取工艺中的反萃取液。工艺过程主要由反萃取液检查过滤、调酸、转化、控制冷却结晶、离心脱水和干燥等工序组成,图 9-9 所示为生产氟钽(铌)酸钾的工艺流程简图[58]。

含钽(铌)反萃取液先进行检查过滤除去残留的有机相及机械杂质,然后向所得过滤液中加入氢氟酸和纯水调整钽的质量浓度(35 ~45 g/L)和酸度(c(HF)为 1.35 ~1.5 mol/L),然后向调制好的溶液中边搅拌边加入 KCl 或 KF,使由七氟钽酸转化生成七氟钽酸钾晶体。结晶工艺有冷却结晶和控制冷结晶两种方法。冷却结晶是在转化时将溶液加热至 80 ~85℃,并加氢氟酸调整氢氟酸度至 1.35 ~1.5 mol/L,然后边搅拌边加入质量浓度为 300 g/L 的 KCl(用量为理论量的 1.1 倍),转化完毕将溶液送入水冷夹套结晶槽,实施冷却结晶(先自然冷却至 40 ~50℃,然后通冷却水强制冷却至室温)[59]。控制冷结晶工艺在转化时不加热,而是边搅拌、边冷却、边加入钽液和 KCl 或 KF,以控制冷却结晶,同时定量排出结晶物料[60,61]。两种工艺各有自己的优点。前一工艺过程比较简单,操作方便,结晶颗粒较大,产品质量稳定;后一种工艺产品收率较高,晶型控制好,生产周期短,产能大,可连续化作业,效率高。由于结晶温度低,控制结晶工艺对设备腐蚀性小。两种工艺都可以得到高质量的产品。两种工艺所得氟钽酸钾晶体均进行离心过滤或吸滤分离出结晶母液,脱水后的晶体进行干燥、混批,最后获合格产品。

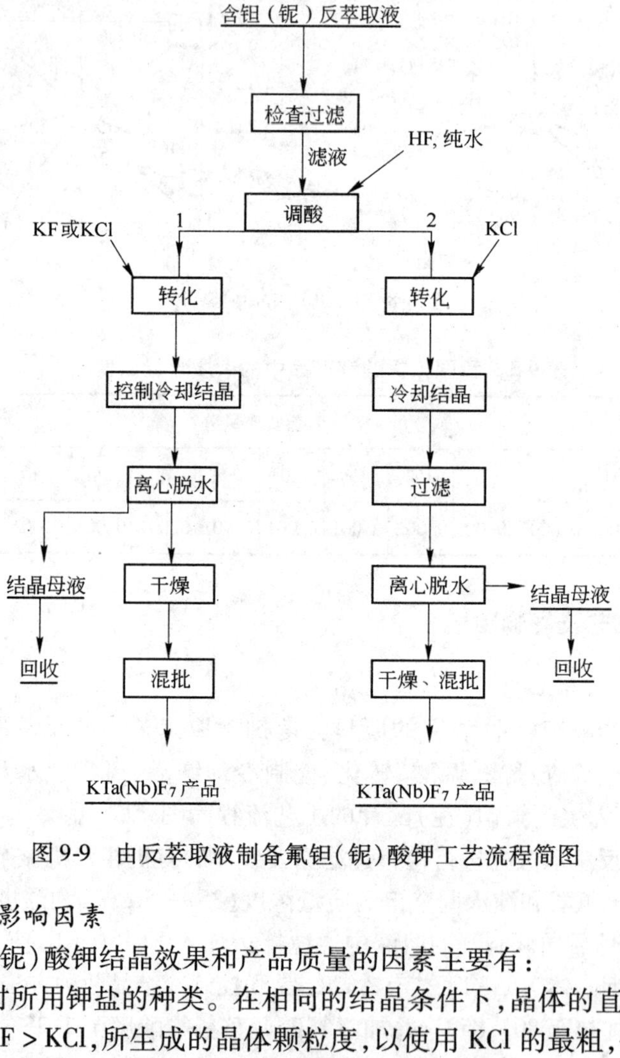

图 9-9 由反萃取液制备氟钽(铌)酸钾工艺流程简图

9.2.2.2 影响因素

影响氟钽(铌)酸钾结晶效果和产品质量的因素主要有:

(1) 转化时所用钾盐的种类。在相同的结晶条件下,晶体的直接回收率的顺序为 $K_2CO_3 > KF > KCl$,所生成的晶体颗粒度,以使用 KCl 的最粗,使用 K_2CO_3 的最细。粗晶较易脱水,有利烘干,加以 KCl 比较便宜,故工业生产较多采用 KCl。为提高产品的直接回收率,一般 KCl 的加入量为理论量的 110% ~120%。

(2) 结晶液酸度和钽浓度:酸度过低和钽浓度过高,易发生水解生成白色的 $4KF \cdot Ta_2O_5 \cdot 2TaF_5$,为此要保持适量的酸度(1.35 ~1.50 mol/L),转化液的钽质量浓度宜为 35 ~ 45 g/L。

(3) 温度影响。温度高低、降温速度、加温顺序等方面的影响是多方面的,包括晶粒大小、产品质量、回收率、结晶周期、能耗等,生产一线人员均摸索出了各自的最佳参数。

9.2.2.3 提高晶体质量和回收率的措施

提高晶体质量和回收率的措施如下:

(1) 原料反萃取液的纯度和用水纯度是制取纯净氟盐的主要保障措施。为获高质量的纯净钾盐,必须强化萃取分离的工艺条件,特别是负载有机相的洗涤条件。

(2) 为了提高直接回收率,可以提高 KCl 盐的加入量,例如由过量 10% 提高到过量 25%,可使直接回收率提高,达到 96% ~97%[62]。

(3) 重结晶除杂质:氟钽酸钾能溶于低浓度的盐酸和硝酸中,采用液固比为 12 和 K_2TaF_7: HF: HCl = 1: 0.8: 0.8,温度 85℃[63] 或采用 HF + HNO_3 作溶剂在 90℃温度下重溶[64,65],然后冷却结晶,可以有效脱除钨、铁、钙等杂质。例如,含钨达 3000×10^{-6} 的晶体经重结晶后钨降至 10×10^{-6} 以下。

9.3 铌(钽)卤化物制取

铌(钽)有各种价态的卤化物,它们主要用于有机化工中的聚合、烃化、氯化、异构化、还原、氟化等过程的催化剂。有关卤化物性质和制备方法,请参见本书第 3、4、8 章。

9.4 铌(钽)化合物晶体材料和电子陶瓷前驱体材料制备

在第 4 章曾指出,虽然在溶液中没有发现铌酸和钽酸的证据,但却存在铌酸盐和钽酸盐,而且许多铌酸盐和钽酸盐的陶瓷体和晶体是铁电体。这是因为 Nb—O 键和 Ta—O 键有很强的极性,当电荷引力被加在一个特定方向时,Nb—O 键和 Ta—O 键很容易极化,即很容易发生电荷位移。铌(钽)酸盐所具有的这种自发极化作用,甚至在无外界电场时也能发生[66~69]。并且所有铁电体同时还具有压电性能,它们广泛用于水声学、电声学、测量技术与自动化技术、辐射调制及光量子发生器(激光器)品质因素控制等领域。实际上已形成了铁电陶瓷和铁电单晶两大工业应用部门。

9.4.1 铌(钽)氧化物单晶前驱体

铌(钽)氧化物晶体品种很多,这里仅介绍较常见的、生产应用较多或研究较多的几种晶体,而且限于单晶前驱体制备。有关拉制单晶工艺技术和晶片加工技术请参见文献[70 ~ 72]。表 9-6 ~ 表 9-8 分别为钽(铌)氧化物晶体的物理性质、压电常数和介电常数。

表 9-6 铌(钽)氧化物晶体的物理性质[73~76]

性能	晶体				
	钽酸锂	铌酸锂	铌酸钾	铌酸钡钠	铌酸锶钡（组成系数 $x=0.25$）
熔点/℃	1650	1253		1450	1500
密度/$g\cdot cm^{-3}$	7.45	4.64	4.62(25℃) 4.605(215℃)	5.4076	5.39
莫氏硬度	5.5	5	5		5.5
居里温度 T_c/℃	610	1142	435	560	60~250℃随 Sr/Ba 变化而变化
线胀系数(0~110℃)	$\alpha_a=16.1\times10^{-6}℃^{-1}$ $\alpha_c=4.1\times10^{-6}℃^{-1}$	$\alpha_a=15.4\times10^{-6}℃^{-1}$ $\alpha_c=7.5\times10^{-6}℃^{-1}$	$\alpha_a=5.01\times10^{-6}℃^{-1}$ $\alpha_b=1.41\times10^{-5}℃^{-1}$ $\alpha_c=5.01\times10^{-7}℃^{-1}$		
热导率/$W\cdot(m\cdot℃)^{-1}$	4.4	2.0			
电阻率/$\Omega\cdot cm$	$\approx1\times10^{13}$	5×10^{8}(400℃)			

表 9-7 铌(钽)氧化物晶体的压电常数[73~76]

压电常数	符号	单位	钽酸锂	铌酸锂	铌酸钡钠	铌酸锶钡($x=0.5$)
压电应力常数	e_{15}	C/m^2	2.6	3.7	2.8	
	e_{22}		1.6	2.5		
	e_{24}				3.4	
	e_{31}		0.0	0.2	-0.4	-0.78
	e_{32}				-0.3	
	e_{33}		1.9	1.3	4.3	10.3
压电应变常数	d_{15}	C/N	2.6×10^{-11}	6.8×10^{-11}	4.2×10^{-11}	
	d_{22}		0.7×10^{-11}	2.1×10^{-11}		
	d_{24}				5.2×10^{-11}	
	d_{31}		-0.2×10^{-11}	-0.1×10^{-11}	-0.7×10^{-11}	-199×10^{-11}
	d_{32}				-0.6×10^{-11}	
	d_{33}		0.8×10^{-11}	0.6×10^{-11}	3.7×10^{-11}	954×10^{-11}

压电常数	符号	单位	钽酸锂	铌酸锂
压电电压常数	g_{15}	C/m^2	5.8×10^{2}	9.1×10^{2}
	g_{22}		1.5×10^{2}	2.8×10^{2}
	g_{31}		-0.6×10^{2}	-0.4×10^{2}
	g_{33}		2.1×10^{2}	2.3×10^{2}
压电刚度常数	h_{15}	N/C	7.2×10^{9}	9.5×10^{9}
	h_{22}		4.3×10^{9}	6.4×10^{9}
	h_{31}		0.0×10^{9}	0.8×10^{9}
	h_{33}		5.0×10^{9}	5.1×10^{9}

表 9-8　铌(钽)氧化物晶体的介电常数[73~76]

介电常数	符号	单位	钽酸锂	铌酸锂	铌酸钡钠	铌酸锶钡
自由介电常数	$\varepsilon_{33}^{T}/\varepsilon_0$	1	45	30	51(30℃) 48000(560℃)	3400(组成系数 $x=0.25$) 450(组成系数 $x=0.5$)
	$\varepsilon_{11}^{T}/\varepsilon_0$		51	84	246(30℃) 191(560℃)	
夹持介电常数	$\varepsilon_{33}^{S}/\varepsilon_0$		43	29		
	$\varepsilon_{11}^{S}/\varepsilon_0$		41	44		
自由介电隔离率	β_{11}^{T}	m/F		1.34×10^{9}		
	β_{33}^{T}			3.8×10^{9}		
夹持介电隔离率	β_{11}^{S}			2.6×10^{9}		
	β_{33}^{S}			3.9×10^{9}		

9.4.2　铌(钽)氧化物晶体前驱体合成方法

铌(钽)氧化物晶体前驱体合成有固相法、液相法、水合复盐分解法、醇盐法和草酸盐热分解法等。其中，固相法需在高温下反应，其余方法在较低温度下均可进行。醇盐法和草酸法工艺简短。

9.4.2.1　*固相法*[77~79]

固相法是用得最广泛的方法。采用的原料为碱金属碳酸盐和高纯五氧化二铌或五氧化二钽(纯度 4~5 个 9)。

工业上通常是将碱金属碳酸盐和铌或钽的氧化物均匀混合，然后在相应的温度下加热(1000~1200℃)，反应为：

$$Me_2CO_3 + Nb_2O_5 = 2MeNbO_3 + CO_2 \tag{9-21}$$

$$Me_2CO_3 + Ta_2O_5 = 2MeTaO_3 + CO_2 \tag{9-22}$$

式中，Me 为碱金属。加热时间保持 1~2 h。

9.4.2.2　*水合复盐热解*

先合成铌或钽的水合复盐，如 $Na_{14}Nb_{12}O_{37}\cdot32H_2O$[80,81]，然后逐步升温加热发生脱水热分解生成偏铌(钽)酸盐，而发生以下反应：

$$Na_{14}Nb_{12}O_{37}\cdot32H_2O = 12NaNbO_3 + 2NaOH + 31H_2O \tag{9-23}$$

在洗去反应产物中的碱后，即可得到微溶于水的偏铌酸钠。同样的方法可从水合复盐中制取 $NaTaO_5$、$KNbO_3$ 和 $KTaO_3$。

9.4.2.3　*溶液直接反应*

在 150~200℃ 下将 Nb_2O_5、Ta_2O_5 和 KOH 或 NaOH 的水溶液反应也可获得碱

金属偏钽(铌)盐。

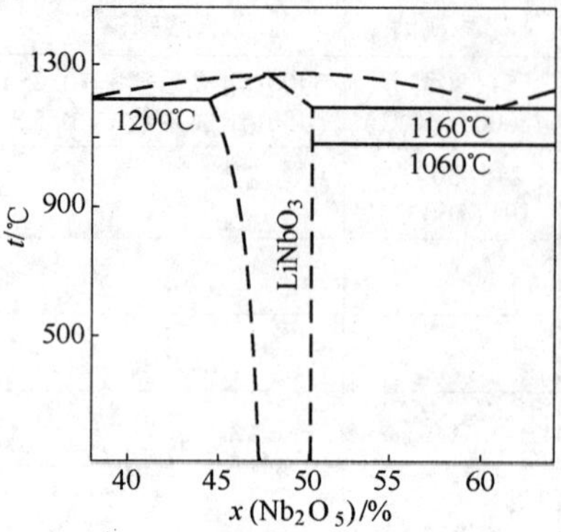

图 9-10　Li_2O-Nb_2O_5 在化学计量区的熔度相图[83]

9.4.2.4　偏铌酸锂与偏钽酸钾盐的制取[82]

偏铌酸锂与偏钽酸钾可以通过在空气中加热碳酸锂和铌或钽氧化物分别在 1050～1100℃(对铌酸锂)和在 1150～1200℃下(对钽酸锂)保持 1～2 h 的方法制取。偏铌酸锂于 1253℃熔化,密度为 4.61 g/cm³;偏铌酸锂的熔化温度为 1656℃,密度为 7.454 g/cm³。合成时和通常的固相法类似,按相图成分配料。由于Li_2O-Nb_2O_5的均质区范围较大,故按固液同成分熔化的比例 $Li_2O/NbO = 0.946$ 配料(图 9-10)。

9.4.3　铌(钽)电子陶瓷材料[84～87]

铌(钽)电子陶瓷材料主要包括铌(钽)介电陶瓷材料和铌(钽)压电陶瓷材料。

9.4.3.1　铌(钽)介电陶瓷材料

铌(钽)介电陶瓷主要用于陶瓷电容器(独石电容器)的生产。独石电容器分为Ⅰ型和Ⅱ型。Ⅰ型为温度补偿型,主要组分为铌铋锌、铌铋镁等;Ⅱ型为高介电常数型,主要有铌镁酸铅等。表 9-9 所示为几种含铌独石电容器的组分。

表 9-9　几种含铌独石电容器的组分

序　号	组　成	相对介电常数
1	$Pb(Mg_{1/3}Nb_{2/3})O_3$-$PbTiO_3$-$Pb(Cd_{1/2}W_{1/2})O_3$	—
2	$Pb(Mg_{1/3}Nb_{2/3})O_3$-$Pb(Zn_{1/3}$-$Nb_{2/3})O_3$-$PbTiO_3$	4000～12000
3	$Pb(Fe_{2/3}W_{1/3})_x(Fe_{1/2}Nb_{1/2})_{1-x}O_3$	8400～19000
4	$Pb(Fe_{1/2}Nb_{1/2})O_3$-$Pb(Mg_{1/2}Nb_{1/2})O_3$-$Pb(Mg_{1/2}W_{1/2})O_3$	—

含铌独石电容器的特点是将陶瓷的烧结过程和电容器的装配同时进行,主要过程为:原料→配料→粉料预烧→过筛→轧膜→切片→印刷电极→叠片、整形→涂端头银电极→烧成→外观检验和电性筛选→焊接引线→包封→成品检验→合格产品。

9.4.3.2　铌(钽)压电陶瓷材料

铌(钽)压电陶瓷主要用于超声振子、换能器、陶瓷滤波器、延迟线、话筒、蜂鸣器等。表 9-10 所示为主要含铌压电陶瓷的性能。表 9-11 所示为表面波器件用含铌陶瓷材料基本性能。

表 9-10 主要含铌压电陶瓷的性能

材料	居里温度/℃	耦合系数 K_p/%	相对介电常数 $\varepsilon_{23}^T/\varepsilon^0$	损耗因子 $\tan\delta$/%	机械品质因素 Q_m
$Pb(Mg_{1/3}Nb_{2/3})O_3$-$PbTiO_3$-$PbZrO_3$	170～350	30～76	550～3500	0.2～2.5	43～2025
$Pb(Co_{1/3}Nb_{2/3})O_3$-$PbTiO_3$-$PbZrO_3$	220～320	24～64	350～383	—	55～2250
$Na_{0.5}K_{0.5}NbO_3$	420	46	496	1.4	240
$PbNb_2O_6$-$PbTiO_3$-$Pb(Cd_{1/2}W_{1/2})O_3$	570	7	225	76	11

表 9-11 表面波器件用含铌陶瓷材料基本性能

材料	传播速度/$m\cdot s^{-1}$	机电耦合系数 $K(\%)K_{ssw}$	温度系数
$PbTiO_3$-$PbZrO_3$-$Pb(Mg_{1/3}Nb_{2/3})O_3$	2430	0.17	17×10^{-6}
$Na_{1-x}Li_xNbO_3$		0.23	80×10^{-6}
$0.1Pb(Mn_{1/3}Nb_{2/3})O_3$-$0.9Pb(Zr_{0.66}Ti_{0.34})O_3$	2420		50×10^{-6}(－20～－70℃)
$0.05Pb(Mn_{1/3}Nb_{2/3})O_3$-$0.95Pb(Zr_{0.47}Ti_{0.53})O_3$	2430	0.2	17×10^{-6}(20～60℃)

含铌压电陶瓷主要采用烧结法制备，主要工艺过程为：配料→混合→预烧→破碎→加黏合剂混合→造粒→成型→烧结→加工→被电极→极化→测试。

9.5 铌和钽的醇盐制取和溶胶－凝胶法[88]

包括铌（钽）在内的金属醇盐是介于无机化合物和有机化合物之间的广义金属有机化合物的一部分，它是由铌（钽）元素置换醇中羟基的氢所形成的化合物。铌（钽）的醇盐的通式为 $M(OR)_n$，式中 M 为 Nb 和 Ta，R 为烷基 C_nH_{n+1}，OR 称为烷氧基。它们是一些高挥发性的化合物（通常钽醇盐比相应的铌醇盐的挥发性高）。常温下除甲醇盐为固体外，其他醇盐均为液体，它们在高温真空下保持稳定，因此可以通过减压蒸馏和热分解或水解的方法来制备高纯化合物，特别是高纯氧化铌（钽）。一些醇盐有较高的聚合度。表 9-12 示出了几种烷氧基盐的沸点和聚合物的数据。

表 9-12 一些醇盐的沸点和聚合度[89]

烷基 R	$Nb(OR)_5$		$Ta(OR)_5$	
	沸点/℃	聚合度	沸点/℃	聚合度
Me	153	2.11	130	1.98
Et	156	2.02	146	1.98
n-Pr	166	2.02	184	1.95
n-Bu	197	2.01	217	2.02

生产上多以铌(钽)的五氯化物为原料,使其溶于无水乙醇中。溶解为放热反应,表 9-13 所示为 $TaCl_5$ 的溶解热。

表 9-13　$TaCl_5$ 在无水乙醇中的溶解热[90]

C_2H_5OH: $TaCl_5$(摩尔比)	7.3	20.0	60.0	113.0	240.0
ΔH/J·mol^{-1}	118143.6	182004	234304	297064	317984

$Ta(OC_2H_5)_5$ 为二聚合体(聚合度 1.98),蒸气压 130℃时为 26.66 Pa,189℃时为 1333.2 Pa。

铌(钽)的醇盐既是制备各种铌(钽)无机化合物的原料,也是制取有机化合物的原料。市场上有铌(钽)醇盐商品出售。

9.5.1　铌(钽)醇盐的合成方法[88]

金属醇盐分为单金属醇盐和多金属醇盐两类。金属醇盐的合成方法很多,包括金属与醇盐直接反应、金属氧化物或氢氧化物与醇反应、金属卤化物与醇和碱金属反应、醇解法、金属有机盐与碱金属醇盐作用以及金属二烷基胺盐与醇作用等方法。钽(铌)单金属醇盐制取主要采用以下几种方法。

9.5.1.1　铌(钽)卤化物与醇和碱金属反应

原料卤化物中最常用的是 $NbCl_5$ 和 $TaCl_5$。反应如下:

$$NbCl_5 + 5C_2H_5OH = Nb(OC_2H_5)_5 + 5HCl \tag{9-24}$$

$$TaCl_5 + 5C_2H_5OH = Ta(OC_2H_5)_5 + 5HCl \tag{9-25}$$

反应要求使用无水乙醇,且必须乙醇大量过剩。但上述反应有时并不完全,实际还发现有下述反应[91,92]:

$$2NbCl_5 + 9C_2H_5OH = Nb_2O_3(OC_2H_5)_2OHCl + 2HCl + 7C_2H_5Cl + 3H_2O \tag{9-26}$$

较好的办法是往体系中添加碱性物质来增加醇盐阴离子的含量和中和副产物 HCl,以使醇盐阴离子能更好地与金属氯化物反应:

$$B(碱) + ROH = (BH)^+ + (OR)^- \tag{9-27}$$

$$5(OR)^- + NbCl_5 = Nb(OR)_5 + 5Cl^- \tag{9-28}$$

$$5(OR)^- + TaCl_5 = Ta(OR)_5 + 5Cl^- \tag{9-29}$$

$$(BH)^+ + Cl^- = BHCl \tag{9-30}$$

对于铌和钽,通常用氨消除所生成的盐酸,总反应式为:

$$NbCl_5 + ROH + 5NH_3 = Nb(OR)_5 + 5NH_4Cl \tag{9-31}$$

$$TaCl_5 + ROH + 5NH_3 = Ta(OR)_5 + 5NH_4Cl \tag{9-32}$$

后来对方法又做了改进,即向生成的铌(钽)的醇盐和氯化物的醇溶液中加入酰胺，结果铌（钽）的醇盐和氯化铵分层，省去了过滤作业。

9.5.1.2 醇解法制备铌和钽的醇盐

该方法是使铌（钽）的醇盐和另一种醇反应，后一种醇取代铌（钽）中原来的醇，称为醇解反应或醇交换反应。反应过程为：

$$Nb(OR)_5 + R'OH = Nb(OR')_5 + ROH \quad (9\text{-}33)$$

$$Ta(OR)_5 + R'OH = Ta(OR')_5 + ROH \quad (9\text{-}34)$$

如果第一种醇（R'OH）的沸点较低，并能将其从体系中分馏出来，上述反应便会向右进行。例如，用铌（钽）的乙醇盐为原料，在惰性溶剂苯中进行上述反应，由于苯能与反应中释放出来的乙醇形成恒沸物，降低了醇的沸点，使乙醇可以移走，可使反应完成，最终得到目的产物。

9.5.1.3 酯交换反应

该方法主要是以酯交换醇，例如，用叔丁基醋酸酯交换铌（钽）中的异丙醇，总反应式为：

$$Nb(OPr^i)_5 + 5CHCOOBu^t = Nb(Bu^t)_5 + 5\ CHCOOPr^i \quad (9\text{-}35)$$

$$Ta(OPr^i)_5 + 5CHCOOBu^t = Ta(Bu^t)_5 + 5\ CHCOOPr^i \quad (9\text{-}36)$$

当使用过量的叔丁基醋酸酯时，就能将反应产物异丙醇醋酸酯（沸点 80℃）分馏出来，使反应进行到底。

9.5.1.4 金属二烷基胺盐与醇反应

该方法是利用铌（钽）与氧的亲和力比与氮的亲和力大的特点，使铌（钽）的二烷基胺盐与醇反应，由于二烷基胺盐具有较高的挥发性，可以很容易地从体系中挥发除去。总反应式为：

$$Nb(NR)_5 + 5ROH = Nb(OR)_5 + 5(R_2NH)\uparrow \quad (9\text{-}37)$$

$$Ta(NR)_5 + 5ROH = Ta(OR)_5 + 5(R_2NH)\uparrow \quad (9\text{-}38)$$

9.5.1.5 金属醇盐电化学合成法[93]

该方法是以铂电极或石墨电极为阴极，以铌（钽）的醇盐为消耗阳极，在醇溶液中添加少量电解质载体进行电解来制备新的醇盐。所得醇盐的纯度高。

铌（钽）的多金属醇盐有 Nb-Ta 双金属和碱金属醇盐，多是一些正在开发研究中的方法，它们主要有：

（1）不同醇盐之间的反应，即将不同的金属醇盐在惰性溶剂苯中按化学计量配料混合，反应式为：

$$MOR + Ta(OR)_5 = MTa(OR)_6 \quad (9\text{-}39)$$

式中，M 为碱金属 Li，Na，K，Rb，Cs。

$$Nb(OPr^i)_5 + 2Al(OPr^i)_5 = (Pr^iO)_3Nb[Al(OPr^i)_4]_2 \quad (9\text{-}40)$$

$$Nb_2(OMe)_{10} + Ta_2(OMe)_{10} = 2(MeO)_4Nb(OMe)_2Ta(OMe)_4 \quad (9\text{-}41)$$

(2) 通过金属溶解，金属醇与金属醇相互反应：

$$M + 2ROH + 2Nb(OR) = M[Nb(OR)_6]_2 \tag{9-42}$$

式中，M 为碱土金属 Mg、Ca、Sr、Ba 以及 Pb。

9.5.2 溶胶－凝胶法[94~97]

以醇盐为原料制备材料的方法通常称为溶胶－凝胶(sol-gel)法。这是湿法冶金中一种比较新的方法，是一种将金属有机化合物和金属无机化合物经过水解缩聚、逐渐胶化和进行相应后处理的工艺。这里的溶胶(sol)是指在液体介质中微小的固体颗粒(1～100 nm 粒子)悬浮分散在液相中。凝胶(gel)是指胶体颗粒相互交联，空间网络状结构不断发展，最终使得溶胶液逐步失去流动性，形成一种充满孔隙的多孔结构体系。铌(钽)应用溶胶－凝胶法制取始于 20 世纪 80 年代，90 年代兴起的纳米技术将溶胶－凝胶技术推向一个高潮。近几年溶胶－凝胶技术被广泛应用于铌(钽)高纯氧化物制取、纳米级铌(钽)化合物晶体薄膜制备等领域。例如在 $SrTiO_3$ 单晶、$KNbO_3$ 单晶基底上沉积 $LiNbO_3$ 外延单晶薄膜。

9.5.2.1 溶胶－凝胶法制备材料的基本过程[98]

溶胶－凝胶法制备材料的基本工艺有分散法和水解法。铌(钽)多用醇盐水解法(图 9-11)。

图 9-11 醇盐溶胶－凝胶法的基本工艺过程示意图

溶胶－凝胶水解法采用的原料一般有铌(钽)化合物(普遍用五氯化物)、水、溶剂(普遍用乙醇)、催化剂(碱或酸)，有时还加入添加剂。采用溶胶－凝胶水解法时，第一步先制取含金属醇盐和水的均相溶液。醇和水加入要适量。第二步是水解、缩聚制备胶液。控制醇盐的水解和缩聚条件，如加水量、溶液的 pH 值和水解温度。第三步将溶胶陈化获得湿凝胶。将溶胶放置在敞口或密闭的容器中使胶体粒子逐渐聚集形成网格结构，整个体系失去流动性。依据成品最后要求，可在此时进行涂膜、制纤或浇注。第四步使凝胶干燥获得干凝胶。这时要严格控制干燥条件，防止凝胶开裂。最后一步是对干凝胶进行热处理，消除凝胶中的气孔，使凝胶致密化。

溶胶－凝胶法制备纳米粉体材料的工艺控制参数主要有：

(1) 溶剂选择：铌和钽多采用乙醇溶剂。

(2) 加水量：加水量对醇盐缩聚物的结构有重要影响。加水量少，醇盐分子被水解的烷氧基团少，水解的醇盐分子间的缩聚易形成低交联度的产物，反之又易生成高交联度的产物。

（3）醇盐浓度：起始溶液中作为溶剂的醇浓度必须适中。醇加入量过多，会使生成的醇盐浓度下降，使凝胶的胶凝时间延长。

（4）pH 值：为调整溶胶的 pH 值而加入的酸或碱实际起催化剂的作用。

（5）陈化时间：凝胶颗粒长大和粉体的比表面积和陈化时间有密切关系，必须控制好最佳陈化时间。

（6）凝胶干燥条件：凝胶经过干燥才能获得所需粒度的粉体。干燥时必须避免凝胶组织的破坏。目前已开发超临界干燥技术、冷冻干燥技术和共沸点蒸馏技术。

（7）煅烧温度：煅烧保持适当升温速度，先低温脱水，再中温使醇氧基氧化，最后高温脱除结构中的—OH 基。

9.5.2.2　醇盐法应用

A　醇盐法制取高纯五氧化铌（钽）

图 9-12 所示为以铌（钽）的氯化物为原料采用醇盐法制取高纯氧化物工艺流程简图。

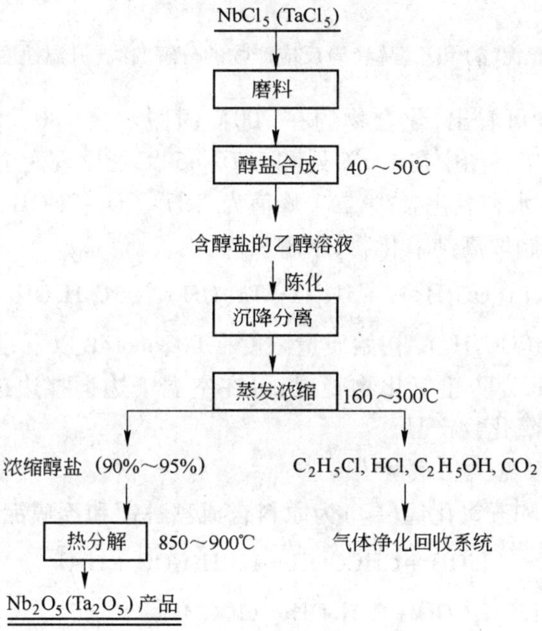

图 9-12　醇盐法制取高纯氧化物工艺流程简图

先将五氯化铌（钽）磨细，在带搅拌和水冷套的反应器中边搅拌边将氯化物连续地加入装有无水乙醇的反应器中。反应器通水冷却保持反应温度 40～50℃，反应固液比为 1:（0.9～1.1）（对于铌）和 1:（1.4～1.7）（对于钽），所得溶液然后沉降分离,再在 160 ~ 300℃下蒸发浓缩。蒸发时产生的含有过量乙醇的尾气通过洗涤系统回收。蒸发浓缩产物(含五氧化物 90% ~ 95%)在温度 850 ~ 900℃下通入空气或氧气时进行热分解。最后得到粒度分布均匀、化学活性大的纳米级高纯氧化铌(钽)产品。图 9-13 所示为乙醇铌和乙醇钽的分解曲线[99,100]。

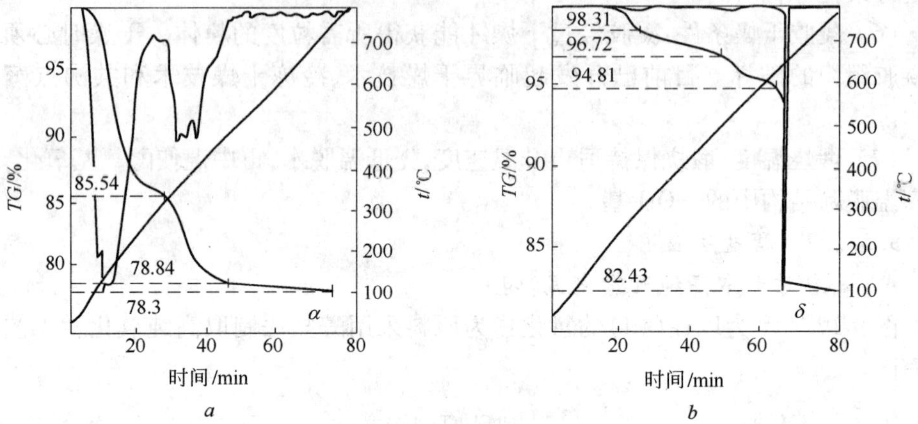

图 9-13　乙醇铌(a)和乙醇钽(b)反应产物的分解曲线(升温速度 10℃/min)

由分解图 9-13 可看出,化合物约在 200℃时脱水,在 80 ~ 370℃温区失重最大,500℃时反应完毕。图中在 175℃处和 327 ~ 450℃处出现两个最高值,第一个峰值为分离出乙醇盐、水和氯化氢;第二个峰值为 C_2H_4、CO_2、CHOH、C_4H_8 等的挥发。

也有用水解法制取高纯氧化物,水解反应为:

$$Ta(OC_2H_5)_5 + 5H_2O = Ta(OH)_5 + 5C_2H_5OH \tag{9-43}$$

水解时控制 $Ta(OC_2H_5)_5$ 初始质量浓度在 0.2 mol/L 以下,加水量为化学计量理论值的 0.7 ~ 1.3,为防止氧化物凝聚,可在室温下边搅拌边进行水解。水解法可获活性好的超细氧化物产品。

B　醇盐法制取铌(钽)酸盐[101]

先以氢氧化锂和五氯化铌(钽)为原料合成乙醇锂和乙醇铌(钽):

$$LiOH + CHCOOH = LiCH_3COO + H_2O \tag{9-44}$$

$$LiCH_3COO + C_2H_5OH = LiOC_2H_5 \tag{9-45}$$

$$NbCl_5 + 5C_2H_5OH = Nb(C_2H_5O)_5 + 5HCl \tag{9-46}$$

为使反应向右进行,通入氨气中和盐酸:

$$NbCl_5 + 5C_2H_5OH + 5NH_3 = Nb(C_2H_5O)_5 + 5NH_4Cl \tag{9-47}$$

醇盐反应为放热反应。

$$LiOC_2H_5 + Nb(C_2H_5O)_5 = LiNb(C_2H_5O)_6 \tag{9-48}$$

将所得铌锂二元乙醇盐进行水解。控制醇制水解条件，特别是严格控制水的加入量是制备高质量溶胶的关键，水量少，水解不完全。

$$LiNb(C_2H_5O)_6 + 6\ H_2O = LiNb(OH)_6 + 6\ C_2H_5OH \quad (9\text{-}49)$$

干燥时要避免凝胶组织的破坏。

$$LiNb(OH)_6 \longrightarrow LiNbO_3 + 3H_2O \quad (9\text{-}50)$$

C 醇盐法镀膜

近几年，运用 sol-gel 技术制备多晶陶瓷薄膜成为新材料研究的热点。其中最主要的是用 sol-gel 法制备铁电薄膜。将前驱体涂覆在基底上，或采用流延法将前驱体液涂在基底上时，大气中的水蒸气立即使薄膜水解，形成凝胶。除去有机物，形成疏松的氧化物或无定形薄膜。再在 400 ~ 800℃ 晶化形成多晶例如 $KNbO_3$ 多晶。通过控制前驱液的化学成分及沉工艺过程，可以得到外延铁电单晶薄膜，如在 $SrTiO_3$ 单晶、$LiTaO_3$ 单晶、$KNbO_3$ 单晶基底上淀积 $LiNbO_3$ 外延单晶薄膜。有大利用 sol-gel 技术所制备出的 $KNbO_3$ 外延单晶薄膜制成平面导波器，用在激光器上，显示了优越的绿光谐波响应。此外还有：

(1) 在硅板上沉积镀膜，形成五氧化二铌薄膜绝缘层。

(2) 在电解阳极板镀膜。

9.6 草酸铌制取和草酸铌铵晶体

草酸铌铵晶体（$(NH_4)_3[NbO(C_2O_4)_3] \cdot 2H_2O$）和草酸铌配合酸（$H[NbO(C_2O_4)_2]$，$H_3[NbO(C_2O_4)_3] \cdot 2H_2O$）是工业铌化合物中仅有的几种腐蚀性极小（相对于氟和氯）的可溶性化合物，它们是制备各种铌化合物（包括催化剂）的重要原料。

草酸铌晶体既可以由萃取流程中制取（见第 7 章），也可由水合氧化铌或新鲜的和未经高温煅烧过的氧化铌和草酸反应制取[102]。

9.6.1 草酸铌配合物的性质

有关草酸铌配合物的性质在第 7 章已有介绍，下面再补充几点：

(1) 草酸与铌作用可以生成多种配合物，其组成和制备工艺和生成条件有关。稳定的配合物有：$H_3[NbO(C_2O_4)_3] \cdot 7.5H_2O$，$(NH_4)_3[NbO(C_2O_4)_3] \cdot 2H_2O$，$Na_3[NbO(C_2O_4)_3] \cdot 2H_20$，$K_3[NbO(C_2O_4)_3] \cdot 2H_2O$。它们都是白色晶体物质。

(2) 草酸铌配合物呈弱酸性：氢氧化铌溶解在草酸溶液中时，溶液的酸度会提高。例如，饱和草酸溶液的酸度为 pH = 0.7，溶进 0.2 mol 的 $Nb(OH)_5$ 后，溶液的酸度增加，达到 pH = 0.5。

(3) 铵和碱金属草酸铌配合物都是可溶性晶体物质。碱土金属以及 2 价的钴、镍、铜等的草酸盐化合物和草酸配合物基本上是不溶性化合物。

(4) 各种草酸铌配合物均易为硝酸、硫酸等无机强酸分解，析出白色的“铌酸”。因此草酸铌配合物只在低酸介质稳定(见图9-14)。

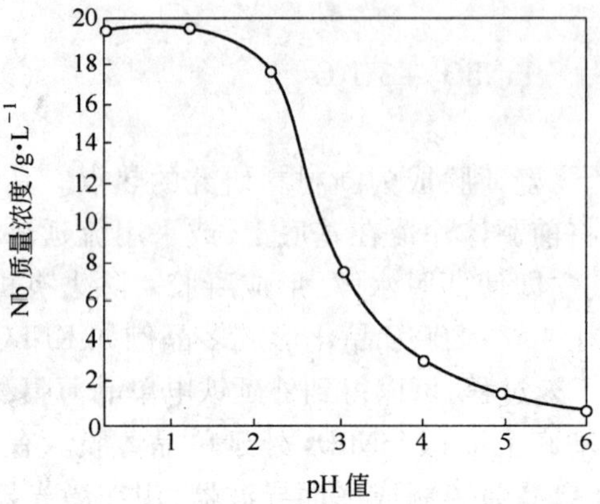

图 9-14　草酸铌铵的溶解度和溶液 pH 值的关系

(5) 草酸铌难溶于丙酮、酒精、乙醚、四氯化碳等有机溶剂中。

(6) 铌在草酸中具有很高的溶解度，25℃时溶解度可达105 g/L(以 Nb_2O_5 计)。70℃时可以达到220～230 g/L。这样大的溶解度，用于工艺流程是足够的。一些碱金属的铌草酸配合物容易生成晶体，而且随温度增加溶解度增加很大(见表9-14)，因此，萃取辅以结晶－重结晶方法很容易获得高纯产品[104,105]。

表 9-14　草酸铌的溶解度[103]

化合物	溶解度/g·(100g 水)$^{-1}$	
	20℃	50℃
$H_3[NbO(C_2O_4)_3]$	7	10
$(NH_4)_3[NbO(C_2O_4)_3]$	10	20
$K_3[NbO(C_2O_4)_3]$	8	56
$Na_3[NbO(C_2O_4)_3]$	10	60

9.6.2　结晶－重结晶纯化工艺制取草酸铌晶体和高纯氧化铌

利用草酸铌铵配合物在常温和高温下溶解度成倍的差别，采用结晶－重结晶法可以达到高效和深度提纯的目的，制取高纯氧化铌产品。图9-15所示为工艺过程简图。全流程包括：(1)工业氧化铌溶解获得高质量浓度的草酸铌铵溶液。溶解在衬胶槽中进行，边搅拌边加料。参数为：溶解温度70～75℃，铌和草酸间的摩尔比为(3～3.5)∶1，自由草酸和总草酸量保持10∶1，草酸铌质量浓度300～350 g/L；(2)热过滤和冷却析晶。溶解完毕，立即通过离心过滤机进行热过滤除去不溶解的固体杂质。所得热滤液在水冷夹套槽中边搅拌边冷却结晶。冷却至室温后进行离心过滤，得到一次晶体。(3)重结晶。为确保氧化铌产品高纯度，利用重结晶进一步分离掉铁、钛等可溶性微量杂质。重结晶时每升去离子水加入3.5～4 kg 一次晶体。溶解液再次热过滤和冷却结晶，得到二次晶体。(4)一次结晶和二次结晶的过滤母液进行减压蒸发，初始蒸发温度为50～55℃，随溶液浓度增长，温度不断上升，达70～75℃停止蒸发，溶液进行热过滤并冷却析晶。(5)残液处理。两种母液在蒸发规定次数后进行再生处理。处理时用液氨水中和至pH值8～9；趁热过滤，所得水合氧化铌用硝酸浸洗除去杂质元素，重新返回结晶工序使用。(6)晶体烘干和煅烧获得氧化铌产品。所得合格晶体先在100℃下烘干，然后在普通氧化铝坩埚中煅烧，得氧化铌产品。为确保充分分解，煅烧至500～600℃结束，煅烧时间为40～60 min。

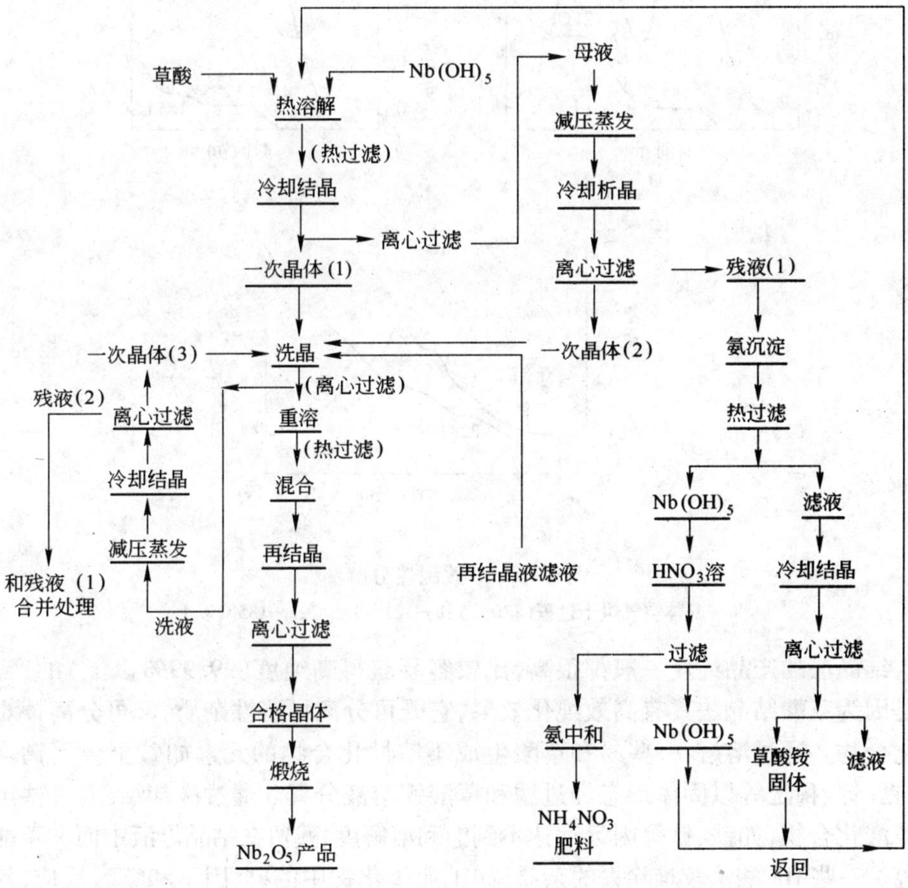

图9-15　草酸铌重结晶工艺流程图

整个工艺没有困难工序，流程流畅，从投料到得到合格晶体，一个生产周期可在4～5 h内完成（对于HF酸法，仅压滤脱氟和煅烧除氟便需2～4昼夜）。

最后将晶体进行热分解。分解时晶体于100℃下脱去结晶水，180℃开始分解

（燃烧），350℃氧化铌开始向嫩黄色（氧化铌晶格氧缺陷引起）转变并完全分解（图9-16）。为确保充分分解，工艺上采用500℃为分解终点。分解反应为

$$2(NH_4)_3[NbO(C_2H_4)_3] + 21O_2 \longrightarrow Nb_2O_5 + 6NH_3\uparrow + 12CO_2\uparrow + 15H_2O\uparrow \quad (9\text{-}51)$$

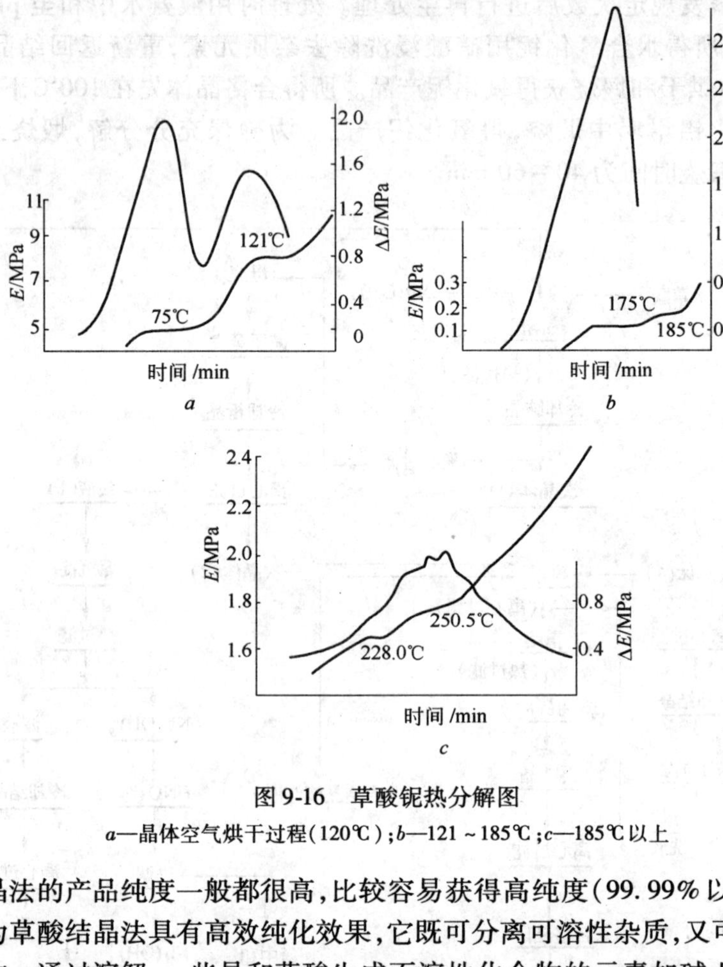

图 9-16　草酸铌热分解图

a—晶体空气烘干过程（120℃）；*b*—121 ~ 185℃；*c*—185℃以上

结晶法的产品纯度一般都很高，比较容易获得高纯度（99.99%以上）的产品。这是因为草酸结晶法具有高效纯化效果，它既可分离可溶性杂质，又可分离掉难溶性化合物。通过溶解，一些易和草酸生成不溶性化合物的元素如碱土金属钙、镁、铅、钴、镍、稀土等以固体形态经过滤和草酸铌溶液分离。通过冷却结晶，一些可溶性草酸化合物，如铁、钛等因远远达不到饱和溶解度，残留在结晶母液中而和草酸铌分离。一些 HF 酸法较难除去的杂质，如工业氧化铌中的硅，因不和草酸反应，易和草酸铌分离。这使氧化铌达到极高纯度。表 9-15 示出了结晶法提纯效果的数据。

因为是通过晶体分解获得氧化铌，故产品不含水分（无灼减），可以长期存放（不受潮）。因为是低温煅烧，所得氧化铌活性好。

方法的工艺、设备和设备材质、操作等都很简单。产品不含氟，纯度高（99.99%），有利于应用。

表 9-15 结晶前后氧化铌中的杂质元素

批号	晶体组成（质量分数）/%			母液组成（质量浓度）/$g \cdot L^{-1}$			杂质含量（质量分数）/%				
	Nb	$C_2O_4^{2-}$	摩尔比	Nb	$C_2O_4^{2-}$	摩尔比	Fe	Ti	Si	Mn	Ta
1	20.3	59.7	1:3.11	105.1	282.8	1:2.93	<0.0001	<0.0003	<0.001	<0.0001	0.002
2	19.9	56.7	1:3.01	95.5	249.5	1:2.78	<0.0001	<0.0003	<0.001	<0.0001	0.004
3	21.8	60.2	1:2.92	109.3	293.2	1:2.83	<0.0001	<0.0003	<0.001	<0.0001	0.005
理论值	20.09	57.02	1:3								

注：原料水合氧化铌中杂质含量（质量分数）为：Fe,0.08%；Ti,0.07%；Si,0.5%；Ta,0.05%（烘干煅烧料分析结果）。

9.6.3 草酸盐法合成碱金属铌酸盐和碱土金属铌酸盐[106,107]

一些碱金属铌酸盐和碱土金属铌酸盐是介电、压电材料，可以通过草酸铌制取。有3种合成碱金属铌酸盐和碱土金属铌酸盐的方法：

（1）先制备 $H[NbO(C_2O_4)_2]$ 配合物，再和 LiOH 反应：

$$Nb(OH)_5 + 2H_2C_2O_4 \longrightarrow H[NbO(C_2O_4)_2] + 4H_2O \tag{9-52}$$

$$3LiOH + H[NbO(C_2O_4)_2] \longrightarrow Li[NbO(C_2O_4)_2] + 3H_2O \tag{9-53}$$

所得铌锂配合物在空气中热分解即得铌酸锂：

$$Li[NbO(C_2O_4)_2] + O_2 \longrightarrow LiNbO_3 + 4CO_2 \tag{9-54}$$

（2）先制备配合物 $H_3[NbO(C_2O_4)_3]$，再和 LiOH 反应：

$$Nb(OH)_5 + 3H_2C_2O_4 \longrightarrow H_3[NbO(C_2O_4)_3] + 4H_2O \tag{9-55}$$

$$3LiOH + H_3[NbO(C_2O_4)_3] \longrightarrow Li_3[NbO(C_2O_4)_3] + 3H_2O \tag{9-56}$$

铌酸锂配合物在空气中热分解，生成铌酸锂：

$$Li_3[NbO(C_2O_4)_3] + O_2 \longrightarrow LiNbO_3 + Li_2O + 6CO \tag{9-57}$$

$$Li_2O + H_2O = 2LiOH \tag{9-58}$$

碱金属的偏铌（钽）酸盐在水中的溶解度很小，25℃时的溶解度数值为[108,109]：

$LiNbO_3$	2.8×10^{-4} mol/L	$LiTaO_3$	1.05×10^{-4} mol/L
$NaNbO_3$	5.9×10^{-4} mol/L	$NaTaO_3$	5.46×10^{-5} mol/L
$KNbO_3$	8.7×10^{-4} mol/L	$KTaO_3$	4.87×10^{-5} mol/L

这些偏铌酸盐难溶于稀盐酸、稀硫酸和稀硝酸溶液中。式(9-58)生成的易溶于水的 LiOH，易和难溶的铌酸锂分离。

（3）将铌（钽）的五氯化物和碱金属草酸盐反应产生的混合物在 960 ~ 1000℃下热分解[110]：

$$2NbCl_5 + 6Na_2C_2O_4 + 3O_2 = 2NaNbO_3 + 10NaCl + 12CO_2 \tag{9-59}$$

9.7 铌铁和镍铌母合金制取

铌铁（NbFe）和镍铌（NiNb）是铌应用量最大的中间产品。作为母合金，它们大量用于合金钢和超级合金的生产。两种合金都可以用碳还原，硅、铝热还原制取[122]：

$$2Nb_2O_5 + 10C = 4Nb + 10CO \qquad (1100℃) \tag{9-60}$$

$$2Nb_2O_5 + 14C = 4NbC + 10CO \qquad (890℃) \tag{9-61}$$

$$2Nb_2O_5 + 5Si = 4Nb + 5SiO_2 \tag{9-62}$$

碳还原的铌铁含碳量高，显然不适用于炼钢。硅热还原工艺复杂，还原必须分两步走（包括低价氧化物的还原），且还原不完全和回收率低，故碳和硅还原均未得到工业应用[123]。铝热还原是一种自热反应过程，工序短，设备简单易行，是所有还原方法中最为经济的一种，工业生产中主要采用铝热还原法。铝热还原也是制取金属铌和钽的重要方法。

铌铁和镍铌合金的生产方法类同，作为代表，下面主要介绍铝热还原生产铌铁。

铌铁产品国际上通常分为标准级铌铁和高纯级铌铁（又称为真空级铌铁）。前者是以铌精矿为原料（例如巴西的烧绿石精矿），后者是以工业氧化铌或高纯氧化铌为原料。我国按铌铁中含铌量不同又分为高级铌铁（含 Nb 60% ~70%）、中级铌铁（约 30%）和低级铌铁（小于 20%）。其中低级铌铁主产包头。我国铌铁标准见本书附录 A。

9.7.1 铝热还原基础

铝热还原反应是在金属和反应渣都熔化的温度下进行的，这样才能使金属相顺利地和渣相分离。图 9-17 所示为铌 - 铁二元系状态图[124~126]。图 9-18 所示为铌 - 镍二元系状态图。从图 9-17 可以看到，含有 55% ~70% Nb 的合金的熔点不超过 1670℃。含有 65% Nb 的合金的熔点（共晶温度）为 1560℃。

在 298 ~2700℃温度范围铝热还原的总反应式为

$$3Nb_2O_5 + 10Al = 6Nb + 5Al_2O_3 \qquad -\Delta G_T^{\ominus} \tag{9-63}$$

反应式的自由能可根据下式算出：

$$\Delta G_T^{\ominus} = -925.3 + 0.1362T$$

实际上铝还原反应并非一步完成，而是通过以下几个反应阶段[127]：

$$3Nb_2O_5 + 2Al = 6NbO_2 + Al_2O_3 \qquad -\Delta G_T^{\ominus} \tag{9-64}$$

$$3NbO_2 + 2Al = 3NbO + Al_2O_3 \qquad -\Delta G_T^{\ominus} \tag{9-65}$$

$$3NbO + 2Al = 3Nb + Al_2O_3 \qquad -\Delta G_T^{\ominus} \tag{9-66}$$

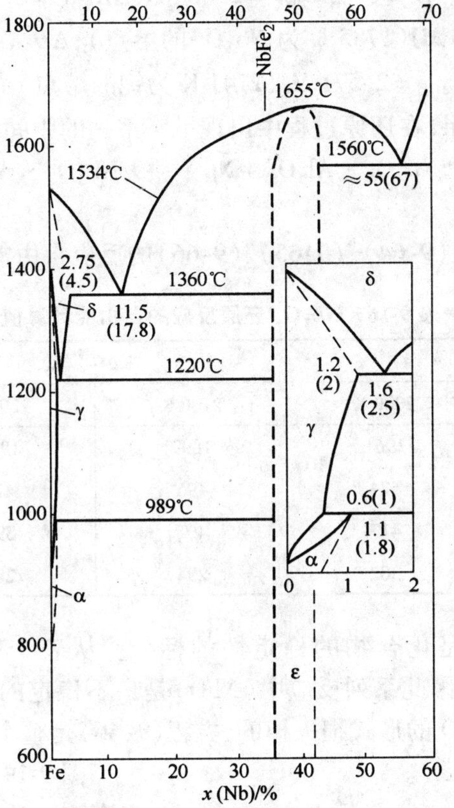

图 9-17 Nb-Fe 二元系状态图

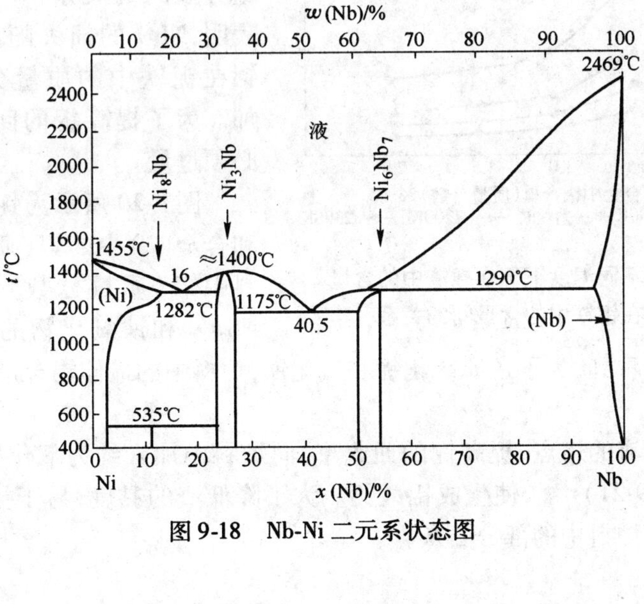

图 9-18 Nb-Ni 二元系状态图

铝热还原为放热反应。$\Delta H^{\ominus}_{298K} = 2.66$ MJ；$\Delta H^{\ominus}_{931K} = 3.224$ MJ（931 K 为铝的熔点）；$\Delta H^{\ominus}_{1785\,K} = 2.713$ MJ（1785 K 为 Nb_2O_5 的熔点）；$\Delta H^{\ominus}_{2030\,K} = 3.237$ MJ（2030 K 为 Al_2O_3 的熔点）；$\Delta H^{\ominus}_{2741\,K} = 2.571$ MJ（2741 K 为铌的熔点）[128]。根据 X 射线结构分析和金相分析的结果，在还原过程中出现了一系列的中间相[129]：

$Nb_2O_5 + Al \rightarrow 2.5Nb_2O_5 \cdot Al_2O_3 + Nb\downarrow \rightarrow 9\ Nb_2O_5 \cdot Al_2O_3 + Nb\downarrow \rightarrow NbAlO_3 + Nb\downarrow \rightarrow Al_2O_3 + Nb\downarrow$

反应式(9-63)、(9-64)、(9-65)、(9-66)的反应自由能列于表 9-16。

表 9-16　Nb_2O_5 还原反应的自由能计算值[130]

反 应 式	$-\Delta G^{\ominus}_{T}$/kJ			
	2000 K	2100 K	2200 K	2300 K
9-67	1961	1899	1836	1773
9-68	524	496	474	470
9-69	417	407	395	383
9-70	302	294	287	267

自由能的大小是化合物的稳定性的标识。从表 9-15 数据可看出，反应式(9-70)自由能最小，因此系列反应中（NbO）是最不稳定的化合物。这说明铌在炉渣中的损失是以 NbO 的形式损失掉的，方程(9-66)是整个反应平衡的控制因素。

图 9-19 所示为在不同温度下铌在残渣中的含量与铝在铌铁中的质量分数间的关系图[131]。图中数据表明，NbO 的损失随温度的提高和铝在铌铁中的质量分数下降而增加。为了提高铌的回收率，还原剂必须过量。

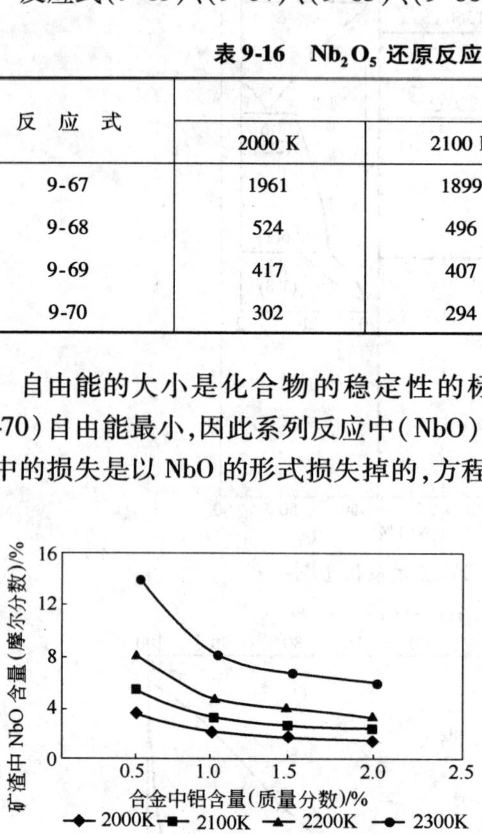

图 9-19　不同温度下铌在残渣中的含量与铝在铌铁中的含量间的关系

图 9-20 所示为铌的回收率(1)和合金(2)中的铝（质量分数）与炉料中铝（质量分数）（相对于还原 Nb_2O_5 和铁氧化物的必需量）的关系。从图可以看到，为了还原氧化铌和氧化铁，炉料中的最佳铝含量应为必需量的 110%。

为了降低渣的熔点，提高铌的回收率，向炉料中加入约为氧化铌重量的 30% 的石灰（见图 9-21）[132]，使生成铝酸钙。为了降低渣的黏度，易于排放熔体，也可用镁石粉代替炉料中的部分石灰。

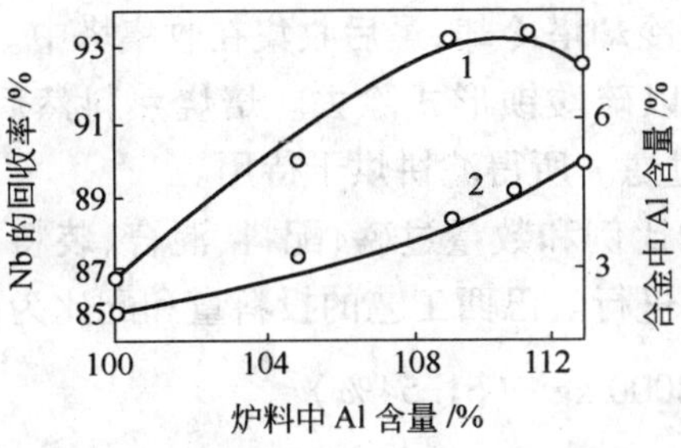

图 9-20 铌的回收率(1)和合金(2)中的铝含量与炉料中铝含量(相对于还原 Nb_2O_5 和铁氧化物的必需量)的关系

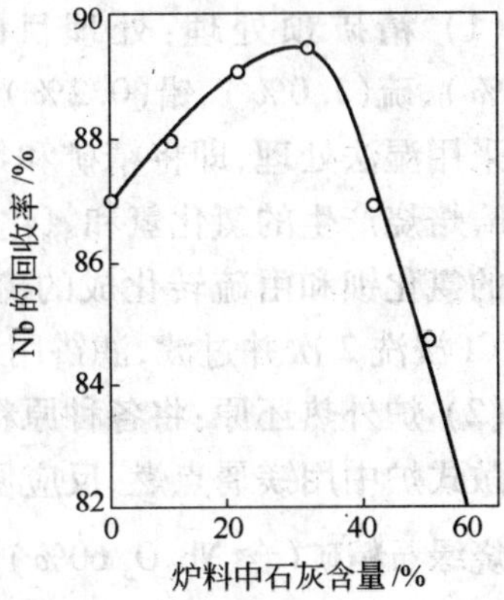

图 9-21 铌的回收率与炉料中的石灰含量间的关系

一般认为反应所释放出的热量,不仅可以使反应自动进行,而且可以使反应达到 2200 ~ 2400℃,使铌达到完全还原。但这仅是对精矿还原而言,当以纯氧化铌为原料时,还必须加入氧化铁(Fe_2O_3)或氧化镍,还原反应为:

$$Fe_2O_3 + 2Al = 2Fe + Al_2O_3 \qquad -\Delta G_T^{\ominus} \tag{9-67}$$

$$3NiO + 2Al = 3Ni + Al_2O_3 \qquad -\Delta G_T^{\ominus} \tag{9-68}$$

方程(9-67)和方程(9-68)也为放热反应。其所提供的热量和还原铌所提供的热量共同使反应产物保持液体状态。

9.7.2 母合金生产方法

合金生产主要有上点火原地炉外还原法、下点火炉外还原 - 排放法、电炉还原等多种方法。

9.7.2.1 *原地炉外还原法*

传统的原地铝热炉外还原法是各国铌铁生产应用最广泛的方法。其中以巴西 CBMM 公司生产规模最大。自 1965 年以来,公司以 6 台炉同时生产,每天产出 66 t 铌铁[133,134]。图 9-22 所示为炉外法生产铌铁的示意图。

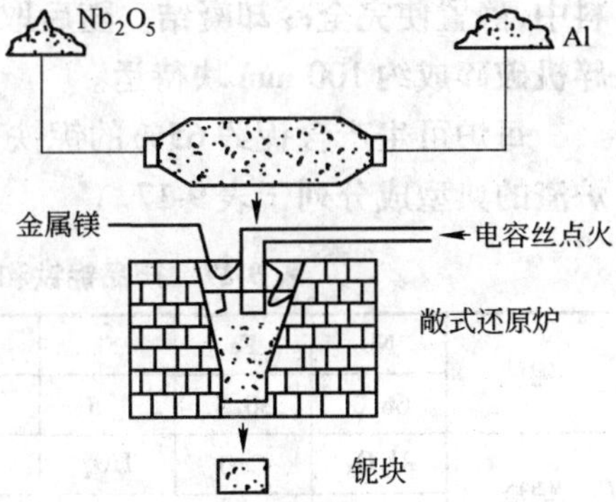

图 9-22 炉外法铌铁生产示意图

工艺过程包括精矿预处理和炉外还原两个阶段。

(1) 精矿预处理:处理目的在于除去有害杂质。由于选后精矿含有磷(1.0%)、硫(1.0%)、铅(0.2%)等杂质元素,必须预处理将其除去。精矿预处理主要采用湿法处理,即将精矿和氯化钙和石灰混合,在回转窑中800~900℃下焙烧1 h,焙烧产生的氯化氢和氯化铅挥发,经冷却塔冷却,最后收集在收集塔中。所生成的氯化钡和由硫转化成的硫酸作用而以硫酸钡形式除去。焙烧熟料然后用5% HCl浸洗2次并过滤,滤饼用水浸洗并过滤。所得滤饼烘干待用。

(2) 炉外热还原:将各种原料按计算的比例和数量过磅、配料、混合、装料,然后在敞式炉中用镁屑点燃,反应便开始自动进行。巴西工艺的投料量和配比为:

烧绿石精矿(含 Nb_2O_5 60%)	18000 kg	(61.54%)
赤铁矿(含 Fe 68%)	4000 kg	(13.67%)
铝粉	6000 kg	(20.52%)
萤石	750 kg	(2.56%)
石灰	500 kg	(1.71%)
合计	29250 kg	100%

熔炼过程大约持续15 min,最高温度为2200~2400℃。熔炼完毕,在重力作用下,渣与铌铁自行分离。熔渣通过反应罐内的孔道(备有用耐火材料制作成的出渣塞)沿流槽(内有耐火材料内衬)排放到砂模中。待熔渣充分冷却后,用自动卸载车将其运至渣场存放。在排完熔渣后,将反应罐提升使铌铁合金锭落入填充物料中,静置使完全冷却凝结。随后取出铌铁合金锭,在空气中冷却12 h,用颚式破碎机破碎成约100 mm块待运。

每炉可生产含铌约65%的铌铁11 t,铌的回收率为96%~97%。产品铌铁和炉渣的典型成分列于表9-17。

表9-17　产品铌铁和炉渣的典型成分(质量分数,%)

铌铁	Nb	Fe	Si	Al	Ti	P	S	C	Pb
	66.0	30.5	1.5	0.5	0.1	0.1	0.04	0.03	0.02
炉渣	Al_2O_3	CaO	TiO_2	BaO	Re_2O_3	ThO_2	U_3O_8	Nb_2O_5	Fe
	48	25	4	2	4	2	0.5	痕量	痕量

炉外法的突出优点之一是,它可以生产大规格的铌锭(这对于以高纯氧化铌为原料生产铌锭尤为重要,例如,可以产出重3 t以上的铌锭);炉外法的突出缺点是生产中产生大量烟雾。这种烟雾主要成分是Al_2O_3、Na_2O和氮气。这是因为热的Al_2O_3与金属铝直接接触能产生氧化亚铝Al_2O,它在1450℃挥发,在空气中氧

作用下又重新氧化成 Al_2O_3。这种烟雾对环境影响很大。

9.7.2.2 半连续自动热补偿还原工艺[130,131]

为了克服炉外法烟气难以控制的缺点，开发了一种半连续自动热补偿还原生产铌铁的工艺方法，使还原反应能在一个封闭的容器中进行。该方法主要是引进了浸入式电弧炉(4.25MW 或 10.5MW)，采用原料自动混合，用金属铁粉代替赤铁矿。处理时先将铌精矿和石油焦与膨润土混合制成球团，然后球团在烧结炉中烧结脱去水分和硫。脱水后的球团再进电弧炉中精炼，精炼时石油焦中的碳将磷和铅的氧化物还原。被还原的铅经过挥发重新氧化后由布袋收尘器回收。磷则以铁磷合金的形式聚集在炉子的底部。经过精炼产出的液态铌铁从炉中流出，水冷后就成为球化了的铌铁产品。

9.7.2.3 下点火熔炼炉外排放法[135~137]

这是俄罗斯采用的方法。铌铁冶炼在直径为 1.6 m、内衬菱镁石砖、采用下点火方式的可移动敞式炉中进行(图 9-23)。上点火的缺点是：熔炼炉的利用率低，由于熔体表面的辐射，热损失很大，而且不能控制炉料的熔炼速度。采用下点火方式时，可以靠加料来控制熔炼速度，由于熔炼时整个反应过程和熔体均为料层所覆盖，热损失较少，熔炼过程比较平稳，以细小颗粒混入渣中的合金的损失比上点火法少。工艺过程为：炉料中加入黏合剂(一种含有少量重铬酸钾的水玻璃)经压实机压成团块，经 250 ~ 300℃干燥后，在倾斜式熔炼炉中熔炼。在点火剂熔化之后开始装料。控制炉料的还原速度为 160 ~ 180 kg/(m^3 · min)。还原后的金属液滴经过石灰渣层时因发生交换反应而得以按以下交换反应将硫除掉：

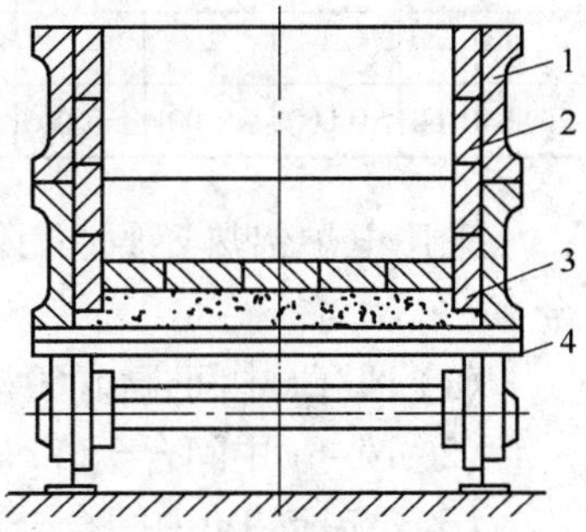

图 9-23 下点火炉外排放熔炼炉
1—可拆卸的铸铁炉体；2—菱镁砖；3—菱镁粉；4—运输车

$$NbS + CaO = NbO + CaS \tag{9-69}$$

$$FeS + CaO = FeO + CaS \tag{9-70}$$

反应完毕，最后将反应产物金属和渣浇注在内衬小车的铸模内。

9.7.3 高纯铌铁和镍铌生产设备

根据生产规模，用于铌铁和镍铌母合金生产的设备主要有两种：陶瓷质炉和耐用坩埚炉。陶瓷质反应炉主要为纯氧化铝做成，由于还原后分离金属产品和渣时会损坏炉子，故基本上是一次性使用。这种炉子主要用于质地要求高和大规格的金属锭(如重 2 ~ 3 t 的锭)。由于装炉量大，反应后冷却速度非常慢，可使金属和熔渣充分分离，从而降低残渣夹杂到母合金中的危险。随着陶瓷炉制作技术的发展,陶瓷表面的完善,可产出十分光滑的金属锭。这种炉子制造可以自动化,生产成本不高。

耐用坩埚炉主要用铜合金铸造而成。这种铸模坩埚有非常光滑和致密的表面,铸模可以重复使用。由于还原反应温度很高,生产时坩埚需用水冷却以防止坩埚熔化。方法的缺点是只能生产较小的锭(50 ~ 100 kg)。由于锭小和坩埚需水冷却,还原物冷却速度快,不利于金属和残渣的分离,母合金中易形成残渣夹杂。

表 9-18 所示为典型的高纯级铌铁和镍铌母合金成分。

表 9-18　典型的高纯级铌铁和镍铌母合金成分

合金	质量分数/%											
	Nb	余量	Al	C	Cr	Fe	P	Pb	S	Si	Ti	B
FeNb40:60	≥60	Fe	≥1.5	≥0.1	≥0.1	—	≥0.03	≥0.005	≥0.02	≥0.25	≥0.1	—
NiNb40:60	≥58	Ni	≥1.0	≥0.05	—	≥1.0	≥0.03	≥0.002	≥0.01	≥0.25	≥0.1	≤0.005

合金	质量分数/%										熔点/℃	密度/$g \cdot cm^{-3}$
	Se	Sn	Ga	Sb	Ag	Zn	As	Te	N	O		
FeNb40:60	—	—	—	—	—	—	—	—	≤0.05	≤0.10	1630	8.2
NiNb40:60	≥0.0002	≥0.001	≥0.006	≥0.001	≥0.0005	≥0.003	≥0.003	≥0.001	≤0.05	≤0.10	1280	8.8

采用电炉铝热还原法,除铌铁和镍铌外,还可以制备其他各种成分的中间合金[132]:

(1) Nb-Cr 中间合金(60% ~65% Nb,33% ~35% Cr,0.4% ~1.0% Al,约 1% Fe);

(2) Nb-Cr 中间合金(77% ~80% Nb,17% ~20% Cr,0.5% ~1.0% Al,约 1% Fe);

(3) Ni-Nb-Ta 中间合金(25% ~35% Nb + Ta,65% ~72% Ni,0.4% ~1.0% Al,0.5% ~1% Fe);

(4) Co-Nb-Ta 中间合金(55% ~65% Nb + Ta,30% ~45% Co,0.5% ~1.0% Al,0.8% ~1% Fe);

(5) Ti-Al-Nb-Ta 中间合金(7% ~10% Nb,4% ~5% Ta,45% ~50% Ti,35% ~40% Al)。

9.8　氮化物制取[138,140]

氮化物可以通过两种方式制备。第一种是由五氧化二铌和氨分两步相互反应,先在 800℃下生成氮氧化物,然后在 1300℃由氮氧化物生成铌的氮化物,主要反应式为

$$Nb_2O_5 + NH_3 \longrightarrow Nb(O,N) + H_2O + N_2 \quad (非平衡) \tag{9-71}$$

$$3Nb_2O_5 + 2NH_3 \longrightarrow 6NbO_2 + 3H_2O + N_2 \tag{9-72}$$

$$3Nb_2O_5 + 10NH_3 \longrightarrow 6NbN + 15H_2O + 2N_2 \tag{9-73}$$

$$Nb(O,N) + NH_3 \longrightarrow NbN + H_2O + N_2 \quad (非平衡) \tag{9-74}$$

第二种工艺由氧化铌和碳的混合物在1570℃下按下述反应由氮热还原生成铌的氮化物：

$$Nb_2O_5 + 5C + N_2 \longrightarrow 2NbN + 5CO \tag{9-75}$$

反应的自由能变化显示可通过在高于1230℃在氮气气氛下加热氧化物－碳来得到氮化铌。

按第一种工艺获得的氮化铌含13.1% N和0.2% O；按第二种工艺获得的氮化铌含12.9% N和0.85% O。

氮化铌在高真空和1830℃高温下容易热分解，分解步骤为

$$NbN \rightarrow Nb_4N_3 \rightarrow Nb_2N \rightarrow Nb$$

产品铌的提纯的程度与金属中的氮有关，图9-24所示为铌－氮体系的压力－成分等温线。氮化铌的分解工艺明显地分为两个步骤：第一步，氮饱和的金属在相当于是1950℃和真空度约2.7×10^{-2} kPa下分解；第二步，随着金属中氮含量的减小，分解压力迅速下降，真空处理需要更高的温度（2130℃）。

氮化铌分解产出的海绵状金属铌，再经电子束炉精炼脱去间隙杂质，得合格铌产品。

工艺流程图如图9-25所示。

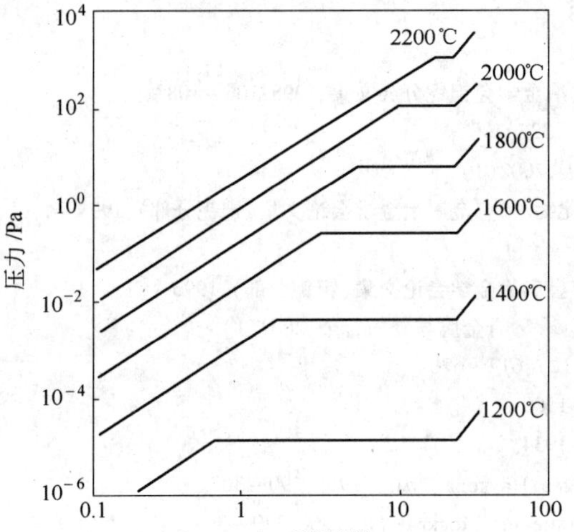

图9-24　铌－氮固溶体的压力成分等温线

$T = 2000℃, \boldsymbol{p}(N_2) = 1.33$ MPa, $\boldsymbol{w}(N) = 100 \times 10^{-6}$；

$T = 2400℃, \boldsymbol{p}(N_2) = 6.65$ MPa, $\boldsymbol{w}(N) < 100 \times 10^{-6}$

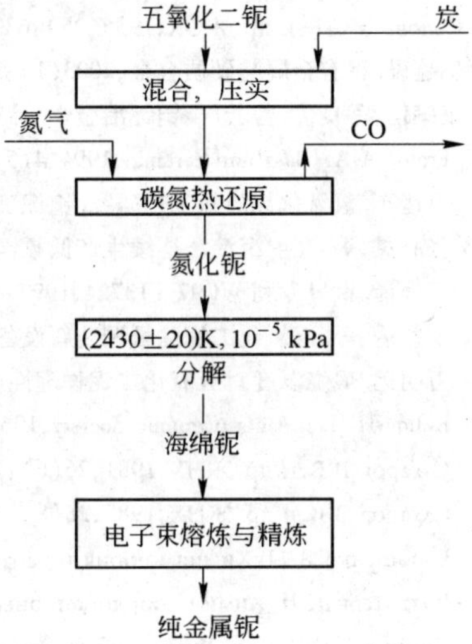

图9-25　从碳氮热还原生产的氮化铌中间产物提纯铌的流程图

氮化法所得铌的分析结果如表9-19所示。

表 9-19　氮化物分解制取的铌的分析结果

工 艺 过 程	分析值(质量分数)/%				产率/%
	N	C	O	Nb	
除氮后	0.220	0.0130	0.210	99.78	97.1
电子束熔炼后	0.009	0.008	0.010	99.95	94.2

氨是一种廉价的产品，不产生腐蚀性或毒性气体，通过氮化物分解工艺来生产金属铌，作为一种新工艺方法，具有一定的发展潜力。

参 考 文 献

1　Маоров В Г. Цветные Металлы,2002(7):62～64
2　Gupta C K,et al. 高纯氧化铌制取. J. Less-Common Metals,1988(139):189～202
3　胡益清. 高纯氧化钽的研究. 稀有金属与硬质合金,1994(1)
4　Borchers A B,et al. Extractive metallurgy of refractory metals. The Metallurgical Society of AIME. 119th AIME annual meeting, 1981:95～106
5　Горошенко Я Г. Химия ниобия и тантала. Киев:Наукова Думка,1965:488～493
6　Набиванец Б И. ЖНХ,1964,9(5):1079～1084
7　Соловьев С Е,и др. ЖОХ,1955(25):639～643
8　韩建设. 稀有金属与硬质合金,2003(1):35～42
9　王肇信,幸良佐,曾芳屏. 钽铌冶金学. 稀有金属冶金学会钽铌分会文集,1998:106～108
10　Frolov A A. Glass and ceramic,1994,4(7):323～325
11　冯运军. 氢氧化铌降氟工艺研究. 钽铌工业进展,2002(1)
12　张心灵,等. 喷射沉淀法连续生产低氟钽铌氧化物. 稀有金属冶金学会论文集(钽铌分部),1998
13　李静译. 世界专利 WO97－13724,1997
14　胡益清,等. 五氧化二铌除氟调洗新设备. 稀有金属冶金学会论文集(钽铌分部),1996
15　万明远. 煅烧温度对五氧化二铌物理性质的影响. 稀有金属与硬质合金,2002(1)
16　Kelloy H H. J. Amer. Ceramic Society,1965,58(12):617～620
17　Сахаров В В,и др. ЖНХ,1981,26(6):1493～1500
18　Сахаров В В,и др. ЖНХ,1983,28(8):1928～1934
19　Горошенко Я . Г Химия ниобия и тантала. Киев:Наукова Думка. 1965:290～307
20　Ролтнтсон К Н. Химия координационых соединений. Москва: Ил,1960:379～398
21　Спицин М М,и др. Химия долгоживущих осколочных элементов. Москва:Атомиздат,1970. 180～242
22　Альтщуддер О В,и др. ЖНХ,1959,4(1):28～32
23　Kanzelmeyer J,et al. Analyt. Chem,1953(25):1807～1811
24　Kanzelmeyer J,et al. J. Am. Chem. Soc,1956,78(13):3020～3025
25　Гридчина Г Н. ЖНХ,1963,8(3): 634～641
26　Подежакв Ю М,и др. Изв. АН СССР. Неорганические материалы,1977,13(2): 476～480
27　Yoshimobu Shiokawa,et al. Bull. Chem. Soc. Japan,1976(49):2456～2460

28 Лапицкий А В,и др. ЖФХ,1952,26(1):56~59
29 Коршунов Б Г,и др. Изв. Вузов. Цветная металлургия,1980(3):80~88
30 Ingrehan T,Whalley B. Cancd J. Chem. Engng,1962,41(6):265~268
31 Коршунов Б Г,и др. Извесеие вузов. Цветная металлургия,1980(3):80~83
32 Паровой гидрользер . экспресс информация. Цветмет информация. Москва:Гиретмет,1976:1~3
33 Сумарокова Н В,и др. Научные труды. Гиредмет,1975(68):90~95
34 Вайсенберг А И,и др. Научные тркды. Гиредмет,1975(68):96~101
35 Дробот Д И,и др. Научные тркды. МИТХТ,1975,5(2):7~13
36 Сахаров Б В,и. др. Цветные металлы,1974(4):43~52
37 Быстрова О В,и др. Изв. Вузов. Цветная металлургия,1989(4):134~151
38 Veale C R. Fine powders. Preparation,properties,use. New York:John Wiley. Holand,1973:147~158
39 Сахаров В В,и. др. ЖНХ,1972. 19(3):579~586
40 Уразов Г Г,и др. ЖНХ,1960,13(12):1760~1766
41 Мрач Н И,и др. Научные труды Гиредмет. Моска:Металлургия,1958(1):659~687
42 Staffasson L. Scand. J. of Metallurgy,1973(2):305~309
43 Королев Ю А, и др. Восстаноиление фторидов тугоплавких металлов. Мосева: Металлургия, 1981: 184~187
44 Коршунов Б Г, и др. Диаграммы плавкости галогенидных систем переходных металлов. Мосева: Металлургия,1977:248~253
45 Коршунов Б Г,и др. Фазовые равновесие в галогенидных системах. . Мосева:Металлургия,1979:182~186
46 Коршунов Б Г,и др. Галогенидные системы. Мосева:Металлургия,1984:304~309
47 Савченко Г С,и др. ЖПХ,1947,20(5):385~390
48 Савченко Г С,и др. ЖПХ,1976,19(10,11):1093~1105
49 Canterford J H,et al. Halides of the transition elements. John Wiley and sons Ltd. L. N. Y. -Sydney,1968:409
50 Bulke C W. J. Amer. Chem. Society,1905(27):1140
51 Zambonini Bull. Soc. Min,1930(53):443
52 Bulke C W,et al. J. Amer. Chem. Society,1985(30):1637~1668
53 有色金属提取冶金手册. 稀有高熔点金属(下). 北京:冶金工业出版社,1999:216
54 何季麟,等. 材料大典(第4卷)·有色金属工程材料. 北京:化学工业出版社,2006
55 Drossbach P. Z. Elektrochem,1954,58(9):686~697
56 Brown. G M,et al. Acta Cryst,1966(20):220~226
57 McCaulay D A,et al. J. Amer. Chem. Society,1956,8(13):3009~3011
58 韩建设,等. 氟钽酸钾生产工艺与装备进展. 广东丛化钽铌冶炼厂资料,2004
59 王肇信,幸良佐. 钽铌冶金学. 稀有金属冶金学会钽铌分会,1998. 101~104
60 张宗国,等. 冷结晶法制取氟钽酸钾的工艺研究与应用. 稀有金属学会论文集(钽铌部分),1994
61 张心灵,等. 钽铌湿法冶金技改工程设计评述. 稀有金属学会论文集(钽铌部分),1998
62 胡长明. 提高氟钽酸钾直收率的研究. 稀有金属冶金学会年会论文集,昆明:1998:92~94
63 谭光华. 氟钽酸钾晶体重熔研究. 稀有金属冶金学会年会论文集,昆明:1998:77~82
64 陈福贵,长志信. 钽铌工业进展,2001(1):1~6
65 李济华. 稀有金属与硬质合金,1995(4):52~55

66 Кузминов Ю С. Секнетоэлектрические кристаллы для управления лазерным излучением. Моска: Наука, 1982
67 Кузминов Ю С. Ниобаты и танталаты. Моска: Наука, 1975
68 Иона Ф И, и др. Секнетоэлектрические кристаллы. др. Москва: Мир, 1965
69 Узрт Ф, и др. Физика твердого тела. Москва: Мир, 1969
70 Tsukada T, et al. J. Crystal Growth, 1997(180): 543 ~ 550
71 Bordui P F, et al. J. Crystal Growth, 1991(113): 61 ~ 68
72 K. Nassau, et al. J. Phys. Chem. Solids, 1966(27): 983 ~ 988
73 Rauber A. Chemistry and Physics of lithium niobate, Current topics in materials science, 1978(1): 481 ~ 601
74 Nye J F. Physical properties of crystals. Oxford: 1985
75 Amodei J J. Appl. Phys. Lett, 1971(18): 540
76 中国材料工程大典编委会编. 中国材料工程大典, 有色金属材料工程(上), 北京: 化学工业出版社, 2006
77 Ополченова Н Л, и др. Редкие металлы. Сб. Науч. Труды. Москва: Гиредмет, 1980
78 堂嵋南 · 山本良一. セソシック材料. 东京: 东京大学出版社, 1986
79 Лапицкий А В. ЖОХ, 1946, 26(6): 917
80 Bertaut E J. Amer. Chem. Society, 1905(27): 1216 ~ 1221
81 Спицин В Е И. ЖОХ, 1956, 26(6): 1258 ~ 1261
82 Schafer, et al. Z. anorg. all. Chem, 1954, 275(6): 289 ~ 296
83 Кузминов Ю С. Ниобаты и танталаты. Лития Моска: Наука, 1975(175): 223 ~ 245
84 Brnicevic N, et al. J. Less-Common Metals, 1976(45): 45 ~ 51
85 万群, 钟俊辉. 电子信息材料. 北京: 冶金工业出版社, 1990
86 田中哲郎, 等. 压电陶瓷材料. 北京: 科学出版社, 1982
87 小西良弘, 等. 电子陶瓷基础和应用. 北京: 机械工业出版社, 1983
88 黄剑锋. 溶胶 - 凝胶原理与技术. 北京: 化学工业出版社, 2005: 44 ~ 50
89 王肇信, 等. 铌钽冶金学. 稀有金属冶金学会论文集, 1988: 35
90 何万军. 新疆有色金属, 2005(1): 2 ~ 32
91 Марозов И С. ЖНХ, 1963, 8(1): 2733 ~ 2737
92 Ополченова Л А, и др. Известие АН СССР. Неорганические материалы, 1985, 21(1): 119 ~ 122
93 褚道葆, 等. 电化学合成金属醇盐的研究. 高等学校化学学报, 2000, 21(1): 133 ~ 135
94 Singh R P. Processing of TaO powders for electronic application. J of electronic materials, 2001, 30(12): 1584 ~ 1594
95 王世敏, 赵建洪. 湖北大学学报(自然科学版), 1995
96 包定华, 王世敏. 无机材料学报, 1995, 17(3): 248 ~ 252
97 郭辉萍. 钽铌工业进展, 1997(1): 22 ~ 24
98 杨南如, 余桂郁. 硅酸盐通报, 1993(2): 56 ~ 63; (4): 60 ~ 63; (6): 60 ~ 63
99 Нисельсон Л А, и др. ЖНХ, 1985, 29(9): 2256 ~ 2260
100 Кузмин Ю С. Ниобат и танталат лития Москва: Наука, 1975
101 Shini-Ich. Hireno, et al. J. Amer. Ceramic Society, 1992, 75(6): 1701 ~ 1705
102 郭青蔚, 等. 钽铌锂文集. 北京有色金属研究院文集, 1975. 1 ~ 6
103 Лимарь Т Ф, и др. ЖНХ, 1964. 9(10): 2381 ~ 2386
104 郭青蔚, 华志强, 等. 单酸结晶法制取高纯氧化铌. 国家发明三等奖, 项目编号 91 - 10 - 011, 1992

105 邓小芬,王才明.稀有金属和硬质合金,2005,33(1):11~13

106 Власов А Г,и др. Вестник МГУ. сер Химия,1961(1):57~61

107 Brnicevic N,et al. J. Less-Common Metals,1976(45):45~51

108 Лапицкий А В,и др. ЖОХ,1955,25(10):1862~1866

109 Лапицкий А В,и др. ЖОХ,1955,25(10):1866~1870

110 Ополченова Г А,и др. Редкие Металлы. Сб Науч тр. Гиредмет,1980(97):82~88

111 Balke C W. Trans. Elertrochem. Soc,1944(85):89~95

112 Smith H R. Vacuun Metallurgy. New York:Reinhold Publishing Co,1058. 221~235

113 Kaufman L,Neser H. Calphad,1978,2(4):295~318

114 Колчин О П. Цветные Металлы,1970(7):46~51

115 Winrler O,Bakish R. Vacuun Metallurgy. Elsevier Amsterdan-London-New york,1971:145~173

116 Krishnamurthy N,et al. Int. J. Refract. Hard Metals,1984,4(1):41~45

117 Krishnamurthy N,et al. J. Less-Common Metals,1984,97(1):51~57

118 Kruger J. Vacuun Metallurgy. Bakish R. Elsev. Publ. Co,1971(3):166~172

119 Сажин Н П,и др. Изв. АН СССР. Металлургия и топливо,1961(6):8~15

120 Кусенко Ф Г,Гельд П В. Изв. вузов Цветная Металлургия,1962(2):43~52

121 Швейкин Г П,Гельд П В. Цветные Металлы,1961(4):39~42

122 Karmat. G R,et al. Mrtallurgical Trans,1971,2(10):2813~2817

123 Рысс М А. Производства ферросплавов Москва:Металлургия,1985:342~349

124 Lu F X,Jack K H. J. Less-Common Metals,1985(114):123~127

125 Paul E,et al. Bull. Alloy Phase diagram,1986,7(3):248~254

126 Raman A. J. Proces. Indian. Acad. Sci,1967(65):256~264

127 Елютин А В,и др. Цветные Металлы,1970(2):48~51

128 Лякишев Н П,и др. Ниобий в черной металлургии. Москва:Металлургия,1971

129 Лякишев Н П,и др. Изв. АН СССР Металлы,1974(3):73~76

130 Volk K E. Nickellegierungen. Berlin Germany:Sornger-Verlag,1970

131 Alexander Arnold. RWH Aachen IME Metallurgical Proze Technic and Recycling,2001

132 Лякишев Н П,и др. Алюмотермия. Москва:Металлургия,1987

133 Sousa C A,et al. Resent developments on niobium manufacturing at CBMM Paper Present at TIC Conference-San Francisco,2000

134 Sousa C A,et al. The production of ferronickel in an arc furnace at CBMM Paper Present at TIC Conference-Goslar,1995

135 Федоров Е К. Окускование шихты для выплавки феррониобия. Москва:Черметимформация,1964

136 Дубровин А С. Сб. Науч. Труды. Челябинский НИИМ. Челябинки:Челябинское изд,1963

137 Плинер Ю Л,и др. Восталовление окислов. металлов алюминием. Москва:Металлургия,1967

138 Gupta C K. J. Less-Common Metals 1988(139):189~202

139 Guldotti R A,et al. Bureau of Mines R1 8079,1976

140 Krishnamurthy N,et al. Int. J. Refractory and Hard Metals. 1984(41):34

10 钠还原法制取金属钽粉

10.1 物料准备

10.1.1 氟钽酸钾备料

金属钽粉主要用于制作电解电容器，其质量的好坏将直接影响到电解电容器的性能。钽粉的纯度是钽粉质量的表征之一，而影响钽粉纯度的因素较多，其中使用的原料——氟钽酸钾的纯度至关重要。因为在还原过程中，氟钽酸钾中的杂质直接进入钽粉中，这些杂质有部分可以通过水洗、酸洗等净化过程被除去，但仍有部分完全不能除去，造成钽粉中杂质含量较高，影响产品质量，因此在生产和使用过程中要严格控制氟钽酸钾的杂质含量。

工业生产对氟钽酸钾的质量要求是：外观为白色晶体，无肉眼可见的机械夹杂物及结块，化学成分应符合表 10-1 规定。

表 10-1 氟钽酸钾质量要求(行业标准)

元素	杂质含量(质量分数)/%，不大于									
	Ta_2O_5	Nb_2O_5	Fe_2O_3	SiO_2	TiO_2	WO_3	MnO_3	MgO	MnO_2	CuO
指标	56.3 ±0.5	0.005	0.004	0.008	0.003	0.003	0.003	0.003	0.003	0.002

近年来随着钽粉纯度提高，对氟钽酸钾提出更高要求，如表 10-2 所示。

表 10-2 国外某公司对氟钽酸钾质量(质量分数)要求

元素	Ta	杂质元素						
		Nb	W	Fe, Ni, Cr, Si, C, Ca, Al, Zr, Sn, Mn, B, N, Mo, Ti, Mg, Pb, Co, Na	O_2	水分	$F^-_{游}$	$Cl^-_{游}$
指标	≥45%	$\leqslant 10\times10^{-6}$	20×10^{-6}	$<10\times10^{-6}$	1000×10^{-6}	1000×10^{-6}	30×10^{-6}	6×10^{-6}

氟钽酸钾中游离 Ta_2O_5 的含量应控制在一定范围内，因为在还原过程中，金属钠不能使 Ta_2O_5 还原成金属钽，Ta_2O_5 残留在钽粉中，使钽粉氧含量增高。氟钽酸钾总 Ta_2O_5 含量理论计算值应为 56.3%，而实际分析值为 55% ~57%，其原因有分析方法影响，也与产品纯度有关。

氟钽酸钾中杂质碳、氮主要来源于湿法萃取过程中有机相的夹带及反萃取剂的选用。在还原过程中,它们分别与钽生成碳化物与氮化物。这些化合物虽经酸洗处理也不能有效除去。

氟钽酸钾中的高熔点金属杂质钨、钼、铌、钛等,经还原后几乎全部进入金属钽粉中,在后续处理过程中也难以除去。

钽粉中的铁、镍、铬等低熔点金属杂质,既来源于氟钽酸钾、氯化钾或氯化钠,也来自于还原过程中设备的腐蚀。在酸洗等过程中,虽能除去部分,但也有一定限度。

钽粉中的硅除来自氟钽酸钾等原材料外,也与生产的环境有关,经酸洗可除去大部分,但也要求控制一定含量。

氟钽酸钾的水分在高温时,易将氟钽酸钾水解,生成 $Ta_2O_5 \cdot 2K_2TaF_7$ 配合物。此配合物难以被还原而夹杂于钽粉中,影响钽粉电性能。

另外,氟钽酸钾中含腐蚀性强的游离 HF 量要尽量低,以免造成还原设备的腐蚀,使钽粉中铁、镍、铬等杂质增加。

至于氟钽酸钾晶体粒度对钽粉质量有何影响,目前国内外尚无资料报道。几年前国内某大学的研究人员曾进行初步探讨,他们选用国内数家钽生产厂的产品进行分析对比。由于各厂生产采用萃取体系不同,选用不同反钽剂,因而制取的氟钽酸钾粒度大小及结晶结构有差异。他们通过对不同氟钽酸钾样品的 X 射线衍射图谱(XRD)分析,发现各样品的主要物相是 K_2TaF_7,也有少量的 $KTaF_6$ 物相存在,甚至有的样品中还出现了其他无法判断的物相。另外各样品的物相结构也不完全相同,其衍射峰的强弱出现差异。

他们从对不同样品活化后的扫描电镜(SEM)照片进行比较结果可以看出,氟钽酸钾晶体粒度大小对固液钠还原钽粉的比体积有影响。虽然粗细不同的氟钽酸钾晶体经过活化处理后都破裂成同样大小的晶粒,但是颗粒粗大的氟钽酸钾晶体破裂后裸露的新表面较多,其比表面积增大,亦即活性增强,使在还原过程中液态钠能更好地润湿氟钽酸钾晶体,有利于还原过程点火温度和最终温度的降低,有利于钽粉比体积的提高。

氟钽酸钾在装炉前需进行充分烘干。烘干工艺条件为:温度不小于 60℃;时间 72 h 以上。

烘干设备可以采用木制的蒸气烘干箱,也可采用其他类型的恒温烘干箱。

10.1.2 金属钠

10.1.2.1 金属钠用作还原剂的优点

在稀有金属冶金中,通常选用金属性最强的钠、钾、钙、镁、铝作为还原剂。对于钽(铌)氟化物的金属热还原,尽管从热力学观点考虑,上述几种金属均可作还原剂。但因铝易与钽、铌生成合金，用钙和镁作还原剂时，生成的氟化钙和氟化镁不易溶于水和稀酸中，副产物在湿法处理过程中不易分离除去；而金属钾的价格比较昂贵，不易获得。因此在钽粉工业生产中广泛选用金属钠作还原剂。其优点是：

（1）制取金属钠的原料广泛，生产成本低，产品价格低。

（2）金属钠熔点低，易于提纯，便于管道输送。

（3）还原反应生成的副产物 NaF、KF 水溶性较大，易于洗去。

（4）钠与钽粉不生成合金。

10.1.2.2　*金属钠的性质与使用要求*

钠是元素周期表中最活泼的金属元素之一，具有很高的反应活性。在水溶液中钠是一种很强的还原剂，遇水发生剧烈反应，生成氢氧化钠，放出氢气，并释放出大量的热。

$$4Na + 2H_2O = 2NaOH + H_2\uparrow \qquad + \Delta H \tag{10-1}$$

放出的氢气与空气呈一定比例混合后发生爆炸，因此金属钠在贮存、运输、使用过程中，要严防火、防水。

钠在空气中燃烧与氧反应生成氧化钠与过氧化钠：

$$2Na + \frac{1}{2}O_2 = Na_2O \tag{10-2}$$

$$2Na + O_2 = Na_2O_2 \tag{10-3}$$

氧化钠是一种强碱性白色粉末，一种非常有效的干燥剂，也是一种强腐蚀剂，熔点为 1193 K，易溶于水，与水化合生成 NaOH：

$$Na_2O + H_2O = 2NaOH \tag{10-4}$$

过氧化钠呈淡黄色，易吸潮，与水反应生成 NaOH 和过氧化氢：

$$Na_2O_2 + 2H_2O = 2NaOH + H_2O_2 \tag{10-5}$$

钠在 473 K 左右开始吸收氢气，而在 573 ~ 673 K 时，钠可直接与氢气化合成氢化钠：

$$2Na + H_2 = 2NaH \tag{10-6}$$

氢化钠是一种吸湿性很强的白色晶体，也是一种很强的还原剂。

单质金属钠呈银白色，质软而有延性，具有较低的密度、硬度和熔点，较大的热容量。随着温度的提高，它的体积膨胀也最大，温度由 100℃ 增至 300℃，它的体积增加 17.3%，另外在 120℃ 以下，金属钠中溶解的氧化钠很少，而大于 120℃ 时，氧化钠在钠中溶解急剧增加，因此金属钠的提纯需采用冷阱以除去氧化钠。若钠中的氧化钠不能清除，在还原时当温度大于 250℃，氧化钠即与钽粉反应生成钽酸钠。

金属钠的另一个特性是它在高温时变成双原子物质影响还原过程，其主要物理性质列于表 10-3。

表 10-3 钠的主要物理性质

晶体结构	摩尔体积 /$cm^3 \cdot mol^{-1}$	密度 /$g \cdot cm^{-3}$	熔点 /℃	沸点 /℃	硬度(金刚石=10)	熔化时体积膨胀	熔化热 /$kJ \cdot mol^{-1}$	汽化热 /$kJ \cdot mol^{-1}$	质量热容 /$J \cdot (kg \cdot K)^{-1}$
体心立方	23.68	0.97	97.96	892	0.07	2.7%	2.6	101	1.23×10^3

工业生产中使用工业纯钠,金属钠的纯度为99.5%,其要求列于表10-4。

表 10-4 工业纯金属钠杂质含量

元素	O	Cl	Ca	Ba	Fe	Ni	Mg	Al	Mo	Cu
含量(质量分数)	$(400 \sim 500) \times 10^{-6}$	46×10^{-6}	100×10^{-6}	20×10^{-6}	5×10^{-6}	1×10^{-6}	1×10^{-6}	20×10^{-6}	1×10^{-6}	1×10^{-6}

10.1.2.3 金属钠的提纯

金属钠通常被保存在油里以免氧化和吸水、吸潮,但由于金属钠的化学性质十分活泼,即使将它用油或惰性气体覆盖保护,仍不能完全阻止空气中的氧、水、二氧化碳、氮等透过覆盖层与钠发生作用。在高温下,钠还会与油发生反应生成元素碳、碳化物、硫化物和氢化物。这些杂质在低温时大多数以固体形式存在于钠中,加之其他各种颗粒杂质也会混入钠中,因此采用净化方法除去钠中杂质是必不可少的。常用的钠净化方法有过滤、沉降、冷阱、热阱、真空蒸馏和电解法等。在实际应用时可根据不同要求和具体情况选择净化方法。下面分别介绍几种常用的净化方法。

A 过滤法

过滤净化实际上是让液体金属钠在低温下通过过滤器件使之与固体杂质分开,达到提纯的目的。目前常采用的过滤器元件有烧结不锈钢陶瓷等、烧结镍基陶瓷管、不锈钢丝网等。陶瓷管的滤孔为5~15 mm,不锈钢丝网孔为50~500目。一般在同一个过滤器中设置一种滤孔尺寸的过滤器元件,但有时也装有几种不同滤孔的过滤器元件。

采用不锈钢网可以除去部分杂质,然后再经陶瓷管过滤,可使金属钠得到一定提纯,氧含量有明显的降低,如表10-5所示。

表 10-5 净化钠的效果

金属钠		杂质含量(质量分数),不大于					
		O	Fe	Mg	Ca	Al	K
过滤前	钠$_1$	260×10^{-6}	5×10^{-6}	5×10^{-6}	10×10^{-6}	5×10^{-6}	750×10^{-6}
	钠$_2$	320×10^{-6}	14×10^{-6}	3×10^{-6}	10×10^{-6}	5×10^{-6}	500×10^{-6}

续表 10-5

金属钠		杂质含量(质量分数),不大于					
		O	Fe	Mg	Ca	Al	K
过滤后	钠$_1$	53×10^{-6}	5×10^{-6}	5×10^{-6}	10×10^{-6}	5×10^{-6}	830×10^{-6}
	钠$_2$	86×10^{-6}	7×10^{-6}	3×10^{-6}	10×10^{-6}	5×10^{-6}	700×10^{-6}

目前国内工业生产多采用镍基陶瓷管或不锈钢多孔金属陶瓷过滤,过滤温度为120～130℃。

B 冷阱法

由于钠中大部分杂质的溶解度随着液体钠温度的降低而呈指数规律下降,因此当钠流过填充的金属丝网的冷区时,钠中的杂质便在丝网上析出而使钠得以净化,这种装置称为冷阱。

为了比较清楚了解冷阱净化机理,简单地介绍一些杂质在钠中的溶解度,可用以下经验公式计算。

(1) 氧化钠在钠中的溶解度:

$$\log W_1 = 6.257 - \frac{244.4}{T}$$

式中 W_1——氧化钠在钠中的溶解度,10^{-6};

T——钠的绝对温度,K。

(2) 氢化钠在钠中的溶解度:

$$\log W_2 = 6.067 - \frac{2880}{T}$$

式中 W_2——氢化钠在钠中的溶解度,10^{-6};

T——钠的绝对温度,K。

(3) 碳在钠中的溶解度:

$$\log W_3 = 1.55 - \frac{360}{T}$$

式中 W_3——碳在钠中的溶解度,10^{-6};

T——钠的绝对温度,K。

(4) 铁在钠中的溶解度:

$$\log W_4 = 0.362 - \frac{1325}{T}$$

式中 W_4——铁在钠中的溶解度,10^{-6};

T——钠的绝对温度,K。

由上述各种元素和化合物溶解度公式计算结果表明,随钠温下降,杂质在钠中的溶解度也迅速降低。因此,采用冷阱净化钠是有效的。通过冷阱净化钠中氧含

量减少至 30×10^{-6}以下，碳含量降至 200×10^{-6}以下。此法设备简单，操作方便。其缺点是冷阱在长期使用过程中，杂质在冷阱内不断积累，最后导致钠流在冷阱内受到阻塞，需定期清理。

C 热阱法

为了更彻底地除去钠中氧、碳等杂质，通常采用热阱净化法。其净化原理是利用某些难熔金属如钛、锆，钒等在高温钠中与氧、碳等非金属杂质生成稳定的化合物加以除去。当钠在热阱温度为700℃左右、停留 1.5 h 后，钠中的氧、碳含量均可降至 2×10^{-6}以下。此法操作温度高，工业生产不采用。

D 真空蒸馏法

此法是利用金属钠的沸点较低、蒸气压高的性质，控制一定的蒸馏温度，使钠与高沸点的金属杂质（如 Ca、Ti、Fe、Si、Ni、Al 等）分离，也可与低沸点的金属杂质（如 K 等）分离。同时它与钠中的氧化物、元素碳、含碳的化合物等非金属杂质的分离效果也是十分明显的，蒸馏温度为 550℃左右，真空度为 1.33×10^{-3} Pa。此法操作温度较高，设备腐蚀较严重，耗电量大，故在工业生产中很少使用。

E 电解法

近年来国内研究成功的 β-Al_2O_3 隔膜法。既可用于高纯钠的制取，也可用于工业钠的净化提纯。该方法的原理是在电解池中，控制一定的电压与电流密度，由于电场的作用，阳极区的钠失去电子变成为 Na^+，通过 β-Al_2O_3 隔膜迁移而进入阴极区，在阴极获得电子而被还原成钠。

阳极 $Na \longrightarrow Na^+ + e$

阴极 $Na^+ + e \longrightarrow Na$

在电解过程中，由于二价阳离子不能通过 β-Al_2O_3 隔膜进入阴极区。再者，阴极区是在真空或氩气保护下，因此，在阴极区获得的钠是很纯的，不含有氧、碳、氩、氮、硅等杂质、钾含量也很少。此法产量低，β-Al_2O_3 隔膜易损坏，故尚未广泛用于工业生产。

10.1.2.4 金属钠净化装置与工艺过程

钠净化装置主要由熔钠槽、除油罐、粗过滤槽、细过滤槽、冷阱、贮钠槽、计量槽等组成。其流程如图 10-1 所示。

（1）熔钠槽。为 ϕ(450 ~ 500) mm × (900 ~ 1000) mm 的不锈钢容器，在其上部插入 2 ~ 3 支 3 kW 电热元件，槽体外有 50 mm 厚的保温层，在盖板一侧有上下液位计，在液位计旁有测温热电偶和进钠管，在通常情况下槽温由可控硅恒温控制仪控制在 120℃。

由于钠在空气中易于氧化，因此在熔钠槽内放入足够的保护油，始终保持钠在油液面下。

钠从熔钠槽进入除油罐是靠除油罐的抽空来实现，只要控制两容器间的阀门及管道的温度在 120℃左右，进钠并不困难。

(2) 除油罐。为 $\phi(400\sim500)$ mm×(700~800) mm 的不锈钢容器，在罐上部设液位计。加热元件插入口和蒸汽阱，在除油罐蒸发出来的油蒸汽是比较容易在除油管内冷凝的。因此除油管与除油罐连接时必须保持倾斜以便使冷凝出来的油流入除油阱。

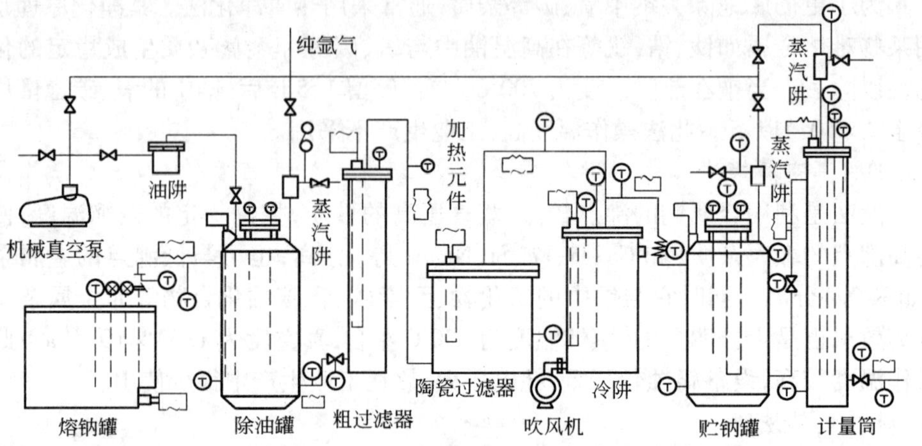

图 10-1　钠净化装置流程图

(3) 粗过滤槽。外筒为 ϕ(150~160) mm×(900~1000) mm 的不锈钢筒。内筒为 ϕ60 mm×900 mm 的不锈钢筒，筒体上开了共 67 条横向方槽。每条槽内均匀钻 4 个直径 ϕ8 mm 的通孔，筒外包三层 180 目的不锈钢丝网，在过滤器内插入 3 支3 kW的电热元件。

(4) 细过滤槽。为 $\phi(400\sim500)$ mm×(700~800) mm 的不锈钢容器内装有数支镍基陶瓷过滤元件，加热功率为 3 kW，温度控制在 120℃左右。

液体钠通过过滤后，绝大部分的固体颗粒杂质被除去，但是有些颗粒细小的杂质仍然存在。有些元素碳的微小到几个微米的直径难以除去，因此为了进一步除去钠中的可溶性杂质和颗粒杂质，后面采用了冷阱净化装置。

(5) 冷阱。为 $\phi(30\sim40)$ mm×(900~1000) mm 的不锈钢容器，主体内充填 50 目的不锈钢丝网，加热功率为 3 kW 的电热元件，工作温度一般为 120℃。

冷阱可以除去钠中许多杂质，但不同的杂质有不同的沉积速率。因此钠在动态回路中在冷阱内停留时间要选择好，在条件允许时，其停留时间越长越好。

(6) 贮钠槽。此槽可根据生产实际情况增设。该槽的主要用途是接收和贮存经净化的钠，并随时向计量槽提供纯钠。

(7) 计量槽。可以根据生产实际情况，选用计量容器或电子秤等。其目的是为了能准确地提供所需的纯钠用量和注钠速度。

该净化装置的主要特点是省电，操作方便，无油污染，液位测量方便，使用寿命长,设备清洗方便,安全可靠。

10.1.3 稀释剂的选择

稀释剂又称吸热剂、缓冲剂、隔热层。在钠还原制取钽粉的生产过程中,为改善钽粉的粒度、粒形及其他电气性能,往往加入一种惰性盐,此盐不参与还原反应而使 K_2TaF_7 变稀,并在还原过程中吸收反应热,降低融盐熔点和控制升温速度及反应速度,起所谓的“稀释剂”作用。由于稀释剂的存在,减少了反应过程中新生钽粉颗粒间的接触,防止粉末间的相互黏结,起了“隔离层”作用,有利于钽粉原粉率及比电容的提高。

稀释剂的选择原则:

(1) 稀释剂在还原过程中不与金属钠、氟钽酸钾以及还原后的副产物氟化钾及氟化钠发生反应,也不污染金属钽粉。

(2) 在水中的溶解度大,易于在水洗过程中分离除去。

(3) 具有较大的热容量,能与 KF、NaF 生成多元低共融物,降低融盐的熔点。

(4) 来源广、价格低。

(5) 对还原装备腐蚀要轻。

(6) 尽量减少对环境的污染及人体的伤害。

一般可以用作稀释剂的盐类有 KF、NaF、KCl、NaCl 等,而在钽的工业生产中常使用 NaCl、KCl 和 KF 作稀释剂。

在还原生产过程中,稀释剂的加入量可根据不同的钽粉产品而定,如想获得较高产量的钽粉,加入的稀释量要多一些。

另外,对选用的稀释剂的纯度也有一定的要求,一般常选用分析纯的产品。由于 NaCl 及 KCl 在空气中容易吸潮,因此在还原使用前必需经较长时间的烘干处理,烘干温度 50 ~ 60℃,时间在 24 h 以上。

在我国多采用 NaCl 及 KCl 作稀释剂,尤其是 NaCl 价格便宜,易于提纯,但它对还原设备腐蚀严重,这是我国钽粉中 Fe、Ni、Cr 等杂质高的主要原因之一。在美国、日本则多采用 KF 及 KCl 的混合盐作稀释剂。KF 对镍能产生一层保护层,阻止对设备的腐蚀,再加上其他保护措施,因此国外生产的钽粉中 Fe、Ni、Cr 杂质含量不高。另外 KF 摩尔体积小,与 KCl 所形成的熔盐密度较大,还原后所得钽粉黏结紧密,在以后制造电容器的烧结过程中收缩率也小,这也是它的主要优点。另外国外所使用的 KF-KCl-K_2TaF_7 体系对 Ta_2O_5 的溶解度大,对还原也有好处,缺点是 KF 价格较高,使钽粉生产成本提高。

近几十年来,国外对熔盐体系的物理化学性质进行了广泛的研究,人们对它的认识也比过去更深刻多了。就钽粉生产而言,人们研究了 KCl-K_2TaF_7、NaCl-K_2TaF_7、KF-K_2TaF_7 等二元体系的相图,也研究了 KF-KCl-K_2TaF_7、NaCl-KCl-K_2TaF_7

及 KF-KCl-K_2NbF_7 等三元体系的相图。

我国在钠还原生产钽粉的过程中,常采用 NaCl 作稀释剂,因此在还原以前的升温过程中,首先是 NaCl-K_2TaF_7 二元体系,而在还原开始后产生了 KF 及 NaF,熔盐立即变成了 KF-NaF-NaCl-K_2TaF_7 四元体系。随着还原过程的进行,产生的 NaF 及 KF 越来越多,而 K_2TaF_7 重量越来越少,熔盐组分始终在变化着,直到 K_2TaF_7 被基本还原完结,熔盐又变成 NaF-KF-NaCl 三元体系。在还原过程中,随着熔盐四种组分的不断变化,它不可避免地影响着熔盐的体积、密度、共晶温度、黏度、流动性、表面张力(熔盐对钽粉),而这些熔盐特性的变化,又对钽粉晶粒的生成及成长起着重要的影响。因此人们在生产过程中,可以根据上述熔盐的性质,通过调整稀释剂种类的选择和添加量的比例来调整钽粉的粒度和粒形。

10.2 搅拌钠还原

10.2.1 搅拌方式

搅拌钠还原生产方法的特点是物料在不断搅拌的情况下,使金属钠与 K_2TaF_7 进行充分的接触,物料温度均匀,其反应速度快、周期短、产量大。该方法与原分盘装料法及混合装料法相比,生产的钽粉纯度较高,粒度较细,形状较复杂,比电容高。因此该法是目前国内外生产钽粉被广泛采用的方法。

K_2TaF_7 钠还原制取金属钽粉,在我国 20 世纪 60 年代中期到 70 年代末期基本都是采用静态还原。在还原过程中,由于反应激烈产生一定的搅拌作用,但是,这种搅拌是不彻底的,尤其是在还原后期,反应已基本停止,搅拌作用极差,K_2TaF_7 与 Na 的接触实际上仅依靠扩散进行,造成一些死角及还原不彻底,影响钽粉质量,实际产量也不能扩大。1960 年美国开始研制和使用了搅拌钠还原工艺,解决了上述缺点。1979 年株洲硬质合金厂研究和使用了搅拌钠还原的工艺及设备,之后国内各钽粉生产厂也相继进行了研究和使用。

搅拌钠还原制取钽粉,主要有三种搅拌还原的形式:汽(Na)-液(K_2TaF_7 + NaCl)搅拌还原;液(Na)-固(K_2TaF_7 + NaCl)搅拌还原;液(Na)-液(K_2TaF_7 + NaCl 或 KF + KCl)搅拌还原。

(1) 汽-液搅拌钠还原:此种方式还原所需钠的供给量,仅靠钠的蒸发而获得,反应速度慢。在高温下钠部分变为双原子,还原能力增强,再加上搅拌,则还原彻底,所得钽粉中 O_2 及 K、Na 含量较低,钽粉电性较优越,其缺点是钽粉比电容低,一般为 3000 ~ 8000 μF · V/g。

(2) 液-固搅拌钠还原:该方式主要是在低温下让钠与 K_2TaF_7 充分混合,然后点火,因为反应是在较低温度(>270℃)下开始的,活化了的 K_2TaF_7 与 Na 混合,反应温度更低,反应激烈,基本不能控制其反应速度。由于反应温度低,反应速度太快,致使一部分未被还原的 K_2TaF_7 包裹在钽粉中间,在以后的水洗过程逐渐水解,而又不易扩散出来,所得钽粉 K、Na 含量高至(70~130)×10^{-6}(质量分数)。氧含量高,对钽粉电性造成恶劣影响。另外此法反应温度低,对设备腐蚀比较轻,产品中 Fe、Ni、Cr 含量也较低。又由于反应比较激烈,在反应过程中钽粉黏结紧密,在以后制造电容器过程中阳极块收缩小,钽粉比电容为 8000~23000μF·V/g,国外此法早已废止,国内尚有厂家使用。

(3) 液-液搅拌钠还原:此法是目前国内外普遍采用的方法。它的主要特点为:1) 生产量大;装炉量每炉装 K_2TaF_7 可达 300 kg 以上;2) 可控性好;3) 生产的钽粉比电容高。用此法生产钽粉比电容目前可达 30000~70000μF·V/g;4) 可根据用户要求生产中压及低压,高、中、低比电容的任何系列钽粉。

另外此法又可分为两种方式:1) 一次性装炉(K_2TaF_7 和稀释剂)连续注钠及间断注钠方式;2) 分批装入 K_2TaF_7 及断续注钠方式。

两种方式的 K_2TaF_7 含量在还原过程中的变化如图 10-2 所示。

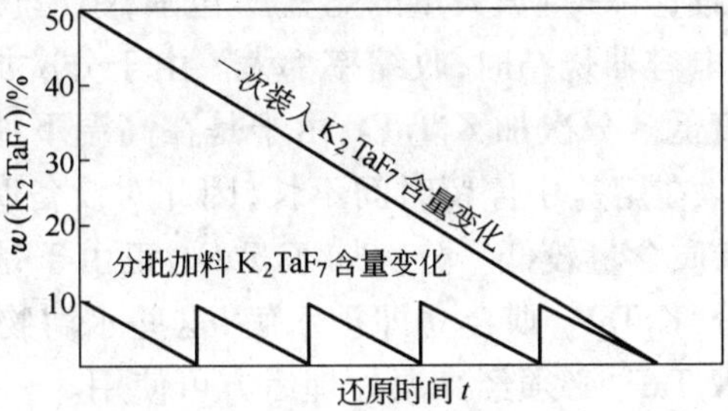

图 10-2 K_2TaF_7 含量在还原过程中的变化

现代生产的钽粉,理想的是粒度分布均匀,而不是粒度分布广,如图 10-3 所示。

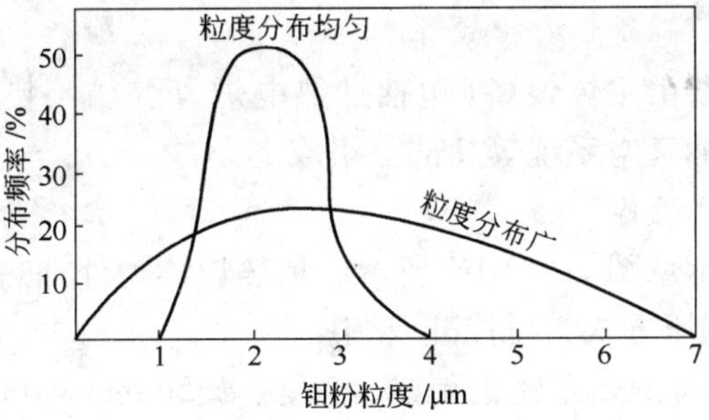

图 10-3 钽粉粒度分布

因为粒度均匀的钽粉做成阳极块后,孔隙度大,比表面积损失少,容易破膜,有利于电容器电性能的提高。

要获得粒度均匀的钽粉，在一定温度的情况下，要求反应速度恒定，针对钽还原的情况，在加钠速度及温度一定的情况下，根据式 10-7 可计算出反应速度（根据溶液反应速度，运用到熔盐上需加一系数 K）。

$$v = K\frac{\mathrm{d}w}{\mathrm{d}t} \tag{10-7}$$

式中　v——反应速度；

K——常数；

w——K_2TaF_7 质量分数；

t——时间。

由式 10-7 可见，只有当 K_2TaF_7 质量分数一定（或变化不大时），当加钠速度恒定时，反应速度才基本不变。只有反应速度不变，才有可能得到粒度均匀的钽粉。

从图 10-2 可见，分批加料，K_2TaF_7 质量分数变化较小，还原后应获得粒度比较均匀的钽粉。但实际情况是在整个还原过程中，K_2TaF_7 质量分数一直比较低，还原后的钽粉粒度比较细，并一直被大量的熔盐所包围，钽粉长大的机会较小，而在以后的热处理及制作电容器烧结时，收缩率都大。由于分次加 K_2TaF_7 所得钽粉粒度较细，钽粉耐压程度低。分次加 K_2TaF_7，由于是在高温下加入熔盐中，随即熔化后立即被还原，K_2TaF_7 在熔盐中停留时间不长，因此对设备腐蚀不严重，相对而言钽粉中 Fe、Ni、Cr 等杂质含量较低。分次加 K_2TaF_7，正由于是在高温加入熔盐中，若 K_2TaF_7 中含有水分，K_2TaF_7 则会立即被水解，这些水解物进入钽粉，影响钽粉电性能，所以分次加 K_2TaF_7 必须经高温处理后方可使用。

而一次加入 K_2TaF_7 的液—液还原，经国外大量研究和改进，可获得高比电容和高质量及耐压较高的钽粉。目前高比电容 30000 ~ 70000μF · V/g 钽粉生产均采用分次加 K_2TaF_7 的方法。

10.2.2　钠还原装置

钠还原装置主要由主体设备（包括加热电炉、反应罐、装料坩埚、搅拌机）、电气控温、测温系统、抽真空系统等几部分组成。

10.2.2.1　主体设备

主体设备结构示意图如图 10-4 所示。加热炉体为外加热井式电阻炉，加热功率为 60 ~ 100kW，调压方式为可控硅或调压器。

反应罐为 $Cr_{25}Ni_{20}$ 耐热不锈钢制成，容积为 ϕ350 mm × 1065 mm 或 ϕ550 mm × 1000 mm。近几年国内部分钽生产厂改用衬镍板的复合式反应罐，取消内装料坩埚。

装料坩埚采用 H39 号钢或镍板制成，容积为 ϕ320 mm × 400 mm 或 ϕ520 mm × 400 mm 数种。

搅拌机采用电动单柱旋臂式搅拌器，桨式搅拌桨，传动电机功率为4.5～5.5 kW，转速为50～110 r/min。

10.2.2.2 控温、测温系统

采用热电偶插入反应罐内测温，并配置有电流、电压及温度指示仪表；也可选用微机控温等先进仪器、仪表。

10.2.2.3 抽真空系统

工业生产中，一般采用单级或双级旋片式机械泵抽真空，型号为2X—70型，也可选用其他型号。抽真空换气管道示意图如图10-5所示。

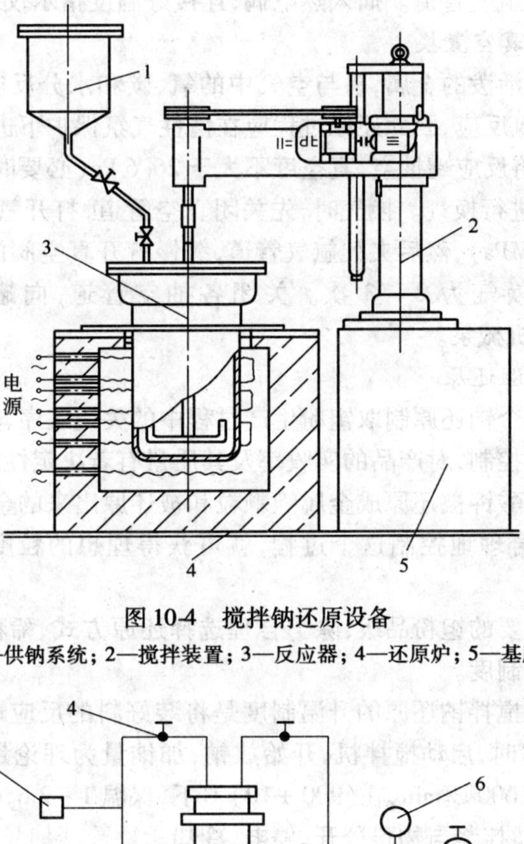

图10-4 搅拌钠还原设备

1—供钠系统；2—搅拌装置；3—反应器；4—还原炉；5—基座

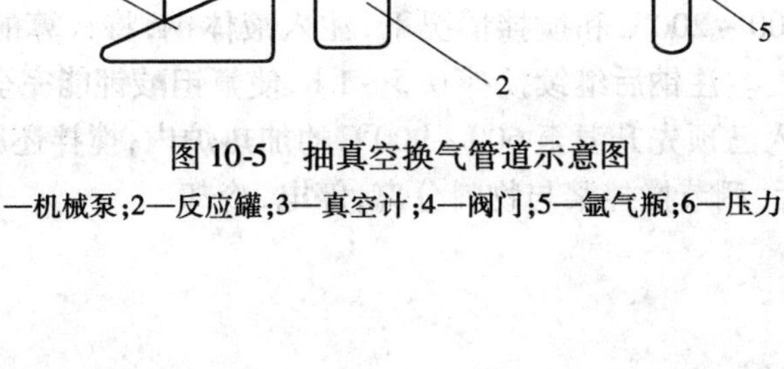

图10-5 抽真空换气管道示意图

1—机械泵；2—反应罐；3—真空计；4—阀门；5—氩气瓶；6—压力表

10.2.3 生产工艺过程与实例(中压中低比电容钽粉)

10.2.3.1 配料装炉

装炉前先检查坩埚、反应罐、吊架,搅拌桨是否完好,并清洗干净、烘干;检查加热炉机械泵、氩气管道是否正常,并符合使用要求;检查操作室内送风及排风系统是否正常。

将物料按配料比准确计算称取,混合均匀,装入坩埚或反应罐内。用压缩空气吹干净吊架、搅拌桨、隔热屏及各管道部位,将其吊至反应罐上装好。连接好冷却水管道、真空管道、氩气管道。插入热电偶,连接好温度指示仪表。

10.2.3.2 抽真空置换

金属钠是极其活泼的金属,易与空气中的氧、碳和水分反应,还原后的钽粉也易与空气中的氧、氮反应,因此还原过程应在惰性气氛保护下进行。

启动机械泵,将反应罐抽空,真空度不大于26.6 Pa(必要时可将反应罐升温至200℃,保温1 h),进行换气。换气时,先关闭真空管道,打开氩气阀门充氩至正压(0.1098 ~0.1294 MPa),然后夹死氩气管道,缓慢打开真空阀门,抽真空至不大于26.6 Pa。重复置换气为2 ~3 次。关闭各抽空管道,向罐内充氩气至正压(0.12 MPa),关闭机械泵。

10.2.3.3 升温还原

升温还原是整个钠还原制取钽粉生产过程中的关键工序,其还原方式的选择、工艺参数的确定与控制,对产品的实收率及其质量有着决定性的影响。一般来说,还原时存在着氟钽酸钾被还原成金属钽颗粒和被还原出来的金属钽晶粒的长大两个过程,因此只要合理地控制这个过程,就可获得理想的粒度、粒形和高质量的钽粉。

为了获得所需要的钽粉品级,除了合理选择还原方式、稀释剂及钠用量外,还需选用不同的升温制度。

(1) 连续注钠搅拌钠还原的升温制度是将装好料的反应罐吊入加热炉中,在温度为400 ~800℃时,启动搅拌机,开始放钠,加钠量为理论量的105% ~110%,加钠速度为300 ~1000 g/min,在(900 ±10)℃下,保温1 ~2 h,保温结束后,调节和启动搅拌装置,使搅拌桨与物料分开,停电,冷却。

(2) 混合装料搅拌钠还原的升温制度是将装好氟钽酸钾与氯化钠混合料的反应罐,在温度为100 ~200℃和搅拌情况下,注入液体钠,将计算的钠量一次放完,不控制注钠的速度。注钠后继续搅拌0.5 ~1 h,使氟钽酸钾能完全被液钠所包覆。然后将反应罐吊入已预先升温至600 ~900℃的加热炉内,搅拌还原,保温搅拌1 ~1.5 h,保温结束后,调节搅拌桨与物料分离,停电,冷却。

10.2.3.4 冷却,吊罐,蒸馏

还原保温结束后,停电,吊罐至通风冷却或自然冷却。如需进行蒸馏除去坩埚中的剩余钠量,则可采用真空蒸馏除钠的方法。

10.2.3.5 出炉,剥料

出炉时,开启室内排风机,关闭氩气管道,卸去各连接的管道,打开罐盖,有坩埚装料的,则将坩埚吊出,没有装料坩埚的复合式反应罐,则将反应罐吊出,进行剥料,物料装入料盆内送净化工序破碎、净化处理。罐盖、反应罐、装料坩埚需进行清洗、烘干,下次备用。

10.2.3.6 安全注意事项

金属钠是易燃易爆物质,因此在整个生产过程中应特别注意安全,要严格执行金属钠的管理和使用制度。

10.3 还原产物的湿法处理

还原结束后,将出炉剥离出的还原产物,经颚式破碎机粗碎至 4 ~5 mm 的小块,送湿法工序进行净化处理。

湿法净化处理的目的是将钠还原产物经破碎后,用水洗除去残存的金属钠和未被还原的氟钽酸钾,次级反应的副产物 NaF、KF 和不参与反应的稀释剂;用酸洗除去因设备腐蚀,以及机械夹杂带入的 Fe、Ni、Cr 等杂质;降低产品中的氧含量。因此,湿法净化处理对提高钽粉的纯度具有重要的作用。

10.3.1 水洗

10.3.1.1 水洗的作用和原理

在还原过程中,为保证反应的完全进行,金属钠的加入量,一般为理论量的 105% ~110%,因此还原结束后,大部分金属钠参与了反应,而少部分剩余钠凝聚在反应罐内,或残留在最终产品中。金属钠与水发生剧烈反应,生成氢氧化钠:

$$2Na + 2H_2O = 2NaOH + H_2\uparrow$$

$$2Ta + 2NaOH + 4H_2O = 2NaTaO_3\downarrow + 5H_2\uparrow \quad (10\text{-}8)$$

氢氧化钠易溶于水,15℃时其溶解度为 26.4 mol/L,因此在室温下可用去离子水洗去。而钽酸盐沉积在钽粉表面和滤布上,则造成水洗困难,因此在冷洗时,应尽快加入少量 HCl,充分搅动以中和 NaOH,加入 HCl 量应以控制槽内水的 pH 值 3 ~5 为宜。

反应的副产物 NaF、KF 及稀释剂 NaCl、KCl 均溶于水。但 NaF 在水中的溶解度小,难以洗去。KF 及 KCl 的溶解度是随温度升高而明显增加,而 NaCl 及 NaF 的溶解度随温度变化不很明显,如表 10-6 所示。

表 10-6 KF、NaF、NaCl、KCl 在水中的溶解度

名 称	15℃	25℃	40℃	80℃
$w(KF)/\%$	38.13	51.95	58.67	60.01
$w(NaF)/\%$	3.85	4.03	—	—
$w(NaCl)/\%$	26.54	26.41	26.81	27.65
$w(KCl)/\%$	24.5	26.5	28.7	33.8

还原过程中，反应不完全，仍有少量 K_2TaF_7 不能被还原，一部分残留在熔盐外，一部分包裹在钽粉中。熔盐中含有金属钠（在 800℃ 时，NaCl 中可熔解 20% Na），在水洗时 Na 与水生成 NaOH。

在碱性介质的水溶液中，熔盐中的 K_2TaF_7 即被水解，其反应为：

$$4K_2TaF_7 + 5H_2O = Ta_2O_5 \cdot 2K_2TaF_7 + 10HF + 4KF \qquad (10\text{-}9)$$

这部分水解物几乎呈胶体状态，在以后的搅洗时可被漂走，不会留在钽粉中间。而包裹在钽粉中的 K_2TaF_7，在水洗时也慢慢被水解。另外钽粉中包裹的还有在原料制备时及以后处理不当所产生的氟钽酸钾水解产物，这些水解产物对钽粉的电性产生恶劣的影响，因此必须在水洗及酸洗时将它们除去。

在水洗过程中，要使水解物从钽粉中扩散出去是一个缓慢过程，影响因素如下式所示：

$$v = \varepsilon(w_2 - w_1)Ttv_dt_s$$

式中 v——扩散速度；

w_2——钽粉中 K_2TaF_7 水解物质量分数；

w_1——水洗液中 K_2TaF_7 水解物质量分数；

T——水洗温度；

t——水洗时间；

v_d——搅拌速度；

t_s——搅拌时间；

ε——常数。

当钽粉中夹杂的钠及槽中的游离酸基本洗净后，改换少热纯水搅洗能更快，更彻底地除去钽粉中的副产物。从工艺角度看，搅拌时间及搅拌速度一定时，$w_2 \sim w_1$ 也可忽略不计。ε 为一常数。因此影响扩散速度的主要因素是水洗温度 T 及水洗时间 t。

较高的水洗温度和较长的水洗时间，才能保证 K_2TaF_7 的水解物（包括还原的低价产物）能充分地从钽粉中扩散出去。

10.3.1.2 水洗设备及工艺过程

在工业生产中，常采用过滤式水洗和搅拌式水洗两种方式：

(1) 过滤式水洗:是在装有过滤布的水洗桶内进行,其结构示意图如图10-6所示。过滤式水洗法的优点是设备简单,操作方便,物料直收率高。其缺点是水与物料接触面积小,时间短,水洗速度慢,纯水耗量大,手工操作多,水洗效果较差。

(2) 搅拌式水洗:为提高水洗效率,节约纯水用量,常采用搅拌水洗槽。水洗槽为圆柱状,搅拌桨有平板式、螺旋式或钉耙式。在水洗过程中,通过搅拌桨的作用,物料由下而上的流动,加大了物料与水的接触面积,促进了盐类的溶解,大大地提高了水洗的效果。

搅拌式水洗的优点是水洗效率高,水耗量少。其缺点是设备复杂,制作成本高,物料直收率较低。

在水洗过程的溢流水洗溶液中,含有一定量的微细金属钽粉末。为提高过程总回收率,仍需回收这部分超细粉末。目前工业生产中普遍选用半连续式沉降回收槽,其结构示意图如图10-7所示。

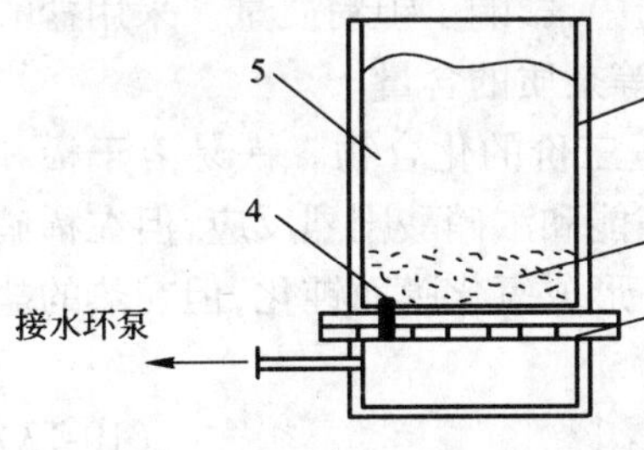

图10-6 过滤水洗桶结构示意图

1—不锈钢桶;2—还原产物;3—不锈钢筛板;
4—过滤布;5—去离子水

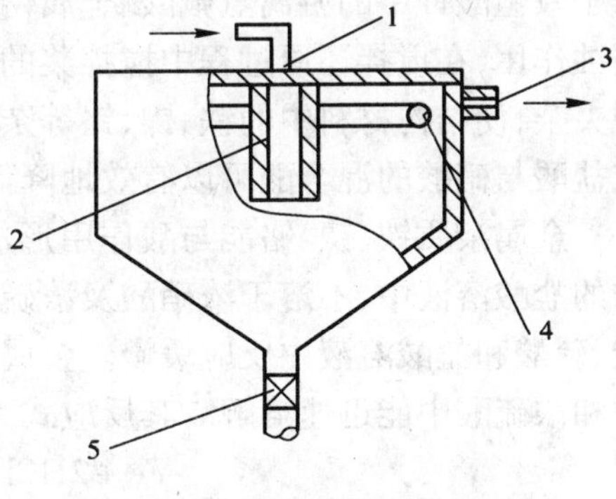

图10-7 沉降回收槽结构示意图

1—溢流入口;2—沉降管;3—溢流出口;
4—溢流环;5—阀门

半连续式沉降回收槽是采用不锈钢制作的锥式形圆槽,水洗溢流液由入口管道进入沉降槽。由于沉降槽的直径较大,降低了溶液的流速,悬浮在水溶液中的细粒粉末慢慢地沉降下来。沉降回收的超细粉末,杂质含量尤其氧含量较高,后段酸洗过程困难,故不能直接作为产品应用,需送湿法工序进行原料处理。

10.3.2 酸洗

10.3.2.1 酸洗的作用与原理

由于钠还原产物中不同程度地残留有未被还原的K_2TaF_7,它在水洗过程中发生水解转变成$Ta(OH)_5$进入钽粉中;金属钠虽然经过净化处理,但其残存的氧化钠、过氧化钠在一定温度下腐蚀钽粉,生成不溶于水的钽酸盐,夹杂于钽粉中;另外在还原过程中由于空气的泄漏也将造成钽粉的氧化与氮化。这些杂质的存在均使钽粉中氧含量增高,因此必须采用酸洗工艺降低钽粉中的氧含量。

杂质氧在钽粉中存在的形态比较复杂,主要以低价氧化物、五氧化二钽、氢氧化钽等多种形态存在。它们不溶于盐酸、硫酸和硝酸中,但能溶于热的氢氟酸溶液中,其反应式为

$$Ta_2O_5 + 14HF = 2H_2TaF_7 + 5H_2O \tag{10-10}$$

在氢氟酸除氧过程中,同时有下列副反应发生:

$$2Ta + 14HF = 2H_2TaF_7 + 5H_2\uparrow \tag{10-11}$$

使少量金属钽溶解造成损失。部分超细钽粉的除去,有利于钽粉中氧含量的降低。

非金属杂质硅,主要来源于原料,和生产过程的环境的污染。采用氢氟酸酸洗是有效的除硅方法:

$$2SiO_2 + 12HF = 2H_2SiF_6 + 4H_2O \tag{10-12}$$

还原反应装置尽管选用不锈钢或高温合金钢等耐腐蚀性较好的材料制成,但由于氟钽酸钾中的游离氢氟酸、金属钠以及钠的氧化物、过氧化物在还原过程中的腐蚀作用,在搅拌还原过程中搅拌桨的腐蚀与磨损,以及在剥料及破碎过程中的机械夹杂,使结构材料中的铁、镍、铬等杂质进入钽粉中,影响了钽粉质量。采用盐酸或盐酸与硝酸的混合酸可以有效地降低铁、镍、铬等杂质的含量。

金属杂质铁、镍、铬能与酸作用形成正二价、正三价的化合物。铁易溶于稀和浓的盐酸溶液中,不溶于浓硝酸及浓硫酸溶液。镍能和浓硝酸剧烈反应,但在稀硝酸、硫酸和盐酸溶液中反应缓慢。金属铬表面容易形成氧化膜而钝化,但在热的盐酸和浓硫酸中能迅速溶解。其反应式为

$$Fe + 2HCl = FeCl_2 + H_2\uparrow \tag{10-13}$$

$$Ni + 2HCl = NiCl_2 + H_2\uparrow \tag{10-14}$$

$$Cr + 2HCl = CrCl_2 + H_2\uparrow \tag{10-15}$$

空气中的氧使二价铁、铬离子氧化,变成三价化合物:

$$4FeCl_2 + O_2 + 4HCl = 4FeCl_3 + 2H_2O \tag{10-16}$$

$$4CrCl_2 + O_2 + 4HCl = 4CrCl_3 + 2H_2O \tag{10-17}$$

10.3.2.2 酸洗设备

工业生产中的酸洗设备常采用回转式酸洗槽、机械搅拌酸洗槽和蒸气搅拌酸洗槽等三种形式。

(1)回转式酸洗槽:槽体为由普通钢材制成的圆柱形槽,内喷涂聚二氯乙烯,用蒸气夹套加热。其结构示意图如图 10-8 所示。

回转式酸洗槽洗涤效果较好,但由于钽粉与衬里的磨损,防腐材料容易破损,制作成本较高。

(2)机械搅拌酸洗槽:槽体由普通钢材制成,内衬聚乙烯,设有蒸气加热夹套,酸洗液的温度是由加入的溶液温度来控制,温度较低,洗涤效果较差,但设备结构

简单,易于制作与更换。其结构示意图见图 10-9。

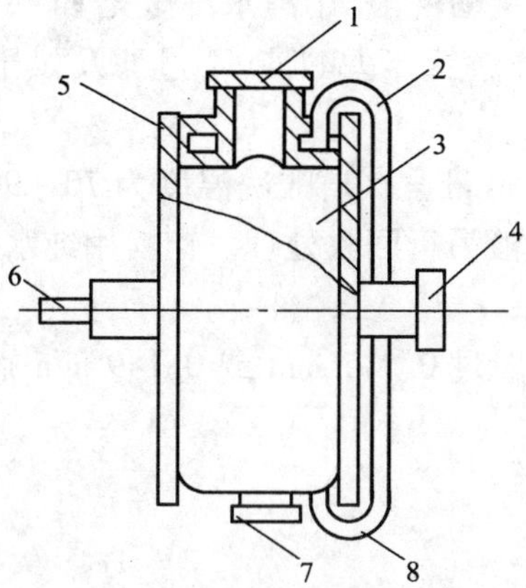

图 10-8　回转式酸洗槽示意图

1—出料孔;2—进气管;3—槽体;4—转动齿轮;

5—蒸气夹套;6—出气管;7—进料孔;8—出气管

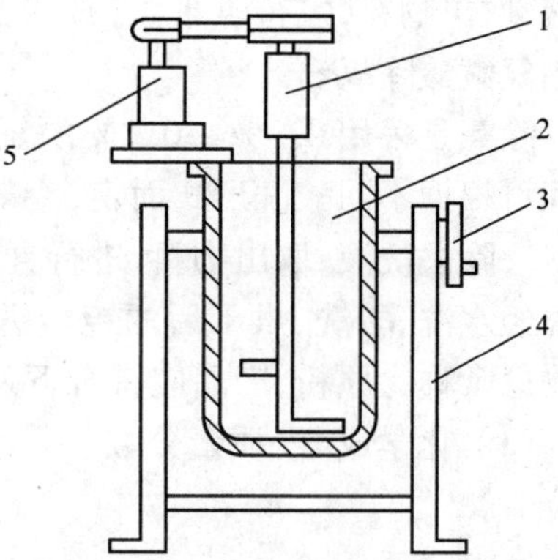

图 10-9　机械搅拌酸洗槽示意图

1—搅拌桨;2—槽体;3—手摇柄;

4—支架;5—电动机

(3)蒸汽搅拌酸洗槽:槽体采用普通钢材制作,内壁喷涂或内衬聚氯乙烯防腐层,采用蒸气加热搅拌。其结构示意图如图 10-10 所示。

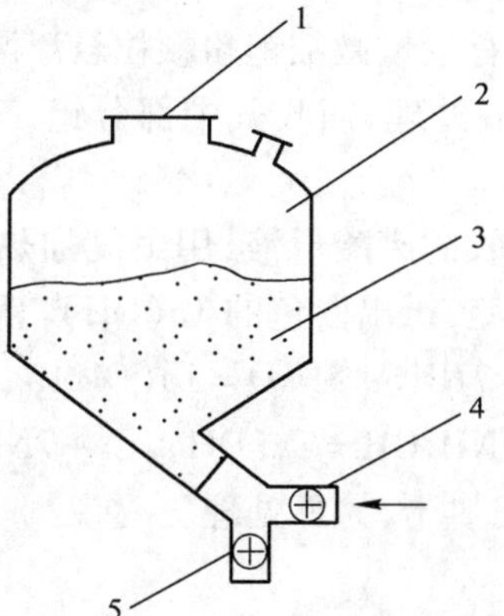

图 10-10　蒸气搅拌酸洗槽结构示意图

1—加料口;2—槽体;3—酸洗液与钽粉;

4—蒸气入口;5—出料口

蒸气加热酸洗,处理时间短,除去杂质铁效果显著。但要求使用的蒸气较纯,不然易使产品污染。

10.3.2.3　酸洗的工艺过程

酸洗的工艺过程一般是先除铁后除氧。除铁是采用 18% ~20% 的盐酸,根据需要可加入少量硝酸。固(钽粉的重量)∶液(酸液体积)=1∶1,温度为60～90℃,时间可根据不同的酸洗形式而定,冷却澄清,弃去酸洗液,用纯水洗至无Cl^-,除去洗液,取出物料,进行烘干。(或者加入盐酸,洗涤后弃去酸液,不过滤及烘干,直接用氢氟酸除氧。)

除氧是采用0.3%～0.7%的氢氟酸溶液,固∶液=1∶1,酸洗温度为70～90℃,时间可根据不同酸洗形式而定,冷却澄清,废酸液另行回收处理。钽粉用纯水洗至无F^-,除去洗液,取出物料,进行真空烘干。

经水洗、酸洗、烘干后的钽粉进行分级,一般过0.177 mm或0.149 mm筛,筛下物通常称为原粉,产品应符合下列要求:

(1) 化学成分(质量分数,不大于):

O	C	N	Fe
1000×10^{-6}	100×10^{-6}	30×10^{-6}	30×10^{-6}
Ni	Cr	Si	
30×10^{-6}	30×10^{-6}	30×10^{-6}	

(2) 产品原粉率:小于0.177 mm的原粉率不小于70%。

(3) 产品直收率大于93%。

10.3.2.4　酸洗液的回收

在酸洗除氧过程中,除有少量微细钽粉颗粒悬浮漂流损失外,仍有部分钽粉溶于HF溶液中,因此对酸洗液处理,回收其中部分钽,对提高钽粉的总回收率有很大的意义。

具体的工艺条件:将回收的废酸母液,用蒸气加热至沸后,通入氨气或加入氨水,中和至pH≥11,冷却沉淀,析出白色的$Ta(OH)_5$沉淀物:

$$H_2TaF_7 + 7NH_3 + 5H_2O = Ta(OH)_5\downarrow + 7NH_4F \tag{10-18}$$

或

$$H_2TaF_7 + 7NH_4OH = Ta(OH)_5\downarrow + 7NH_4F + 2H_2O \tag{10-19}$$

将$Ta(OH)_5$过滤,取出烘干,另外处理。

10.4　氢化制粉

经湿法处理、烘干、过筛分级,合格后的原粉可直接转送至真空热处理工序进行处理。而筛上物因其颗粒较粗,不能直接作为中间产品转移,须进行磨细制粉。因金属钽粉具有较好的韧性和塑性,不能被机械磨细。但由于金属钽具有良好的吸收氢气的特性,生成脆性的氢化钽,易于采用机械方式进行磨细。因此在工业生产过程中,通常采用氢化破碎的方法,将粗颗粒的金属钽或钽块,经氢化破碎,获得氢化钽粉末,然后在一定温度和真空度下,经脱氢,得到所需粒度的金属钽粉。

10.4.1 粗粉氢化

10.4.1.1 氢化机理

钽粉吸收氢气生成氢化钽，其反应式为

$$2Ta + xH_2 \underset{脱氢}{\overset{氢化}{\rightleftharpoons}} 2TaH_x \quad (10\text{-}20)$$

式中，x 为 0.2 ~ 0.8。

氢在钽粉中的溶解度与氢化温度、氢气压力有关。在低温下，钽对氢的溶解度较大，但吸气速度比较缓慢，如图 10-11 所示。

氢在钽中的溶解度随温度的升高而降低，如表 10-7 所示。

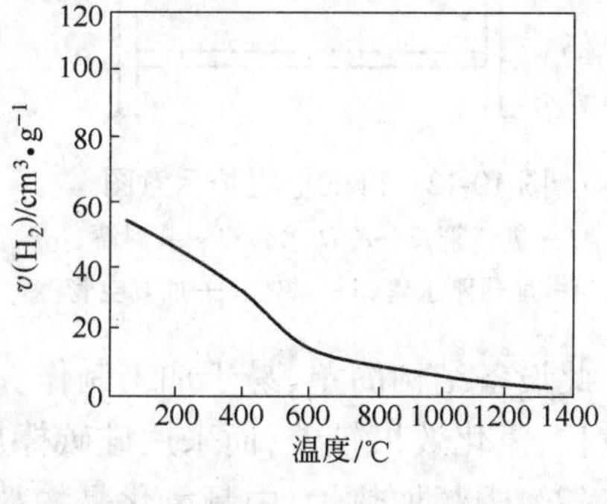

图 10-11 在 101325Pa 下氢在钽中溶解度

温度对钽的氢化反应影响很大，在温度为 350℃ 时，钽与氢开始反应，随着温度的升高，反应速度迅速增加。在 450 ~ 500℃，氢与钽的反应基本停止，在 600℃ 以上 TaH 开始分解，生成一种新相，反应速度非常缓慢。钽与氢的反应速率与氢气压力的平方根成正比，氢气压力增大，反应速率增大。但压力的选择应从设备的耐压和操作安全考虑。一般控制在 78 ~ 98kPa 为宜。

表 10-7 钽吸氢的能力

温度/℃	吸氢/$cm^3 \cdot g^{-1}$
300	88
400	76.8
500	49.4
600	约 24
700	9.7

10.4.1.2 氢化设备

工业生产中采用的氢化设备有电阻炉、中频炉两种。

(1) 电阻炉：是由不锈钢制作的装料罐里采用电阻丝或硅碳棒加热的电阻炉，有卧式和竖式两种，其结构分别如图 10-12、图 10-13 所示。

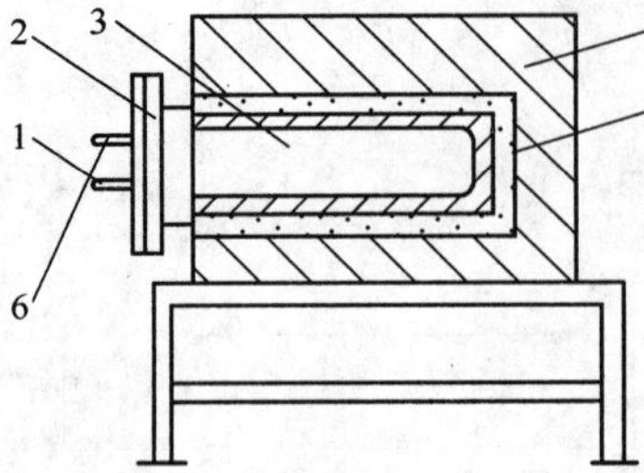

图 10-12　卧式电阻炉示意图

1—进气管;2—冷却水套;3—装料罐;
4—加热刚玉管;5—炉体;6—抽真空管

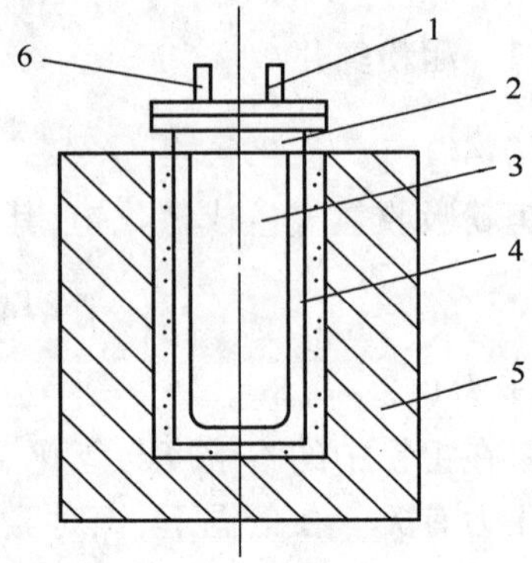

图 10-13　竖式电阻炉示意图

1—进气管;2—冷却水套;3—装料罐;
4—加热刚玉管;5—炉体;6—抽真空管

此设备结构简单,易于加工制作。缺点是采用电阻丝加热时,氢化温度低,周期较长,氢化效果较差;而采用硅碳棒加热,硅碳棒易损坏,成本较高。

(2) 中频加热炉:中频氢化是物料本身被直接感应加热。这是近几年来在国内采用的一种新方法,其结构示意如图 10-14 所示。

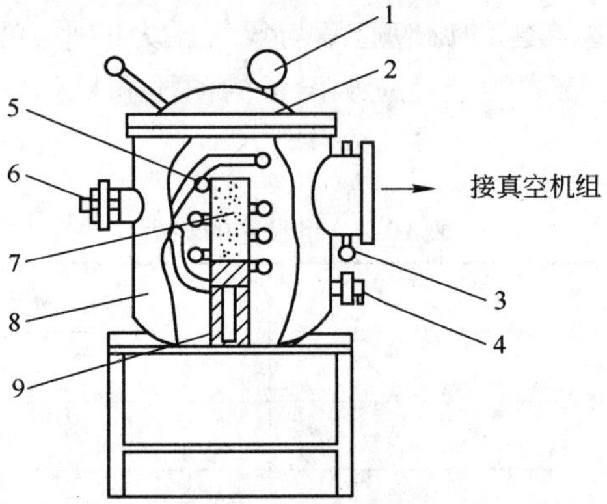

图 10-14　中频感应氢化炉示意图

1—压力表;2—炉盖;3—氢进口管;4—测温热电偶;5—感应圈;
6—电极;7—坩埚物料;8—炉体;9—坩埚底座

此炉温度最高可达 1400℃,中频氢化可采用高温、高真空活化处理,氢化效果显著,周期短,生产量较大。

10.4.1.3　氢化的工艺过程

氢化的工艺过程如下:

(1) 电阻炉氢化是将物料装入盛料坩埚,再装入氢化炉内;启动机械泵和扩散泵，进行抽真空，至真空度不大于0.133 Pa，保持30 min后进行检漏，检漏的漏气速率不大于0.266 Pa/min；送电升温至700～800℃，保温1～2 h；向炉内通氢，氢气压力保持为78～98kPa；停扩散泵，30 min后停机械泵，停电冷却12 h以上。

（2）中频氢化，从装料至送电升温的操作过程与电阻炉氢化相似。送电升温至1200 ℃，保温1 h，降温至800～540℃，向炉内通氢；停电冷却，停扩散泵和机械泵。

10.4.1.4 氢气净化

工业生产中使用的氢气，一般采用电解水溶液获得，纯度约为99.5%，因有微量的水分和氧、氮等气体杂质，不宜直接用于钽粉的氢化，必须在使用前进行净化处理。

氢气净化的方法很多，工业生产上多采用钯管净化器和铌炉净化器两种提纯方法，，提纯后氢气纯度均可达99.99%以上。

10.4.2 脱氢

脱氢是将氢化钽加热分解，除去被吸附的氢气，获得钽粉的过程。其反应为

$$TaH_x \xrightarrow{\triangle} Ta + \frac{1}{2}H_2 \uparrow \tag{10-21}$$

钽粉的脱氢通常是与热处理一起进行的，其使用的设备及工艺过程是基本相同的。

脱氢的工艺条件：室温抽真空至0.133 Pa，经试漏合格后，升温至1000～1250℃；过程真空度不大于26.66 Pa，保温1～1.5 h；停电抽气1～3 h后，通氢气保护冷却，也可以采用抽真空冷却至室温。

10.5 真空热处理

经湿法净化、烘干、过筛后的原粉，其纯度、粒度与粒形仍不能完全满足电容器使用要求，需要进行真空热处理，进一步提高钽粉纯度，改善其物理加工性能。

10.5.1 真空热处理的作用

高温真空热处理是将金属钽粉在高温和高真空下进行处理，除去在湿法过程中所吸附的气体杂质及未洗净的还原副产物KF、NaF及部分低熔点金属杂质，同时使部分细颗粒的钽粉得到黏结、凝聚、烧结，以此进一步提高钽粉纯度，改善其加工性能和电气性能，以满足电容器用钽粉使用的技术要求。

在真空下加热至100～200℃时，钽粉中吸收的水分及未洗净的盐酸、氢氟酸开始挥发。大约在500～800℃的低温阶段，氢以及少量的碱金属杂质开始逸出。

至800～1200℃高温阶段可除去大量的碱金属盐类如KF、NaF、NaCl,以达到进一步净化的目的。

高容量的钽粉,其颗粒形状较复杂,平均粒径较小,颗粒细。微细颗粒的钽粉其流动性能较差,制作电容器时成型操作困难,阳极块烧结后体积收缩率较大,减少了钽阳极的有效表面积,容量降低,损耗增大。通过高温处理,能使细颗粒的钽粉相互黏结、凝聚成二次颗粒,大大地改善了粉末的流动性和电气性能。

随着钽粉比电容的大幅度提高,钽粉的平均粒径越来越细,经过热处理后,钽粉表面活化,因此出炉后特别容易氧化着火,必须采用一定的有效措施,防止钽粉着火。

特别是目前随着30000～50000 μF · V/g钽粉的使用,钽粉要求其中粒度小于0.044 mm的组分小于20%,为使钽粉中粒度小于0.044 mm的粉的比例降下来,采用了预球团化及球团化处理等方法。

10.5.2　真空热处理的装置

工业生产中采用的真空热处理炉种类较多,根据加热元件的不同,分为真空碳管炉和真空金属炉两大类。

10.5.2.1　*真空碳管炉*

真空碳管炉是采用石墨制作的加热器、金属钼片制作的隔热炉。根据其装卸料的方式不同,又可分为上部装卸料与下部装卸料两种。此设备的优点是制作简单,成本低。缺点是真空度较低,产品处理后增氧较大,高达300×10^{-6}。另外由于石墨加热器碳的污染,也影响钽粉质量。真空碳管炉结构示意图如图10-15所示。

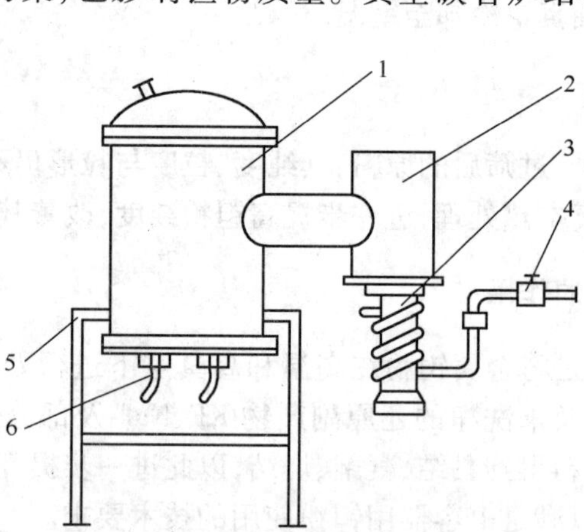

图10-15　真空碳管炉结构示意图
1—炉体;2—冷阱;3—扩散泵;4—阀门;5—支架;6—电源母线

10.5.2.2 真空金属炉

真空金属炉采用的加热器有钽棒加热器、钽片加热器、钨丝笼加热器等多种类型。隔热屏可用钽片，也可选用金属钼片。此设备的优点是真空度较高，产品增氧量较少，产品不受碳的污染。其缺点是设备制作及维修技术要求较高，设备造价也高，投资较大。该设备是目前工业生产中比较理想的一种热处理设备，特别是连接装卸料的金属炉，其产能大，性能好，加之配置了自动控温等先进技术，深受人们的欢迎。

10.5.3 真空热处理工艺过程

将物料装入料盘内，缓慢平稳地装入炉内，关好炉盖或炉门；开机械泵冷却水，启动机械泵，缓慢地打开机械泵阀和停真空阀，打开真空仪表阀；开扩散泵阀冷却水，启动扩散泵，待真空达到一定要求后，关停阀，开扩散泵阀；真空炉冷抽一定时间后，进行炉体检漏，检漏符合要求后，调节各部位的冷却水量；送电升温，按工艺要求进行升温与保温；停电冷却，可采用真空冷却也可采用炉内充氩气冷却；停机械泵，30 min 后停机械泵。

真空热处理工艺参数：以日本 SKS-12AJ 型真空热处理炉为例，钽粉装入量为 40 kg/炉。

（1）加热室的真空度一般要求达 2.66×10^{-3} Pa，才能开始加热升温。

（2）实际漏气速率，通常规定为容积 1000 L 容器最大允许漏气为 1.38×10^{-2} Pa·L/s。

（3）升温制度，目前均采用程序控制，在升温前根据装炉量和钽粉中气体杂质总含量来确定升温速度，其热处理升温速度宜选为 4℃/min，一般最高温度不超过 1500℃，高温保温时间宜为 1～2 h。

10.5.4 影响真空热处理的主要因素

影响产品真空热处理的主要因素有真空度、升温速度、温度和保温时间。

10.5.4.1 真空度

钠还原钽粉比表面积大，活性高，特别是高比电容钽粉，在空气中加热至一定温度时，容易被氧化和氮化。因此在热处理过程中要严格控制炉内真空度。在真空系统及炉内物料正常情况下，炉内的真空度与炉体的漏气速率密切相关，漏气速率的大小不但影响抽气速度，也影响炉内的极限真空度。炉内的漏气速率可通过试漏来测定，即当炉内达到某一真空度（p_0）后，关闭炉体与抽气系统间的阀门，经过 Δt 时间，测得真空度（p_1），若炉体容积为 V，漏气速率可按下式计算：

$$Q=\frac{p_1-p_2}{\Delta t}V$$

在热处理过程中,当发现漏气速率过大时,即使炉内真空度较高,也不允许送电升温,必须查明漏气原因,经处理合格后方可进行正常操作。

检漏的方法很多,但常用的最简单方法是向炉内充入压强为9.8 ~19.6 kPa的气体,在炉体或各连接部位的焊缝和密封件处涂上肥皂水,在漏气的地方可发现有明显的鼓泡现象。最先进的方法是选用检漏仪器检查。

10.5.4.2 升温速度

热处理炉的升温可采用手动控制升温,也可采用程序控制的自动升温,但升温速度大多是根据炉内物料放气量的多少,确定一个过程真空度来控制,既要不使物料溅出装料盘,又要保证热处理的效果。

10.5.4.3 处理温度和保温时间

处理温度和保温时间根据物料黏结和凝聚的情况而定,一般来说处理温度愈高,时间愈长,粉末的黏结与凝聚越好,提纯净化的效果越好。但过高的温度,过长的保温时间,将会使粉末烧结,不易破碎过筛,也将影响粉末的特性,特别是高比电容钽粉,造成比电容的降低。常选用热处理温度为1300 ~1500℃,有特殊要求的可以提高至1700 ~1800℃,保温时间宜为2 ~4 h。

10.5.5 抽真空系统

真空热处理炉的抽真空系统由机械泵、增压泵、扩散泵等部分组成。

(1) 机械泵。是利用机械运动(转动或滑动)获得真空。通常选用油封式旋转机械泵。它能以大气压为背景排出气体,并能以近似不变的速度在很广的压力范围内工作。该设备一般多使用于抽空设备的预抽真空的前级泵,其极限真空为0.665 ~1.33 Pa。国产机械泵的型号有2X型。

(2) 增压泵。它是设置在主泵和前级泵中间,增加排气量和提高前级泵入口压强的真空泵。一般选用机械增压泵——罗茨泵。它是利用两个8字形转子在泵壳中旋转而产生吸气和排气作用的,其极限真空为0.0665 ~0.106 Pa。国产罗茨泵的型号为ZS型。

(3) 扩散泵。它是抽真空系统的主泵,用来获得高真空或超高真空的主要设备,但它必须和前级泵配合使用才能有效。油扩散泵的极限真空度为0.00013 ~0.0000665 Pa。国产油扩散泵的型号为K系列。

10.6 影响电容器级钽粉质量的主要因素

金属钽粉主要用于制作电解电容器,其质量的好坏将直接影响到电解电容器的性能。因此提高钽粉质量不仅是使用的要求,也是钽生产厂迫切需要解决的问题。

目前,钽电解电容器正向两个方面发展:一是向微型化发展,提高钽粉的比电容,缩小电容器的体积。资料报道,日本目前所使用的钽粉以 30000 μF·V/g 为主,40000~50000 μF·V/g 钽粉也已部分使用,并开发出 70000 μF·V/g 的钽粉。二是提高电容器的可靠性,国外固体钽电容器的可靠性已达到 10^{-10}/h(失效率)级,耐压已达 175 V。国防尖端工程中要求使用的电容器元件具有很高的可靠性和很长的使用寿命。高压与高可靠是两个相互关联的因素,因为电容器的降压使用将会使其可靠性能得以提高。而提高钽粉的耐压性,必须提高钽粉的纯度和改善粉末粒度与粒形。

表征钽粉质量的因素诸多,但最主要的应为纯度、粒度和粒形。因此对钽粉生产具体地提出了化学成分、物理性能和电气性能的考核指标要求。化学成分包括的主要杂质元素有 O、C、H、N、Si、Fe、Ni、Cr、W、Mo、Al、Mn、Ti、K、Na 等;物理性能包括流动性、成型密度、松装密度、粒度分布、平均粒径等;电气性能包括比电容、漏流、损耗及闪火电压等。这些质量参数既互相独立,又相互影响。通常认为钽粉中的杂质含量越低,纯度越高,其漏电流就愈小,闪火电压愈高,制作的电解电容器的可靠性较高,使用寿命长。而钽粉粒形愈复杂、颗粒细,其比表面积大,比电容高,但其耐压性就差,不利于可靠性的提高。下面就钽粉的纯度、粒度和粒形等方面对电容器性能的影响分别进行讨论。

10.6.1 钽粉纯度

纯度,特别对用作高压、高可靠电容器钽粉来说是个至关重要的问题。导致电容器失效的原因很多,一般可以归纳为两类:一是内在原因,即电容器使用的原材料的制造过程中的原因。二是外部原因,即产品管理和使用环境条件的原因。当然,电容器失效其内在原因是主要的,它是由于电容器内部缺陷造成漏电流增大而引起的,这虽与电容器制造工艺有关,也与钽粉的纯度密切相关。

普遍认为,钽粉中任何一种杂质含量的增高都会影响到电容器的电性能,特别影响漏电流的增大。因为钽粉中杂质的存在能使基体金属产生第二相颗粒,在阳极氧化过程中,成为阳极氧化膜晶化成核的中心,是氧化膜产生疵点的原因。其结果使电容器性能变坏,漏电流增大,闪火电压降低。钽粉中的杂质 C、O、N、Fe、Ni、Cr 等都能使电容器的漏电流增大,闪火电压降低。钽阳极中不同杂质含量对其电性能影响的有关数据列于表 10-8。

表 10-8 杂质含量对钽阳极电性能影响的有关数据

元 素	杂质含量/%	漏电流/$\mu A \cdot mm^{-2}$	闪火电压/V
基体 Ta		0.14	158
C	0.005	0.12	170
	0.12	27.97	128
	0.17	102.32	128

续表 10-8

元　素	杂质含量/%	漏电流/$\mu A \cdot mm^{-2}$	闪火电压/V
N_2	1.19	0.63	—
O_2	0.022	0.81	148
	0.062	1.66	158
	0.072	1.09	152
Nb	0.84	0.06	164
	1.04	0.11	163
	1.28	0.04	168
Mo	0.108	0.05	161
	0.112	0.12	165
	0.132	0.07	162
Si	0.02	0.07	199
	0.072	0.06	165
	0.11	0.06	162
Ti	0.03	0.02	166
	0.63	0.11	119
	1.95	0.05	224
	16.5	0.15	243

从表 10-8 可以看出,钽粉中碳是最有害的杂质元素。在阳极烧结过程中,钽粉中的碳能与氧反应生成一氧化碳被除去。但当氧含量较低时,则有残余的碳存在,它与钽反应生成碳化钽。如果当钽阳极块赋能时所生成的氧化膜厚度小于 TaC 层的厚度,氧化膜就出现了不连续完整,这样就在有缺陷的地方形成电流集中,导致漏电流增大。产品中碳、硅含量与漏电流有如下关系:

$$\lg I = \lg I_0 + 6.85 \times 10^{-3} X$$

式中　I——阳极漏电流,$\mu A/g$;

X——杂质含量,10^{-6}。

对于碳 $I_0 = 2.13 \times 10^{-4} \mu A/(\mu F \cdot V)$;

对于硅 $I_0 = 2.86 \times 10^{-4} \mu A/(\mu F \cdot V)$。

钽粉中的氮一般以 Ta_xN_y 的形式存在,如果这些杂质处在钽粉颗粒的表面,在赋能时将会引起氧化膜裂缝,使漏电流增大,闪火电压降低。当钽粉中的含氮量高于引线钽丝中含氮量,则在烧结过程中,氮向钽丝内扩散,形成 Ta_xN_y 而使钽丝发脆。

钽粉中的氧含量是引起引线钽丝发脆的主要因素。一般认为钽粉中氧含量过高，虽有利于除碳反应，但在烧结时剩余的氧向引线扩散，致使钽丝发脆，也影响钽粉漏电流的增大和闪火电压降低。

钽粉中允许最高氧含量视不同的产品牌号和使用情况而定。超高比电容的钽粉氧含量可以高些，因为钽块的烧结温度较低，一般为1500～1600℃，在低温烧结时，钽粉中残留的氧还来不及转变成低价氧化钽和来不及向引线钽丝扩散，即使钽粉中氧含量高达3000×10^{-6}，钽引线也不发脆。而高压高可靠钽粉，阳极烧结温度在2000℃以上，长时间的烧结，低价氧化物基本挥发除去，引线发脆问题也不突出，钽丝最容易发脆的烧结温度为1800～1900℃，在此烧结温度下的钽块，必须严格控制钽粉中氧含量在2000×10^{-6}以下。

金属杂质一般以合金状态存在于钽粉中，如这些杂质处在钽粉颗粒表面，在赋能时该处氧化膜"隆起"，而导致氧化膜裂缝，随着赋能时间的延长，金属杂质晶粒也愈长愈大，最后氧化膜裂缝，漏电流突然增大，出现了所谓的"晶化"现象。因此，一些高熔点金属或能与钽形成高温化合物的元素也是有害的杂质。

综上所述，钽粉中的杂质含量是影响其电性能的重要因素，究竟其含量以多少为宜，应根据使用需要和生产可能性来确定。一般来说，对于高压高可靠钽粉其纯度要求高些，而对于低压超高比电容钽粉其纯度可以低些，甚至可添加某些掺杂元素。目前国内外为改善比电容钽粉的电性能，采用了在钽粉中进行掺杂的尝试，并已收到了较明显的效果。

10.6.2 钽粉的粒度和粒形

钽粉的粒度（粒度分布、平均粒径）影响到阳极块的密度和孔隙度。从理论上讲，粒度分布均匀的粉末压制后的坯块其孔隙结构也是均匀的，孔隙度也最大。这对阳极块在赋能过程中电解液的渗透和氧化膜的均匀生成有利。反之，如粒度分布不均匀，孔径相差较大，电流分布就不均匀，氧化膜生长的厚度也不均匀，这样很容易导致氧化膜被击穿，而使漏电流增大，闪火电压降低。当粉末粒度分布变化时，其平均粒径所决定的比表面积也发生变化，阳极的电容量及其他电性能参数也将引起变化。平均粒径越小，比电容越高，但随之带来了损耗的增大和使用寿命的缩短等不利影响，如表10-9所示。

表10-9 钽粉平均粒径对钽阳极块收缩率及电性能影响

粒度		收缩率/%	电性能	
平均粒径/μm	小于0.044 mm/%		比电容/$\mu F\cdot V\cdot g^{-1}$	损耗 $\tan\delta$/%
6.0～8.5	50～65	8～10	2000～2600	8～10
7.0～9.0	60～65	6～8	2000～2500	6～8

续表 10-9

粒度		收缩率/%	电性能	
平均粒径/μm	小于0.044 mm/%		比电容/μF·V·g^{-1}	损耗 tanδ/%
7.0~8.5	50~65	6~8	2000~2400	6~8
8.5~11	40~55	3~6	1800~2100	3~6
7~14	65~75	4~7	1700~2100	4~7
16~24	12~20	1~3	1000~1400	1~3
30以上	0~10	1	800~1000	1

为了获得粒度分布均匀的钽粉，除控制生产工艺参数外，对还原后的钽粉在处理过程中也可进行筛分分级处理，甚至可以采用水流漂洗除去部分超细粉末。

粉末的粒形不但影响其流动性、成型性、压制密度，也影响到多孔阳极表面形状。粒形复杂的粉末，其比表面积大，对提高阳极的比电容是有利的。但由于粉末粒形复杂又将导致不规则的阳极表面，使氧化膜难以均匀生长，产生局部电场集中，导致局部电流密度增大，漏电流和损耗增大，闪火电压降低。一般来说，粒形简单的粉末，如球形粉末，其表面积小，对提高阳极比电容不利，不可能用于制取高容量的电容器。但它能获得较规则的阳极表面，有利于氧化膜的均匀生长，能消除电场集中，因而能降低漏电流和损耗，提高闪火电压。

从理论上说，球形粉末最适合于制作高压及高可靠性的电容器。但其缺点是容量较低，也难以成型。这是因为容量的大小取决于阳极块孔隙度的大小，而球形颗粒的粉末，压制后的阳极块其孔隙度最小，只有扁平状或扁块状的粒形才能较好地兼顾耐高压和比电容高的要求。因为这种粉末，粒形虽较简单，但其比表面积比球形大，经高温烧结后，阳极块体积收缩率较小，孔隙度又较大，故其比电容较高又能耐高压。

钽粉的形状不能简单地说形状越复杂越好，或越简单越好，而应根据产品使用的需要，根据电容器的性能和工艺要求，来选择和控制合适的粉末粒形。一般来说，对于制作高压、高可靠性的电容器，应选择粒形比较简单的钽粉，而对于制作小型化、低压电容器，则宜选择粒形较复杂，比电容高的钽粉。

综上所述，烧结型钽电解电容器的性能主要决定于钽粉的纯度、粒度与粒形。而钽粉的纯度、粒度与粒形除与使用的原料氟钽酸钾的质量有关外，还与钽粉的生产方法、钠还原的还原方式等密切相关。

10.7 提高钽粉质量的主要方法

前面已对提高原材料的纯度,采用钠还原的新工艺、新设备来提高钽粉的质量做了叙述,这里仅讨论如何改进钽粉后处理的方法来提高钽粉质量。

钽粉的后处理就是通过对钠还原粉采用不同的处理方法来获得电容器所要求的特性。一般包括热处理、掺杂、提纯制粉等。

10.7.1 热处理方法

钽粉的热处理工艺、设备及影响因素在10.5节中已详细叙述,这里仅介绍选用高温高真空的热处理(或球团化)和等离子热处理等方法,来改善和提高钽粉的加工性能和电性能。

10.7.1.1 高温凝聚

凝聚可以使许多单一颗粒的钽粉,在高温下黏结、凝聚成骨架状或海绵状二次颗粒,或称球团化钽粉。

高温凝聚,其工艺的主要特点是在高温1250~1550℃和高真空中可以将平均粒径7 μm以下的细小分散的钽粉,制成多孔性团块或粒状物。高温凝聚有一次、二次甚至三次的工艺。钽粉经高温凝聚后粒度均匀化,具有很好的流动性和成型性,不加黏结剂就可压成压坯强度高而低密度的坯块,这种坯块经烧结后可得到具有最小收缩率、高比电容、低漏电流和损耗的阳极块。这是制取高压、高可靠性钽粉的一种较好方法。凝聚后钽粉性能对比如表10-10、表10-11所示。

表10-10 钽粉性能比较

性能		未凝聚钽粉	凝聚后多孔性粒状体
钽粉特性	平均粒径/μm	2.0	
	松装密度/g · cm^{-3}	3.2	2.6
	流动性(50 g流出时间)/s	不能测定	18(自然流出)
	粒度分布 /%		
	小于0.053 mm	0	91
	大于0.053 mm	100	9
电容器特性	烧结体密度/g · cm^{-3}	9.3	8.0
	K值/μA · (μF · V)$^{-1}$	5×10^{-3}	3.1×10^{-4}
	损耗tanδ/%	30	19
	比电容/μF · V · g^{-1}	4030	4920
	闪火电压/V	190	240

表 10-11　钽粉凝聚前后的性能

凝聚前粒度分布		凝聚条件 /℃ · min^{-1}	未凝聚粉			凝聚粉		
0 ~ 3μm	3 ~ 20 μm		压制密度 /g · cm^{-3}	烧结密度 /g · cm^{-3}	比电容 /μF · V · g^{-1}	压制密度 /g · cm^{-3}	烧结密度 /g · cm^{-3}	比电容 /μF · V · g^{-1}
3%	97%	1400 ~ 1425℃ /60 min 制粉全部 <0.25 mm	8.9	11.6	2407 2387 2387 2432 2432	7.0	9.2	2937 2900 3035 3035 3180

10.7.1.2　等离子热处理

等离子热处理钽粉是高温改变粒形的有效途径，对高可靠钽粉及高比电容钽粉均适用。氢化法制得的粉末或直接还原制得的粉末都可采用等离子高温处理，热处理温度一般为 1000 ~ 2000℃。资料报道，德国将钠还原制得的钽粉在氩气中进行等离子处理后的结果对比如表 10-12 所示。

表 10-12　钠还原粉与氩等离子处理前后的性能对比

序号		物理性能				电气性能				
		平均粒径 /μm	斯科特密度 /g · cm^{-3}	阳极块密度 /g · cm^{-3}	阳极块重 /g	比电容 /μF · V · g^{-1}	漏电流 /μA · g^{-1}	K 值 /μA · (μF · V) $^{-1}$	击穿电压 /V	工作电压 /V
1	钠还原粉	1.4	1.0	3.5	0.4	14000	10	7.14×10^{-4}	150	20
	处理后	3.2	1.3	3.6	0.4	12000	3	2.5×10^{-4}	188	20
2	钠还原粉	3.4	1.9	5.4	0.4	7860	7.2	4.16×10^{-4}	160	20
	处理后	4.3	1.5	3.6	0.4	10000	2.5	2.5×10^{-4}	192	20
3	钠还原粉	1.8	1.3	3.8	0.4	12000	8	6.67×10^{-4}	158	20
	处理后	3.0	1.2	3.4	0.4	12500	3.2	2.56×10^{-4}	190	20
4	钠还原粉	1.3	1.0	3.4	0.4	15400	6.3	4.09×10^{-4}	155	20
	处理后	2.5	1.1	3.5	0.4	13800	5.4	3.91×10^{-4}	194	20
5	钠还原粉	1.1	0.9	3.3	0.4	16000	22	13.8×10^{-4}	154	20
	处理后	3.3	1.4	3.6	0.4	12200	2.8	2.3×10^{-4}	202	20
6	钠还原粉	1.4	1.0	3.6	0.4	14900	9	6.04×10^{-4}	175	20
	处理后	3.1	1.4	3.7	0.4	12400	3	2.42×10^{-4}	187	20

我国九江有色金属冶炼于 1987 年用等离子法生产出了球形钽粉，较大地提高了高压钽粉质量。

10.7.2　电容器钽粉的掺杂

在电容器级钽粉的掺杂中，选定掺杂元素可以提高钽阳极的某些性能。掺杂元素一般有磷化物、硫化物、氮化物、氧化物，其中文献报道最多的是掺入磷化物。

钽粉中掺入磷化物后，钽粉压块的烧结收缩率明显降低，阳极块的内表面积上升，因此阳极块的电容量增大，即钽粉比电容得到明显的增加。近几年，这一技术在低压高比电容钽粉的生产中得到广泛的应用。

在整个制粉过程中可以实施掺杂的工序很多。通常人们将氟钽酸钾的钠还原工序之前或之后实施的掺杂分别称之为前掺杂或后掺杂。

近几年，在我国掺杂工艺得以广泛的应用。北京有色金属研究总院首先开展对电容器钽粉掺杂的机理及工艺研究，取得显著的成果。1991 年它们对电容器钽粉中磷化物的后掺杂的机理进行了研究：即将以磷酸二氢胺作掺杂剂，掺入钽粉中进行脱气、凝聚，经破碎后获得试样。产品经过高温俄歇谱仪（AES）分析、化学分析和 X 射线衍射分析表明，磷化物掺杂剂与金属钽粉在高真空中高温处理后，主要生成了四方 Ta_3P 相，主要反应为

$$P_2O_5 + 2Ta = Ta_2O_5 + 2P \tag{10-22}$$

$$3Ta + P = Ta_3P \tag{10-23}$$

得到的掺杂钽粉经过烧结后，烧结块在超高真空的液氮区经过快速冲断，得到沿晶断裂表面。对该表面 AES 分析证明，磷在晶界析出，从而起到了抗收缩作用，使比电容得到提高。

另外通过分析表明，掺杂剂（$NH_4H_2PO_4$）与钽粉作用后，除生成 Ta_3P 相外，还生成 β-Ta_2O_5 相，使钽粉增氧，而且随着掺杂量的增加，增氧量增高。高掺杂量也将损害阳极氧化膜，导致 K 值增高，击穿电压降低。掺杂量与产品增氧的影响如表 10-13 所示。因此使用磷化物掺杂时，应十分注意控制掺杂量，以免损坏阳极块的 V_B 和 K 值。

表 10-13　掺杂与不掺杂试样的含氧量（质量分数）

编　号	P-0	P-0.01	P-0.05	P-0.09	P-0.13	P-0.15	P-1	P-1.5	P-2
含氧量/%	0.17	0.18	0.21	0.24	0.26	0.56	0.72	1.07	1.40
增氧量①/%	0	0.01	0.04	0.07	0.09	0.39	0.55	0.90	1.23

① 增氧量是掺杂试样相对不掺杂试样的增氧值。

1993 年，北京有色金属研究总院对电容器级钽粉的磷化物前掺杂工艺进行了研究。即在氟钽酸钾结晶过程或还原前的混料过程中，加入 H_2PO_4，后经钠还原、湿法净化处理、真空热处理，获得掺杂钽粉。经分析证明，前掺杂时，作为掺杂剂的磷化物与钽互相作用后仍生成四方 Ta_3P 相。试验表明前掺杂的作用机理与后掺杂是一致的。前掺杂所生成的四方 Ta_3P 相不仅在钽粉的热处理和烧结时起到了抗收缩的作用，而且在钠还原过程中能起到细化颗粒的作用，从而提高了钽粉的比表面积。

前掺杂的还原炉料经过水洗—酸洗—水洗、烘干等工序处理后，才能获得钽粉。

而在酸洗过程中，HF 能有效地除氧。试样用 X 射线衍射分析，未见到 β-Ta_2O_5 的衍射峰，这表明前掺杂还能有效地控制掺杂钽粉中的氧含量，从而保证了钽粉质量。

电容器级钽粉掺磷能明显地提高钽粉的比电容量，但降低了钽阳极氧化膜的击穿电压，因此掺磷量较大的钽粉一般不宜制作 35 V 以上的产品。为了解决这个问题，北京有色金属研究总院又开展了电容器级钽粉的铝化物掺杂的研究。它们以 $NaAlO_2$ 作为掺杂剂，溶于水后加入钽粉中，经烘干，真空凝聚获得掺杂钽粉。试验研究结果表明，掺杂剂 $NaAlO_2$ 与钽粉作用后，主要生成四方 $AlTaO_4$ 相。当 $NaAlO_2$ 掺杂量（质量分数）不大于 0.1% 时，掺杂量对钽阳极的比电容和比漏电流没有明显影响，而其击穿电压则随掺杂量的增加而呈线性增加；当掺杂量达 0.5% 时，反而会使击穿电压下降。因此，控制适当的掺杂量是极其重要的。研究结果如表 10-14、图 10-16、图 10-17 所示。

表 10-14　不同掺杂量时的击穿电压值

试　样	Al-0	Al-0.01	Al-0.03	Al-0.05	Al-0.07	Al-0.1	Al-0.5
掺杂量/%	0	0.01	0.03	0.05	0.07	0.1	0.5
V_B/V	246	254	252	269	279	284	203

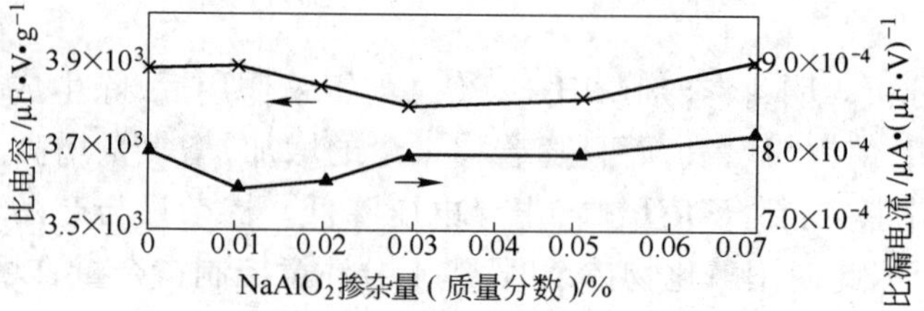

图 10-16　钽阳极比电容及比漏电流与掺杂量的关系

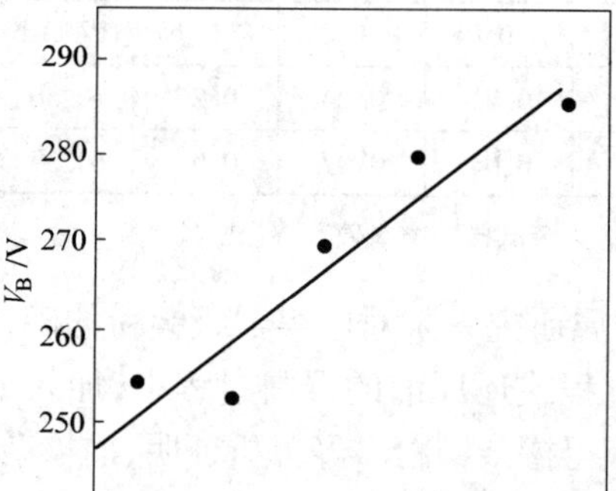

图 10-17　击穿电压与掺杂量的关系

10.7.3 提纯和制粉方法

10.7.3.1 钠还原-电子束熔炼-氢化制粉工艺

这种工艺是以钠还原钽粉做原料，经压制、真空预烧结，获得钽坯条，再经高温、高真空下的电子束熔炼提纯，获得纯度高的钽锭，最后经氢化破碎制粉，获得高压钽粉。目前，国内外高压钽粉的生产，大多采用此工艺。这种工艺的特点是钠还原钽粉经电子束一次或二次熔炼提纯，能除去产品中的卤盐及其他杂质，因此产品纯度高，漏电流小，击空电压较高，产品质量较稳定。其缺点是生产周期长，物料损失大，产品收率低，成本较高，产品比电容也较低。

由于此工艺采用钠还原钽粉做原料，虽经高温及高真空的电子束熔炼提纯，但仍免不了受到卤盐的影响，产品的耐压性、质量的稳定性受到了不同程度的影响。即使在科学技术十分现代化的西方国家，如美国、德国等国家生产的高压钽粉，其击穿电压一般也只在 280 ~ 300 V。300 V 以上的产品比较少。

国内外生产高压钽粉的工艺流程基本相同，但国内设备相对落后，产品质量和生产能力仍存在差距。美国卡博特公司和诺顿公司采用 1200 kW 电子束炉可生产 ϕ200 mm、重量超过 1 t 的钽锭。国内宁夏有色金属冶炼厂于 80 年代初从德国引进了一台 100 kW 的电子束熔炼炉，设备先进，但功率较小，一般只能生产 ϕ60 mm、重 20 余千克的钽锭。株洲硬质合金厂拥有一台国产 60 kW 的电子束炉，功率小，生产能力小，只能生产 ϕ50 mm、重 10 余千克的钽锭，其提纯效果也较差。另外，我国 30 多年来一直采用球磨及打碎的制粉设备和工艺，0 ~ 3 μm 的超细粉量高达 20% 左右；而国外采用气流粉碎制粉，超细粉含量只有 6% ~ 8%。国外制粉多采用衬钽设备，而国内球磨设备没有衬钽，所制得的钽粉需要再经酸洗等工序。国内钽粉分级技术也较国外差。由于种种原因，我国高压钽粉的质量不稳定，比电容低。高压钽粉的化学成分如表 10-15 所示，电性能如表 10-16 所示。

表 10-15 高压钽粉的化学成分（质量分数）

产品名称	O_2	C	N_2	Fe	Cr	Ni	Si	Nb
高压低容钽粉	1000×10^{-6}	10×10^{-6}	20×10^{-6}	$<10\times10^{-6}$	$<10\times10^{-6}$	$<10\times10^{-6}$	$<10\times10^{-6}$	$<50\times10^{-6}$
高压中容钽粉	1200×10^{-6}	20×10^{-6}	10×10^{-6}	$<10\times10^{-6}$	$<5\times10^{-6}$	$<5\times10^{-6}$	13×10^{-6}	22×10^{-6}
	1000×10^{-6}	10×10^{-6}	10×10^{-6}	16×10^{-6}	$<5\times10^{-6}$	$<5\times10^{-6}$	$<20\times10^{-6}$	$<50\times10^{-6}$

表 10-16 高压钽粉的电性能

产品名称	比电容/μF·V·g^{-1}	K 值/μA·(μF·V)$^{-1}$	损耗 tanδ/%	击穿电压/V
高压低容钽粉	1120	5.3×10^{-4}	2.5	320

续表 10-16

产品名称	比电容/μF · V · g⁻¹	K 值/μA · (μF · V)⁻¹	损耗 tanδ/%	击穿电压/V
高压中容钽粉	2470	4.5×10^{-4}	8.6	350
	2160	2.8×10^{-4}	10.3	330

如何进一步提高电子束熔炼的比电容,国外某些公司进行了研究,取得了一定成效。1977 年美国扇钢公司利用电子束熔炼钽锭,进行氢化制粉,后经反复的预结、氢化、磨筛、制粒等生产过程,获得了比电容高到 3000～4000 μF · V/g 的高压高容钽粉。

国内宁夏有色金属冶炼厂于 1992 年从美国引进了雷蒙磨,添置了国产气流粉碎设备。多年来在改进制粉工艺等方面也进行了大量的试验研究工作,因而进一步稳定和提高了高压钽粉的生产工艺和产品质量。

10.7.3.2　钠还原-垂熔烧结-氢化制粉工艺

此法是用钠还原钽粉作原料,压坯后经高温高真空下的垂熔烧结,获得金属钽条,后经氢化破碎,获得高压钽粉。

众所周知,在钠还原生产过程中,多种卤盐(如 KF、NaF、NaCl、KCl 等)虽在净化及后续的热处理过程中能绝大部分地除去,但不可能完全被除去。尽管经过高温烧结能进一步除去残留的盐类,但要除净仍十分困难。另外烧结后的钽条,结构致密,难于氢化破碎,所获得的粉末颗粒粒形简单,比电容低。

高温烧结的温度虽较电子束熔炼较低,一般为 2400℃,但仍有较好的提纯作用,对杂质 C、Fe、Ni、Cr、Si 的除去仍有较好的效果。不同的烧结温度对钽粉中杂质除去效果如表 10-17 所示。

表 10-17　烧结温度对钽粉中杂质除去的效果

烧结温度/℃	杂质含量(质量分数)						
	O	C	N	Fe	Ni	Si	Nb
未烧结	780×10^{-6}	35×10^{-6}	35×10^{-6}	98×10^{-6}	86×10^{-6}	110×10^{-6}	89×10^{-6}
1500	750×10^{-6}	10×10^{-6}	35×10^{-6}	85×10^{-6}	48×10^{-6}	110×10^{-6}	75×10^{-6}
1850	569×10^{-6}	$<5\times10^{-6}$	30×10^{-6}	42×10^{-6}	32×10^{-6}	33×10^{-6}	75×10^{-6}
2000	449×10^{-6}	$<5\times10^{-6}$	30×10^{-6}	25×10^{-6}	15×10^{-6}	31×10^{-6}	74×10^{-6}
2150	204×10^{-6}	$<5\times10^{-6}$	30×10^{-6}	$<20\times10^{-6}$	$<10\times10^{-6}$	30×10^{-6}	70×10^{-6}
2400	150×10^{-6}	$<5\times10^{-6}$	30×10^{-6}	$<20\times10^{-6}$	$<10\times10^{-6}$	$<20\times10^{-6}$	65×10^{-6}

尽管在烧结过程中能除大部分杂质,但要除净残留的盐类仍很困难。因此采用此工艺生产的高压钽粉漏电流较大,击穿电压低,一般为 280～290 V,质量不稳

定,故此工艺已基本不被采用。

10.7.3.3 碳还原-垂熔烧结-氢化制粉工艺

这种工艺是采用了石墨粉还原五氧化二钽得到的金属作原料,垂熔烧结获得钽条,后经氢化破碎制粉。这种工艺基本避开了卤盐的影响,而且在碳还原过程,只要过氧系数控制适当,产品中的碳、氧含量都能达到很低的程度,所以用这种工艺生产的高压钽粉漏电流小、击穿电压高、产品收率高、质量稳定。但采用此工艺,烧结条需要一根一根地烧,所以生产效率低、能耗大、成本高,经济效益低。另外,烧结条经氢化破碎后,所得粉末颗粒基本呈球形,粒形简单,钽粉比电容的提高受到一定限制。

20 世纪 80 年代中期,中国中南工业大学和株洲硬质合金厂进行了制粉工艺研究,采用碳还原钽粉作原料,经高温烧结提纯(2400℃以上)、氢化、制粉、分级、脱氢(球团化)生产高压钽粉。产品质量明显提高,首次成功地生产出 63V、2800μF · V/g 品级的高压钽粉。

该工艺的主要工艺过程和工艺参数为

(1) 碳还原:采用的主要原材料为五氧化二钽、石墨粉等。

在反应过程中,随着温度逐步升高,在五氧化二钽的还原过程中发生下列反应:

$$Ta_2O_5 + 7C = 2TaC + 5CO \qquad (10\text{-}24)$$

$$Ta_2O_5 + 12TaC = 7Ta_2C + 5CO \qquad (10\text{-}25)$$

$$Ta_2O_5 + 5Ta_2C = 12Ta + 5CO \qquad (10\text{-}26)$$

总反应式为:$Ta_2O_5 + 5C = 2Ta + 5CO$ (10-27)

还原反应是分阶段进行的,因此选用阶段的还原条件为:

第一阶段工艺 1450℃,4×10^{-2} Pa,1750℃,7Pa;

第二阶段工艺 1850℃,2.5×10^{-1} Pa;1980℃,6.5×10^{-2} Pa。

(2) 垂熔烧结:1700℃,1.3×10^{-1} Pa;2000℃,6.5×10^{-2} Pa;2450℃,6.5×10^{-3} Pa;保温 3 h。

(3) 氢化破碎:氢化温度为 750 ~ 850℃,氢气压强为 150 ~ 200 kPa,冷却过程中分别在 450℃、150℃时保温 1 h。

(4) 酸洗烘干:氢化钽用 20% HCl 洗 2 ~ 3 次,温度为 60 ~ 80℃,后用纯水洗至无 Cl^-,在 60℃烘干。

(5) 脱氢及热处理:升温至 800℃负压脱氢,第一次热处理为 1350℃,$(6.5\sim10)\times10^{-3}$ Pa,1 h;第二次热处理为 1450 ~ 1500℃,6.5×10^{-3} Pa,1 h。

获得 63 V、2840 μF · V/g 高压钽粉的质量如表 10-18、表 10-19 所示。

表 10-18 烧结钽粉的化学成分(质量分数)

杂质元素	O	H	N	Nb	C	Fe	Si	W	Mo	Mn	Al	Ti	Ni	Cr
含量	1200 $\times10^{-6}$	20×10^{-6}	30×10^{-6}	30×10^{-6}	30×10^{-6}	20×10^{-6}	20×10^{-6}	15×10^{-6}	10×10^{-6}	10×10^{-6}	10×10^{-6}	10×10^{-6}	10×10^{-6}	10×10^{-6}

表 10-19 烧结钽粉的电性能

比电容/$\mu F\cdot V\cdot g^{-1}$	K值/$\mu A\cdot(\mu F\cdot V)^{-1}$	损耗 $\tan\delta$/%	击穿电压/V	压实密度/$g\cdot cm^{-3}$	收缩率/%
2840	6.8×10^{-4}	1.2	308	7.8	13.0

10.7.3.4 碳还原-电子束熔炼-氢化制粉工艺

此法是将用石墨粉还原五氧化二钽制得的钽粉为原料,经预结获得钽条,再经电子束熔炼,获得纯度高的钽锭,后经氢化制粉、粒度分级、高温凝聚,获得高压钽粉。

此工艺的特点是:它不存在卤盐对产品性能的影响,产品纯度高,漏电流小,击穿电压高,质量稳定;省去了烧结工艺,也不需要进行二次电子束熔炼,因此工艺流程短,生产效率高,能耗低,产品效率高;由于采用了钽锭氢化破碎及产品粒度分级等新工艺,可获得片状和球状颗粒的钽粉,两种粒形粉末混在一起,耐烧性能好,阳极坯块在2050℃高温烧结,收缩率小,容量损失也较小,对生产高压高比电容钽粉有利。

株洲硬质合金厂采用此工艺,于1987年完成了63 V、2000~2300 μF·V/g高压中容量钽粉的工艺研究,于1993年完成了63 V、3500 μF·V/g高压高比电容钽粉的工艺研究,并应用于生产,使我国高压高比电容钽粉生产的质量和品种有了一个新的突破,其产品质量及其综合性能技术指标达到了国际90年代初的先进水平。实践证明该工艺具有一定的实用性和先进性。

该工艺的工艺过程和主要工艺参数为:

(1) 碳还原过程:在高温及高真空下,用石墨粉还原五氧化二钽,获得疏松多孔的金属钽条,经氢化破碎处理,获得粗金属粉末。

碳还原的升温制度是分阶段进行的:

室温~1400℃,10 min 升到,保温至26.7 Pa;

1400~1700℃,10 min 升到,保温至4 Pa;

1700~1850℃,10 min 升到,保温至0.133 Pa;

1850~1950℃,10 min 升到,保温10 h,停电冷却。

(2) 高温预结:将还原钽粉压成14 mm×14 mm×400 mm或18 mm×18 mm×500 mm的坯条,真空碳管炉内进行高温预结,获得具有一定强度的钽条。经过碳

氧的调配,可获得碳含量极低的钽条。升温制度如下:

室温~1600℃,10 min 升到,保温 3 h;

1600~1700℃,10 min 升到,保温 2 h;

1750~1850℃,10 min 升到,保温 2 h;

1850~1950℃,10 min 升到,保温 6~10h,停电冷却。

(3) 电子束熔炼:在高温及高真空下,将钽条经电子束熔炼提纯,获得高纯钽锭。熔炼功率为 60~100 kW,熔室真空度为 6.67×10^{-3} Pa、拉锭速度 6~8 mm/min,钽锭直径为 50~60 mm。

(4) 酸泡:将钽锭用氢氟酸浸泡 4~6 h。氢氟酸溶液:纯水=60:40,然后经纯水洗涤、烘干,烘干温度 50~80℃。

(5) 氢化:将酸浸泡后的钽锭送氢化炉内氢化。氢化升温制度是 30 min 升温至 1000~1450℃,保温 30 min;降温至 600~800℃送氢氢化,氢化压力为 0.07~0.14 MPa。

(6) 高温凝聚:将氢化、破碎后的钽粉,进行高温、高真空下的热处理,先在 600~800℃进行脱氢:在 1100~1400℃、0.133 Pa 的真空下进行热处理,使细颗粒钽粉得到黏结和凝聚。根据需要确定凝聚的温度和凝聚的次数。

(7) 镁除氧:可根据钽粉中含氧量的高低,确定加镁的数量,温度为 1000~1100℃。经镁处理后的钽粉,进行过筛、酸洗、水洗、烘干获得符合要求的产品,产品的质量列入表 10-20~表 10-22。

表 10-20 电子束熔炼钽粉的典型化学成分(质量分数)

元素名称	O	C	N	Fe	Ni	Cr	Nb	W	Mo	Si	Ti
含　量	1500×10^{-6}	32×10^{-6}	30×10^{-6}	3×10^{-6}	6×10^{-6}	4×10^{-6}	40×10^{-6}	20×10^{-6}	10×10^{-6}	20×10^{-6}	3×10^{-6}

表 10-21 电子束熔炼钽粉的典型物理性能

松装密度/$g\cdot cm^{-3}$	压实密度/$g\cdot cm^{-3}$	费氏平均粒度/μm	体积收缩率/%
3.0	7.2	8.5	17.5

表 10-22 电子束熔炼钽粉的典型电性能

比电容/$\mu F\cdot V\cdot g^{-1}$	K值/$\mu A\cdot(\mu F\cdot V)^{-1}$	损耗 $\tan\delta$/%	击穿电压/V
$3500\left(1\pm{10\% \atop 5\%}\right)$	$<6\times10^{-4}$	2.5	>300

参考文献

1　幸良佐. 钽铌冶金. 北京:冶金工业出版社,1982
2　吴铭,等. 钽铌冶金工艺学(有色金属工人技术理论教材),1986

11 碳还原法制取金属铌

真空碳热还原法是目前国内外生产金属铌的主要方法之一。其主要优点是产品收率高，生产成本低，可获得纯度较高的金属铌条和金属铌粉。其缺点是设备一次性投资大，生产周期长，还原难以连续进行。

工业生产中，碳热还原通常使用的有两种工艺，直接还原工艺和间接还原工艺。直接还原工艺是用碳直接还原五氧化二铌获得金属铌；间接还原工艺是先制备碳化铌，然后再用碳化铌还原五氧化二铌获得金属铌。直接还原工艺制得的金属铌粉呈海绵状，其表面积较大，金属杂质与氮含量较低，有利于提高铌粉的比电容，因此该方法适用于电容器级铌粉的生产。间接还原工艺的最大特点是设备生产能力大，工艺稳定，制得金属铌条比较致密，外形尺寸比较规整。此方法适用于金属铌条、铌锭及加工材的生产。

11.1 碳还原过程的机理

11.1.1 碳还原五氧化二铌的热力学

从热力学分析，碳之所以能还原氧化铌是基于碳对氧的亲和力大于铌对氧的亲和力。这种亲和力是以氧化物生成自由能 ΔG 来表示的，其 ΔG 负值越大，就说明氧化物越稳定，对氧的亲和力越大。碳的氧化物和铌的氧化物生成自由能与温度的关系如图 11-1 所示。

从图中可以看出，碳生成 CO 和 CO_2 两种氧化物，在高温 978 K 以上 CO 比 CO_2 稳定，低温下则反之。因此在高温下进行碳还原，碳的氧化反应只有一种产物 CO。铌能够生成三种氧化物，即 Nb_2O_5、NbO_2、NbO。Nb_2O_5 是碳还原制取金属铌的原料，而 NbO_2 和 NbO 是还原过程中的中间产物。

由图可见，在同温度下 $\Delta G(Nb_2O_5) > \Delta G(NbO_2) > \Delta G(NbO)$，说明铌的低价氧化物比高价氧化物稳定，其稳定的顺序是 NbO、NbO_2、Nb_2O_5。由此可见碳还原反应是逐步进行的，首先是 Nb_2O_5 被还原，然后 NbO_2 被还原，再后 NbO 被还原成金属铌。

图中的 1、2、3 三条直线都是由左下方向右上方倾斜，这说明三种氧化物的 ΔG 负值都随着温度的升高而降低，其稳定性也是随温度的升高而逐渐降低。4 线则由左上方向右下方倾斜，说明 CO 的稳定性是随温度的升高而增大。4 线与 1、2、3 线的相交点即为相应的氧化物被碳还原的热力学开始温度，分别为 1300 K、

1590 K、1730 K。

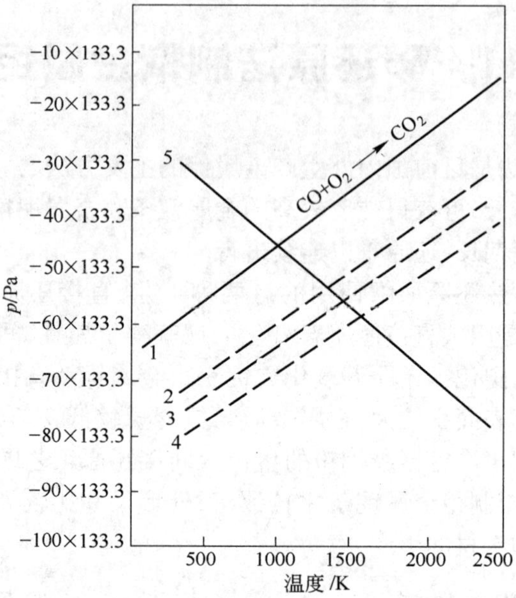

图 11-1 碳氧化物、铌氧化物生成自由能与温度关系

1—CO_2；2—Nb_2O_5；3—NbO_2；4—NbO；5—CO

11.1.1.1 直接碳还原

在一个大气压下，Nb_2O_5 只能在高温 1500 K 以上被 C 还原生成 CO 而排出，还原过程是分阶段进行的，其反应式为：

$$Nb_2O_5 + C = 2NbO_2 + CO \tag{11-1}$$

$$NbO_2 + C = NbO + CO \tag{11-2}$$

$$NbO + C = Nb + CO \tag{11-3}$$

以上三式的总反应式表示为：

$$Nb_2O_5(s) + 5C(s) = 2Nb(s) + 5CO(g) \tag{11-4}$$

三式反应自由能 ΔG、平衡常数 K_p 与温度 T 的关系为：

式(11-1)，$\Delta G = 206366.6 - 167.8T$

$$\lg K_p = 8.77 - 10790/T$$

式(11-2)，$\Delta G = 275044 - 173.26T$

$$\lg K_p = 9.06 - 14380/T$$

式(11-3)，$\Delta G = 294272 - 170T$

$$\lg K_p = 8.89 - 15390/T$$

热力学研究表明，碳还原的实际过程是相当复杂的，还原过程生成一系列的中间化合物,而这些中间化合物又参与了反应。如式(11-3)反应生成铌之后,反应继续进行生成 NbC 和 Nb_2C 而不是 Nb,这说明式(11-3)反应实际还继续分阶段进行:

$$NbO + 1.5C = 0.5Nb_2C + CO \tag{11-5}$$

$$NbO + 2C = NbC + CO \tag{11-6}$$

$$NbO + Nb_2C = 3Nb + CO \tag{11-7}$$

$$NbO + NbC = 2Nb + CO \tag{11-8}$$

上述反应式的 $\Delta G\text{-}T$ 关系如图 11-2 所示。

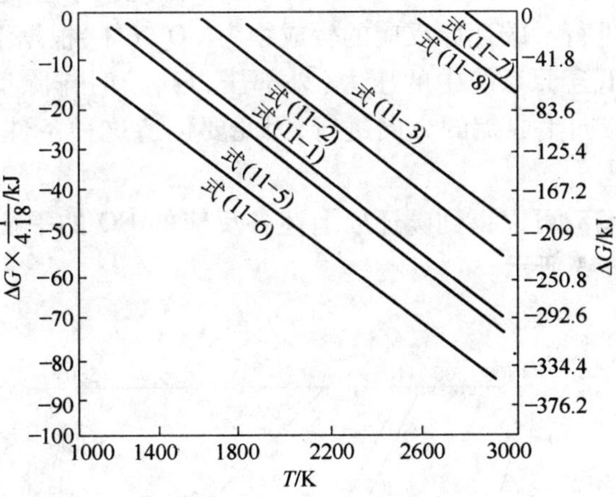

图 11-2　碳还原反应的 $\Delta G\text{-}T$ 图

从图 11-2 中可见,碳或碳化铌与氧化铌的反应自由能的变化 ΔG 负值是随温度的升高而增大,因而提高温度有利于反应的进行。

上述各反应式在常压下开始进行的理论温度可以大致从图 8-2 中查出。但也可以通过已知的热力学数据进行计算。

例如:反应式(11-1)

$$Nb_2O_5 + C = 2NbO_2 + CO$$

当反应平衡时,$\Delta G = 0$;

由 $\Delta G = 206366.6 - 167.8T$ 解得 $T = 1229K$。

上述各反应理论开始温度如表 11-1 所示。

表 11-1　碳还原各反应理论开始温度

反应式	式(11-1)	式(11-2)	式(11-3)	式(11-5)	式(11-6)	式(11-7)	式(11-8)
温度/K	1229	1587	1730	1173	880	2834	2593

由表可见，在常压下，在一般温度的石墨管加热炉内，氧化铌的碳还原最终产物不能完全得到金属铌，而会生成许多铌的碳化物。在较低的反应温度下，反应要想获得金属铌，必须创造其他的热力学条件。

对于任一化学反应，在任意状态下，其反应自由能变化、反应物和生成物的分压与温度之间存在互变的关系。

$$\Delta G = \Delta G^{\ominus} + RT\ln J_p = -RT\ln K_p + RT\ln J_p$$

式中　K_p——平衡常数；

J_p——生成物与反应物的分压比。

反应进行的热力学条件是 $\Delta F < 0$ 即 $J_p < K_p$。因此减小生成物的分压，使 $J_p < K_p$，能使反应自动进行。碳还原反应的生成物为 CO 气体，根据上述原理，减小 CO 气体的分压，即降低还原系统中的压力（外部压力），及时排除反应生成物 CO，使 $J_p < K_p$，有利于反应向生成铌的方向进行，因此要创造这种条件，只有在真空下才能得以实现。

通过热力学计算，可以得到碳还原上述各反应的 CO 的平衡分压 p(CO) 与温度 T 的关系如图 11-3 所示。

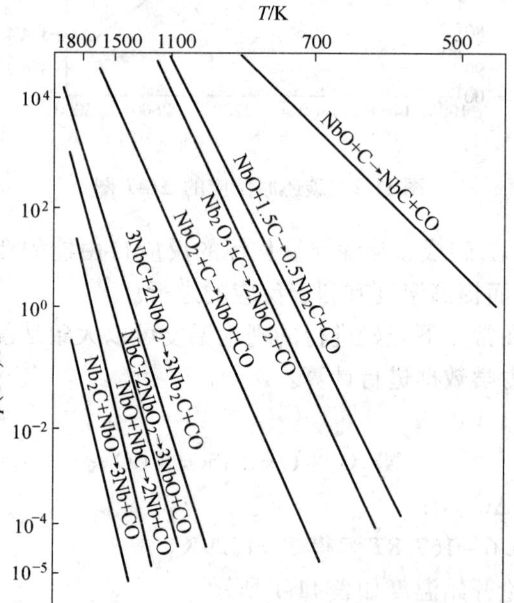

图 11-3　碳还原 Nb_2O_5 过程中主要反应的 CO 平衡分压与温度的关系

由图可知,减小系统中的压力,即抽真空可以大大降低还原反应的开始温度,如表 11-2 所示。

表 11-2 不同压力下直接碳还原反应的开始温度

$p(CO)$/Pa	反应式			
	$NbO + 1.5C = 0.5Nb_2C + CO$	$NbO + 2C = NbC + CO$	$NbO + Nb_2C = 3Nb + CO$	$NbO + NbC = 2Nb + CO$
	开始温度/K			
10^5	1173	880	2834	2593
10^3	959	719	2314	2115
10^1	809	608	1956	1785
10^0	761	565	1815	1656
10^{-1}	700	527	1694	1544

由表 11-2 可知,碳还原氧化铌制取金属铌必须在高温(2073 ~ 2223 K)和高真空 0.133 Pa 下进行。真空除了能降低还原反应的开始温度外,还有其他作用:

(1) 保护还原出来的金属不被气体杂质氧、氮所污染、使石墨加热器免受氧化。

(2) 提高碳夺取氧的能力,尤其在反应后期,由于碳、氧和铌形成固溶体,要除去固溶体中碳是困难的,只有系统压力减小时,才有利于碳与氧化合生成 CO 被除去。

(3) 使得稳定的碳化物(NbC、Nb_2C)能被还原成金属铌。

11.1.1.2 *间接碳还原*

间接碳还原所用的还原剂为碳化铌。碳化铌与氧化铌反应生成金属铌的实际反应过程,也是分阶段进行的,反应式为

$$Nb_2O_5 + 5NbC = 2NbO_2 + 5NbC_{0.8} + CO\uparrow$$

$$2NbO_2 + 5NbC_{0.8} = 0.5NbO_2 + 1.5NbO + 2.5Nb_2C + 1.5CO\uparrow$$

$$0.5NbO_2 + 1.5NbO + 2.5Nb_2C = 2NbO + 2Nb_2C + Nb + 0.5CO\uparrow$$

$$2NbO + 2Nb_2C = 6Nb + 2CO\uparrow$$

其总反应式为: $Nb_2O_5 + 5NbC = 7Nb + 5CO\uparrow$ (11-9)

上述中间反应与直接还原相比较没有本质上的区别,因此可以说间接碳还原和直接碳还原,虽然其最初参与反应的原料不同,但其热力学基本规律是一致的。

总反应式(11-9)的反应自由能变化 ΔG 与温度关系为

$$\Delta G = 4.18 \times (32905 - 131.36T)$$

由此可以计算出该反应在常压下开始反应的理论温度为 2505K,即在 2505K(2207℃)以上的温度下,反应才有可能进行。为降低该反应的开始温度,也可以

减小系统中的压力，同直接碳还原一样，借助于真空。

通过热力学计算，可得到不同压力下，间接碳还原反应进行的开始温度，如表 11-3 所示。

表 11-3 不同压力下间接碳还原反应的开始温度

$p(CO)/Pa$	101.325	10.1325
开始温度 T/K	1648	1478

11.1.2 碳还原五氧化二铌的动力学

热力学分析只能解决反应进行的方向和限度，但无法解决反应达到平衡所需的时间、反应速度等问题。如何强化反应进行的条件，加快反应速度，缩短生产周期，提高生产率，应该通过对反应机理和反应动力学因素的研究来加以解决。

11.1.2.1 *五氧化二铌碳还原过程的机理*

一般认为，碳还原 Nb_2O_5 生产金属铌的过程大体上经过四个主要阶段。

(1) 第一阶段：主要是通过 Nb_2O_5 和 C 之间的相互作用得到 NbO_2 和 NbC（或 $NbC_{0.8}$）。此阶段反应在 1373 ~ 1473K（1100 ~ 1200℃）下能迅速进行。一般认为其反应机理除固体碳的直接还原外，气相 CO 起着重要的作用，碳则通过布多尔反应使 CO 再生。故反应的主要机理是：

$$Nb_2O_5(s) + CO(g) = 2NbO_2(s) + CO_2(g)$$

$$C(s) + CO_2(g) = 2CO(g)$$

$$\overline{\qquad Nb_2O_5(s) + C(s) = 2NbO_2(s) + CO(g) \qquad}$$

因此，在还原反应的第一阶段，由于反应主要以 CO 为还原剂还原 Nb_2O_5，故要求还原系统中保持一定的 CO 压力，过高的真空度和抽气速率会使 CO 过快地排去，不利于反应进行。

间接还原时，NbC 首先析出碳，然后由碳与 Nb_2O_5 发生作用。

(2) 第二阶段：为 NbO_2 进一步与 NbC 作用生成 Nb_2C 和 NbO，反应在 1673K（1400℃）下可迅速进行。

(3) 第三阶段：是 Nb_2C 和 NbO 进一步作用生成金属铌（实际上是碳和氧在铌中的固溶体 $Nb_{(O.C)}$）。

这两段反应进行的机理，一般认为除气体 CO 参加还原作用外，低价氧化物 NbO_2、NbO 被吸附在 NbC 或其离解出来的碳的表面，进一步化学反应。同时，随着反应的进行，碳、氧的扩散过程也将起着越来越大的作用。因此，为保证 NbO_2、NbO 的挥发和碳、氧的扩散。第二、三阶段的反应应该在高真空下进行。

(4) 第四阶段：为上述阶段生成的 $Nb_{(O.C)}$ 固溶体在高温高真空下进一步脱碳，氧生成 CO 排出，过量的氧则以 NbO 形态挥发除去。这一阶段的反应主要决定于碳、氧在铌中的扩散速度,因此需要在 2173K 左右的高温和小于 1.33×10^{-1} Pa 的真空中进行。

应该指出的是,在实际还原过程中,上述各阶段并不是截然分开的,而是彼此交错,但有主次。

有人曾用 X 射线分析了真空中直接碳还原和间接碳还原氧化铌的中间产物相组成,如表 11-4、表 11-5 所示。

表 11-4 真空中炭黑还原 Nb_2O_5 的相组成

还原条件		产物中碳含量/%	还原程度/%	相组成
T/℃	t/h			
1050	3	15.50	21.2	NbO_2(大量),NbO(很少)
1160	3	15.00	25.0	NbO_2(大量),NbC、NbO(很少)
1260	3	7.00	72.0	NbO_2、NbO、Nb_2C、NbC(很少)
1320	3	—	—	NbO、Nb_2C、NbC、NbO_2(很少)
1430	3	4.00	85.5	NbO(大量)、Nb、Nb_2C、NbC
1530	3	3.10	89.1	Nb、NbO、Nb_2C、NbC
1630	3	3.20	92.6	Nb(大量)、NbO、Nb_2C、NbC
1730	3	0.02	-99.8	Nb

表 11-5 真空中碳化铌还原 Nb_2O_5 的相组成

还原条件		产品中含量		还原程度/%	相组成
温度/℃	时间/h	w(Nb)/%	w(C)/%		
1200	24	86.50	5.760	29.3	NbC、NbO_2、NbO
1300	12	85.40	5.700	29.1	NbC、NbO_2、NbO
1400	3	89.50	4.420	47.5	NbC、Nb_2C、NbC、NbO_2(很少)
1400	6	92.20	3.420	62.0	Nb_2C、NbO、Nb(很少)
1400	12	97.50	1.440	84.3	Nb_2C、NbO、Nb(很少)
1400	18	98.30	0.630	93.3	—
1600	3	94.40	1.110	87.5	—
1700	1	98.00	0.920	90.4	—
1700	3	99.20	0.250	97.4	Nb(很多)、Nb_2C、NbO
2300	3	99.98	0.005	100.0	Nb

从表 11-4、表 11-5 中所列的还原产物的相组成,对上述的五氧化二铌碳还原过程的反应机理进一步得到证实。

11.1.2.2　影响还原反应速度的主要因素

A　温度对反应速度的影响

温度的变化影响反应速度常数的变化。当温度升高时,速度常数增大,反应速度加快。速度常数与温度的关系可由阿伦尼乌斯方程来确定。

$$\ln K = -\frac{E}{RT} + B \tag{11-10}$$

式中　K——速度常数;

E——反应活化能;

B——常数;

R——摩尔气体常数。

在还原的第二、三阶段,反应主要是通过 NbO_2、NbO 的气相作用来完成的。当还原温度升高时,有利于低价氧化物的挥发和 NbC 的离解作用。

有人对下列两反应进行了研究,作出了反应温度对反应速度的关系曲线,如图 11-4 所示。

$$2NbO_2 + NbC \longrightarrow 3NbO + CO \tag{11-11}$$

$$Nb_2C + NbO \longrightarrow 3Nb + CO \tag{11-12}$$

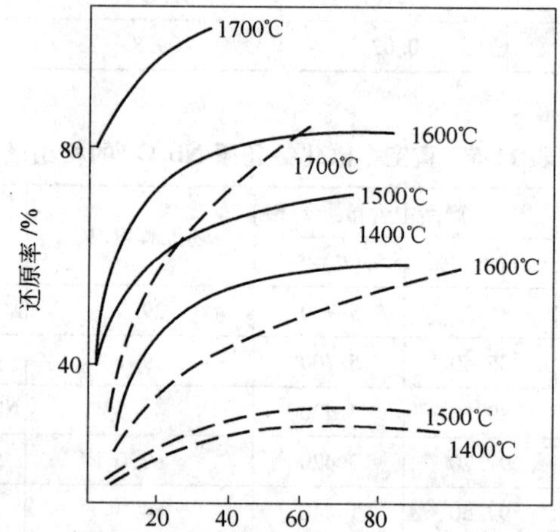

图 11-4　温度对还原速度的影响

实线反应为:$2NbO_2 + NbC \longrightarrow 3NbO + CO$

虚线反应为:$Nb_2C + NbO \longrightarrow 3Nb + CO$

由图可以看出两反应的反应速度都随温度的升高而加速。

还原的最后阶段,固溶体中的 C 和 O,通过扩散到反应界面,生成 CO 气体,CO 气体的解吸,必须在高温和高真空情况下进行。由于扩散速度比反应生成 CO 的速度、CO 解吸和在真空中传输的速度慢得多，因此在这一阶段的反应主要取决于 C、O 在铌中的扩散速度。

气体或溶质的扩散速度，可由菲克(Fick)扩散定律确定。

$$\frac{dM}{dt} = -DS\frac{dc}{dx} \tag{11-13}$$

式中 $\frac{dc}{dx}$——扩散物的浓度梯度；

S——扩散面积；

D——扩散系数；

$\frac{dM}{dt}$——单位时间内通过扩散面 S 的物质的质量。

当配料及原料粒度一定时，$\frac{dc}{dx}$可视为常数，S 取单位面积 1，则式(11-13)可以简化为

$$\frac{dM}{dt} = -KD \tag{11-14}$$

式中 K——常数；

扩散系数 D 可根据下式求出：

$$D = aEX_p\left(-\frac{E}{RT}\right) \tag{11-15}$$

式中 a——系数；

E——扩散活化能；

R——摩尔气体常数。

由式(11-15)可知，当温度升高，扩散活化能减小，则扩散系数增大，相当的扩散速度增大。因此碳还原后期应在高温下进行是有利的。

温度的升高可以加速反应速度，也容易导致物料的烧结，在还原的第一、二阶段尤为突出，物料的过早烧结，反而降低了反应速度。因此必须控制升温速度，严格控制各反应阶段的最高温度，才能够保证整个还原过程的顺利进行，达到生产周期短、产品质量好的目的。

B　氧化铌的结构对还原速度的影响

氧化铌在制备过程中，由于 $Nb(OH)_5$ 在煅烧时的温度和时间不同，将会获得不同的结晶变体。在 1073 ~1173 K 下煅烧，得到低温变体 α-Nb_2O_5，在 1273 ~ 1423 K 下煅烧得到中温变体 β-Nb_2O_5，在 1470 ~ 1523 K 下煅烧完全生成高温变体 γ-Nb_2O_5。

实验证明，选用 α-Nb_2O_5 与碳(或碳化铌)进行还原反应，其反应速度最快，在 1323 K 时被迅速还原。采用高温变体 γ-Nb_2O_5 与碳进行还原反应，反应速度最

慢,在 1323 K 时几乎不被还原。$Nb(OH)_5$ 的结构对还原速度的影响如图 11-5 所示。

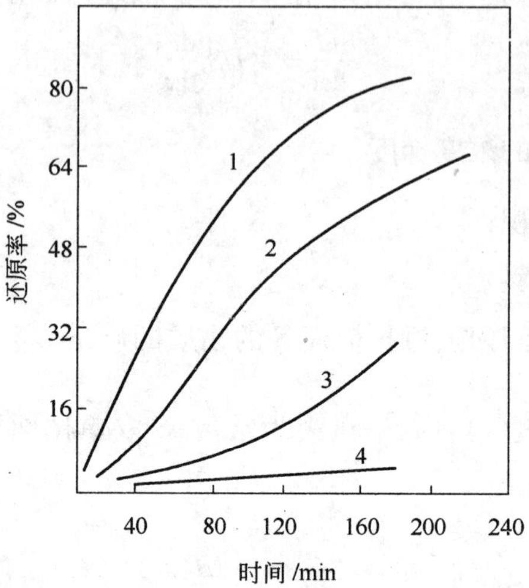

图 11-5　$Nb(OH)_5$ 煅烧温度对还原速度的影响

1,2—α-Nb_2O_5 低温变体;3—β-Nb_2O_5 中温变体;

4—γ-Nb_2O_5 高温变体

从图 11-5 中可以看出,样品 1 及 2 属低温变体的五氧化二铌,还原 90 min,其还原率可达 80% 以上。而样品 4 属高温变体的五氧化二铌,还原 200 min,其还原率仅为 3% ~4%。因此在生产过程中,$Nb(OH)_5$ 的煅烧温度应严格控制,尽量获得较多的低温变体的 Nb_2O_5,有利于碳还原的生产。

C　还原剂性质对还原速度的影响

还原剂碳由于其生产方法和使用的原料不同,因此其性质和结构有别,对还原速度也存在不同的影响,如图 11-6 所示。

由图 11-6 可见,以沥青作还原剂,其还原速度最快,炭黑次之,焦炭还原速度最慢。这是由于沥青与 Nb_2O_5 混合时,沥青油渗透到 Nb_2O_5 颗粒的孔隙中,加热焦化时,产生热裂,碳氢化合物分解,生成无定型的活性炭,沉积在 Nb_2O_5 表面和孔隙中,加速了 Nb_2O_5 的还原速度。炭黑也有相当大的比表面,有利于与 Nb_2O_5 的接触,其反应速度仅次于沥青。

在直接还原生产过程中,常采用石墨粉作还原剂。虽然石墨粉的活性不如炭黑,但其粒度容易控制,可以根据需要选择不同的粒度。炭黑由于粒度细,在还原过程中易造成过早的烧结,使物料的透气性不好,反应不完全。而在间接还原生产过程中,常用炭黑制取碳化铌。

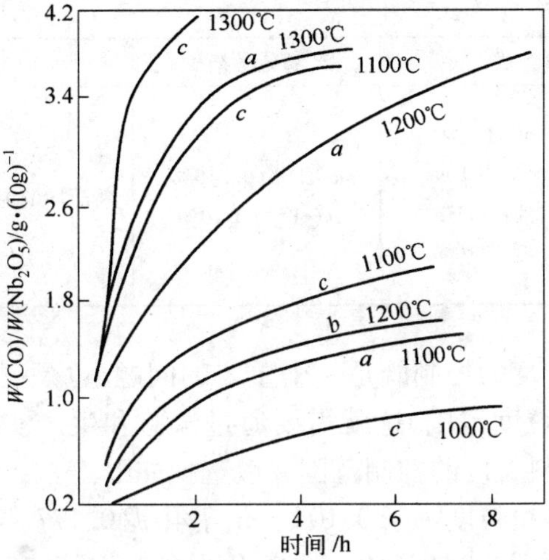

图 11-6　不同还原剂对还原速度的影响

a—乙炔炭黑；*b*—焦炭；*c*—沥青

D　物料的粒度对还原速度的影响

碳还原所用的物料有氧化铌及还原剂。一般来说，粒度细的物料，其比表面积大，有利于物料之间的充分接触，表面进行的反应速度快。但太细的物料粒度，又会使物料透气性差，在还原过程中，物料表层反应速度快，生成铌及中间产物，体积的收缩，孔隙的减小甚至闭塞，影响了碳、氧的扩散和气体的排除，使反应速度变慢，反应不完全。另外物料粒度太粗，不仅不利于反应的进行，也会造成反应不完全，影响产品质量，如图 11-7 及表 11-6 所示。

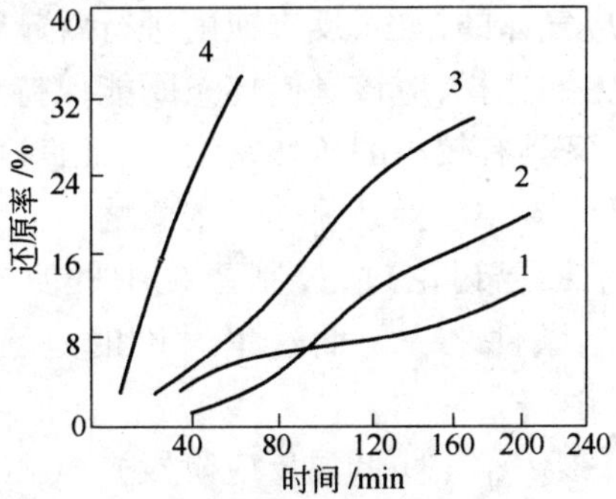

图 11-7　还原剂粒度对还原速度的影响

1—石墨粉 0.15 mm；2—石墨粉 0.25 mm；3—石墨粉 0.10 mm；4—炭墨

表 11-6　物料粒度对还原铌条质量的影响

序号	物料粒度组成	产品化学杂质	物理外观
1	NbC 小于 0.074 mm 的占 100% Nb_2O_5 小于 0.149 mm 的占 100%	$w(C)$ 为 0.32% $w(O)$ 为 0.25%	夹心，易折断，断面明显地向中心，断面外缘有粗大的结晶，十分致密，中心有粗孔

续表 11-6

序号	物料粒度组成	产品化学杂质	物 理 外 观
2	NbC 小于 0.074 mm 的占 60% 0.074 ~0.104mm 的占 10% 大于 0.104 mm 的占 30% Nb_2O_5 全部小于 0.177 mm	w(C)为 0.015% w(O)为 0.20%	断面均匀为钢灰色

由此可见,物料粒度的控制既是一个重要的问题,也是一个较复杂的问题,究竟应该控制什么样的粒度范围,这就需要通过试验和生产实践找出最佳的条件。在工业生产中还原物料粒度的控制范围一般选择如下:

直接还原料:石墨粉粒度小于 0.104 mm,氧化铌 0.177 ~0.25 mm。

间接还原料:碳化铌粒度 0.149 mm,氧化铌 0.177 ~0.25 mm。

E　坯条成型压力对还原速度的影响

坯条的成型压力对物料的透气性有较大影响,从而影响还原反应速度。对同一批号的物料而言,使用的成型压力越大,压坯的密度也越大,透气性也就越差,影响反应气体的排出,反应速度进行就越慢。因此在实际生产过程中还原物料的成型压力的选择,应该是使坯条既能保持形状,具有一定的强度,便于操作时装料不断裂,又具有较小的压坯密度,保证良好的透气性。

F　真空度对还原速度的影响

前面已讨论过,控制系统中的真空度,可以降低还原速度,是反应热力学的控制条件之一。而这里讨论的是真空度作为动力学条件之一,对反应速度的影响。

在第一阶段(低温反应阶段),气相 CO 起着主要的作用,其还原速度随 CO 分压的增大而加快,故要求还原系统中保持一定的 CO 压力。过高的真空度和排气速率,会使 CO 过快排走,降低了气相中 CO 的浓度,不利于反应的进行。因此,在还原的最初阶段,保持一般时间的低真空是适宜的。在生产实际过程中,一般控制真空为 80 ~100 Pa。

而在高温阶段(大于 1773 K),这一阶段的反应主要决定于 C、O 在铌中的扩散、CO 的排出和低价氧化物的挥发,提高真空度可以加速反应速度的进行。真空度越高,反应速度进行的越快。真空度一般控制为 0.1330 ~1.33 Pa。

11.2　碳化

碳化的任务是将配好的碳化料,在碳管炉中在氢气保护下,经高温碳化,获得符合要求的碳化铌。

11.2.1 原料及配料

11.2.1.1 原料

碳化铌生产所用的原料为 Nb_2O_5 和炭黑。Nb_2O_5 的技术要求应符合 GB 3627—83 规定。

(1) 化学成分应符合表 11-7 规定。可根据产品质量选择原料。

表 11-7 五氧化二铌的杂质含量

牌 号	杂质含量(质量分数),不大于												
	Ta	Ti	W	Mo	Cr	Mn	Fe	Ni	Cu	Al	Si	F	灼减(水分)
FNb_2O_5-1	500×10^{-6}	10×10^{-6}	30×10^{-6}	20×10^{-6}	20×10^{-6}	20×10^{-6}	50×10^{-6}	50×10^{-6}	30×10^{-6}	30×10^{-6}	50×10^{-6}	1000×10^{-6}	5000
FNb_2O_5-2	1000×10^{-6}	40×10^{-6}	100×10^{-6}	50×10^{-6}	50×10^{-6}	50×10^{-6}	200×10^{-6}	200×10^{-6}	50×10^{-6}	50×10^{-6}	200×10^{-6}	1500×10^{-6}	5000

(2) 物理性能:五氧化二铌在低于 1023 K(750℃)温度下煅烧 6 h,经 X 光分析应为低温相结构,产品粒度不大于 60 目(0.246 mm),产品外观为颜色均匀一致的白色粉末。

炭黑应符合 $HG_4-48-64$ 要求:固定碳含量,≥96%;水分,≤0.05%;S,≤0.02%;灰分,≤0.08%;挥发物,≤1.5%。

11.2.1.2 *一次碳化铌配料计算*

按碳化反应方程式: $Nb_2O_5+7C=2NbC+5CO\uparrow$ (11-16)

由式(11-16)可计算出理论配碳系数:

$$K_{理}=84/226=0.316。$$

在实际生产过程中,如果选用的 Nb_2O_5 及炭黑的纯度较差,含有一定的杂质,同时还考虑一定的配碳系数,因此可以按下式计算出 1 kg Nb_2O_5 所需的配碳量:

$$m(C)=\frac{(0.316\times w(Nb_2O_5)+0.189\times w(Ta_2O_5)+\cdots)}{w(C)_{固}}K$$

式中 $w(Nb_2O_5)$——Nb_2O_5 的质量分数,%;

$w(Ta_2O_5)$——Ta_2O_5 的质量分数,%;

0.316——单位重量的纯 Nb_2O_5 的理论配碳系数;

0.189——单位重量的纯 Ta_2O_5 的理论配碳系数;

$w(C)_{固}$——炭黑中固定碳的质量分数,%;

K——配碳系数。

如果选用的 Nb_2O_5 的纯度很高,其他杂质含量很少,其配碳计算公式可以简化为:

$$m(\mathrm{C}) = Km(\mathrm{Nb_2O_5})/w(\mathrm{C})_{固} \tag{11-17}$$

式中　$m(\mathrm{C})$——要求配碳量,kg;

K——选择的配碳系数;

$m(\mathrm{Nb_2O_5})$——Nb_2O_5 的重量,kg;

$w(\mathrm{C})_{固}$——炭黑中固定碳的质量分数,%。

实际配碳系数 K 小于理论配碳系数 $K_{理}$,一般选用 0.269 ~ 0.30(即为理论量的 85% ~95%),主要考虑到以下因素的影响:

(1) 碳化过程中装料的石墨舟皿及石墨加热炉管中的碳部分参与反应。

(2) 由于碳化在氢气保护下进行,部分氢气参与反应。

(3) 配碳量的减少,可以适当地增加碳化物的粒度,提高松装密度。

[例 11-1]　100 kgNb_2O_5,全部配成碳化物,需加入炭黑量多少千克?(K 选取 0.28,炭黑的纯度为 98%)。

由简化公式(11-17)计算为

$$m(\mathrm{C}) = Km(\mathrm{Nb_2O_5})/w(\mathrm{C})_{固}$$
$$= 0.28 \times 100/0.98 = 28.57\ (\mathrm{kg})$$

即 100 kg Nb_2O_5 全部配成碳化料需加入炭黑 28.57 kg。

11.2.1.3　二次碳化料的配料计算

配一次碳化料时,配碳量仅为理论量的 85% ~95%,有利于控制 NbC 的粒度和假密度。但由于配碳量少,造成碳化铌缺碳,致使碳化铌中氮气含量增高。为了保证碳化铌产品中氮含量的降低,符合标准的技术要求,必须在一次碳化铌中补加一定的碳量,再进行第二次碳化。

在实际生产过程中,常按以下公式进行补碳计算:

$$m(\mathrm{C})_{补} = (Kw(\mathrm{C})_{理} - w(\mathrm{C})_{分})m(\mathrm{NbC}) \tag{11-18}$$

式中　$m(\mathrm{C})_{补}$——要求补加炭黑的重量,kg;

$w(\mathrm{C})_{理}$——NbC 中理论含碳量,%;

$w(\mathrm{C})_{分}$——NbC 实际分析总碳量,%;

K——系数;

$m(\mathrm{NbC})$——一次 NbC 重量,kg。

[例 11-2]　一次碳化铌重量为 100 kg,取样分析总碳含量为 $w(\mathrm{C})_{总} = 10.5\%$,需配成二次碳化料,应补加炭黑多少千克?(如选择 $w(\mathrm{C})_{理} = 11.5\%$,$K$ 为 1.1)

$$m(\mathrm{C})_{补} = (Kw(\mathrm{C})_{理} - w(\mathrm{C})_{分})m(\mathrm{NbC}) = (1.1 \times 11.5\% - 10.5\%) \times 100 = 2.15\ (\mathrm{kg})$$

即 100 kg 一次碳化铌,配成二次碳化料,应补加炭黑 2.15 kg。

11.2.1.4　碳化料混合设备及工艺

设备:不锈钢球磨机,尺寸为 ϕ900 mm × 600 mm,转速为 30 r/min,功率为 4.5 kW。

工艺参数:混料介质为木棒、胶木棒或合金球等。

介质:料 =1:5,混合时间为 12 h。

11.2.2 碳化设备及工艺过程

碳化设备及工艺过程如下。

(1) 碳化是在石墨管电炉内进行,其结构如图 11-8 所示。

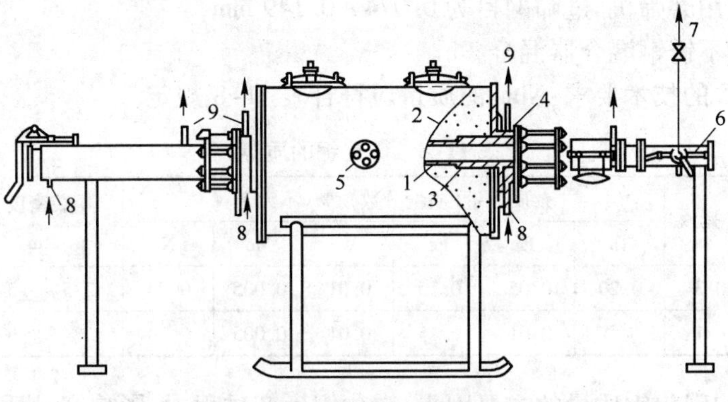

图 11-8 石墨管电炉

1—石墨管;2—炭黑;3—石墨套;4—导电铜套;
5—辐射高温计孔;6—推舟装置;7—压缩空气;
8—冷却水入口;9—冷却水出口

(2) 碳化工艺流程如图 11-9 所示。

(3) 碳化工艺条件:

碳化温度:1900 ~ 2000℃;

装料量:一次碳化 1 ~ 1.5 kg/舟、二次碳化 4 ~ 5 kg/舟;

推舟速度:20 ~ 30 min/舟;

氢气流量:≥0.4 m^3/h。

(4) 碳化工艺过程:碳化在碳化炉内进行。首先检查设备、电器仪表是否正常,冷却水管及氢气管路是否畅通;启动排风机;向炉内通入正压氢气,经试爆合格后,点燃炉端排气口的氢气;将混合均匀的碳化物料装入石墨舟皿中;由进料推舟机将舟皿推进炉内;然后按工艺条件进行正常的操作。

在整个碳化操作过程中,必须严格执行氢气使用规程,确保生产正常与人身、设备的安全。另外还要熟悉和掌握突然停电、停氢、停排风机、停冷却水等故障的处理。

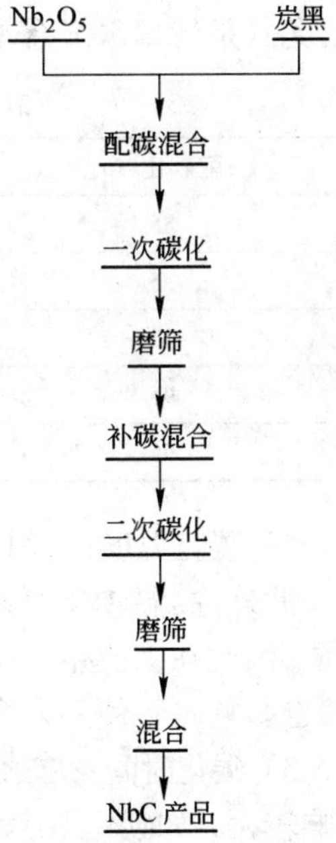

图 11-9 碳化工艺流程

（5）碳化铌的磨细、过筛、混合：经一次碳化及二次碳化后的碳化铌均须先经棒磨机或球磨机进行粗磨，再经筛磨机细磨，磨筛后获得粒度符合要求的 NbC 粉末。混合后，取样分析。

粗磨：介质为 ϕ20 ~ 40 mm 的铌棒或合金球；

介质：物料 = 1∶2；

磨料时间为 2 ~ 2.5 h。

细磨：使用磨筛机、过筛网目为 0.074 ~ 0.149 mm；

混合：用不锈钢混合器混合 2 h。

（6）NbC 的技术要求：NbC 的质量应符合表 11-8 规定。

表 11-8　碳化铌的质量

总碳/%	游离碳/%	杂质含量（质量分数）/%，不大于						松装密度 /g · cm^{-3}	用　途
		Ta	Ti	Fe	W	Mo	N		
≥10.0	≤0.3	0.20	0.05	0.15	0.01	0.005	0.04	2.5 ~ 3.5	铌条用
≥11.0	≤0.1	1.0	0.01	0.15	0.01	0.005	0.20		冶金铌粉用

（7）影响碳化铌质量的主要因素：碳化铌生产过程中，影响产品质量的主要因素有配碳比、碳化温度、碳化时间、碳化次数等。

1）配碳比对碳化铌中的总碳含量、游离碳量、粒度和松装密度均有较大的影响。一般来说，配碳比愈大，生产的碳化铌的颗粒愈细，总碳及游离碳的含量就愈高，尤其是游离碳显著增加，如表 11-9 和图 11-10 所示。

表 11-9　配碳比对碳化铌总碳、游离碳的影响

配碳比/%	$w(\text{C})_{总}$/%	$w(\text{C})_{游}$/%
85	9.32	0.038
85	8.66	0.037
90	9.85	0.029
95	10.30	0.180
95	10.53	0.320

2）碳化温度高，NbC 粒度也随之变粗，其假密度增大，如图 8-11 所示。

此外，高温碳化可以提高生产率，减少 NbC 中含氮量，并能除去一些易挥发的杂质，因此在工业生产中一般采用 1900 ~ 2000℃ 高温碳化，但温度过高，不但电耗大，也影响碳管使用寿命。

3）碳化时间：在较低的温度下碳化，但延长碳化的保温时间，对 NbC 的粒度也影响较大。如碳化温度为 1800℃，推舟速度为每小时 1 舟，获得的 NbC 的假密度为 2.4 g/cm^3；若缩短碳化时间，推舟速度改为每半小时 1 舟，则 NbC 的假密度为 1.4 g/

cm^3。但在较高的温度下，延长保温时间，也就是减小推舟速度，对 NbC 的粒度影响不大。如在 1900℃碳化，推舟速度为每 1.5 小时 1 舟，NbC 的假密度为 2.78 g/cm^3；若缩短碳化时间，加快推舟速度，即每半小时 1 舟，NbC 的假密度为 2.57 g/cm^3。

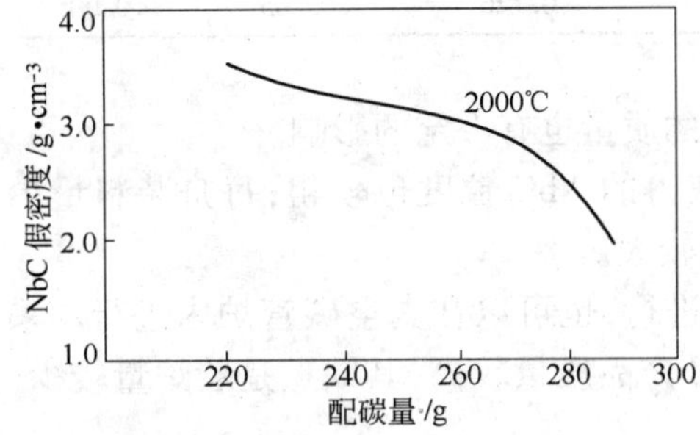

图 11-10　配碳比对碳化铌粒度的影响

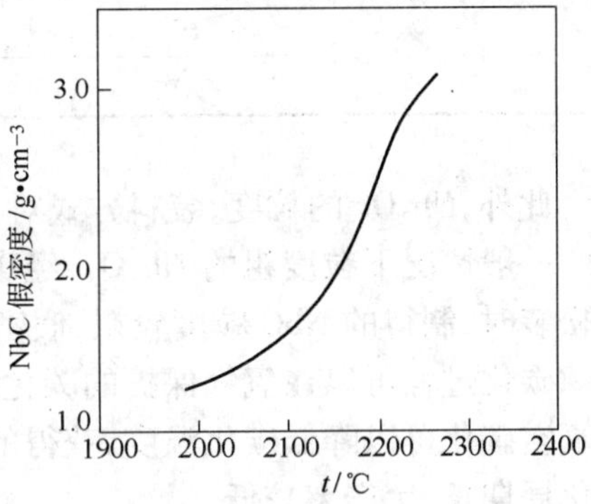

图 11-11　碳化温度对 NbC 假密度的影响

4）碳化次数：一次碳化产物一般含碳量为 8% ~10%、含氮气为 0.2% ~0.5%，物料疏松，粒度较细，假密度小，色泽暗褐，易被破碎磨筛。为改善一次 NbC 的质量，增大产品粒度和假密度，降低氮含量，因此必须进行二次碳化。二次碳化的工艺参数大致与一次碳化相同，因此正常生产过程中二次碳化与一次碳化在同一炉内交替进行。二次碳化获得的 NbC 呈褐色、致密、假密度较大，产品中含碳量为 10.5% ~12.5%，氮含量可降低至 <0.1%。

采用二次碳化来降低 NbC 中的氮含量，是基于在高温（1800℃以上）时，NbC 较 NbN 稳定，按以下反应向生成碳化物的方向进行。

$$NbN + C = NbC + \frac{1}{2}N_2 \qquad (11\text{-}19)$$

经一次与二次碳化后，NbC 的质量分析对比如表 11-10 所示。

表 11-10　一次 NbC 与二次 NbC 质量分析对比

序　号	碳化次数	化学成分（质量分数）/%			
		$C_{总}$	N_2	W	Ti
1	一次	10.42	0.76	0.0063	0.005
	二次	12.43	0.028	<0.005	<0.005
2	一次	10.80	0.174	<0.005	<0.005
	二次	12.21	0.062	<0.005	<0.005
3	一次	10.51	0.181	<0.005	<0.005
	二次	11.60	0.080	0.0076	0.005

续表 11-10

序　号	碳 化 次 数	化学成分(质量分数)/%			
		$C_{总}$	N_2	W	Ti
4	一次	10.74	0.204	<0.005	<0.005
	二次	11.23	0.126	<0.005	<0.005

此外,Nb_2O_5 的粒度、装料方式对 NbC 的质量也有一定的影响。

一般情况下粒度粗的 Nb_2O_5,经碳化获得的 NbC 粒度也较粗;每舟装料量少且松装时,制得的 NbC 粒度较粗,假密度也较大。

碳化过程可以在氢气保护的碳化炉内进行,也可以在真空碳管炉内进行。采用真空碳化可以降低碳化温度,获得的 NbC 产品质量较高,其缺点是装炉量较少,碳化周期长,生产率较低。

11.3　真空还原

11.3.1　原料与配料

11.3.1.1　原料

在工业生产中,冶金级铌粉与金属铌条的生产均选用间接碳还原法,使用的原料为五氧化二铌和碳化铌;电容器级铌粉的生产则采用直接碳还原法,其使用的原料为五氧化二铌和石墨粉。五氧化二铌及碳化铌的质量要求已在 11.2 节叙述。这里仅列出两批石墨粉的典型分析数据,如表 11-11 所示。

表 11-11　石墨粉的粒度组成与纯度分析结果

编　号	粒度组成/%				纯度(质量分数)/%		
	-150 ~ +850 目	-250 ~ +350 目	-350 ~ +400 目	-400 目	灰分	挥发分	固定碳
1号	14.0	25	24.0	37.0	0.78	2.46	96.76
2号	13.0	24.5	23.5	39.0	0.75	2.86	96.40

11.3.1.2　配料

A　直接还原料配置

由反应式:$Nb_2O_5 + 5C = 2Nb + 5CO$ 可以计算出 1 kg 纯碳应配入纯 Nb_2O_5 的理论值为 4.433 kg。但考虑到 Nb_2O_5 与石墨粉的纯度及过氧系数,可按下式计算配料:

$$m(Nb_2O_5) = \frac{4.433w(C)}{w(Nb_2O_5)}K \tag{11-20}$$

式中　$m(Nb_2O_5)$——每千克石墨粉应配 Nb_2O_5 质量,kg;

$w(C)$——石墨粉的纯度，即固定碳含量，%；

$w(Nb_2O_5)$——Nb_2O_5 纯度，%；

K——过氧系数。

[例 11-3] 当 Nb_2O_5 的纯度为 98%，石墨粉的固定碳含量为 98.5%，过氧系数选择 1.03，根据式(11-20)可计算 1 kg 石墨粉应配入 Nb_2O_5 的量为：

$$m(Nb_2O_5) = \frac{4.433 \times 0.985\%}{0.98\%} \times 1.03 = 4.589\ (kg)$$

B 间接还原料配置

反应式：$Nb_2O_5 + 5NbC = 2Nb + 5CO\uparrow$ 的实质是 NbC 中的 C 起还原作用，因此即可考虑按下反应式进行计算：

$$Nb_2O_5 + 5C = 2Nb + 5CO\uparrow$$

由上式计算出的 Nb_2O_5 的理论配碳系数为 0.226。

还原料中考虑氧过量，其计算公式为

$$m(Nb_2O_5) = \frac{w(C)_{总} \times K(O) \times m(NbC)}{0.226} \tag{11-21}$$

还原料中又考虑碳过量，其计算公式为

$$m(Nb_2O_5) = \frac{w(C)_{总} \times m(NbC)}{0.226 \times K(C)} \tag{11-22}$$

式中 $m(Nb_2O_5)$——所需 Nb_2O_5 重量，kg；

$m(NbC)$——碳化铌重量，kg；

$w(C)_{总}$——碳化铌总碳含量，%；

$K(O)$——氧过量系数；

$K(C)$——碳过量系数。

在工业生产中，Nb_2O_5 中杂质含量一般小于 0.5%，因此在配料计算时可以粗略地不考虑其杂质含量，纯度以 100% 计。另外在配料计算中还应根据各种产品的不同要求，进行碳氧配比调整，如产品要求氧含量低，而对碳含量要求又不严格，则可以选用碳过量的计算公式。如产品对碳含量要求较低，而对氧含量要求又不严格，或者是产品对碳、氧的含量要求均较低，则可选用氧过量的计算公式。因为氧含量稍为高些，还可以通过其他方法予以除去。

[例 11-4] 已知 Nb_2O_5 纯度为 100%，NbC 总碳为 11.5%，氧过量系数选择为 1.05，按式 11-21 计算 1 kg NbC 应配 Nb_2O_5 为：

$$m(Nb_2O_5) = \frac{11.5\% \times 1.05 \times 1}{0.226} = 0.534\ (kg)$$

在配制还原料时，Nb_2O_5 的加入量往往要比理论计量数量多，Nb_2O_5 的过量是基于以下原因：

(1) 还原过程是在高温高真空下进行,杂质硅、铁、镍等均以低价氧化物形式挥发,消耗了部分氧。另外 Nb_2O_5、NbO_2、NbO 在高温下有一定的挥发损失。

(2) 使用的石墨坩埚和石墨加热器,它们直接与物料接触或部分挥发成气体与物料接触参与反应,使产品表面渗碳。

(3) 还原过程的后期需要存在足够的氧才能完全除去残留的碳。

过氧系数的选择,在实际生产中也是至关重要的,因为它直接影响产品中碳、氧含量。一般来说,过氧系数太小,产品中含碳量高,产品质量不合格。过氧系数太大,则产品中氧含量高,残余氧的除去,需要在高温下延长还原过程的保温时间,生产周期长,金属损失大。图 11-12 列出了 Nb_2O_5 过量对产品中碳、氧含量的影响。随着 Nb_2O_5 过量的增加,产品中碳含量降低。当 Nb_2O_5 过量小于 4% 时,产品中的碳、氧含量随 Nb_2O_5 的过量增大而降低。当 Nb_2O_5 过量大于 4% 时,产品中的碳含量随 Nb_2O_5 的增加而降低,氧含量增大。由此可见,过氧量选择一定的范围是比较合适的。一般氧过量系数为 1.02 ~1.06。

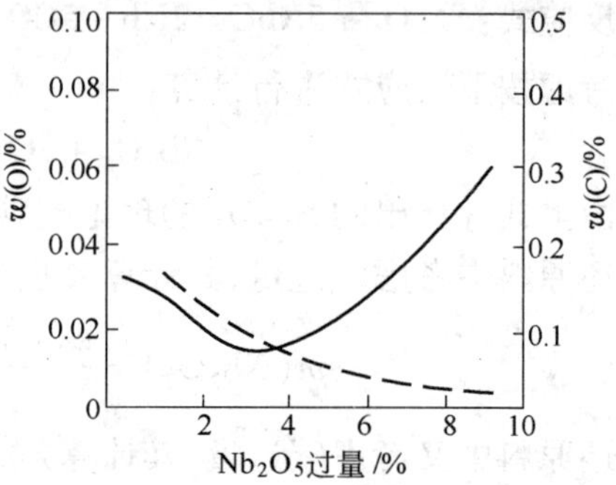

图 11-12　Nb_2O_5 过量对产品中 C、O 含量的影响
实线—氧含量;虚线—碳含量

11.3.1.3　混合

混合工艺:混料介质为木棒或真空胶管;

介质∶料 =1∶5;

混合时间:24 h。

混料要求:经混合后的物料颜色呈灰色,均匀一致无白点,取样分析总碳与计算出的总碳含量要求相差 0.2% 以内。对于超差的物料需另行处理。

11.3.2　还原料的压制成型

还原料在装入还原炉内之前,需经压制成型,使产品具有所需要的形状和尺寸。根据产品形状的要求,可以采用不同的压制方式和不同的模具。工业生产中选择的坯料尺寸为 400 mm × 16 mm × 16 mm、500 mm × 18 mm × 18 mm、600 mm × 20 mm × 20 mm 等几种规格。

11.3.2.1　压制成型的基本原理

将渗有成型剂的混合料装入特制的压模中,在外力作用下,使粉末颗粒发生压缩,甚至塑性变形,体积发生改变,粉末间的接触大大增加。当外力清除后,则由粉末间的机械啮合、摩擦力和成型剂的黏结作用,使松散的粉末联结成具有所需要求的形状、尺寸和一定密度与强度的制品。

在压制成型过程中将产生一系列的复杂变化，如粉末体的密度、强度的变化，弹性后效等。

A　压制压力与压坯密度的关系

压坯密度随压力的变化可分为三个阶段，如图 11-13 所示。

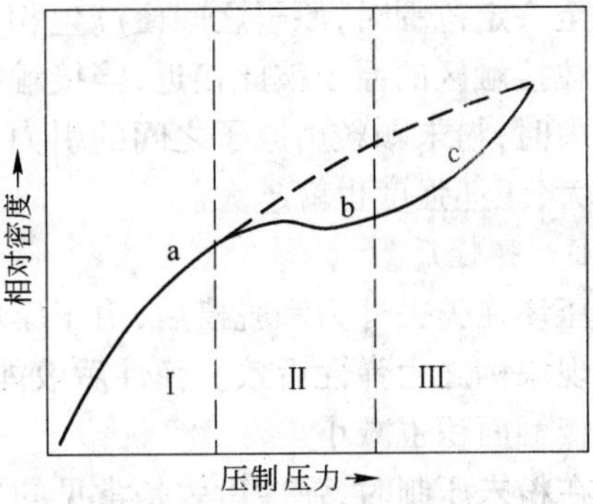

图 11-13　压坯密度与压力的关系

第一阶段为滑动阶段，如图 11-13 中曲线 a 部分。此阶段的特点是压力比较低，当压力稍有增加时，压坯密度迅速增加，粉末通过颗粒位移进行重新分布和填充孔隙。

第二阶段为压坯阶段，如图 11-13 中曲线 b 部分。此阶段的特点是粉末经滑动压缩后，压坯的密度已达到一定值。此时，由于粉末的位移已大大减少，而大量的变形尚未开始，出现了一定的压缩阻力，压力虽有增加，但密度增加却很少。

第三阶段为变形阶段，如图 11-13 中曲线 c 部分。此阶段的特点是当压力超过某一定值时，压坯密度又随压力的增大而继续增加。但该阶段密度增加的原因与第一阶段的原因是截然不同的。当压力超过粉末的临界应力时，粉末颗粒开始发生变形，导致密度增大，达到一定程度后，即使压力再增加，压坯密度也很难再提高，坯料甚至产生分层或断裂。

上述三阶段中，粉末的位移与变形不能截然分开，只是主次不同。在第一阶段以位移为主，伴随少量的变形；而在第三阶段以变形为主，也伴随少量位移。至于第二阶段的存在，是随粉末特性的不同而变化。一般来说，对于硬而脆的粉末压制有明显的第二阶段，曲线变得较平坦；而对于塑性较好的粉末则第二阶段不明显，曲线变陡，出现如图中虚线部分所示的情况。

B　压坯密度分布

在钢模压制过程中，无论是沿着压坯高度方向还是在压坯的横断面，其密度分布是不均匀的。在工业生产中，采用单向钢模油压铌粉末时，经常出现坯条上部坚实、密度大、表面光泽较好，而下部比较疏松、密度较小。在同一水平面上，中间部位比边缘的密度大，密度分布不均匀。这种现象出现的主要原因是由于粉末与模壁之间的摩擦产生了压力损失。压力损失沿压坯高度向下增大，所以压坯下部的密度比上部小。

C　压坯的强度

压坯在一定密度下，具有一定强度。压坯的强度是由于粉末颗粒之间在外力作用下发生机械啮合作用和粉末原子间的联结力作用的结果。

粉末颗粒之间的机械啮合作用与粉末颗粒形状有关,表面形状越复杂、越粗糙,啮合作用就越大。

粉末颗粒原子间的联结力,与原子之间的距离有一定的关系。当原子间的距离近至一定范围时,原子之间便产生相互吸引力。在压制时,粉末在外力作用下,两颗粒接触区的原子彼此接近,当接触区上的原子之间的距离进入原子间吸引力范围内时,粉末颗粒由原子之间的引力作用联结起来。粉末接触区越大。联结力也越大,压坯强度也就越大。

D　弹性后效

压坯在失去外力和脱模后,由于压坯内部弹性内应力的松弛,压坯体积发生膨胀的现象称之为弹性后效。弹性后效能使粉末颗粒接触区域的应力降低,颗粒之间的接触面积也减小。

在粉末压制时,弹性后效是常见的现象。它能使压坯的尺寸发生变化,严重时可造成压坯开裂、分层、断头现象而形成废品。因此在压坯尺寸计算和模具的设计时,必须考虑弹性后效 ,以避免或减少由于弹性后效造成的危害。

11.3.2.2　成型剂(润滑剂)的选择

为改善混合料粉末颗粒之间的结合状态和混合料的流动性,提高压坯的均匀性,改善粉末的压制性能,并保证压坯的强度,通常采用粉末退火,添加成型剂的方法。选用的成型剂(润滑剂)应具有以下特性:

(1) 具有一定的黏性和润滑作用,以保证压坯具有足够的强度。

(2) 在还原过程中易于除去,不得在成品中残留任何有害的杂质。

(3) 不与混合料起任何化学反应。

(4) 溶点低,或者有适当溶剂将其溶解,以便与混合料混合均匀。

在工业生产中,压制还原料常用5% ~10%的橡胶溶液,而压制金属铌粉末时常选用无水乙醇作润滑剂。

11.3.2.3　压制成型的设备与工艺参数

工业生产中常用的压机有油压机和液等静压机两种。

油压机有 5 MN,侧塞最大压力 5.2 MN,垂塞最大压力小于 0.75 MN,功率 14 kW。

液等静压机:压制工艺应符合表 11-12 的规定。

表 11-12　反应物料压制工艺

物料名称	坯条规格/mm × mm × mm	坯条单重/kg	压制压力/Pa	备　注
还原料	20 × 20 × 600	1.0 ~ 1.1	0.102 ~ 0.153	端距 20 mm 钻孔
金属料	18 × 18 × 500	1.0 ~ 1.2	0.410 ~ 0.510	

11.3.2.4 影响坯条质量的因素

影响压制坯条质量的因素较多,既有原料粉末质量的因素,也有模具、压机、操作方法和工艺过程的影响。

A 粉末粒形

粉末粒形对压坯的密度和强度的影响是相反的。一般来说,粒形简单的粉末,松装密度大,压坯密度大而强度较差;粒形复杂的粉末其压坯密度小而强度大。

B 粉末粒度

细粉的松装密度较小,流动性差,其表面易于被氧化,变得脆而硬,压制性变差。而粗粉的颗粒体积较大,在压制时,位移和变形困难。因此过细和过粗的粉末都不利于提高压坯的密度和强度。

C 模具和压机

模具的粗糙度大,粉末与模壁间的摩擦阻力增大,压力损失也较大,压坯密度均匀性差,表面质量也差,还往往易造成裂纹或分层现象。压机的冲头不平,压制时会使压模的压板倾斜,压坯两端的密度和厚度存在差异,甚至出现劈头、分层等缺陷。

D 压制条件

润滑剂的加入能降低粉末对压模的摩擦,可传递压力,改善压制条件,延长压模寿命,增加坯条强度。

加压方法的不同,也影响坯条密度的均匀性。液等静压机压制的坯条,其密度最均匀,双向压制则次之,而单相压制最差。

压制压力过小,坯条强度不大。然而,过大的压制压力则将导致坯条的密度增大,开口孔隙度减少,对还原过程有不利影响。因此,压制压力应选择适当。另外,在一般情况下,加压的速度缓慢,保压时间长,有利提高压坯密度和强度。

压制压力的计算公式为

$$p_{表} = \frac{ALBN}{M} \tag{11-23}$$

式中 $p_{表}$——压制时控制表压;

A——要求压制压力;

L、B——分别为压块的长和宽;

N——压机最大垂直压制表压;

M——压机最大垂直压制压力。

或

$$p_{表} = \frac{1}{3\times10^4}p_{总} = \frac{1}{3\times10^4}pS$$

式中 $p_{表}$——压制时控制表压;

S——压坯与上压板接触面积;

p——要求选定的压制压力。

11.3.3 碳还原装备与工艺过程

11.3.3.1 设备

还原过程是在真空碳管内进行,其结构如图 11-14 所示。

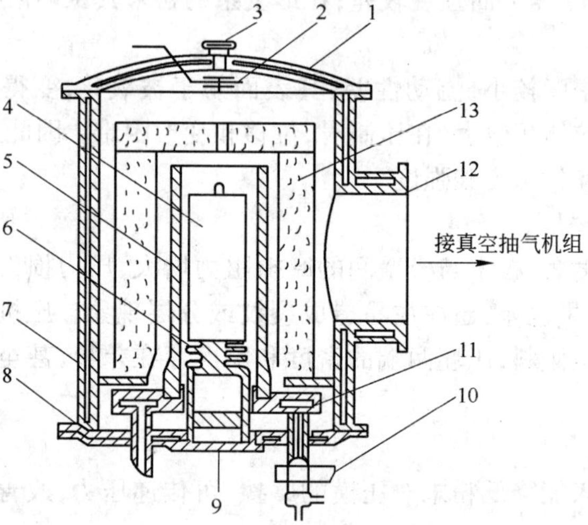

图 11-14 Nb_2O_5 碳还原用真空碳管炉结构

1—上大盖;2—隔热屏;3—观察测温孔;4—坩埚;5—石墨加热器;6—底座;
7—炉体;8—下大盖;9—小底盖;10—导电板;11—水冷电极;
12—真空管道接头法兰;13—保温层

真空碳管炉的最大功率为 120 kW,最高工作温度为 2200℃。其附属设备有:机械泵:H—8 型,H—59 型,2X—70 型;油扩散泵:KY—14 型;罗茨真空泵:ZY—600 型;调压器:250 kW;变压器:120 kW;光学高温计:WGG2—323,测量范围 1200 ~3200℃;麦氏真空表:测量范围 0.1 ~650 Pa。

11.3.3.2 工艺流程

直接碳还原法制取金属铌粉流程如图 11-15 所示。间接碳还原法制取金属铌条及铌粉工艺流程如图 11-16 所示。

11.3.3.3 还原工艺条件

直接还原生产金属铌粉,其典型的升温制度为:常温 ~1400℃,1 ~2h 升到,保温至真空度为 40 Pa;1400 ~1600℃,一次升到,保温至真空度 13.3 Pa;1600 ~1850℃,一次升到,保温至 0.133 Pa 后再保温 6 ~8 h;1850 ~1950℃,一次升到,保温 15 h,停电冷却。

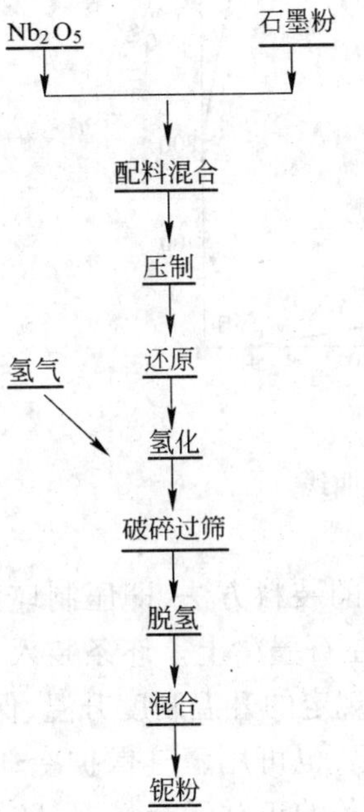

图 11-15 直接碳还原法制取金属铌粉工艺流程

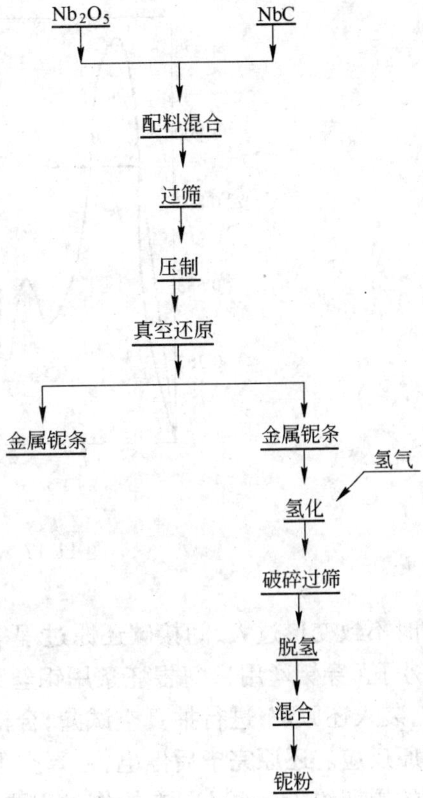

图 11-16 间接碳还原法制取金属铌条及铌粉工艺流程

生产实践中直接还原某一实际过程所得的升温曲线如图 11-17 所示。还原是分阶段进行的。在常温至 1400℃ 阶段，反应激烈，放气量大，真空变化很大，而在 1600 ~ 1800℃ 中间反应阶段仍有一定的放气量，而在最后阶段在高真空，高温(1850℃ 以上)下，时间最长。从图中也可以看出，整个过程中，真空度有 4 个峰值，分别对应的温度为 1400℃、1600℃、1700℃、1850℃。这说明还原过程具有阶段性。

间接还原法的典型升温制度：

常温 ~ 1650℃，一次升到，保温 4 ~ 6 h；

1650 ~ 1850℃，一次升到，保温 4 ~ 5 h；

1850 ~ 2000℃，一次升到，保温至真空度达 1.33 Pa 后，再保温 8 ~ 10 h，停电冷却。

11.3.3.4 还原过程

还原过程一般在立式真空石墨管状电阻炉内进行。为了使坯条在还原过程收

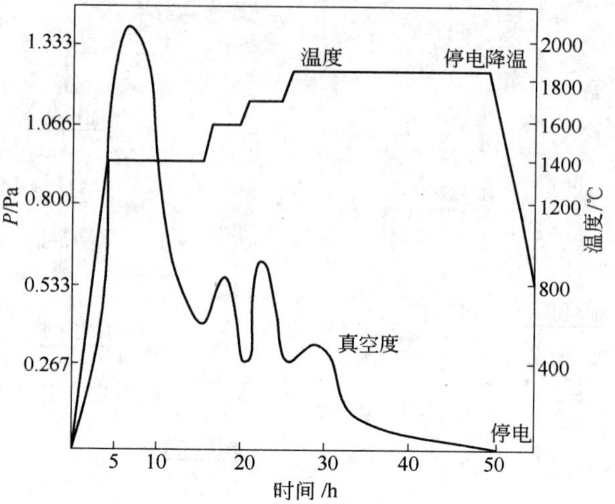

图 11-17　直接还原升温曲线

缩时不致变形过大，间接碳还原过程中，采用吊装的装料方法，即压制坯条上端钻一小孔（穿钼丝用），每根坯条用钼丝穿上小孔吊在石墨梁上。坯条装入石墨坩埚后，装入还原炉，进行抽真空试漏，合格后送电，按规定的升温制度升温、保温，进行还原反应。还原完毕后停电，在真空下冷却至室温，也可用氩气保护冷却，整个过程的周期约 35 ~ 60 h。在操作过程要经常检查设备的正常运行情况，防止和及时处理如突然停电、停水、停泵等突发故障。

11.3.3.5　*影响还原程度的因素*

还原程度是指还原反应最后阶段反应完成的情况，判断反应进行的程度来决定升温制度及保温时间，因为它直接关系到产品中残留的碳、氧杂质的含量。通常可以由真空度和放气量来判断还原程度。当炉内真空度高，放气量小时，说明反应在此温度下已基本完成。

影响放气量的因素很多，如升温制度、过氧比等。在其他条件不变情况下，放气量只与过氧比有关。过氧比过高，除碳后，过剩的氧过多，只有通过低价氧化物挥发除去，延长保温时间。若过氧比太低，甚至少到不足以保证碳、氧反应除去残留碳时，在较短时间内真空度能达到很高，放气量很小，产品中仍会出现碳高现象。

真空与高温是碳还原制取金属铌的基本条件。因为 Nb_2O_5 与 NbC 反应生成 CO 气体，在真空下，CO 不断被排去，反应才会不断地向生成铌的方向进行。提高真空度，可使反应速度加快，保证最终反应完全，可以降低反应所需温度。还原所需要的最低真空度，可根据还原反应生成 CO 的平衡分压来确定。为加速反应速度和使反应能进行完全，还原必须在高于 1400℃ 的温度下分阶段进行。高温有利于加快反应速度，但过高的温度又会使铌条渗碳，影响产品质量。

升温制度不仅影响产品质量，而且影响生产率。过快的升温速度，在还原的第一阶段就使 Nb_2O_5 发生熔结，孔隙闭塞，物料均匀性差，使还原后几个阶段的反应难以进行。

11.3.3.6 还原过程中杂质除去的一般规律

还原物料中除含有碳、氧之外，还含有一些其他金属和非金属杂质，如铁、镍、铬、硅、钨、钼、钛、氮等。在还原过程中，杂质的除去具有以下的规律：

（1）低熔点的杂质除去效果较好。如碱金属、碱土金属、铁、镍、铬、硅等，大约能除去90%。杂质的除去率与原料中杂质的原始含量有关，原始含量愈低，则除去率愈大。

（2）高熔点杂质钨、钼、钽除去效果极差，仅能除去部分钛。

（3）气体杂质氮不易除去，因为它以 NbN 的形式存在，只有在高温 2000℃ 以上才能除去。

11.3.3.7 还原铌条的质量要求

间接还原生产的金属铌条，不仅要求有一定的化学纯度，而且要求有良好的物理外观，其质量应符合 GB 6896—86 的要求，如表 8-13 所示。

表 11-13 金属铌条质量要求

产品牌号	杂质含量（质量分数）/%，不大于												
	Ta	O	N	C	Si	Fe	W	Mo	Ti	Al	Cu	Cr	P
Nb-01	0.1	0.05	0.03	0.02	0.005	0.005	0.005	0.005	0.005	—	0.003	—	—
Nb-1	0.25	0.15	0.05	0.03	0.006	0.03	0.01	0.005	0.01	—	0.003	—	—
Nb-2	2.0	0.1	0.1	0.5	0.03	0.1	—	—	—	0.01	0.008	0.03	0.02

为了保证 Nb-1 条的产品质量，在实际生产中往往采用二次还原工艺。当然也可以采用垂熔烧结工艺进行提纯，但此法成本较高。

铌条生产中常见的质量问题与处理措施是：

（1）产品弯曲。由于压制时坯条钻孔位置不准，装料时坩埚横梁不平衡或吊料高度选择不当，在还原过程中铌条收缩时仍未被悬挂，高温时坯条软化，在自重的作用下造成产品弯曲。解决的措施是调整吊料高度，装料力求垂直，条与条之间紧靠，坩埚横梁放置平衡等。对于轻微弯曲的铌条，可采用加压校直等补救措施。

（2）表面渗碳。铌条表面出现黄色亮晶的渗碳现象，这是由于还原温度过高，坩埚和石墨加热器的碳向铌条表面扩散而造成的。此现象多见于新坩埚和新加热器的使用。为避免铌条表面渗碳,新坩埚及新加热器在使用前应先涂上 Nb_2O_5,经高温煅烧处理。另外在还原过程中,还要严格控制升温制度。

(3) 铌条断面过熔或夹心。由于还原料粒度过粗或过细,混合不均匀,或升温速度快,温度过高,造成低熔相的熔融而产生断面过熔。如果保温时间短,升温速度过快,又易造成铌条中心反应不完全,产生“夹心”。解决的办法是选择适当的 NbC 粒度和控制合理的还原升温制度,适当延长低温阶段的保温时间等。

11.4　氢化制粉

碳还原法生产的金属铌条具有一定的塑性和致密性,不能直接破碎成金属粉末。为了获得金属铌粉末,必须在一定条件下,将金属铌条氢化成脆性的氢化铌,后经破碎、过筛而获得氢化铌粉,再经脱氢后获得金属铌粉。

11.4.1　铌条的氢化

11.4.1.1　氢化制粉的基本原理

铌条的氢化制粉是基于铌的吸氢特性。氢在金属铌中在不同温度下具有不同的溶解度,其溶解度大小与温度及气相中氢气的分压($p(H_2)$)有关,如表 11-14、图 11-18 所示。

表 11-14　不同温度下(101325 Pa)氢在铌中的溶解度 a

T/℃	20	200	300	400	500	600	700	800	900
a/mL · g^{-1}	104	93.3	88.0	76.8	47.4	18.5	9.7	6.1	4.0

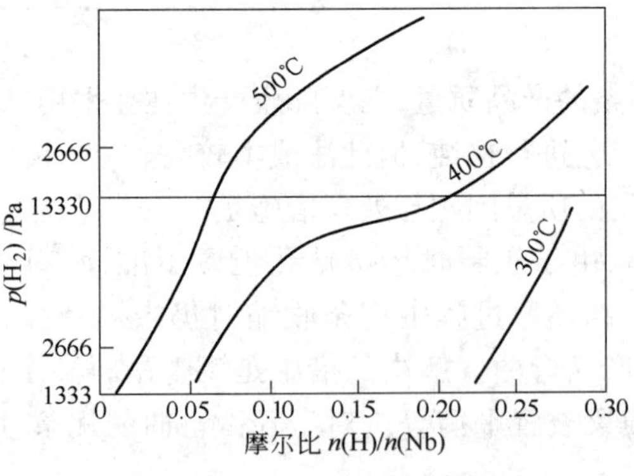

图 11-18　Nb-H 系分解压等温曲线

从表 11-14 和图 11-18 中可以看出，降低温度或增大氢气压力，可以增大氢气在铌中的溶解度；反之则溶解度减小。因此可见铌与氢的作用是随温度和压力的变化而可逆。其过程可用下式表示。

$$Nb + \frac{x}{2}H_2 \xrightleftharpoons[\text{脱氢}]{\text{氢化}} NbH_x$$

氢化时，在一定温度下，增大氢气压力，可增大氢气在铌中的溶解度。而脱氢时则反之。

11.4.1.2 氢化设备与工艺

在工业生产中，铌条的氢化可以采用多种方式，一种是在还原的降温冷却过程中，向炉内直接通入氢气，使铌条吸氢被氢化。这种方式的优点是，铌条在还原炉内处于高温活化状态，当通入氢气时，氢气的渗透率高，氢化效果好。同时由于氢气的通入，加速了还原炉的冷却，缩短了生产周期，节省电能，也无须另外增添氢化设备。其不足是由于高温通氢氢化，铌条吸氢后体积膨胀和降温收缩弯曲，易造成坩埚胀裂，损失较大。另外炉内氢化，易使坩埚表面的一层碳化物保护层破坏、脱落，影响产品质量，操作时也不大安全。

另一种氢化方式是将还原好的铌条出炉后，装入另外的氢化炉内，抽真空加热，通氢氢化。这种方式需要另行添置氢化炉及抽真空等系统。

工业上常用的氢化设备有真空碳管炉、外热坩埚电炉、真空感应炉。图 11-19 所示为中频感应式加热氢化炉。此氢化炉的特点是，被氢化的金属直接被感应加热，而不受加热零件的污染，同时，克服了间接式加热炉的发热元件易吸氢而变脆、使用寿命短的缺点。此设备是目前较为理想的氢化设备之一。

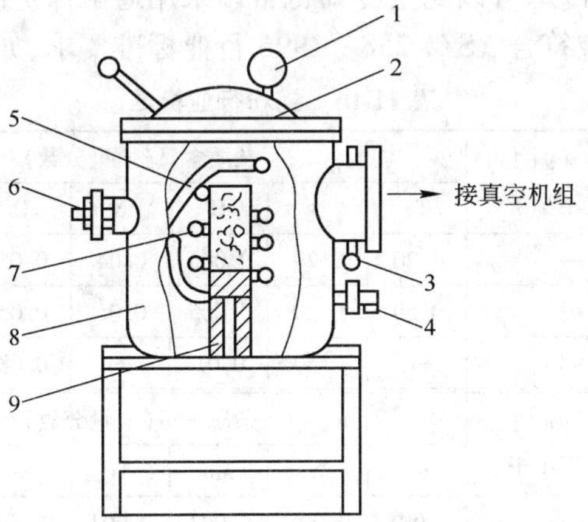

图 11-19 中频感应氢化炉

1—压力表；2—炉盖；3—H_2 气进口管；4—测温热电偶；5—感应圈；6—电极；7—坩埚炉料；8—炉壳；9—坩埚底座

11.4.1.3　氢气的净化

工业生产中使用的氢气，系采用电解纯水获得，纯度一般为99%～99.5%，含有一定量的气体杂质和水分，含氮量小于0.1%、含氧量小于0.2%，湿度（水汽）小于6 g/m³。这种氢气纯度低，不能直接用于铌条的氢化，使用前必须进行净化处理。氢气净化的方法、工艺和设备详见第10章10.4节。

11.4.2　脱氢

脱氢时先将氢化铌破碎成粉末，然后在规定条件下除去金属粉末中的氢，获得合格的金属铌粉。

脱氢的设备可以根据生产实际需要，选用坩埚电炉、真空感应炉或真空钼丝炉等。

脱氢工艺实例如表11-15所示。

表11-15　氢化铌脱氢工艺实例

脱氢设备	漏气率	初始真空/Pa	温度/℃	最终真空/Pa	加热时间/h	冷却时间/h
真空钼丝炉	0.1 Pa/min	1.3	-800	0.1	20	真空5
真空感应炉	1×10^{-3} Pa·L/s	1×10^{-3}	-1000	4×10^{-4}	14	真空5
坩埚电炉	≤0.67 Pa/min	0.133	-900	6.67	4～8	12

脱氢过程：将NbH粉装入坩埚中，装料方式可以采用粉末松装，也可成型条装。置于脱氢炉内，当炉内冷抽至真空达到工艺要求，并经试漏合格后，方可送电升温，升温速度应根据真空度的高低（即放气量的多少）来确定。一般在脱氢过程控制真空小于50 Pa，可缓慢地升压升温，升至工艺所需温度，保温一段时间至所需真空度，停电冷却。冷却可以真空冷却也可以采用通氩保护冷却。

金属铌粉质量应符合YS/T 258—1996行业标准要求，如表11-16所示。

表11-16　铌粉行业标准

牌　号	$w(Nb)+w(Ta)$/%，不小于	杂质含量（质量分数）/%，不大于							
		Ta	O	H	N	C	Fe	Si	Ni
FNb-1	—	0.20	0.20	0.005	0.04	0.05	0.01	0.005	0.005
FNb-2	—	0.50	0.20	0.005	0.06	0.05	0.05	0.005	0.05
FNb-3	98	—	0.50	0.01	—	0.08	—	—	—

牌　号	$w(Nb)+w(Ta)$/%，不小于	杂质含量（质量分数）/%，不大于							
		Cr	W	Mo	Ti	Mn	Cn	P	S
FNb-1	—	0.005	0.005	0.003	0.003	0.003	0.003	—	—
FNb-2	—	—	0.01	0.005	0.005	0.005	0.005	—	—
FNb-3	—	—	—	—	—	—	0.01	0.01	0.01

11.5 碳还原法生产电容器级铌粉

电容器级铌粉的生产方法以氟铌酸钾钠还原法为主(见第10章),氧化铌碳还原尚处开发研究阶段。

氧化铌的介电性能仅次于氧化钽而优于氧化铝,因此五氧化二铌在独石陶瓷电容器生产方面得到了广泛的应用。金属铌与金属钽的某些性能也有相似之处,其烧结阳极氧化膜的介电常数略小于钽,但其比重小、价格低,因此国内外对铌电解电容器进行了广泛的研究。

我国电容器级铌粉的研制,始于20世纪60年代中后期。1965年在江苏无锡召开了铌电容会议,简称"无锡"会议。当时由于钽资源短缺,冶金工业部和四机部于1970年在景德镇召开了"703会议",提出了以铌代钽的口号,从那以后电容器级铌粉的研制与生产在国内广泛开展。

11.5.1 生产方法与工艺

电容器级铌粉的生产是采用五氧化二铌与石墨粉直接碳还原而获得。直接碳还原制取金属铌的过程机理、原材料的技术要求、工艺流程已在前几节介绍过,此节不再重复叙述。本节仅对电容器级铌粉生产的某些特殊要求进行介绍。

11.5.1.1 配料计算

为了保证产品中有较低的碳含量,一般选择氧化铌过量3.5%~4%,其计算公式为:

$$m(Nb_2O_5)=\frac{4.43\times w(C)}{w(Nb_2O_5)}K \qquad (11\text{-}24)$$

式中 4.43——每千克碳所需的 Nb_2O_5 的理论值;

$w(C)$——石墨粉的纯度,%;

$w(Nb_2O_5)$——五氧化二铌的纯度,%

K——氧化物过量系数;

$m(Nb_2O_5)$——每千克碳所需配入的 Nb_2O_5 量。

11.5.1.2 工艺参数

典型的还原升温制度为:

常温~1350℃,1 h升到,保温至真空度40 Pa;

1500~1700℃,一次升到,保温至真空度13.3 Pa;

1500~1700℃,一次升到,保温至真空度1.33 Pa;

1700~1850℃,一次升到,保温至真空度4 Pa,再保5~6 h。

1850~1950℃,一次升到,保温至真空度4 Pa,再保5~6 h。

11.5.2　电容器级铌粉的质量及影响因素

铌电容器与钽电容器相比,存在许多不足,如介电性好的氧化膜形成比较困难、热稳定差、漏电流较大、搁置性能差、损耗大、寿命短等。产生这些不足的原因,除了电容器制作工艺的影响之外,更主要的是铌粉本身的质量问题。电容器级铌粉的主要技术指标体现在化学纯度、物理性能和电性能三个方面。其中电性能是表征和衡量电容器铌粉质量的重要指标。电性能指标的好坏与粉末的化学纯度及物理性能密切相关。

11.5.2.1　粉末的化学纯度对电性能的影响

粉末中的化学杂质含量,特别是碳、氧、氮严重地影响其电性能。因为任何杂质的存在都会使铌烧结阳极基体金属产生第二相颗粒,使阳极氧化产生疵点,导致电容器漏电流增大。

粉末中的碳是最有害的杂质元素,因其在铌阳极块的烧结过程中,碳与铌生成碳化物,在赋能时,当其形成的氧化膜的厚度小于碳化物厚度时,氧化膜不完整,产生缺陷,造成漏电流增大。

粉末中一定量的氧含量,有利于烧结时除去部分杂质碳。但氧含量过高,则在阳极烧结时,残余氧向钽丝引线扩散,使引线脆性增加。

粉末中氮含量高也极大地影响其漏电流及丝折性能。因为氮以 NbN 的形式存在于粉末颗粒表面,赋能时会引起氧化膜被破坏,使漏电流明显增加。氮向丝内扩散时会导致丝脆。

粉末中的金属杂质一般以合金形态存在于铌粉的颗粒表面,当其含量高时,赋能时该处氧化膜被破坏,漏电流突然增大,即出现所谓的“晶化”现象。因此,一些高熔点金属或能与铌形成高温化合物的元素也是有害的杂质。

11.5.2.2　粉末的物理性能对电性能的影响

铌粉的物理性能主要是指粉末的粒度、粒形、粒度分布、孔隙度和比表面积等。

粉末的粒度和粒度分布对电性能影响很大。一般粒度粗的铌粉,平均粒径大,比表面积较小,电容量就小。反之,粒度细的粉末,其电容量就大。但粉末太细,阳极烧结后其孔径收缩率大,孔隙度降低,氧化膜形成不好,漏电流增加。另外由于被膜困难,MnO_2 层生成不均匀,反使其比表面积效率降低,比电容下降。

粉末的粒形对电性能也有较大的影响,粒形复杂,则比表面积大,单位电容量也大,但漏电流也易增大。反之,粒形简单的粉末,其电容量较小,漏电流也较小。

11.5.2.3　电容器级铌粉的典型分析数据

碳还原法电容器级铌粉的化学纯度如表 11-17 所示,物理性能如表 11-18 所示,电性能如表 11-19 所示。

表 11-17 电容器铌粉化学纯度的典型分析数据

杂质含量(质量分数)/%,不大于													
O	C	N	H	Fe	Ni	Si	Ti	W	Mn	Cr	Al	Cu	Mo
0.2	0.01	0.008	0.005	0.005	0.003	0.005	0.005	0.005	0.003	0.003	0.003	0.003	0.003

表 11-18 电容器铌粉的物理性能

产品级别	物理性能			
	压制密度/$g \cdot cm^{-3}$	烧结密度/$g \cdot cm^{-3}$	松装密度/$g \cdot cm^{-3}$	平均粒度/μm
FNb-33(s)	4~5	4~5.7	2.3~2.9	14~24
FNb-50(l)	4~5	4~5.7	2.3~2.9	14~24

表 11-19 电容器铌粉的电性能

产品级别	工作电压/V	比电容/$\mu F \cdot V \cdot g^{-1}$	漏电流/$mA \cdot (\mu F \cdot V)^{-1}$	损耗 tanδ/%
FNb-33(s)	6.3~25	3300	8×10^{-4}	<8
FNb-50(l)	10~63	5000	8×10^{-4}	<8

参考文献

1 李洪桂. 稀有金属冶金学. 北京:冶金工业出版社,1990

2 幸良佐. 钽铌冶金. 北京:冶金工业出版社,1982

3 吴铭,等. 钽铌冶金工艺学(有色金属工人技术理论教材),1986

4 株洲硬质合金厂. 硬质合金生产. 北京:冶金工业出版社,1974

5 节里克曼 A H. 稀有金属冶金学. 北京:冶金工业出版社,1959

6 US,3499753[P],1976

7 Sisco F T. Columbium and Tantalum, New York: John Wiley & Sons, Inc. 1963

8 Balke C W. Trans Electrochem Soc, 1944

9 Колчин О П, Суарова Н В, Чувелева Н Н. Получение пластичного Ниобия. Москва: Атомная энергия, 1957

12 熔盐电解法制取金属铌和钽

熔盐电解是以熔融盐为电解质进行提取金属的一种电化学方法。用于提取金属时称为熔盐电解提取，用于提纯金属时称为电解精炼。钽的熔盐电解最早是由 C. W. Balke 开发的[1]，很快便被美国扇钢公司所采用。长期以来，钽的熔盐电解一直是制取金属钽的主流方法[2~7]。我国在 20 世纪六七十年代也曾用于生产。由于电解钽粉的电性能不及钠还原方法的钽粉好，作为提取工艺方法已逐渐被淘汰。但电解法也有其他还原方法和熔炼方法所不具有的独特优点，它可以将钽铌中其他方法做不到的熔点比钽高的杂质元素钨降到极低水平。此外，熔盐电解是制备铌和钽涂层的重要手段。故而电解精炼仍然是制取高纯金属铌和钽不可或缺的方法之一[6~8]。

有关铌钽的熔盐电解在俄罗斯学者康士坦京诺夫所著的《熔盐电解制取铌和钽》一书中有详细系统的论述[9]。

12.1 钽铌熔盐电解基础和工艺[10~13]

12.1.1 熔盐电解质体系

熔盐是由阴离子和阳离子组成的熔融状态下的离子熔体。熔盐比水溶液具有更好的导电性，熔盐电解所用的电流密度可以比水溶液电解大 100 倍。铌钽熔盐电解对所用的电解质的物理化学性质有一些特殊的要求。例如，要求电解质具有较好的导电性，较低的挥发性，电解原料 Ta_2O_5 和 Nb_2O_5 要有较高的溶解度，对电解产出的金属具有较低的溶解能力，此外，还要具有适当的密度、黏度、熔点和表面性质。单一熔盐很难满足这些综合性要求，因此熔盐电解大都采用混合熔盐电解质。目前工业上使用的钽铌熔盐电解质体系主要有两大类：一类为含氧的氟－氯化物体系；另一类为无氧的氟－氯化物体系或纯氯化物体系。前一类使用的电解原料为钽或铌氧化物。后一类使用的原料为铌和钽的氯化物或氟配合物（表 12-1）。

表 12-1 熔盐电解钽和铌的电解质体系

项 目	组 成	钽	铌
含 氧	氯化物和氟化物	$K_2TaF_7-Ta_2O_5/KCl-KF$ $K_2TaF_7-Ta_2O_5/KCl-NaCl$	K_2NbOF_5/KCl $K_2NbF_7-Nb_2O_5/KCl-KF$
	只有氟化物	$K_2TaF_7-Ta_2O_5/KF-NaF$	Nb_2O_5/NaF

续表 12-1

项 目	组 成	钽	铌
不含氧	氯化物和氟化物	K_2TaF_7/KCl-NaCl $TaCl_5$/KCl-KF-NaCl	K_2NbF_7/KCl-NaCl $NbCl_5$/KCl-NaCl-KF
	只有氟化物	K_2TaF_7/LiF-KF-NaF	K_2NbF_7/LiF-KF-NaF

12.1.2 电极过程

和水溶液电解质一样,当熔盐电解质和金属接触时,两者之间将产生一定的电势差,即电极电势。同一熔盐中插入两个电极,并利用外加电压通过直流电,当电压达到一定数值时,熔盐中的某些组分将分解。平衡状态下化合物开始分解的电压称为分解电压。在熔盐体系中,电解质的电解分压必须高于铌(钽)化合物的电解分压,才能在电解时电解质保持不变而仅电解铌(钽)化合物,获得纯金属铌或钽。例如,在750℃温度下,各组分的分解电压如下:

Ta_2O_5	K_2TaF_7	NaCl	KCl	KF
1.65 V	2.0 V	3.15 V	3.4 V	4.65 V

实际化合物的电解分压随电解质的组成和温度不同而变化。如果采用石墨作阳极,Ta_2O_5 的分解电压可降到 1.41 V。这时更能保证被电解还原的是钽的氧化物,电解质则不被电解。

熔盐电解是金属离子在阴极上获得电子而被还原的电化学过程,它是一个复杂的过程。总体上,阴极过程主反应可表示为

$$Me^{5+} + 5e = Me \tag{12-1}$$

式中,Me 为 Nb 和 Ta。由于铌钽的熔点很高,故电解出的铌和钽沉于电解质底部,呈树枝状或海绵体。

氧化物熔盐电解时多采用石墨阳极,阳极过程析出的氧与碳作用生成 CO,总反应式为

$$2O(\text{配合}) + C = CO_2 \tag{12-2}$$

同水溶液电解一样,在熔盐电解中,金属在阴极析出或在阳极溶解次序与金属的电位序有密切关系。但由于熔盐电解没有共同的溶剂,故而没有统一的电极电位序,对于不同的熔体体系的电极电位难以进行比较。目前只能在各熔体体系中建立电位序。

12.1.3 熔盐电解的影响因素

影响产品质量和电解效率的主要因素有:

(1) 原料 Ta_2O_5 的纯度:一些杂质,如 Fe、Ni、Cr、Cu、Si、Pb、Sn 等化合物的分解电压低于或和 Ta_2O_5 的分解电压相近,在电解过程中,它们绝大部分与钽化合物一起电解还原成金属,因此原料中这些杂质含量要求尽量低。此外,Ta_2O_5 还需在 700 ~

800℃下脱水,并使非晶的 Ta_2O_5 转变成易溶于电解质中的 α 和 β 型 Ta_2O_5。

(2) 电解质的组成和成分:当 $w(KCl):w(NaCl)=1:1$ 时,熔盐的熔点最低。随着 KCl 的含量增加,晶粒生长速度增大,导致钽粉颗粒粗化。电解质中 K_2TaF_7 含量愈高,Ta_2O_5 的溶解性愈好,电流效率高,钽粉含氧量低。当 K_2TaF_7 含量超过 30% 时,电流效率和金属回收率达最高值。但 K_2TaF_7 的含量太高,氟盐的挥发损失大。一般 K_2TaF_7 含量选用 20%。

(3) 电解温度:电解温度一般要高于电解质的熔化温度。但若电解温度过高,阴极金属的损失增加,电流效率(电解过程中阴极上实际析出的金属量与理论析出量之比的百分数)下降,但可以促进钽粉颗粒粗化。若电解温度太低,熔盐黏度增大,电解质易被阳极气体带至阴极,导致钽粉氧化。

(4) 电流密度(单位电极面积上通过的电流强度):电解过程中,阴极电流密度对钽粉粒度有显著影响。电流密度增加,钽颗粒细化,粒形复杂。由于粒度变细,其表面吸附的杂质也随之增加,导致钽粉纯度下降。随电流密度增加,电解质迁移速度加快,大量的阳极气体被电解质带至阴极,使钽粉的含氧量增高。

12.1.4 铌钽熔盐电解的工艺流程、工艺条件和产品质量

熔盐电解工艺主要包括原料准备、电解质熔融、电解、阴极产品处理和电解质再生循环使用等工序。图 12-1 所示是熔盐电解制取钽铌的工艺流程简图[12]。

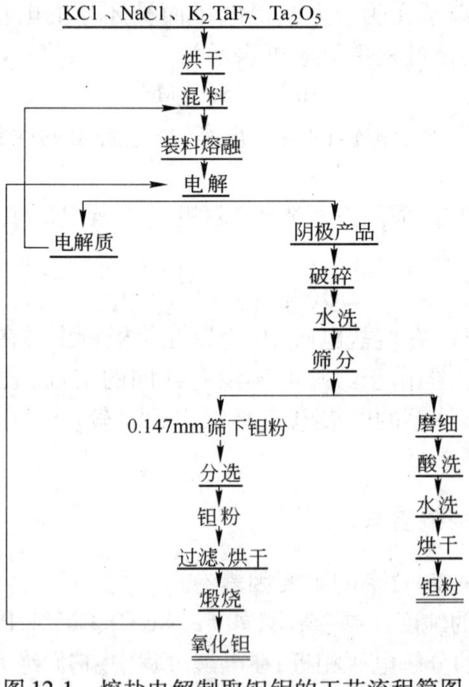

图 12-1　熔盐电解制取钽铌的工艺流程简图

表12-2所示为熔盐电解法制取的铌钽产品中的杂质含量。表12-3所示为电解粉热处理后钽铌粉的粒度分布情况。

表12-2 熔盐电解法制取的铌钽产品中的杂质含量(质量分数,%)

名 称	H_2	O_2	N_2	Fe	Ni	Cr	Ta	Nb
钽 粉	0.0015	0.015	0.005	0.003	0.005	0.001		0.003
铌 粉	0.01	0.05	0.008	0.03	0.03	0.01	0.01	

名 称	C	W	Mn	Cu	V	Sn	Ti	Zr	Si
钽 粉	0.01	0.001	0.0001	0.0001	0.0003	0.0003	0.001	0.001	0.0003
铌 粉	0.03	0.001	0.0001	0.0001	0.0003	0.0003	0.001	0.001	0.0003

表12-3 热处理后钽粉和铌粉的粒度分布

名 称	粒度分布/μm							
	>297	297~149	149~125	125~105	105~74	74~62	62~44	<44
钽 粉	3.8	26.6	7.0	11.2	11.1	6.5	18.5	15.3
铌 粉	0	18.5	5.7	9.3	12.0	8.2	7.3	39.0

钽铌熔盐电解有较多的体系选择,实际使用的较少。下面着重介绍由含氧化钽的氟化物-氯化物电解质体系中制取钽、由氯化物电解质制取钽和熔盐电解制取铌三种工艺。

12.2 由含氧化钽的氟化物-氯化物电解质体系中制取钽

由含氧化钽的氟化物-氯化物熔盐体系中制取钽是熔盐电解主流方法。国内外一些公司曾长期采用该法[14~19]。

氧化物熔盐电解主要的电解质体系是KF-KCl-K_2TaF_7熔盐,并在其中加入Ta_2O_2。这种电解方法类似于铝电解。

12.2.1 熔盐电解时电极反应过程

在KF-KCl-K_2TaF_7体系中电解时一般采用石墨电极。在阴极上发生钽阳离子分阶段放电:

$$Ta^{3+} + 2e \longrightarrow Ta^{3+} \tag{12-3}$$

$$Ta^{3+} + 3e \longrightarrow Ta^{0} \tag{12-4}$$

文献[20,21]认为,由于氟络合物的离解,熔体中出现Ta^{3+}离子。阴极过程进行速度取决于Ta^{3+}离子的放电。阴极放电的同时,在阳极析出氧,氧与石墨电极的碳相互作用,结果生成CO和CO_2。在电解温度700~750℃下的气体组成(质量分数)为:CO_2,90%~95%;CO,5%~7%;O,0.2%~0.3%[22,23]。

阳极过程可用下述反应式表述[24]：

$$TaOF_6^{3-} - 2e = TaF_5 + F^- + O \tag{12-5}$$

$$2O + C = CO_2$$

$$CO_2 + C = 2CO \tag{12-6}$$

$$TaF_5 + 3F = TaOF_8^{3-}$$

反应所产生的 $TaOF_8^{3-}$ 离子同加入电解质熔体中的 Ta_2O_5 反应重新生成 $TaOF_6^{3-}$ 离子，反应式为：

$$3\,TaOF_8^{3-} + Ta_2O_5 + 6F^- = 5TaOF_6^{3-} \tag{12-7}$$

12.2.2　电解质组成和选择及氧化物溶解机理

12.2.2.1　电解质组成和选择

含氧化物的电解，可有多种电解质的选择。例如仅采用单一的氟盐 K_2TaF_7 作电解质，但它在用石墨电极时连续发生阳极效应（当阳极达到某一临界电流时，电解槽电压骤升而出现火花放电），使电解实际上无法进行下去。也可以采用食盐混合电解质，如 NaCl-KCl-K_2TaF_7 熔盐体系。但这种电解质的缺点在于电解过程中电解质中的氟盐的积累会降低临界电流密度，产生阳极效应。比较的结果，最后选用钾盐体系，如 KF-KCl-K_2TaF_7/Ta_2O_5 熔盐体系。

最佳的电解质组成通常要根据熔盐的体系和熔体的电化学性质来选择。图 12-2 所示为 KF-KCl-K_2TaF_7 体系的三元熔度图[25]。从图可以看出，体系中存在 2

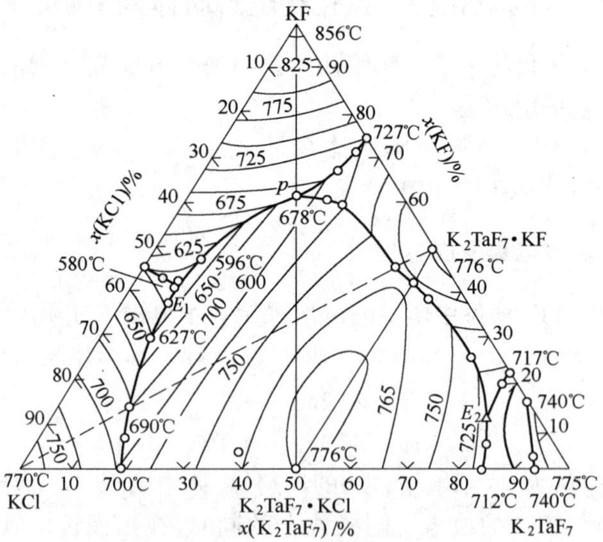

图 12-2　KF-KCl-K_2TaF_7 三元系熔度图[25]

种复盐和3个无变量点。它们是K_2TaF_7·KF(K_3TaF_8)、K_2TaF_7·KCl(K_3TaF_7Cl) 2种复盐，以及E_1点：温度580℃下的三元共晶点，组成为(摩尔分数)：KF，41.5%；KCl，51.5%；K_2TaF_7，7.0%；E_2点：温度710℃下的三元共晶点，组成为(摩尔分数)：KF，11.6%；KCl，8.7%；K_2TaF_7，79%；p点：温度678℃时的包晶点，组成(摩尔分数)为：KF，62.0%；KCl，19.0%；K_2TaF_7，19.0%。实际上，所有研究人员提出的电解质组成都在这个三相图的左侧区内。

12.2.2.2 氧化物溶解机理

将Ta_2O_5加入到含K_3TaF_8、K_3TaF_7Cl、KF和KCl的熔体中时，熔入熔体中的Ta_2O_5便和氟钽酸钾相互作用生成氟氧配合物[26]：

$$3\ K_3TaF_8 + Ta_2O_5 = \frac{9}{2}KTaOF_4 + \frac{1}{2}K_3TaOF_6 + 3KF \tag{12-8}$$

如果体系中KF过量，式中第二个配合物K_3TaOF_6占优势。因为反应产物中的第一个配合物也会同过量的KF作用生成K_3TaOF_6：

$$KTaOF_4 + 2KF = K_3TaOF_6 \tag{12-9}$$

这样，氧化物溶解的总反应式便可用以下方程式表示：

$$3\ K_3TaF_8 + Ta_2O_5 + 6KF = 5K_3TaOF_6 \tag{12-10}$$

K_3TaF_7Cl溶解氧化钽的反应也和上述反应类似。

氧化物电解时生成钽氟氧配合物的是钽溶解的先决条件，它决定Ta_2O_5在电解质中的溶解度。Ta_2O_5的极限溶解度和熔体中的K_3TaF_8的含量有关，这和按反应式(12-10)的化学计量得到的结果非常一致。

直到温度达850℃，Ta_2O_5在纯KCl－KF的熔盐中(没有K_3TaF_8)的溶解度都很小。钽的氟氧配合物和KF则无限互溶，但在KCl中的溶解度很小[27]。电解质中加入KF可降低其熔化温度和钽化合物的挥发损失。

基于上述原因，选择电解质时，应包含有化合物K_3TaF_8、K_3TaF_7Cl、K_3TaOF_6、KF和KCl。在熔体中，它们发生离解，从而使熔体中含有K^+、Cl^-、F^-、TaF_8^{3-}、$K_3TaF_7^{2-}$、$TaOF_6^{3-}$等离子[26,28]。

熔盐电解时，电解质的分解电压必须高于钽(铌)化合物的分解电压才能获得金属钽或铌。虽然各文献报道的分解电压的绝对值彼此有差别，但总的结论是一致的，即氟氧配合物K_3TaOF_6和氟配合物K_2TaF_7在石墨电解槽中具有最低的分解电压。例如，在温度850℃时，在K_2TaF_7-Ta_2O_5-KF(K_3TaOF_6-KF)体系中Ta_2O_5的分解电压为1.4 V，在K_2TaF_7－KF体系中，Ta_2O_5的分解电压为1.55 V，而KF和KCl的分解电压分别约为3.4 V和4.6 V。

电解质的组成及其相互比例、Ta_2O_5的质量分数、阴极电流密度和温度是影响钽粉质量、电流效率和回收率的重要因素[23,24,29]。国外一些公司采用的电解质组成如表12-4所示。

表 12-4 国外各公司熔盐电解钽的电解质组成情况[30~34]

组成编号	电解质组成(质量分数)/%	国家、公司
1	$K_2TaF_7$8.5, KCl55.9, KF27.1, $Ta_2O_5$8.5	(美国),德里格斯和利延达尔
2	$K_2TaF_7$10, KCl52.5, KF33.5, $Ta_2O_5$4.0	(澳大利亚),迈耶尔斯
3	$K_2TaF_7$5.5, KCl66.7, KF26.7, $Ta_2O_5$1.1	(前联邦德国),弗里德里希
4	$K_2TaF_7$30,等摩尔混合物 KCl + NaCl67, $Ta_2O_5$3.0	(前苏联),奥斯特罗乌什科等
5	$K_2TaF_7$9.7, KCl77.3, KF9.7, $Ta_2O_5$3.3	(前苏联),斯克利亚连科
6	$K_2TaF_7$15.3, KCl61.2, KF20.5, $Ta_2O_5$3.0	(日本),桑济等
7	$K_2TaF_7$12.1, KCl56.6, KF28.3, $Ta_2O_5$3.0	(前苏联),康斯坦季诺夫等
8	$K_2TaF_7$10, KCl45, KF40, $Ta_2O_5$5	(美国),博尔克(扇钢公司)
9	$K_2TaF_7$15, KCl + KF80, $Ta_2O_5$5	(法国),普留沃
10	$K_2TaF_7$8.7, KCl52.2, KF34.8, $Ta_2O_5$4.45	(比利时),图加里诺夫等(霍伯肯公司)

由表12-3可以看出,电解质体系中 K_2TaF_7 的含量都在8.5% ~15%, Ta_2O_5 含量为3% ~5%。所采用的 Ta_2O_5 含量与反应式(12-10)中生成氟氧配合物所必须的化学计量值相当或稍低。电解时由向电解质中加入 KF 来保证 Ta_2O_5 的充分溶解。表中所有体系中,在所述 K_2TaF_7 含量范围内,具有最好电解指标的比例为 w(KCl)∶w(KF)=(1~2)∶1。表中也有的不使用 KF(表中组成编号4),但为了保证 Ta_2O_5 的充分溶解,必须过量加入 K_2TaF_7,即超过反应式(12-10)的化学计量值。

电解质组成比例是影响电流密度的重要因素。当 w(KCl)∶w(KF)的比值固定为2∶1时,在温度780℃下,阳极的电流密度随电解质中的 Ta_2O_5 含量增加而提高(见图12-3);当 Ta_2O_5 和 K_2TaF_7 含量固定时,阳极临界电流密度随 w(KCl)∶w(KF)的比值增加而提高(图12-4)[16,35]。综合各种因素的考虑,得出的一组最佳电解质组成为:K_2TaF_7,19.5%,w(KCl)∶w(KF)=2∶1,电解温度700~720℃,在连续向电解槽中添加 Ta_2O_5 的情况下,使阳极反应降至最低水平。阳极电流密度为30~50 A/dm^2,阳极和阴极电流密度之比为2∶4。所得钽的直收率为87%~93%,电流效率为80%[29,30]。

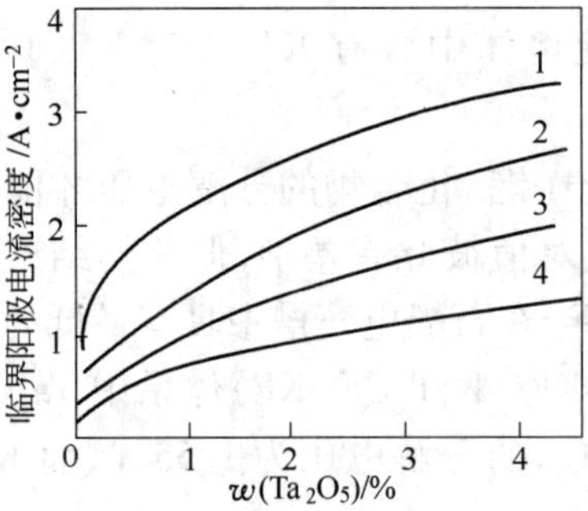

图12-3 固定组成 w(KCl)∶w(KF)=2∶1的电解质在720℃下阳极临界电流密度与TaO含量的关系
w(KTaF):1—15.0%;2—12.5%;3—10.0%;4—5.0%

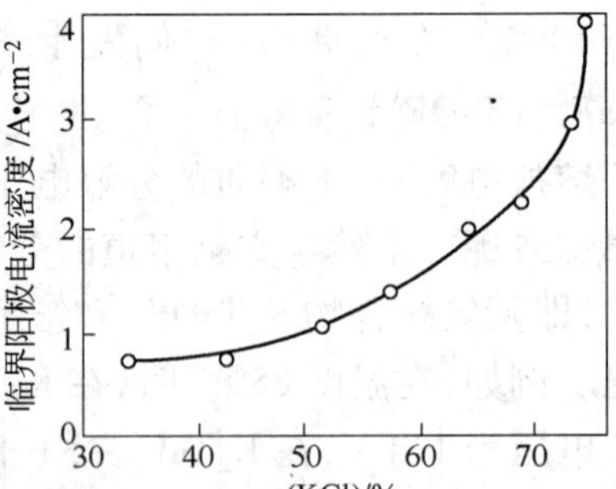

图12-4 在固定的 K_2TaF_7(12.5%)和 Ta_2O_5(1.0%)含量和780℃时阳极临界电流密度与电解质中 w(KCl)∶w(KF)比变化的关系

12.2.3　电解工艺

电解工艺过程包括电解获得钽的阴极沉积物和沉积物真空热处理两部分。

12.2.3.1　电解沉积钽

工业生产中，熔盐电解槽大多采用石墨中心阳极，坩埚（阴极）多用镍或镍铬合金制备。这种合金在700～720℃温度下对KF-KCl-K_2TaF_7/Ta_2O_5熔盐体系的耐蚀性达到0.5～0.6 mg/(cm^2·h)[16]。

图12-5所示为俄罗斯开发的由氧氟化物－氯化物熔盐电解制取钽的装

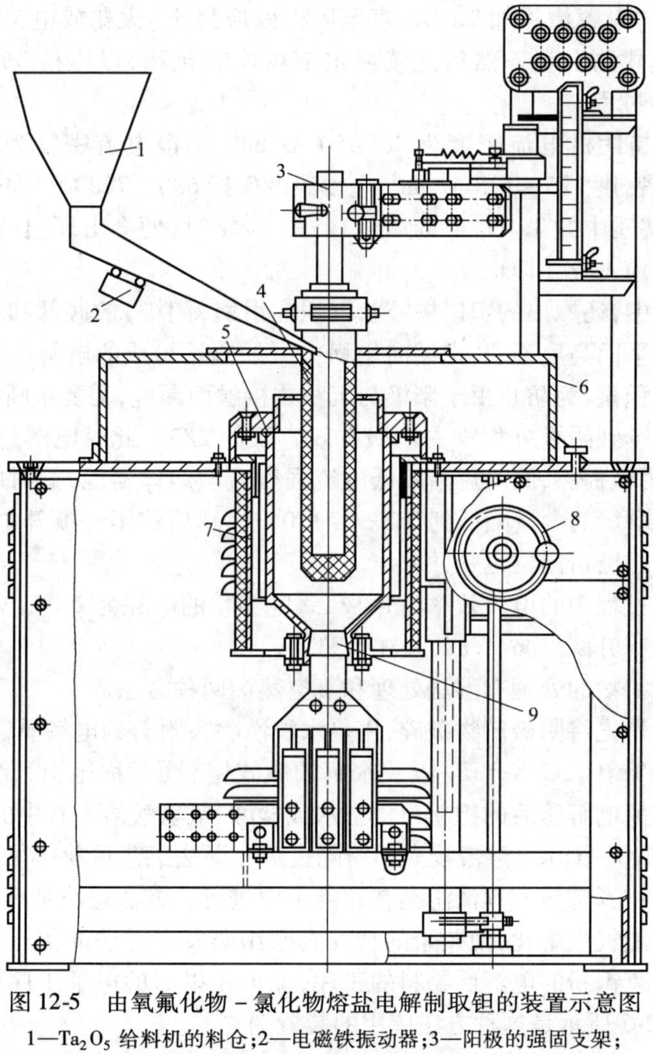

图12-5　由氧氟化物－氯化物熔盐电解制取钽的装置示意图

1—Ta_2O_5给料机的料仓；2—电磁铁振动器；3—阳极的强固支架；4—中空石墨阳极；5—镍铬合金坩埚（阴极）；6—顶盖；7—绝热套筒；8—提升阳极用手轮；9—带有供电杆的管塞

置[29,30]。该装置由料仓和给料机、中空石墨电极（阳极）、镍铬合金坩埚（阴极）、绝热套筒、提升手轮、供电管塞等组成。在坩埚下部的锥部上有一个用带导电杆的磨口塞堵的孔，坩埚中间设置有带孔的空心石墨阳极。工作时，由自动供料机定期向电解槽或连续向中空阳极加入 Ta_2O_5。用这种方法可以预防氧化物对阴极析出物的污染。为排除电解过程中析出的气体，设计时预先考虑了从侧面将气体抽走的措施。电解槽接入可调节的直流电。采用的电解质的最佳组成（质量分数）为：K_2TaF_7，12.7%；KCl，58.3%；KF，29.2%。将首批电解质装进坩埚，然后利用连接阴极和阳极的石墨插入物加热使其熔化，待电解质完全熔化后，撤除插入物，并向电解槽添加 Ta_2O_5，直至阳极效应终止（火花放电消失）并建立起必需的剩余氧化物含量。然后连续或定期供应氧化物，以维持 3% 氧化钽的条件下实施电解过程。

电解时保持阴极电流密度为 30 ~ 50 A/dm^2，阳极电流密度为 120 ~ 160 A/dm^2，体积电流密度 125 ~ 135 A/dm^2，电解温度保持 680 ~ 720℃。在上述阳极电流密度下，当电解质中的 Ta_2O_5 含量降到 1.5% ~ 2% 时，便会出现阳极效应（火花放电），表明此时应补充 Ta_2O_5。

电解过程中，还原出的钽以树枝状沉积在坩埚（阴极）的底部和坩埚壁上。为了维持熔体水平面高度不变，定期向坩埚中添加原始组成的电解质混合盐。随着阴极沉积物的积累，为防止由于阳极与沉积物接触而漏电，需要不断提升阳极。电解过程一直持续到阴极沉积物占坩埚有效容积的 2/3。此时电解过程趋于完成。电解终了，将阴极提起，同时逐渐降低电流强度直至熔体凝固，这时电解质中剩余未被电解的 Ta_2O_5 的含量降低到 0.5% ~ 1.0%。然后将阳极挪开电解槽，同时坩埚与电解质及阴极析出物也一并取出。

整个工艺过程中的电流效率为 80%，每吨钽粉的电耗为 2300 kW · h。

12.2.3.2 阴极钽沉积物的处理工艺

阴极钽沉积物的处理有湿法处理和真空蒸馏两种方法。

湿法工艺是先将阴极产物破碎，用热水浸洗除去附着的电解质，再用摇床分离除出钽粉中的 Ta_2O_5、C、K_2TaF_7 以及水解的碱式钽粉（通称尾钽），使钽粉与电解质分离。分离掉电解质后的钽粉再用王水或盐酸、氟氢酸溶去其中的 Fe、Cr、Ni、Si 等杂质。用 HNO_3-H_2SO_4 溶液浸煮钽粉除去碳。湿法工艺目前已很少采用。

阴极沉积物真空热处理清洗是在真空炉中进行。方法是将带有电解质的树枝状钽沉积物在氩气中熔化，使剩余的盐在真空中蒸发。方法的优点在于可免去从坩埚中取出含有钽粉的电解质物料的工序，保证在以后的电解工序中电解质的完全回收。图 12-6 所示是这种方法应用的装置图之一。

工作时，先将装有坩埚的蒸罐抽空。然后充氩气，并加热至温度 630 ~ 1000℃，使电解质熔化，然后再抽真空（0.13 ~ 0.0066 Pa）；重新加热至 900 ~

1000℃,使蒸发除去剩余的电解质盐。将在坩埚壁上留存的有轻度烧结的树枝状钽取出,然后破碎、细磨成粉。将过筛的钽粉进行真空精炼,最后得到合格的钽粉产品。

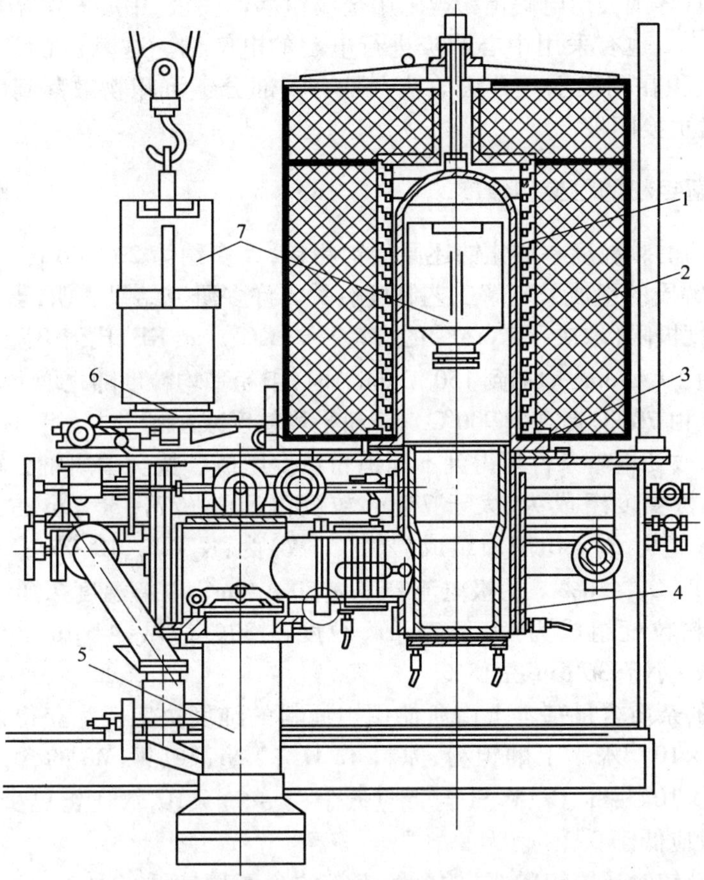

图 12-6 真空热处理净化阴极钽析出物的装置简图
1—蒸罐;2—钟罩式电炉;3—冷凝器;4—杯形电解质贮槽;
5—扩散泵;6—坩埚给料车;7—坩埚(阴极)

美国扇钢公司采用粉碎-摇床法处理残余电解质[18,36,37]。电解在直径35 cm、高 40 cm 的钢质、镍质或铸铁坩埚(阴极)中进行。坩埚中心安置有石墨棒阳极。电解质组成(质量分数)为:K_2TaF_7,10%;KCl,45%;KF,40%;Ta_2O_5,5%。电解温度为 700~850℃。电解时定期向熔体中添加 Ta_2O_5。在阴极沉积物壮大达规定极限后,取出阳极,使电解质冷却凝固,再在颚式破碎机上破碎成块。块料在装有空气分离器的振动粉碎机中闭路粉碎,使电解质和钽粉分离。所分离出的电解质返回电解工序。残留的电解质盐和石墨粉再在摇床上进一步和钽粉分离。最后将仅含有痕量电解质及各种杂质的钽粉用水洗、盐酸或王水浸洗、稀苛性碱液中和，然后用稀氟氢酸溶液处理脱氧，再次水洗脱氟氢酸，最后得到合格钽粉。方法的缺点是工序冗长，电解质损失大。

法、德、日等国公司电解钽粉曾采用金属坩埚作阴极，中心石墨阳极的坩埚的电解槽[36,38,39]。也有采用中心阴极进行电解的电解槽。这时钽粉以一种“梨形物”的形状沉积在阴极上。方法的缺点是有一部分钽沉积物散落到电解槽的槽底，必须经常更换阴极。

12.2.4　电解钽粉的粒度和纯度

电解钽粉的颗粒度一般比钠还原法钽粉粗，大多约为 20 ~ 40 μm。电解钽粉的粒度和电解质的组成及电解工艺制度有关。许多研究结果表明，当 Ta_2O_5 含量达到其溶解度极限（取决于 K_2TaF_7 的含量）、w(KCl)∶w(KF) 比值下降和阴极电流密度增加（由 10 A/dm^2 增加到 150 A/dm^2）时，钽粉平均粒度随之增大。随着电解温度的提高（由 700℃提高到 900℃），钽粉平均粒度减小[16,40,41]。

总体上，改变电解条件可得到不同钽粉粒度组成。按美国扇钢公司的工艺制度制得的钽粉粒度组成为：大于 77μm 粒度占 30%，77 ~ 36 μm 占 40%；小于 36 μm占 30%[38]。对于电解质组成（质量分数）为：K_2TaF_7，10.0%；KCl，52.5%；KF，33.5%；Ta_2O_5，4.0%。阴极电流密度为 50 A/dm^2，电解温度 730 ~ 750℃制度下得到的钽粉粒度组成为：大于 77 μm 粒度占 30%，77 ~ 44 μm 占 29%，44 ~ 36 μm占 20%；小于 36 μm 占 18%。

钽粉中的杂质含量基本上由所使用钽原料的纯度决定。为获得杂质含量为 $(0.5 \sim 1.0)\times10^{-5}$ 水平上的钽粉，原料 Ta_2O_5 的 Ni、Fe、W、Mo 的含量不应高于 $(0.5 \sim 1.0)\times10^{-5}$，Sn、Cr、V、Si 含量应低于 $(3 \sim 5)\times10^{-5}$，比钽更少的元素 Ti、Zr、Al 的含量应低于 0.2%。

由于颗粒较钠还原钽粉粗，故电解钽粉的含氧量较低（0.1% ~ 0.2%），但碳含量较高（0.1% ~ 0.3%）。为降低碳含量使之达到电容器级钽粉要求的水平（≤0.005%），可将阴极钽粉进一步用强氧化性溶液处理[42]或进行真空热处理[43~45]。

12.3　由无氧电解质制取钽

无氧电解还原制取金属钽（铌）的方案之一，是以氟钽酸钾为原料，以 KCl 和 NaCl 为电解质熔体进行电解[46~50]。在 K_2TaF_7-KCl-NaCl 体系中，Ta^{5+} 在阴极上放电，氟离子则在阳极上放电。在熔盐体系中，电解时 K_2TaF_7 可以看成是 $2KF\cdot TaF_5$ 的复盐，因此电极反应为

$$K_2TaF_7 \longrightarrow 2KF + TaF_5$$

$$TaF_5 \longrightarrow Ta^{5+} + 5F^-$$

电解时钽在阴极上放电析出钽：

$$Ta^{5+} + 5e \longrightarrow Ta$$

氟离子在阳极上放电析出氟：

$$5F^- - 5e \longrightarrow F_2$$

所析出的氟，再和 Cl^- 离子反应，最后生成氯气。很显然，这时电解质中无疑会出现 KF 和 NaF 的积累。随着积累含量的增加，临界电流密度随之下降，并出现阳极效应。此外，在生成氟的同时，阳极的气体中还会出现四氟化碳。这些都是该工艺方法的突出缺点。

工业实践时，通常电解质的组成为：$w(K_2TaF_7):w(NaCl):w(KCl)=40:20:20$。电解采用石墨坩埚作阳极，中心金属棒作阴极，电解温度 750 ~ 800℃，阴极电流密度 75 ~ 100 A/dm^2，阳极电流密度 14 ~ 15 A/dm^2。最大电流效率达到 81%[47~49]。

美国联合碳化合物公司采用这种方法制取钽。电解用石墨坩埚（阳极），可更换的镍棒作阴极，电解质成分为：$w(K_2TaF_7):w(NaCl):w(KCl)=30:35:35$，电解在氩气保护下进行，电解从外部加热，电解温度 750 ~ 800℃。电解在槽电压超过 7 V 时（出现阳极效应）中止。电解结束，提出带电解析出物的镍棒，并在氩气中冷却。然后将新的电解质装入阳极坩埚中，重复下一电解周期。每个周期约可从阴极上获得 20 ~ 30 kg 金属钽。将冷却后的阴极析出物进行粉碎和细磨，最后进行水洗和酸洗除去杂质。所得钽粉含杂质（质量分数）为：Fe，小于 0.01%；Si，小于 0.05%；Ti，小于 0.01%；C，小于 0.01% ~ 0.2%。

12.4 由氟铌酸钾电解制取铌

虽然对铌的电解进行了大量的研究工作，但迄今工业生产中很少采用熔盐电解法制取铌[16]。采用类似含氧化钽的电解质还原工艺制取铌时，各方面的指标都很差。文献[51]推荐含氧最佳电解质组成（质量分数）方案为：Nb_2O_5，1.1%；K_2NbF_7，2.7%；KCl，41.2%；KF，55.0%。由于树枝形的电解产物铌中同时还含有黑色的低价氧化铌粉末，此外，铌比钽有更强的向电解质反向溶解的趋势[51,52]，致使电解时最高电流效率仅达 26%。因此人们对铌的熔盐电解多倾向无氧的氟化物 - 氯化物电解质体系。

较好的无氧电解质熔体有 K_2NbF_7-KCl-NaCl 体系和 $NbCl_5$-KCl-NaCl-KF 体系。前一个体系的结晶面是 K_2NbF_7-Na_2NbF_7-KCl-NaCl 四元系结晶面的一部分（图 12-7）[53,54]。图中在 560℃ 温度下的三元共晶点 E 的成分（摩尔分数）为：K_2NbF_7，19.0%；KCl，28.5%；NaCl，52.5%。

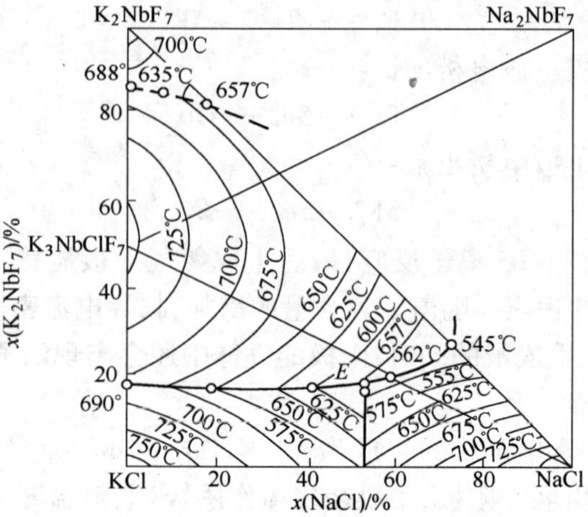

图 12-7　K_2NbF_7 - Na_2NbF_7-KCl-NaCl 四元系状态图的晶面[47]

电解时采用石墨坩埚为阳极，金属或石墨为阴极。电解质组成为等摩尔的 KCl-NaCl，加入 10% ~20% K_2NbF_7（相当于含 Nb 3% ~4%）[47,55~58]。电解质熔化温度为 590 ~600℃，电解温度为 700℃，熔池析出电位等于 1. 10 V[57]。

研究结果表明，电解时的电流效率随电解质中 K_2NbF_7 的含量降低和阴极电流密度的增加而提高。在上述电解质组成下，阴极电流密度为 140 ~150 A/dm^2 时，电流效率平均为 33%[47]。最好时也未超出 50% ~60%，远低于无氧电解质电解钽的水平。

导致电流效率低的原因在于，电解时铌析出物有向电解质反向溶解生成 Nb^{3+} 的现象。部分 3 价离子后来在阳极上氧化生成 Nb^{5+} 离子，另一部分又重新在阴极上放电[57,58]。电解时对电解质进行搅拌并适当提高电解温度，可以促进阴极析出物的溶解，但这又会使电流效率下降。和钽不同，铌和电解质之间的作用很弱，故而放电电流很小，电流效率可达 90%。

电解时铌的总反应式为

$$K_2NbF_7 + 5KCl = Nb + 2.5Cl_2 + 7KF \tag{12-11}$$

随着电解的进行，电解槽中碱金属氟化物含量随之提高，为此必须定期更新电解质。

12. 5　由氯化物电解质制取铌和钽[50,59,60]

进行氯化物熔盐电解的原料为 $TaCl_5$ 和 $NbCl_5$。电解结果在阴极上析出金属钽或铌，在阳极上产生氯气。

$TaCl_5$ 和 $NbCl_5$ 本不能溶解在碱金属氯化物中，但当加入 KF 引入氟离子后，可促进生成化合物 $KNbCl_6$ 或 $NaNbCl_6$。$NaNbCl_6$ 或 $NaTaCl_6$ 的生成，便使 $NbCl_5$

和 $TaCl_5$ 溶解在氟化物和氯化物的混合盐中。通常氯化物熔盐电解的电解质体系为 KCl-KF-NaCl/$TaCl_5$ 体系和 KCl-KF-NaCl/$NbCl_5$ 体系。一般认为，在 KCl-KF-NaCl 体系中电解钽和铌的五氯化物要比在 KCl-KF-NaF 体系中好。

美国的联合碳化物公司和瑞士的西巴（CIBA）公司都采用这种无氧氟化盐电解制取铌的工艺。所采用的电解质包括 KCl 和 NaCl（等摩尔比）以及 KF。电解时向熔盐中引入 $NbCl_5$ 蒸气，反应如下：

$$NbCl_5 + 7KF = K_2NbF_7 + 5KCl \tag{12-12}$$

电解时必须使熔体中保持有过剩的不生成配合物的氟化钾[58]。熔体中铌的含量应保持在 2% ~3%。随铌含量增加，电流效率下降。

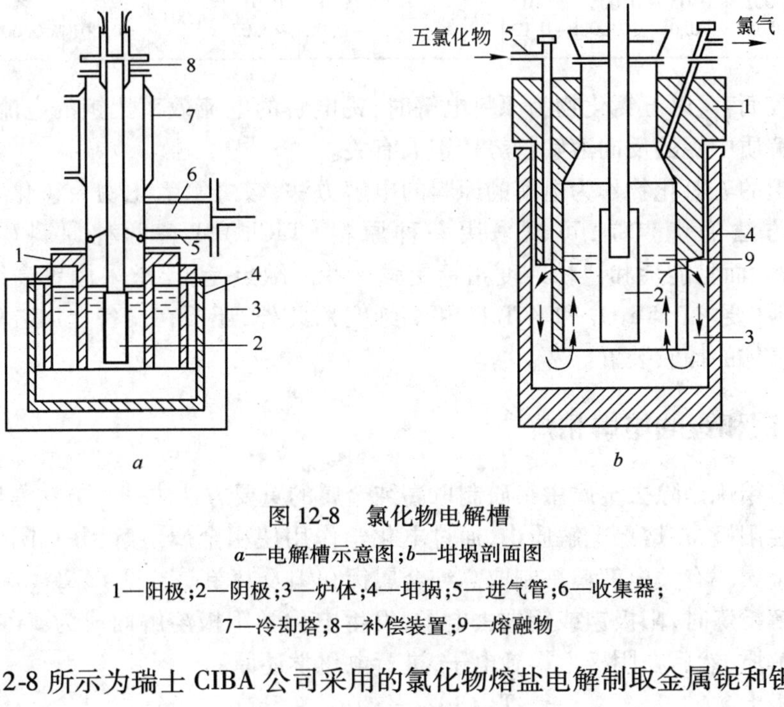

图 12-8　氯化物电解槽

a—电解槽示意图；*b*—坩埚剖面图

1—阳极；2—阴极；3—炉体；4—坩埚；5—进气管；6—收集器；

7—冷却塔；8—补偿装置；9—熔融物

图 12-8 所示为瑞士 CIBA 公司采用的氯化物熔盐电解制取金属铌和钽的电解槽结构简图。

铌电解的最佳条件为：电解质中的铌含量 2% ~2.5%，KF 含量为 22%，阴极电流密度为 100 A/dm²，温度 760℃。电流效率达 77%。洗掉电解质后，所得产品金属铌粉中的间隙杂质含量（质量分数）为：O，0.037%，H，0.041%；N，0.096%；C，0.0493%；金属杂质总含量为 0.0229%。

电解钽的工艺：先将电解槽加热，熔融 KF-KCl-NaCl 电解质混合物，并引入足够的 $TaCl_5$ 蒸气，直至达到规定的含量范围。电解温度为 850 ~950℃，电流强度为 1500 A，相当于阴极电流密度为 270 A/dm²，阳极电流密度为 20 A/dm²。电解电压

6～8 V。电解结束,将阳极提出,接着收集金属钽,然后将阴极再次放入槽中。整个过程完全实现自动化控制。电流效率为85%～88%,金属产率为91%～93%。未析出的钽可以完全回收并重新电解。表12-5所示为氯化物电解制取的钽和铌的化学成分。

表12-5　氯化物电解制取的钽和铌的化学成分(质量分数,%)

金属	H_2	O_2	N_2	C	Ta	Nb	Fe	Ni	Cr	W、Ti、Zr	Mn、Al	Si、Mo、Sn、V
钽	0.001～0.0015	0.008～0.015	0.002～0.01	0.008～0.01	–	<0.003	0.0003～0.003	0.001～0.005	<0.001	各<0.001	各<0.0001	各<0.0003
铌	0.001～0.01	0.03～0.05	0.005～0.008	0.01～0.03	<0.01	–	0.01～0.02	0.01～0.03	0.001	各<0.001	各<0.0001	各<0.0003

比较而言,以五氯化物为原料电解时,铌电解的电流效率比钽的电流效率低。这和电解质中铌的反向溶解趋势较钽大有关。

以钽的五氯化物作为电解的原料的电解方法,较之氟氧化物－氯化物电解质的电解方法的优点是,可以采用一种原料($TaCl_5$)代替两种原料(Ta_2O_5和K_2TaF_7)。而且能耗和钽粉纯度指标更强一些。缺点是,要求采用更高纯度的氯化物原料(要求比Ta_2O_5和K_2TaF_7更高纯度),此外,还要在设备上加装处理氯气和阳极气体的捕收装置。

12.6　铌和钽的电解精炼[61]

电解精炼是除去金属中杂质制取高纯金属的重要方法之一。方法是以粗金属为可溶性阳极,在熔融电解质中,通过电化学作用使粗金属溶解,并在阴极上析出更纯的金属。有关电解精炼制取高纯金属铌和钽及其单晶参见13章13.3.3节。

电解精炼时,阳极钽或铌失去电子,发生电化学阳极溶解而成为Ta^{5+}(Nb^{5+})进入电解质,然后在阴极上得到电子,进行电化学还原:

阳极上　$$Ta(1) \longrightarrow Ta^{5+} + 5e$$

阴极上　$$Ta^{5+} + 5e \longrightarrow Ta$$

电解时比钽铌正电性的杂质如Si、Fe、W等不发生阳极溶解,残留在阳极合金中;比钽铌负电性的杂质,如Na、K、Ca、Mg等虽然发生阳极溶解,以相应的离子进入电解质,但由于它们的析出电位比钽铌高,在一定的Ta^{5+}含量、电解温度和电流密度下,都不会在阴极上析出,而残留在电解质中,从而达到铌钽精炼的目的。

电解精炼的原则流程如图12-9所示。精炼前后钽和铌中纯度变化如表12-6所示。

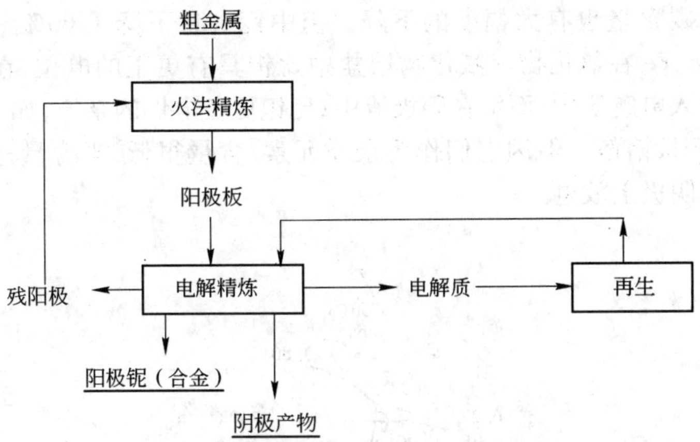

图 12-9 铌钽电解精炼的原则流程图

表 12-6 精炼前后铌和钽中杂质变化情况

金属	杂质质量分数/%							
	Fe	Ti	Si	C	N	O	W	Mo
铌精制前	0.34	—	0.065	1.4	0.045	2.9	—	—
铌精制后	0.01 ~ 0.03	$<3\times10^{-3}$	<0.005	<0.02	0.001 ~ 0.004	0.3 ~ 0.6	—	—
钽精制前	0.2	0.1	0.1	0.1	—	1.6	0.02	0.04
钽精制后	0.003 ~ 0.013	<0.03	<0.003	<0.01	<0.005	0.01 ~ 0.2	<0.0005	<0.0005

12.6.1 在氟化物 - 氯化物电解质中精炼铌和钽

有多种电解质的选择。较为重要的有在氟化物 - 氯化物电解质中精炼钽(铌)、在纯氟化物电解质中精炼钽(铌)和在纯氯化物中精炼钽(铌)。

12.6.1.1 在氟化物 - 氯化物电解质中精炼钽

在 K_2TaF_7-NaF-NaCl 熔体中电解精炼钽的最佳电解质组成(摩尔分数)为:K_2TaF_7,20%;NaF,15% ~30%;NaCl,50% ~60%[62]。图 12-10 所示为 3 种化合物的熔度图。由图可知,上述组成的电解质的熔化温度为 600 ~700℃。实际电解工艺制度为:槽温 840 ~940℃,阴极电流密度 80 A/dm^2。按 5 价钽计算,电流效率随电解质中 NaF 含量的增加而提高。不加 NaF 时,阴极沉析物晶粒松散,电流效率低,只有 NaF 含量大于 15% 时,钽才以密实的粗大树枝状的形状沉淀析出。

电解温度对电流效率影响较大。按上述最佳电解质组成,在电流密度 80 A/dm^2,电解槽温度从 840℃上升至 940℃时,电流效率从 79% 增加到 86%。表 12-7 所示为精炼前后钽中杂质含量的变化情况[62]。可以看出,精炼除去了原料钽中的大部分杂质,碳含量也有大幅度的下降。钽中铌含量下降了60%～80%。杂质W、Mo、Mn、Ni、Fe在氯化物－氟化物熔盐中比钽具有更正的电位,在钽阳极溶解时,它们不进入电解质中,而留在阳极渣中;比钽更负电性的杂质,如Al、Zr、Ti、Cr、Si等可发生阳极溶解。但因它们作为杂质元素,含量很低,当含量达到一定数量之前,不会在阴极上放电。

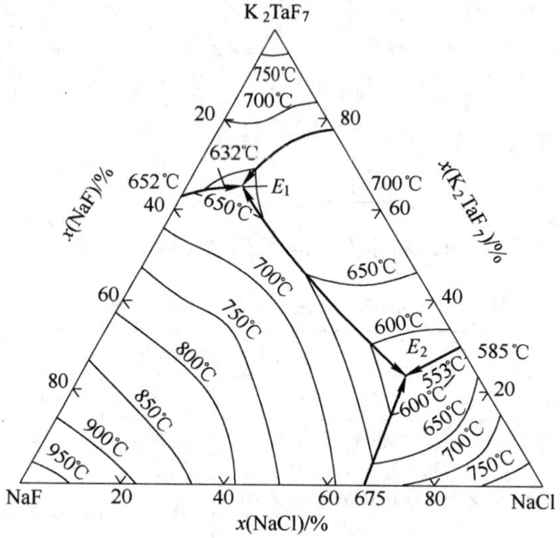

图12-10　K_2TaF_7-NaF-NaCl体系熔度图

表12-7　电解精炼前后钽中杂质含量[62]

阳极原料	电解质组成/%	电解温度/℃	杂质含量(质量分数)/%								
			Nb	Fe	Cu	Mn	Ti	Al	Mo	Ni	C
钠还原钽粉	$20K_2TaF_7$ +65NaCl +15NaF	室温	0.2	0.03	0.05	0.01	0.01	0.02	0.02	0.01	0.03
		840	0.07	0.01	0.01	—	—	—	0.01	—	0.17
		940	0.04	0.03	0.03	—	—	—	0.03	—	0.018
钽合金片含3%Nb	$20K_2TaF_7$ +50NaCl +30NaF	室温	3	0.02	0.03	0.01	0.01	0.01	0.01	0.01	0.024
		840	0.5	—	—	—	—	—	0.01	0.01	0.003
		940	0.5	0.01	0.01	0.01	—	—	0.01	—	0.005

电解电位比钽略高的铌的行为比较复杂。虽然这时铌的含量很少,在电解质中的含量达不到阴极放电的水平。但铌是变价元素,除了Nb^{5+}之外,熔盐中还存在Nb^{4+}、Nb^{3+}低价氧化物,它们可能在某个电位下发生放电。

钽电解精炼也适于在钢、铜、镍、石墨等制品上获得与基体附着牢固的优质钽涂层。

以制取涂层为目的的电解质中,还加入 LiF 盐。文献[63~66]推荐溶有 10%~30% K_2TaF_7 的 Li-NaF-KF 或 KF-NaF 和 KF-LiF 的共晶体电解质中进行电解。为防止氧化,电解要在氩气保护下进行。电解质组成为(%):LiF,29.3%;KF,59.0%;NaF,11.7%;K_2TaF_7,10%。为获致密涂层,电解在 700~800℃温度下进行低电流密度的(1~5 A/dm^2)电解,所得涂层钽厚达 0.04~2 mm。

12.6.1.2 *在氟化物-氯化物电解质中精炼铌*

国外对在氟化物-氯化物组成的电解质中精炼铌及精炼条件做了大量的研究工作[50,56,67~71]。结果表明,无论铝热还原制取的铌或碳热还原制取的铌,均可在氟化物-氯化物电解质中精炼去除杂质。和钽的稳定价态不同,铌的变价因素为精炼过程引入复杂情况。

文献[54]的结果表明,电解精炼碳还原法获得的铌,可以除去原料中的所有金属杂质以及碳和硅,但铁和氧除外。

当用添加 20%~30% K_2NbF_7 和等摩尔的 KCl-NaCl 混合盐做电解质时,由于 K_2NbF_7 中的五价铌与阳极材料反应,使电解质中出现 Nb^{4+} 离子[67,68]:

$$4Nb^{5+}(l) + Nb^0(s) = 5Nb^{4+}(l)$$

此外,在长时间低电流密度电解条件下,熔体中也生成 Nb^{3+} 离子。因此,在氟化物-氯化物熔盐中,铌的平均氧化态数稳定在 3.5~3.75 的水平上。这样,铌的精炼过程便包括阳极溶解生成低价氧化态离子及其在阴极上放电:

$$(5-n)Nb^{5+} + nNb^0 \longrightarrow 5Nb^{(5-n)+}$$

$$Nb^{(5-n)+} + (5-n)e \longrightarrow Nb^0$$

测定电流效率时,如果铌仅以 Nb^{5+} 离子存在进行计算,其效率数值往往超过 100%。这从一方面间接说明,在电解质中确实存在 Nb^{4+} 和 Nb^{3+} 离子[72,73]。在电解期间,电解质成分实际上不随时间发生变化。

对于在电解质中含 25%~32% K_2TaF_7 的体系,当电解温度为 750~800℃和起始电流密度为 50~70 A/dm^2 时,可保证高的电流效率(90%或更高)。随着电流密度的增加,电流效率下降。这时铌以针状枝晶在阴极析出[74,60,67]。

文献[67]研究了在氟化物-氯化物中精炼铌时杂质的行为。精炼中用作阳极的原料,有含 Ti、Ta、Si、Fe 各达 2% 的金属铌、铌锆合金(Nb + 1% Zr)、铝热还原制得的粗金属铌(含 10% Al)、铌钼合金(Nb + 5% Mo)和铌钨合金(Nb + 5% W)。电解时电解质中的 K_2NbF_7 含量为 10%~30%。电流密度为 90~320 A/dm^2,电解温度为 700~800℃。结果表明,精炼后得到了很好的净化效果,比铌更负性的金属杂质 Si、Al、Ti、Zr 降至十万分之几的水平,Ta 降至 0.01%~0.02%。由于这些杂质在电解质中不断积累,为此测定出了它们在电解质中的最大允许含量为:Si、Al、Ti、Zr 各为 4%,Ta 约为 1.5%。电解时要在达到这些允许含量前及时更换电解质。

比铌更正电性的元素 W、Mo,存留在阳极渣中,达到高度净化:精炼铌中含 W

和 Mo 均不大于 0.001%。是高温真空熔炼铌所难以达到的脱钨钼的纯化效果。

由于电位比较接近，电解精炼除铁的效果较差。原料铌中含铁为 0.1% 时，精炼后含铁仍在 0.008% ~0.06% 水平。电解精炼除碳效果较好，由原料铌中的碳含量 0.02% 降至精炼铌的 0.004% ~0.005% 水平。

铌在氟化物－氯化物电解质中精炼的脱氧效果不佳[74,75]。这是因为在氟化物－氯化物电解质熔盐中，铌的溶解和析出，是由 NbO 反应过程来决定的：

在阳极上　　　　$NbO - n\ e \longrightarrow NbO^{n+}$

在阴极上　　　　$Nb^{n+} + n\ e \longrightarrow NbO$

由于 NbO 比铌具有更正的电位，故阴极产物势必含有氧化铌。

文献[69,70]提供了铝热还原制取铌的电解精炼结果。电解在含 26.2% K_2TaF_7 的电解质中进行，阴极电流密度为 40 ~ 50 A/dm^2，电解温度为 800℃。表 12-8 示出了精炼前后铌中杂质的含量情况和电解精炼后的铌再经电子束熔炼的结果。电解精炼所难解决的脱氧问题，电子束熔炼能很好地解决。

表 12-8　电解精炼和电子束精炼铌的杂质含量

杂质元素	杂质含量(质量分数)/%						
	Al	C	Cu	Fe	Mg	Mn	N
电解精炼	0.002	0.02	<0.0025	0.006	<0.001	<0.001	<0.01
电解精炼+电子束熔炼	<0.002	0.01	<0.0025	<0.002	<0.001	<0.001	0.006

杂质元素	杂质含量(质量分数)/%						HRC(硬度)
	Ni	O	Sn	Si	Ti	V	
电解精炼	<0.001	0.18	<0.001	0.018	<0.005	<0.0025	—
电解精炼+电子束熔炼	<0.001	0.02	<0.001	0.005	<0.005	<0.0025	50

电解精炼用电解槽的基本结构各厂大体相似，但所用材料有所不同，较多用石墨电极，但石墨电解槽的阴极产品碳含量较高，更好的用镍或镍基耐热合金(如 Ni +20% Mo 合金等)。图 12-11 所示为俄罗斯电解精炼钽和铌的装置简图[56]。设计的电流密度为 200 A/dm^2，在镍制电解槽中心装有钻孔的钼吊筐，待精炼的金属(烧结片、块料或碎片)装在钼制阳极管中。为了定期回收阴极产物，采用由两个闸板和可更换的夹具盒组成的闸门系统。先将阴极提升到夹具盒内，关闭闸门和吊挂在支架上的夹具盒，脱离电解槽。电解在氩气保护下进行。当电解质中的杂质元素积累到规定含量时，将熔体由电解槽注入真空斗中并排出电解槽。

采用该装置连续进行 42 周期电解的试验。试验数据为电解质组成为 30% K_2NbF_7 +70% 等摩尔的 KCl 和 NaCl；粗金属铌投料量 30.3 kg；电解质 32.5 kg，起始阴极电流密度为 50 ~ 100 A/dm^2，阳极电流密度为 2 ~4 A/dm^2，电解温度 720 ~ 730℃；电解质中 Nb 的平均化合价为 4.11。每个电解周期长 5 ~6 h，电解完毕取出阴极产物,得含 Nb80% ~88% 的阴极产物 21.6 kg。电解的平均电流效率为 92%。所得阴极产物先进行湿法处理除去残留的电解质,然后进行真空蒸馏获得高纯金属铌。湿法采用含 180 g/L AlCl +3% HCl 的溶液处理。真空蒸馏是在残余压力 0.013 Pa 和 1000℃下蒸馏时间 3 h。表 12-9 所示为精炼前后铌中杂质变化情况。

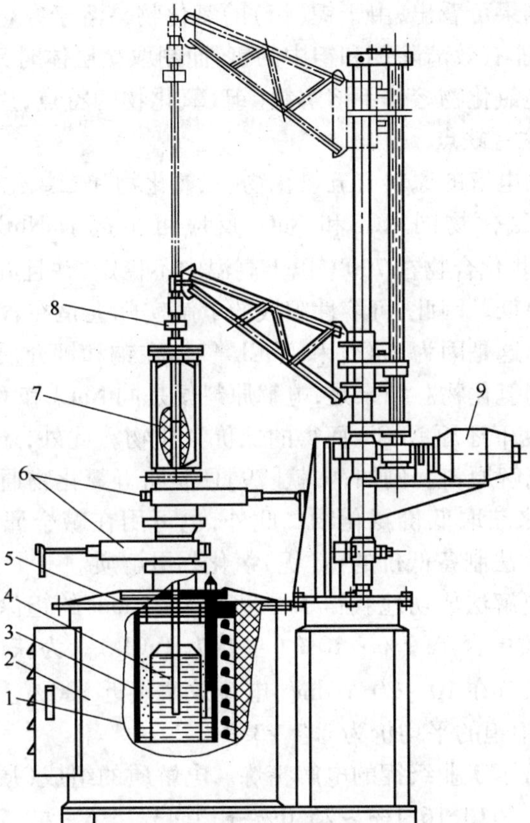

图 12-11 俄罗斯电解精炼钽和铌的装置简图

1—蒸罐;2—电炉;3—阳极筐;4—阴极;5—隔板;6—闸板;7—夹具盒;
8—阴极恒流馈线;9—阴极提升电动机

表 12-9 精炼前后铌中杂质变化(质量分数,%)

杂质元素	Ta	Ti	Si	Fe	Ni	W
精炼前	0.02	0.01	0.01	0.035	0.01	—
精炼后	0.002	0.008	0.007	0.02	0.001	0.001
杂质元素	Al	Mo	Zr	C	O	N
精炼前	—	5.9	0.54	0.02	—	—
精炼后	0.007	0.001	0.01	0.02	0.03 ~0.04	0.05

文献[75,76]报道,采用可溶性阳极,以氟化物－氯化物做电解质,或以单一氟化物作电解质,用该电解槽在低的阴极电流密度下,也可以制取密实的铌涂层。

12.6.2　在纯氯化物电解质中精炼和制取铌和钽涂层

从以上各种结果可看出,由于铌(钽)的氧化物易溶于氟化物－氯化物电解质中,以致电解时不能有效清除铌和钽中的氧,而制取涂层体时又不能采用电子束熔炼脱氧。利用单纯氯化物熔体不溶解铌(钽)氧化物的特点,用它们作电解质电解铌(钽)可以避免这一缺点。

用于纯氯化物电解的原料有五氯化物、三氯化物和二氯化物。

铌(钽)的五氯化物同 KCl 和 NaCl 反应可生成 $NaNbCl_6$、$NaTaCl_6$、$KNbCl_6$ $KTaCl_6$[77,78],但这些化合物在700℃以上高温中不稳定,并且五氯化物在 NaCl-KCl 熔体中的溶解度很低。因此,可溶性阳极的电解实际上是在含铌(钽)的低价氯化物电解质中进行。这是因为 $TaCl_5$ 和 $NbCl_5$ 气体在钠和钾介质中易和金属钽和铌反应生成了低价的氯化物。结果是,电解原料便是同 NaCl 和 KCl 混在一起的铌粉在 400～450℃温度下还原 $NbCl_5$ 而得的低价氯化物。此外,还可以通过其他方法获得低价氯化物电解原料。例如,文献[79]便是将五氯化物通过阳极板(或片材)的 KCl-NaCl 熔体来获取低价氯化物。此外,也可用在碱金属氯化物熔体中使铌(钽)阳极溶解的方法制备低价的钽(铌)氯化物电解质。

文献[79]用电解法成功地获得了厚度达 3～5 mm 的钽涂层。所用等摩尔的 KCl 和 NaCl 电解质中含 Ta 7%～10%(主要为 $TaCl_3$)。为获厚而密实的涂层,阴极电流密度必须保持在 10～20 A/dm^2,电流效率接近 100%。在低的阳极电流密度下,发现电解质中钽的平均价为 2.7～3.9。

文献[79]进行了工业级铌的电解精炼。电解质的组成(质量分数)为:$NbCl_3$,25.3%～40.75%,NaCl,16.1%～25.0%;KCl,43.15%～49.7%。将原料粗金属铌粉先压制成锭,然后在 1400℃下进行真空烧结。电解在带有钻孔的钼隔板的镍坩埚中在氩气保护下进行。最佳工艺制度:阴极电流密度为 70～110 A/dm^2,阳极电流密度为 5～10 A/dm^2,电解温度为 680～720℃。精炼前后铌中杂质变化如表 12-10 所示。

表 12-10　精炼前后铌中杂质变化(质量分数,%)

杂质元素	Nb	Ta	Ti	Fe	Si	Ni	O
精炼前	97.24		0.32		0.24		2.10
精炼后	99	<0.3	0.025	0.06	<0.01	0.06	0.14

电解精炼后铌中杂质元素氧和硅含量有显著下降。去硅的纯化作用还可从铌硅合金电解精炼产出纯金属铌的结果得到进一步证明[80]。原料铌硅合金中含:

Nb,81.9%;Ta,<0.3%;Si,11%;Ti ,0.1%;Al,3.8%;Fe,0.9%;C,0.04%;O,0.04%。经在石墨坩埚中进行电解后,所得阴极铌中含:Si,0.0007%;Al,0.007%;Ti,0.008%;Fe,0.32%;C,0.0014%;O,0.020%。不过,在氯化物电解质中进行这种电解的回收率不高,仅约70%。

以2价的$NbCl_2$作原料在氯化物电解质中制取密实的铌涂层的效果更好[77,81~83]。制备这种电解质体系的方法是:先将铌阳极溶解在KCl-NaCl熔体中,或者引入$NbCl_3$,然后使$NbCl_3$在和带有金属铌的熔体接触5~6 h,发生以下反应:

$$2Nb^{3+} + Nb^0 \longrightarrow 3Nb^{2+}$$

最佳工艺条件为:铌在电解质中的质量分数为5%~6%,阴极电流密度为10 A/dm^2,阳极电流密度为1 A/dm^2,电解温度为700~720℃,时间2 h。在镍基、铜基和铁制品上得到厚190~210 μm的密实涂层。

参 考 文 献

1 Balke C W. Trans. Electrochem. Soc, 1944.85

2 王肇信,幸良佐. 钽铌冶金学. 稀有金属冶金学会钽铌冶金专业委员会文集,1998:134~144

3 杨绮琴. 熔盐技术的应用. 大学化学,1994(2):1~5

4 Ito Y A. A bright for molden salt in science and technology. Denki Kagaku, 1999,67(6):528

5 《稀有金属手册》编辑委员会. 稀有金属手册(上册):641~647. 北京:冶金工业出版社,1992

6 宋显申. 熔盐电解制取钽. 中国冶金百科全书有色金属冶炼卷. 北京:冶金工业出版社,1999:672

7 Miller G L. Tantal and Niobium. London:Butterworths Sciencing Publications,1959:211~240

8 Sisco F T. Colunbium and Tantalum. New York:John Wiley and Sons,1963

9 Константинов В Е. Электролитическое получение ниобия и тантала. и их сплавов Москва:Металлургия, 1977

10 叶留金,等. 铌和钽. 马福康等译. 北京:冶金工业出版社,1997:153~175

11 泽列克曼 A H,等. 稀有金属冶金学. 宋晨光等译. 北京:冶金工业出版社,1982:175~185

12 《有色金属提取冶金手册》编辑委员会. 稀有高熔点金属(下). 北京:冶金工业出版社,1999:249~251

13 李国勋. 钽在NaCl-KCl-KTaF熔体中的电化学还原. 有色金属学报,1992,2(3):52

14 Киффер Р,Браун Х. Ванадий Ниобий и Тантал Москва:Металлургия,1968:310

15 Уилкинсон У. Получение Тугоплавких Металлов. Москва:Атониздатю,1975

16 Лисовик И Ф, и др. Металлургия Тугоплавких Металлов. Москва:Металлургия,1975

17 Spangerberg S F. U.S.P 4,448,654,1984

18 Minami T, Todo S. U.S.P 4,792,424,1980

19 Haarberg G N. J. of Appl. Electrochemistry,1989,19(6):789~801

20 Rameau J J,et al. Bull. Soc. Chim . France,1966(8):2473~2476

21 Rameau J J,et al. Compt. Rend. Acad. Sci. France,1969,269(8):670~673

22 Mayer R H. Oroc. Austral. Inst/ Min. and Metal,1976(143):297~327

23 Friedrich H I. Uber der Heestellun von Tantametall. Diss Hannover,1955

24 Driggs F H, et al. Ind. Eng. Chem,1961,23(6):634 ~ 637
25 Цуй Бин-Синь,и др. ЖНХ,1963,8(8):389 ~ 395
26 Констатинов В И, и др. Цвеные Металлы,1973(2):51 ~ 56
27 Drossbach P Z. Electrochem,1953,57(7):548 ~ 558
28 Juchi Oho. Sci. Reht. Res. Inst. tohoku Univ,1962,14(1):42 ~ 49
29 Констатинов В И,и др. Цвеные Металлы,1962(8):72 ~ 76
30 Констатинов В И,и др. Порошковая Металлургия,1961(5):42 ~ 52
31 Balke C W. Ind. Eng. Chem,1935,27(10):1166 ~ 1169
32 Pruvot E. Bull. Soc. France. Electricient,1959,9(97):16 ~ 27
33 Tougarinoff B. Rev. Soc. Roy belge ingrs. Industrials,1962(2):45 ~ 53
34 Tougarinoff B. Van Goetsenhoven. 31 Congs. Internat. Chemi Industr. Liege,Bruszell,1959(1):838 ~ 842
35 Остроушко Ю И, и др. Цвеные Металлы,1958(12):38 ~ 44
36 Lee J A. Chem. Eng,1948,110 ~ 155(9):104 ~ 117
37 Soisson D J,et al. Chem. Eng,1961,53(11):861 ~ 868
38 Capasimalis G P. J Appl. Electrochemistry,1987,17(2):253 ~ 260
39 Похон М Л. Ниобий и Тантал. Москва:ИЛ,1954
40 Амосов В М. Изв. Вузов. Цветная Металлургия,1965,8(1):81 ~ 83
41 Скляренко С И, и др. Труды Гиредмета. Т. 1 Москва:Металлургиэдат,1959. 733 ~ 745
42 Амосов В М, и др. Цвеные Металлы,1968(7):38 ~ 44
43 陈存中. 有色金属熔炼与铸锭. 北京:冶金工业出版社,2003
44 戴永年,等. 有色金属材料的真空冶金. 北京:冶金工业出版社,2000
45 Roth A. Vacuum Technology Amsterdam. Netherland;North-Holland. Publishing Company,1982:157
46 Chilton C H. Chem. Eng,1958 (65):104 ~ 117
47 Scholze G. ,et al. Metallurgic Selt Metalle und Spurenmetalle. Kolloq. Eereiberg,1964:228 ~ 246
48 Ziegebbalg S, et al. Metallurgic Selt Metalle und Spurenmetalle. Kolloq. Eereiberg,1964:189 ~ 207
49 Kamat G R,et al. Trans. Indian Inst. Metals,1971,24(1):55 ~ 60
50 Wong M M,Kirby D E. Electrochem. Technol,1968,6(3 ~ 4):119 ~ 123
51 Иоффе В И,и др. Науч. Труды Гиредмета. Москва:Металлургиэдат,1964(13):125 ~ 128
52 Каменская Л Е, и др. Получение чистых порошков тугрплавких металлов методом хлорной металлургии. Москва: ИМЕТ АН. СССР,1974
53 Sibrt L E. Technology of Columbium Niobium. N. Y. London:Gonset,1958:120
54 Гуровец Е И. ЖНХ ,1958,3(2):450 ~ 455
55 Numata N. J. Surf. Finish Soc. Japan,1998,49(4):341 ~ 346
56 Сансон Ю У,и др. Сб. Научн. тр. Гиредме т Москва:Металлургия,1972,(42)5:28
57 Decroly C, et al. Electrocen. Soc,1968,115(9):905 ~ 912
58 Rovhembauer W. Chem. Ing Technol,1969,41(4):159 ~ 167
59 Boitin J, et al. U. S. P 5 064 513,1991
60 Schenk G. Zur Schmeltzflusselektrolyse von niob. DISS. Dokl. Zuricg,1968
61 舒尔茨 K,等. 铌的提纯 铌资源应用开发技术. 北京:冶金工业出版社,1992:553 ~ 567
62 Изв. АН СССР. Метaлы,1969(6):79 ~ 84
63 Senderoff S,Mellor G W. Science,1966,153:1475 ~ 1481
64 Senderoff S. J. Ins. Metals,1966,94(7):97 ~ 112

65 Grain H S, et al. Plating, 1972, 48(9): 291 ~ 294

66 WURN J. Electriziatsverwertung, 1973. 49(11): 1038 ~ 1042

67 Гриневич В В, и др. Металлургия вольфрама, мольбтена и ниобия Москва: Наука, 1967: 172

68 Реэниченко В А. Изв. АН СССР. Металы, 1972, 6(5): 18 ~24

69 Sundaran C V, et al. Oroc Symp. Poeders abd Sintered Prod, 1971: 1 ~ 20

70 Ковалев Ф В, и др. Сб. Научн. тр. Гиредме т Москва: Металлургия, 1972(42): 33 ~ 36

71 Cumings R E, Cattoer F A. Rept. Invest. Rur. Min US Dept. Interior, 1964(6506): 12

72 Shinmakece K, et al. J. of Japan. Inst. of Metals, 1955, 59(6): 947 ~ 952

73 Ивановский Л Е, и др. Сбор. Научные труды Инст. Электрохимия. УФАН АН СССР. Свердноский: Книжн. Издательство, 1960(1): 49 ~ 54

74 Ивановский Л Е, и др. Сбор. Научные труды Инст. Электрохимия. УФАН АН. СССР. Свердноский: Книжн. Издательство, 1964(5): 11 ~ 17

75 Савицкий Е М, и др. Проблемы Сверхпроводящих материалов. Моска: Наука, 1979: 203 ~ 208

76 Кателевский В А, и др. Сбор. Научные труды Инст. Электрохимия. УФАН АН СССР. Свердноский: Книжн. Издательство, 1974(21): 51 ~ 60

77 Романков В А. Диаграммы Плавкости Хлоридных ситстем. Москва: Химия, 1972: 384

78 Ивановский Л Е, и др. Физическая химия н Элетрохимия Расплавленных солей и шлаков. Ленинград: Химия Металлургия, 1968: 341 ~ 347

79 Сучков А Б, и др. Изв. АН СССР. Металлы, 1964(4): 52 ~ 55

80 Сучков А Б, и др. Изв. Вузов. Цвеная Металлургия, 1969(6): 56 ~ 59

81 Ивановский Л Е, и др. Физическая Химия и Элетрохимия Расплавленных солей . Москва: Металлургия, 1965: 280 ~ 283

82 Красильников М Г, и др. Защита Металлов, 1971, 7(1): 59 ~ 61

83 Dick G B. Galvanotechnik, 1997, 88(12): 982 ~ 987

13 致密金属铌钽和高纯金属铌钽的制取

铌和钽由于熔点高，各种还原方法最后所得的金属都是粉末状或海绵体。为获得可进行压力加工和具有延性的致密金属，必须将粉料进行致密化处理，获得锭坯。作为半成品锭坯，必须满足以下要求：

(1) 化学成分和杂质含量在规定范围内，且分布均匀。

(2) 组织均匀，无特异和个别粗大晶粒。

(3) 无夹杂、裂纹、缩孔疏松等冶金缺陷。

铌、钽常用的致密化方法主要有粉末冶金法和熔炼法两大类。熔炼法占主要地位。由于铌和钽的熔点高、活性强，各种致密化方法都须在高温和高真空条件下进行，故在致密化的同时，对铌和钽还有纯化作用。

常用的钽、铌精炼工艺流程图如图 13-1 所示。

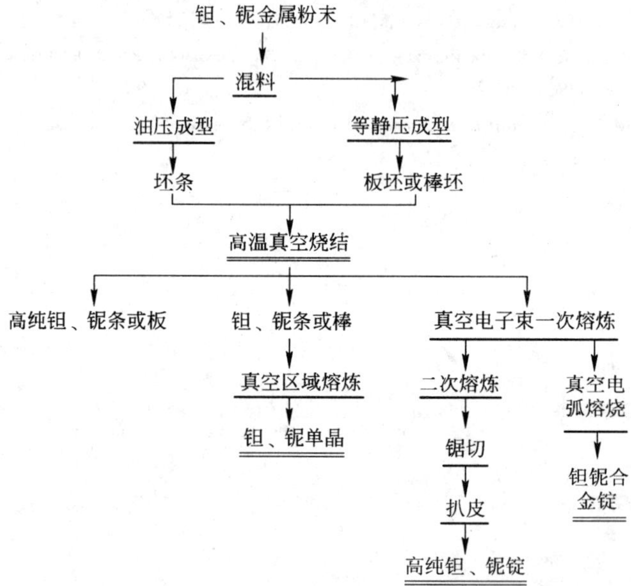

图 13-1　钽、铌精炼工艺流程图

两类方法中，粉末冶金法是应用最早的方法，目前主要用于生产尺寸不很大的坯料。生产大尺寸的铌或钽锭，主要采用熔炼法。但粉末冶金法也用于制取熔炼法的坯料，在需要加入添加物时，如添加氧化钇、氧化钍等，则只能采用粉末冶金法。实际上粉末冶金法和熔炼法是互为补充并具有同等重要性的致密化方法。两类方法比较如表 13-1 所示。

表 13-1 钽铌精炼方法比较

项　目	真空高温烧结	真 空 熔 炼
产品纯度	C、Si 以 CO、SiO 形式除去,效果较好,但由于温度低,一般杂质的除去比较困难	易挥发性金属杂质,气体杂质易于除去。如电子束熔炼时,O、N 含量可达$(10\sim15)\times10^{-6}$,区域熔炼可达10^{-7}以下
锭坯组织	晶粒细,均匀,孔隙度大,密度可达理论密度的 90%	晶粒粗大、致密,可接近理论密度
成品率	95% 以上	85% ~90%
1 kg 钽电耗	约 100 kW·h	18 ~26 kW·h(电子束熔炼)
锭坯大小	可产直径 15 mm、2 kg 小型坯条,也可产 20 ~80 kg大型板棒	可制得数吨的大型锭坯
生产率	周期长,生产率低	电子束熔炼,电弧熔炼周期短,生产率高
经济效益	回收率高,设备造价低	回收率低,设备造价高

13.1 粉末冶金法制取致密铌和钽[1~5]

工业上粉末冶金法目前主要用于生产铌和钽的棒材和丝材,其优点主要是:

(1) 粉末冶金的金属产品具有细晶粒的组织。若是熔铸材料,则只有通过反复变形才能获得这种组织。

(2)可直接生产出所要求的成品和各种供直接用的坯料。

(3)所得坯料的组织结构细而均匀,有利于下步加工。

(4)金属损失少,成品率高。

(5)小批量和小规格生产具有较大的灵活性。

(6)方法简便、投资少。

真空烧结有直接加热(电阻加热)、间接加热(辐射加热)和感应加热 3 种方式。各种加热方法的特点如表 13-2 所示。

表 13-2 钽铌真空烧结方法的特点

烧结方法	设　备	适用范围与应用举例
直接加热(电阻加热)	真空垂熔烧结炉	2000 ~2700℃,适用于烧结钽、铌条和棒、板坯料
间接加热(辐射加热)	钨丝炉 钽片炉、钽丝炉 真空碳管炉	2000 ~2500℃,烧结管、片等复杂形状的钽、铌坯料 1800 ~2200℃,烧结粉末、块状钽铌坯料,如钽铌电容器阳极块的烧结 1800 ~2200℃,烧结条状、块状的钽铌条
感应加热	真空感应炉	2000 ~2300℃,适于烧结复杂形状的坯料、粉状料,如钽块的烧结,脱气

粉末冶金工艺过程通常包括炉料配置粉末压制成型和坯料烧结两大工序。

13.1.1　炉料配置和粉末压制成型[6,7]

13.1.1.1　炉料配置

在还原铌(钽)粉末中,通常含有较高的氧(0.1% ~1.5%)和碳(0.1% ~0.3%),还含有含量较低的杂质Si、Ti、Fe等元素。在真空烧结铌(钽)的坯料过程中,只有坯料中的氧和碳及其他一些杂质符合一定比例要求时,才能有效除去杂质,达到纯化的效果。因此在进行压制之前,必须先进行配料。例如,真空下烧结时,氧主要以CO形式除去,为此要向粉末中加入预先计算好的碳(炭黑)。或为了排除碳,需要加入比化学计量数稍多一些的铌(钽)氧化物,这是因为在原料粉末中还含有Si、Ti等杂质,它们也会还原氧化铌(钽),生成SiO、TiO等,和CO一起被除去。此外,在1700 ~2000℃温度内会发生低价氧化铌(钽)的部分蒸发。因此,为了除去上述杂质,仅按生成CO、Si、TiO来计算化学计量数的氧是不够的。

当杂质含量较高时,不正确的配料比还有可能引致烧结坯料的重熔,造成肿胀或生成脆性坯料。此外过度配料,会引起坯条重量损失(见图13-2)。

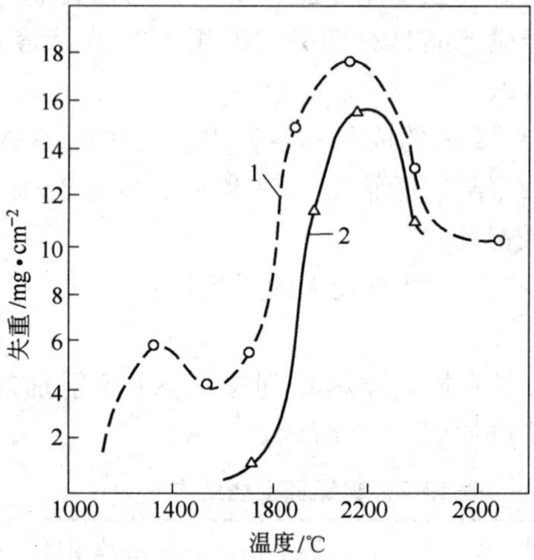

图13-2　钽的烧结蒸发损失

1—总损失;2—TaO_x 损失

有关配料工艺可参见第11章有关碳还原法的配料计算方法。

13.1.1.2　粉末压制成型[8]

铌(钽)粉末的成型是借助于压机的压力,在模具中将粉末压制成具有一定的几何形状、尺寸、密度和强度的坯料。粉末在压制过程中会产生一系列复杂的变化,如粉末体的密度、强度和弹性后效等的变化。以密度变化为例,压制的第一阶段为粉末滑动阶段,压坯密度随压力增加而迅速增加;第二阶段为压坯阶段,这时粉末位移已大大减少,而大量的变形尚未开始,压力虽有增加,但密度增加很少;第三阶段为变形阶段,当压力超过粉末的临界应力时,粉末颗粒开始变形,导致密度增大,最后达到一定数值。有关粉末成型过程的基本规律,可参见第11章碳热还原压制成型的论述。

铌(钽)粉末的成型方法主要有钢模冷压和等静压成型。成型坯料多以圆棒、方条、矩形棒等简单形状提供。

A 钢模冷压成型

模压成型一般是将粉末混合料装在压模内,通过模冲对粉末加压,卸压后,压坯从阴模内压出。钢模冷压成型通常在油压机上进行,压坯形状和尺寸取决于压模。模压工艺包括原料预处理、装粉、压制和脱模。预处理包括粉末退火、筛分、混合、添加成型剂等。油压机的铌(钽)粉末成型根据坯条规格采用无水酒精成型剂,选定一定的压力和保压时间,最后得到压坯密度为60% ~70%(相对于铌(钽)的真实密度)的压坯。

B 等静压成型[9]

等静压成型是粉末冶金新兴起的一种成型方法。对于铌(钽),采用等静压可以得到大尺寸和密度均匀的制品。成型在等静压机内进行。将密封好的装粉模具(包套)放入等静压机的高压缸内,开动高压泵,打入高压液体,使粉末均匀受压。当压力达到规定值后,保压一定时间使粉末成型。然后泄除压力,抽出液体,取出成型好的坯料。冷等静压成型工艺过程包括:模具材料的选择及模具制作,粉末料的准备和装袋,密封压制和脱模。

影响型坯质量的因素主要有:

(1) 粉末特性:粉末愈细,流动性愈差。在同样压力下要制得同样规格的压坯,细粉的压坯密度小。粉末粗大,压制时位移和变形较困难。过细和过粗的粉末都不利于提高压坯的密度和强度。粒形较简单的粉,松装密度大,表面光滑流动性好,压坯密度大但强度差。粒形复杂的粉,压坯密度小但强度大。

压制工艺往往取决于原始粉料的性质。对于钠还原的细粒粉末,由于比表面积大,可以在相对不太高的压力下压制,如钽粉可在300 ~500 MPa,铌粉可在700 ~800 MPa。电解法制取的粗颗粒的钽粉在700 ~800 MPa下压制。在制取20 mm×20 mm的坯条时,采用单向压制工艺;对于较大尺寸的坯条需用双向压制工艺。对于用碳热还原法制取的铌条或钽块,为增加脆性要先进行氢化和脱氢破碎处理,所得脱氢粉再在300 ~500 MPa的压力下压制成坯条。

另外，粉末的化学成分也影响坯料的质量和成型性能。一般情况下，粉末含氧量高，会提高粉末的硬度，使粉末的结合力减弱，易引发压坯产生裂纹和分层。

（2）成型剂：在钢模成型时，不加成型剂（结合剂），易致压坯密度下降，并出现不均匀性。

但实际上挤压时大部分情况下都不必采用润湿剂（润滑油），这是因为钽和铌的颗粒具有高塑性。有时也使用汽油或溶于酒精中的甘油溶液，用于压制长方形坯料（用于轧制板材）或正方形截面的坯条（用于拉制线材）。

（3）压制压力：在一定压力范围，压坯密度和强度随压制的压力增强而增大。在相同比压条件下，等静压比钢性模压可以获得更高密度和强度的压坯。

（4）模具与压力机：钢模冷压成型时，压模的粗糙度大，粉末与模壁的摩擦力增大，不仅会使压坯表面质量变差，同时还会造成压坯密度分布不均匀。

13.1.2　坯料的烧结[10,11]

热压致密化烧结是通过压力加工使之达到理论密度（图 13-3）。

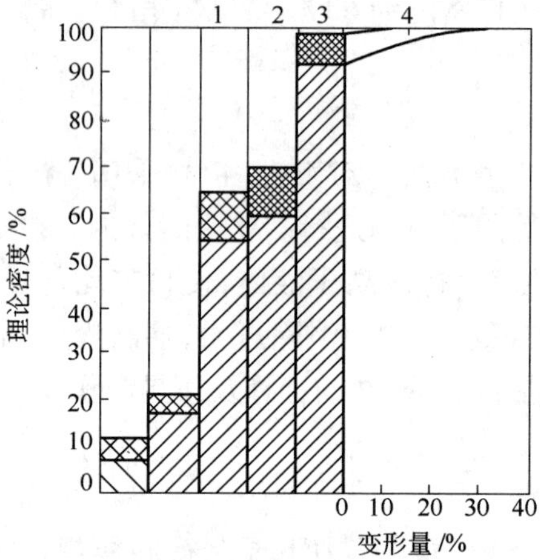

图 13-3　铌（钽）烧结锭坯加工过程中的致密化度变化

1—压制；2—预烧结；3—烧结；4—加工

铌（钽）坯料烧结要求在高真空（压力 0.3 ~ 0.013Pa）下进行。坯料在高真空中烧结精炼同时也是金属提纯的物理化学过程。通常烧结温度为铌（钽）的熔点的 0.6 ~ 0.9，烧结时间一般为几小时。在过高温度下烧结会导致晶粒变粗。

铌（钽）真空烧结方法按其加热方式，分为真空直接加热烧结和真空间接加热烧结和感应加热 3 种方法。真空直接加热烧结又称为垂熔烧结，是将大电流直接通过坯料，由坯料本身电阻产生热量来实现高温烧结。间接加热是通过辐射加热或感应加热来实现烧结。用于铌（钽）坯料烧结的主要设备有真空垂熔炉和真空感应炉。

13.1.2.1　烧结工艺

铌（钽）的垂熔烧结工艺制度主要依据烧结的致密化、产品纯化、烧结变化规律、影响因素等制订。常用的垂熔烧结制度如表 13-3 所示。

表 13-3 常用的垂熔烧结制度

名称	规格/mm×mm×mm 或 mm×mm	温度范围 /℃	升温时间 /min	保温时间 /min	真空度/Pa	产品用途
钽	(28~30)× (70~73)× (690~730)	常温~1800 1800~2500	80 60	90 240	0.05~0.005	供轧制加工钽板 坯料,一次烧结
		常温~2400	60	90~120	10^{-3}	二次烧结
	φ50×(700~800)	常温~1700 1700~2400	60 30	240 240	10^{-2} $\sim10^{-4}$	用于制作 高压钽粉
		常温~1700 1700~2400	60 30	60 120	0.05~0.005	电子束熔 炼用坯料
	16×20×500	常温~1800 1800~2500	60 60	120 180	0.01~0.005	加工 丝料用
	(25~30)×(71~ 73)×(690~730)	常温~1650 1650~2050	80 80~100	90 480	0.05~0.005	轧铌板
铌	φ50×80	常温~1650 1650~2050	60 30	180 240	0.05~0.005	电子束熔 炼用坯料

通常,要获得合格的金属条,一般要进行 2 次垂熔烧结。第 1 次烧结后坯条密度只能达到理论密度的 40% 左右,不能满足进一步加工的要求。为此在第 1 次垂熔烧结坯料经冷加工变形量达 15% ~30% 后,再进行第 2 次垂熔烧结,使坯料内产生再结晶组织,相对密度达到 98% 左右。

钽棒的垂熔烧结曲线如图 13-4 所示。铌板坯垂熔烧结曲线如图 13-5 所示。

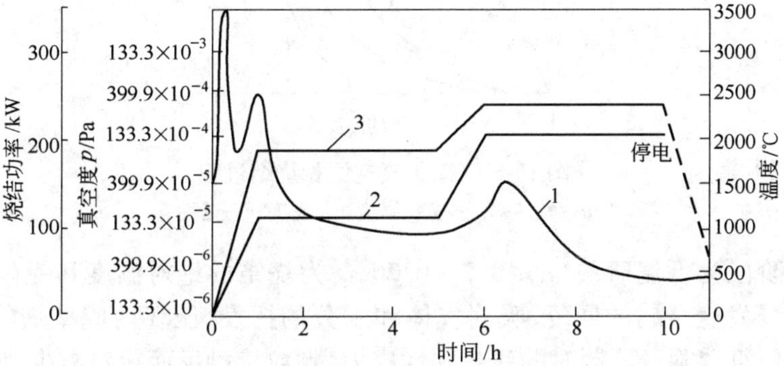

图 13-4 钽棒(φ500 mm×700 mm)的垂熔烧结曲线

1—放气量;2—烧结功率;3—温度

13.1.2.2 烧结机理

如上所述,铌(钽)坯料的真空烧结温度是在低于熔点的温度下进行的,因而烧结过程自始至终没有明显的液相产生,即完全属于固相烧结(单元系烧结)。在烧结过程中,随着温度的升高,坯料粉末会发生电导率、抗拉强度、密度、延性等各方面的变化。其变化过程大致分为 4 个阶段,如图 13-6 所示[12]。

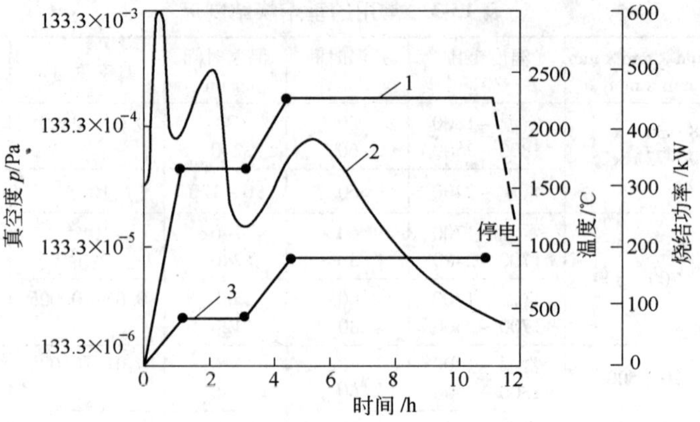

图 13-5　铌板坯(28 mm × 70 mm × 680 mm)垂熔烧结曲线

1—放气量;2—烧结功率;3—温度

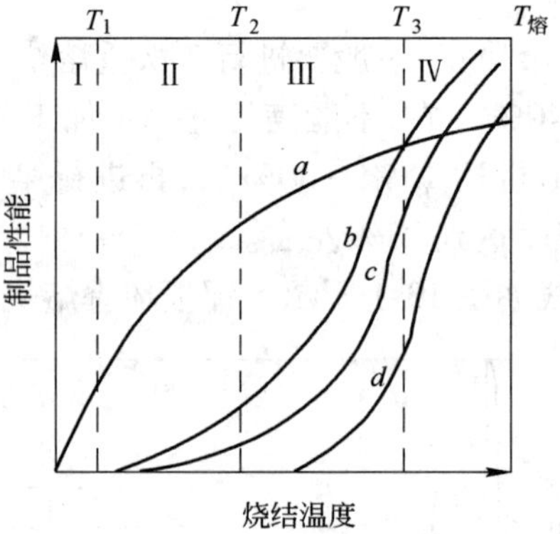

图 13-6　铌、钽真空固相烧结过程

a—电导率;b—抗拉强度;c—密度;d—延性

第一阶段为低温阶段($\alpha \leqslant 0.2 \sim 0.25$,$\alpha$ 为烧结的绝对温度和铌(钽)的熔点之比),主要发生金属的回复、吸附气体和水分的挥发,压坯内成型剂的分解和排除。由于回复消除了压制时的残余弹性应力,颗粒接触反而相对减少,加上挥发物的排除,故压坯体积收缩不明显。在这一阶段,密度基本维持不变,但因颗粒间金属接触增加,电导率开始增加。由于坯料残留的内应力逐渐消失,粉末间的接触改善,坯料开始膨胀。

第二阶段为中温升温阶段($\alpha \leqslant 0.4 \sim 0.55$),开始出现再结晶。首先在颗粒间内,变形的晶粒得以恢复,同时颗粒表面氧化物开始被还原,颗粒间形成烧结颈,故烧结体强度迅速增高。相对而言,密度增加较缓慢。由于粉末颗粒间开始黏结,电导率明显增大。

第三阶段为高温保温阶段（$\alpha=0.5\sim0.85$）。烧结的主要过程充分进行，形成大量闭孔，并不断缩小，使得孔隙尺寸和孔隙总数均有所减少，烧结体密度迅速增大。由于烧结加剧进行，坯料迅速收缩，与此同时烧结坯料强度和延性显著增加（图 13-7）[12]。

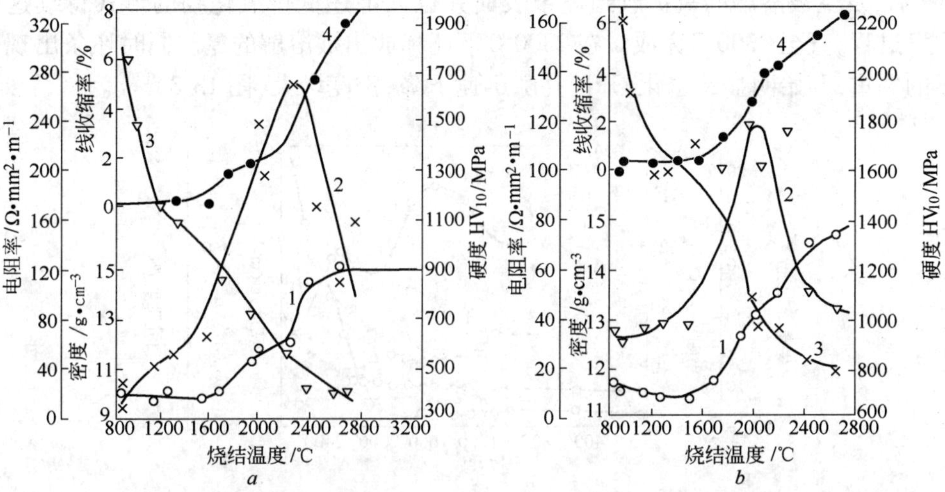

图 13-7 钽棒坯烧结过程中坯条密度（曲线 1）、硬度（曲线 2）、电阻率（曲线 3）和线收缩率（曲线 4）随温度的变化情况[12]

a—成型压力 60 GPa/cm²；*b*—成型压力 120 GPa/cm²

第四阶段为终结阶段（$\alpha=0.85$）。保温足够长时间后，气孔封闭，晶界面逐渐减少，所有性能均达到稳定值不再变化。电导率达到最大值，并开始晶粒长大，表明烧结趋于完成。

13.1.2.3 烧结过程物理化学变化和提纯作用

铌（钽）真空烧结过程是一个物理化学的变化过程，包括低熔点杂质金属的挥发、水和有机物的蒸发、气体的解吸和吸附、坯料的收缩、孔隙的闭合、晶粒长大等。这些变化发生在各个加热阶段。

在 100～300℃时，坯料中吸附的水分、空气中的氧、氮以及压制时使用的残留润滑剂因蒸发而脱除。

在 400～800℃内，粉体中绝大部分氢气脱出。同时坯条的电阻急剧下降，导电性迅速增加。

800～1000℃内，电阻变化趋于平缓，同时坯条从真空炉中的残余气体中吸收氧和氮。这种吸收气体的过程，铌一直持续到 1600℃，钽一直持续到 2000℃。

1100～1600℃内，氧化物中的碱金属杂质开始挥发。随温度升高，Nb_2O_5 和 Ta_2O_5 氧化膜开始分解生成颗粒粉末，并与 C 和 Si 发生反应，生成 SiO 和 CO 的形式挥发掉。这种反应在1600℃以上(对于铌)和2000℃(对于钽)仍一直继续发生。与此同时,坯条电阻又逐步下降,开口孔隙度逐步增加。粉末颗粒间开始金属联结,电导率增高。

1600~2000℃区间,铌于温度1600℃、钽于温度1800~2000℃基本排除CO和SiO后,发生被溶解的氧扩散到坯条表面并也以上述低价氧化物的形式持续这一挥发过程,直至2300℃完成。在2300℃下还释放出被溶解的氮。同时坯条出现明显的失重,开始明显致密化,开口孔隙迅速下降,密度增大(图13-8)[13]。

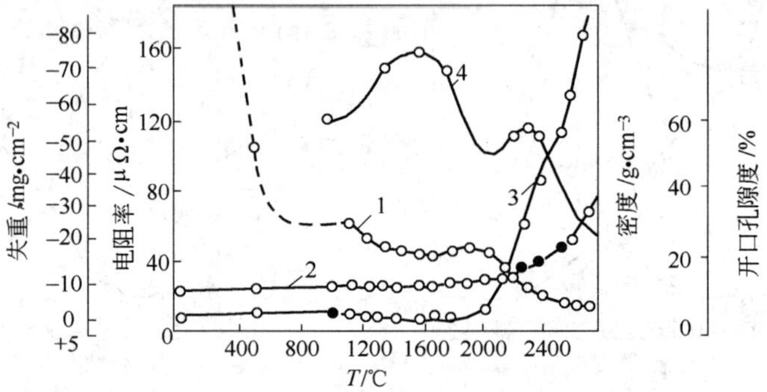

图 13-8 真空烧结过程钽坯条性能的变化

1—电阻;2—密度;3—失重;4—开口孔隙度[13]

2000~2600℃,开口孔隙度出现由低到高,再由高到低的现象。低价氧化物大量蒸发,而且挥发速度随温度升高而迅速加快,坯条重量损失迅速增大(图13-2)。铌约在温度2300℃、钽约在温度2600~2700℃下于数小时内,直至残余压力不低于0.13 Pa的情况下停止析出气体,至此烧结过程宣告完成。在烧结过程中,Fe、Ni、Ti等杂质从钽中几乎全部挥发。铌在较低温度烧结时,尚有部分杂质残留下来。

温度达2600℃后,坯条的致密化和精炼提纯已基本完成。这时,如延长烧结时间,反而会造成"过烧",增加金属损失和使晶粒变粗。

13.1.2.4 烧结过程的影响因素

(1) 烧结温度:温度和烧结过程中升温速度的控制是影响产品质量的关键因素,特别是影响杂质的完全去除。一般来说,烧结温度高,可以加快烧结速度,有利于坯条致密化过程的进行和杂质的去除,还可以缩短烧结时间,提高设备利用率。但烧结温度过高,例如过于接近铌(钽)熔点温度,又易使烧成的坯条软化、歪曲、变形,已形成的细晶粒组织变粗,造成"过烧"。终极烧结温度过低,会影响坯条的致密化进行,造成"欠烧"。图13-9所示为烧结温度(室温至2600℃)对钽条的电阻率、密度、失重变化的影响。

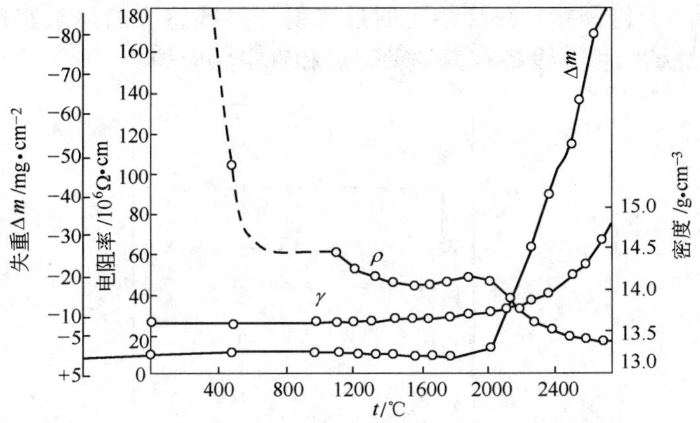

图 13-9　烧结温度（由室温至 2600℃）对钽条的电阻率、密度、失重的影响

（2）烧结时间：图 13-10 所示为电解钽粉坯条在 2600℃烧结时的失重、密度、电阻率和开口孔隙度随时间变化的情况。

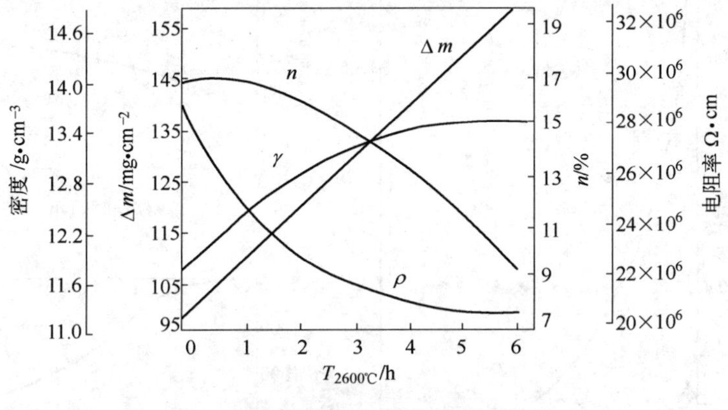

图 13-10　钽坯条在 2600℃烧结时的失重 Δm、密度 γ、电阻率 ρ 和开口孔隙度 n 的变化

铌（钽）坯料烧结过程的持续时间取决于粉末采用的制取工艺方法和粉末中易挥发杂质气体的含量。例如，对于杂质含量低且颗粒粗用电解法制取的钽粉烧结时，可快速升温，短时间保温，烧结过程总时间 5 h 即可（图 13-11）[14]。

一般情况下，坯料烧结时间与烧结温度、坯条大小、物料成分和密度等因素有密切关系。例如，高温烧结，在较短时间即可完成烧结过程，如图 13-12 所示[15]。

13.1.2.5　烧结设备

烧结方法按加热方式分为真空直接加热烧结和真空间接加热烧结。真空直接加热烧结又称为垂熔烧结，是将大电流直接通过坯料，由坯料本身电阻产生热量来实现高温烧结;真空间接加热烧结是通过辐射加热或感应加热来实现烧结。用于铌(钽)坯料烧结的主要设备有真空垂熔炉和真空感应炉。

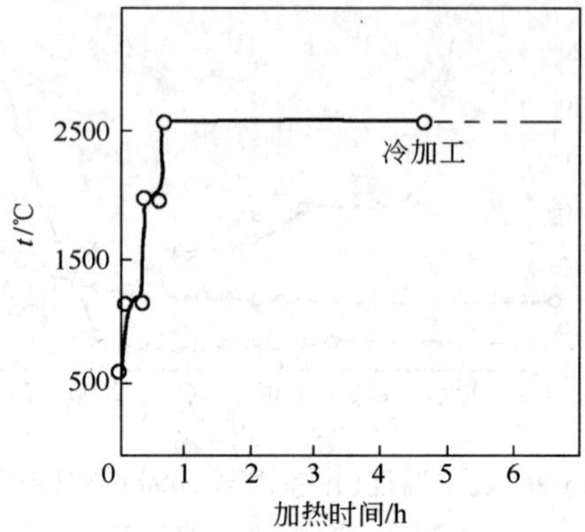

图 13-11　电解钽粉压实坯条的烧结过程[14]

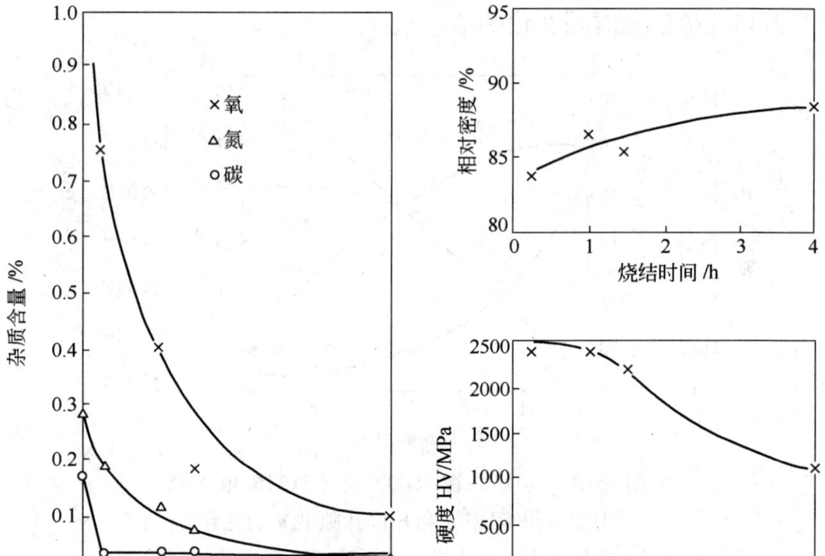

图 13-12　烧结时间对铌的纯度、密度和硬度的影响[15]

铌(钽)的坯条加热时大都采用类似烧结钨坯条时使用的设备和直接通电方法。它们的区别只是放坯条的罩筒是密封的。为了减少热损失及均匀加热,在坯条周围放置了由石墨管和钼板组成的屏蔽。图 13-13 所示为铌(钽)坯条真空烧结设备简图。

图 13-13 中上部是固定的触点，用通过金属板的水冷铜管输送电流。下部是可移动触点，装在与真空系统相连接的密封室内。装有坯条的密封室通过水冷外罩与设备钢板上的环形槽内装配的橡皮圈保证密封。

烧结大型锻压坯和形状复杂的零件时，采用间接加热法，使用真空感应炉或电阻炉。图 13-14 所示为真空感应炉的示意图。炉中有由厚壁钨环叠起的钨管加热器。

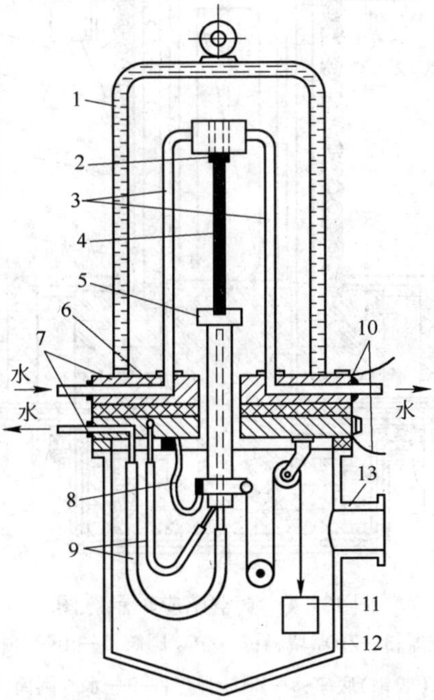

图 13-13　铌(钽)坯条真空烧结设备简图

1—钢制水冷罩；2—上端固定接点；3—输电铜管；4—烧结棒；5—下端活动接点；6—钢板；7—环形橡皮垫圈；8—柔性输电母线；9—进水和出水软管；10—输电母线；11—平衡块；12—下罩；13—接真空泵的管

在间接加热的烧结炉中，最高烧结温度比直接通电烧结的温度约低 100 ~ 300℃，这样会增加烧结时间，降低金属的精炼程度。间接加热的优点是整个坯料沿其高度和截面的加热都是均匀的。对于直接通电烧结，则要把坯条的两端截掉。表 13-4 所示为直接通电烧结前后钽和铌坯条中杂质含量的变化情况。从表 13-4 可看出，烧结达到了金属精炼和除杂质的效果。钽的最高烧结温度达 2600℃，铌的最高烧结温度一般在 2100 ~ 2300℃。由于钽的烧结温度比铌高，钽的精炼和提纯效果也比铌好。通过烧结不能除去铌中钽，铁也不能完全排除。

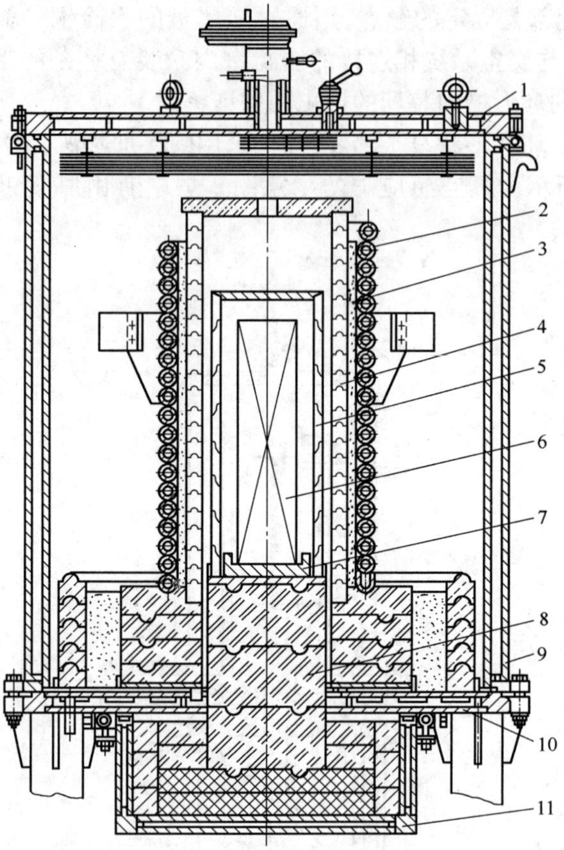

图 13-14　真空感应炉示意图

1—水冷炉盖；2—感应器；3—ZrO_2 填料；4—ZrO_2 圆筒；5—由钨环构成的圆筒（加热器）；6—烧结坯料；7—钨（或钼）底座；8—ZrO_2 异形件；9—水冷圆筒；10—底盖；11—底板

表 13-4　直接通电烧结前后钽和铌坯条中杂质含量（质量分数）的变化（%）

杂　质	钽		铌	
	烧结前	烧结后	烧结前	烧结后
O	0.1～0.2	0.005	0.50	0.01
Fe	0.02	0.01	0.04	0.02
Si	0.05	0.01	0.08	0.01
Ti	0.01	0.01	0.05	0.05
Na	0.01	0.002	0.01	0.002
K	0.01	0.002	0.01	0.002
N	0.05	0.003	0.1	0.01
H	0.10	0.001	0.2	0.001
C	0.05	0.01	0.25	0.01
Nb	0.10	0.10	—	—
Ta	—	—	0.3	0.3

13.2　铌钽真空熔炼

金属铌锭和钽锭的生产主要采用真空熔炼法,包括电子束熔炼、电弧熔炼和等离子体熔炼。

真空熔炼法的主要优点有:

(1) 能生产大规格的锭坯,加工材的批量大。

(2) 金属精炼提纯的效果更好。

(3) 熔炼在兼做锭模的坩埚内进行,便于采用封顶方式补缩,减少冒口的切除率。

(4) 顺序凝固的方式有利于不挥发杂质上浮,可改善铸锭组织。

用于熔炼的铌(钽)原料主要是用碳热法或铝热法还原得到的铌(钽)粗金属烧结坯料。由于铌(钽)对氧、对碳都具有很高的亲和力,故在熔炼时要避免使用氧化物耐火材料或石墨材料。熔炼时通常采用水冷铜坩埚或结晶器,这样既能减少来自大气及坩埚材料对熔体的污染,又为金属提纯提供了有利的热力学和动力学条件。

稀有金属的真空熔炼方法比较如表13-5所示。

表13-5　稀有金属的真空熔炼法比较

项　目		真空自耗电弧熔炼	电子束熔炼	真空等离子束熔炼	真空等离子弧熔炼
使用原材料状态		需要制备自耗电极	散状料,棒料均可	散状料,棒料均可	形状不限
铸锭规格		大型锭易于实现	小	可制取大规格异型锭	较大
比电能消耗		最小	大	较大	较小
熔炼室压力/Pa		1.33~0.013	0.13~0.0013	充氩13.33~0.13	充氩1.33
精炼效果	脱除气体	有限	最优	良好	有限
	去除挥发杂质	有限	最优	良好	有限
	去除金属杂质	良好	最优	良好	良好
电极材料污染		无	无	用钽管做阴极,极少	极少
坩埚材料污染		无	无	无	无
铸锭晶粒度		粗大	极粗	粗大	粗大
挥发损失		少量	最大	较大	较大
铸锭表面质量		一般	较好	一般	一般
铸锭断面形状		一般只限圆形	一般只限圆形	圆形,异形	一般为圆形
合金成分控制		调整电极成分,易于控制	较困难	良好	良好
熔炼速度控制		可调范围很大	范围宽广	范围大	一般不调节
熔炼周期		最短	最长	较长	短
残料返回使用		很有限	良好	可用100%返回料	良好

续表 13-5

项　目	真空自耗电弧熔炼	电子束熔炼	真空等离子束熔炼	真空等离子弧熔炼
炉子效率	高	最低	较低	较高
设备投资	低	最高	较高	较低
最宜应用领域	Ta、Nb、Ti、Zr 及其合金	W、Mo、Ta、Nb、Hf 等纯难熔金属	Ta、Nb、Ti、Zr 回收及熔炼	在钛及钛合金中有应用

13.2.1　铌钽真空熔炼的热力学和动力学[16~19]

真空熔炼时的反应和真空烧结的反应基本相似。主要差别在于真空熔炼的速度大大高于真空烧结，这是因为熔炼反应过程的温度较高和杂质在液态金属中的扩散速度较快。真空熔炼可以缩短精炼过程的时间，消除杂质，特别是去除金属杂质的效果更好，铌（钽）可以达到深度提纯水平。因此，作为工艺过程，真空熔炼可以达到两个目的：(1)获得下一步加工所需的致密金属和合金坯料；(2)去除杂质，获得高纯金属。熔炼法是制取铌（钽）单晶的主要手段。

13.2.1.1　真空熔炼热力学[20,21]

真空熔炼的优点在于提纯作用强，表现在金属中的杂质易挥发，脱氧能力强，脱气效率高，部分氧化物和氮化物可热解，甚至在大气中不能进行的反应过程也可以进行，尤其是有气态产物生成的冶金反应。在低压条件下，气体分子密度小，在热力学上遵守理想气体定律，各种反应焓与压力的关系可以忽略不计，焓实际上等于热容，反应驱动力可用自由焓度量。在真空熔炼过程中，反应是在不断抽气的极低压力下进行，气态产物可以随时抽走，使反应过程永远达不到平衡状态，因而熔体表面杂质的挥发、氢气析出和一切可能有气态产物的反应都能顺利进行。

在真空中进行的熔炼过程能强化所有气态生成物的冶金反应；脱气、分解、挥发和脱氧过程在真空下进行得更充分，能获得更好的精炼效果。

A　脱气

金属铌和钽中常含有 H_2、O_2、N_2 等气体。氮、氧多以氮化物、氧化物的形式存在，氢则多半固溶在金属中。除氧外，溶解于铌和钽中的气体杂质都可在熔炼中脱除。一般脱气主要是指脱去熔体中的氢气。

由平方根定律可知，双原子气体（H_2、O_2、CO 等）在金属中的溶解度与其分压的平方根成正比。即

$x(\mathrm{H}) = K(\mathrm{H})\sqrt{p(\mathrm{H})}$，或 $x(\mathrm{N}) = K(\mathrm{N})\sqrt{p(\mathrm{N})}$，或通式 $x(\mathrm{C}) = K(\mathrm{C})\sqrt{p(\mathrm{C})}$

式中，H、N、C 分别为氮、氢或气体碳（指 CO_2 或 CO）在金属中的溶解度；$K(\mathrm{H})$、$K(\mathrm{N})$ 为氢、氮和气体碳在金属中的平衡常数：p 为氢、氮和气体在气相中的分压。

金属温度一定时，$K(\mathrm{H})$、$K(\mathrm{N})$、$K(\mathrm{C})$ 均为常数。在真空熔炼条件下，炉内真空度越高，氢、氮的分压值也越低，残留在金属中的氢、氮越少，除气的效果越好。

在工艺过程中,实际上除气效果还须考虑去氢时的动力学条件和金属的性质。

溶解在铌(钽)等金属中的氢和氮,在真空熔炼条件下都可除去。非冷凝性气体,如氢和氮,在金属熔炼温度下的平衡分压很低,即使低至接近炉内的真空度也可以除去。

B 分解

在真空熔炼条件下,铌(钽)氢化物和氮化物都很容易分解,分解后的气体产物随即被真空机组抽走。气体中最易分解的是氢化物。

一些金属氮化物和氢化物的分解压与温度的关系如表13-6和表13-7所示。

表13-6 一些金属氮化物的分解压与温度的关系

氮化物	熔点/℃	分解压/Pa			
		133.32	13.332	1.332	0.13332
		温度 t/℃			
WN	—	344	296	256	221
MoN	—	329	283	243	209
NbN	2027	1946	1770	1620	1491
TaN	3070	1921	1746	1599	1460
TiN	2950	2916	2699	2489	2331
ZrN	2985	2603	2390	2250	2046
VN	2050	1242	1170	1024	933
LaN	—	1998	1851	1716	1608
CeN	—	2180	1946	1875	1758

表13-7 一些金属氢化物的分解压与温度的关系

温度/℃	分解压/Pa			
	$TiH_{1.957}$	$ZrH_{1.95}$	$TaH_{0.74}$	$NbH_{0.95}$
50	约0	约0	约0	约0
100	146.7	373.3	约0	约0
200	506.6	559.9	约0	约0
300	1453.2	1239.9	4879.5	759.9
400	2026.5	940.2	14211.9	126120.7
450	—	35156.5	—	161317.2
500	30743.6	73179.3	26944.0	205046.2
550	95257.1	118081.5	—	—
600	235203.1	—	53941.3	—
700	—	—	86484.7	—
800	—	—	120188.0	—

由表 13-6、表 13-7 可知，氢化物的分解压比氮化物的分解压高得多，故氢化物一般更易分解去除。

C　挥发

在低压下杂质挥发过程中，当熔体与蒸气之间处于平衡时，熔体的自由能 G_T 和其蒸发的自由能 G_g 相等。由于体系遵守理想气体定律，可以由 1 mol 气体在一定温度下的状态方程 $pV = RT$ 及其平衡压力 p 来计算标准状态下 G 的增减：

$$dG = Vdp_T = Vdp_T = \frac{RT}{p}dp_T$$

积分上式：
$$G_g = G_g^{\ominus} + RT\ln\left(\frac{p_e}{p_e^{\ominus}}\right)$$

自由能变化：
$$\Delta G = G_g^{\ominus} - G_g = -RT\ln\left(\frac{p_e}{p_e^{\ominus}}\right)$$

式中，p 为气体压力，Pa；V 为气体体积；T 为热力学温度，K；R 为摩尔气体常数。$p = 101325$ Pa，上式变为

$$\Delta G^{\ominus} = -RT\ln p_e^n$$

式中，指数 n 为同 1mol 初始物质进行反应的气体物质的量。在给定温度下，上列关系式可用质量作用定律表示：

$$\Delta G^{\ominus} = -RT\ln K$$

式中，K 为平衡常数。由标准反应自由能 ΔG 可知，真空度越高，与之平衡的 p 越小，反应的自由能值越负，该反应越易进行。

当熔炼温度一定时，杂质和金属的挥发主要取决于它们的饱和蒸气压和炉膛的真空度。一些蒸气的饱和蒸气压与温度的关系如图 13-15 所示。

由图 13-15 可知，位于铌(钽)前面的所有金属的饱和蒸气压都比铌(钽)高，在热力学上几乎都可以挥发除去。在真空熔炼过程中，由于不断抽气，使熔池上部的真空度提高，故饱和蒸气压较高的杂质蒸气不断地被抽出去。与此同时，基体金属铌(钽)也会同时出现挥发损失，这是真空熔炼法的一个缺点。

D　脱氧

在真空熔炼时，铌(钽)金属中的氧是利用碳(或铌、钽金属本身)作为脱氧剂，在与氧反应时生成气态和易挥发的 CO(或低价氧化物 NbO、TaO)而除去。碳脱氧的反应为

$$[O]_{液} + [C]_{液} = CO$$

反应平衡时的平衡常数 $K = \dfrac{p(CO)}{a(C) + a(O)} = \dfrac{p(CO)}{f(C)[C]f(O)[O]}$

当碳、氧含量都很低时，活度系数 $f(C) = f(O) = 1$，则

$$K = \frac{p(CO)}{[C][O]}$$

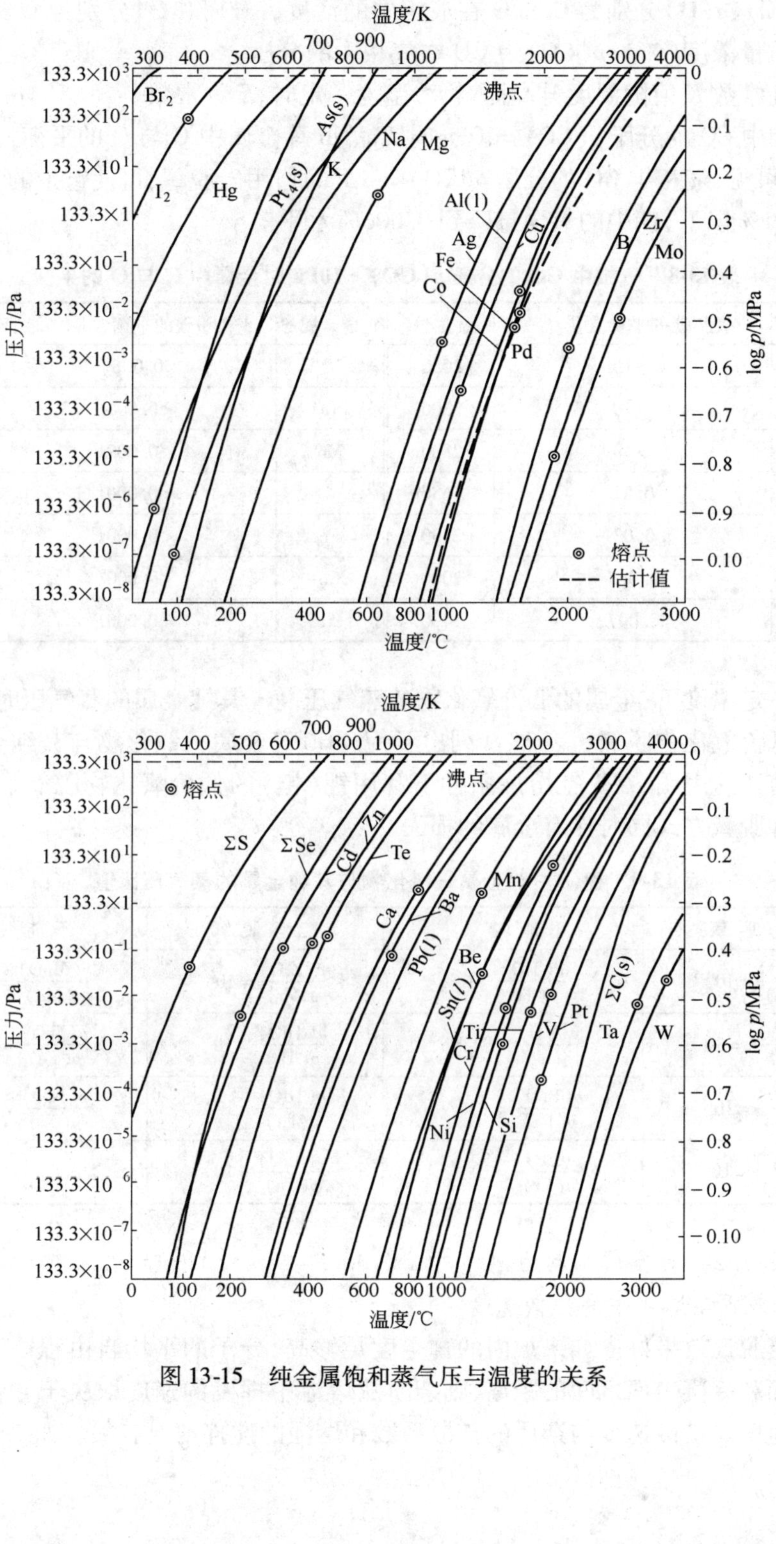

图 13-15　纯金属饱和蒸气压与温度的关系

式中，a(C)、a(O)分别为 C 和 O 在液相中的活度，[C]和[O]分别为 C 和 O 在液相中的质量浓度(%)，p(CO)为 CO 在气相中的分压。

平衡常数 K 值随温度升高而增大，温度一定时，K 为常数。

气相中 CO 的分压 p(CO) = 10Pa 时，Ta、Nb 等金属中 C 与 O 的平衡列于表 13-8。由表可见，气相中 CO 的分压 p(CO) = 1 Pa 时，用碳脱氧，可使钽中的氧含量降到 0.0001% 以下，铌中的氧含量降到 0.006% 水平。

表 13-8　气相中 CO 的分压 p(CO) = 10Pa 时金属中 C 与 O 的平衡

金属	氧和碳的平衡含量/%	温度/℃	金属	氧和碳的平衡含量/%	温度/℃
Ti	>10	2050	Nb	0.006	2870
Zr	>10	2300	Ta	<0.0001	3300
Hf	>10	2800	Mo	<0.0001	2800
Be	0.07	1650	W	<0.0001	3500
V	0.03	2290	Fe	<0.0001	2000
Mn	0.025	2000	Co	<0.0001	2000
Cr	0.007	2400	Ni	<0.0001	2000

在一定温度下，金属的低价氧化物的蒸气压高于其纯金属的蒸气压时，则可以利用该低价氧化物脱氧。表 13-9 列出了铌(钽)等金属一氧化物与其纯金属的蒸气压比值。这表明，在真空熔炼条件下利用铌(钽)的低价氧化物脱氧是可能的。虽然这种脱氧方式同时伴有金属的损失。

表 13-9　铌(钽)等金属一氧化物与其纯金属的蒸气压比值[9]

能够脱氧	不能脱氧	能够脱氧	不能脱氧
$\frac{p(MoO)}{p(Mo)} = 10^{0.5}$	$\frac{p(TiO)}{p(Ti)} = 1$	$\frac{p(ZrO)}{p(Zr)} = 10^2$	$\frac{p(MnO)}{p(Mn)} = 10^{-5}$
$\frac{p(NbO)}{p(Nb)} = 10$	$\frac{p(VO)}{p(V)} = 10^{-2}$	$\frac{p(ThO)}{p(Th)} = 10^3$	$\frac{p(FeO)}{p(Fe)} = 10^{-6}$
$\frac{p(BO)}{p(B)} = 10^2$	$\frac{p(BeO)}{p(Be)} = 10^{-3}$	$\frac{p(HfO)}{p(Hf)} = 10^4$	$\frac{p(NiO)}{p(Ni)} = 10^{-7}$
$\frac{p(WO)}{p(W)} = 10^2$	$\frac{p(CrO)}{p(Cr)} = 10^{-4}$	$\frac{p(TaO)}{p(Ta)} = 10^5$	

13.2.1.2　真空熔炼动力学[22,23]

A　杂质在熔池中的扩散速度

真空脱气效果好。如果炉内的真空度足够高，分子的平均自由程等于或大于挥发表面和冷凝表面之间的距离，则杂质从熔池中挥发的速度取决于它在熔池中的扩散速度。扩散速度与杂质的扩散系数和熔池的搅拌情况有关。如果熔池有强烈的搅拌，则可以认为，除了很薄的界面层外，整个熔池中的杂质的分布是均匀的，即只在熔池的表面层存在浓度梯度，如图 13-16 所示。

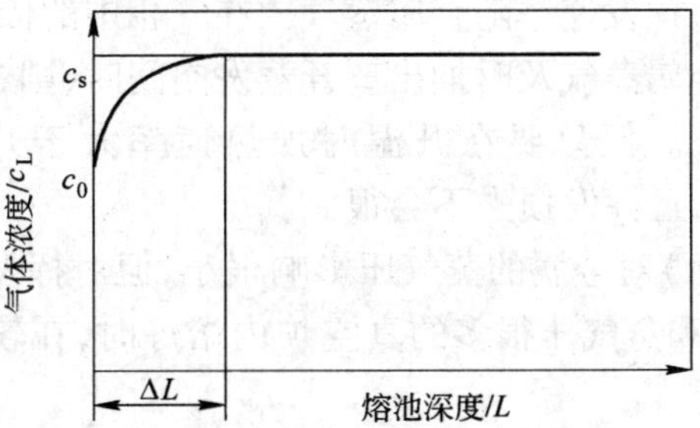

图 13-16 熔池的表面层中杂质的浓度梯度

气体由熔池挥发逸出的速率 τ 可用下式近似地求出：

$$\tau = -\frac{dc}{dt} = \frac{DA}{V\Delta L}(c_1 - c_s)$$

式中，V 为熔池体积，cm^3；A 为熔池面积，cm^2；ΔL 为扩散层厚度，cm；D 为气体在熔池中的扩散系数；c_1 和 c_s 分别为熔炼开始时（$t=0$）及经 t 时间后熔池中气体的浓度。式中，由 c_1 降至 c_s 所需时间 t，可近似地由下式表示：

$$t = 2.303\frac{V\Delta L}{DA}\left(\frac{c_1 - c_0}{c_s - c_0}\right)$$

式中，c_0 为熔池表面气体的浓度。

由上式可见，熔池的表面积和气体扩散系数大，在有电磁搅拌熔池和温度较高时，脱气的效果会更好。在熔池中加入能产生气泡的物质，显然会除去更多的气体，脱气速率比挥发脱气要快得多，此时脱气效果主要取决于气泡内外的气体分压差。可见此时动力学因素所起的作用大大高于热力学所起的作用。

氮的去除主要取决于界面处氮化物的分解压。多数氮化物的分解压约为 0.13～0.013 Pa。真空电弧炉熔池附近的气压约 13.3～0.13 Pa，仅部分氮化物可分解，去氮效果有限。提高真空度，对去氮有利，对去氢影响不大。实践表明，去氢所需真空度并不高。

B 杂质的挥发速度

真空熔炼时，不仅饱和蒸气压高的元素易挥发，而且蒸气压比较低的杂质及一些氧化物也能挥发除去。值得关注的是其挥发速率及损失大小。这里主要考虑动力学因素的问题。

元素的挥发率一般与其饱和蒸气压和活度成正比。损失大小则随熔炼温度升高和时间延长、熔池面积增大而增大。Ta、W、Hf 等金属的一氧化物的蒸气压比金属本身的蒸气压高几个数量级（见表 13-9），故真空熔炼时的金属挥发损失较大。

当真空炉内的气压低于熔炼金属的三相点（固、液、气三相的交点）蒸发分压时，或在 0.13 ~ 0.013 Pa 真空炉内缓慢加热时，固体金属因升华挥发而损失更大。在挥发表面有气流流动时，挥发速率随金属蒸气压在气相中的传质速率增大而加大；在抽气速率大，足以把金属蒸气及时抽出离开蒸发空间时，则金属的挥发过程可一直进行到金属全部消失。但只要在升温时加热速率大于升华速率，金属仍可在 0.013 Pa 压力下熔炼，且挥发损失不会很大。

外压（即炉内气压）对金属的蒸气压影响很小，但对挥发过程动力学有明显影响。金属在低于其饱和蒸气压很多的真空炉内熔炼时，在较低温度下可达到较高的挥发速率。

真空条件下一些金属的挥发速率与温度的关系如图 13-17 所示。

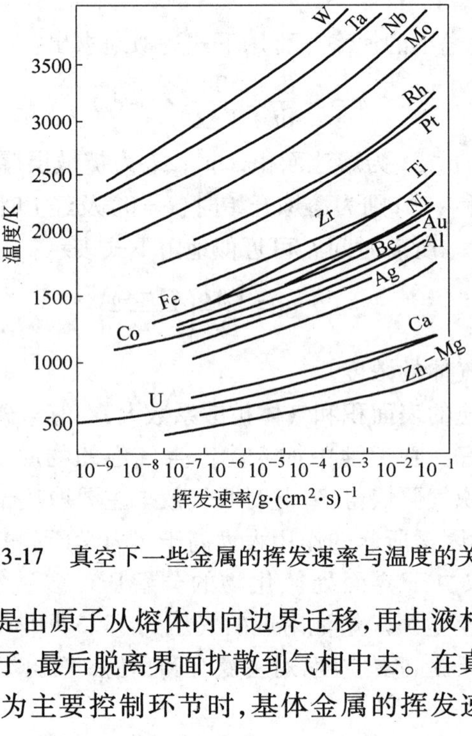

图 13-17　真空下一些金属的挥发速率与温度的关系

金属的挥发过程是由原子从熔体内向边界迁移，再由液相扩散到液气界面，并由原子转变成气体分子，最后脱离界面扩散到气相中去。在真空条件下，金属的挥发以原子转变成分子为主要控制环节时，基体金属的挥发速率可近似地由下式计算：

$$u = 58.33 \times 10^{-3} p^0 \sqrt{\frac{A_r}{T}}$$

式中，u 为挥发速率，g/(cm² · s)；p^0 为金属的蒸气压，Pa；T 为温度，K；A_r 为金属的相对原子质量。

C　脱氧

在真空熔炼时，从铌和钽中精炼除氧有其特点，它们能生成气态稳定的具有脱氧能力的低价氧化物 NbO、NbO_2、TaO 和 TaO_2。就是说,它们可以自行脱氧,而无须向熔体中加入任何脱氧剂。脱氧的机理在于它们的低价氧化物的蒸发不同。图 13-18 所示为铌及其氧化物和钽及其氧化物的平衡蒸气压与温度的关系。从图中可以看出,NbO 和 TaO 的平衡蒸气压大大高于 NbO_2 和 TaO_2 的蒸气压,因此,主要是 NbO 和 TaO 的蒸发。根据计算,这时的氧分离系数达到:对铌为 205 ~335($T=3150K$),对钽为 570($T=3600K$),说明自脱氧过程的效果非常好。

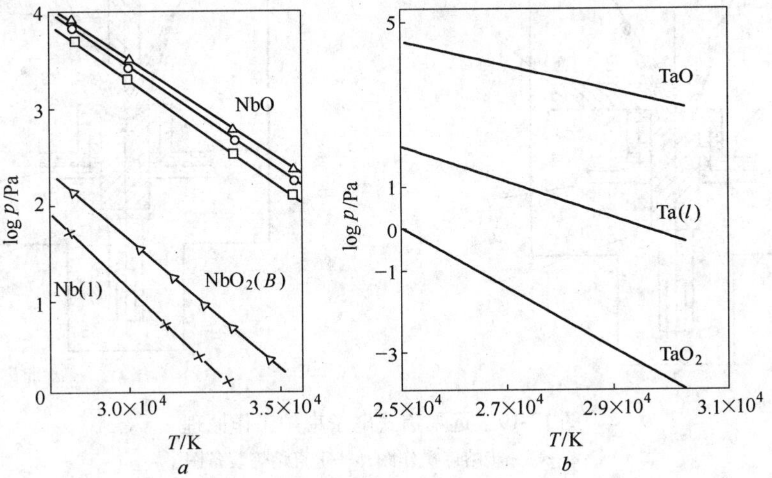

图 13-18 铌(a)和钽(b)低价氧化物的平衡蒸气压与温度的关系

自脱氧同时会带来金属的损失,从铌或钽中每除去 1% 的氧时,由于铌或钽一氧化物的蒸发就导致金属分别损失 5.7% 和 10%。

13.2.2 铌钽的电子束熔炼[24~30]

电子束熔炼是在较高真空度下($10^{-2}\sim10^{-8}$Pa)用一个或多个电子枪阴极发射的高速电子束轰击钽、铌阳极炉料,由电子束动能转变为热能来加热熔化金属,金属液滴落入水冷结晶器或铸锭的模内,聚集成熔池,随后被冷凝成锭坯,如图 13-19 所示。

用于电子束熔炼的原料可以是铌(钽)的碳热还原粉、钠还原粉、铝热还原粉和熔盐电解粉等。电子束熔炼的特点是真空度高、熔体维持时间长、过热度大,利于脱气和去除挥发性杂质。和真空电弧熔炼相比,电子束熔炼能够比较完全清除杂质。近 20 年来,电子束熔炼已成为铌(钽)的主要提纯方法。图 13-20 为电子束炉熔炼原则流程图。

13.2.2.1 电子束炉

电子束炉主要由电子枪、熔炼室(包括水冷坩埚或结晶器和拉锭装置)、电源和控制系统等部分组成。

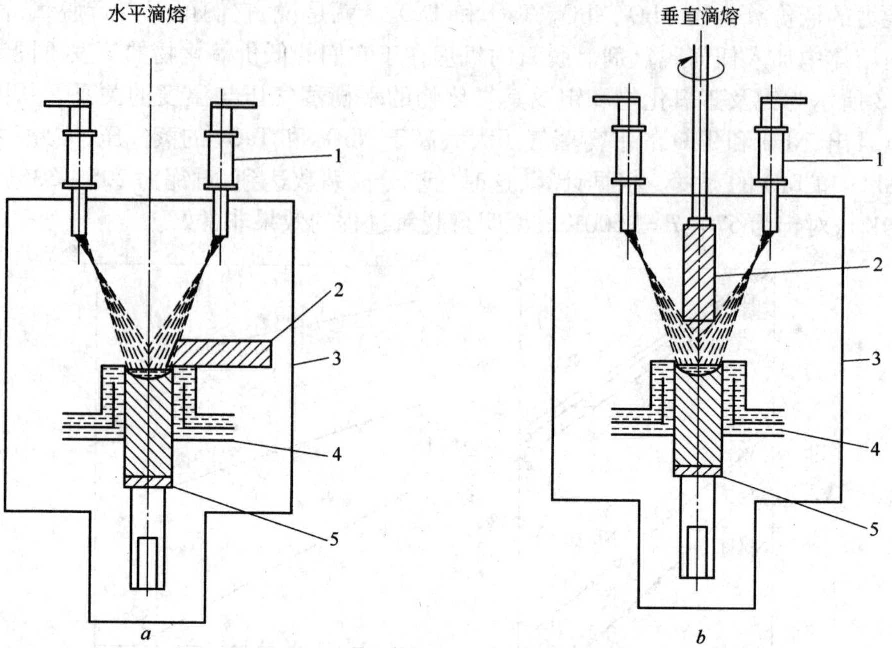

图 13-19　远聚焦式电子束炉工作原理

a—第一步熔炼操作图；*b*—垂直熔炼装备图

1—电子枪；2—电极；3—真空室；4—水冷模子；5—可伸缩铸模

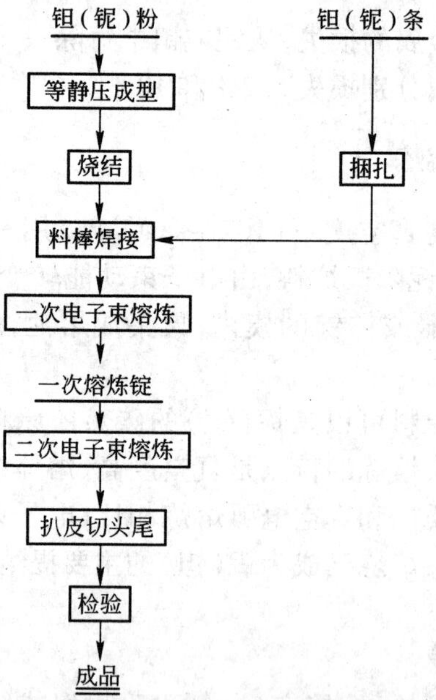

图 13-20　铌（钽）粉和铌（钽）条电子束炉熔炼原则流程图

根据电子束发生器的结构和装设位置不同，将电子束炉分为环状阴极电子枪型电子束炉和远聚焦式电子束炉两类。前一类是将直接加热的环状阴极装在炉室内，并环绕在被熔材料周围，通过相应形状的同电位聚焦板，使电子束合理地分布到料棒和结晶器中进行熔炼。后一类电子束炉是采用远聚焦电子束发生器（图13-19），并与熔炼室分开，设置独立的真空抽气系统，熔炼范围很大。

目前常用的电子束熔炼炉的电子束能量为500～2000 kW，能够对直径300～500 mm、长2 m以上的铌锭提纯。根据电子束熔炼金属的形式，铌（钽）电子束熔炼的基本形式是采用带有连续（或半连续）拉锭装置的水冷铜结晶器和把自耗坯料、粒料和块料等原料输送到电子束作用区的装置（图13-21）。

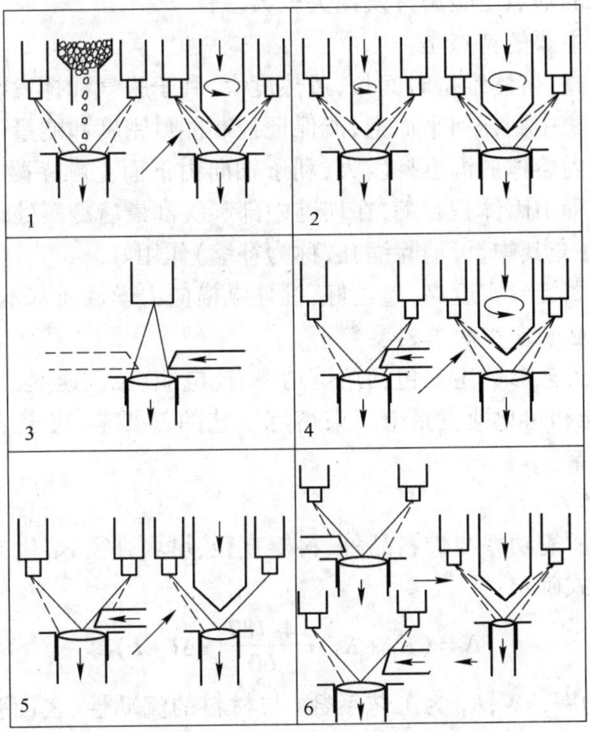

图 13-21　水冷铜结晶器内电子束炉熔炼金属的各种形式

1——一次垂直滴熔；2—两次垂直滴熔；3——一次水平真空滴熔；

4—两次水平－垂直滴熔至相同直径的结晶器内；

5—第二次滴熔在直径较小的结晶器内；

6—水平与垂直熔炼结合的三次垂熔

真空电子束炉的电子束源通常采用轴向型的电子枪。其中，在阴极和阳极的空间中电子加速到20～300 kV的能量，该空间在电子束炉的熔炼室之外，配有独立的真空系统，以保证熔炼时在气体不断放出的情况下可以稳定地工作。电子枪配备有电磁控制系统和电子束扫描装置，以保证能量在结晶器中熔体表面或熔化坯料表面的必需分布，并借助它来调整金属的温度分布。

13.2.2.2　电子束熔炼的特点

目前，电子束熔炼已在工业上获得广泛应用，其功率已从几十、几百千瓦到 2 MW，常用的有 60 kW、100 kW、250 kW、500 kW、1200 kW、2000 kW 等。

与电弧熔炼相比，电子束熔炼的最大优点是具有敞开的熔体表面，其水平面接近结晶器上顶面，并维持不变。电子束熔炼还能在很宽范围内调整熔炼速度，这样就可以保证金属在提纯时靠杂质从熔体表面蒸发所必须的精炼深度。采用电子束扫描装置，可以在电子束炉中熔炼出圆形、矩形和正方形的截面。

电子束熔炼的缺点是金属挥发损失较大。

电子束熔炼主要的特点是：

（1）真空度高，熔体维持时间长，过热度大，利于脱气和挥发杂质。

（2）热量可集中到任何平面上，能保证控制能量密度和能量分布。

（3）结晶器内熔体的温度梯度大，利于轴向由下而上顺序凝固，补缩（结晶器内熔体在冷却过程中因体积收缩，在坯锭中部和头部最后冷凝处，会形成缩孔或缩管，及时使熔体补充其中，可消除缩孔，称为补缩）作用好。

（4）所得金属锭致密度高，塑性好，锭坯纵横向力学性质基本一致。

13.2.2.3　电子束炉的工艺参数

电子束熔炼工艺参数主要包括熔炼功率、比电能、拉锭速度、真空度等。其中，熔炼功率、比电能和熔化速度是电子束熔炼工艺的三要素，决定熔炼的冶金质量、提纯效果和收得率。

A　熔炼功率

电子束熔炼所需功率与炉料品种、料棒直径、坩埚直径、熔化速度和炉型有关。一般可由下述公式确定：

$$N=(K_1+K_2)v\frac{4.187}{60}(c\Delta t+L)$$

式中，N 为熔炼功率，kW；K_1 为工艺系数（与材料的流动性、表面张力等有关）；K_2 为电子束损失系数；v 为熔化速度，kg/min；c 为材料的平均质量热容，J/(g · ℃)；L 为材料的熔化潜热，J/(g · ℃)；(K_1+K_2) 一般取 1.5 ~ 1.7。

电子束炉的设计能力主要取决于材料的熔点和电极以及模子的直径。在实际工作中，熔炼功率可由图 13-22 确定。由图可见，对于同种材料，其熔炼功率与铸锭直径的平方成正比；对于同一功率，所能熔炼的铸锭直径的自然对数与材料的熔点成反比。

B　比电能

指熔炼单位重量的金属所消耗的熔炼功率，用以下公式计算：

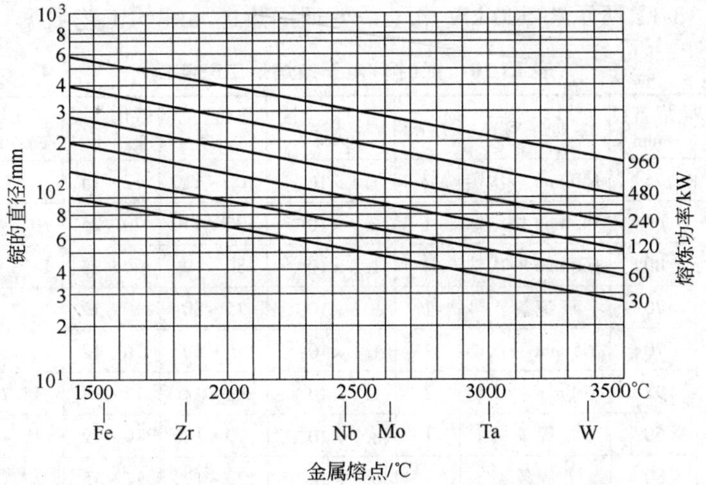

图 13-22 电子束熔炼功率与金属熔点和铸锭直径的关系

$$q = \frac{N}{v}$$

式中，q 为比电能，kW·h/kg；N 为熔炼功率，kW；v 为熔化速度，kg/h。熔炼时电能主要消耗在料棒的加热熔化和熔池过热等方面。在实际工作中，主要选定功率和进料速度来保证比电能。一般熔炼铌和钽的比电能分别为 6～14kW·h/kg 和 6～15kW·h/kg。

C 熔化速度

熔化速度直接影响生产率和产品质量。熔化速度和进料速度一致，故操作时主要控制进料速度。进料速度可由下式确定：

$$v_s = 16.6N/(qF\rho)$$

式中，v_s 为进料速度，cm/min；N 为熔炼功率，kW；q 为比电能，kW·h/kg；F 为料棒横截面面积，cm^2；ρ 为料棒密度，g/cm^3。

D 拉锭速度

铌（钽）电子束熔炼多采用无底水冷结晶器（坩埚）边熔炼边下拉，结晶呈长圆柱形或方形金属锭。拉锭速度必须与熔化速度和熔池的金属熔化状态相适应，使熔池液面保持稳定（恒定）。拉锭速度不均匀和间断时间不当，会使铸锭表面质量变差，出现细径，甚至拉裂等。铌（钽）熔炼一般拉锭旋转速度以 1～2 r/min 为宜。

E 熔炼真空度

真空度一般要求 0.013～0.0013 Pa 水平。真空度和熔池温度高时，铌（钽）中的 Co、Ni、Fe、Si、Al、Cu 等杂质均可挥发除去，其含量比精炼前可降低两个数量级，得到晶界无氧化物的锭坯。表 13-10 所示为铌（钽）电子束熔炼工艺实例的基本数据。表 13-11 所示为 500 kW 电子束处理铝热还原铌的工艺数据。

表 13-10　铌(钽)电子束熔炼工艺实例

金属	设备型号	坩埚直径/mm	原　料	熔次	熔炼真空度/Pa	熔化功率/kW	熔化速度/kg · h^{-1}	比电能/kW · h · kg^{-1}	成锭率/%
Ta	120 kW	75	ϕ60 mm 一次锭	2	1.1×10^{-2}	100 ~ 110	12 ~ 14	15 ~ 158	94
	200 kW	60	ϕ45 mm 烧结棒	1	6.7×10^{-2}	130 ~ 140	20 ~ 25	10.6 ~ 12.3	89
	200 kW	80	ϕ60 mm 一次锭	2	1.3×10^{-2}	180 ~ 190	20 ~ 25	14.3 ~ 17.1	94
Nb	120 kW	70	铌条	1	5.3×10^{-2}	75 ~ 80	10 ~ 12	12.7 ~ 14.3	96
		70	ϕ55 mm 一次锭	2	1.1×10^{-2}	75 ~ 80	10 ~ 12	12.7 ~ 14.3	96
		92	ϕ70 mm 一次锭	2	1.1×10^{-2}	95 ~ 100	12 ~ 14	13.7 ~ 15	98
	200 kW	60	铌条	1	6.7×10^{-2}	110 ~ 120	10 ~ 12	19 ~ 20.9	95
		80	铌条	1	6.7×10^{-2}	120 ~ 130	12 ~ 15	17.1 ~ 19	95
		130	ϕ80 mm 一次锭	2	1.3×10^{-2}	180 ~ 190	22 ~ 25	14.4 ~ 15.6	96

表 13-11　500 kW 电子束炉处理铝热还原铌的工艺数据

熔次	原　料	尺寸/mm × mm × mm 或 mm × mm	熔速/kg · h^{-1}	电子枪功率/kW	熔炼室压力/Pa	平均收得率(质量分数)/%
1	铝热还原铌棒	110 × 110 × 800	40 ~ 50	320 ~ 350	$<3\times10^{-1}$	84
2	经一次熔炼的铌棒	ϕ250 × 1600	60 ~ 65	390 ~ 420	$<3\times10^{-2}$	97
3	经二次熔炼的铌棒	ϕ250 × 1600	67 ~ 70	420 ~ 440	$<5\times10^{-3}$	98

13.2.2.4　影响精炼效果的因素

一些因素,如比电能、熔化速率、电极和结晶器的尺寸、熔池形状、真空度、漏气率等对电子束熔铸坯质量影响很大。其中主要有:

(1) 原料的纯度:电子束熔炼时,原料中杂质含量高时,会直接影响熔炼时的提纯效果,特别是碳和氧的含量。氧含量高,既增加能耗,又造成金属损失。但氧含量过低,不利于除碳。一般控制原料中的 $w(O)/w(C)$ 的比值为 4 ~ 6 才能有效地脱碳。原料中氧含量与熔炼损失的关系如表 13-12 所示。电子束熔炼前后钽、铌中氧和碳含量的变化如表 13-13 所示。

表 13-12　铌(钽)电子束熔炼原料中氧含量与熔炼时金属损失的关系

原料氧含量	熔 次	单位电耗/kW · kg^{-1}	总损失率(加料量的百分数)/%
1000×10^{-6}	2	16	<8
1500×10^{-6}	2	18 ~ 24	<8
2000×10^{-6}	2	22 ~ 24	8 ~ 12
$(6000\sim8000)\times10^{-6}$	2	>24	11 ~ 12

表 13-13 电子束熔炼时钽铌中氧和碳含量的变化

产品	熔炼方法	真空度/Pa	$w(O)$	$w(C)$
Nb	原料	—	300×10^{-6}	1460×10^{-6}
	经 20 min 熔炼	6.7×10^{-3}	80×10^{-6}	250×10^{-6}
	原料	—	6010×10^{-6}	1440×10^{-6}
	经 20 min 熔炼	6.7×10^{-3}	180×10^{-6}	150×10^{-6}
	原料	—	2100×10^{-6}	259×10^{-6}
	一次	1.3×10^{-2}	80×10^{-6}	50×10^{-6}
	二次	1.3×10^{-2}	80×10^{-6}	35×10^{-6}
Ta	原料	—	8900×10^{-6}	500×10^{-6}
	一次	2.7×10^{-2}	1000×10^{-6}	95×10^{-6}
	二次	6.7×10^{-2}	30×10^{-6}	44×10^{-6}

(2) 真空度的影响:高真空度有利于杂质的挥发去除。真空度对间隙杂质的除去影响尤其显著,但真空度和温度过高,铌和钽的熔损率也高。

(3) 熔化速度与熔炼次数:在一定功率下,熔化速度决定被熔金属保持液态时间的长短。熔化速度增大,熔池所消耗的比电能少,熔体表面温度低,不利于杂质的扩散和挥发,铸锭质量差。熔化速度小,熔池过热,温度高,有利于杂质元素的充分扩散和挥发,熔炼效果好。此外,多次熔炼有利于物料的提纯和晶粒细化。

(4) 比电能和熔炼功率:比电能对熔炼效果的影响,实际上也是熔化速度的影响。在熔化速度一定时,若功率减小,比电能亦相应减小,促使熔池温度变低和温度分布不均匀。反之,功率增大,有利于杂质元素的扩散和挥发,提纯效果好。但功率过大,能耗损失大,对产品的结晶组织不利。

(5) 熔炼方式:包括进料方式、单枪或多枪、拉锭方式等。其影响具体表现为"阴影效应"。阴影效应使熔池温度分布不均匀,杂质除去效果差。一般认为采用单枪横向进料的炉子的阴影效应表现较为严重,多枪轴向进料的炉子较易克服阴影效应。

13.2.2.5 电子束熔炼的提纯效果

在电子束熔炼时,熔体的温度可以明显高于精炼金属铌和钽的熔点。由于射到铌和钽熔体表面电子束功率的增加,铌的温度可能达到 3440 K,高于铌熔点 600 K(铌熔点 2741 K);钽的温度可能高于其熔点 320 K(钽熔点 3269 K),达到 3600 K。因此改变电子束熔炼时的功率,不仅可以改变熔炼速度,而且可以靠调整熔体温度来改变杂质的蒸发速度。

从铌、钽和常见杂质元素的平衡状态图来看,可以将杂质分为 4 类:

(1) 铌(钽)与杂质金属在液态和固态下完全不混溶,或只有部分溶解的体系。属于这种体系的有元素周期表的第Ⅰ和Ⅱ族元素和稀土元素。

铌(钽)的一个特点是在熔体过热的情况下也具有很低的平衡蒸气压,因此熔炼时很容易从铌和钽中清除掉所有碱金属、碱土金属以及铜、锰等杂质。

(2) 在液态和固态下完全溶解,或有共晶出现的体系。属于这种体系的有周期表中第Ⅳ、Ⅴ、Ⅵ、Ⅶ族中的难熔金属。

衡量金属去除杂质的净化程度的标准是一种无量纲的分离系数 K(熔体上方蒸气中杂质的原子浓度与熔体中的杂质的原子浓度之比值)。2900 K 和 3200 K 温度下 W、Mo、Ti、Cr、V、Hf、Zr 和 Ta 在铌中的分离系数值 K_i 如表 13-14 所示[31~33]。

表 13-14　铌中分离系数

杂质元素	W	Ta	Mo	Hf	Zr	Ti	V	Cr
2900 K	3×10^{-3}	2×10^{-2}	6×10^{0}	—	2×10^{1}	9×10^{-3}		
3200 K	6×10^{-3}	3×10^{-2}	1.7×10^{0}	4×10^{0}	1.2×10^{1}	3×10^{-3}	2×10^{3}	6.4×10^{4}

温度 3600 K 下,W、Mo、Nb、Zr、Ti 在钽中的分离系数 K_i 如表 13-15 所示。

表 13-15　钽中分离系数

杂质元素	W	Nb	Mo	Hf	Zr	Ti	V	Cr
K_i(3600 K)	2×10^{-1}	2×10^{-1}	6×10^{1}	2×10^{4}	1×10^{2}	2×10^{4}	1.5×10^{4}	4×10^{5}

从上述数据可以看到,电子束熔炼时,只能有效地清除铌中的杂质元素 Ti、V、Cr。在熔炼过程中还可以看到,W 和 Mo 的含量有所增加,所增加量正比于铌提纯时的蒸发损失。熔炼时锆从熔体中以很高的速度蒸发。

对于钽,熔炼时可以高速地将杂质元素 Zr、Ti、V、Cr 从熔体中清除,但不能清除 W。实际上难熔金属杂质在铌和钽中的溶液体系近似完全溶液。

(3) 在液态下完全溶解并在固态下有中间相或金属间化合物形成的体系。属于这一类的有 Al、Fe、Ni、Si 等形成的固熔体。

Ta-Si 体系和 Nb-Si 体系中组元间相互有很强的作用,易生成坚固的硅化物(见第 14 章图 14-11Nb-Si 和附录中图 A-58 Ta-Si 状态图)。但以杂质量存在的硅主要以低价硅化物存在,硅在铌和钽中的分离系数分别为 33 和 450。实践表明,从钽中脱除硅的速度很高。例如,电子束炉熔炼含 0.5% ~2.5% Si 的合金时,在熔炼的初始阶段,硅含量即降到十万分之几。但从铌中清除硅的速度较慢,这和硅的分离系数值较钽小很多有关。

尽管铝和铁和铌和钽的体系中也有生成牢固的金属间化合物的倾向(见第 4 章相图)和形成固溶体的倾向,但由于这些元素在熔体上方的蒸气压很高,电子束熔炼仍可以从钽和铌中有效的深度清除掉这些杂质。例如,采用铝热还原法制取的金属铌中,含铝达 10%,经电子束熔炼仍可获得满意的结果(见表 13-16)。

表 13-16 铝热法铌的除杂提纯效果

材 料	杂质含量(质量分数)/%								
	Al	Si	Fe	Ti	W	Mo	O	C	N
还原金属	10	0.15 ~ 0.3	0.15 ~ 0.35	0.015 ~ 0.03	0.003	0.005	0.15 ~ 0.25	0.01	0.02 ~ 0.03
在水平结晶器一次电子束熔炼提纯后的铸锭	0.5 ~ 1.5	0.15 ~ 0.2	0.15 ~ 0.18	<0.01	0.003	0.005	0.05 ~ 0.1	0.01	0.015
电子束滴熔后铸锭：									
一次重熔	~0.01	~0.01	0.05 ~ 0.1	<0.01	0.003	—	0.01	0.01	0.01
二次重熔	<0.001	0.003 ~ 0.005	0.005	0.01	0.005 ⏟ 0.01	0.005	0.005 ~ 0.01	<0.01	<0.01

(4) 在固态下有化合物形成(如生成氧化物、氮化物、碳化物等),并在液态和固态下有很宽的溶解区存在的体系。

在这类金属－杂质体系中,对钽和铌的纯化有意义的是形成气相的杂质元素H、N、O、C。它们在熔体表面形成后,不仅以原子状态,而且以 2 原子甚至 3 原子的分子状态蒸发。

因为氢化铌和氢化钽在几百度的温度下就很容易分解,所以提纯钽和铌时,无论是电弧熔炼或电子束熔炼,都比较容易清除金属中的氢。一般电子束熔炼的铸锭中的氢含量仅百万分之几,从不超过 0.001%。

铌和钽中清除氮比较困难。NbN 和 TaN 的熔点分别为 2323 K 和 3363 K。图 13-23 所示在残余压力 $p(\mathrm{N})\to 0$ 时氮在铌和钽中的分离系数与熔体中氮含量的关系。可以看出,含氮量在 0.1% 时可以有效地清除氮。但是由于氮从熔体中不断蒸发,导致氮含量不断减少,除氮效果随之下降。当氮在金属中的含量达到 $n\times 10^{-6}$水平时,除氮过程便停止进行(因分离系数 $K(\mathrm{N_2})\to 1$),除氮过程宣告终止,如图 13-23 所示。

在残留气体的压力情况下,氮在铌和钽中可能达到的极限含量与熔体中杂质分压的关系见图 13-24。由图可看出,真空熔炼时,残余气体中氮分压的升高导致除氮效果下降。此时氮在钽和铌中的极限含量水平永远高于平衡含量。只有在氮在残留气体的压力具有较高数值的情况下,氮的极限含量才接近于平衡含量。与此同时,熔炼提纯时炉子气氛中氮的分压降低到 1×10^{-5} Pa 是不合适的,因为它对业已达到的净化深度没有影响。

铌(钽)电子束熔炼提纯效果如表 13-17 所示。

熔炼工艺往往和原料金属的杂质组成有关。例如,碳热还原法制得的钽和铌中的铁、硅杂质较低,在电子束熔炼时应将注意力集中在脱气、脱碳和依靠自脱氧的方法除去剩余氧等的控制上。表 13-18 所示为碳热还原铌经电子束熔炼的提纯效果。

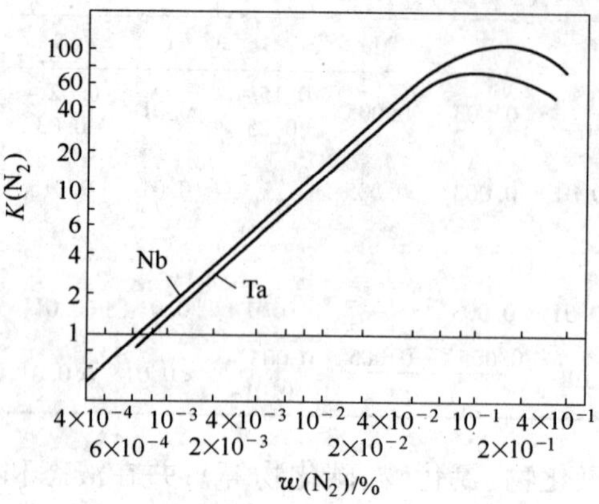

图 13-23　氮在铌和钽中的分离系数与金属中的氮含量的关系

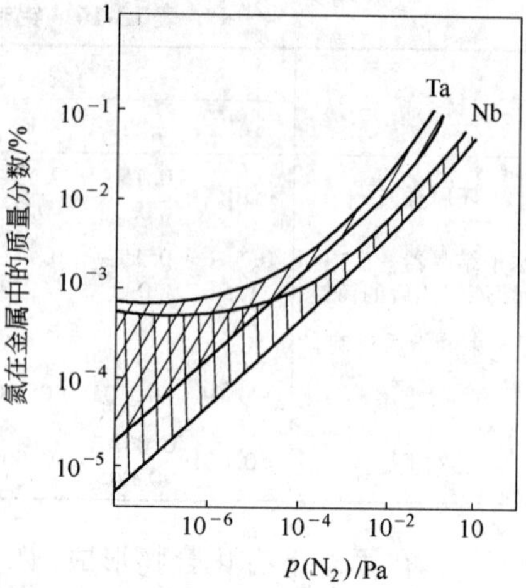

图 13-24　氮在金属中的极限含量与熔体中氮分压的关系

表 13-17　铌(钽)电子束熔炼提纯效果

金属		杂质含量(质量分数)											
		C	O	N	H	Cu	Al	Zr	Ti	Fe	Si	Mo	W
钽	原料	1000×10^{-6}	2000×10^{-6}	100×10^{-6}	100×10^{-6}	30×10^{-6}	50×10^{-6}	100×10^{-6}	300×10^{-6}	500×10^{-6}	200×10^{-6}	—	500×10^{-6}
	一次电子束熔炼锭	45×10^{-6}	126×10^{-6}	25×10^{-6}	$<5\times10^{-6}$	$<1.6\times10^{-6}$	$<3\times10^{-6}$	$<20\times10^{-6}$	$<12\times10^{-6}$	$<30\times10^{-6}$	$<12\times10^{-6}$	62×10^{-6}	25×10^{-6}
	一次电子束二次电弧熔炼锭	60×10^{-6}	170×10^{-6}	40×10^{-6}	$<5\times10^{-6}$	$<1.6\times10^{-6}$	$<3\times10^{-6}$	$<20\times10^{-6}$	$<19\times10^{-6}$	$<30\times10^{-6}$	$<12\times10^{-6}$	100×10^{-6}	50×10^{-6}
铌	原料	70×10^{-6}	130×10^{-6}	$<20\times10^{-6}$	—	10×10^{-6}	20×10^{-6}	$<10\times10^{-6}$	300×10^{-6}	$<300\times10^{-6}$	30×10^{-6}	300×10^{-6}	—
	一次电子束熔炼锭	$<30\times10^{-6}$	52×10^{-6}	$<20\times10^{-6}$	—	—	$<20\times10^{-6}$	—	$<150\times10^{-6}$	$<100\times10^{-6}$	$<10\times10^{-6}$	200×10^{-6}	287×10^{-6}

表 13-18　碳热还原铌经电子束熔炼的提纯效果

熔次	原料中杂质含量/%			原料中残留杂质含量/%			熔滴中杂质含量/%			铸锭中杂质含量/%		
	C	O	N	C	O	N	C	O	N	C	O	N
534	0.01 ~ 0.07	0.22	0.078	0.027 ~ 0.063	0.14 ~ 0.27	0.055 ~ 0.076	0.017 ~ 0.053	0.12 ~ 0.15	0.027 ~ 0.068	0.01	0.02	0.01
536	0.014 ~ 0.07	0.22 ~ 0.3	0.07 ~ 0.076	0.06 ~ 0.076	0.23 ~ 0.47	0.068 ~ 0.08	0.019 ~ 0.076	0.25 ~ 0.35	—	0.013	0.012	0.012
537	0.03	0.3 ~ 0.17	0.06	0.038 ~ 0.06	0.15 ~ 0.25	0.77	0.017 ~ 0.026	0.10 ~ 0.20	0.066 ~ 0.076	0.01	0.011	0.013

13.2.3 铌钽真空电弧熔炼[34~38]

真空电弧炉是在真空条件下利用电弧做热源熔炼金属并生产铸锭的设备。真空电弧熔炼的工作原理如图 13-25 所示。

以铌(钽)制成的电极,在电弧产生的高温下熔化成液滴,下落通过温度达 5000 K 的电弧区时,杂质会产生挥发、电离、化合作用形成气体产物逸出,使熔体得到提纯,并在水冷结晶器中冷凝成锭坯。由于弧区距离短,一次提纯作用有限,故产出的锭坯的质量不及电子束熔炼好。该法自 20 世纪 50 年代开始应用以来,设备及工艺条件逐步趋于完善,后来又开发出重熔双联法。图 13-26 所示为真空电弧炉的电弧、电压及温度的分布情况。

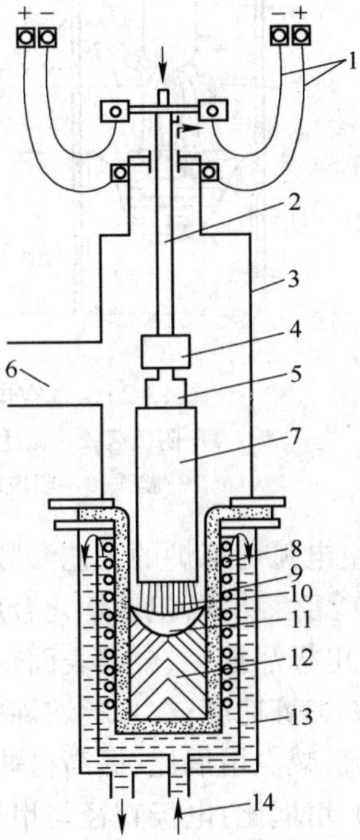

图 13-25 真空电弧熔炼的工作原理图

1—电缆;2—水冷电杆;3—炉壳;4—夹头;5—过渡极;6—真空管道;7—自耗电极;8—结晶器;9—稳弧;10—电弧;11—熔池;12—锭坯;13—冷却水;14—进水口

在正常情况下,真空电弧炉呈钟形(图 13-26),电弧炉分为阴极区、弧柱区和阳极区。弧柱区是由电子和离子组成的等离子体,亮度和温度最高,且随电流密度增大而增高。电流大小对熔化率、熔池温度、深度及形状有直接影响,电流大,熔池温度高,熔化率高,锭坯表面质量好。熔池深,有利于柱状晶径向发展和粗化。

真空电弧熔炼时一般采用直流电源,采用首次重熔的金属坯条或坯锭作为自耗电极(阴极),以坩埚为阳极。一般情况下,熔化是在水冷密封式圆柱形铜结晶器中进行。在结晶器底部放置与被熔金属材质一致的压实底盘。随着自耗电极的熔化,结晶器中被熔金属的液面逐渐升高,形成圆柱形的金属锭。有时也采用底盘周期下降和牵拉铸锭的熔炼法。

尽管在电弧炉内的熔化过程中保持着很低的残余气体的分压,但在熔炼过程中除去铌(钽)中的杂质的效果很差。原因首先是由于在结晶器中的熔体严重地被电极屏蔽,在炉子空间,杂质去除只能通过结晶器内壁和电极之间的空隙,而空隙的宽度不超过 30 ~ 50 mm,这样,从熔体表面蒸发出的大量杂质就只能在自耗电极表面及熔体上方的结晶器的内壁上凝结。随着电极的消耗和结晶器中熔体表面的升高,又使杂质重新进入熔体。在熔化过程中,由于几何因素,从电弧的间隙中排出气体也是困难的。其次,在精炼过程中调节金属在熔融状态下的停留时间的可能性也很有限,这对精炼过程也不利,因为在电弧不中断的情况下,靠减少自耗电极的供给来降低熔化速度只能在很窄的范围内进行。

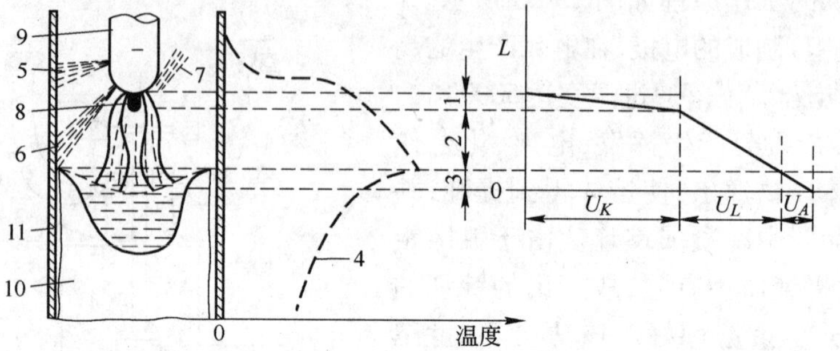

图 13-26　真空电弧炉的电弧、电压及温度的分布情况

1—阴极区;2—弧柱区;3—阳极区;4—温度;5—聚弧;6—边弧;7—爬弧;8—阴极斑点;9—自耗电极;10—锭坯;11—结晶器

真空电弧熔炼炉的工艺参数主要包括:

(1) 熔炼功率,包括熔化金属的功率和熔炼损失的功率,损失功率包括金属挥发损失、电极热损失、金属表面热损失等。

(2) 熔炼速度;在自耗熔炼中,熔速的调节是有限的。提高熔速的方法主要有加大电流、减少坩埚比、提高自耗电极相对密度、改变炉内压力等。

(3) 坩埚比:电极直径与坩埚内径之比。

(4) 底垫:须在铜底座上放置足够厚的同牌号金属垫,以防铜底垫座被电弧击穿,产生铜蒸气污染精炼金属。

(5) 熔炼真空度:真空度由金属材料的含气体量和铸锭产品的质量要求决定。

(6) 熔炼次数:熔炼铌(钽)时,通常采用一次电子束熔炼和一次电弧熔炼。

表 13-19 所示为铌(钽)烧结坯条制成的自耗电极真空电极的真空电弧熔炼的典型条件和参数[39]。

表 13-19　铌(钽)烧结坯条制成的自耗电极真空电极的真空电弧熔炼的典型条件和参数

金属	铸锭直径/mm	弧电流/A	弧间电压/V	熔炼速度 /g · min^{-1}	电耗 /kW · h · kg^{-1}
Ta	70	2000	28	425	2.2
Nb	70	1750	35	630	1.6

从表 13-19 中数据可看出,即使对直径仅 70 mm、只具有有限熔体表面的铸锭,也达到了相当高的熔化速度(25 ~ 36 kg/h),可见自耗电极熔炼达不到深度除杂质的目的。目前电弧熔炼主要用于重熔以制取大型锭。表 13-20 和表 13-21 分

别所示为熔炼的工艺参数和工艺实例。

表 13-20　真空电弧熔炼工艺参数

品种	坩埚直径/mm	电极直径/mm	熔炼真空度/Pa	漏气率/Pa·min^{-1}	稳弧磁场/A·匝	熔炼电流/kA	熔炼电压/V	熔速/kg·min^{-1}	冷却时间/h	水压/MPa
Ta	150	78	0.067	0.67	2540	6.5~6.8	46~48		3	0.04
Nb	160	90	0.026~0.067	0.67	1750	6.0~6.5	38~42		3	0.04
	220	160	0.026	0.67	1800	9.0~9.5	40~45		4	0.04
Nb-Ti	100	50	0.067			2.8	31			
50% Ti	150	100	0.02		1750	3.8	32.5	2.13		0.03

表 13-21　自耗熔炼工艺实例

金属	坩埚直径/mm	电极状态	熔炼真空度/Pa	熔炼电流/kA	熔炼电压/V	稳弧磁场/A·匝
Ta	150	ϕ78 mm 一次电子束熔炼锭	6.7×10^{-2}	6.0~6.8	46~48	2540
Nb	150	ϕ88 mm 一次电子束熔炼锭	$(2.7\sim6.7)\times10^{-2}$	6.0~6.5	38~42	1750
	160	ϕ88 mm 一次电子束熔炼锭	2.7×10^{-2}	6.0~6.5	40~45	1800
	200	ϕ160 mm 一次电子束熔炼锭	2.7×10^{-2}	9.0~9.5	40~45	1800

现代化的熔融铌(钽)铸锭的电弧炉的自动化程度很高,都配有远距离观察和自动控制熔炼过程的系统。表 13-22 列出了德国 Leyhold-Heracus 公司的真空电弧炉熔炼各种钽锭和铌锭的工艺条件。

表 13-22　德国 Leyhold-Heracus 公司熔炼各种钽锭和铌锭的工艺条件

锭直径/mm	电弧功率/kW		电机功率/kW		弧电流/kA		熔炼速度/kg·h^{-1}	
	Nb	Ta	Nb	Ta	Nb	Ta	Nb	Ta
50	19.3	33.7	73.6	128.0	1.8	3.1	57.2	99.0
100	43.0	75.0	163	286	4.0	6.9	127	219
150	71.0	124	271	467	6.6	11.3	210	360
200	102	176	385	664	9.3	16.0	296	510
300	185	322	698	1215	16.9	39.4	537	1252
400	285	495	1075	1870	26.0	46.0	827	1437

真空电弧炉熔炼的脱氢效果比较明显,但脱氮和去除金属杂质的效果不如电子束熔炼。一般采用先电子束熔炼后再用电弧炉铸锭。表 13-23 所示为钽、铌真空电弧熔炼前后的化学成分变化情况。

表 13-23　钽、铌真空电弧熔炼前后的化学成分变化情况（质量分数，%）

名　称	C	O	N	H	Cu	Zr	Al	Ti	Ni	Fe	Cr	Si	Mo	W
原　料	0.1	0.2	0.01	0.01	0.03	0.01	0.005	0.03	0.05	0.05	0.05	20.02		0.05
Ta-1 一次电子束熔炼真空电弧重熔	0.0045 0.006	0.012 0.017	0.0025 0.004	<0.0005 <0.0005	<0.0002 <0.0002	<0.002 0.002	<0.0003 <0.0003	0.00012 0.0019	<0.001 <0.001	<0.003 <0.003	0.001 0.0012	0.0012 0.0012	0.0062 0.01	0.0025 0.005
Ta-2 一次电子束铸锭后，再经电弧重熔	0.01	0.01	0.002	0.0005					<0.0012	<0.0012		0.0012	0.0065	0.002
烧结条	0.03	0.2	0.16	0.001										
Nb 二次电子束熔炼锭	0.006	0.012	0.0086	0.0006										
真空电弧重熔铸锭	0.007	0.017	0.0062	0.0006										

13.2.4　铌钽的等离子炉熔炼[41~42]

真空等离子炉熔炼工作原理如图 13-27 所示。

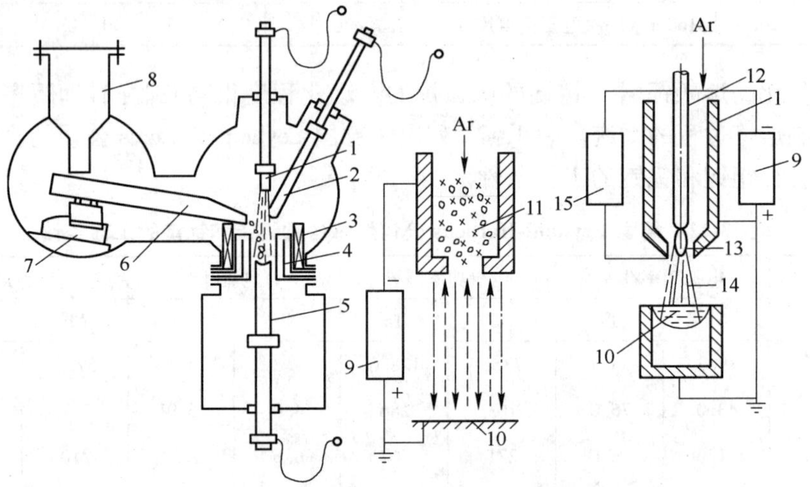

图 13-27　等离子炉工作原理图

1—等离子枪；2—棒料；3—搅拌线圈；4—结晶器；5—铸锭；6—料槽；7—振动器；8—料仓；9—电源；10—熔池；11—等离子体；12—钍钨电极；13—非转移弧；14—转移弧；15—高频电源

等离子炉熔炼法是用直流电加热非自耗电极或中空阴极产生电子束，将通向阴极附近的惰性气体离解成等离子体，再以高度稳定的等离子弧从枪口喷到阳极炉料上使之熔化。等离子弧是一种电离度较高的电弧，属压缩电弧，弧柱细长，能量集中，温度高，弧芯温度高达24000～26000 K，可熔化任何金属炉料，可以在真空中、大气下和保护性气体中进行无渣熔炼。自20世纪60年代初开发以来，目前已发展成系列新型炉。最大容量达220 t金属，单支等离子枪功率高达300 kW。它的工作条件介于自耗电极电弧炉和电子束炉熔炼之间，其精炼效果比真空自耗电极电弧熔炼好，而挥发损失比电子束炉小，且可熔炼散装碎料和异形锭坯。

13.3　高纯金属铌和钽及其单晶制取[43~47]

众所周知，金属铌和钽具有许多优良的物理性能。例如，高纯金属铌（钽）具有很好的韧性、延性和低温加工性能，但仅百万分之几的H、O、C等杂质，就可能使它们变得又硬又脆。对于一些特殊用途来说，例如超导电性，只允许百万分之几的杂质存在。核能应用时对它们的纯度尤为苛刻。由于这一原因，高纯金属铌（钽）的性能研究和制取工艺受到科学家和工程人员的高度重视。

13.3.1　高纯铌和钽的制取工艺

高纯铌（钽）的制取过程是一个不断脱除杂质的漫长过程。要深度提纯铌和钽，必须将化学方法和物理方法相结合，并且须采用高真空或超高真空技术。冶金上需要综合运用湿法、火法和电冶金多种手段，才能达到高纯度的目的。湿法的任务首先要将高熔点杂质脱除到最低水平。用得最多和最有效的是溶剂萃取分离杂质生产高纯五氧化物，除要求分离掉各种宏量杂质外，尤其要将火法难以除去的低金属蒸气压的高熔点杂质钨、钼等降到极低水平。为降低钨等杂质的含量，要获得超高纯的化合物原料，有时还需运用离子交换技术、氯化物精馏技术、碘化物热离解技术。火法主要依靠真空熔炼技术，特别是真空电子束熔炼技术。此外，电解精炼也是制取铌（钽）单晶的方法之一。

德国一家公司制取高纯金属铌的流程图如图13-28所示。先用溶剂萃取法制取超高纯的氧化物，然后将氧化物转变成氯化物，经氯化物精馏提纯再转变成金属铌，然后电子束区熔炼脱除低熔点杂质，所得纯铌锭先在低氧压中退火，以CO形式除碳，再在高温和超高真空下以低价氧化物形式（NbO）脱除氧，最后获得超高纯的金属铌。

金属在低温下的电阻率是确定杂质含量的有力工具。衡量金属纯度的重要指标是在温度$T=0$时的残余电阻率$RRR(\rho_{298\ \mathrm{K}}/\rho_{4.2\ \mathrm{K}})$。杂质对铌的残余电阻率的影响如表13-24所示。要使铌的RRR值大于50000，铌中间隙元素杂质总含量必须低于10^{-6}。为脱除间隙杂质，对单晶要连续进行2次退火（一次除碳和一次脱氧）。

最后一次退火的真空度对RRR值影响很大。表13-25所示为铌单晶退火（2300℃，30 h）时的RRR值随真空度的变化情况。

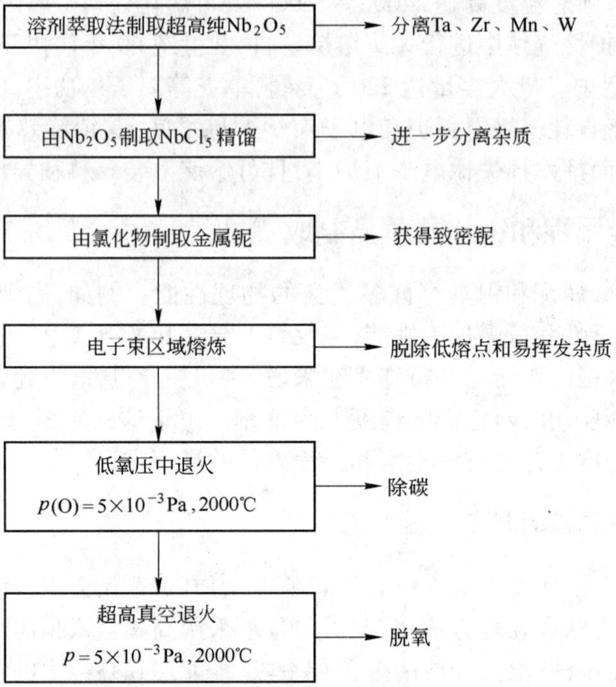

图 13-28　制取超高纯铌流程图

表 13-24　杂质对铌的残余电阻率的影响

杂质元素	Ta	Mo	W	Zr	H	0	N
含 1% 杂质时的 *RRR* 值	123	70	40	2	25	5	4

表 13-25　铌单晶退火时的 *RRR* 值随真空度的变化情况

退火真空度/Pa	3.5×10^{-8}	4.7×10^{-8}	4.8×10^{-8}	3.4×10^{-8}	2.7×10^{-8}	5.3×10^{-9}	6.7×10^{-9}
RRR 值	8000	10000	18200	35000	50000	80000	80000

文献[48]认为铌的 *RRR* 值约为 35000 时，综合运用多种方法所得铌的纯度已接近理论值(图 13-29)。

空间技术为超高纯物质的制取提供了美好的冶金前景。宇宙空间具有超高真空(约 10^{-10} Pa)和无重力($g=10^{-5}g^0$)的独特环境。无重力条件将使金属在液态下不再有对流，结晶时杂质分布带有纯扩散性质，悬浮熔体不需坩埚。利用超高真空可以使气态杂质最大限度地挥发、脱气，是高熔点金属熔炼纯化技术理想的环境。

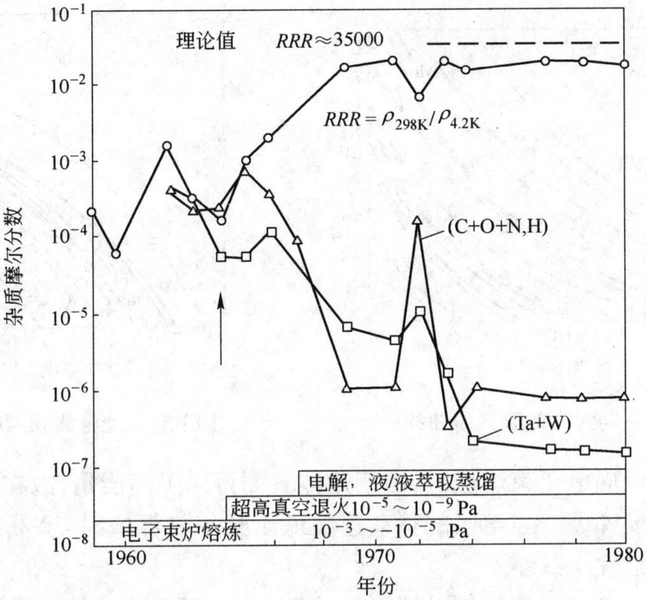

图 13-29 金属铌纯度的进展情况

13.3.2 无坩埚电子束炉熔炼法

电子束炉熔炼是制取高纯铌和钽以及它们的单晶的主要方法。电子束炉的功率密度和灵活控制熔融态金属的驻留时间，对其他真空冶金过程来说几乎是不可能的。已知铌金属的各种提纯方法中，还没有哪个方法超过电子束熔炼。

制取铌(钽)单晶，通常采用垂直坯料的电子束无坩埚区域熔炼法(见图 13-19 垂直熔炼装备示意图)。围绕坯料放置有环形阴极电子束源，由钨或钽制成的阴极加热到保证发射自由电子温度。电子被相对于阳极(坯料)6 ~ 12 kV 的高压加速。该加热方法与感应加热法的不同之处，在于可保证能量的集中传送(熔体表面的电子束能量密度可达 5 kW/cm^2)，因而形成了很窄的金属熔化区。当环状阴极移动时，熔化区也随着移动。

在熔化的同时，也进行金属的提纯过程。Al、Fe、Ti、Mn、Ba、Ca、Si 等蒸气压由于远远高于铌的蒸气压(图 13-30 和图 13-31)，很容易从铌的表层蒸发掉，并被熔室内的水冷壁和冷凝器所收集下来。熔炼时，熔区靠液体金属的表面张力维持。

熔炼铌时，一些饱和蒸气压很低的金属元素钽、钨、钼完全不能除去。由于电子束熔炼时主体金属铌会被部分蒸发掉(通常会损失 1% ~3%)，这些低蒸气压元素 W、Ta、Mo 甚至会有少量增加。由于电子束熔炼不能脱除 W、Mo、Ta 等高熔点金属，故区熔原料多采用电解精炼后的金属挤压坯条。

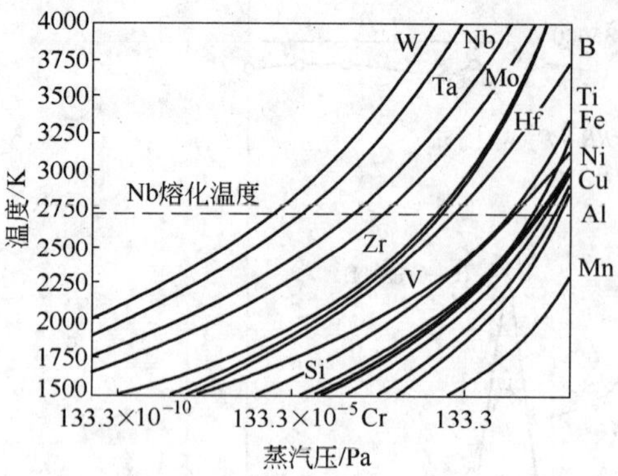

图 13-30　不同元素的蒸气压曲线

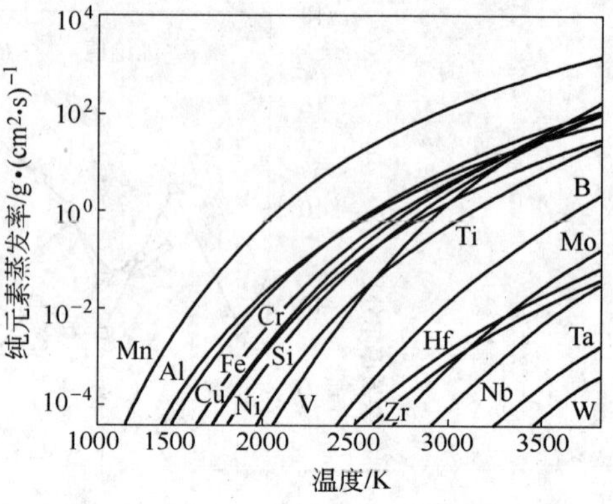

图 13-31　纯金属元素的蒸发率

在进行无坩埚电子束熔炼时，由于熔体表面得到了高能量，故在结晶前沿存在有几百度的温度梯度。当熔区的移动速度低于某一临界值时，多晶坯料的溶化就能产生单晶的自发生长。

为了使电子束无坩埚区熔得到规定的取向，需要在熔炼的开始阶段熔化具有所需晶体取向的单晶晶种。通常无坩埚区熔时采用的原料为由铌或钽粉制取的烧结坯或电子束熔炼的铸锭棒料。文献[47]介绍了一种直径为 20 mm 的钽单晶的数据。在真空度 10^{-3} Pa 下，用拉晶速度为 5 mm/min 和 2 mm/min 经两次区熔后制得了单晶，得到取向为〈100〉、〈101〉和〈111〉，平均位错密度为 $5\times10^{6}cm^{-2}$ 的单晶。

无坩埚区熔钽和铌单晶杂质含量变化如表 13-26 和表 13-27 所示。

表 13-26　无坩埚区熔钽单晶杂质含量（质量分数）变化（%）

物　料	O	C	Fe	Si	Cu	Ti	Mo
烧结钽棒中	2×10^{-2}	5×10^{-3}	1.2×10^{-1}	3×10^{-3}	5×10^{-3}	3×10^{-3}	3×10^{-3}
钽单晶中	6×10^{-3}	4×10^{-3}	2×10^{-3}	$<1\times10^{-3}$	1×10^{-3}	1×10^{-3}	3×10^{-3}

表 13-27　无坩埚区熔铌单晶杂质含量（质量分数）变化（%）

物　料	O	C	N	W	Mo	Ta	Si	Al
电解精炼铌中	2000×10^{-6}	30×10^{-6}	10×10^{-6}	2×10^{-6}	5×10^{-6}	5×10^{-6}	30×10^{-6}	30×10^{-6}
铌单晶中	100×10^{-6}	3×10^{-6}	4×10^{-6}	6×10^{-6}	1×10^{-6}	2×10^{-6}	10×10^{-6}	10×10^{-6}

以区熔移动速度 1 ~ 7 mm/min，可制得直径 100 mm 的铌单晶。其杂质含量（质量分数）为：O，$(1\sim2)\times10^{-6}$；C，$(3\sim7)\times10^{-5}$；N，$(3\sim5)\times10^{-6}$；W、Mo、Ta，$<1\times10^{-6}$。

上述单晶中的 W、Mo、Ta 杂质不高，是因为在无坩埚电子束熔炼时采用了预精炼（卤化物精炼和氢还原、电解精炼等）提纯过的原料。

通常这些单晶需在压力为 10^{-2}Pa 的氧气氛下处理（以生成 CO 形式除碳），随后再在高温和高真空约 10^{-8}Pa 下退火处理脱氧（以 NbO 或 TaO 形式挥发）。

电子束熔炼的结果和采用的原料纯度和熔炼次数有关。表 13-28 所示为 3 种不同纯度铌锭经电子束熔炼后的分析结果。

表 13-28　3 种不同纯度铌锭的分析结果（质量分数）

纯度/%	C	O	N	Ta	Mo	W	Fe、Ni、Co	Zr、Ti
>97	$<1000\times10^{-6}$	$<200\times10^{-6}$	$<200\times10^{-6}$	15000×10^{-6}	5000×10^{-6}	5000×10^{-6}	$<500\times10^{-6}$	$<1000\times10^{-6}$
>99.9	$<100\times10^{-6}$	$<200\times10^{-6}$	$<100\times10^{-6}$	$<500\times10^{-6}$	$<20\times10^{-6}$	$<20\times10^{-6}$	$<20\times10^{-6}$	$<20\times10^{-6}$
>99.98	$<30\times10^{-6}$	$<30\times10^{-6}$	$<30\times10^{-6}$	$<20\times10^{-6}$	$<20\times10^{-6}$	$<20\times10^{-6}$	$<20\times10^{-6}$	$<20\times10^{-6}$

为要获得高纯铌（钽）锭，往往需要进行多次电子束熔炼，表 13-29 所示为同一锭坯经 3 次熔炼的结果（巴西 CBMM 公司）。

表 13-29　同一锭坯 3 次熔炼的分析结果（质量分数）

熔炼次数	B	C	Na	Mg	Al	Si	P	K	Ca	Mn	Fe	Co
1 次	0.5×10^{-6}	8×10^{-6}	0.3×10^{-6}	0.1×10^{-6}	60×10^{-6}	$<20\times10^{-6}$	5×10^{-6}	$<0.1\times10^{-6}$	$<0.2\times10^{-6}$	$<0.1\times10^{-6}$	2×10^{-6}	$<0.1\times10^{-6}$
2 次	0.5×10^{-6}	2×10^{-6}	0.6×10^{-6}	$<0.1\times10^{-6}$	1×10^{-6}	$<6\times10^{-6}$	$<5\times10^{-6}$	$<0.1\times10^{-6}$	$<0.1\times10^{-6}$	$<0.1\times10^{-6}$	0.1×10^{-6}	$<0.1\times10^{-6}$
3 次	0.4×10^{-6}	2×10^{-6}	0.5×10^{-6}	$<0.1\times10^{-6}$	3×10^{-6}	$<5\times10^{-6}$	$<2\times10^{-6}$	$<0.1\times10^{-6}$	$<0.1\times10^{-6}$	$<0.1\times10^{-6}$	2×10^{-6}	$<0.1\times10^{-6}$

熔炼次数	Ni	Cu	Zn	Ba	Sn	Pb	Ta	W	Zr	Mo	Cr	Ti	Hf
1 次	0.2×10^{-6}	0.5×10^{-6}	$<0.1\times10^{-6}$	$<0.1\times10^{-6}$	$<0.1\times10^{-6}$	$<0.1\times10^{-6}$	0.084×10^{-6}	0.9×10^{-6}	10×10^{-6}	0.5×10^{-6}	0.1×10^{-6}	3×10^{-6}	0.1×10^{-6}
2 次	0.1×10^{-6}	0.3×10^{-6}	$<0.1\times10^{-6}$	$<0.1\times10^{-6}$	$<0.1\times10^{-6}$	$<0.1\times10^{-6}$	0.070×10^{-6}	0.6×10^{-6}	0.3×10^{-6}	0.5×10^{-6}	$<0.2\times10^{-6}$	0.2×10^{-6}	$<0.1\times10^{-6}$
3 次	0.1×10^{-6}	0.6×10^{-6}	$<0.1\times10^{-6}$	$<0.1\times10^{-6}$	$<0.1\times10^{-6}$	$<0.1\times10^{-6}$	0.071×10^{-6}	0.2×10^{-6}	0.3×10^{-6}	0.6×10^{-6}	0.1×10^{-6}	$<0.1\times10^{-6}$	$<0.1\times10^{-6}$

13.3.3　电解精炼沉积制取铌单晶[50~53]

电解精炼是提纯铌（钽）的重要方法之一。电解精炼的突出特点是它可以深度脱除电子束熔炼所脱除不了的高熔点金属杂质 W、Mo、Ta。实际上电解精炼也可以制取铌（钽）单晶。

电解精炼时，熔盐中杂质含量的降低，主要取决于基体原子和杂质原子的相对析出电动势与含量，以及阴极和阳极的分电流密度。

在阳极上沉积的铌中所含钽的含量与电解质中钽的含量之间的关系如图 13-32 所示。

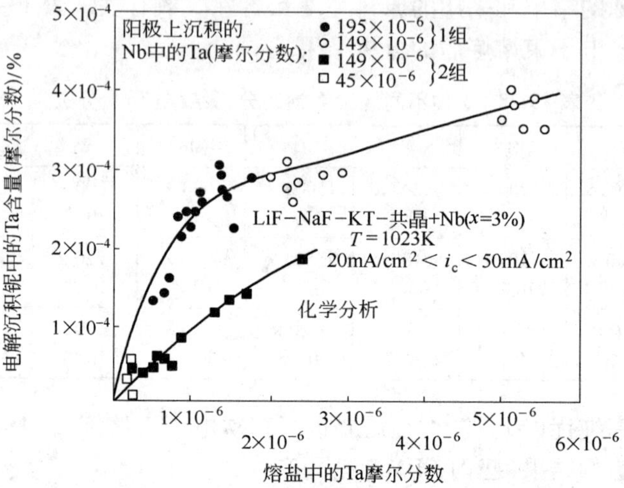

图 13-32 熔盐电解精炼提纯铌的程度

图中上面的曲线为工业铌原料中含钽（摩尔分数）195×10^{-6} 和 149×10^{-6} 的提纯结果。下面的曲线为经仔细脱氧后的铌原料。当阴极电流密度在 20 ~ 50 mA/cm^2 时，所得铌沉积物中的钽含量取决于电解质中的钽含量和氧含量。但若电解质通过自然对流进行搅拌，则铌的提纯程度不取决于阳极中的钽含量。采用含 300×10^{-6}Ta 的工业纯 K_2NbF_7 作为铌电解的电解质，可以获得铌中含量钽最低的产品，钽含量（质量分数）仅 0.05×10^{-6}，甚至可以低到 0.02×10^{-6}。表 13-30 所示为各种杂质经过电解精炼后的提纯情况。从表中数据可看出，不仅铌中钽含量，而且铌中的钨和钼含量也下降了很多。由于设备材料的影响，一些杂质，如铝等的含量略有上升。

表 13-30 各种杂质经过电解精炼后的提纯情况

元素	Ta	W	Mo	Cr	Fe	Co	Cu	V	Ti	Al
试样 1	83.6×10^{-6}	3.8×10^{-6}	1.2×10^{-6}	3.0×10^{-9}	26.0×10^{-9}	83×10^{-9}	95×10^{-9}	5.0×10^{-9}	0.3×10^{-6}	90.0×10^{-9}
试样 2	$(0.05\sim3)\times10^{-6}$	$(1\sim30)\times10^{-9}$	96×10^{-9}	$(6\sim28)\times10^{-9}$	$(1\sim3)\times10^{-6}$	$(0.3\sim2.6)\times10^{-9}$	44×10^{-9}	0.4×10^{-9}	$<0.1\times10^{-6}$	110×10^{-9}
试样 3	$(0.05\sim3)\times10^{-6}$	1×10^{-9}	75×10^{-9}	$(17\sim44)\times10^{-9}$	3×10^{-9}	$(0.3\sim30)\times10^{-12}$	$<20\times10^{-9}$	0.3×10^{-9}	$<0.1\times10^{-6}$	20×10^{-9}

在选定的晶粒上，均匀外延电解生长的铌晶体在〈110〉方向（与铌条轴向一致）的横截面如图 13-33 所示。

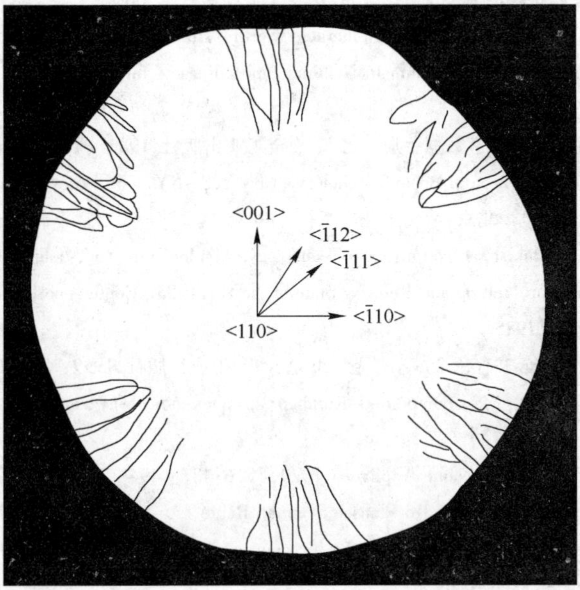

图 13-33 电沉积铌单晶的横截面

参 考 文 献

1 《稀有金属手册》编委会．稀有金属手册．北京：冶金工业出版社，1992：963～991

2 Miller G L. Tantalum and Niobium. London：Butterworths Scientific Publication，1959

3 黄一云，金展鹏，陈正华．粉末冶金基础理论及新技术．长沙：中南工业大学出版社，1995

4 Lenel F E. Powder Metallurgy Principles and Applications. MPIF，1980

5 Амосов В М. Порошковая Металлургия，1981（3）：14～19

6 Mayer R H. Metallurgia，1948（38）：307～310

7 Амосов В М. Цветные Металлов，1961（6）：65～72

8 Колцин. О П，и др. Сборник Научных Трудов Гредмет. Москва：Металлургия，1959（1）：694～702

9 James P J. Isotatic Pressing Technology. London，1983

10 Похон М Л. Получение копактных ниобия и тантала. Москва：Металлургия，1959（1），1966

11 Колчтн О П. Ниобия и Тантала Сб. Научные труды. Москва：Ил，1960

12 Wensch G W，et al. Polishing tantalum Metal Progress，1952，2（3）：81

13 Myer F F. Metallurgia，1948（38）：307～310

14 Titterrington R，et al. Powder Metallurgy Special Report，1958：11～18

15　Klopp W D, et al. Technology of columbium(niobium). New York: John Welley and Sons, 1958: 106 ~ 120
16　《稀有金属材料加工手册》编写组. 稀有金属材料加工手册. 北京:冶金工业出版社,1984
17　陈存中. 有色金属熔炼与铸锭. 北京:冶金工业出版社,2003
18　戴永年,等. 有色金属材料的真空冶金. 北京:冶金工业出版社,2000
19　Roth A. Vacuum Technology Amsterdam. Netherland; North - Holland. Publishing Company, 1982: 157
20　Scgulze K, et al. Purificatuon of niobium In Niobium Proceedings of International Symposium. The Metallurgy Society of AIME, 1984: 163 ~ 223
21　叶大伦. 实用无机化学热力学数据手册. 北京:冶金工业出版社,1981
22　Siegfried Schiller, et al. Electron Beam Technology. New-York: NY, John Wiley & Sons, 1982: 151 ~ 288
23　韩其勇. 冶金过程动力学. 北京:冶金工业出版社 ,1983
24　Werning T R, Robert. Bakish. Electron Beam Technology. London New York: John and Willey. Inc, 1962
25　Bakish R. Electron beam Melting and Refining State of the Art. 1985. Conferance Proceedings. Labrary of Congress ISSN 0740-8706, 1985
26　廖志秋. 中国冶金百科全书有色金属冶炼卷. 北京:冶金工业出版社,1999: 757 ~ 758
27　Тихоновский А А, и др. Международная Конфер. по электронно-лучевой технологии. ВернаСофия. 1985: 418
28　Vanlaer M, et al. Rev. De Physique Appliguee, 1070, (5)6: 487 ~ 494
29　Miller G L. Production of tantalum. 3rd Plansee Seminar. Reute, Austria, 1958: 252 ~ 270
30　BetzE W, et al. New EB production farnance for high purity niobium in Brazil. Proceedings of Confer. EB Melting abd refiling. EnglewoodmNj, 1989: 77
31　Padamsee H, et al. IEEE Trans. Magn, 1987, (23)2: 1607 ~ 1616
32　Рузинов А П, и др. Равновесные превращения металлургических реакции. Москва: Металлургия, 1975: 416
33　Куликов И С. Раскисление Метаддов Москва: Металлургия, 1975: 504
34　佟世昌. 钽真空电弧熔炼. 中国冶金百科全书　有色金属冶炼卷. 北京:冶金工业出版社,1999: 759 ~ 761
35　Ham J C. Arc Melting of Reactive metal. J. Metals, 1968, (9)7: 976
36　Елютин А В, и др. Сборник Научные Труды Гиредмет. Москва: Металлургия, 1974: 113 ~ 122
37　Noesen S J. Proc. Electric Furnaces AIME. 1970. (12): 842 ~ 849
38　《稀有金属手册》编委会. 稀有金属手册(下册). 北京:冶金工业出版社,1992
39　Вайсенберг Ф И, и др. Основы Металлургии. Тантал и ниобий. Москва: Металлургия, 1967(4): 284 ~ 335
40　格罗斯 B,等. 等离子体技术. 北京:科学出版社,1980
41　张启修,赵秦生. 钨钼冶金. 北京:冶金工业出版社,2005: 320
42　德斯列文 C B. 低温等离子物理. 北京:科学出版社,1980
43　Bosch R A. Production of high RRR niobium. Proceeding of the Electron Beam melting and refining Englewood NJ, 1900: 1 ~ 19
44　Schlze, et al. Purification of Niobium. Niobium-Proceedings of the Intern. Symp. Metallurgical Society of AIME, 1984: 163 ~ 223
45　Ernane R. Salles Moura, International Symposium. The Metallurgical Society of AIME, 1984: 163 ~ 223
46　Тихинский Ф, и др. Получепие Сверхчистых Редких Металлов. Москва: Металлургия, 1986: 106 ~ 112

47 Padamsee H. High Purity Niobium for Particle acceletors. Proceeding of the Electron Beam melting and refining Englewood NJ,1989:121

48 舒尔茨 K,等. 铌的提纯. 铌资源开发应用技术,1992:553 ~ 567

49 Wurn J. Elektrizitatsvewertung,1973,(48)9:291

50 Graime H S. Plating,1972,(59)11:1038 ~ 1042

51 Балихин В С. Известие АН СССР,1968(6):79 ~ 84

52 Елютин,等. 铌与钽. 马福康,等译 . 北京:冶金工业出版社,1997:178 ~ 183

14 铌合金

在难熔金属合金中,铌合金属于开发比较晚的后起之秀。铌合金基本上是在20世纪50年代开始开发,50~60年代的大国空间竞赛,使铌合金发展达到顶峰时期。80年代中期,随着飞机和宇宙飞船对高温结构材料和空间用核动力反应堆的需求增长,铌合金再次受到注目。

铌具有一系列适于做高温合金的优点:(1) 熔点高(2468℃);(2) 密度低(稍低于镍,和铜相近,在四大难熔金属中最低);(3) 足够纯的铌具有良好的韧性、塑性、力学性能和物理性能;(4) 合金化过程中具有良好的晶格固溶性;(5) 良好的高温力学性能;(6) 优良的铸造性能:(7) 良好的热传导率。铌合金在600~1200℃具有较高的比强度(强度/密度)和优良的塑性、加工性能和焊接性能。此外,铌还有小的热中子吸收截面、抗液态金属腐蚀和良好的超导电性等一系列优异特性,使铌合金被看成是最有发展前途的高温材料之一。由于铌合金综合性能好,到目前,在以VB族和ⅥB族难熔金属为基的合金中,以铌合金品种最多,应用最广泛[1~4]。

14.1 合金元素和杂质元素

工业纯铌虽有许多优良特性,但不能直接用作高温结构材料和反应堆材料,必须进一步改善其性能。合金化就是最重要的措施。有两类元素可以影响铌的性能,一类是金属元素,另一类是氧、氢、氮、碳等间隙元素。此外还有Fe、Si等置换型杂质。

14.1.1 合金元素的影响

铌的合金元素主要是元素周期表中与铌直接相邻的ⅣB和ⅥB族元素,如Ti、Zr、Hf、V、Ta、Cr、Mo、W等。所有这些元素都能提高铌合金的强度。

如上所述,向铌中加入合金元素的目的在于获取材料的特殊性能,如提高强度、改善抗氧化性能、提高塑性和工艺性能等。通常,合金元素对合金强度、塑性和抗氧化性能中任何一项性能的改善,往往同时会牺牲其他一种或两种性能。即在改进某项性能的同时会使合金的另一些性能恶化。因此添加合金元素及其加入量必须兼顾各种性能的平衡。

与难熔金属钨和钼相比,铌的低温塑性好,对许多元素有较大的固溶度,允许有较多的元素加入以改善其性能[6~8]。元素周期表中的ⅣB族、VB族和ⅥB族元素在铌中的固溶度都很大,表 14-1 为一些元素在铌中的固溶度。从表 14-1 中可看出,除 Cr 外,所有ⅤB 族和ⅥB 族元素都能在铌中固溶。

表 14-1 一些元素在铌中的固溶度

元 素	H	N	O	C	B	Ta	V	W	Mo	Cr
最大固溶度(摩尔分数)/%	>50	16	4.0	6.4	4.0	100	100	100	100	24
元 素	Ti	Zr	Hf	Re	Zn	Sn	Al	Ni	Fe	Si
最大固溶度(摩尔分数)/%	100	100	>40	45	约 0	11	18	<7	6.5	12
元 素	Ru	Os	Pd	Pt	U	Th	Y	Ce	La	
最大固溶度(摩尔分数)/%	>28	约 10	30	>1.0	100	<0.4	>1.0	>1.0	0.06	

铌合金中以高温结构领域应用最多,这类合金的工作温度范围较宽,从 700 ~ 800℃到 1100 ~ 1200℃(为铌熔点的 35% ~55%),个别情况下要求的工作温度更高。因此这类合金的牌号较多,其总的规律是:为保证合金的综合性能,工作温度越高,合金化的可能性越低[9,10]。

钨和钼的熔点高,它们的加入能使铌合金熔点升高。当它们与铌形成固溶体时,可以提高铌的高温强度并改善蠕变性能。例如,加入 1%(摩尔分数)W 可使铌熔点提高 9.7℃;加入 1%(摩尔分数)Mo 可提高铌熔点 2℃。其他合金元素都是使熔点降低的,其中钒和锆降低熔点的程度要小些(见 Nb-V 和 Nb-Zr 相图),铝、钛、铬稍大些。因此在工作温度低于 800 ~ 900℃时,合金元素的选择范围较宽,而工作温度高于 1000℃时,合金元素的选择范围有限。

铌中加入钨和钼,还可以提高铌的蠕变强度和硬度。加入 6%(摩尔分数)W 能使铌的蠕变强度提高一倍,加入 5% ~6%(摩尔分数)的钨或钼,可以提高维氏硬度 70 ~115 kg/mm^2。钨和钼对铌的塑性 - 脆性转变温度的提高与加入量呈线性关系,每加入 1%(摩尔分数)钨或钼,能提高转变温度 1.1 ~9.9℃。此外,钨和钼有改善抗氧化性能的作用。但钨的添加将增大合金的密度并降低其可塑性。过量的钨和钼对工艺性能有不良影响。当钨的添加量(摩尔分数)超过 10%,合金及其焊件的可塑性会受到严重损害,而且会提高它们的塑脆性转变温度。

钼的低温时效强化效果较钨好,但蠕变强化效果不如钨。过多地加入钼,合金密度虽增加不大,但会损害合金的塑性,提高塑脆性转变温度。在工业合金中 Mo 的添加量一般不超过 5%。

图 14-1 所示为合金元素对 1095℃温度下铌极限强度的影响(在 1095℃短时拉力试验)。由图可见,只要加入百分之几的 Cr 和 Al,便可使合金有效强化,而 V、Zr、Hf、Mo、W 在加入 5% ~20%时也可有效强化。但 Ta 和 Ti 对铌没有什么强化效果。

对铌的最有效的强化剂是那些具有高熔点和高弹性模量的金属,即原子间键作用力强的金属。这一点可由图 14-2 所示合金元素对铌的蠕变强度的影响看出。钨具有最大的强化效果,图中其他合金元素的强化效果以钨的强化效果为 100% 来表示[11]。由图可看出,合金的固相线温度对强度的影响,在很大程度上在持久强度试验时表现出来。所有零线以上的合金元素(Cr、Ta、Ru、Mo、Re、Ir、Os、W)都延长了持久强度试验中达到破裂的时间。

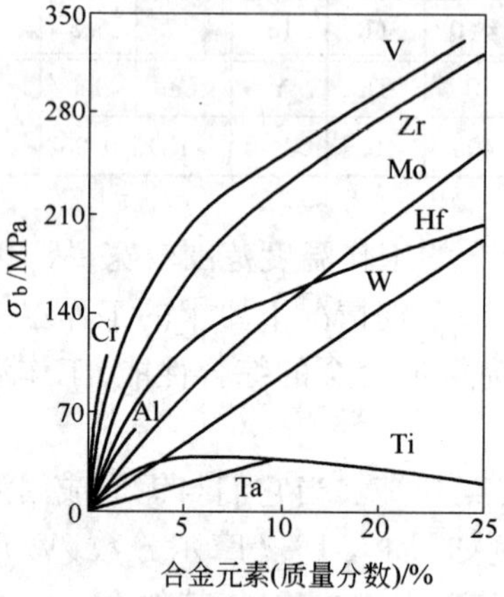

图 14-1　合金元素对 1095℃ 再结晶铌极限强度的影响[14]

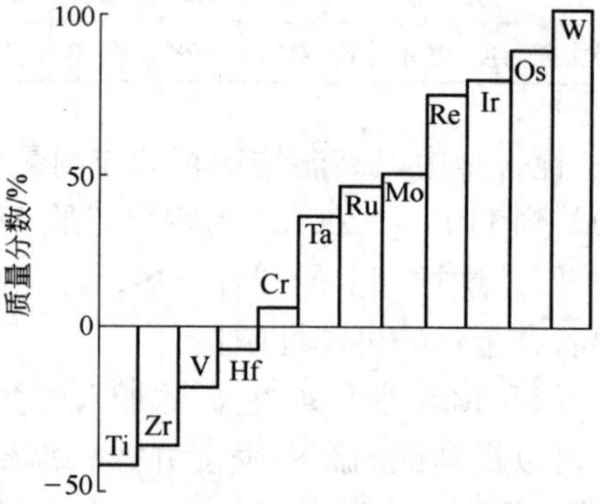

图 14-2　加入合金元素(摩尔分数均为 1%)在 1200℃ 和 $\sigma = 140$ MPa 的持久强度试验对铌的强化百分比

VB 和ⅣB 族元素(Hf、Zr、Ti)作为合金元素的加入,反而弱化了铌的强度(降低了铌的高温蠕变强度)。看来这是因为它们明显地降低了固相线温度,且它们的弹性模量都不高。

在高温下对铌强化作用起积极作用的合金元素还有 Re 和铂族金属(Ru、Os、Ir)等,但因为它们都是稀贵元素,实际采用受到限制。

图 14-3 所示为合金元素对铌的开始再结晶温度的影响[12]。可以看出,所有高熔点金属都可以提高铌的开始再结晶温度,而熔点较低的元素(Mn、Fe、Co 等)会大大降低铌的开始再结晶温度。由它们和铌的二元相图可知,它们同样都大大降低铌的熔点。

在 1100 ~ 1300℃ 温度下研究铌合金元素的互扩散的研究结果表明,合金元素原子在铌基固溶体中的扩散迁移率与元素的熔点和对铌的熔点的影响有关。钛、锆、钒等熔点较低的元素原子具有较高的扩散迁移率,相反,熔点高的钼、钽、钨等的原子迁移率则较低。

合金元素原子的扩散迁移率与它们对铌热强性的影响在 $t \geqslant 0.5t_{熔}$ 时是相当吻合的。如果说铌基固溶体的瞬时强度在很大程度上取决于铌与合金元素的原子尺寸比(尺寸效应),那么其持久强度则与合金元素的扩散迁移率有关。可以认为,熔点较高的合金元素可以提高铌的热强性(降低蠕变第一阶段的速率),熔点较低的合金元素则降低铌的热强性。

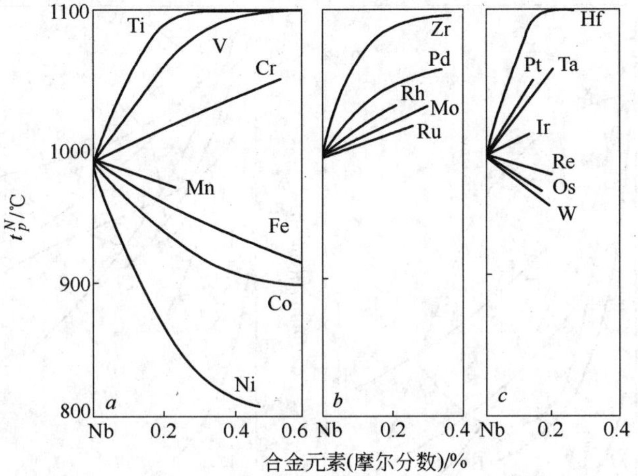

图 14-3 合金元素对铌的开始再结晶温度的影响[12]

间隙杂质(氧、氮、碳等)是室温下铌的最强的强化剂,但对高温瞬时强度和热强性无本质上的影响。只有在存在有易于生成氧化物、氮化物、碳化物的元素(主要是 Ti、Zr、Hf)时,它们才对铌的强度产生积极影响[13,14]。

合金元素对铌抗氧化性能的影响是重要指标。铌和其他高熔点金属一样,抗氧化性能很差。铌合金的氧化问题是合金应用的一个极大问题。在铌合金发展的初期,大量工作是寻求抗氧化和兼有良好综合性能的合金,结果仅找到了一些具有较高氧化皮强度和一定程度的抗氧化铌合金,如 Nb-10Ti-10Mo-0.1C、Nb-10W-10Ti-6Mo 等。但如果不使用保护涂层,氧化问题仍不能彻底解决,获得完全抗氧化的合金仍是一件很困难的任务。目前提高铌合金抗氧化性能的方法有 3 种:

(1) 加入原子价比铌高的元素,如钼、钨、铼等,克服氧化皮中阳离子缺乏状况,以减少氧通过氧化皮向氧化物和金属界面的扩散。

(2) 加入离子半径小的元素,如钒、钼、钨、铝等,降低氧化物和金属体积比以防止氧化物剥落,例如,Al_2O_3 和金属铝的体积比为 1.28,而 Nb_2O_5 和金属铌的体积比为 267,故 Al_2O_3 对铌有保护作用。

(3) 加入大量的合金元素,如钼、钨、钽、钛、铪等,提高氧化皮的力学性能和化学稳定性。

图 14-4 所示为合金元素对铌氧化速度的影响(在干燥的空气中)。按提高热稳定的有效性来说,图中各合金元素之间难以对比,但有一个共同趋势,在不很高

的温度下，合金添加量（摩尔分数）为 5% ~15% 的条件下，它们都可以降低铌的氧化速度（图 14-4*a*）。Mo 和 V 的效果之所以好，可能是因为生成的 V_2O_5 和 MoO_3 氧化膜易于挥发，而不是氧化膜的防护性能，这反映了氧化速度低和失重大。

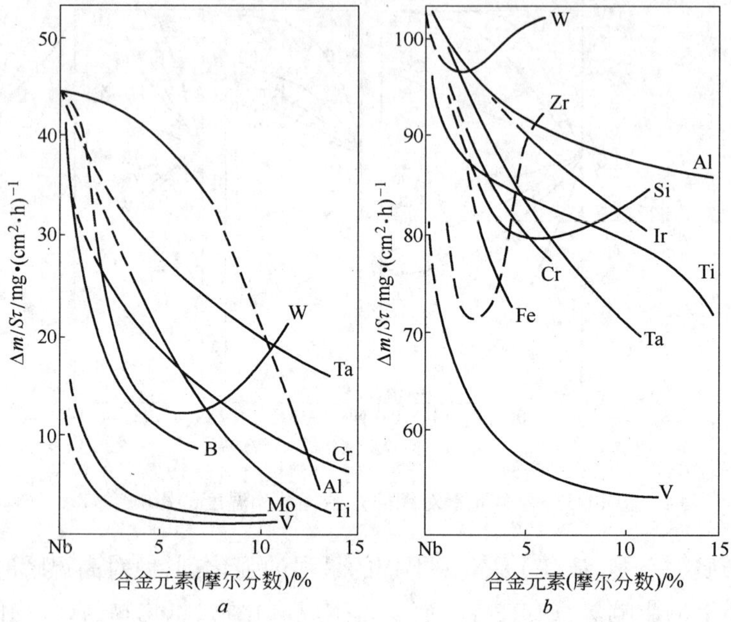

图 14-4　合金元素对铌氧化速度的影响（在干燥的空气中）

a—800℃；*b*—1200℃

温度升高至 1200℃ 时，情况发生变化（见图 14-4*b*），大部分合金元素对铌的氧化速度变得复杂了，图中一些合金元素（如 Cr、Zr、W）甚至在较低质量浓度范围内氧化速度就出现了极小值。此外，为何添加少量 Cu、Co、Fe 能明显地降低铌的氧化速度，原因尚不清楚。

在中等温度下（图 14-4*a*），对铌热稳定性有好的影响的合金元素首推 Cr、Ti、B、Al、V、Zr；而在高温下（图 14-4*b*），除了 Ti、Al、Cr 外，还可以少量加入 Si。

在探索和研究中，最热强又热稳定的结构铌合金中，最有前途的体系有 Nb-Ti-Cr、Nb-Ti-Al、Nb-Ti-W 和 Nb-Ti-Cr-Al 等。图 14-5 所示为各合金元素对 Nb-40Ti-5Al 合金氧化速率的影响[15]。添加这些合金元素可以降低钛含量，因为钛在较宽范围内（20% ~40%）对铌的氧化速率影响较小[16]。1100℃、1200℃ 和 1300℃ 时合金的氧化速率分别约为 22 g/(m^2 · h)$^{-1}$、60g/(m^2 · h)$^{-1}$ 和 78 g/(m^2 · h)$^{-1}$。添加 Cr、Ta 和 Hf 可降低合金氧化速率 51% ~61%。其中最有效的元素是 Cr。V 和 Zr 的添加量在 2% 以内才起作用。Mo 在 5% ~15%、1100 ~1300℃ 温度能增大氧化速率 7 ~8 倍。

Nb-40Ti-5Al 合金氧化速率小是与它生成 TiO_2 和 $TiO_2 \cdot Nb_2O_5$ 的氧化速度有关。加 Cr 时则还有 $CrNbO_4$。而各种铌和 V 和 Mo 的氧化皮（NbO、NbO_2、Nb_2O_5、V_2O_5、MoO_3 等）的出现都将恶化其防护性能，并导致合金的氧化速率增大。

应特别强调的是，对铌进行合金化的最主要目的是要提高它的瞬时强度、热强性和抗氧化性能。但在提高这些性能的同时又往往会降低合金的塑性、韧性和加工性（可锻性、可轧性等）。影响合金塑性－脆性转变温度最甚的是 W 和 Mo，其次是 Zr 和 Ti（图 14-6）。为了避免塑性剧烈降低，防止合金变脆，往铌中添加单个合金元素时应不大于：Ta，35% ~50%；W，15% ~20%；Mo，10% ~15%；Ti，30% ~40%；V，10% ~15%；Zr，25% ~30%。若合金成分复杂，则加入量应更少。

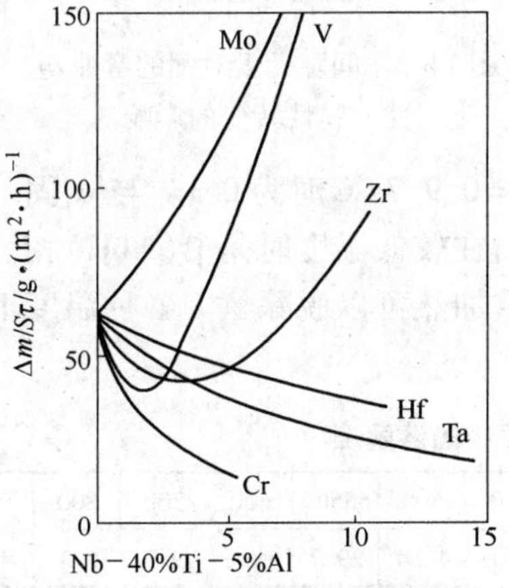

图 14-5 合金元素对 Nb-40Ti-5Al 合金氧化速率的影响（在 1200℃静态空气中）

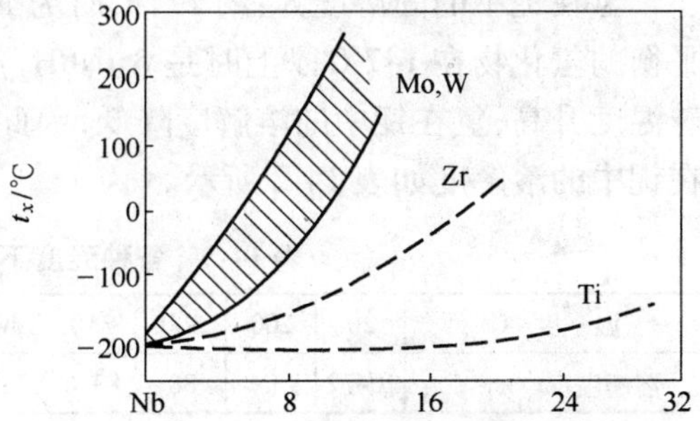

图 14-6 合金元素对 Nb 的脆性温度界线的影响

14.1.2 间隙元素的影响

间隙元素的影响具有两面性：一方面间隙元素杂质氧、氮、碳等是室温下铌的最强的强化剂[13,17]；另一方面，间隙元素杂质氢、氮、氧、碳溶解于铌中而形成间隙式固溶体，其溶解度和温度有很大关系，超过了溶解度时就出现各种各样的第二相，又是最有害的。

图 14-7 和图 14-8 所示为间隙元素总量对铌性能的影响。

14.1.2.1 氢在铌中的作用

Nb-H 系相图如图 14-7 所示。如前所述，氢对铌的脆化作用最为严重。

虽然铌在室温时名义上是不溶解氢的。但如果将铌在氢气中加热首先活化的话，则它在室温时能连续溶解氢直到出现 $NbH_{0.86}$，最终分子式为 NbH。

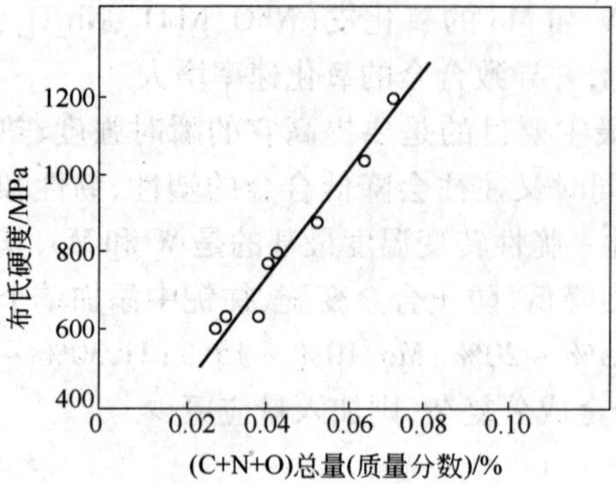

图 14-7　间隙元素(C + N + O)总量对铌硬度的影响

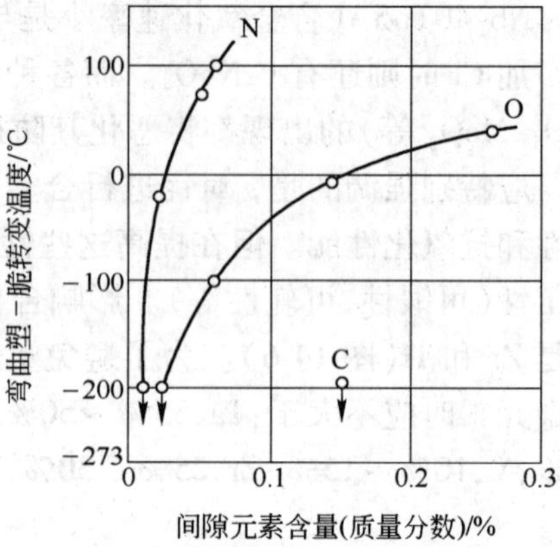

图 14-8　间隙元素对铌的弯曲塑性 - 脆性转变的影响

氢在铌中的固溶度为:约 177℃时为 Nb/H = 0.9,77℃时为 0.1。与 α 固溶体平衡的氢化物在 147℃以上时是 δ(NbH_2)相,而在较低温度时是 β(NbH)相。随着温度升高,氢在铌中的溶解度降低,因此,真空加热可以脱除氢。各种温度下氢在铌中的溶解度如表 14-2 所示。

表 14-2　各种温度下氢在铌中的溶解度

温　度/℃	20	200	300	350	400	450	500	550	600	700	800	900
溶解度/$m^3 \cdot g^{-1}$	104.2	93.3	88	83.6	76.8	65.6	47.4	29.7	18.5	9.7	6.1	4.0

14.1.2.2　氧在铌中的作用[18~21]

Nb-O 系状态图见第 3 章图 3-2 所示。

氧在铌中固溶度(摩尔分数)在约 1900℃时最高,达到 8%,700℃时降到 1%。与 α 固溶相共存的是 NbO 相。文献[20]的数据认为 1775℃时氧在铌中最大溶解度(摩尔分数)为 6%;文献[21]认为 1880℃时为 4%。氧固溶度随温度降低而减少。氧和铌的固溶体的分解压力较高,并随温度升高而急剧增高。高温真空下几乎能全部除去氧。

氧固溶在铌中,800℃以下有固溶强化作用。氧与合金中活性金属反应生成的氧化物起弥散强化作用,但强化效果远不如碳。氧对铌抗拉强度和伸长率的影响见第 2 章图 2-4 所示。

14.1.2.3　氮在铌中的作用

Nb-N 系状态图如图 3-16 所示。

氮在铌中固溶度(摩尔分数),在 2300℃时为最高,达 18%[18],随温度下降而急剧下降,在 1600℃时为 3.7%。与 α 固溶体平衡的是 β(Nb_2N)化合物,它的存在温区很宽。

铌溶解氮后可变脆。氮从固溶体析出，又可使铌软化。氮对铌的性能影响如第2章图2-2所示。

14.1.2.4　碳在铌中的作用

Nb-C 系状态图如图3-12所示。碳在铌中的固溶度(摩尔分数)，在2335℃时最高，为(7.5 ±1)%[22]。随温度下降而迅速降低，2200℃时为4%，1200℃时为0.26%[23]。铌中加入碳可以提高铌的强度。因为间隙元素碳是重要的弥散相形成元素，是高强铌合金不可缺少的元素，合金中含量一般为0.1%左右。对碳在添加少量元素周期表中ⅣB族元素(如1% Zr)使之生成难溶、弥散分布的ZrC相而排除其害处。对铌合金而言，$(100 \sim 200) \times 10^{-6}$ C不是有害，而是有益。因为它生成的(Zr，Nb)C相，在高温时起强化作用。

当以适当的速度使铌由高温逐渐冷却后，估计能固溶(摩尔分数)0.9% H、0.03% N、0.1% O和0.01% C[24,25]。一般工业生产的铌中间隙元素的含量约为：H，$(1 \sim 10) \times 10^{-6}$、N，(0.02% ~0.05%)、O，(0.03% ~0.05%)和C，(0.01% ~0.04%)。通常在电子束炉或在电弧炉中重熔过的铌纯度较高，除碳外，别的杂质均不超过其固溶极限，故可认为，最好的工业纯铌对H、N、O是不饱和的固溶体，但可能有Nb_2C存在，它是工业纯铌中唯一的第二相[24]。

铌中的间隙杂质总是共存的。在固态下，它们相互降低溶解度。因此根据它们在铌中的含量和比例，或成为第二相，或成为多元固溶体。

当铌被间隙元素污染形成固溶体或第二相的同时，强度和硬度会急剧升高，塑性和冲击韧性急剧降低直至零，金属由塑性变成脆性。工业纯铌的塑性－脆性转变温度一般皆低于室温，但受间隙元素影响后则可升至室温，甚至更高。故应限制铌及铌合金中的间隙杂质的含量。

按间隙杂质对铌脆化作用的大小，可排成下列次序：H^-(最严重)-N-O-C[24]。最有害的氢与别的间隙杂质不同，所固溶的氢随温度升高而减少，故可用2000 ~2200℃真空处理将其除去。

铌中也有置换型杂质(如Fe、Si、Ti等)，它们对力学性能的影响不及间隙杂质那么大，因其含量不大，一般摩尔分数不大于$(100 \sim 200) \times 10^{-6}$，故均为固溶态。

14.1.3　稀土元素的影响[26]

铌(钽)的物理性质和稀土元素的物理性质相差较大。稀土元素的熔点和沸点低，铌(钽)属高熔点、高沸点金属，这成为制造合金的主要障碍。此外，铌(钽)为体心立方结构，稀土元素大多数为六方晶系，稀土元素的密度较难熔金属小，并且具有液相不相溶合性，这些都对合金化不利。但稀土元素属于活性金属，与氧的亲和力较铌(钽)强,根据热力学分析(稀土元素氧化物的生成自由能较铌(钽)的氧化物的生成自由能负值更大),因此稀土元素对铌(钽)有净化作用,尤其对氧的去除更为有效。

铌(钽)与稀土元素的二元系相图如图 14-9 所示。

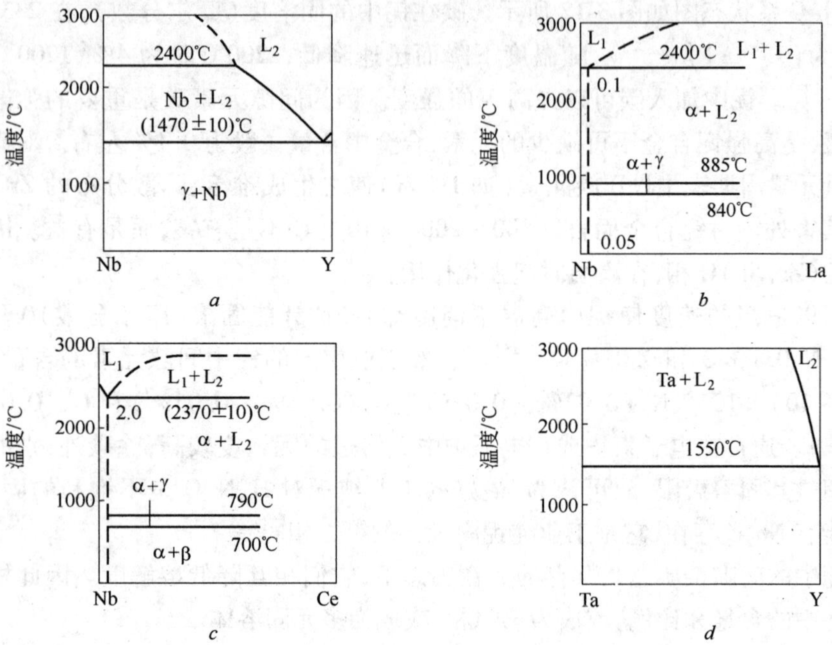

图 14-9　铌和钽与稀土金属的二元系相图

a—Nb - Y 系;*b*—Nb - La 系;*c*—Nb - Ce 系;*d*—Ta - Y 系

从图 14-9 可看出:

(1) 稀土元素在铌和钽中的溶解度非常低(表 14-3)。

表 14-3　稀土元素在铌和钽中的溶解度

金属	溶解度/%		
	Y	La	Ce
Nb	<0.1	0.05	0.05
Ta	<0.1	—	—

(2) 铌和钽和稀土元素不生成金属间化合物。

(3) 铌和钽与稀土的二元合金在高温时靠近富铌(或钽)端,存在液相不相溶区(表 14-4)。

表 14-4 铌(钽)-稀土元素液相不相溶区域

二元系	最低温度/℃	成分范围/%
Nb-Y	2400	Nb,(45 ±0.5) ~99.5
Nb-La	2400	Nb,≈9.9
Nb-Ce	2370 ±10	Nb,≈9.9
Ta-Y	3000	Ta,10 ~100

由于溶解度低和共晶的存在限制了稀土元素的加入量。加入过多将在合金中产生第二相的不良后果。添加稀土元素对难熔金属铌(钽)可以起到净化作用,降低间隙元素的含量。

14.2 铌系合金状态图

向金属铌中加入能改善其性能的合金元素,主要是元素周期表中的ⅥB 族元素 Cr、Mo、W,ⅤB 族元素 V 和 Ta,以及ⅣB 族元素 Ti、Zr、Hf;此外还有ⅢA 族和ⅣA 族的 Al、Si、Sn 等。下面简要介绍一些重要的铌二元及多元金属状态图。第 2 章和第 14 章以外的二元合金相图见本书附录 B。

14.2.1 二元系相图[27,28]

14.2.1.1 ⅢA 族和ⅣA 族元素(Al、Si、Sn)

A Nb-Al 系[29,30]

图 14-10 所示为 Nb-Al 系相图。体系中有 3 个中间相:Nb_3Al、Nb_2Al 和 $NbAl_3$。$NbAl_3$ 在 1605℃固液同成分熔化,是一种稳定的中间相。Nb_3Al 和 Nb_2Al 分别在(1870 ±10)℃和(1960 ± 10)℃按包晶反应生成,它们都有很宽的均相区,在 1500℃时参与共晶平衡。Al 在共晶体中的含量(摩尔分数)为 57.8%。在富铝区在 661.4℃下有包晶平衡。Al 在 Nb 中的最大固溶度(摩尔分数)为 21.6%(2060℃时),固溶温度随温度下降而降低。在 1000℃时降到 9%。中间相 Nb_3Al 具有超导性。

体系中化合物的晶体结构如表 14-5 所示。

B Nb-Si 系相图[31~33]

图 14-11 所示为 Nb-Si 系相图。体系中有 3 种硅化物:Nb_5Si_3、Nb_3Si 和 $NbSi_2$。Nb_5Si_3 和 $NbSi_2$ 分别在(2520 ∓25)℃和(1940 ∓20)℃时固液同成分熔化。化合物 Nb_5Si_3 有均相区并在温度(1940 ∓20)℃ ~(1650 ∓15)℃随成分不同发生多晶型转变。高温相 β-Nb_5Si_3 的均相区在 1900℃时的成分(摩尔分数)约为 3%。低温相 α-Nb_5Si_3 的均相区小于 1%。Nb_3Si 按包晶反应生成并在很窄的温度范围(1980 ~1770℃)存在。体系中生成 3 个共晶体和两个共析体。Si 在 Nb 中的溶解度(摩尔分数)1770℃时为 0.5%,1920℃时为 1.2%。Nb 实际上不溶于 Si 中。

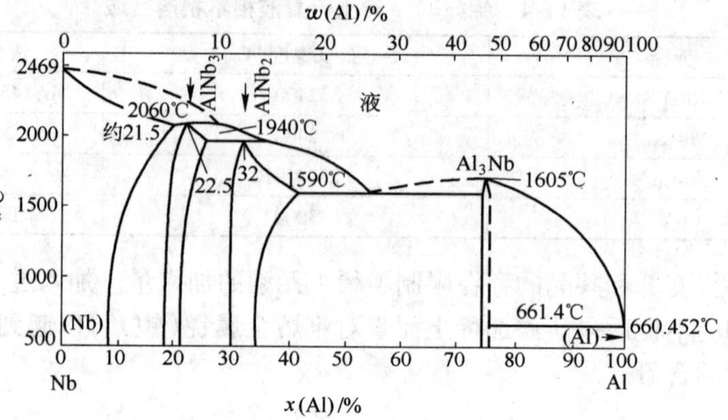

图 14-10 Nb-Al 系相图

表 14-5 Nb-Al 体系中间相化合物的晶体结构和熔点

化合物	熔点/℃	结构原型	比尔松符号 空间群	晶格常数/nm	
				a	*c*
Nb_3Al	2060	Cr_3Si	*cP*8	0.5183	—
			$Pm\bar{3}n$	0.5187	—
				0.5184	—
Nb_2Al	1940	FeCr	*tP*30	0.9935	0.5169
			$P4_2/mnm$	0.9943	0.5186
				0.9967	0.5167
$NbAl_3$	1550 ± 5	Al_3Ti	*tI*8	0.3844	0.8605
			*I*4/*mmm*	0.3841	0.8609
				0.5421	0.8567

Si 在 Nb 中的固溶度(摩尔分数)在 1943℃时最大,为 5%,并随温度降低而下降,1750℃时为 2.5%,1000℃时为 1.5%。表 14-6 所示为 Nb-Si 体系中间相化合物的晶体结构和熔点。

C Nb-Sn 系[34,35]

图 14-12 所示为 Nb-Sn 系相图。体系中有 3 个中间相:Nb_3Sn、Nb_6Sn_5 和 $NbSn_2$,它们都是不稳定的中间相。Nb_3Sn 有很宽的均相区,从 750℃到室温都很稳定。Nb_6Sn_5 在较窄的温度范围(820 ~ 930℃)稳定。

Sn 在 Nb 中的溶解度(摩尔分数)随温度下降而下降,在 2130℃和 1495℃下分别为 9% 和 1%,1800℃$_s$ 为 3%。Nb 在液态 Sn 中的溶解度很小,在温度 1000℃和 580℃时,分别为 0.198% 和 0.027%。表 14-7 所示为 Nb-Sn 体系中间相化合物的晶体结构数据。

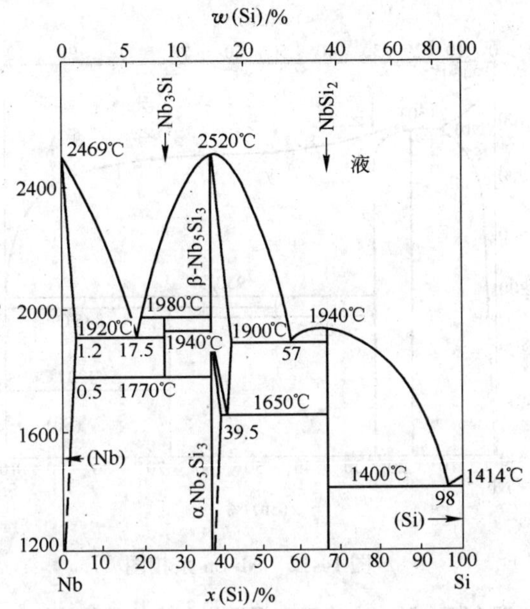

图 14-11　Nb-Si 系相图

表 14-6　Nb-Si 体系中间相化合物的晶体结构和熔点

化合物	熔点/℃	结构原型	比尔松符号 空间群	晶格常数/nm	
				a	*c*
Nb_3Si	1945(1980)	Ti_3P	*tP*32 $P4_2/n$	1.023	0.518
β-Nb_5Si_3	2480(2520±25)	W_5Si_3	*tI*32 *I*4/*mcm*	1.0040 1.0018	0.5081 0.5072
α-Nb_5Si_3		Cr_3B_3	*tI*8 *I*4/*mcm*	0.6571 0.656	1.1889 1.186
$NbSi_2$	1930(1940)	$CrSi_2$	*hP*9 $P6_222$	0.4791	0.6588
(Nb)	W		*cI*2 $Im\bar{3}m$	0.329~0.3308	—

14.2.1.2　ⅣB 族元素(Ti、Zr、Hf)

A　Nb-Ti[36,37]

图 14-13 所示为 Nb-Ti 系相图。体系中没有任何中间相。Nb 与高温的 β-Ti(bcc 结构)生成无限固溶体。Nb 与低温的 α-Ti(hcp 结构)为有限固溶体。α-Ti 中的溶解度(摩尔分数),先在 600℃时达到一个最高值约 2.5% Nb,然后随温度下降而降低。热力学计算表明,Nb 在 α-Ti 中的溶解度(质量分数)在 400℃、200℃和 20℃时分别为 1%、0.25%和小于 0.04%。

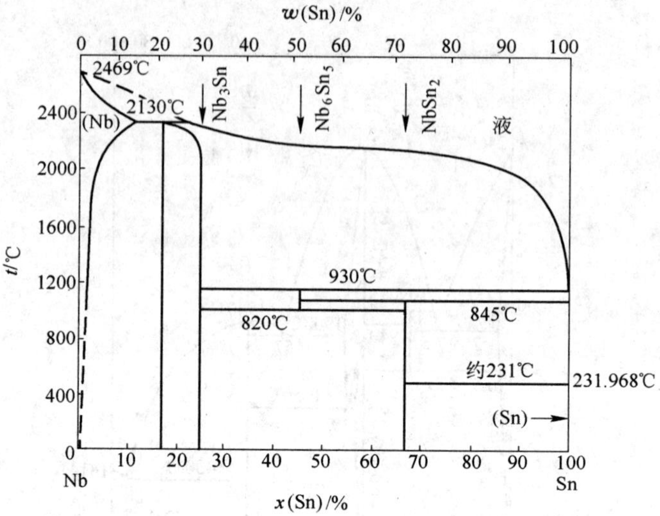

图 14-12　Nb-Sn 系相图

表 14-7　Nb-Sn 体系中间相化合物的晶体结构数据

化合物	结构原型	比尔松符号 空间群	晶格常数/nm		
			a	*b*	*c*
Nb_3Sn	W	*cI*2 $Im\bar{3}m$	0. 52902 ~ 0. 52816	—	—
Nb_6Sn_5	Ti_6Sn_5	*aI*44 *Immm*	1. 6814(1)	0. 92057(4)	0. 5649(5)
$NbSn_2$	Al_3Ti	*tI*8 *I*4/*mmm*	0. 9852(1)	0. 5645(1)	1. 9126(3)

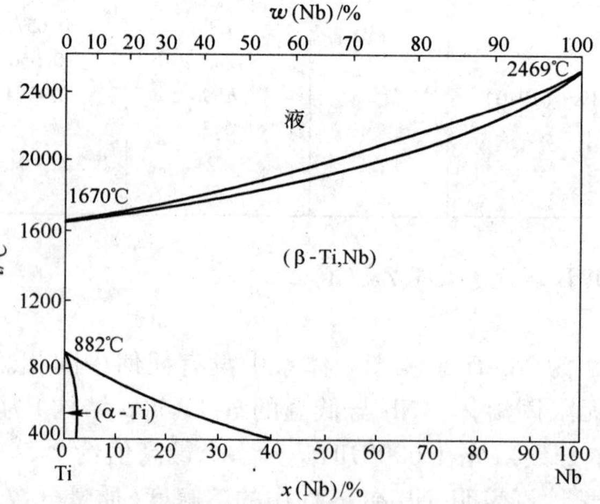

图 14-13　Nb-Ti 系相图

B　Nb-Zr[38~40]

图 14-14 所示为 Nb-Zr 系相图。Nb 与高温的 β-Zr(bcc 结构)生成无限固溶的 β 固溶体;与低温的 α(hcp 结构)则为有限固溶。在(610±10)℃时可看到共析反应 β⇄α+β(Nb)。图中析出曲线上的最高点为约 40% Zr 和(980±20)℃处。此温度下 β 固相分层。Nb 在 α-Zr 中的溶解度(摩尔分数),610℃时为 6.5%,600℃时为 1.1%。在偏析转变温度下 Zr 在 Nb 中的溶解度为 91%。

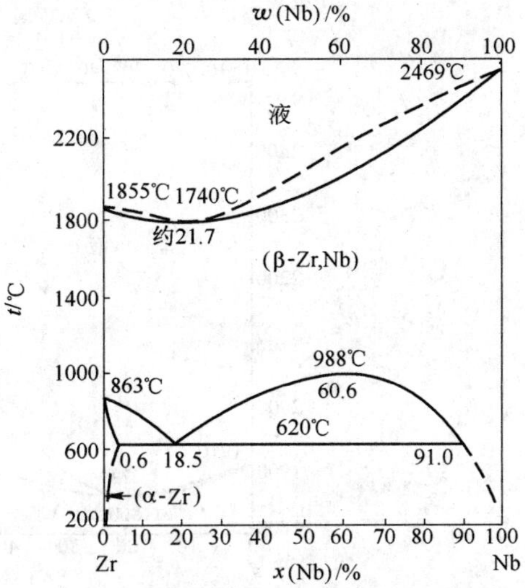

图 14-14　Nb-Zr 系相图

C　Nb-Hf[41]

图 14-15 所示为 Nb-Hf 系相图。体系的一个特点是,在高温晶型 β-Hf 和 Nb 之间形成连续具有体心立方晶格的固溶体。随着组成的改变,合金的熔化温度曲线在温度(2065±10)℃和摩尔分数为 42% Nb 时达到最低值。Nb 在 α-Hf 中的最高溶解度(摩尔分数)1000℃时为 4%。两相区对间隙元素杂质污染十分敏感。

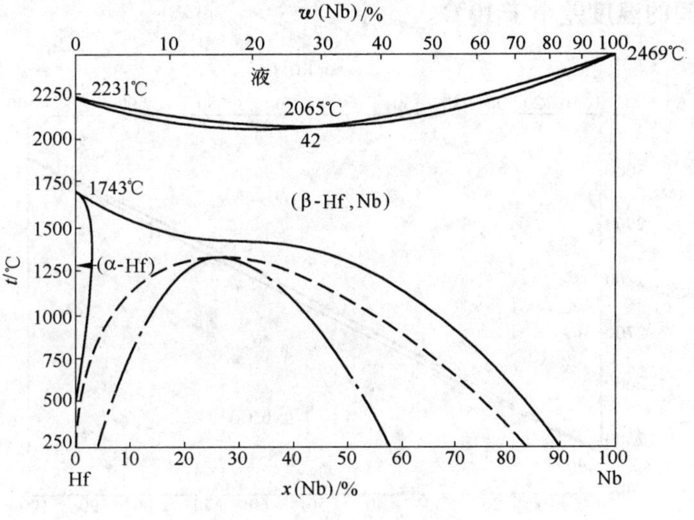

图 14-15　Nb-Hf 系相图

14.2.1.3　VB 族元素(V 和 Ta)

A　Nb-V[38,39]

图 14-16 所示为 Nb-V 系相图。体系的特点是在液态和固态下组元间均连续互溶。液相线和固相线都在(1860∓10)℃和 22%(摩尔分数)Nb 时存在最小值。

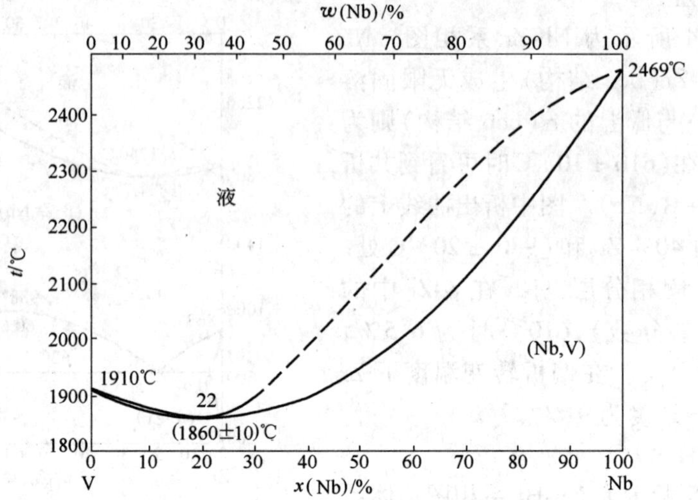

图 14-16　Nb-V 系相图

B　Nb-Ta[40]

图 14-17 所示为 Nb-Ta 系相图。作为同族相似元素，铌和钽无论在液态或固态下均无限互溶。液相线和固相线都从 Nb 一端开始向 Ta 一侧缓慢增长。固相线和液相线间的温度差小于 10℃。

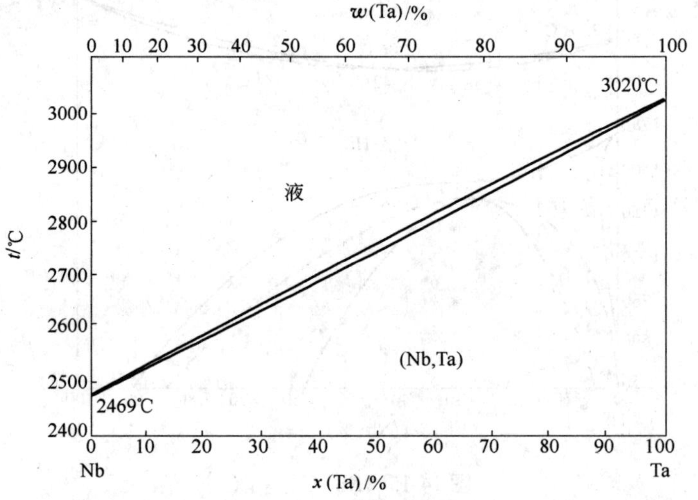

图 14-17　Nb-Ta 系相图

14.2.1.4　ⅥB 族元素（Cr、Mo、W）

A　Nb-Cr 系[41~43]

图 14-18 所示为 Nb-Cr 系相图。体系中有一个中间相 Cr_2Nb，为稳定化合物，

属于 Leves 相,熔点为 1690 ~ 1780℃。它有 2 个异晶型,高温相和低温相之间的转变温度,对于富铬和富铌合金分别为 1585℃和 1625℃。Nb 在 Cr 中的溶解度(摩尔分数),在共晶温度下约为 6%,1000℃时约为 1%。Cr 在 Nb 中的溶解度在共晶温度下约为 15%,并逐步下降,到 1000℃时约为 2% ~3%。

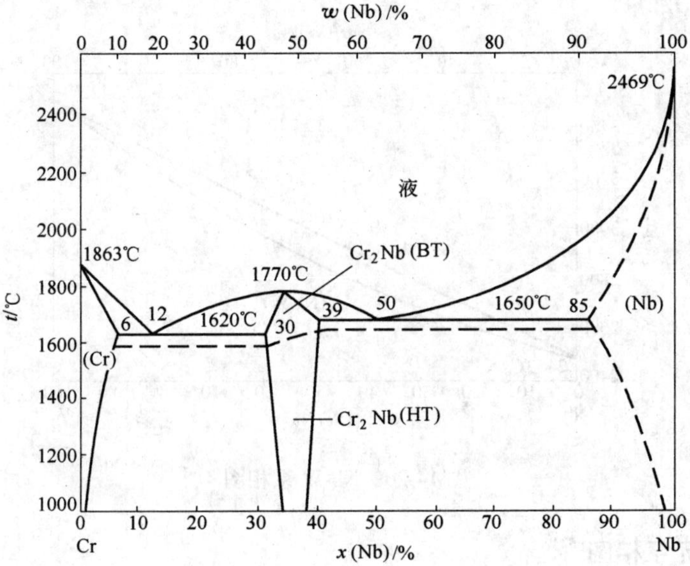

图 14-18 Nb-Cr 系相图

B Nb-Mo 系[48,49]

图 14-19 所示为 Nb-Mo 系相图。Nb 和 Mo 在液态和固态下均无限溶解。在液相线和固相线上都有极小值,其温度为 2345 ~ 2350℃,摩尔分数为 19.5% ~ 29.3% Mo。Nb 和 Mo 生成的连续固溶体具有体心立方晶结构。

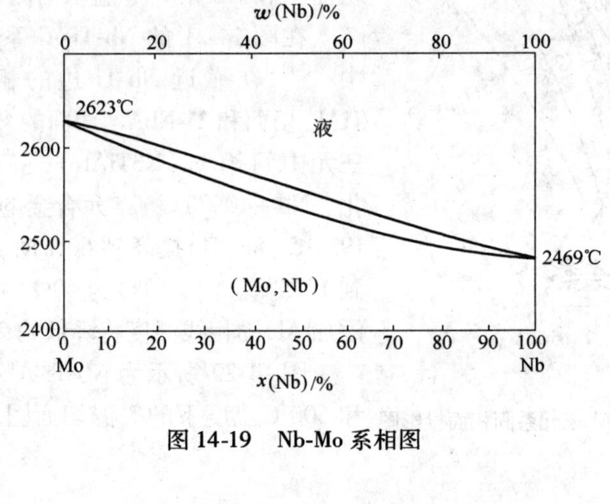

图 14-19 Nb-Mo 系相图

C　Nb-W 系[50,51]

图 14-20 所示为 Nb-W 系相图。Nb 和 W 无论在液态和固态都生成一系列的连续固溶体。铌钨合金具有体心立方晶结构，晶格常数在 0.3007 nm（对 Nb）到 0.31651 nm（对 W）之间改变。

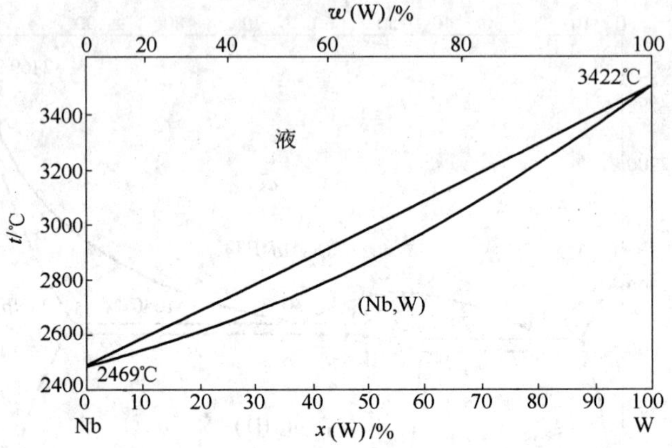

图 14-20　Nb-W 系相图

14.2.2　三元系相图[52]

常见的铌三元系主要有：Nb-Ti-Al 系，Nb-Ti-Zr 系，Nb-Ti-C 系，Nb-Mo-C 系，Nb-Mo-Zr 系和 Nb-W-Zr 系。

14.2.2.1　Nb-Ti-Al 系

图 14-21 至图 14-24 分别所示为 Nb-Ti-Al 三元系的固相 w(Ti) 面投影图、等温切面图、竖切面图和 Nb 角处等温切面图。

在图 14-21 的 Nb-Ti-Al 系的固相面投影图中[53,54]，在靠近 Nb-Ti 边的相平衡中，在 Nb-$TiAl_3$ 切面和 Ti-$NbAl_3$ 切面的交点处有一稳定的三元中间相 γ_1（$NbTiAl_3$），它在约 1900℃ 时熔化。Nb＋40% Ti 的二元合金的固相线温度约为 1950℃。w(Ti) 提高到 60% 时，固相线温度降低到 1825℃。向 w(Ti) 为 40%～60% 的铌合金中添加 Al，固相线温度将降低约 250～200℃。

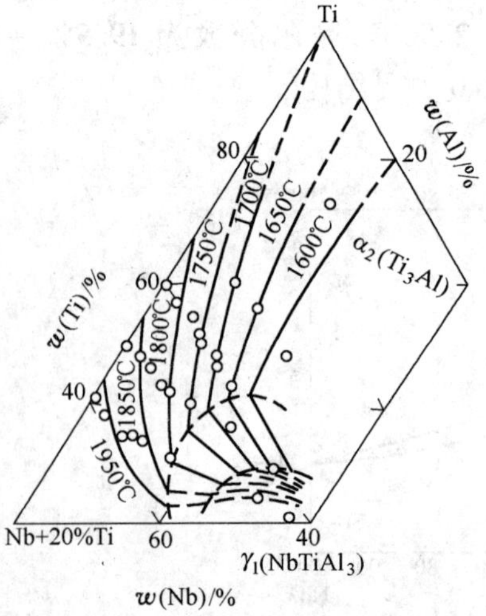

图 14-21　Nb-Ti-Al 三元系固相面投影图

图 14-22 所示为 Nb-Ti-Al 三元系在 1200℃ 和 600℃ 温度下的等温切面图。图中在 1200～

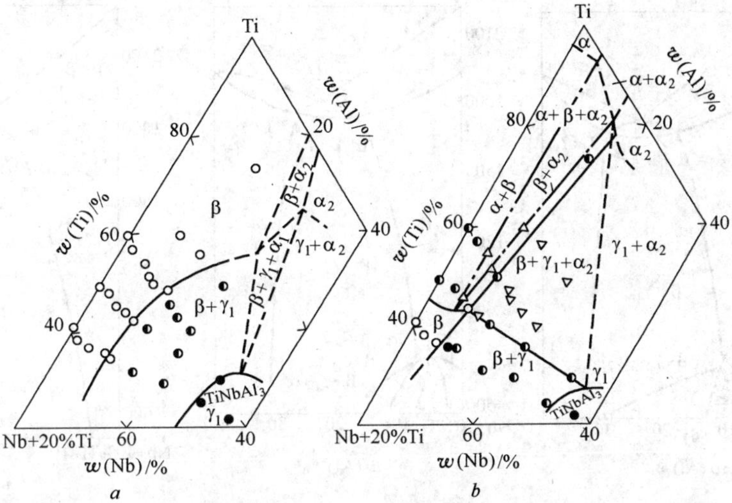

图 14-22 Nb-Ti-Al 三元系在 1200℃(*a*)和 600℃(*b*)的等温切面图

600℃温度范围内,γ_1 中间相、α_2(Ti_3Al)相和以 Nb-βTi 为基的 β 相三者呈平衡状态。Al 在 β 相中的最大溶解度同固溶体成分和温度有关,当钛含量增加和温度升高时,铝的溶解度增大。例如,当 w(Ti)为 40% 时,Al 在 β 相中的溶解度(摩尔分数)为:1200℃时为 11%(图 14－22*a*),600℃时为 8%(图 14－22*b*),但当 w(Ti)增加到 48% ~50% 时,在相应温度下的溶解度(摩尔分数)分别提高到 15% ~16% 和 10%。

γ_1 相为四方晶格,a = 0.8418 nm; c = 0.4538 nm; c/a = 0.539(或 a = 0.356 nm; c = 0.469 nm; c/a = 0.132)[55,56]。

由含 γ_1 相和含 40%、50% 和 60% Ti 的相图竖切面(图 14-23)可看出,γ_1 和 β 首先形成共晶体。随着合金中铌的增加,β + γ 共晶体的熔化温度逐步提高。

图 14-24 所示为 Nb-Ti-Al 三元系在 Nb 角处的等温切面图。由图可看到,在 1200℃和 20℃时 Nb 角上的相组成。与含 40% ~60% Ti 的合金相比,这些合金中除了有 β 固溶体和 γ_1 相之外,还有 β_1(Nb_3Al)相和 σ(Nb_2Al)相。

有资料报道,Nb-Ti-Al 三元系中包含有两个伪二元相图:Nb-α_2(Ti_3Al)相图和 Ti-Nb_3Al 相图,破坏前一个伪二元相图的是 γ_1($TiNbAl_3$)相和 β_1(Nb_3Al)相,破坏后一个伪二元相图的是 α_2(Ti_3Al)。

14.2.2.2 Nb-Ti-Zr 系

文献[57,58]研究了添加 Ti 和 Zr(≤20%)对三元系 Nb-Ti-Zr 合金固相面温度的影响和在 800 ~500℃该系的相平衡[38]。Nb 与高温 β-Ti 和 β-Zr 形成无限固溶的 β 固溶体(图 14-13 和图 14-14)。β 在较宽的温度范围内是稳定的。超过该范围,β 固溶体开始分层($\beta_1 \rightarrow \beta_2$ 或 $\beta_2 \rightarrow \beta_1$)和发生同素异晶转变 β→α,α 为低温以 α-Ti 和 α-Zr 为基的固溶体。

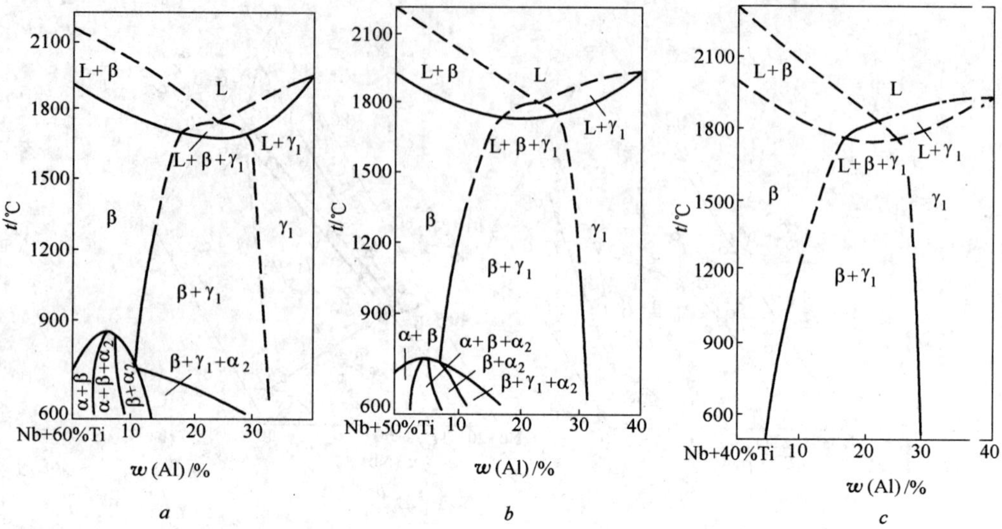

图 14-23　Nb-Ti-Al 三元系在含 40% Ti(*a*)、50% Ti(*b*)和 60% Ti(*c*)与 γ_1($NbTiAl_3$)相的竖切面图

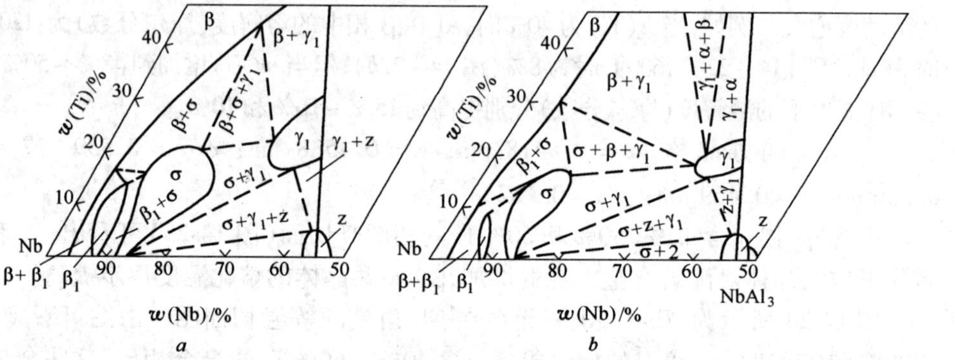

图 14-24　Nb-Ti-Al 三元系在 Nb 角处的等温切面图

a—1200℃切面;*b*—20℃切面

图 14-25 所示为 Nb-Ti-Zr 三元系固相面的等温切面图。可以看出,添加 Ti 和 Zr 大体以相同的程度降低合金的固相温度。

图 14-26 所示为 Nb-Ti-Zr 三元系在 800℃、600℃和 500℃下的等温切面图[58]。由图可知,在 800℃时,Nb-Ti-Zr 三元系的大部分合金为 β 固溶体(图 14－26*a*)。只有在富 Ti 和富 Zr 合金中,除了 β 固溶体外,还有同质异晶转变(β→α)生成的 α 固溶体。此外,在 Nb-Zr 线附近有 β-Nb 和 β-Zr 二相共存区,这就是 β 固溶体分层

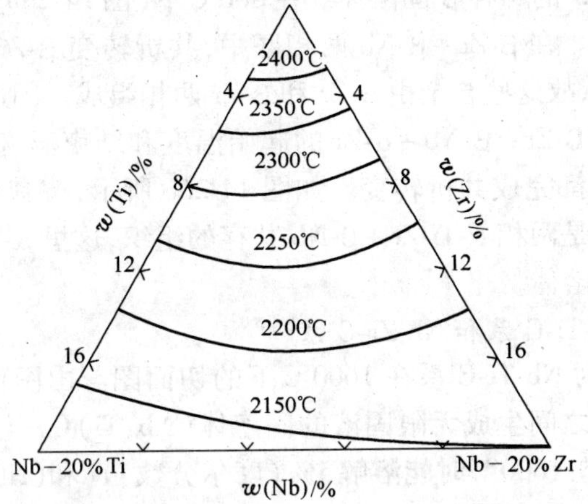

图 14-25　Nb-Ti-Zr 三元系固相面的等温切面图

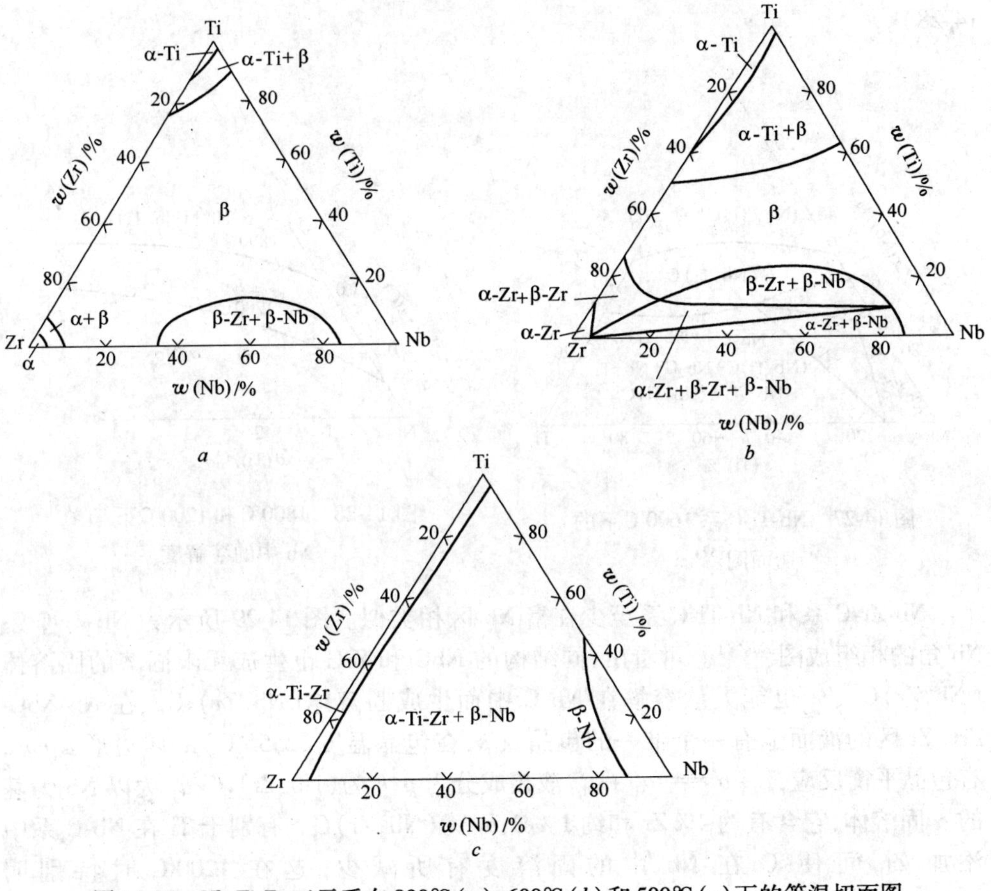

图 14-26　Nb-Ti-Zr 三元系在 800℃(a)、600℃(b)和 500℃(c)下的等温切面图

成为富 Nb 的和富 Zr 的两种 β 固溶体。在600℃下(图 14-26*b*)为三相共析平衡 β-Zr ⇌ β-Nb + α-Zr。在 β-Zr + β-Nb 两相区中,共析转变 β-Zr→β-Nb + α-Zr 在较高温度下已经结束,故这些合金由 α-Zr 和 β-Zr 两相组成。因此 Nb-Zr 合金中添加 Ti 将降低共析转变 β-Zr→β-Nb + α-Zr 的起始温度和结束温度。最后在 500℃下,三元系中所有合金都完成共析转变。如图 14-26*c* 所示,按其成分,合金或是单相 α-Ti-Zr 或 β-Nb,或是两相 α-Ti-Zr + β-Nb 共存的组织,这里 α-Ti-Zr 为低温 α-Ti 和 α-Zr 无限固溶的固溶体。

14.2.2.3　Nb-Ti-C 系和 Nb-Zr-C 系[59,60]

图 14-27 所示为 Nb-Ti-C 系在 1600℃下的切面图。由图可看出,在具有相同结构的 NbC 和 TiC 之间生成无限固溶的固溶体(Nb,Ti)C。与 Nb 的 α 固溶体相平衡的是 Nb_2C,它在 1600℃时能溶解 5%(摩尔分数)Ti 和(Nb,Ti)C。与 Nb_2C 和(Nb,Ti)C 两个碳化物处于平衡的 *α* 固溶体在 1600℃下约含 12%(摩尔分数)Ti。向 Nb-C 系合金中添加钛可提高碳在铌中的固溶度,这在 1200℃下尤为明显(图 14-28)。

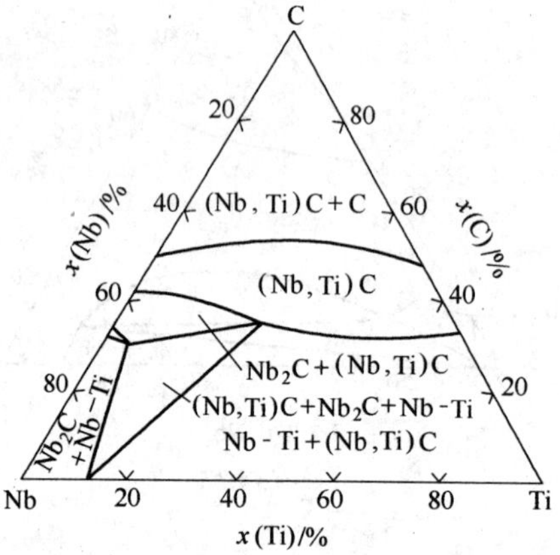

图 14-27　Nb-Ti-C 系 1600℃下的切面图[59]

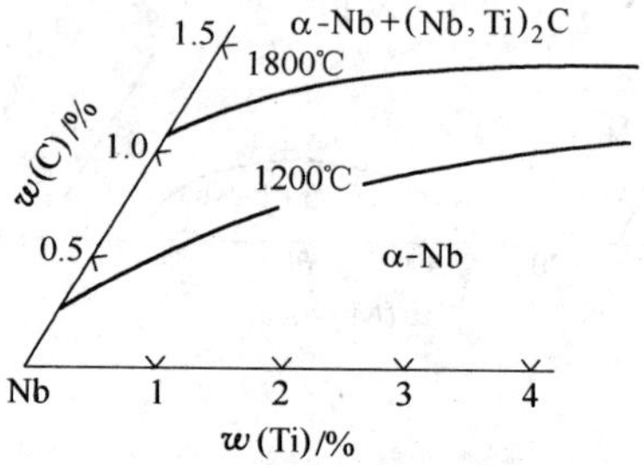

图 14-28　1800℃和 1200℃下 Ti 在 Nb 中的溶解度

Nb-Zr-C 系和 Nb-Ti-C 系至少在富 Nb 区相类似。图 14-29 所示为 Nb-Zr-C 系 Nb 角的相组成图[61,62]。可看出,同结构的 NbC 和 ZrC 也生成无限固溶的固溶体(Nb,Zr)C。Zr 也能大量溶解在 Nb_2C 中而生成固溶体$(Nb,Zr)_2C$。在 Nb-NbC-ZrC-Zr 区的液面上有一个唯一的包晶点 *p*,在包晶温度(2555℃)的四边形 a_1pb_1b 有包晶平衡反应:$L + b \rightleftharpoons a_1 + b_1$,液相成分为 *p*;*b* 为$(Nb,Zr)_2C$;$a_1$ 为以 Nb 为基的 *α* 固溶体,它含有约 4% Zr 和约 1% C;b_1 为(Nb,Zr)C。有别于 Ti 在 Nb-C 系中添加 Zr,可使 C 在 Nb 中的固溶度有所减少,这在 1200℃时特别明显(图 14-30)[60,62]。

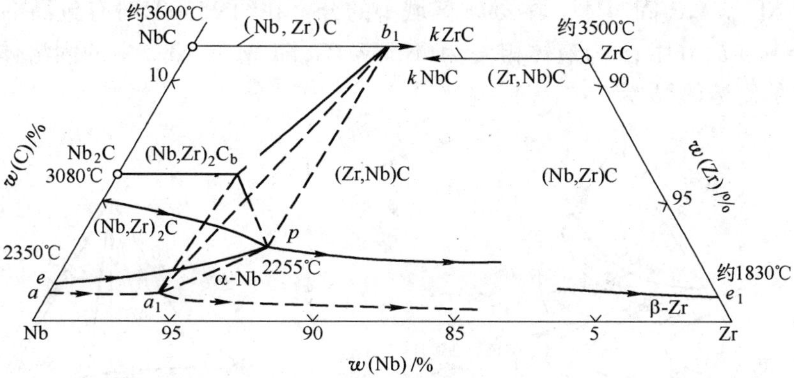

图 14-29 Nb-Zr-C 系的 Nb-NbC-ZrC-Zr 区

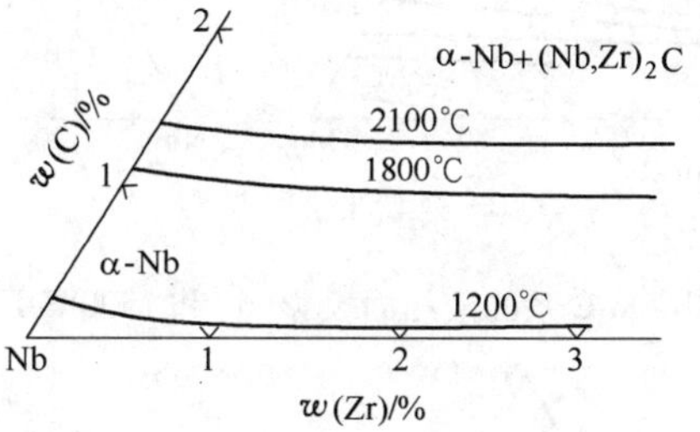

图 14-30 C 在 Zr 和 Nb 中的溶解度

14.2.2.4 Nb-Mo-C 系和 Nb-W-C 系

图 14-31 所示为 Nb-Mo-C 系的液相面投影和 1500℃下的切面图[63,64]。在该三元系中,同结构的 NbC 和 MoC 在 2000℃以上生成无限固溶的固溶体(Nb,Mo)C。在 Nb-NbC-MoC-Mo 区的液相面上有 2 个包晶点 p_1 和 p_2(图 a),p_1 点在 2325℃时有包晶平衡反应:$L_{p_1} + Nb_2C \rightleftharpoons (Nb,Mo)C + \alpha\text{-Nb}$,α-Nb 为以 Nb 为基的固溶体。$p_2$ 点在 2240℃时有包晶平衡反应:$L_{p_2} + (Nb,Mo)C \rightleftharpoons (Nb,Mo)_2C + \alpha\text{-Mo}$,α-Mo 为以 Mo 为基的固溶体。在 1500℃下 NbC 和 MoC 的无限固溶被破坏(图 b)。Mo 在 NbC 中的溶解度(摩尔分数)降低到 60%,而 Nb 在 Mo_2C 中的溶解度为 25%,Mo 在 Nb_2C 中的溶解度约为 3%。

图 14-32 所示为 C 和 Mo 在 Nb 中的溶解度图[62]。从图可看出,往 Nb-C 系中添加 Mo,不仅降低温度,而且会使 C 在 Nb 中的固溶度下降。在高温(≥1800℃)添加 Mo 时,这种影响尤为明显。

图 14-33 所示为 Nb-W-C 系 Nb 角图[62]。该 Nb 角区和 Nb-Mo-C 系的 Nb 角区基本相同。其特点是 NbC 与 WC 间不形成无限固溶,并且包晶点(p)的温度(约 2550℃)高于 NbC 系 $\alpha\text{-Nb} + Nb_2C$ 的共晶温度(2350℃)。W 有限地溶解在 Nb_2C

中生成(Nb,W)$_2$C 固溶体。在 *apbc* 区域中的合金在约 2550℃时有包晶平衡反应：$p + c \rightleftharpoons a + b$，其中，*p* 为液体相，*c* 为(Nb,W)C，即 W 在 NbC 中的固溶体，*a* 为以 Nb 为基的固溶体，*b* 为(Nb,W)$_2$C。

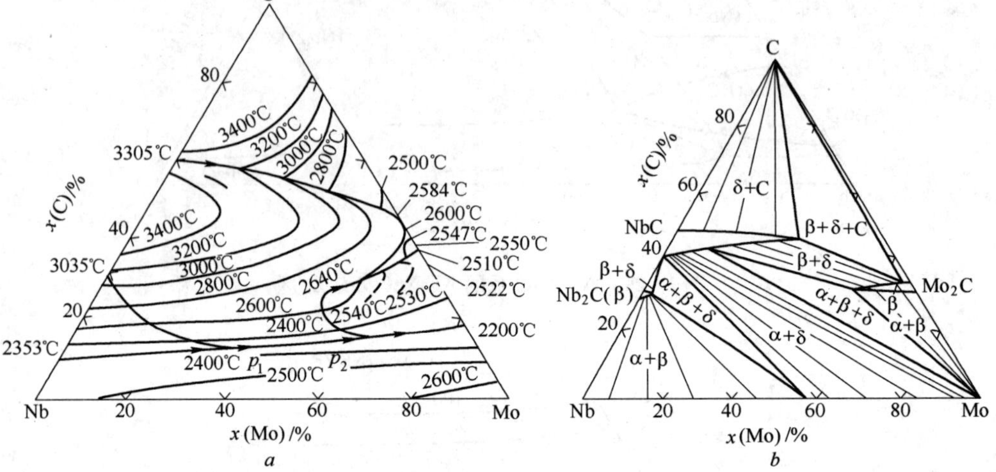

图 14-31　Nb-Mo-C 系的液相面投影(*a*)和 1500℃下的切面图(*b*)

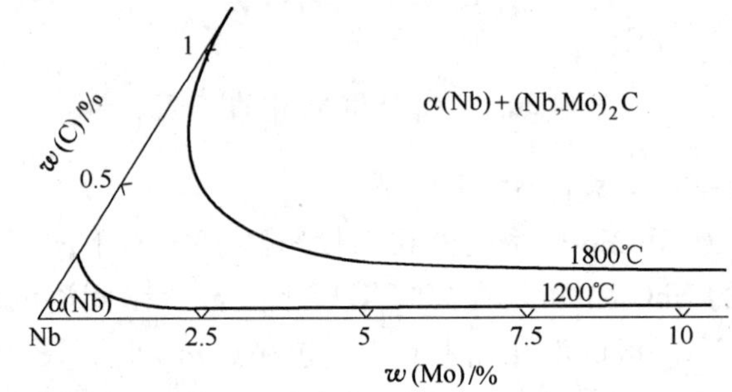

图 14-32　C 和 Mo 在 Nb 中的溶解度[58]

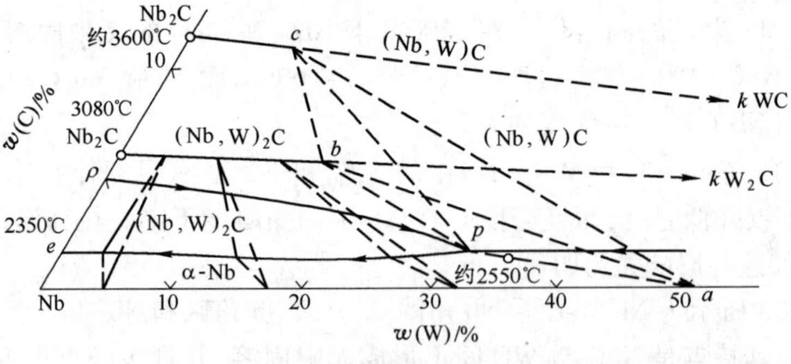

图 14-33　Nb-W-C 系 Nb 角图

图 14-34 所示为 Nb-W-C 系的 2000℃时等温切面图[54,64]。在 2000℃下，W 在 Nb 中的溶解度(摩尔分数)达 8%，而 Nb 在 W_2C 中的溶解度(质量分数)相应约为 14%。含 W 的 Nb_2C，即 $(Nb,W)_2C$ 与 α-Nb 固溶体共存，α-Nb 含 x(W) 可达 35%。图 14-35 所示为 C 和 W 在 Nb 中的溶解度图[65,66]。与添加钼一样，向 Nb-C 系中添加 W 将降低 C 的固溶度。这种情况在 1700～2000℃时尤为明显。

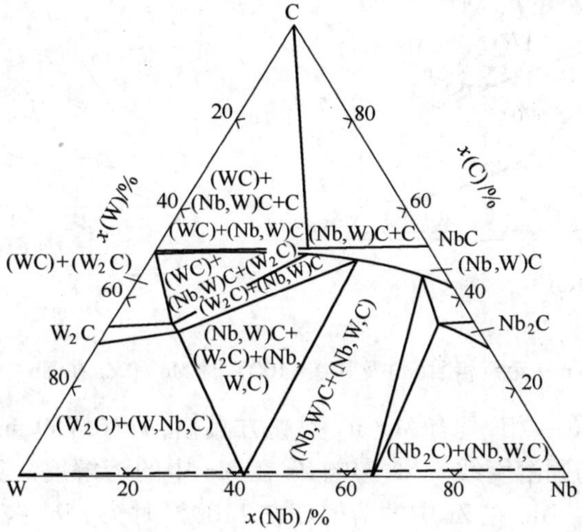

图 14-34 Nb-W-C 系 2000℃等温切面图

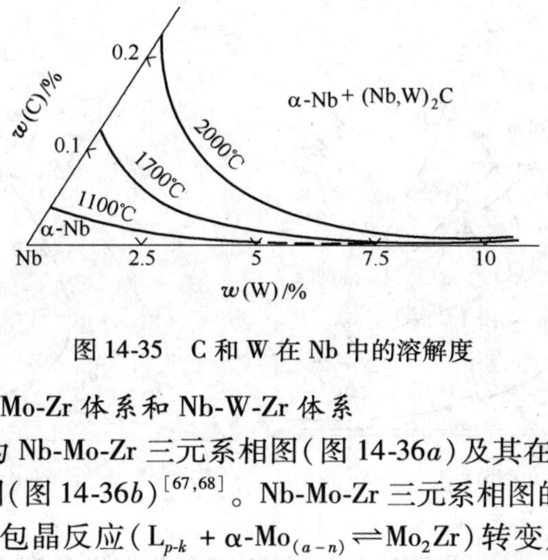

图 14-35 C 和 W 在 Nb 中的溶解度

14.2.2.5 Nb-Mo-Zr 体系和 Nb-W-Zr 体系

图 14-36 所示为 Nb-Mo-Zr 三元系相图(图 14-36*a*)及其在 1100℃时 Mo 和 Zr 在 Nb 中的溶解度图(图 14-36*b*)[67,68]。Nb-Mo-Zr 三元系相图的特点是，在 1700℃时有一个单变量的包晶反应($L_{p\text{-}k}$ + α-$Mo_{(a-n)}$ ⇌ Mo_2Zr)转变成类似的共晶反应($L_{k\text{-}e}$ ⇌ β-$Zr_{(n\text{-}b)}$ + Mo_2Zr)(图 14-36*a*)，其中，α-Mo 和 β-Zr 分别为以 Mo 为基和以 β-Zr 为基的固溶体。此时成分为 K 的液相。以 β-Zr 为基的固溶体结晶以及中间相 Mo_2Zr 处于平衡状态，并可用锥面三角形来描述，后者 Mo_2Zr 又转化为 *n*-Mo_2Zr 直线。三元系的 Nb-Mo-Zr 多温切面具有部分伪二元状态图的性质，它只描述在低

于固相线温度的合金中的相平衡，因为在 1890℃时 Mo_2Zr 相固液异成分熔化。

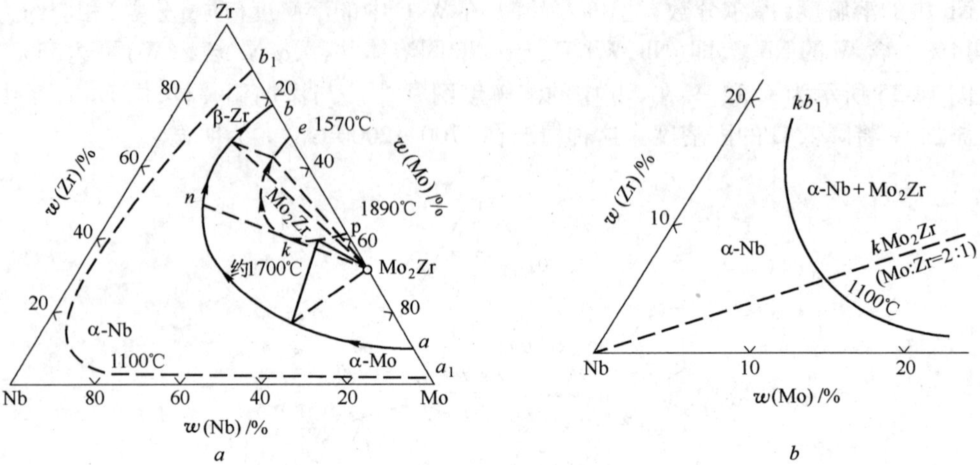

图 14-36　Nb-Mo-Zr 三元系相图（a）及其在 1100℃时 Mo 和 Zr 在 Nb 中的溶解度（b）[67,68]

Mo_2Zr 属于 Laves 相，具有 $MgCu_2$ 型立方晶格，$a = 0.759$ nm。线条 anb 是 Mo 和 β-Zr 在 Nb 中的固溶度线。Nb 影响 Zr 在 Mo 中的溶解度。反之，Zr 也影响 Mo 在 Nb 中的溶解度。Mo 在 Zr 中的溶解度在 1100℃时为 a_1b_1 线。Mo 和 Zr 相互降低对方在 Nb 中的溶解度（图 b）。在 1100℃与 α-Nb 共存的还有 Mo_2Zr，在低于 620℃时除有 Mo_2Zr 外，还有以 α-Zr 为基的固溶体（参见图 14-14）。

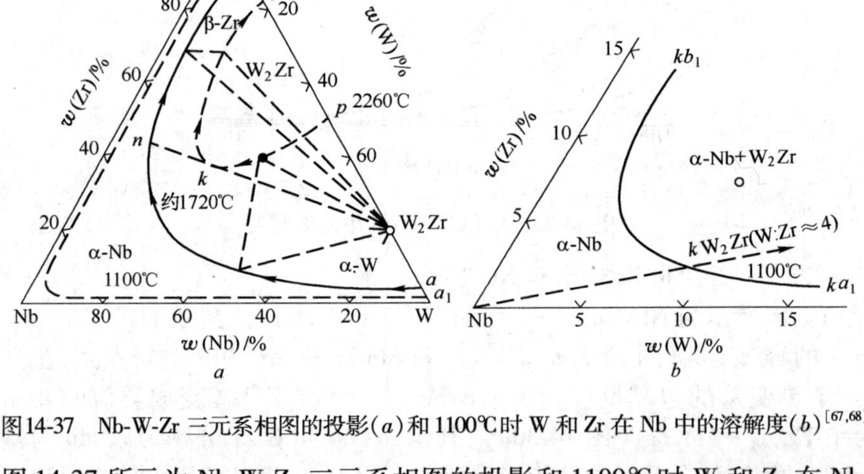

图14-37　Nb-W-Zr 三元系相图的投影（a）和 1100℃时 W 和 Zr 在 Nb 中的溶解度（b）[67,68]

图 14-37 所示为 Nb-W-Zr 三元系相图的投影和 1100℃时 W 和 Zr 在 Nb 中的溶解度图[67,68]。由图可看出，Nb-W-Zr 三元系相图（图 14-37a）和 Nb-Mo-Zr 三元

系相图在结构上比较相似。约在1720℃时（k 点）一个单变量的包晶反应（$L_{p\text{-}k}$ + α-$W_{(a-n)}$ ⇌ W_2Zr）转变成共晶反应（$L_{k\text{-}e}$ ⇌ β-$Zr_{(n-b)}$ + W_2Zr）（图 14－37a）。Nb-W_2Zr 多温切面也是伪二元状态图。W_2Zr 也不是稳定的中间相，在2260℃时熔化（与之比较 Mo_2Zr 在1890℃熔化）。W_2Zr 也属于 Laves 相，具有 $MgCu_2$ 型立方晶格，a = 0.762 nm。铌中添加 W 和 Zr，也都相互降低对方的固溶度（图 14-37b）。

14.2.3 四元系相图

14.2.3.1 Nb-Al-Ge-Sn 体系

图 14-38 所示为 Nb-Al-Ge-Sn 体系600℃时的等温四面体图[69,70]。在四元体中，具有相同结构的中间相 Nb_3Al、Nb_3Sn 和 Nb_3Ge 形成无限固溶的 β-Nb_3(Al,Ge,Sn)，它与以 Nb 为基的 α 固溶体共存。该种四元系的 Nb_3Al-Nb_3Sn-Nb_3Ge 的切面有伪三元系的性质，这是因为它是固液异成分熔化的中间相（图 14-11 和图 14-12）。

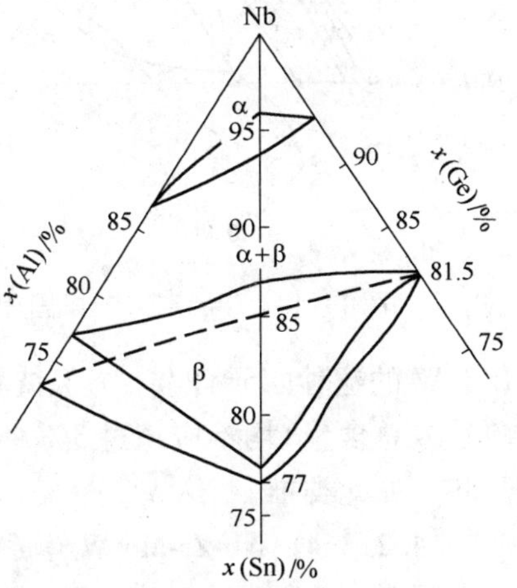

图 14-38 Nb-Al-Ge-Sn 体系600℃时的等温四面体图

14.2.3.2 Nb-Ti-Zr-Mo 体系

图 14-39 所示为 Nb-Ti-Zr-Mo 系 Nb-Ti-Mo_2Zr 切面伪三元状态图[71]。在该四元系的 Nb-Ti 边上有大面积的单相 β 固溶体区，这一点可由图中 Nb-Ti-Mo_2Zr 伪三元状态图切面得到证实。在1200℃时，Mo 和 Zr 在 Nb-Ti 中的共同溶解度（质量分数）达 48% ~62%（图 14-39a），600℃时降低到 25% ~50%（图 14-39b）。在60℃时，Ti 角上除了 β 固溶体外，还有以低温 α-Ti 为基的 α 固溶体。

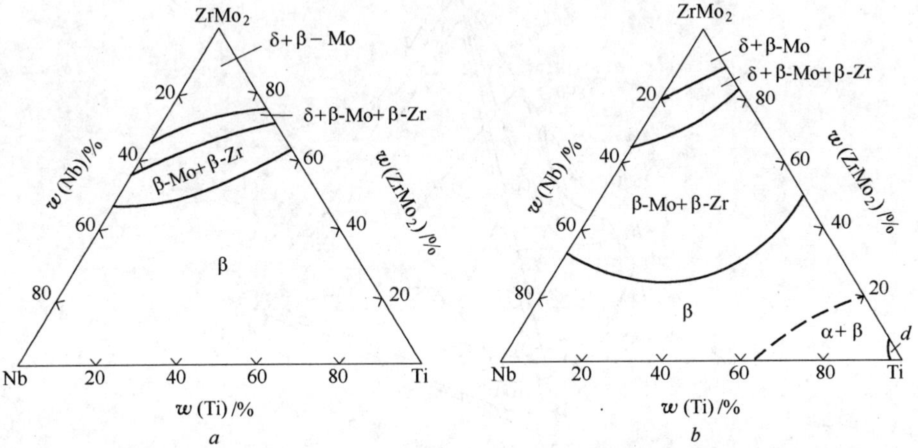

图 14-39 Nb-Ti-Zr-Mo 系 Nb-Ti-$ZrMo_2$ 切面伪三元状态图

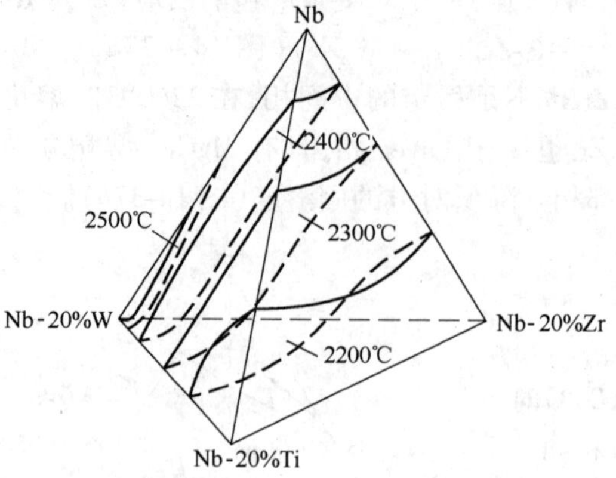

图 14-40　Nb-Ti-Zr-W 系固相面图

14.2.3.3　Nb-Ti-Zr-W 体系

图 14-40 所示为 Nb-Ti-Zr-W 系固相面图[72,73]。这种四元系的特点是在很宽的温度范围内，Nb、W、β-Ti 和 β-Zr 之间形成无限固溶的 β 固溶体。铌基合金中添加 W，则固相面温度升高；添加 Ti 和 Zr 则固相面温度降低。例如，Ti 和 Zr 以 3∶2 的比例添加到 Nb-W 系中，当总添加量在 20% 以下时，合金的固相面温度大体以相同的程度降低，比单独添加时要低 10～30℃[53]。对于含 5%～10% W 的这种四元合金，为保持其固相面温度不小于 2000℃，Ti 和 Zr 的含量(或单独或总含量)均不应超过 3%～3.5%，若保持不小于 2300℃，则不应超过 6%～7.5%，如此类推。

14.2.3.4　Nb-Zr-Mo-W 体系

图 14-41 所示为 Nb-Zr-Mo-W 系固相面图。从拓扑学角度看，该四元系与两个较为简单的三元系 Nb-Mo-Zr 系(图 14-36)和 Nb-W-Zr 系(图 14-37)相似。位于 Nb-Zr-Mo-W 系四面体后面上的 W-Mo-Zr 三元系的特点是 W_2Zr 和 Mo_2Zr 两个中间相形成 $(W,Mo)_2Zr$ 为基的无限固溶的固溶体[62]；另外，在 W-Zr 系上有：$L_p + \alpha\text{-W} \rightleftharpoons W_2Zr$ 包晶反应(2260℃)和 $L_e \rightleftharpoons \beta\text{-Zr} + W_2Zr$ 共晶反应(1640℃)。在 M-Zr 系有类

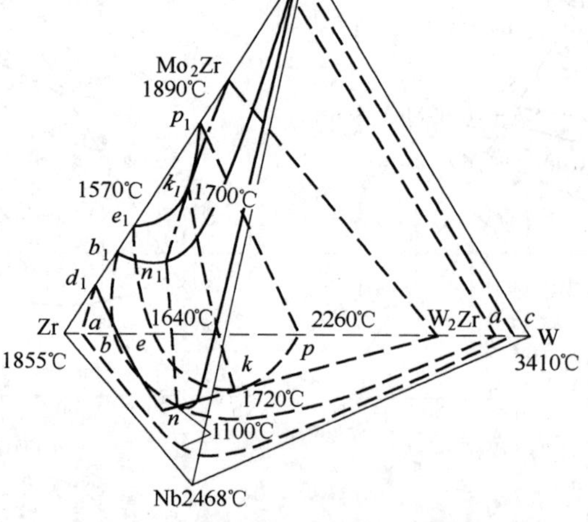

图 14-41　Nb-Zr-Mo-W 系固相面图

似的 $L_{p_1}+\alpha\text{-Mo}\rightleftharpoons Mo_2Zr$ 包晶反应(1890℃)和 $L_{e_1}\rightleftharpoons\beta\text{-Zr}+Mo_2Zr$ 共晶反应(1570℃)[63]。换言之，W-Mo-Zr 系在 2260℃ 下有：$L_{p-p_1}+\alpha\text{-W-Mo}\rightleftharpoons(W,Mo)_2Zr$ 包晶反应转向 $L_{e\text{-}e_1}\rightleftharpoons\beta\text{-Zr}+(W,Mo)_2Zr$ 共晶反应，这是在较窄的温区 $t_k\sim t_{k_1}$(1720～1700℃)内发生的转变。二元系中是无变量反应，在三元系中为单变量反应，在四元系中则为双变量反应。在合金中与以 Nb 为基的 β 相共存的 $(W,Mo)_2Zr$ 相，在 $Nb\text{-}W_2Zr\text{-}Mo_2Zr$-切面有局部伪三元系的特点，因为 W_2Zr、Mo_2Zr 和它们无限固溶的固溶体 $(W,Mo)_2Zr$ 属于不稳定的中间相。

Zr、Mo、W 在 Nb 中的固溶度随温度降低而减少，在 620℃ 以下与以 Nb 为基的 β 固溶体共存的，除了 $(W,Mo)_2Zr$ 外，还有以低温 α-Zr 为基的 α 固溶体。

14.3 现代铌合金化学成分和分类

在四种难熔金属中，由于铌密度小、室温塑性好、加工性能好的综合性能，一直受到航空、航天材料的关注。在以元素周期表中Ⅴ族和Ⅵ族难熔金属为基的合金中，以铌合金的牌号最多，应用最广泛。现已研制成功一系列可用于 600～1600℃ 环境中短时使用的铌合金。

14.3.1 铌合金化学成分[5]

我国常用铌基合金的牌号主要有 Nb-1Zr、C103、Nb752、C129Y 等。Nb-1Zr 合金的抗蚀能力强，多用于原子能工业和高压钠灯。后 3 种合金均为航空航天工业用高温高强度合金。表 14-8 所示为金属铌和国内外常用的铌合金的化学成分和力学性能。

表 14-8 国内外常用铌合金的化学成分和力学性能[5]

合金牌号	合金组成	金属元素(质量分数)/%							间隙杂质(质量分数)				屈服强度/MPa	抗拉强度/MPa	伸长率/%
		W	Hf	Ta	Y	Ti	Zr	Nb	C	O	N	H			
纯铌 1		0.05	–	0.1	–	–	0.05	余量	100×10^{-6}	200×10^{-6}	100×10^{-6}	15×10^{-6}	77.3	175.7	35
纯铌 2		0.05		0.3		–	0.05	余量	200×10^{-6}	200×10^{-6}	300×10^{-6}	15×10^{-6}	77.3	175.5	35
Nb-1Zr	Nb-1% Zr	0.05	0.02	0.1		–	0.8～1.2	余量	200×10^{-6}	300×10^{-6}	100×10^{-6}	15×10^{-6}	105.45	246.0	20
C-103	Nb-10% Hf-Ti	0.5	9～11	0.5		0.7～1.3	0.7	余量	150×10^{-6}	250×10^{-6}	100×10^{-6}	15×10^{-6}	267.1	379.6	20
Nb-752	Nb-10% W-2.5% Zr	9-11	0.2	0.5		–	2.0～3.0	余量	150×10^{-6}	225×10^{-6}	100×10^{-6}	15×10^{-6}	386.6	527.2	20
C-129Y	Nb-10% Ta-10% Hf-0.1Y	9-11	9-11	0.5	0.05～0.3	–	0.5	余量	150×10^{-6}	225×10^{-6}	100×10^{-6}	15×10^{-6}	421.8	562.4	20

14.3.2 铌合金分类

铌基合金一般按功能特性和强度划分，通常分为 6 类：高强度合金，中等强度和塑性合金、低强度和高塑性合金，高强度和抗氧化合金，塑性抗氧化合金和抗蚀合金。也有的分为 3 大类:结构合金、抗蚀合金和功能性精密合金。其中结构合金又细分为高强度合金、中强度合金和低强度合金。两种分类方法比较接近。

14.3.2.1　结构铌合金[74]

铌基结构用高温合金,国内外工业、半工业生产和研究的已有 30 多个牌号,它们基本上都是经过塑性加工制成的板、棒、管、锻件和冲件等,主要用于制造高温下(800～1000℃和 1250～1300℃或更高)工作的各种零件和组件[75~78]。它们的主要合金元素是 Mo、Zr 和 W,个别合金还加入 C。为改善塑性加工性能,有的还加入少量稀土金属。

结构铌合金按强度又大致分为高强度、中强度和低强度三类。此外,还有低密度铌合金和间隙化合物强化的高强度铌合金。表 14-9 所示为生产或已研究过的各种强度的铌合金。

表 14-9　生产或已研究过的各种强度的铌合金

合金牌号	主要合金元素(质量分数)/%							
	W	Mo	Ta	Ti	Zr	Hf	V	其他
高强度,低密度								
Nb－1	30				1			C,0.060
B88	28					2		C,0.07
VAM-79	22					2		C,0.07
Nb-132M	15	5	20		1.5			C,0.10
AS-30	20				1.0			C,0.10
F-48	15	5						
SU-31	17					3.5		C,0.10
WC-3009	9					3.0		C,0.10
中等强度,中等塑性								
SU-16	11	3				2		C,0.08
FS-85	10		28		0.8			
D-43	10				1.0			C,0.10
Nb-752	10				2.5			
SNb-291	10		10					
C-129Y	10					10		C,0.10
B-66		5					5	
AS-55	5				1.0			C,0.20
PWC-11					1.0			C,0.10
低强度,高塑性								
Nb-753					1.25		5	
C-103				1.0		10		
B-33							5	
D-14						5		
D-36						10	5	
Nb-1Zr					1			

A 高强度、低密度铌合金[79,80]

以铌为基体金属的这类合金，主要添加大量的 W、Mo、Ta、Ti、Zr 等金属元素和少量的碳。属于这一组的铌合金有 AS-30、SU-31、Nb-1 等。它们主要为用于燃气涡轮叶片而研究，此类合金中不仅含固溶强化元素 W、Mo 和 Ta，同时还有与碳可形成弥散第二相强化的活性元素 Ti、Zr 和 Hf，使合金具有更高的蠕变强度；它们的固相温度不低于纯铌，其再结晶温度也较高（1200～1300℃），在瞬时强度和持久强度上明显高于中、低强度合金；能在 1250～1425℃温度下有成效地工作，短时工作时温度可更高。

高强度铌合金的缺点是塑性差，变形加工较困难，压力加工工艺性能较低，制造加工相当困难。因有 W、Ti、Hf 等元素，抗氧化性能有一定改善。

B 中等强度、中等塑性铌合金[75]

这类铌合金以铌为基体金属，添加质量分数不超过 10% 的钨、钼、钽、钒、钛、锆、铪等金属元素和少量的碳元素。属于这类合金的有 Nb752、SCb291、D31、C129Y 等。在室温条件下，这些合金的强度为 450～600MPa，伸长率为 20%～30%。这些合金在 1000～1400℃的高温下仍有相当高的强度，能有成效地工作。若时间短，工作温度可再高些。由于含有适量的钨、锆、钼、铪、钛，所以再结晶温度提高到 1150～1250℃。由于这类金属对氢、氧、氮等间隙元素比较敏感，其塑性-脆性转变温度（DBTT）较高，在焊接状态下的 DBTT 一般在室温以上，因此在生产和使用时，必须严格控制氢、氧、氮的污染，合金中的氧含量（质量分数）必须控制在 80×10^{-6} 以下。这类合金在压力加工时有足够的工艺性能，可用于制造各种加工材料，如制造铆接和紧固连接的构件，如蒙皮、螺栓、螺母等。

C 低强度、高塑性铌合金[76～81]

这类铌合金以铌为基体金属，添加元素周期表中Ⅳ族的 Ti、Zr、Hf 等元素形成固溶体强化的合金。属于这类低强度、高塑性的合金的有液态金属容器和管道用的 Nb－1Zr，火箭发动机推力室和辐射套筒用的 C－103 合金，热屏蔽用的 C－103 合金和离子发动机用蜂窝结构 Nb－753 合金等。通常合金的开始再结晶温度为 1000～1100℃，与工业纯铌差不多。在室温条件下，合金的强度 σ_b 为 320～420 MPa，伸长率 δ 为 20%～40%。合金的熔焊性能良好。在（0.37～0.47）$T_{熔}$ 温度和真空条件下，经时效处理后，其塑性-脆性转变温度仍低于室温。这类合金主要优点是室温下塑性好（与中、高强度合金比），在冷、热塑性加工时的工艺性能良好。主要用于空间核发电设备的涡轮泵和液态碱金属的输送管道，以及宇宙飞船、卫星、导弹的姿态控制和制动发动机的推力室身部延伸段。

D 低密度铌合金（高强度抗氧化铌合金）[82]

许多铌合金存在密度大（高于纯铌的密度）和抗氧化性能差（在高温使用时须在合金表面加涂抗氧化的涂层）的缺点。为此开发出了一种既有低的密度和高强度，又有良好的抗氧化性能的铌合金，以满足飞机、飞船、导弹等减轻自重、增大有效载荷的需求。这种低密度铌合金，添加大量的钨、钼、钽、钒、钛、锆、铬、锡、碳等元素，形成高度固溶强化和 Ti_3Al、(Nb, Zr)C 等化合物沉淀强化相结合的铌合金。属于这类合金的有 Nb-45Ti-5Hf-5V-0.5Zr-0.1C、Nb-38Ti-5Hf-5V-5Cr-2Sn-0.1C 等。这些合金在室温下的密度为 5.9 ~ 6.9 g/cm^3，仅为铌密度的 70% ~ 80%。在合金表面不加涂抗氧化涂层下，可在 550 ~ 800℃ 大气环境中使用而不会氧化；加涂抗氧化涂层后，可在 800 ~ 1300℃ 的大气环境中使用，且当表面涂层受损后，合金基体不会立即烧毁。目前，美国和俄罗斯已开发出 Nb-Al-Ti 类合金，用于制造飞机发动机的排气管道。这种合金的力学性能如表 14-10 所示。

表 14-10　Nb-Al-Ti 合金的力学性能

试验温度/℃	屈服强度/MPa	抗拉强度/MPa	伸长率/%	断裂强度①/MPa	断裂强度②/MPa
20	1060	1200	14.5		
500	850	1000	21.0		
600	890	990	18.0	610	230
700	870	9300	14.0	360	210

① 100 h 光滑试样应力断裂强度；② 100 h 缺口试样应力断裂强度。

E　间隙化合物强化的高强度铌合金（塑性抗氧化铌合金）

这是一种既有高强度，又有很好塑性的合金。合金中加入了热力学最稳定的化合物 MX（式中，M 为周期表 IV_B 族的 Ti、Zr、Hf，X 为间隙元素 O_2、N_2、C），形成高度沉淀强化和弥散强化的新一代合金。表 14-11 列出了 2 组合金的含量。这些合金在 1100 ~ 1400℃ 都有很高的强度，如成分（质量分数）为 Nb-0.3% ZrO_2 的合金在 1300℃、1 h 时的再结晶状态的室温强度达 $\sigma_b = 300$ MPa，伸长率 $\delta = 20\%$；在 1200℃ 下，$\sigma_b = 120$ MPa，伸长率 $\delta = 36\%$。此外，这些合金在室温至 800℃ 有较好的加工塑性。

表 14-11　Nb-M-X 沉淀强化和弥散强化合金的含量范围

合金	第一组		第二组	
	X 含量（质量分数）/%	MX 含量（体积分数）/%	X 含量（质量分数）/%	MX 含量（体积分数）/%
$Nb-ZrO_2/Nb-HfO_2$	0.01 ~ 0.1	0.20 ~ 0.6	1.5 ~ 0.4	0.8 ~ 2.3
Nb-ZrN	0.1 ~ 0.6	1.5	0.7 ~ 2.0	6 ~ 16
Nb-HfN		1.6		7 ~ 17
Nb-ZrC/Nb-HfC	0.05 ~ 0.35	1 ~ 3.5	0.2 ~ 2.0	4.5 ~ 17.0

14.3.2.2　耐蚀铌合金[83]

与结构铌合金相比，耐蚀铌合金的品种数量较小。

耐蚀铌合金主要是 Nb – Ta 系列的合金。这种合金具有足够高的强度、优良的加工性能和良好的焊接性能,可在高质量分数的硫酸、盐酸、磷酸介质中工作。如 Nb-30Ta-4Ti 合金的抗蚀性可与纯金属钽相当,可耐沸腾的 40% ~50% H_2SO_4 的腐蚀。

金属铌本身对无机酸有一定的抗蚀性。在铌中添加钼、钛和钒,也可以提高铌的抗蚀性能。表 14-12 所示为可在沸腾酸中工作的铌合金。

表 14-12 可在沸腾酸中工作的铌合金

酸的质量分数/%	H_2SO_4	HCl	H_3PO_4
0.5 ~5	纯 Nb, Nb-15% Ti	Nb-20% Ti-, Nb-20% V	Nb-20% Ti, Nb-10% V
5 ~10	纯 Nb, Nb-15% Ti,	Nb-15% Ti-, Nb-5% V	Nb-10% Ti, Nb-5% V
10 ~15	纯 Nb, Nb-10% Ti	Nb-15% Ti-, Nb-5% V	Nb-10% Ti, Nb-5% V
15 ~20	纯 Nb, Nb-5% Ti	纯 Nb,	Nb-5% Ti
20 ~25	纯 Nb	纯 Nb	纯 Nb
25 ~30	Nb-10% Mo	—	—
30 ~40	Nb-25% Mo	—	—

14.3.2.3 功能性精密合金

这些铌合金一般都具有特殊的物理性质和特殊的功能,如超导合金、定膨胀铌合金、高弹性铌合金、原子能用铌合金。

A 超导合金[84 ~86]

在所有金属中,铌具有最高超导临界温度(9.2 K)。采用合金化的方法可以进一步提高超导临界温度至 10 ~20 K。超导铌合金通常有:(1) 可塑性加工的固溶体合金;(2) 具有 A15 结构的脆性中间相[85]。固溶体型超导铌合金又分为具有高临界电流密度(I_K)的合金及具有超导和其他物理、力学等综合性能的合金。

固溶体型超导铌合金的主要合金元素为 Ti 或 Zr,结构上是以 bcc 铌为基的固溶体。它们只能在磁场强度小于 7957.75 kA/m 时使用。这类合金常以工业规模进行生产。由常态转变为超导态常用 3 个参数:超导临界温度 T_K(热力学温度 K)、上临界磁场强度 H_{K2}(A/m)和临界电流密度 I_K(A/cm^2)。

中间相的超导铌合金有 Nb_3Sn、Nb_3Al、Nb_3Ga、NbN、$Nb_2Al_{0.8}Ge_{0.2}$ 等。它们的超导参数优于固溶型超导铌合金,但它们都具有脆性,难以制成线材和带材。目前它们主要制成具有塑性基体的多芯复合材料来使用。

B 定膨胀铌合金

定膨胀铌合金具有较好的线膨胀系数,在电真空仪器中可取代昂贵钽用于特种玻璃的封接。如一种以铌为基体金属添加 8% ~10% W 和 1% ~2% Zr 的合金在 20 ~500℃温度区间的线膨胀系数为 $(6.9 \pm 0.1) \times 10^{-6} K^{-1}$。

C 高弹性铌合金[86]

这种合金同时具有高弹性、热强性、耐蚀性、无磁性和在加热时弹性模量变化小等特点,主要用于制作在热态下使用的弹簧。如俄罗斯牌号为 55БТЮ 和以铌为基体金属添加 5% ~6% Al 和 30% ~40% Ti 的合金，在室温时具有强度 σ_b = 1050 MPa，$\sigma_{0.2}$ = 880 MPa，$\sigma_{0.005}$ = 835 MPa，δ = 2.5%，合金加热到 600℃时其弹性模量仍很稳定，滞后低（0.2% ~0.25%）和弹性后效极小。弹性模量温度系数为（70~90）×10 K，仅为无磁弹性材料弹性模量的 2/7。

D　原子能用铌合金[3,7]

铌具有很低的热中子吸收截面，因此铌合金成为原子能反应堆使用的重要材料。能用于原子能反应堆的铌合金主要有 Nb-1Zr、D-43（Nb-10W-1Zr-0.1C）、FS-85（Nb-10W-28Ta-1Zr）、AS-55（Nb-5W-1Zr-0.2Y-0.06C）和 PWC-11（Nb-1Zr-0.1C）等，这类合金常含有少量活性元素锆。在合金中，锆与溶入铌中的氧（常含有万分之几）作用形成稳定的氧化物，可消除因氧的存在而使液态金属对铌的严重腐蚀性。这类合金不仅要求铸锭氧含量低，而且在塑性加热处理及焊接工序中都要严格控制大气的污染。它们广泛应用在高温下运行的液态金属的冷却系统中，其中 PWC-11 合金（Nb-1Zr-0.10C）在蠕变强度、晶粒最大、组织稳定性等方面都优于第一代 Nb-1Zr 合金，在要求的 1350 ~1380℃的温度内，PWC-11 的蠕变强度是 Nb-1Zr 合金的 4 倍（图 14-42 中数字为持久强度）[87]。

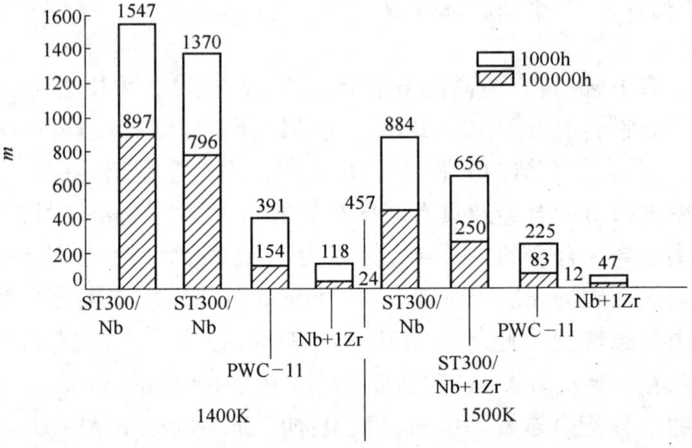

图 14-42　各种铌合金和用 50%（体积分数）ST300 纤维复合增强材料的 1% 应变的蠕变应力与密度的比值（m）

14.4　铌合金强化机理和性能

14.4.1　铌合金强化机理

铌和其他难熔金属一样是依靠固溶强化、沉淀强化和加工硬化等方法来对合金实现合金的强化。

14.4.1.1　固溶强化

固溶强化是通过溶质分子对金属基体进行强化，是强化铌合金的一个重要手段。向金属铌中加入合金元素时能形成固溶体时就能对基体铌起强化作用。铌本身有很好的延性，可以允许大量合金元素的加入。周期表中的IV_B族和V_B族元素在铌中的固溶度都很大。

钼和钨的熔点高，与铌形成固溶体时对提高铌的高温强度和蠕变性能有利。加入6%的钨可使铌的蠕变强度提高一倍。钽是中等强化剂，能降低合金的塑性－脆性转变温度，提高再结晶温度。加入1%（摩尔分数）Ta可使铌的熔点提高5.8℃。5%钒的固溶强化效果最大，可以提高合金的抗氧化性能。钛在低温有强化作用，能提高铌的再结晶温度，明显改善铌的抗氧化性能和工艺性能。间隙元素在没有其他元素存在时也可以强化铌。氮、氧和碳可以形成固溶体，有固溶强化作用，但它们也有脆化作用。

14.4.1.2　沉淀强化

沉淀强化是通过时效处理，使细小的沉淀物分散于合金基体之中，阻碍位错而产生的强化作用；为了提高金属强度，往往人为地加入坚硬的细质点，弥散于基体之中，称为弥散强化。两者都是提高铌合金的高温性能的重要方法。铌合金沉淀强化的主要合金元素是钛、锆和铪，其强化相为它们的碳化物。目前有许多铌合金是借用碳化物来达到强化的目的的，如Nb-10W-1Zr-0.1C合金、Nb-15W 5Mo-1Zr-0.1C合金等都是用钨和钼固溶强化同时又加入锆和碳达到沉淀强化的。Nb-15W-5Mo-1Zr-0.1C合金中碳含量由0.04%增加到0.13%时，1093℃下100 h的持久强度可由190 MPa提高到262.5 MPa。Nb-1Zr合金是在基体铌中加入锆后，与铌基体中自由的间隙氧原子反应生成第二相，所生成的第二相颗粒具有弥散强化作用。正是这种弥散强化作用，对合金优于纯铌的高温性能和抗晶粒长大能力起了作用。

14.4.1.3　加工硬化

加工硬化是金属铌在范（塑）性变形过程中流变应力随应变量增加的现象。铌合金冷加工效果不如钼。一般变形量越大，强度越高，伸长率降低，如图14-43所示。不同成分的加工态铌合金经再结晶处理后，性能变化不完全相同。一般经再结晶处理后合金强度降低，但有时不明显。研究表明，含有大量

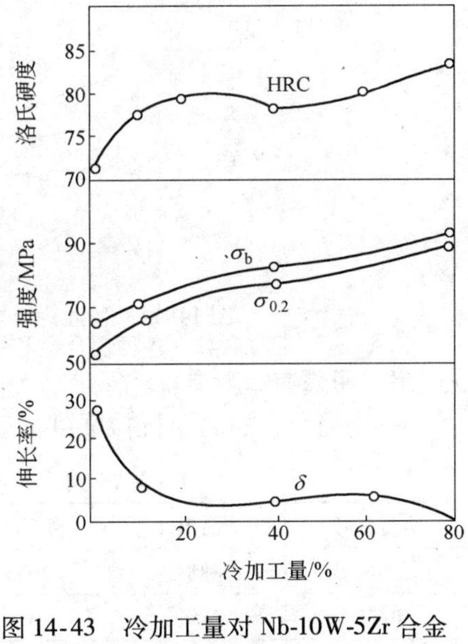

图14-43　冷加工量对Nb-10W-5Zr合金室温性能的影响

钛、锆和铪及间隙元素(碳、氧)的铌合金,也可能产生固溶和时效反应,使合金强化,从而弥补加工硬化因退火而造成的损失。

14.4.2　铌合金性能

14.4.2.1　抗拉性能

A　室温抗拉性能[88]

一些铌合金的抗拉性能如表 14-13 所示。普通铌合金的屈服强度随温度的变化关系见图 14-44。

表 14-13　一些铌合金的室温(21℃)力学性能

合金牌号	组分(质量分数)/%	弹性模量/MPa	抗拉强度/MPa	屈服强度/MPa	伸长率/%
Nb-752	10W-2.5Zr	112490	562.5	471.1	27
FS-85	28Ta-11W-0.8Zr	140620	604.7	485.1	22
SNb-291	10Ta-10W	49220	527.3	—	—
C-103	10Hf-1Ti-0.7Zr	112490	428.9	259.3	20
C-129Y	10W-10Hf-0.1Y	105460	632.8	534.3	25
B66	5Mo-5V-1Zr	107570	689.0	520.3	15
Nb-Zr	1Zr	105460	315.5	260.1	15

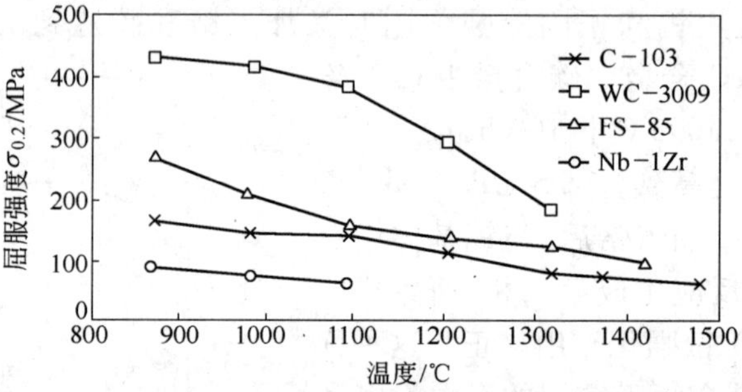

图 14-44　普通铌合金的屈服强度随温度的变化关系

B　高温抗拉性能

一些铌合金的高温抗拉强度如表 14-14 所示。

表 14-14　一些铌合金的高温抗拉强度

合金牌号	产品形式	温度/℃	抗拉强度/MPa	温度/℃	断裂强度/MPa
Nb	各种形式	1093	70.3	1093	37.9
Nb-752	薄板	1316	182.8	1093	112.5
FS-85	薄板	—	—	1316	84.4

续表 14－14

合金牌号	产品形式	温度/℃	抗拉强度/MPa	温度/℃	断裂强度/MPa
SNb-291	薄板、棒	1093	225.0	1093	63.3
C-103	薄板、棒	1093	189.8	—	—
C-129Y	薄板	1316	161.7	1093	105.5
B66	薄板	1316	175.7	1093	105.5
Nb-1Zr	各种形式	1093	161.7	1093	98.4

C 弹性模量

铌合金的室温弹性模量如表 14-15 所示。

表 14-15 铌合金的室温弹性模量

合 金	Nb	Nb-5Zr	Nb-10Mo-10Ti	Nb-10W-1Zr-0.1C	Nb-33Ta-1Zr	Nb-28Ta-10W-1Zr
弹性模量/MPa	10.7×10^4	9.6×10^4	11.6×10^4	11.6×10^4	11.9×10^4	14.1×10^4
合 金	Nb-19W-2.5Zr	Nb-10Hf-1Ti	Nb-10W-10Hf	Nb-4V	Nb-5Mo-5V-1Zr	Nb-1Zr
弹性模量/MPa	10.5×10^3	8.9×10^4	8.9×10^4	11.1×10^4	11.7×10^4	10.9×10^4

D 缺口抗拉性能

一些铌合金板材没有缺口敏感性。表 14-16 所示为几种再结晶铌合金板材缺口($K_t=7.5$)的抗拉强度。

表 14-16 几种再结晶铌合金板材缺口($K_t=7.5$)的抗拉强度

合 金	1 h 再结晶温度/℃	试验温度/℃	抗拉强度/MPa	有、无缺口的抗拉强度比值
Nb-10W-5Mo-20Ta	1650	24	682	1.04
		1300	222	1.25
Nb-10W-1Zr-0.1C	1480	24	522	1.1
		1300	168	1.11
Nb-28Ta-10W-1Zr	1370	24	642	1.08
		1300	172	1.02
Nb-10W-2.5Zr	1370	24	614	1.05
		1300	—	—

E 蠕变性能

几种铌合金的蠕变性能如表 14-17 所示。图 14-45 和图 14-46 分别所示为蠕变 1% 的 100 h 和 1000 h 后的蠕变应力随温度的变化关系。

表 14-17 铌合金的蠕变总蠕变量性能(%)

合 金	试验温度/℃		
	1093	1204	1316
Nb-28Ta-10W-1Zr	—	0.26	3.35
Nb-10W-1Zr-0.1C	—	9.30	1.26
Nb-5V-5Mo-1Zr	0.18	1.42	12.33(134 h)
Nb-10W-2.5Zr	0.53	3.57	12.00
Nb-10W-10Hf	1.05	3.64	—
Nb-1Zr	1.10	15.11(235 h)	—
Nb-5Zr	3.05	8.4(72 h)	—
Nb-4V	8.60	33.3(255 h)	—

注:1. 状态为真空下,300 h 周期,应力为 28 GPa;
2. 材料为 0.76 mm 厚的再结晶板材。

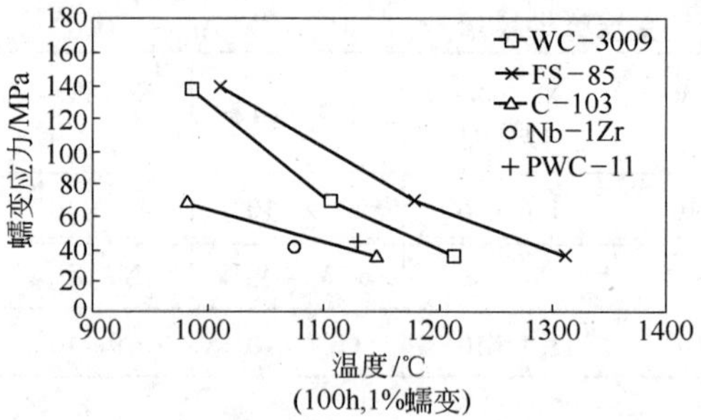

图 14-45 蠕变 1%、100 h 后的应力随温度的变化关系

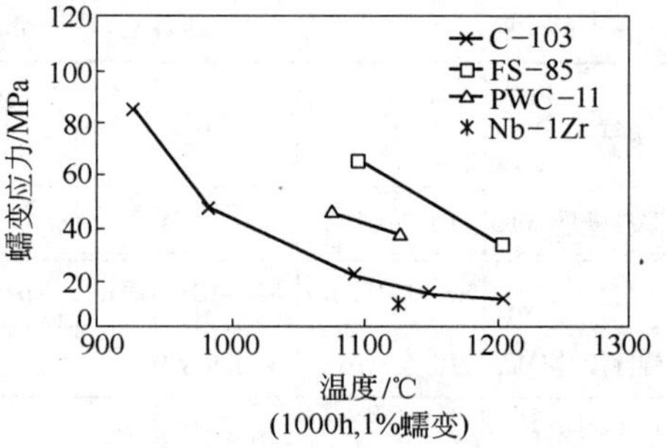

图 14-46 蠕变 1%、1000 h 后的应力随温度的变化关系

14.4.2.2 物理性能

A 铌合金的物理性能

一些铌合金的物理性能见表 14-18

表 14-18 一些铌合金的物理性能

牌 号	组 分	密度 /g·cm⁻³	熔点 /℃	再结晶温度/℃	退火温度 /℃	伸长脆性转变温度/℃
Nb-752	Nb-10W-2.5Zr-0.05Mo-0.15Ta-0.1Hf	8.83		1023~1371	982~1093	-196
Fs-85	Nb-11W-27.5Ta-0.05Mo-0.9Zr-0.1Hf	10.61	2592	1093~1371	1010	-196
SNb-291	Nb-10W-10Ta-0.05Mo-0.1Hf-0.1Zr	9.61	2599	1316~1399	1093	-196
D-43	Nb-10W-1Zr-0.1C	9.03	2593	1316	1203	-73
C-103	Nb-10Hf-1Ti-0.7Zr-0.1W-0.1Mo-0.05Ta	8.86	2349	1038~1316	871	-196
C-129Y	Nb-10W-10Hf- 0.5Ta- 0.7Zr- 0.1Mo-0.05W-0.4Y	9.50	2399	1038~1093	982	-196
B-66	Nb-5Mo-5V-1Zr-0.5Ta-0.02W	8.45	2300	1203~1371	1093	-196
Nb-1Zr	Nb-1Zr-0.1Ta-0.01Hf-0.03W-0.01Mo	8.66	2400	982~1203	899~982	-196

B　塑性－脆性转变温度

表 14-19 所示为一些铌合金的塑性－脆性转变温度数据。

表 14-19　一些铌合金的塑性－脆性转变温度(℃)

合　金	再结晶状态			消除应力状态			焊接状态①	
	抗张法	弯曲法	冲击法	抗张法	弯曲法	冲击法	钨极惰性气体保护焊接法	电子束焊接法
Nb-10W-1Zr-0.1C	—	－73(27)	—	—	—	—	+10, +149, +193	－1.1
Nb-32Ta-1Zr	—	＜－196(17)	—	—	—	—	—	—
Nb-28Ta-10W-1Zr	—	－196(17)	—	—	＜－73(17)	—	－157, +22, +52	－157, －129, －116
Nb-10W-2.5Zr	＜－40	－196(37)	—	＜－73	－196(47)	—	－73, +22, +93	－73, +22
Nb-10W-10Ta	＜－196	＜－196(37)	—	—	－196	—	—	—
Nb-10Hf-1Ti-0.5Zr	＜－196	＜－196(37)	＜－73	—	＜－196(37)	—	＜－196	＜－196
Nb-10W-10Hf	－129	135(47)	—	—	－196(47)	—	＞126	＜+26
Nb-5V-5Mo-1Zr	＜－196	＜－196	—	＜－196	＜－196(17)	—	－46, +93	－161,193
Nb-10W-5Mo-1Zr-0.1C	—	－135(47)	—	—	—	—	－46, +93	－161,193
Nb-1Zr	—	＜－73(27)	＜－73	—	＜－73(27)	＜－100	—	—

① 弯曲法测定，弯曲半径 4T。

C　热膨胀性能

三种铌合金的线胀系数如表 14-20 所示。合金线胀系数随温度变化关系见图 14-47。

表 14-20　三种铌合金的线胀系数(℃⁻¹)

温度/℃	Nb-10W-2.5Zr	温度/℃	Nb-4V	Nb-5Mo-5V-1Zr
20～93	6.85×10^{-6}	27～260	7.48×10^{-6}	7.23×10^{-6}
20～204	7.05×10^{-6}	27～538	7.63×10^{-6}	7.4×10^{-6}
20～316	7.05×10^{-6}	27～816	8.07×10^{-6}	7.7×10^{-6}
20～538	7.20×10^{-6}	27～1093	8.47×10^{-6}	8.1×10^{-6}
20～639	7.38×10^{-6}	27～1371	8.9×10^{-6}	8.52×10^{-6}
20～760	7.38×10^{-6}	27～1649	—	8.77×10^{-6}
20～871	7.56×10^{-6}	27～1909	—	8.83×10^{-6}
20～1093	7.92×10^{-6}			
20～982	7.75×10^{-6}			
20～1204	8.1×10^{-6}			

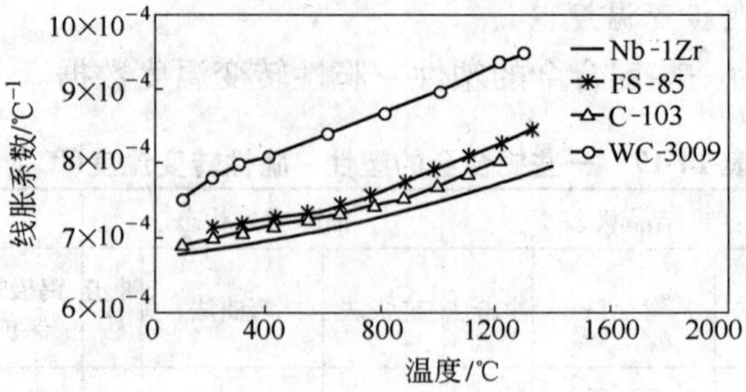

图 14-47　合金线胀系数随温度变化关系

D　热导率

三种铌合金的热导率如表 14-21 所示。

表 14-21　铌合金的热导率(W/(m·℃))

合金	800℃	1200℃
C-103	37.4	42.4
FS85	52.8	56.7
Nb-1Zr	59.0	63.1

E　普通铌合金的总半球辐射系数

铌合金和涂有硅化物涂层的合金的总半球辐射系数如表 14-22 所示。从表中可看出,有硅化物涂层的 C-103 的总半球辐射系数要比无涂层的合金高很多。

表 14-22　铌合金的总半球辐射系数

合　金	总半球辐射系数	
	800℃	1200℃
C-103	0.28	0.40
Nb-1Zr	0.14	0.18
C-103(硅化物涂层)	0.70~0.82	

注:涂层组成为 Si-20% Fe-20% Cr。

14.4.2.3　氧化性能

金属铌和其他难熔金属一样,抗氧化性能很差。铌合金的氧化也是个问题。虽然已开发出了一些具有较高强度和一定程度抗氧化的铌合金,如 Nb-10Ti-10Mo-0.1C、Nb-10W-10Ti-6Mo 等,但如果没有保护涂层,抗氧化问题仍得不到彻底解决。目前高温短时抗氧化涂层已有应用,但在 1200~1400℃长期使用仍存在可靠性问题。提高铌合金抗氧化性能的方法有:

(1) 加入原子价比铌高的元素。如钼、钨、铼、钒等,克服氧化层中阳离子缺乏状况,以减少通过氧化层向氧化物与金属界面扩散。

(2) 加入离子半径小的元素,如钒、钼、钨和铝等,降低氧化物和金属体积比,例如 Nb_2O_5 和铌的体积比为 2.67,而 Al_2O_3 和铝的体积比为 1.28,则 Al_2O_3 有防止氧化物剥落的保护作用。

(3) 加入大量溶质元素,如钼、钨、钽、钛和铪等,提高氧化皮的力学性能和化学稳定性。

不同合金元素的加入对铌合金抗氧化性能影响也不同。如元素锂的加入,能促进氧化皮致密,防止氧化扩散。硅的加入,能防止氧化物转变。钛和铪的加入,由于形成复合氧化物 Nb_2O_5/TiO_2 防止铌的污染,显著降低氧化速度。合金中加入铬、钒、铝和相当多的钛或钨,如 Nb-20Ta-10Ti-5Cr-2Al、Nb-20W-10Ti-3V 等都能够提高抗氧化性能。图 14-48 所示为各种合金元素对纯铌在 1000℃ 时的氧化行为的影响。

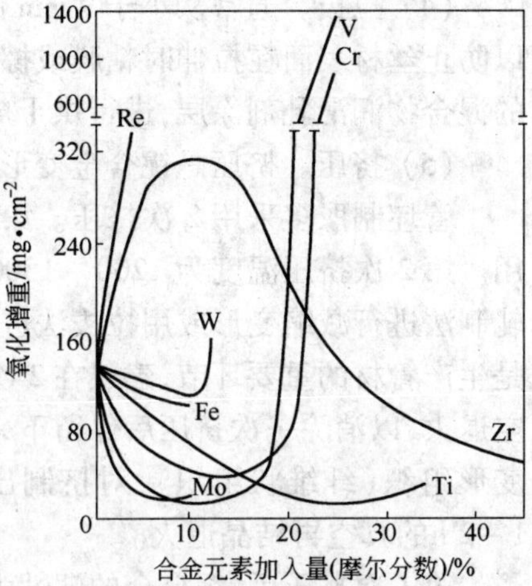

图 14-48 各种合金元素对纯铌在 1000℃时的氧化行为的影响

14.5 铌合金的制造加工工艺[89~91]

铌及铌合金的塑性好,可在室温下进行冲压、轧制、拉拔、旋压、弯曲等变形加工,两次退火的总加工率达到95%,道次加工率为10% ~50%。由铌及铌合金可以制取各种加工材,从棒、板、锻件和冲压件到管、带、线、丝及箔材。

温度升高时,铌在空气中易氧化,故不能在无保护气氛下进行热加工(如锻造、挤压等),必须涂防氧化涂层,或在真空状态,或在惰性气体(通常用氩气)保护下进行。

14.5.1 坯锭[92~96]

铌合金坯锭可采用粉末冶金和真空熔炼两种工艺制取。粉末冶金法生产成本高,产品纯度差,已较少采用。真空熔炼多采用电子束熔炼和真空自耗电弧双联熔炼工艺。

14.5.2 塑性加工[91,95]

铌合金有良好的塑性,故可以采用常规的塑性变形方法,如挤压、锻造、轧制、拉拔和旋压等制取各种型材。

(1) 开坯。熔炼铸锭有较大的晶粒,应在开坯破碎晶粒后再进行二次塑性加工。开坯方法有锻造和挤压两种。铸锭的锻造温度,对于纯铌,不应低于 1100 ~ 1200℃,对于合金不低于 1400 ~ 1500℃。为防止合金锭开裂,最好用闭模镦粗代替自由锻造。

(2) 轧制。初轧是关键。一般在400℃的温轧或冷轧前采用包套热锻和热轧成中间产品。

(3) 旋锻。大多数铌合金可在室温或450℃以下进行旋锻。

(4) 拉拔。通常从小于9 mm的棒材开始,工艺关键在于选择合适的润滑剂,以防止丝材表面在拉伸时粘膜或擦伤。多采用二硫化钼、玻璃布或玻璃粉与石墨的混合物润滑乳剂涂层,进行烘干成致密层后进行拉拔。

(5) 挤压。挤压是铌合金变形的基本方法,由此可得到棒、条、型、管和扁坯。

管坯制取多采用2次挤压。第1次挤压温度为1400~1500℃,起开坯碎晶作用。第2次挤压温度为1200~1300℃。通常采用挤压管坯在二辊或三辊轧机上轧制法进行减缩变形或用拉拔法进行拉伸的方法生产管材。对高强铌合金,退火是生产管材的重要环节,建议在2次挤压之间进行一次1350~1450℃、3~4 h的真空退火,以消除一次挤压后保留下来的铸造组织对材料性能的遗留影响。为消除变形组织(纤维状组织),对挤制出的管材和棒材应再进行一次1200~1350℃、1~2 h的真空再结晶退火。

第1次挤压后,铌合金的塑性大大提高,特别是又经再结晶退火之后,不仅可以进行第二次挤压,而且可以在较低温度下进行其他的压力加工。

14.5.3 热处理[91]

热处理是生产高质量的铌合金加工和焊接产品的关键工序。绝大多数铌合金的热处理形式主要是退火。退火常在真空(残余压力不大于10^{-2}~10^{-3} Pa)和惰性气氛中进行。退火的温度和时间视退火目的和工件截面而定。铌合金锭在变形前于1800~2000℃进行退火,目的在于降低铸态金属的变形抗力和提高合金的塑性。热变形和冷变形之间的中间退火为1550~1350℃、1~2 h。热变形后,为消除内应力的退火温度为1000~1200℃、1~2 h。一些合金还可以通过淬火、时效进行强化。

14.5.4 连接[89,90,95]

铌合金的连接可采用冷铆、钎焊、扩散焊和熔化焊。

(1) 冷铆。铌及铌合金在退火状态下有很高的室温塑性,故铌合金很容易铆接。这种连接工艺简单、无污染。

(2) 钎焊。可在真空下成功地用于铌合金的焊接。在1700℃温度下工作的铌合金的钎料主要为Ti基(Ti-48Zr-4Be)和锆基(Zr-19Nb-6Be)合金。在1371℃温度下,钎料主要为Ti、Zr或V合金。特别是V-35Nb和V-30Ti有极好的流动性,可使铌合金有好的钎焊质量。能在1927℃温度下工作的钎料为Nb-Ta-V和Ti-Ta-V系合金。

(3) 熔化焊。熔化焊主要采用电子束焊和惰性气体钨电极电弧焊。焊接时要避免气体元素的污染,焊后要进行热处理。

14.5.5　机械加工[90,97]

铌及铌合金的机械加工特性介于软铜和不锈钢之间,很容易进行切削加工。切削加工采用高速钢和硬质合金刀具。刀具磨成0°后倾角和尾部及侧面的侧凹槽。除了钻孔、攻丝、镗加工使用含有S和Cl的润切液外,对绝大多数切削加工均可使用油乳液作润切液。

14.6　铌及铌合金的抗氧化涂层

抗氧化性能差是铌合金高温长时间使用的主要障碍。现代结构铌合金的工作温度为700～800℃至1200～1300℃,有的甚至更高。要在空气中或其他氧化性气氛中工作,就必须对铌合金采取可靠的抗氧化防护措施。

目前,对铌和铌合金的高温抗氧化防护主要从两方面采取措施:第一,做成抗氧化的铌合金,使合金表面生成保护性的表面膜来防止继续氧化;第二,给合金表面披上一个可靠的抗氧化保护涂层[98,99]。一般认为,和提高合金性能相比,更为重要的是开发一个寿命长和耐更高温度的涂层。一个好的涂层必须从多方面臻于完美:耐温度的极限,发动机经过大气时的环境条件(大气、太空真空和燃烧),燃烧产物的高温化学,不同燃烧时间和启动一个太空冷却部件的燃烧循环等[100～103]。提高涂层的性能,能够扩展铌合金的使用范围。

铌需要一种能优先被氧化并形成保护性氧化物的元素进行合金化,2个最佳的元素是铝和硅。在涂层材料中,铌-硅化物材料和铌-铝化物复合材料显示了高温应用的优异潜力[104～106]。

在温度超过800℃时,铌及其合金更有前途的是氧化防护保护层法。业已开发出铌及铌合金许多涂层的实施技术[107]。例如,对小推力液体喷气发动燃烧室,采用扩散饱和法。对于释热元件的壁则采用等离子喷涂或爆炸喷涂法。对于在750℃下空气中的弹性元件,采用浸入法(浸入熔融的金属和药剂)[110]。

难熔金属的硅化物在固溶体上的扩散涂层是防氧化应用最广泛的方法。硅化物中最能抗氧化的是$MoSi_2$。为了生成$MoSi_2$,必须将钼富集在工件的表面层上。最好的富集方法是将合金做成的工件浸入800℃的$MoSi_2$熔体中,再在此温度下进行氢还原,然后进行1200℃、12 h的真空扩散退火和1150℃、10 h的掺硅处理[108]。涂层中加入硅化铬和硅化钛时的抗氧化性能更好。这种涂层的制作方法和$MoSi_2$相同。

对于短时高温工作的零部件,常采用掺铝的方法,目的是在工件表面生成稳定性能较好的铝化铌涂层。方法是将工件浸入熔融的铝或铝合金中(如Sn-25%

Al)，然后扩散退火[109]。文献[112,113]采用铝固溶形成保护层，这种材料将用于飞机发动机温度最高的部分的高温铌基合金。文献并建议，除了加铝以形成保护层外，新合金还应含有钯、铪，以形成 Heusler 相沉淀物 Pd_2HfAl。加钌降低氧的溶解度，提高 Heusler 相的稳定性；加铬、钨降低晶格系数，降低沉淀物和基体的错配度。

与扩散法同样得到广泛应用的有等离子喷涂、爆炸喷涂和气体火焰喷涂法[114,115]。用这些方法可制作硅化物、氧化物涂层及热稳定的化合物与珐琅的多层涂层。

近年来熔焊法也得到了推广。该方法首先用浸或喷的方法在工件表面粘上一层薄层混合粉，然后进行短时高温加热。熔焊后的工件表面生成了一层密实不透气的并与基底牢固结合的保护涂层。

对于大型薄壁构件，适合采用热稳定性最好的 $MoSi_2$ 的涂层。这种涂层能保证工作温度达到 1400 ~ 1500℃。为了提高硅化物涂层的可靠性，并再把工作温度提高 200 ~ 400℃，可再涂覆难熔氧化物（ZrO_2、HfO_2、Al_2O_3）或珐琅层。

参考文献

1 金永元，大雕・卡内洛. 铌・高温应用. 北京：冶金工业出版社，2005

2 《稀有金属材料加工手册》编写组. 稀有金属材料加工手册. 北京：冶金工业出版社，1981

3 唐金红，等. 稀有金属，1985，10(6)：75 ~ 78

4 Фейлярд М А. Свойства редких металлов：Справочник. Москва：Металлургия，1964

5 《中国工程材料工程大典》编委会. 中国工程材料工程大典：有色金属材料工程（上）第 10 篇 钽铌及其合金材料. 北京：化学工业出版社，2006

6 Michael Horman. Metal，1988，42(4)：400 ~ 402

7 Worceter S A，et al. Current columbium alloy technology in the U. S. Planaee Proceeding，1964：479 ~ 485

8 Stephans R，et al. Refrfctory metal alloys and composites for space powersystems. Intern. J. of RM & HM，1990，9(2)：6 ~ 10

9 Gyoen L A，et al. Metal Progress，1985(2)：27 ~ 37

10 Steohens R，et al. Refractory Metal Alloys abd Composites for Space Power Systems RM&HM，1990：96 ~ 103

11 Mc Adams G. D. J. Inst. of metals，1968，96(1)：13 ~ 16

12 Abrahansom E P. Trans. Of Metals，1961(211)：1196 ~ 1199

13 Трефимов А Е，и др. Дисперсные частицы в тугоплавких металлах. Киев. Наукова Думка，1978

14 Григориевич В К，и др. Дисперсное упроиление тугоплавких метталлов. Москва：Наука，1980

15 Троцкий Б С，и др. Известие Вузов. Цветная Металлургия. 1981(6)：71 ~ 74

16 Sims C T，et al. Trans ASM，1959(51)：256 ~ 281

17 KiJi T，Oates W A. J. Less-Common Metals，1984，102(2)：252 ~ 279

18 Gfbhard E，et al. Z. Metallkunde，1964，55(8)：423 ~ 431

19 Jen H，Framm E. Metal，1972，26(10)：1007 ~ 1011

20 Taylor A, Dayle N J. J. Less-Common Metals, 1976, 13(3): 313 ~ 330

21 Колцин О П, и др. Атомнфя Энергия, 1978, 45(4): 293 ~ 294

22 Rudy E, et al. Blanseeberichte fur Pulvemetallulgie, 1968, 16(1): 3 ~ 33

23 Horz G, et al. J. Less-Common Metals, 1974, 35(1): 97 ~ 105

24 Ган ГТ, и др. Свойства тугаплавких металлов и сплавов. Москва: Металлургия, 1968

25 Капецкий Ч В. Структура и свойства тугаплавких металлов. Успехи современного металловедения. Москва: Металлургия, 1974

26 Sarath K M, 等. 多元铌基合金的氧化行为. 铌·科学与技术. 北京:冶金工业出版社, 2003: 78 ~ 94

27 Massaeski T B. Ed. Binary Phase Diagrams. Metals Park OH. America Society for Metals, 1996

28 Aegent A A. Phase diagrams of alloys based on niobium. Niobium, proceedings of the International symposium, H. Stuart, ed. TMS. Warrendal, 1981. 325

29 Lundin C E, Yamamoto A S. Trans. AIME, 1966, 236(6): 863 ~ 872

30 Jordan J L, et al. J. Less-common Metals, 1980, 75(2): 227 ~ 239

31 Коччерженский Ю А, и др. Изв. АНСССР. Металлы, 1980(1): 205 ~ 211

32 Hall H T. Less-common metals, 1973, 32(2) 181 ~ 187

33 Muller P. Krist. Und Techn, 1976, 11(1): 3 ~ 6

34 Charlesworth J P, et al. J. Mater. Sci, 1970, 5(7): 580 ~ 603

35 Leger J M, et al. J. Less-Common Metals, 1974, 34(1): 17 ~ 24

36 Hansen M, et al. J. Metal, 1951, 3(10): 881 ~ 888

37 Murry J I. Bull. Alloy Phase Diagrams, 1981, 2(1): 55 ~ 61

38 Abriata J P, et al. Bull. Alloy Phase Diagrams, 1982, 3(1): 34 ~ 39

39 Guinermer A F. Z. Metalkunde, 1991, 82(6): 478 ~ 487

40 Иванов О С, и др. Структура сплвов циркония. Москва: Наука, 1973: 198

41 Okamoto H. Phase Equilibria, 1991, 12(2): 211 ~ 214

42 Smith J F, et al. Bull. Alloy Phase Diagrams, 1983, 4(1): 184 ~ 190

43 Коччерженский Ю А, и др. Изв. АНСССР. Металлы, 1983, 4(1): 46 ~ 49

44 Williams D E, Pechin W H. Trans. ASM, 1958(50): 1081 ~ 1089

45 Wilhelm H A, et al. J. Metals, 1954(6): 915 ~ 918

46 Venkatraman M, Neumann J P. Bull. Alloy Phase Diagrams, 1986, 7(5): 462 ~ 466

47 Eliot R P, Rpstoker W. Trans. ASM, 1958(50): 617 ~ 633

48 Okamoto H J. Phase Equilibria, 1991(5): 615 ~ 617

49 Шанк Ф А. Структура двойных сплавов. Москва: Металлургия, 1973

50 Nagenter N S, et al. Bull. Alloy Phase Diagrams, 1988, 4(3): 184 ~ 190

51 Balakrichna S S, et al. US Dep. Commer. Nat. Bur. Stand. Space Publ, 1978, 496(2): 1200 ~ 1219

52 Villaes A, et al. Handbook of ternary alloy phase diagrams. Vol. 1 ~ 10. Metals Park OH. America Society for Metals, 1996

53 Троицкий Б С, и др. Известие Вузов. Цветная Металлургия, 1983(3): 77 ~ 80

54 Захаров А М, и др. Изв. АНСССР. Металлы, 1984(1): 200 ~ 202

55 Попов И А, и др. Титан и его Сплавы. Москва: изд. АНСССР, 1962(7): 105

56 Попов И А, и др. ЖНХ, 1962, 7(2): 436

57 Захаров М В, и др. Изв. АНСССР. Металлы, 1970(5): 212 ~ 221

58 Хегай И К, Будберг П Б. Изв. АНСССР. Металлы, 1971(1): 206 ~ 210

59 Ono K, Moriama J. J. Less-Common Metals, 1981, 29(2): 255 ~ 260
60 Друзинин И И, и др. Известие Вузов. . Цветная Металлургия, 1972(1): 118 ~ 121
61 Емельянов В С, и др. Металлургия и Металоведение чистых металлов. Т6. Москва: Атомиздат, 1967: 92 ~ 100
62 Захаров М В, и др. Промышленные сплавы цветных металлов. Фазовый состав и структурные составлящие. Москва: Металлургия, 1980: 255
63 Rudy E, et al. Trans. Of MS AIME, 1967, 229(11): 1796 ~ 1800
64 Попова Н М, и др. Диаграммы состаяния металлических систем. Москва: Наука, 1971: 101 ~ 106
65 Попова Н М, и др. Изв. АНСССР. Металлы, 1972(2): 185
66 Шамрай Ф И, и др. Сплавы вольфрама, мольбденва и ниобия. С бором и углеродом. Москва Наука, 1974: 117
67 Савицкий Е М, и др. Исследование сплавов цветных металлв. Москва: изд. АНСССР, 1962(7): 108 ~ 116
68 Савицкий Е М, и др. ЖНХ, 1964, 9(10): 2427 ~ 2432
69 Савицкий Е М, и др. ЖНХ, 1962, 7(11): 2575 ~ 2580
70 Агеев Н В, и др. Изв. АНСССР Неорганичесие материалы, 1965, 1(8): 1277 ~ 1284
71 Хегай И К, Будберг ПБ. Изв. АНСССР. Металлы, 1975(1): 226 ~ 229
72 Савицкий Е М, и др. ЖНХ, 1964, 9(9): 2261 ~ 2263
73 Захаров М В, и др. Изв. АНСССР. Металлы, 1965(1): 151 ~ 159
74 Hahan G T, et al. The effects of solutes on the ductile to brittle transition in refractory metals. AIME Metallurgical Society Conference . Refractory Metals and alloys in Chigago, 1962(17): 23 ~ 31
75 Захаров М В, и др. Жаропрочныу сплавы. Москва: Металлургия, 1972: 384
76 Тукоплавкие материалы в машиностроении. Справочник. Москва: машиностроение, 1967: 392
77 Мальцев М В. Металлография тукоплавких, редких и радиоактивных Металлов. Москва: Металлургия, 1971: 488
78 Корнеев Н И, и др. Обработка давлением тукоплавких Металлов. Москва: Металлургия, 1975: 439
79 Фаунтун Р У. Ниобий. Тантал и их сплавы. Пер. с англ. Москва: Металлургия, 1966: 117 ~ 204
80 Куффер Р. Ванадий, Ниобий, Тантал. Металлургия чистых метфллов и их сплавы. Пер. с нсм. Москва: Металлургия, 1968: 312
81 Титц Т, и др. Тукоплавкие металлы и сплавы. Москва: Металлургия, 1969: 352 ~ 357
82 Залкинд М, и др. Монокриставные волокна. И армированные ими минералы. Пер. с англ. Москва: Мир, 1973: 464
83 Гуляев А П. Корозионостойкиие сплавы тукрплавкиех салавы. Москва: Наука, 1982: 145
84 Seeber B. ed, Handbook of applied superconductivity. (Bristol , UK : Publishing), 1998
85 Прецизионные сплавы: Спрачник. Москва: Металлургия, 1974: 409 ~ 422
86 Furuto Y. Fudamental of niobium based superconductors. Niobium, Proceedibg of the International Symposium (Warrendale. Pennsyvania: Metallurgical Society of AIME), 1981: 494 ~ 454
87 Свойства элементов: Справочник. Москва: Металлургия, 1985: 671 ~ 679
88 Craig C, Wojcik. 铌合金的热机械工艺与性能. 铌 · 科学与技术. 北京:冶金工业出版社, 2003: 103 ~ 109
89 McDonald W K. Fabrication of niobium and niobium alloys. Niobium, Proceedings of the International Symposium, H. Stuart, ed. TMS. Warrendal, 1981: 225
90 Schusler M. Current Columbium alloy processing technology. Space shutter materials. National SAMPE Technical Comference, 1971(3): 223

91 Mash D R, et al. Fabricading the refractory metals. part Ⅳ. Metal Progress. 1977, 99(4): 91

92 Wittenauer J J. Of Minirals, Metals and Materials Society, 1990, 42(7): 7

93 Aschoff W A. Current melting practices for Refractory Metals Nb, Ta, Mo, W. AIME Metallurgical Society conference, 1961(18): 515

94 Smith H R, et al. The Development of largiscal Electronic bombardment melting. AIME Metallurgical Society conference, 1958(2): 131

95 Wong J. Consolidation of refractory metals. The Science and Technology of W, Mo, Ta, Nb. and their Alloy. New York: Pergamon Press, 1964

96 Gerkrn J M. Welting Journal, 1866, 45(5): 321

97 Weis V, Seesler J G. Aerospace structural. Metals handbook. New . Metals handbook. New ork: Syracuse University Press, 1963

98 Б орисенко А Е. Защита нниобия от высокотемпературной газовой коррозии. Москва: изд. АН СССР, 1961

99 Svedberg R C, Proceeding Symp. Prop. High Temp. Alloys with Emphasis Envirom. Las Veas-NewYork. -Princeton, 1976: 331 ~ 362

100 Schilke P W, et al. Alloy 706 use, progress Optimizftion and Future Direction for GE Gas Turbine Rotor Materials. Supperalloys 718725. 706and Various Derivatives. Ed. Loria E. A. TMS, 2001: 25 ~ 34

101 Smith G D, et al. Alloe 625-ImpessivePast. Significand Present Awesome Furture Superalloys 718, 725. , 706and Various Derivatives. Ed. Loria E. A. TMS, 2001: 35 ~ 46

102 Farmann M G, Smith G D. Gapitalizing on Computional Tools in Alloy fnd Proctss Development Advanced Technjljgies for Superalloys Affordbility ed Chang K-M. Srivastava S. K. TMS, 2000: 73 ~ 81

103 Schafrik R E. A perspective on Intermetalic Commercialization for Turbine Applications. Third International Symp. on Structural Intermetics TMS, 2001

104 Bewlay B P, et al. MRS Bulletin, 28(9): 646 ~ 653

105 Subramania P R. Mater. Sci. Eng. , 1997. (A239 ~ 249): 1 ~ 13

106 Bewlay B P. 铌 · 高温应用. 北京: 冶金工业出版社, 2005: 70 ~ 83

107 Прокошкин Д А, и др. Физико-химические исследования жаропрочных сплавов. Москва: Наука, 1968: 96 ~ 105

108 Nakai K, et al. J. Nucl. Materials, 1981, 98(1 ~ 2): 131 ~ 143

109 Сб. Высокотемпературные Неорганические покрытия. Москва: Металлургия, 1968: 339

110 Борисеко А И, и др. Защита изделий из нниобиеиых сплавов от высокотемпературной газовой коррозии. Ленинград: Наукаю, 1986

111 Lorenz R H, Michael A B. J Electrochem. Society, 1961. 108(9): 885 ~ 888

112 Wojcir C C. High Temperature Niobium Alloys. High Temperature Niobium Alloys, ed J. J Stephens, P. R. Ahmad. TMS, Warrendale, 1991: 1 ~ 13

113 Dimiduk D M, et al. Development Approaches for Advanced Intermetallic Materials. ed R Dorolia et al. TMS Warrendale, 1993: 619 ~ 630

114 Godd J D. Refractore Metals and alloys NewYork ETC, 1967(41): 919 ~ 941

115 Усов Л М, и др. Применение плазмы для получения высокотемпературных покритий. Москва-Ленинград: Наука, 1965

15 钽合金

钽合金是非常引人注目的高温合金和耐蚀材料。金属钽具有特殊的耐蚀性,还有良好的强度、抗冲击韧性、塑性和优良的加工性能。钽基合金具有耐高温、强度高、化学稳定性好特性,是航天航空工业、原子能工业和高温技术等领域不可缺少的材料。但和铌合金相比,钽合金发展速度不很快,目前仍主要满足空间核动力转换系统的需要。

15.1 作为合金基体元素的钽

作为合金的基体元素,钽具有一系列的优点。在元素周期表第Ⅳ、Ⅴ、和Ⅵ的 B 族高熔点金属中,钽仅次于钨,为第二高熔点金属。钽在铸态和再结晶态下有极优的塑性和韧性,因此,可在室温下进行大变形量(90% ~95%)变形加工而不需要中间再结晶退火。高纯金属钽在接近热力学温度零度时仍保留有很高的塑性和韧性[1~6]。

由于钽的低温塑性好,故可以添加大量的合金元素以提高其强度、热强性和抗蚀性。含 V28、Nb40、Mo50、W4 或 Ti10 的钽合金的塑性 - 脆性转变温度低于 -253℃,即低于氢的沸点。

钽的力学性能也和铌一样,与其纯度和加工过程(变形和热处理)的条件有关。并且纯度越高,力学性能越好。

和铌一样,室温下纯钽的强度不高。烧结的钽在冷变形和退火后有如下的屈服强度和伸长率:$\sigma_b = 470$ MPa,$\sigma_{0.2} = 400$ MPa,$\delta = 25\%$。电弧熔炼并退火的较纯的钽的屈服强度和伸长率分别为 $\sigma_b = 310$ MPa,$\sigma_{0.2} = 220$ MPa,$\delta = 25\%$。电子束熔炼出的最高纯钽在变形和再结晶退火后的屈服强度和伸长率分别为:$\sigma_b = 210$ MPa,$\sigma_{0.2} = 185$ MPa,$\delta = 36\%$[5]。纯金属钽强度对切口也不敏感。

温度升高,钽的强度降低,电弧熔炼和再结晶的钽在 1200℃真空下的屈服强度和伸长率为:$\sigma_b = 110$ MPa,$\sigma_{0.2} = 55$ MPa,$\delta = 47.5\%$[3]。

室温下钽的弹性模量为 $E = 185 \sim 189$ GPa,比铌高得多。切变模量为 $G = 70$ GPa,泊松比为 0.35。钽的弹性模量随温度升高而线性降低,直至 900℃。

纯钽的冷作硬化很慢。钽的开始再结晶温度与纯度和冷变形程度有关,为 1100 ~1200℃。

钽有优良的耐蚀性能。除贵金属外,钽的耐蚀性最高,接近于铂。低温时钽能耐 HF 酸以外的各种无机酸的腐蚀。钽有不点蚀的特点,故可以做成薄壁构件在腐蚀性气氛中使用。

钽的焊接性能很好,可用多种方法焊接。在保护气氛中熔焊(氩弧焊、电子束焊等)的焊缝塑性好,可 180°弯曲。

加热时钽易吸收各种气体,如 H_2、N_2、O_2、CO、CO_2 和碳氢化合物,并开始形成间隙式固溶体。当含量超过溶解度极限时,则生成第二相。无论是固溶体还是第二相,都会使钽的强度和硬度提高,塑性和韧性下降。钽对这些间隙杂质不如铌敏感。但纯钽的热处理和热变形,仍必须在真空中进行,至少要在氩气、氦气保护气氛下进行。

钽作为含合金基体的主要缺点是密度大(16.6 g/cm³),由此大大降低了钽合金作为结构材料用时的比强度。此外,高于 500 ~600℃时在空气中和其他氧化介质中的抗氧化能力低。

15.2 钽系合金状态图

钽的合金元素主要是元素周期表中钽的相邻元素,如ⅣB、ⅤB 和ⅥB 族中的 Hf、Zr、Ti、V、Nb、Mo、W、以及 Re 和 Y 等。钽基合金一般成分并不复杂,常仅含 1 ~2 个合金元素。

15.2.1 二元系相图

15.2.1.1 Ta-Hf 系[7~8]

图 15-1 所示为 Ta-Hf 系相图。体系中生成连续系列的固溶体。在液相线和固相线上在温度 2130℃和 Ta 摩尔分数为 20% 处有最小值。钽使多晶转变反应温度下降。在 1083℃和 Ta 摩尔分数为(40 ±10)% 时,发生偏晶反应。当温度降低时无限固溶的 β 固溶体分层成 $β_1$ 和 $β_2$,并在 1083℃时发生共析反应 $β_1 \rightleftharpoons α + β_2$,其中 $β_1$ 和 $β_2$ 分别为靠近 β-Hf 一侧和 Ta 一侧的固溶体,α 是以 α-Hf 相为基的固溶体。1050℃时 Hf 在 Ta 中的溶解度(摩尔分数)为 40%,在 750℃时降低到 20%。Ta 在 α-Hf 中最小溶解度在 1083℃时约为 6.7%。

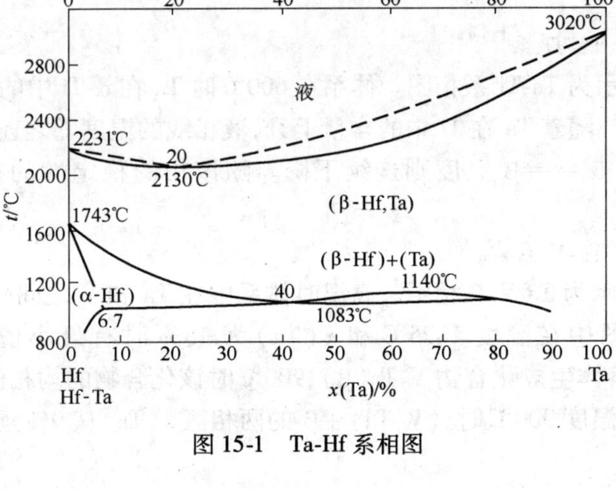

图 15-1 Ta-Hf 系相图

15.2.1.2 Ta-Zr 系[8,9]

图 15-2 所示为 Ta-Zr 系相图。体系中在 Ta 和 β-Zr 有体心立方晶格的连续系列的固溶体，它们在 1875℃ 和 x(Ta) 为 85% 最小值时熔化。在更低温度下体心立方结构的固溶体发生分解，生成同结构的相。析出线的临界点位于 1775℃ 和 x(Zr) 为 33% 处。加入 Ta 会降低 Zr 的 α ⇌ β 转变温度。偏晶反应 β-Zr ⇌ α-Zr + Ta 发生在 785℃ 和 x(Zr) 为 95.5% 时。在偏晶温度下，Zr 在 Ta 中的最大溶解度（摩尔分数）为 9.5%。Ta 在 α-Zr 中的最大溶解度约为 2.5%。随温度下降，Ta 和 Zr 的相互溶解度随之下降。

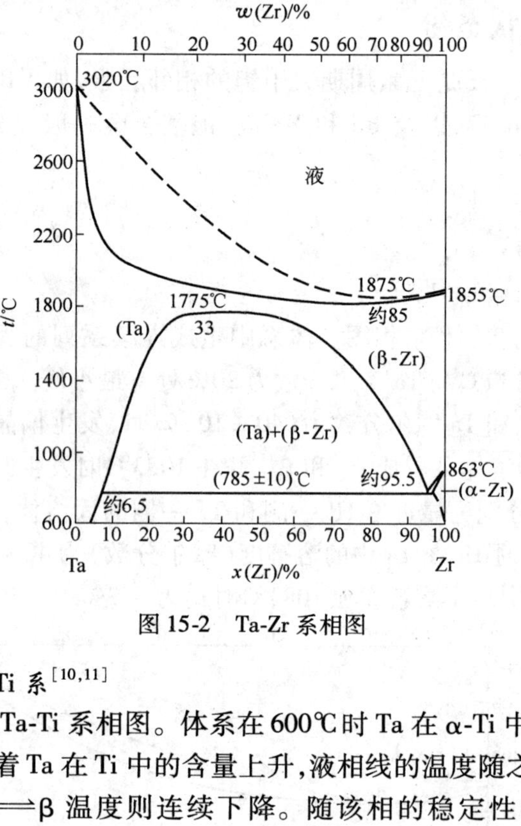

图 15-2 Ta-Zr 系相图

15.2.1.3 Ta-Ti 系[10,11]

图 15-3 所示为 Ta-Ti 系相图。体系在 600℃ 时 Ta 在 α-Ti 中的最大溶解度（摩尔分数）为 2%。随着 Ta 在 Ti 中的含量上升，液相线的温度随之连续增高，与此同时，多晶型转变 α ⇌ β 温度则连续下降。随该相的稳定性的提高，钽会稳定下来。

15.2.1.4 Ta-V 系[12~14]

图 15-4 所示为 Ta-V 系相图。高温时体系中在 Ta 和 V 之间生成连续系列的固溶体。熔度图中在温度 1825℃ 和 x(Ta) 为 15% 时有最小值。在温度约为 1310℃ 时由固溶体生成化合物 V_2Ta(β)，900℃ 时该化合物的均相区位于 x(Ta) 为 32% ~ 39%；在温度 900℃ 时，(V,Ta) + β 的两相区 x(Ta) 从 9% 延伸到 52%。

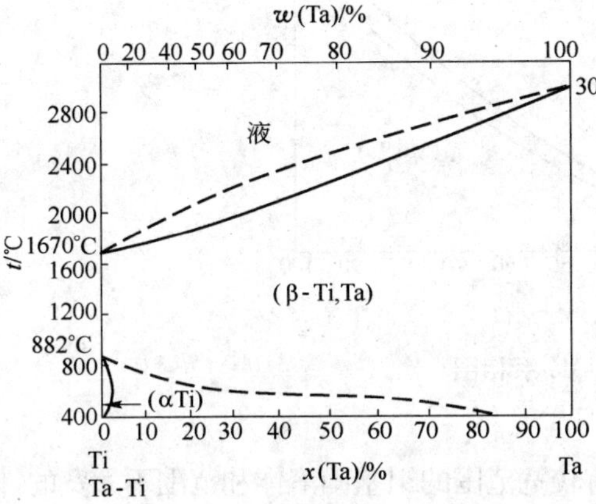

图 15-3　Ta-Ti 系相图

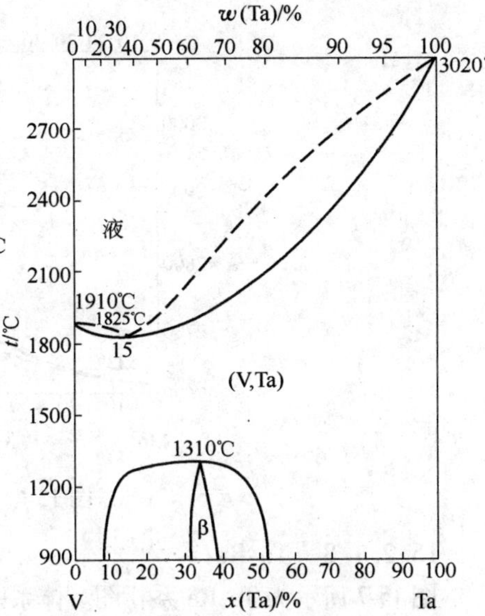

图 15-4　Ta-V 系相图

15.2.1.5　Ta-Nb 系

Ta-Nb 系状态图见第 14 章图 14-17。

15.2.1.6　Ta-W 系[15~18]

图 15-5 所示为 Ta-W 系相图。体系中钽和钨无论液态或固态都完全溶解。从固相线到室温都是互相溶解。液相线和固相线均没有最小值。固溶体的体心立方结构的晶格常数由纯钽的 $a=0.33031$ nm，到纯钨的 $a=0.31651$ nm。

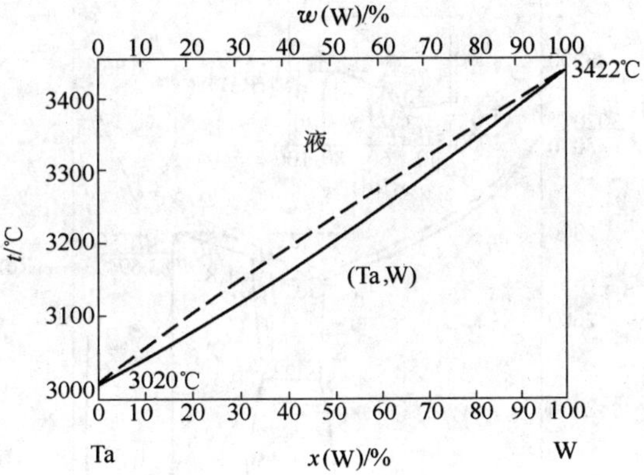

图 15-5　Ta-W 系相图

15.2.1.7　Ta-Mo 系[19,20]

图 15-6 所示为 Ta-Mo 系相图。Ta 和 Mo 无论液态和固态都无限互溶。合金温度随钽含量增加而平稳地提高。

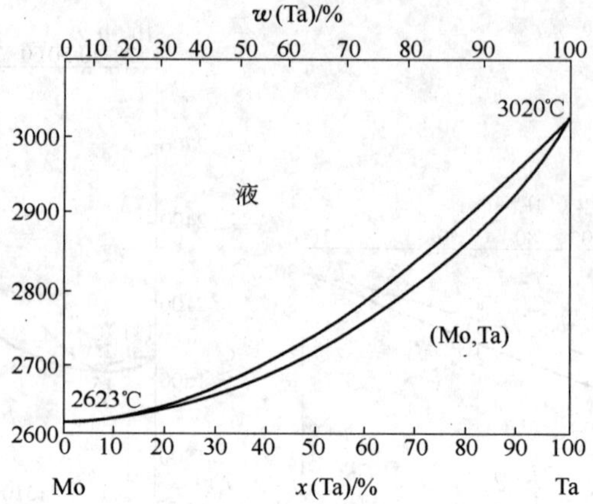

图 15-6　Ta-Mo 系相图

15.2.1.8　Ta-Re 系[21,22]

图 15-7 所示为 Ta-Re 系相图。体系中有较宽范围的钽基固溶体和范围不太宽的铼基固溶体。体系中有两个化合物:χ 和 α。Re 在 Ta 中的溶解度(摩尔分数)达 48%,实际上并不随温度发生变化。在 2460℃时,Re 的最高溶解度(摩尔分数)为 47.3%,2000℃时降至 44%。Ta 在 Re 中的最高溶解度(摩尔分数)为 3%,1100℃时降至约 0.25%。χ 相在 2790℃和 x(Re)为 78.5%时同元熔化,并在 2755℃和 x(Re)为 83.6%时生成共晶体。σ(Ta_2Re_3)在 2680℃下按包晶反应 L + χ ⇌ σ 生成。σ 相在 2460℃时分解。

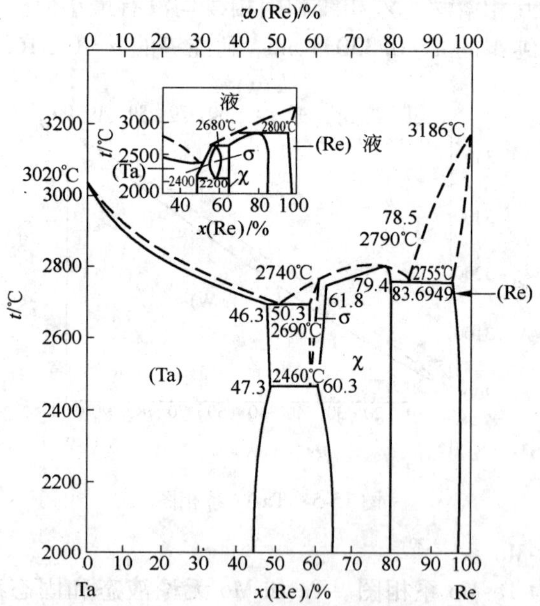

图 15-7　Ta-Re 系相图

15.2.1.9 Ta-Y 系[23,24]

图 15-8 所示为 Ta-Y 系相图。体系中不生成二元化合物。Ta 和 Y 在所有浓度区不互溶。固态时两元素不互溶。Ta 在液态 Y 中的溶解度(摩尔分数)在 1636℃、1907℃和 2083℃时分别为 0.523%、0.961% 和 1.345 %。1580℃下 Y 在 Ta 中的溶解度不超过 2×10^{-6}。Ta 在液态 Y 中的溶解热为 78.83 kJ/mol。

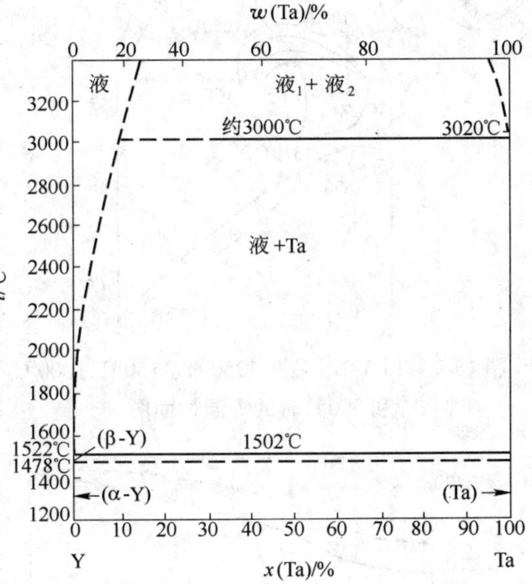

图 15-8 Ta-Y 系相图

15.2.2 三元系相图[25~27]

15.2.2.1 Ta-V-Nb 三元系

图 15-9 所示为 Ta-V-Nb 系在 1250℃、1150℃、1000℃和 900℃下的等温切面图。体系中在高温下 Ta、V 和 Nb 三元是无限固溶的,在温度低于 1320℃时,因 Ta-V 系中形成 β(TaV_2)中间相,从而破坏了无限固溶。可以认为该系的 Nb - β(TaV_2)多温切面是部分二元系(图 15-10)。Ta-V-Nb 系固相面的最高温度处于钽角上。

15.2.2.2 Ta-Hf-W 三元系

该系状态图尚不完全清楚,但可以推断,应与 Nb-Mo-Zr 三元系(图 14-36)和 Nb-W-Zr 三元系(图 14-37)相似。体系中的 Ta - W_2Hf 多温切面应是局部伪二元系,因为中间相 W_2Hf 熔化时为液固两相异成分。Ta-Hf-W 系固相面的最高温度应处于富钨角上。

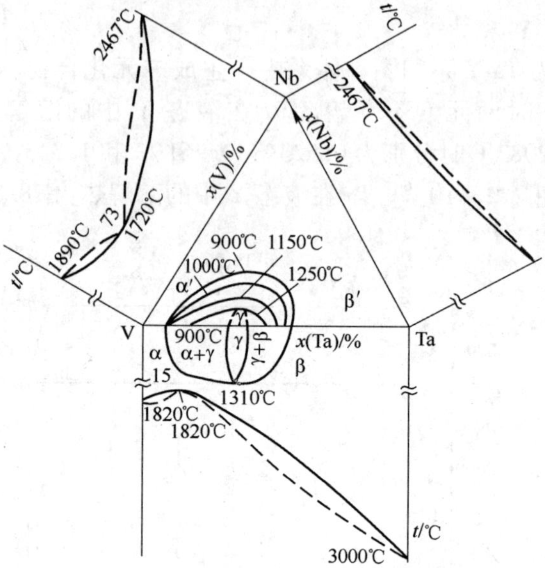

图 15-9　Ta-V-Nb 系在 1250℃、1150℃、1000℃和 900℃时的等温切面图

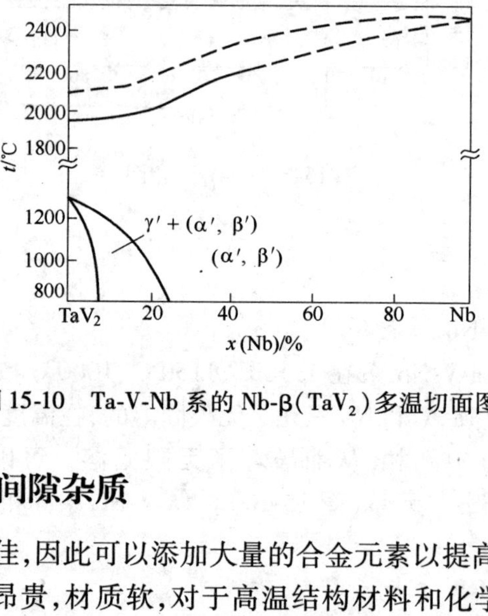

图 15-10　Ta-V-Nb 系的 Nb-β(TaV_2)多温切面图

15.3　合金元素和间隙杂质

钽的低温塑性极佳，因此可以添加大量的合金元素以提高其强度、热强性和抗蚀性。但是纯钽价格昂贵，材质软，对于高温结构材料和化学工业耐蚀材料的应用，不仅要求材料具有优良使用性能，而且要求材料价格便宜。钽基合金的合金元素的选择必须兼顾这两个因素。钽和铌基合金一样，合金元素的加入，在改进某些性能的同时，可能又会使合金的另一些性能恶化。因此合金元素的加入必须兼顾各项性能的平衡。在保持高强度和合金在各种浸蚀介质中的良好的耐蚀性，还应

保证合金有足够的工艺性能，首先要能承受压力加工。

15.3.1　合金元素的影响[28~32]

在配制热强结构的钽合金时，需要考虑以下三方面的情况：

（1）虽然钽比铌的热强性能更好一些，但可以明显提高钽的高温强度性能又能与钽生成固溶体的合金元素比铌要少。

（2）能提高钽合金的热强性能的合金元素主要是ⅣB、ⅤB 和ⅥB 族的难熔金属，而且会降低合金熔点的元素的加入量不能多，因为过量加入合金元素会降低合金的固相线温度。

（3）配置固相线温度既高、组元又多的钽基固溶合金的可能性较为有限。

由于这些原因，钽的热强结构合金的前景并不十分看好。

和铌合金一样，钽合金主要采用固溶强化，也有少数合金采用固溶强化和沉淀强化相结合的方式对之进行强化。

对于以钽为基体的热强结构合金，为了达到高温强化效果，理论上讲几乎可以添加所有的合金元素。但是实际上，通过固溶强化来使钽合金获得良好的热稳定性的最好的固溶强化元素是 Re、W、Mo、Zr、Hf 和 V。

图 15-11 所示为各种合金元素对钽的熔点的影响。由图可见，在各种合金元素中，只有钨能提高钽的熔点，其他各种元素都是降低钽的熔点，有的合金元素加入后的熔点下降十分明显[33,35]。由二元钽基固溶合金的力学性能的数据可知[35,36]，合金元素的熔点越高，则合金的固相线温度越高，合金的强化作用也越大。因此在高于 1000℃时，合金元素的选择非常有限。

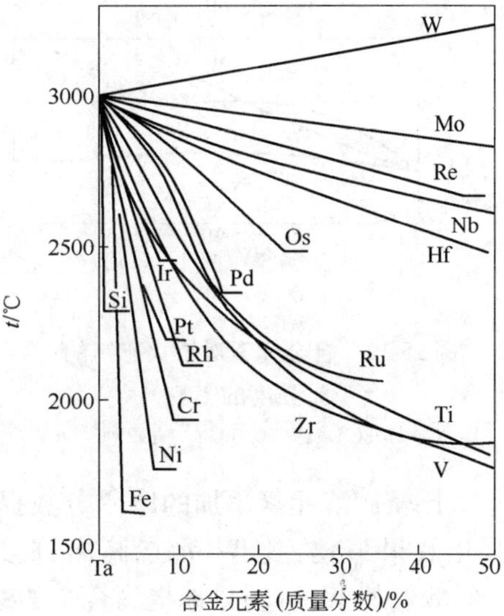

图 15-11　各合金元素对钽熔点的影响

比较各种合金元素对钽高温强度的影响，认为在 1300 ~ 1600℃时可用来强化钽合金的元素首推 W 和 Mo。图 15-12 所示为合金元素对退火态钽的瞬时强度的影响[36]。只有添加 Re、W、Mo、Hf（质量分数 10% 以下）、V（质量分数 5% 以下）才能提高钽在 1200℃的瞬时强度，实际上 Ti、Zr、Nb 等元素（质量分数 5% 以下）并不能使钽强化，添加量若超过 5%（质量分数），反而使其弱化。在 1480 ~ 1650℃下大多数合金元素都能对钽强化，在瞬时强度与成分的关系曲线上，最高点的位置随温度的升高有规律地移向钽方，到

1925℃时,能有效强化钽的只剩下 W 和 Mo 了。

图 15-13 所示为 1200℃下二元钽合金在再结晶状态下和铸造状态下的抗拉强度。

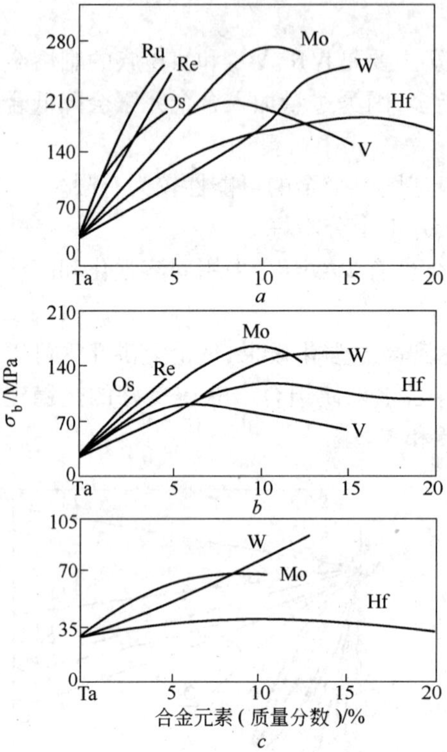

图 15-12　合金元素对退火态钽的瞬时强度的影响

a—1480℃;*b*—1650℃;*c*—1925℃

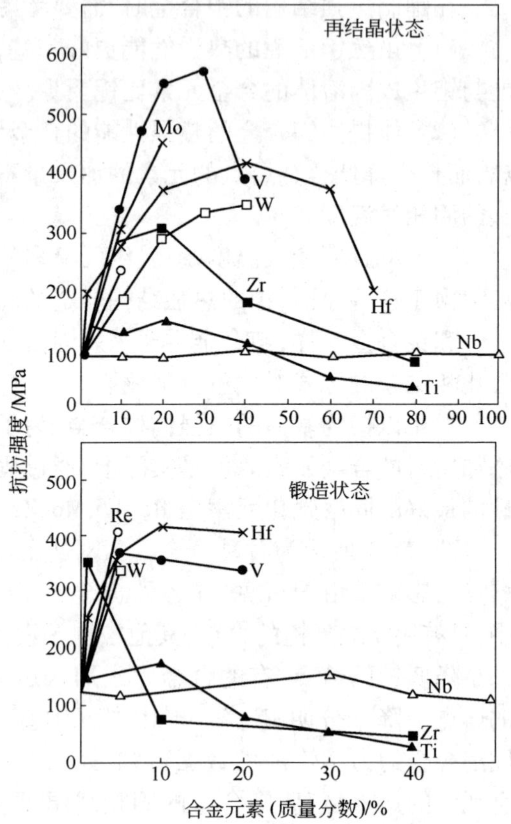

图 15-13　1200℃下二元钽合金在再结晶状态下和铸造状态下的抗拉强度

比较固溶元素添加的摩尔分数提高合金强度的比率,元素 Re 的少量添加的强化效果最佳,比 W 元素高出许多。在 Ta-W-Hf 或 Ta-W-Hf-C 系合金中,用 1% Re 代替 W,可明显地提高合金的蠕变强度。但当 Re 添加量超过 1% 时,却不能使合金进一步强化。

元素 Mo 也是强化钽合金的固溶元素,其强化效果也比 W 好。图 15-14 所示为加入不同含量 Mo 对钽抗拉强度的影响。Mo 是最好的抗氢脆的合金元素。

Hf 和 Zr 也能很好地提高钽合金的高温强度,在可比的相对摩尔浓度下,Zr 的高温强化效果好于元素 Hf,但会升高合金的塑性 - 脆性转变温度。活性元素 Zr 和 Hf 的加入,还可以降低基体氧的溶解度,与氧生成氧化物沉淀相,可提高合金抗碱金属腐蚀的能力。

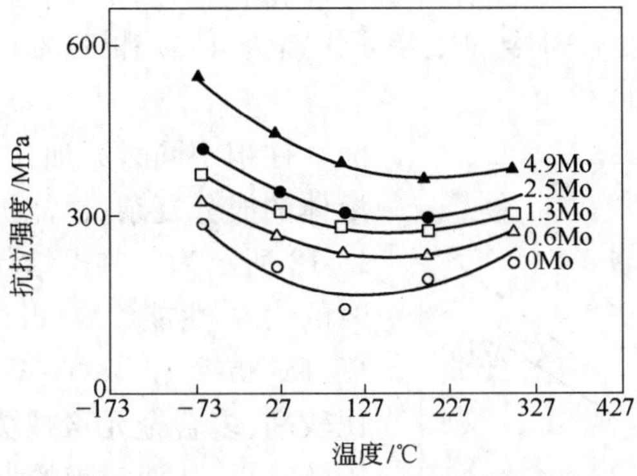

图 15-14 加入不同含量 Mo 对钽抗拉强度的影响

随着溶质元素数量增加,通常能更大地增加合金的强度,但同时低温塑性会受很大损失。一般认为,强化效果明显的元素综合加入量(质量分数)应少于 15%。图 15-15 所示为 Ta-W 系合金中钨含量对合金塑性的影响。可以看出,w(W)超过 12% ~14%后,塑性急剧下降。图 15-16 所示为置换溶质对 Ta-(8 ~16)W-(1 ~2)Re-0.7Hf-0.25C 棒材屈服强度和室温伸长率的影响。从图可看出,溶质摩尔分数超过 15%后,室温塑性也开始剧烈下降。

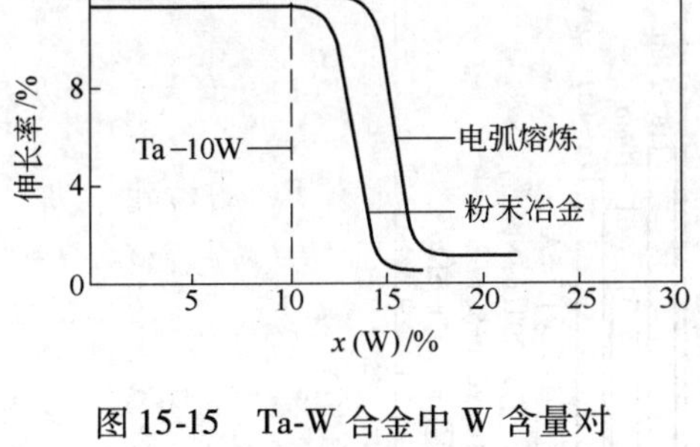

图 15-15 Ta-W 合金中 W 含量对合金塑性的影响

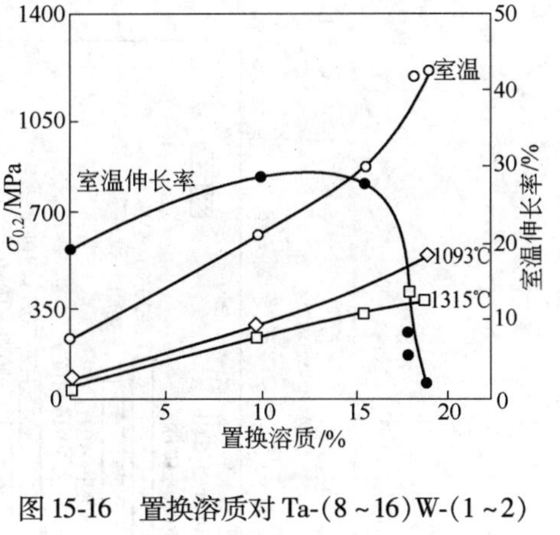

图 15-16 置换溶质对 Ta-(8 ~16)W-(1 ~2)Re-0.7Hf-0.25C 棒材屈服强度和室温伸长率的影响

图 15-17 所示为一些固溶元素的含量对钽硬度的影响。

为获得更高的高温强度和好的蠕变性能,有时需在固溶强化的基础上进行沉淀强化。工业用钽合金沉淀强化相主要为 Zr 和 Hf 的碳化物。为保持合金的良好塑性，固溶元素的含量（质量分数）应低于10%。

加工硬化虽对钽合金的高温强度贡献不大，但对低温下使用的部件也有较好的强化作用。如Ta-7.5W合金作弹簧部件，就是靠加工硬化达到弹性要求的。其丝材在再结晶状态和不同冷加工率（分别为40%和83%）的抗拉强度分别为571 MPa、854 MPa和1137 MPa。

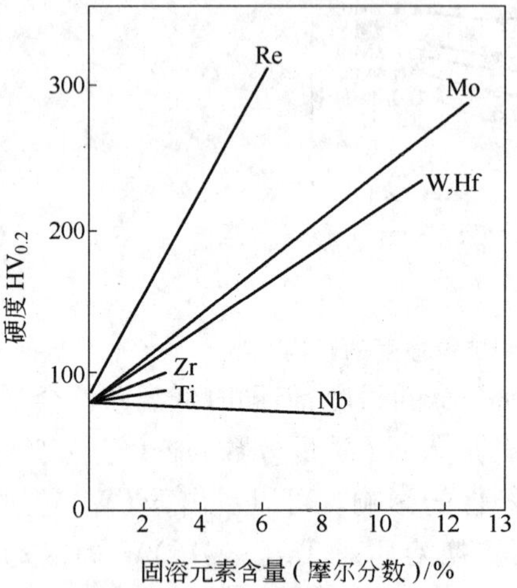

图 15-17　一些固溶元素的含量对钽硬度的影响

往钽中同时添加几个合金元素，由于固溶体的成分复杂，也能提高合金的强度。图15-18所示为一些再结晶态钽合金在1200℃时的力学性能[37]。可以看出，其中Ta-Hf-W、Ta-Nb-V和Ta-Ti-W等3种合金的强度比较高，多合金元素减缓了合金削弱强化的扩散过程，从而对钽的强度产生了好的影响，并提高了钽的开始再结晶温度。图15-19所示为合金元素对开始再结晶温度的影响[38]。从图可看出，与钽形成置换型固溶体的合金元素含量越多，塑性－脆性转变温度越高（在一定的间隙杂质含量下），可加工性越差。同样，间隙杂质含量越高，能保证合金有足够可加工性的置换型合金元素的允许总量就越低。

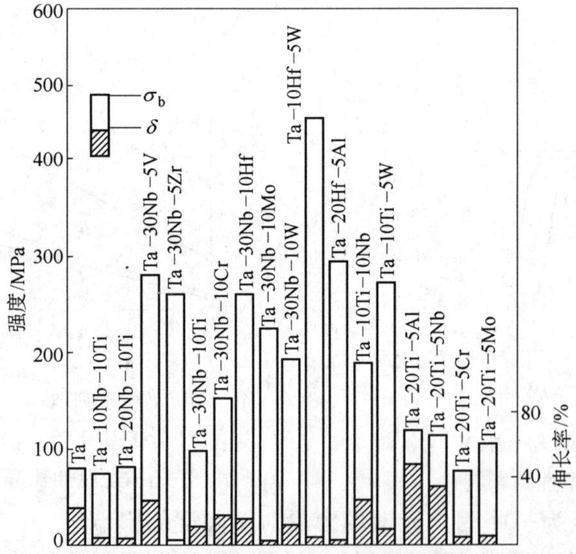

图 15-18　一些再结晶态钽合金在1200℃时的力学性能

限制合金含量是影响合金塑性加工性能,即获得各种变形半成品的可能性的重要因素。合金的塑性加工性能可以用塑性-脆性转变温度来表示,图15-20所示为钽合金塑性-脆性转变温度与合金元素和间隙杂质含量的关系。由图可见,与钽形成置换型固溶体的合金元素含量越多,塑性-脆性转变温度就越高,在一定的间隙杂质含量下,可塑性加工性能就越差。同样,间隙杂质含量越高,能保证合金有足够的加工性的置换含合金元素的允许总量就越低。

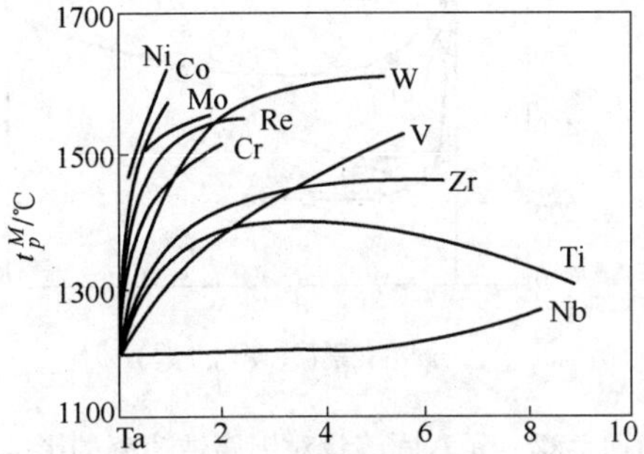

图15-19 合金元素对开始再结晶温度的影响

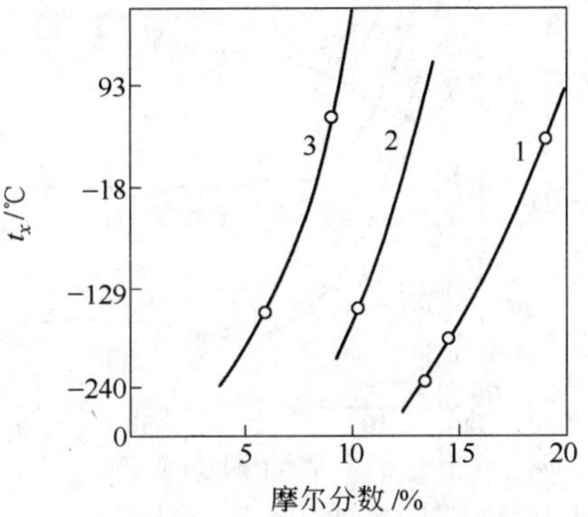

图15-20 铸态钽合金塑性-脆性转变温度与合金元素和间隙杂质含量的关系[39]

1—小于0.01% C+N;2—0.025% C;3—0.03% N

和铌一样,钽在高温下的抗氧化能力也较差。图15-21所示为合金元素含量对钽氧化增重的影响[40,41]。添加ⅣB族元素Ti、Zr和Hf,可使钽的抗氧化能力有最大程度的提高。添加其他的难熔金属则差一些。和铌一样,对于在高温环境中使用,以掺杂的方法来降低氧化速度是不够的。对结构合金在高温氧化环境中做短时或长时间工作时,都需要施加保护层才行。

高度抗腐蚀是钽的独特优点。钽及钽合金的耐蚀性接近铂,化学稳定性与玻璃相似,而且它们的热导率是钛的两倍多,是锆和不锈钢的三倍多,是镍基合金的四倍多,其高温热强度可与低碳钢媲美,高温热强度仅次于钨及钨合金。但钽资源少,价格昂贵(约为铌价的10倍),因而寻求抗蚀能接近钽的廉价钽合金成为钽合金的主要努力方向之一。钽中加入铌和其他难熔金属可以降低钽合金的价格,同时保持和钽差不多的耐蚀性能。图15-22示出不同元素固溶量对钽的腐蚀速率的影响。从图可看出,元素Hf对钽的耐蚀性能最为有害,在化工应用中不宜添加。加入微量Mo和Re可明显改善钽的耐蚀性能。但铼价贵,影响使用。无论哪个元素(包括铌),加入量超过一定量便会起负作用,反而会恶化钽的耐蚀性能,图15-23示出不同合金元素对钽腐蚀前后弯曲断裂强度比值的影响;在250℃下在95%(质量分数)H_2SO_4中腐蚀72 h之后的弯曲裂强度N'和之前的弯曲裂强度N,

的平均比值 N'/N 是评定合金抗氢脆的判据。由图可看出，Mo 是抗氢脆最佳的合金添加元素，其次为 Re。

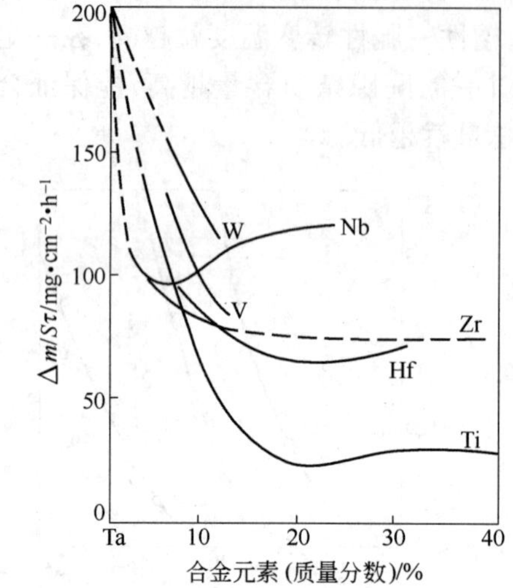

图 15-21　合金元素含量对钽氧化增重的影响（1200℃空气中氧化 3 h）

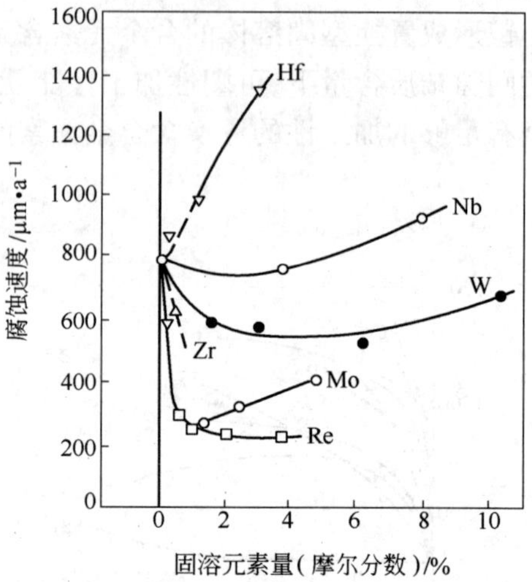

图 15-22　元素固溶量对钽腐蚀速率的影响（介质为 95% 硫酸，25℃）

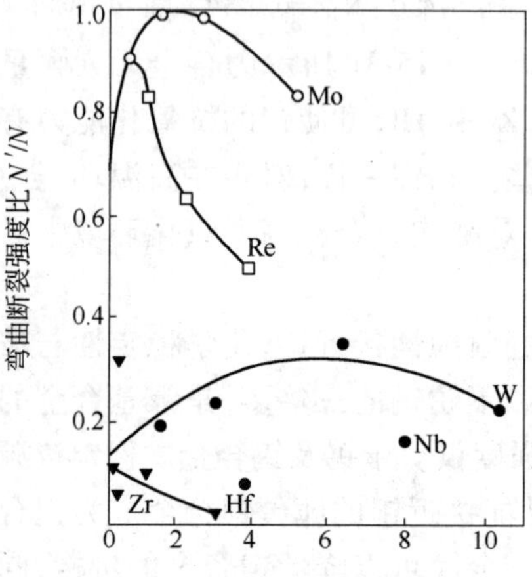

图 15-23　合金元素对纯钽弯曲比的影响

表 15-1 所示为添加 2. 5%（质量分数）的 Mo、W、Nb、Hf、Zr 和 Re 对钽的综合效应的影响。从表 15-1 和图 15-22 中可以看出，Mo 具有最好的综合效果。

在众多难熔金属中，铌的性质和钽最为接近，价格相对便宜，很快便成为钽合金的主要添加剂，Ta-Nb 系成为研制耐蚀钽合金的基础[42]。依据文献［43］的结果，在质量分数 10% KOH 溶液、3% HF 溶液、10% HCl 溶液和 20% 浓硫酸溶液中，在沸腾和反复浸入的条件下，证明 Ta-50Nb 合金的耐蚀性与钽相当。但当将铌含量提高到 70% 时，耐蚀性能反而大大恶化。

图 15-24 所示为各种沸腾酸中各种合金元素对钽的耐蚀性能的影响。由图可见，只有 Nb 的影响最小。Ta 中合金元素的最大允许含量主要根据酸的性质和酸的摩尔浓度确定。

表 15-1 添加 2.5%(质量分数)的 Mo、W、Nb、Hf、Zr 和 Re 对钽的综合效应的影响

元素	固溶硬化率/%		腐蚀速度/$\mu m \cdot a^{-1}$	抗氢脆能力 N'/N
	ΔHV(1%(摩尔分数))	ΔHV(1%(质量分数))		
Ta			800	0.1
Mo	16.6	31.3	300	1.03
W	14.5	14.3	600	0.25
Nb	0.1	0.2	700	0.1
Hf	14.3	1405	1300	<0.05
Zr	8.5	16.9		<0.05
Re	39.7	38.6	200	0.6

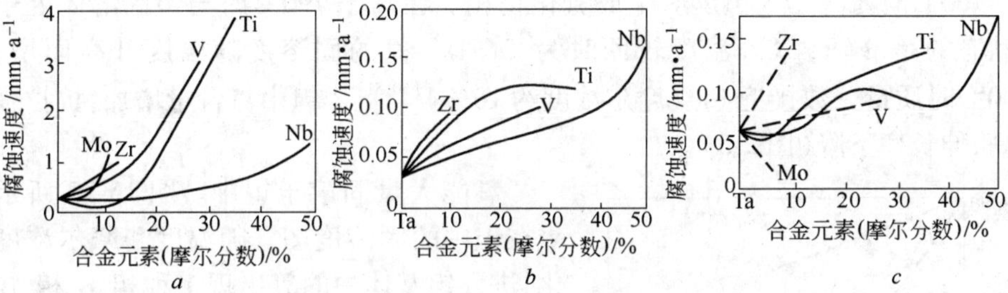

图 15-24 合金元素对钽在沸腾酸中的腐蚀速度的影响

a—80% H_2SO_4;*b*—70% H_3PO_4;*c*—80% HCl

实践结果表明,在高摩尔浓度的酸中,Ta-Nb 合金应用最佳。在较低的酸摩尔浓度中(如大于 15%)工作时以使用纯金属铌及 Nb-Ti 和 Nb-V 合金较好。含 Mo 和含 W 的钽合金,几乎能完全耐 HF 酸的腐蚀[4,44]。在 200 ~ 230℃的硫酸和磷酸中,添加有 Ti、Mo、W、V、Ni 或 Sn 的 Ta-Nb 合金有很高的抗腐蚀性能[45]。

15.3.2 间隙元素的影响

间隙元素对钽和钽合金的多种性能有重大影响。当间隙元素超过固溶度时,它们有利也有弊,这取决于元素的含量水平,少则有利,超过一定水平则有害。

但通常认为钽和钽合金中最有害的杂质首推 N_2、H_2、O_2 和 C,它们都易生成间隙固溶体。在电子束熔炼和电弧熔炼的高纯金属钽中,间隙杂质的典型质量含量为:H, $\sim 1 \times 10^{-6}$;N,$(10 \sim 60) \times 10^{-6}$;O,$(20 \sim 300) \times 10^{-6}$;C,$(30 \sim 200) \times 10^{-6}$[41,46],都低于它们室温范围下的固溶度。高温下钽中间隙杂质的固溶度与铌相类似,因此,具有这些杂质含量的钽可看作是间隙元素未达饱和的固溶体[46]。

在工业纯钽中,唯一能找到的第二相(在晶界)的是 Ta_2C。间隙杂质(特别是氧)含量增多虽使钽的强度有所提高,但却使钽的塑性和韧性下降,塑性 - 脆性转变温度提高,甚至提高到达室温水平或更高。与铌一样,按间隙杂质对钽脆化作用的大小,依次顺序为 H(最严重)—N—O—C[47]。钽与这些元素的二元相图见第

3 章。

钽的氢化物呈灰色并脆硬。在 350℃以下，钽几乎不和氢反应，随温度升高反应速度加快。但反应产物易于分解，高温时氢在钽中的固溶度随压力降低和温度升高而减少，在 1200℃和 100 kPa 的固溶度（摩尔分数）为 0.01%[46,48]。室温以下氢的溶解度急剧下降[49]。低温下钽与氢生成多种成分的氢化物相，靠近钽一侧的中间相为 TaH_x（式中 x 为 0.6～0.9），为体心立方结构。晶格常数 a＝0.467～0.479 nm，b＝0.467～0.478 nm，c＝0.339～0.344 nm。钽中溶入氢后变脆，但在 800℃真空加热时很容易脱氢，从而恢复钽的塑性。

700℃时氮开始与钽反应生成氮化物相。在高于 790℃时与钽固溶体处于平衡状态的是 β（Ta_2N），温度较低时为 Ta_9N_2。氮的固溶度随温度升高而增大，2000℃时质量分数接近 1%（摩尔浓度约 10%）[50,51]。钽中氮含量增加，抗拉强度升高，伸长率下降（图 2-5）。

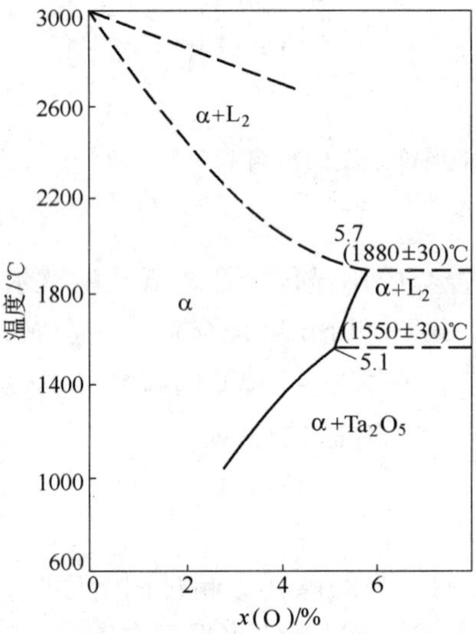

图 15-25 氧在钽中的固溶度

氧能大量固溶于钽中。图 15-25 所示为氧在钽中的固溶度图。随温度和摩尔浓度变化，进入钽基体中的氧出现多种相：α 相、β 相（Ta_4O）、γ 相（TaO）、δ 相（TaO_2）、ε 相（TaO_x，x＝2.2～2.5）和 ζ 相（Ta_2O_5）。1100℃时氧的溶解度（摩尔分数）为 3%，1880℃时达到 5.7%[52,53]。钽在高温下的抗氧化能力较差。对于在高温环境中使用，以合金化的方法来降低氧化速度是不够的。

钽与碳在高温下直接反应生成碳化物。Ta-C 系在靠近钽一侧的中间相是液固异成分熔化的化合物 Ta_2C，它在 2825℃时发生共晶反应：$L \rightleftharpoons (Ta) + Ta_2C$，其中（Ta）为固溶相[54]，碳能大量固溶在钽中，1800℃时碳在钽中的溶解度（摩尔分数）为 0.1%，2700℃时增大到 0.45%[55]。Ta_2C 为六方晶型，a＝0.31012～0.31013 nm，c＝0.49372～0.49367 nm[56]。

除间隙杂质外，对钽的力学性能产生负面作用的还有置换型杂质，如 Nb、Ti、Fe、Si、W、Mo 等。但因为它们含量都不高，均为固溶体，因而对钽的力学性能无重大的影响。

15.4 钽合金分类和化学成分

通常按性能将钽合金分为热强（在抗氧化涂层保护下）钽合金和耐蚀钽合金两类。实际上，钽合金可按合金元素分为 Ta-W 系和 Ta-Nb 系两大系列。此外，由于钽变形能力好，吸气效率高和热强性好，还有用于电真空的钽合金[3]。

15.4.1　热强钽合金[4,5,33,34]

热强钽合金主要是Ta-W系合金，主要合金元素是W，如Ta-7.5W和Ta-10W二元合金。这类合金的牌号不多，在结构上多为化学成分不复杂的固溶体。除W外，其他合金元素还有Re、Mo、Hf、Nb、V。如Ta-2.5W-0.15Nb、Ta-8W-2Hf(T111)、Ta-10W-2.5Hf-0.01CT222、Ta-8W-1Re-Hf-0.025C(Astar811C)等。它们中Ta-10W合金是最早研究成功并投入工业应用的合金。合金具有良好的综合性能，不仅在航天工业中而且在化学工业中都获得了较好的应用。Ta-7.5W合金有着极高的σ_s/σ_b比值，由于弹性性能好，在化学工业中主要用作弹性部件。Ta-W-Hf系合金充分利用固溶和沉淀强化相结合的强化途径，合金具有更高的高温强度和蠕变抗力，但同时低温塑性和可焊性无明显损失。

热强钽合金中通常间隙杂质的含量不高，不形成第二相。这类合金的工作温度(1300～1600℃)都超过了它们的再结晶温度(1260～1370℃)，故实际上是在它们的再结晶状态下工作。

这类钽合金尚有不少优点：(1) 合金在很宽的温度范围内有较高的瞬时强度和良好的可加工性，可以制成棒、管和板材应用[35]；(2) 合金有良好的可变形性和焊接性。氩弧焊和电子束焊的工件在室温和低温下塑性良好，但也存在氧化能力差和密度高等缺点。

按ⅤB族和ⅣB族元素合金的一般规律，热强合金都有从固溶单相向弥散多相过渡的趋势。与铌合金类似，钽合金的弥散强化相首先是ⅣB族元素(Zr和Hf)的碳化物，可能还有氮化物[57]。表15-2为热强钽合金的化学成分和力学性能。

表15-2　热强钽合金的化学成分和力学性能[4,35,27,28]

合金成分和状态	温度/℃	σ_b/MPa	$\sigma_{0.2}$/MPa	伸长率δ/%
Ta-10W 冷轧板	20	1340	—	3.5
	980	530	—	—
	1200	490	—	
	1250	470	—	—
	1500	200	—	10
	1700	130	—	—
	2000	105	—	30
Ta-10 W 1 mm 再结晶板	1200	280(σ_{100} = 140)	240	—
	1370	150	140	—
	1430	140	120	—
	1650	80(σ_{100} = 35)	—	—
	1930	53	50	—
	2200	31	30	—
	2480	31	—	—
	2760	5	—	—

续表 15-2

合金成分和状态	温度/℃	σ_b/MPa	$\sigma_{0.2}$/MPa	伸长率 δ/%
Ta-10W 锻造棒	20	1023	—	20
	2680	216	—	—
	2780	173	—	—
	2930	134	—	—
Ta-15W 锻造棒	2690	283	—	—
	2790	256	—	—
	2930	143	—	—
Ta-15W-1Zr	1090	395	350	11
	1200	334	280	21
	1430	230	180	—
	1540	150	115	—
	1650	126	97	—
Ta-8W-2Hf 再结晶态	1200	470	290	—
	1430	200(σ_{100} >70)	160	—
	1650	140	120	—
Ta-5W-10Hf 再结晶态	24	945	904	17
	980	730	575	13
	1200	420	238	38
	1370	281	—	—
	1430	260	170	—
	1650	120	80	—
Ta-4Hf-4Nb 再结晶态	-196	997	976	19
	24	809	681	17
	1200	478	436	16
	1370	166	149	88
	1480	131	130	90
Ta-30Nb-7.5V 再结晶态	24	1080	973	—
	980	610	287	—
	1200	420	250	—
	1370	281	—	—
	1430	250	150	—
	1650	70	40	—
Ta-4Mo-4Re 冷变形	1200	571	493	8.5
	1370	344	300	17.5

图 15-26 所示为温度对固溶强化和碳化物弥散强化钽合金瞬时强度的影响[59]。合金中有 C、N 及由它们生成的第二相时，强度要高一些。热强性最好的合金是：Ta－8W－1Re－1Hf－0.025C 和 Ta－7W－1Re－1Hf－0.0120－0.012N，最后一种合金用 N 代替了部分 C，并少许降低了 W 的含量[60]。

文献[61]研究了定向结晶合金的 Ta-C 共晶的力学性能，这类共晶由富钽的 α 固溶体和体积约 30% Ta_2C 所组成在 1200～1650℃温度下的瞬时强度最高，大大超过了固溶型的 Ta-10W。

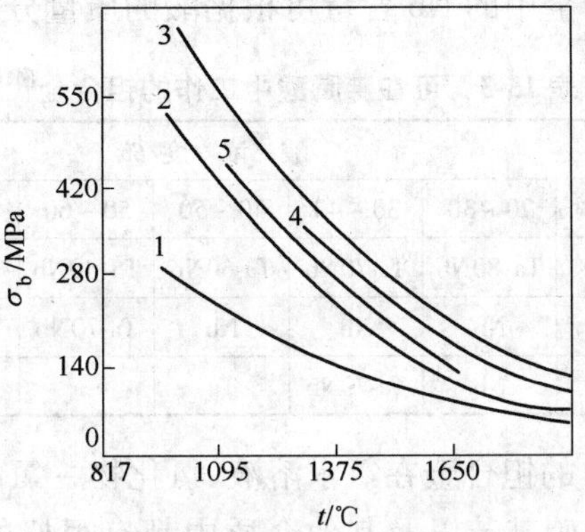

图 15-26　试验温度对钽合金瞬时强度 σ_b 的影响

1—Ta-10W；2—Ta-8W-2Hf；3—Ta-10W-2.5Hf-0.01C；4—Ta-7W-3Re；5—Ta-8W-1Re-1Hf-0.025C

15.4.2　耐蚀钽合金

耐蚀钽合金主要是 Ta-Nb 系合金，其耐蚀性最好[62]。这类合金包括耐酸腐蚀的合金和真空仪表用合金。

在 Ta-Nb 系合金中，早先有 Ta-3Nb（TN3）、Ta-20Nb（TN20）合金，现已很少应用。Ta-40Nb 是后发展的合金，价格便宜，主要用于化学工业，但耐蚀性和抗氢脆性能不如纯钽。20 世纪 80 年代开发的 KBI41 合金（Ta-37.5Nb-2.5W-2Mo）是由 Ta-40Nb 改进而来。合金中添加了元素钼不仅同钨一样可提高合金的强度，更重要的是提高了合金的抗氢脆能力。该合金是工业上获得应用的含钼的钽合金。图 15-27 所示为化学工业中应用的几种钽合金的屈服强度与温度的关系。

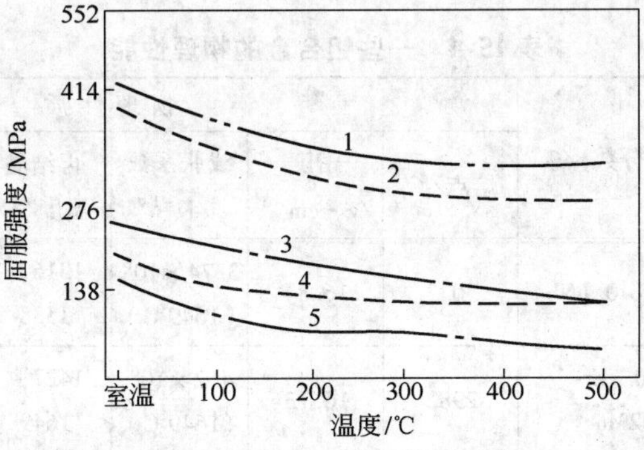

图 15-27　化学工业中应用的几种钽合金的屈服强度与温度的关系

1—Ta-10W；2—Ta-37.5Nb-2.5W-2Mo；3—Ta－2.5W；

4—Ta-40Nb；5—Ta

Ta-Nb 系合金的耐酸(H_2SO_4、HNO_3、HCl、H_3PO_4)、碱溶液、湿的氯气、氯化物等的腐蚀性能极佳。合金中的 Nb 含量可根据酸的质量分数确定(见表 15-3)。

表 15-3　可在沸腾酸中工作的钽合金[62]

酸	酸浓度/%								
	0~10	10~20	20~30	30~40	40~50	50~60	60~70	70~80	80
H_2SO_4	Nb	Nb	Ta-80Nb	Ta-70Nb	Ta-60Nb	Ta-40Nb	Ta-10Nb	Ta	Ta
H_3PO_4	Nb	Nb	Nb	Nb	Nb	Ta-70Nb	Ta-50Nb	Ta-30Nb	Ta
HCl	Nb	Nb	Nb	Ta-70Nb	Ta	—	—	—	—

含 3% ~65.5% Nb 的钽合金在氯水溶液、氯化物 - 氯酸盐溶液、熔融的 $MgCl_2 \cdot 6H_2O$、含 3% $FeCl_2$ 的硝基苯以及其他介质中都有很好的耐蚀性[63]。有的钽合金甚至比纯钽的耐蚀性更好,例如含小于 18% W 的钽合金可耐 20% HF 酸的侵蚀,虽然这种合金在其他的腐蚀性介质中的耐蚀性不如纯钽[64]。

15.4.3　电真空仪器用钽合金

用于电真空仪表的钽合金主要为含合金元素 Nb 和 Th 的合金。如 TH3(Ta + 3% Nb)、TH20(Ta + 20% Nb)、TH50(Ta + 50% Nb)、TH80(Ta + 80% Nb)和 TTI50(Ta + 0.55% Nb + 0.8% Th)[39,65]。它们的工艺性能良好,在电气真空仪表的结构件中可代替稀缺的钽。

15.5　钽合金的性能[66~71]

15.5.1　物理性能

一些钽合金的物理性能如表 15-4 所示。

表 15-4　一些钽合金的物理性能

合金牌号	标称组分(质量分数)/%	物理性质					
		熔点/℃	密度 /g·cm^{-3}	线胀系数 /K^{-1}	再结晶温度/℃	退火温度/℃	延性脆性转变温度/℃
Ta-10W	Ta-10Wo-0.3Mo-0.1Nb	3033	16.84	3.74×10^6 (1649℃)	1316~1538	1203~1232	-196
T-111	Ta-8W-2Hf-0.1Zr-0.1Nb-0.02Mo	2982	16.73	4.2×10^6 (1649℃)	1427~1649	1093~1316	-196
T-222	Ta-10W-2.5Hf-0.1Zr-0.1Nb-0.02Mo	3027	16.7	—	1538~1649	1093~1316	-196

15.5.2 力学性能

（1）一些钽合金的力学性能如表15-5和表15-6所示。

表15-5 钽合金的力学性能(21℃时)

合金牌号	弹性模量/GPa	屈服强度/MPa	拉伸强度/MPa	对50.8mm长的伸长率/%	材料形式
Ta-10W	203.890	471.1	562.5	25	各种形式
T-111		703.1	773.4	29	各种形式
T-222	203.890	703.1	773.4	30	棒、板

表15-6 美国生产和研究的钽合金的高温力学性能

合金牌号	合金名义成分(质量分数)/%	产品形式	高温性能			
			温度/℃	抗拉强度/MPa	温度/℃	断裂强度/MPa
纯钽		各种形式	1316	59.6	1316	17.6
FS-61	7.5W(粉冶)	丝、带	23.9	1160	—	—
FS-63	2.5W-0.15Nb	产品形式	1093	133.6	—	—
Ta-10W	10W	产品形式	1316	351.5	1316	140.6
T-111	8W－2Hf	产品形式	1316	260.1	—	—
T-222	9.6W-2.4Hf-0.01C	棒、薄板	1316	281.2	1316	267.2
STAR-811C	8W-1Re-1Hf-0.025C	产品形式	1316	281.2	—	—
CE-473	7W－3Re	产品形式	1316	225	1316	161.7

（2）美国材料试验协会标准(ASTM B365—98)中的钽及钽合金棒线材的力学性能如表15-7所示。美国材料试验协会标准(ASTM B521—98)中的钽及钽合金管材的力学性能如表15-8所示。

表15-7 美国材料试验协会标准钽及钽合金棒线材的力学性能(退火状态)

合金牌号	直径/3.18～63.5 mm		
	抗拉强度/MPa,不小于	屈服强度/MPa,不小于	伸长率/%,不小于,标距25.4 mm
R05200	172	103	25
R05252	276	193	20
R05255	482	379	20
R05240	244	103	25

表 15-8　美国材料试验协会标准钽及钽合金管材的力学性能(退火状态)

合金牌号	直径 3.18 ~63.5 mm		
	抗拉强度/MPa,不小于	屈服强度/MPa,不小于	伸长率/%,不小于,标距 25.4 mm
R05200	207	138	25
R05252	276	193	20
R05255	481	414	15
R05240	226	193	20

15.5.3　氧化行为

常温下钽在空气中很稳定,但高温下抗氧化性能较差。加热到 300℃时开始氧化,随温度升高,氧化速度迅速提高。温度达到 800℃时,粉末状金属钽剧烈氧化,及至燃烧。图 15-28 温度对氧与钽反应的增重情况。

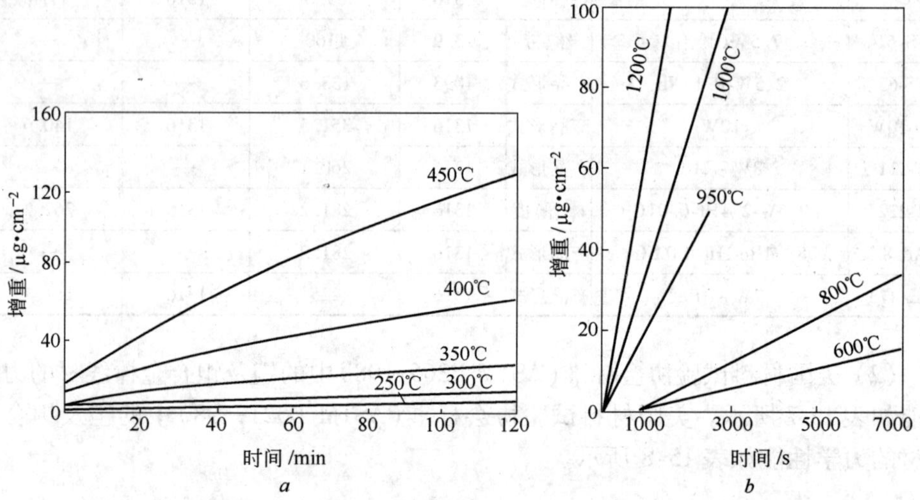

图 15-28　温度对氧与钽反应的增重情况

a—500℃以下;*b*—500℃以上

15.5.4　钽(合金)的氢脆[72~74]

钽在一些腐蚀性很小的介质中工作过程中会变脆,甚至破裂。这种变脆和破裂的原因是吸氢所致。早先认为在 200℃以下钽不会吸氢,氢低于钽中溶解度时,对钽的塑性不会有大的影响。但近期发现,新生态氢原子可在任何温度下被钽吸收,且在氢化物相没有生成前钽的塑性已有很大损失。钽的氢脆现象通常是由于电池耦合或与接触其他腐蚀金属有关。

早先试图从两种途径解决钽的氢化问题。一是改变钽的冶金组织来降低氢的危害,但效果不明显;二是进行表面处理防止钽与氢接触,即将钽与一种具有低的氢过电位的金属接触。这时该金属为阴极,溶液中生成的氢在该金属表面转变成氢分子并以气体形式逸出。试验表明,小面积的铂、钯、铑、锇、钌和铼有这种效果。贵金属与钽的连接可用铆接或焊接或电沉积方法进行。上述贵金属中以铂的效果最好。当钽和铂的接触面积仅为1:9500时,在190℃和1000 h时不会引起钽的损伤。

15.6 钽合金的制造和加工工艺[34,66]

钽及钽合金可以制成各种加工材,其工业生产和加工工艺过程主要包括合金坯锭制取、塑性加工和成型加工、连接、切削加工、热处理等工序。

15.6.1 坯锭制取[75~77]

金属钽及钽合金坯锭主要采用粉末烧结和熔炼方法制取。烧结法是将钽及钽合金元素粉末压制成型(达到理论密度的70%),再在感应炉或垂熔炉中进行真空烧结。有一次烧结和二次烧结两种方式。烧结真空应小于0.133 Pa,烧结温度应在2300~2400℃或更高温度下进行。粉末冶金产品因其多孔性一般难以焊接,但具有优良的深拉性能。

真空熔炼主要有电子束熔炼和真空电弧熔炼。为使坯锭成分均匀、晶粒细化和获取更大截面的坯锭,最后还采用自耗电弧熔炼炉熔炼。两种熔炼都可以排除杂质,其中电子束熔炼除杂质效果更好,熔炼的锭坯塑性高,可用于制取箔材、线材和其他制品[34]。电子束熔炼过程中,由于钽的熔点高,不仅一些气体杂质元素和低熔点金属元素蒸发,而且加入的较高熔点元素(如 Ti、Zr)或蒸气压高的元素也会有一定损失。熔炼工艺制成的薄板的焊接性能好,可焊接应用,如用于生产热交换器管束中的焊接管。

电子束悬浮区域熔炼为无坩埚污染,可以获得更高纯度的钽[78]。

15.6.2 塑性加工

在铬、钼、钨、钒、铌和钽6种难熔金属中,钽具有最低的塑性-脆性转变温度(低于 -196℃),室温下有最好的塑性。此外钽的变形抗力及加工硬化系数小,故而钽极易进行塑性加工。采用常规的塑性加工工艺(挤压、锻造、轧制和拉伸)就可以生产出钽的各种工业型材。

钽及钽合金熔炼的锭坯具有粗大的晶粒组织,为改善坯锭的可加工塑性,必须先对锭坯进行开坯加工(初始加工)破坏粗大的铸态晶粒,开坯加工采用挤压或热锻。纯钽可在室温下锻造开坯,钽合金开坯温度一般为1100~1200℃。热锻应有

50%或挤压比不小于4:1的面积减缩率。

钽和钽合金变形抗力小和加工硬化系数小，允许较大道次变形和冷加工变形量。纯钽可在室温或在387～260℃下轧制。典型的Ta-10W合金，初轧温度为1093℃，终轧温度为260℃。

(1) 带材的轧制。带材轧制可用厚板，将其用电子束焊对接，先将其小变形量轧制使焊缝加工硬化，然后将其两端加引带，在森吉米尔轧机上用最大拉力反复轧制，以保持带材形状和均匀厚度。

(2) 丝材制取。坯料可用电子束熔炼或粉末冶金法制取。电子束熔炼的铸锭可用挤压（车加工）、模锻、冷轧后的棒材经拉拔成为丝材，加工过程中往往需要中间热处理退火。钽及钽合金质地柔软，表面极易划伤、黏模。为防止表面划伤，可采用阳极氧化，使表面生成氧化膜，然后涂上蜂蜡润滑剂。拉拔道次变形量控制在20%以下。

(3) 管材生产。有2种方法。一是用挤压管坯进行拉拔生产无缝管；另一种是板材用惰性气体钨极电弧焊接后再用拉拔工艺生产焊接管。

无缝钽管也可在一般的轧管机上轧得。直缝焊管在弯边－焊合联合机组上在惰性气体保护下由电弧焊焊成。厚壁管用挤压法挤得。薄壁管先用冷轧管机轧制厚管坯，或经拉伸而得。为消除冷轧硬化，管坯及成品需在真空或保护气氛下退火。

钽及钽合金价贵、质地软。为降低成本，除用一般的黏结工艺外，还可用轧制复合和爆炸复合工艺来制造钽－钢复合产品。后一种工艺是将所需厚度的钽板（如0.4 mm厚）和要被复合的钢板（如厚12.5～25 mm）进行表面清理，然后在钽表面铺覆炸药，引爆后即可得复合材料。所得复合材料的黏合效率达98%，黏合处的剪切强度达到140 MPa。

15.6.3 成型加工

钽和钽合金薄板或管材成型加工通常是在退火条件下进行。在成型加工时，除有较大的擦伤、粘模和撕裂的倾向外，其他性质类似软钢。在0.1～0.15 mm的厚度内，容易用钢模（6%余隙）在室温下进行成型、冲割、冲孔、冲压和深拉操作。为了得到满意的效果，薄板必须具有均匀细小的晶粒粒度。成型旋压和剪切旋压或两者交替进行的旋压法是钽合金成型的一种重要工艺。钽合金旋压是将其装在带有一个或最好两个旋压轮的大型旋压机上，用氧丙烷喷枪加热，在空气中不加防护涂层，最高加热温度为482℃。已利用此工艺生产出Ta-10W合金喷嘴。具体工艺为：将制备出的旋压坯料加热至（426±14）℃，施加润滑剂，进行旋压。加工过程中，再结晶退火温度为1482℃，真空度为6.67 kPa或更高，保温1 h。

15.6.4 连接

钽在难熔金属中具有最好的焊接性能，它可与碳钢、不锈钢、钨等多种金属连接。常用的焊接方法有钨极氩弧焊、激光焊、电子束焊、扩散焊和钎焊等。其中以钨极氩弧焊和电子束焊使用最广。焊接前要对焊件和焊丝等进行清理，然后进行酸洗，最后用丙酮脱脂洗。为了保证氩气纯度，钨极氩弧焊一般在先抽真空后再充氩气的容器内进行。对于无法在焊箱中进行焊接的焊件，则可在空气中采用局部保护的方法进行。激光焊的特点是热能量密度高、焊接速度快、焊缝窄、热影响区小、污染少，是钽和钽合金带材焊接的最佳工艺。激光焊可在氩气保护下或直接在大气中进行焊接。电子束焊由于在高真空中进行，无气体污染，焊件的焊缝深度与宽度比值大，热影响区小，焊件塑性较好。扩散焊在真空中进行，为了降低焊接温度，防止晶粒长大，焊接时可以在连接面上喷涂几十纳米厚的中间层。钎焊在真空炉中进行，要求真空度不低于 10^{-2} Pa。

15.6.5 切削加工

钽及钽合金很容易进行切削加工，其行为类似软钢。加工时可用高速钢和硬质合金刀具。两种刀具被磨成带0°后倾角、20°侧倾角、5°导角以及5°的尾部和侧凹槽。实践表明，对于 Ta-10W 合金，使用硬质合金刀具，当刀具切削深度为 2.5 mm 和切削速度为 23 mm/min 时，进刀量为 0.25 mm/r；当切削深度为 0.4 mm/min 时，则切削速度和进刀量分别为 30 mm/min 和 0.125 mm/r。由于退火钽极软，难以进行磨削加工。对 Ta-W-Hf(Ta-111)合金用氧化铝砂轮切割时，虽然用水冷却，仍有裂缝。这很可能是氢脆致裂。用碳化硅砂轮片或用带锯切割，则可消除开裂现象。为了消除脆性裂缝，机械加工后可在 1315℃温度下进行 1 h 热处理退火以消除应力。

15.6.6 热处理[79]

钽和钽合金的热处理主要是退火。有消除应力退火和再结晶退火两种工艺。前者常用于塑性加工过程中的中间退火，后者主要用于开坯和最终成品退火。退火一般在真空下（残余压力不大于 10^{-2} Pa）或惰性气体中进行。为降低冷加工钽的硬度，一般在 1200℃下退火。对于钽合金，则需更高些温度。

15.7 钽及钽合金的抗氧化涂层[77,80,81]

钽在高温下容易氧化。同铌一样，很难将合金化的钽的氧化速率降低到高温应用可以接受的程度。因此必须采取专门的措施加以保护。主要的钽合金大多在高温氧化介质中工作，这些热强结构钽合金尤其需要加以保护。

目前，作为保护层使用最多的材料是铝化物涂层和硅化物涂层。如涂覆 Al-15%，Cr-9%，Si-5%，Sn 和 Al-11%，Si-5%。也有涂覆 Sn-Al 材料，使合金能在 1600℃下不被氧化；采用 Si-10Ti-5Mo 合金釉浆包渗可使钽合金在 1760℃下具有良好的抗氧化能力。

铝化物涂层的基础是热稳定的 $TaAl_3$，随着高温加热它转变为低价的 Ta-Al 化合物。对于钽和热强 Ta－W 合金有前途的涂层之一的是 Sn-50Al 合金，工艺上先喷涂悬浮料，再进行 1040℃的扩散退火。Sn-25Al 也是一种良好的涂层材料，可以采用喷涂－扩散退火方法，也可用浸入法，即将工件浸入熔融的 Sn-25Al 材料中获得牢固结合的涂层。

在高温和低温下，铝化物涂层对钽合金的力学性能没有多大的影响。这种材料与基体结合牢固，有足够的塑性。在它们脱落而形成缺陷时有自愈效果，这种自愈能力与 Al 原子在液相中具有高扩散能力有关，特别是在高温下涂层中总会有液相成分，扩散效果更好。Sn-25% Al 涂层在 1200～1350℃下可保证热强钽合金有效工作 100h 以上，在超过 1500℃时也能较长时间内起作用。

硅化物也是有效的涂层材料。这与它在涂层中生成热稳定的 $TaSi_2$ 有关。此外，生成的 SiO_2 玻璃状薄膜也能起一定的保护作用。

硅化物涂层有纯硅涂层和添加有 5%～10% Al、V、Cr、B 和其他合金元素的硅涂层两种类型。涂层采用热饱和热扩散法获得。工艺上常分两步进行，先将工件进行 1000～1200℃和 4 h 的变性处理，亦即渗入 Al 和 V 等，然后进行 1200℃和 4 h 的硅化处理。

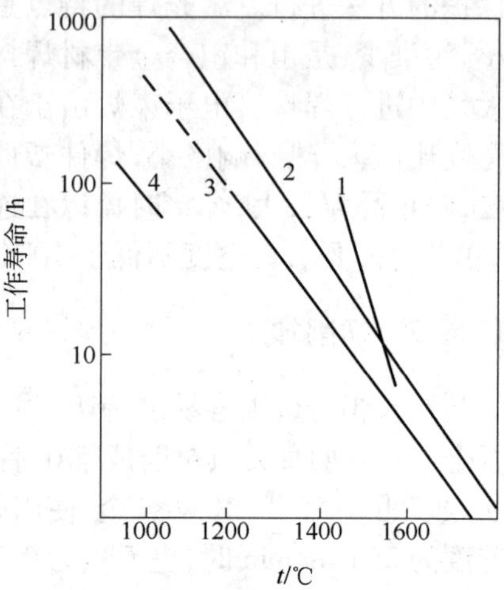

图 15-29　温度对钽及钽热强合金工作寿命的影响试验

1—Ta-30%，Nb-7% V 合金，Si-B 涂层；2—Ta-10W 合金，Sn2.5% -Al 涂层；3—Ta-30% -Nb7.5% V 合金，硅化物涂层；4—Ta-10% W 合金 Si-V 涂层

热强合金硅化物涂层的工作寿命，1200～1300℃下可达几十小时，1370～1480℃下为几小时。图 15-29 所示为温度对钽及钽热强合金工作寿命的影响试验，可以看出，温度越高，寿命越短。

参考文献

1　《稀有金属材料手册》编辑组. 稀有金属材料手册（第四章），北京：冶金工业出版社，1984：219～286

2　何季麟，等. 中国工程材料大典 第 4，5 卷第 10 篇. 北京：化学工业出版社，2006

3　Елютин А В，Коршунов В Г. 铌与钽. 马福康，等译. 长沙：中南工业大学出版社，1996：265～284

4　Киффер Р，и др. Ванадий. Ниобий Тантал Металлургия Чистых металлов и их сплавов. Москва：Металлургия，1968：28～67

5　Krug M P，et al. Met. Trans，1975，6(5)：997～1002

6　Свойства элементов：Справочник Москва：Мoталлургид，1985：671

7　Krishnan R，et al. J. Alloy Phase Diagrams，1989，5(2)：117～124

8　Williams D E，et al. Trans. AIME，1962，224(4)：751～756

9　Pease L F，et al. Trans. AIME，1962，227(5)：1245～1249

10 Sammere Smith D. J. Insn. Met,1952(81):73 ~ 75
11 Duwe Z P. Trans. ASM,1952(45):934 ~ 940
12 Carlson O N,et al. Reactive Metals. New York. London:Interscience,1959:277 ~ 293
13 Еременко В Н. ЖНХ,1960,5(10):2290 ~ 2293
14 Moffatt W G. Binary Phase Diagrams Handbook. Gen. El. Schanectady. – N. Y. V2,1976
15 Хансен М. Структура двойных сплавов. Москва:Металлургиздат,1962. 1488
16 Krishnan R,et al. J. Alloy Phase Diagrams,1987,3(1):1 ~ 3
17 Shinghall S C,Worrell W L. Met. Trans,1973(4):895 ~ 898
18 Myer R H. Metallurgia,1950(42):3 ~ 8
19 Geach G A,et al. J. Inst. Met,1951,51(80):143 ~ 146
20 Brewer L,et al. Atomic Energy Review. Specieal Issue N7. Molybdenum:Physico-chemical properties of its compoumds and alloys/ Venna:International Atomic Energy Agency,1980:135 ~ 356
21 Proph J H,et al. Trans. AIME,1960,218(5):910 ~ 914
22 Knapton A G. J. Inst. Met,1958,87(1):28 ~ 32
23 Dennison K A,et al. J. Less – Common Metals,1966,11(6):423 ~ 435
24 Гшнуйднер К А. Сплавы редкоземельных Металлов Москва:Мир,1965:427
25 Еременко В Н,и др. Изв. АН СССР. Металлы,1968(4):180 ~ 182
26 Григорьев А Т,и др. Изв. АН СССР. Металлы,1966(3):183 ~ 192
27 Нефедов А П,и др. Изв. АН СССР. Неорганические Материалы,1965,7(5):715 ~ 720
28 Weisse V. Aerospace Structural Metals Handbook. Vol. Ⅱ. Nonferrous Metals Alloys. Code 5402. Suracuse Universitey Press,1963
29 Gypen L A,et al. New Tantalum Base Alloys for Chemical Industry Application. Metal Progress. 1985:27 ~ 34
30 Ammon R L,et al. Strengthening effects in Ta-W-Hf Alloy. Refractory Metals and Alloys. Gorden and Breach Sci Publ,1968:432 ~ 442
31 Buckman L W. Development of Advanced High Strength Tantalum Base Alloys. Part 1. Screening Investication. NASA C R. 120818,1971
32 Buckman L W,et al. Development of Advanced High Strength Tantalum Base Alloys. Recet Advanced in Refractory Metals and Alloys for Space Power Systems NASA ,1973
33 Жароплочныематериалы в машиностроении,Справочник. Москва:машиностроение,1967:392
34 Корнеев Н И,и др. Обработка давлением тугоплавких металлов и сплавов. Москва:Металлургия,1975:439
35 Захаров М В. Жароплочные сплавы. Москва:Металлургия,1972:384
36 Schimidt F F,et al. Trans MS of AIME,1963,227(5):856 ~ 864
37 Савицкий Е М,и др. Тукоплавные Металлы и сплавы. Москва:Металлургия,1986:352
38 Савицкий Е М,и др. Изв. вузов Цветная Металлургия,1967(6):112
39 Buckman R G. Refractory Metals and Alloys. Metallurgy and Technology. New York,London,1968:373 ~ 394
40 Фаннтейн Р У,и др. Нищбий и Тантал и их Сплавы. Москва:Металлургия,1966. 117 ~ 204
41 Abrahansom E P. Trans. ASM,1961(211):1196 ~ 1199
42 Констамтинов В И,и др. Сплавы тантала с ниобиемю Ленигград:Наука,1979:170
43 Шанмбан Н П,и др. Коррозищнностойские металлов и сплавы Москва:Металлургия,1968:3 ~ 7
44 Eberts H. Corrosion,1965,21(10):337 ~ 339
45 Гуляев А П, и др. Итоки Науки и Техники. Металловедение и термическая обработка. Москва:ВИНИТИ АН СССР,1970:245
46 Ган Т Т, и др. Свойства тукоплавких металлов и сплавов. Москва:Металлургия,1968:28 ~ 67

47 Заславский А И, и др. ДАН СССР, 1955(104):40 ~ 41
48 Hossein iS M. Z. Metalkunde, 1976, 67(2):123 ~ 127
49 Rober U, Schober T. Less ~ Common Metals, 1978, 60(1):101 ~ 107
50 Geils R H, Potter D. J. Metals Trans, 1973, 4(6):1469 ~ 1474
51 Gebhard E, et al. Z. Metalkunde, 1961, 52(9):464 ~ 476
52 Jehn H, Olzi E. Less-Common Metals, 1972, 27(3):297 ~ 309
53 Лапицкий А П, и др. Вестник МГУ. Сер. Физико. Мт. и естеств, 1954(2):85 ~ 89
54 Шанка ФА. Структнра дврйных сплавов. Второе дополнеие Москва: Металлургия, 1973. 760
55 Fromm E, Roy U. Less-Common Metals, 1965, 8(1):73 ~ 75
56 Смирнова В И, и др. ЖФХ, 1956 (30):1327 ~ 1342
57 Трефлов В Е, и др. Дисперсные частицы в тугоплавких металлах. Киев Наукова Думка, 1978:238
58 Oden L L, et al. Rept. Invest. Bur. Mines, Usdept. Interior, 1964(6521):12 ~ 18
59 Carson O N. AIME Met. Soc. Conf. v2 Reactive Metals. Intersc. Publ. Inc. New York, 1976
60 Ammon R L, Harrod D L. Refractory Metals and Alloys Ⅳ. Ⅴ. 1. Metal Soc. Cond. New-York. London, 1967:423 ~ 442
61 Williams D E, Pechin W H. Trans. ASM, 1958(50):1081 ~ 1089
62 Гуляев А П. Коррозищнностойские сплавы тукрплавкие металлов Москва: Наука, 1982:145
63 Сухотин А М, и др. Химическое сопротивление материалов. Ленинград: Мир:401 ~ 405
64 KiefferR, et al. Z. Metalkunde, 1959, 50(1):18 ~ 24
65 Flopp W D, et al. Trans of ASM, 1961(53):637 ~ 653
66 Composition and Properties of Factory Metals Alloys. Metal Progress, 1985
67 Engineering Alloy Digest Inc., KBI 40-Alloy. Ally Digest, 1984
68 Engineering Alloy Digest Inc., Fansteel 61 Metal. Alloy. Digest, 1973
69 Engineering Alloy Digest Inc., Ta-10W Alloy. Alloy Digest, 1970
70 Engineering Alloy Digest Inc., WC 222 Alloy. Alloy Digest, 1974
71 中国科学院金属研究所. 难熔金属强化及其应用. 难熔金属文集, 第三分册. 上海科学技术情报所, 1976:9 ~ 14
72 Stern M, Bishep C R. Corrosion and Eletrochemical Behavior. Columbium and Tantal. um. New York: John Wiley & sons, 1963
73 Sullivan P E. Application of tantalum and niobium in the Chemical Industry. Intern. Symposium on tantal and niobium. Nov. 7th ~ 9th Orlando-Florito. USA, 1988:631 ~ 656
74 Clauss A, Forestier H. Compt. Rend Acad. Sci., Paris, 1958:3241 ~ 3243
75 Wong T. Consolidation of Refractory Metals. the Science and Technology of Tungsten, Tantal Molibdenium, Niobium and their Alloys. New York: Pergamon Press, 1964:465 ~ 475
76 Wong J T, et al. Comsolidation of. Refractory Metals In Refractory Metals and Alloys. Ⅱ Metallurgical Society Conference. Chicago, 1962(17):351 ~ 377
77 刘贵才, 等. 难熔金属文集. 冶金工业部钢铁研究总院, 1990:168 ~ 170
78 石应红. 张淑芬. 难熔金属科学与工程. 西安: 陕西科学出版社, 1994
79 Мальцев М В. Термическая обработка тугоплавких редких металлов и их сплавов. Москва: Металлургия, 1974:343
80 Джейур М М. Тсследование при высоких температуах. Москва: Наука, 1967:442 ~ 462
81 屈乃琴. 稀有金属与硬质合金. 1998(6): 48 ~ 54

16 工业卫生和污染治理

16.1 概述

铌和钽冶炼属于较高污染性行业，在冶金过程的各工序中，均会产生数量不等、毒性不同的废水、废渣和废气。除了几家生产铌铁的企业生产规模较大外，铌、钽生产厂一般规模都比较小。以生产钽为主的企业而言，一个年产 200 ~ 300 t 钽粉的冶炼厂，已属行业中比较大型的工厂，每年所用原料精矿一般为800 ~ 1000 t。和常用有色金属的生产相比，冶金过程中所产生的废气、废水和废渣的绝对数量并不特别大。但铌(钽)冶炼过程具有流程长、工艺技术复杂、湿法和火法过程交叉进行的特点，特别是铌(钽)分离和提取冶金是以湿法为主。湿法冶炼时一般都采用高浓度的氢氟酸和硫酸混合酸分解浸出，通常每处理 1 t 铌(钽)精矿按氧化物计平均耗氢氟酸约 4 ~5 t，硫酸约 3 ~ 5 t；若处理低品位原料耗氢氟酸量更达到 6 ~8 t[1]。而且污染比较集中，局部浓度高，腐蚀性大。氢氟酸的高度腐蚀性和冶炼过程中产生的含氟废气、废水和废渣问题十分突出。此外，绝大多数铌(钽)矿均伴生有微量放射性元素铀和钍。这些都易构成对人群、环境、设备和建筑物的危害，因此生产企业必须高度重视生产工业卫生、环境保护和生产安全，采取必要的方法、措施和设备对危害加以预防和处理。

环境保护是一个大课题。限于篇幅本章只讨论和稀有金属特点有关方面的问题。对于一般性问题，如大气烟尘、CO_2 排放、普通垃圾处理等问题将不在此阐述。

16.2 铌钽冶炼工业卫生和安全生产[13,14]

铌(钽)冶炼原料精矿中除了铌和钽外，尚含有钛、钨、锑、稀土元素和放射性元素，冶炼过程使用氟、氯、液氨、金属钠等化学试剂，这些物质都有各种不同程度的毒害性。

16.2.1 一些物质的毒害性

16.2.1.1 铌和钽的毒性[15~20]

有关铌、钽及其化合物的毒性研究资料很少。迄今未发现铌或钽中毒的病例。而且长期以来金属铌和钽一直被认为是具有生物相容性的 5 种元素中的 2 种(另 3 种为铂、钛、锆)。医学界非常重视金属铌、钽及它们的合金材料对人体组织的可长入性和可愈合性方面的应用[21～23]。

主要的铌和钽的冶金产品和中间化合物如氧化铌和氧化钽、铌合金和钽合金等未表现出对生物的明显毒性。十分有限的动物实验表明，一些铌盐对某些酶素反应有抑制作用，能影响机体的正常代谢。静脉注射和腹腔注射铌化合物，在整个机体内显示出均匀分布，在肝、肾、脾和脑髓中有积累倾向。以铌酸钾形式进行腹腔注射时，半致死量 LD_{50}对大鼠为 86～92 mg/kg，对小鼠为 13 mg/kg。放射性同位素铌的毒性对肾特别明显，但预先给抗坏血酸药可以减轻这种作用。通过注射大剂量的柠檬酸锆能明显地促进放射性铌从机体排出[11,16]。

吸入某些钽化合物可引起支气管炎和轻微的肺部病变。腹腔内注射氧化钽对大鼠无毒性。氯化钽的 LD_{50} 为 38 mg/kg，氟钽酸钾的毒性约为氯化钽的四分之一。难溶于水的铌、钽的化合物，口服毒性不大；易溶于水的化合物则有低毒性作用[11,16]。

虽然铌和钽的难溶性化合物仅引起轻度纤维性变化，但它们的粉尘对机体来说并不是无害的。在前苏联，铌和钽在空气中的最大允许质量浓度值规定均为 10 mg/m^3[10]。全面通风可以保持铌、钽及它们的化合物粉尘的浓度低于阈限值。表 16-1 所示为铌钽化合物的毒性试验结果。

表 16-1　铌钽化合物的毒性试验结果[23]

化合物		氟钽酸钾	氧化钽	氯化钽	氯化铌	铌酸钾	铌酸钠
半致死量 $LD_{50}/mg \cdot kg^{-1}$	口服	2500	8000	1000		3000	
	腹腔注射	375		40	40	225	50

16.2.1.2　氟化物的毒性[24～28]

在精矿分解、萃取分离、中和沉淀、烘干煅烧、钾盐制备等作业中皆使用氢氟酸或产生含 HF 气体的烟气。

氟的危害几乎可以殃及人的每一个器官，包括引起眼、鼻、口腔、咽喉、气管与支气管等的慢性炎症，尿氟、血氟、发氟超正常值。接触各种浓度的氢氟酸均会对人体产生极大的危害，它对皮肤、眼睛、黏膜、肺都有强烈的腐蚀作用。

氢氟酸与皮肤接触引起灼伤，逐渐使皮肤坏死，导致永久性的细胞损坏。当出现氢氟酸轻度灼伤皮肤时，并无即时的和明显的症状，但经数小时后会引起深度损伤。这主要是由于氢氟酸离解成 H^+，降低了表层细胞的缓冲能力，氟离子则能通过细胞壁慢慢渗透到皮肤深层，最后到达骨骼，从骨细胞中沉淀出钙离子。

在工作中长期接触过量氟化物可引起以骨骼改变为主的全身性病变现象，如眼、上呼吸道和皮肤刺激症状及慢性炎症、腰背和四肢疼痛以及消化道症状，严重的有骨关节运动受限、骨骼畸形和神经受压症状。

如果皮肤沾染上氢氟酸，应立即用大量 3% 的氢氧化钠或 10% 的碳酸氢钠溶液冲洗。如果手上沾上氢氟酸，应立即在上述溶液中浸洗一些时间，然后涂上新配置的软膏（2% $MgSO_4$，6% MgO，18% 甘油盐酸普鲁卡因，用蒸馏水配制）。

当皮肤与氢氟酸接触灼伤后，可向皮下注射 10% 的葡萄糖酸钙溶液，然后涂上上述软膏中和。当被低浓度的氢氟酸灼伤时，可用氯化镧溶液代替葡萄糖酸钙治伤，也可立即用水冲洗皮肤灼伤处，再将受伤处在用冰冷却的酒精（70%）或用冰冷却的饱和硫酸镁溶液浸泡 1.5 h 以上。灼伤处若无病理变化，可涂上上述新配制的软膏。

眼中溅入少量氢氟酸能强烈刺激眼睑，使之发炎，直至溃疡。眼中溅入大量氢氟酸时，必须立即就近用水冲洗，然后用蒸馏水至少冲洗 15 min。

空气中若含有 0.1 mg/m^3 氟化氢，长期吸入会引起呼吸器官、脑、肠、胃和骨骼组织形态变化。但当质量浓度不大于 0.03 mg/m^3 时，一般不大会发生病变。当不慎吸入氟化氢后，应立即将受害人抬到没有被污染的地方，并输氧急救。

空气中氟化物的最高容许质量浓度（换算成氟）因国家情况不同而略有差异，一般在 10 h 以内的允许浓度都在 0.5 ~ 2.5 mg/m^3。中国和前苏联规定为 1 mg/m^3，日本产业卫生学会规定为 2 mg/m^3[22]。

老鼠的氟致死剂量 LD_{50} 为 80 mg/kg，半致死浓度 $LC_{50} = 1276 \times 10^{-6}$[23]。

16.2.1.3　氯气对人体的危害[29~36]

氯气进入人体呼吸道后会引起灼烧和对局部黏膜的强烈刺激。轻度氯中毒可产生头痛、头晕、恶心、流泪、咽痛、咳嗽等症状；中度氯中毒会引起连续性咳嗽和少量咳血、呼吸困难等症状；重度氯中毒，吸入高浓度氯气可引起肺炎、肺水肿、昏迷和休克，甚至死亡。表 16-2 所示为各种质量浓度的氯气对人体的影响。

表 16-2　各种质量浓度的氯气对人体的影响[34~36]

空气中氯气质量浓度								
	mg/L	0.003	0.01	0.012	0.04	0.08	0.12 ~ 0.18	2.8
	mg/m^3	1.0	3.5	4.0	14	28	40 ~ 60	1000
影响程度		可忍耐较长时间	已可辨出臭味	可忍耐 0.5 ~ 1 h	对咽喉有刺激	引起咳嗽	短时间接触较危险	短时间即窒息致死

16.2.1.4　锑的毒性[105]

锑化物具有刺激作用，同时还能与体内巯基结合，干扰酶的活性或破坏细胞内的离子平衡，使细胞缺氧，从而引起体内代谢紊乱，导致神经系统和其他器官的损害。吸入过量的锑可引起急性中毒。

此外，铌钽精矿中常含有钛钨等毒性的元素，也须注意防护[37~40]。

16.2.1.5　放射性物质的危害[41~46]

放射性物质的危害主要来自铌、钽精矿中所含少量铀、钍和镭。

A　铀的毒性[47,48]

铀本身是一种高化学毒性元素，金属铀及其化合物是剧毒物质，其发出的射线尤其有害。含铀矿物处理场所辐射危害因素主要有铀、镭、氡气及其衰变子体、γ射线、β射线、长寿命放射性气溶胶等。铀可通过摄入、吸入和与可溶性盐接触而为机体所吸收。许多铀化合物可引起全身中毒。可溶性铀盐可损害肾。易受铀放射性损害的部位有骨髓、生殖腺、眼球和循环系统等。

根据中国国家标准规定，铀－238的年摄入量限值为0.5 MBq，导出空气量为40 kBq/m^3[37]。

B　钍的毒性[49,50]

钍是一种高化学毒性物质。含钍矿物处理场所辐射危害因素主要有氡－22及其衰变子体、γ射线、β射线、钍尘、长寿命放射性气溶胶等。它可在机体长期停滞而导致严重病症，并可致癌。容易受钍损伤的部位包括骨骼、肝、肺和呼吸器官及皮肤。钍的放射性危害和铀类似。

根据中国国家标准规定，钍－232的年摄入量限值为0.5 kBq，导出空气浓度为40 kBq/m^3，工作人员对辐射的有效剂量限值为50 mSv。

C　镭的毒性[47,48]

镭的毒性主要表现在放射性危害。吸入或摄入镭及镭的化合物或受其辐照，可引起皮肤病、肺癌、骨髓性肉瘤、骨炎及白血病。

16.2.2　爆炸危险性物质

16.2.2.1　铌、钽粉尘爆炸危险性[49,50]

钽粉燃烧时不放出气体，正常情况下，钽粉一般不会爆炸。但和钛、锆、铪相似，超细铌钽粉末，特别是钽粉尘雾，有在空气中发生自燃起火和爆炸的危险。虽然这种危险性远低于钛锆铪，迄今也不曾发生过类似钛锆铪粉尘爆炸的事故。

300℃以上钽粉易在空气中着火燃烧（快速氧化）。一旦开始燃烧，便会迅速提高温度，氧化加速进行。使用和加工钽粉的地区应避免有明火、电弧和火花。

钽粉可因局部遇热而引起燃烧，如静电和热物体表面接触引起局部发热。在和其他氧化剂接触时，特别是该氧化剂和金属作用能生成可燃性气体时，例如有水存在时，和热的钽粉反应，因产生氢气而发生爆炸燃烧。

钽粉着火时不可用普通的灭火剂。较好的办法是使用高压NaCl粉或氩气使火窒息。

16.2.2.2　金属钠[51,52]

金属钠是高度化学活泼的金属。凡与钠接触的设备或器皿必须干燥无水。液体钠在空气中于120℃着火，高表面或分散的钠着火温度更低。钠燃烧会产生刺激性的氧化钠烟。钠着火时通常禁止使用普通灭火剂如水、CO_2、CCl_4等，因这些灭火剂会与钠反应或引起爆炸。容器钠着火时应向其充入氮气或隔绝空气灭火。也可用大量的干盐、干砂或其他惰性粉末将着火的钠盖住,让它冷却到室温后再做处理。

钠不能直接与皮肤接触,因钠与皮肤上的潮气会引起钠燃烧生成苛性碱引起皮肤烧伤或腐蚀。钠与眼睛接触会引起失明,与钠工作时必须穿戴防护眼镜、面罩、靴子和防火工作服。

16.2.2.3 氢气[52,53]

氢气为无色无味气体,在空气中扩散速度快,不易察觉。但在空气中混合时其可燃及爆炸组成范围却很宽。燃烧时火焰传播速度快,火焰无色,故易在未察觉情况下被灼伤。表16-3所示为与安全有关的一些性质。

表16-3 氢气在空气中的一些性质

性质	空气中燃烧组成(体积分数)/%	爆炸组成(体积分数)氢/%	点燃温度/℃	火焰温度/℃	爆炸能量(TNT)/$kg \cdot m^{-2}$	扩散速度/$m \cdot s^{-1}$
数据	4.0~7.5	18.3~59.0	560	2045	2.02	2.0

16.2.2.4 氨[54]

氨属于易燃化学品,与氧和氯作用易发生爆炸。

氨侵入人体的途径主要是吸入和皮肤、眼睛接触。长时间接触氨会引起慢性呼吸道疾病。暴露于含72×10^{-6}氨中5 min鼻咽受刺激;500×10^{-6}氨中3 min,上呼吸道受刺激,流泪,血压升高;暴露于1000×10^{-6}以上氨中会引起死亡。

2%氨水接触皮肤15 min后引起灼烧感并起水泡。

氨在空气中的允许极限:美国和英国为18 mg/m^3,前苏联为20 mg/m^3(工作场所)和0.2 mg/m^3(住宅区),中国为30 mg/m^3。水中氨允许极限:前苏联为2.0 mg/mL(生活用水),中国为0.02 mg/mL。

16.3 废气治理[55~57]

在铌、钽冶炼生产过程中,有害气体主要来自氢氟酸精矿分解等含氟气体,以及氯化冶金中的氯气和中和用氨。

16.3.1 含氟废气的治理[58,59]

铌、钽湿法和火法冶炼过程中广泛采用氢氟酸,其中又以精矿分解耗用氢氟酸量最多,浓度最高,平均处理每吨钽铌氧化物的精矿约需消耗40%的氢氟酸4~5 t;若处理低品位精矿,消耗氢氟酸更高,达6~8 t。精矿分解时约10%氢氟酸进入废气中,数量大,含量高。这种含氟烟气不仅污染大气,而且危害水源、土壤,影响动植物正常生长,必须治理。

含氟烟气的净化处理主要有稀释法、干法(又称吸附法)和湿法(又称吸收法)三种。其中，稀释法是向产生含氟气体的车间送新鲜空气或将含氟废气向空间排放进行自然稀释。这种排放方法虽然投资和运行费用低廉，管理方便，但在不利气象条件下，往往会把含氟废气从一处转向另一处，不能根治。

16.3.1.1　干式吸附法[60,61]

干法净化是基于固体物质颗粒间的吸附原理，主要采用吸附剂吸附 HF 气体。最常采用的吸附净化剂是氧化铝。工业氧化铝颗粒细、微孔多、比表面积大，又具有两性化合物的特性，是较好的吸附剂。而氟化氢是酸性气体，沸点高、电负性大，故很容易被氧化铝所吸附，而且氟化氢浓度越高，气相传质推动力越大，越有利于吸附过程的进行，HF 气体吸附得越快。干法净化烟气通常要先经过布袋收尘。吸附法具有净化效率高、流程短，设备简单，没有废水二次污染和设备腐蚀问题等优点。但仅能用于不含水汽的氟化氢气体的净化。

16.3.1.2　湿式吸收法[60,61]

湿式吸收法是采用水、碱性溶液来吸收废气中的 HF 而达到净化目的。同时还可以得到副产品氟硅酸、冰晶石、氟硅酸钠及氟硅脲等。湿式吸收法净化效率高、效果好，净化过程容易实现连续化。缺点是可能造成二次污染。

铌、钽精矿分解产生的氟化氢气体具有浓度高、含湿量大的特点，此外还含有 SiF_4、硫酸雾，故比较适合采用湿法净化方法。

常用湿法吸收净化主要有水吸收法和碱吸收法两种方法。其中碱吸收法又有碳酸钠吸收和氨吸收两种工艺。

A　冷凝-淋洗工艺[62]

精矿分解时产生的废气中的氟化氢气，在水中的溶解度很大，当其分压达到 1.01×10^5 Pa 时，不再遵守亨利定律。根据双膜理论，温度越低，HF 在水中的溶解度越高，为此可将含 HF 的烟气冷却，使其中的水汽冷凝成水而在石墨管内形成吸收膜而大量吸收 HF 气体。氟化氢的沸点较低(19.4℃)，是各种气体中唯一沸点超过 0℃的气体，故被水吸收后所产生的酸液，HF 浓度达 19 mol/L，是一种十分纯净的氟氢酸溶液，可返回使用，例如用于制取高纯氟钽酸钾。净化工艺流程如图 16-1 所示。

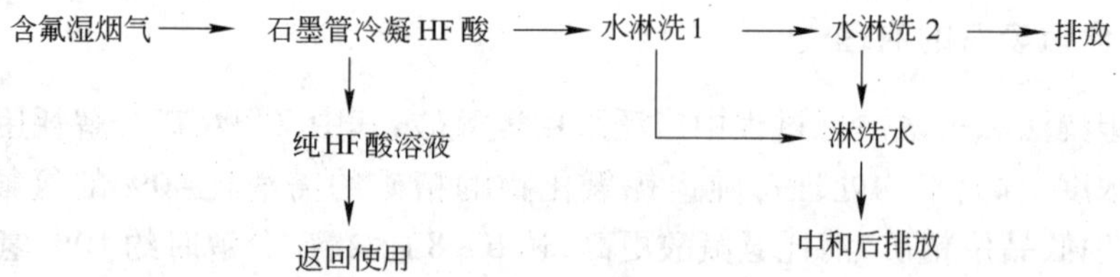

图 16-1　含氟烟气水吸收净化工艺流程

工艺过程和条件：通常在分解槽的顶盖上设置密闭的捕集罩，负压作业确保捕集分解过程中产生的全部废气。工艺过程包括 HF 冷凝和淋洗吸收。净化反应为

$HF(g) + H_2O = HF \cdot H_2O(l)$（冷凝过程）

$2HF + Ca(OH)_2 = CaF_2\downarrow + 2H_2O$（净化过程）

气体中的 SiF_4 也易溶于水生成氟硅酸，反应过程分两步进行。首先四氟化硅和水反应生成氟化氢

$SiF_4 + 2H_2O = 4HF + SiO_2$

所生成的氟化氢再和四氟化硅反应生成氟硅酸：

$2HF + SiF_4 = H_2SiF_6$

总反应式为

$3SiF_4 + 2H_2O = 2H_2SiF_6 + SiO_2\downarrow$

$3Ca(OH)_2 + H_2SiF_6 = 3CaF_2\downarrow + SiO_2\downarrow + 4H_2O$

（1）冷凝吸收。冷凝在石墨管内进行，冷凝面积 240 m^2；温度为夏天 30 ~ 35℃，冬天 20 ~ 25℃；处理废气量 16000 m^3/h，系统主管流速 15.7 m/s，烟气在冷凝器中停留时间 1 ~ 2 s。表 16-4 示出了冷凝效果的数据。

（2）淋洗吸收。经冷凝吸收后的废气中仍含有 164 ~ 324 mg/m^3 HF。进一步净化有两种淋洗方法，一为水淋洗[62]，一为石灰水淋洗[63]。两种淋洗方法均可达到满意效果。淋洗在 2 台串联的湍流吸收塔内进行。水淋洗效果如表 16-5 所示。由表可看出，水淋洗效果在 89% ~90% 水平。消解石灰水淋洗效果较高，达 92% ~ 96%。冷凝-水淋洗工艺的 HF 总净化效率为 97.4%，冷凝 - 石灰水淋洗工艺的 HF 总净化效率为 97.8% ~99.4%。净化后排入大气的尾气最高含 HF 量，水淋洗工艺为 61.0 mg/m^3，石灰水淋洗工艺为 9.1 mg/m^3，最大排放速率为 0.19 mg/h，均达到国家标准 GB 16297—1996《大气污染综合排放标准》中二级标准的排放限值。平均每处理 1 t 精矿可回收浓度为 19 mol/L 的 HF 酸 400 L，其纯度（质量分数）为：HF，>30%；硫酸根，<0.5%；SiF_4，<2.0%；钙、铅、铁均微量。

表 16-4 含 HF 废气冷凝效果

项　目	1	2	3
HF 进口含量/$mg \cdot m^{-3}$	3652	2783	1867
HF 出口含量/$mg \cdot m^{-3}$	459	395	428
冷凝效率/%	87	85	77

表 16-5 水淋洗效果（吸收率）

项　目	1	2	3
HF 进口含量/$mg \cdot m^{-3}$	402	353	292
HF 出口含量/$mg \cdot m^{-3}$	38.9	32.3	30.8
吸收效率/%	90	90	89

图 16-2 所示为 HF 废气净化系统设备设置简图。所用石墨冷凝器采用新型石墨改性聚丙烯。冷凝面积为 240 m^2，系统主流管速为 15.7 m/s。湍流塔的塔径1200 mm，高 5000 mm。空塔气速 3.9 m/s，水喷淋量 8 ~15 m^3/h，喷淋速度 13 ~20 m/s。

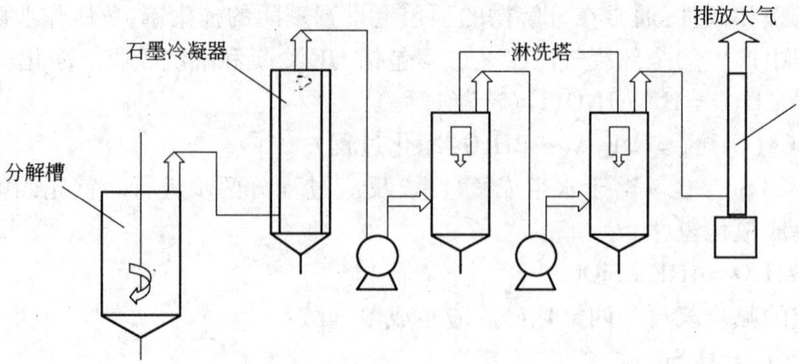

图 16-2　含 HF 废气净化系统设备设置简图

冷凝－淋洗吸收法的应用比较成熟，通常都能达到气体排放标准（表 16-6）。方法的另一特点是可以将在精矿分解时挥发损失的 6% ~7% HF 酸回收 50% ~60%。使用大规格的石墨冷凝器不仅可以提高冷凝效果，而且还可以防止因氟硅酸水解而引起的堵塞。

表 16-6　经处理后含氟废气达到的排放标准

环保允许排放质量浓度/mg·m^{-3}	塔高/m	允许排放速率/kg·h^{-1}	
		二级标准	三级标准
11	30	0.69	1.0
	40	1.2	1.8
	50	1.8	2.7

B　碳酸钠吸收净化工艺[64]

将精矿分解槽产生的烟气汇集于排烟管道，通过吸收器自下而上排出。在吸收器顶部装有碳酸钠溶液的喷淋装置，烟气经吸收器洗涤，其中的氟化氢、硫酸酸雾等被碱性洗涤液吸收进入沉降池。同时粉尘等固态物质也进入沉降池。洗净后的烟气排入大气。吸收器和沉降池组成闭路循环，定期添加碱液和水。吸收净化反应为

$$HF + Na_2CO_3 = NaF + NaHCO_3$$

$$HF + NaHCO_3 = NaF + CO_2\uparrow + H_2O$$

由于烟气中还含有硫酸雾、CO_2 等，所以还有以下反应：

$$H_2SO_4 + Na_2CO_3 = Na_2SO_4 + CO_2\uparrow + H_2O$$

$$H_2SO_4 + 2NaHCO_2 = Na_2SO_4 + Na_2CO_3 + H_2O$$

$$CO_2 + Na_2CO_3 + H_2O \longrightarrow 2NaHCO_3$$

当循环液中氟化钠质量浓度达到 20 g/L 时，加入偏铝酸钠（$NaAlO_2$），即可获得冰晶石。反应过程分两步进行：首先偏铝酸钠和 $NaHCO_3$ 反应生成表面活性很

强的 $Al(OH)_3$;然后氢氧化铝再和氟化钠作用生成冰晶石,总反应为

$$NaAlO_2 + 4\ NaHCO_2 + 6NaF = Na_3AlF_6 + 4\ Na_2CO_3 + 2H_2O$$

或 $$NaAlO_2 + 2CO_2 + 6NaF = Na_3AlF_6 + 2Na_2CO_3$$

碱吸收工艺的全氟净化率达 90%。

C 氨吸收净化工艺[64]

用氨水作吸收剂洗涤含 HF 气体时除生成氟化铵外,同时还析出硅胶:

$$HF + NH_3 = NH_4F$$

$$3SiF_4 + 4NH_3 + (n+2)H_2O = 2(NH_4)_2SiF_6 + SiO_2 \cdot nH_2O \downarrow$$

$$2(NH_4)_2SiF_6 + 4NH_3 + (n+2)H_2O = 6NH_4F + SiO_2 \cdot nH_2O \downarrow$$

在生成氟化氨溶液中,先后加入硫酸铝和硫酸钠,这时硫酸铝先与氟化铵反应生成 $(NH_4)_3AlF_6$,再与硫酸钠作用生成冰晶石,反应为

$$12NH_4F + Al_2(SO_4)_3 = 2(NH_4)_3AlF_6 + 3(NH_4)_2SO_4$$

$$2(NH_4)_3AlF_6 + 3Na_2SO_4 = 2Na_3AlF_6 + 3(NH_4)_2SO_4$$

分离掉冰晶石之后的母液中含有硫酸铵,可直接用作液体肥料。

16.3.2 含氯废气的防护[65~68]

在铌(钽)冶炼过程中,含氯废气主要来自精矿氯化、碳化物氯化、还原提纯和真空蒸馏等过程中排出的气体。

16.3.2.1 冶炼车间除氯的主要方法[69,70]

(1) 排出废气中含氯气质量分数较低时,一般用石灰乳 $Ca(OH)_2$ 喷淋,使生成 $Ca(ClO)_2$。

(2) 排出的废气中的氯气质量分数较低,但尾气量较大时,通常采用 NaOH 或 Na_2CO_3 溶液喷淋。喷淋设备通常采用洗涤塔或喷洒吸收塔。

(3) 排出的废气中氯气质量分数大,但尾气量小时,可采用 $FeCl_2$ 喷淋方法。淋洗生成的 $FeCl_3$,可用铁屑再还原成 $FeCl_2$,以循环使用。

卸渣、出料和因管道接口泄漏的少量气体,可通过车间卫生排风系统与淋洗设备连接处理。图 16-3 所示为废气综合处理示意图。

16.3.2.2 氯化炉尾气的处理[69,70]

铌钽精矿氯化时氯气均按理论量过量配料,因此尾气中含有大量剩余氯气,此外还含有 HCl 气、CO、CO_2、$SiCl_4$ 以及少量未经冷凝的铌、钽、钛等的氯化物。其中,$SiCl_4$ 沸点为 57℃,遇空气易潮解,因此要求氯化设备的各部位必须具有良好的密封性能。图 16-4 所示为氯化炉尾气处理设备示意图。

鉴于用碱液淋洗和吸收尾气中的氯不很经济,新出现一种使尾气氯气(Cl_2 + CO)直接转换成光气($COCl_2$)并回收余量氯供循环使用。其过程为:氯化炉尾气先经玻璃纤维过滤,在催化剂活性炭存在下,尾气中的 Cl_2 和 CO 相互作用生成

$COCl_2$。为提高反应速度,反应可在110~120℃下自热进行。在正常操作状态下,一般尾气含氯量较低,这时可有足够的CO量使余氯全部生成$COCl_2$。将所生成的光气冷却至-21℃,即可获得液态碳酰氯。将碳酰氯和CO等气体分离,所得较纯的液态$COCl_2$也是良好的氯化剂。将液态$COCl_2$气化即可返回氯化炉直接氯化铌(钽)精矿[59]。

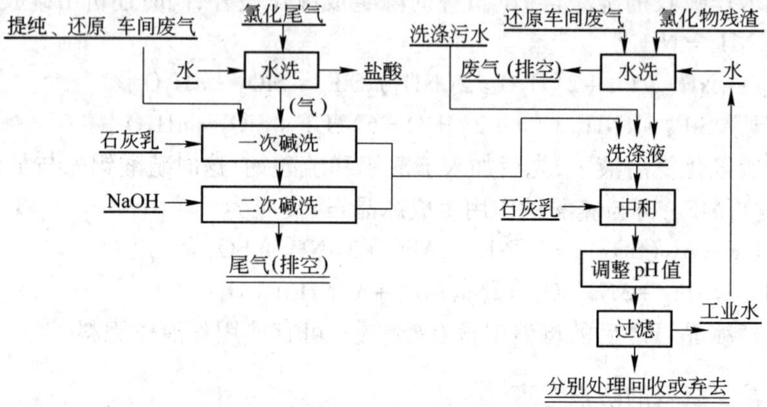

图16-3 废气综合处理示意图

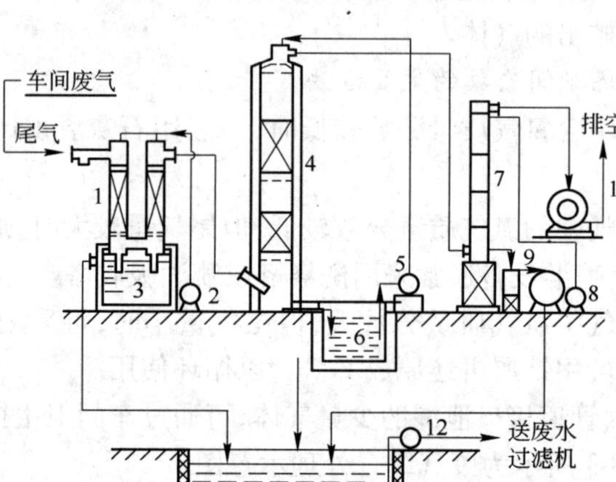

图16-4 氯化炉尾气处理设备示意图

1—水洗塔;2—耐酸泵;3—贮水槽;4— 一次洗涤塔;5—衬胶泵;6—硝石灰液池;7—二次洗涤塔;8—铸铁泵;9—碱液池;10—中和槽;11—风机;12—泵

氯化冶金过程还产生HCl气体。它是一种无色但有强烈刺激性的气体。对环境和设备都有较大的腐蚀性。对人体有害,刺激人的皮肤和呼吸道。目前治理方法主要有水吸收法、碱吸收法和冷凝法3种。

基于 HCl 气体易溶于水的特点,常采用水直接吸收氯化氢气体。吸收液中 HCl 达到一定质量分数时,经净化与浓缩后可得到副产品盐酸。工艺设备可采用波纹塔、筛板塔、湍球塔等。水吸收法最经济方便。例如,采用三级栅格式净化器,用水吸收氯化氢气体,通过三级吸收逐渐浓缩回收盐酸,净化器单级吸收效率达到97%。净化后的氯化氢气体含量可达到国家规定的排放标准。

用石灰乳吸收氯化氢气体也是应用较多的一种方法。吸收可在吸收塔内进行,净化率可达99%。

也可用水-碱联合吸收法。例如,在用水-碱二级联合吸收法在处理氯和氯化氢混合废气时,先经喷淋石墨冷凝器降膜吸收后,再经过碱吸收釜吸收,可获盐酸和次氯酸钠两种产品:

$$HCl(g) + H_2O = HCl(l) \cdot H_2O$$

$$Cl_2 + NaOH = NaOCl + NaCl + H_2O$$

所得副产盐酸质量分数达25%,次氯酸钠含有效氯不小于13%,游离钠不大于5%。

对于高质量分数的 HCl 废气,可根据 HCl 蒸气压随温度迅速下降的原理采用冷凝的方法,先将废气冷却回收利用 HCl。可采用石墨冷凝器利用深井水或自来水间接冷却,废气温度降到零点以下,HCl 气冷凝下来,同时水蒸气也冷凝下来,生成10%~20%的盐酸。

16.3.2.3 碳化炉废气的处理[69,70]

铌(钽)氯化冶金和氧化物碳还原工艺都有碳化工序,碳化炉排出的尾气,除碳化物废气(以 CO 为主)外,尚含有 SiO、SiO_2 和少量碳。在碳化反应起始时会因 CO 过量积累而引起爆炸。经测算,空气中 CO 质量分数达到12.5%~74.2%时,即可形成爆炸性气体。为避免事故,在废气出口应连接一个燃烧室,使 CO 燃烧成 CO_2,SiO 氧化成 SiO_2,再经布袋收尘器吸尘和水淋洗器处理,尾气便可安全排放。图16-5所示为碳化炉尾气处理装置示意图。

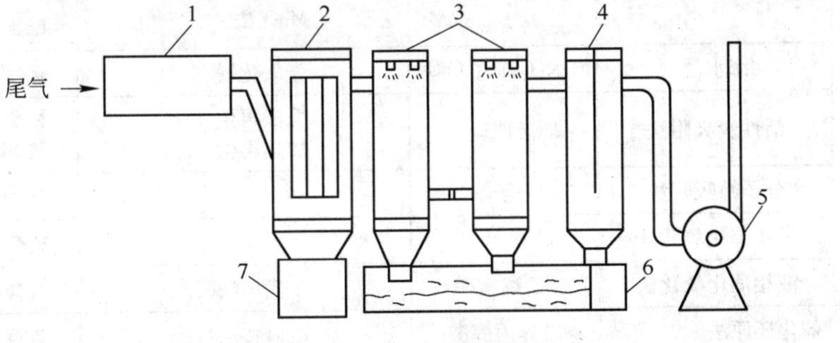

图16-5 碳化炉尾气处理装置示意图

1—燃烧室;2—布袋吸尘;3—淋洗塔;4—气水分离塔;5—排气;6—沉降池;7—SiO_2 收集罐

16.3.3　含硫化物烟气的治理与利用

有的铌（钽）精矿采用浓硫酸焙烧分解矿石，就会产生一定的含硫废气。在重金属硫化矿高温冶金中，含硫废气治理是一个重大课题，目前已开发许多治理方法。铌（钽）精矿硫酸焙烧和重金属焙烧有很大差别，特别是焙烧温度通常比较低，如草酸法中的硫酸焙烧温度仅 220℃，远低于硫酸的沸点 297℃（密度为 1.84 g/cm^3，含硫酸 95.3%（质量分数）），故在分解时产生的废气中主要成分为 SO_3，一般用水或碱水便可吸收，同时获得相应的副产品，如硫酸铵等。有关 SO_2 治理方法很多，也比较复杂。表 16-7 介绍了脱除 SO_2 的主要方法。详细资料请参阅文献[57,64,67]。

表 16-7　脱除 SO_2 的主要方法

治理方法		脱硫剂	脱硫工艺	最终产物
吸附法	石灰法	$CaCO_3$ CaO $Ca(OH)_2$	直接喷射法 湿式石灰/石灰法 石灰－亚硫酸钙法喷雾干燥法	石膏 石膏 亚硫酸钙、石膏等
	氨　法	NH_3 铵盐	氨－酸法 氨－亚硫酸铵法 氨－硫酸法	浓 SO_2，硫铵 亚硫酸铵 硫铵
	钠碱法	Na_2CO_3 NaOH Na_2SO_3	亚硫酸循环法 亚硫酸钠法 钠盐－酸分解法 钠盐－石膏法	浓 SO_2 亚硫酸钠 浓 SO_2、冰晶石 石膏
	铝　法	碱性硫酸铝	碱性硫酸铝－石膏法 碱性硫酸铝－二氧化硫法	石膏 浓 SO_2
	金属氧化物法	金属氧化物	MgO 法 ZnO 法 MnO 法	浓 SO_2 浓 SO_2、ZnO 电解锰
	海水法	海水（$CaCO_3$、CaO）	氢氧化镁	曝气氧化成硫酸镁
	活性炭吸附法	活性炭	洗涤再生 加热再生	稀硫酸 浓 SO_2
	分子筛吸附法	分子筛		浓 SO_2
催化氧化法	干式催化氧化法			硫酸
	液相催化氧化法	水，稀硫酸	千代田法	石膏
催化还原法		二异丙醇酸	斯科特法	硫黄
气相辐射法－电子束		NH_3	还原法	硫铵

16.4 废水处理[71~75]

铌(钽)冶炼湿法部分的生产过程比较复杂,每天排出的废水量较大,污染成分复杂,其中尤以含氢氟酸和硫酸的萃取残液数量最多,这给制定净化废水流程和制定循环水利用带来很大困难。表 16-8 所示为冶炼产生的主要废水及其成分。表 16-9 所示为铌(钽)冶炼废水的主要五项排放标准。

表 16-8 铌(钽)生产流程产生的主要废水量和成分[75]

废水来源	产生量/t	主要化学物质及其含量/mol · L^{-1}	备 注
矿浆萃取残液	2~4(单位精矿计)	HF,5~10;H_2SO_4,2~4;总酸度,5~10	尚含 Ti、Fe、W、Si、Sb 等的氟化物或硫酸盐
负载有机相酸洗液	2~3(单位氧化物计)	HF,3~4;H_2SO_4,约 1;总酸度,6~8	$c(SiF_6^{2-})=0.01$ mol/L; $c(WF^{2-})=0.01\sim0.02$ mol/L
反萃取液取沉淀母液	9~16(单位氧化物计)	F^-,2~7;SO_4^{2-},1~1.5;NH_4^+,4~10	
结晶母液	11~15(单位氟盐计)	F^-,2~3;SO_4^{2-},1~1.5;NH_4^+,4~10	
沉淀母液	60~200(单位氧化物计)	F^-,2~3;Cl^-,0.5;K_4^+,4~10;NH_4^+,5~6	

表 16-9 铌(钽)冶炼废水的主要排放标准[75]

标 准	pH 值	$\rho(F^-)$ /mg · L^{-1}	ρ(COD) /mg · L^{-1}	氨氮质量浓度 /mg · L^{-1}	悬浮物质量浓度 /mg · L^{-1}
国家一级标准	6~9	10	100	15	70
国标新时段标准(一级标准)	6~9	10	100	15	70
国家二级标准	6~9	10	200	25	200
国标新时段标准(二级标准)	6~9	10	150	25	150

废水处理大致有合并处理和分别处理两类方法。对兼含有氟和铀的废水多用合并处理的办法,而对那些含有一定量有用物质的废水多采用分别处理的办法。常用的废水处理方法有化学法、离子树脂交换法、吸附法、蒸发浓缩法、反渗透法、电解法、电渗析法和生物处理法等。铌(钽)冶金废水中因含氟使某些处理方法受到一定局限。

16.4.1 合并处理

合并处理方法比较简单,但废水中的有益物质得不到利用。合并处理大致有吸附法和沉淀法两种。

16.4.1.1　吸附法[57,60]

吸附法主要采用固体吸附剂通过物理吸附和化学吸附除去氟、铀等有害物质。常用氟的吸附剂有皂土、沼铁矿、氧化铝等，铀的吸附剂有磷酸钙、磷酸镁、焦炭、软锰矿等。

16.4.1.2　沉淀法[60,77]

沉淀法有重力沉淀法和化学沉淀法两种。重力沉淀法主要用于去除废水中的砂粒、化学沉淀物等。化学沉淀法是用化学试剂与废水中的有毒物质发生化学反应生成沉淀物而去除。常用除氟沉淀剂有氧化钙、硫酸铝、过磷酸钙、氢氧化镁、聚合氯化铝、聚丙烯酰胺等。常用除铀沉淀剂有氧化钙、氢氧化铝和新鲜的氢氧化铁等。

沉淀法合并处理较多采用石灰作沉淀剂，有多种处理方案。这里主要介绍两种工艺方法。

A　石灰中和－压缩空气搅拌－曝气中和工艺[75]

方法比较简单。将废水和石灰乳在压缩空气搅拌下进行曝气中和，中和后进行固液分离，所得渣浆送尾矿坝或渣场堆埋；清液可直接排放。也有些企业将矿浆萃取残液和酸洗残液加石灰或石灰渣直接搅拌，然后将渣浆送尾矿坝堆存。文献[75]认为，中和时必须石灰乳过量，pH 值控制在 11 以上，并在压缩空气搅拌下，将 NH_3 气吹出；在曝气搅拌后经过一段时间的澄清，pH 值会缓慢降至 9，这时处理后的废水才清澈透明，氟、氨、氮化学需氧量（COD）均易达到合格标准。

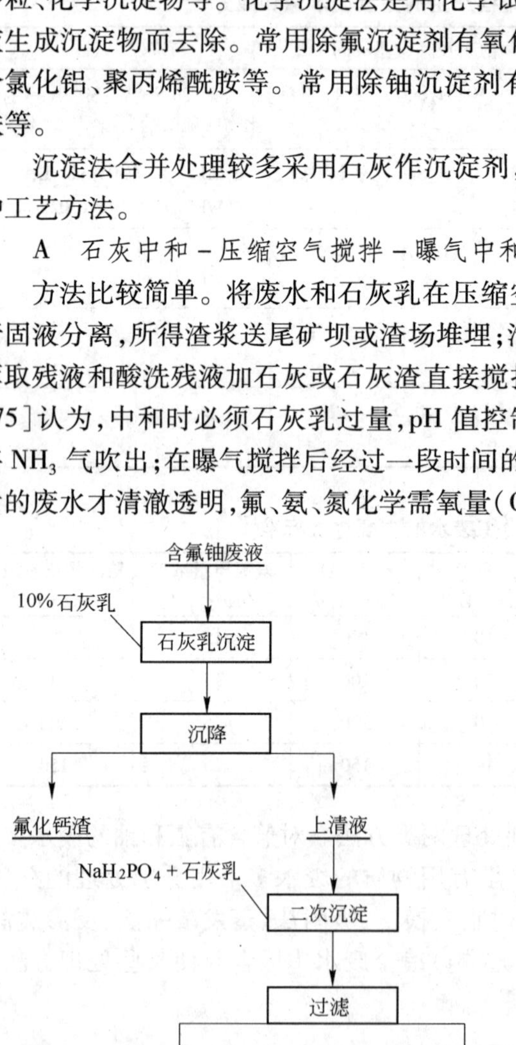

图 16-6　石灰法处理氟、铀废水的工艺流程

B　两次沉淀工艺[75]

图 16-6 所示为石灰法处理氟、铀废水的工艺流程。采用两次沉淀处理工艺。第一次用 10% 石灰乳液沉淀（pH = 9 ~ 10），可使废液中的氟质量浓度降至 10 mg/L 水平。为确保放射性铀的彻底治理，沉降后的上清液再用 10% 磷酸氢二钠加少量石灰乳进行二次沉淀（pH = 10），过滤所得净化废水含氟和铀均达排放标准，氟质量浓度降至 5 mg/L，铀小于 0.05 mg/L。含铀的氟化钙渣和磷灰石渣按放射性物质安全要求存放。沉淀反应为

$$Ca(OH)_2 + 2HF = CaF_2\downarrow + 2H_2O$$

$$3Ca(OH)_2 + 2UO_2SO_4 = CaU_2O_7\downarrow + 2CaSO_4\downarrow + 3H_2O$$

$$3NaH_2PO_4 + 5Ca(OH)_2 + 4HF = Ca_5F(PO_4)_3\downarrow + 3NaF + 10H_2O$$

18℃时 CaF_2 的溶度积为 $K = 3.4\times10^{11}$,钙在水中的离解平衡为:

$CaF_2 = Ca^{2+} + 2F^-$

利用上式,通过理论计算可估算出水中的残氟含量。例如,如果测出水中残留的 Ca^{2+} 的浓度为 2.04×10^{-4} mol/L,则其对应的 F^- 浓度为 4.08×10^{-4} mol/L,即含氟 7.8 mg/L。这一水平的氟,符合排放标准。

16.4.2 分别处理[60,77~80]

在萃取残液(矿浆萃取残液过滤后的溶液)、氨沉淀母液、结晶母液和金属酸洗和水洗液 4 种残液中,后 3 种废液成分比较单纯,通常采用中和沉淀等方法处理即可。萃取残液量大,成分复杂,酸度高、危害大,是治理的重点对象。

16.4.2.1 萃取残液的治理方法[81~83]

A 石英砂处理萃取残液回收氟硅酸钠和硫酸钠[60,78]

石英砂处理工艺方法适于处理含钨高的萃取残液。这种萃取残液通常含有 $\rho(F^-) = 150\sim200$g/L、$\rho(SO_4^{2-}) = 460$ g/L 、$\rho(W) = 3\sim13$ g/L、$\rho((Ta+Nb)_2O_5) < 1$ g/L、$\rho(Fe) = 18$ g/L 等。工艺过程包括二氧化硅脱氟制取粗钨酸、碱中和制取氟硅酸钠和蒸发结晶制取硫酸钠三工序。工艺流程如图 16-7 所示。

a 二氧化硅脱氟制取钨产品

萃取残液中加入二氧化硅沉淀钨酸:

$H_2WO_2F_4 + 2HF + SiO_2 = H_2WO_4\downarrow + H_2SiF_6$

沉淀剂以含 97% SiO_2 的工业石英为好,也可使用含 SiO_2 60% ~70% 的河沙。反应温度为 80 ~90℃,时间 2 ~2.5 h, 硅用量为理论量的 120% 。

过滤所得粗钨酸再经氨溶解、蒸发结晶产出仲钨酸铵, 仲钨酸铵再经焙烧即可制得化学纯的三氧化钨产品;沉钨后的溶液 $\rho(WO_3) < 0.1$g/L,$\rho(F)$ 为 96.5 g/L,总酸度为 9 ~10 mol/L。

b 制取氟硅酸钠

过滤掉 H_2WO_4 沉淀以后的母液中加入氢氧化钠、氯化钠或硫酸钠,使生成氟硅酸钠结晶析出,反应为

$$H_2SiF_6 + 2NaOH = Na_2SiF_6\downarrow + 2H_2O$$

或 $$H_2SiF_6 + Na_2SO_4 = Na_2SiF_6\downarrow + H_2SO_4$$

反应时保持钠过量 130% ,温度 70℃ ,时间 25 min。所得氟硅酸钠经 3 次水洗,再经 200℃烘干,即为工业级氟硅酸钠产品(含 Na_2SiF_6 98.79% , 游离酸不大于 0.11% , 水不溶物小于 0.19% , 水分 0.06%)。

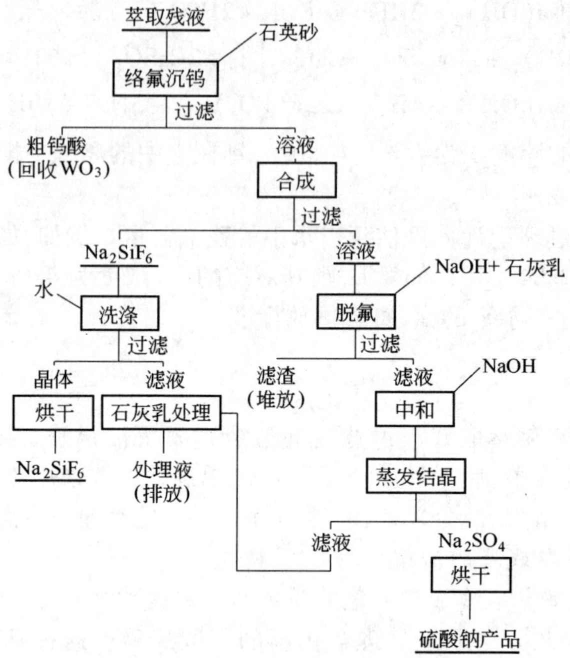

图 16-7　萃取残液处理回收氟硅酸钠工艺流程图

c　中和蒸发结晶制取硫酸钠

析出氟硅酸钠的母液的酸度很高,氟的质量分数高达 10% ~15%，总酸度为 9 ~19 mol/L。先用石灰乳(过量 2 倍)脱去溶液中的氟。过滤后的溶液中加入氢氧化钠中和生成硫酸钠沉淀:

$$2NaOH + H_2SO_4 = Na_2SO_4 + 2H_2O$$

经蒸发浓缩得工业级硫酸钠产品的质量分数为:Na_2SO_4,98%;NaF,小于 0.5%;$MgSO_4 + CaSO_4$,小于 0.5%;Fe,小于 0.005%;水分,小于 0.5%。

B　萃取残液氨沉淀回收冰晶石[60,78,79]

工艺方法适于处理钨含量较低的溶液。工艺过程主要由氨沉淀钨、冰晶石合成和硫酸钠回收工序组成。工艺流程如图 16-8 所示。

a　铵中和沉淀钨

鉴于仲钨酸铵在 pH =7.3 和 17℃时的溶解度仅为 0.064%，故第一步用氨水将萃取残液中和至 pH =7 ~8。这时钨和萃取残液中的钨以及大部分杂质沉淀析出。同时溶液中的氢氟酸和硫酸也被中和生成氟化铵和硫酸铵。中和反应为

$$H_2WO_2F_4 + 6NH_4OH = (NH_4)_2WO_4 + 4NH_4F + 4H_2O$$

$$HF + NH_4OH = NH_4F + H_2O$$

$$H_2SO_4 + 2NH_4OH = (NH_4)_2SO_4 + 2H_2O$$

氨中和为放热反应。随 pH 值升高，萃取残液中的钨含量不断下降，pH 值为 8 时，WO_3 的质量浓度仅为 1.8 g/L。一般以调至 pH 值为 8.5 时沉淀效果最好。

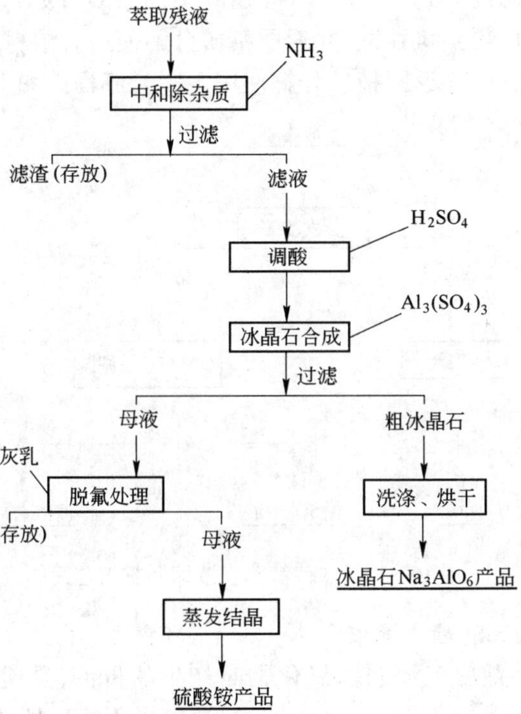

图 16-8　萃取残液回收冰晶石工艺简图

b　合成冰晶石

沉淀仲钨酸铵后的溶液，用硫酸回调至 pH 值为 3，加入硫酸铝使生成氟铝酸铵，反应为

$$12NH_4F + Al_2(SO_4)_3 = 2(NH_4)_3AlF_6 + 3(NH_4)_2SO_4$$

往溶液中加入硫酸钠或氯化钠，使铝酸铵盐转化成铝酸钠盐沉淀析出。钠盐的加入量为理论量的 105% ~110%。温度 70 ~80℃，反应时间 45 ~60 min。反应为

$$(NH_4)_3AlF_6 + 3NaCl = Na_3AlF_6 + 3NH_4Cl$$

或　$$2(NH_4)_3AlF_6 + 3Na_2SO_4 = 2\ Na_3AlF_6 + 3(NH_4)_2SO_4$$

c　回收硫酸铵

沉淀冰晶石后的母液是一种接近饱和的硫酸铵溶液，调至 pH 值为 7 脱氟，然后真空蒸发浓缩结晶获得工业级硫酸铵产品。

C　从萃取残液中回收氟化铵和硫酸铵[60,75]

萃取残液中通常 $\rho(F^-)$ 达 150 ~200 g/L，$\rho(SO_4^{2-})$ 为 450 ~470 g/L，总酸度达

10 ~ 12 mol/L,适于回收其中的氟和硫酸。方法比较简单，主要利用强酸置换弱酸的原理,利用硫酸挥发氟化氢。工艺上采用加热浓缩萃取残液,随着溶液中硫酸浓度的不断增加,当温度达到约 150℃时,残液中的杂质开始沉淀下来,并挥发氟化氢气体,经冷凝即可得到氢氟酸,并返回精矿分解使用。浓料浆经澄清、过滤,得到高浓度的硫酸溶液,同样返回精矿分解使用。工艺流程如图 16-9 所示。

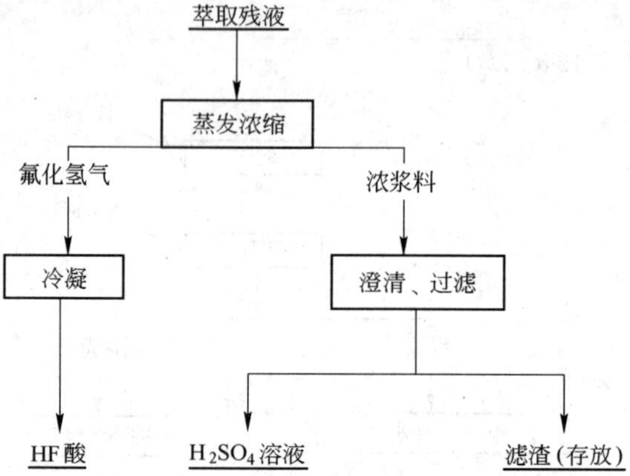

图 16-9　萃取残液蒸发浓缩回收工艺简图

16.4.2.2　氨沉淀母液处理[84~86]

反萃取铌(钽)液氨沉淀制取氧化物时产生的母液,是比较纯的氟化氨溶液,通常采用两种处理方法。

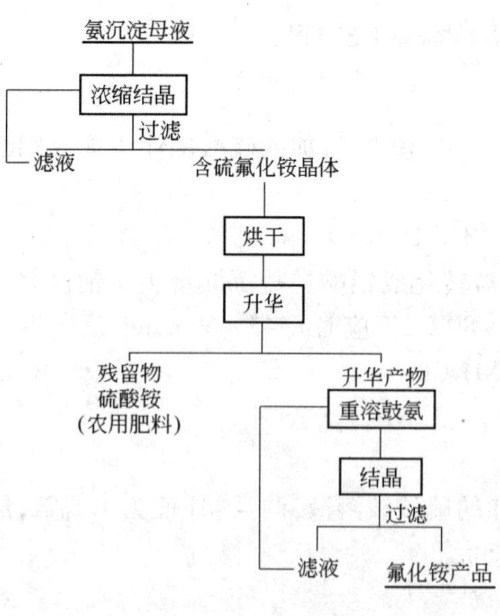

图 16-10　氨沉淀母液处理工艺简图

A　浓缩结晶－升华法[84~86]

含氟化铵母液先减压浓缩,得含硫酸铵的氟化铵粗晶体。粗晶体再在 980Pa 负压和温度 190℃条件下使氟化铵发生离解,此时硫酸铵不离解,由此使氟化铵和硫酸盐分离而得到净化。升华反应为:

$$NH_4F = \frac{1}{2}NH_3\uparrow + \frac{1}{2}NH_4HF_2$$

用水吸收升华产物,向溶液中鼓入氨气,得纯氟化铵溶液,经结晶和离心过滤,得纯 NH_4F 产品。工艺流程如图 16-10 所示。

B　回收冰晶石[84~86]

方法和萃取残液制取冰晶石类似

(图16-9)。操作在不锈钢槽中进行。沉淀母液用硫酸调至 pH 值 5~6,加热至 85~90℃,边搅拌边加入生成冰晶石理论量所需的硫酸铝,然后加入过量的硫酸钠,反应时间为 60 min,所生成的冰晶石经过滤、淋洗、烘干获二级品冰晶石产品。合成冰晶石后的滤液用氨中和至 pH 值 9~10,所得硫酸铵可直接用作农用肥料。

16.4.2.3 氟钽(铌)酸钾结晶母液的处理[87]

氟钽(铌)酸钾结晶母液原则上可以再返回结晶工序循环使用。但由于氟钽酸钾结晶时还加入一定量的 KCl,溶液中存在少许 HCl。随着循环次数的增加,盐酸浓度随之增长,氟钽(铌)酸钾成品中将带有氯根,这种氯根会引起下一工序的设备腐蚀。因此要在循环使用一定次数后做必要的脱氯处理。此外,也有用母液作反萃取时的反萃取剂。

16.4.2.4 钽(铌)粉水洗液和酸洗液的处理

钽(铌)粉水洗液和酸洗液数量较少,有的仅含氟化钾和氟化钠等,有的还含有 HF 酸和 TaF_5。前一种废液用石灰乳处理即可无害排放;后一种废液则通氨处理至 pH 值 10~11 沉淀回收钽(铌)。回收钽(铌)后母液再经石灰处理后无害排放。

16.5 废渣处理[88,89]

铌(钽)冶金中的废渣主要是精矿分解后的残渣或矿浆萃取后的残渣。虽然这种渣绝对数量有限,例如一个年产 200~300 t 钽粉的工厂(已属行业中的比较大型厂),每年所用原料精矿一般为 600~800 t,按渣产率 3%~5% 计,年废渣总量为 20~40 t。通常要在积累若干年后才做专门处理。但是这种渣常含有少量天然放射性元素铀和钍及其衰变产物。当其总比活度大于规定标准时,应按放射性固体废弃物处理(表16-10)。

表16-10 放射性固体废弃物处置[90,91]

处置法	处置物料	处置法内容
尾矿坝排放	放射性矿浆	应远离居民区并有防渗和防止尾矿扬散的措施
堆　存	比活度小于 2×10^4 Bq/kg	应有防止扬散和流失的措施
	比活度$(2\sim7)\times10^4$ Bq/kg	应建坝存放
	比活度大于 7×10^4 Bq/kg	应建库或在废矿坑中存放,存放区应做防渗处理
掩　埋	比活度大于 3.7×10^5 Bq/kg	应用专门的容器封装,掩埋地点应远离居民区

16.6 废弃物的资源化利用[92,93]

在铌(钽)冶炼产生的废弃物中,有的含有有价金属。回收其中的有价金属,除直接经济效益外,还能减轻对环境的污染。因而资源化利用受到重视,开发了较多工艺方法。这里仅介绍两例。

16.6.1　从萃取残液中回收钛[94,96]

一些东南亚低品位锡渣含氧化钽和氧化铌均仅5%～6%。另有一种钛铌(钽)矿含氧化钽7%～10%，氧化铌12%～16%，但含二氧化钛达到50%～60%，精矿分解时钛和铌(钽)一起进入分解液，萃取分离和提取铌和钽后，萃取残液中含 TiO_2 达165～275 g/L，总酸度11～13 mol/L，此外尚有Si、Al、Fe、Mn等杂质。为此开发了在废水净化的同时回收钛、硅等有价元素的治理工艺。全流程包括氯化钠除硅和制取氟硅酸钠产品、氯化钾结晶制取氟钛酸钾和钛盐精制三工序。工艺流程简图见图16-11 。

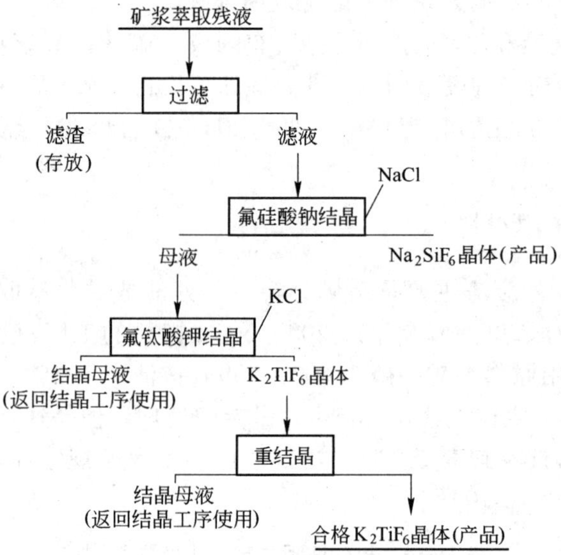

图16-11　萃取残液净化和回收钛的原则工艺流程图

16.6.1.1　氯化钠脱硅

残液中加入足量氯化钠使硅生成氟硅酸钠晶体从溶液中结晶析出，反应为

$$H_2SiF_6 + 2NaCl = Na_2SiF_6\downarrow + 2HCl$$

脱硅后，钛留在溶液中。

16.6.1.2　氯化钾制取氟钛酸钾

向脱硅后的钛液中加入饱和氯化钾(或饱和氯化钠)溶液，使钛呈氟钛酸钾盐和氟钛酸钠盐形式结晶析出。加入量为 $w(TiO_2):w(KCl)=1:(3.0\sim3.5)$，反应为

$$H_2TiF_2 + 2KCl = K_2TiF_2\downarrow + 2HCl$$

$$H_2TiF_2 + 2NaCl = Na_2TiF_2 \downarrow + 2HCl$$

16.6.1.3 钛盐精制

对所得粗晶采用重结晶法精制提纯，获工业级氟钛酸钾产品，其中含：TiO_2，32.19%；K，33.1%；F，47.3%；P，0.01%；S，0.01%，符合电焊条和冶金用钛原料的质量要求。全流程钛的直接回收率为89%。

16.6.2 从矿浆残渣回收铌、钽和锡[97,98]

矿浆残渣中尚有残铌和钽，虽然厂家规定分解残渣标准应在$(Ta,Nb)_2O_5$小于1g/L水平，但实际生产中常出现超过的情况。为此开发了一种从残渣中回收铌（钽）的摇选工艺。工艺过程包括萃取残渣水洗、漂洗和摇床选三个步骤。主体设备包括搅洗槽1台、漂洗箱2台和摇床1台。工艺流程图见图16-12，设备示意图见图16-13。

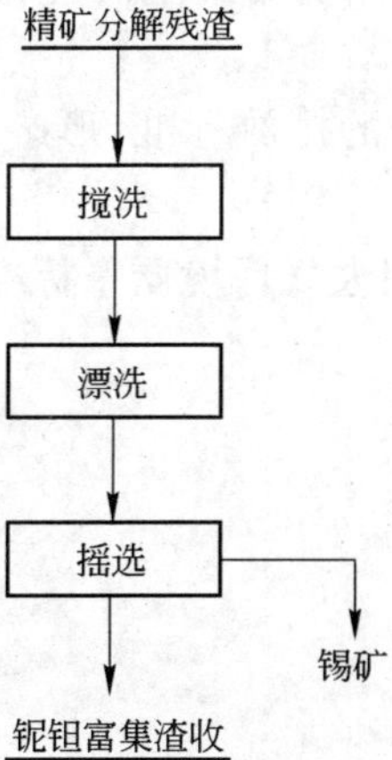

图16-12 漂洗－摇床选工艺流程图

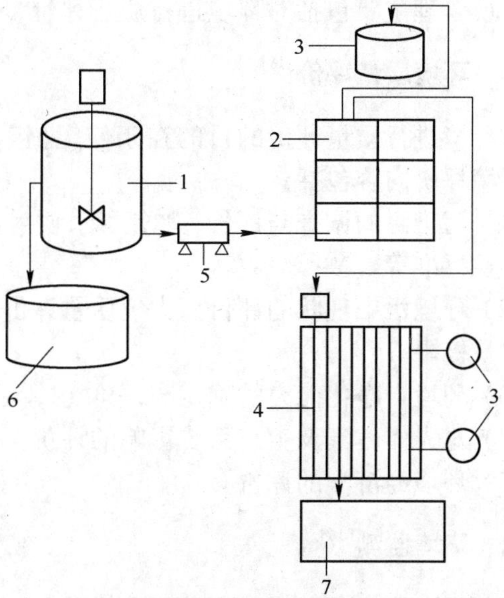

图16-13 设备示意图
1—搅洗槽；2—漂洗槽；3—回收槽；4—摇床；5—泥浆泵；6—渣池（回收槽）；7—富集渣抽滤贮槽

矿渣首先在搅洗槽1中进行搅洗，通过控制进水量和进水速度，同时降低搅洗酸度至pH值5～6，使含铁、锰、钨、钛、硅等的可溶性渣被水洗掉；搅洗后的矿浆用泥浆泵输入特殊结构的漂洗槽2进行漂洗，使密度小和不含铌（钽）的轻质矿物流入渣池而和密度大的重矿物实现初步分离；取出漂洗好的渣用摇床4进行重力选矿,所得含铌(钽)的重矿部分收集在贮渣槽中,这种富集物经补充球磨即可用于萃取分离工艺的原料。处理时每批投渣量 1 ~1.5 t。表 16-11 所示为处理效果数据。

表 16-11 分解残渣搅洗－漂洗－摇选效果数据

批 次	精矿分解残渣(原料)质量分数/%		所得富集渣质量分数/%		处理后的残渣质量分数/%	
	Ta_2O_5	Nb_2O_5	Ta_2O_5	Nb_2O_5	Ta_2O_5	Nb_2O_5
1	1.2	1.6	9.78	6.20	<0.5	<0.5
2	1.8	2.1	12.38	8.26	<0.5	<0.5
3	2.4	1.5	12.10	7.80	<0.5	<0.5

16.7 环境管理[16,99,100]

环境管理主要包括对环境进行质量评价、环境监测和环境质量标准的执行。

16.7.1 环境质量评价[16]

对环境进行质量评价的目的在于使铌(钽)冶炼厂对环境的影响降至最低限度。环境评价内容包括:

(1) 污染源的调查与评价,如氟、氯、放射性等污染物的排放标准、形态、排放量或毒性标准等。

(2) 环境污染现状的评价。大气质量评价标准应采用大气环境质量标准中规定的含量极限。

(3) 环境自净化能力的确定与评价。

(4) 对人体健康及生态系统影响的评价。

(5) 环境经济学的评价。

16.7.2 环境监测[16]

铌(钽)冶炼厂环境监测的主要任务有:

(1) 对有关污染源所排出的污染物以及环境中的大气、水、土壤和生物体的污染状况进行常规检查和监测。

(2) 提供环境质量和预测的必要数据,使环境管理工作不断完善。

(3) 检查净化装置的效率,正确评价净化装置的性能。

16.7.3 环境标准

16.7.3.1 水质量标准[16]

中国、美国、前苏联地面水稀有金属的最高容许质量浓度如表 16-12 所示。

表 16-12 地面水稀有金属的最高容许质量浓度(mg/L)

国家	铌	钽	铍	钒	钛	钨	稀土元素	铀	钍
中国			0.0002	0.1					
前苏联	0.01	0.01	0.0002	0.1	0.1	0.1	0.01	0.5	0.1
美国								0.5	

16.7.3.2 大气质量标准[13,16]

车间及居民区空气中稀有金属的最高允许质量浓度如表 16-13 所示。表 16-14 所示为车间空气中各种有害物质的最高允许质量浓度。

表 16-13 车间及居民区空气中稀有金属的最高允许质量浓度(mg/m^3)[13]

稀有金属和化合物	中国	美国		日本	前苏联	
		车间内	居民区	车间内	车间内	居民区
钽		5	0.05			
钽氧化物					10	
铌					10	
氮化铌					10	
硒化铌					4	
硼化铌					10	
钛		10	0.1			
二氧化钛		10	0.15	15	10	
钨	6	1				
镧系元素		0.15	0.01			
铀		0.05	0.001			
钍						0.05

表 16-14 车间空气中各种有害物质的最高允许质量浓度

物质	最高允许质量浓度/$mg \cdot m^{-3}$				大致安全含量
	中国(1962 年)	苏联(1971 年)	美国(1973 年)	日本(1965 年)	
Cl_2	2	1	3	3	1×10^{-6}
CCl_4	50	20	65	65	25×10^{-6}
CO	30	20	55	110	100×10^{-6}
NH_3	30	20	18	70	100×10^{-6}
硫酸、SO_3	2	1	1	1	1 mg/m^3
SO_2	20	11	13	13	5×10^{-6}

16.7.3.3　烟气中氟化物排放标准

目前,国家尚未制定铌(钽)冶炼烟气中氟化物的排放标准。表 16-15 所示为铝电解行业氟化物排放的国家标准 GB 16297—1996,可供参考。

表 16-15　污染源大气污染物中氟化物的排放限值

最高允许排放质量浓度/mg · m^{-3}	最高允许排放速率/kg · h^{-1}				无组织排放监控含量限值	
	排气筒高度/m	一级	二级	三级	监控点	质量浓度/mg · m^{-3}
11	15	禁排	0.10	0.15	周界外含量最高点	监控点与参照点含量差值 20
	20		0.17	0.26		
	30		0.59	0.88		
	40		1.0	1.5		
	50		1.5	2.3		
	60		2.2	3.3		
	70		3.1	4.7		
	80		4.2	6.3		

16.7.3.4　放射性防护标准 [16,41,47,65]

铌(钽)冶金过程主要防护天然放射性元素的辐射危害。多数铌(钽)原料中含有一些放射性核素,如^{238}U、^{235}U、^{233}U、^{232}Th,它们都是 α 射线放射体,它们的衰变特性如表 16-16 所示。

表 16-16　一些放射性核素的半衰期及粒子能量

核　素	半衰期/a	粒子能量/MeV	核　素	半衰期/a	粒子能量/MeV
^{232}Th	1.2×10^{10}	4.012	^{235}U	7.1×10^{8}	4.598
^{233}U	1.2×10^{5}	4.824	^{238}U	4.51×10^{9}	4.196

铀本身虽主要是 α 发射体,但是它的衰变产物镭和氡却是很强的 γ 放射体。铀及其化合物的 β 放射性是由与铀处于平衡状态存在的 UX1(射钍)和 UX2(射镤)所决定的。各种放射性对人体都有害。从外照射来看,β 和 γ 射线最为危险。但当放射体通过呼吸器官、消化器官以及透过皮肤侵入人体内部时,α 放射体更有害。α、β 和 γ 射线的危害在于它们的电离辐射作用,使生物机体组织的原子和分子离子化,导致组织蛋白质结构的破坏,这就会完全破坏机体的生物化学过程和造成物质代谢作用的紊乱。

国家对于职业性放射性工作人员的每年的最大允许剂量当量和放射性物质的最大允许含量和限制含量都做出了明确的规定。

表 16-17 所示为中国规定的天然放射性同位素的最大容许含量。表 16-18 所

示为空气中放射性核素的最大允许含量。

表 16-17 中国规定的天然放射性同位素的最大容许含量

同位素		U(天然)	^{238}U	Th(天然)	^{232}Th	^{133}Ra	^{234}Ra
露天水源中限制含量	Bq/L			3.7×10^{-1}	3.7×10^{-1}	3.7	11.1
	mg/L	0.05	0.05	0.1			
工作场所空气中最大容许含量	Bq/L			7.4×10^{-5}	7.4×10^{-5}	7.4×10^{-5}	2.6×10^{-2}
	mg/m^3	0.02	0.02	0.02			

表 16-18 空气中放射性核素的最大允许含量

核素	空气中最大允许含量		
	放射性工作场所	放射性工作场所相邻及附近地区	居民区
$^{238}_{92}U$	$0.02\ mg/m^3$	$0.7\times10^{-13}\ mg/m^3$	$2\times10^{-4}\ mg/m^3$
$^{226}_{88}Ra$	$11.1\times10^{-4}Bq/L$	$3.7\times10^{-5}Bq/L$	$5.55\times10^{-6}Bq/L$
$^{230}_{90}Th$	$7.4\times10^{-5}Bq/L$	$2.59\times10^{-6}Bq/L$	$7.4\times10^{-7}Bq/L$

16.7.4 改善钽铌冶炼厂环境的措施

16.7.4.1 流程封闭

改善铌(钽)冶炼厂环境的根本措施在于使生产流程闭路,不向外界排放污染物。局部的流程封闭比较容易,根本措施在全流程闭路。努力实现各种有价元素的综合利用。特别是湿法车间和氯化车间必须实行全流程闭路。全流程闭路不仅可以给企业带来经济效益,更重要的是,唯有全流程闭路才能从根本上解决和消灭污染源的产生。

16.7.4.2 减少污染物的产生

减少污染物的产生有多种方法。主要侧重加强设备的密封性和提高冶炼作业的自动化水平和机械化水平两个方面。实际上这两个方面是相辅相成的,设备密封性能的加强必然要求提高自动化和机械化水平;而提高作业自动化和机械化水平后,若不同时强化设备的密封性,则达不到减少污染的实际效果。

16.7.4.3 改进流程和精减作业

改进流程往往可以减少污染,而流程的改进又往往取决于技术、经济和环境保护等各方面的因素。同时精减作业也可以起到减少污染源的作用。例如,将团块氯化改变成沸腾氯化,就可以减少几道原料准备工序,从而减少污染源。

16.7.4.4 研究开发资源可持续利用的铌(钽)绿色冶金工艺技术和方法

发展清洁生产和环境友好生产工艺,特别是寻找新的化学反应,使用新的原材料，特别是开发 HF 酸介质萃取以外的新的铌和钽分离工艺。

随着铌（钽）工业的发展，近年这方面已有不少新的进展，一些新技术和工艺方法尚待总结和进行交流。

参考文献

1 何长仪，等. 有色金属，1998，50（4）：141～142
2 山县登. 微量元素——环境科学特论. 东京：产业图书，1977
3 国家环境保护局. 工业污染治理技术丛书固体废弃物卷：有色金属工业固体废弃物治理. 北京：中国环境科学出版社，1992
4 杨智宽，韦进宝. 污染控制化学. 武汉：武汉大学出版社，1998
5 Sitting M. Metals Toxic. Pollution Control and Worker Production, Noyes Data Corp. Park Ridge , Nr 1976
6 崛口博. 公害与毒物危险物无机篇. 安家驹译. 北京：化学工业出版社，1981
7 中国有色金属工业总公司. 中国有色金属工业企业管理全书. 北京：经济科学出版社，1988
8 福本勤. 废弃物处理工学. 日本：朝仓书店，1981
9 马广大，等. 大气污染控制工程. 北京：中国环境科学出版社，1985
10 蒋展鹏. 环境工程学. 北京：高等教育出版社，1992
11 柴振洪，等. 环境污染控制. 北京：中国环境科学出版社，1993
12 Downs W L, et al. The toxicity of niobium salts. Amer. Industrial Hygiene Association Journal，1965（26）：239
13 尹效华，陈裕旭. 车间空气中的钽及其氧化物的卫生标准制订. 中国工业医学，1999（4）：21～24
14 陈裕旭，尹效华. 钽及其氧化物对作业工人的影响. 中华预防医学科学，1999（4）：13～18
15 刘玉英，孙琦. 钽的毒性及其在大鼠中的停留. 卫生研究，1984（4）：30～37
16 Fletcher J K. Distribution and extraction of niobium following inhalation exposure of rates. Amer. Industrial Hygiene Association Journal，1965（26）：237
17 《劳动保护百科全书》编委会. 劳动保护百科全书. 北京：科学技术出版社，1986. 1190～1191，1772
18 Schepers G W H. The biological action of tantalum oxide. AMA Archives of Industrial Health，1955（12）：121
19 Venugopal B, et al. Chem. Toxicity of Metals and Metalloids. Plenum, New York，1978：230～231
20 Cochran K W, et al. Acute toxicity of Zr, Nb, Sr, Ce Ta and Y. Arch. Ind. Hyg, 1950（1）：637～650
21 Jonathan Black Clinical Materials，1994（16）：167～173
22 Zitter H, et al. J. Biomed. Materials Res, 1987（21）：881～896
23 《稀有金属手册》编委会. 稀有金属手册（下）. 北京：冶金工业出版社，1993：998
24 中国有色金属工业总公司. 中国有色金属工业企业管理全书. 北京：经济科学出版社，1988：834～852
25 徐幼和. 试论氟化氢对环境的影响. 有色金属加工，1998（2）：13～16
26 邱竹贤. 预焙槽炼铝. 北京：冶金工业出版社，2005
27 天津化工研究院. 无机盐工业手册，上册. 北京：化学工业出版社，1979：669
28 Reihard C F. Selekted papers on fluorine chemistry and technology，1987（5）：65～67
29 童志权，等. 工业废气污染控制与利用. 北京：化学工业出版社，1988. 24
30 日本化学会. 化学便览（应用化学篇）. 九番株式会社，1996（1）：274
31 中南矿冶学院冶金教研室. 氯化冶金. 北京：冶金工业出版社，1978

32 Крохин В А, и др. Хлорная Металлургия Редких Металлов. Сб. Научные Труды Гиредmет. Москва: Металлургия, 1969 (6):324 ~ 329
33 熊炳昆,温旺光,等. 锆铪冶金. 北京:冶金工业出版社,2002:534 ~ 537
34 《化学事故防护与救援》编. 化学事故防护与救援. 上海:上海科学普及出版社,1991:32 ~ 34
35 中国国家标准 GB 11894—89 氯气安全规程. 北京:化学工业出版社,1989
36 方度,等. 氯碱工艺学. 北京:化学工业出版社,1990:202
37 莫畏,邓国珠. 钛冶金. 北京:冶金工业出版社,1998
38 叶维洪,等. 钨——资源、冶金、性质和应用. 罗英浩,等译. 北京:冶金工业出版社,1983
39 莫似浩. 钨冶炼原理和工艺. 北京:轻工业出版社,1984
40 薛鉴,林伯颖. 钨. 化学化工百科全书 16 卷. 北京:化学工业出版社,1992:991 ~ 1007
41 李德平, 潘自强. 辐射防护手册. 第三分册. 北京:原子能出版社, 1990
42 王昆山. 钽铌企业中的放射性水平及其对人体的影响. 工业安全防护,1998(7):32 ~ 36
43 陈与德,等. 核燃料化学. 北京:原子能出版社,1985
44 Katz J J, et al. The Chemistry of the Actinide Elements, 2nd. Vol 1. John-Wiley. & Son Inc. New York, 1986
45 梅特里 R C. 铀的提取冶金学. 北京:科学出版社,1978
46 岑运骅. 中国冶金大百科全书. 北京:冶金工业出版社,1992:967 ~ 968
47 吴华武. 核燃料化学工艺. 北京:原子能出版社,1989
48 Smith J F, et al. Thorium: hreharation agd properties, The Iowa State University Press/ASME, Iowa, 1975
49 《劳动保护百科全书》编委会. 劳动保护百科全书. 北京:科学技术出版社,1986:1772 ~ 1774
50 郭青蔚. 湿法冶金手册. 北京:冶金工业出版社,2005:1235 ~ 1236
51 徐志仁. 化学化工百科全书:第 12 卷. 北京:化学工业出版社,1992:86
52 刘德辉. 化学危险品最新手册. 北京:中国物资出版社,1995
53 赵永丰. 化学化工百科全书:第 13 卷. 北京:化学工业出版社,1992:49 ~ 69
54 徐宁. 化学化工百科全书:第 1 卷. 北京:化学工业出版社,1992:105
55 刘天齐. 三废处理工程技术手册(废气卷). 北京:化学工业出版社,1999
56 郭静,阮宜纶. 大气污染控制工程. 北京:化学工业出版社,2001
57 赵由才. 湿法冶金污染控制和资源化. 湿法冶金手册. 北京:冶金工业出版社,2005:1651 ~ 1661
58 杨飚. 大气污染治理技术. 城市环境与城市生态,2000,13(6):35 ~ 38
59 蔡龙九. 氟污染及其控制方法. 包钢科技, 2001,27(1): 56 ~ 59
60 王肇信,幸良佐. 钽铌冶金学. 稀有金属冶金学会钽铌冶金专业委员会,1998:315 ~ 316
61 幸良佐,肖文至. 钽铌冶金. 北京:冶金工业出版社,1986
62 何长仪,等. 有色金属,1998,50(4)
63 刘文华,等. 湘潭矿业学院学报,2002,4(4)
64 赵由才. 湿法冶金污染控制技术. 北京:冶金工业出版社,2003:116 ~ 117
65 沈朝纯. 铀及其化合物的化学与工艺学. 北京:原子能出版社,1991
66 吕产杰,黄玉书. 化学化工百科全书,第 10 卷. 北京:化学工业出版社,1992:117 ~ 118
67 赵由才. 危险废物处理技术. 北京:化学工业出版社,2003
68 莫畏,邓国珠,等. 钛冶金. 北京:冶金工业出版社,1998:475 ~ 481
69 冶金部国外冶金工业污染编辑组. 冶金工业污染及其防治. 北京:石油化学工业出版社,1974
70 熊炳昆,温旺光,等. 锆铪冶金. 北京:冶金工业出版社,2002:526 ~ 528
71 Sitting M. Metal and Inorganic Waste Reclaiming Enclopedia, Noyes Data Corp. Park Ridge N. J, 1980

72　Sitting M. Resource Recovery and Reclining Handbook of Industrial Waste , Noyes Data Corp. Park Ridge N. J, 1980
73　Fatterson. Industrial Waste water treatment Technology. Noyes Data Corp. Park Ridge N. J,1985
74　肖伟雄. 萃取法处理铌钽生产废水中的铀、钍. 稀有金属与硬质合金,1994(1):57～62
75　韩建设. 钽铌水冶三废综合治理工艺与装备. 稀有金属与硬质合金,2006(4):1～10
76　从钽铌冶炼萃取残液中制取氟硅酸钠的工艺. 中国,200510071547. 1[P]. 2005
77　李青刚,张启修. 活性炭去除工业钽液中的有机物. 稀有金属与硬质合金. 2004(6):57～62
78　从钽铌冶炼萃取残液中制取氟铝酸钠的工艺. 中国,200510071546. 7[P]. 2005
79　何柏熊. 钽铌生产含氟废水处理. 稀有金属,2005
80　朱义年,许立巍. 铌钽冶炼厂氟废水处理. 稀有金属与硬质合金,2005(3)
81　李水芳,陈学泽. 含氟废水处理. 中南林学院学报,2003(3)
82　陈阮明,张耀化. 从钽铌萃余液中回收钨的研究. 矿冶工程, 1994(4):54～58
83　长沙冶金设计研究院稀有室. 钽铌湿法冶金废水处理情况介绍. (内部资料),1975
84　李彬. 钽铌冶炼厂高氨氟废水综合治理研究. 宁夏工程技术,2004(2)
85　刘国文,王继徽. 含氟含氨氮废水的治理. 稀有金属与硬质合金,2005(4)
86　张伟,张小兰. 钽铌湿法冶金氨氮排放水处理技术. 宁夏工程技术,2003(3)
87　李青刚,周康根,等. Removal of organic matter from solution by adsorption. 中南工业大学学报(英文版), 2005(1)
88　陈既明. 浅谈钽铌湿法冶金中稀有金属的回收. 稀有金属与硬质合金,1997(4):56～59
89　颜允富,战晓之. 从贫铀的钽铌矿渣中综合回收铀. 铀矿冶,1994(4):71～75
90　Pover P W. How to dispose jf toxic Substance and Industrial WASTES Noyes Data. Corp. London,1976
91　《劳动保护百科全书》编委会. 劳动保护百科全书. 北京:科学技术出版社,1986:1017～1020
92　赵由才. 固体废弃物污染控制与资源化. 实用环境手册. 北京:化学工业出版社,2002
93　杨国清,刘康怀. 固体废弃物处理工程. 北京:科学出版社,2000
94　伍尊中. 从铌钽冶金残液中回收氟钛酸钾. 稀有金属与硬质合金,2006(1):46～48
95　罗会秋. 从钽铌废水中回收钛的工艺研究. 稀有金属与硬质合金,1997(4):19～22
96　钽铌残液中钛的提取工艺. 中国,200510056139. 9[P]. 2005
97　戴艳阳,钟海云. 二次资源中回收钽铌. 矿产资源综合利用,2002(1):56～59
98　陈福贵. 钽铌工业进展, 2003(1):23～25
99　《环保工作者实用手册》编辑组. 环保工作者实用手册. 北京:冶金工业出版社,1987
100　薛梅. 钽铌湿法冶金中的环境污染与治理措施. 稀有金属与硬质合金,2005(4):32～38

17 铌和钽的分析测试技术

17.1 概述

铌和钽的分析测试曾经是一个复杂和难度较大的课题，这是因为：(1)不仅铌和钽彼此的性质相似，而且铌钽和钛、钨、锆等杂质元素的性质也十分相近，分离困难，技术繁琐。(2)铌和钽实际上没有简单的阳离子化学，在水溶液中铌和钽不形成简单的可溶性化合物，很难用一般的化学分析方法快速测定。(3)一些铌、钽样品十分复杂，例如矿物样品中，往往含有二三十种甚至更多的元素，测定时它们互相干扰。(4)样品种类多，高纯产品微量、痕量分析要求高。由于分析技术的进步，目前已开发多种先进仪器和测试技术，各种测试仪器和多种分析方法的综合运用，已基本能满足对铌钽冶金过程控制和各类产品以及中间物料的分析测试要求。

铌、钽成分分析一般分为元素分析、状态分析、表面分析和观察分析等几大类。铌、钽化学成分分析主要分为化学分析和仪器分析两大类。表 17-1 所示为铌和钽的化学成分分析主要方法；表 17-2 所示为状态分析、表面分析和微观结构分析主要方法；表 17-3 所示为各种元素分析技术的性能比较。由于铌和钽的性质上的相似性和熔点高等特点，分析中铌和钽的预分离占有重要地位。大部分仪器分析均离不开化学处理。

表 17-1 铌和钽化学成分分析常用方法

分析技术	分析方法	理论依据
化学分析方法	重量法，滴定法，比色法	纯化学反应
电化学分析法	极谱法，离子选择电极法，电极氧化－还原法	电化学
分子光谱分析法	吸光光度法，荧光分光光度法，红外光谱法	分子光谱学
原子光谱分析法	原子发射光谱法、电感耦合等离子发射光谱法(ICP-AES)，直流电弧原子发射光谱法(DC ARC-AES)，原子荧光光谱法(AFS)，原子吸收光谱法(AAS，GFAAS)	原子光谱学
X 射线分析法	X 射线荧光光谱法(XFS)	X 射线光谱学
放射化学分析法	中子活化分析(NAA)，质子活化分析(PAA)，带电粒子活化分析(CPAA)，离子束分析	核物理、核化学
质谱分析法	电感耦合等离子质谱法(ICP-MA)，辉光放电质谱法(GDMS)，火花源质谱法(SSMS)	质谱学
示踪原子分析法	^{93}Nb 示踪	

表 17-2　铌、钽及其产品的状态分析方法、表面分析和微观结构分析方法

状态分析方法	表面分析方法	微组织结构分析方法
X 射线衍射分析(XDS)	俄歇电子能谱法(AES)	分析电子显微镜(AEM)
傅里叶变换红外光谱法(FT-IR)	光电子能谱法(ISCA)	超高压电子显微镜(HVEM)
高效(高压)Ò 液相色谱法(HPLC)	辉光放电发射光谱法(GDS)	低能电子衍射法(LEED)
气相色谱质谱分析法(GC-MS)	离子散射能谱法(ISS)	扫描透射电子显微镜(STEM)
液相色谱质谱分析法(LC-MS)	扫描俄歇显微探针(SAM)	
高分辨电子能量损失谱法(HRELS)	二次离子质谱法(SIMS)	
激光探针喇曼光谱法(LPRM)	紫外光电子能谱法 X(UPS)	
核磁共振(NMR)	X 射线光电子能谱法(XPS)	
反应液相色谱法(RPLC)		
薄层色谱法(ILC)		

表 17-3　铌、钽冶炼过程中各种样品的分析技术的性能比较

分析技术	适用测定范围	测定元素的种类	多元素同时测定的可能性	检出限	精度 RSD /%	设备费用
化学法	100% ~0.1%	大多数元素	不能	$(100\sim1000)\times10^{-6}$	1~5	小
X 射线光谱法	100% ~0.1%	原子序数 9 以上的元素	能	$(100\sim1000)\times10^{-6}$	1~5	大
气体分析法	$10^{-3}\sim10^{-6}$	H,O,C,N,S	不能	$(0.1\sim10)\times10^{-6}$	5~10	中
极谱法	$10^{-3}\sim10^{-6}$	大多数元素	不能	$(0.1\sim10)\times10^{-6}$	1~5 甲	中小
吸光光度法	$10^{-3}\sim10^{-6}$	大多数元素	不能	$(1\sim10)\times10^{-6}$	1~5	中小
火焰光度法	$10^{-3}\sim10^{-6}$	碱金属元素和碱土金属元素	不能	$(0.1\sim10)\times10^{-6}$	1~5	中小
火焰原子吸收法	$10^{-3}\sim10^{-6}$	全部金属元素和部分非金属元素	不能	$(0.1\sim10)\times10^{-6}$	1~5	中小
直接光谱法	$10^{-3}\sim10^{-6}$	全部金属元素和部分非金属元素	能	$(0.1\sim10)\times10^{-6}$	1~10	中
化学光谱法	$10^{-6}\sim10^{-9}$	全部金属元素和部分非金属元素	能	$(0.001\sim0.1)\times10^{-6}$	3~20	中
石墨炉原子吸收法	$10^{-6}\sim10^{-9}$	全部金属元素和部分非金属元素	不能	$(0.001\sim0.1)\times10^{-6}$	3~20	中
质谱法	$10^{-6}\sim10^{-9}$	全部元素	能	$(0.001\sim0.1)\times10^{-6}$	10~50	大
中子活化法	$10^{-6}\sim10^{-9}$	大多数元素	不能	$(<0.001\sim10)\times10^{-6}$	1~5	极大

17.2 化学分析法

锟和钽的化学分析法主要包括试样分解、元素分离与富集和最终测定三个步骤。

17.2.1 试样分解

按分解试剂划分，铌和钽的试样分解主要有酸分解、碱分解和盐分解三种。

按分解方式划分，铌和钽的试样分解主要有敞开式容器分解、容器密闭分解两种。因加热方式不同，密闭方式又分为密闭电热分解和密闭微波分解两种。敞开式容器分解在电炉上加热，简单易行，但易受污染，有挥发性元素损失；容器密封分解多在高压下进行，污染小，挥发性元素损失小，但耗时长，存在高压风险；微波分解是利用微波电磁场（如频率为2450 MHz）加热使试样分解，操作安全、快速，易实现自动化和批量操作，是比较理想的分解方法。

17.2.2 元素分离和富集[1~3]

元素分离和富集是铌、钽分析的核心。几乎所有仪器分析都是建立在元素的预分离和富集的基础之上。铌、钽试样的元素分离包括两个内容：一是铌和钽的分离和富集；第二是铌、钽和杂质的分离。杂质中又以钛、钨、锆、锡等相似元素等干扰元素的分离最具难度。

干扰组分的富集分离和微量组分与基体的分离，是铌、钽分析化学中为获取分析结果的精密度和准确度、降低检出限和扩大方法应用范围的重要手段。分离富集技术在铌和钽以及杂质的痕量分析中起着重要作用。为了测定铌、钽高纯产品中含有的微克级（μg/g）、皮克级（pg/g）的杂质元素，必须进行有效的分离和富集，以确保分析结果的准确度和可靠性。

在实际应用中，应根据样品的性质和纯度、杂质元素的性质与质量分数以及分析的要求来确定是富集单一元素还是多个元素。此外还要根据分析对象所要求的准确度和精密度等因素来选择分离富集技术。

铌和钽分析化学中常用分离方法有沉淀分离法、溶剂萃取分离法、离子交换分离法和纸上色谱分离法。

17.2.2.1 沉淀分离法[1~4]

沉淀铌和钽的办法甚多。例如，利用铌和钽的钠盐在水溶液中的溶解度小（参见第4章表4-4～表4-6），尤其是在过量钠离子存在下几乎不溶的性质，可以使铌和钽与伴生元素W、Mo、Cr、Sn、Si、Al、P等分离。

Nb(Ⅴ)、Ta(Ⅴ)的离子极化能力很强，当它们与水分子作用时，由于相互极化，极易发生水解，甚至在高酸度或有某些络合剂存在时，水解现象也能发生。利用铌和钽化合物这种容易水解生成不溶性水合氧化物的特性,也可以使铌和钽与其他元素分离。

但是,分离效果最好的方法是采用高效试剂沉淀铌和钽。铌钽分析中常用沉淀剂列于表17-4。其中,丹宁、苯胂酸、氯化四苯胂和铜铁试剂是目前使用最多的试剂。其余试剂,由于种种原因,有的已从分析中淡出。

表17-4　常用铌、钽沉淀剂

沉淀剂	沉淀条件	定量沉淀的元素和离子	文献
丹宁(鞣酸)	酒石酸铵溶液 草酸溶液 SSAL溶液,pH值为0.5	Nb,Ta,W,Th,Ti,Zr,Be,Ge Nb,Ta,Ti Nb,Ta(可与Ti分离)	[5]
苯胂酸	酒石酸盐酸溶液 酒石酸硫酸溶液 草酸溶液pH值为5.8 草酸溶液pH值为4.8 $H_2SO_4+H_2O_2$溶液	Nb,Ta,Ti,Sn,Zr Nb,Ta,Ti,Sn,Zr Ta Nb 选择性沉淀钽	[6]
苯甲酰苯核(BPHA)	酸性溶液pH值为3.5~6.5 酒石酸+EDTA溶液	Nb Nb	[6]
氯化四苯胂	HNO_3+NH_4HF溶液 HCl或H_2SO_4溶液 酒石酸溶液	Nb,Ta,Ti,Zr,Fe,V,Sn,Ga,U^{4+} Nb,Ta,Ti,Zr,Fe,V,Sn,Ga,U^{4+} Nb,Ta,Ti,Zr	[7~8]
铜铁试剂	HCl或H_2SO_4溶液 酒石酸+硫酸溶液 草酸+硫酸溶液	Nb,Ga,Ti,Zr,Th,V Nb,Ta Nb,Ta	[9]
8-羟基喹啉	酒石酸pH值为4.3~5.2	Nb(Ta留溶液中)	[10]
次磷酸盐	草酸溶液	Ta(Nb留溶液中)	[10]
亚硒酸	酒石酸+盐酸溶液	Nb,Ta(Ti留溶液中)	[11]

除表17-4中所列试剂外,其他沉淀剂还包括水杨基肟酸、肉桂基羟肟酸、氮-肉桂基-氮-苯胲、桑色素、栎精、8-羟基氮萘、四次甲基二硫化氮基甲酸的二乙基钠盐、3,3,4,5,7-五羟基黄酮等,它们都能在相应条件下共沉淀铌和钽或分别沉淀铌或钽[10,12]。

17.2.2.2　溶剂萃取分离法

铌和钽的溶剂萃取分离法在第7章已有详细论述。和工艺萃取不同的是,分析中可使用的萃取体系和萃取剂更多,范围更广。在HF溶液中常用萃取剂有醇类、酯类、醚类、酮类、胺类,磷类和石油亚枫等萃取剂。其中,酮类萃取剂种类最多。各种酮类萃取剂对铌钽的萃取顺序为:环已酮 > MIBK > 甲基戊基酮 > 甲基已基酮 > 甲基乙基酮 > 二异丙基酮 > 二异丁基酮。分析中应用最多的是甲基异丁基酮(MIBK)[13];在HCl体系中应用的有TBP、二异丙基系酮、高碳醇类、高分子胺类、二庚基亚枫、羟肟酸等[14,15];在 H_2SO_4 体系有 TBP、P204、二庚基亚枫等;在酒石酸 - H_2O_2 体系有 TBP、三辛胺[16]。

17.2.2.3 离子交换分离法

离子交换分离法是铌和钽与其杂质分离的有效方法。所用体系有 HF + HCl 体系、HF + H_2SO_4 体系、H_2SO_4 + H_2O_2 体系、HF + HNO_3 体系等。交换树脂有 Dowex, Dowex-50WX8 等。在日本, HF + HNO_3 体系已作为标准分析方法应用[17~19]。

17.2.2.4 色谱分离法[20,21]

色谱分离是一种物理化学分离技术。它是基于被分离的物质在固定相和流动相构成的体系中具有不同的分配系数,当两相做相对运动时,被分离的物质在两相间进行反复多次的分配,由于分配系数不同,物质移动的速度也不同,由此达到相互分离的目的。色谱法分为气相色谱和液相色谱两大类。气相色谱又分为气相(分配)色谱和气相吸附色谱。液相色谱又分为纸上色层谱、柱色谱和薄层色谱。按机理,液相色谱又分为液 - 液(分配)色谱、液 - 固(吸附)色谱、凝胶渗透(排阻)色谱和离子交换色谱(IP)。

最早的铌、钽色谱分离为纤维柱色谱分离法[22],后来又发展成纸上色层分离法。即用不同组分的展开剂使铌和钽在层析纸上分离开。如丁酮-HF 体系层析纸上二次间歇展开法,以 NH_4F 作掩蔽剂在正丁醇 - HF 体系展开剂使钽向上移动而与铌分开等。纸上色层重量法已成铌、钽精矿和冶炼过程中间产物分析的重要方法之一。常用展开剂如表 17-5 所示。

表 17-5 铌、钽纸上色层分离常用展开剂

分离物	展开剂	显色剂	文献
铌钽与杂质分离	HF + 甲基乙基酮	丹宁溶液	[22]
铌和钽分离	HF + 甲基乙基酮	吡啶 + 丙酮 + 醌茜素	[22]
铌和钽分离	HF + HNO_3 + 二乙基酮		[23]
铌和钽分离	HF + 乙酸正丁酯		[24]
铌钽与杂质分离	HF + HNO_3 + MIBK + 丁酮(15:5:60:20)	丹宁溶液	[21,25]
铌和钽分离	HF + HNO_3 + MIBK(8:4:88)	丹宁溶液	[21,25]

离子交换色谱(IP)在铌、钽冶金过程中主要用于过程控制中检测酸洗水、废水、纯水以及生活用水,也用于测定氟化物、氯化物等阴离子配合物。

17.2.3 铌和钽的基本分析方法

17.2.3.1 重量法

重量分析是铌和钽最经典的定量分析方法。它是根据称量反应生成物的质量来确定铌和钽的质量分数。方法以沉淀反应为基础(沉淀剂如表 17-4 所示),将铌和钽转变成难溶化合物的形式而沉淀下来,然后将铌、钽分离、干燥、灼烧、称重,最后计算出铌或钽的质量分数。

重量法直接用分析天平称重而获得分析结果,不必用基准物质(或标准试样),是一种绝对测定方法,因而准确度很高。重量法常为某些精确分析所采用,或用于确定基准物质或标准试样的组成和校对其他分析方法。但重量法操作烦琐、费时,不适于铌、钽低质量分数的样品。重量法一般用于含铌和钽大于 1% 以上的试样。常用方法有丹宁水解重量法、铜铁试剂沉淀法、苯胂酸沉淀法等[26]。

17.2.3.2　滴定法(容量法)[27]

滴定法是用一种已知准确质量分数的标准溶液(滴定剂)滴加到待测的铌、钽溶液中,直到所加的标准液与被测的铌、钽化合物按化学计量反应完全为止,然后根据标准溶液的质量分数和用量,计算出被测物质中的铌、钽质量分数。

滴定分析法比重量分析法简便、快速,在测定铌、钽试样的杂质的分析中应用很广,但在铌、钽分析测定中,滴定法应用范围不很广。

滴定法适于测定质量分数在 1% 以上的常量组分,有时也可以测定微量组分。测定的相对误差一般为 0.2% 左右。用于铌、钽试样分析的有配合物滴定法和氧化-还原滴定法两种。

A　络合滴定法测定铌[28,29]

方法是利用了五价铌易与 H_2O_2 和氮三乙酸(NTA)生成稳定的三元配合物的特点。分析时在试样经预处理得到的 HF 溶液中,先后加入双氧水和过量氮三乙酸,再加入定量六次甲基四胺溶液,调整 pH = 6,最后以 Cu^{2+} – 铬天青 S(CAS)-CXMAB 的配合物为指示剂,用 Cu^{2+} 标准液回滴过量的 NTA。滴定时溶液由粉红→褐色→紫蓝色→突变成亮蓝色,同时用消耗的 Cu^{2+} 标准液的体积计算质量分数。

B　氧化 – 还原滴定法[10]

方法是基于在酸性溶液中高价铌易为锌还原成 Nb^{3+} 而钽不能还原的原理测定铌的质量分数。具体做法是将测试溶液通过锌汞齐还原器,这时铌被锌还原:

$$Nb^{5+} + Zn = Nb^{3+} + Zn^{2+}$$

将流出含铌的溶液收集在含有过量的 $Fe_2(SO_4)_3$ 溶液中,这时铌为铁所氧化:

$$Nb^{3+} + Fe^{3+} = Nb^{5+} + Fe^{2+}$$

在加入 H_3PO_4 后,用 $KMnO_4$ 标准溶液测定滴定低价铁:

$$5Fe^{2+} + MnO_4^- + 8H^+ = 5Fe^{3+} + Mn^{2+} + 4H_2O$$

最后根据标准溶液耗量算出铌质量分数。

该法在测定铌时钽不产生干扰。但钛容易同铌一起同时还原而干扰测定结果。

17.2.3.3 纸上色谱分析法[21,29,30]

纸上色谱分析铌和钽既可以分析测定铌、钽总量，也可以测定铌或钽的分量，即用不同组分的展开剂使铌和钽在层析纸上分离开。如丁酮 – HF 体系层析纸上二次间歇展开法，以 NH_4F 作掩蔽剂在正丁醇 – HF 体系展开剂使钽向上移动而与铌分开，在浸有硝酸铵的色层纸上以 MIBK + HF + HNO_3 体系展开剂根据钽、铌不同 R_f 分辨率值进行有效分离分别测定等。纸上色层重量法已成为铌钽精矿和冶炼过程中间产物分析的重要方法之一。

17.2.3.4 电化学分析法

用于铌、钽试样分析的电化学分析方法主要有离子选择性电极法、催化极谱法和库仑分析法。

A 离子选择性电极法测定钽和铌[31,32]

离子选择电极法实际应用于金属铌和钽以及它们的合金、各种矿石和锡渣中测定铌和钽的质量分数[33,34]。离子选择电极是一种有选择性测定溶液中某一特定离子活度的化学敏感器。将离子电极插入含有待测含铌、钽或杂质离子的溶液中构成一个半电池，它的电极电位与离子活度之间服从能斯特(Nernst)方程，最后根据测定电池的电动势计算出金属离子的活度(浓度)。

方法是以 PVC 钽电极作指示电极，饱和甘汞电极作参比电极，边搅拌边测量电极电位。最后用一次加入标准法计算出钽的质量分数。方法可用于纯钽液、纯铌液和铌钽混合液的分析。在测定 0.010 ~ 100 mgTa_2O_5 时，RSD < 10%，铌及其他杂质元素不构成干扰。溶液体系为 HF-H_2SO_4-草酸铵。

B 催化极谱法[35~37]

近年来铌、钽极谱催化波分析有很大发展，先后报道的有 Nb(Ⅴ)-BPHA，Nb(Ⅴ)-苯羟基乙酸 – 酒石酸-$KClO_4$-溴化四甲胺，Ta(Ⅴ)-H_2SO_4-Cupf-酒石酸等催化极谱体系。方法灵敏度高，多用于矿石、合金钢中分析铌、钽。表 17-6 所示为铌和钽的极谱催化波。

表 17-6 铌和钽的极谱催化波[35~37]

元素	底液体系	催化波类型	峰电压或电位/V	测定灵敏度
铌	8 mol/L HCl，0.06 mol/L 羟胺	羟胺将 Nb 还原至 Nb 后络合还原波		10^{-8} mol/L
	$KClO_4$-EDTA		−0.9 ~ 1.5	10^{-8} mol/L
	0.08 mol/L 苦杏仁酸 −0.5 mol/L $KClO_4$ − 0.05mol/L 四甲基溴化铵	吸附催化波	−1.32	10^{-9} mol/L
	H_2SO_4-HCl-盐酸羟胺	平行催化波	−0.05 ~ 0.5	2 mg/mL

续表 17-6

元素	底液体系	催化波类型	峰电压或电位/V	测定灵敏度
钽	0.1 mol/LEDTA - 10^{-4} mol/LHPtCl, pH = 3.5	Pt 表面平行催化波	-1.1	5×10^{-6} mol/L
	4% 草酸 - 0.14% H_2O_2	草酸钽氧化得草酸亚汞催化波	0 开始	0.1 ~ 2 mg/25 mL

C　库仑分析法[2,3]

库仑分析法是一种准确率很高的绝对分析方法，多用于确定基体物质的纯度。该法是利用测量电解时所消耗的电量来代替称量或滴定标准液。铌和钽的库仑滴定的极谱行为如表 17-7 所示。

表 17-7　铌和钽的库仑滴定的极谱行为[3]

元　素	底　　液	半波电位/V	备　　注
铌(Ⅴ)	0.1 mol/L KCl, pH = 2.6 0.3 mol/L 柠檬酸钾, pH = 6.3 0.9 mol/L HNO_3	-1.28 -1.73 -0.70	可能是 NO_3^- 接触波
钽(Ⅴ)	0.9 mol/L HCl 0.1 mol/L 酒石酸钾, pH = 3 ~ 5	-1.16 -1.57	

17.2.3.5　吸光光度分析法[2,3]

吸光光度法又称为分光光度法（简称光度法），是一种对包括铌、钽在内的物质成分进行定性和定量分析的测试方法。该方法是根据物质的特征吸收光谱，检测吸光物质对确定波带能的吸收，对所测物质做出定性或定量分析。根据测定方式不同，主要有目视比色法、光电比色法、紫外-可见吸光光度法等。

目视比色法是以眼睛观察比较溶液颜色的深浅以确定铌或钽及杂质的质量分数。常用的目视比色法借助于和一系列标准溶液进行比较以测定试样含量，方法设备简单，操作简便，但标准色阶不稳定，有主观误差，准确度较低，测试相对误差为 5% ~ 20%。常用铌、钽比色分析的有焦性没食子酸法比色法、丁基罗丹明 B 比色法、硫氰酸盐直接比色法等。

光电比色法是利用光电效应和借助光电比色计来测定铌或钽以及杂质的质量分数。与目视比色法通过比较透光的强度来确定质量分数不同，光电比色法是比较显色溶液对某一波长的吸收情况来确定物质的质量分数。光电比色法用光电池代替人的眼睛进行测量，避免了眼睛观察的误差，从而提高了准确度。此外，当有其他物质共存时，可以采用滤光片和参比溶液来消除干扰，由此提高了选择性。光电比色计通常由电光源、滤光片、比色皿、光电池和检流计等部分组成。光源发出的光通过滤光片和比色皿后，照射到光电池上，所产生的光电流引起检流计的光标移动,最后在标尺上读取吸光度和计算所测物质的质量分数。

吸光光度法的基本原理和光电比色法相同。差别在于所用分光光度计获得单色光的方法不同。分光光度计不采用滤色片,而是用棱镜或光栅作分光镜。图17-1 所示为国产 721 型分光光度计的结构示意图。

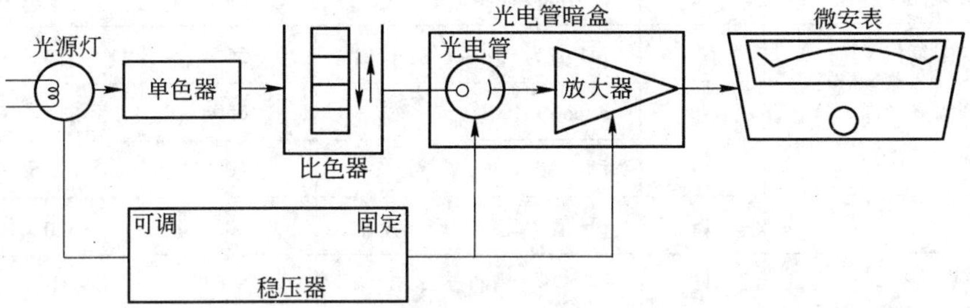

图 17-1 国产 721 型分光光度计的结构示意图

吸光光度法的灵敏度常以摩尔吸收系数表示。该系数是指物质的浓度为 1 mol/L 通过光程为 1 cm 时的吸光度。摩尔吸收系数愈大,表明灵敏度愈高。吸光光度法主要用于低质量分数或痕量组分的测定,应用广泛,操作简便、快速。

铌、钽的显色反应是吸光光度测定铌钽的基础,文献[38,39]有详细综述。

用于铌、钽显色反应的显色剂分为无机显色剂和有机显色剂两大类。无机显色剂数目较少,一般灵敏度较低,应用较多的有双氧水、硫氰酸盐等;有机显色剂能和铌、钽离子生成稳定的配合物,具有特征的颜色,而且选择性好,灵敏度高。有机显色剂大都是含有生色团和助色团的化合物。常用铌、钽无机和有机显色剂列于表 17-8。

表 17-8 常用铌、钽无机和有机显色剂[3,38~40]

试剂名称	测定元素	测定条件	测定波长 λ/nm	摩尔吸收系数或测定范围
H_2O_2	Nb	$H_2SO_4-H_3PO_4$ 介质	342	$(0\sim125)\times10^{-6}$
	Ta	$H_2SO_4-H_3PO_4$ 介质		
硫氰酸盐	Nb	0.5 mol/L 酒石酸-(2+1)HCl		
焦性没食子酸 1,2,3 三羟基苯	Nb	100g/L Na_2SO_3	目视	0.05% ~1.0%
	Ta	$(1+3)H_3PO_4$	目视	0.1% ~1.0%
4-(2-吡啶偶氮)-间苯二酚(PAR)	Nb	pH 值为 5,H_2O_2 作次级配体	590	2.2×10^4, $(0.1\sim17)\times10^{-6}$
	Ta	pH 值为 6.0~8.0	515	2.0×10^4
4-(2-吡啶偶氮)-萘酚(PAN)	Nb	pH 值为 2,24% 甲醇液,$CHCl_3$ 萃取	550	4.0×10^4

续表 17-8

试剂名称	测定元素	测定条件	测定波长 λ/nm	摩尔吸收系数或测定范围
溴邻苯三酚红(BPR)	Nb	pH 值为 6	610	4.0×10^4
水杨酸荧光酮(SAF)	Ta	0.1 mol/L HCl,动物胶	530	3.50×10^4
邻苯二酚紫(PV)	Nb	pH 值为 0.8 ~ 1.6, CPB①	565	5.3×10^4
氯代磺酚 S	Nb	3 mol/L HCl	650	3.3×10^4
结晶紫	Ta	酒石酸 – HF,苯萃取	500	6.0×10^4
甲基紫	Ta	pH 值为 2.3,HF,苯萃取	605	6.0×10^4
5-Br-PADAP	Ta	H_2SO_4 – 酒石酸	570	0 ~ 1.5 μg/mL
DSPCF	Nb	HCl – 酒石酸	660	0 ~ 4.0 μg/mL

① CPB 为溴化十六烷基吡啶。

已研究和应用的铌和钽的显色剂很多。为方便读者,这里做一简单分类:

(1) 选择性好,不需铌、钽的分离可以直接进行铌、钽测定的显色剂[43~46]:选择性好的显色剂有吡啶偶氮化合物,具有 2 – 羟基杂环偶氨化合物结构的化合物(如 5-Br-PADAP),o,o′-二羟基偶基机团化合物,荧光镓,磺酸基萘酚偶氮间苯二酚,1-(2-羟基-3-磺酸基-5-氯代基偶氮)-2-萘酚,酸性铬蓝 K,酸性铬紫,一些变色酸的双偶氮和 R 盐的单偶氮衍生物,如氯代磺酚 S、氯代磺酚 AE、氯代磺酚 M、氯代磺酚 K、磺基硝基酚 S、苦胺酸 S、苦胺酸 R 等。

(2) 萃取 – 光度法用显色剂[47~49]: 钽在 HF 酸溶液中生成的阴离子配合物,可与碱性染料阳离子生成能为苯、三氯甲烷、二氯乙烷、氯代苯等有机溶剂所萃取的离子缔合物,可将其用于萃取光度测定。这种碱性染料试剂可分为芳香甲烷类和醌亚胺类两大类。芳香甲烷类染料试剂中的三苯甲烷染料(如甲基紫、结晶紫、乙基紫、孔雀绿等)和钽离子反应的特点是酸度不高,允许铌量较大;醌亚胺类一些染料(如罗丹明 B、罗丹明 3B、罗丹明 6G 等)的反应特点是酸度较强,灵敏度较高,有的可用于荧光测定。醌亚胺类染料(如亚甲基蓝、亚甲基绿、铬天青 A、卡普鲁蓝、麦尔多拉蓝和耐尔蓝等)可在较高酸介质中反应,灵敏度和选择性也较好。其中卡普鲁蓝、麦尔多拉蓝和耐尔蓝在大量铌存在时,可以直接萃取光度测定钽。

(3) 胶束增敏显色反应体系显色剂[50~52]:金属离子与显色剂反应时,加入某些表面活性剂,可以生成胶束状化合物,颜色向长波方向移动(红移),灵敏度有显著提高,被称为胶束增敏吸光光度法。

铌、钽与荧光酮胶束显色反应列于表 17-9。铌和钽的胶束增敏吸光光度法应用实例如表 17-10 所示。

表 17-9 铌、钽与荧光酮胶束显色反应[49]

反应体系	介质条件	λ_{max}/nm	摩尔吸收系数 ε/L·(mol·cm)$^{-1}$	文献
Nb(V)-SAF-CTMAB	0.5 mol/L HCl	520	1.85×10^5	[52]
Nb(V)-o-NPF-CTMAB	0.16 mol/L HCl	520	1.63×10^5	[53]
Nb(V)-DBPF-OP(CTMAB)	0.5 mol/L HCl - 0.1 ~ 1.2 mol/L H_2SO_4	570	1.01×10^5	[54]
Nb(V)-PF-Triton X-100	0.24 ~ 0.48 mol/L H_2SO_4 0.18 ~ 0.36 mol/L H_2SO_4	525 520	1.0×10^5 6.5×10^4	[55]
Nb(V)-DCPF-CTMAB	0.4 ~ 0.7 mol/L H_2SO_4	532	1.7×10^5	[56]
Nb(V)-PF-CTMAB	0.72 ~ 1.8 mol/L HCl	510	8.75×10^4	[57]
Nb(V)-BPR-CPB(OP)	pH4.5 pH6.5 ~ 7.0	620 635	1.5×10^5 1.41×10^5	[58]
Nb(V)-DBG-CTMAB	0.03 ~ 0.1 mol/L H_2SO_4	640	5.9×10^4	[59]
Ta(V)-3AF-CTMAB(CPB)	2.0 mol/L HCl 0.25 ~ 0.6 mol/L HCl	513 519	1.95×10^5 2.9×10^5	[60]
Ta(V)-6NPF-CTMAB	0.1 ~ 0.3 mol/L, HCl	505	1.73×10^5	[61]
Ta(V)-DBPF-CBB	0.3 ~ 0.9 mol/L HCl	510	2.03×10^5	[61]
Ta(V)-DBPF-CTMAB	1.0 ~ 1.5 mol/L, HCl	550	1.1×10^5	[62]
Ta(V)-DBNPF-Triton X-100	0.05 ~ 5 mol/L H_2SO_4	530	1.76×10^5	[63]
Ta(V)-DBCPF-CTMAB	0.48 mol/L H_2SO_4	562	1.28×10^5	[64]
Ta(V)-DCPF-CTMAB	1.0 ~ 1.8 mol/L H_2SO_4	520	1.7×10^5	[65]
Ta(V)-AFTF-CTMAB	1.0 mol/L H_2SO_4	555	4.6×10^4	[66]
Ta(V)-BPR-CTMAB	pH3.2	624	3.04×10^5	[67]

表 17-10 铌和钽的胶束增敏吸光光度法应用实例

元素	显色剂	表面活性剂	适宜 pH	组成比	λ_{max}/nm	摩尔吸收系数 ε/L·(mol·cm)$^{-1}$	测定范围	应用
铌	PV	CPB	0.8 ~ 1.6	1/4	565	5.3×10^4	0.2 ~ 2.0 μg/mL	矿物
钽	PV	CPB	1.2 ~ 1.4 mol/L HCl		605 ~ 610		4.5 ~ 45 μg/25 mL	
	BPR	CTMAB	3.5 ~ 4.2		620	1.1×10^5	0 ~ 60 μg/50 mL	
	苏木精	CPB	0.08 mol/L HCl		605	1.2×10^5	0.4 ~ 2.0 μg/mL	矿物

（4）多元配合物体系[68,69]：许多灵敏和高灵敏的吸光光度法都是基于形成三元或多元配合物体系。Nb(Ⅴ)和钽(Ⅴ)具有高配位数，容易生成多元配合物。目前应用最多的是由一种金属和两种配位体所组的配合物，一般称为三元配合物。5 价铌和钽容易生成多元配合物。例如，Nb(Ⅴ)和 Ta(Ⅴ)与 2-羟杂环偶氮类和酸性染料类试剂的显色反应，高酸体系中 Nb(Ⅴ)与邻苯二酚-CAM 的显色反应体系，铌与硫氰酸盐生成的配合物阴离子与带正电荷的碱性染料阳离子(如亚甲基蓝、罗丹明 C、孔雀绿、结晶紫等)的显色反应，钽-N-对-氯代苯基苯羟肟酸 - 孔雀

绿等显色体系。

17.3　光谱分析法

17.3.1　红外光谱分析

红外光是指波长 0.8 ~ 1000 μm 或 12500 ~ 10 cm 的光，其中使用较多的是 2.5 ~ 25 μm 的中红外光谱。当以红外光照射分子时，由于红外光的能量大小与分子中原子振动能级在数量上相当，故能引起分子中原子振动能级跃迁而产生红外吸收光谱。所产生的红外光谱与物质结构有关，因此可以利用红外光谱进行化合物鉴定和做定性定量分析。由于原子及单原子离子不吸收红外光，故红外光谱不适于研究无机化合物的阳离子。

铌、钽冶金中红外光谱主要用于测定环境中的污染气体，如碳氢化物、氨气、酸气等。利用无机红外光谱分析可以同时测定铌或钽合金中的铌和钽。测定范围为 0.01 ~ 0.05 mg/mL[70]。

17.3.2　X 射线荧光光谱法（XRF）[3,72~74]

在用 X 射线照射物质时，除发生散射和吸收现象外，还产生次级 X 射线，即荧光 X 射线。荧光 X 射线的波长只取决于原子的种类，故根据荧光 X 射线波长便可确定物质中元素的组分，根据荧光 X 射线的强度可进一步确定元素的质量分数。X 射线荧光光谱仪的结构示意图如图 17-2 所示。

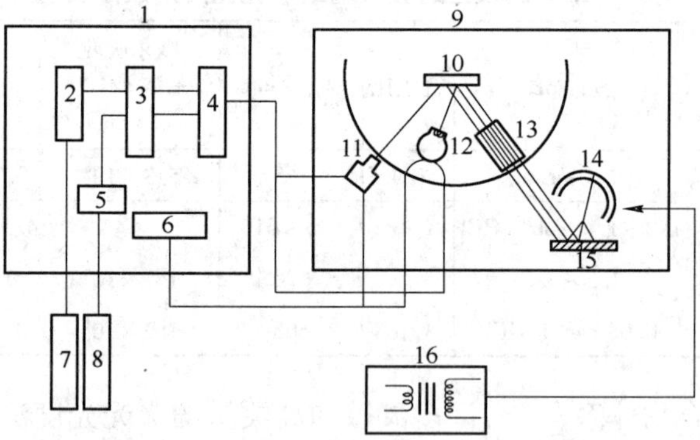

图 17-2　X 射线荧光光谱仪的结构示意图[3]

1—记数记录装置；2—定标器；3—波高分析器；4—放大器；5—比率计；
6—高压电源；7—打字机；8—记录仪；9—分光装置；10—分光晶体；
11—闪烁记数器；12—正比计数器；13—狭缝；14—X 射线管；
15—样品；16—X 射线高压电源

X 射线荧光光谱分析法是一种快速、准确,对样品无损伤的分析检测方法。它可以分析元素周期表中从硼到铀的所有元素,测定范围(质量分数)从 10^{-6} 到 100%,测定的相对偏差(质量分数)在 92% ~0.02%。可以对固体、液体、气体以及粉末、矿浆等各种样品进行定性和定量分析。

一些稀有金属的化学性质十分相似,用化学分析等方法分析这些元素较为困难,而 X 射线谱与元素的化学性质几乎无关,并且干扰少,因此 X 射线荧光光谱法可以准确、快速地测定铌、钽、钨、钼、钛、稀土等,在国内外广泛用于产品快速质量管理、流程分析等工业控制中。X 射线在铌、钽冶炼过程中用于原料、中间物料和各种产品的分析测试,如铌钽精矿、氧化物、合金、化合物单晶等的成分分析、铌钽比率测定等。目前,XRF 法是唯一能快速、直接定量测定冶炼中间产品中铌和钽以及杂质质量分数的方法。该法的缺点是标样的制备比较烦琐、困难。XRF 在铌和钽合金分析中的应用情况如表 17-11 所示。

表 17-11 XRF 在铌和钽合金分析中的应用情况[73]

试 样	分析元素	分 析 方 法	测定范围(质量分数)/%
钽铌合金	铌	合金于 900℃灼烧成氧化物,磨细与硼酸混合,在 1.4×10^3 MPa 压力下压成圆片,以 XRF 分析,分析线 NbKα22.39°。标准试样以高纯氧化钽、氧化铌配成主标样再按比例依次稀释而成,内标为 TaLα 45.39°	1 ~80
铌钛合金	铌、钛	试样经氢氟酸、硝酸分解,加入柠檬酸和饱和硼酸溶液定容,取定量试液滴于专用滤纸上制成试样,XRF 测定,分析线NbKα、TiKα,Ti、Nb 互为内标	
铌锆合金	锆	试样以硫酸氢钾-硫酸分解,浇铸冷凝后制成试样玻璃片,XRF 测定,分析线 ZrKα	0.01 ~4
		试样以氢氟酸、硝酸分解,蒸干,加入硼酸锂、碳酸锂、溴化钾,在 1100℃下熔融 15 min,铸入含有黄金的铂模坩埚中,冷却制成玻璃片,XRF 测定,分析线 ZrKα	0.01 ~10
铌钽钨合金	钽、钨、钛锆	试样在 1000℃下灼烧成氧化物,磨细,以硼酸为底衬,在不低于 1.4×10^3 MPa 压力下制成片,XRF 法分析,分析线:Ti86.14°、Zr55.55°、W43.02°、Ta44.42°	0.5 ~10
铌钨钼合金	铌、钨、钼锆、硅、钽钇	合金试样的处理方法同铌钽钨合金,压片后 XRF 法测定,分析线:NbKα、WLα、MoKα、ZrKα、SiKα、TaLα、YKα	0.05 ~10
铌铪合金	钨、钽、铪、钛、锆	合金试样于 800℃下灼烧,使完全氧化,磨细至孔径为 0.074 mm 以下,标准试样以炭粉稀释成含量不同的系列,压成片,含量不同的合金试样以化学法测定的平均值为标样值。XRF 法测定,分析线:WLα 43.0°、TaLα44.42°、HfLα 97.96°、TiKα86.14°、ZrLα 87.96°。强度校正模式为伽马校正程序	0.2 ~10

17.3.3　原子吸收光谱分析(AAS)[2,3,80~85]

原子吸收光谱分析法是利用待测元素的基态原子蒸气对该元素特征光辐射的吸收,在一定范围内原子蒸气对光的吸光度与蒸气中的自由原子的数目成比例,根据与已知标准质量浓度的比较,求得待测元素的质量分数。所用原子吸收光谱仪为原子吸收分光光度计,主要由光源、原子化器、分光系统和检测系统组成。图17-3 所示为原子吸收分光光度计示意图[3]。

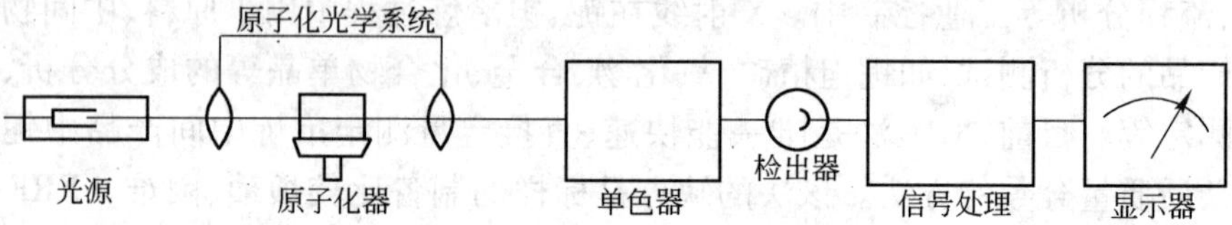

图 17-3　原子吸收分光光度计示意图

该方法具有灵敏度高(可与质谱分析和活化分析相媲美)、选择性好(通常不需预先化学处理)、测定速度快等优点。表 17-12 所示为原子吸收光谱分析方法的检出限及比较；图 17-13 所示为火焰原子吸收光谱法的灵敏度和检出限。

表 17-12　原子光谱分析和等离子光谱分析中铌和钽检出限的比较[2,3]

元　素	检出限/μg · mL⁻¹	
	火焰原子吸收光谱法(FAAS)	电感耦合等离子体发射光谱法(ICP-AES)
Nb	1.0	0.02
Ta	1.0	0.02
Ti	0.05	0.02
Mo	0.03	0.005

表 17-13　火焰原子吸收光谱法测定铌和钽的灵敏度和检出限[2,3]

元素	分析线/nm	振子强度	光源	火焰	灵敏度 ρ/μg · mL⁻¹	检出限 ρ/μg · mL⁻¹	直线质量浓度上限 ρ/μg · mL⁻¹
Nb	334.37		H	N-A	20		1000
	334.91	0.09	H	N-A	24		
	334.91	0.09	H	N_2-O_2-A	27		
	358.03	0.12	H	N-A	22		
	358.03	0.12	H	N_2-O_2-A	27		
	406.89	0.19	H	N-A	35		
	407.97		H	N-A	28		

续表 17-13

元素	分析线/nm	振子强度	光源	火焰	灵敏度 $\rho/\mu g \cdot mL^{-1}$	检出限 $\rho/\mu g \cdot mL^{-1}$	直线质量浓度上限 $\rho/\mu g \cdot mL^{-1}$
Ta	255.94	0.65	H	N-A	40	1.0	1000
	260.86		H	N-A	34		
	265.33		H	N-A	43		
	266.33		H	N-A	40		
	271.47		H	N-A	16		
	275.83		H	N-A	50		
	277.59		H	N-A	58		

注：1. H 为空心阴极灯；

2. N-A 为 $N_2O-C_2H_2$；

3. 灵敏度以能产生1%吸收的被测元素质量分数表示，检出限以能产出两倍噪声大小的讯号所对应的物质质量浓度表示；

4. 直线质量浓度上限指吸光光度与质量分数成正比区间的最高质量浓度，一般视为灵敏度值的 50～100 倍。

17.3.4 原子发射光谱分析[80～85]

原子发射光谱分析是利用试样在激发光源的作用下，根据原子或离子所发射的特征光谱线的波长或强度，对元素进行定性和定量检测的一种方法。分析过程包括制样（试样处理和标样制备）、发光（样品的原子化和原子的激发发光或原子电离后激发发光）、分光（把光分解为光谱）、测光（测量谱线强度）和计算结果等环节。发射光谱仪器的结构包括激发光源、分光装置和检测装置三大部分。激发光源用于使样品蒸发、激发而发光，其种类较多。各种激发光源的适用范围和分析性能比较如表 17-14 所示。

表 17-14 各种激发光源的适用范围和分析性能比较[3]

激发光源种类	适用的试样状态					适用的分析任务					分析性能比较			
	块状	粉末	溶液	溶液残渣	气体	常量分析	微痕量分析	微区分析	表层分析	碱金属测定	可测定的元素种类	检出限①	精度	操作手续
火焰光源			适用				适用			适用	少	低	好	简单
电火花光源	适用			适用		适用					多	高	好	简单
电弧光源	适用	适用		适用			适用				多	低	差	简单
直流等离子体			适用				适用				多	低	中	简单
高频等离子体			适用				适用				多	低	好	简单

续表 17-14

激发光源种类	适用的试样状态					适用的分析任务					分析性能比较			
	块状	粉末	溶液	溶液残渣	气体	常量分析	微痕量分析	微区分析	表层分析	碱金属测定	可测定的元素种类	检出限①	精度	操作手续
微波等离子体				适用	适用		适用				多	低	差	较繁
空心阴极光源	适用			适用			适用				多	低	中	较繁
辉光放电光源	适用					适用			适用		多	高	好	较繁
激光光源	适用							适用			多	高	差	简单

① 检出限低表示检出能力强。

原子发射光谱分析可测定约 70 种金属元素，对同一试样可以同时测定几种到几十种元素。目前应用最多和有效的是以电感耦合等离子体为光源的发射光谱分析（ICP-AES）。铌、钽冶炼过程中，原子发射光谱分析常用于岩石矿物、冶炼过程中间物料和产品的定性和定量分析。表 17-15 所示为 ICP-AES 法的具体实例。

表 17-15　ICP-AES 光谱法在铌、钽及其化合物分析中的应用[75]

试样	分析元素	分析方法	测定下限（质量分数）/$\mu g \cdot g^{-1}$
氧化钽	铝、硼、钙、铬、铜、铁、镁、锰、钼、铌、镍、钛、钨	试样以氢氟酸、硝酸在微波分解装置中分解，在标准液系列中各加入与试样等量钽液，进行基体匹配，以 ICP-AES 分析。分析线（nm）：Al，309.27；B，249.67；Ca，393.36；Cr，283.56；Cu，324.75；Fe，239.56；Mg，279.55；Mn，294.92；Mo，386.41；Nb，269.70；Ni，361.93；Ti，336.12；W，209.47	1～5
钽	铝、钙、铬、铜、铁、镁、锰、钼、铌、镍、铅、锡、钛	以硝酸、氢氟酸分解试样，用标准加入法，以多道、扫描结合光谱仪 ICP-AES 求出钽中杂质含量，并以 Q 系数法校正分析结果	1～5
铌	铬、铜、钨、镍、硅、铁、钽、钼、钛、锆、铝、铅	试样以氢氟酸、硝酸溶解，以酒石酸为介质，采用标准加入法以 ICP-AES 法测定铌中 12 个杂质元素。分析线（nm）：Cr，205.55；Cu，223.00；W，224.87；Ni，231.60；Si，252.85；Fe，273.95；Ta，263.55；Mo，281.61；Ti，337.26；Zr，349.62；Al，394.40；Pb，405.78	0.6～5.4 Pb：15
钽、铌	钡、钙、铁、镁、锰、钇、镧、硼、镉、钴、铬、铜、铪、钼、钛、钠、铌、锶、锆、钽	试样以氢氟酸、硝酸在微波炉内分解，于红外灯下烘至近干，加水、氢氟酸溶解，以二安替吡啉甲烷（DAM）－二氯乙烷萃取试样溶液，弃去有机相，水相以 ICP-AES 测定杂质元素	1～5
钽	铁、镍、铬、铌、钛、锰、铜、镁、铝、钙	试样以氢氟酸、硝酸分解，通过阴离子交换树脂吸附钽，流出液加硫酸加热使冒白烟，加入酒石酸和水溶解盐类，ICP-AES 法测定	1～10
钽酸锂	钙、镁、钒、铬、锰、铁、钴、镍、铜、锌、镉	试样加入氢氟酸、硝酸微波分解，在铂坩埚中蒸至近干，加水和氢氟酸溶解，加酒石酸定容，通过阳离子交换树脂，洗脱液定容，以 ICP-AES 法测定	1～5

续表 17-15

试样	分析元素	分析方法	测定下限(质量分数)/μg·g^{-1}
铌酸锂	钙、镁、钒、锰、铁、钴、镍、铜、锌、铬	试样以氢氟酸、硝酸微波分解,在铂坩埚中蒸至近干,呈湿盐状,加水溶解,通过阳离子交换树脂,洗脱液定容,以ICP-AES法测定杂质元素	1~5
高纯氧化铌	铋、钙、钴、铜、铁、钾、镁、钒、镍、锰、铅	试样以氢氟酸、硝酸微波分解,以阳离子交换树脂分离除去基体铌,用氢氟酸作淋洗液,最后以3 mol/L盐酸洗脱液定容,在此介质下以ICP-AES法测定	0.5~5
碳化钽氮化钽	钙、镁、锰、钴、铬、钨、锆、钛、铌、铁	碳化钽试样置于高压容器的聚四氟乙烯坩埚中,加入氢氟酸、硝酸和H_2O_2于180℃加压溶解;氮化钽试样置于同样容器中加入硝酸、H_2O_2于160℃,加压溶解,冷却后,再加入硼酸和硝酸以防止金属离子水解。以ICP-AES方法测定。分析线(nm):Ca,393.36;Co,228.61;Cr,267.71;W,209.47;Fe,239.56;Mg,279.55;Mn,294.92;Nb,332.54;Ti,336.12;Zr,339.19	W8.9 其他:0.1~5
氟钽酸钾	铝、钙、铜、铁、锰、镁、钼、铌、镍、钛、钨、硅	试样用硝酸加热分解,并滴加少许氢氟酸至分解完全,再加入酒石酸—硼酸混合溶液,定容。在标准溶液中加入与试样中等量的钽液作基体匹配,以ICP-AES方法测定	1~5

17.4 质谱法[2,3]

质谱分析具有分析速度快、灵敏度高和多元素分析的特点,广泛用于高纯金属和半导体材料的杂质分析,也用于结构分析和显微图像的分析。质谱分析既可进行定性分析,又可进行定量分析。用于冶金分析的质谱仪由离子源、质量分析器和离子接收系统三部分组成。铌、钽冶金中较常应用的有电感耦合等离子体质谱法(ICP-MS)、辉光放电质谱法(GDMS)和火花质谱法(SSMS)。图17-4所示为火花源质谱仪原理图。

由图17-4可知,在离子源内试样被加在其上的高频火花所电离,被电离的带电离子在加速电压作用下进入静电场,离子通过电荷收集器而进入磁分析器,在洛伦兹力作用下,不同质量和不同电荷的离子的旋转半径不同,于是在磁场中实现了质量分离,并按质荷比分别聚焦成不同的离子束,最后在离子感光板上被记录下来,同时获得主体金属与杂质元素的质谱线图。

17.4.1 电感耦合等离子体质谱法[2,3,75,86]

电感耦合等离子体质谱法(ICP-MS)是高纯金属中痕量元素的重要分析方法,它主要由电感耦合等离子源和质谱分析器组成。ICP-MS法主要用于高纯氧化铌、高纯氧化钽、金属钽等中的杂质分析,如表17-16所示。

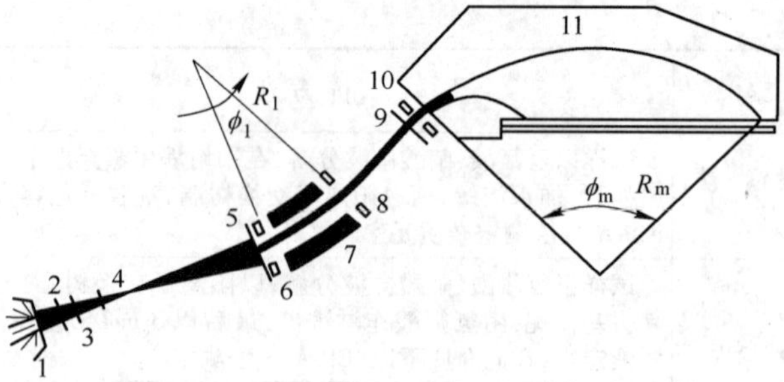

图 17-4　火花源质谱仪原理图

1—打火电极；2—加速电极；3—地电极；4—主缝；5—α 缝；6，8—电屏蔽；7—偏转电极；9—β 缝；10—磁屏蔽；11—磁场

表 17-16　ICP-MS 法分析铌、钽及其化合物[75]

试　样	分 析 元 素	分 析 方 法	测定范围（质量分数）/μg · g^{-1}
高纯钽（铌）氧化物	钛、钒、铬等 19 个元素	试样经氢氟酸、硝酸微波溶解，以 Ga、In、Rh 为内标校正基体效应，检测元素质量数为：^{49}Ti　^{51}V　^{53}Cr　^{55}Mn　^{59}Co　^{60}Ni　^{63}Cu　^{75}As　^{82}Se　^{88}Sr　^{97}Mo　^{114}Cd　^{118}Sn　^{123}Sb　^{136}Ba　^{177}Hf　^{184}W　^{208}Pb　^{209}Bi；检定限 0.005 ~ 0.2 μg/g，回收率 87% ~110%	0.01 ~0.4
钽	锂、钠、镁等 16 个元素	以氢氟酸、硝酸分解试样，溶液经阳离子交换柱将主体钽分离，杂质元素的洗脱液进入流动注射系统，以常规雾化器导入 ICP-MS，待测元素的质量数为：^{7}Li　^{23}Na　^{24}Mg　^{55}Mn　^{59}Co　^{63}Cu　^{66}Zn　^{69}Ga　^{85}Rb　^{88}Sr　^{111}Cd　^{115}In　^{138}Ba　^{205}Tl　^{208}Pb　^{209}Bi	0.03 ~6 ng/g
钽	铍、铝、钛等 11 个元素	试样以氢氟酸、硝酸分解后，溶液通过阴离子交换柱，吸附分离主体钽，流出液中待测元素以 ICP-MS 测定，质量数为：^{9}Be　^{48}Ti　^{95}Mo　^{120}Sn　^{232}Th　^{238}U 在 ng/g 水平，其他^{27}Al　^{53}Cr　^{60}Ni　^{93}Nb 等	下限 10^{-3} ~1

17.4.2　辉光放电质谱法[75]

辉光放电质谱法（GD-MS）是目前对导体材料直接进行痕量和超痕量元素分析的最有效手段。由于可以直接固体进料，被广泛用于包括铌、钽在内的各种高纯金属及合金的分析。该法的测试动态线性范围很宽，即使在没有标样的情况下，也能检出比较准确的结果，十分有利超纯金属分析。该方法质量分辨率高，可分析元素周期表中绝大多数元素，典型元素检出限达 0.01μg/g，精度小于 1%。表 17-17 所示为 GD-MS 法测定高纯金属钽中的杂质元素结果。

表 17-17 GD-MS 法测定高纯金属钽中的杂质元素数据[73]

元素	质量分数/%	元素	质量分数/%	元素	质量分数/%	元素	质量分数/%	元素	质量分数/%
Li	0.05	V	<0.001	Zr	<0.02	La	<0.001	W	<2.3
Be	0.006	Cr	0.01	Nb	4.3	Ce	<0.001	Re	<0.005
B	<0.001	Mn	<0.001	Mo	1.3	Pr	<0.001	Os	<0.005
F	0.34	Fe	0.11	Ru	<0.01	Nd	<0.005	Ir	<0.01
Na	0.01	Co	<0.001	Rh	<0.001	Sm	<0.005	Pt	0.03
Mg	0.03	Ni	0.009	Pd	<0.005	Eu	<0.005	Hg	<0.03
Al	1.6	Cu	0.03	Ag	<0.01	Gd	<0.005	Tl	<0.001
Si	1.4	Zn	<0.01	Cd	<0.05	Tb	<0.001	Pb	<0.005
P	0.08	Ga	0.07	Sn	<0.05	Dy	<0.005	Bi	<0.005
S	0.04	Ge	0.03	Sb	<0.01	Ho	<0.001	Th	<0.001
Cl	0.07	As	<0.01	In	<0.005	Er	<0.005	U	0.001 <
K	<0.1	Br	<0.02	Te	<0.04	Tm	<0.001		
Ca	0.19	Sc	<0.05	I	<0.001	Yb	<0.005		
Sc	<0.001	Rb	<0.005	Cs	0.008	Lu	<0.001		
Ti	0.009	Y	0.005	Ba	<0.001	Hf	<0.08		

17.5 核技术分析

核技术分析主要分为活化分析和离子束分析两种。其中,活化分析又有中子活化分析、带电粒子活化分析、光子活化分析等;离子束分析包括核反应分析、质子X荧光分析、低能离子散射分析等。

17.5.1 中子活化分析法[87,88]

中子活化分析法(NAA)是用一定能量和流强的中子(包括热中子、共振中子和快中子)轰击待测试样,然后测定由核反应生成的放射性核衰变时放出的缓发辐射或者直接测定核反应中放出的瞬发辐射,从而实现元素的定性和定量分析。中子活化分析包括试样制备、参考标准制定、放射化学分离和核辐射测量等步骤。

活化分析具有灵敏度高(10^{-6} ~ 10^{-13} g)、准确度高、精密度好等优点,可进行80多种元素非破坏分析。可测定像铌钽、锆铪这样化学性质极相似的元素。

17.5.2 质子活化分析法[89]

质子活化分析法是将待测试样放在各种加速器的束流中照射,这时质子与试样进行核反应,形成复合核而处于激发状态,复合核放出各种粒子并从激发态返回到基态,同时形成新的产核,然后根据测量核反应过程中放出的粒子而进行微量元素分析的方法。这种带电粒子活化分析在稀有金属分析中有广泛应用,包括高纯材料表面分析、金属中气体分析、深度分布的分析,如分析铌、锗表面层氧的深度分布。

17.5.3　示踪原子分析法

示踪原子分析法较多用于科学研究。以溶剂萃取为例,采用^{93}Nb为示踪原子测定,可立即算出萃取分配系数、萃取率等数据,方法简便、快速。

17.6　铌(钽)矿物和冶金过程中的中间物料分析

铌(钽)矿物和冶金过程中间物料分析的特点是:(1)铌(钽)矿物和冶金过程中间物料中的铌和钽以及按冶炼工艺需要分析测定的元素大都处于常量水平。(2)冶金过程中间物料既有液体样,也有固体样。要求分析的内容主要为铌和钽的总量、铌和钽的分量和样品中的杂质。

铌、钽中间物料和产品中的杂质元素如W、Mo、Ti、Zr、Si、Fe、Mn、Al、Cu、K、Na等的分析国家已制定了一系列国家标准。以下仅介绍铌钽合量和分量的分析。

17.6.1　铌和钽的总量测定

有多种测定铌和钽总量的方法。常用的有丹宁沉淀-重量法和纸上色谱-重量法。

17.6.1.1　丹宁沉淀－重量法[90,91]

试样用Na_2O_2在铁坩埚中于700～750℃熔融分解,用NaCl浸洗取,过滤后的沉淀物用盐酸溶解铌和钽以及钛、铁等,再用丹宁沉淀铌和钽,过滤后将沉淀物连同滤纸置于铂坩埚中灰化,并在高温炉中于850～900℃灼烧至恒量并称量计算铌、钽氧化含量。

为了除去杂质,在丹宁沉淀铌和钽时,在溶液中加入EDTA和抗坏血酸,使Ti、Zr、Fe保留在溶液中。在坩埚灰化时加几滴浓硫酸和氢氟酸并在砂浴上加热至冒烟以除去硅。为确保结果可靠,最后用吸光光度法校正以扣除铌钽氧化物中的钛。该方法的RSD低于1.0%。

17.6.1.2　纸上色谱－重量法[92]

该方法是基于萃取分离原理,即在氢氟酸溶液中,铌和钽生成的氟配合物的在有机萃取剂中的分配系数大大高于样品中的杂质元素,借纸上色谱法而将它们分离开。所用展开剂为甲基异丁基酮－丁酮－氢氟酸－硝酸。操作时是将分解处理好的样品溶液涂在色层纸上的一端,直立放入盛有展开剂的色层箱内,盖紧箱盖,进行色层分布。由于铌和钽的 *Rf* 值大于杂质的 *Rf* 值,铌钽层便和杂质层分开形成各自的层带。取出色层纸,先用氨水中和纸上残存的氢氟酸,最后喷上丹宁酸溶液显色,所生成的橙黄色带即为铌钽色带。剪下、灰化处理、灼烧、称量并计算。

该方法适用于分析含铌钽氧化物总量 5% ~70% 的样品,分析相对偏差不大于0.5%。

17.6.2 铌和钽分量的测定

铌或钽分量测定主要应用纸上色谱 - 重量法、离子交换 - 重量法、络合滴定法、离子选择性电极法和 X 射线荧光光谱法等方法,如表 17-18 所示。

表 17-18 铌或钽分量测定常用方法

方 法	主要条件	测定质量分数范围/%	文 献
纸上色谱 - 重量法	$HF + HNO_3$ 混酸分解,MIBK-丁酮-HF-HNO 展开剂,在涂有 2/3 硝酸铵的色层纸上利用分辨率不同($Rf_{Ta}=0.9$,$Rf_{Nb}=0.6$,$Rf_{杂质}\approx 0$)将铌、钽和杂质在色层纸上分离开,分别称量	1.00%(同时测定铌、钽分量)	[93]
离子交换 - 重量法	矿物分解液用 EDTA + HCl 溶液沉淀 Nb、Ta、Ti、Sn,再用 HF + HCl 混酸溶解沉淀物,用阴离子交换树脂吸附后分别淋洗出 Ti、Sn、Nb、Ta,最后丹宁分别沉淀铌、钽,称量并计算	1.00%(同时测定铌、钽分量)	[94]
络合滴定法	试样中加入 H_2O_2、氮三乙酸(NTA),使生成铌的三元配合物,以 Cu^{2+} - 铬天青 S(CAS-CTMAB 为指示剂,再用 Cu^{2+} 酸回滴过量加入的氮三乙酸,终点为蓝色	1 ~8 mg/mL Nb_2O_5(溶液试样测定铌)	[95]
离子选择性电极法	在 $HF + H_2SO_4 + H_2C_2O_4$ 体系中,以 PVC 钽电极作指示电极,饱和甘汞电极作参比电极,边搅拌边测量电极电位。用标准加入法计算溶液中钽的浓度。测钽时铌不干扰	0.01 ~100 mg/mL Ta_2O_5(溶液试样测定钽)	[96]
X 射线荧光光谱法	在 $HF + H_2SO_4 + HNO_3$ 体系中,分别以钼和锌为内标,根据标准试样测定溶液中铌和钽的含量。X 射线管压 35 kV,电流 20 mA,增益 16,分析线(2θ):NbKα,21.35°;TaLα,44.38°	1 ~200 mg(溶液试样,同时测定铌、钽分量)	[97]

17.7 金属铌和钽及其高纯化合物的分析

金属铌和钽及其高纯化合物中主体金属质量分数一般在 95% 以上。随着铌钽冶金技术的进步,产品纯度在不断地提高。高纯铌或钽的氧化物的纯度甚至达到 99.99% ~99.999%,杂质量处于微量、痕量水平,要求分析测试的杂质水平(质量分数)多为 1×10^{-6} 甚至 5×10^{-8}。铌钽的纯度分析较为广泛使用吸光光度法和 AES 法,近年已发展采用 AAS、ICP-AES、XRF、电化学法、中子活化法等新的分析技术。

17.7.1　高纯铌中微量钽的测定

高纯铌中测定微量钽的方法主要用吸光光度法，如表 17-19 所示。

表 17-19　高纯铌中测定微量钽的方法

方　法	主要条件	测定范围	文献
焦性没食子酸吸光光度法	试样用 HF 酸分解，MIBK + 丁酮 + HF + HNO_3 展开剂纸上色谱分离；钽带再用 $K_2S_2O_7$ 熔融，草酸铵浸出，加入 H_3PO_4 和焦性没食子酸生成黄色钽配合物，于 400 nm 波长处进行吸光光度测定	适于含大于 0.1% Ta 的铌产品	[83]
5-Br-PADAP 吸光光度法	试样先用纸上色谱分离掉铌及杂质，再在 KF + H_2SO_4 介质中用丁基罗丹明 B-苯萃取剂萃取钽，最后对萃取饱和有机相进行吸光度测定钽量	0 ~ 1.5 mg/mL Ta	[99]
水杨基荧光酮吸光光度法	试样先用纸上色谱分离掉铌及杂质，钽带灰化后用 $K_2S_2O_7$ 熔融，再在酒石酸 + H_2SO_4 介质中加动物胶、CPB 乙醇和 SAF，在波长 510 nm 处进行吸光度测定钽质量分数	0 ~ 0.30 mg/mL Ta	[100]

17.7.2　高纯钽中微量铌的测定

高纯钽中测定微量铌的方法主要用吸光光度法。预分离有纸上色谱分离、萃取分离和离子交换分离，如表 17-20 所示。

表 17-20　高纯钽中测定微量铌的方法

方　法	主要条件	测定范围	文献
纸上色谱分离 - 焦性没食子酸光度法	试样先用纸上色谱分离掉钽及杂质，铌带灰化后用 $K_2S_2O_7$ 熔融，再在草酸铵和硫酸钾溶液中加入焦性没食子酸，于 410 nm 波长处测量吸光度，计算铌质量分数	0 ~ 0.04 mg/mL Nb_2O_5	[101]
纸上色谱分离 - DSPCF 光度法	试样先用纸上色谱分离掉钽及杂质，铌带灰化后用 $K_2S_2O_7$ 熔融，再在酒石酸和硫酸钾溶液中加入 N′-二 2-(羟基-5-磺基苯)-C-氰基甲(DSPCF)，于 410 nm 波长处测量吸光度，计算铌量	0 ~ 0.04 mg/mL Nb_2O_5	[101]
溶剂萃取分离-DSPCF 光度法	试样用 HF 酸 + 硝酸溶解，用 MIBK 萃取分离掉钽，含铌的萃余相在低温下蒸干，用焦硫酸钾熔融，再在草酸铵和硫酸钾溶液中加入 DSPCF，于 410 nm 波长处测量吸光度，计算铌量	0.001% Nb	[102]
阴离子交换柱 - 硫氰酸盐光度法	试样用 HF 酸 + 硝酸溶解，用阴离子交换柱处理(水膨润型强碱性树脂)除钽，在铌流出液中加入酒石酸并蒸干，用 HCl、H_3BO_4、$SnCl_2$ 和 NH_4CSN 溶解，最后用乙醚萃取	0.001% Nb	[98]
阴离子交换 - 氯代磺酚 S 光度法	试样用 HF 酸 + 硝酸溶解，用阴离子交换柱处理除钽，流出液经 $HClO_3$ + H_2SO_4 处理后溶于 HCl，用氯代磺酚光度法测定铌	0.001% Nb	[98]

17.7.3 铌、钽和铌钽产品及中间物料分析国家标准和部颁标准

国内外铌、钽和铌钽产品及中间物料分析标准如表17-21所示。

表17-21 国内外铌、钽和铌钽产品及中间物料分析标准

物料名	标准号	测定元素	分析方法	测定范围（质量分数）/%
铌铁	国标 GB3654,1—83	Nb,Ta	纸上色层重量法	Nb,50～80;TaO,4～1.5
	国标 GB3654,2—83	Cu	萃取光度法	4×10^{-3}～0.18
	国标 GB3654,3—83	Si	重量法	1.00～10.00
	国标 GB3654,8—83	Ti	变色酸光度法	1×10^{-2}～2.50
	国标 GB3654,9—83	W	硫氰酸盐光度法	0.1～2.0
	国标 GB3654,10—83	Al	EDTA 滴定法	1.5～8.00
铌钽矿物	部标 YB874—76	Ti	DAPM 光度法	1×10^{-2}
		W,Mo	硫氰酸盐比色法	5×10^{-2}～10.00
		U	钒酸铵滴定法	0.5
		Th	偶氮胂比色法	1×10^{-2}～1.00
铌钽矿物	部标 YB875—76	Nb+Ta	丹宁水解纸上色层	1.0
		Ti	DAPM 光度法	1×10^{-2}
		Si	差减快速重量法	1.00
		U	钒酸铵滴定法	0.5
铌	国标 GB/T15076,1—94	Ta	色层分离5BrPADAP分光光度法 色层分离焦性没食子酸分光光度法	0.015～0.2 0.2～3.0
钽	国标 GB/T15076,2—94	Nb	萃取、色层分离-DSPCF分光光度法 色层分离－重量法	－1.00～0.5 1.5～6
铌钽	国标 GB/T15076,3—94	Cu	铜试剂分光光度法	0.001～0.08
	国标 GB/T15076,4—94	Fe	二氮杂菲分光光度法	0.03～0.3
	国标 GB/T15076,5—94	Mo,W	甲苯-3,4-二硫酚分光光度法	0.0003～0.05
	国标 GB/T15076,5—94	Mo	硫氰酸盐分光光度法	0.0003～0.1
钽	国标 GB/T15076,6—94	Si	阴离子交换分离硅钼蓝分光光度法	0.0005～0.07
铌	国标 GB/T15076,6—94	Si	4-甲基戊酮[2]萃取分离硅钼蓝分光光度法	0.0005～0.07

续表 17-21

物料名	标　准　号	测定元素	分 析 方 法	测定范围（质量分数）/%
铌	国标 GB/T15076,7—94	P	4-甲基戊酮[2]萃取分离磷钼蓝分光光度法	0.001 ~ 0.05
铌	国标 GB/T15076,8—94	S	磷酸 - 磷酸亚锡溶解蒸馏 - 二次甲蓝分光光度法	0.005 ~ 0.05
钽	国标 GB/T15076,9—94	Fe,Cr,Ni,Mn,Ti,Al,Cu,Zr	载体分馏直流电弧光谱法	0.00005 ~ 0.020
铌	国标 GB/T15076,10—94	Fe,Ni,Cr,Ti,Zr,Al,Mn	载体分馏直流电弧光谱法	0.0001 ~ 0.0030
铌	国标 GB/T15076,11—94	As,Sb,Bi,Sn,Pb	载体分馏直流电弧光谱法	0.0001 ~ 0.030

17.8　气体分析[56]

金属铌、钽及其合金中的气体主要指氧、氢、氮、碳，有的还包括硫。表 17-22 所示为气体分析较常使用的方法。表 17-23 所示为国内外金属铌、钽及其合金中气体分析的标准方法。

表 17-22　金属铌、钽及其合金中气体分析方法分类一览表

分 析 方 法	O	H	N	C	反 应 机 理	最小检出浓度/%	检 测 方 法
真空 热抽取法／熔融法 — 高频脉冲	✓	✓	✓	×	$MeO_x + xC \longrightarrow Me + xCO$ $MeH_x \longrightarrow Me + x/2H_2$	1×10^{-4}	检测所放出的气体：麦氏计法，微压法（H_2、N_2、CO），库仑法（CO），电导法（CO），红外线吸收（CO），气相色谱 - 热导法（H_2、N_2、CO）质谱法，光谱法（H_2、N_2、CO）
惰气 热抽取法／熔融法 — 高频脉冲，直流电弧，悬浮	✓	✓	✓	×	$MeN_2 \longrightarrow Me + x/2N_2$	1×10^{-4}	
氢还原法	✓	×	×	×	$MeO + H_2 \longrightarrow Me + H_2O$	0.1×10^{-4}	费氏滴定法
凯氏蒸馏法	×	×	✓	×	$MeN + nH^+ \longrightarrow Me^{n+} + NH_4^+ + nH$	$(5 \sim 0.5) \times 10^{-4}$	容量法，比色法
氧燃烧法		×		✓	$MeC_x + xO_2 \longrightarrow Me + xCO_2$	0.1×10^{-4}	气体容量法，电导法，红外线吸收法，气相色谱法，库仑法

续表 17-22

分析方法	O H N C	反应机理	最小检出浓度/%	检测方法
放射化法 快中子活化法(14MeV)	✓ × × ×	$^{16}O(n,p)^{16}N$, $T_{1/2}$ 约 7.5″;测量 ^{16}N 放射性强度,求氧;	(1~0.001)×10^{-4}	
放射化法 带电粒子或γ光子活化法	✓ (✓) ✓ ✓	$^{16}O(3He,p)^{18}F$, $T_{1/2}$ 约 112′;测量 ^{18}F 强度,求氧;		
放射化法 其他方法		$^{16}O(\gamma,n)^{15}O$, $T_{1/2}$ 约 2.05″;测量 ^{15}O 强度,求氧		
发射光谱法	✓ (✓) ✓ ✓		10×10^{-4}	
火花源质谱法	✓ × ✓ ✓		0.1×10^{-4}	
离子探针	✓ ✓ ✓ ✓	离子探入→光子射出	(10~1)×10^{-4}	
俄歇分析	✓ × ✓ ✓	电子探入→电子射出	100×10^{-4}	
微探针	✓ × ✓ ✓		(50~20)×10^{-4}	
红外吸收	✓ × × ✓		0.01×10^{-4}	
内 耗	✓ (✓) ✓ ✓		0.1×10^{-4}	
其他方法:同位素释法,固体电解质法(液态金属中氧),真空蒸馏法、汞齐法、硫化和氯化法等。				

注:表中✓表示适用;×表示不适用。

表 17-23 国内外金属铌、钽及其合金中气体分析的标准方法

金属	标 准 号	分析元素和使用方法	测定范围(质量分数)/%	国家
铌铁	国标 GB3654,4	C 燃烧重量法	3×10^{-3}~1.00	中国
铌铁	国标 GB3654,5	P 钼蓝光度法	3×10^{-2}~0.50	中国
铌铁	国标 GB3654,6	S 燃烧碘量法	3.5×10^{-2}~9×10^{-2}	中国
铌铁	国标 GB3654,7	S 次甲基蓝光度法	5×10^{-3}~3.5×10^{-2}	中国
钽铌	国标 GB/T15076,12-94	C 库仑法	0.001~0.5	中国
钽	国标 GB/T15076,13-94	N 蒸馏分离-奈斯勒试剂分光光度法	0.002~0.02	中国
铌	国标 GB/T15076,13-94	N 蒸馏分离-滴定法	0.02~0.2	中国
钽	国标 GB/T15076,14-94	O 脉冲加热惰气熔融红外线吸入法	0.005~0.05	中国
铌	国标 GB/T15076,14-94	O 脉冲加热惰气熔融库仑滴定法	0.05~0.6	中国
钽铌	国标 GB/T15076,15-94	H 脉冲加热气相色谱法	0.0005~0.06	中国

续表 17-23

金属	标　准　号	分析元素和使用方法	测定范围(质量分数)/%	国家
钽铌	JIS H1696—1976	H　真空加热定容测压法	0.001 μg	日本
	JIS H1695—1976	O　(1) 真空加热定容测压法 (2) 真空熔化定容测压法 (3) 惰性气体电量法	0.1×10^{-4}	日本
	JIS H1685—1976	N　真空奈氏剂比色法	0.1×10^{-4}	日本
	JIS H1681—1976	C　(1) 凝缩气化法 (2) 电导法 (3) 电量法	2×10^{-3}	日本

参 考 文 献

1 毛家骏,等. 无机痕量分析中的分离和预浓集方法. 上海:复旦大学出版社, 1985

2 《有色金属工业分析丛书》编委会. 难熔金属和稀散金属分析. 北京: 冶金工业出版社, 1992

3 《稀有金属手册》编委会. 稀有金属手册(上). 北京: 冶金工业出版社, 1992

4 秦光荣. 分析试验室,1986,5(2):39

5 Морачевский Ю В, и др. Основы Аналитической Химии Редких Элементов. Ленинград: Изд. Ленинград. У-та,1964

6 吴绍璞. 金属化学分析概论及其应用. 成都: 四川科技出版社,1985

7 沈志洪,等. 科学通报,1984(29) :900

8 沈志洪,等. 化学学报,1988(46) :69

9 Flatt R. Chim. Acta,1942(25): 684, 1944(27):1518

10 史慧明,等. 稀有元素分析化学. 北京: 高等教育出版社,1962:139

11 地质科学研究院情报所. 国外铌钽分析方法专辑. 北京: 中国工业出版社,1964

12 Wtraub K. Ind. Eng. Chem. Anal, 1946(18) :122 ~ 129

13 Donaldson E M. Talanta. 1983(30) :497 ~ 502

14 Гибало И М. и др. ЖНХ,1976(30) :128 ~134

15 Davey D E, et al. J. Inorg. Nucl. Chem,1978(40) :1135 ~ 1143

16 Mirsa M Y, et al. J. Inorg. Nucl. Chem, 1981(43):1933 ~ 1938

17 Fritz J S, et al. Anal . Chem, 1965(37) :1272 ~ 1279

18 刘庆才,等. 分析化学. 1988(16): 128 ~ 132

19 吴辛友. 中国有色金属分析文集. 北京: 地质出版社,1985

20 高鸿. 分析化学前沿. 北京:科学出版社,1991

21 冶金部情报所. 铌和钽的冶金分析. 北京: 中国工业出版社,1964

22 Hunt E C, et al. ,Analyst, 1955(80) :172 ~181

23 Богданова В И,и др. ЖАХ,1966(21) :1210 ~ 1216
24 Martin I, et al. Talanta, 1963(10):1119 ~ 1125
25 北京有色金属研究院. 理化检验(化学分册),1973(3) :30 ~ 36
26 Бабко А К, и др. ЖАХ,1966(21):1430 ~ 1442
27 Бирюк Е А. Заводская Лабораторияю,1967(33) :141 ~ 149
28 Lasmer E. Talanla,1963(30): 1229 ~ 1236
29 Scott I A, et al. Talanta, 1958(1): 329 ~ 334
30 Морошкина Т М,и др. Ун. Зап. Ленинград. У-та . сер. Химии. 1960. 297(19):26 ~ 41
31 德斯特 R A. 离子选择电极. 北京: 科学出版社, 1976
32 袁明星. 分析化学. 1980(8) :138 ~ 144
33 田淑贵,等. 岩石及矿物测试. 1986(5) :128 ~ 135
34 许永新,等. 分析化学. 1984(12):78 ~ 84
35 林建浦,等. 分析化学. 1986(14):371 ~ 643
36 罗泗坚,等. 分析试验室. 1984. 3(1):31 ~ 38
37 莫茂生,等. 理化检验(化学分册),1985(21): 345 ~ 350
38 秦光荣. 分析试验室,1986. 5(2) :39 ~ 43
39 秦光荣. 分析化学,1986(8):376 ~ 381
40 Schoeller W R. Analyst. 1934(59) :465 ~ 461
41 Lamdie D A. Analyst. 1939(64): 481 ~ 488
42 Hillebrand W F,et al. Applied Inorg. Analysis. 1955(310):683 ~ 691
43 张国雄,等. 化学学报. 1983(41) :90 ~ 97
44 Божевольнов Е А,и др. ДАН СССР,1963(148) :335 ~ 347
45 洪水皆,等. 化学通报,1965(5):182 ~ 189
46 沈福祥,等. 化学通报,1966(16): 566 ~ 571
47 Fogg A G, et al. Talanta,1971(18) :1175 ~ 1184
48 Добкина Т М, и др. Заводская Лаборатория ,1973(39): 671 ~ 681
49 Пилипенко А Т. Укр. Химич. Жур,1968(34): 1291 ~ 1297
50 Елинсон С В, и др. Заводская Лаборатрия,1971(37):391 ~ 398
51 中岛良三ほか. 分析化学(日). 1973(23): 723 ~ 732
52 Shizo Y. Bulletin Chem. Soc. Japan,1977(50):1011 ~ 1022
53 沈含熙,等. 化学通报,1984(2):26 ~ 33
54 杨淑芳. 冶金分析与测试(冶金分析分册),1983(3):25 ~ 32
55 王东进,等. 高等学校化学学报,1983(4):809 ~ 915
56 墨尔尼克 L M,等. 金属中气体元素的测定. 北京: 冶金工业出版社,1987
57 奚干卿,等. 痕量分析,1985(2): 63 ~ 69
58 张华厢,等. 分析化学,1984(12): 824 ~ 831
59 容庆新,等. 高等学校化学学报,1985(6) :793 ~ 799
60 Амелин И Т, и др. ЖАХ,1983(38): 1446 ~ 1457
61 Антонович В П, и др. ЖАХ,1984(39) :480 ~ 489
62 容庆新,等. 分析测试通报,1988,2(4):207 ~ 214
63 吴铮,等. 痕量分析, 1985(3 ~ 4): 119 ~ 125

64　王振清,等.冶金分析,1988,8（6）: 12～19
65　奚干卿,等.分析化学,1986(14):281～286
66　周荣农,等.稀有金属,1986,10(4):207
67　王保宁,等.分析化学,1986(14): 182 ～189
68　Agrawal Y K,et al. Bull. Soc. Chim,1981(90):111～121
69　罗宗铭,等.化学试剂,1983,5(6):376
70　Blanco G D, et al. Talanta,1981(29):761
71　Патритий Ю О,и др. Укр. Хим. Ж, 1978(44):352～361
72　倪家寿,等.稀有金属合金加工,1975,8(9):111
73　Bertin E P. Principle and Practicability of X-ray Spectrometric Analysis. New York London :Plenan Press,1975
74　柏建梅,等.X-射线荧光光谱分析铌钽精矿中的杂质元素. 岩矿测试,2002(21):93～94
75　何季麟,等.钽与铌. 宁夏有色金属冶炼厂文集,2006
76　邓勃.原子吸收分光光度法.北京:清华大学出版社,1982
77　严慰章,等.稀有金属,1986, 10(1):119～126
78　Donaldson E M. Talanta,1969(16) :1305～1312
79　曾涛.稀有元素及其矿物的光谱分析. 南京:江苏科学技术出版社,1983
80　钱振彭,黄立本,等.发射光谱分析.北京:冶金工业出版社, 1979
81　俄罗斯国家标准 ГОСТ 18904 67-13. 1999
82　邹骏诚,等. 岩石矿物及测试,1986, 5 (1) :155
83　郑永风,等.分析测试通报,1985,4(1):13～20
84　李淑兰,等.中南工业大学学报,2001,31(3):242～248
85　李凤兰,等.光谱实验室,2003,20(1):74～80
86　田孔泉,等.光谱实验室,2004,21(3) :355～361
87　柴之芳.活化分析基础.北京:原子能出版社,1982
88　德索埃脱 D,等.中子活化分析. 北京:原子能出版社,1978
89　鲁明新,等.稀有金属,1988(12) :292～297
90　Алимариню Т П,и др. Методы Определения И Анализа Редких Элементов. Изд-во АРССР ,1961
91　Headridge J B,et al. Analyst,1962(87) :32～39
92　Божевольнов Е А, и др. ДА Н. СССР,1963,148(3):35～341
93　Hunt E C, et al. Analist,1955(80):172～179
94　安宝兰.稀有金属材料与工程,1985(3):31～37
95　罗宗明,等.化学试剂, 1983,5(6):376～383
96　田淑贵,等.岩矿测试与分析.1986(5):128～134
97　田淑贵.岩石矿物光谱分析.北京:地质出版社, 1974
98　日本标准 JIS H.1976:1689～1697
99　Алимарин И П, и др. ЖАХ,1965(20):339～347
100　Grossmann O, et al., Z. Anal. Chem, 1969(245) :115～123
101　北京矿冶研究总院分析室. 矿石及有色金属分析法. 北京: 科学出版社,1973
102　武骏饮.分析试验室,1987,6(7):15

18 铌和钽的应用领域和消费市场

18.1 概述

铌和钽既是特殊的功能材料,又是优良的结构材料。虽然铌和钽的发现已有200年,但它们的应用历史,钽不到100年,铌不过70年。其中铌作为工业材料大量使用只是最近40年的事情。在这段时间里,因其自身具有的特殊性能,铌作为优良的结构材料和特殊的功能材料,帮助人类解决了许多重大的工程问题,如恶劣气候条件下油、气输送管线问题、轻体汽车问题、大型建筑工程问题、飞机发动机和医疗设备等一系列问题。

铌和钽性质相似,作为功能材料和结构材料可以相互代用,多数情况下有共同的应用领域。但在实际上,由于资源量差别和性质差异,在主要应用领域和用量等方面则有很大的不同。铌资源丰富,生产量和消费量大大高于钽,而且铌价较钽便宜很多,因而相对钽而言,铌的应用量大面广;钽资源量、生产量和消费量虽小,但它的很多性能优于铌,应用级别高,消费主要集中在高技术领域,加上钽价昂贵,故钽被称为“贵族金属”。因此在一些领域存在以铌代钽的强力竞争现象。

铌的主要消费领域为微合金化钢、不锈钢和高温合金(航天航空工业)。消费比例大致为钢铁: 高温铌合金: 金属铌 = 100: 10: 1。2000 年全球共消费铌 40739 t (以氧化物计)。近 10 年中世界铌的消费总量如表 1-14 所示。图 18-1 所示为高纯级铌和标准级铌的消费市场和地缘分布。

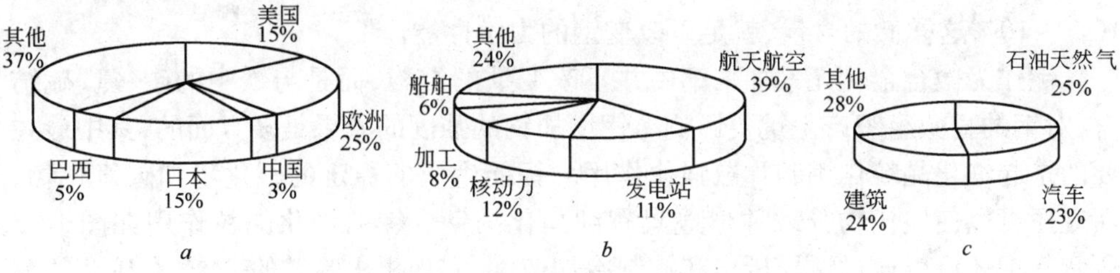

图 18-1 铌消费领域和地缘分布图

a—地缘分布;*b*—高纯级铌消费领域;*c*—标准级铌消费领域

钽主要用于电容器制造、航天航空工业和硬质合金等部门。其中,电容器钽消费量约占钽消费总量的 50% ~60%。近 10 年中世界钽的消费总量参见表 1-20。2000 年全球共消费钽 2242 t(以氧化物计)。图 18-2 所示为钽消费领域和地缘分布图。

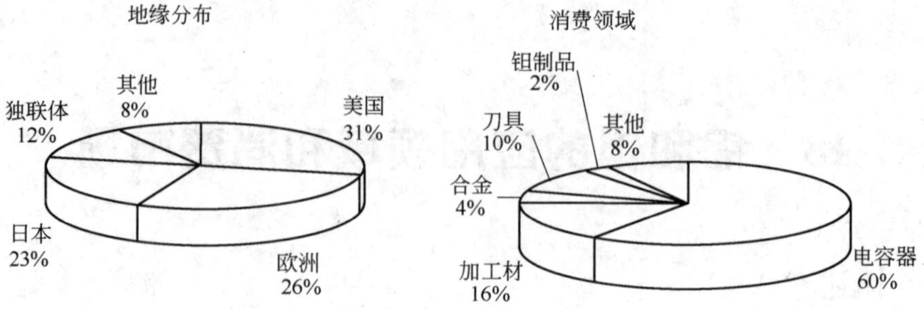

图 18-2　钽消费领域和地缘分布图

18.2　铌在钢铁工业中的应用

钢铁工业是铌的最大消费领域。反映一个国家钢铁工业现代化程度的一个重要指标是总的钢铁生产中铌的消费量。在工业发达国家,这个数字大约为吨钢平均消费铌 50 g[1]。

铌主要以铌铁形式用于钢铁生产中。美国约 80%,日本和西欧约 90% 的铌用于钢铁生产。世界上钢铁总产量中大约有 8% 为含铌钢[1]。2001 年世界钢总生产量约为 8 亿 t,全年铌钢产量约 6000 万 ~6500 万 t。

铌是钢的微合金化元素中的佼佼者,在钢的各种合金化元素中,铌是首选。例如,当加入 0.1% 的合金化元素时,提高钢的屈服强度为:铌,118 MPa;钒,71.5 MPa;钼,40 MPa;锰,17.6 MPa;钛为零。实际上钢中只需加入 0.03% ~0.05% Nb,钢的屈服强度便可提高 30% 以上,而钢的成本仅增 1 美元/t。例如,普通中碳钢的屈服强度一般为 250 MPa;加入微量铌可使强度提高到 350 ~800 MPa[2]。

作为钢最有效的微合金化元素,铌的作用如此之大,以至于 10000 个铁原子中有一个铌原子这样低含量的铌,就能达到改善钢性能的目的。实际上钢中加入 10^{-5} ~ 10^{-3} 这样低的含量,就足以改变钢的力学性能。

铌作为微合金化元素加入钢中并不改变铁的结构,而是与铁中的碳、氮、硫结合,对钢的显微组织产生重要影响。铌增加钢的强度的效果是多方面的,其中最主要的是起细化晶粒作用和弥散强化作用。铌能生成的稳定的碳化物和碳氮化物,而且还可以使碳化物分散并形成具有细晶化的钢。铌的细化晶粒作用如图 18-3 所示。铌还可以通过诱导析出和控制冷却速度,实现析出弥散的分布,在较宽的范围内调整钢的韧性水平。因此加入铌不仅可以提高钢的强度,还可以提高钢的韧性、抗热性(抗氧化性)和抗蚀性,降低钢脆性转变温度,获得好的焊接和成形性能[3]。

钢铁生产大规模应用铌开始于 20 世纪 50 年代中期,到八九十年代铌在钢铁中的消费一直比较平稳。目前钢铁工业用铌正处蓬勃发展阶段。2001年钢铁工

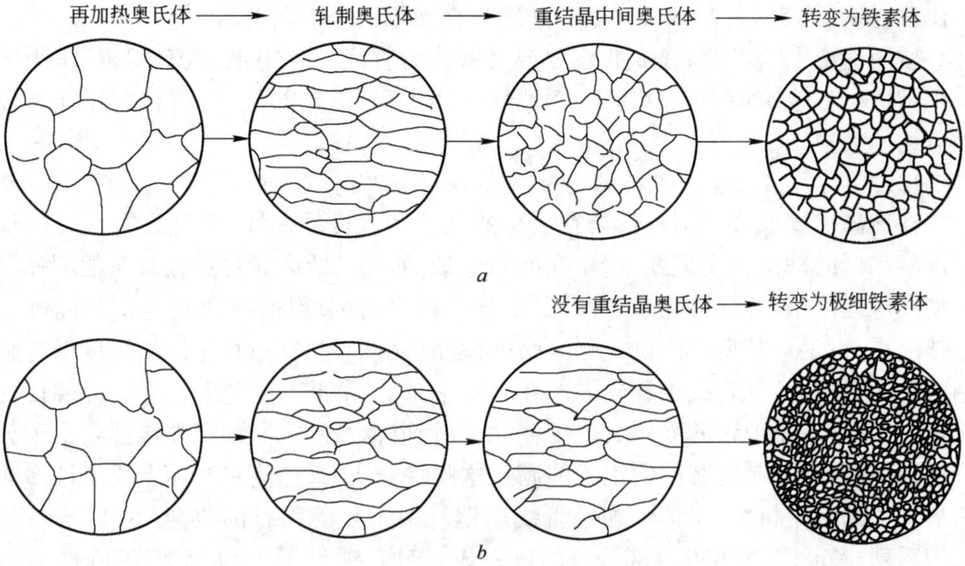

图 18-3 控制轧制中铌的细化晶粒作用

a—碳 - 锰钢；*b*—碳 - 锰 - 铌钢

业共消费铌 23400 t(金属铌计,下同),主要用于高强度低合金钢、不锈耐热钢、碳钢、间隙钢、轨道钢、工具钢等钢的生产。表 18-1 所示为 2001 年各钢种消费铌铁的数量。

表 18-1 2001 年各钢种消费铌铁的数量(以金属铌计)[3]

钢 种	HSLA 钢	不 锈 钢	间 隙 钢	其 他 钢	合 计
消费量/t	16850	3050	1850	1650	23400
所占比例/%	72	13	8	7	100

从表 18-1 可看出,约 3/4 的铌铁消费在高强度低合金钢的生产上,其中输油气管线约占铌铁总消费量的 25%,汽车生产约占 23%,其他结构钢占 24%。铌几乎应用于各个钢种的生产,图 18- 4 为各个含铌钢种的比例情况。

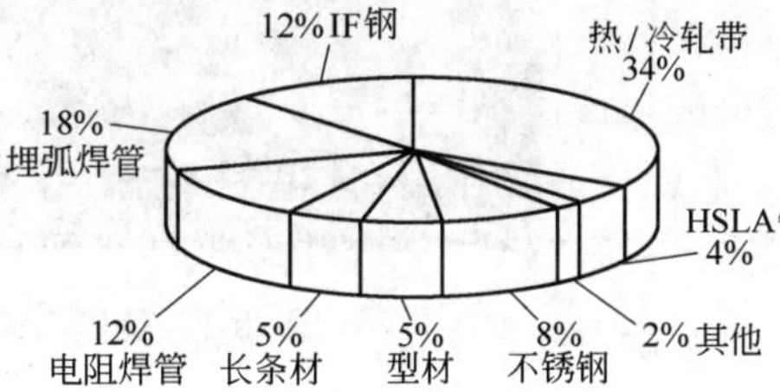

图 18- 4 含铌钢种比例

18.2.1 含铌高强度低合金钢(HSLA)[4]

高强度低合金钢是世界钢铁工业的主要发展方向之一,这种钢的单位强度成本比普通钢低15% ~25%。其增长速度是普通钢的2倍以上。

按用途要求,含铌高强度低合金钢又可分为管线工程用钢、汽车用钢、压力容器用钢、钢筋、建筑用钢等。其中,输油气管线工程、汽车部件、建筑和造船业是铌钢应用的大户。

18.2.1.1　*石油和天然气输送管线工程用含铌钢*[5~7]

含铌高强度低合金钢不仅具有很高的强度和优良的韧性,而且具有良好的焊接性能和低的冲击转变温度,适于在严寒地带,如北极地区、阿拉斯加、西伯利亚和加拿大等地使用。此外,随着石油、天然气输送设备的增加,硫化氢对钢的腐蚀越来越严重,铌钢具有良好的抗硫化氢腐蚀性能。由于这些原因,含铌高强度低合金钢广泛用于输油、气管线工程建设。在一些输油、气管道中,铌几乎是不可替代的元素,水下和冻土地带的高压大口径输油、气管道,对塑性、韧性和焊接性要求十分严格,几乎只有控制轧制的铌钢才能满足这些综合要求,这使它实际上成了许多输油气管道的必用材料。目前,国外管线用钢基本上是美国石油协会(API)推行的铌钢系列(X60,X65,X70,X80等)。过去30年内,铺设了大约150000km的大口径含铌钢管。大口径含铌钢管每年约需求3000t。表18-2所示为近年来世界各国建设的输油气管道的长度。图18-5所示为德国X80管线铺设工程。

表18-2　近年来世界各国建设的输油气管道的长度(km)

年　份	1997	1998	1999	2000	2001
天然气管道	19445	17721	19913	14629	12352
石油管道	6546	4926	10036	7380	2708
合　计	25991	22647	30009	22209	15060

图18-5　德国X80管线铺设工程

18.2.1.2　*汽车用含铌钢*[8~10]

20世纪80年代是汽车用含铌钢高涨的年代。铌钢的高强度符合汽车小型化、减轻自重和降低燃料消耗的发展方向。铌钒高强度低合金钢广泛用于汽车、卡车、拖拉机、铁路牵引车上。一般热轧高强度钢主要用于汽车框架(图18-6所示超轻型铌钢制车身)、车轮和一些结构件中。冷轧高强度钢(一些型号的钢中铌含量仅0.005%)主要用于汽车外壳的闭式车厢。在日本、美国等汽车生产大国,从汽车车身、车门框到行走零部件都采用高强度铌钢。矿用重型汽车、挖掘设备移动或起重机等的大梁部件、悬臂与支撑部件等广泛采用铌钢。如今美国轿车每辆大约用150~170kg含铌薄板钢。1996年全球约生产汽车44806万辆,2000年增加到51365万辆。

图18-6　超轻型铌钢制车身

18.2.1.3　建筑用含铌钢[11~13]

使用高强度铌钢可以大大节约材料。一个世纪前建造的巴黎埃菲尔铁塔使用了7000 t钢,如果在今天建造同样的铁塔,只需要2000 t含铌钢。含铌结构钢中厚板在民用工程传统上用于大型建筑(高层建筑、发电厂、大型船舶、铁塔等)、跨度400~1000 m的各种桥梁和海上工程(海上石油钻井平台、海港建设)。这些建筑除要求强度外,还要求钢在正常条件下具有均一性。这种钢板一般厚12.5 mm,海上石油钻井平台钢板厚度甚至超过50 mm。德国、日本、韩国、波兰等造船大国普遍采用铌钢。图18-7所示为德国南顿拜克的含铌钢大桥。

图18-7　德国南顿拜克的含铌钢大桥

18.2.1.4　压力容器用含铌钢[14~16]

铌钢具有高强度、抗氢脆性能和抗晶间腐蚀性能，使它成为制造高温高压容器的优良钢种，广泛用于石油炼制、塑料、人造纤维、合成橡胶等工业中制造高压容器。用铌钢可以大大减轻这些大型设备的自重，解决大型容器制造和运输中的难题。

18.2.1.5　含铌钢筋[17~20]

现代建筑工业对螺纹钢筋的强度提出了更高的要求。铌钢较高的屈服强度、优良的弯曲性能、良好的可焊性和低温韧性，使它广泛用于生产钢筋。这种钢筋越来越多地用于需要耐高压的基础结构中。钢筋良好的可焊性最适于连续浇注的混凝土工程，因而广泛用于道路和机场跑道的建设中。含铌钢筋的易弯性使它更适合用于大型水电站、预应力混凝土桥、涵洞和海上构架的基础性设施中。20 世纪六七十年代兴建的当时世界最大的巴西伊普泰水电站(12600 MW)，就因使用含铌钢筋而节省了约 2000 万美元的材料费。

18.2.2　含铌不锈钢和耐热钢

随着不锈钢消耗量的增加，铌的用量也逐渐增大。不锈钢中加入铌不仅可以提高钢的强度和塑性，还可以增强高温抗氧化性，提高钢的硬度和韧性，减小钢的表面缺陷。含铌不锈钢主要用于汽车、管道、石油、化工设备、结构架等高温工作领域。不锈钢在汽车生产中已经占有很重要的地位。美国制造一辆小汽车的不锈钢的平均消耗量为：20 世纪 60 年代为 12.5 kg，90 年代为 15.4 kg，1997 年为21.5 kg。1996 年全世界不锈钢产量达到 1528.5 万 t。不锈钢一般分为奥氏体不锈钢、铁素体不锈钢和马氏体不锈钢 3 种类型。

18.2.2.1　奥氏体不锈钢[21~23]

奥氏体不锈钢加入铌主要起稳定剂和强化剂两种作用。它可以提高钢的耐腐蚀性、耐高温、抗蠕变性能和焊接性能。钢中加入铌量一般为 0.2% ~0.3%。这种钢多用于核反应堆和飞机用管道，还用于石油化工、造纸工业、食品工业和纺织工业，以及耐压容器、高温炉体、热交换器、蒸气管道中。含铌奥氏体不锈钢还广泛用于承受辐照的核系统构件中，可以较好地克服辐照引起的偏析、点缺陷、脆性断裂、物理畸变等问题。

18.2.2.2　铁素体不锈钢[24,25]

一些铁素体不锈钢通过加入铌来减少钢在高温下晶间腐蚀的敏感度，阻碍冷轧带材粘结，赋予不锈钢良好的深冲性能。这种钢主要用于建筑业、食品工业和化学工业。含铌 0.8% 的一种不锈钢用于家具和汽车内部装饰、盘碟用品。422 型钢和 H46 型钢(含 0.25% Nb)用于高温螺栓、气体涡轮压缩机桨片、碟片、蒸汽涡轮机部件和阀门件、脱盐工业、水处理等方面。这种钢更多地用于汽车废气排放系统(图 18-8)。

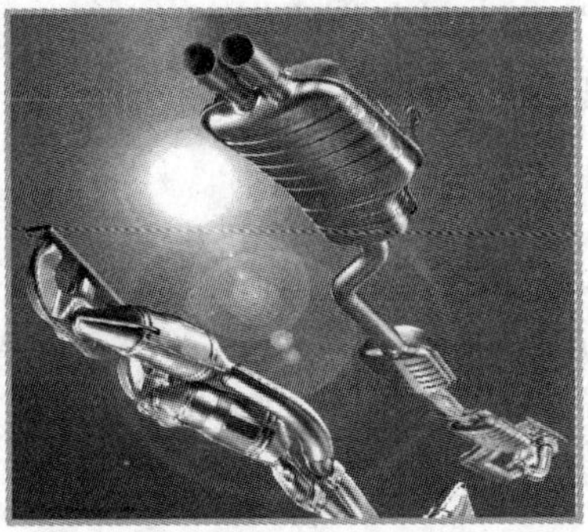

图 18-8　含铌不锈钢汽车排气系统

18.2.2.3　马氏体不锈钢和马氏体时效不锈钢[26,27]

马氏体不锈钢具有高强、高硬度、耐腐蚀和易热处理的优点，因而具有广泛用途，被用于火箭导弹零件、泵壳、阀杆、钻井、液压制动器、耐磨环等的制造。

马氏体时效不锈钢一般加入 0.14% ~0.22% Nb，主要用于飞机、机械设备、航海设备和刀具等方面，其中飞机方面主要用于电动柜、负载元件、直升机主传动轴、飞机着陆齿轮、飞机转翼铰链，机械设备方面主要用于喷射油泵、螺栓、紧固件、快速火箭筒、冷冻设备部件、潜水艇和水翼船的叶片。

18.2.2.4　耐热不锈钢[28]

耐热不锈钢适用于高温、机械负荷大和有蠕变的场合，要求高温下具有良好的抗氧化能力，不会因氧化而出现剥落现象。这种钢一般同时加入铌和钛以提高力学性能和抗蠕变能力。例如一种含 0.15% ~0.5% Nb 的耐热钢，可在蒸气重整炉管道中 850 ~1050℃的温度下工作和热解加热管道 1100℃的温度下工作。含铌钢具有很高的抗蠕变强度，因此主要用于锅炉、炼油厂、化工设备、热交换器和原子能反应堆等领域。

18.2.2.5　铸造用不锈钢[29]

铸造用不锈钢中加入铌和钛有利于消除钢中晶间腐蚀。这种钢含铌比较高，一般为 0.5% ~1.8%，多用于铸造轮船的螺旋桨和水力涡轮机。

18.2.3　间隙钢[30~32]

间隙钢（IF 钢）是一种具有极好冷成形性且不含自由碳和氮原子的钢，即无间隙原子（IF）钢。间隙原子，如碳和氮对钢的变形行为有显著影响。钢中加入 0.02% 的铌和钛以稳定碳和氮，可使钢获优良的延展性，同时又具有很高的强度、良好的抗腐蚀和抗时效性。这种间隙钢冷轧薄板很快被大量用于汽车制造中。日本是生产间隙钢的主要国家，用于生产间隙钢的铌约占其铌消耗量的 30%。日本间隙钢的年产量约为 800 万 t，其中 300 万 t 为含铌钢。年约消费 360 t 铌（金属计)。全世界约8%的铌(1850 t/年)用于生产间隙钢。在一些领域,间隙钢正取代碳素钢,间隙钢的生产将促进铌的应用市场。

18.2.4　碳钢[33]

碳钢是世界钢应用量最大的钢种。2001 年全世界共生产了 5.7 亿 t 碳钢,约占所有钢产量的 92%。中国是碳钢生产快速增长的国家之一。中碳钢中加入 0.1%铌,可将抗拉强度提高到 80 MPa。这种钢广泛用于制造曲轴、连杆和操纵杆。海上石油和天然气开采平台和海港建设是含铌碳素钢的重要市场。在北极地区用于结构工程的钢要求在 -60℃或低于 -60℃保证材料具有良好的抗冲击性能、焊接性能、抗海水腐蚀性能和抗脆断裂、疲劳性能。钢中加入微量铌可使钢的屈服强度由 35.5 MPa 提高至 50 MPa。这种钢可用于制造桥梁结构中的高强度拉索。它可以采用各种模具加工成各种形状的铸件、锻件、卷材、板材、线材、管材、带材、棒材和型材,用途十分广泛。

18.2.5　轨道钢[34,35]

铁路提速和相关轴负载增加,推动了钢轨断面和轨钢的发展。轨道用钢是由碳钢生产的。碳钢中加入微量铌可以提高钢的屈服强度、抗拉强度、韧性、耐磨性和耐剥离性。含铌钢轨的延展性和焊接性使它成功地用于寒冷地区。铌主要用于轨道钢生产中。中国包头钢铁公司开发了含稀土和铌的轨道用钢,这种钢具有强度高、耐磨性能好、使用寿命长等优点。

18.2.6　工具钢[36]

工具钢的基本特性有硬度、抗回火性、压缩强度、疲劳强度、抗磨损性、热韧性等。加入 0.04% ~5% Nb,可以大大改善上述性能。含铌高速钢制造的各种工具具有耐磨性好、寿命长的优点。热作工具钢中加铌可抑制奥氏体晶粒长大,这种钢应用于要求高韧性和高强度值的热锻造领域。含铌冷作工具钢具有特别高的抗磨损性和切削加工性,可以在温度不超过 250℃的条件下使用。铌还可加入到塑料模具钢中用以改善钢的显微结构。

18.2.7　铸造钢[37]

铸造钢是利用铌微合金化技术的一个重要领域。由于铌在高温有阻止奥氏体晶粒粗化和析出强化的作用,使铌微合金化的铸造钢表现出高强度、良好的韧性、抗疲劳性和抗蠕变性能。这种钢已在许多新领域获得广泛应用,而且使用数量庞大,包括铸模、渣槽、轧钢机轧辊、核反应堆支撑架的连接件、海上平台支架连接头、铁路连接器、机器部件等。加铌可以显著提高这些钢的高温强度和使用寿命。图

18-9 所示为重达 63 t 的铌钒钢九腿连接头。

图 18-9 重达 63 t 的铌钒钢九腿连接头

18.3 电容器生产

钽和铌都是制造电容器的优良材料。它们以金属粉形态的和以氧化物形态用于生产两种类型的电容器:金属质电容器和陶瓷质电容器。前者以钽电容器为主,后一种陶瓷电容器(又称独石电容器)主要采用氧化铌。

18.3.1 钽电容器[38~40]

电容器制造是钽的主要消费的领域,用于电容器生产的钽粉和钽丝约占世界钽总消费量的 50% ~60% 。

18.3.1.1 钽电容器的特点

钽带有阀金属性质,其表面生成的致密氧化膜具有单向导电的性质,适于制作电容器。和其他金属的氧化膜相比,钽氧化膜具有独特的优点:(1) 化学稳定性好,可以耐除氢氟酸和强碱以外的各种物质的腐蚀,能在各种环境条件下(湿度、气氛、温度等)保持稳定的电性能和良好的物理化学性能。(2) 电阻率高,达到 $7.5\times10^{12}\Omega\cdot cm$。(3) 漏电流小。(4) 介电常数大(27.6)[41]。(5) 在电解质中钽氧化膜的厚度可以通过阳极氧化工艺,主要是通过形成电压来加以改变,从而准确控制电容器的性能。这些优点保证了用钽可制作高质量的电解电容器。钽电容器的容量大、体积小,例如钽电容器的电容量是铝电容器的 3 倍,而体积比铝电容器小很多。此外钽电容器还具有热稳定性和耐热性好、工作温度范围宽(-80 ~200℃)、可靠性高、抗震、使用寿命长等优点,故钽电容器多用于需要保证高可靠性的军事技术和高技术领域。

18.3.1.2 钽电容器的种类

钽电容器有多孔阳极/液体电解质电容器、多孔阳极/固体电解质电容器、固体片式电容器和钽箔电容器等类型。

无论哪种电容器的阳极都是由钽粉压制烧结而成。例如,钽多孔阳极是在2000℃下真空中由钽粉烧结而成。烧结阳极块的孔隙度越大越好,一般为30% ~ 70%,因为电容器的电容量和比表面积有关:

$$C = 8.86 \times 10^{-8} \varepsilon A/h$$

式中,C 为电容量,μF;ε 为介电常数;A 为表面积,cm^2;h 为氧化膜厚度,nm。由阳极氧化生成的氧化膜与电压有关,电压越高,氧化膜厚度越厚(表18-3)。

表18-3　钽氧化膜厚度和形成电压的关系[42,43]

形成电压/V	30	70	90	100	130	160	180	240	270
氧化膜厚度/nm	450	1050	1350	1500	1950	2400	2700	3600	4050
颜　色	蓝	黄	红	蓝	黄	红	绿	红	绿

A　多孔阳极/液体电解质电容器

多孔阳极/液体电解质电容器(图18-10)是由阳极、硫酸或氯化锂组成的电解质和银壳组成,绝缘体是在多孔阳极上生成一层氧化膜。20世纪50年代以前的钽电容器都是液体电容器。这种电容器的工作电压一般限制在6 ~ 150V,比电容一般在4000 ~ 10000 μF · v/g。低压电容器通常直接用钠还原粉制作;高压电容器通常采用电子束熔炼钽锭氢化粉。由于使用液体电解质,这种电容器的电容量随温度变化大,损耗不稳定,并且液体电解质存在凝固、渗漏和干枯的危险,易使电容器失效,因而使用受到一定限制。

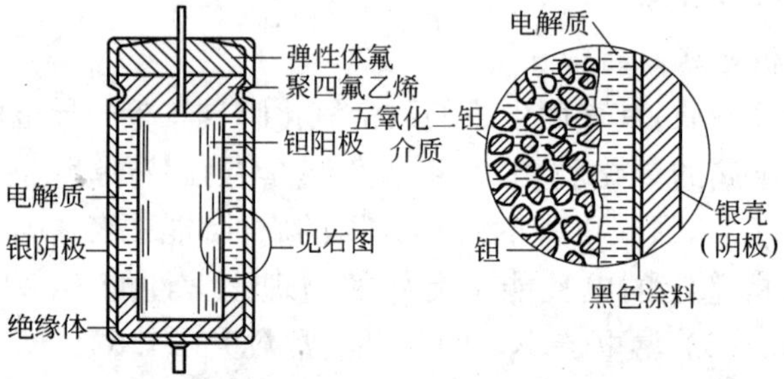

图18-10　液体电解质电容器结构

B　多孔阳极/固体电解质电容器

多孔阳极/固体电解质电容器(图18-11)是20世纪50年代中期开发的。它不仅消除了液体电容器的缺点,而且具有最佳的温度特性和频率特性,是目前用得最多的类型。固体电容器是在钽阳极的孔隙内覆上一层二氧化锰(固体电解质),电容器外壳用金属或环氧树脂封装(称为树脂浸渍型电容器)。在所有钽电容器中它具有最高的比电容(20000 ~ 70000μF · v/g),可以在很宽的温度范围内工作,有优异的防漏电流性能、长的储存性能和高可靠的工作寿命(可达20年),军事上多采用此类电容器。这种电容器在美国的生产量最大。

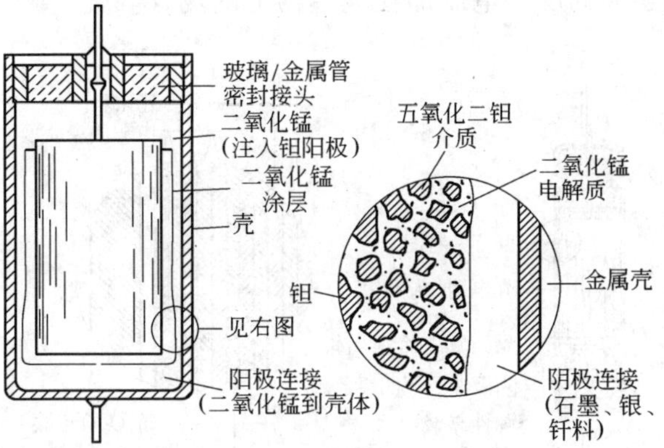

图 18-11 固体电解质电容器结构

C 固体片式电容器

固体片式电容器(图 18-12)是为了适应印刷电路板上进行表面安装的需要于20 世纪 80 年代开发的新一代钽电容器。它取消了电容器的引线,而以两块金属片分别将阳极和阴极直接装配(焊接)到电路板上,这样便使元件的密集程度提高至 30% ~60%,安装费用下降 20% ~40%,安装速度高至每小时 1500 ~ 5000 支[44]。钽电容器的片式化,极大地促进了集成电路板实现高密度组装,使电子器件微型化成为可能。固体片式电容器特别适用于电脑、手机、摄像机、电信设备等方面的应用。现在一块手提式电话用印刷线路板上通常安装有 32 支片式钽电容器。加上片式电容器的耐热性优点,已逐步取代传统的铝电容器。这种电容器以民用为主,故在日本生产量最大。

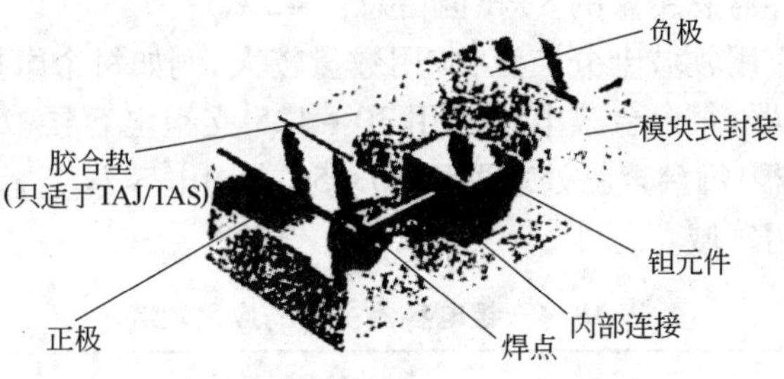

图 18-12 固体片式电容器结构

D 钽箔电容器

钽箔电容器(图 18-13)由两个钽箔组成,两钽箔间用浸有电解质的衬垫纸隔开。钽箔由钽粉压制烧结而成,阳极钽箔采用蚀刻技术来增大表面积,然后氧化形成绝缘层。制作时用 400V 以上的电压赋能处理,故它可在 250V 高压下工作。但它的电容量是 4 种电容器中最低的，也是产量最少的，仅用于高工作电压场合和在电路运行时有相当大的反向电压加在电容器上的场合。

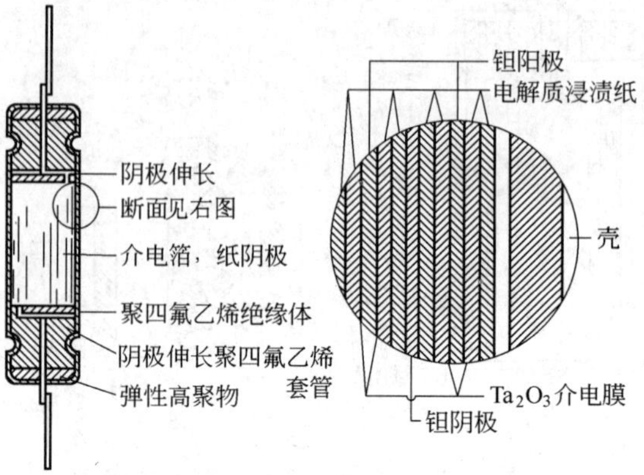

图 18-13　钽箔电容器结构

18.3.1.3　钽电容器的生产、应用和消费市场

世界上大规模生产钽电容器的知名企业主要有美国 Kennet 公司、日本电气公司(NEC)、Vishay 公司、日本松下公司、AVX 公司、Bourns Inc. 中国台湾分公司、日本 ELNA 公司、西门子-松下公司(Siemens-Matsushita)等，其中 Kennet 公司是全球最大的钽电容器制造商。

美国摩托罗拉移动电话集团公司、IBM 公司和英特尔 Intel 公司等是世界上使用钽电容器最多的公司，其中美国摩托罗拉移动电话集团公司是世界最大的钽电容器用户，1996 年公司使用的钽电容器数量约占世界 15% 的份额(价值 20 亿美元)，2000 年所占份额增长到 30%(72 亿支钽电容器)；IBM 公司个人电脑使用的钽电容器约占电容器总用量的 8%(但占总值 42%)。

钽电容器的应用领域十分广泛，应用数量较大，例如每个摩托罗拉 650 型手机装有 22 支钽电容器，每台台式电脑约用 30 ~ 125 支钽电容器，每台数码相机装有 12 ~ 75 支钽电容器，每台奔腾处理器用 20 ~ 56 支钽电容器[45]。表 18-4 所示为钽电容器的主要应用领域。

表 18-4　钽电容器主要的应用领域

部　门	主要应用领域
计算机	主机、硬盘驱动器、软盘驱动器、解码器、插入式卡片、大容量存储器等
通　讯	手机、程控机、各种交换机、传呼机、无绳电话等
汽　车	发动机控制、燃料控制、尾气排放、刹车装置、空气袋和避碰装置、汽车随机故障诊断、汽车结构优化设计等

续表 18-4

部　门	主要应用领域
家用电器	电视机、录像机、音响系统、各种唱机、影碟机、随身听、收录机
办公用品	复印机、传真机、扫描仪、大屏幕显示装置 ,
仪器仪表	分析仪器、自动化装置、仪表控制等
航天航空	飞机控制、火箭卫星姿态控制、导航装置、卫星发射
国防军工	坦克、火炮系统、巡航导弹、核武器发射、卫星导航等

随着中国工业的迅速发展，钽电容器的生产量和使用获快速增加。表 18-5 所示为国内钽电容器生产厂及其产量和销售量。

表 18-5　2001 年国内钽电容器生产厂及产量

生产厂	三星高新电机（天津）	天津松下电子	宁夏星日电子	振华集团星云电子	无锡格玛电子	广东风华高新科技	株洲无线电十厂	国营794厂	飞乐公司	合计
生产量/万支	1739	55911	7413	7011	3043	228	102	39	12.3	73026
销售量/万支	1591	54512	7370	7254	3270	228	110	33	12.3	72344
出口量/万支	937	47203		1386	1627	160				51314

近 10 年来，由于电子设备的生产和销售量的持续增长和主要应用领域（电脑、手机、汽车）使用的电容器数量的增加，钽电容器的需求一直在稳定增加。表 18-6 所示为近年全球钽电容器的销售量和用于电容器生产的钽粉的消耗量。

表 18-6　近年全球钽电容器的销售量和用于电容器生产的钽粉的消耗量[45]

年　份	1993	1994	1995	1996	1997	1998	1999	2000
钽电容器/亿支	54	102	128	150	158	200		248
钽粉用量/t	416	400	560	610	663	700		790

18.3.2　铌电容器[46,47]

金属铌表面生成的氧化膜也具有单向导电性质，具备制作电容器的条件。但因铌的溶氧性比钽的溶氧性高很多，在阳极化过程中，用一般的热处理工艺得不到热稳定的氧化膜。由于氧化膜的热稳定性较差，因此铌电容器的漏电流较大。目前铌的制粉工艺多沿用钽的制粉工艺，这种工艺不一定适用于铌，所得铌粉往往有氟化盐闭塞现象，导致铌氧化膜出现瑕疵，使铌的电介质性能变差[48]。加之铌电容器的生产工艺要求较钽电容器工艺高，技术也不像钽电容器那样成熟，因此铌电容器的生产和应用尚不普遍。目前主要是 63 V 以下的液体电容器和 25 V 以下的固体电容器获较多应用。但在前苏联，包括各种规格的液体铌电容器和固体铌电容器，一直与钽电容器生产上并存，同时用于国民经济各个部门，包括国防军工和航天航空工业领域。中国曾在20世纪努力推动过以铌代钽工作，1967年进行过无锡电容器会战，还在各生产厂试生产过上百万支铌电容器。目前，日本电气(NEC)公司、日立公司、AIC公司和H. C. Starck公司相继开始销售铌电容器。氧化铌的介电常数为42，大大高于氧化钽的介电常数27.6，对缩小电容器体积十分有利。未来研究需有新观念新思维，着力开发有别于钽和更适合于铌的新工艺，如无氟氧化铌直接还原等工艺方法。在钽资源日趋紧缺的形势和铌资源丰富、铌价较钽便宜、密度比钽轻得多等有利条件下，在工艺更加成熟时，在一些应用领域铌电容器仍会有较好的前途。

18.3.3　陶瓷电容器[49~51]

全世界每年约有70 t五氧化二铌用于制造陶瓷电容器。其中一部分铌用于制作陶瓷电容器的铅基化合物，如$Pb(Ni_{1/3}Nb_{2/3})O_3$、$Pb(Co_{1/3},Nb_{2/3})O_3$、$Pb(Mg_{1/3}Nb_{2/3})O_3$、$Pb(Fe_{1/3}Nb_{2/3})O_3$等。这些电容器用铅基化合物一般含5%～25% Nb_2O_5。日本在20世纪90年代开发的$Pb(Fe_{1/3}W_{2/3})O_3-Pb(Fe_{1/3}Nb_{2/3})O_3$二元系大容量叠层陶瓷电容器材料，烧结温度900℃，介电常数为18800，层数为50～80；另一部分铌是以氧化铌作掺杂剂添加到钛酸钡($BaTiO_3$)基多层陶瓷电容器中，用以降低和控制钛酸钡的居里点和抑制钛酸钡颗粒长大，使电介质材料具有更高的介电常数，从而提高电容器的电容量。这些大容量叠层陶瓷电容器与普通的陶瓷电容器、钽电容器和铝电容器相比，具有尺寸小、容量大、高频段阻抗小、等效串联电阻小、最大允许波纹电流大、寿命长等优点，广泛用于各种电子线路中，也可代替钽电容器和铝电容器用于开关电源设置、计算机终端设备、通讯装置、音频设备等方面。图18-14所示为叠层陶瓷电容器结构示意图。

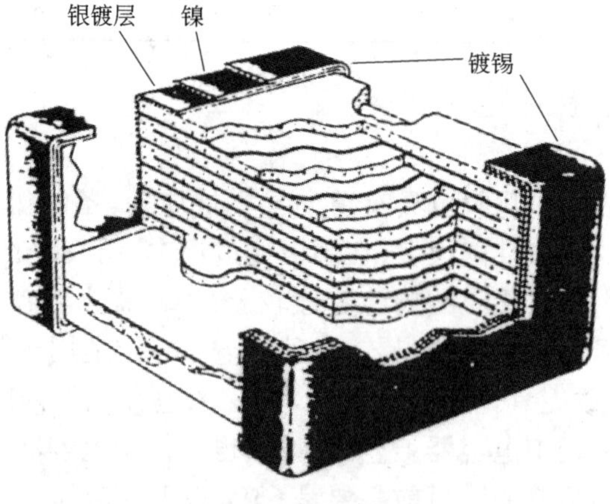

图18-14　叠层陶瓷电容器结构示意图

18.4 铌和钽在航天航空工业中的应用

航天航空工业是铌和钽的第二大用户。除了前面介绍的铌钢、钽电容器等大量用于航天航空工业外，这里专指的是铌和钽的合金，特别是铌和钽的高温合金和以铌和钽为基体的耐热合金在航天航空工业中的特殊用途。它们和飞机喷气发动机、火箭、飞船等运载工具密切相关，是其热部件中不可或缺的支柱性材料。在被称为空间金属的钨、钼、钽、铌四大难熔金属中，铌合金最具出色的综合性能，投产的牌号最多，是航天航空工业最优先选用的结构材料和热防护材。由于不断寻求更高效率（包括更高的工作温度）的飞机发动机和更好的飞行性能，在美国几乎所有喷气式战斗机的发动机的热部件都采用铌合金[53,54]。

航天航空工业通常分为民用和军用两部分。在大型商务飞机制造业中，主要是美国波音公司和欧洲空中客车两家飞机公司和三家大型发动机制造商（GE公司、PW 公司和 Allison 公司）。决定铌和钽消费量的因素，既有民用飞机，也有军用飞机，但以民用机因素为主。例如，目前广泛用于波音 737 系列商用飞机的 CFM56 飞机发动机，每台约需用铌 300 kg。全球航空工业主要由美国和欧洲主宰。美国是航天航空工业消费铌和钽的大户，表 18-7 为近 10 年中美国超合金中铌和钽的消费量。图 18-15 为美国商用飞机的交货量和铌在超合金中的消费量。

表 18-7 1991～2000 年中美国超合金中铌和钽的消费量[52]

年 份	1991	1992	1993	1994	1995	1996	1997	1998	1999	2000
铌（金属）/t	462	412	294	411	560	654	838	694	641	942
钽（金属）/t	37	13	33	43	41	52	102	72	145	135

图 18-15 美国商用飞机的交货量和铌在超合金中的消费量

18.4.1 铌和钽的高温合金

铌和钽的高温合金（又称超合金）曾在第二次世界大战中发挥过重要作用。20 世纪 60 ~ 70 年代在当时美、苏登月竞赛和导弹防御计划等的推动下，铌和钽合金的发展进入全盛时期。

铌和钽是高温合金，特别是镍基高温合金的关键性添加剂。铌和钽添加到镍基、钴基和铁基等各种合金中，可以制造超合金、耐蚀合金、耐磨合金等高性能合金。铌和钽的高温合金可以在 800 ~ 1000℃ 下工作。加入铌或钽主要是起固溶强化作用，提高合金的极限强度特别是高温抗蠕变强度、抗氧化性能和耐腐蚀性能。

18.4.1.1 含铌高温合金[55,56]

在镍基高温合金中，合金添加剂铌主要分布在两个相中：多元的镍基 γ 固溶体相和起强化作用的 $\gamma(Ni_3Nb)$ 强化相。此外，铌还进入碳化物相 Nb(C,N)，起着一种阻止晶间滑移过程发展的作用[57]。一些重要的镍基合金的化学成分如表 18-8 所示。

表 18-8 重要的镍基合金的化学成分

镍基合金	化学成分（质量分数）/%										
	Ni	Nb	Cr	Co	Mo	W	Ti	Al	Fe	C	其他
Inconel 718	52.5	5.1	19.0		3.0		0.9	0.5	18.5		
Inconel 706	42.5	2.9	16.0				1.8	0.2	37.5	0.03	
Inconel 625	61.0	3.6	21.5		9.0		0.2	0.2	2.5	0.05	
Rene 88DT	56.5	0.7	16.0	13.0	4.0	4.0	3.7	2.1		0.03	0.015B
Rene 95	61.0	3.5	14.0	8.0	3.5	3.5	2.5	3.5	0.3	0.16	0.01B
Mar-M 200	60.0	1.0	9.0	10.0		12.0	2.0	5.0		0.15	0.015B

在众多的含铌镍基合金中，在航空发动机领域中占统治地位的 Inconel 718 合金具有代表性。铌在合金中主要起固溶强化和析出强化作用，在加工与使用过程中铌形成 MC 型和 M_6C 型碳化物，此外还形成 γ 双相 Ni_3Nb。铌在避免最终产品制造过程中，特别是在焊接时的应变时效裂纹方面起着关键性和不可替代的作用。过去和现在，这种合金一直是民用和军用喷气发动机设计中的中流砥柱。它被一些大的航空发动机制造商如 GE 公司、PW 公司、Allison 公司广泛使用，并成为高温合金中的支柱产品。例如，它被 GE 公司用来生产新一代 GE-1 发动机（TF39 军用机和 CF6 民用机的核心）和 GE-4 发动机（超音速运输机）。图 18-16 所示为现有 2000 多架飞机使用的 GE CF6 飞机发动（图 *a*）和波音 777 双引擎喷气客机用 PM4000-112 飞机发动机（图 *b*）。用于生产这种合金的铌每年达几百吨。预计未来 Inconel 718 合金的统治地位不会被打破。在前苏联镍基高温合金牌号有 ЭИ-

598 和 ЭИ-698。合金在 800℃下的持久强度(σ_{100}):ЭИ-598 为 250 MPa,ЭИ-698 为 300 MPa。

a　　*b*

图 18-16　现有 2000 多架飞机使用的 GE CF6 飞机发动机(*a*)和波音 777 双引擎喷气客机用 PM4000-112 飞机发动机(*b*)

除了镍基合金外,钴基合金中的 WI-51 合金(含 2% Nb)、Mar-M509 合金(含 4% Nb)、铁基合金中 VASCO-15-5(含 0.3% Nb)等也都广泛应用于航天航空工业。

此外,铌还以添加剂形式加入到 α-Ti、W、Mo 为基的合金中。在钛合金中铌是 β 稳定剂,目的是使 α 相合金化,以提高合金强度和高温性能。在钼和钨的高温合金中,加入少量铌可以在提高高温强度和热强性能的同时,使合金保持良好的低温塑性性能。

含铌高温合金不仅用于航天航空发动机工业,它也越来越多地用于发电用镍基汽轮机(文献[47]估计每年有约 12000 t 以上的 Inconel 706 合金用于制造汽轮发电机组)。由 Inconel 625、706、718 合金组成的完整镍基高温合金系列,每年有数千吨用于海水处理、化学工业、城市垃圾发电、废料再生等方面。

18.4.1.2　含钽高温合金[58]

与含铌高温合金相比,含钽高温合金具有更优越的性能,可以胜任温度更高、应力负荷更大和环境条件更恶劣的场合,而且添加钽能大大改善高温合金的铸造性能。缺点是钽较铌昂贵许多,更多地被限制在较小范围内使用。目前国外几乎所有的高性能的军用和民用航空发动机中耐热度最高、应力负荷最大的零部件,都采用含钽高温合金。最近开发的第三代含钽单晶合金的熔点得到了进一步提高,制造出的单晶涡轮叶片可以在更高温度下工作,且节省燃料,寿命更长。世界钽添加制的消耗量每年约在数十到一百多吨,最高为 143 t(1996 年)。第三代单晶超合金的成分如表 18-9 所示。

表 18-9　第三代单晶超合金

合　金	合金成分(质量分数)/%								
	Cr	Co	Mo	W	Ta	Al	Ti	Re	Ni
CMSX-10	1.8~4.0	1.5~9.0	0.2~2.0	3.5~7.5	7~10	6.0~7.0	0.1~1.2	5.0~7.0	余量
Rene N6	4.2~6.0	10~15	0.5~2.0	5.0~6.5	7.0~9.2	5.0~6.2		5.1~5.6	余量

18.4.2　铌基和钽基耐热合金

铌和钽能与许多金属元素生成合金。最好的固溶强化元素是 Re、W、Mo、Zr 和 Hf。在添加合金元素时应在尽可能保持铌和钽的低温塑性的同时,尽力提高合金的高温强度。很多合金都是飞机和飞船的优异结构材料,并被认为是 SP-100 型空间反应堆(能产生 100kW · h 的电能)的候选材料。重要的铌基和钽基耐热合金的名义成分如表 18-10 所示。

表 18-10　典型的铌合金和钽合金的名义成分

铌		钽	
合金牌号	名义成分(质量分数)/%	合金牌号	名义成分(质量分数)/%
C-103	Nb-10Hf-0.72Zr-1Ti-0.075C	Fs63	Ta-2.5W-0.15Nb
Cb-1Zr	Nb-1Zr	Fs61	Ta-7.5W
Cb-752	Nb-10W-2.5Zr	KB140	Ta-40Nb
C-129Y	Nb-10W-10Hf-0.1Y	T-111	Ta-8W-2Hf
SCb-291	Nb-10Ta-10W	KB-141	Ta-37.5Nb-2.5W-2.0Mo

18.4.2.1　铌基耐热合金[59]

高温结构用铌基耐热合金通常分为高强铌合金、中强延性铌合金和低强高延性铌合金,共有 30 多个牌号。在航天航空工业中主要使用低强和中强合金,如 C-103,Nb-1Zr(液态金属容器用)、SCb-291(火箭喷嘴用)C-129Y(热屏蔽用)、Cb752 合金(离子发动机用蜂窝结构)等,这些合金适合在 1000~1250℃工作。铌基合金的强化元素有钨、钼、锆、钽。如前苏联一种 BH4 中含有(质量分数):9.5% Mo,1.5% Zr,0.3% C,0.05% La,其余为铌。

目前铌基合金主要用于高速飞机、导弹、宇航飞行器的热应力部件。几乎没有例外,铌合金应用领域包括大推力发动机的燃烧室、燃烧室防护罩、由辐射冷却的轨道进入或远地点控制的发动机的扩展防护罩以及小向量或姿态控制喷嘴[50]。铌合金中兼具高温强度和优良加工性能的是 C-103 合金,这种合金早在 20 世纪 60~70年代用于制造阿波罗宇宙飞船发动机的喷嘴放大器,最近它还用于超音速火箭和飞机上。铌基耐热合金应用的其他实例如表 18-11 所示。

表 18-11　铌基耐热合金在航空航天工业中的应用实例

项目	合金牌号	应　用	
航天工业	C-103	阿波罗飞船发动机翼片 登月舱 运载火箭压缩锥 航天飞机轨道调控发动机结构材料 2200 ~ 280℉温度下应用的模锻管件、阀门	
	PWC-11	卫星用反应堆	
航空工业	C-103	F-100 战机燃烧室调节板(鱼鳞片) 航空发动机气体导管、喷嘴 喷气涡轮发动机增压垫 高级超音速飞机机翼前缘、鼻锥、热交换管	
	WC-3015	军用喷气发动机零件	
其他应用	Ta-10W 钽合金	阿吉纳二次推进系统,燃烧室	
	C-103 铌合金	大力神ⅢC 过渡级	
		阿波罗服务舱发动机	
		阿波罗月舱下降发动机,喷管延伸段	
	C-103 铌合金	阿吉纳副推进系统,燃烧室、喷管	
	SCb-291 铌合金	民兵ⅢMK12 姿控发动机,推力室	
	Cb-1Zr 铌合金	民兵Ⅲ12 姿控发动机,喷注器	
		海神末级助推控制系统,燃气发生器导管组件	
	Cb-1Zr 铌合金	阿塞特	后前缘
	Cb-5Zr 铌合金		前上体、后热防护板
	Cb-752 铌合金	助推滑翔再入飞行器	
	Cb-752 铌合金 C-129Y 铌合金	航天飞机和再入飞行器,螺接件	
	T-222 钽合金		
	T-222 钽合金 FS-85 铌合金	空间核能源系统,液态金属容器	

18.4.2.2　钽基耐热合金[60]

工业用钽合金主要分为 Ta-W 和 Ta-Nb 两系列。其他添加剂还有钼、铪、铼。这些合金均有很好的综合性能，其中，Ta-W-Hf 系合金具有很高的高温强度和蠕变抗力，良好的低温塑性和焊接性能，工作温度为 1300～1650℃ 或更高，和铌基合金一样，主要也用于高速飞机、导弹、宇航飞行器的热应力部件。除用于航天航空工业外，还广泛用于石油化学工业。

18.5　碳化铌和碳化钽在硬质合金中的应用[60,61]

硬质合金是钽的第三大用户，也是铌的重要应用领域。美国和日本是世界主要的硬质合金生产国，中国是世界第三大硬质合金生产国。

碳化钽和碳化铌几乎全部用于制造金属切削刀具和刀片用的硬质合金。碳化钽和碳化铌用于切削刀具，是因为它们具有低硬度和高延性。在这方面钽的性能优于铌。各种硬质合金用碳化物的主要性质如表 18-12 所示。

表 18-12　各种硬质合金用碳化物的主要性质

品　名	TaC	NbC	TiC	VC	WC	W_2C	Cr_3C_2
维氏硬度	1800	2400	2500	2800	3000	2400	1300
熔点/℃	3880	3420	3928	2648	3600	3983	2760

通常硬质合金刀具一般含钽 3%～12%，含铌 0.08%～1%，有时含有 TaC + NbC。硬质合金中加入碳化钽可以提高其抗高温变形的能力，提高刀具抗热震动的能力。此外，碳化钽和碳化铌还具有抑制晶粒生长，达到细化合金晶粒的效果。表 18-13 所示为美国通用碳化物公司生产的碳化钽硬质合金。

表 18-13　美国通用碳化物公司生产的碳化钽硬质合金[62]

品　级	ISO	化学成分(质量分数)/%			晶体粒度	横向断裂强度	密度 $/g \cdot m^{-3}$	硬度 HRA
		WC	TaC	Co				
GC0004	K10	89	4	7	细	270	14.6～14.8	91.0～92.0
GC0022	K20	65	22	13	中等	390	13.9～14.1	87.4～88.4
GC106T	K40	92	2	6	细	275	14.8～15.0	91.5～92.5
GC313T	K30	85	2	13	中等	380	14.1～14.3	88.2～89.2
GC315T	K40	83	2	15	中等	390	13.9～14.1	87.3～88.3
GC320T	K35	77	3	20	中等	430	13.5～13.7	85.4～86.4
GC325T	K40	72	3	25	中等	410	13.1～13.3	83.6～84.6
GC327T	K40	70	3	27	中等	370	12.9～13.1	82.5～83.5
GC712T	K20	86	2	12	细	320	14.1～14.3	87.0～88.0

硬质合金刀具主要应用于汽车生产、建筑、能源等部门。美国是世界最大的汽车生产国,2000 年生产了 1260 万辆汽车。日本是世界最大的客车制造国,2000 年产量约 820 万辆。因此美国和日本也是碳化钽碳化铌消费量最大的国家。据估计世界每年约消费硬质合金 18000 t,其中含碳化钽硬质合金约为 7000 t,每年约需 256 tTaC 和 46 tNbC。表 18-14 所示为近 10 年世界碳化钽的发货量和日本超硬刀具业对碳化钽的消费量。

表 18-14 1991～2000 年世界碳化钽的发货量和日本超硬刀具业对碳化钽的消费量[62]（t）

年 份	1991	1992	1993	1994	1995	1996	1997	1998	1999	2000
世界发货量	174	147	167	114	152	129	144	140	128	176
日本消费量	63	45	37	49	59	56	68	49	44	60

含钽硬质合金消费的一个重要领域是加工个人电脑和移动电话等电子设备的印刷电路板。这种电路板要求加工高精度的耐磨损和耐腐蚀的孔,以满足日益复杂的袖珍元器件的安装需要。

18.6 铌和钽在石油、化学工业中的应用

铌和钽在石油化学工业中的应用包括钽和铌加工材和催化剂两方面。

18.6.1 铌和钽加工材在石油、化学工业中的应用[63]

铌和钽以及它们的合金具有优良的耐腐蚀性。在这方面钽优于铌。此外,钽还具有足够的强度和刚度、高的导热性和加工塑性,可以承受各种形式的冷加工,可以很方便地加工成各种大小形状适于多种生产过程的设备和零部件,如钽蒸煮器、加热器、冷却器、冷凝器、管道、阀门、泵、坩埚、螺栓连接件、铆接连接件、纤维喷丝头等。钽有足够的强度,大多数钽设备可由厚度小于 0.75 mm 的钽带制得。通过钽的爆炸包覆或电镀涂层工艺,有的也可获得经济设备。每年有大约 150 t 钽材用于生产石油、化学工业、医药工业、食品工业、冶金工业等的耐蚀设备。表18-15 所示为化学工业使用钽设备的实例,表 18-16 所示为近 10 年中世界钽材制品的发货量,图 18-17 所示为 1984 年以来世界钽加工材的发货量。可以看出世界钽消费量呈上升趋势。

表 18-15 化学工业使用钽设备的一些实例

产 品	作 业	钽 设 备	备 注
氯化铝	浓 缩	插入式加热器、冷凝器	HCl 回收冷凝器
王 水	矿石溶液、不锈钢酸浸	插入式加热器、热交换器、酸浸槽盘管	

续表 18-15

产　品	作　业	钽设备	备　注
二氯甲苯	甲苯氯化	HCl 吸收器	副产品 HCl 回收
溴	除氯和有机物进行净化	盘管、冷凝管，成套净化装置	
有机溴化物	溴　化	冷凝器、特殊无水 HBr 加热器	分馏和副产物冷凝器
铬、锆、钛	制备超纯金属碘化工艺	反应器	
氯苯-氯代苯，对二氯苯	氯化器作业，HCl 吸收	冷凝器、吸收器	副产品 HCl 回收
铬　酸	加热溶液	盘管，热交换器	
氯乙烷	乙醇氯化	特殊 HCl 反应器，无水 HCl 装置	
二溴化乙烯	乙烷气稳定器，乙烯溴化	冷凝器、溴装置	
氯化铁	溶解、浓缩	插入式加热器，壳管热交换器	
发烟硫酸	蒸馏	并联插入式加热器，冷凝器	
卤素（除氟）	氯溴碘发生器和回收装置	插入式加热器、盘管、冷凝器、调节件、热阱	
氯化氢	生产、提纯和回收氯化氢的工艺	插入式加热器、热交换器、盘管、冷凝器、HCl 吸收器、酸冷却器、气体冷却器、氯灯、汽提塔、热阱	
碘	从酸性盐水中回收	盘　管	
异丙基乙醇	硫酸浓缩	并联插入式加热器	
盐酸酸浸	热酸浸槽	盘　管	
硝　酸	蒸馏、回收	插入式加热器 单级和多级冷凝器	
磷　酸	浓　缩	插入式加热器	钽仅能用于氟含量 $10\times10^{-4}\%$ 以下
酸浸溶液	加热酸浸槽	盘　管	钽可用于 HCl、HNO_3 及其混合酸
人造丝	粘胶丝工艺	插入式加热器、喷丝头、热阱	
硫　酸	浓缩和回收		

表 18-16　1991～2000 年世界钽材制品的发货量（t）

年 份	1991	1992	1993	1994	1995	1996	1997	1998	1999	2000
发货量	175	186	175	191	223	222	252	226	257	331

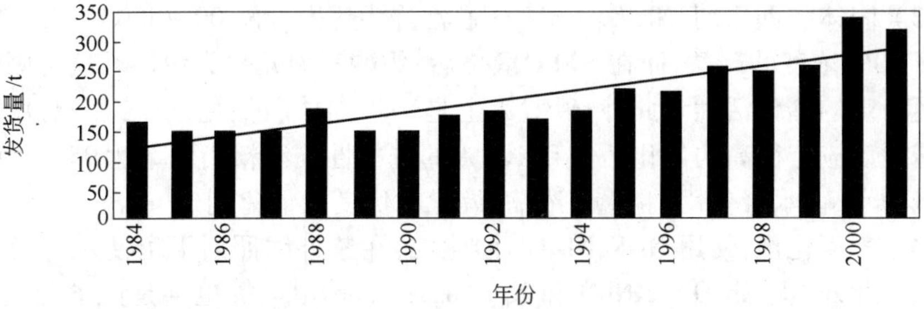

图 18-17 1984 年以来世界钽加工材的发货量

18.6.2 铌和钽的催化剂[64,65]

催化剂是铌和钽的重要应用领域。近 20 年来,铌化合物的催化作用开发研究十分活跃,铌催化剂的品种尤其多。对于许多有机反应,添加铌化合物到催化剂里,即可显著提高催化剂的活性、选择性和寿命。出于商业原因,很多催化剂成分高度保密。表 18-17 所示为一些具有催化性能的铌化合物。

表 18-17 铌化合物的催化应用

品 名	应用领域
$NbCl_5$	聚合、三聚作用、烃化、氯化、
NbF_5	异构化、还原、氟化、硫化
NbH	氢化、异构化
NbS	氢化脱硫、煤的氢化、酒精脱羟基作用
NbN	氢的对位-邻位变换反应
NbC	氢化、裂化、硫化氢-氧化物作用
NbO_2, Nb_2O_5	三聚作用、烃化
铌金属有机化合物	聚合、三聚作用、烃化、异构化、氢化、置换、环氧化

铌的催化特性主要表现在促进剂作用和载体作用两方面。促进剂作用是指添加少量铌化合物便可显著提高催化活性和寿命;而铌化合物作为载体在承载其他化合物时也显示出良好的催化性能。

(1) 促进剂作用:天然气中甲烷氧化使用的 Li/MgO 催化剂,加入铌后使催化活性提高 10 倍;乙烷脱氢生产乙烯,加铌后催化转化率和选择性提高数倍;石蜡氧化和氨氧化应用钼酸铋催化剂中加入铌大大提高了催化活性和选择性。工业烟道和汽车尾气中的 NO 气分解用钒钛催化剂中加入铌后,NO 的初始转化率达 99%,30h 后仍达 89%。

(2) 载体作用:Nb_2O_5 对将 CO 氢化生成高碳氢化合物反应铑催化剂的催化活性和选择性具有显著的载体作用。在众多载体中,铌的载体作用最好:$Nb_2O_5 > ZrO_2 > Al_2O_3 > SiO_2 > MgO$。铌载体催化剂在氢化、脱氢、有机试剂合成(如甲基异丁基酮 MIBK 萃取剂的合成)、复分解反应等方面均有重要应用。

（3）固体酸催化剂：$Nb_2O_5 \cdot nH_2O$ 通常称为铌酸，经 100～300℃煅烧，其酸度相当于70%浓度的硫酸，而在500℃煅烧后，铌酸表面几乎为中性。这种固体酸具有高而稳定的催化活性。此外，磷酸铌也是一种固体酸催化剂。铌酸对用乙酸使酒精脂化反应有很高的催化活性和100%的选择性。酒精脂化率达95%。铌酸还是有机物水解、水合作用、脱水和浓缩、烷化的优良的催化剂。

（4）光催化剂：使用 Ni-$K_4Nb_6O_{17}$ 催化剂，在紫外线照射下可使水分解为氧气和氢气。此外 $Rb_4Nb_6O_{17}$、KNbO 和 $K_{0.5}Na_{0.5}Ca_{1.5}Nb_3O_{10}$ 等也都是光催化剂。TiO_2 中加入少量五氧化二铌，也可显著提高表面酸的催化活性。

18.7　铌和钽在电子、光电、声光电元器件生产上的应用[66,67]

除了电容器外，铌和钽及其化合物还是电子工业中制造各种电子、光电和声光电元器件的重要材料。文献报道，仅铌酸锂单晶，全世界约以每年超过80 t的速度增长[68]。铌和钽电子和光电元器件早先主要用于军事设备，现在更多地向集成光路、声学等方面迅速发展。

铌和钽的化合物及其单晶具有一些特殊的性能，如铁电性能、压电性能、热电性能、电光和声光电性能和非线性系数、光折射灵敏度等，这些特殊性能使它们广泛地用在电子、光学和声控装置上。表18-18示出了一些具有良好光电和铁电性能的材料的应用。

表 18-18　主要的铁电材料的性能和应用

类型	材料	缩写	性能	应用
钙钛矿型	$Pb(Mg_{1/3},Nb_{2/3})O_2$	PMN	绝缘性	电容器，存储器
铌酸盐型	$PMN/PbTiO_3$	PMN/PT	光电性	波导
	$LiNbO_3$	LN	压电性	探测器
	$KNbO_3$	KN	光电性	波导，信频器，二次谐波，全息照相
	$K(Ta,Nb)O_3$	KTN	压电性，光电性	波导，热电探测器
钨青铜型	$(Sr,Ba)Nb_2O_6$	SBN	绝缘性	存储器
	$Sr(Ba)_{0.8}(Cr,Zn,Y)_2Na_{0.4}Nb_2O_6$		绝缘性	存储器
	$(Pb,Ba)Nb_2O_6$	PBM	绝缘性	存储器
	$K_2LiNb_2O_6$	KLN	热电性	热电探测器
	$(K,Na)_3Li_2Nb_5O_{15}$	KNLN	热电性	热电探测器
	$(K,Sr)Nb_2O_6$	KSN	热电性	热电探测器
	$(Pb,K)Nb_2O_6$	PKN	光电性	波导
	$Ba_{2-x}Sr_xK_{1-y}Na_yNb_5O_{15}$	BSKNN	光电性	波导
	$Ba_2NaNb_5O_{15}$	BNN	光电性	波导

下面着重介绍表18-18中铌酸锂单晶的主要应用领域，包括声表面波滤波器（SAW）、集成光学装置、光学镜头中的双折射元件、数码相机中的污斑过滤器、非线性光电装置和光电转换器等。

（1）声表面波滤波仪器。主要用于军工和电子产品，如录像机、彩电、视频光盘和电脑等。近年移动数字电话已成为铌酸锂表面波滤波器的主要市场，每台手机要用3个滤波器。1998年声表面波滤波器市场消费量就曾达到4.5亿台。

（2）光电应用。随着光纤通讯对带宽宽度的需求不断增加，铌酸锂在各种整体光学元件中的作用越来越重要。铌酸锂调制器在光电调制器市场上约占市场份额的60%。2001年世界光学调制器交易市场总值达2.7亿美元。一种光激发空腔谐振器具有特殊的军事用途。

（3）双折射元件。铌酸锂单晶具有很高的折射率和双折射率，被用于高倍数码相机、光导纤维极化器。

（4）非线性光学。掺杂镁等元素的铌酸锂单晶用于非线性干涉仪，如掺杂铌酸锂单晶（PNLN）在光学振动器上用于产生红外线的热感应导弹。除铌酸锂单晶外，掺铅的铌酸锂（PZN）是制造夜视仪系统中的红外传感材料。

（5）全息照相的数码储存。

（6）光学转换器和电路应用，包括分色器、定向耦合器、开关、变频器、激光器、放大器、光电探测器和光波导装置等。

（7）频率转换器。铌酸锂单晶可以开发出可靠的蓝色光激光二极管，可以用来记录和读取高密光盘上的信息，提高光盘储存能力。也可用于全色激光打印机。

（8）在半导体器件上的应用，如有线性调频脉冲放大器、激光测距仪、Q-开关等，它们均有重要的军事用途。

除铌酸锂外，还有铌酸钾、$Ba_2NaNb_5O_{15}$、$K_3Li_{2-x}Nb_{5-x}O_{15-2x}$、$Sr_{1-x}Ba_{1-x}Nb_2O_5$、$Pb(ZrTi)Nb_2O_3$ 等晶体，也都是电子、光电元件的重要材料。铌酸盐铁电体是可靠的计算机储存元件。一种铌的氧化钛薄膜可用于氧气和湿度探测器。

钽酸锂具有和铌酸锂类似的电子、光电、声光电性质，而且用钽酸锂做成的元器件大多性能更好，例如，钽酸锂比铌酸锂更能满足宽带网的需求。此外，氧化钽还用于钛酸盐动态随机储存芯片、铁电储存芯片和半导体芯片。但因钽较铌昂贵，多用于高端产品，用量受到一定限制。

18.8　铌和钽在超导材料上的应用[69~71]

有低温（液氦温区）和高温（液氮温区）两种超导体。前者主要是铌金属间化合物，后者是20世纪80年代发现的钇钡铜氧系等化合物陶瓷。目前高温超导体尚未达到商业应用水平，超导市场主要由低温超导体铌钛（NbTi）、铌三锡（Nb_3Sn）

占有。

在所有金属中,铌具有最高的超导转变温度(9.25 K)。商业用铌三锡的超导转变温度为 18.0K,铌钛(50% Nb - 50% Ti)为 8 ~ 9K。此外,研究中的还有 NbZr(10.8K)、Nb_3Al(18.9K)、Nb_3Ga(20.3K)、Nb_3Ge(23.2K)、Nb_3N(16.5K)、Nb_3Si(18.3K)等。

当前的铌基超导体的市场可以分为商业型应用和项目型应用两类。工业应用主要是 MRI(磁共振成像扫描仪)、NMR(磁共振光谱)、FTICR、研究用磁体和磁分离。如:

(1) 用于人体热图成像的 MRI,是低温超导体最大的应用市场。全球约有 2000 家生产厂生产了约 12000 台这种成像仪,已开辟出约 25 亿美元市场。

(2) NMR(核磁共振光谱)磁体已成为化学、医疗诊断、生物、药物和材料方面强有力的分析工具。几乎成为每个分析实验室不可缺少的工具。世界上已有 9000 个系统在使用。

(3) 傅里叶变换质谱仪(FT/MS)是生物工程快速分析复杂分子(如蛋白质和酶)的重要仪器,全球建立起了约 250 套这样的仪器。

(4) 超导磁能储存(SMES)系统用于几秒内短时电力中断保护,美国超导体厂已为用户建立起了 16 套这样的系统。

(5) Josephson 效应量子干涉仪(SQUID)作为商品用于医用高精度测量。

高能粒子加速器(对撞机)等项目工程是低温超导体的第二大市场。大型项目工程在超导技术的开发方面起基础性作用。如:

(1) 大型粒子对撞机:位于瑞士的欧洲核子研究中心的大型粒子对撞机是迄今为止最大的超导工程和加速器,有数以千计的超导磁体被安装在长约 27 km 的环形隧道内,约用 400 ~ 420 t 超导合金。

(2) 线性加速器(LINAS):用于轻质量粒子(如电子、正电子、μ 介子)加速。为了获得 60 亿 eV 的电子束,使用了大约 338 个铌腔。

(3) 一个国际环面熔炼实验反应器中,其中心螺旋线圈约用 24 t Nb_3Sn。目前韩国正在建设的环形熔炼器预计用大约 26 t Nb_3Sn 和 12 t NbTi。

(4) 45T 的磁体:国家高磁场实验室码投入使用的这种磁体,约用了 1.5 t Nb_3Sn。

此外,潜在的应用包括核聚变反应堆、高速磁浮列车、新型船用驱动系统、磁流体装置、地下能量储存和传输、高强度磁选机、射电天文等领域。世界范围内目前超导体市场约为 24 亿欧元,其中,低温超导占 90% 市场份额,高温超导占 10%。

18.9　铌和钽在玻璃和陶瓷上的应用[72,73]

在光学玻璃中,氧化铌和氧化钽是一种重要的替代氧化铅组分的材料。在环保型光学玻璃中的应用是氧化铌一个较大的市场。由于价格原因,特种玻璃更多应用氧化铌。作为一种无铅环保型玻璃,氧化铌含量一般为10%~30%,特殊高折射率玻璃的凸镜含氧化铌可达70%。含铌玻璃具有折射率高、散光度好(特别是可消除原先铅玻璃中固有的不规则局部散光性,使色散减弱甚至消失)和内部透光性好的优点。SiO_2-GeO_2-Ta_2O_5 基玻璃、SiO_2-Nb_2O_5-ZrO_2 玻璃都因铌的加入消除了不规则局部散光现象。此外,用 Nb_2O_5 取代 PbO,大大增强了玻璃的耐腐蚀性,即便在高温、高潮湿条件下的清洁处理,也不会改变玻璃的表面光洁度。氧化铌比氧化铅有更窄的形成区,而且密度比铅玻璃低(铅玻璃的密度为4.48 g/cm^3,含41% Nb_2O_5 的密度为3.1 g/cm^3,大约轻30%)、硬度更好。这使得用铌玻璃生产的透镜比普通透镜更薄、更轻。

过去10年世界含铌玻璃的需求量翻了一番。日本、法国和德国是铌光学玻璃的主要生产国。在日本,大约有50%的氧化铌用于生产光学玻璃(2000年约消费100 t Nb_2O_5)。铌玻璃主要用于镜头、棱镜等光学器件,如照相机、数码相机、摄像机、放映机、望远镜、眼镜、复印机、显微镜以及军工高级光学仪器系统。

氧化铌在电子陶瓷领域的应用增长迅速。铌基钛钙矿型的陶瓷很有希望超过传统的钛酸盐基和锆酸盐基的陶瓷。这是因为铌基陶瓷的烧结温度更低,其绝缘性能更好,同时还可以通过调整β-晶格离子来改变其绝缘温度特性。典型的铌基陶瓷有 $Pb_3MgNb_2O_9$、Pb_2FeNbO_6 和 $Pb_3NiNb_2O_5$。在日本,大约40%的高纯氧化铌用于功能陶瓷,约10% Nb_2O_5 用于电子元器件生产。

18.10　铌和钽在原子能工业上的应用[74,75]

铌具有良好的综合性能,如高熔点、良好的加工性能、耐腐蚀性能和相对小的热中子俘获截面(1.15×10^{-24} cm^2),可以满足原子能反应堆对结构材料的要求。温度在900℃以下铌与铀的作用很弱,因此适于制造反应堆的放热元件的包套管、管道、过热器和泵的零件。原子能发电站主要使用含铌锆合金,如 Zrcaloy-2 和 Zrcaloy-4 广泛应用于水冷核反应堆的燃料包套和重水反应堆的压力管道。

金属铌在700℃下不与液态金属钠和钾合金(载热剂)发生反应,含1% Zr 的铌基合金可作为液态金属的密闭壳、管道和在一些快中子增殖反应堆核裂变反应器上的燃料包套的材料。Nb-Zr 合金(Nb-1Zr)和 Pwc-11 合金(Nb-1Zr-0.1C)已用于 SP-100 设计上作为锂冷却剂边界、反应器壳和燃料包套内零件的基本材料。

钽合金用于放射性核素的封装。美国采用含 20% 钛的钽合金盛装熔融的钚。Ta-111 合金用于太空探测器动力系统及冥王星探测飞船的构件上。

全球现有 438 座原子能发电站。2001 年净发电量达 350 GW。每年约消费 30 t金属铌[75]。

18.11 医学器官种植中的铌和钽[76~78]

铌和钽是 5 种具有生物兼容性的元素(其他为钛、锆和铂)中较好者。在生物组织和其他环境中,铌和钽的表面能立即生成一层化学稳定的钝化膜,从而使铌和钽具有良好的化学稳定性和抗生理腐蚀性,并具有生物相容性。铌和钽植入骨内能与周围生成的新骨直接接触,在软组织中引起的组织反应比钛稍强。除金属铌和钽外,用于生物医学的还有铌-钽-钛合金,如 Ti-6Al-7Nb、Ti-6Al-6Nb-1Ta、Ti-6Al-2Nb-1Ta、Ti-15Sn-4Nb-2Ta-0. 2Pd、Ti-15Zr-4Nb-2Ta-0. 2Pd、Ti-13Nb-13Zr、Ti-16Nb-10Hf、Ti-15Mo-3Nb、Ti-35. 5Nb-5. 1Ta-1Zr、Ti-29Nb-13Ta-4. 6Zr 等,其中,Ti-13Nb-13Zr 合金具有低弹性模量、优异的耐磨和耐腐蚀性和极佳的生物相容性。该合金与骨头的亲和力比钛好。

在开发新的生物移植材料时,纯铌是重要候选材料。它比钛和钛合金有更好的化学性能和生物相容性,且比钽密度小,价格低很多。

形状记忆合金对一些生物移植应用非常重要。新一代不含对人体有害的镍的铌钛锡形状记忆合金,不仅具有生物相容性,又有非常优异的室温加工成型性。

临床上钽和铌用于接骨板、颅盖骨、骨螺针、夹板、缝合针等外科器械。医疗上,钽、铌用于修补肌肉组织。此外,镀钽的血管金属支架已广泛应用于心血管病的治疗。铌和钽也用作承受负载的修复体,如牙种植等。

18.12 铌和钽的其他用途[79~81]

铌和钽的其他用途如下:

(1) Nb-Al 合金具有熔点高(1605℃)和密度小的特点,可以在 1000℃ 以上温度下工作,多用于航天航空工业。

(2) Nb-Ti 合金(Nb-45% Ti)用于制造航空器用轻型紧固件。

(3) 金属铌与 Nb-1Zr 合金耐钠蒸气腐蚀,用于高压钠灯起导电和电极夹的双重作用,用于制作灯管时支撑架、外部汞贮槽、热反应器和金属丝联结器。

(4) Nb-Hf 合金具有突出的高温强度(1300℃),很容易覆盖抗氧化层,在航天航空工业中用作耐火材料。

(5) 硒化铌($NbSe_2$)是一种兼具导电性和润滑性能的优良固体润滑剂,广泛用于精密电机用电刷、特种轴承等领域。

(6) 金属铌在外加阴极保护的阳极中用作铂的基体。这种保护装置广泛用于船壳油气装置、地下管道、大型贮罐等的保护。

(7) 少量金属铌用于铸造硬币和特殊纪念章。这种硬币和纪念章具有天然防伪功能,难于仿制。

(8) 钽是穿甲弹的必选材料。

(9) 合成纤维工业采用金属钽制作喷丝头。

(10) 钽的排气性能优于钛,常用于超高真空吸气泵中用以去除氢、碳氧化物、氮氧化物等有害物质。

(11) 铌和钽已经成为薄膜生产的重要材料。例如,在玻璃或塑料镜头上加铌反射膜可以改善镜头的光学敏锐度,透光率提高到98%以上。

参考文献

1 宁夏东方钽业股份有限公司. 铌经济. 第9版, 2003

2 Tomas C B, et al. 杭州国际会议论文集, 1982:285 ~ 289

3 李尚诣, 等. 铌资源开发应用技术. 北京:冶金工业出版社, 1992:663 ~ 675

4 《铌·科学与技术》编译委员会. 铌·科学与技术. 北京:冶金工业出版社, 2003

5 Eiber B, et al. 2000 International Piping Conference ASNE, 2000(V1):267 ~ 277

6 Hillenbrend H G, et al. Piping Technology Conference Brugge Belgium, 2000. 145 ~ 152

7 Freier K, et al. Stahl and Eisen, 1991, 111(1): 83 ~ 90

8 Jones D A, Daniel S R. IF Steel. Pittsburgh, 2000:155 ~ 161

9 Bleck W, et al. Stahl and Eisen, 1991, 111(3):51 ~ 56

10 Degenkolbe J, et al. Thyssen Techn. Ber, 1987(19): 41 ~ 55

11 Irvin K J, et al. J. Iron and steel Institute, 1967(205):161 ~ 167

12 Herman J C, et al. ISIJ Int, 1992, 32(6) :779 ~ 785

13 Itman K K. Materials Science and Technology, 1999(13):49 ~ 55

14 Deardo A J, et al. Niobium Ed. H. Stuart. AIME, 1981: 685 ~ 694

15 Stoeter J, et al. Metal Progress, 1985(3):61 ~ 72

16 Maki T. Metal and Technologies, 2001, 71(3): 59 ~ 67

17 Helco K. Steel India, 1985 (4) :45 ~ 53

18 宁夏东方钽业有限公司. 钽经济. 第10版, 2003 :130

19 Petrumenkov A A, et al. Niobium Technology Report. NbTR-15/90, April, 1990

20 Blarasin A, et al. Metallurgical Science and Technology, 1989, 7(2): 104 ~ 112

21 Walker E F, et al. Proceedings of the Institute of Civil Engineers, 1983, 74(1):971 ~ 978

22 Ecob R C, et al. J of mater, Sci, 1987(22):2867 ~ 2880

23 Vodarek V, et al. Metall. Mater, 1991, 29(4):229 ~ 235

24 Fujimura H, et al. Strainless Steel'99,. Science and Market, 1999(1):67 ~ 76

25 Davison R M, et al. Metall. Transaction A, 1975(6A):2245 ~ 2248

26 Utsunomia T, et al. Nishin Steel Technical Review, 1995(71):53 ~ 64

27　Rombeaux P, et al. Innovation Strainless Steel, 1993, (1): 159 ~ 164
28　Wen-tai Hou, et al. Metals. Science & Tech, 1985(1) 385 ~ 389, 390 ~ 397
29　Shinoda T, et al. Trans. ISIJ, 1978(18): 139 ~ 148
30　Takahashi M, et al. ISIJ Intl, 1995(35): 1452 ~ 1458
31　Engl B, et al. Steel Research, 1996(67): 430 ~ 437
32　Senuna T, et al. Intl. conf. on Physical Metallurgy of TMP of Steels and other Metal(The Iron and Steel Institute of Japan, Tokyo, 1998: 636 ~ 642
33　Boer H de, et al. Stahl and Eisen, 1992(112): 101 ~ 107
34　Bentell L, et al. Stahl und Eisen, 2001(112): 19 ~ 22
35　Singh U P, et al. Scandinavian J. of Metallurgy, 1995(24): 180 ~ 186
36　Fischmeister H. Metallurgical Transaction A, 1989(20A): 2133 ~ 2147
37　Blarasin A, et al. Metallurgical Science and Technology, 1989, 7(2): 104 ~ 107
38　王肇信，幸良佐，曾方屏．钽铌冶金学．稀有金属学会钽铌分会，1998：342 ~ 355
39　Schussler M. ASM, Handbook, Vol. 2th, 4th Printing in USA, 1995: 60 ~ 85
40　陈国光．电解电容器．西安：西安交通大学出版社，1986
41　Young L. Proc. Royal Society. Lond, Ser, 1958, A(244): 41 ~ 53
42　Buttner F H, et al. Columbium and Tantalum. edited by F. T Sisc, John Wiley & Sons Inc, 1963
43　Young L, Proc. Royal Society, London, Ser. A, 1958(244): 41 ~ 53
44　Schmaber W. Chip Capasitor, TIC Bulletin, 1984, 4(37): 6 ~ 8
45　王文其．钽铌工业进展，2000(1)：20 ~ 24
46　Sergak W A, et al. A new material for capacitors: niobium. CARTS 2000: 20th Capacitor and resister technology symposium, 2000: 82 ~ 95
47　Smyth D M, et al. J. of the Electrochemical Society, 1983 110(12): 1271 ~ 1276
48　Persico D F. 铌在电容器中应用．北京：冶金工业出版社，2003：210 ~ 218
49　US patent 6043, 174. 2000
50　Smollenskii G A, et al. Sov. phys. Solid State, 1959, 60 (10): 1438 ~ 1445
51　Khan F M. J. of the American Ceramic Society, 1971, 55(6): 279 ~ 284
52　宁夏东方钽业有限公司．钽经济(第10版)，2003：171
53　上海科学技术情报所编．国外难熔金属在火箭、导弹和航天技术中的应用．1983：35 ~ 70
54　Manker E A. CIM Bulletin, 1981, 74(832): 93 ~ 99
55　Barker J F. Superalloy 718 Metallurgy and Applications, Ed. Loria, TMS, Warrendale, PA. 1989: 269 ~ 277
56　Achwant R C, et al. Superalloy 718625706 and Varous Derivatives, Ed. Loria, E. A. TMS, 1997: 141 ~ 152
57　Schilke P W, et al. Superalloy 718625706 and Varous Derivatives, Ed. Loria, E. A. TMS 2001: 25 ~ 34
58　Borns F R H, et al. Tantalum, A Publication of the Minerals, Metals & Materials Society, 1996 : 273 ~ 286
59　Paulonis D F, et al. Superalloy 718625706 and Varous Derivatives, Ed. Loria, E. A. TMS, 2001: 65 ~ 78
60　周菊秋，黄烈如，等．稀有金属材料与工程，1995，7(1)：26 ~ 31
61　Schachal E. TIC Bulletin, 1991(67) : 4 ~ 9
62　宁夏东方钽业有限公司．钽经济．第10版，2003：113
63　Schussler M, et al. TIC Bulletin, 1994(78) : 3 ~ 7
64　Tananbe K, et al. Appl. Catal. A, General, 1995(133): 191 ~ 218
65　Domen K, et al. Catal. Today, 1996(28): 167 ~ 171

66 Mendez A, et al. Electron. Lett, 1999(35):498 ~ 499
67 Breer S, et al. Appl. Phys, 1998(66):330 ~ 345
68 Dieter H Jundt. 铌·科学与技术. 北京:冶金工业出版社,2003:190 ~ 202
69 Zeitlin B A. 铌·科学与技术. 北京:冶金工业出版社,2003:142 ~ 156
70 Seeber B. Handbook of Applied Superconductivity, Bristol, UK: Iop Publishing, 1998
71 Cooley L D, et al. Superconduct. Sci. Technology, 1999(12):135 ~ 151
72 Yohio Mori, et al. Optical Glasses. International Publication, №WO01/40127AI. 2001
73 Masahiro Onozawo, et al. Eco Optical Glass. Ceramics Japan, 1999(34):47 ~ 50
74 Бескорвайный Н М и др. Кострукционные Матриалы Ятерных реактоов. Ч2 юСтруктуры Своиства Нзначение. Москва: Атомиздат, 1977:392 ~ 341
75 宁夏有色金属冶炼厂. 宁夏有色金属冶炼厂译文集(铌)2002:172 ~ 176
76 Black J. Clinical Materials, 1994(16):167 ~ 173
77 Zitter H, et al. J. Biomed. Mater. Res, 1987(21):881 ~ 896
78 Larsen N E, et al. J. Biomed. Mater. Res, 1991(25):699 ~ 710
79 《稀有金属应用》小组. 稀有金属应用. 北京:冶金工业出版社,1984
80 郭青蔚. 化工大百科全书(第12和15卷). 北京:化学工业出版社,1992. 351 ~ 352,629 ~ 631
81 Bohling D A. Vacuum & Thin film (Nov-Dec), 1998:22 ~ 28

附录A　铌、钽二元系相图

A.1　铌二元系相图

锟二元系相图分别如附图 A-1 至附图 A-32 所示。

附图 A-1　Nb-D(铌－氘)

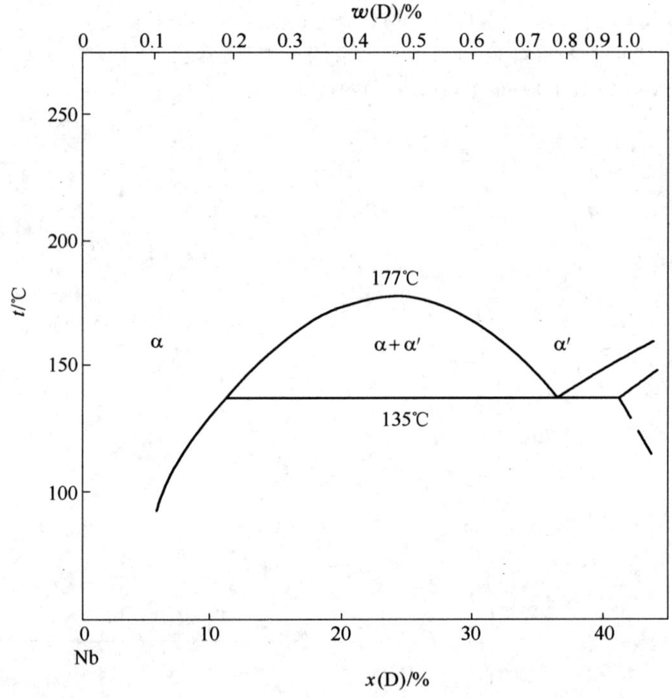

体系合金中在温度 600℃和平衡气压下氘饱和的 Nb 中含 D 达 4.8% ~49.3%。在析出线的临界点,在含 $x(D)\approx25\%$ 和温度 177℃下 Nb 基固溶体分解成两种固溶体 α 和 α′。

附图 A-2 Nb-Rb(铌 - 铷)

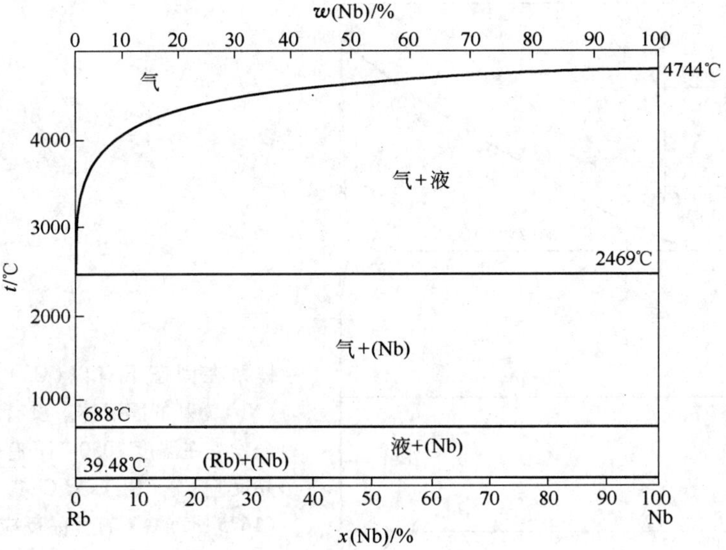

状态图是根据计算方法所得结果绘制。

附图 A-3 Nb-Cs(铌 - 铯)

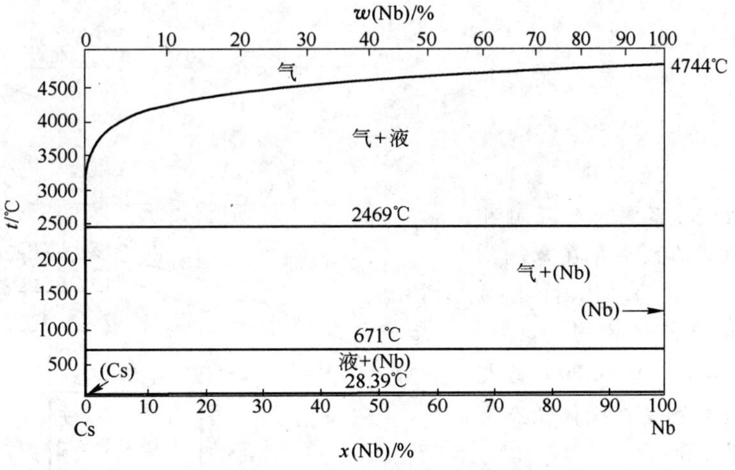

Cs-Nb($p=0.1$ MPa)

无论在液态或固态下 Cs 和 Nb 都不能混溶。

附图 A-4 Nb-Cu(铌-铜)

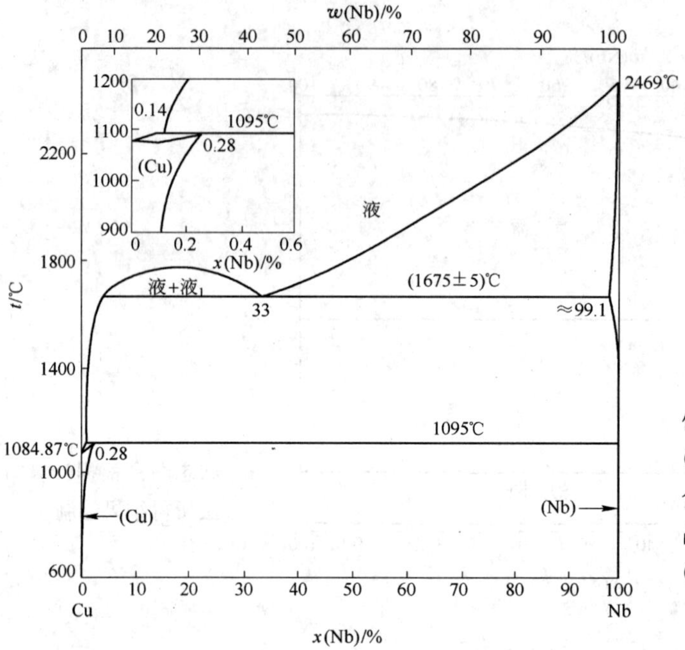

体系在固态下有以(Cu)和(Nb)为基的固溶体。没有化合物。在温度1050℃下有包晶反应 L+(Nb)⇌(Cu),在(1675±5)℃下有偏晶反应。

附图 A-5 Nb-Au(铌-金)

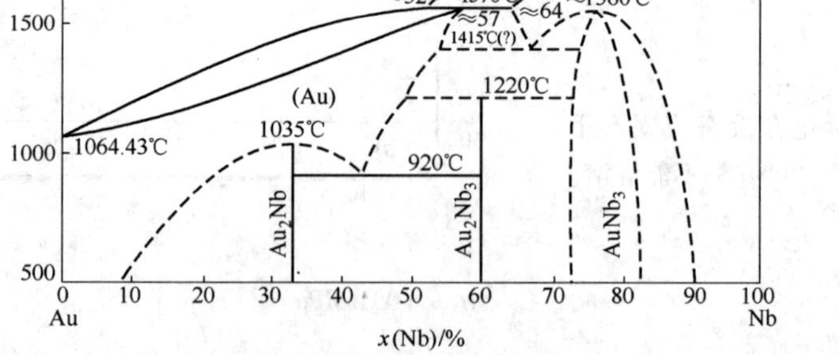

Au-Nb系属于包晶型相图。体系中存在宽阔的(Au)和(Nb)固溶体区域和三种化合物:Au_2Nb、Au_2Nb_3 和 $AuNb_3$。这些化合物是在固体状态下生成的。

附图 A-6 Nb-Be(铌-铍)

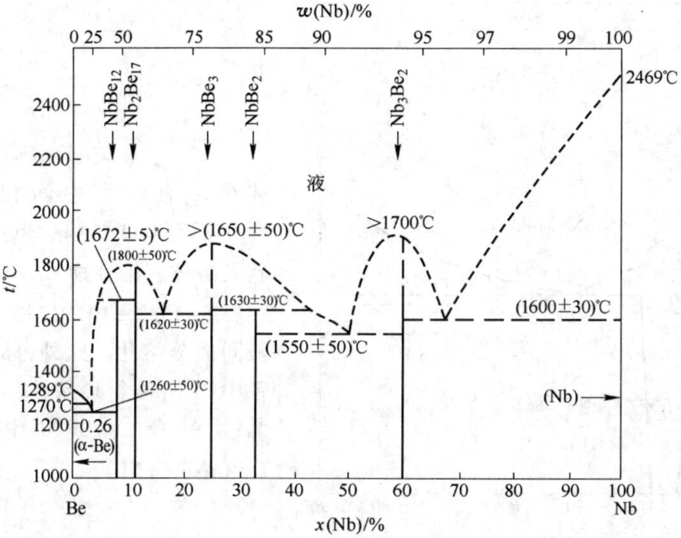

体系中生成五种化合物：Nb_3Be_2、$NbBe_2$、$NbBe_3$、Nb_2Be_{17} 和 $NbBe_{12}$。化合物 Nb_3Be_2、$NbBe_3$ 和 Nb_2Be_{17} 分别在温度 >1700℃、>(1650±50)℃、(1800±50)℃时固液同成分熔化。化合物 $NbBe_2$ 和 Nb_2Be_{17} 分别于温度(1630±30)℃和(1672±5)℃时按包晶反应生成。

附图 A-7 Nb-Zn(铌-锌)

体系中生成 6 种化合物：NbZn、Nb_2Zn_3、$NbZn_2$、$NbZn_3$、$NbZn_7$ 和 $NbZn_{15}$。所有化合物分别在温度 1120℃、1114℃、1054℃、1034℃、478℃和429℃下按包晶反应生成。在温度 470~475℃化合物 $NbZn_2$ 发生有序化。

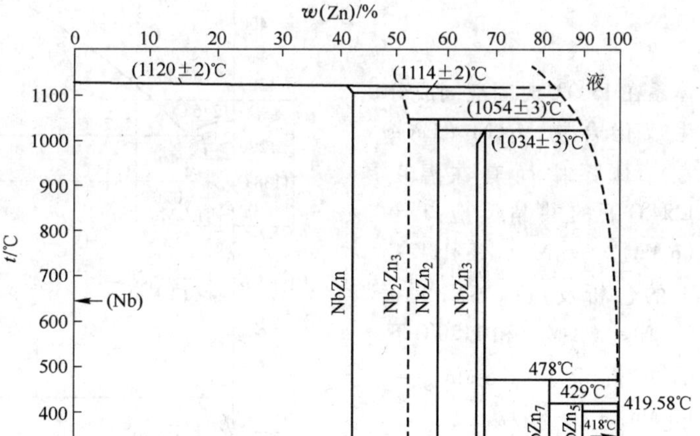

附图 A-8　Nb-Cr（铌－铬）

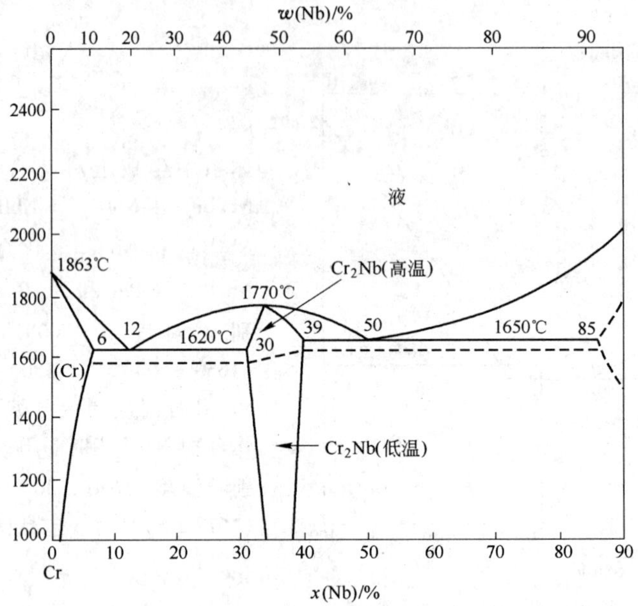

体系中有一个中间相 Cr_2Nb 和（Co）基和（Nb）基固溶体。化合物 Cr_2Nb 在温度（1683 ± 10）℃时固液同成分熔化。此外，体系中还有两个共晶体结晶：L ⇌（Cr）＋ Cr_2Nb 和 L⇌CrNb＋（Nb）。

附图 A-9　Nb-Mn（铌－锰）

体系在 1500℃时固液同成分生成化合物 Mn_2Nb（Laves 相）。体系中尚有在温度 1224℃下的共晶反应：L ⇌（δ-Mn）＋ Mn_2Nb；温度 1145℃下的包析反应：（δ-Mn）＋ Mn_2Nb⇌（β-Mn）和 1120℃下的共析反应（δ-Mn）⇌（δ-Mn）＋（γ-Mn）。

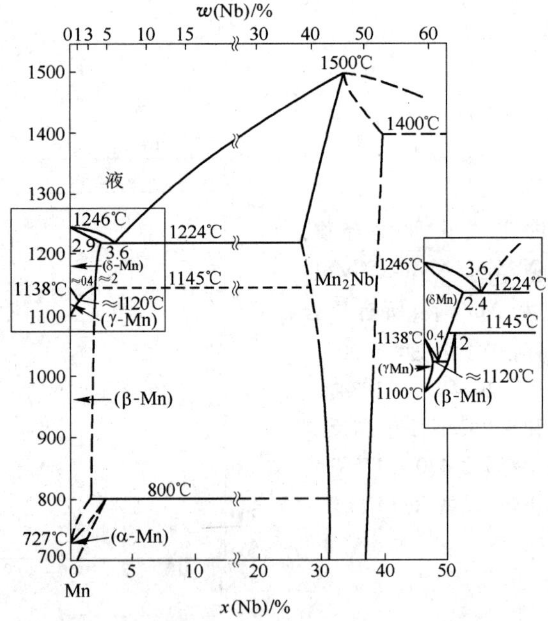

附图 A-10 Nb-Co(铌－钴)

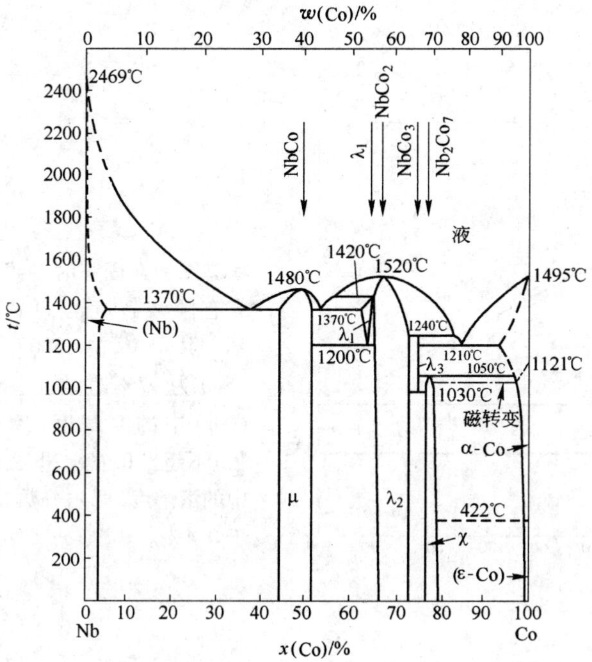

体系中存在端际固溶体 Nb、α-Co 和 ε-Co 以及 5 种金属间化合物：NbCo(μ)、λ_1、$NbCo_2$(λ_3)、$NbCo_3$(λ_3)和 Nb_2Co_7(χ)。

附图 A-11 Nb-Ni(铌－镍)

体系中存在 3 种化合物：Ni_8Nb、Ni_3Nb 和 Ni_6Nb_7。化合物 Ni_3Nb 在约 1400℃ 时固液同成分熔化。Ni_6Nb_7 在温度 1290℃ 时按包晶反应 L + (Nb) ⇌ Ni_6Nb_7 生成。Ni_3Nb 和 Ni_6Nb_7 有很宽的均相区。

Nb-Ni 体系中有 2 种共晶体，反应为 L ⇌ (Ni) + Ni_3Nb(温度 1282℃ 和 x(Nb) 为 16% 时) 和 L ⇌ Ni_3Nb + Ni_6Nb_7(温度 1175℃ 和 x(Nb) 为 40.5% 时)。

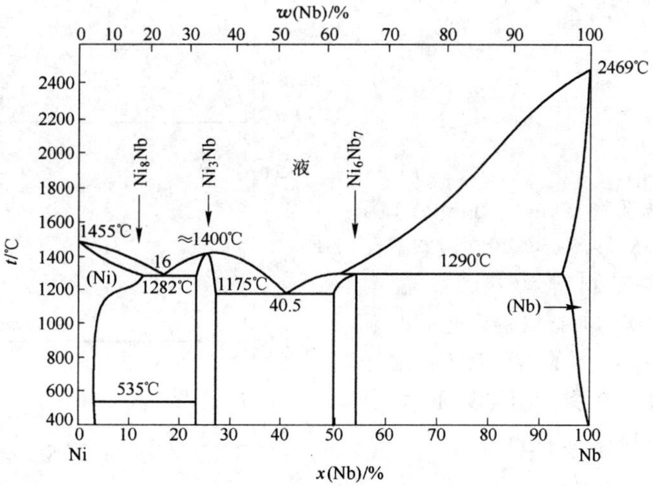

附图 A-12　Nb-Sc(铌－钪)

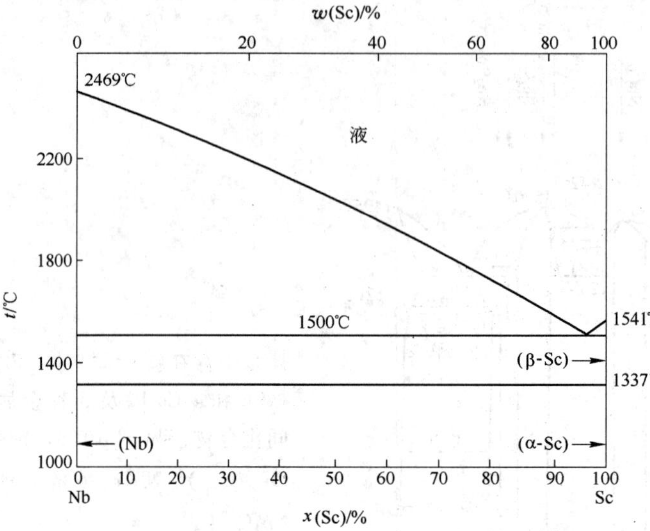

状态图为在固态时各组分具有有限溶解度的共晶型体系。共晶体在 1500℃ 和 x(Sc)为 97% 时结晶。Sc 在(Nb)中的溶解度(摩尔分数)不超出 0.1%,Nb 在(Sb)中的溶解度(摩尔分数)不高于 0.4%。

附图 A-13　Nb-Y(铌－钇)

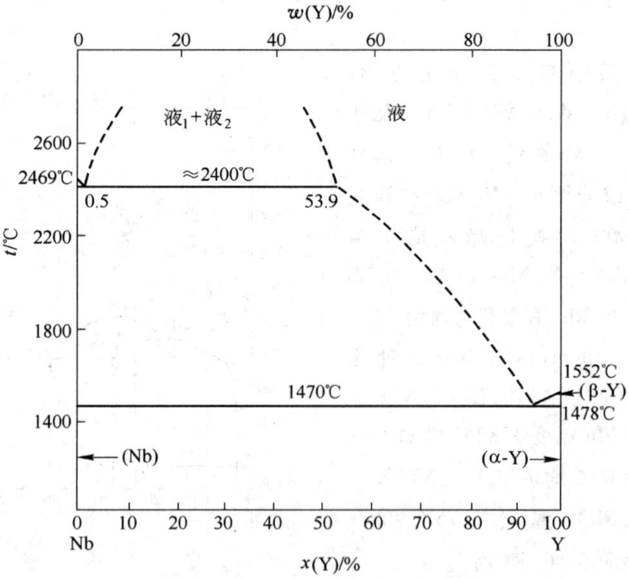

体系特点在于,在 x(Y)为 0.5%～53.9% 段在液态下存在不相混溶区。在温度 2400℃时有偏晶反应。Nb 在(α-Y)中的溶解度(摩尔分数)在共晶温度下小于 0.1%。

附图 A-14　Nb-Ce(铌－铈)

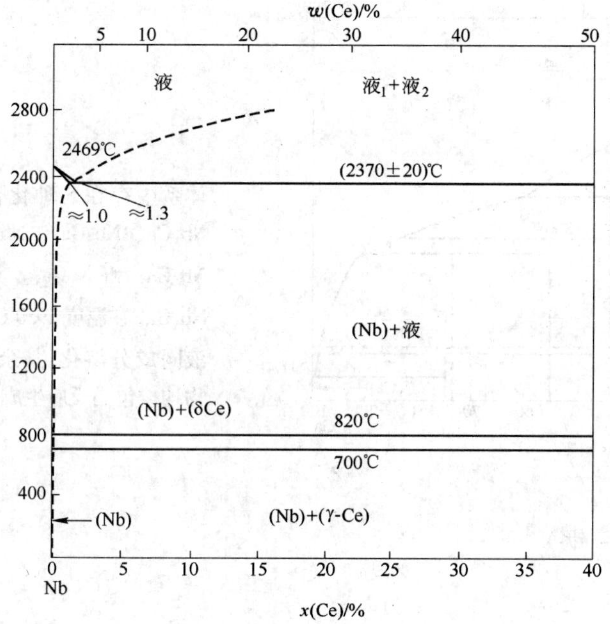

体系中可看到液态及固态有很宽的质量分数间隔的不混溶区,偏晶反应温度为(2370±20)℃。Ce 在 Nb 中的溶解度(摩尔分数),在偏晶反应时为 1.0%,在室温下,小于0.05%。

附图 A-15　Nb-Sm(铌－钐)

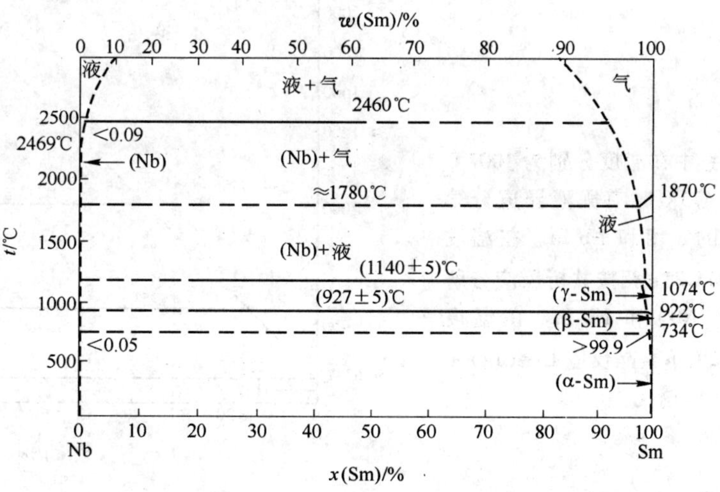

Sm 在(Nb)中最高溶解度(摩尔分数)小于0.05%,Nb 在(Sm)中的溶解度(摩尔分数)为0.1%。

附图 A-16　Nb-Ga(铌－镓)

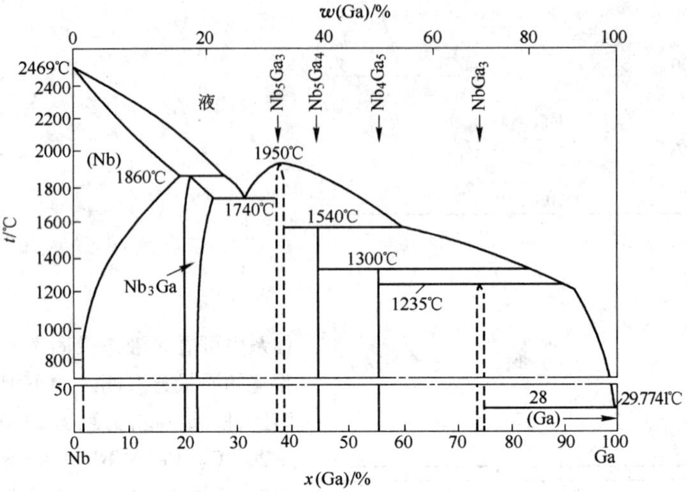

体系中存在 5 种化合物：Nb_3Ga、Nb_5Ga_3、Nb_5Ga_4、Nb_4Ga_5 和 $NbGa_3$。其中，Nb_5Ga_3 在温度 1950℃下固液同成分熔化，其余化合物均按包晶反应生成。

附图 A-17　Nb-In(铌－铟)

体系中在温度分别为 1007℃和 475℃时有固液异成分熔化的 ε 相和 Nb_3In。在温度 390℃时 ε 相按共析反应分解成(Nb)和 Nb_3In。在温度 182℃下共晶反应 L⇌(In)＋Nb_3In 退化。

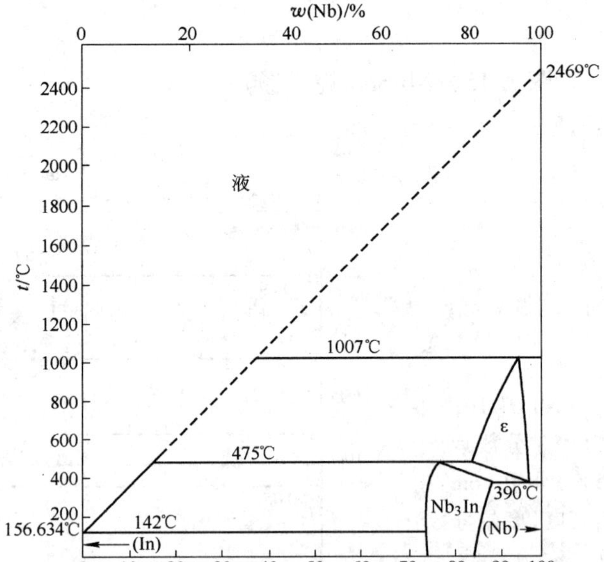

附图 A-18 Nb-Tl(铌－铊)

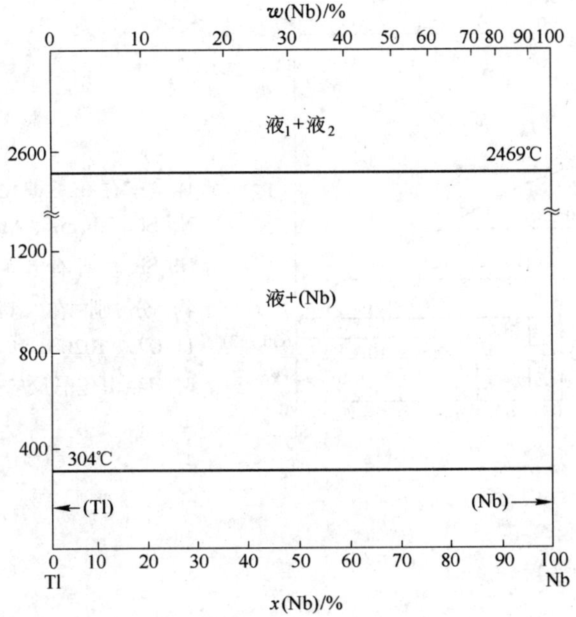

Nb 和 Tl 无论液态或固态下均不互溶。

附图 A-19 Nb-Ge(铌－锗)

体系中生成 3 种金属间化合物：Nb_5Ge_3、$NbGe_2$ 和 Nb_3Ge。其中，Nb_5Ge_3 和 $NbGe_2$ 分别在温度(2180 ±10)℃和 1680℃固液同成分熔化。化合物 Nb_3Ge 在温度 1865℃下按共晶反应生成。

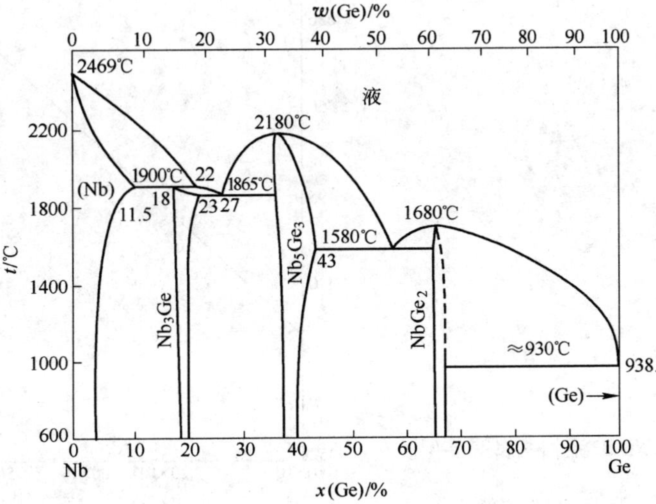

附图 A-20　Nb-Sb(铌－锑)

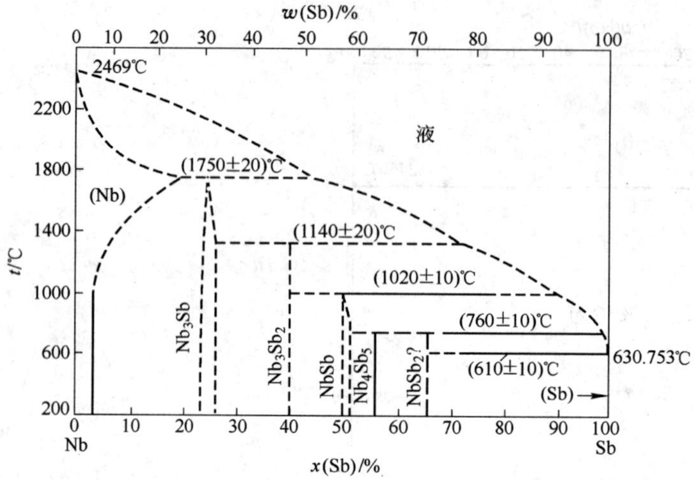

体系中存在 4 种化合物：Nb_3Sb、Nb_3Sb_2、NbSb 和 Nb_4Sb_5。所有 4 种化合物分别在 1750℃、1140℃、1020℃ 和 760℃ 时均经由包晶反应生成。

附图 A-21　Nb-Bi(铌－铋)

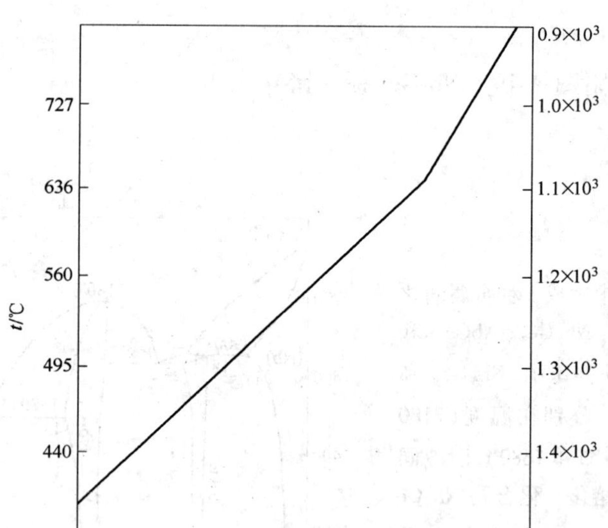

推测 Nb-Bi 系相图属偏晶型。

附图 A-22 Nb-Se(铌－硒)

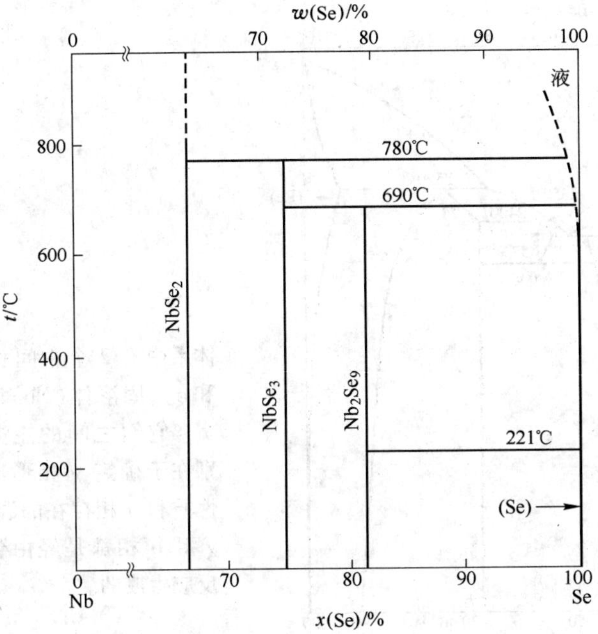

体系生成3种化合物：$NbSe_2$、$NbSe_3$ 和 Nb_2Se_9。后2种化合物分别在温度780℃和690℃下按包晶反应生成。未能确定化合物 $NbSe_2$ 的生成性质。共晶体 Nb_2Se_9 + (Se)在温度220℃时结晶出。

附图 A-23 Nb-Te(铌－碲)

体系中生成6种相。其中3种 x(Te)分别为70.7%、73%、79%时生成的α、β、γ相，都有很宽的均相区。另外3种相的分子式为：Nb_3Te_7、Nb_3Te_8、$NbTe_3$。

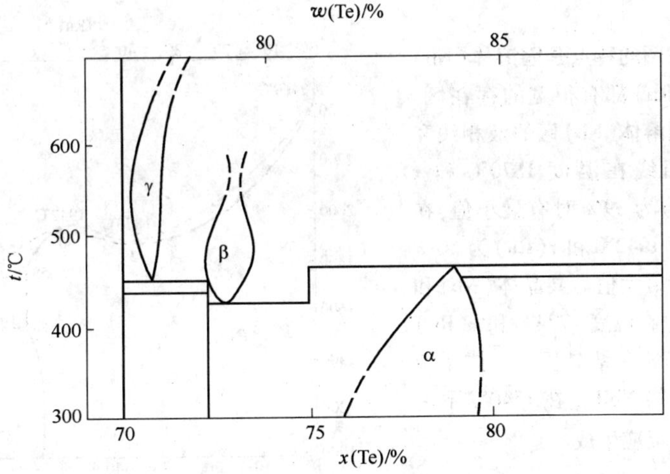

附图 A-24　Nb-Re(铌－铼)

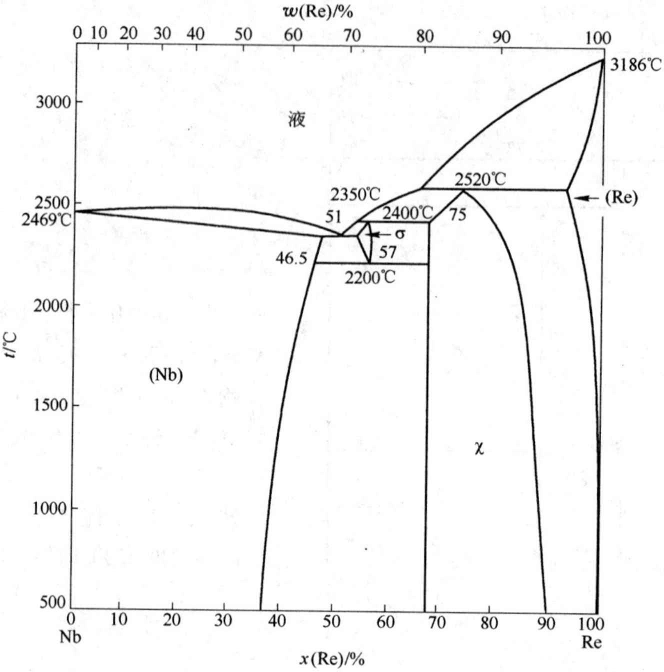

体系中有 2 个中间相(χ 和 σ)，固溶体(Nb)区很宽。它们之间的主要差别在于确定 χ 相形成的性质和 σ 相存在的温区。χ 相、σ 相都是经由包晶反应生成的。

附图 A-25　Nb-Ru(铌－钌)

状态图的特点是固溶体(Nb)和(Ru)都有很宽的存在区。在固溶体(Nb)区的液相线和固相线在温度 1870℃ 和 x(Ru)为 39% 时有最小值，在温度 1942℃ 和 x(Ru)为 50% 时有最大值。共晶体(Nb)和(Ru)在温度 1774℃ 和 x(Ru)为 65% 时结晶析出。体系中化合物 $NbRu_3$ 在 1540℃ 下由包晶反应生成。

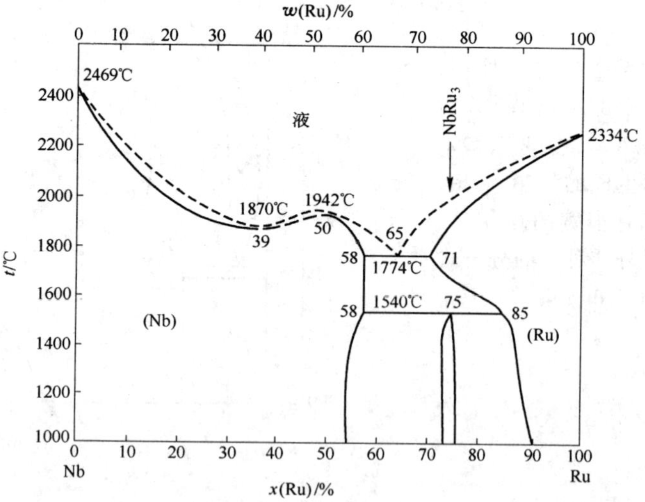

附图 A-26 Nb-Os(铌－锇)

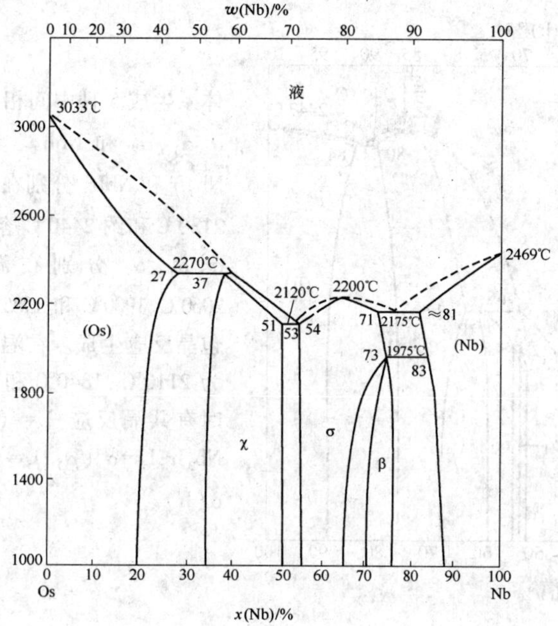

体系中存在3种中间相：χ、σ和β。χ相在温度2270℃时按包晶反应生成；σ相在温度约2200℃时固液同成分熔化；β相在1975℃经由包析反应生成。所有3种化合物都有很宽的均相区。x(Nb)分别为35%～51%，54%～73%和71%～75%。

体系中有2个共晶反应：L⇌χ＋σ（2120℃和x(Nb)为53%）和L⇌σ＋(Nb)（2175℃和x(Nb)为74%）。

附图 A-27 Nb-Rh(铌－铑)

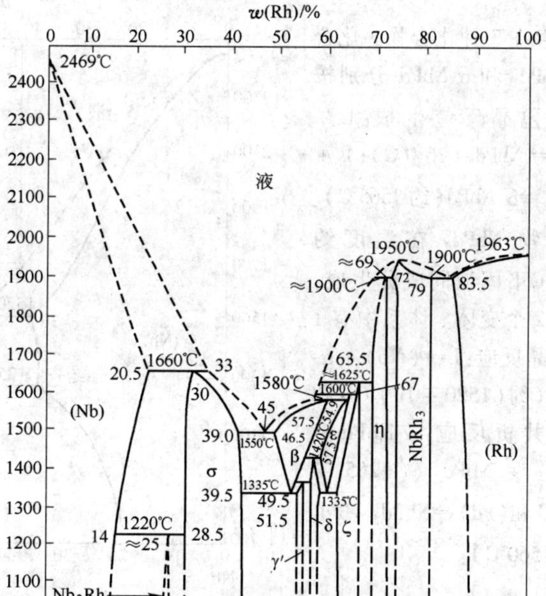

体系中生成了9种中间相，其中有一个$NbRh_3$相在温度1950℃和x(Rh)为72%时发生固液同成分熔化，其余的中间相均按包晶反应或包析反应生成。

附图 A-28　Nb-Ir(铌 - 铱)

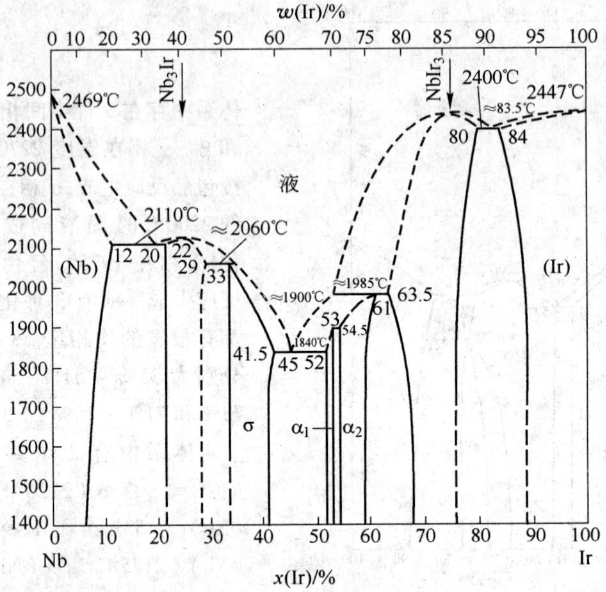

体系生成 5 种中间相：Nb_3Ir、σ、α_1、α_2 和 $NbIr_3$。化合物 Nb_3Ir 和 $NbIr_3$ 分别在温度约 2130℃ 和约 2440℃ 熔化。相 σ、α_1、α_2 分别在温度约 2060℃、1900℃ 和 1985℃ 下按包晶反应生成。在温度分别为 2110℃、1840℃ 和 2400℃ 时有共晶反应：L⇌(Nb) + Nb_3Ir；L⇌σ + α_1、L⇌$NbIr_3$ + α(Ir)。

附图 A-29　Nb-Pd(铌 - 钯)

体系存在 3 种化合物。化合物 $NbPd_2$ 和 α-NbPd 分别按以下包晶反应生成：L + (Pd)⇌$NbPd_2$(1610℃)；L + $NbPd_2$⇌α-NbPd(约 1565℃)。化合物 $NbPd_3$ 在温度约 1610℃下固液同成分生成，并有 2 个变体。体系中有 1 个共晶反应：L⇌(Nb) + α-NbPd(约(1520 ∓ 10)℃)和 2 个共析反应：α-NbPd⇌(Nb) + $NbPd_2$((1255 ∓ 5)℃)和(Pd)⇌$NbPd_2$ + Pd_3(约 1560℃)。

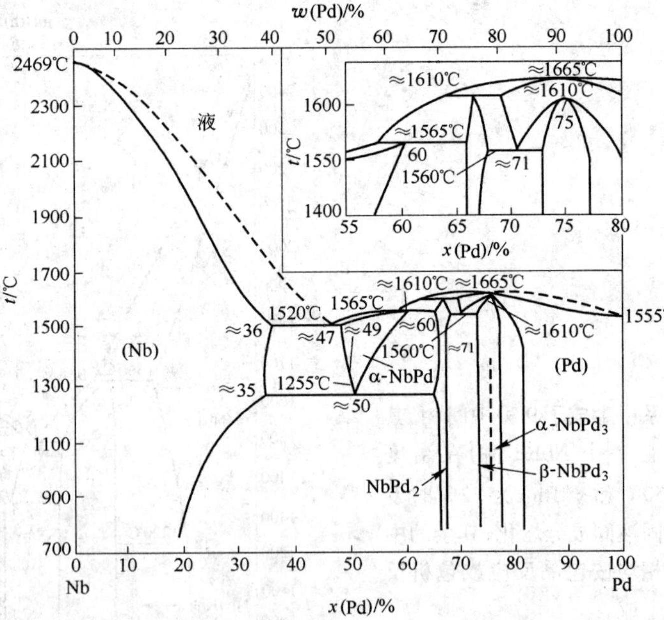

附图 A-30 Nb-Pt(铌-铂)

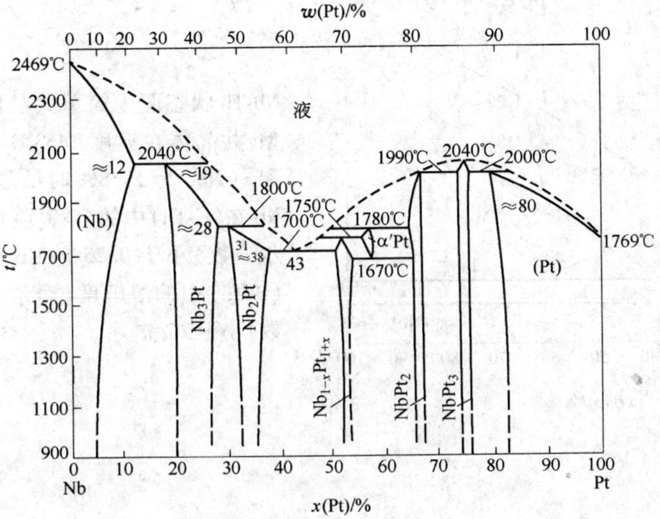

Nb-Pt 系中有 6 种化合物,化合物 $NbPt_3$ 在 2040℃温度下固液同成分生成,其余 5 种化合物 Nb_3Pt、Nb_2Pt(σ)、$Nb_{1-x}Pt_{1+x}$、α′Pt、$NbPt_2$ 均按包晶反应生成。化合物 α′Pt 存在的温区很窄,为 1780~1670℃。化合物有很广的均相区,温度 1800℃时其均相区宽度 x(Pt)达 19%~28%。化合物 Nb_2Pt 也有均相区,在温度 1700℃时为 31%~38%。其他化合物的均相区 x(Pt)为 1%~2%。化合物 $NbPt_3$ 有两种变体,但未能确定其晶形转变温度。

附图 A-31 Nb-U(铌-铀)

Nb 和 γ-U 可生成系列连续固溶体。体系有 2 个共析反应:(β-U)⇌(α-U)+(Nb,γ-U)(663℃ 和 x(U)约为 98.73%)和(Nb,γ-U)⇌(Nb)+(α-U)(647℃ 和 x(U)为 85.5%)。

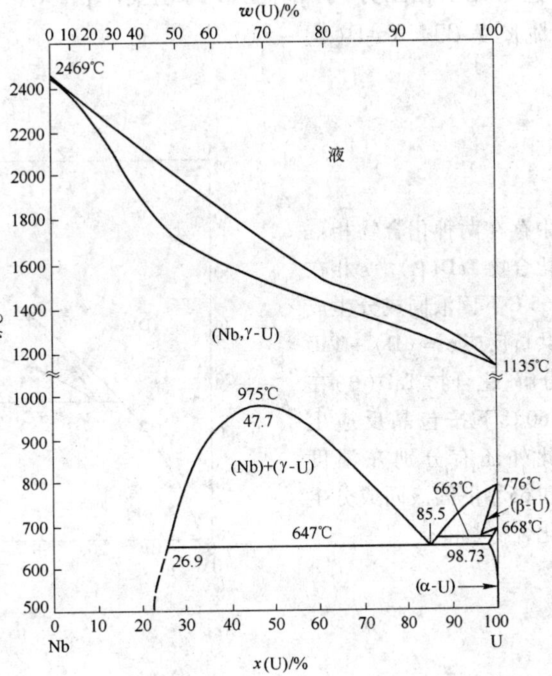

附图 A-32　Nb-Th(铌－钍)

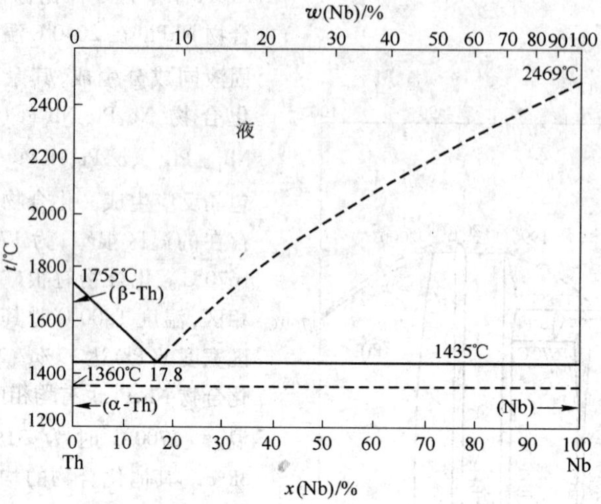

Nb-Th 状态图为简单共晶体型,共晶体在温度 1453℃下和 x(Nb)为 17.8% 时结晶。Nb 在(α-Th)中的溶解度(摩尔分数)小于 0.25%;Nb 在(β-Th)中的溶解度(摩尔分数)小于 2%。

A.2　钽二元系相图

钽二元系相图分别如附图 A-33 至附图 A-64 所示。

附图 A-33　Ta-D(钽－氘)

体系中存在两种化合物相:ε 相和化合物 TaD(β)。ε 相在温度 65℃下固液同成分生成并按共析反应 ε ＝(D)＋TaD(β)分解;化合物 TaD(β)在温度 60℃下按包晶反应生成。此外还有分别在温度 70℃和 65℃下固液同成分生成的化合物 ζ 和 γ。

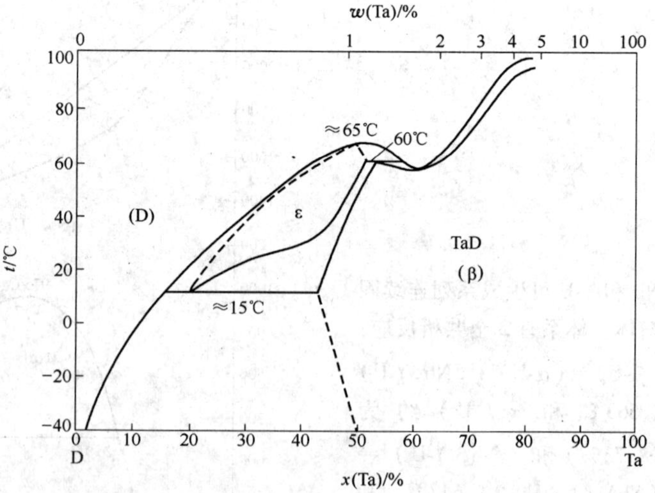

附图 A-34 Ta-T(钽－氚)

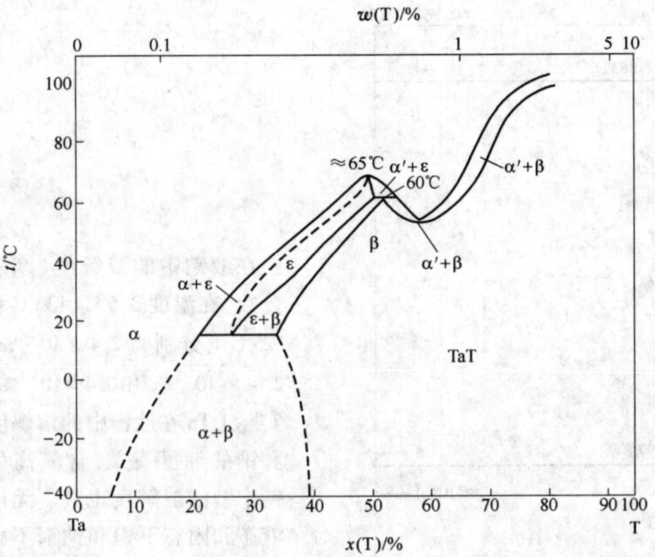

Ta-T、Ta-D 和 Ta-H 有相似的结构。在高于 0℃时整个体系都存在 α(α′)、β 和 ε 相。ε 相在约 65℃时固液同成分生成,并在 15℃时按包晶反应分解生成具有很宽均相区的 α＋β。β 相约在－60℃时按包晶反应生成。在－70℃和－60℃时固液同成分生成 ζ 和 γ 相。

附图 A-35 Ta-Au(钽－金)

体系生成以下平衡相:以纯金属为基的固溶体(Au)和(Ta),以及化合物 Au_2Ta_3、$AuTa_5$ 和 σ。推测还存在的相有:在 Au 和 Au_2Ta_3 之间浓度区域中的低温相 Au_2Ta_3(低于 800℃)和高温相 Au_2Ta_3(高于 1600℃)。

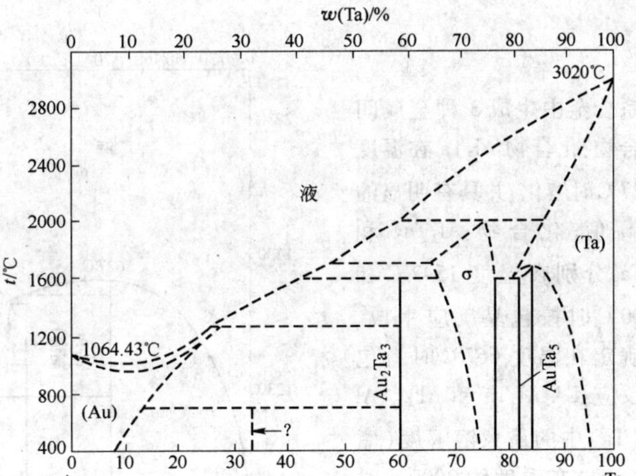

附图 A-36　Ta-Na(钽-钠)

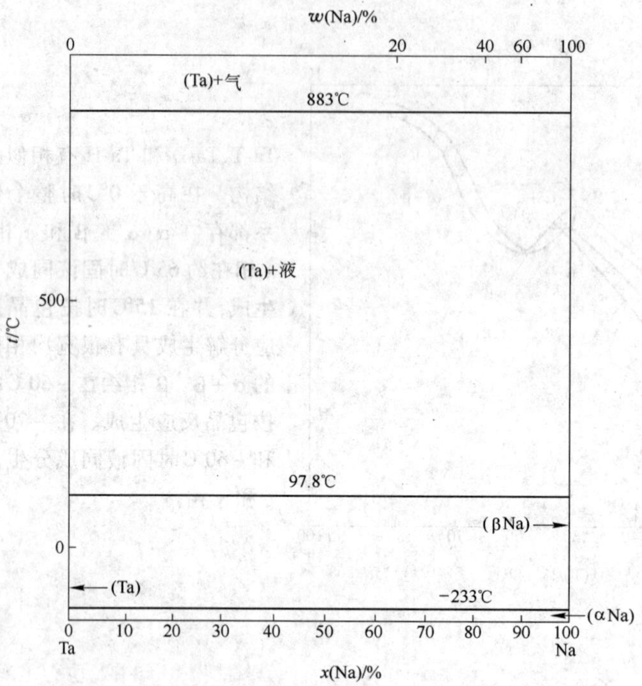

钽在液钠中的溶解度(摩尔分数)在温度325℃、425℃和525℃下分别为$2.4\times10^{-6}\%$、$2.4\times10^{-5}\%$和$2.4\times10^{-4}\%$。实际上Ta在液钠中的溶解度和钠的纯度有关，含氧高的钠中钽的溶解度也高。无论液态和固态下钽和钠都不相混合。

附图 A-37　Ta-Al(钽-铝)

体系合金中生成3种金属间化合物：化合物Al_3Ta在温度1627℃时熔化，并具有明显的最高值；化合物Al_3Ta_2和$AlTa_2$分别在温度1547℃和2000℃时按包晶反应生成。还确定在温度667℃时有包晶反应：$L+Al_3Ta\rightleftharpoons(Al)$。Al在(Ta)中的最大溶解度(摩尔分数)在温度约2000℃时达到12%。

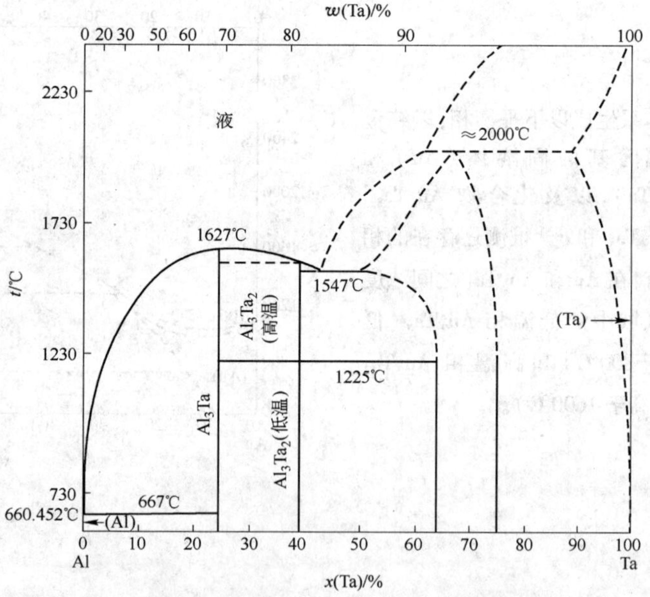

附图 A-38 Ta-Cr(钽－铬)

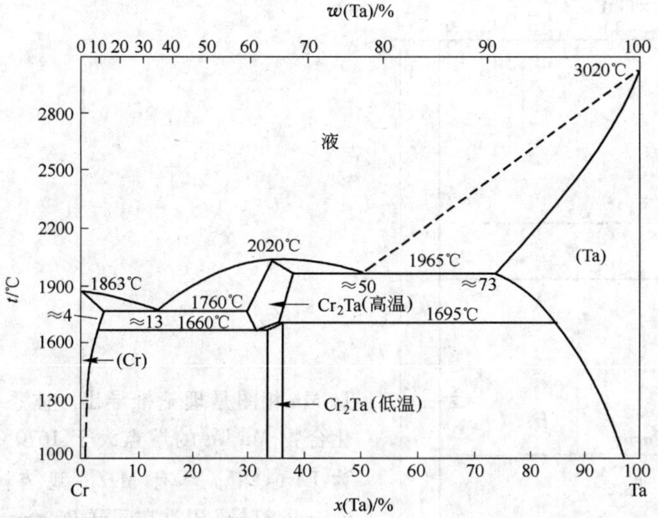

体系中生成中间相 Cr_2Ta 和以(Cr)和(Ta)为基的固溶体。化合物 Cr_2Ta 固液同成分熔化，有由包晶反应生成的两个变体：高温(HT)变体和低温(LT)变体。

附图 A-39 Ta-Fe(钽－铁)

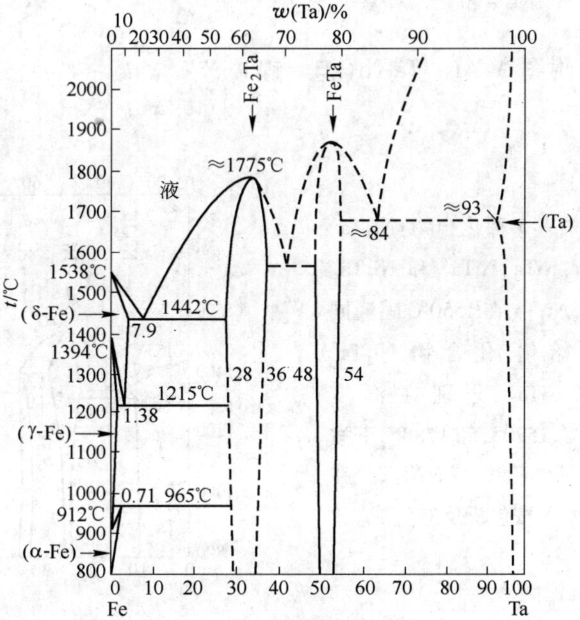

体系中生成两种中间相 $TaFe_2$ (Laves 相)和 FeTa 相。此外还有化合物 $FeTa_4$。在富 Fe 区在温度 1442℃下有共晶反应：$L \rightleftharpoons$ (σ-Fe) + Fe_2Ta；此外，在温度 1215℃时有共析反应：(σ-Fe) $\rightleftharpoons$ (γ-Fe) + Fe_2Ta；在温度 965℃时有包晶反应：(γ-Fe) + $Fe_2Ta \rightleftharpoons$ (α-Fe)。

附图 A-40　Ta-Mn(钽 - 锰)

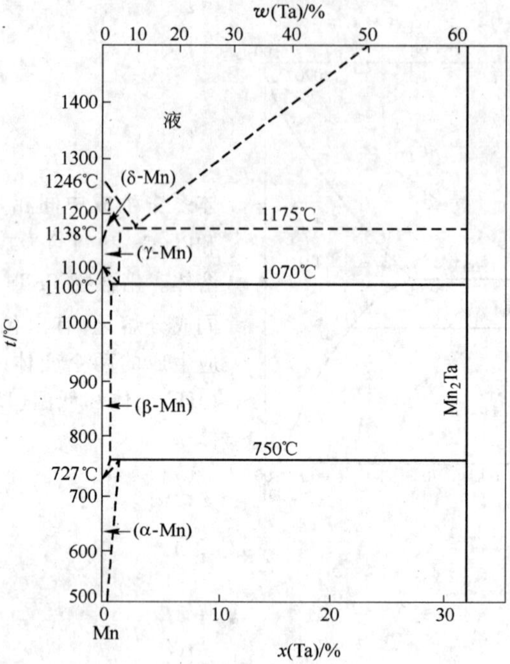

Ta-Mn 相图是理论推导出。体系中化合物 Mn_2Ta 的熔点大于 1670℃，为 Laves 相。具有 MgZn 型结构，pearson 符号 $hP12$，空间群 $P6_3/mmc$。晶格常数 $a = 0.4852$ nm，$c = 0.7911$ nm。

附图 A-41　Ta-Ni(钽 - 镍)

体系中有 5 种化合物：Ni_3Ta、Ni_2Ta、NiTa、$NiTa_2$ 和 Ni_8Ta。其中，Ni_3Ta 在 1550℃ 固液同成分熔化；化合物 Ni_2Ta、NiTa、$NiTa_2$ 分别在温度 1405℃、1570℃和 1788℃下按包晶反应生成；Ni_8Ta 在 1330℃下按包析反应生成。

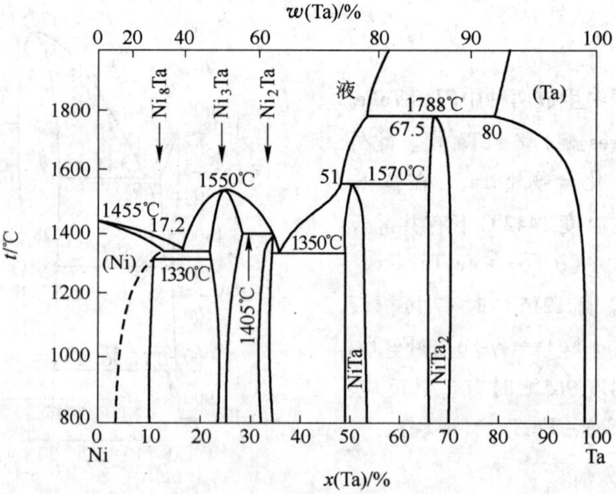

附图 A-42 Ta-Co(钽-钴)

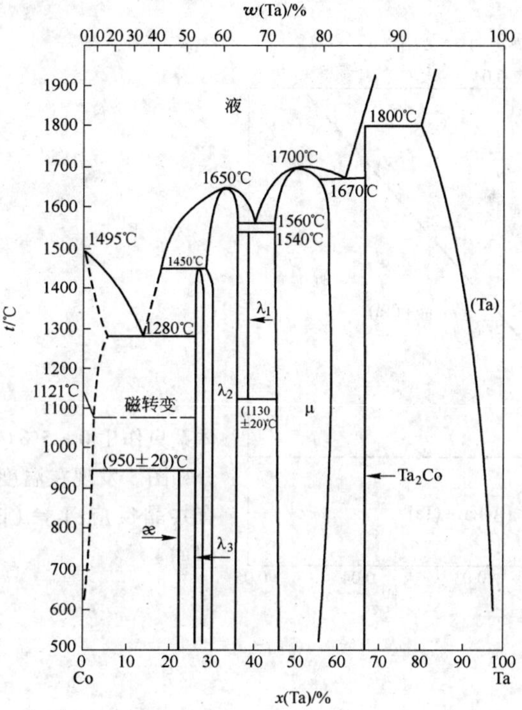

体系中生成 6 种中间相。其中,化合物 TaCo(μ)和 $TaCo_2$($λ_2$)分别在温度 1700℃ 和 1650℃ 下固液同成分从熔体中产生。$λ_3$ 和 Ta_2Co 分别在温度 1450℃ 和 1800℃ 下按包晶反应生成。$λ_1$ 和 Ta_2Co_7(k)分别在温度 1540℃ 和 950℃ 下按包析反应生成。

附图 A-43 Ta-Y(钽-钇)

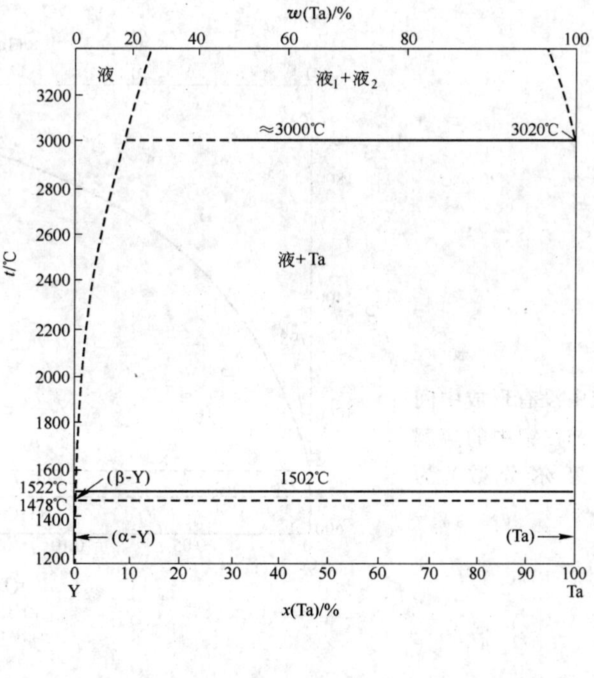

体系中没有二元化合物。在全摩尔分数范围 Ta 和 Y 不相混合。Ta 在 Y 中溶解度(摩尔分数)在 1636℃ 时为 0.523%。

附图 A-44　Ta-La(钽 – 镧)

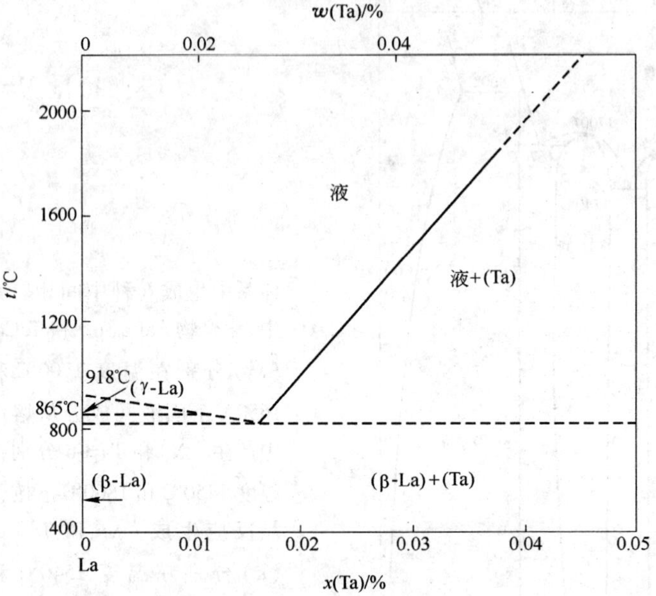

体系只作出 0 ~ 5%(at)的部分相图。发现在温度 1519℃ 有共晶反应：L ⇌ (β-Sc) + (Ta)。

附图 A-45　Ta-Ce(钽 – 铈)

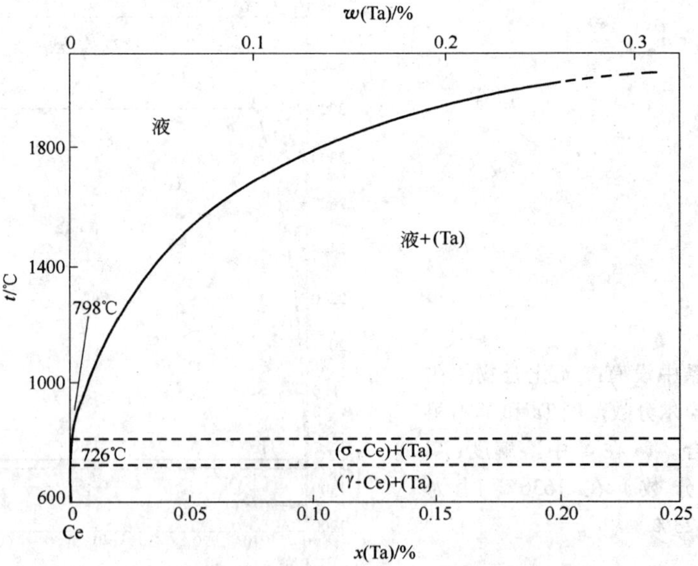

系统中没有形成中间相。铈在钽中的溶解度（摩尔分数）为 0.04%。

附图 A-46 Ta-Pr(钽－镨)

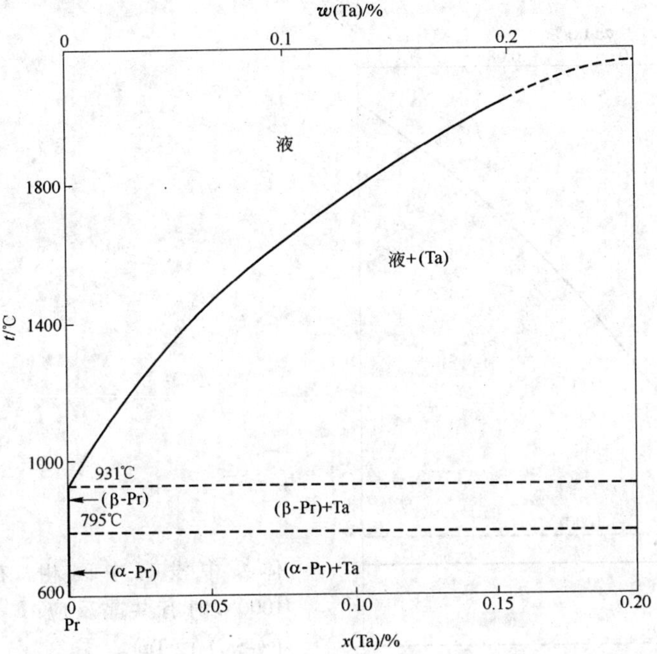

系统中没有形成中间相，钽在液态铈中的含量(摩尔分数)在温度931℃时为0.0055%。

附图 A-47 Ta-Nd(钽－钕)

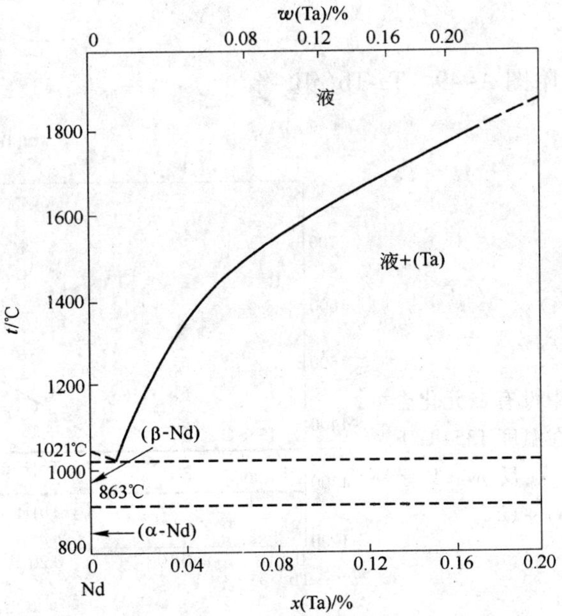

仅在非常窄的钽浓度段内作有Nd-Ta系状态图。Ta在液体Nd中的溶解度很小，在固态下实际上不溶解。

附图 A-48　Ta-Sm(钽－钐)

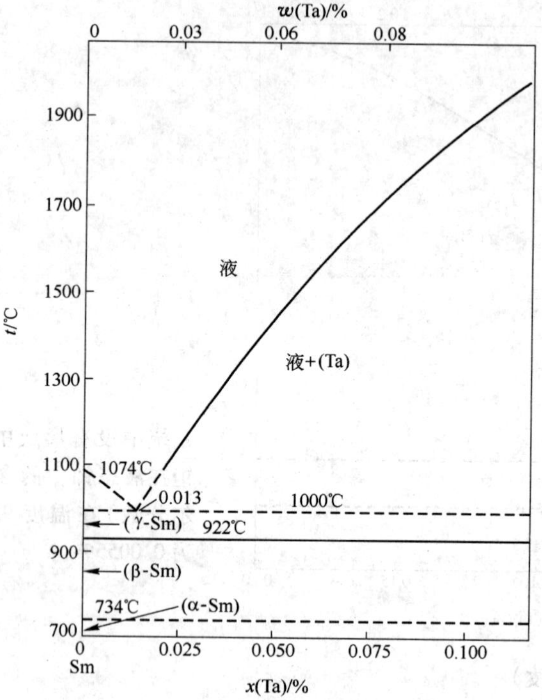

体系中没有中间相。在1000℃时有共晶反应：L ⇌ (γ-Sm) + (Ta)。

附图 A-49　Ta-Tb(钽－铽)

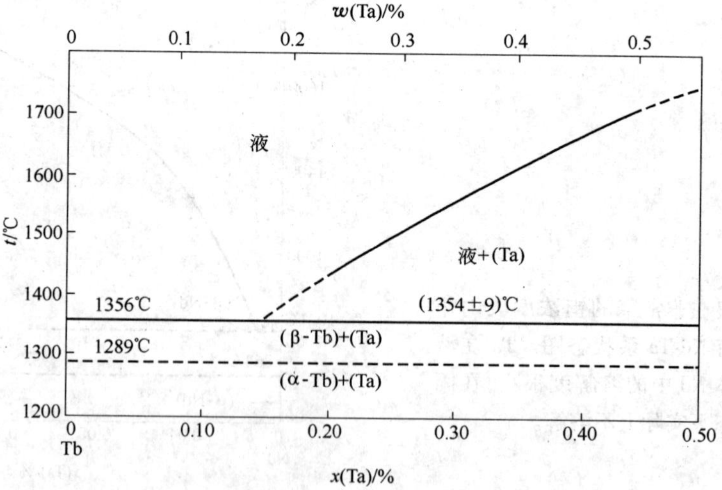

体系中没有二元化合物。在温度1354℃下有共晶反应：L ⇌ (β-Ta) + (Ta)。

附图 A-50 Ta-Ho(钽－钬)

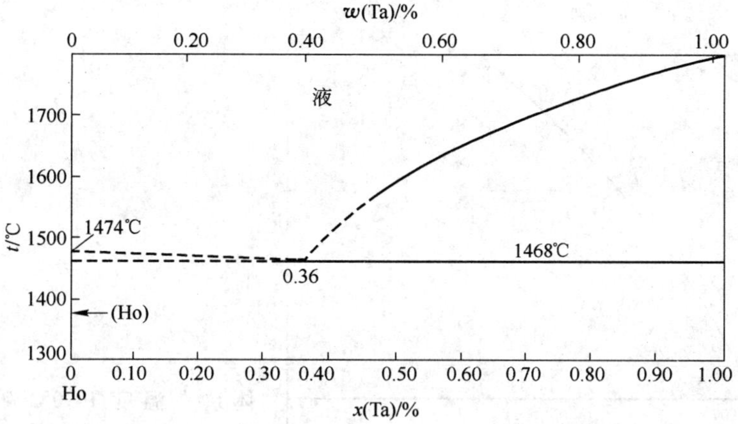

体系在温度 1468℃ 和 x(Ta) 为 0.36% 时有共晶体。

附图 A-51 Ta-Dy(钽－镝)

在 1615～1830℃ 温度区,钽在液镝中的溶解度可用方程式描述:$\lg x = -6.6446 \times 10^{-3}/T + 0.9729$,式中,$x$ 为 Ta 在液镝中的溶解度;T 为温度,K。

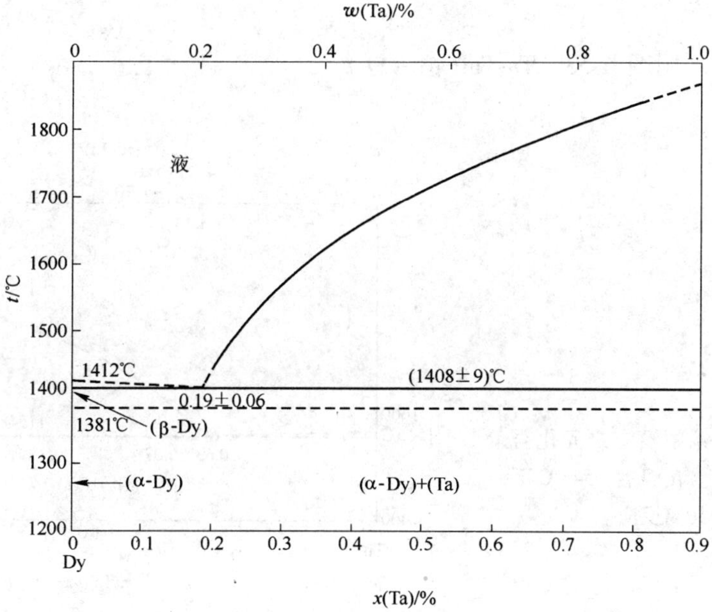

附图 A-52　Ta-Er(钽 – 铒)

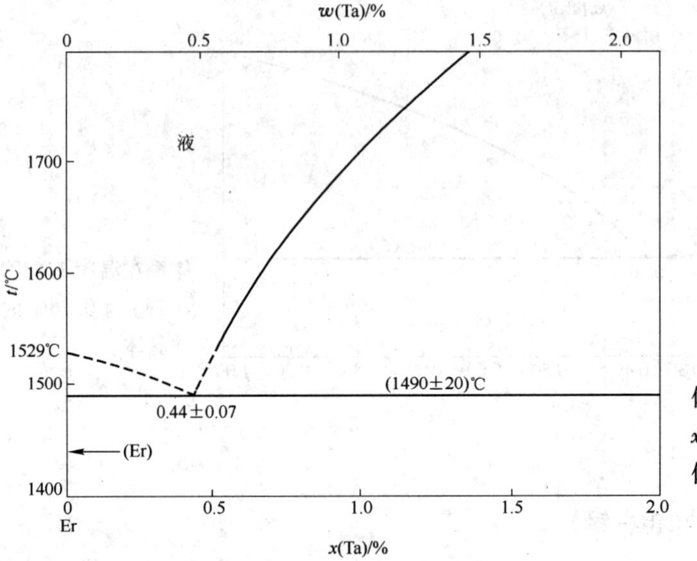

体系在温度 1490℃ 和 x(Ta) 为 0.44% 时有共晶体。

附图 A-53　Ta-Tm(钽 – 铥)

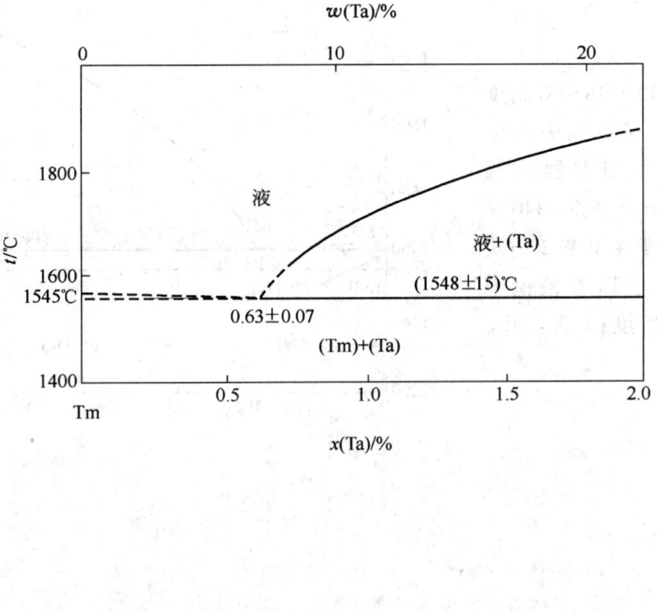

体系中没有二元化合物。在温度 1545℃ 下有共晶反应。

附图 A-54　Ta-Re(钽 - 铼)

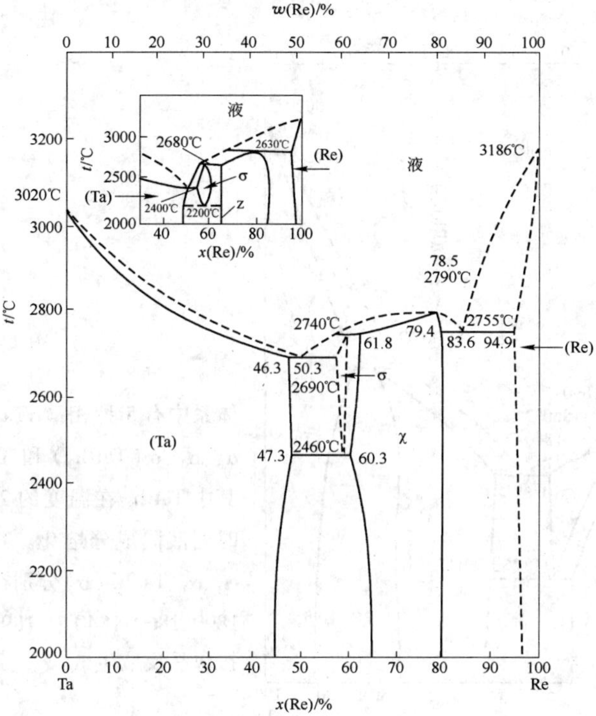

体系中有以 Ta 和以 Re 为基的固溶体和两种化合物：χ 和 σ。化合物 χ 在温度 2830℃ 下按包晶反应生成：L + (Re) ⇌ χ。相 σ (Ta_2Re_3) 在温度 2680℃ 下按包晶反应生成：L + χ ⇌ σ。

附图 A-55　Ta-Os(钽 - 锇)

体系的特点是生成了以锇和钽为基和存在范围很宽的固溶体和两个中间相 γ 和 σ。Ta 在 (Os) 中的溶解度(摩尔分数)，在包晶温度约 2420℃ 下为 19%；Os 在 (Ta) 中的溶解度(摩尔分数)在 2500℃ 下约为 22%，在 2200℃ 下为 14%。两中间相 γ 和 σ 分别在温度 2420℃ 和 2500℃ 下时按包晶反应生成。它们都有很宽的均相区：γ 相 x(Ta) 为 37% ~ 52%，δ 相 x(Ta) 为 56% ~ 78%。在温度小于 2400℃ 和 x(Ta) 为 53% 时，在 γ 相和 σ 相之间有 1 个共晶体生成。

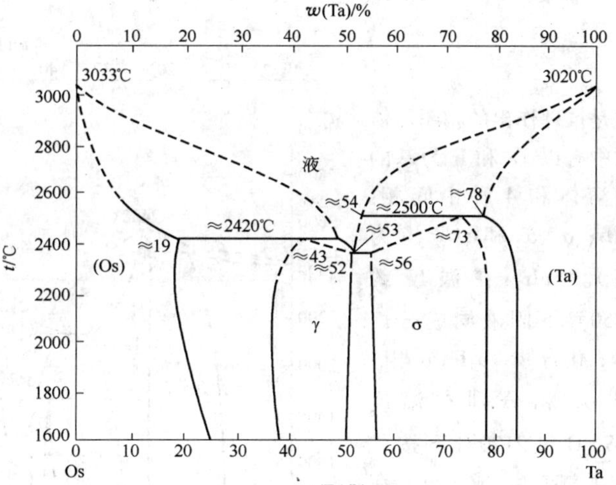

附图 A-56　Ta-Rh(钽－铑)

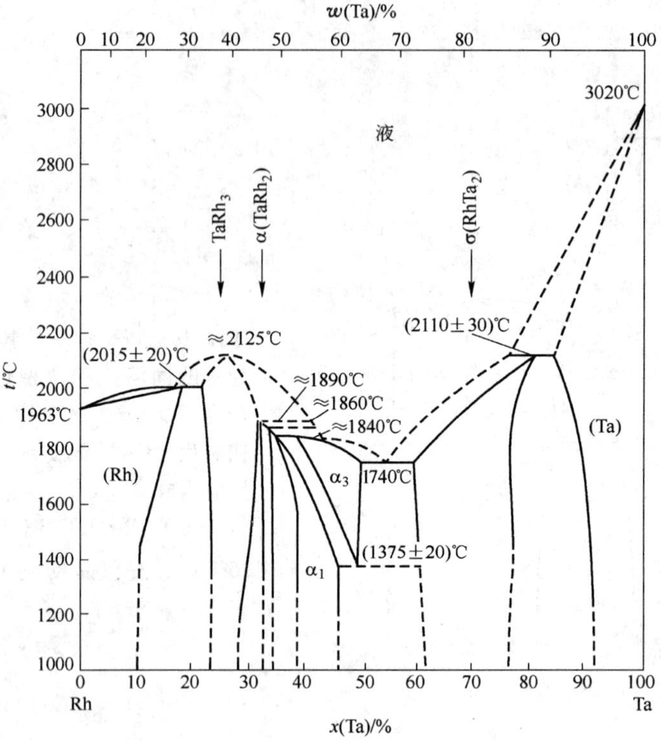

体系中有 5 种相：(σTa_2Rh)、α_3、α_1、α($TaRh_2$)和 $TaRh_3$。其中 $TaRh_3$ 在温度约 2125℃时固液同成分熔化。$TaRh_2$、α_3、α_1、Ta_2Rh(σ)分别在温度 1890、1860、1840 和 1890℃下按包晶反应生成。

附图 A-57　Ta-Ir(钽－铱)

这是推理作出的相图。体系中有以 Ta 和 Ir 为基的固溶体和 4 种中间相：$TaIr_3$、α_1、α_2 和 σ(Ta_3Ir 为基)。$TaIr_3$ 在温度约 2450℃下固液同成分熔化。化合物 Ta_3Ir(σ 相)和 α_1 相分别在温度 2475℃和 2120℃下按包晶反应生成。α_2 在 1860℃下按包析反应生成。

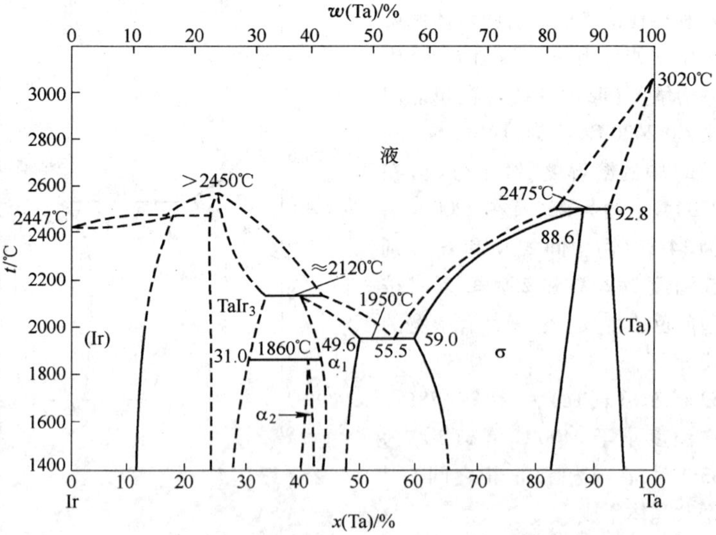

附图 A-58　Ta-Si(钽－硅)

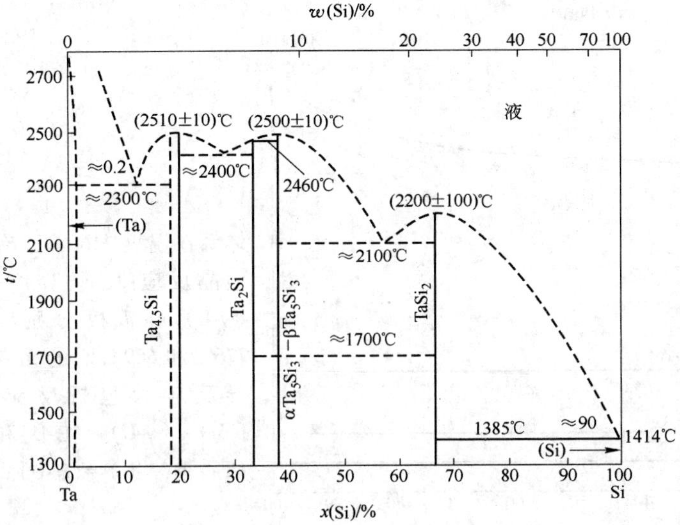

体系中存在 4 种化合物：$Ta_{4.5}Si$、Ta_5Si_3、$TaSi_2$ 和 Ta_2Si。其中，化合物 $Ta_{4.5}Si$、Ta_5Si_3、$TaSi_2$ 分别在温度(2510±10)℃、(2500±10)℃和(2200±100)℃下熔化，并具有明显的最大值。化合物 Ta_2Si 有 4 种共晶反应。

附图 A-59　Ta-Se(钽－硒)

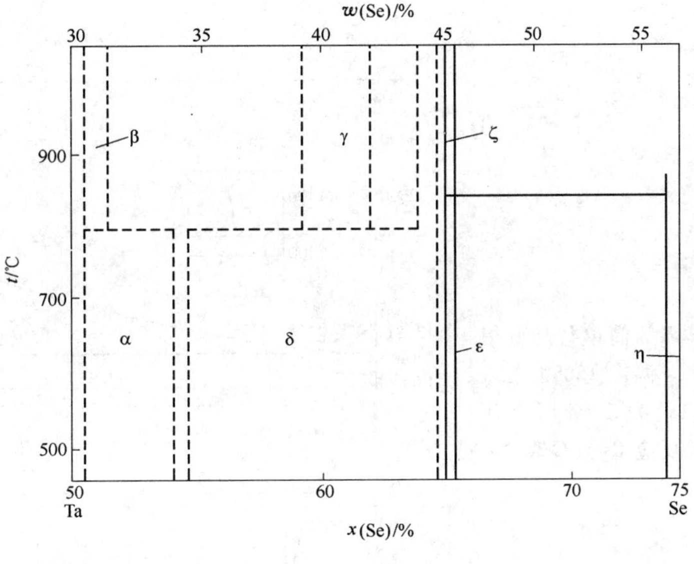

体系中生成符合化学计量组成的化合物 $TaSe_2$。有的认为化合物有 ζ 和 ε 两种变体，也有认为存在 4 种变体：α、β、γ 和 δ。

附图 A-60　Ta-U(钽－铀)

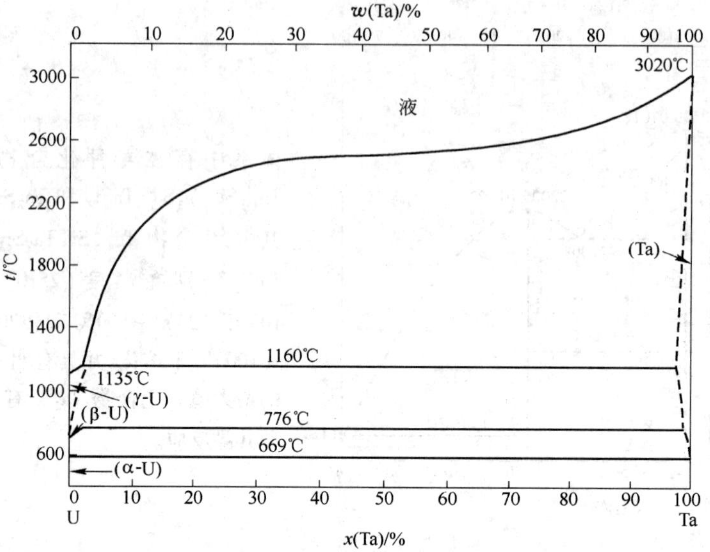

体系在温度 1160℃ 下有包晶反应：L + (Ta) ⇌ (γ-U)。在温度分别为 776℃ 和 669℃ 时的无变异反应为包析反应：(Ta) + (γ-U) ⇌ (β-U) 和 (Ta) + (β-U) ⇌ (α-U)。

附图 A-61　Ta-Th(钽－钍)

体系为简单共晶型相图。温度 1565℃ 和 x(Ta) 为 5.1% 时有共晶反应 L ⇌ (β-Ta) + (Ta)。

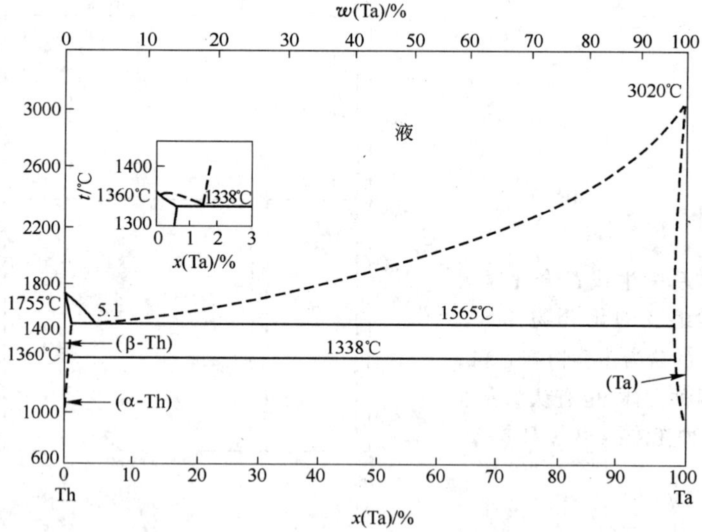

附图 A-62 Ta-Pu(钽-钚)

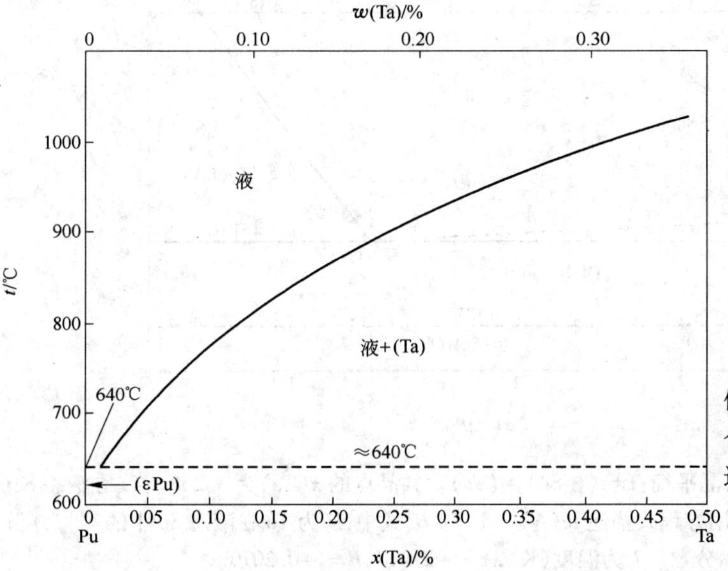

体系中不生成金属间化合物。在温度640℃时有退化的共晶体结晶。

附图 A-63 Ta-Pt(钽-铂)

体系中存在5种中间相：Pt_3Ta、Pt_2Ta、PtTa、$PtTa_2$和$PtTa_3$。化合物Pt_3Ta和Pt_2Ta分别在2065℃和2245℃固液同成分熔化。化合物PtTa和$PtTa_2$分别在1795℃和2470℃按包晶反应生成。$PtTa_3$在1760℃按共晶反应生成。

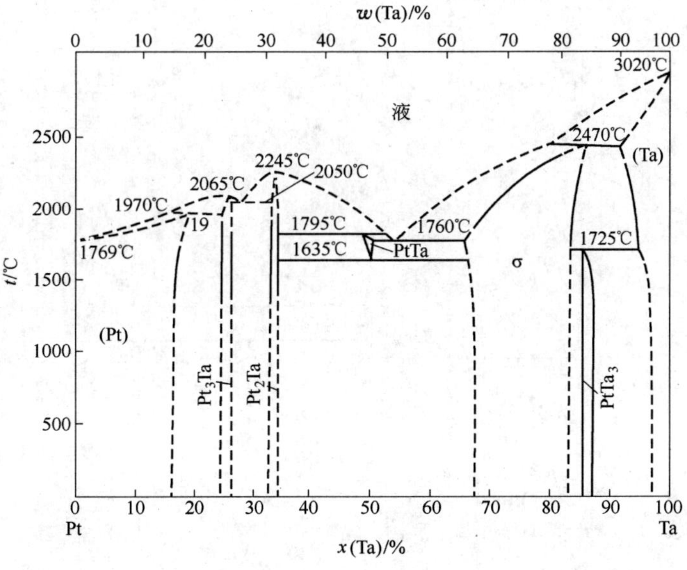

附图 A-64　Ta-Sc(钽－钪)

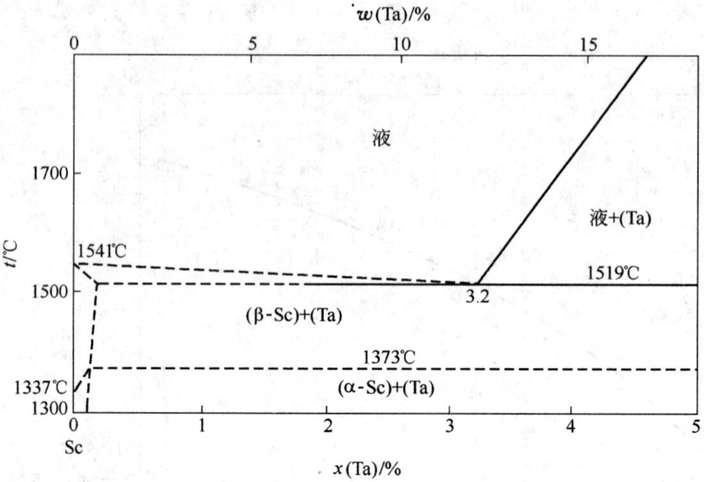

体系中在 1519℃时有共晶平衡：L⇌(β-Sc)＋(Ta)。共晶点的 x(Ta)为 3.2%。Ta 在液态 Sc 中的溶解度可用方程式描述 $\lg(N)=A/T+B$，式中，N 为 Ta 在液态 Sc 中的摩尔分数。T 为温度(K)，$A=-2.317$，$B=-0.2079$。

附录B 国内钽铌产品标准

B.1 钽、铌原料标准

钽精矿及铌铁矿精矿标准列于附表B-1,附表B-2。

附表B-1 钽精矿标准(YB 5000—87)

等级	品级	化学成分/%				
		$Ta_2O_5+Nb_2O_5$ 不小于	Ta_2O_5 不大于	杂质,不大于		
				TiO_2	SiO_2	FO_3
一等品	1级	60	40	5	7	3
	2级	55	38			
	3级	55	35			
二等品	1级	50	32	6	11	3.5
	2级	45	29			
	3级	45	26			
三等品		40	22	7	15	4

注:精矿中 U_3O_8 及 ThO_2 的含量应报分析数据,不作考核依据;精矿粒度大于0.8 mm,不超过10%;精矿中不混入外来夹杂物。

附表B-2 铌铁矿精矿标准(YB 5001—87)

级别		$(Nb,Ta)_2O_5$/% 不小于	Ta_2O_5/%	杂质含量/%,不大于				
				FO_3	TiO_2	SiO_2	Sn	P
特级	1类	65.00	≥5.00	2.50	3.00	3.50	0.40	0.35
	2类		<5.00					
一级	1类	60.00	≥5.00	3.50	4.00	4.50	0.50	0.40
	2类		<5.00					
二级	1类	55.00	≥5.00	7.50	5.00	5.00	—	0.50
	2类		<5.00					
三级	1类	50.00	≥5.00	9.00	6.50	5.50	—	0.60
	2类		<5.00					
四级	1类	45.00	≥5.00	9.00	8.00	10.00	—	0.60
	2类		<5.00					

注:精矿中 $U_3O_8+ThO_2$ 含量由供需双方商定;有特殊要求的由供需双方商定。表中"—"为杂质不限。

B.2 钽产品标准

B.2.1 氧化钽标准

五氧化二钽标准列于附表B-3,高纯五氧化二钽标准列于附表B-4。

附表B-3 五氧化二钽标准(GB 3626—83)

杂质元素		牌号		
		FTa_2O_5-1	FTa_2O_5-2	FTa_2O_5-3
杂质元素/%,不大于	Nb	0.003	0.05	0.3
	Ti	0.001	0.005	0.03
	F	0.001	0.006	—
	Mo	0.001	0.003	0.005
	Cr	0.001	0.004	—
	Mn	0.001	0.004	0.005
	Fe	0.004	0.02	0.03
	Ni	0.004	0.01	—
	Cu	0.004	0.01	—
	Al	0.002	0.004	0.015
	Si	0.004	0.02	0.05
	F^-	0.10	0.15	0.15
	n/n · n	0.5	0.5	0.5
粒度/筛目		-80	-80	-80

附表B-4 高纯五氧化二钽标准(GB 10577—89)

级别		特级	一级	二级
产品牌号		FTa_2O_5-045	FTa_2O_5-04	FTa_2O_5-035
杂质含量/%,不大于	Nb	15×10^{-4}	30×10^{-4}	80×10^{-4}
	Al	3×10^{-4}	5×10^{-4}	10×10^{-4}
	B	1×10^{-4}	—	—
	Bi	1×10^{-4}	—	—
	Cr	1×10^{-4}	3×10^{-4}	10×10^{-4}
	Cu	3×10^{-4}	5×10^{-4}	10×10^{-4}
	F	30×10^{-4}	70×10^{-4}	150×10^{-4}
	Fe	3×10^{-4}	5×10^{-4}	10×10^{-4}

续附表 B-4

级别		特级	一级	二级
产品牌号		FTa_2O_5-045	FTa_2O_5-04	FTa_2O_5-035
杂质含量/%,不大于	Mn	1×10^{-4}	3×10^{-4}	5×10^{-4}
	Mo	3×10^{-4}	5×10^{-4}	10×10^{-4}
	Ni	1×10^{-4}	3×10^{-4}	10×10^{-4}
	Pb	3×10^{-4}	—	—
	Si	7×10^{-4}	13×10^{-4}	50×10^{-4}
	Sn	1×10^{-4}	3×10^{-4}	5×10^{-4}
	Ti	1×10^{-4}	3×10^{-4}	5×10^{-4}
	F	3×10^{-4}	5×10^{-4}	10×10^{-4}
粒度/筛目		-60	-60	-60

B.2.2 电容器用钽粉标准

电容器用钽粉标准列于附表 B-5。

附表 B-5 电容器用钽粉标准(GB/T 3136—1995)

产品牌号	杂质含量/%,不大于													压实密度/$g\cdot cm^{-3}$	松装密度/$g\cdot cm^{-3}$	费氏平均粒度/μm
	O	N	Al	C	Cr	Fe	Mo	Mn	Nb	Ni	Si	Ti	F			
FTa16-300	2400×10^{-4}	150×10^{-4}	10×10^{-4}	100×10^{-4}	50×10^{-4}	60×10^{-4}	20×10^{-4}	5×10^{-4}	50×10^{-4}	50×10^{-4}	50×10^{-4}	5×10^{-4}	30×10^{-4}	4.5~5.5	1.0~2.0	1.0~2.5
FTa16-260	2800×10^{-4}	150×10^{-4}	10×10^{-4}	100×10^{-4}	50×10^{-4}	60×10^{-4}	20×10^{-4}	5×10^{-4}	50×10^{-4}	50×10^{-4}	50×10^{-4}	5×10^{-4}	30×10^{-4}	4.5~5.5	1.0~2.0	1.0~2.5
FTa16-220	2600×10^{-4}	150×10^{-4}	10×10^{-4}	100×10^{-4}	50×10^{-4}	60×10^{-4}	20×10^{-4}	5×10^{-4}	50×10^{-4}	50×10^{-4}	50×10^{-4}	5×10^{-4}	30×10^{-4}	4.5~5.5	1.5~2.5	1.5~3.0
FTa16-200	2400×10^{-4}	120×10^{-4}	10×10^{-4}	100×10^{-4}	50×10^{-4}	50×10^{-4}	20×10^{-4}	5×10^{-4}	50×10^{-4}	50×10^{-4}	50×10^{-4}	5×10^{-4}	30×10^{-4}	4.5~5.5	1.5~2.5	1.5~3.0
FTa25-180	2400×10^{-4}	120×10^{-4}	10×10^{-4}	100×10^{-4}	50×10^{-4}	50×10^{-4}	20×10^{-4}	5×10^{-4}	50×10^{-4}	50×10^{-4}	50×10^{-4}	5×10^{-4}	30×10^{-4}	4.5~5.5	1.5~2.5	1.5~3.0
FTa25-150	2400×10^{-4}	120×10^{-4}	10×10^{-4}	100×10^{-4}	50×10^{-4}	50×10^{-4}	20×10^{-4}	5×10^{-4}	50×10^{-4}	50×10^{-4}	50×10^{-4}	5×10^{-4}	30×10^{-4}	4.5~5.5	1.5~2.5	1.5~3.0
FTa25-120	2400×10^{-4}	120×10^{-4}	10×10^{-4}	100×10^{-4}	50×10^{-4}	50×10^{-4}	20×10^{-4}	5×10^{-4}	50×10^{-4}	50×10^{-4}	50×10^{-4}	5×10^{-4}	30×10^{-4}	5.0~6.0	2.0~3.0	3.0~5.0

续附表 B-5

产品牌号	杂质含量/%，不大于													压实密度/g·cm^{-3}	松装密度/g·cm^{-3}	费氏平均粒度/μm
	O	N	Al	C	Cr	Fe	Mo	Mn	Nb	Ni	Si	Ti	F			
FTa35－100	2400×10^{-4}	100×10^{-4}	10×10^{-4}	90×10^{-4}	50×10^{-4}	50×10^{-4}	20×10^{-4}	5×10^{-4}	50×10^{-4}	50×10^{-4}	50×10^{-4}	5×10^{-4}	30×10^{-4}	5.0～6.5	1.5～3.0	2.5～5.0
FTa35－80	2300×10^{-4}	100×10^{-4}	10×10^{-4}	90×10^{-4}	50×10^{-4}	50×10^{-4}	20×10^{-4}	5×10^{-4}	50×10^{-4}	50×10^{-4}	50×10^{-4}	5×10^{-4}	30×10^{-4}	5.5～6.5	2.0～3.5	4.0～6.0
FTa40－80	2400×10^{-4}	100×10^{-4}	10×10^{-4}	90×10^{-4}	50×10^{-4}	50×10^{-4}	20×10^{-4}	5×10^{-4}	50×10^{-4}	50×10^{-4}	50×10^{-4}	5×10^{-4}	30×10^{-4}	5.5～6.5	2.0～3.5	4.0～6.0
FTa40－60	2000×10^{-4}	80×10^{-4}	10×10^{-4}	80×10^{-4}	50×10^{-4}	50×10^{-4}	20×10^{-4}	5×10^{-4}	50×10^{-4}	50×10^{-4}	50×10^{-4}	5×10^{-4}	20×10^{-4}	6.0～7.0	2.0～3.5	4.0～7.0
FTa40－45	2000×10^{-4}	80×10^{-4}	10×10^{-4}	80×10^{-4}	50×10^{-4}	50×10^{-4}	20×10^{-4}	5×10^{-4}	50×10^{-4}	50×10^{-4}	50×10^{-4}	5×10^{-4}	20×10^{-4}	6.0～7.0	2.0～3.5	4.5～7.5
FTa40－42	1800×10^{-4}	70×10^{-4}	10×10^{-4}	80×10^{-4}	50×10^{-4}	50×10^{-4}	20×10^{-4}	5×10^{-4}	50×10^{-4}	50×10^{-4}	50×10^{-4}	5×10^{-4}	20×10^{-4}	6.0～7.5	2.0～3.5	5.0～8.0
FTa40－35	1600×10^{-4}	70×10^{-4}	10×10^{-4}	80×10^{-4}	50×10^{-4}	50×10^{-4}	20×10^{-4}	5×10^{-4}	50×10^{-4}	50×10^{-4}	50×10^{-4}	5×10^{-4}	20×10^{-4}	6.0～8.0	3.0～4.0	7.0～9.5
FTa50－40	1800×10^{-4}	60×10^{-4}	5×10^{-4}	60×10^{-4}	30×10^{-4}	40×10^{-4}	20×10^{-4}	5×10^{-4}	50×10^{-4}	30×10^{-4}	30×10^{-4}	5×10^{-4}	20×10^{-4}	6.5～7.5	2.5～3.5	5.0～9.0
FTa50－35	1800×10^{-4}	60×10^{-4}	5×10^{-4}	60×10^{-4}	30×10^{-4}	40×10^{-4}	20×10^{-4}	5×10^{-4}	50×10^{-4}	30×10^{-4}	30×10^{-4}	5×10^{-4}	20×10^{-4}	5.5～7.5	3.3～4.3	5.5～9.0
FTa63－35	1800×10^{-4}	60×10^{-4}	5×10^{-4}	60×10^{-4}	30×10^{-4}	40×10^{-4}	20×10^{-4}	5×10^{-4}	50×10^{-4}	30×10^{-4}	30×10^{-4}	5×10^{-4}	20×10^{-4}	5.5～8.0	2.5～3.5	5.5～9.0
FTa63－30	1700×10^{-4}	40×10^{-4}	5×10^{-4}	50×10^{-4}	20×10^{-4}	20×10^{-4}	20×10^{-4}	5×10^{-4}	50×10^{-4}	20×10^{-4}	30×10^{-4}	5×10^{-4}	20×10^{-4}	6.5～8.0	3.3～4.3	5.5～9.0
FTa63－28	1700×10^{-4}	40×10^{-4}	5×10^{-4}	50×10^{-4}	20×10^{-4}	20×10^{-4}	20×10^{-4}	5×10^{-4}	50×10^{-4}	20×10^{-4}	20×10^{-4}	5×10^{-4}	20×10^{-4}	6.5～8.5	3.0～5.0	6.0～10.0
FTa63－25	1500×10^{-4}	40×10^{-4}	5×10^{-4}	50×10^{-4}	20×10^{-4}	20×10^{-4}	20×10^{-4}	5×10^{-4}	50×10^{-4}	20×10^{-4}	20×10^{-4}	5×10^{-4}	20×10^{-4}	7.0～9.0	4.5～6.0	7.0～12.0
FTa63－23	1500×10^{-4}	40×10^{-4}	5×10^{-4}	50×10^{-4}	10×10^{-4}	20×10^{-4}	20×10^{-4}	5×10^{-4}	50×10^{-4}	10×10^{-4}	20×10^{-4}	5×10^{-4}	20×10^{-4}	7.5～9.0	4.5～6.0	7.0～12.0
FTa63－20	1300×10^{-4}	40×10^{-4}	5×10^{-4}	40×10^{-4}	10×10^{-4}	20×10^{-4}	20×10^{-4}	5×10^{-4}	50×10^{-4}	10×10^{-4}	20×10^{-4}	5×10^{-4}	20×10^{-4}	8.0～9.5	4.5～6.5	8.0～13.0
FTa63－15	1200×10^{-4}	40×10^{-4}	5×10^{-4}	40×10^{-4}	10×10^{-4}	20×10^{-4}	20×10^{-4}	5×10^{-4}	50×10^{-4}	10×10^{-4}	20×10^{-4}	5×10^{-4}	20×10^{-4}	9.0～10.0	4.5～6.5	9.0～14.0
FTa63－10	1200×10^{-4}	40×10^{-4}	5×10^{-4}	40×10^{-4}	10×10^{-4}	20×10^{-4}	20×10^{-4}	5×10^{-4}	50×10^{-4}	10×10^{-4}	20×10^{-4}	5×10^{-4}	20×10^{-4}	10.0～12.0	6.5～8.5	10.0～20.0

续附表 B-5

产品牌号	检测条件				指标				
	形成电压/V	压块重量/g·支$^{-1}$	压制密度/g·cm^{-3}	烧结条件/℃·min^{-1}	比电容/μF·V·g^{-1}	漏电流/μA·(μF·V)$^{-1}$不大于	损耗tanδ/%不大于	击穿电压/V不小于	体积收缩率/%不大于
FTa16-300	70	0.5	4.5	1500/20	30000	6×10^{-4}	30	100	—
FTa16-260	70	0.5	4.5	1500/30	26000	5×10^{-4}	25	100	—
FTa16-220	70	0.5	4.5	1550/20	22000	5×10^{-4}	20	110	—
FTa16-200	70	0.5	4.5	1550/20	20000	5×10^{-4}	20	110	—
FTa25-180	100	1.0	4.5	1600/30	18000	5×10^{-4}	15	140	—
FTa25-150	100	1.0	4.5	1600/30	15000	5×10^{-4}	15	160	—
FTa25-120	100	1.0	5.0	1600/30	12000	5×10^{-4}	15	160	—
FTa35-100	160	1.0	5.5	1700/30	10000	6×10^{-4}	12	180	20
FTa35-80	160	1.0	5.5	1700/30	8000	6×10^{-4}	12	190	18
FTa40-80	200	2.0	5.5	1750/30	8000	6×10^{-4}	10	230	18
FTa40-60	200	2.0	5.5	1800/30	6000	6×10^{-4}	10	230	18
FTa40-45	200	2.0	6.0	1900/30	4500	6×10^{-4}	10	240	22
FTa40-42	200	2.0	6.5	1900/30	4200	6×10^{-4}	8	240	20
FTa40-35	200	2.0	6.5	1900/30	3500	6×10^{-4}	8	240	20
FTa50-40	240	2.0	6.5	1900/30	4000	6×10^{-4}	8	260	20
FTa50-35	240	2.0	6.5	1900/30	3500	6×10^{-4}	8	270	20
FTa63-35	270	2.0	6.5	1950/30	3500	8×10^{-4}	8	300	20
FTa63-30	270	2.0	7.2	2050/30	3000	8×10^{-4}	8	300	20
FTa63-28	270	2.0	7.5	2050/30	2800	8×10^{-4}	8	300	20
FTa63-25	270	2.0	7.5	2050/30	2500	6×10^{-4}	8	300	20
FTa63-23	270	2.0	8.0	2050/30	2300	6×10^{-4}	8	300	15
FTa63-20	270	2.0	8.5	2050/30	2000	8×10^{-4}	5	300	15
FTa63-15	270	2.0	8.5	2050/30	1500	8×10^{-4}	5	300	8
FTa63-10	270	2.0	9.5	2050/30	1000	8×10^{-4}	5	300	8

注：1. 在保证电性符合本标准要求下，允许1~2个元素超标，但不大于20%；产品的压实密度、松装密度和费氏平均粒度按表范围提供实测数据。

2. 产品的重量比允许偏差为其公称比电容值的 $^{+10}_{-5}\%$。

3. 钽粉压制密度的允许偏差为规定值的0.1 g/cm^3。

B. 2. 3　冶金用钽粉

冶金用钽粉标准列于附表 B-6。

附表 B-6　冶金用钽粉标准（YS/T 259—1996）

元　素		牌　号				
		FTa - 01	FTa - 1	FTa - 2	FTaNb - 3	FTaNb - 20
杂质含量/%，不大于	Nb	≤0. 005 × 10^{-4}	≤0. 01 × 10^{-4}	≤0. 03 × 10^{-4}	(2.5 ~ 3.5) × 10^{-4}	(17 ~ 23) × 10^{-4}
	O	0. 18 × 10^{-4}	0. 20 × 10^{-4}	0. 30 × 10^{-4}	0. 30 × 10^{-4}	0. 30 × 10^{-4}
	H	0. 003 × 10^{-4}	0. 005 × 10^{-4}	0. 01 × 10^{-4}	0. 01 × 10^{-4}	0. 01 × 10^{-4}
	N	0. 005 × 10^{-4}	0. 008 × 10^{-4}	0. 02 × 10^{-4}	0. 02 × 10^{-4}	0. 02 × 10^{-4}
	C	0. 008 × 10^{-4}	0. 015 × 10^{-4}	0. 05 × 10^{-4}	0. 05 × 10^{-4}	0. 05 × 10^{-4}
	Fe	0. 005 × 10^{-4}	0. 005 × 10^{-4}	0. 02 × 10^{-4}	0. 03 × 10^{-4}	0. 03 × 10^{-4}
	Ni	0. 005 × 10^{-4}	0. 005 × 10^{-4}	0. 02 × 10^{-4}	0. 02 × 10^{-4}	0. 02 × 10^{-4}
	Si	0. 005 × 10^{-4}	0. 015 × 10^{-4}	0. 02 × 10^{-4}	0. 02 × 10^{-4}	0. 02 × 10^{-4}
	Ti	0. 001 × 10^{-4}	0. 001 × 10^{-4}	0. 01 × 10^{-4}	0. 01 × 10^{-4}	0. 01 × 10^{-4}
	F	0. 003 × 10^{-4}	0. 003 × 10^{-4}	0. 01 × 10^{-4}	0. 01 × 10^{-4}	0. 01 × 10^{-4}
	Mo	0. 002 × 10^{-4}	0. 002 × 10^{-4}	0. 01 × 10^{-4}	0. 01 × 10^{-4}	0. 01 × 10^{-4}
	Mn	0. 001 × 10^{-4}	0. 001 × 10^{-4}	—	—	—
	Cr	0. 003 × 10^{-4}	0. 005 × 10^{-4}	—	—	—
粒度/目		-200	-150	-150	-150	-150

B. 2. 4　碳化钽标准

碳化钽粉标准列于附表 B-7。

附表 B-7　碳化钽粉标准（GT/B7708—87）

牌　号		FTaC - 1	FTaC - 2	FTaC - 3
化学成分/%	Ta(Nb)C	≥99. 5	>99. 0	>99. 0
	Nb	≤0. 30	≤1. 0	≤5. 0
	总碳	≥6. 20	≥6. 20	≥6. 25
	游离碳	≤0. 10	≤0. 15	≤0. 20
	Fe	≤0. 06	≤0. 12	≤0. 20
	Si	≤0. 015	≤0. 02	≤0. 025
	Al	≤0. 01	≤0. 01	≤0. 02

续附表 B-7

牌号		FTaC - 1	FTaC - 2	FTaC - 3
化学成分/%	Ti	≤0. 01	≤0. 02	≤0. 02
	O	≤0. 15	≤0. 20	≤0. 30
	N	≤0. 025	≤0. 05	≤0. 05
	Na	≤0. 015	≤0. 02	≤0. 02
	Ca	≤0. 015	≤0. 02	≤0. 02
费氏粒度/μm		3. 0 ~ 6. 0	3. 0 ~ 6. 0	3. 0 ~ 6. 0

B. 2. 5 电容器用钽丝标准

钽丝的化学成分、尺寸及允许偏差、力学性能和电性能与工艺性能分别列于附表 B-8 至附表 B-11。

附表 B-8 钽丝标准(化学成分)(GB/T 3463—1995)

牌号	主含量	杂质含量/%,不大于											
		O	C	N	H	Fe	Nb	Si	Ni	W	Mo	Cr	Ti
Ta_1	余量	200×10^{-4}	50×10^{-4}	40×10^{-4}	20×10^{-4}	50×10^{-4}	100×10^{-4}	50×10^{-4}	30×10^{-4}	40×10^{-4}	30×10^{-4}	40×10^{-4}	10×10^{-4}
Ta_2	余量	300×10^{-4}	70×10^{-4}	40×10^{-4}	20×10^{-4}	70×10^{-4}	100×10^{-4}	300×10^{-4}	30×10^{-4}	40×10^{-4}	30×10^{-4}	50×10^{-4}	20×10^{-4}

附表 B-9 钽丝标准(尺寸及允许偏差)

直径/mm	允许偏差/mm
0. 20,0. 25	±0. 010
0. 30,0. 35,0. 40,0. 46,0. 50,0. 60	±0. 015
0. 80,1. 0	±0. 020

附表 B-10 钽丝标准(力学性能)

状态	抗拉强度 σ_b/MPa
M	300 ~ 600
$Y_{1/2}$	>600 ~ 1000
Y	>1000

注:钽丝伸长率提供实测数据。

附表 B-11　钽丝的电性能与工艺性能

<table>
<tr><th rowspan="2">牌号</th><th colspan="2">电 性 能</th><th colspan="2">工 艺 性 能</th></tr>
<tr><th>漏电流 /μA · cm⁻²</th><th>液体钽丝表面比电容 /μF · V · cm⁻²</th><th>抗氧脆性弯折次数</th><th>钽丝直线度</th></tr>
<tr><td>Ta_1</td><td rowspan="2">≤0.10</td><td rowspan="2">10 ~ 12</td><td>0.20 ~ 0.40,不小于 2 次;
0.46 ~ 1.0,不小于 3 次</td><td>—</td></tr>
<tr><td>Ta_2</td><td>不小于 3 次</td><td>弧度检验大于 ϕ500 mm 弧度,翘起高度小于 25 mm</td></tr>
</table>

B. 2. 6　钽及钽合金板材、带材和箔材

钽材的品种、牌号、规格,外形尺寸及偏差和化学成分及力学性能分别列于附表 B-12 至附表 B-15。

附表 B-12　钽材的品种、牌号、规格(GB 3629—83)

<table>
<tr><th rowspan="2">牌　号</th><th rowspan="2">供应状态</th><th colspan="3">规格/mm</th><th rowspan="2">品　种</th></tr>
<tr><th>厚度</th><th>宽度</th><th>长度</th></tr>
<tr><td rowspan="4">Ta_1、Ta_2
FTa_1、FTa_2
$TaNb_3$
$TaNb_{20}$</td><td>Y</td><td>0.005 ~ 0.09</td><td>30 ~ 120</td><td>>200</td><td>箔材</td></tr>
<tr><td>M. Y</td><td>0.1 ~ 0.5</td><td>50 ~ 300</td><td>100 ~ 1000</td><td>带材、板材</td></tr>
<tr><td>M. Y</td><td>>0.5 ~ 2.0</td><td>50 ~ 200</td><td>50 ~ 700</td><td>板材</td></tr>
<tr><td>M. Y</td><td>>2.0 ~ 6.0</td><td>50 ~ 200</td><td>50 ~ 300</td><td>板材</td></tr>
</table>

附表 B-13　钽材的外形尺寸及允许偏差(mm)

<table>
<tr><th rowspan="2">厚　度</th><th colspan="2">厚度允许偏差</th><th rowspan="2">宽　度</th><th rowspan="2">宽度允许偏差</th><th rowspan="2">长　度</th><th rowspan="2">长度允许偏差</th></tr>
<tr><th>一级</th><th>二级</th></tr>
<tr><td>0.005 ~ 0.01</td><td>±0.001</td><td>±0.002</td><td>30 ~ 120</td><td>±2.0</td><td>200 以上</td><td></td></tr>
<tr><td>>0.01 ~ 0.02</td><td>±0.002</td><td>±0.003</td><td>30 ~ 120</td><td>±2.0</td><td>200 以上</td><td></td></tr>
<tr><td>>0.02 ~ 0.05</td><td>±0.003</td><td>±0.004</td><td>30 ~ 120</td><td>±0.20</td><td>200 以上</td><td></td></tr>
<tr><td>>0.05 ~ 0.07</td><td>±0.05</td><td>±0.006</td><td>30 ~ 120</td><td>±2.0</td><td>200 以上</td><td></td></tr>
<tr><td>>0.07 ~ 0.09</td><td>±0.006</td><td>±0.007</td><td>30 ~ 120</td><td>±2.0</td><td>200 以上</td><td></td></tr>
<tr><td>0.1 ~ 0.2</td><td>±0.015</td><td>±0.02</td><td>50 ~ 200</td><td>±2.0</td><td>100 ~ 1000</td><td>±3.0</td></tr>
<tr><td>>0.2 ~ 0.3</td><td>±0.02</td><td>±0.03</td><td>50 ~ 200</td><td>±2.0</td><td>100 ~ 1000</td><td>±3.0</td></tr>
<tr><td>>0.3 ~ 0.5</td><td>±0.03</td><td>±0.04</td><td>50 ~ 200</td><td>±2.0</td><td>100 ~ 1000</td><td>±3.0</td></tr>
<tr><td>>0.5 ~ 0.8</td><td>±0.04</td><td>±0.06</td><td>50 ~ 200</td><td>±2.0</td><td>50 ~ 700</td><td>±3.0</td></tr>
<tr><td>>0.8 ~ 1.0</td><td>±0.06</td><td>±0.08</td><td>50 ~ 200</td><td>±2.0</td><td>50 ~ 700</td><td>±3.0</td></tr>
<tr><td>>1.0 ~ 1.5</td><td>±0.08</td><td>±0.10</td><td>50 ~ 200</td><td>±3.0</td><td>50 ~ 700</td><td>±4.0</td></tr>
<tr><td>>1.5 ~ 2.0</td><td>±0.12</td><td>±0.14</td><td>50 ~ 200</td><td>±3.0</td><td>50 ~ 700</td><td>±4.0</td></tr>
<tr><td>>2.0 ~ 3.0</td><td>±0.16</td><td>±0.18</td><td>50 ~ 200</td><td>±5.0</td><td>50 ~ 600</td><td>±5.0</td></tr>
<tr><td>>3.0 ~ 4.0</td><td>±0.18</td><td>±0.20</td><td>50 ~ 200</td><td>±5.0</td><td>50 ~ 500</td><td>±5.0</td></tr>
<tr><td>>4.0 ~ 6.0</td><td>±0.20</td><td>±0.21</td><td>50 ~ 200</td><td>±5.0</td><td>50 ~ 300</td><td>±5.0</td></tr>
</table>

附表 B-14 钽材的化学成分

牌号	主要成分/%		杂质含量/%，不大于										
	Ta	Nb	Fe	Si	Ni	W	Mo	Ti	Nb	O	C	H	N
Ta_1	余量	—	0.005	0.005	0.002	0.01	0.01	0.002	0.05	0.02	0.01	0.002	0.005
Ta_2	余量	—	0.03	0.02	0.005	0.04	0.03	0.005	0.1	0.03	0.02	0.005	0.025
$TaNb_3$	余量	<3.5	0.03	0.03	0.005	0.04	0.03	0.005	—	0.03	0.02	0.005	0.025
$TaNb_{20}$	余量	17~23	0.03	0.03	0.005	0.04	0.03	0.005	—	0.03	0.02	0.005	0.025
FTa_1	余量	—	0.01	0.02	0.005	0.02	0.02	0.005	0.05	0.03	0.03	0.002	0.02
FTa_2	余量	—	0.03	0.03	0.01	0.04	0.03	0.005	0.05	0.05	0.05	0.005	0.03

附表 B-15 钽材的力学性能

牌号	状态	厚度/mm	抗拉强度 σ_b/MPa	伸长率 δ/%
Ta_1	M	0.1 ~ <0.25	≥200	≥20
	Y		≥500	≥2
Ta_2	M	0.25 ~ 0.5	≥200	≥25
	Y		≥500	≥2
	M	>0.5	≥200	≥30
	Y		≥500	≥2
FTa_1	M	0.1 ~ <0.25	≥200	≥18
	Y		≥450	≥1.5
FTa_2	M	0.25 ~ <0.5	≥200	≥20
	Y		≥450	≥1.5
	M	>0.5	≥200	≥25
	Y		≥450	≥1.5

B.2.7 电容器用钽箔标准

电容器钽箔的规格、尺寸及偏差和化学成分与电性能分别列于附表 B-16 和附表 B-17。

附表 B-16 电容器钽箔的规格、尺寸及允许偏差（GB 3628—83）

牌号	供应状态	规格/mm				
		厚度	厚度允许偏差	宽度	宽度允许偏差	长度
DTa_1O	硬态（Y）	0.005 ~ 0.01	±0.002	>70 ~ 120	±2.0	>500
		>0.01 ~ 0.02	±0.003			
		>0.02 ~ 0.05	±0.004			
		>0.05 ~ 0.07	±0.005			
		>0.07 ~ 0.09	±0.008			

附表 B-17　电容器钽箔的化学成分与电性能

牌号	Ta 含量/%	杂质含量/%，不大于											漏电流/μA·$(\mu F\cdot V)^{-1}$
		O	C	N	H	Re	Si	Ni	W	Mo	Ti	Nb	
DTa_1	余量	0.02	0.01	0.005	0.002	0.005	0.005	0.002	0.01	0.01	0.002	0.05	≤0.008

B.3　铌产品标准

B.3.1　氧化铌标准

高纯五氧化二铌和普通五氧化二铌的标准分别列于附表 B-18、附表 B-19。

附表 B-18　高纯五氧化二铌标准(GB 10578—89)

级别		特级	一级	二级
产品牌号		FNb_2O_5-045	FNb_2O_5—04	FNb_2O_5-035
杂质含量/%，不大于	Ta	15×10^{-4}	30×10^{-4}	100×10^{-4}
	Al	3×10^{-4}	5×10^{-4}	10×10^{-4}
	B	2×10^{-4}	—	—
	Bi	1×10^{-4}	—	—
	Cr	2×10^{-4}	3×10^{-4}	10×10^{-4}
	Cu	3×10^{-4}	5×10^{-4}	10×10^{-4}
	F	50×10^{-4}	90×10^{-4}	150×10^{-4}
	Fe	3×10^{-4}	5×10^{-4}	10×10^{-4}
	Mn	1×10^{-4}	3×10^{-4}	5×10^{-4}
	Mo	3×10^{-4}	5×10^{-4}	10×10^{-4}
	Ni	2×10^{-4}	3×10^{-4}	10×10^{-4}
	Pb	3×10^{-4}	—	—
	Si	7×10^{-4}	13×10^{-4}	50×10^{-4}
	Sn	1×10^{-4}	3×10^{-4}	5×10^{-4}
	Ti	1×10^{-4}	3×10^{-4}	5×10^{-4}
	F	3×10^{-4}	5×10^{-4}	10×10^{-4}
粒度/目		-60	-60	-60

附表 **B-19** 普通五氧化二铌标准(GB 3627—83)

杂质元素		牌号		
		FNb_2O_5-1	FNb_2O_5-2	FNb_2O_5-3
杂质含量/%,不大于	Ta	0. 05	0. 1	0. 3
	Ti	0. 001	0. 004	0. 01
	F	0. 003	0. 01	0. 03
	Mo	0. 002	0. 005	—
	Cr	0. 002	0. 005	—
	Mn	0. 002	0. 005	—
	Fe	0. 005	0. 02	0. 04
	Ni	0. 005	0. 02	0. 04
	Cu	0. 003	0. 005	0. 005
	Al	0. 003	0. 005	0. 05
	Si	0. 005	0. 02	0. 04
	As	—	—	0. 005
	Sb	—	—	0. 005
	Pb	—	—	0. 005
	S	—	—	0. 01
	P	—	—	0. 01
	F	0. 10	0. 15	0. 15
	n/n · n	0. 5	0. 5	0. 5
粒度/目		-60	-60	-60

B. 3. 2 铌条标准

铌条标准列于附表 B-20。

附表 **B-20** 铌条标准(GB/T 6896—1996)

产品牌号		Nb-01	Nb-1	Nb-2
杂质含量/%,不大于	Ta	0. 1	0. 25	2. 0
	O	0. 05	0. 15	0. 1
	N	0. 03	0. 05	0. 1
	C	0. 02	0. 03	0. 5
	Si	0. 005	0. 006	0. 03
	Fe	0. 005	0. 03	0. 1

续附表 B-20

产品牌号		Nb－01	Nb－1	Nb－2
杂质含量/%，不大于	F	0.005	0.01	—
	Mo	0.005	0.005	—
	Ti	0.005	0.01	—
	Al	—	—	0.01
	Cu	0.003	0.003	0.008
	Cr	—	—	0.03
	P	—	—	0.02

B.3.3　冶金用铌粉标准

冶金用铌粉标准列于附表 B-21。

附表 B-21　冶金用铌粉标准（YS/T 258—1996）

(Nb＋Ta)/%，不小于		FNb－1	FNb－2	FNb－3
		—	—	98
杂质含量/%，不大于	Ta	0.20	0.50	—
	O	0.20	0.20	0.50
	H	0.005	0.005	0.01
	N	0.04	0.06	—
	C	0.05	0.05	0.08
	Fe	0.01	0.05	—
	Si	0.005	0.01	—
	Ni	0.005	0.005	—
	Cr	0.005	—	—
	F	0.005	0.01	—
	Mo	0.003	0.005	—
	Ti	0.003	0.005	—
	Mn	0.003	0.005	—
	Cu	0.003	0.005	—
	P	—	—	0.01
	S	—	—	0.01
粒度/目		－100	－100	－80

B.3.4 铌铁标准

铌铁标准列于附表 B-22。

附表 B-22 铌铁标准(GB 7737—87)

牌 号	化学成分/%,不大于															
	Nb + Ta	Ta	Al	Si	C	S	P	W	Ti	Cu	Mn	As	Sn	Sb	Pb	Bi
FeNb70	70 ~ 80	0.8	3.8	1.5	0.04	0.03	0.04	0.30	0.3	0.3	0.30	0.005	0.002	0.002	0.002	0.002
FeNb60 – A	60 ~ 70	0.58	2.0	0.4	0.04	0.02	0.02	0.20	0.2	0.3	0.30	0.005	0.002	0.002	0.002	0.002
FeNb60 – B	60 ~ 70	0.8	2.0	1.0	0.05	0.03	0.05	0.20	0.3	0.3	0.3	0.005	0.002	0.002	0.002	0.002
FeNb50 – A	50 ~ 60	0.8	2.0	1.2	0.05	0.03	0.05	0.10	0.3	0.3	0.30	0.005	0.002	0.002	0.002	0.002
FeNb50 – B	50 ~ 60	1.5	2.0	4.0	0.05	0.03	0.05									

B.3.5 铌板材、带材和箔材

铌板材、带材和箔材标准及铌材的外形尺寸及允许偏差、化学成分、力学性能分别列于附表 B-23 至附表 B-26。

附表 B-23 铌板材、带材和箔材标准(品种、规格)(GB 3670—83)

牌 号	供应状态	规格/mm			品 种
		厚度	宽度	长度	
Nb_1	Y	0.01 ~ 0.09	30 ~ 120	>200	箔 材
Nb_2	M. Y	0.1 ~ 0.5	50 ~ 300	100 ~ 1000	带材、板材
FNb_1	M. Y	>0.5 ~ 2.0	50 ~ 200	50 ~ 700	板 材
FNb_2		>2.0 ~ 6.0	50 ~ 200	50 ~ 300	板 材

附表 B-24 铌材的外形尺寸及允许偏差(mm)

厚 度	厚度允许偏差		宽度	宽度允许偏差	长度	长度允许偏差
	一级	二级				
0.01 ~ 0.02	±0.002	±0.003	30 ~ 120	±2.0	200 以上	
>0.02 ~ 0.05	±0.003	±0.004	30 ~ 120	±2.0	200 以上	
>0.05 ~ 0.07	±0.005	±0.006	30 ~ 120	±2.0	200 以上	
>0.07 ~ 0.09	±0.006	±0.008	30 ~ 120	±2.0	200 以上	
>0.1 ~ 0.2	±0.015	±0.02	50 ~ 300	±2.0	100 ~ 1000	±3.0
>0.2 ~ 0.3	±0.02	±0.03	50 ~ 200	±2.0	100 ~ 1000	±3.0
>0.3 ~ 0.5	±0.03	±0.04	50 ~ 200	±2.0	100 ~ 1000	±3.0

续附表 B-24

厚　度	厚度允许偏差		宽度	宽度允许偏差	长度	长度允许偏差
	一级	二级				
>0.5~0.8	±0.04	±0.06	50~200	±2.0	50~700	±3.0
>0.8~1.0	±0.06	±0.08	50~200	±2.0	50~700	±3.0
>1.0~1.5	±0.08	±0.1	50~200	±3.0	50~700	±4.0
>1.5~2.0	±0.12	±0.14	50~200	±3.0	50~700	±3.0
>2.0~3.0	±0.16	±0.18	50~200	±5.0	50~600	±5.0
>3.0~4.0	±0.18	±0.20	50~200	±5.0	50~500	±5.0
>4.0~6.0	±0.20	±0.24	50~200	±5.0	50~300	±5.0

附表 B-25　铌板材的化学成分

牌　号	杂质含量/%，不大于									Nb 含量/%
	Fe	Si	Mo	Ti	Cr	O	N	H	C	
Nb_1	0.005	0.005	0.01	0.002	0.002	0.02	0.02	0.002	0.02	余量
Nb_2	0.03	0.02	0.05	0.005	0.01	0.03	0.05	0.005	0.03	余量
FNb_1	0.01	0.01	0.02	0.005	0.005	0.04	0.035	0.002	0.03	余量
FNb_2	0.04	0.03	0.05	0.01	0.01	0.08	0.05	0.005	0.05	余量

附表 B-26　铌板材的力学性能

牌　号	状　态	抗拉强度 σ_b/MPa	伸长率 δ/%
Nb_1，Nb_2	M	≥200	≥25
FNb_1，FNb_2	Y	≥400	≥1.0

B.3.6　铌无缝管标准

铌管的规格、尺寸及允许偏差和化学成分、力学性能分别列于附表 B-27 至附表 B-29。

附表 B-27　铌管的规格、尺寸及允许偏差（GB 883—87）

外径/mm	外径允许偏差/mm	壁厚/mm														壁厚允许偏差
		0.2	0.3	0.4	0.5	0.6	0.8	1.0	1.2	1.5	2.0	2.5	3.0	3.5	4.0	
3~5	±0.06	△	△	△	△	△										壁厚的±10%
≥5~15	±0.10		△	△	△	△	△	△								
>15~25	±0.13					△	△	△	△	△	△					

续附表 B-27

外径/mm	外径允许偏差/mm	壁厚/mm														壁厚允许偏差
		0. 2	0. 3	0. 4	0. 5	0. 6	0. 8	1. 0	1. 2	1. 5	2. 0	2. 5	3. 0	3. 5	4. 0	
>25 ~ 35	±0. 19						△	△	△	△	△	△	△			壁厚的±10%
>35 ~ 40	±0. 19							△	△	△	△	△	△	△		
>40 ~ 50	±0. 19							△	△	△	△	△	△	△	△	

附表 B-28　铌管的化学成分(GB 8183—87)

牌 号	主要成分/%	杂质含量/%,不大于									
	Nb	Fe	Si	Mo	W	Ti	Cr	O	N	H	C
Nb_1	余量	0. 005	0. 005	0. 01	0. 05	0. 002	0. 002	0. 02	0. 01	0. 001	0. 02
Nb_2	余量	0. 03	0. 02	0. 05	0. 10	0. 005	0. 01	0. 02	0. 05	0. 005	0. 03

附表 B-29　铌管的力学性能(GB 8183—87)

牌　号	状　　态	抗拉强度 σ_b/MPa	伸长率 δ/% (标距为 25 mm)
Nb_1 , Nb_2	M	≥170	≥25